Riedel · Anorganische Chemie

Erwin Riedel

Anorganische Chemie

6. Auflage

Walter de Gruyter · Berlin · New York 2004

Autor
Professor em. Dr. Erwin Riedel
Institut für Anorganische und
Analytische Chemie
Technische Universität Berlin
Straße des 17. Juni 135
10632 Berlin
dr.e.riedel@t-online.de

Bei der auf dem Einband dargestellten chemischen Reaktion bedeuten ⚹ Wasserstoff, △ Sauerstoff und ▽ Wasser. Es handelt sich um die alchemistischen Symbole von C.F. Kielmeyer aus dem Ende des 18. Jahrhunderts.

Das Buch enthält 417 numerierte zweifarbige Abbildungen, 110 numerierte Tabellen sowie Schemata und Formeln.

ISBN 3-11-018168-1

Bibliografische Information der Deutschen Bibliothek

Die Deutsche Bibliothek verzeichnet diese Publikation in der Deutschen Nationalbibliografie; detaillierte bibliografische Daten sind im Internet über < http://dnb.ddb.de > abrufbar.

⊚ Gedruckt auf säurefreiem Papier, das die US-ANSI-Norm über Haltbarkeit erfüllt.

Satz und Druck: Tutte Druckerei GmbH, Salzweg-Passau. – Bindung: Lüderitz & Bauer GmbH, Berlin. – Einbandgestaltung: +malsy, Kommunikation und Gestaltung, Bremen.

Vorwort zur 6. Auflage

In der vorliegenden 6. Auflage wurde der Umfang des Buches nicht erweitert und auch der Aufbau beibehalten. Wie in den bisherigen Auflagen sind Verbindungen und Verbindungsklassen durch Fettdruck gekennzeichnet, wichtige Begriffe und Sachverhalte durch Farbdruck hervorgehoben. Bei den Abbildungen ist die Farbe nicht plakativ, sondern informativ. Beim Repetieren soll durch Lesen des Farbteils in Verbindung mit den Abbildungen Wesentliches rasch zu erfassen sein. Mehrere Abschnitte des Buches wurden überarbeitet oder ergänzt und viele Daten aktualisiert.

– *Aktualisierung von Daten.* Beispiele: Anzahl der Kernkraftwerke in Betrieb und Bau; Produktionszahlen von Metallen; Emissionen von Kohlenstoffdioxid, Schwefeldioxid und Stickstoffoxiden
– *Ergänzungen.* Beispiele: CVD-Synthese von einkristallinem Diamant; chemische Synthese von C_{60}; superharter Graphit; p-leitender Diamant; ^{14}C-Altersbestimmung von Tonscherben; *trans*-$[AuXe_2F][SbF_6][Sb_2F_{11}]$, der erste Xe-Komplex mit dreiwertigem Gold; $AuSO_4$, ein Gold(II)-sulfat; Verwendung des Gadoliniumkomplexes Gd-DTPA in der Kernspintomographie; die Sialon-Hochdruckphase γ-$SiAlON_3$ mit Spinellstruktur
– *Gruppensystematik.* Die Elementgruppen wurden der Empfehlung der IUPAC entsprechend von 1 (Alkalimetalle) bis 18 (Edelgase) beziffert. Das Periodensystem wurde danach geändert.
– *Chemische Bindung.* Bei der Theorie der Atombindung wird die Bindung in hypervalenten Molekülen neu diskutiert. Hyperkonjugation und nicht-klassische π-Bindung werden an den Beispielen SO_3, ClO_4 und SF_6 demonstriert.
– *Umweltprobleme.* Mit neuen Daten vom Report of Working Group of the Intergovernmental Panel of Climate Change (IPCC) wurden insbesondere der Abschnitt Treibhauseffekt und die daraus resultierenden globalen Klimaänderungen neu formuliert. Im Abschnitt Regionale Umweltprobleme konnten die neuesten Daten des Umweltbundesamtes Berlin berücksichtigt werden.

Den Mitarbeitern des Umweltbundesamtes Berlin und des Deutschen Instituts für Wirtschaftsforschung (DIW) Berlin danke ich für die Hilfe bei der Ermittlung neuer Daten. Die Professoren Dr. Ch. Janiak und Dr. Th. M. Klapötke waren kritische Diskussionspartner bei einigen Problemen der Atombindung. Auch die Mitwirkung von Prof. Dr. Ch. Janiak bei der 5. Auflage soll hier nicht unerwähnt bleiben.

Auch die gute Zusammenarbeit mit den Mitarbeitern des Verlages soll dankbar erwähnt werden.

Die positive Beurteilung meines Buches von vielen Lesern waren Freude und Ansporn für meine Arbeit. Dafür war aber auch die Unterstützung durch meine Frau ganz besonders wichtig.

Berlin, Juli 2004   *Erwin Riedel*

Inhalt

3. Die chemische Reaktion

1 Atombau

1.1 Der atomare Aufbau der Materie

1.1.1 Der Elementbegriff

Die Frage nach dem Wesen und dem Aufbau der Materie beschäftigte bereits die griechischen Philosophen im 6. Jh. v. Chr. (Thales, Anaximander, Anaximenes, Heraklit). Sie vermuteten, daß die Materie aus unveränderlichen, einfachsten Grundstoffen, Elementen, bestehe. Empedokles (490–430 v. Chr.) nahm an, daß die materielle Welt aus den vier Elementen Erde, Wasser, Luft und Feuer zusammengesetzt sei. Für die Alchimisten des Mittelalters galten außerdem Schwefel, Quecksilber und Salz als Elemente. Allmählich führten die experimentellen Erfahrungen zu dem von Jungius (1642) und Boyle (1661) definierten naturwissenschaftlichen Elementbegriff.

Elemente sind Substanzen, die sich nicht in andere Stoffe zerlegen lassen (Abb. 1.1).

Abbildung 1.1   Wasser kann in Wasserstoff und Sauerstoff zerlegt werden. Diese beiden Stoffe besitzen völlig andere Eigenschaften als Wasser. Wasserstoff und Sauerstoff lassen sich nicht weiter in andere Stoffe zerlegen. Sie sind daher Grundstoffe, Elemente.

Die 1789 von Lavoisier veröffentlichte Elementtabelle enthielt 21 Elemente. Als Mendelejew 1869 das Periodensystem der Elemente aufstellte, waren ihm 63 Elemente bekannt. Heute kennen wir 113 Elemente (siehe dazu Legende der Abb. 1.39), 88 davon kommen in faßbarer Menge in der Natur vor.

Die Idee der Philosophen bestätigte sich also: die vielen mannigfaltigen Stoffe sind aus relativ wenigen Grundstoffen aufgebaut.

Für die Elemente wurden von Berzelius (1813) *Elementsymbole* eingeführt:

Beispiele:

Element	Elementsymbol
Sauerstoff (Oxygenium)	O
Wasserstoff (Hydrogenium)	H
Schwefel (Sulfur)	S
Eisen (Ferrum)	Fe
Kohlenstoff (Carboneum)	C

Die Elemente und Elementsymbole sind in der Tabelle 1 des Anhangs 2 enthalten.

1.1.2 Daltons Atomtheorie

Schon der griechische Philosoph Demokrit (460–371 v. Chr.) nahm an, daß die Materie aus Atomen, kleinen nicht weiter teilbaren Teilchen, aufgebaut sei. Demokrits Lehre übte einen großen Einfluß aus. So war z. B. auch der große Physiker Newton davon überzeugt, daß Atome die Grundbausteine aller Stoffe seien. Aber erst 1808 stellte Dalton eine Atomtheorie aufgrund exakter naturwissenschaftlicher Überlegungen auf. Daltons Atomtheorie verbindet den Element- und den Atombegriff wie folgt:

Chemische Elemente bestehen aus kleinsten, nicht weiter zerlegbaren Teilchen, den Atomen. Alle Atome eines Elements sind einander gleich, besitzen also gleiche Masse und gleiche Gestalt. Atome verschiedener Elemente haben unterschiedliche Eigenschaften. Jedes Element besteht also aus nur einer für das Element typischen Atomsorte (Abb. 1.2).

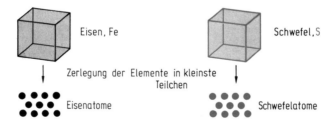

Abbildung 1.2   Eisen besteht aus untereinander gleichen Eisenatomen, Schwefel aus untereinander gleichen Schwefelatomen. Eisenatome und Schwefelatome haben verschiedene Eigenschaften, die in der Abbildung durch verschiedene Farben angedeutet sind. 1 cm³ Materie enthält etwa 10^{23} Atome.

Chemische Verbindungen entstehen durch chemische Reaktion von Atomen verschiedener Elemente. Die Atome verbinden sich in einfachen Zahlenverhältnissen.
Chemische Reaktionen werden durch *chemische Gleichungen* beschrieben. Man benutzt dabei die Elementsymbole als Symbole für ein einzelnes Atom eines Elements. In Kap. 3 werden wir sehen, daß eine chemische Gleichung auch beschreibt, welche Stoffe in welchen Stoffmengenverhältnissen miteinander reagieren.

Beispiele:

Ein Kohlenstoffatom verbindet sich mit einem Sauerstoffatom zur Verbindung Kohlenstoffmonooxid:

$$C + O = CO$$

Ein Kohlenstoffatom verbindet sich mit zwei Sauerstoffatomen zur Verbindung Kohlenstoffdioxid:

$$C + 2O = CO_2$$

Bei jeder chemischen Reaktion erfolgt nur eine Umgruppierung der Atome, die Gesamtzahl der Atome jeder Atomsorte bleibt konstant. In einer chemischen Gleichung muß daher die Zahl der Atome jeder Sorte auf beiden Seiten der Gleichung gleich groß sein.

CO und CO_2 sind die *Summenformeln* der chemischen Verbindungen Kohlenstoffmonooxid und Kohlenstoffdioxid. Aus den Summenformeln ist das Atomverhältnis $C : O$ der Verbindungen ersichtlich, sie liefern aber keine Information über die Struktur der Verbindungen. Strukturformeln werden in Kap. 2 behandelt.

Die Atomtheorie erklärte schlagartig einige grundlegende Gesetze chemischer Reaktionen, die bis dahin unverständlich waren.

Gesetz der Erhaltung der Masse (Lavoisier 1785). *Bei allen chemischen Vorgängen bleibt die Gesamtmasse der an der Reaktion beteiligten Stoffe konstant.* Nach der Atomtheorie erfolgt bei chemischen Reaktionen nur eine Umgruppierung von Atomen, bei der keine Masse verloren gehen kann.

Stöchiometrische Gesetze.

Gesetz der konstanten Proportionen (Proust 1799). *Eine chemische Verbindung bildet sich immer aus konstanten Massenverhältnissen der Elemente.*

Beispiel:

1 g Kohlenstoff verbindet sich immer mit 1,333 g Sauerstoff zu Kohlenstoffmonooxid, aber nicht mit davon abweichenden Mengen, z. B. 1,5 g oder 2,3 g Sauerstoff.

Gesetz der multiplen Proportionen (Dalton 1803). *Bilden zwei Elemente mehrere Verbindungen miteinander, dann stehen die Massen desselben Elements zueinander im Verhältnis kleiner ganzer Zahlen.*

Beispiel:

1 g Kohlenstoff reagiert mit $1 \cdot 1,333$ g Sauerstoff zu Kohlenstoffmonooxid
1 g Kohlenstoff reagiert mit $2 \cdot 1,333$ g $= 2,666$ g Sauerstoff zu Kohlenstoffdioxid

Die Massen von Kohlenstoff stehen im Verhältnis 1 : 1, die Massen von Sauerstoff im Verhältnis 1 : 2.

Nach der Atomtheorie bildet sich Kohlenstoffmonooxid nach der Gleichung

C + O = CO. Da alle Kohlenstoffatome untereinander und alle Sauerstoffatome untereinander die gleiche Masse haben, erklärt die Reaktionsgleichung das Gesetz der konstanten Proportionen. Kohlenstoffdioxid entsteht nach der Reaktionsgleichung $C + 2O = CO_2$. Aus den beiden Reaktionsgleichungen folgt für Sauerstoff das Atomverhältnis 1 : 2 und damit auch das Massenverhältnis 1 : 2.

1.2 Der Atomaufbau

1.2.1 Elementarteilchen, Atomkern, Atomhülle

Die Existenz von Atomen ist heute ein gesicherter Tatbestand. Zu Beginn des Jahrhunderts erkannte man aber, daß Atome nicht die kleinsten Bausteine der Materie sind, sondern daß sie aus noch kleineren Teilchen, den sogenannten Elementarteilchen, aufgebaut sind. Erste Modelle über den Atomaufbau stammen von Rutherford (1911) und Bohr (1913).

Man nahm zunächst an: *Elementarteilchen sind kleinste Bausteine der Materie, die nicht aus noch kleineren Einheiten zusammengesetzt sind. Sie sind aber ineinander umwandelbar, also keine Grundbausteine im Sinne unveränderlicher Teilchen.* Man kennt gegenwärtig einige Hundert Elementarteilchen. Für die Diskussion des Atombaus sind nur einige wenige von Bedeutung. Später erkannte man aber, daß die meisten dieser Teilchen doch aus einfacheren Grundbausteinen, den Quarks aufgebaut sind.

Die Atome bestehen aus drei Elementarteilchen: *Elektronen, Protonen, Neutronen.* Sie unterscheiden sich durch ihre Masse und ihre elektrische Ladung (Tabelle 1.1).

Tabelle 1.1   Eigenschaften von Elementarteilchen

Elementarteilchen	Elektron	Proton	Neutron
Symbol	e	p	n
Masse	$0{,}9109 \cdot 10^{-30}$ kg $5{,}4859 \cdot 10^{-4}$ u	$1{,}6725 \cdot 10^{-27}$ kg $1{,}007277$ u	$1{,}6748 \cdot 10^{-27}$ kg $1{,}008665$ u
	leicht	schwer, nahezu gleiche Masse	
Ladung	$-e$ negative Elementarladung	$+e$ positive Elementarladung	keine Ladung neutral

Das Neutron ist ein ungeladenes, elektrisch neutrales Teilchen. Das Proton trägt eine positive, das Elektron eine negative Elementarladung.

Die *Elementarladung* ist die bislang kleinste beobachtete elektrische Ladung. Sie beträgt

$$e = 1{,}6022 \cdot 10^{-19} \, C$$

e wird daher auch als *elektrisches Elementarquantum* bezeichnet. *Alle auftretenden Ladungsmengen können immer nur ein ganzzahliges Vielfaches der Elementarladung sein.*

Protonen und Neutronen sind schwere Teilchen. Sie besitzen annähernd die gleiche Masse. Das Elektron ist ein leichtes Teilchen, es besitzt ungefähr $\frac{1}{1800}$ der Protonen- bzw. Neutronenmasse.

Atommassen gibt man in atomaren Masseneinheiten an. *Eine atomare Masseneinheit* (u) *ist definiert als* $\frac{1}{12}$ *der Masse eines Atoms des Kohlenstoffnuklids* ^{12}C (zum Begriff des Nuklids vgl. Abschn. 1.2.2).

$$\text{Masse eines Atoms } {}^{12}_{6}C = 12\,\text{u}$$
$$1\,\text{u} = 1{,}6606 \cdot 10^{-27}\,\text{kg}$$

Die Größe der atomaren Masseneinheit ist so gewählt, daß die Masse eines Protons bzw. Neutrons ungefähr 1 u beträgt.

Atome sind annähernd kugelförmig mit einem Radius von der Größenordnung 10^{-10} m. Ein cm^3 Materie enthält daher ungefähr 10^{23} Atome. Man unterscheidet zwei Bereiche des Atoms, den Kern und die Hülle (Abb. 1.3).

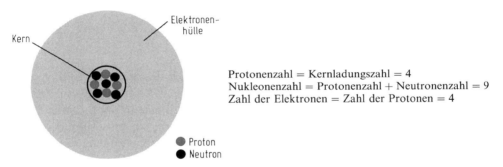

Protonenzahl = Kernladungszahl = 4
Nukleonenzahl = Protonenzahl + Neutronenzahl = 9
Zahl der Elektronen = Zahl der Protonen = 4

Abbildung 1.3   Schematische Darstellung eines Atoms. Die Neutronen und Protonen sind im Atomkern konzentriert. Der Atomkern hat einen Durchmesser von $10^{-12} - 10^{-13}$ cm. Er enthält praktisch die Gesamtmasse des Atoms. Bei richtigem Maßstab würde bei einem Kernradius von 10^{-3} m der Radius des Atoms 10 m betragen. Nahezu der Gesamtraum des Atoms steht für die Elektronen zur Verfügung. Wie die Elektronen in der Hülle verteilt sind, wird später behandelt.

Die Protonen und Neutronen sind im Zentrum des Atoms konzentriert. Sie bilden den positiv geladenen Atomkern. Protonen und Neutronen werden daher als *Nukleonen* (Kernteilchen) bezeichnet. Atomkerne sind nahezu kugelförmig, ihre Radien sind von der Größenordnung $10^{-14} - 10^{-15}$ m. *Der im Vergleich zum Gesamtatom sehr kleine Atomkern enthält fast die gesamte Masse des Atoms.*

Die Protonenzahl (Symbol Z) bestimmt die Größe der positiven Ladung des Kerns. Sie wird auch Kernladungszahl genannt.

Protonenzahl = Kernladungszahl

Die Gesamtanzahl der Protonen und Neutronen bestimmt die Masse des Atoms. Sie wird Nukleonenzahl (Symbol A) genannt. Die ältere Bezeichnung Massenzahl soll nicht mehr verwendet werden.

Nukleonenzahl = Protonenzahl + Neutronenzahl

Die Elektronen sind als negativ geladene Elektronenhülle um den zentralen Kern angeordnet. Fast das gesamte Volumen des Atoms wird von der Hülle eingenommen. *Die Struktur der Elektronenhülle ist ausschlaggebend für das chemische Verhalten der Atome.* Sie wird eingehend im Abschn. 1.4 behandelt.

Atome sind elektrisch neutral, folglich gilt für jedes Atom

Protonenzahl = Elektronenzahl

Das *Kernmodell* wurde 1911 von Rutherford entwickelt. Er bestrahlte dünne Goldfolien mit α-Strahlen (zweifach positiv geladene Heliumkerne; vgl. Abschn. 1.3.1). Die meisten durchdrangen unbeeinflußt die Metallfolien, nur wenige wurden stark abgelenkt. Die Materieschicht konnte also nicht aus dichtgepackten massiven Atomen aufgebaut sein. Die mathematische Auswertung ergab, daß die Ablenkung durch kleine, im Vergleich zu ihrer Größe weit voneinander entfernte, positiv geladene Zentren bewirkt wird.

1.2.2 Chemische Elemente, Isotope, Atommassen

In der Daltonschen Atomtheorie wurde postuliert, daß jedes chemische Element aus einer einzigen Atomsorte besteht. Mit der Erforschung des Atomaufbaus stellte sich jedoch heraus, daß es sehr viel mehr Atomsorten als Elemente gibt. Die meisten Elemente bestehen nämlich nicht aus identischen Atomen, sondern aus einem Gemisch von Atomen, die sich in der Zusammensetzung der Atomkerne unterscheiden.

Das Element Wasserstoff z. B. besteht aus drei Atomsorten (Abb. 1.4). Alle Wasserstoffatome besitzen ein Proton und ein Elektron, die Anzahl der Neutronen ist unterschiedlich, sie beträgt null, eins oder zwei.

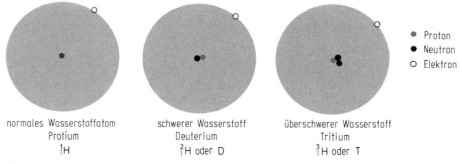

normales Wasserstoffatom
Protium
$^{1}_{1}H$

schwerer Wasserstoff
Deuterium
$^{2}_{1}H$ oder D

überschwerer Wasserstoff
Tritium
$^{3}_{1}H$ oder T

● Proton
● Neutron
○ Elektron

Abbildung 1.4   Atomarten des Wasserstoffs. Alle Wasserstoffatome besitzen ein Proton und ein Elektron. Die Neutronenzahl ist unterschiedlich, sie beträgt null, eins oder zwei. Die Atomarten eines Elementes heißen Isotope. Wasserstoff besteht aus drei Isotopen. Isotope haben die gleiche Elektronenhülle.

*Ein chemisches Element besteht aus Atomen mit gleicher Protonenzahl (Kernla-
dungszahl), die Neutronenzahl kann unterschiedlich sein.*

Die für jedes Element charakteristische Protonenzahl wird als *Ordnungszahl (Z)*
bezeichnet. Für die z. Z. 113 bekannten Elemente ist bis $Z = 112$ die Folge der Protonenzahlen lückenlos. Dann folgt das Element mit $Z = 114$ (vgl. S. 59).

Atome mit gleicher Protonenzahl verhalten sich chemisch gleich, da sie die gleiche
Elektronenzahl und auch die für das chemische Verhalten entscheidende gleiche
Struktur der Elektronenhülle besitzen. Die Kerne erfahren bei chemischen Reaktio-
nen keine Veränderungen.

Eine durch Protonenzahl und Neutronenzahl charakterisierte Atomsorte bezeichnet man als *Nuklid.* Für die Nuklide und Elementarteilchen benutzt man die folgenden Schreibweisen:

$$^{\text{Nukleonenzahl}}_{\text{Protonenzahl}}\text{Elementsymbol} \quad \text{oder} \quad ^{\text{Nukleonenzahl}}\text{Elementsymbol}$$

Protonenzahl = Kernladungszahl
Neutronenzahl = Nukleonenzahl − Protonenzahl

Beispiele:

Nuklide des Elements Wasserstoff: ^1_1H, ^2_1H, ^3_1H oder ^1H, ^2H, ^3H
Nuklide des Elements Kohlenstoff: $^{12}_6\text{C}$, $^{13}_6\text{C}$, $^{14}_6\text{C}$ oder ^{12}C, ^{13}C, ^{14}C

Neutron: ^1_0n oder einfacher n
Proton: ^1_1H oder einfacher p
Elektron: $^0_{-1}\text{e}$ oder einfacher e

Die natürlich vorkommenden Nuklide der ersten 10 Elemente sind in der Tabelle 1.2
aufgeführt.

Es gibt insgesamt 340 natürlich vorkommende Nuklide. Davon sind 270 stabil und
70 radioaktiv (vgl. Abschn. 1.3.1).

*Nuklide mit gleicher Protonenzahl, aber verschiedener Neutronenzahl heißen Isoto-
pe.*

Beispiele:

Isotope des Elements Wasserstoff: ^1_1H, ^2_1H, ^3_1H
Isotope des Elements Stickstoff: $^{14}_7\text{N}$, $^{15}_7\text{N}$

Die meisten Elemente sind *Mischelemente.* Sie bestehen aus mehreren Isotopen, die in
sehr unterschiedlicher Häufigkeit vorkommen (vgl. Tabelle 1.2).

Eine Reihe von Elementen (z. B. Beryllium, Fluor, Natrium) sind *Reinelemente.* Sie
bestehen in ihren natürlichen Vorkommen aus nur einer Nuklidsorte (vgl. Tabelle 1.2).

Isobare nennt man Nuklide mit gleicher Nukleonenzahl, aber verschiedener Protonenzahl.

Beispiel:

$^{14}_6\text{C}$, $^{14}_7\text{N}$

Tabelle 1.2   Nuklide der ersten zehn Elemente

Ord-nungs-zahl = Kern-ladungs-zahl	Element	Nuklid-symbol	Pro-tonen-bzw. Elek-tronen-zahl	Neu-tro-nen-zahl	Nukle-onen-zahl	Nuklid-masse in u	Atomzahl-anteil in %	Mittlere Atom-masse in u
1	Wasserstoff	^{1}H	1	0	1	1,007825	99,985	1,00794
	H	^{2}H	1	1	2	2,01410	0,015	
		^{3}H	1	2	3		Spuren	
2	Helium	^{3}He	2	1	3	3,01603	0,00013	4,00260
	He	^{4}He	2	2	4	4,00260	99,99987	
3	Lithium	^{6}Li	3	3	6	6,01512	7,42	6,941
	Li	^{7}Li	3	4	7	7,01600	92,58	
4	Beryllium Be	^{9}Be	4	5	9	9,01218	100,0	9,01218
5	Bor	^{10}B	5	5	10	10,01294	19,78	10,811
	B	^{11}B	5	6	11	11,00931	80,22	
6	Kohlenstoff	^{12}C	6	6	12	12	98,89	12,011
	C	^{13}C	6	7	13	13,00335	1,11	
		^{14}C	6	8	14		Spuren	
7	Stickstoff	^{14}N	7	7	14	14,00307	99,63	14,00674
	N	^{15}N	7	8	15	15,00011	0,36	
8	Sauerstoff	^{16}O	8	8	16	15,99491	99,759	15,9994
	O	^{17}O	8	9	17	16,99913	0,037	
		^{18}O	8	10	18	17,99916	0,204	
9	Fluor F	^{19}F	9	10	19	18,99840	100	18,99840
10	Neon	^{20}Ne	10	10	20	19,99244	90,92	20,1797
	Ne	^{21}Ne	10	11	21	20,99395	0,26	
		^{22}Ne	10	12	22	21,99138	8,82	

Der Zahlenwert der mittleren Atommasse in u ist gleich der relativen Atommasse A_r.

Die Atommasse eines Elements erhält man aus den Atommassen der Isotope unter Berücksichtigung der natürlichen Isotopenhäufigkeit.

Die *relative Atommasse* A_r eines Elements X ist auf $\frac{1}{12}$ der Atommasse des Nuklids ^{12}C bezogen

$$A_r(X) = \frac{\text{mittlere Atommasse von X}}{\frac{1}{12}\,(\text{Nuklidmasse von }^{12}\text{C})}$$

Die Zahlenwerte von A_r sind identisch mit den Zahlenwerten für die Atommassen, gemessen in der atomaren Masseneinheit u. Die relativen Atommassen der Elemente sind in der Tabelle 1 des Anhangs 2 angegeben.

Die Atommasse eines Elements ist nahezu ganzzahlig, wenn die Häufigkeit eines Isotops sehr überwiegt (vgl. Tabelle 1.2). Für die Anzahl auftretender Isotope gibt es keine Gesetzmäßigkeit, jedoch wächst mit steigender Ordnungszahl die Anzahl der Isotope, und bei Elementen mit gerader Ordnungszahl treten mehr Isotope auf. Das Verhältnis Neutronenzahl : Protonenzahl wächst mit steigender Ordnungszahl von 1 auf etwa 1,5 an. Es ist ein immer größerer Neutronenüberschuß notwendig, damit die Nuklide stabil sind.

Kerne mit 2, 8, 20, 28, 50, 82, 126 Neutronen oder Protonen (magische Nukleonenzahlen) sind besonders stabil. Bei ihnen tritt eine erhöhte Anzahl stabiler Nuklide auf; den Rekord hält Zinn ($Z = 50$) mit 10 stabilen Isotopen. Stabile Endprodukte der radioaktiven Zerfallsreihen (vgl. Tabelle 1.3) z. B. sind Nuklide mit den magischen Nukleonenzahlen 82 und 126. Die Nuklide $^4_2$He, $^{16}_8$O, $^{28}_{14}$Si zeigen auffällig große kosmische Häufigkeiten (vgl. Abb. 1.12). Eine Erklärung liefert das Schalenmodell. Den magischen Zahlen entsprechen energetisch bevorzugte Nukleonenschalen. Daher ist bei diesen Nukliden auch die Neigung zur Neutronenaufnahme gering (kleiner Neutroneneinfangquerschnitt).

Eine Isotopentrennung gelingt unter Ausnützung der unterschiedlichen physikalischen Eigenschaften der Isotope, die durch ihre unterschiedlichen Isotopenmassen zustande kommen. (Zum Beispiel durch Diffusion, Thermodiffusion, Zentrifugieren).

Zum Isotopennachweis benutzt man das *Massenspektrometer*. Gasförmige Teilchen werden ionisiert und im elektrischen Feld beschleunigt. Durch Ablenkung in einem elektrischen und anschließend in einem magnetischen Feld erreicht man, daß nur Teilchen mit gleicher spezifischer Ladung (Quotient aus Ladung und Masse) an eine bestimmte Stelle gelangen und dort z. B. photographisch nachgewiesen werden können. Die Teilchen werden also nach ihrer Masse getrennt, man erhält ein Massenspektrum. Die Massenspektrometrie dient nicht nur zur Bestimmung der Anzahl, Häufigkeit und Atommasse (Genauigkeit bis 10^{-6} u) von Isotopen, sondern auch zur Ermittlung von Spurenverunreinigungen, zur Analyse von Verbindungsgemischen, zur Aufklärung von Molekülstrukturen und Reaktionsmechanismen.

1.2.3 Massendefekt, Äquivalenz von Masse und Energie

Ein $^4_2$He-Kern ist aus zwei Protonen und zwei Neutronen aufgebaut. Addiert man die Massen dieser Bausteine, erhält man als Summe 4,0319 u. Der $^4_2$He-Kern hat jedoch nur eine Masse von 4,0015 u, er ist also um 0,030 u leichter als die Summe seiner Bausteine. Dieser Massenverlust wird als Massendefekt bezeichnet. Massendefekt tritt bei allen Nukliden auf.

Die Masse eines Nuklids ist stets kleiner als die Summe der Massen seiner Bausteine.

Der Massendefekt kann durch das Einsteinsche Gesetz der Äquivalenz von Masse und Energie

$$E = mc^2$$

gedeutet werden. Es bedeuten E Energie, m Masse und c Lichtgeschwindigkeit im leeren Raum. c ist eine fundamentale Naturkonstante, ihr Wert beträgt

$$c = 2{,}99793 \cdot 10^8 \, \text{m s}^{-1}.$$

Das Gesetz besagt, daß Masse in Energie umwandelbar ist und umgekehrt. Einer atomaren Masseneinheit entspricht die Energie von $931 \cdot 10^6$ eV = 931 MeV.

$$1\,\text{u} \,\hat{=}\, 931 \, \text{MeV}.$$

Der Zusammenhalt der Nukleonen im Kern wird durch die sogenannten Kernkräfte bewirkt. *Bei der Vereinigung von Neutronen und Protonen zu einem Kern wird Kernbindungsenergie frei. Der Energieabnahme des Kerns äquivalent ist eine Massenabnahme.* Wollte man umgekehrt den Kern in seine Bestandteile zerlegen, dann müßte man eine dem Massendefekt äquivalente Energie zuführen (Abb. 1.5). Die Kernbindungsenergie des He-Kerns beträgt 28,3 MeV, der äquivalente Massendefekt 0,03 u. Dividiert man die Gesamtbindungsenergie durch die Anzahl der Kernbausteine, so erhält man eine durchschnittliche Kernbindungsenergie pro Nukleon. Für $^4_2$He beträgt sie 28,3 MeV/4 = 7,1 MeV.

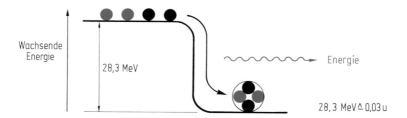

Abbildung 1.5   Zwei Protonen und zwei Neutronen gehen bei der Bildung eines He-Kerns in einen energieärmeren, stabileren Zustand über. Dabei wird die Kernbindungsenergie von 28,3 MeV frei. Gekoppelt mit der Energieabnahme des Kerns von 28,3 MeV ist eine Massenabnahme von 0,03 u.

Abb. 1.6 zeigt den Massendefekt und die Kernbindungsenergie pro Nukleon mit zunehmender Nukleonenzahl der Nuklide. Ein Maximum tritt bei den Elementen Fe, Co, Ni auf. Erhöht sind die Werte bei den leichten Nukliden ^{4}He, ^{12}C und ^{16}O. Durchschnittlich beträgt die Kernbindungsenergie pro Nukleon 8 MeV, der Massendefekt 0,0085 u. Freie Nukleonen haben im Mittel eine Masse von ca. 1,008 u, im Kern gebundene Nukleonen haben aufgrund des Massendefekts im Mittel eine Masse von 1,000 u, daher sind die Nuklidmassen annähernd ganzzahlig (vgl. Tabelle 1.2).

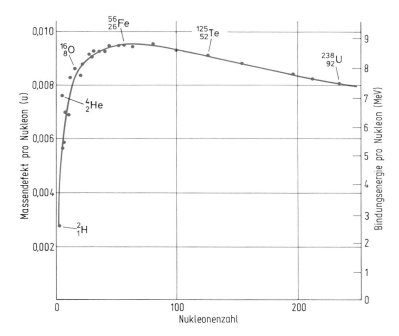

Abbildung 1.6   Die Kernbindungsenergie pro Nukleon für Kerne verschiedener Massen beträgt durchschnittlich 8 MeV, sie durchläuft bei den Nukleonenzahlen um 60 ein Maximum, Kerne dieser Nukleonenzahlen sind besonders stabile Kerne. Die unterschiedliche Stabilität der Kerne spielt bei der Gewinnung der Kernenergie (vgl. Abschn. 1.3.3) und bei der Entstehung der Elemente (vgl. Abschn. 1.3.4) eine wichtige Rolle. Der durchschnittliche Massenverlust der Nukleonen durch ihre Bindung im Kern beträgt 0,0085 u, die durchschnittliche Masse eines gebundenen Nukleons beträgt daher 1,000 u.

1.3 Kernreaktionen

Bei chemischen Reaktionen finden Veränderungen in der Elektronenhülle statt, die Kerne bleiben unverändert. Da der Energieumsatz nur einige eV beträgt, gilt das Gesetz der Erhaltung der Masse, die Massenänderungen sind experimentell nicht erfaßbar.

Bei Kernreaktionen ist die Veränderung des Atomkerns entscheidend, die Elektronenhülle spielt keine Rolle. Der Energieumsatz ist etwa 10^6 mal größer als bei chemischen Reaktionen. Als Folge davon treten meßbare Massenänderungen auf, und es gilt das Masse-Energie-Äquivalenzprinzip.

Beispiel:

Bei der Bildung eines He-Kerns erfolgt eine Energieabgabe von 28,3 MeV, dies entspricht einer Massenabnahme von 0,03 u. Für 1 mol gebildete $^4_2$He-Kerne, das sind $6 \cdot 10^{23}$ Teilchen (vgl. Abschn. 3.1), beträgt die Massenabnahme 0,03 g. Ist bei einer chemischen Reaktion die Energieänderung 10 eV, dann erfolgt pro Mol nur eine Massenänderung von 10^{-8} g.

1.3.1 Radioaktivität

1896 entdeckte Becquerel, daß Uranverbindungen spontan Strahlen aussenden. Er nannte diese Erscheinung Radioaktivität. 1898 wurde von Pierre und Marie Curie in der Pechblende, einem Uranerz, das radioaktive Element Radium entdeckt und daraus isoliert. 1903 erkannten Rutherford und Soddy, daß die Radioaktivität auf einen Zerfall der Atomkerne zurückzuführen ist und die radioaktiven Strahlen Zerfallsprodukte der instabilen Atomkerne sind.

Instabile Nuklide wandeln sich durch Ausstoßung von Elementarteilchen oder kleinen Kernbruchstücken in andere Nuklide um. Diese spontane Kernumwandlung wird als radioaktiver Zerfall bezeichnet.

Instabil sind hauptsächlich schwere Kerne, die mehr als 83 Protonen enthalten. Bei den natürlichen radioaktiven Nukliden werden vom Atomkern drei Strahlungsarten emittiert (Abb. 1.7).

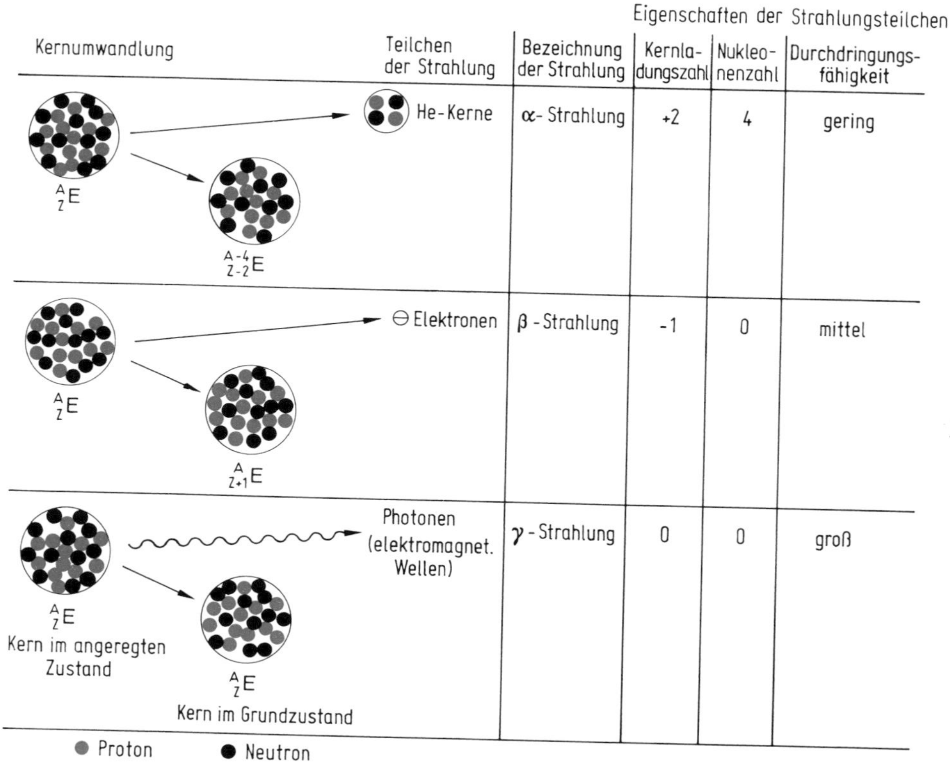

Kernumwandlung	Teilchen der Strahlung	Bezeichnung der Strahlung	Eigenschaften der Strahlungsteilchen		
			Kernladungszahl	Nukleonenzahl	Durchdringungsfähigkeit
$^A_Z E \rightarrow {}^{A-4}_{Z-2}E$	He-Kerne	α-Strahlung	+2	4	gering
$^A_Z E \rightarrow {}^{A}_{Z+1}E$	⊖ Elektronen	β-Strahlung	-1	0	mittel
$^A_Z E$ (Kern im angeregten Zustand) $\rightarrow {}^A_Z E$ (Kern im Grundzustand)	Photonen (elektromagnet. Wellen)	γ-Strahlung	0	0	groß

● Proton   ● Neutron

Abbildung 1.7   Natürliche Radioaktivität. Schwere Kerne mit mehr als 83 Protonen sind instabil. Sie wandeln sich durch Aussendung von Strahlung in stabile Kerne um. Bei natürlichen radioaktiven Stoffen treten drei verschiedenartige Strahlungen auf. Vom Kern werden entweder α-Teilchen, Elektronen oder elektromagnetische Wellen ausgesandt. Die spontane Kernumwandlung wird als radioaktiver Zerfall bezeichnet.

α-*Strahlung*. Sie besteht aus $^4_2$He-Teilchen (Heliumkerne).

β-*Strahlung*. Sie besteht aus Elektronen.

γ-*Strahlung*. Dabei handelt es sich um eine energiereiche elektromagnetische Strahlung.

Reichweite und Durchdringungsfähigkeit der Strahlungen nehmen in der Reihenfolge α, β, γ stark zu.

Kernprozesse können mit Hilfe von *Kernreaktionsgleichungen* formuliert werden.

Beispiele:

α-Zerfall: $^{226}_{88}\text{Ra} \longrightarrow {}^{222}_{86}\text{Rn} + {}^4_2\text{He}$

β-Zerfall: $^{40}_{19}\text{K} \longrightarrow {}^{40}_{20}\text{Ca} + {}^{\ 0}_{-1}\text{e}$

Die Summe der Nukleonenzahlen und die Summe der Kernladungen (Protonenzahl) müssen auf beiden Seiten einer Kernreaktionsgleichung gleich sein.

Die beim β-Zerfall emittierten Elektronen stammen nicht aus der Elektronenhülle, sondern aus dem Kern. Im Kern wird ein Neutron in ein Proton und ein Elektron umgewandelt, das Elektron wird aus dem Kern herausgeschleudert, das Proton verbleibt im Kern.

$$^1_0\text{n} \longrightarrow {}^1_1\text{p} + {}^{\ 0}_{-1}\text{e}$$

Der radioaktive Zerfall ist mit einem Massendefekt verbunden. Die der Massenabnahme äquivalente Energie wird von den emittierten Teilchen als kinetische Energie aufgenommen. Beim α-Zerfall von $^{226}_{88}$Ra beträgt der Massendefekt 0,005 u, das α-Teilchen erhält die kinetische Energie von 4,78 MeV.

Im Gegensatz dazu haben bei einem β-Zerfall die emittierten Elektronen keine scharfe Energie, sondern kontinuierliche Energiewerte bis zu einer Grenzenergie, die dem Massendefekt entspricht. Da dies den Energieerhaltungssatz verletzt, postulierte Pauli 1930, daß beim β-Zerfall zusammen mit dem Elektron ein weiteres Teilchen entsteht, das keine Ladung und Ruhemasse besitzt, das Antineutrino $\tilde{\nu}$ (Antiteilchen s. Abschn. 1.3.2).

$$\text{n} \longrightarrow \text{p} + \text{e} + \tilde{\nu}$$

Der Energieerhaltungssatz fordert, daß die Summe der Energien des Elektrons und des Antineutrinos konstant ist.

Kernreaktionen können in der *Nebelkammer* sichtbar gemacht werden. Sie enthält übersättigten Alkoholdampf oder Wasserdampf, und auf der Bahn eines Kernteilchens entsteht ein „Kondensstreifen", da es durch Zusammenstöße mit Gasmolekülen Ionen erzeugt, die als Kondensationskeime wirken.

Radioaktive Verschiebungssätze

Die Beispiele zeigen, daß beim radioaktiven Zerfall *Elementumwandlungen* auftreten.

Beim α-Zerfall entstehen Elemente mit um zwei verringerter Protonenzahl (Kernladungszahl) Z und um vier verkleinerter Nukleonenzahl A.

$$^4_Z E_1 \longrightarrow {}^{A-4}_{Z-2} E_2 + {}^4_2 He$$

Beim β-Zerfall entstehen Elemente mit einer um eins erhöhten Protonenzahl, die Nukleonenzahl ändert sich nicht.

$$^A_Z E_1 \longrightarrow {}^A_{Z+1} E_2 + {}^{\;0}_{-1} e$$

Der γ-Zerfall führt zu keiner Änderung der Protonenzahl und der Nukleonenzahl, also zu keiner Elementumwandlung, sondern nur zu einer Änderung des Energiezustandes des Atomkerns. Befindet sich ein Kern in einem angeregten, energiereichen Zustand, so kann er durch Abgabe eines γ-Quants (vgl. Gl. 1.22) einen energieärmeren Zustand erreichen.

Das bei einer radioaktiven Umwandlung entstehende Element ist meist ebenfalls radioaktiv und zerfällt weiter, so daß *Zerfallsreihen* entstehen. Am Ende einer Zerfallsreihe steht ein stabiles Nuklid. Die Glieder einer Zerfallsreihe besitzen aufgrund der Verschiebungssätze entweder die gleiche Nukleonenzahl (β-Zerfall) oder die Nukleonenzahlen unterscheiden sich um vier (α-Zerfall). Es sind daher vier verschiedene Zerfallreihen möglich, deren Glieder die Nukleonenzahlen $4n$, $4n+1$, $4n+2$ und $4n+3$ besitzen (Tabelle 1.3). Die in der Natur vorhandenen schweren, radioaktiven Nuklide sind Glieder einer der Zerfallsreihen.

Tabelle 1.3   Radioaktive Zerfallsreihen

Zerfallsreihe	Nukleonen- zahlen	Ausgangs- nuklid	Stabiles Endprodukt	Abgegebene Teilchen	
				α	β
Thoriumreihe	$4n$	$^{232}_{90}Th$	$^{208}_{82}Pb$	6	4
Neptuniumreihe	$4n+1$	$^{237}_{93}Np$	$^{209}_{83}Bi$	7	4
Uran-Radium-Reihe	$4n+2$	$^{238}_{92}U$	$^{206}_{82}Pb$	8	6
Actinium-Uran-Reihe	$4n+3$	$^{235}_{92}U$	$^{207}_{82}Pb$	7	4

Die Neptuniumreihe kommt in der Natur nicht vor (vgl. S. 19). Sie wurde erst nach der Darstellung von künstlichem Neptunium aufgefunden. Die einzelnen Glieder der Uran-Radium-Reihe zeigt Tabelle 1.4.

Außer bei den schweren Elementen tritt natürliche Radioaktivität auch bei einigen leichten Elementen auf, z. B. bei den Nukliden $^3_1 H$, $^{14}_6 C$, $^{40}_{19} K$, $^{87}_{37} Rb$. Bei diesen Nukliden tritt nur β-Strahlung auf.

Aktivität, Energiedosis, Äquivalentdosis

Die Aktivität A einer radioaktiven Substanz ist definiert als Anzahl der Strahlungsemissionsakte durch Zeit. Ihre SI-Einheit ist das Becquerel (Bq). 1 Becquerel ist die Aktivität einer radioaktiven Substanzportion, in der im Mittel genau ein Strahlungsemissionsakt je Sekunde stattfindet.

$$1 \, Bq = 1 \, s^{-1}$$

Die früher übliche Einheit war das Curie (Ci; 1 g Radium hat die Aktivität 1 Ci).

$$1\,\text{Ci} = 3{,}7 \cdot 10^{10}\,\text{Bq} = 37\,\text{GBq}$$

Die Energiedosis D ist die einem Körper durch ionisierende Strahlung zugeführte massenbezogene Energie. Die SI-Einheit ist das Gray (Gy).

$$1\,\text{Gy} = 1\,\text{Jkg}^{-1}$$

Für die Strahlenwirkung muß die medizinisch-biologische Wirksamkeit (MBW) durch einen Bewertungsfaktor q berücksichtigt werden.

Strahlungsart	Bewertungsfaktor q
Röntgen-Strahlen, γ-Strahlen	1
β-Strahlen	1
Protonen, α-Strahlen	~ 10
Neutronen	10–20 (abhängig von der Teilchenenergie)

Durch Multiplikation der Energiedosis mit dem Bewertungsfaktor der Strahlung erhält man die Äquivalentdosis D_q mit der SI-Einheit Sievert (Sv): $D_q = q \cdot D$.

Die max. tolerierbare Strahlenbelastung beträgt für beruflich strahlenexponierte Personen 20 mSv/Jahr. Die Belastung durch natürliche Radioaktivität beträgt in Deutschland im Mittel 2,1 mSv/Jahr. Fast die gesamte zivilisatorische Strahlenbelastung von 2,1 mSv/Jahr stammt aus medizinischer Anwendung. Die Einheiten Rad (rd) für die Energiedosis und Rem (rem) für die Äquivalentdosis sind nicht mehr zugelassen (vgl. Anhang 1).

Radioaktive Zerfallsgeschwindigkeit
Der radioaktive Zerfall kann nicht beeinflußt werden. Der Kernzerfall erfolgt völlig spontan und rein statistisch. Dies bedeutet, daß pro Zeiteinheit immer der gleiche Anteil der vorhandenen Kerne zerfällt. Die Anzahl der pro Zeiteinheit zerfallenen Kerne $-\dfrac{\mathrm{d}N}{\mathrm{d}t}$ ist also proportional der Gesamtanzahl radioaktiver Kerne N und einer für jede instabile Nuklidsorte typischen Zerfallskonstante λ

$$-\frac{\mathrm{d}N}{\mathrm{d}t} = \lambda N \tag{1.1}$$

Durch Integration erhält man

$$\int_{N_0}^{N_t} \frac{\mathrm{d}N}{N} = -\int_0^t \lambda\,\mathrm{d}t \tag{1.2}$$

$$\ln \frac{N_0}{N_t} = \lambda t \tag{1.3}$$

$$N_t = N_0\,\mathrm{e}^{-\lambda t} \tag{1.4}$$

N_0 ist die Anzahl der radioaktiven Kerne zur Zeit $t = 0$, N_t die Anzahl der noch nicht zerfallenen Kerne zur Zeit t. N_t nimmt mit der Zeit exponentiell ab (vgl. Abb. 1.8).

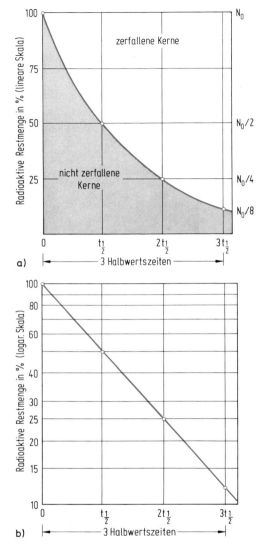

Abbildung 1.8   Graphische Wiedergabe des Zerfalls einer radioaktiven Substanz in a) linearer b) logarithmischer Darstellung. Der Zerfall erfolgt nach einer Exponentialfunktion (Gleichung 1.4). Radium hat eine Halbwertzeit von $t_{1/2} = 1600$ Jahre. Sind zur Zeit $t = 0$ 10^{22} Ra-Atome vorhanden, dann sind nach Ablauf der 1. Halbwertzeit $0,5 \cdot 10^{22}$ Ra-Atome zerfallen. Von den noch vorhandenen $0,5 \cdot 10^{22}$ Ra-Atomen zerfällt in der 2. Halbwertzeit wieder die Hälfte. Nach Ablauf von zwei Halbwertzeiten $2 \cdot t_{1/2} = 3200$ Jahre sind $0,25 \cdot 10^{22}$ Ra-Atome, also 25%, noch nicht zerfallen.

Als Maß für die Stabilität eines instabilen Nuklids wird die *Halbwertszeit* $t_{1/2}$ benutzt. Es ist die Zeit, während der die Hälfte eines radioaktiven Stoffes zerfallen ist (Abb. 1.8).

$$N_{t_{1/2}} = \frac{N_0}{2} \qquad (1.5)$$

Die Kombination von Gl. (1.3) mit Gl. (1.5) ergibt

$$t_{1/2} = \frac{\ln 2}{\lambda} = \frac{0{,}693}{\lambda} \qquad (1.6)$$

Die Halbwertszeit ist für jede instabile Nuklidsorte eine charakteristische Konstante. Die Halbwertszeiten liegen zwischen 10^{-9} Sekunden und 10^{14} Jahren.

Radioaktives Gleichgewicht

In einer Zerfallsreihe existiert zwischen einem Mutternuklid und seinem Tochternuklid ein radioaktives Gleichgewicht. Die Anzahl der pro Zeiteinheit zerfallenden Kerne des Mutternuklids 1

$$-\frac{\mathrm{d}N_1}{\mathrm{d}t} = \lambda_1 N_1$$

ist natürlich gleich der Anzahl der gebildeten Kerne des Tochternuklids 2. Für die Anzahl der pro Zeiteinheit zerfallenden Kerne des Tochternuklids 2 gilt

$$-\frac{\mathrm{d}N_2}{\mathrm{d}t} = \lambda_2 N_2$$

Zu Beginn des radioaktiven Zerfalls ist die Bildungsgeschwindigkeit der Kerne 2 größer als ihre Zerfallsgeschwindigkeit. Mit wachsender Anzahl der Kerne 2 nimmt ihre Zerfallsgeschwindigkeit zu. Schließlich wird ein Gleichgewichtszustand erreicht, für den gilt

Bildungsgeschwindigkeit = Zerfallsgeschwindigkeit
der Kerne 2   der Kerne 2

$$-\frac{\mathrm{d}N_1}{\mathrm{d}t} = -\frac{\mathrm{d}N_2}{\mathrm{d}t}$$

$$\lambda_1 N_1 = \lambda_2 N_2$$

und bei Berücksichtigung von Gl. (1.6)

$$\frac{N_1}{N_2} = \frac{(t_{1/2})_1}{(t_{1/2})_2}$$

In einer Zerfallsreihe ist das Mengenverhältnis zweier Kernarten durch das Verhältnis ihrer Halbwertszeiten bestimmt.

Beispiel:
Uran-Radium-Zerfallsreihe (vgl. Tabelle 1.4)

$$^{238}_{92}\text{U} \xrightarrow[t_{1/2} = 4,5 \cdot 10^9 \text{ Jahre}]{} {}^{234}_{90}\text{Th} \xrightarrow[t_{1/2} = 24,1 \text{ Tage}]{} {}^{234}_{91}\text{Pa} \xrightarrow[t_{1/2} = 1,17 \text{ min}]{} {}^{234}_{92}\text{U}$$

$$\xrightarrow[t_{1/2} = 2,47 \cdot 10^5 \text{ Jahre}]{} {}^{230}_{90}\text{Th} \longrightarrow$$

$$\frac{N(^{238}\text{U})}{N(^{234}\text{Th})} = \frac{365 \cdot 4,5 \cdot 10^9 \text{ Tage}}{24,1 \text{ Tage}} = 6,8 \cdot 10^{10}$$

$$\frac{N(^{238}\text{U})}{N(^{234}\text{U})} = \frac{4,5 \cdot 10^9 \text{ Jahre}}{2,47 \cdot 10^5 \text{ Jahre}} = 1,8 \cdot 10^4$$

Altersbestimmungen

Da die radioaktive Zerfallsgeschwindigkeit durch äußere Bedingungen wie Druck und Temperatur nicht beeinflußbar ist und auch davon unabhängig ist, in welcher chemischen Verbindung ein radioaktives Nuklid vorliegt, kann der radioaktive Zerfall als geologische Uhr verwendet werden. Es sollen zwei Anwendungen besprochen werden.

^{14}*C-Methode* (Libby 1947). In der oberen Atmosphäre wird durch kosmische Strahlung aufgrund der Reaktion (vgl. Abschn. 1.3.2)

$$^{14}_{7}\text{N} + \text{n} \longrightarrow {}^{14}_{6}\text{C} + \text{p}$$

in Spuren radioaktives ^{14}C erzeugt. ^{14}C ist ein β-Strahler mit der Halbwertszeit $t_{1/2} = 5730$ Jahre, es ist im Kohlenstoffdioxid der Atmosphäre chemisch gebunden. Im Lauf der Erdgeschichte hat sich ein konstantes Verhältnis von radioaktivem CO_2 zu inaktivem CO_2 eingestellt. Da bei der Assimilation die Pflanzen CO_2 aufnehmen, wird das in der Atmosphäre vorhandene Verhältnis von radioaktivem Kohlenstoff zu inaktivem Kohlenstoff auf Pflanzen und Tiere übertragen. Nach dem Absterben hört der Stoffwechsel auf, und der ^{14}C-Gehalt sinkt als Folge des radioaktiven Zerfalls. Mißt man den ^{14}C-Gehalt, kann der Zeitpunkt des Absterbens bestimmt werden. Das Verhältnis ^{14}C : ^{12}C in einem z. B. vor 5730 Jahren gestorbenen Lebewesen ist gerade halb so groß wie bei einem lebenden Organismus. Radiokohlenstoff-Datierungen sind mit konventionellen Messungen bis zu Altern von 60000 Jahren möglich. Durch Isotopenanreicherung konnte die Datierung bis auf 75000 Jahre ausgedehnt werden. Die Methode ist also besonders für archäologische Probleme geeignet.

Die Altersbestimmung von Tonscherben ist durch die Analyse eingelagerter Lipide möglich.

Alter von Mineralien. $^{238}_{92}$U zerfällt in einer Zerfallsreihe in 14 Schritten zu stabilem $^{206}_{82}$Pb (Tabelle 1.4). Dabei entstehen acht α-Teilchen. Die Halbwertszeit des ersten Schrittes ist mit $4,5 \cdot 10^9$ Jahren die größte der Zerfallsreihe und bestimmt die Geschwindigkeit des Gesamtzerfalls. Aus 1 g $^{238}_{92}$U entstehen z. B. in $4,5 \cdot 10^9$ Jahren 0,5 g $^{238}_{92}$U, 0,4326 g $^{206}_{82}$Pb und 0,0674 g Helium (aus α-Strahlung). Man kann daher aus den experimentell bestimmten Verhältnissen $^{206}_{82}$Pb/$^{238}_{92}$U und $^{4}_{2}$He/$^{238}_{92}$U das Alter von Uranmineralien berechnen.

Bei anderen Methoden werden die Verhältnisse $^{87}_{38}$Sr/$^{87}_{37}$Rb bzw. $^{40}_{18}$Ar/$^{40}_{19}$K ermit-

Tabelle 1.4 Uran-Radium-Zerfallsreihe

Nuklid	Halbwertszeit $t_{1/2}$	Nuklid	Halbwertszeit $t_{1/2}$	Nuklid	Halbwertszeit $t_{1/2}$
$^{238}_{92}U$	$4{,}51 \cdot 10^9$ Jahre	$^{226}_{88}Ra$	1600 Jahre	$^{214}_{84}Po$	$1{,}64 \cdot 10^{-4}$ Sekunden
$^{234}_{90}Th$	24,1 Tage	$^{222}_{86}Rn$	3,83 Tage	$^{210}_{82}Pb$	21 Jahre
$^{234}_{91}Pa$	1,17 Minuten	$^{218}_{84}Po$	3,05 Minuten	$^{210}_{83}Bi$	5,01 Tage
$^{234}_{92}U$	$2{,}47 \cdot 10^5$ Jahre	$^{214}_{82}Pb$	26,8 Minuten	$^{210}_{84}Po$	138,4 Tage
$^{230}_{90}Th$	$8{,}0 \cdot 10^4$ Jahre	$^{214}_{83}Bi$	19,7 Minuten	$^{206}_{82}Pb$	stabil

telt. Durch Messung von Nuklidverhältnissen wurden z. B. die folgenden Alter bestimmt: Steinmeteorite $4{,}6 \cdot 10^9$ Jahre; Granodiorit aus Kanada (ältestes Erdgestein) $4{,}0 \cdot 10^9$ Jahre; Mondproben $3{,}6{-}4{,}2 \cdot 10^9$ Jahre.

Wie bei $^{238}_{92}U$ betragen die Halbwertszeiten von $^{232}_{90}Th$ und $^{235}_{92}U$ $10^9 - 10^{10}$ Jahre, alle drei Zerfallsreihen (vgl. Tabelle 1.3) sind daher in der Natur vorhanden. Im Gegensatz dazu ist die Neptuniumreihe bereits zerfallen, da die größte Halbwertszeit in der Reihe ($t_{1/2}$ von $^{237}_{93}Np$ beträgt $2 \cdot 10^6$ Jahre) sehr viel kleiner als das Erdalter ist.

1.3.2 Künstliche Nuklide

Beim natürlichen radioaktiven Zerfall erfolgen Elementumwandlungen durch spontane Kernreaktionen. *Kernreaktionen können erzwungen werden, wenn man Kerne mit α-Teilchen, Protonen, Neutronen, Deuteronen ($^2_1$H-Kerne) u.a. beschießt.*

Die erste künstliche Elementumwandlung gelang Rutherford 1919 durch Beschuß von Stickstoffkernen mit α-Teilchen.

$$^{14}_{7}N + ^4_2He \longrightarrow ^{17}_{8}O + ^1_1H$$

Dabei entsteht das stabile Sauerstoffisotop $^{17}_{8}O$. Eine andere gebräuchliche Schreibweise ist $^{14}_{7}N\,(\alpha, p)\,^{17}_{8}O$. Die Kernreaktion

$$^9_4Be + ^4_2He \longrightarrow ^{12}_{6}C + n$$

führte 1932 zur Entdeckung des Neutrons durch Chadwick.

Die meisten durch erzwungene Kernreaktionen gebildeten Nuklide sind instabile radioaktive Nuklide und zerfallen wieder. Die *künstliche Radioaktivität* wurde 1934 von Joliot und I. Curie beim Beschuß von Al-Kernen mit α-Teilchen entdeckt. Zunächst entsteht ein in der Natur nicht vorkommendes Phosphorisotop, das mit einer Halbwertszeit von 2,5 Minuten unter Aussendung von Positronen zerfällt

$$^{27}_{13}Al + ^4_2He \longrightarrow ^{30}_{15}P + n; \quad ^{30}_{15}P \longrightarrow ^{30}_{14}Si + ^0_1e^+$$

Positronen (e^+) sind Elementarteilchen, die die gleiche Masse wie Elektronen besitzen, aber eine positive Elementarladung tragen.

Elektronen und Positronen sind *Antiteilchen.* Es gibt zu jedem Elementarteilchen ein Antiteilchen, z. B. Antiprotonen und Antineutronen. Treffen Teilchen und Antiteilchen zusammen, so vernichten sie sich unter Aussendung von Photonen (Zerstrahlung). Umgekehrt kann aus Photonen ein Teilchen-Antiteilchen-Paar entstehen (Paarbildung). Schon 1933 fanden Joliot und Curie, daß aus einem γ-Quant der Mindestenergie 1,02 MeV ein Elektron-Positron-Paar entsteht.

Durch Kernreaktionen sind eine Vielzahl künstlicher Nuklide hergestellt worden. Zusammen mit den 340 natürlichen Nukliden sind zur Zeit insgesamt ungefähr *2600 Nuklide* bekannt, davon sind ca. 2200 radioaktiv.

Die größte Ordnungszahl der natürlichen Elemente besitzt Uran ($Z = 92$). Mit Hilfe von Kernreaktionen ist es gelungen, die in der Natur nicht vorkommenden Elemente der Ordnungszahlen 93–112 und 114 (Transurane) herzustellen (vgl. Abschn. 1.3.3 und Anhang 2, Tabelle 1). Technisch wichtig ist Plutonium. Die äußerst kurzlebigen Elemente mit $Z = 107$ bis 112 und $Z = 114$ wurden durch Reaktion schwerer Kerne hergestellt, z. B. Meitnerium mit $Z = 109$ nach

$$^{209}_{83}\text{Bi}(^{58}_{26}\text{Fe, n})^{266}_{109}\text{Mt}$$

Künstliche radioaktive Isotope gibt es heute praktisch von allen Elementen. Sie haben u. a. große Bedeutung für diagnostische und therapeutische Zwecke in der Medizin. Als Indikatoren dienen sie z. B. zur Aufklärung von Reaktionsmechanismen und zur Untersuchung von Diffusionsvorgängen in Festkörpern. Eine wichtige spurenanalytische Methode ist die *Neutronen-Aktivierungsanalyse* (Empfindlichkeit 10^{-12} g/g). Das in Spuren vorhandene Element wird durch Neutronenbeschuß zu einem radioaktiven Isotop aktiviert. Die charakteristische Strahlung des Isotops ermöglicht die Identifizierung des Elements.

1.3.3 Kernspaltung, Kernfusion

Eine völlig neue Reaktion des Kerns entdeckten 1938 Hahn und Straßmann beim Beschuß von Uran mit langsamen Neutronen:

$$^{235}_{92}\text{U} + \text{n} \longrightarrow {}^{236}_{92}\text{U}^* \longrightarrow \text{X} + \text{Y} + 1 \text{ bis } 3\text{n} + 200\,\text{MeV}$$

Durch Einfang eines Neutrons entsteht aus $^{235}_{92}\text{U}$ ein instabiler Zwischenkern (* bezeichnet einen angeregten Zustand), der unter Abgabe einer sehr großen Energie in zwei Kernbruchstücke X, Y und 1 bis 3 Neutronen zerfällt. Diese Reaktion bezeichnet man als Kernspaltung (Abb. 1.9). X und Y sind Kernbruchstücke mit Nukleonenzahlen von etwa 95 und 140. Eine mögliche Reaktion ist

$$^{236}_{92}\text{U}^* \longrightarrow {}^{92}_{36}\text{Kr} + {}^{142}_{56}\text{Ba} + 2\text{n}$$

Der große Energiegewinn bei der Kernspaltung entsteht dadurch, daß beim Zerfall des schweren Urankerns in zwei leichtere Kerne die Bindungsenergie um etwa 0,8 MeV pro Nukleon erhöht wird (vgl. Abb. 1.6). Für 230 Nukleonen kann daraus eine Bindungsenergie von etwa 190 MeV abgeschätzt werden, die bei der Kernspaltung frei wird.

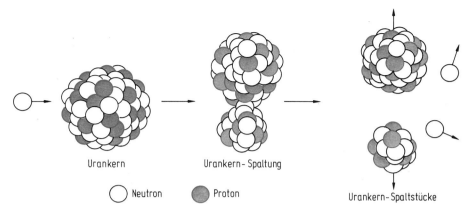

Abbildung 1.9   Kernspaltung. Beim Beschuß mit Neutronen spaltet der Urankern^{235}U durch Einfang eines Neutrons in zwei Bruchstücke. Außerdem entstehen Neutronen, und der Energiebetrag von 200 MeV wird frei.

Bei jeder Spaltung entstehen Neutronen, die neue Kernspaltungen auslösen können. Diese Reaktionsfolge bezeichnet man als *Kettenreaktion.* Man unterscheidet ungesteuerte und gesteuerte Kettenreaktionen. Bei der ungesteuerten Kettenreaktion führt im Mittel mehr als eines der bei einer Kernspaltung entstehenden 1 bis 3 Neutronen zu einer neuen Kernspaltung. Dadurch wächst die Zahl der Spaltungen lawinenartig an. Dies ist schematisch in der Abb. 1.10 dargestellt.

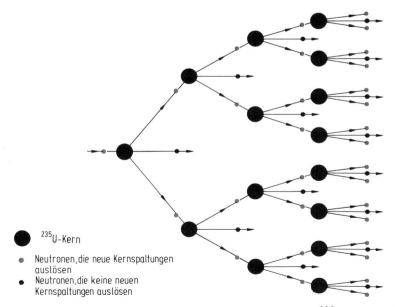

Abbildung 1.10   Schema der ungesteuerten Kettenreaktion. Bei jeder ^{235}U-Kernspaltung entstehen durchschnittlich drei Neutronen. Davon lösen im Mittel zwei Neutronen neue Kernspaltungen aus ($k = 2$). Die Zahl der Spaltungen wächst dadurch lawinenartig an.

Man definiert als Multiplikationsfaktor k die durchschnittlich pro Spaltung erzeugte Zahl der Neutronen, durch die neue Kernspaltungen ausgelöst werden. Bei ungesteuerten Kettenreaktionen ist $k > 1$. Bei der in Abb. 1.10 dargestellten ungesteuerten Kettenreaktion beträgt $k = 2$.

Bei der gesteuerten Kettenreaktion muß $k = 1$ sein. Pro Spaltung ist also im Durchschnitt 1 Neutron vorhanden, das wieder eine Spaltung auslöst. Dadurch entsteht eine einfache Reaktionskette (vgl. Abb. 1.11). Wird $k < 1$, erlischt die Kettenreaktion. Um eine Kettenreaktion mit gewünschtem Multiplikationsfaktor zu erhalten, müssen folgende Faktoren berücksichtigt werden:

Konkurrenzreaktionen. Verwendet man natürliches Uran als Spaltstoff, so werden die bei der Spaltung entstehenden schnellen Neutronen bevorzugt durch das viel häufigere Isotop $^{238}_{92}U$ in einer Konkurrenzreaktion abgefangen:

$$^{238}_{92}U + n_{schnell} \longrightarrow {}^{239}_{92}U$$

Damit die Kettenreaktion nicht erlischt, müssen die Neutronen an Bremssubstanzen (z. B. Graphit) durch elastische Stöße verlangsamt werden, erst dann reagieren sie bevorzugt mit ^{235}U.

Neutronenverlust. Ein Teil der Neutronen tritt aus der Oberfläche des Spaltstoffes aus und steht nicht mehr für Kernspaltungen zur Verfügung. Abhängig von der Art des Spaltstoffes, der Geometrie seiner Anordnung und seiner Umgebung wird erst bei einer Mindestmenge spaltbaren Materials (kritische Masse) $k > 1$.

Neutronenabsorber. Neutronen lassen sich durch Absorption an Cadmiumstäben oder Borstäben aus der Reaktion entfernen. Dadurch läßt sich die Kettenreaktion kontrollieren und verhindern, daß die gesteuerte Kettenreaktion in eine ungesteuerte Kettenreaktion übergeht.

Abb. 1.11 zeigt schematisch an einer gesteuerten Kettenreaktion, daß von drei Neutronen ein Neutron aus der Oberfläche austritt, ein weiteres durch Konkurrenzreaktion verbraucht wird, während das dritte die Kettenreaktion erhält.

Die gesteuerte Kettenreaktion wird in *Atomreaktoren* benutzt. Der erste Reaktor wurde bereits 1942 in Chikago in Betrieb genommen. Atomreaktoren dienen als Energiequellen und Stoffquellen. 1 kg ^{235}U liefert die gleiche Energie wie $2,5 \cdot 10^6$ kg Steinkohle. Die bei der Spaltung frei werdenden Neutronen können zur Erzeugung radioaktiver Nuklide und neuer Elemente (z. B. Transurane) genutzt werden.

Von den natürlich vorkommenden Nukliden ist nur ^{235}U mit langsamen Neutronen spaltbar. Sein Anteil an natürlichem Uran beträgt 0,71 %. Als Kernbrennstoff wird natürliches Uran oder mit $^{235}_{92}U$ angereichertes Uran verwendet. *Mit langsamen (thermischen) Neutronen spaltbar sind außerdem das Uranisotop ^{233}U und das Plutoniumisotop ^{239}Pu.* Diese Isotope können im Atomreaktor nach den folgenden Reaktionen hergestellt werden:

$$^{238}_{92}U \xrightarrow{+n} {}^{239}_{92}U \xrightarrow{-\beta^-} {}^{239}_{93}Np \xrightarrow{-\beta^-} {}^{239}_{94}Pu$$

$$^{232}_{90}Th \xrightarrow{+n} {}^{233}_{90}Th \xrightarrow{-\beta^-} {}^{233}_{91}Pa \xrightarrow{-\beta^-} {}^{233}_{92}U$$

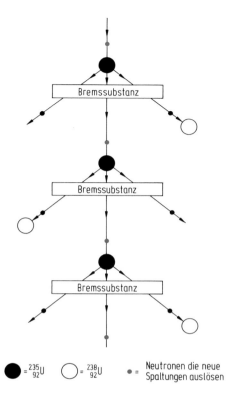

$\bullet = {}^{235}_{92}U$ $\bigcirc = {}^{238}_{92}U$ $\bullet =$ Neutronen die neue
Spaltungen auslösen

Abbildung 1.11   Schema der gesteuerten Kettenreaktion. Bei der Spaltung von ${}^{235}U$ entstehen drei Neutronen. Nur ein Neutron steht für neue Spaltungen zur Verfügung ($k = 1$). Es entsteht eine unverzweigte Reaktionskette. Ein Neutron tritt aus der Oberfläche des Spaltstoffes aus, ein weiteres wird von ${}^{238}U$ eingefangen.

In jedem mit natürlichem Uran arbeitenden Reaktor wird aus dem Isotop ${}^{238}U$ Plutonium, also spaltbares Material erzeugt. Ein Reaktor mit einer Leistung von 10^6 kW liefert täglich 1 kg Plutonium. In Atomreaktoren erfolgt also Konversion in spaltbares Material. Man bezeichnet als Konversionsgrad K das Verhältnis der Anzahl erzeugter spaltbarer Kerne zur Anzahl verbrauchter spaltbarer Kerne. Ist $K > 1$, wird mehr spaltbares Material erzeugt, als verbraucht wird. Man nennt solche Reaktoren *Brutreaktoren*. Das erste Kernkraftwerk wurde 1956 in England in Betrieb genommen. 2003 waren weltweit 439 Kernkraftwerke mit einer Gesamtleistung von 360 000 MW in Betrieb (im Bau 35). In Deutschland waren es 19 Kernkraftwerke mit 21 000 MW, die 28 % des elektrischen Stroms erzeugten und 3 800 t Uran erforderten. Als Kernbrennstoff wird natürliches Uran oder an ${}^{235}U$ angereichertes Uran verwendet, der Konversionsgrad beträgt ca. 0,8.

Bei einer ungesteuerten Kettenreaktion wird die Riesenenergie der Kernspaltungen explosionsartig frei. Die in Hiroshima 1945 eingesetzte *Atombombe* bestand aus

$^{235}_{92}$U (50 kg, entsprechend einer Urankugel von 8,5 cm Radius), die zweite 1945 in Nagasaki abgeworfene A-Bombe bestand aus $^{239}_{94}$Pu.

Kernenergie kann nicht nur durch Spaltung schwerer Kerne, sondern *auch durch Verschmelzung sehr leichter Kerne erzeugt werden,* z.B. bei der Umsetzung von Deuteronen mit Tritonen zu He-Kernen:

$$^2H + {}^3H \longrightarrow {}^4He + n$$

Abb. 1.6 zeigt, daß sich bei dieser Reaktion die Kernbindungsenergie pro Nukleon erhöht und daher Energie abgegeben wird. Zur Kernverschmelzung sind hohe Teilchenenergien erforderlich, so daß Temperaturen von 10^7–10^8 K benötigt werden. Man bezeichnet daher diese Reaktionen als *thermonukleare Reaktionen.*

Die Kernfusion ist technisch in der erstmalig 1952 erprobten *Wasserstoffbombe* realisiert. Dazu wird eine Mischung von Deuterium und Tritium mit einer Atombombe umkleidet, die die zur thermonuklearen Reaktion notwendigen Temperaturen liefert und zur Zündung dient. Zur Erzeugung des teuren Tritiums verwendet man Lithiumdeuterid ^{6}LiD, dessen Kernfusion nach folgenden Reaktionen verläuft:

$$\begin{array}{ll} ^6_3\text{Li} + n & \longrightarrow \; ^3_1\text{H} + ^4_2\text{He} \\ ^2_1\text{H} + ^3_1\text{H} & \longrightarrow \; ^4_2\text{He} + n \\ \hline ^6_3\text{Li} + ^2_1\text{H} & \longrightarrow \; 2\,^4_2\text{He} + 22\;\text{MeV} \end{array}$$

Diese Kernfusion liefert viermal mehr Energie als die Kernspaltung der gleichen Masse $^{235}_{92}$U. Die Sprengkraft großer H-Bomben entspricht der von etwa $50 \cdot 10^6$ Tonnen Trinitrotoluol (TNT).

Die *kontrollierte Kernfusion* zur Energieerzeugung ist technisch noch nicht möglich. Dazu müssen im Reaktor Temperaturen von 10^8 K erzeugt werden. Bisher konnten Fusionsreaktionen nur eine sehr kurze Zeit aufrechterhalten werden. Die Energiegewinnung durch Kernfusion hat gegenüber der durch Kernspaltung zwei wesentliche Vorteile. Im Gegensatz zu spaltbarem Material sind die Rohstoffe zur Kernfusion in beliebiger Menge vorhanden. Bei der Kernfusion entstehen weniger langlebige α-Strahler, die sicher endgelagert werden müssen. Eine über lange Zeiträume sichere Endlagerung existiert gegenwärtig noch nicht. Kommerzielle Fusionskraftwerke wird es aber nicht vor Mitte des Jahrhunderts geben.

1.3.4 Elementhäufigkeit, Elemententstehung

Da die Zusammensetzung der Materie im gesamten Kosmos ähnlich ist, ist es sinnvoll, eine mittlere kosmische Häufigkeitsverteilung der Elemente anzugeben (vgl. Abb. 1.12).

Etwa $^2/_3$ der Gesamtmasse des Milchstraßensystems besteht aus Wasserstoff (^{1}H), fast $^1/_3$ aus Helium (^{4}He), alle anderen Kernsorten tragen zusammen nur wenige Prozente bei. Schwerere Elemente als Eisen machen nur etwa ein Millionstel Prozent der Gesamtzahl der Atome aus. Elemente mit gerader Ordnungszahl sind häufiger als solche mit ungerader Ordnungszahl.

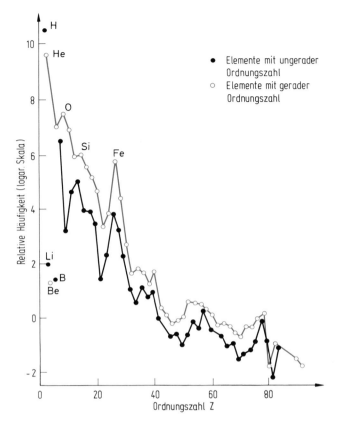

Abbildung 1.12   Kosmische Häufigkeitsverteilung der Elemente. Die Häufigkeiten der Elemente sind in Teilchenanzahlen bezogen auf den Wert 10^6 für Si angegeben.

Das Problem der Elemententstehung wird heute im Zusammenhang mit den in Sternen ablaufenden thermonuklearen Reaktionen und den Entwicklungsphasen der Sterne diskutiert.

Im ersten Entwicklungsstadium eines Sternes bilden sich bei etwa 10^7 K aus Wasserstoffkernen Heliumkerne (Wasserstoffbrennen).

$$4\,^1_1\text{H} \longrightarrow\ ^4_2\text{He} + 2\,\text{e}^+$$

Pro He-Kern wird dabei die Energie von 25 MeV frei. Diese Reaktion läuft in der Sonne ab, und sie liefert die von der Sonne laufend ausgestrahlte Energie. Pro Sekunde werden $7 \cdot 10^{14}$ g Wasserstoff verbrannt und $4 \cdot 10^{23}$ kJ Energie erzeugt. Das Wasserstoffbrennen dauert je nach Sternmasse $10^7 – 10^{10}$ Jahre. Nach dem Ausbrennen des Wasserstoffs erfolgt eine Kontraktion des Sternzentrums und Temperaturerhöhung auf ungefähr 10^8 K. Bei diesen Temperaturen sind neue Kernprozesse möglich. Aus He-Kernen bilden sich die Nuklide $^{12}_{6}\text{C}$, $^{16}_{8}\text{O}$, $^{20}_{10}\text{Ne}$ (Heliumbrennen). Nach dem Heliumbrennen führt weitere Kontraktion und Aufheizung des Sternzentrums zu komplizierten Kernreaktionen, durch die Kerne bis zu Massenzahlen von etwa 60 (Fe, Co, Ni) entstehen. Der großen Kernbindungsenergie von $^{56}_{26}$Fe (vgl. Abb. 1.6) entspricht ein Maximum der kosmischen Häufigkeit.

Die schwereren Elemente werden durch Neutronenanlagerung und nachfolgenden β-Zerfall aufgebaut. Der Aufbau der schwersten, auf das Blei folgenden Elemente ist aber nur bei sehr hohen Neutronendichten möglich. Da bei den als Supernovae bekannten explosiven Sternprozessen sehr hohe Neutronendichten auftreten, nimmt man an, daß dabei die schwersten Kerne entstanden sind und zusammen mit anderen schweren Elementen in den interstellaren Raum geschleudert wurden. Aus dieser interstellaren Materie enstandene jüngere Sterne enthalten von Anfang an schwere Elemente. Die Elemente unserer Erde wären danach Produkte sehr langer Sternentwicklungen.

1.4 Die Struktur der Elektronenhülle

1.4.1 Bohrsches Modell des Wasserstoffatoms

Für die chemischen Eigenschaften der Atome ist die Struktur der Elektronenhülle entscheidend.

Schon 1913 entwickelte Bohr für das einfachste Atom, das Wasserstoffatom, ein Atommodell. Er nahm an, daß sich in einem Wasserstoffatom das Elektron auf einer Kreisbahn um das Proton bewegt (vgl. Abb. 1.13).

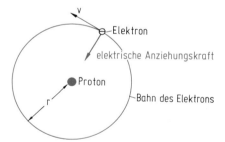

Abbildung 1.13   Bohrsches Wasserstoffatom. Das Elektron bewegt sich auf einer Kreisbahn mit der Geschwindigkeit v um das Proton. Die elektrische Anziehungskraft zwischen Proton und Elektron (Zentripetalkraft) zwingt das Elektron auf die Kreisbahn. Für eine stabile Umlaufbahn muß die Zentripetalkraft gleich der Zentrifugalkraft des umlaufenden Elektrons sein.

Zwischen elektrisch geladenen Teilchen treten elektrostatische Kräfte auf. Elektrische Ladungen verschiedenen Vorzeichens ziehen sich an, solche gleichen Vorzeichens stoßen sich ab. Die Größe der elektrostatischen Kraft wird durch das *Coulombsche Gesetz* beschrieben. Es lautet

$$F = f \cdot \frac{Q_1 \cdot Q_2}{r^2}$$

(1.7)

Die auftretende Kraft ist dem Produkt der elektrischen Ladungen Q_1 und Q_2 direkt, dem Quadrat ihres Abstandes r umgekehrt proportional. Der Zahlenwert des Proportionalitätsfaktors f ist vom Einheitensystem abhängig. Er beträgt im SI für den leeren Raum

$$f = \frac{1}{4\pi\varepsilon_0}$$

$$\varepsilon_0 = 8{,}854 \cdot 10^{-12}\,\mathrm{A^2\,s^4\,kg^{-1}\,m^{-3}}$$

ε_0 ist die elektrische Feldkonstante (Dielektrizitätskonstante des Vakuums). Setzt man in Gl. (1.7) die elektrischen Ladungen in Coulomb (1 C = 1 As) und den Abstand in m ein, so erhält man die elektrostatische Kraft in Newton (1 N = 1 kg m s^{-2}).

Zwischen dem Elektron und dem Proton existiert also nach dem Coulombschen Gesetz die

$$\text{elektrische Anziehungskraft } F_{\mathrm{el}} = -\frac{e^2}{4\pi\varepsilon_0 r^2}$$

r bedeutet Radius der Kreisbahn. Bewegt sich das Elektron mit einer Bahngeschwindigkeit v um den Kern, besitzt es die

$$\text{Zentrifugalkraft } F_{\mathrm{z}} = \frac{mv^2}{r}$$

wobei m die Masse des Elektrons bedeutet.

Für eine stabile Umlaufbahn muß die Bedingung gelten: Die Zentrifugalkraft des umlaufenden Elektrons ist entgegengesetzt gleich der Anziehungskraft zwischen dem Kern und dem Elektron, also $-F_{\mathrm{el}} = F_{\mathrm{z}}$

$$\frac{e^2}{4\pi\varepsilon_0 r^2} = \frac{mv^2}{r} \qquad (1.8)$$

bzw.

$$\frac{e^2}{4\pi\varepsilon_0 r} = mv^2 \qquad (1.9)$$

Wir wollen nun die Energie eines Elektrons berechnen, das sich auf einer Kreisbahn bewegt. Die Gesamtenergie des Elektrons ist die Summe von kinetischer Energie und potentieller Energie.

$$E = E_{\mathrm{kin}} + E_{\mathrm{pot}} \qquad (1.10)$$

E_{kin} ist die Energie, die von der Bewegung des Elektrons stammt.

$$E_{\mathrm{kin}} = \frac{mv^2}{2} \qquad (1.11)$$

E_{pot} ist die Energie, die durch die elektrische Anziehung zustande kommt.

$$E_{\text{pot}} = \int\limits_{\infty}^{r} \frac{e^2}{4\pi\varepsilon_0 r^2}\, dr = -\frac{e^2}{4\pi\varepsilon_0 r} \tag{1.12}$$

Die Gesamtenergie ist demnach

$$E = \frac{1}{2} m v^2 - \frac{e^2}{4\pi\varepsilon_0 r} \tag{1.13}$$

Ersetzt man mv^2 durch Gl. (1.9), so erhält man

$$E = \frac{1}{2}\frac{e^2}{4\pi\varepsilon_0 r} - \frac{e^2}{4\pi\varepsilon_0 r} = -\frac{e^2}{8\pi\varepsilon_0 r} \tag{1.14}$$

Nach Gl. (1.14) hängt die Energie des Elektrons nur vom Bahnradius r ab. Für ein Elektron sind alle Bahnen und alle Energiewerte von Null ($r = \infty$) bis Unendlich ($r = 0$) erlaubt.

Diese Vorstellung war zwar in Einklang mit der klassischen Mechanik, sie stand aber in Widerspruch zur klassischen Elektrodynamik. Nach deren Gesetzen sollte das umlaufende Elektron Energie in Form von Licht abstrahlen und aufgrund des ständigen Geschwindigkeitsverlustes auf einer Spiralbahn in den Kern stürzen. Die Erfahrung zeigt aber, daß dies nicht der Fall ist.

Bohr machte nun *die Annahme, daß das Elektron nicht auf beliebigen Bahnen den Kern umkreisen kann, sondern daß es nur ganz bestimmte Kreisbahnen gibt, auf denen es sich strahlungsfrei bewegen kann. Die erlaubten Elektronenbahnen sind solche, bei denen der Bahndrehimpuls des Elektrons $m v r$ ein ganzzahliges Vielfaches einer Grundeinheit des Drehimpulses ist. Diese Grundeinheit des Bahndrehimpulses ist* $\dfrac{h}{2\pi}$.

h wird *Planck-Konstante* oder auch *Plancksches Wirkungsquantum* genannt, ihr Wert beträgt

$$h = 6{,}626 \cdot 10^{-34}\, \text{kg}\,\text{m}^2\,\text{s}^{-1}\,(= \text{J}\,\text{s})$$

h ist eine fundamentale Naturkonstante, sie setzt eine untere Grenze für die Größe von physikalischen Eigenschaften wie den Drehimpuls oder, wie wir später noch sehen werden, die Energie elektromagnetischer Strahlung.

Die *mathematische Form des Bohrschen Postulats* lautet:

$$mvr = n\,\frac{h}{2\pi} \tag{1.15}$$

n ist eine ganze Zahl $(1, 2, 3, \ldots, \infty)$, sie wird *Quantenzahl* genannt.

Die Umformung von Gl. (1.15) ergibt

$$v = \frac{nh}{2\pi m r} \tag{1.16}$$

Setzt man Gl. (1.16) in Gl. (1.9) ein und löst nach r auf, so erhält man

$$r = \frac{h^2 \varepsilon_0}{\pi m e^2} \cdot n^2 \tag{1.17}$$

Wenn wir die Werte für die Konstanten h, m, e und ε_0 einsetzen, erhalten wir daraus

$$r = n^2 \cdot 0{,}53 \cdot 10^{-10} \text{ m}$$

Das Elektron darf sich also nicht in beliebigen Abständen vom Kern aufhalten, sondern nur auf Elektronenbahnen mit den Abständen 0,053 nm, 4 · 0,053 nm, 9 · 0,053 nm usw. (vgl. Abb. 1.14).

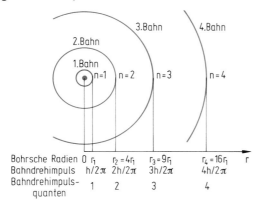

Abbildung 1.14   Bohrsche Bahnen. Das Elektron kann das Proton nicht auf beliebigen Bahnen umkreisen, sondern nur auf Bahnen mit den Radien $r = n^2 \cdot 0{,}053$ nm. Auf diesen Bahnen beträgt der Bahndrehimpuls $nh/2\pi$. Es gibt für das Elektron nicht beliebige Bahndrehimpulse, sondern nur ganzzahlige Vielfache des Bahndrehimpulsquants $h/2\pi$.

Für die Geschwindigkeit der Elektronen erhält man durch Einsetzen von Gl. (1.17) in Gl. (1.16)

$$v = \frac{1}{n} \cdot \frac{e^2}{2h\varepsilon_0} \tag{1.18}$$

und unter Berücksichtigung der Konstanten

$$v = \frac{1}{n} \cdot 2{,}18 \cdot 10^6 \text{ m s}^{-1}$$

Auf der innersten Bahn ($n = 1$) beträgt die Elektronengeschwindigkeit $2 \cdot 10^6$ m s^{-1}. Setzt man Gl. (1.17) in Gl. (1.14) ein, erhält man für die *Energie des Elektrons*

$$E = -\frac{me^4}{8\varepsilon_0^2 h^2} \cdot \frac{1}{n^2} \tag{1.19}$$

Das Elektron kann also *nicht beliebige Energiewerte annehmen, sondern es gibt nur ganz bestimmte Energiezustände, die durch die Quantenzahl n festgelegt sind.* Die möglichen Energiezustände des Wasserstoffatoms sind in der Abb. 1.15 in einem Energieniveauschema anschaulich dargestellt.

Die Quantelung des Bahndrehimpulses hat also zur Folge, daß für das Elektron im

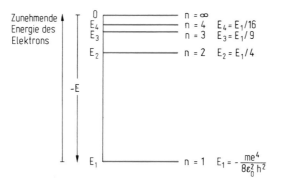

Abbildung 1.15   Energieniveaus im Wasserstoffatom. Das Elektron kann nicht beliebige Energiewerte annehmen, sondern nur die Werte $E = E_1/n^2$. E_1 ist die Energie des Elektrons auf der 1. Bohrschen Bahn, E_2 die Energie auf der 2. Bahn usw. Dargestellt sind nur die Energieniveaus bis $n = 4$. Bei großen n-Werten entsteht eine sehr dichte Folge von Energieniveaus. Nimmt n den Wert Unendlich an, dann ist das Elektron so weit vom Kern entfernt, daß keine anziehenden Kräfte mehr wirksam sind (Nullpunkt der Energieskala). Nähert sich das Elektron dem Kern, wird auf Grund der Anziehungskräfte das System Elektron-Kern energieärmer. Das Vorzeichen der Energie muß daher negativ sein.

Wasserstoffatom nicht beliebige Bahnen, sondern nur ganz bestimmte Bahnen mit bestimmten dazugehörigen Energiewerten erlaubt sind.

1.4.2 Die Deutung des Spektrums der Wasserstoffatome mit der Bohrschen Theorie

Erhitzt man Wasserstoffatome, so senden sie *elektromagnetische Wellen* aus. Elektromagnetische Wellen breiten sich im leeren Raum mit der Geschwindigkeit $c = 2,998 \cdot 10^8 \, \text{m s}^{-1}$ (Lichtgeschwindigkeit) aus. Abb. 1.16 zeigt das Profil einer elektromagnetischen Welle. Die Geschwindigkeit c erhält man durch Multiplikation der Wellenlänge λ mit der Schwingungsfrequenz v, der Anzahl der Schwingungsperioden pro Zeit.

$$c = v\lambda \tag{1.20}$$

Die reziproke Wellenlänge $\dfrac{1}{\lambda}$ wird Wellenzahl genannt. Sie wird meist in cm^{-1} angegeben.

Zu den elektromagnetischen Strahlen gehören Radiowellen, Mikrowellen, Licht, Röntgenstrahlen und γ-Strahlen. Sie unterscheiden sich in der Wellenlänge (vgl. Abb. 1.17).

Beim Durchgang durch ein Prisma wird Licht verschiedener Wellenlängen aufgelöst. Aus weißem Licht aller Wellenlängen des sichtbaren Bereichs entsteht z. B. ein

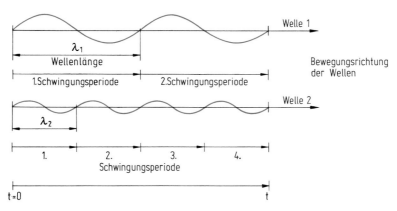

Abbildung 1.16   Profile elektromagnetischer Wellen. Elektromagnetische Wellen verschiedener Wellenlängen bewegen sich mit der gleichen Geschwindigkeit. Die Geschwindigkeit ist gleich dem Produkt aus Wellenlänge λ mal Frequenz ν (Anzahl der Schwingungsperioden durch Zeit). Für die dargestellten Wellen ist $\lambda_2 = \lambda_1/2$. Wegen der gleichen Geschwindigkeit gilt $\nu_2 = 2\nu_1$.

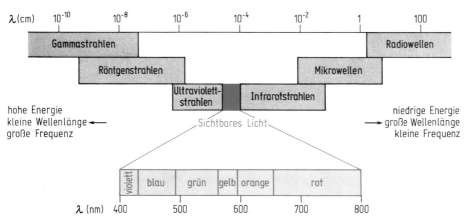

Abbildung 1.17   Spektrum elektromagnetischer Wellen. Sichtbare elektromagnetische Wellen (Licht) machen nur einen sehr kleinen Bereich des Gesamtspektrums aus.

kontinuierliches Band der Regenbogenfarben, ein *kontinuierliches Spektrum*. Erhält man bei der Auflösung nur einzelne Linien mit bestimmten Wellenlängen, bezeichnet man das Spektrum als *Linienspektrum*.

   Elemente senden charakteristische Linienspektren aus. Man kann daher die Elemente durch Analyse ihres Spektrums identifizieren (*Spektralanalyse*). Abb. 1.18 zeigt das Linienspektrum der Wasserstoffatome. Schon lange vor der Bohrschen Theorie war bekannt, daß sich die Spektrallinien des Wasserstoffspektrums durch die einfache Gleichung

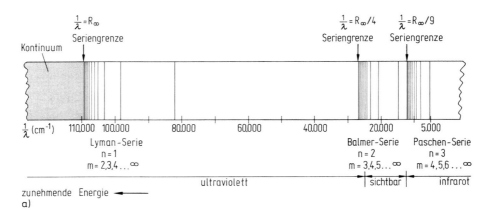

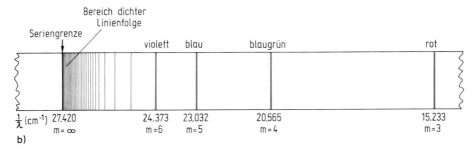

Abbildung 1.18   a) Das Linienspektrum von Wasserstoffatomen. Erhitzte Wasserstoffatome senden elektromagnetische Strahlen aus. Die emittierte Strahlung ist nicht kontinuierlich, es treten nur bestimmte Wellenlängen auf. Das Spektrum besteht daher aus Linien. Die Linien lassen sich zu Serien ordnen, in denen analoge Linienfolgen auftreten. Nach den Entdeckern werden sie als Lyman-, Balmer- und Paschen-Serie bezeichnet. Die Wellenzahlen $\frac{1}{\lambda}$ aller Linien gehorchen der Beziehung $\frac{1}{\lambda} = R_\infty \left(\frac{1}{n^2} - \frac{1}{m^2} \right)$. Für die Linien einer bestimmten Serie hat n den gleichen Wert.

b) Balmer-Serie des Wasserstoffspektrums. Die Wellenzahlen der Balmer-Serie gehorchen der Beziehung $\frac{1}{\lambda} = R_\infty \left(\frac{1}{4} - \frac{1}{m^2} \right)$ ($n = 2$; $m = 3,4\ldots\infty$). Für große m-Werte wird die Folge der Linien sehr dicht. Die Seriengrenze ($m = \infty$) liegt bei $R_\infty/4$.

$$\frac{1}{\lambda} = R_\infty \left(\frac{1}{n^2} - \frac{1}{m^2} \right) \qquad (1.21)$$

beschreiben lassen. λ ist die Wellenlänge irgendeiner Linie, m und n sind ganze positive Zahlen, wobei m größer ist als n. R_∞ ist eine Konstante, die nach dem Entdecker dieser Beziehung Rydberg-Konstante genannt wird.

$$R_\infty = 109\,678 \text{ cm}^{-1}$$

Mit der Bohrschen Theorie des Wasserstoffatoms gelang eine theoretische Deutung des Wasserstoffspektrums.

Der stabilste Zustand eines Atoms ist der Zustand niedrigster Energie. Er wird *Grundzustand* genannt. Aus Gl. (1.19) und Abb. 1.15 folgt, daß das Elektron des Wasserstoffatoms sich dann im energieärmsten Zustand befindet, wenn die Quantenzahl $n = 1$ beträgt. Zustände mit den Quantenzahlen $n > 1$ sind weniger stabil als der Grundzustand, sie werden *angeregte Zustände* genannt. Das Elektron kann vom Grundzustand mit $n = 1$ auf ein Energieniveau mit $n > 1$ gelangen, wenn gerade der dazu erforderliche Energiebetrag zugeführt wird. Die Energie kann beispielsweise als Lichtenergie zugeführt werden. Umgekehrt wird beim Übergang eines Elektrons von einem angeregten Zustand ($n > 1$) auf den Grundzustand ($n = 1$) Energie in Form von Licht abgestrahlt.

Planck (1900) zeigte, daß ein System, das Strahlung abgibt, diese nicht in beliebigen Energiebeträgen abgeben kann, sondern nur als ganzzahliges Vielfaches von kleinsten Energiepaketen. Sie werden *Photonen* oder *Lichtquanten* genannt. Für Photonen gilt nach Planck-Einstein die Beziehung

$$E = h\nu \tag{1.22}$$

oder durch Kombination mit Gl. (1.20)

$$E = hc \cdot \frac{1}{\lambda} \tag{1.23}$$

Strahlung besitzt danach *Teilchencharakter, und Licht einer bestimmten Wellenlänge kann immer nur als kleines Energiepaket, als Photon, aufgenommen oder abgegeben werden.*

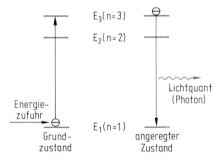

Abbildung 1.19   Im Grundzustand befindet sich das Wasserstoffelektron auf dem niedrigsten Energieniveau. Angeregte Zustände entstehen, wenn das Elektron durch Energiezufuhr auf höhere Energieniveaus gelangt. Um auf das Energieniveau E_3 gelangen zu können, muß genau der Energiebetrag $E_3 - E_1$ zugeführt werden. Springt das Elektron von einem angeregten Zustand in den Grundzustand zurück, verliert es Energie. Diese Energie wird als Lichtquant abgegeben. Für den Übergang von E_3 nach E_1 ist die Wellenlänge des Photons durch $E_3 - E_1 = h\frac{c}{\lambda}$ gegeben.

Beim Übergang eines Elektrons von einem höheren auf ein niedrigeres Energieniveau wird ein Photon einer bestimmten Wellenlänge ausgestrahlt. Dies zeigt schematisch Abb. 1.19. *Das Spektrum von Wasserstoff entsteht* also *durch Elektronenübergänge von den höheren Energieniveaus auf die niedrigeren Energieniveaus des Wasserstoffatoms.* Die möglichen Übergänge sind in Abb. 1.20 dargestellt.

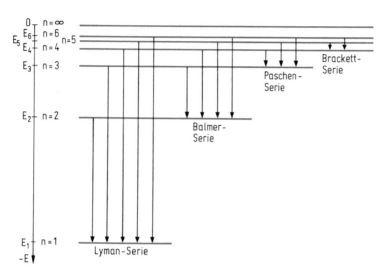

Abbildung 1.20   Beim Übergang des Wasserstoffelektrons von einem Niveau höherer Energie auf ein Niveau niedrigerer Energie wird ein Lichtquant ausgesandt, dessen Wellenlänge durch die Energieänderung des Elektrons bestimmt wird: $\Delta E = h\dfrac{c}{\lambda}$. In der Abb. sind alle möglichen Elektronenübergänge zwischen den Energieniveaus bis $n = 6$ dargestellt.

Beim Übergang eines Elektrons von einem Energieniveau E_2 mit der Quantenzahl $n = n_2$ auf ein Energieniveau E_1 mit der Quantenzahl $n = n_1$ wird nach Gl. (1.19) die Energie

$$E_2 - E_1 = \left(-\frac{me^4}{8\,\varepsilon_0^2\,n_2^2\,h^2} \right) - \left(-\frac{me^4}{8\,\varepsilon_0^2\,n_1^2\,h^2} \right)$$

frei. Eine Umformung ergibt

$$E_2 - E_1 = \frac{me^4}{8\,\varepsilon_0^2\,h^2}\left(\frac{1}{n_1^2} - \frac{1}{n_2^2} \right) \tag{1.24}$$

Durch Kombination mit der Planck-Einstein-Gleichung (1.23) erhält man

$$\frac{1}{\lambda} = \frac{me^4}{8\,\varepsilon_0^2\,h^3\,c}\left(\frac{1}{n_1^2} - \frac{1}{n_2^2} \right) \qquad (n_2 > n_1) \tag{1.25}$$

Gl. (1.25) entspricht der experimentell gefundenen Gl. (1.21), wenn man $n_1 = n$,

$n_2 = m$ und $R_\infty = \dfrac{me^4}{8\,\varepsilon_0^2 h^3 c}$ setzt. Die aus den Naturkonstanten m, e, h, ε_0 und c berechnete Konstante R_∞ stimmt gut mit der experimentell bestimmten Rydberg-Konstante überein. Mit der Bohrschen Theorie läßt sich also für das Wasserstoffatom voraussagen, welche Spektrallinien auftreten dürfen und welche Wellenlängen diese Spektrallinien haben müssen. Dies ist eine Bestätigung dafür, daß die Energiezustände des Elektrons im Wasserstoffatom durch die Gl. (1.19) richtig beschrieben werden. Den Zusammenhang zwischen den Energieniveaus des H-Atoms und den Wellenzahlen des Wasserstoffspektrums zeigt anschaulich Abb. 1.21.

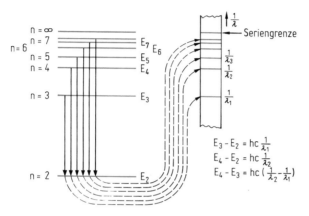

Abbildung 1.21   Zusammenhang zwischen den Energieniveaus des H-Atoms und den Wellenzahlen der Balmerserie. Die Balmerserie entsteht durch Elektronenübergänge von Energieniveaus mit $n = 3,4,5\ldots$ auf das Energieniveau mit $n = 2$. Die Linienfolge spiegelt exakt die Lage der Energieniveaus wider. Die Differenzen der Wellenzahlen sind proportional den Differenzen der Energieniveaus. Die dichte Linienfolge an der Seriengrenze entspricht der dichten Folge der Energieniveaus bei großen n-Werten.

Das Bild eines Elektrons, das den Kern auf einer genau festgelegten Bahn umkreist – so wie der Mond die Erde umkreist – war leicht zu verstehen und die theoretische Deutung des Wasserstoffspektrums war ein großer Erfolg der Bohrschen Theorie. Nach und nach wurde aber klar, daß die Bohrsche Theorie nicht ausreichte. Es gelang z. B. nicht, die Spektren von Atomen mit mehreren Elektronen zu erklären. Erst in den zwanziger Jahren schufen de Broglie, Heisenberg, Schrödinger u. a. die Grundlagen für das leistungsfähigere wellenmechanische Atommodell.

1.4.3 Die Unbestimmtheitsbeziehung

Heisenberg stellt 1927 die Unbestimmtheitsbeziehung auf. Sie besagt, daß es unmöglich ist, den Impuls und den Aufenthaltsort eines Elektrons gleichzeitig zu bestimmen. Das Produkt aus der Unbestimmtheit des Ortes Δx und der Unbestimmtheit des Impulses $\Delta(mv)$ hat die Größenordnung der Planck-Konstante.

$$\Delta x \cdot \Delta(mv) \approx h$$

Wir wollen die Unbestimmtheitsbeziehung auf die Bewegung des Elektrons im Wasserstoffatom anwenden. Nach der Bohrschen Theorie beträgt die Geschwindigkeit des Wasserstoffelektrons im Grundzustand $v = 2{,}18 \cdot 10^6 \, \text{m s}^{-1}$ (vgl. Abschn. 1.4.1). Dieser Wert sei uns mit einer Genauigkeit von etwa 1% bekannt. Die Unbestimmtheit der Geschwindigkeit Δv beträgt also $10^4 \, \text{m s}^{-1}$. Für die Unbestimmtheit des Ortes gilt

$$\Delta x = \frac{h}{m \, \Delta v}$$

Durch Einsetzen der Zahlenwerte erhalten wir

$$\Delta x = \frac{6{,}6 \cdot 10^{-34} \, \text{kg m}^2 \, \text{s}^{-1}}{9{,}1 \cdot 10^{-31} \, \text{kg} \cdot 10^4 \, \text{m s}^{-1}}$$

$$\Delta x = 0{,}7 \cdot 10^{-7} \, \text{m} \, .$$

Die Unbestimmtheit des Ortes beträgt 70 nm und ist damit mehr als tausendmal größer als der Radius der ersten Bohrschen Kreisbahn, der nur 0,053 nm beträgt (vgl. Abschn. 1.4.1). *Bei genau bekannter Geschwindigkeit ist der Aufenthaltsort des Elektrons im Atom vollkommen unbestimmt.*

Bei makroskopischen Körpern ist die Masse so groß, daß Geschwindigkeit und Ort scharfe Werte haben (Grenzfall der klassischen Mechanik). Zum Beispiel erhält man für $m = 1 \, \text{g}$

$$\Delta x \cdot \Delta v = 6{,}6 \, 10^{-31} \, \text{m}^2 \, \text{s}^{-1}$$

Im Bohrschen Atommodell stellt man sich das Elektron als Teilchen vor, das sich auf seiner Bahn von Punkt zu Punkt mit einer bestimmten Geschwindigkeit bewegt. *Nach der Unbestimmtheitsrelation* ist dieses Bild falsch. Zu einem bestimmten Zeitpunkt kann dem Elektron kein bestimmter Ort zugeordnet werden, es ist im gesamten Raum des Atoms anzutreffen. Daher *müssen wir uns vorstellen, daß das Elektron an einem bestimmten Ort des Atoms nur mit einer gewissen Wahrscheinlichkeit anzutreffen ist. Dieser Beschreibung des Elektrons entspricht die Vorstellung einer über das Atom verteilten Elektronenwolke. Die Gestalt der Elektronenwolke gibt den Raum an, in dem sich das Elektron mit größter Wahrscheinlichkeit aufhält.*

Abb. 1.22 zeigt die Elektronenwolke des Wasserstoffelektrons im Grundzustand. Sie ist kugelsymmetrisch. An Stellen mit großer Aufenthaltswahrscheinlichkeit des Elektrons hat die Ladungswolke eine größere Dichte, die anschaulich durch eine größere Punktdichte dargestellt wird. Die Ladungswolke hat nach außen keine scharfe Begrenzung. Die Grenzfläche in Abb. 1.22 ist willkürlich gewählt. Sie umschließt eine Kugel, die 99% der Gesamtladung des Elektrons enthält. Man darf aber nicht

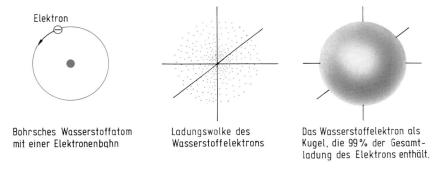

Bohrsches Wasserstoffatom   Ladungswolke des   Das Wasserstoffelektron als
mit einer Elektronenbahn   Wasserstoffelektrons   Kugel, die 99% der Gesamt-
                                                              ladung des Elektrons enthält.

Abbildung 1.22   Verschiedene Darstellungen des Elektrons eines Wasserstoffatoms im Grundzustand.

vergessen, daß das Elektron sich mit einer gewissen Wahrscheinlichkeit auch außerhalb dieser Kugel aufhalten kann.

Die räumliche Ladungsverteilung kann rechnerisch ermittelt werden. Diese Rechnungen zeigen, daß die Elektronenwolken nicht immer kugelsymmetrisch sind, und
wir werden im Abschn. 1.4.5 andere, kompliziertere Ladungsverteilungen kennenler-
nen.

1.4.4 Der Wellencharakter von Elektronen

Eine weitere für das Verständnis des Atombaus grundlegende Entdeckung gelang de
Broglie (1924). Er postulierte, daß jedes bewegte Teilchen Welleneigenschaften besitzt. Zwischen der Wellenlänge λ und dem Impuls p des Teilchens besteht die Beziehung

$$\lambda = \frac{h}{p} = \frac{h}{mv} \qquad (1.26)$$

Elektronen der Geschwindigkeit $v = 2 \cdot 10^6 \, \mathrm{m\,s^{-1}}$ zum Beispiel haben die Wellenlänge $\lambda = 0{,}333$ nm. Diese Wellenlänge liegt im Bereich der Röntgenstrahlen (vgl.
Abb. 1.17). Die Welleneigenschaften von Elektronen konnten durch Beugungsexpe-
rimente an Kristallen nachgewiesen werden. Mit Elektronenstrahlen erhält man Beu-
gungsbilder wie mit Röntgenstrahlen.
*Elektronen können also je nach den experimentellen Bedingungen sowohl Wellenei-
genschaften zeigen als auch sich wie kleine Partikel verhalten.* Welleneigenschaften und
Partikeleigenschaften sind komplementäre Beschreibungen des Elektronenverhal-
tens.

Wie können wir uns nach diesem Bild ein Elektron im Atom vorstellen? Nach de
Broglie muß es im Atom *Elektronenwellen* geben. Das Elektron befindet sich aber nur
dann in einem stabilen Zustand, wenn die Elektronenwelle zeitlich unveränderlich ist.

Eine zeitlich unveränderliche Welle ist eine stehende Welle. Eine nicht stehende Elektronenwelle würde sich durch Interferenz zerstören, sie ist instabil (Abb. 1.23). Ste-

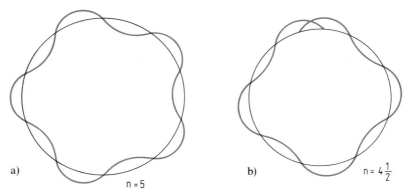

Abbildung 1.23   a) Eindimensionale stehende Elektronenwelle auf einer Bohrschen Bahn. Die Bedingung für eine stehende Welle ist $n\lambda = 2r\pi$ ($n = 1,2,3\ldots$).
b) Die Bedingung für eine stehende Welle ist nicht erfüllt.

hende Elektronenwellen können sich auf einer Bohrschen Kreisbahn nur dann ausbilden, wenn der Umfang der Kreisbahn ein ganzzahliges Vielfaches der Wellenlänge ist (Abb. 1.23):

$$n\lambda = 2\pi r$$

Ersetzt man λ durch Gl. (1.26) und formt um, folgt

$$\frac{nh}{2\pi} = mvr$$

Man erhält also die von Bohr willkürlich postulierte Quantelung des Drehimpulses (vgl. Abschn. 1.4.1).

Wir sehen also, *daß sowohl das Auftreten der Quantenzahl n als auch die Unbestimmtheit des Aufenthaltsortes eines Elektrons im Atom eine Folge der Welleneigenschaften von Elektronen sind.*

1.4.5 Atomorbitale und Quantenzahlen des Wasserstoffatoms

Im vorangehenden Abschn. sahen wir, daß die Entdeckung der Welleneigenschaften von Elektronen dazu zwang, die Vorstellung aufzugeben, daß Elektronen in Atomen sich als winzige starre Körper um den Kern bewegen. Wir sahen weiter, daß wir das Elektron als eine diffuse Wolke veränderlicher Ladungsdichte betrachten können. Die Position des Elektrons im Atom wird als Wahrscheinlichkeitsdichte oder Elektronendichte diskutiert. Dies bedeutet, daß an jedem Ort des Atoms das Elektron nur mit einer bestimmten Wahrscheinlichkeit anzutreffen ist. Im Bereich großer Ladungsdichten ist diese Wahrscheinlichkeit größer als dort, wo die Ladungsdichten klein sind.

Elektronenwolken sind dreidimensional schwingende Systeme, deren mögliche Schwingungszustände dreidimensionale stehende Wellen sind. Die Welleneigenschaften des Elektrons können mit einer von Schrödinger aufgestellten Wellengleichung, der Schrödinger-Gleichung, beschrieben werden. Sie ist für das Wasserstoffatom exakt lösbar, für andere Atome sind nur Näherungslösungen möglich. *Durch Lösen der Schrödinger-Gleichung erhält man für das Wasserstoffelektron eine begrenzte Anzahl erlaubter Schwingungszustände, die dazu gehörenden räumlichen Ladungsverteilungen und Energien. Diese erlaubten Zustände sind durch drei Quantenzahlen festgelegt* (vgl. Abschn. 1.4.6). Die Quantenzahlen ergeben sich bei der Lösung der Schrödinger-Gleichung und müssen nicht wie beim Bohrschen Atommodell willkürlich postuliert werden. *Eine vierte Quantenzahl ist erforderlich, um die speziellen Eigenschaften eines Elektrons zu berücksichtigen, die beobachtet werden, wenn es sich in einem Magnetfeld befindet.*

Wir wollen nun die Ergebnisse des wellenmechanischen Modells des Wasserstoffatoms im einzelnen diskutieren.

Die Hauptquantenzahl n

n kann die ganzzahligen Werte 1, 2, 3, 4 ... ∞ annehmen. Die Hauptquantenzahl n bestimmt die möglichen Energieniveaus des Elektrons im Wasserstoffatom. In Übereinstimmung mit der Bohrschen Theorie (Gl. 1.19) gilt die Beziehung

$$E_n = -\frac{me^4}{8\,\varepsilon_0^2 h^2}\,\frac{1}{n^2}$$

Die durch die Hauptquantenzahl n festgelegten Energieniveaus werden *Schalen* genannt. Die Schalen werden mit den großen Buchstaben K, L, M, N, O usw. bezeichnet.

n	Schale	Energie	
1	K	E_1	Grundzustand
2	L	$\frac{1}{4}E_1$	
3	M	$\frac{1}{9}E_1$	
4	N	$\frac{1}{16}E_1$	angeregte Zustände
5	O	$\frac{1}{25}E_1$	

Befindet sich das Elektron auf der K-Schale ($n = 1$), dann ist das H-Atom im energieärmsten Zustand. Der energieärmste Zustand wird Grundzustand genannt, in diesem liegen H-Atome normalerweise vor. Die Energie des Grundzustands beträgt für das Wasserstoffatom $E_1 = -13{,}6$ eV. Zustände höherer Energie ($n > 1$) nennt man angeregte Zustände.

Je größer n wird, um so dichter aufeinander folgen die Energieniveaus (vgl. Abb. 1.15). Führt man dem Elektron so viel Energie zu, daß es nicht mehr in einen angeregten Quantenzustand gehoben wird, sondern das Atom verläßt, entsteht ein positives Ion und ein freies Elektron. Die Mindestenergie, die dazu erforderlich ist, nennt man Ionisierungsenergie. Die Ionisierungsenergie des Wasserstoffatoms beträgt 13,6 eV.

Die Nebenquantenzahl l

n und l sind durch die Beziehung $l \leq n - 1$ verknüpft. l kann also die Werte 0, 1, 2, 3 ... $n - 1$ annehmen. Diese Quantenzustände werden als s-, p-, d-, f-Zustände bezeichnet. (Die Bezeichnungen stammen aus der Spektroskopie, und die Buchstaben s, p, d, f sind abgeleitet von sharp, principal, diffuse, fundamental.)

Schale	K	L	M	N
n	1	2	3	4
l	0	0 1	0 1 2	0 1 2 3
Bezeichnung	s	s p	s p d	s p d f

Die K-Schale besteht nur aus s-Zuständen, die L-Schale aus s- und p-Zuständen, die M-Schale aus s-, p-, d-, die N-Schale aus s-, p-, d- und f-Niveaus.

Die magnetische Quantenzahl m_l

m_l kann Werte von $-l$ bis $+l$ annehmen. Die Anzahl der m_l-Werte gibt also an, wie viele s-, p-, d-, f-Zustände existieren.

l	m_l	Anzahl der Zustände $2l + 1$
0	0	ein s-Zustand
1	-1 0 $+1$	drei p-Zustände
2	-2 -1 0 $+1$ $+2$	fünf d-Zustände
3	-3 -2 -1 0 $+1$ $+2$ $+3$	sieben f-Zustände

Die Nebenquantenzahl, auch Bahndrehimpulsquantenzahl genannt, bestimmt die Größe des Bahndrehimpulses L. Er beträgt $L = \sqrt{l(l+1)} \, \frac{h}{2\pi}$. Bei Anlegen eines Magnetfeldes gibt es nicht beliebige, sondern nur $2l + 1$ Orientierungen des Bahndrehimpulsvektors zum Magnetfeld. Die Komponenten des Bahndrehimpulsvektors in Feldrichtung können nur die Werte $\frac{h}{2\pi} m_l$ annehmen. Sie betragen also für s-Elektronen 0, für p-Elektronen $-\frac{h}{2\pi}$, 0, $+\frac{h}{2\pi}$. (Abb. 1.24). Im Magnetfeld wird dadurch z. B. die Entartung der p-Zustände aufgehoben. p-Zustände spalten im Magnetfeld symmetrisch in drei spektroskopisch nachweisbare Zustände unterschiedlicher Energie auf (Zeemann-Effekt). Daher wird m_l magnetische Quantenzahl genannt.

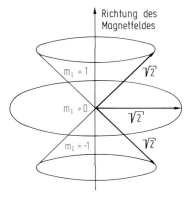

Abbildung 1.24   Für p-Elektronen beträgt der Bahndrehimpuls $L = \sqrt{2}\dfrac{h}{2\pi}$. Es gibt drei Orientierungen des Bahndrehimpulsvektors zum Magnetfeld, deren Projektionen in Feldrichtung zu den m_l-Werten $-1, 0, +1$ führen.

Die durch die drei Quantenzahlen n, l und m_l charakterisierten Quantenzustände werden als Atomorbitale bezeichnet (abgekürzt AO). *n, l, m_l* werden daher *Orbitalquantenzahlen* genannt.

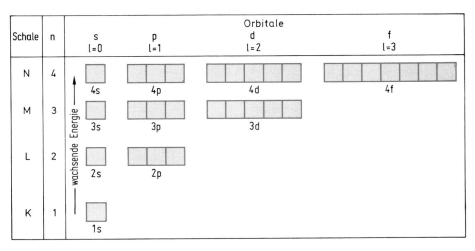

Abbildung 1.25   Die möglichen Atomorbitale des Wasserstoffatoms bis $n = 4$. Ein AO ist als Kästchen dargestellt. Die Bezeichnung des AOs ist darunter gesetzt. Alle Atomorbitale einer Schale haben dieselbe Energie, sie sind entartet. Die Lage der Energieniveaus der Schalen ist nur schematisch angedeutet. Maßstäblich richtig ist die Lage der Energieniveaus in der Abbildung 1.15 dargestellt.

Abb. 1.25 zeigt für die ersten vier Schalen des Wasserstoffatoms die möglichen Atomorbitale und ihre energetische Lage. Ein Atomorbital ist als Kästchen dargestellt, die Bezeichnung des Orbitals darunter gesetzt.

Die Energie der Orbitale nimmt im Wasserstoffatom in der angegebenen Reihenfolge zu: $1s < 2s = 2p < 3s = 3p = 3d < 4s = 4p = 4d = 4f$. Zustände mit gleicher Energie nennt man entartet. Zum Beispiel sind das $2s$-Orbital und die drei $2p$-Orbitale entartet, da die Energie der Orbitale im Wasserstoffatom nur von der Hauptquantenzahl n abhängt.

Die Atomorbitale unterscheiden sich hinsichtlich der Größe, Gestalt und räumlichen Orientierung ihrer Ladungswolken. Diese Eigenschaften sind mit den Orbitalquantenzahlen verknüpft.

Die Hauptquantenzahl n bestimmt die Größe des Orbitals.
Die Nebenquantenzahl l gibt Auskunft über die Gestalt eines Orbitals (vgl. aber S. 51).
Die magnetische Quantenzahl beschreibt die Orientierung des Orbitals im Raum.

Die Orbitale können graphisch dargestellt werden, und wir werden diese *Orbitalbilder* bei der Diskussion der chemischen Bindung benutzen.

Die s-Orbitale haben eine kugelsymmetrische Ladungswolke. Bei den p-Orbitalen ist die Elektronenwolke zweiteilig hantelförmig, bei den d-Orbitalen rosettenförmig (Abb. 1.26). Mit wachsender Hauptquantenzahl nimmt die Größe des Orbitals zu (Abb. 1.27).

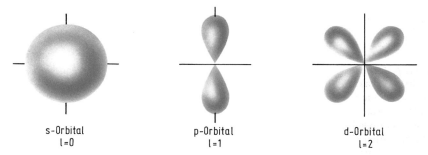

s-Orbital
l=0

p-Orbital
l=1

d-Orbital
l=2

Abbildung 1.26   Die Nebenquantenzahl *l* bestimmt die Gestalt der Orbitale. s-Orbitale sind kugelsymmetrisch, p-Orbitale zweiteilig hantelförmig, d-Orbitale vierteilig rosettenförmig.

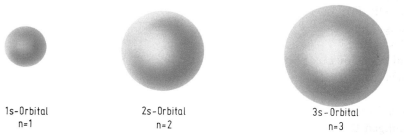

1s-Orbital
n=1

2s-Orbital
n=2

3s-Orbital
n=3

Abbildung 1.27   Die Hauptquantenzahl *n* bestimmt die Größe des Orbitals.

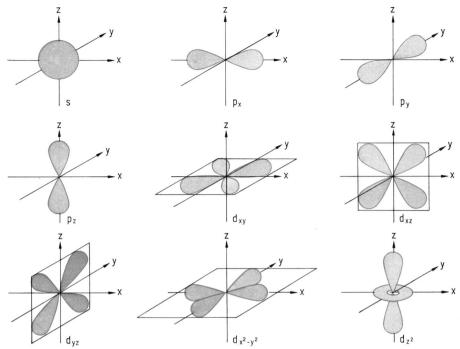

Abbildung 1.28   Gestalt und räumliche Orientierung der s-, p- und d-Orbitale. s-Orbitale sind kugelsymmetrisch. Sie haben keine räumliche Vorzugsrichtung. p-Orbitale sind hantelförmig. Beim p_x-Orbital liegen die Hanteln in Richtung der x-Achse, die x-Achse ist die Richtung größter Elektronendichte. Entsprechend hat das p_y-Orbital eine maximale Elektronendichte in y-Richtung, das p_z-Orbital in z-Richtung. Die d-Orbitale sind rosettenförmig. In den Zeichnungen ist nicht die exakte Elektronendichteverteilung dargestellt. Bei 3p-Orbitalen z. B. hat die Elektronenwolke nicht nur eine größere Ausdehnung als bei 2p-Orbitalen, sondern auch eine etwas andere Form. Allen p-Orbitalen jedoch ist gemeinsam, daß ihre Form hantelförmig ist und daß die maximale Elektronendichte in Richtung der x,y- und z-Achse liegt. Die in der Abbildung dargestellten p-Orbitale können daher zur qualitativen Beschreibung aller p-Orbitale benutzt werden. Entsprechendes gilt für die s- und d-Orbitale. (Genauer ist die Darstellung von Orbitalen in Abschn. 1.4.6 behandelt. Die Vorzeichen der Orbitallappen sind auf S. 51 in der Abb. 1.34 angegeben. Zur Ursache für die abweichende Gestalt des d_{z^2}-Orbitals siehe S. 50).

In der Abb. 1.28 sind die Gestalten und räumlichen Orientierungen der s-, p- und d-Orbitale dargestellt. Für die kugelsymmetrischen s-Orbitale gibt es nur eine räumliche Orientierung. Die drei hantelförmigen p-Orbitale liegen in Richtung der x-, y- und z-Achse des kartesischen Koordinatensystems. Sie werden demgemäß als p_x-, p_y- bzw. p_z-Orbital bezeichnet. Die räumliche Orientierung und die zugehörige Bezeichnung der d-Orbitale sind aus der Abb. 1.28 zu ersehen.

Auf Bilder von f-Orbitalen kann verzichtet werden, da sie bei den weiteren Diskussionen nicht benötigt werden.

Zur vollständigen Beschreibung der Eigenschaften eines Elektrons ist noch eine vierte Quantenzahl erforderlich.

Die Spinquantenzahl m$_s$

Man muß den Elektronen eine Eigendrehung zuschreiben. Anschaulich kann man sich vorstellen, daß es zwei Möglichkeiten der Eigenrotation gibt, eine Linksdrehung oder eine Rechtsdrehung. Es gibt für das Elektron daher zwei Quantenzustände mit der Spinquantenzahl $m_s = +\frac{1}{2}$ oder $m_s = -\frac{1}{2}$.

Aufgrund der Eigendrehung haben Elektronen einen Eigendrehimpuls, einen Spin. Im Magnetfeld gibt es zwei Orientierungen des Vektors des Eigendrehimpulses. Die Komponente in Feldrichtung beträgt $+\frac{1}{2}\frac{h}{2\pi}$ oder $-\frac{1}{2}\frac{h}{2\pi}$. m_s kann die Werte $+\frac{1}{2}$ oder $-\frac{1}{2}$ annehmen. Im Magnetfeld spaltet daher z. B. ein s-Zustand symmetrisch in zwei energetisch unterschiedliche Zustände auf.

Aus den erlaubten Kombinationen der vier Quantenzahlen erhält man die Quantenzustände des Wasserstoffatoms. Jede Kombination der Orbitalquantenzahlen (n, l, m_l) definiert ein Atomorbital. Für jedes AO gibt es zwei Quantenzustände mit der Spinquantenzahl $+\frac{1}{2}$ und $-\frac{1}{2}$. In der Tabelle 1.5 sind die Quantenzustände des H-Atoms bis $n = 4$ angegeben.

Tabelle 1.5   Quantenzustände des Wasserstoffatoms bis $n = 4$

Schale	n	l	Orbital-typ	m_l	Anzahl der Orbitale	m_s	Anzahl der Quanten-zustände	
K	1	0	1s	0	1	$\pm 1/2$	2	2
L	2	0	2s	0	1	$\pm 1/2$	2	
		1	2p	$-1\ 0\ +1$	3	$\pm 1/2$	6	8
M	3	0	3s	0	1	$\pm 1/2$	2	
		1	3p	$-1\ 0\ +1$	3	$\pm 1/2$	6	18
		2	3d	$-2\ -1\ 0\ +1\ +2$	5	$\pm 1/2$	10	
N	4	0	4s	0	1	$\pm 1/2$	2	
		1	4p	$-1\ 0\ +1$	3	$\pm 1/2$	6	
		2	4d	$-2\ -1\ 0\ +1\ +2$	5	$\pm 1/2$	10	32
		3	4f	$-3\ -2\ -1\ 0\ +1\ +2\ +3$	7	$\pm 1/2$	14	

Im Grundzustand besetzt das Elektron des Wasserstoffatoms einen 1s-Zustand, alle anderen Orbitale sind unbesetzt. Durch Energiezufuhr kann das Elektron Orbitale höherer Energien besetzen.

1.4.6 Die Wellenfunktion, Eigenfunktionen des Wasserstoffatoms

In diesem Abschn. soll die Besprechung des wellenmechanischen Atommodells vertieft werden.

Da ein Elektron Welleneigenschaften besitzt, kann man die Elektronenzustände im Atom mit einer Wellenfunktion $\psi(x, y, z)$ beschreiben. ψ ist eine Funktion der Raumkoordinaten x, y, z und kann positive, negative oder imaginäre Werte annehmen. Die Wellenfunktion ψ selbst hat keine anschauliche Bedeutung. Eine anschauliche Bedeutung hat aber das Quadrat des Absolutwertes der Wellenfunktion $|\psi|^2$. $|\psi|^2\,\mathrm{d}V$ ist ein Maß für die Wahrscheinlichkeit, das Elektron zu einem bestimmten Zeitpunkt im Volumenelement $\mathrm{d}V$ anzutreffen. Die Elektronendichteverteilung im Atom, die Ladungswolke, steht also in Beziehung zu $|\psi|^2$. Je größer $|\psi|^2$ ist, ein um so größerer Anteil des Elektrons ist im Volumenelement $\mathrm{d}V$ vorhanden. An Stellen mit $|\psi|^2 = 0$ ist auch die Ladungsdichte null. Die Änderung von $|\psi|^2$ als Funktion der Raumkoordinaten beschreibt, wie die Ladungswolke im Atom verteilt ist.

In der von Schrödinger 1926 veröffentlichten und nach ihm benannten Schrödinger-Gleichung sind die Wellenfunktion ψ und die Elektronenenergie E miteinander verknüpft.

$$\frac{\partial^2 \psi}{\partial x^2} + \frac{\partial^2 \psi}{\partial y^2} + \frac{\partial^2 \psi}{\partial z^2} + \frac{8\pi^2 m}{h^2}(E - V)\psi = 0$$

Es bedeuten: V potentielle Energie des Elektrons, m Masse des Elektrons, h Planck-Konstante, E Elektronenenergie für eine bestimmte Wellenfunktion ψ. *Diejenigen Wellenfunktionen, die Lösungen der Schrödinger-Gleichung sind, werden Eigenfunktionen genannt; die Energiewerte, die zu den Eigenfunktionen gehören, nennt man Eigenwerte. Die Eigenfunktionen beschreiben also die möglichen stationären Schwingungszustände im Wasserstoffatom.*

Die Schrödinger-Gleichung kann für das Wasserstoffatom exakt gelöst werden, für Mehrelektronenatome sind nur Näherungslösungen möglich. Die Wasserstoffeigenfunktionen haben die allgemeine Form

$$\psi_{n,l,m_l} = \underset{\substack{\text{Normierungs-}\\\text{konstante}}}{[N]} \cdot \underset{\substack{\text{Radiusabhängiger}\\\text{Anteil}}}{[R_{n,l}(r)]} \cdot \underset{\substack{\text{Winkelabhängiger}\\\text{Anteil}}}{[\chi_{l,m_l}(\vartheta, \varphi)]}$$

N ist eine *Normierungskonstante*. Ihr Wert ist durch die Bedingung $\int |\psi|^2\,\mathrm{d}V = 1$ festgelegt. Dies bedeutet, daß die Wahrscheinlichkeit, das Elektron irgendwo im Raum anzutreffen, gleich 1 sein muß. Wellenfunktionen, für die diese Bedingung erfüllt ist, heißen normierte Funktionen. *Bei normierten Funktionen gibt $|\psi|^2$ die absolute Wahrscheinlichkeit an, das Elektron an der Stelle x, y, z anzutreffen.*

Die Wellenfunktion ψ wird im allgemeinen nicht als Funktion der kartesischen Koordinaten x, y, z angegeben, sondern als Funktion der Polarkoordinaten r, ϑ, φ. Die Polarkoordinaten eines beliebigen Punktes P erhält man aus den kartesischen Koordinaten durch eine Transformation nach folgenden Gleichungen, die sich aus der Abb. 1.29 ergeben.

$$x = r \sin\vartheta \cos\varphi \qquad y = r \sin\vartheta \sin\varphi \qquad z = r \cos\vartheta$$

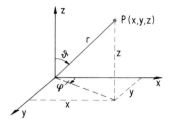

Abbildung 1.29   Zusammenhang zwischen den kartesischen Koordinaten x,y,z und den Polarkoordinaten r,φ,ϑ eines Punktes P.

$R_{n,l}(r)$ wird *Radialfunktion* genannt. $|R_{n,l}(r)|^2$ gibt die Wahrscheinlichkeit an, mit der man das Elektron in beliebiger Richtung im Abstand r vom Kern antrifft. Durch die Radialfunktion wird die Ausdehnung der Ladungswolke des Elektrons bestimmt (vgl. Abb. 1.31 und 1.32).

Die *Winkelfunktion* $\chi_{l,m_l}(\vartheta, \varphi)$ gibt den Faktor an, mit dem man die Radialfunktion R in der durch ϑ und φ gegebenen Richtung multiplizieren muß, um den Wert von ψ zu erhalten. Dieser Faktor ist unabhängig von r. χ bestimmt also die Gestalt und räumliche Orientierung der Ladungswolke. Die Winkelfunktion χ wird auch Kugelflächenfunktion genannt, da χ die Änderung von ψ auf der Oberfläche einer Kugel vom Radius r angibt. Kugelflächenfunktionen sind in der Abb. 1.34 dargestellt.

Die Wasserstoffeigenfunktionen ψ_{n,l,m_l} werden Orbitale genannt. Die Orbitale sind mit den Quantenzahlen n, l, m_l verknüpft. ψ_{n,l,m_l} kann nur dann eine Eigenfunktion sein, wenn für die Quantenzahlen die folgenden Bedingungen gelten.

Hauptquantenzahl: $n = 1, 2, 3, \ldots$

Nebenquantenzahl: $l \leqq n - 1$

Magnetische Quantenzahl: $-l \leqq m_l \leqq + l$

Bei der Lösung der Schrödinger-Gleichung erhält man die zu den Eigenfunktionen gehörenden Eigenwerte der Energie

$$E_n = -\frac{1}{n^2} \frac{me^4}{8\,\varepsilon_0^2\,h^2}$$

Die Eigenwerte hängen nur von der Hauptquantenzahl n ab. Für jeden Eigenwert gibt es n^2 entartete Eigenfunktionen (vgl. Abschn. 1.4.5). Einige Wasserstoffeigenfunktionen sind in der Tabelle 1.6 angegeben.

s-Orbitale besitzen eine konstante Winkelfunktion, sie sind daher kugelsymmetrisch. Verschiedene Möglichkeiten der Darstellung des 1s-Orbitals sind in der Abb. 1.30 wiedergegeben.

Die Wellenfunktion und die radiale Dichte (vgl. Abb. 1.30 d) des 2s- und des 3s-Orbitals sind in der Abb. 1.31 dargestellt. Beide Orbitale besitzen Knotenflächen, an denen die Wellenfunktion ihr Vorzeichen wechselt. Die Knotenflächen einer drei-

Tabelle 1.6   Einige Eigenfunktionen des Wasserstoffatoms
(Die Winkelfunktionen sind in Polarkoordinaten und kartesischen Koordinaten angegeben.)

Quantenzahlen			Orbital	Eigenwert E_n	Normierte Radialfunktion $R_{n,l}(r)$	Normierte Winkelfunktion $\chi_{l,m_l}(\vartheta, \varphi)$	$\chi_{l,m_l}\left(\frac{x}{r}, \frac{y}{r}, \frac{z}{r}\right)$
n	l	m_l					
1	0	0	1s	E_1	$\dfrac{2}{\sqrt{a_0^3}}\,e^{-\frac{r}{a_0}}$	$\dfrac{1}{2\sqrt{\pi}}$	$\dfrac{1}{2\sqrt{\pi}}$
2	0	0	2s	$E_2 = \dfrac{E_1}{4}$	$\dfrac{1}{2\sqrt{2a_0^3}}\left(2 - \dfrac{r}{a_0}\right)e^{-\frac{r}{2a_0}}$	$\dfrac{1}{2\sqrt{\pi}}$	$\dfrac{1}{2\sqrt{\pi}}$
2	1	1	2p$_x$	$E_2 = \dfrac{E_1}{4}$	$\dfrac{1}{2\sqrt{6a_0^3}}\dfrac{r}{a_0}e^{-\frac{r}{2a_0}}$	$\dfrac{\sqrt{3}}{2\sqrt{\pi}}\sin\vartheta\cos\varphi$	$\dfrac{\sqrt{3}}{2\sqrt{\pi}}\dfrac{x}{r}$
2	1	0	2p$_z$	$E_2 = \dfrac{E_1}{4}$	$\dfrac{1}{2\sqrt{6a_0^3}}\dfrac{r}{a_0}e^{-\frac{r}{2a_0}}$	$\dfrac{\sqrt{3}}{2\sqrt{\pi}}\cos\vartheta$	$\dfrac{\sqrt{3}}{2\sqrt{\pi}}\dfrac{z}{r}$
2	1	−1	2p$_y$	$E_2 = \dfrac{E_1}{4}$	$\dfrac{1}{2\sqrt{6a_0^3}}\dfrac{r}{a_0}e^{-\frac{r}{2a_0}}$	$\dfrac{\sqrt{3}}{2\sqrt{\pi}}\sin\vartheta\sin\varphi$	$\dfrac{\sqrt{3}}{2\sqrt{\pi}}\dfrac{y}{r}$

a_0 ist der Bohr-Radius (vgl. Gl. 1.17). Er beträgt $a_0 = \dfrac{h^2\varepsilon_0}{\pi m e^2}$.

Die Indizes der p-Orbitale x, y bzw. z entsprechen den Winkelfunktionen dieser Orbitale, angegeben in kartesischen Koordinaten. Ganz entsprechend ist z. B. beim d$_{xy}$-Orbital die Winkelfunktion proportional xy und beim d$_{x^2-y^2}$-Orbital proportional $x^2 - y^2$ (vgl. Tab. 1.7).

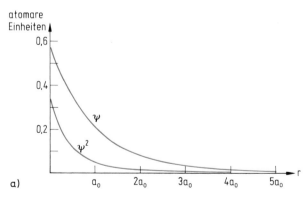

Abbildung 1.30   a) Darstellung von $\psi(r)$ und $\psi^2(r)$ des 1s-Orbitals von Wasserstoff $\psi = \dfrac{1}{\sqrt{\pi a_0^3}}e^{-\frac{r}{a_0}}$.

Der Abstand r ist in Einheiten des Bohrschen Radius a_0 angegeben ($a_0 = 0,529 \cdot 10^{-10}$ m). ψ nimmt mit wachsendem Abstand exponentiell ab. Die Aufenthaltswahrscheinlichkeit ψ^2 erreicht auch bei sehr großen Abständen nicht null.

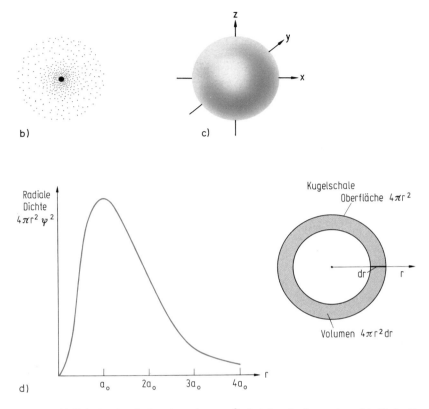

Abbildung 1.30   b) Schnitt durch den Atomkern. ψ^2 wird durch eine unterschiedliche Punkt-dichte dargestellt. Die Punktdichte vermittelt einen anschaulichen Eindruck von der Ladungs-verteilung des Elektrons.
c) Das 1s-Orbital wird als Kugel dargestellt. Innerhalb der Kugel mit dem Radius $2{,}2 \cdot 10^{-10}$ m hält sich das Elektron mit 99% Wahrscheinlichkeit auf.
d) Der Raum um den Kern kann in eine unendliche Zahl unendlich dünner Kugelschalen unterteilt werden. Das Volumen der Kugelschalen der Dicke dr beträgt $4\pi r^2$dr. Die Wahr-scheinlichkeit, das Elektron in einer solchen Kugelschale anzutreffen, ist daher $\psi^2(r)4\pi r^2$dr. Man bezeichnet $4\pi r^2\psi^2$ als *radiale Dichte*. Da ψ^2 mit wachsendem r abnimmt, $4\pi r^2$ aber zu-nimmt, muß die radiale Dichte ein Maximum durchlaufen. Der Abstand des Elektronendichte-maximums des 1s-Orbitals von Wasserstoff ist identisch mit dem Bohr-Radius a_0.

dimensionalen stehenden Welle entsprechen den Knotenpunkten einer eindimen-sionalen Welle. Die Anzahl der Knotenflächen eines Orbitals ist $n-1$ (n = Haupt-quantenzahl). Bei s-Orbitalen sind die Knotenflächen Kugeloberflächen.

p-Orbitale und d-Orbitale setzen sich aus einer Radialfunktion und einer winkelab-hängigen Funktion zusammen. *Die Radialfunktion hängt nur von den Quantenzahlen n und l ab.* Alle p-Orbitale und alle d-Orbitale gleicher Hauptquantenzahl besitzen dieselbe Radialfunktion. In der Abb. 1.32 sind die Radialfunktion und die radiale

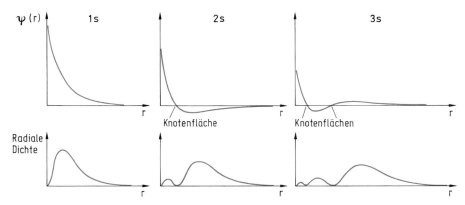

Abbildung 1.31   Schematische Darstellungen der Wellenfunktion $\psi(r)$ und der radialen Dichte von s-Orbitalen. Mit wachsender Hauptquantenzahl verschiebt sich das Maximum der Elektronendichte zu größeren r-Werten. Beim 2s-Orbital beträgt die Aufenthaltswahrscheinlichkeit außerhalb der Knotenfläche 94,6%, beim 3s-Orbital beträgt die Wahrscheinlichkeit zwischen den Knotenflächen 9,5% und außerhalb der äußeren Knotenfläche 89,0%.

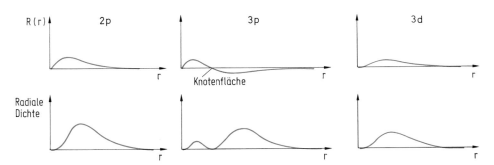

Abbildung 1.32   Schematische Darstellung der Radialfunktion $R(r)$ und der radialen Dichte für 2p-,3p- und 3d-Orbitale. Im Gegensatz zu s-Orbitalen ist bei p- und d-Orbitalen bei $r = 0$ die Radialfunktion null.

Dichte für die 2p-, 3p- und 3d-Orbitale dargestellt. Die Nebenquantenzahl l gibt die Anzahl der Knotenflächen an, die durch den Atommittelpunkt gehen.

Die normierten Winkelfunktionen χ sind für die p-Orbitale in der Tabelle 1.6, für die d-Orbitale in der Tabelle 1.7 angegeben. Zur Darstellung der Kugelflächenfunktion (Winkelfunktion) χ eignen sich sogenannte Polardiagramme. Sie sind in der Abb. 1.34 für die Sätze der p- und d-Orbitale dargestellt. Die Konstruktion des Polardiagramms des p_z-Orbitals zeigt Abb. 1.33. In jeder durch ϑ und φ gegebenen Richtung wird der dazugehörige Wert der Funktion χ ausgehend vom Koordinatenursprung aufgetragen. *χ hängt nicht von der Hauptquantenzahl n ab, daher sind die Polardiagramme für die p- und d-Orbitale aller Hauptquantenzahlen gültig.*

Tabelle 1.7   Normierte Winkelfunktionen für die d-Orbitale des Wasserstoffatoms in Polarkoordinaten und kartesischen Koordinaten

Orbital	$\chi_{l,m_l}(\vartheta, \varphi)$	$\chi_{l,m_l}\left(\frac{x}{r}, \frac{y}{r}, \frac{z}{r}\right)$
(d_{xy})	$\left(\frac{15}{4\pi}\right)^{1/2} \sin^2\vartheta \, \sin\varphi \cos\varphi$	$\left(\frac{15}{4\pi}\right)^{1/2} \frac{xy}{r^2}$
(d_{xz})	$\left(\frac{15}{4\pi}\right)^{1/2} \sin\vartheta \cos\vartheta \cos\varphi$	$\left(\frac{15}{4\pi}\right)^{1/2} \frac{xz}{r^2}$
(d_{yz})	$\left(\frac{15}{4\pi}\right)^{1/2} \sin\vartheta \cos\vartheta \sin\varphi$	$\left(\frac{15}{4\pi}\right)^{1/2} \frac{yz}{r^2}$
$(d_{x^2-y^2})$	$\left(\frac{15}{16\pi}\right)^{1/2} \sin^2\vartheta \cos 2\varphi$	$\left(\frac{15}{16\pi}\right)^{1/2} \frac{x^2-y^2}{r^2}$
(d_{z^2})	$\left(\frac{5}{16\pi}\right)^{1/2} (3\cos^2\vartheta - 1)$	$\left(\frac{5}{16\pi}\right)^{1/2} \frac{3z^2-r^2}{r^2}$

Aus den kartesischen Koordinaten ist die Bezeichnung der Orbitale abgeleitet.
Die Ladungswolken der d_{z^2}-Orbitale sind nicht wie die der anderen d-Orbitale rosettenförmig (vgl. Abb. 1.28). Dies liegt daran, daß das d_{z^2}-Orbital durch eine Linearkombination aus dem $d_{z^2-x^2}$-Orbital und dem $d_{y^2-z^2}$-Orbital als fünfte unabhängige d-Eigenfunktion erhalten wird. Nur für die Linearkombination dieser beiden Orbitale ist orthogonal zu allen anderen d-Orbitalen. Orthogonal bedeutet, daß die Integration des Produkts zweier Wellenfunktionen über den ganzen Raum null ergeben muß.

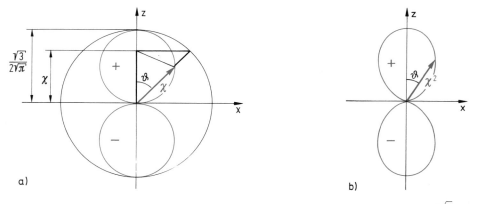

Abbildung 1.33   a) Konstruktion des Polardiagramms für die Winkelfunktion $\chi = \frac{\sqrt{3}}{2\sqrt{\pi}} \cos\vartheta$ des p_z-Orbitals. In der x- und y-Richtung hat χ den Wert null, da $\vartheta = 90°$ beträgt. In der z-Richtung ist $\vartheta = 0°$ und $\cos\vartheta = 1$ oder $\vartheta = 180°$ und $\cos\vartheta = -1$. Für die Winkelfunktion erhält man die maximalen Werte $\chi = \frac{\sqrt{3}}{2\sqrt{\pi}}$ bzw. $\chi = -\frac{\sqrt{3}}{2\sqrt{\pi}}$. Berechnet man χ für alle möglichen ϑ-Werte, erhält man zwei Kugeln. Bei der oberen Kugel hat χ ein positives, bei der unteren Kugel ein negatives Vorzeichen. b) Darstellung des Quadrats der Winkelfunktion χ^2 für das p_z-Orbital.

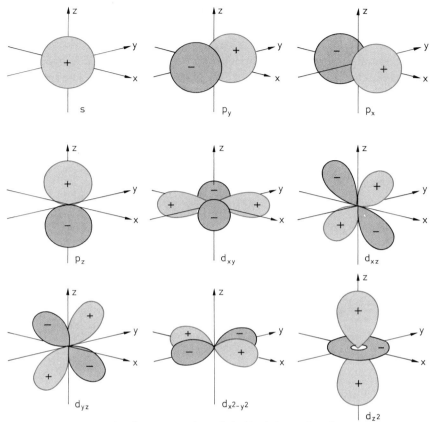

Abbildung 1.34   Polardiagramme der Winkelfunktion χ für die p- und d-Orbitale.

Die Darstellungen von χ oder χ^2 werden manchmal fälschlich als Orbitale bezeichnet. Bei diesen Darstellungen werden zwar die Richtungen maximaler Elektronendichte richtig wiedergegeben, aber die wahre Elektronendichteverteilung der Orbitale erhält man nur bei Berücksichtigung der gesamten Wellenfunktion $\psi = R \cdot \chi$, und genaugenommen kommt nur der Darstellung von ψ die Bezeichnung Orbital zu. Die Abb. 1.35 zeigt am Beispiel des $2p_z$- und des $3p_z$-Orbitals, daß sich diese beiden Orbitale sowohl hinsichtlich ihrer Ausdehnung als auch ihrer Gestalt unterscheiden. Hauptsächlich bestimmt zwar die Winkelfunktion die hantelförmige Gestalt und ist für die Ähnlichkeit aller p-Orbitale verantwortlich, aber die unterschiedlichen Radialfunktionen haben nicht nur eine unterschiedliche Ausdehnung des Orbitals zur Folge, sondern auch eine unterschiedliche „innere Gestalt". Für eine qualitative Diskussion von Bindungsproblemen ist dieser Unterschied aber unwichtig, und es können die Orbitalbilder benutzt werden, die in der Abb. 1.28 wiedergegeben sind.

1.4.7 Aufbau und Elektronenkonfiguration von Mehrelektronen-Atomen

In diesem Abschn. soll der Aufbau der Elektronenhülle von Atomen mit mehreren Elektronen behandelt werden. Für Mehrelektronen-Atome kann die Schrödinger-Gleichung nicht exakt gelöst werden. Es gibt aber Näherungslösungen. Die Ergebnis-

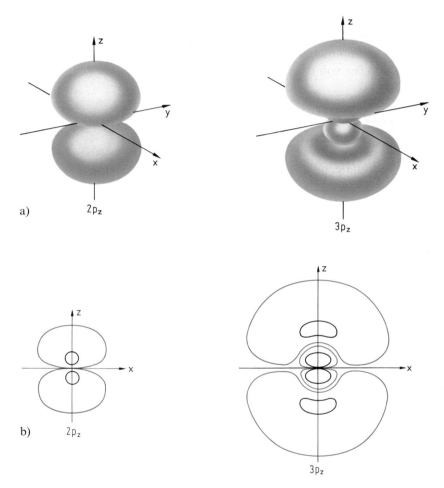

Abbildung 1.35   a) Räumliche Darstellungen des $2p_z$- und des $3p_z$-Orbitals. Die Grenzflächen der Orbitale sind Flächen mit gleichen ψ^2-Werten. Innerhalb der Begrenzung beträgt die Aufenthaltswahrscheinlichkeit des Elektrons 99%.
b) Konturliniendiagramme des $2p_z$- und des $3p_z$-Orbitals. Die Konturlinien sind Schnitte durch Flächen gleicher Elektronendichte. Innerhalb dieser Flächen beträgt die Aufenthaltswahrscheinlichkeit des Elektrons 50% (schwarze Linien) bzw. 99% (rote Linien).

se zeigen: *Wie beim Wasserstoffatom sind die Elektronenhüllen von Mehrelektronen-Atomen aus Schalen aufgebaut. Die Schalen bestehen aus der gleichen Anzahl von Atomorbitalen des gleichen Typs wie die des Wasserstoffatoms.* Die Atomorbitale von Mehrelektronen-Atomen gleichen zwar nicht völlig den Wasserstofforbitalen, aber *die Gestalt der Orbitale ist wasserstoffähnlich und die Richtungen der maximalen Elektronendichten stimmen überein.* So besitzen beispielsweise alle Atome pro Schale – mit Ausnahme der K-Schale – drei hantelförmige p-Orbitale, die entlang der x-, y- und z-Achse liegen. Die Bilder der Wasserstofforbitale werden daher auch zur Beschreibung der Elektronenstruktur anderer Atome benutzt.

Ein grundsätzlicher Unterschied zwischen dem Wasserstoffatom und den Mehrelektronen-Atomen besteht darin, daß die Energie der Orbitale im Wasserstoffatom nur von der Hauptquantenzahl n abhängt, während sie bei Atomen mit mehreren Elektronen außer von der Hauptquantenzahl n auch von der Nebenquantenzahl l beeinflußt wird.

Im Wasserstoffatom befinden sich alle Orbitale einer Schale, also alle AO mit der gleichen Hauptquantenzahl n, auf dem gleichen Energieniveau, sie sind entartet (Abb. 1.25). In Atomen mit mehreren Elektronen besitzen nicht mehr alle Orbitale einer Schale dieselbe Energie. Energiegleich sind nur noch die Orbitale gleichen Typs, also alle p-Orbitale, d-Orbitale, f-Orbitale (Abb. 1.36).

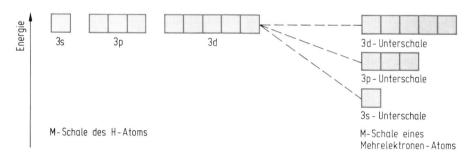

Abbildung 1.36   Aufhebung der Entartung in Mehrelektronen-Atomen. Die relative Lage der Energieniveaus der Unterschalen in Abhängigkeit von der Ordnungszahl zeigt Abbildung 1.38.

Man bezeichnet daher die energetisch äquivalenten Sätze der s-, p-, d-, f-Orbitale als *Unterschalen.*

Für die Besetzung der wasserstoffähnlichen Atomorbitale mit Elektronen (Aufbauprinzip) sind die folgenden drei Prinzipien maßgebend.

Das Pauli-Prinzip. *Ein Atom darf keine Elektronen enthalten, die in allen vier Quantenzahlen übereinstimmen.* Dies bedeutet, daß jedes Orbital nur mit zwei Elektronen entgegengesetzten Spins besetzt werden kann.

Beispiel zum Pauli-Prinzip:

↑↓

1 s

Nach dem Pauli-Prinzip kann das 1s-Orbital nur mit zwei Elektronen besetzt werden. Jedes Elektron ist durch einen Pfeil symbolisiert. Die Orbitalquantenzahlen sind für beide Elektronen identisch: $n = 1$, $l = 0$, $m_l = 0$. Die Elektronen unterscheiden sich aber in der Spinquantenzahl. Die Spinquantenzahlen $m_s = +\frac{1}{2}$ und $m_s = -\frac{1}{2}$ werden durch die entgegengesetzte Pfeilrichtung dargestellt.

↑↓↑

1 s

Die Besetzung des 1s-Orbitals mit 3 Elektronen ist aufgrund des Pauli-Prinzips verboten. Die beiden Elektronen mit gleicher Pfeilrichtung stimmen in allen vier Quantenzahlen überein. Sie besitzen außer den gleichen Orbitalquantenzahlen $n = 1$, $l = 0$, $m_l = 0$ auch die gleiche Spinquantenzahl.

Die Anzahl der Elektronen, die unter Berücksichtigung des Pauli-Prinzips von den verschiedenen Schalen eines Atoms aufgenommen werden kann, ist in der Tabelle 1.8 angegeben. Sie stimmt mit der Anzahl der Quantenzustände des Wasserstoffatoms überein (Tabelle 1.5).

Tabelle 1.8   Anzahl der Elektronen, die von den Unterschalen und Schalen eines Atoms aufgenommen werden können

Schale	n	Unterschale	Anzahl der Orbitale	Anzahl der Elektronen Unterschale	Schale ($2n^2$)
K	1	1s	1	2	2
L	2	2s	1	2	8
		2p	3	6	
M	3	3s	1	2	18
		3p	3	6	
		3d	5	10	
N	4	4s	1	2	32
		4p	3	6	
		4d	5	10	
		4f	7	14	

Die Hundsche Regel. *Die Orbitale einer Unterschale werden so besetzt, daß die Anzahl der Elektronen mit gleicher Spinrichtung maximal wird.*

Beispiel zur Hundschen Regel:

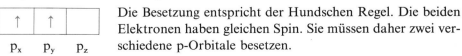

p_x p_y p_z

Die Besetzung entspricht der Hundschen Regel. Die beiden Elektronen haben gleichen Spin. Sie müssen daher zwei verschiedene p-Orbitale besetzen.

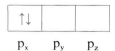

p_x p_y p_z

Ein p-Orbital ist mit zwei Elektronen besetzt, die entgegengesetzten Spin haben. Diese Besetzung stimmt nicht mit der Hundschen Regel überein.

Im Grundzustand werden die wasserstoffähnlichen Orbitale der Atome in der Reihenfolge wachsender Energie mit Elektronen aufgefüllt.

Tabelle 1.9 zeigt den Aufbau der Elektronenhülle im Grundzustand für die ersten 36 Elemente.

Die Verteilung der Elektronen auf die Orbitale nennt man *Elektronenkonfiguration.*

Aus der Tabelle 1.9 ist ersichtlich, daß mit wachsender Ordnungzahl Z nicht einfach eine Schale nach der anderen mit Elektronen aufgefüllt wird. Ab der M-Schale überlappen die Energieniveaus verschiedener Schalen. Beim Element Kalium ($Z = 19$) wird das 19. Elektron nicht in das 3d-Niveau der M-Schale, sondern in die 4s-Unterschale der nächsthöheren N-Schale eingebaut. Noch bevor die Auffüllung der M-Schale abgeschlossen ist, wird bereits mit der Besetzung der folgenden N-Schale begonnen.

Die Reihenfolge, in der mit wachsender Ordnungzahl die Unterschalen der Atome mit Elektronen aufgefüllt werden, kann man sich mit Hilfe des in der Abb. 1.37 dargestellten Schemas leicht ableiten. Die Unterschalen werden in der Reihenfolge 1s, 2s, 2p, 3s, 3p, 4s, 3d, 4p, 5s usw. besetzt.

Es gibt jedoch einige Unregelmäßigkeiten (vgl. Tabelle 1.9 und Tabelle 2, Anhang 2). Beispiele dafür sind die Elemente Chrom und Kupfer. Bei Cr ist die Konfiguration $3d^5 4s^1$ gegenüber der Konfiguration $3d^4 4s^2$ bevorzugt, bei Cu die Konfiguration $3d^{10} 4s^1$ gegenüber $3d^9 4s^2$. Eine halbgefüllte oder vollständig aufgefüllte d-Unterschale ist energetisch besonders günstig. Obwohl das 4f-Niveau vor dem 5d-

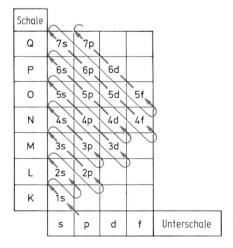

Abbildung 1.37   Schema zur Reihenfolge der Besetzung von Unterschalen.

Tabelle 1.9   Elektronenkonfigurationen der ersten 36 Elemente

Z	Element	K 1s	L 2s 2p	M 3s 3p 3d	N 4s 4p	Symbol	Periode
1	H	↑				$1s^1$	1
2	He	↑↓				$1s^2$	
3	Li	↑↓	↑			$[He]2s^1$	2
4	Be	↑↓	↑↓			$[He]2s^2$	
5	B	↑↓	↑↓ ↑			$[He]2s^2 2p^1$	
6	C	↑↓	↑↓ ↑ ↑			$[He]2s^2 2p^2$	
7	N	↑↓	↑↓ ↑ ↑ ↑			$[He]2s^2 2p^3$	
8	O	↑↓	↑↓ ↑↓ ↑ ↑			$[He]2s^2 2p^4$	
9	F	↑↓	↑↓ ↑↓ ↑↓ ↑			$[He]2s^2 2p^5$	
10	Ne	↑↓	↑↓ ↑↓ ↑↓ ↑↓			$[He]2s^2 2p^6$	
11	Na	Neonkonfiguration [Ne]		↑		$[Ne]3s^1$	3
12	Mg			↑↓		$[Ne]3s^2$	
13	Al			↑↓ ↑		$[Ne]3s^2 3p^1$	
14	Si			↑↓ ↑ ↑		$[Ne]3s^2 3p^2$	
15	P			↑↓ ↑ ↑ ↑		$[Ne]3s^2 3p^3$	
16	S			↑↓ ↑↓ ↑ ↑		$[Ne]3s^2 3p^4$	
17	Cl			↑↓ ↑↓ ↑↓ ↑		$[Ne]3s^2 3p^5$	
18	Ar			↑↓ ↑↓ ↑↓ ↑↓		$[Ne]3s^2 3p^6$	
19	K	Argonkonfiguration [Ar]			↑	$[Ar]4s^1$	4
20	Ca				↑↓	$[Ar]4s^2$	
21	Sc			↑	↑↓	$[Ar]4s^2 3d^1$	
22	Ti			↑ ↑	↑↓	$[Ar]4s^2 3d^2$	
23	V			↑ ↑ ↑	↑↓	$[Ar]4s^2 3d^3$	
24	*Cr			↑ ↑ ↑ ↑ ↑	↑	$[Ar]4s^1 3d^5$	
25	Mn			↑ ↑ ↑ ↑ ↑	↑↓	$[Ar]4s^2 3d^5$	
26	Fe			↑↓ ↑ ↑ ↑ ↑	↑↓	$[Ar]4s^2 3d^6$	
27	Co			↑↓ ↑↓ ↑ ↑ ↑	↑↓	$[Ar]4s^2 3d^7$	
28	Ni			↑↓ ↑↓ ↑↓ ↑ ↑	↑↓	$[Ar]4s^2 3d^8$	
29	*Cu			↑↓ ↑↓ ↑↓ ↑↓ ↑↓	↑	$[Ar]4s^1 3d^{10}$	
30	Zn			↑↓ ↑↓ ↑↓ ↑↓ ↑↓	↑↓	$[Ar]4s^2 3d^{10}$	
31	Ga			↑↓ ↑↓ ↑↓ ↑↓ ↑↓	↑↓ ↑	$[Ar]4s^2 3d^{10} 4p^1$	
32	Ge			↑↓ ↑↓ ↑↓ ↑↓ ↑↓	↑↓ ↑ ↑	$[Ar]4s^2 3d^{10} 4p^2$	
33	As			↑↓ ↑↓ ↑↓ ↑↓ ↑↓	↑↓ ↑ ↑ ↑	$[Ar]4s^2 3d^{10} 4p^3$	
34	Se			↑↓ ↑↓ ↑↓ ↑↓ ↑↓	↑↓ ↑↓ ↑ ↑	$[Ar]4s^2 3d^{10} 4p^4$	
35	Br			↑↓ ↑↓ ↑↓ ↑↓ ↑↓	↑↓ ↑↓ ↑↓ ↑	$[Ar]4s^2 3d^{10} 4p^5$	
36	Kr			↑↓ ↑↓ ↑↓ ↑↓ ↑↓	↑↓ ↑↓ ↑↓ ↑↓	$[Ar]4s^2 3d^{10} 4p^6$	

Ein Kästchen symbolisiert ein Orbital, ein Pfeil ein Elektron, die Pfeilrichtung die Spinrichtung des Elektrons. Zur Vereinfachung der Schreibweise werden für abgeschlossene Edelgaskonfigurationen wie $1s^2 2s^2 2p^6$ oder $1s^2 2s^2 2p^6 3s^2 3p^6$ die Symbole [Ne] bzw. [Ar] verwendet. Unregelmäßige Elektronen-Konfigurationen sind mit einem Stern markiert.

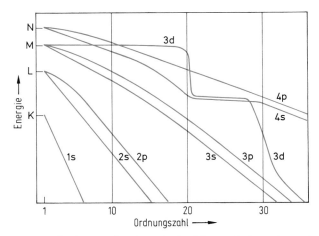

Abbildung 1.38   Änderung der Energie der Unterschalen mit wachsender Ordnungszahl.

Niveau besetzt werden sollte, besitzt das Element Lanthan kein 4f-Elektron, sondern ein 5d-Elektron. Erst bei den folgenden Elementen wird die 4f-Unterschale aufgefüllt. Aufgrund der sehr ähnlichen Energien der 5f- und der 6d-Unterschale ist auch beim Element Actinium und einigen Actinoiden die Besetzung unregelmäßig.

Die Elektronenkonfigurationen der Elemente sind in der Tabelle 2 des Anhangs 2 angegeben.

Das Schema der Abb. 1.37 gilt jedoch nur für das letzte eingebaute Elektron jedes Elements. Die Lage der Energieniveaus ist nicht unabhängig von der Ordnungszahl Z, sie ändert sich mit Z, wie in der Abb. 1.38 schematisch dargestellt ist.

1.4.8 Das Periodensystem (PSE)

Bei der Auffüllung der Atomorbitale mit Elektronen kommt es zu periodischen Wiederholungen gleicher Elektronenanordnungen auf der jeweils äußersten Schale (vgl. Tabelle 1.9 und Tabelle 2 im Anhang 2). *Elemente, deren Atome analoge Elektronenkonfigurationen besitzen, haben ähnliche Eigenschaften und können zu Gruppen zusammengefaßt werden.*

Beispiele:

Edelgase

He $1s^2$

Ne $[He]2s^2 2p^6$

Ar $[Ne]3s^2 3p^6$

Kr $[Ar]3d^{10}4s^2 4p^6$

Xe $[Kr]4d^{10}5s^2 5p^6$

Die Elemente Helium, Neon, Argon, Krypton und Xenon gehören zur Gruppe der Edelgase. Mit Ausnahme von Helium haben die Edelgasatome auf der äußersten Schale die Elektronenkonfiguration $s^2 p^6$, d. h. alle s- und p-Orbitale sind vollständig besetzt. Solche abgeschlossenen Elektronenkonfigurationen sind energetisch besonders stabil (vgl. Abb. 1.40). Die Edelgase sind daher äußerst reaktionsträge Elemente.

Alkalimetalle

Li $[He] 2 s^1$

Na $[Ne] 3 s^1$

K $[Ar] 4 s^1$

Rb $[Kr] 5 s^1$

Cs $[Xe] 6 s^1$

Die Elemente Lithium, Natrium, Kalium, Rubidium und Caesium gehören zur Gruppe der Alkalimetalle. Die Alkalimetallatome haben auf der äußersten Schale die Elektronenkonfiguration s^1. Dieses Elektron kann leicht abgegeben werden. Dabei bilden sich einfach positiv geladene Ionen wie Na^+. Alkalimetalle sind sehr reaktionsfähige, weiche Leichtmetalle mit niedrigem Schmelzpunkt.

Halogene

F $[He] 2 s^2 2 p^5$

Cl $[Ne] 3 s^2 3 p^5$

Br $[Ar] 3d^{10} 4 s^2 4 p^5$

I $[Kr] 4d^{10} 5 s^2 5 p^5$

Die Elemente Fluor, Chlor, Brom und Iod gehören zur Gruppe der Halogene (Salzbildner) mit der gemeinsamen Konfiguration $s^2 p^5$ auf der äußersten Schale. Die Halogene sind typische Nichtmetalle und sehr reaktionsfähige Elemente. Sie bilden mit Metallen Salze. Dabei nehmen sie ein Elektron auf, es entstehen einfach negativ geladene Ionen wie z. B. Cl^-.

Die periodische Wiederholung analoger Elektronenkonfigurationen führt zum periodischen Auftreten ähnlicher Elemente. Sie ist die Ursache der Systematik der Elemente, die als Periodensystem der Elemente (abgekürzt PSE) bezeichnet wird.

Die Versuche, eine Systematik der Elemente zu finden und die Anzahl möglicher Elemente theoretisch zu begründen, führten schon 1829 Döbereiner zur Aufstellung der Triaden. Triaden sind Dreiergruppen von Elementen mit ähnlichen Eigenschaften und gleicher Zunahme ihrer Atommassen (Cl, Br, I; Ca, Sr, Ba). Obwohl nur etwa 60 Elemente bekannt waren und noch keine Kenntnisse über den Atomaufbau vorlagen, stellten bereits 1869 unabhängig voneinander Meyer und Mendelejew das Periodensystem der Elemente auf. Sie ordneten die Elemente nach steigender Atommasse und fanden aufgrund des Vergleichs der chemischen Eigenschaften, daß periodisch Elemente mit ähnlichen chemischen Eigenschaften auftreten. Durch Untereinanderstellen dieser Elemente erhielten sie das Periodensystem.

Haupt- gruppen	Nebengruppen											Hauptgruppen					
1	**2**	**3**	**4**	**5**	**6**	**7**	**8**	**9**	**10**	**11**	**12**	**13**	**14**	**15**	**16**	**17**	**18**
Ia	IIa	IIIb	IVb	Vb	VIb	VIIb	VIIIb			Ib	IIb	IIIa	IVa	Va	VIa	VIIa	VIIIa
s^1	s^2	d^1	d^2	d^3	d^4	d^5	d^6	d^7	d^8	d^9	d^{10}	p^1	p^2	p^3	p^4	p^5	p^6

	1	2	3	4	5	6	7	8	9	10	11	12	13	14	15	16	17	18
1 1s	1 H																	2 He
2 2s 2p	3 Li	4 Be											5 B	6 C	7 N	8 O	9 F	10 Ne
3 3s 3p	11 Na	12 Mg											13 Al	14 Si	15 P	16 S	17 Cl	18 Ar
4 4s 3d 4p	19 K	20 Ca	21 Sc	22 Ti	23 V	24 *Cr	25 Mn	26 Fe	27 Co	28 Ni	29 *Cu	30 Zn	31 Ga	32 Ge	33 As	34 Se	35 Br	36 Kr
5 5s 4d 5p	37 Rb	38 Sr	39 Y	40 Zr	41 *Nb	42 *Mo	43 *Tc	44 *Ru	45 *Rh	46 *Pd	47 *Ag	48 Cd	49 In	50 Sn	51 Sb	52 Te	53 I	54 Xe
6 6s 4f 5d 6p	55 Cs	56 Ba	57 *La	72 Hf	73 Ta	74 W	75 Re	76 Os	77 Ir	78 *Pt	79 *Au	80 Hg	81 Tl	82 Pb	83 Bi	84 Po	85 At	86 Rn
7 7s 5f 6d	87 Fr	88 Ra	89 *Ac	104 Rf	105 Db	106 Sg	107 Bh	108 Hs	109 Mt	110 Ds	111	112		114				

Lanthanoide (4f-Elemente)	58 Ce	59 Pr	60 Nd	61 Pm	62 Sm	63 Eu	64 *Gd	65 Tb	66 Dy	67 Ho	68 Er	69 Tm	70 Yb	71 Lu
Actinoide (5f-Elemente)	90 *Th	91 *Pa	92 *U	93 *Np	94 Pu	95 Am	96 *Cm	97 Bk	98 Cf	99 Es	100 Fm	101 Md	102 No	103 Lr

Abbildung 1.39   Periodensystem der Elemente. Bei jeder Periode ist angegeben, welche Orbitale aufgefüllt werden. Bei jeder Gruppe ist die Bezeichnung für das jeweils letzte Elektron, das beim Aufbau der Elektronenschale hinzukommt, angegeben. Die Elektronenkonfiguration eines Elements kann sofort abgelesen werden. Elektronenkonfigurationen, die nicht mit der in Abbildung 1.37 angegegebenen Reihenfolge der Besetzung von Unterschalen übereinstimmen, sind mit einem Stern markiert. Nichtmetalle sind durch rote Kästchen gekennzeichnet, Metalle durch weiße Kästchen. Rosa Kästchen kennzeichnen Elemente, deren Eigenschaften zwischen Metallen und Nichtmetallen liegen. Wasserstoff gehört nur hinsichtlich der Konfiguration s^1 zur Gruppe 1, den chemischen Eigenschaften nach gehört er keiner Gruppe an und hat eine Sonderstellung. Helium gehört zur Gruppe der Edelgase, da es als einziges s^2-Element eine abgeschlossene Schale besitzt.
Für die äußerst kurzlebigen Transactinoide 111, 112 und 114 gibt es noch keine Namen und Symbole. Über die Synthese der Elemente 116 und 118 wurde berichtet, ihre Existenz ist aber noch nicht gesichert. Die Elemente 113, 115 und 117 sind bisher noch nicht synthetisiert worden (vgl. S. 20).

Eine jetzt gebräuchliche Form des Periodensystems zeigt Abb. 1.39. Aufgrund der Kenntnis des Atombaus wissen wir heute, daß die Reihenfolge der Elemente durch die Ordnungszahl Z (= Protonenzahl = Elektronenzahl) bestimmt wird. Die nach den Atommassen geordneten Elemente ergaben im wesentlichen dieselbe Reihenfolge, in einigen Fällen (Ar, K; Co, Ni; Te, I) mußte jedoch die Reihenfolge vertauscht werden.

Im Periodensystem untereinander stehende Elemente werden *Gruppen* genannt. In einer Gruppe stehen Elemente mit ähnlichen chemischen Eigenschaften.

Nach Empfehlung der IUPAC (International Union of Pure and Applied Chemistry) werden die Gruppen mit den Ziffern 1 (Alkalimetalle) bis 18 (Edelgase) bezeichnet.

Die Gruppen 1, 2 und 13–18 werden *Hauptgruppen* genannt. Die Atome der Elemente einer Hauptgruppe haben auf der äußersten Schale dieselbe Elektronenkonfiguration. Bei den Hauptgruppen ändert sich die Elektronenkonfiguration von s^1 auf $s^2 p^6$. Die d- und f-Orbitale der Hauptgruppenelemente sind leer oder vollständig besetzt. Vorher war lange Zeit die verwendete Bezeichnung der Hauptgruppen Ia–VIIIa (vgl. Abb. 1.39).

Die für das chemische Verhalten verantwortlichen Elektronen der äußersten Schale bezeichnet man als *Valenzelektronen*, ihre Konfiguration als *Valenzelektronenkonfiguration. Bei den Hauptgruppenelementen ändert sich die Zahl der Valenzelektronen von 1 bis 8. Die chemische Ähnlichkeit der Elemente einer Gruppe ist eine Folge ihrer identischen Valenzelektronenkonfiguration.*

Einige Hauptgruppen haben Gruppennamen: 1 Alkalimetalle, 2 Erdalkalimetalle, 16 Chalkogene (Erzbildner), 17 Halogene (Salzbildner), 18 Edelgase.

Die Gruppen 3–12 werden *Nebengruppen* genannt. *Bei ihnen erfolgt die Auffüllung der d-Unterschalen.* Da die Nebengruppen auf der äußersten Schale ein besetztes s-Orbital besitzen, wird bei der Auffüllung der d-Unterschalen die zweitäußerste Schale aufgefüllt. Die Gruppen 3–12 (vgl. PSE) haben daher die Elektronenkonfiguration $s^2 d^1$ bis $s^2 d^{10}$, wobei zu beachten ist, daß die s-Elektronen eine um eins höhere Hauptquantenzahl haben als die d-Elektronen. Die Besetzung der d-Orbitale erfolgt nicht ganz regelmäßig (vgl. Tabelle 2 im Anhang 2). Die Nebengruppenelemente werden auch als *Übergangselemente* bezeichnet und zwar je nachdem, welche d-Unterschale aufgefüllt wird, als 3d-, 4d- bzw. 5d-Übergangselemente. Eine früher verwendete Bezeichnung der Nebengruppen war Ib–VIIIb (vgl. Abb. 1.39). Bei dieser Bezeichnung kam zum Ausdruck, daß bei einigen Gruppen formale Analogien (z. B. maximale Oxidationszahl) zwischen den Hauptgruppenelementen und den Nebengruppenelementen gleicher Gruppennummer vorhanden sind (z. B. IIa und IIb, siehe Abb. 1.39).

Bei den Nebengruppenelementen können außer den s-Elektronen auch die d-Elektronen als Valenzelektronen wirksam werden. Die Elemente der Gruppe 3 (zwei s-Elektronen + ein d-Elektron) und 4 (zwei s- und zwei d-Elektronen) besitzen daher die gleiche Zahl an Valenzelektronen wie die Elemente der Gruppen 13 bzw. 14. Bei den Gruppen 11 und 12 ist die d-Unterschale vollständig aufgefüllt. Sie haben wie die Elemente der Gruppen 1 und 2 ein s-Elektron bzw. zwei s-Elektronen auf der äußersten Schale und bilden daher wie diese einfach bzw. zweifach positiv geladene Ionen.

Die im PSE nebeneinander stehenden Elemente bilden die *Perioden*. Die Anzahl der Elemente der ersten sechs Perioden beträgt 2, 8, 8, 18, 18, 32. Sie ist nicht identisch mit der maximalen Aufnahmefähigkeit der Schalen, die ja $2n^2$ beträgt. Bei den Elementen der 1. Periode H und He wird das 1s-Orbital der K-Schale besetzt, bei den acht Elementen der 2. Periode Li, Be, B, C, N, O, F, Ne das 2s-Orbital und die 2p-Orbitale der L-Schale. Innerhalb einer Periode ändern sich die Eigenschaften, am Anfang und am Ende der Periode stehen daher Elemente mit ganz verschiedenen Eigenschaften. Lithium und Beryllium sind typische Metalle und bei Normaltemperatur Feststoffe. Sauerstoff und Fluor sind typische Nichtmetalle, die bei Normaltemperatur gasförmig sind. Neon ist ein Edelgas, das sich mit keinem chemischen Element verbindet. Bei den folgenden acht Elementen der 3. Periode, Na, Mg, Al, Si, P, S, Cl, Ar, werden das 3s-Orbital und die 3p-Orbitale der M-Schale besetzt. Nach dem Element Neon erfolgt eine sprunghafte Eigenschaftsänderung und eine periodische Wiederholung der Eigenschaften der 2. Periode. Die ersten Elemente der 3. Periode, Natrium, Magnesium und Aluminium, sind wieder typische Metalle, am Ende der Periode stehen die Nichtmetalle Schwefel, Chlor und das Edelgas Argon. Vor der Besetzung der 3d-Unterschale wird bei den Elementen Kalium und Calcium das 4s-Orbital der N-Schale besetzt, erst dann erfolgt bei den 10 Elementen Scandium bis Zink die Auffüllung der 3d-Niveaus. Nach der Auffüllung der 3d-Unterschale werden bei den Elementen Gallium bis Krypton die 4p-Orbitale besetzt. Die 3. Periode enthält daher nur 8 Elemente, die 4. Periode 18 Elemente. Die 5. Periode enthält ebenfalls 18 Elemente, bei denen nacheinander die Unterschalen 5s, 4d und 5p besetzt werden. In der 6. Periode wird bei den Elementen Caesium und Barium das 6s-Orbital besetzt. Beim Element Lanthan wird zunächst ein Elektron in die 5d-Unterschale eingebaut. La hat die Elektronenkonfiguration $[Xe] 5d^1 6s^2$. Bei den auf das Lanthan folgenden 14 Elementen wird die 4f-Unterschale aufgefüllt. Bei diesen als *Lanthanoide* bezeichneten Elementen erfolgt also die vollständige Auffüllung der N-Schale. Erst dann werden die 5d- und die 6p-Unterschale weiter aufgefüllt. Die 6. Periode enthält daher 32 Elemente. Die Lanthanoide zeigen untereinander eine große chemische Ähnlichkeit, da sie sich nur im Aufbau der drittäußersten Schale unterscheiden. Die Auffüllung der 5f-Unterschale erfolgt bei den 14 Elementen, die auf das Element Actinium folgen. Die 14 *Actinoide* sind radioaktive, überwiegend künstlich hergestellte Elemente.

Links im Periodensystem stehen Metalle, rechts Nichtmetalle. Der metallische Charakter wächst innerhalb einer Hauptgruppe mit wachsender Ordnungszahl. *Die typischsten Metalle stehen* daher *im PSE links unten (Rb, Cs, Ba), die typischsten Nichtmetalle rechts oben (F, O, Cl).* Alle Nebengruppenelemente, die Lanthanoide und Actinoide sind Metalle.

Im PSE wird die Vielzahl der Elemente übersichtlich geordnet. Man braucht die Eigenschaften der Elemente nicht einzeln zu erlernen, sondern man kann viele wichtige Eigenschaften eines Elements aus seiner Stellung im Periodensystem ableiten. Wie genau dies möglich ist, zeigt die Voraussage der Eigenschaften des Elements Germanium durch Mendelejew. Sie wurde nach der Entdeckung dieses Elements durch Winkler glänzend bestätigt (Tabelle 1.10).

Tabelle 1.10   Vergleich der vorausgesagten und beobachteten Eigenschaften von Germanium und einigen Germaniumverbindungen

Mendelejews Voraussage	Nach der Entdeckung des Elements durch Winkler (1886) beobachtete Eigenschaften
Atommasse ungefähr 72	Atommasse 72,6
Dunkelgraues Metall mit hohem Schmelzpunkt; Dichte 5,5 g/cm³; spezifische Wärmekapazität 0,306 J/(K · g)	Weißlich graues Metall; Schmelzpunkt 958 °C; Dichte 5,36 g/cm³; spezifische Wärmekapazität 0,318 J/(K · g)
Beim Erhitzen an der Luft entsteht XO_2	Beim Erhitzen an der Luft entsteht GeO_2
XO_2 ist schwerflüchtig; Dichte 4,7 g/cm³	Schmelzpunkt von GeO_2 1100 °C; Dichte 4,7 g/cm³
Das Chlorid XCl_4 ist eine leichtflüchtige Flüssigkeit (Siedepunkt wenig unter 100 °C); Dichte 1,9 g/cm³	$GeCl_4$ ist flüssig (Siedepunkt 83 °C); Dichte 1,88 g/cm³

Natürlich zeigt sich erst bei einer detaillierten Besprechung der Elemente in vollem Umfang, wie nützlich und unentbehrlich das PSE für das Verständnis der chemischen Eigenschaften der Elemente und ihrer Verbindungen ist. Wir werden dies in den Kap. 4 und 5 sehen.

1.4.9 Ionisierungsenergie, Elektronenaffinität, Röntgenspektren

Die meisten Eigenschaften der Elemente hängen von den äußeren Elektronen ab. Sie ändern sich daher mit zunehmender Ordnungszahl periodisch. Zwei wichtige Beispiele dafür sind die Ionisierungsenergie und die Elektronenaffinität.

Eigenschaften, die von den inneren Elektronen abhängen, ändern sich nicht periodisch mit der Ordnungszahl. Als Beispiel werden die Röntgenspektren besprochen.

Ionisierungsenergie. *Die Ionisierungsenergie I eines Atoms ist die Mindestenergie, die benötigt wird, um ein Elektron vollständig aus dem Atom zu entfernen.* Dabei entsteht aus dem Atom ein einfach positiv geladenes Ion.

$$\text{Atom} + \text{Ionisierungsenergie} \longrightarrow \text{einfach positiv geladenes Ion} + \text{Elektron}$$
$$X + I \longrightarrow X^+ + e^-$$

Die Ionisierungsenergie ist ein Maß für die Festigkeit, mit der das Elektron im Atom gebunden ist.

In der Abb. 1.40 ist die Änderung der Ionisierungsenergie mit wachsender Ordnungszahl für die Hauptgruppenelemente dargestellt.

Innerhalb einer Periode nimmt I stark zu, da aufgrund der zunehmenden Kernladung die Elektronen einer Schale stärker gebunden werden. Bei den Edelgasen mit den abgeschlossenen Elektronenkonfigurationen s^2p^6 hat I jeweils ein Maximum. Bei den auf die Edelgase folgenden Alkalimetallen sinkt I drastisch, da mit dem Aufbau einer neuen Schale begonnen wird. Die Alkalimetalle mit der Konfiguration s^1 weisen daher Minima auf.

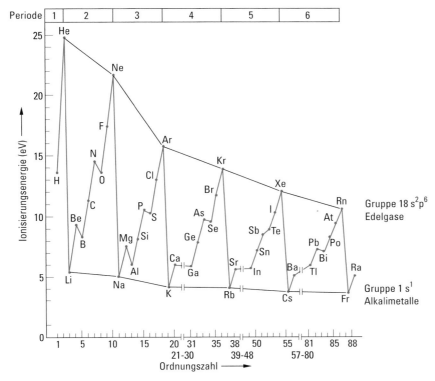

Abbildung 1.40 Ionisierungsenergie der Hauptgruppenelemente. Die Ionisierungsenergie spiegelt direkt den Aufbau der Elektronenhülle in Schalen und Unterschalen wider. Die Stabilität voll besetzter (s^2, s^2p^6) und halbbesetzter (s^2p^3) Unterschalen ist an den Ionisierungsenergien abzulesen. In jeder Periode sind bei den Edelgasen mit der Konfiguration s^2p^6 Maxima vorhanden. Bei Alkalimetallen mit der Konfiguration s^1, bei denen mit dem Aufbau einer neuen Schale begonnen wird, treten Minima auf.

Innerhalb einer Gruppe nimmt I mit zunehmender Ordnungszahl ab, da auf jeder neu hinzukommenden Schale die Elektronen schwächer gebunden sind.

Innerhalb einer Periode erfolgt der Anstieg von I unregelmäßig, da Atome mit gefüllten oder halbgefüllten Unterschalen eine erhöhte Stabilität besitzen.

Beispiele:

Berylliumatome haben eine höhere Ionisierungsenergie als Boratome.

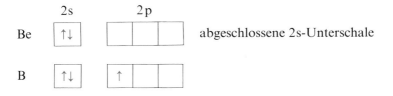

Stickstoffatome haben eine höhere Ionisierungsenergie als Sauerstoffatome.

$2\,\mathrm{s}$ $2\,\mathrm{p}$

N | ↑↓ | | ↑ | ↑ | ↑ |

O | ↑↓ | | ↑↓ | ↑ | ↑ |

Die Ionisierungsenergien spiegeln die Strukturierung der Elektronenhülle in Schalen und Unterschalen und auch die erhöhte Stabilität halbbesetzter Unterschalen unmittelbar wider.

Bei Atomen mit mehreren Elektronen sind weitere Ionisierungen möglich. Man nennt die Energie, die erforderlich ist, das erste Elektron abzuspalten 1. Ionisierungsenergie I_1, die Energie, die aufgewendet werden muß, das zweite Elektron abzuspalten 2. Ionisierungsenergie I_2 usw. In der Tabelle 1.11 sind Werte der Ionisierungsenergien für die ersten 13 Elemente angegeben. Auch bei den positiven Ionen zeigt sich die außerordentlich große Stabilität von edelgasartigen Ionen mit der Konfiguration $s^2 p^6$. Na-Atome sind leicht zu Na^+-Ionen zu ionisieren ($Na \rightarrow Na^+ + e$, I_1 = 5,1 eV). Bei der Entfernung des zweiten Elektrons aus der Elektronenhülle mit Neonkonfiguration ($Na^+ \rightarrow Na^{2+} + e$, $I_2 = 47,3$ eV) steigt die Ionisierungsenergie sprunghaft an. Ganz entsprechend erfolgt bei Mg-Atomen ein sprunghafter Anstieg bei der 3. Ionisierungsenergie und bei Al-Atomen bei der 4. Ionisierungsenergie.

Tabelle 1.11   Ionisierungsenergien I der ersten 13 Elemente in eV

Z	Element	I_1	I_2	I_3	I_4	I_5	I_6	I_7	I_8	I_9	I_{10}
1	H	13,6									
2	He	24,5	54,4								
3	Li	5,4	75,6	122,4							
4	Be	9,3	18,2	153,9	217,7						
5	B	8,3	25,1	37,9	259,3	340,1					
6	C	11,3	24,4	47,9	64,5	392,0	489,8				
7	N	14,5	29,6	47,4	77,5	97,9	551,9	666,8			
8	O	13,6	35,1	54,9	77,4	113,9	138,1	739,1	871,1		
9	F	17,4	35,0	62,6	87,1	114,2	157,1	185,1	953,6	1100,0	
10	Ne	21,6	41,1	63,5	97,0	126,3	157,9	207,0	238,0	1190,0	1350,0
11	Na	5,1	47,3	71,6	98,9	138,4	172,1	208,4	264,1	299,9	1460,0
12	Mg	7,6	15,0	80,1	109,3	141,2	186,5	224,9	266,0	328,2	367,0
13	Al	6,0	18,8	28,4	120,0	153,8	190,4	241,4	284,5	331,6	399,2

Bei jedem Element erfolgt rechts von der Treppenkurve eine sprunghafte Erhöhung von I. Diese Ionisierungsenergien geben die Abspaltung eines Elektrons aus einer Edelgaskonfiguration an. (z. B. $Mg^{2+} \rightarrow Mg^{3+} + e^-$). Rot gedruckte I-Werte sind Ionisierungsenergien des jeweils letzten Elektrons eines Atoms. Diese Werte zeigen keine Periodizität mehr, sie sind proportional Z^2 (I_2(He) = $4I_1$(H); I_{10}(Ne) = $100 I_1$(H)).

Elektronenaffinität. *Die Elektronenaffinität E_{ea} eines Atoms ist die Energie, die frei wird (negative E_{ea}-Werte) oder benötigt wird (positive E_{ea}-Werte), wenn an ein Atom ein Elektron unter Bildung eines negativ geladenen Ions angelagert wird.*

$$Atom + Elektron \longrightarrow \text{einfach negativ geladenes Ion} + \text{Elektronenaffinität}$$
$$Y + e^- \longrightarrow Y^- + E_{ea}$$

Da es schwierig ist, E_{ea}-Werte experimentell zu bestimmen, sind nicht von allen Atomen Werte bekannt, und ihre Zuverlässigkeit und Genauigkeit sind sehr unterschiedlich. In der Tabelle 1.12 sind die bekannten Werte für die Hauptgruppenelemente zusammengestellt.

Auch in den E_{ea}-Werten kommt die Struktur der Elektronenhülle mit stabilen Konfigurationen zum Ausdruck. Die Werte der Tabelle 1.12 zeigen, daß bei den Elementen der Gruppen 14 und 17 Minima der E_{ea}-Werte auftreten. Die Elektronenanlagerung ist also dann begünstigt, wenn dadurch die Konfigurationen s^2p^3 (halbbesetzte Unterschale) und s^2p^6 (Edelgaskonfiguration) entstehen. Die hohen Werte der Halogene zeigen die starke Tendenz zur Anlagerung des 8. Valenzelektrons und somit zur Ausbildung der stabilen Edelgaskonfiguration. Die positiven Elektronenaffinitäten der Erdalkalimetalle und der Edelgase zeigen das Widerstreben die energetisch günstige s^2- und s^2p^6-Konfiguration um ein zusätzliches Elektron zu erweitern. Bei den Nichtmetallen haben die Elemente der 2. Achterperiode (Si, P, S, Cl) eine höhere (negative) Elektronenaffinität als die der 1. Achterperiode (C, N, O, F).

Tabelle 1.12   Elektronenaffinitäten E_{ea} einiger Elemente in eV

H − 0,75							He > 0
Li − 0,62	Be + 0,19	B − 0,28	C − 1,26	N + 0,07	O − 1,46 (+ 8,1)	F − 3,40	Ne + 0,30
Na − 0,55	Mg + 0,29	Al − 0,44	Si − 1,38	P − 0,75	S − 2,08 (+ 6,1)	Cl − 3,62	Ar + 0,36
K − 0,50	Ca + 1,93	Ga − 0,3	Ge − 1,2	As − 0,81	Se − 2,02	Br − 3,36	Kr + 0,40
Rb − 0,49	Sr + 1,51	In − 0,3	Sn − 1,2	Sb − 1,07	Te − 1,97	I − 3,06	Xe + 0,42
Cs − 0,47	Ba + 0,48	Tl − 0,2	Pb − 0,36	Bi − 0,95			Rn + 0,42

Negative Zahlenwerte bedeuten, daß bei der Reaktion $Y + e^- \rightarrow Y^-$ Energie abgegeben wird. Es muß jedoch darauf hingewiesen werden, daß die Vorzeichengebung nicht einheitlich erfolgt. Eingeklammerte Zahlenwerte sind die Elektronenaffinitäten der Reaktion $Y^- + e^- \rightarrow Y^{2-}$. Zur Anlagerung eines zweiten Elektrons ist immer Energie erforderlich.

Röntgenspektren. Treffen Elektronen sehr hoher Energie (Kathodenstrahlen) auf eine Metallplatte, so erzeugen sie Röntgenstrahlen. Röntgenstrahlen sind elektromagnetische Wellen sehr kurzer Wellenlänge ($10^{-12} - 10^{-9}$ m) (Abb. 1.17). Wenn man die Röntgenstrahlung spektral zerlegt, erhält man ein Linienspektrum, das im Gegensatz zu den Spektren des sichtbaren Bereichs aus nur wenigen Linien besteht.

Die Entstehung des Röntgenspektrums zeigt Abb. 1.41. Die energiereichen Kathodenstrahlen schleudern aus inneren Schalen der beschossenen Atome Elektronen heraus. In die entstandenen Lücken springen Elektronen aus weiter außen liegenden Schalen unter Abgabe von Photonen. Da die inneren Elektronen sehr fest gebunden sind, ist bei den Elektronenübergängen die frei werdende Energie groß, und nach der Planckschen Beziehung $E = hc\,\dfrac{1}{\lambda}$ besitzt die emittierte Strahlung daher eine kleine Wellenlänge.

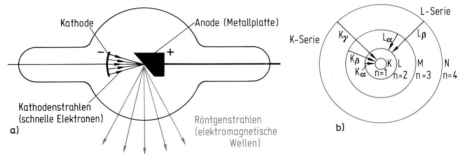

Abbildung 1.41   Entstehung von Röntgenstrahlen.
a) Wenn schnelle Elektronen (Kathodenstrahlen) auf eine Metallplatte treffen, so erzeugen sie Röntgenstrahlen. Die Röntgenstrahlung besteht aus Linien, deren Wellenlängen für das Metall, aus der die Anode besteht, charakteristisch sind.
b) Die Kathodenstrahlen schleudern aus den inneren Schalen der Metallanode Elektronen heraus. In die Lücken springen Elektronen der äußeren Schalen unter Abgabe von Photonen. Es entsteht eine Serie von Linien. Die intensivste Linie ist die K_α-Linie.

Moseley erkannte bereits 1913, daß die reziproke Wellenlänge der K_α-Röntgenlinie aller Elemente dem Quadrat der um eins verminderten Kernladungszahl Z proportional ist.

$$\frac{1}{\lambda} = \frac{3}{4}\,R_\infty(Z-1)^2$$

R_∞ ist die schon behandelte Rydberg-Konstante (vgl. Abschn. 1.4.2). Aus den Röntgenspektren der Elemente können daher ihre Ordnungszahlen bestimmt werden.

Wirkt auf ein Elektron eine positive Kernladung $Z \cdot e$, so erhält man bei der Ableitung der Energiezustände statt Gl. (1.19)

$$E = -\frac{Z^2 m e^4}{8\,\varepsilon_0^2 h^2}\,\frac{1}{n^2}$$

und statt Gl. (1.25)

$$\frac{1}{\lambda} = Z^2 R_\infty \left(\frac{1}{n_1^2} - \frac{1}{n_2^2} \right)$$

Für den Übergang eines Elektrons von der L-Schale auf die leere K-Schale folgt daraus

$$\frac{1}{\lambda} = \frac{3}{4} R_\infty Z^2$$

Da die K-Schale aber mit einem Elektron besetzt ist, ist nur die abgeschirmte Kernladung $(Z-1)e$ wirksam, man erhält das Moseley-Gesetz.

Im Moseley-Gesetz kommt zum Ausdruck, daß sich im Gegensatz zu den äußeren Elektronen die Energie der inneren Elektronen nicht periodisch mit Z ändert. Die Ionisierungsenergien der Tabelle 1.11 zeigen, daß die Energie des innersten Elektrons sich proportional mit Z^2 ändert.

2 Die chemische Bindung

Die Bindungskräfte, die zur Bildung chemischer Verbindungen führen, sind unterschiedlicher Natur. Es werden daher verschiedene *Grenztypen der chemischen Bindung* unterschieden. Dies sind

- die Ionenbindung,
- die Atombindung,
- die metallische Bindung,
- die van der Waals-Bindung.

Wir werden aber sehen, daß zwischen diesen Idealtypen fließende Übergänge existieren.

Außerdem wird noch ein spezieller Bindungstyp besprochen, die Wasserstoffbindung.

2.1 Die Ionenbindung

Für diesen Bindungstyp ist auch die Bezeichnung *heteropolare Bindung* üblich.

2.1.1 Allgemeines, Ionenkristalle

Ionenverbindungen entstehen durch Vereinigung von ausgeprägt metallischen Elementen mit ausgeprägt nichtmetallischen Elementen, also aus Elementen, die im PSE links stehen (Alkalimetalle, Erdalkalimetalle) mit Elementen, die im PSE rechts stehen (Halogene, Sauerstoff).

Als typisches Beispiel einer Ionenverbindung soll Natriumchlorid NaCl besprochen werden.

Bei der Reaktion von Natrium mit Chlor werden von den Na-Atomen, die die Elektronenkonfiguration $1s^2 2s^2 2p^6 3s^1$ besitzen, die 3s-Elektronen abgegeben. Dadurch entstehen die einfach positiv geladenen Ionen Na^+. Diese Ionen haben die Elektronenkonfiguration des Edelgases Neon $1s^2 2s^2 2p^6$. Man sagt, sie haben Neonkonfiguration. Die Cl-Atome nehmen die abgegebenen Elektronen unter Bildung der einfach negativ geladenen Ionen Cl^- auf. Aus einem Cl-Atom mit der Elektronenkonfiguration $1s^2 2s^2 2p^6 3s^2 3p^5$ entsteht durch Elektronenaufnahme ein Cl^--Ion mit der Argonkonfiguration $1s^2 2s^2 2p^6 3s^2 3p^6$. Stellt man die Elektronen der äußersten Schale als Punkte dar, läßt sich dieser Vorgang folgendermaßen formulieren:

$$\text{Na} + \overset{\cdot\cdot}{\underset{\cdot\cdot}{\text{Cl}}}\!\!: \longrightarrow \text{Na}^+ + \overset{\cdot\cdot}{\underset{\cdot\cdot}{\text{Cl}}}\!\!:^-$$

Durch Elektronenübergang vom Metallatom zum Nichtmetallatom entstehen aus den neutralen Atomen elektrisch geladene Teilchen, Ionen. Die positiv geladenen Ionen bezeichnet man als *Kationen,* die negativ geladenen als *Anionen.*

Wegen der veränderten Elektronenkonfiguration zeigen die Ionen gegenüber den neutralen Atomen völlig veränderte Eigenschaften. Cl- und Na-Atome sind chemisch aggressive Teilchen. Die Ionen Na$^+$ und Cl$^-$ sind harmlose, reaktionsträge Teilchen. Die chemische Reaktionsfähigkeit wird durch die Elektronenkonfiguration bestimmt. Teilchen mit der abgeschlossenen Elektronenkonfiguration der Edelgase sind chemisch reaktionsträge. Dies gilt nicht nur für die Edelgasatome selbst, sondern auch für Ionen mit Edelgaskonfiguration.

Kationen und Anionen ziehen sich aufgrund ihrer entgegengesetzten elektrischen Ladung an. Die Anziehungskraft wird durch das Coulombsche Gesetz (vgl. Abschn. 1.4.1) beschrieben. Es lautet für ein Ionenpaar

$$F = \frac{1}{4\pi\varepsilon_0} \cdot \frac{z_{\text{K}} e z_{\text{A}} e}{r^2} \tag{2.1}$$

Es bedeuten: z_{K} und z_{A} Ladungszahl des Kations bzw. Anions, e Elementarladung, ε_0 elektrische Feldkonstante, r Abstand der Ionen.

Die Anziehungskraft F ist proportional dem Produkt der Ionenladungen $z_{\text{K}} e$ und $z_{\text{A}} e$. Sie ist umgekehrt proportional dem Quadrat des Abstandes r der Ionen.

Die elektrostatische Anziehungskraft ist ungerichtet, das bedeutet, daß sie in allen Raumrichtungen wirksam ist. Daher umgeben sich die positiven Na$^+$-Ionen symmetrisch mit möglichst vielen negativen Cl$^-$-Ionen und die negativen Cl$^-$-Ionen mit positiven Na$^+$-Ionen (vgl. Abb. 2.1). Aus den Elementen Natrium und Chlor bildet

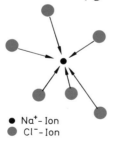

● Na$^+$- Ion
● Cl$^-$- Ion

Abbildung 2.1   Da das elektrische Feld des Na$^+$-Ions in jeder Raumrichtung wirkt, ist zwischen dem positiven Na$^+$-Ion und allen Cl$^-$-Ionen eine Anziehungskraft wirksam. An das Na$^+$-Ion lagern sich daher so viele negative Cl$^-$-Ionen an wie gerade Platz haben.

sich daher nicht eine Verbindung, die aus Na$^+$Cl$^-$-Ionenpaaren besteht, sondern es entsteht ein *Ionenkristall,* in dem die Ionen eine regelmäßige dreidimensionale Anordnung, ein *Kristallgitter* bilden. Abb. 2.2 zeigt die Anordnung der Na$^+$- und Cl$^-$-Ionen im NaCl-Kristall. Jedes Na$^+$-Ion ist von 6 Cl$^-$-Ionen und jedes Cl$^-$-Ion von 6 Na$^+$-Ionen in oktaedrischer Anordnung umgeben. Charakteristisch für die ver-

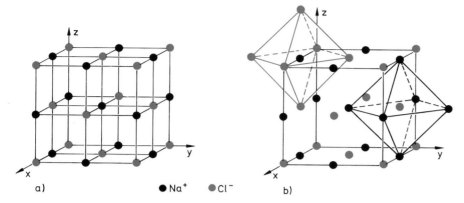

Abbildung 2.2   a) Kristallgitter des NaCl-Ionenkristalls (Natriumchlorid-Typ). In den drei Raumrichtungen existiert die gleiche periodische Folge von Na^+- und Cl^--Ionen. Damit die Struktur des Gitters besser sichtbar wird, sind die Ionen nicht maßstabgetreu, sondern nur als kleine Kugeln dargestellt.
b) Im NaCl-Gitter hat jedes Na^+-Ion 6 Cl^--Ionen als Nachbarn, die ein Oktaeder bilden. Jedes Cl^--Ion ist von 6 Na^+-Ionen in oktaedrischer Anordnung umgeben. Für beide Ionensorten ist also die Koordinationszahl KZ = 6. Jedes Ion ist daher gleich stark an sechs Nachbarn gebunden.

schiedenen Kristallgitter-Typen ist die *Koordinationszahl* KZ. Sie gibt die Anzahl der nächsten gleich weit entfernten Nachbarn eines Gitterbausteins an. Im NaCl-Kristall haben beide Ionensorten die Koordinationszahl sechs.

Kationen und Anionen nähern sich einander im Ionenkristall nur bis zu einer bestimmten Entfernung. Zwischen den Ionen müssen daher auch Abstoßungskräfte existieren. Diese Abstoßungskräfte kommen durch die gegenseitige Abstoßung der Elektronenhüllen der Ionen zustande. Bei größerer Entfernung der Ionen wirken im

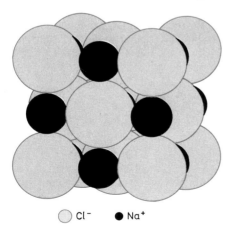

Abbildung 2.3   Darstellung des NaCl-Kristalls mit den Cl^-- und Na^+-Ionen als Kugeln, maßstäblich richtig. Die Na^+-Ionen haben einen Radius von 102 pm, die Cl^--Ionen von 181 pm.

wesentlichen nur die Anziehungskräfte. Bei dichter Annäherung der Ionen beginnen
Abstoßungskräfte wirksam zu werden, die mit weiterer Annäherung der Ionen wesentlich stärker werden als die Anziehungskräfte. Die Ionen nähern sich deshalb
im Kristall bis zu einem Gleichgewichtsabstand, bei dem die Coulombschen Anziehungskräfte gerade gleich den Abstoßungskräften der Elektronenhüllen sind (vgl.
Abb. 2.21). Die Ionen verhalten sich in einem Ionenkristall daher in erster Näherung
wie starre Kugeln mit einem charakteristischen Radius (vgl. Abb. 2.3). Die Elektronenhüllen der Ionen durchdringen sich nicht, die Elektronendichte sinkt zwischen
den Ionen fast auf Null (vgl. Abb. 2.4).

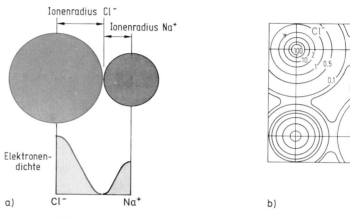

Abbildung 2.4   a) Schematischer Verlauf der Elektronendichte bei der Ionenbindung. Die
Na^+- und Cl^--Ionen im NaCl-Gitter berühren sich, die Elektronenhüllen durchdringen sich
nicht. Die Elektronendichte sinkt daher an der Berührungsstelle der Ionen auf annähernd null.
b) Röntgenographisch bestimmte Elektronendichten in einem NaCl-Kristall. Die Linien verbinden Stellen gleicher Elektronendichte (die Zahlen bedeuten Elektronen/10^{-30} m³). Sie
nimmt mit der Entfernung vom Atomkern rasch ab. Auf der Verbindungslinie zwischen Na^+-
und Cl^--Ionen nimmt sie auf nahezu null ab. Integriert man die Elektronendichte in den
dadurch abgegrenzten kugelförmigen Ionenvolumina, erhält man für Na^+ 10,05, für Cl^- 17,70
Elektronen. Dies beweist den Aufbau des Gitters aus Ionen. Die fehlenden 0,25 Elektronen
befinden sich in Zwischenräumen außerhalb der Kugeln.

Ionenverbindungen bestehen also *nicht aus einzelnen Molekülen, sondern sind aus
Ionen aufgebaute Kristalle, in denen zwischen einem Ion und allen seinen entgegengesetzt geladenen Nachbarionen starke Bindungskräfte vorhanden sind.* Ein Ionenkristall
kann nur insgesamt als „Riesenmolekül" aufgefaßt werden. *Ionenverbindungen sind*
daher *Festkörper mit hohen Schmelzpunkten* (vgl. Tabelle 2.8).

Da in Ionenkristallen die Ionen nur wenig beweglich sind, sind Ionenverbindungen
meist schlechte Ionenleiter. Schmelzen von Ionenkristallen leiten dagegen den elektrischen Strom, da auch in der Schmelze Ionen vorhanden sind, die gut beweglich sind.
Wenn sich Ionenkristalle in polaren Lösemitteln wie Wasser lösen, bleiben die Ionen
erhalten. Da die Ionen frei beweglich sind, leiten solche Lösungen den elektrischen
Strom (vgl. Abschn. 3.7.2).

In Ionenkristallen haben die meisten Ionen, die von den Elementen der Hauptgruppen gebildet werden, Edelgaskonfiguration. Ausnahmen sind Sn^{2+} und Pb^{2+}. Für die edelgasartigen Ionen besteht zwischen der Ionenladungszahl und der Stellung im Periodensystem ein einfacher Zusammenhang, der in der Tab. 2.1 dargestellt ist.

Tabelle 2.1   Ionen mit Edelgaskonfiguration

Hauptgruppe	Ionenladungszahl	Beispiele
I Alkalimetalle	$+1$	Li^+, Na^+, K^+
II Erdalkalimetalle	$+2$	Be^{2+}, Mg^{2+}, Ca^{2+}, Ba^{2+}
III Erdmetalle	$+3$	Al^{3+}
VI Chalkogene	-2	O^{2-}, S^{2-}
VII Halogene	-1	F^-, Cl^-, Br^-, I^-

Die Bildung von Ionen mit Edelgaskonfiguration ist aufgrund der Ionisierungsenergien (vgl. Tab. 1.11) und Elektronenaffinitäten (vgl. Tab. 1.12) plausibel. Die Metallatome geben ihre Valenzelektronen relativ leicht ab, ein weiteres Elektron läßt sich aus Kationen mit Edelgaskonfiguration aber nur unter Aufbringung einer extrem hohen Ionisierungsenergie entfernen. Es gibt daher keine Ionenverbindungen mit Na^{2+}- oder Mg^{3+}-Ionen. Bei der Anlagerung eines Elektrons an ein Halogenatom wird Energie frei. Die Anlagerung von Elektronen an edelgasartige Anionen ist nur unter erheblichem Energieaufwand möglich, daher treten in Ionenverbindungen keine Cl^{2-}- oder O^{3-}-Ionen auf.

Es wird nun auch klar, warum Ionenverbindungen durch Reaktion von Metallen mit ausgeprägten Nichtmetallen entstehen. *Der Elektronenübergang von einem Reaktionspartner zum anderen ist begünstigt, wenn der eine eine kleine Ionisierungsenergie, der andere eine große Elektronenaffinität besitzt.* Die Alkalimetallhalogenide sind dementsprechend auch die typischsten Ionenverbindungen.

2.1.2 Ionenradien

Man kann die Ionen in Ionenkristallen in erster Näherung als starre Kugeln betrachten. Ein bestimmtes Ion hat in verschiedenen Ionenverbindungen auch bei gleicher Koordinationszahl zwar nicht eine genau konstante Größe, aber die Größen stimmen doch so weit überein, daß man jeder Ionensorte einen individuellen Radius zuordnen kann. Die Ionenradien können aus den Abständen, die zwischen den Ionen in Kristallgittern auftreten, ermittelt werden. Man erhält zunächst, wie in Abb. 2.5 dargestellt ist, aus den Kationen-Anionen-Abständen für verschiedene Ionenkombinationen die Radiensummen von Kation und Anion $r_A + r_K$. Zur Ermittlung der Radien selbst muß der Radius wenigstens eines Ions unabhängig bestimmt werden. Pauling hat den Radius des O^{2-}-Ions theoretisch zu 140 pm berechnet. Die in der Tabelle 2.2

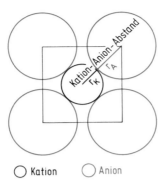

○ Kation   ○ Anion

Abbildung 2.5   Das Kation ist oktaedrisch von Anionen umgeben. Dargestellt sind die vier Nachbarn in einer Ebene. Kation und Anionen berühren sich. Aus dem Abstand Kation-Anion im Gitter erhält man die Radiensumme von Kation und Anion $r_K + r_A$.

angegebenen Ionenradien basieren auf diesem Wert. Die Radien gelten für die Koordinationszahl 6. Ein weniger gebräuchlicher Radiensatz basiert auf einem O^{2-}-Radius von 126 pm, der aus röntgenographisch bestimmten Elektronendichteverteilungen abgeleitet wurde. Es ist also schwierig, absolute Radien zu bestimmen.

Für andere Koordinationszahlen ändern sich die Ionenradien. Mit wachsender Zahl benachbarter Ionen vergrößern sich die Abstoßungskräfte zwischen den Elektronenhüllen der Ionen, der Gleichgewichtsabstand wächst. Aus den bei verschiedenen Koordinationszahlen experimentell bestimmten Ionenradien ergibt sich, daß die relativen Änderungen für die einzelnen Ionen individuelle Größen sind und sich nur in erster Näherung eine mittlere Änderung angeben läßt (vgl. Fußnote der Tabelle 2.2). Dafür erhält man die folgende Abhängigkeit.

KZ	8	6	4
r	1,1	1,0	0,8

Bei den Koordinationszahlen 8, 6 und 4 verhalten sich die Radien für ein und dasselbe Ion annähernd wie 1,1 : 1 : 0,8. Das heißt also, daß das Bild von den starren Kugeln für isoliert betrachtete Ionen nicht gilt, sondern *daß sich die Ionenradien aus dem Gleichgewichtsabstand in einem bestimmten Kristall ergeben. In verschiedenen Verbindungen verhält sich ein bestimmtes Ion nur dann wie eine starre Kugel mit annähernd konstantem Radius, wenn die Anzahl seiner nächsten Nachbarn, die Koordinationszahl, gleich ist.*

Für die Ionenradien gelten folgende Regeln:

Kationen sind kleiner als Anionen. Ausnahmen sind die großen Kationen K^+, Rb^+, Cs^+, NH_4^+, Ba^{2+}. Sie sind größer als das kleinste Anion F^-.

In den Hauptgruppen des PSE nimmt der Ionenradius mit steigender Ordnungszahl zu:

$$Be^{2+} < Mg^{2+} < Ca^{2+} < Sr^{2+} < Ba^{2+}$$
$$F^- < Cl^- < Br^- < I^-$$

Der Grund dafür ist der Aufbau neuer Schalen.

Bei Ionen mit gleicher Elektronenkonfiguration (isoelektronische Ionen) nimmt der Radius mit zunehmender Ordnungszahl ab:

$$O^{2-} > F^- > Na^+ > Mg^{2+} > Al^{3+}$$

Für die Änderung der Radien sind zwei Ursachen zu berücksichtigen. Mit wachsender Kernladung wird die Elektronenhülle stärker angezogen. Mit wachsender Ionenladung verringert sich der Gleichgewichtsabstand im Gitter, da die Anziehungskraft nach dem Coulombschen Gesetz mit steigender Ionenladung zunimmt. Die Radien nehmen daher bei den isoelektronischen positiven Ionen viel stärker ab als bei den isoelektronischen negativen Ionen.

Gibt es von einem Element mehrere positive Ionen, nimmt der Radius mit zunehmender Ladung ab:

$$Fe^{2+} > Fe^{3+} \qquad\qquad Pb^{2+} > Pb^{4+}$$

Tabelle 2.2   Ionenradien in pm
(Ionenradien werden häufig auch in der Einheit Ångström angegeben;
$1\,\text{Å} = 10^{-10}\,\text{m} = 100\,\text{pm}$).

H^-	154	Be^{2+}	45	Al^{3+}	54	Si^{4+}	40
F^-	133	Mg^{2+}	72	Ga^{3+}	62	Sn^{4+}	69
Cl^-	181	Ca^{2+}	100	Tl^{3+}	89	Pb^{4+}	78
Br^-	196	Sr^{2+}	118	Bi^{3+}	103	Ti^{4+}	61
I^-	220	Ba^{2+}	135	Sc^{3+}	75	V^{4+}	58
O^{2-}	140	Sn^{2+}	93	Ti^{3+}	67	Mn^{4+}	53
S^{2-}	184	Pb^{2+}	119	V^{3+}	64	Zr^{4+}	72
N^{3-}	171	Ti^{2+}	86	Cr^{3+}	62	Pd^{4+}	62
Li^+	76	V^{2+}	79	Mn^{3+}	65	Hf^{4+}	71
Na^+	102	Cr^{2+}	80	Fe^{3+}	65	W^{4+}	66
K^+	138	Mn^{2+}	83	Co^{3+}	61	Pt^{4+}	63
Rb^+	152	Fe^{2+}	78	Ni^{3+}	60	Ce^{4+}	87
Cs^+	167	Co^{2+}	75	Rh^{3+}	67	U^{4+}	89
NH_4^+	143	Ni^{2+}	69	La^{3+}	103	V^{5+}	54
Tl^+	150	Cu^{2+}	73	$Au^{3+}*$	85	Nb^{5+}	64
Cu^+	77	Zn^{2+}	74	Ce^{3+}	101	Ta^{5+}	64
Ag^+	115	$Pd^{2+}*$	86	Gd^{3+}	94	Cr^{6+}	44
Au^+	137	Cd^{2+}	95	Lu^{3+}	86	Mo^{6+}	59
		$Pt^{2+}*$	80	V^{3+}	64	W^{6+}	60
		Hg^{2+}	102			U^{6+}	73

Die Radien gelten für die Koordinationszahl 6. Nur die mit * bezeichneten Radien sind für die quadratisch-planare Koordination angegeben.
Die Radien der Kationen sind empirische Radien, die aus Oxiden und Fluoriden ermittelt wurden. Sie entstammen dem Radiensatz von Shannon und Prewitt (Acta Crystallogr. (1976) A32, 751) Dort sind auch die Radien für andere Koordinationszahlen angegeben. Daraus wurde die oben angegebene mittlere Änderung der Radien mit der KZ ermittelt. Der Einfluß des Spinzustandes auf die Ionengröße wird im Abschn. 5.4.6 „Ligandenfeldtheorie" behandelt.

2.1.3 Wichtige ionische Strukturen, Radienquotientenregel

In Ionenkristallen treten die Koordinationszahlen 2, 3, 4, 6, 8 und 12 auf. Da zwischen den Ionen ungerichtete elektrostatische Kräfte wirken, bilden die Ionen jeweils Anordnungen höchster Symmetrie (vgl. dazu Abb. 2.6 und Abb. 2.7).

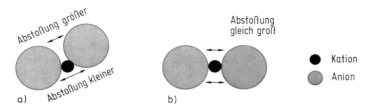

Abbildung 2.6   Die in a) dargestellte Anordnung der Ionen ist nicht stabil. Wegen der gegenseitigen Abstoßung der negativ geladenen Anionen geht a) in b) über. Die Anordnung a) ist nur bei gerichteter Bindung möglich. Entsprechend entstehen in Ionenkristallen auch bei anderen Koordinationszahlen Anordnungen höchster Symmetrie.

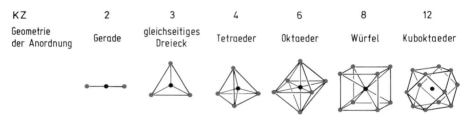

Abbildung 2.7   Koordinationszahlen und Geometrie der Anordnungen der Ionen in Ionenkristallen.

Zunächst sollen Strukturen besprochen werden, die bei Verbindungen der Zusammensetzungen AB und AB_2 auftreten. In den Abbildungen sind die Kristallstrukturen durch Elementarzellen dargestellt; diese genügen zur vollständigen Beschreibung des Kristallgitters (vgl. Abschn. 2.7.1.2).

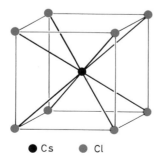

Abbildung 2.8   Caesiumchlorid-Typ (CsCl), KZ 8. Jedes Cs^+-Ion ist von $8\,Cl^-$-Ionen und jedes Cl^--Ion von $8\,Cs^+$-Ionen in Form eines Würfels umgeben.

AB-Strukturen. Die wichtigsten AB-Gittertypen sind die Caesiumchlorid-Struktur, die Natriumchlorid-Struktur und die Zinkblende-Struktur. Sie sind in den Abb. 2.8, 2.2 und 2.9 dargestellt. Da bei den AB-Strukturen die Anzahl der Anionen und Kationen gleich ist, haben beide Ionensorten jeweils dieselbe Koordinationszahl. Beispiele für Ionenkristalle, die in den genannten Strukturen auftreten, enthält die Tabelle 2.4.

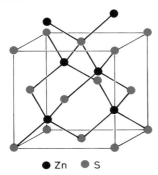

● Zn   ● S

Abbildung 2.9   Zinkblende-Typ (ZnS), KZ 4. Die Zn-Atome sind von 4 S-Atomen und die S-Atome von 4 Zn-Atomen in Form eines Tetraeders umgeben.

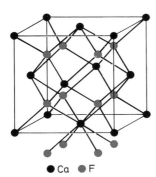

● Ca   ● F

Abbildung 2.10   Fluorit-Typ (CaF_2), KZ 8 : 4. Die Ca^{2+}-Ionen sind würfelförmig von 8 F^--Ionen umgeben, die F^--Ionen sind von 4 Ca^{2+}-Ionen tetraedrisch koordiniert.
Als Antifluorit-Typ bezeichnet man den AB_2-Gittertyp, bei dem die negativen Ionen würfelförmig und die positiven Ionen tetraedrisch koordiniert sind. Beispiel Li_2O.

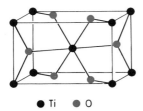

● Ti   ● O

Abbildung 2.11   Rutil-Typ (TiO_2), KZ 6 : 3. Jedes Ti^{4+}-Ion ist von 6 O^{2-}-Ionen in Form eines etwas verzerrten Oktaeders umgeben, jedes O^{2-}-Ion von 3 Ti^{4+}-Ionen in Form eines nahezu gleichseitigen Dreiecks.

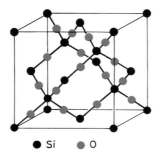

● Si   ● O

Abbildung 2.12   Cristobalit-Typ (SiO$_2$), KZ 4:2. Die Si-Atome sind tetraedrisch von 4 Sauerstoffatomen umgeben, die Sauerstoffatome sind von 2 Si-Atomen linear koordiniert.

AB$_2$-Strukturen. Die wichtigsten AB$_2$-Gittertypen sind die Fluorit-Struktur, die Rutil-Struktur und die Cristobalit-Struktur. Sie sind in den Abb. 2.10, 2.11 und 2.12 dargestellt. In den AB$_2$-Strukturen ist das Verhältnis Anzahl der Anionen durch Anzahl der Kationen gleich zwei. Die Koordinationszahl der Anionen muß daher gerade halb so groß sein wie die der Kationen. Beispiele für die AB$_2$-Strukturen sind in der Tabelle 2.5 angegeben.

Die besprochenen Strukturen sind keineswegs auf Ionenkristalle beschränkt. Wie wir später noch sehen werden, kommen diese Strukturen auch bei vielen Verbindungen vor, in denen andere Bindungskräfte vorhanden sind.

Wir wollen uns nun der Frage zuwenden, warum verschiedene AB- bzw. AB$_2$-Verbindungen in unterschiedlichen Strukturen vorkommen. Da die Coulombschen Anziehungskräfte in allen Raumrichtungen wirksam sind, werden sich um ein Ion im Gitter möglichst viele Ionen entgegengesetzter Ladung so dicht wie möglich anlagern. In der Regel sind die Kationen kleiner als die Anionen, daher sind die Koordinationsverhältnisse im Gitter meist durch die Koordinationszahl des Kations bestimmt (vgl. Abb. 2.13). Die Anzahl der Anionen, mit denen sich ein Kation umgeben kann, hängt vom Größenverhältnis der Ionen ab, nicht von ihrer Absolutgröße (vergleiche Abb. 2.14). *Die Koordinationszahl eines Kations hängt vom Radienquotienten* r_{Kation}/r_{Anion} *ab.* Sind Kationen und Anionen gleich groß, können 12 Anionen um das Kation gepackt werden. Mit abnehmendem Verhältnis r_K/r_A wird die maximal mögliche Zahl der Anionen, die mit dem Kation in Berührung stehen, kleiner.

● Anion
● Kation

Abbildung 2.13   Sind die Kationen kleiner als die Anionen, was meistens der Fall ist, werden die Koordinationsverhältnisse im Gitter durch die Koordinationszahl des Kations bestimmt. Bei den in der Zeichnung dargestellten Größenverhältnissen der Ionen ist die Koordinationszahl des Kations drei. An das Anion können sehr viel mehr Kationen angelagert werden, aber dann ließe sich kein symmetrisches Gitter aufbauen.

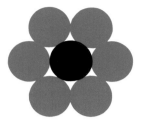

Abbildung 2.14 Die Koordinationszahl eines Kations hängt vom Größenverhältnis Kation/Anion ab, nicht von der Absolutgröße der Ionen. Ist der Radienquotient $r_K/r_A = 1$, lassen sich in einer Ebene gerade sechs Anionen um ein Kation packen.

Aus der Gittergeometrie läßt sich der Zusammenhang zwischen der Koordinationszahl und dem Radienquotienten berechnen. Am Beispiel des Caesiumchloridgitters soll gezeigt werden, bei welchem Radienverhältnis der Übergang von der KZ 8 zur KZ 6 erfolgt. Ist das Verhältnis $r_K/r_A = 1$, berühren sich, wie Abb. 2.15a zeigt, Anionen und Kationen, aber nicht die Anionen untereinander. Sinkt r_K/r_A auf 0,732, haben sich die Anionen einander soweit genähert, daß sowohl Berührung der Anionen und Kationen als auch der Anionen untereinander erfolgt (Abb. 2.15b). Wird das Verhältnis $r_K/r_A < 0,732$, können sich nun, wie Abb. 2.15c zeigt, die Anionen den Kationen nicht mehr weiter nähern. Dies ist erst dann wieder möglich, wenn die Anionen von der würfelförmigen Anordnung mit der KZ 8 in die oktaedrische Koordination mit der KZ 6 übergehen.

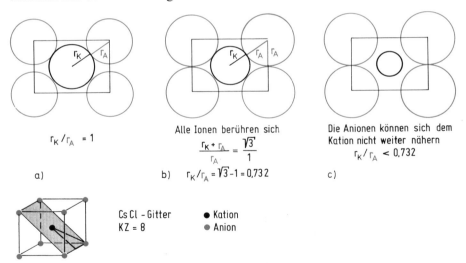

Abbildung 2.15   Stabilität der Caesiumchlorid-Struktur in Abhängigkeit vom Radienquotienten r_K/r_A.

In der Tabelle 2.3 sind die Bereiche der Radienverhältnisse für die verschiedenen Koordinationszahlen angegeben. Beispiele zum Zusammenhang zwischen Gittertyp

Tabelle 2.3   Radienquotienten und Koordinationszahl

Koordinations-zahl KZ	Koordinations-polyeder	Radienquotient r_K/r_A	Gittertyp
4	Tetraeder	0,225–0,414	Zinkblende, Cristobalit
6	Oktaeder	0,414–0,732	Natriumchlorid, Rutil
8	Würfel	0,732–1	Caesiumchlorid, Fluorit

Tabelle 2.4   Radienquotienten r_K/r_A einiger AB-Ionenkristalle

Caesiumchlorid-Struktur		Natriumchlorid-Struktur				Zinkblende-Struktur	
$r_K/r_A > 0,73$		$r_K/r_A = (0,41-0,73)$				$r_K/r_A = (0,22-0,41)$	
CsCl	0,94	BaO	0,97	LiF	056	BeO[3])	0,25
CsBr	0,87	KF[2])	0,96	CaS	0,54	BeS	0,19
NH$_4$Cl[1])	0,83	CsF[2])	0,78	CoO	0,53		
TlCl	0,83	NaF	0,77	NaBr	0,52		
CsI	0,79	KCl	0,76	MgO	0,51		
NH$_4$Br[1])	0,77	CaO	0,71	NiO	0,49		
TlBr	0,77	KBr	0,71	NaI	0,47		
		KI	0,64	LiCl	0,41		
		NaH	0,66	MgS	0,39		
		SrS	0,61	LiBr	0,38		
		MnO	0,59	LiI	0,34		
		NaCl	0,56				
		VO	0,56				

[1]) Die Hochtemperaturmodifikationen kristallisieren in der NaCl-Struktur.
[2]) Da das Anion kleiner ist als das Kation, ist der Wert für r_A/r_K angegeben.
[3]) BeO kristallisiert im Wurtzit-Typ, der dem Zinkblende-Typ eng verwandt ist. Die beiden Ionensorten sind ebenfalls tetraedrisch koordiniert (vgl. Abb. 2.55).

und Radienverhältnis sind für AB-Verbindungen in der Tabelle 2.4 und für AB$_2$-Verbindungen in der Tabelle 2.5 zusammengestellt (siehe auch Abb. 2.22). In einigen Fällen treten Abweichungen auf. So kristallisieren z. B. einige Alkalimetallhalogenide in der Natriumchlorid-Struktur, obwohl der Radienquotient Caesiumchlorid-Struktur erwarten ließe. Die Abhängigkeit der Koordinationszahl vom Radienquotienten gilt also nicht streng. Die Ursachen werden im Abschn. 2.1.4 diskutiert.

Auf die Vielzahl weiterer Strukturen kann nur kurz eingegangen werden.

Eine wichtige **AB$_3$-Struktur** ist die Aluminiumfluorid-Struktur. Sie ist in der Abb. 2.16 dargestellt. Diese Struktur (bzw. eine leicht deformierte Variante) wird bei den Fluoriden AlF$_3$, ScF$_3$, FeF$_3$, CoF$_3$, RhF$_3$, PdF$_3$ sowie den Oxiden CrO$_3$, WO$_3$ und ReO$_3$ gefunden.

Tabelle 2.5   Radienquotienten r_K/r_A einiger AB_2-Ionenkristalle

Fluorit-Struktur		Rutil-Struktur				Cristobalit-Struktur	
$r_K/r_A > 0{,}73$		$r_K/r_A = (0{,}41-0{,}73)$				$r_K/r_A = (0{,}22-0{,}41)$	
BaF_2	1,02	MnF_2	0,62	$CaBr_2$	0,51	SiO_2	0,29
PbF_2	0,89	FeF_2	0,59	SnO_2	0,49	BeF_2	0,26
SrF_2	0,85	PbO_2	0,56	MgH_2	0,47		
$BaCl_2$	0,75	ZnF_2	0,56	WO_2	0,46		
CaF_2	0,75	CoF_2	0,56	TiO_2	0,44		
CdF_2	0,71	$CaCl_2$	0,55	VO_2	0,42		
UO_2	0,69	MgF_2	0,54	CrO_2	0,39		
$SrCl_2$	0,62	NiF_2	0,52	MnO_2	0,38		
				GeO_2	0,38		

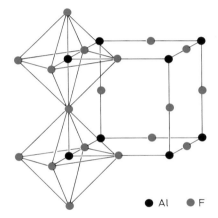

Abbildung 2.16   Idealisierter Aluminiumfluorid-Typ (AlF_3). Jedes Al^{3+}-Ion ist von $6\,F^-$-Ionen oktaedrisch umgeben. Die AlF_6-Oktaeder sind über gemeinsame Ecken dreidimensional verknüpft. Die F^--Ionen sind linear von zwei Al^{3+}-Ionen koordiniert.

Die wichtigste A_2B_3-Struktur ist die Korund (α-Al_2O_3)-Struktur (Abb. 2.17). In ihr kristallisieren die Oxide Cr_2O_3, Ti_2O_3, V_2O_3, α-Fe_2O_3, α-Ga_2O_3 und Rh_2O_3.

Zwei häufig auftretende Strukturen sind die **Perowskit-Struktur** und die **Spinell-Struktur**. In beiden Strukturen treten Kationen in zwei verschiedenen Koordinationszahlen auf. Verbindungen mit Perowskit-Struktur (Abb. 2.18) haben die Zusammensetzung ABX_3. Typische Vertreter des Perowskit-Typs sind die Verbindungen

$$\overset{+1+2}{KMgF_3}, \quad \overset{+1+2}{KNiF_3}, \quad \overset{+1+5}{NaWO_3}, \quad \overset{+2+4}{BaTiO_3}, \quad \overset{+2+4}{CaSnO_3}, \quad \overset{+3+3}{LaAlO_3}$$

Die Kationen können Ladungszahlen von $+1$ bis $+5$ haben, die Summe der Ladungen der A- und B-Ionen muß aber immer gleich der Summe der Ladungen der Anionen sein. Das kleinere der beiden Kationen hat die Koordinationszahl 6, das größere die Koordinationszahl 12. Ein Perowskit mit gemischtem Anionengitter ist $\overset{+2+3}{BaScO_2F}$.

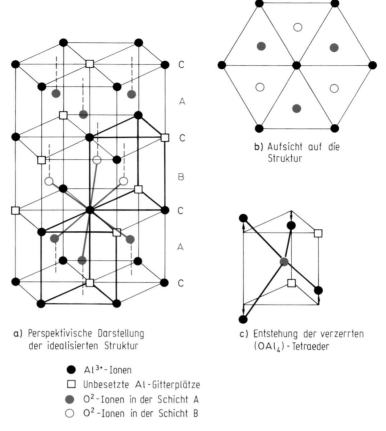

C
A
C
B
C
A
C

b) Aufsicht auf die
Struktur

a) Perspektivische Darstellung
der idealisierten Struktur

c) Entstehung der verzerrten
(OAl₄)-Tetraeder

● Al³⁺-Ionen
□ Unbesetzte Al-Gitterplätze
● O²⁻-Ionen in der Schicht A
○ O²⁻-Ionen in der Schicht B

Abbildung 2.17   Korund-Typ (α-Al$_2$O$_3$) KZ 6 : 4
Die Sauerstoffionen bilden Schichten dichtester Packung, die in zwei Lagen übereinandergestapelt sind: ABAB... (hexagonal-dichteste Kugelpackung; vgl. Abschn. 2.4.2). Zwischen je
zwei Sauerstoffschichten befindet sich eine Aluminiumschicht C, in der jeder dritte Platz
unbesetzt ist. Die Al^{3+}-Ionen einer Schicht bilden Sechserringe, deren Mittelpunkte unbesetzt
sind. In den aufeinanderfolgenden Schichten sind für die Leerstellen □ die drei Lagemöglich-
keiten realisiert. Die Al^{3+}-Ionen sind oktaedrisch von O^{2-}-Ionen koordiniert. In der idealen
Struktur hätten die O^{2-}-Ionen eine prismatische Umgebung mit zwei unbesetzten Punktlagen.
Durch die in c) dargestellte Verschiebung der Al^{3+}-Ionen wird die Koordination annähernd
tetraedrisch. Die Al-Sechserringe sind dadurch gewellt.

Sind die A-Kationen nur wenig größer als die B-Kationen, dann tritt bei den
Verbindungen ABX$_3$ die **Ilmenit-Struktur** auf, die mit der Korund-Struktur eng ver-
wandt ist. Alle Kationen sind oktaedrisch koordiniert. Beispiele: FeTiO$_3$, MgTiO$_3$,
NiMnO$_3$, LiNbO$_3$.
   Die Spinell-Struktur (Abb. 2.19) tritt bei Verbindungen der Zusammensetzung
AB$_2$X$_4$ auf. In den Oxiden AB$_2$O$_4$ mit Spinell-Struktur müssen durch die Kationen

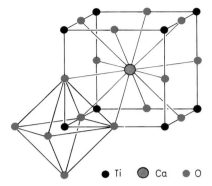

Abbildung 2.18   Perowskit-Typ ABX_3. Beispiel $CaTiO_3$. Die Ti^{4+}-Ionen sind von $6O^{2-}$-Ionen oktaedrisch koordiniert, die Ca^{2+}-Ionen von $12O^{2-}$-Ionen in Form eines Kuboktaeders. Aus der Perowskit-Struktur entsteht die Aluminiumfluorid-Struktur (Abbildung 2.16), wenn die Ca^{2+}-Plätze unbesetzt bleiben. Der Übergang zwischen beiden Strukturen ist in den Wolframbronzen realisiert (vgl. Abschn. 5.14.6.4).

In der idealen Struktur gilt für die Radien der Ionen die Beziehung $r_A + r_X = \sqrt{2}\,(r_B + r_X)$. Abweichungen davon werden durch den Toleranzfaktor t erfaßt: $r_A + r_X = t\sqrt{2}\,(r_B + r_X)$. Er liegt meist zwischen 0,9 und 1,1. In den „verzerrten" Perowskiten ist die kubische Symmetrie (vgl. Abschn. 2.7.1.2) erniedrigt (tetragonal, rhombisch, rhomboedrisch).

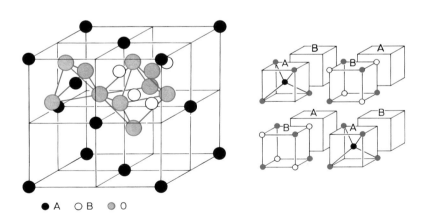

Abbildung 2.19   Spinell-Typ AB_2X_4. Beispiel $MgAl_2O_4$. Die Mg^{2+}-Ionen sind von $4O^{2-}$-Ionen tetraedrisch, die Al^{3+}-Ionen von $6O^{2-}$-Ionen oktaedrisch koordiniert. Die Sauerstoffionen sind in der kubisch-dichtesten Kugelpackung angeordnet (vgl. Abschn. 2.4.2 und Abb. 2.115).

Es sei erwähnt, daß A und B nicht nur zur Bezeichnung der Ionensorten, sondern auch zur Bezeichnung der Plätze im Gitter verwendet werden. Man nennt häufig die tetraedrisch koordinierten Plätze A-Plätze und die oktaedrisch koordinierten Plätze B-Plätze.

acht negative Anionenladungen neutralisiert werden, was durch folgende drei Kombinationen von Kationen erreicht wird: $(A^{2+} + 2B^{3+})$, $(A^{4+} + 2B^{2+})$ und $(A^{6+} + 2B^{+})$. Man bezeichnet diese Verbindungen als (2,3)-, (4,2)- und (6,1)-Spinelle. Am häufigsten sind (2,3)-Spinelle. $\frac{2}{3}$ der Kationen sind oktaedrisch, $\frac{1}{3}$ tetraedrisch koordiniert. Normale Spinelle haben die Ionenverteilung A(BB)O$_4$; die Ionen, die die Oktaederplätze besetzen, sind in Klammern gesetzt. Spinelle mit der Ionenverteilung B(AB)O$_4$ nennt man inverse Spinelle. Beispiele:

$$\text{Normale Spinelle:} \quad \overset{+2}{Zn}(\overset{+3}{Al_2})O_4, \quad \overset{+2}{Mg}(\overset{+3}{Cr_2})O_4, \quad \overset{+2}{Zn}(\overset{+3}{Fe_2})O_4, \quad \overset{+2}{Mg}(\overset{+3}{V_2})O_4,$$
$$\overset{+6}{W}(\overset{+1}{Na_2})O_4$$

$$\text{Inverse Spinelle:} \quad \overset{+2}{Mg}(\overset{+2}{Mg}\overset{+4}{Ti})O_4, \quad \overset{+3}{Fe}(\overset{+2}{Ni}\overset{+3}{Fe})O_4, \quad \overset{+3}{Fe}(\overset{+2}{Fe}\overset{+3}{Fe})O_4$$

Auch Spinelle, bei denen die Ionenverteilung zwischen diesen Grenztypen liegt, sind bekannt. Ob bei einer Verbindung AB$_2$O$_4$ die normale oder die inverse Struktur auftritt, hängt im wesentlichen von den folgenden Faktoren ab: Relative Größen der A- und B-Ionen, Ligandenfeldstabilisierungsenergien der Ionen (vgl. Abschn. 5.4.6), kovalente Bindungsanteile. Einige Ionen besetzen bevorzugt bestimmte Gitterplätze. Zu den Ionen, die bevorzugt die Tetraederplätze besetzen, gehören Zn^{2+}, Cd^{2+} und Fe^{3+}, die oktaedrische Koordination ist besonders bei Cr^{3+} und Ni^{2+} begünstigt.

Fe$_2$O$_3$ existiert außer in der im Korund-Typ kristallisierenden α-Modifikation in einer γ-Modifikation. γ-Fe$_2$O$_3$ besitzt eine fehlgeordnete Spinellstruktur, die sich vom Fe$_3$O$_4$ ableiten läßt. Man ersetzt die Fe^{2+}-Ionen der Oktaederplätze zu $\frac{2}{3}$ durch Fe^{3+}-Ionen, $\frac{1}{3}$ der Eisenplätze bleiben unbesetzt (unbesetzte Gitterplätze nennt man Leerstellen, Symbol $\square$), dies führt zur Formel $Fe^{3+}(Fe^{3+}_{5/3}\square_{1/3})O_4$. Die analoge Struktur besitzt γ-Al$_2$O$_3$.

Beispiele für Spinelle mit Schwefel-, Selen-, Tellur- und Fluoranionen sind: ZnAl$_2$S$_4$, FeCr$_2$S$_4$, Co$_3$S$_4$, CuTi$_2$S$_4$, CdCr$_2$S$_4$, CuCr$_2$S$_4$, CuCr$_2$Se$_4$, CuCr$_2$Te$_4$, NiLi$_2$F$_4$.

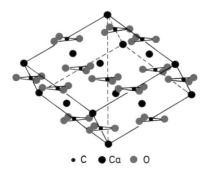

• C   ● Ca   ● O

Abbildung 2.20   Calcit-Typ (CaCO$_3$). Die Calcit-Struktur läßt sich aus der Natriumchlorid-Struktur ableiten. Die Ca^{2+}-Ionen besetzen die Na$^+$-Positionen, die planaren CO$_3^{2-}$-Gruppen die Cl$^-$-Positionen. Die Raumdiagonale, die senkrecht zu den Ebenen der CO$_3^{2-}$-Ionen liegt, ist gestaucht, da in dieser Richtung die CO$_3^{2-}$-Gruppen weniger Platz benötigen.

Bei den bisher besprochenen Strukturen gibt es keine isolierten Baugruppen im Gitter. In vielen Ionenkristallen treten räumlich abgegrenzte Baugruppen auf, z. B. die Ionen

CO_3^{2-} Carbonat-Ion
NO_3^- Nitrat-Ion
SO_4^{2-} Sulfat-Ion
PO_4^{3-} Phosphat-Ion

Innerhalb dieser Gruppen liegt keine Ionenbindung, sondern Atombindung vor. In der Abb. 2.20 ist als Beispiel eine der beiden Kristallstrukturen von $CaCO_3$, der Calcit-Typ, dargestellt. Obwohl $CaCO_3$ und $CaTiO_3$ die analogen Formeln besitzen, sind die Kristallgitter ganz verschieden.

2.1.4 Gitterenergie von Ionenkristallen[1]

Die Gitterenergie von Ionenkristallen ist die Energie, die frei wird, wenn sich Ionen aus unendlicher Entfernung einander nähern und zu einem Ionenkristall ordnen. Man kann die Gitterenergie von Ionenkristallen berechnen. Der einfachste Ansatz berücksichtigt nur die Coulombschen Wechselwirkungskräfte zwischen den Ionen und die Abstoßungskräfte zwischen den Elektronenhüllen.

Ein Ionenpaar, dessen Ladungen als Punktladungen $z_K e$ und $z_A e$ im Abstand r betrachtet werden, hat die elektrostatische potentielle Energie (Coulomb-Energie)

$$E_C = \frac{z_K z_A e^2}{4\pi\varepsilon_0 r} \tag{2.2}$$

(s. Gl. 1.12). Da z_A negativ ist, ist auch die Coulomb-Energie (bezogen auf unendliche Entfernung der Ionen) negativ (vgl. Abb. 2.21).

Befindet sich das Ion der Ladung $z_K e$ in einem Kristall, dann kann die Coulomb-Energie dieses Ions nur durch Berücksichtigung der Wechselwirkung mit allen benachbarten Ionen berechnet werden. Als Beispiel sei das NaCl-Gitter betrachtet (Abb. 2.2). Ein Na^+-Ion hat in der 1. Koordinationssphäre im Abstand r $6\,Cl^-$-Nachbarn, es folgen $12\,Na^+$ im Abstand $r\sqrt{2}$, $8\,Cl^-$ im Abstand $r\sqrt{3}$, $6\,Na^+$ im Abstand $r\sqrt{4}$, $24\,Cl^-$ im Abstand $r\sqrt{5}$ usw. Die Coulomb-Energie eines Na^+-Ions im NaCl-Kristall beträgt also

$$E_C = \frac{z_K z_A e^2\,6}{4\pi\varepsilon_0 r} + \frac{z_K z_K e^2\,12}{4\pi\varepsilon_0 r\sqrt{2}} + \frac{z_K z_A e^2\,8}{4\pi\varepsilon_0 r\sqrt{3}} + \frac{z_K z_K e^2\,6}{4\pi\varepsilon_0 r\sqrt{4}} + \frac{z_K z_A e^2\,24}{4\pi\varepsilon_0 r\sqrt{5}}\cdots$$

Für das NaCl-Gitter ist $z_K = -z_A$, demnach $z_K z_A = -z_K^2$ und

---

[1] In diesem Abschnitt werden Kenntnisse über die Begriffe Stoffmenge und Reaktionsenthalpie vorausgesetzt. Sie werden in den Abschn. 3.1 und 3.4 behandelt.

$$E_C = -\frac{z_K^2 e^2}{4\pi\varepsilon_0 r}\left(6 - \frac{12}{\sqrt{2}} + \frac{8}{\sqrt{3}} - \frac{6}{\sqrt{4}} + \frac{24}{\sqrt{5}} - \cdots\right)$$

Der Klammerausdruck hängt nur von der Gittergeometrie ab, sein Konvergenzwert wird *Madelung-Konstante A* genannt. *A* hat für das NaCl-Gitter den Wert 1,7476. Madelung-Konstanten für andere Gittertypen sind in der Tabelle 2.6 angegeben.

Beachtet man die Wechselwirkungen aller Ionen, so erhält man für 1 mol NaCl die Coulomb-Energie

$$E_C = -\frac{z_K^2 e^2 A N_A}{4\pi\varepsilon_0 r} \qquad (2.3)$$

$N_A = 6,022 \cdot 10^{23}\,\text{mol}^{-1}$ ist die Teilchenanzahl, die ein Mol eines jeden Stoffes enthält (Avogadro-Konstante).

Die Abstoßungsenergie kann nach Born mit der Beziehung

$$E_r = \frac{B}{r^n}$$

beschrieben werden. *B* und *n* sind Konstanten, die empirisch bestimmt werden müs-

Tabelle 2.6   Madelung-Konstanten *A*

Strukturtyp		*A*
Caesiumchlorid	A^+B^-	1,7627
Natriumchlorid	A^+B^-	1,7476
Wurtzit	A^+B^-	1,6413
Zinkblende	A^+B^-	1,6381
Fluorit	$A^{2+}B_2^-$	5,0388
Rutil	$A^{2+}B_2^-$	4,816
Cadmiumiodid	$A^{2+}B_2^-$	4,71
Korund	$A_2^{3+}B_3^{2-}$	25,0312

Mit den angegebenen Madelung-Konstanten und $z_K = 1$ erhält man aus Gl. (2.4) die Gitterenergie für 1 mol Formeleinheiten A^+B^-, $A^{2+}B_2^-$ bzw. $A_2^{3+}B_3^{2-}$. Für Ionenkristalle $A^{2+}B^{2-}$ und $A^{4+}B_2^{2-}$ mit doppelt so großen Ionenladungen ist $z_K = 2$ einzusetzen.

Tabelle 2.7   Werte des Exponenten *n* in der Born-Gleichung für verschiedene Elektronenkonfigurationen

Elektronenkonfiguration des Ions	*n*
[He]	5
[Ne]	7
[Ar], [Cu$^+$]	9
[Kr], [Ag$^+$]	10
[Xe], [Au$^+$]	11

sen. n hängt vom Ionentyp ab, läßt sich aus der Kompressibilität von Salzen ableiten und hat meist Werte zwischen 6 und 10. Für die meisten Rechnungen können aber für Ionen gleicher Elektronenkonfiguration die in der Tabelle 2.7 angegebenen n-Werte verwendet werden. Bei Ionenkristallen, die aus Ionen mit unterschiedlichen Elektronenkonfigurationen aufgebaut sind, wird der Mittelwert verwendet. Ein großer n-Wert bedeutet, daß die Abstoßungskräfte mit wachsendem r sehr viel schneller abnehmen als die Coulomb-Anziehungskräfte, aber mit abnehmendem r schneller zunehmen (vgl. Abb. 2.21).

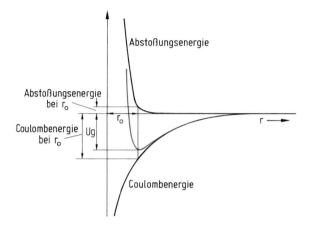

Abbildung 2.21 Energiebeträge bei der Bildung eines Ionenkristalls als Funktion des Ionenabstands. Schon bei großen Ionenabständen wird Coulomb-Energie frei. Sie wächst bei abnehmendem Abstand mit $\frac{1}{r}$. Die Abstoßungsenergie ist bei größeren Ionenabständen viel kleiner als die Coulomb-Energie, wächst aber mit abnehmendem Abstand rascher an. Die resultierende Gitterenergie (rot gezeichnete Kurve) durchläuft daher ein Minimum. Die Lage des Minimums bestimmt den Gleichgewichtsabstand der Ionen r_0 im Gitter. Bei r_0 hat die freiwerdende Gitterenergie den größtmöglichen Wert, der Ionenkristall erreicht einen Zustand tiefster Energie.

Für die Gitterenergie in Abhängigkeit von r erhält man also

$$U_g = -\frac{z_K^2 e^2 N_A A}{4\pi\varepsilon_0 r} + \frac{B}{r^n}$$

Beim Gleichgewichtsabstand $r = r_0$ muß U_g ein Minimum aufweisen (Abb. 2.21). Für das Minimum gilt

$$\left(\frac{dU_g}{dr}\right)_{r=r_0} = 0 = \frac{z_K^2 e^2 N_A A}{4\pi\varepsilon_0 r_0^2} - \frac{nB}{r_0^{n+1}}$$

Daraus erhält man für die Konstante B

$$B = \frac{z_K^2 e^2 N_A A}{n 4 \pi \varepsilon_0} r_0^{n-1}$$

und für U_g bei $r = r_0$

$$U_g = -\frac{z_K^2 e^2 N_A A}{4 \pi \varepsilon_0 r_0} \left(1 - \frac{1}{n}\right) \tag{2.4}$$

Im ersten Term ist die Coulomb-Energie, im zweiten Term die Abstoßungsenergie enthalten. Da n-Werte von 8 bis 10 häufig sind, *ist die Gitterenergie im wesentlichen durch den Beitrag der Coulomb-Energie bestimmt* (Abb. 2.21). Eine Änderung von n hat nur einen geringen Einfluß auf den Wert von U_g. Den Einfluß von Ionengröße und Ionenladungszahl z auf die Gitterenergie zeigt Tabelle 2.8. *Die Gitterenergie von Ionenkristallen einer bestimmten Struktur nimmt mit abnehmender Ionengröße und zunehmender Ionenladung zu.*

Tabelle 2.8   Zusammenhang zwischen Ionengröße, Gitterenergie[1]), Schmelzpunkt und Härte

Verbindung	Summe der Ionenradien in pm	Gitterenergie in kJ/mol	Schmelzpunkt in °C	Ritzhärte nach Mohs
NaF	235	913	992	3,2
NaCl	283	778	800	2–2,5
NaBr	297	737	747	2
NaI	318	695	662	–
KF	271	808	857	–
KCl	319	703	770	2,2
KBr	333	674	742	1,8
KI	354	636	682	1,3
MgO	212	3920	2642	6
CaO	240	3513	2570	4,5
SrO	253	3283	2430	3,5
BaO	276	3114	1925	3,3

[1]) Bisher wurden Energiegrößen wie z. B. die Ionisierungsenergie für einzelne Teilchen angegeben. Die Gitterenergie wird für 1 mol angegeben, das sind $6 \cdot 10^{23}$ Formeleinheiten (vgl. Abschn. 3.1).

Beispiel: Gitterenergie von NaCl

$A = 1,7476$

$z_K = 1$

$r_0 = 2,83 \cdot 10^{-10}$ m (Summe der Ionenradien von Na^+ und Cl^-)

$n = 8$ (Mittelwert aus den n-Werten der Ne- und Ar-Konfiguration)

Durch Einsetzen der Zahlenwerte und Konstanten in Gl. (2.4) erhält man

$$U_g = - \frac{1{,}602^2 \cdot 10^{-38}\,\mathrm{A^2\,s^2} \cdot 1{,}7476 \cdot 6{,}022 \cdot 10^{23}\,\mathrm{mol^{-1}}}{4\pi \cdot 8{,}854 \cdot 10^{-12}\,\mathrm{A^2\,s^4\,kg^{-1}\,m^{-3}} \cdot 2{,}83 \cdot 10^{-10}\,\mathrm{m}} \left(1 - \tfrac{1}{8}\right)$$

$$U_g = (-858 + 107)\,\mathrm{kJ\,mol^{-1}} = -751\,\mathrm{kJ\,mol^{-1}}$$

Die Gitterenergie beträgt $U_g = -751\,\mathrm{kJ\,mol^{-1}}$. Sie enthält den Betrag der freiwerdenden Coulomb-Energie von $E_C = -858\,\mathrm{kJ\,mol^{-1}}$ und den der aufzuwendenden Abstoßungsenergie von $E_r = +107\,\mathrm{kJ\,mol^{-1}}$.

Für 1 mol einzelne NaCl-Ionenpaare erhält man aus Gl. (2.2) die Coulomb-Energie $E_C = -491\,\mathrm{kJ\,mol^{-1}}$. Das Ionengitter ist also sehr viel stabiler.

Die Größe der Gitterenergie ist ein Ausdruck für die Stärke der Bindungen zwischen den Ionen im Kristall. Daher hängen einige physikalische Eigenschaften der Ionenverbindungen von der Größe der Gitterenergie ab. Vergleicht man Ionenkristalle gleicher Struktur, dann nehmen mit wachsender Gitterenergie Schmelzpunkt, Siedepunkt und Härte zu, der thermische Ausdehnungskoeffizient und die Kompressibilität ab. Daten für einige in der Natriumchlorid-Struktur kristallisierende Ionenverbindungen sind in der Tabelle 2.8 angegeben. Als weiteres Beispiel sei Al_2O_3 angeführt, das aufgrund seiner extrem hohen Gitterenergie von $13\,000\,\mathrm{kJ\,mol^{-1}}$ sehr hart ist und daher als Schleifmittel verwendet wird.

Die Gitterenergie ist auch von Bedeutung für die Löslichkeit von Salzen. Bei der Auflösung eines Salzes muß die Gitterenergie durch einen energieliefernden Prozeß aufgebracht werden. Dieser Prozeß ist bei der Lösung in Wasser die Hydratation der Ionen (vgl. Abschn. 3.7.1). Obwohl die Löslichkeit eines Salzes ein kompliziertes Problem ist und eine Voraussage über die Löslichkeit von Salzen schwierig ist, verstehen wir, daß Ionenverbindungen mit hohen Gitterenergien wie MgO und Al_2O_3 in Wasser unlöslich sind.

Die Berechnung der Gitterenergie kann noch *verbessert werden, wenn* außer der Coulomb-Energie und der Abstoßungsenergie weitere Energiebeträge, z. B. *die van der Waals-Energie* (vgl. S. 165) *und die Nullpunktsenergie berücksichtigt werden* (Tabelle 2.9). Unter der Nullpunktsenergie versteht man die Schwingungsenergie der Ionen, die der Kristall auch bei 0 K aufweist. Sie vermindert den Gesamtbetrag der Gitterenergie nur wenig. Die van der Waals-Anziehung ist zwischen allen Teilchen wirksam. Sie kommt durch Wechselwirkung von Dipolmomenten zustande, die

Tabelle 2.9   Komponenten der Gitterenergie
(Zahlenwerte in $\mathrm{kJ\,mol^{-1}}$)

	NaF	NaCl	CsI	AgCl	TlCl
Coulomb-Energie	−1048	−861	−619	−875	−732
Abstoßungsenergie	+ 150	+104	+ 69	+146	+142
Van der Waals-Energie	− 20	− 24	− 52	−121	−116
Nullpunktsenergie	+ 4	+ 3	+ 1	+ 4	+ 4

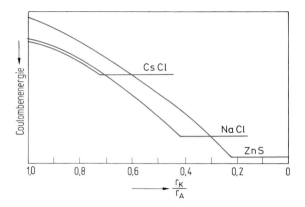

Abbildung 2.22   Die Coulomb-Energie von AB-Strukturen in Abhängigkeit vom Radienquotienten.

Bei $\frac{r_K}{r_A} = 1$ hat die CsCl-Struktur die größte negative Coulomb-Energie. Mit abnehmendem

Radienquotienten wächst die Coulomb-Energie bis $\frac{r_K}{r_A} = 0{,}732$. Dieser Wert kann für KZ = 8

nicht unterschritten werden (vgl. Abbildung 2.15), eine weitere Zunahme der Coulomb-Energie ist nur möglich, wenn ein Wechsel zu KZ = 6 erfolgt. Dies wiederholt sich für die NaCl-Struktur bei $\frac{r_K}{r_A} = 0{,}414$. Bei kleinen Radienquotienten ist die ZnS-Struktur mit KZ = 4 am stabilsten.

durch Polarisation der Elektronenhüllen induziert werden. Je größer die Ionen sind, um so stärker sind sie polarisierbar (vgl. S. 163) und um so größer wird die van der Waals-Anziehungskraft. Näher wird dieser Bindungstyp im Abschn. 2.3 behandelt. Außerdem gibt es auch für die Abstoßungsenergie genauere Berechnungen.

In der Radienquotientenregel kommt zum Ausdruck, daß eine Ionenverbindung in derjenigen Struktur kristallisiert, für die die Coulomb-Energie am größten ist (Abb. 2.22). Sie ist als Faustregel nützlich und führt, wie die Tabellen 2.4 und 2.5 zeigen, zu richtigen Voraussagen, wenn die Radienquotienten nicht nahe bei Werten liegen, bei denen ein Strukturwechsel zu erwarten ist. Oft ist aber eine Voraussage allein auf Grund der Coulomb-Energie nicht möglich. Ein Beispiel ist das Auftreten der Caesiumchlorid-Struktur. Auf Grund der Madelung-Konstante kommt es beim Übergang von der NaCl-Struktur zur CsCl-Struktur nur zu einem sehr geringem Anstieg der Coulomb-Energie von ca. 1 %. Die Zunahme der Ionenradien beim Übergang von der KZ 6 zur KZ 8 führt zu einem wesentlich höheren Verlust an Coulomb-Energie.

Beispiel: Gitterenergie von BaO

$z_K = 2$

$n = 9$

$A(\text{NaCl}) = 1,7476$ $A(\text{CsCl}) = 1,7627$

$r^{\text{VI}}(\text{O}^{2-}) = 140\,\text{pm}$ $r^{\text{VIII}}(\text{O}^{2-}) = 142\,\text{pm}$

$r^{\text{VI}}(\text{Ba}^{2+}) = 136\,\text{pm}$ $r^{\text{VIII}}(\text{Ba}^{2+}) = 142\,\text{pm}$

$\dfrac{r(\text{Ba}^{2+})}{r(\text{O}^{2-})} = 0,97$

Damit erhält man aus der Gl. (2.4)

$U_g(\text{NaCl}) = (-3518 + 391)\,\text{kJ mol}^{-1} = -3127\,\text{kJ mol}^{-1}$

$U_g(\text{CsCl}) = (-3449 + 383)\,\text{kJ mol}^{-1} = -3066\,\text{kJ mol}^{-1}$

Entgegen dem Radienquotienten liefert die NaCl-Struktur mehr Gitterenergie, und tatsächlich kristallisiert BaO im NaCl-Typ.

Mit der elektrostatischen Theorie ist nicht zu verstehen, warum überhaupt Verbindungen in der CsCl-Struktur kristallisieren. Da die van der Waals-Energie mit wachsender Anzahl der Nachbarionen zunimmt, ist offenbar diese Energie für das Auftreten der CsCl-Struktur entscheidend, aber nur dann ausreichend, wenn die Polarisierbarkeit beider Ionen groß ist (vgl. S. 164 u. Tab. 2.9). Dies ist bei CsCl, CsBr, CsI, TlCl, TlBr und TlI der Fall, nicht aber z. B. bei CsF und KF.

In ionischen Verbindungen mit CsCl-Struktur sind neben den ionischen Wechselwirkungen auch van der Waals-Wechselwirkungen strukturbestimmend.

2.1.5 Born-Haber-Kreisprozeß

Bei der Bildung eines Ionenkristalls aus den Elementen unter Standardbedingungen (vgl. Abschn. 3.4) wird die Standardbildungsenthalpie ΔH_B° frei. Sie kann direkt gemessen werden. Der Ionenkristall kann aber auch in einigen hypothetischen Reaktionsschritten entstehen:

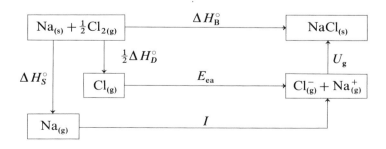

Reaktionsschritte	Erforderliche Energie
Sublimation von Natrium; Überführung des Metalls in ein Gas aus Na-Atomen: $$Na_{(s)} \longrightarrow Na_{(g)}$$	ΔH_S° Sublimationsenthalpie von Natrium
Dissoziation des Cl_2-Moleküls in Atome: $$Cl_{2(g)} \longrightarrow 2\,Cl_{(g)}$$	ΔH_D° Dissoziationsenthalpie von Chlor
Ionisierung der Natriumatome: $$Na_{(g)} \longrightarrow Na_{(g)}^+ + e^-$$	I Ionisierungsenergie von Natrium
Anlagerung von Elektronen an die Cl-Atome: $$Cl_{(g)} + e^- \longrightarrow Cl_{(g)}^-$$	E_{ea} Elektronenaffinität von Chlor
Bildung des Ionenkristalls aus Na^+- und Cl^--Ionen: $$Na_{(g)}^+ + Cl_{(g)}^- \longrightarrow NaCl_{(s)}$$	U_g Gitterenergie von NaCl

Nach dem Satz von Heß (vgl. Abschn. 3.4) ist die Energiedifferenz zwischen zwei Zuständen unabhängig vom Weg, auf dem man vom Anfangszustand zum Endzustand gelangt. Für die Standardbildungsenthalpie ΔH_B° gilt daher

$$\Delta H_B^\circ = \Delta H_S^\circ + \tfrac{1}{2}\Delta H_D^\circ + I + E_{ea} + U_g$$

Für NaCl sind die einzelnen Beiträge in $kJ\,mol^{-1}$

$$-411 = +108 + 121 + 496 - 349 + U_g$$

Mit dem Born-Haber-Kreisprozeß erhält man für die Gitterenergie $U_g = -787\ kJ\ mol^{-1}$.

Anwendung des Kreisprozesses

Indirekte Bestimmung von Gitterenergien (siehe oben).
Bei Alkalimetallhalogeniden ist die Differenz zwischen den berechneten und den aus dem Born-Haber-Kreisprozeß bestimmten Gitterenergien nicht größer als etwa 5%.

Bestimmung von Elektronenaffinitäten.
Stabilität hypothetischer Ionenverbindungen (Zahlenwerte in $kJ\,mol^{-1}$).

Beispiel: NeCl

$$\Delta H_B^\circ = \Delta H_S^\circ + \Delta H_D^\circ + I \quad\ \ + E_{ea} + U_g$$
$$\Delta H_B^\circ = 0 \quad\ + 121 \ + 2084 - 349 + U_g = 1856 + U_g$$

ΔH_B° wird positiv, da die große Ionisierungsenergie der Ne-Atome durch die Gitterenergie nicht kompensiert werden kann. Ne^+Cl^- ist nicht stabil. Das gleiche Ergebnis erhält man auch für $NaCl_2$ und $MgCl_3$.

Beispiel: AlCl

Die Bildungsenthalpie von AlCl ist negativ

$$Al + \tfrac{1}{2}Cl_2 \longrightarrow AlCl \qquad \Delta H_B^\circ = -188\,\text{kJ}\,\text{mol}^{-1}$$

Bezogen auf die Elemente ist die ionogene Verbindung stabil, bezogen auf eine Disproportionierung aber instabil

$$3\,AlCl \longrightarrow 2\,Al + AlCl_3 \qquad \Delta H^\circ = -130\,\text{kJ}\,\text{mol}^{-1}$$

Bestimmung von Hydratationsenthalpien ΔH_H (vgl. Abschn. 3.7.1).
Hydratationsenthalpien von Salzen können bestimmt werden, wenn die Lösungsenthalpien ΔH_L und die Gitterenergien bekannt sind.

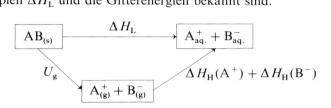

2.2 Die Atombindung

Für diesen Bindungstyp sind außerdem die Bezeichnungen *kovalente Bindung* und *homöopolare Bindung* üblich.

2.2.1 Allgemeines, Lewis-Formeln

Die Atombindung tritt dann auf, wenn Nichtmetallatome miteinander eine chemische Bindung eingehen. Dabei bilden sich häufig kleine Moleküle wie H_2, N_2, Cl_2, H_2O, NH_3, CO_2, SO_2. Die Stoffe, die aus diesen Molekülen bestehen, sind im Normzustand ($p_n = 1{,}013$ bar, $t_n = 0\,^\circ C$) oft Gase oder Flüssigkeiten. Durch Atombindungen zwischen Nichtmetallatomen können aber auch harte, hochschmelzende, kristalline Festkörper entstehen. Dies ist z. B. bei der Kohlenstoffmodifikation Diamant der Fall.

Nach den schon 1916 von Lewis entwickelten Vorstellungen *erfolgt bei einer Atombindung der Zusammenhalt zwischen zwei Atomen durch ein Elektronenpaar, das beiden Atomen gemeinsam angehört.* Dies kommt in den Lewis-Formeln zum Ausdruck, in denen Elektronen durch Punkte, Elektronenpaare durch Striche dargestellt werden.

Beispiele für Lewis-Formeln:

$$H^{\boldsymbol{\cdot}} \;+\; {\boldsymbol{\cdot}}H \;\longrightarrow\; H \overset{\boldsymbol{\cdot}}{\underset{\boldsymbol{\cdot}}{}} H$$

bindendes Elektronenpaar

$$:\overset{..}{\underset{..}{Cl}}\cdot + \cdot\overset{..}{\underset{..}{Cl}}: \rightarrow :\overset{..}{\underset{..}{Cl}} \,\overset{\nearrow}{:}\, \overset{..}{\underset{..}{Cl}}:$$

bindendes Elektronenpaar

$$:\overset{.}{N}\cdot + \cdot\overset{.}{N}: \rightarrow :N \,\overset{\nearrow}{:}\, : N:$$

drei bindende Elektronenpaare

$$2\,H\cdot + \cdot\overset{..}{O}: \rightarrow H:\overset{..}{O}:H$$

$$3\,H\cdot + \cdot\overset{.}{N}: \rightarrow \begin{array}{c} N:\overset{..}{N}:H \\ H \end{array}$$

$$2:\overset{..}{O}\cdot + \cdot\overset{.}{C}\cdot \rightarrow \overset{..}{O}::C::\overset{..}{O}$$

Die gemeinsamen, bindenden Elektronenpaare sind durch rote Punkte symbolisiert. Nicht an der Bindung beteiligte Elektronenpaare werden als „einsame" oder „nichtbindende" Elektronenpaare bezeichnet. Sie sind durch schwarze Punkte dargestellt.
    Einfacher ist die Schreibweise

$$|\overline{Cl}-\overline{Cl}|, \quad |N\equiv N| \quad \text{bzw.} \quad \overline{O}=C=\overline{O}.$$

Bei allen durch obige Formeln beschriebenen Molekülen entstehen die bindenden Elektronenpaare aus Elektronen, die sich auf der äußersten Schale der Atome befinden. Elektronen innerer Schalen sind an der Bindung nicht beteiligt. Bei den Lewis-Formeln brauchen daher nur die Elektronen der äußersten Schale berücksichtigt werden. Bei Übergangsmetallen können allerdings auch die d-Elektronen der zweitäußersten Schale an Bindungen beteiligt sein.
    Während es bei der Ionenbindung durch Elektronenübergang vom Metallatom zum Nichtmetallatom zur Ausbildung stabiler Edelgaskonfigurationen kommt, erreichen in Molekülen mit Atombindungen die Atome durch gemeinsame bindende Elektronenpaare eine abgeschlossene stabile Edelgaskonfiguration.

Beispiele:

Die Anzahl der Atombindungen, die ein Element ausbilden kann, hängt von seiner Elektronenkonfiguration ab. Wasserstoffatome und Chloratome erreichen durch eine Elektronenpaarbindung die Helium- bzw. Argonkonfiguration. Sauerstoffatome müssen zwei, Stickstoffatome drei Bindungen ausbilden, um ein Elektronenoktett zu erreichen.

2.2.2 Bindigkeit, angeregter Zustand

Mit dem Prinzip der Elektronenpaarbindung kann man verstehen, wieviele kovalente Bindungen ein bestimmtes Nichtmetallatom ausbilden kann. Betrachten wir einige Wasserstoffverbindungen von Elementen der 14. bis 18. Hauptgruppe.

Hauptgruppe	14	15	16	17	18
2. Periode	C	N	O	F	Ne
3. Periode	Si	P	S	Cl	Ar
Elektronen-konfiguration der Valenzschale	s p ⊡⊡⊡⊡	s p ⊡⊡⊡⊡	s p ⊡⊡⊡⊡	s p ⊡⊡⊡⊡	s p ⊡⊡⊡⊡
Zahl möglicher Elektronenpaar-bindungen	2	3	2	1	0
Experimentell nachgewiesene einfache Wasser-stoffverbindungen	CH_4 SiH_4	NH_3 PH_3	H_2O H_2S	HF HCl	keine
Lewis-Formeln	H H:C̈:H H	H:N̄:H H	H:Ō:H	H:F̄ǀ	–

Bei den Elementen der 14.–18. Hauptgruppe stimmt die Anzahl ungepaarter Elektronen mit der Anzahl der Bindungen überein. Kohlenstoff und Silicium bilden aber nicht, wie die Anzahl ungepaarter Elektronen erwarten läßt, die Moleküle CH_2 und SiH_2, sondern die Verbindungen CH_4 und SiH_4 mit vier kovalenten Bindungen. Dazu sind vier ungepaarte Elektronen erforderlich.

$$4\,H\cdot \;+\; \cdot\dot{C}\cdot \;\longrightarrow\; H:\overset{H}{\underset{H}{\ddot{C}}}:H$$

Eine Elektronenkonfiguration des C-Atoms mit vier ungepaarten Elektronen entsteht durch den Übergang eines Elektrons aus dem 2s-Orbital in das 2p-Orbital (Abb. 2.23). Man nennt diesen Vorgang Anregung oder „Promotion" eines Elektrons. Dazu ist beim C-Atom eine Energie von 406 kJ/mol aufzuwenden. Ein angeregter Zustand wird durch einen Stern am Elementsymbol dargestellt. Trotz der aufzuwendenden Promotionsenergie wird durch die beiden zusätzlichen Bindungen soviel Bindungsenergie (vgl. Tabelle 2.14) geliefert, daß die Bildung von CH_4 energetisch begünstigt ist.

Die Anzahl der Atombindungen, die ein bestimmtes Atom ausbilden kann, wird seine Bindigkeit genannt. In der Tabelle 2.10 ist der Zusammenhang zwischen Elektronenkonfiguration und Bindigkeit für die Elemente der 2. Periode zusammenge-stellt.

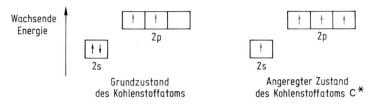

Abbildung 2.23   Valenzelektronenkonfiguration von Kohlenstoff im Grundzustand und im angeregten Zustand.

Tabelle 2.10   Elektronenkonfiguration und Bindigkeit der Elemente der 2. Periode

Atom oder Ion	Elektronenkonfiguration K 1s	2s	L 2p	Bindig-keit	Außenelektro-nen im Bin-dungszustand	Beispiel
Li	↑↓	↑		1	2	LiH
Be*	↑↓	↑	↑	2	4	$BeCl_2$
B*	↑↓	↑	↑ ↑	3	6	BF_3
B^-, C^*, N^+	↑↓	↑	↑ ↑ ↑	4	8	BF_4^-, CH_4, NH_4^+
N, O^+	↑↓	↑↓	↑ ↑ ↑	3	8	NH_3, H_3O^+
O, N^-	↑↓	↑↓	↑↓ ↑ ↑	2	8	H_2O, NH_2^-
O^-, F	↑↓	↑↓	↑↓ ↑↓ ↑	1	8	OH^-, HF
O^{2-}, F^-, Ne	↑↓	↑↓	↑↓ ↑↓ ↑↓	0	–	–

Die Atome von Elementen der zweiten Periode können maximal vier kovalente Bin-dungen ausbilden, da nur vier Orbitale für Bindungen zur Verfügung stehen und auf der äußersten Schale maximal acht Elektronen untergebracht werden können. Die Ten-denz der Atome, eine stabile Außenschale von acht Elektronen zu erreichen, wird *Oktett-Regel* genannt. Daraus ergibt sich z.B. sofort, daß für die Salpetersäure HNO_3 die Lewisformel

$$H-\overline{O}-N=\overline{O}$$
$$\qquad \overset{\|}{\underset{|O|}{}}$$

falsch sein muß. Nur ein angeregtes Stickstoffatom könnte fünfbindig sein. Dazu müßte jedoch ein Elektron aus der L-Schale in die nächsthöhere M-Schale angeregt werden.

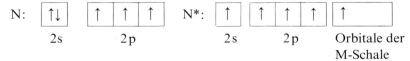

Wegen der großen Energiedifferenz zwischen den Orbitalen der L-Schale und der M-Schale wird keine chemische Verbindung mit einem angeregten N-Atom gebildet.

Werden bei den Elementen höherer Perioden nur s- und p-Orbitale zur Bindung benutzt, gilt die Oktettregel ebenfalls. Innerhalb einer Gruppe haben entsprechende Verbindungen analoge Formeln: CCl_4, $SiCl_4$, $GeCl_4$, $SnCl_4$, $PbCl_4$; NH_3, PH_3, AsH_3, SbH_3, BiH_3; H_2O, H_2S, H_2Se, H_2Te; HF, HCl, HBr, HI.

Die Elemente der 3. Periode und höherer Perioden bilden jedoch viele Moleküle bei denen formal das Elektronenoktett des Zentralatoms überschritten wird. Diese Moleküle bezeichnet man als *hypervalente Moleküle.* Die Bindigkeit ist oft größer als vier und die Zentralatome haben hohe Oxidationsstufen. Die höchsten Oxidationsstufen werden aber nur mit sehr elektronegativen Bindungspartnern wie Fluor und Sauerstoff erreicht. Die Wasserstoffverbindungen PH_5 oder SH_6 existieren nicht.

Beispiele mit hypervalenten Molekülen enthält die Tabelle 2.11.

Tabelle 2.11   Hypervalente Moleküle

Molekül	Valenzelektronen am Zentralatom	Bindigkeit	Lewis-Formel
$\overset{+4}{S}O_2$	10	4	
$\overset{+4}{S}F_4$	10	4	
$H_3\overset{+5}{P}O_4$	10	5	
$\overset{+6}{S}O_3$	12	6	
$\overset{+6}{S}F_6$	12	6	
$H_2\overset{+6}{S}O_4$	12	6	
$H\overset{+7}{Cl}O_4$	14	7	

Hypervalente Verbindungen werden im Kapitel 4 besprochen. Die Bindungsverhältnisse werden im Abschnitt 2.2.9 Molekülorbitale unter Hyperkonjugation, nichtklassische π-Bindung behandelt.

2.2.3 Dative Bindung, formale Ladung

Die beiden Elektronen einer kovalenten Bindung müssen nicht notwendigerweise von verschiedenen Atomen stammen. Betrachten wir die Reaktion von Ammoniak NH_3 mit Bortrifluorid BF_3

$$
\begin{array}{ccccc}
\overline{\text{H}} & & |\overline{\text{F}}| & & \text{H} \quad |\overline{\text{F}}| \\
\text{H}|\underline{\overline{\text{N}}}: & + & \underline{\text{B}}|\text{F}| & \rightarrow & \text{H}|\underline{\overline{\text{N}}}:\underline{\text{B}}|\,\overline{\text{F}}| \\
\text{H} & & |\text{F}| & & \text{H} \quad |\text{F}|
\end{array}
$$

Die bindenden Elektronen der Stickstoff-Bor-Bindung werden beide vom N-Atom geliefert. Man schreibt daher auch $H_3N \rightarrow BF_3$.

Teilt man die bindenden Elektronen zwischen den an der Bindung beteiligten Atomen zu gleichen Teilen auf, dann gehören zu H ein, zu F sieben, zu N vier und zu B vier Elektronen. Verglichen mit den neutralen Atomen hat N ein Elektron weniger, B ein Elektron mehr. Dem Stickstoffatom wird daher die formale Ladung +1, dem Boratom die formale Ladung −1 zugeordnet.

$$H_3\overset{\oplus}{N}{-}\overset{\ominus}{B}F_3$$

Für die beschriebene Bindung werden die Bezeichnungen *dative Bindung* und *koordinative Bindung* benutzt. Der einzige Unterschied zwischen einer derart bezeichneten Bindung und einer gewöhnlichen kovalenten Bindung besteht nur darin, daß im ersten Fall die Bindungselektronen von einem Atom stammen, im zweiten Fall von beiden Atomen. Es handelt sich also nicht um eine spezielle Bindungsart.

Weitere Beispiele:

$$
\begin{array}{ccccc}
\overline{\text{H}} & & & & \text{H} \\
\text{H}|\underline{\overline{\text{N}}}| & + & \text{H}^+ & \rightarrow & \text{H}{-}\overset{\oplus}{\text{N}}{-}\text{H} \\
\text{H} & & & & \text{H}
\end{array}
$$

Durch Reaktion von NH_3 mit einem Proton H^+ (Wasserstoffatom ohne Elektron) entsteht das Ammoniumion NH_4^+. Das freie Elektronenpaar des N-Atoms bildet mit H^+ eine kovalente Bindung.

Kohlenstoffmonooxid $|\overset{\ominus}{C}{\equiv}\overset{\oplus}{O}|$

Salpetersäure $\text{H}{-}\underline{\overline{\text{O}}}{-}\overset{\oplus}{\text{N}}\!\!\diagup\!\!\diagdown\!\!\begin{array}{c}\overset{}{\text{O}}\\\underset{\ominus}{\text{O}}\end{array}$

Man muß zwischen der formalen Ladung und der tatsächlichen Ladung eines Atoms unterscheiden. Bei einer Bindung zwischen zwei verschiedenen Atomen gehört das bindende Elektronenpaar den beiden Atomen nicht zu genau gleichen Teilen an, wie bei der Zuordnung von Formalladungen vorausgesetzt wurde. So ist z. B. die tatsächliche Ladung des N-Atoms im NH_4^+-Ion viel kleiner als einer vollen Ladung entspricht, da die bindenden Elektronen vom N-Atom stärker angezogen werden als vom H-Atom (vgl. Abschn. 2.2.8). Die Festlegung einer formalen Ladung für ein Atom ist sinnvoll, da ein einfacher Zusammenhang zwischen der formalen Ladung eines Atoms und seiner Bindigkeit existiert (vgl. Tabelle 2.10 und Tabelle 2.11).

2.2.4 Überlappung von Atomorbitalen, σ-Bindung

Mit der Theorie von Lewis konnte formal das Auftreten bestimmter Moleküle erklärt werden. Sauerstoff und Wasserstoff können das Molekül H_2O bilden, aber beispielsweise nicht ein Molekül der Zusammensetzung H_4O. Wieso aber ein gemeinsames Elektronenpaar zur Energieabgabe und damit zur Bindung führt (vgl. Abb. 2.24), blieb unverständlich. Im Gegensatz zur Ionenbindung ist die Atombindung mit klassischen Gesetzen nicht zu erklären. Erst die Wellenmechanik führte zum Verständnis der Atombindung.

Es gibt zwei Näherungsverfahren, die zwar von verschiedenen Ansätzen ausgehen, aber im wesentlichen zu den gleichen Ergebnissen führen: die *Valenzbindungstheorie (VB-Theorie)* und die *Molekülorbitaltheorie (MO-Theorie)*.

Ähnlich wie man für einzelne Atome ein Energieniveauschema von Atomorbitalen aufstellt, stellt man in der MO-Theorie für das Molekül als Ganzes ein Energieniveauschema von Molekülorbitalen auf. Unter Berücksichtigung des Pauli-Verbots und der Hundschen Regel werden die Molekülorbitale mit den Elektronen des Moleküls besetzt (vgl. Abschn. 1.4.7).

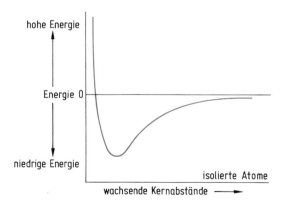

Abbildung 2.24   Energie von zwei Wasserstoffatomen als Funktion der Kernabstände. Bei Annäherung von zwei H-Atomen nimmt die Energie zunächst ab, die Anziehung überwiegt. Bei kleineren Abständen überwiegt die Abstoßung der Kerne, die Energie nimmt zu. Das Energieminimum beschreibt den stabilsten zwischenatomaren Abstand und den Energiegewinn, die Stabilität des Moleküls, bezogen auf zwei isolierte H-Atome.

In der VB-Theorie geht man von den einzelnen Atomen aus und betrachtet die Wechselwirkung der Atome bei ihrer Annäherung.

In diesem sowie den folgenden Abschn. 2.2.5–2.2.7 wird die Atombindung zunächst mit der VB-Methode behandelt. Sie ist anschaulicher als die MO-Methode und entspricht mehr der chemischen Vorstellung. Zunächst behandeln wir die Bindung im Wasserstoffmolekül H_2.

Betrachten wir die Bildung eines H_2-Moleküls aus den beiden Atomen H_A und H_B. Zu jedem Atom gehört ein bestimmtes Elektron, das Elektron 1 zu H_A, das Elektron 2 zu H_B. Die 1s-Wellenfunktionen bezeichnen wir mit $\psi_A(1)$ und $\psi_B(2)$. Bei großem Abstand der Atome findet keine Wechselwirkung statt, für das Gesamtsystem beträgt die Energie $E = E_A + E_B = 2E_H$ und als Lösung der Zweielektronen-Wellengleichung erhält man die Wellenfunktion $\psi = \psi_A(1)\,\psi_B(2)$. Bei Annäherung der Atome erfolgt Wechselwirkung. Zunächst wird angenommen, daß die Wellenfunktion $\psi = \psi_A(1)\,\psi_B(2)$ noch annähernd richtig ist. Die Wechselwirkung wird durch 6 Coulomb-Wechselwirkungsterme berücksichtigt, die die Wechselwirkung zwischen Kern A, Kern B, Elektron 1 und Elektron 2 erfassen. Für die Energie E als Funktion des Kernabstands r erhält man ein Energieminimum von $-24\,\mathrm{kJ\,mol^{-1}}$ bei $r = 90\,\mathrm{pm}$ (Kurve a der Abb. 2.25). Die experimentelle Bindungsenergie ist aber $-458\,\mathrm{kJ\,mol^{-1}}$ und die beobachtete Bindungslänge 74 pm.

Einen entscheidenden Fortschritt gab es durch Heitler und London (1927). Nur bei großen Kernabständen ist es gerechtfertigt, jedes Elektron *einem* Kern zuzuordnen.

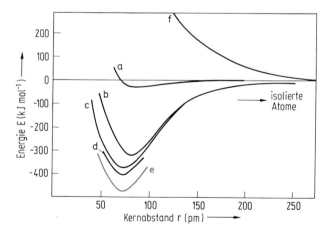

Abbildung 2.25 Bindungsenergie des Moleküls H_2 als Funktion des Kernabstands r. e beschreibt die experimentellen Werte, a basiert auf einer Wellenfunktion, die den Aufenthalt jedes Elektrons auf den Bereich eines Kerns beschränkt. Bei b ist das Elektronenpaar mit antiparallelem Spin über den ganzen Bereich des Moleküls delokalisiert. c berücksichtigt zusätzlich die Kontraktion der 1s-Funktion, d außerdem Abweichungen von der Kugelsymmetrie und ionische Strukturanteile. Der instabile Zustand f resultiert aus einem Elektronenpaar mit parallelem Spin.

Im Molekül ist auf Grund der Heisenbergschen Unbestimmtheitsbeziehung (vgl. Abschn. 1.4.3) der Aufenthaltsort eines Elektrons unbestimmt, die beiden Elektronen sind ununterscheidbar. Es muß daher die Wellenfunktion $\psi_A(2)\,\psi_B(1)$ ebenso richtig sein wie die Wellenfunktion $\psi_A(1)\,\psi_B(2)$. Sind beide Funktionen Lösungen der Schrödinger-Gleichung, dann sind es auch ihre Linearkombinationen

$$\psi_+ = \psi_A(1)\,\psi_B(2) + \psi_A(2)\,\psi_B(1) \tag{2.5}$$

$$\psi_- = \psi_A(1)\,\psi_B(2) - \psi_A(2)\,\psi_B(1) \tag{2.6}$$

in denen die Ununterscheidbarkeit der beiden Elektronen 1 und 2 berücksichtigt ist. Zu den Wellenfunktionen (2.5) und (2.6) gehören die Kurven b und f der Abb. 2.25. Kurve b beschreibt einen stabilen Zustand des Moleküls mit einer Energieerniedrigung um 303 kJ mol^{-1} beim Abstand 87 pm. Dies ist bereits $\frac{2}{3}$ der experimentellen Bindungsenergie. Die Energieerniedrigung wird dadurch bewirkt, daß nun jedes Elektron eine größere Bewegungsfreiheit hat und in die Nähe beider Kerne gelangen kann. Sie wird gewöhnlich als Austauschenergie bezeichnet. Das Pauli-Prinzip fordert, daß zum stabilen Molekülzustand, den die Wellenfunktion (2.5) beschreibt, zwei Elektronen mit antiparallelem Spin gehören. Kurve f beschreibt dagegen einen instabilen Molekülzustand mit zwei Elektronen parallelen Spins.

Die mit den Wellenfunktionen (2.5) und (2.6) berechneten Elektronendichteverteilungen sind in der Abb. 2.26 dargestellt. Charakteristisch für die kovalente Bindung ist, daß auf der Kernverbindungsachse hohe Elektronendichten auftreten.

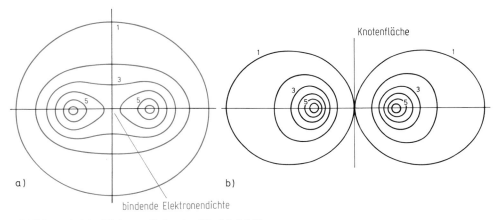

Abbildung 2.26   Elektrondichte im H_2-Molekül
a) Beim stabilen Zustand hat die Elektronendichte auf der Kernverbindungsachse hohe Werte. Diese Elektronendichte wirkt bindend, da die auf sie wirkende Anziehung beider Kerne die Kernabstoßung überkompensiert.
b) Beim instabilen Zustand existiert senkrecht zur Kernverbindungsachse eine Knotenfläche mit der Elektronendichte null – die Kernabstoßung überwiegt.

Bei kleinen Abständen der H-Atome ist zu erwarten, daß die Wellenfunktionen sich von denen ungestörter 1s-Orbitale unterscheiden. Verbesserungen erhält man bei Berücksichtigung der Kontraktion der 1s-Orbitale (Kurve c der Abb. 2.25; 79 % der experimentellen Bindungsenergie) und ihrer Abweichung von der Kugelsymmetrie

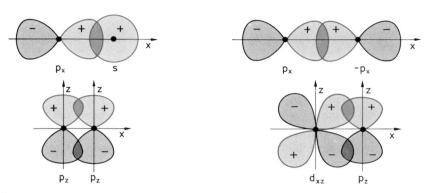

Positive Überlappung erfolgt, wenn Bereiche der Orbitale mit gleichen Vorzeichen der Wellenfunktion überlappen. Nur positive Überlappung führt zur Bindung.

Überlappung null. Die Bereiche positiver und negativer Überlappung kompensieren sich.

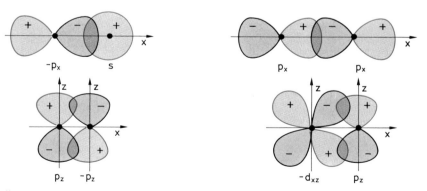

Negative Überlappung führt zur Abstoßung, da zwischen den Kernen Knotenflächen auftreten.

Abbildung 2.27   Überlappungen von Atomorbitalen unterschiedlicher Symmetrie.

(85 % der Bindungsenergie bei einem Kernabstand von 75 pm). Es gibt eine – wenn auch geringe – Wahrscheinlichkeit dafür, daß sich beide Elektronen gleichzeitig bei einem Kern aufhalten. Dies kann mit den Strukturformeln $H_A^- H_B^+$ und $H_A^+ H_B^-$ symbolisiert werden. Bei Berücksichtigung dieser ionischen Strukturen erhält man eine weitere Verbesserung (Kurve d der Abb. 2.25; 87 % der Bindungsenergie).

Die Bildung des H_2-Moleküls läßt sich nach der VB-Theorie wie folgt beschreiben (vgl. Abb. 2.31). *Bei der Annäherung zweier Wasserstoffatome kommt es zu einer Überlappung der 1s-Orbitale. Überlappung bedeutet, daß ein zu beiden Atomen gehörendes, gemeinsames Orbital entsteht, das aufgrund des Pauli-Verbots mit nur einem Elektronenpaar besetzbar ist und dessen beide Elektronen entgegengesetzten Spin haben müssen. Die beiden Elektronen gehören nun nicht mehr nur zu den Atomen, von denen sie stammen, sondern sie sind ununterscheidbar, können gegenseitig die Plätze wechseln und sich im gesamten Raum der überlappenden Orbitale aufhalten.* Das Elektronenpaar gehört also, wie schon Lewis postulierte, beiden Atomen gleichzeitig an. *Die Bildung eines gemeinsamen Elektronenpaares führt zu einer Konzentration der Elektronendichte im Gebiet zwischen den Kernen, während außerhalb dieses Gebiets die Ladungsdichte im Molekül geringer ist als die Summe der Ladungsdichten, die von den einzelnen, ungebundenen Atomen herrühren. Die Bindung kommt durch die Anziehung zwischen den positiv geladenen Kernen und der negativ geladenen Elektronenwolke zustande. Die Anziehung ist um so größer, je größer die Elektronendichte zwischen den Kernen ist. Je stärker zwei Atomorbitale überlappen, um so stärker ist die Elektronenpaarbindung.*

Bindung erfolgt aber nur, wenn die Überlappung positiv ist. *Damit eine positive Überlappung zustande kommt, müssen die überlappenden Atomorbitale eine geeignete Symmetrie besitzen.* Beispiele für positive Überlappung, negative Überlappung und Überlappung Null sind in der Abb. 2.27 dargestellt.

Die Lewisformeln geben keine Auskunft über den räumlichen Bau von Molekülen. Für die Moleküle H_2O und NH_3 sind verschiedene räumliche Anordnungen der Atome denkbar. H_2O könnte ein lineares oder ein gewinkeltes Molekül sein. NH_3 könnte die Form einer Pyramide haben oder ein ebenes Molekül sein.

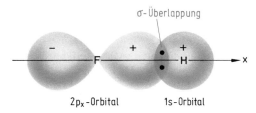

Abbildung 2.28   Überlappung des 1s-Orbitals von Wasserstoff mit einem 2p-Orbital von Fluor im Molekül HF. Das bindende Elektronenpaar gehört beiden Atomen gemeinsam. Jedes der beiden Elektronen kann sich sowohl im p- als auch im s-Orbital aufhalten. Durch die Überlappung kommt es zwischen den Atomen zu einer Erhöhung der Elektronendichte und zur Bindung der Atome aneinander.

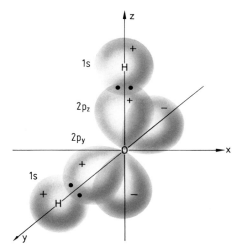

Abbildung 2.29   Modell des H_2O-Moleküls. Zwei 2p-Orbitale des Sauerstoffatoms überlappen mit den 1s-Orbitalen der beiden Wasserstoffatome. Da die beiden p-Orbitale senkrecht zueinander orientiert sind, ist das H_2O-Molekül gewinkelt. Die Atombindungen sind gerichtet.

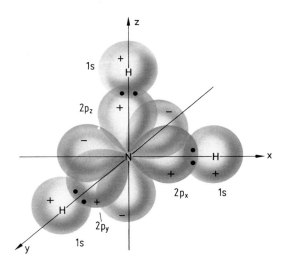

Abbildung 2.30   Modell des NH_3-Moleküls. Die drei p-Orbitale des Stickstoffatoms überlappen mit den 1s-Orbitalen der Wasserstoffatome. Im NH_3-Molekül bildet N daher die Spitze einer dreiseitigen Pyramide.

Über den räumlichen Aufbau der Moleküle erhält man Auskunft, wenn man feststellt, welche Atomorbitale bei der Ausbildung der Elektronenpaarbindungen überlappen. In den Abb. 2.28, 2.29 und 2.30 ist die Überlappung der Atomorbitale für die Moleküle HF, H_2O und NH_3 dargestellt.

H_2O sollte danach ein gewinkeltes Molekül mit einem H—O—H-Winkel von $90°$ sein. Experimente bestätigen, daß H_2O gewinkelt ist, der Winkel beträgt jedoch $104,5°$. Beim Molekül H_2S wird ein H—S—H-Winkel von $92°$ gefunden. Für NH_3 ist eine Pyramidenform mit H—N—H-Winkeln von $90°$ zu erwarten. Die pyramidale Anordnung der Atome wird durch das Experiment bestätigt, die H—N—H-Winkel betragen allerdings $107°$. Bei PH_3 werden H—P—H-Winkel von $93°$ gefunden.

Atombindungen, die wie bei H_2 durch Überlappung von zwei s-Orbitalen oder wie bei HF durch Überlappung eines s- mit einem p-Orbital zustandekommen, nennt man σ-Bindungen. Die möglichen σ-Bindungen zwischen s- und p-Orbitalen sind in der Abb. 2.31 dargestellt.

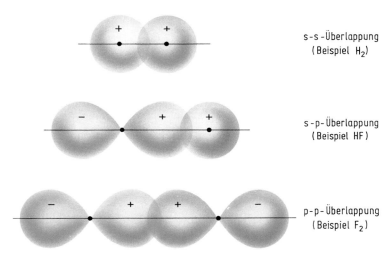

Abbildung 2.31 σ-Bindungen, die durch Überlappung von s- mit p-Orbitalen gebildet werden können. Bei σ-Bindungen liegen die Orbitale rotationssymmetrisch zur Verbindungsachse der Kerne.

2.2.5 Hybridisierung

Zur Erklärung des räumlichen Baus von Molekülen eignet sich das von Pauling entwickelte Konzept der Hybridisierung. Ein anderes Modell zur Deutung der Molekülgeometrie, das auf der Abstoßung der Elektronenpaare der Valenzschale basiert und das als Valence-Shell-Elektron-Pair-Repulsion-Modell (VSEPR) bekannt ist, wird im Abschn. 2.2.11 besprochen.

sp^3-Hybridorbitale. Im Methanmolekül, CH_4, werden von dem angeregten C-Atom vier σ-Bindungen gebildet. Da zur Bindung ein s-Orbital und drei p-Orbitale zur Verfügung stehen, sollte man erwarten, daß nicht alle C—H-Bindungen äquivalent sind und daß das Molekül einen räumlichen Aufbau besitzt, wie ihn Abb. 2.32a zeigt. Die experimentellen Befunde zeigen jedoch, daß CH_4 ein völlig symmetrisches,

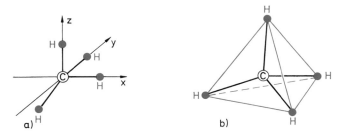

Abbildung 2.32   a) Geometrische Anordnung, die die Atome im Methanmolekül besitzen müßten, wenn das C-Atom die C—H-Bindungen mit den Orbitalen 2s, $2p_x$, $2p_y$, $2p_z$ ausbilden würde. Das an das 2s-Orbital gebundene H-Atom hat wegen der Abstoßung der Elektronenhüllen zu den anderen H-Atomen die gleiche Entfernung.
b) Experimentell gefundene Anordnung der Atome im CH_4-Molekül. Alle C—H-Bindungen und alle H—C—H-Winkel sind gleich. CH_4 ist ein symmetrisches, tetraedrisches Molekül.

tetraedrisches Molekül mit vier äquivalenten C—H-Bindungen ist (Abb. 2.32b). Wir müssen daraus schließen, daß das C-Atom im Bindungszustand vier äquivalente Orbitale besitzt, die auf die vier Ecken eines regulären Tetraeders ausgerichtet sind. Diese vier äquivalenten Orbitale entstehen durch Kombination aus dem s- und den drei p-Orbitalen. Man nennt diesen Vorgang Hybridisierung, die dabei entstehenden Orbitale werden Hybridorbitale genannt (Abb. 2.33).

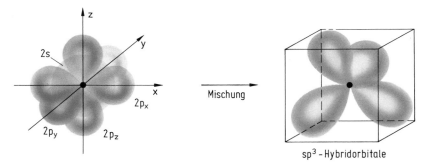

Abbildung 2.33   Bildung von sp^3-Hybridorbitalen. Durch Hybridisierung der s-, p_x-, p_y- und p_z-Orbitale entstehen vier äquivalente sp^3-Hybridorbitale, die auf die Ecken eines Tetraeders gerichtet sind. Die sp^3-Hybridorbitale sind aus zeichnerischen Gründen vereinfacht dargestellt.

Die vier „gemischten" Hybridorbitale des Kohlenstoffatoms besitzen $\frac{1}{4}$ s- und $\frac{3}{4}$ p-Charakter. Man bezeichnet sie als sp^3-Hybridorbitale, um ihre Zusammensetzung aus einem s- und drei p-Orbitalen anzudeuten. Jedes sp^3-Hybridorbital des C-Atoms ist mit einem ungepaarten Elektron besetzt. Durch Überlappung mit den 1s-Orbitalen des Wasserstoffs entstehen im CH_4-Molekül vier σ-Bindungen, die tetraedrisch ausgerichtet sind. Dies zeigt Abb. 2.34.

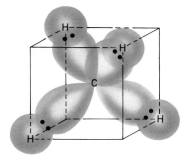 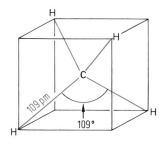

Abbildung 2.34   Bindung im CH_4-Molekül. Die vier tetraedrischen sp^3-Hybridorbitale des C-Atoms überlappen mit den 1s-Orbitalen der H-Atome. Alle C—H-Bindungsabstände und alle H—C—H-Bindungswinkel sind übereinstimmend mit dem Experiment gleich.

In die Hybridisierung können auch Elektronenpaare einbezogen sein, die nicht an einer Bindung beteiligt sind. In den Molekülen NH_3 und H_2O sind die Bindungswinkel dem Tetraederwinkel von 109° viel näher als dem rechten Winkel. Diese Moleküle lassen sich daher besser beschreiben, wenn man annimmt, daß die Bindungen statt von p-Orbitalen (vgl. Abb. 2.29 und Abb. 2.30) von sp^3-Hybridorbitalen gebildet werden. Beim NH_3 ist ein nicht an der Bindung beteiligtes Elektronenpaar, beim H_2O sind zwei einsame Elektronenpaare in die Hybridisierung einbezogen. Dies ist in der Abb. 2.35 dargestellt.

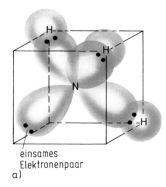 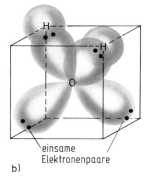

einsames
Elektronenpaar
a)

einsame
Elektronenpaare
b)

Abbildung 2.35   a) Modell des Moleküls NH_3. Drei der vier sp^3-Hybridorbitale des N-Atoms bilden σ-Bindungen mit den 1s-Orbitalen der H-Atome.
b) Modell des Moleküls H_2O. Zwei der vier sp^3-Hybridorbitale des O-Atoms bilden σ-Bindungen mit den 1s-Orbitalen der H-Atome.
σ-Bindungen mit Hybridorbitalen beschreiben diese Moleküle besser als σ-Bindungen mit p-Orbitalen (vgl. Abbildung 2.29 und 2.30).

In den Abbildungen dieses Abschnitts sind aus zeichnerischen Gründen die Hybridorbitale vereinfacht dargestellt. Die tatsächliche Elektronendichteverteilung eines sp^3-Hybridorbitals des C-Atoms zeigt das Konturliniendiagramm der Abb. 2.36.

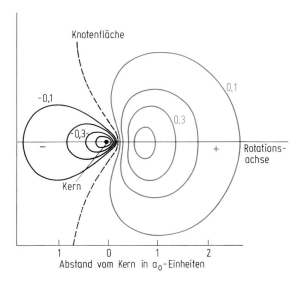

Abbildung 2.36   Konturliniendiagramm eines sp³-Hybridorbitals des C-Atoms. Die Kontur-linien sind Linien gleicher Elektronendichte. Die Knotenfläche geht nicht durch den Atomkern. Die Orbitallappen sind rotationssymmetrisch wie die p-Orbitale. Mit Bindungspartnern in Richtung der Rotationsachse können daher σ-Bindungen gebildet werden.

sp-Hybridorbitale. Aus *einem* p-Orbital und *einem* s-Orbital entstehen *zwei* äquiva-lente sp-Hybridorbitale, die miteinander einen Winkel von 180° bilden (Abb. 2.37).

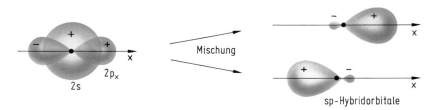

Abbildung 2.37   Schematische Darstellung der Bildung von sp-Hybridorbitalen. Aus einem 2s- und einem 2p$_x$-Orbital entstehen zwei sp-Hybridorbitale. Die sp-Hybridorbitale bilden miteinander einen Winkel von 180°.

sp-Hybridorbitale werden z. B. im Molekül $BeCl_2$ zur Bindung benutzt. $BeCl_2$ besteht im Dampfzustand aus linearen Molekülen mit gleichen Be—Cl-Bindungen. Das angeregte Be-Atom hat die Konfiguration $1s^2 2s^1 2p^1$. Durch Hybridisierung des 2s- und eines 2p-Orbitals entstehen zwei sp-Hybridorbitale, die mit je einem Elektron besetzt sind. Be kann daher zwei gleiche σ-Bindungen in linearer Anordnung bilden (Abb. 2.38).

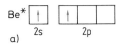

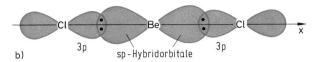

Abbildung 2.38   a) Elektronenkonfiguration des angeregten Be-Atoms.
b) Bildung von $BeCl_2$. Das 2s- und ein 2p-Orbital des Be-Atoms hybridisieren zu sp-Hybridorbitalen. Die beiden sp-Hybridorbitale von Be bilden mit den 3p-Orbitalen der Cl-Atome σ-Bindungen.

Die Bildung von Hybridorbitalen durch Mischen geeigneter Atomorbitale geschieht mathematisch durch Linearkombination von Atomorbitalen (Linearkombinationen der Atomorbitale sind ebenso Lösungen der Schrödinger-Gleichung wie die Atomorbitale selbst). Die beiden sp-Hybridorbitale erhält man also durch Linearkombination des 2s- und des $2p_x$-Orbitals

$$\psi_{sp(1)} = N(2s + 2p)$$

$$\psi_{sp(2)} = N(2s - 2p)$$

Der Normierungsfaktor ist $N = \dfrac{1}{\sqrt{2}}$

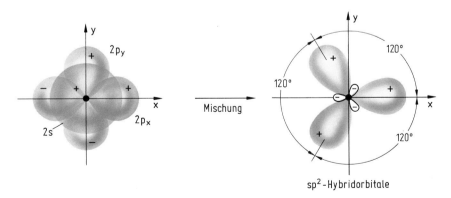

Abbildung 2.39   Schematische Darstellung der Bildung von sp^2-Hybridorbitalen. Aus den 2s-, $2p_x$- und $2p_y$-Orbitalen entstehen drei äquivalente sp^2-Hybridorbitale. Die Orbitale liegen in der xy-Ebene und bilden Winkel von $120°$ miteinander.

sp²-Hybridorbitale. Hybridisieren ein s-Orbital und zwei p-Orbitale, entstehen drei äquivalente sp²-Hybridorbitale (Abb. 2.39). Alle Moleküle, bei denen das Zentralatom zur Ausbildung von Bindungen sp²-Hybridorbitale benutzt, haben trigonal ebene Gestalt. Ein Beispiel ist das Molekül BCl_3. Im angeregten Zustand hat Bor die Konfiguration $1s^2 2s^1 2p^2$. Durch Hybridisierung entstehen drei sp²-Hybridorbitale, die mit je einem Elektron besetzt sind. Bor kann daher drei gleiche σ-Bindungen bilden, die in einer Ebene liegen und Winkel von 120° miteinander bilden (Abb. 2.40).

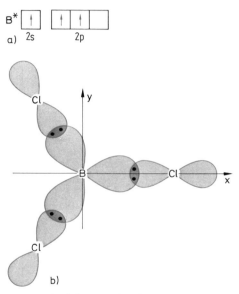

Abbildung 2.40   a) Elektronenkonfiguration der Valenzelektronen des angeregten B-Atoms. b) Schematische Darstellung der Bindungen im Molekül BCl_3. B bildet unter Benutzung von drei sp²-Hybridorbitalen drei σ-Bindungen mit den 3p-Orbitalen der Cl-Atome. Das Molekül ist eben. Die Cl—B—Cl-Bindungswinkel betragen 120°.

Weitere Beispiele für Hybridisierungen, bei denen s- und p-Orbitale beteiligt sind, enthält Tabelle 2.12.

Sind an der Hybridisierung auch d-Orbitale beteiligt, gibt es eine Reihe weiterer Hybridisierungsmöglichkeiten. Hier sollen nur drei häufig auftretende Hybridisierungen besprochen werden.

d²sp³-Hybridorbitale. Die sechs Hybridorbitale sind auf die Ecken eines Oktaeders ausgerichtet. Sie entstehen durch Kombination der Orbitale s, p_x, p_y, p_z, $d_{x^2-y^2}$, d_{z^2} (Abb. 2.41).

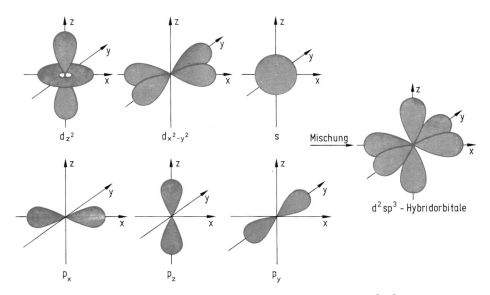

Abbildung 2.41   Schematische Darstellung der Bildung der sechs d^2sp^3-Hybridorbitale aus den Atomorbitalen d_{z^2}, $d_{x^2-y^2}$, s, p_x, p_y, p_z.

Tabelle 2.12   Häufig auftretende Hybridisierungen

| Hybridorbitale | | | Beispiele |
Typ	Zahl	Orientierung	
sp	2	linear	CO_2, HCN, C_2H_2, $HgCl_2$
sp^2	3	trigonal	SO_3, NO_3^-, CO_3^{2-}, NO_2^-
sp^3	4	tetraedrisch	NH_4^+, BF_4^-, SO_4^{2-}, ClO_4^-

dsp^3-Hybridorbitale. Die Kombination der Orbitale s, p_x, p_y, p_z, d_{z^2} führt zu fünf Hybridorbitalen, die auf die Ecken einer trigonalen Bipyramide gerichtet sind.

dsp^2-Hybridorbitale. Durch Kombination der Orbitale s, p_x, p_y, $d_{x^2-y^2}$ entstehen vier Hybridorbitale, die in einer Ebene liegen und auf die Ecken eines Quadrats gerichtet sind.

Beteiligung von d-Orbitalen an Bindungen. Lange Zeit nahm man an, daß bei Nichtmetallen der 3. Periode und höherer Perioden d-Orbitale an der Hybridisierung beteiligt sind und diese Hybridorbitale (z. B. d^2sp^3 oder dsp^3)-Bindungen bilden. Damit konnte man die räumliche Struktur von hypervalenten Verbindungen wie SF_6 (siehe Abb. 2.42) und PF_5 erklären. Theoretische Rechnungen zeigen aber, daß die d-Orbitale der Hauptgruppenelemente nur unwesentlich an den Bindungen beteiligt sind (siehe Abb. 4.2b).

Die Bindungen in hypervalenten Molekülen können mit der MO-Theorie (ohne d-Orbitale) befriedigend beschrieben werden. Im letzten Teil des Abschnitts 2.2.9 Molekülorbitale werden die Bindungsverhältnisse an einigen Beispielen erläutert.

In Komplexverbindungen von Übergangsmetallen aber sind die d-Orbitale der Zentralatome ganz entscheidend an den Bindungen beteiligt und für die Erklärung der Eigenschaften dieser Verbindungen erforderlich. Dies wird im Abschnitt 5.7.5 Ligandenfeldtheorie behandelt.

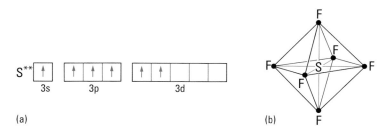

(a)

(b)

Abbildung 2.42   Beschreibung der Bindungen im hypervalenten Molekül SF_6 mit dem VB-Modell.
a) Valenzelektronenkonfiguration des zweifach angeregten S-Atoms. b) Geometrische Anordnung der Atome im Molekül SF_6. Das S-Atom bildet mit den sechs F-Atomen sechs σ-Bindungen, die oktaedrisch ausgerichtet sind. Dafür geeignet sind die sechs d^2sp^3-Hybridorbitale, die von den Valenzelektronen des S-Atoms gebildet werden. Dieses Modell beschreibt zwar den Bau des Moleküls richtig, aber nicht die elektronische Struktur (vgl. Abb. 2.75).

Es soll noch einmal zusammenfassend auf die wesentlichen Merkmale der Hybridisierung hingewiesen werden.

Die Anzahl gebildeter Hybridorbitale ist gleich der Anzahl der Atomorbitale, die an der Hybridbildung beteiligt sind.

Es kombinieren nur solche Atomorbitale zu Hybridorbitalen, die ähnliche Energien haben, z. B.: 2s-2p; 3s-3p; 4s-4p; 4s-3d.

Die Hybridbildung führt zu einer völlig neuen räumlichen Orientierung der Elektronenwolken.

Hybridorbitale besitzen größere Elektronenwolken als die nicht hybridisierten Orbitale. Eine Bindung mit Hybridorbitalen führt daher zu einer stärkeren Überlappung (Abb. 2.43) und damit *zu einer stärkeren Bindung.* Der Gewinn an zusätzlicher Bindungsenergie ist der eigentliche Grund für die Hybridisierung.

Der hybridisierte Zustand ist aber *nicht ein an einem isolierten Atom tatsächlich herstellbarer und beobachtbarer Zustand* wie z. B. der angeregte Zustand. Das Konzept der Hybridisierung hat nur für gebundene Atome eine Berechtigung. Bei der Verbindungsbildung treten im ungebundenen Atom weder der angeregte Zustand

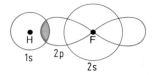
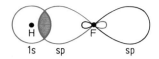

Abbildung 2.43   Das 1s-Orbital von H überlappt mit einem sp-Hybridorbital von F stärker als mit einem 2p-Orbital von F, da die Elektronenwolke des sp-Orbitals in Richtung des H-Atoms größer ist als die des p-Orbitals. Hybridisierung führt zu einem Gewinn an Bindungsenergie.

noch der hybridisierte Zustand als echte Zwischenprodukte auf. Es ist aber zweckmäßig, die Verbindungsbildung gedanklich in einzelne Schritte zu zerlegen und für die Atome einen hypothetischen *Valenzzustand* zu formulieren.

Ein Beispiel ist in der Abb. 2.44 dargestellt.

Abbildung 2.44   Entstehung des hypothetischen Valenzzustandes aus dem Grundzustand am Beispiel des Siliciumatoms. Im Valenzzustand sind die Spins der Valenzelektronen statistisch verteilt. Dies wird durch „Pfeile ohne Spitze" symbolisiert.

2.2.6 π-Bindung

Im Molekül N_2 sind die beiden Stickstoffatome durch eine Dreifachbindung aneinander gebunden. Dadurch erreichen beide Stickstoffatome ein Elektronenoktett.

$$|N\equiv N|$$

Die drei Bindungen im N_2-Molekül sind nicht gleichartig. Dies geht aus der Lewis-Formel nicht hervor, wird aber sofort klar, wenn man die Überlappung der an der Bindung beteiligten Orbitale betrachtet. Jedem N-Atom stehen drei p-Elektronen für Bindungen zur Verfügung. In der Abb. 2.45 sind die p-Orbitale der beiden N-Atome und ihre gegenseitige Orientierung zueinander dargestellt. Durch Überlappung der p_x-Orbitale, die in Richtung der Molekülachse liegen, wird eine σ-Bindung gebildet. Wie auch die MO-Theorie zeigt (Abb. 2.66), ist jedoch anzunehmen, daß die σ-Bindung durch sp-Hybridorbitale gebildet wird, die zu einer stärkeren Überlappung führen. Bei den senkrecht zur Molekülachse stehenden p_y- und p_z-Orbitalen kommt es zu einer anderen Art der Überlappung, die als π-Bindung bezeichnet wird. Die Dreifachbindung im N_2-Molekül besteht aus einer σ-Bindung und zwei äquivalenten π-Bindungen. Die beiden π-Bindungen sind senkrecht zueinander orientiert.

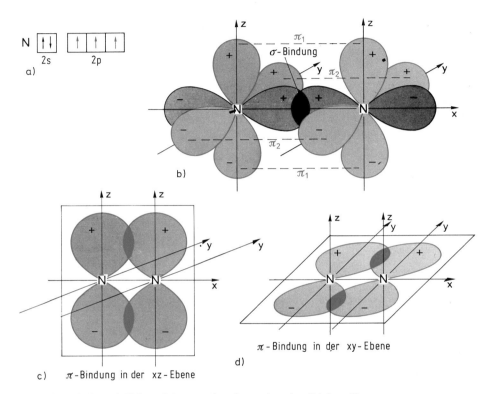

Abbildung 2.45   a) Valenzelektronenkonfiguration des Stickstoffatoms.
b) Die p_x-Orbitale der N-Atome bilden durch Überlappung eine σ-Bindung.
c), d) Durch Überlappung der beiden p_z-Orbitale und der beiden p_y-Orbitale werden zwei π-Bindungen gebildet, die senkrecht zueinander orientiert sind. p-Orbitale, die π-Bindungen bilden, liegen nicht rotationssymmetrisch zur Kernverbindungsachse.

Große Bedeutung haben π-Bindungen bei Kohlenstoffverbindungen. In den Abb. 2.46 und 2.47 sind die Bindungsverhältnisse für die Moleküle Ethylen (Ethen) $H_2C=CH_2$ und Acetylen (Ethin) $HC\equiv CH$ dargestellt. Für das Auftreten von π-Bindungen gilt:

Einfachbindungen sind σ-Bindungen. Doppelbindungen bestehen aus einer σ-Bindung und einer π-Bindung, Dreifachbindungen aus einer σ-Bindung und zwei π-Bindungen. π-

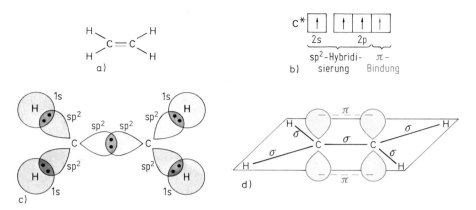

Abbildung 2.46   Bindung in Ethen, C_2H_4.
a) Lewisformel.
b) Valenzelektronenkonfiguration des angeregten C-Atoms. Drei Valenzelektronen bilden sp^2-Hybridorbitale.
c) Jedes C-Atom bildet mit seinen drei sp^2-Hybridorbitalen drei σ-Bindungen.
d) Die p-Orbitale, die senkrecht zur Molekülebene stehen, bilden eine π-Bindung.

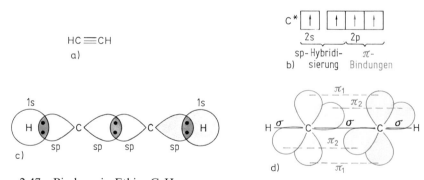

Abbildung 2.47   Bindung in Ethin, C_2H_2.
a) Lewisformel.
b) Valenzelektronenkonfiguration des angeregten C-Atoms. Zwei Valenzelektronen bilden sp-Hybridorbitale.
c) Jedes C-Atom kann mit seinen zwei sp-Hybridorbitalen zwei σ-Bindungen bilden.
d) Die senkrecht zur Molekülebene stehenden p-Orbitale überlappen unter Ausbildung von zwei π-Bindungen.

Bindungen, die durch Überlappung von p-Orbitalen gebildet werden, treten bevorzugt zwischen den Atomen C, O und N auf, also bei Elementen der 2. Periode. (*Doppelbindungsregel*). Bei Atomen höherer Perioden ist die Neigung zu (p-p)π-Bindungen geringer, sie bilden häufig Einfachbindungen.

Bei den Atomen O und N sind Mehrfachbindungen energetisch begünstigt, weil die Bindungsenergien der Einfachbindungen O—O und N—N anomal klein sind (vgl. Tabelle 2.14). Beispiele zur Doppelbindungsregel:

$$|N\equiv N|$$

Stickstoff besteht aus N_2-Molekülen, in denen die N-Atome durch eine σ-Bindung und zwei π-Bindungen aneinander gebunden sind. Weißer Phosphor besteht aus P_4-Molekülen, in denen jedes P-Atom drei σ-Bindungen ausbildet.

$$\overline{O}=\overline{O}$$

Sauerstoff besteht aus O_2-Molekülen. Die O-Atome sind durch eine σ- und eine π-Bindung aneinander gebunden (Zur Beschreibung des Moleküls O_2 mit der MO-Theorie vgl. Abschn. 2.2.12). Im Schwefel sind ringförmige Moleküle vorhanden, in denen die S-Atome durch σ-Bindungen verknüpft sind.

$$\overline{O}=C=\overline{O}$$

Kohlenstoffdioxid besteht aus einzelnen CO_2-Molekülen. Das Kohlenstoffatom ist an die beiden Sauerstoffatome durch je eine σ- und eine π-Bindung gebunden. Im Gegensatz dazu besteht Siliciumdioxid nicht aus einzelnen SiO_2-Molekülen, sondern aus einem hochpolymeren Kristallgitter, in dem die Atome durch Einfachbindungen verbunden sind.

Zunächst meinte man, daß die Hauptgruppenelemente höherer Perioden (> 2) mit sich selbst keine stabilen Verbindungen mit $(p\text{-}p)\pi$-Bindungen bilden. In den achtziger Jahren wurden jedoch viele Verbindungen synthetisiert, in denen diese Elemente an $(p\text{-}p)\pi$-Bindungen beteiligt sind. Die Fähigkeit, $(p\text{-}p)\pi$-Bindungen zu bilden, ist aber bei den Elementen der 2. Periode wesentlich größer als bei den Elementen höherer Perioden, man erhält dafür die Reihe O > N ≈ C ≫ S > P > Si ≈ Ge. Die Werte für die atomaren π-Bindungsenergien in kJ/mol betragen:

O	C	N	S	P	Si
157	136	125	96	71	52

Daraus lassen sich für die Bindungen C=C, C=N, N=N und N=O pπ-Bindungs-energien von 250–280 kJ/mol abschätzen. Verglichen damit, betragen die pπ-Bindungsenergien für die Bindungen Si=Si 105 kJ/mol und für P=P 140 kJ/mol.

Verbindungen mit (p-p)π-Bindungen der schweren Hauptgruppenelemente unter-einander können hauptsächlich durch zwei Kunstgriffe stabilisiert werden. Thermo-dynamische Stabilisierung durch Mesomerie (Delokalisierung von π-Bindungen s. Abschn. 2.2.7), Beispiel a). Kinetische Stabilisierung durch raumerfüllende Liganden („einbetonierte" Doppelbindungen), Beispiel b) und c). Reicht die Stabilisierung nicht aus, dann oligomerisieren die Verbindungen zu ketten- oder ringförmigen Ver-bindungen mit σ-Bindungen.

Beispiele

Ursprünglich bedeutete die Doppelbindungsregel, daß nur Elemente der 2. Periode mit sich selbst (p-p)π-Bindungen bilden, in modifizierter Form, daß diese unterein-ander stabilere (p-p)π-bindungen bilden als die Hauptgruppenelemente höherer Pe-rioden.

Von den Elementen der dritten Periode und höherer Perioden können Doppelbin-dungen (π-Bindungen) mit anderen Nichtmetallen, insbesondere Sauerstoff und Stick-stoff gebildet werden. Beispiele sind H_3PO_4, H_2SO_4 und $HClO_4$. Die Bindungsver-hältnisse in diesen Verbindungen werden in Abschn. 2.2.12 und bei der Besprechung der Nichtmetalle behandelt (Kap. 4). An dieser Stelle sollen aber bereits einige Zu-sammenhänge erläutert werden. Je ähnlicher die beteiligten Orbitale in ihrer Größe sind, um so stärker ist die π-Überlappung (vgl. Abb. 2.27). Innerhalb einer Periode nimmt mit wachsender Kernladung die Größe der Orbitale ab, und die Stärke der π-Bindung in den Sauerstoffverbindungen wächst daher in der Reihe Si, P, S, Cl. Si bildet polymere Strukturen, die durch Si—O—Si-Einheiten verknüpft sind.

Tabelle 2.13   Bindungslängen einiger kovalenter Bindungen in pm

Bindung	Bindungslänge	Bindung	Bindungslänge
H—H	74	C—H	109
F—F	142	N—H	101
Cl—Cl	199	O—H	96
Br—Br	228	F—H	92
I—I	267	Cl—H	127
C—C	154	Br—H	141
C=C	134	I—H	161
C≡C	120	C—O	143
O=O	121	C=O	120
N≡N	110	C—N	147

Auch bei P gibt es zahlreiche polymere Strukturen mit P—O—P-Verknüpfungen, daneben aber auch mit P=O π-Bindungen. Bei den Sauerstoffsäuren des Schwefels ist die π-Bindung bereits dominant, und es gibt nur wenig Strukturen mit S—O—S-Verknüpfungen, beim Chlor ist sie so stark, daß sich keine polymeren Anionen bilden. Innerhalb einer Gruppe nimmt mit wachsender Größe der Orbitale die Stärke der π-Bindung ab. S z. B. bildet stärkere π-Bindungen als die homologen Elemente Se und Te.

Als *Bindungslänge* einer kovalenten Bindung wird der Abstand zwischen den Kernen der aneinander gebundenen Atome bezeichnet. Die Bindungslänge einer Einfachbindung zwischen zwei Atomen A und B ist in verschiedenen Verbindungen nahezu konstant und hat eine für diese Bindung charakteristische Größe. So wird z. B. für die C—C-Bindung in verschiedenen Verbindungen eine Bindungslänge von 154 pm gefunden. Die Bindungslängen hängen natürlich von der Größe der Atome ab: F—F < Cl—Cl < Br—Br < I—I; H—F < H—Cl < H—Br. Die Bindungslängen nehmen mit der Anzahl der Bindungen ab. Doppelbindungen sind kürzer als Einfachbindungen, Dreifachbindungen kürzer als Doppelbindungen. In der Tabelle 2.13 sind einige Werte angegeben.

Für die kovalenten Bindungen lassen sich charakteristische mittlere *Bindungsenergien* ermitteln (vgl. S. 267). Die Werte der Tabelle 2.14 zeigen die folgenden Bereiche

Einfachbindung	140– 595 kJ mol^{-1}
Doppelbindung	420– 710 kJ mol^{-1}
Dreifachbindung	810–1080 kJ mol^{-1}

Außer von der Bindungsordnung hängt die Bindungsenergie von der Bindungslänge und der Bindungspolarität ab. Die Reihe H—H, Cl—Cl, Br—Br, I—I ist ein Beispiel für die abnehmende Bindungsenergie mit zunehmender Bindungslänge. Die Zunahme der Bindungsenergie mit zunehmender Bindungspolarität wird im Abschn.2.2.9 Elektronegativität genauer diskutiert.

Auffallend klein ist die Bindungsenergie von F—F. Trotz der kleineren Bindungslänge ist die Bindungsenergie von F—F kleiner als die der Homologen Cl—Cl, Br—Br

Tabelle 2.14   Mittlere Bindungsenergien bei 298 K in kJ mol^{-1}

Einfachbindungen

	H	B	C	Si	N	P	O	S	F	Cl	Br	I
H	436											
B	372	310										
C	416	352	345									
Si	323	–	306	302								
N	391	(500)	305	335	159							
P	327	–	264	–	290	205						
O	463	(540)	358	444	181	407	144					
S	361	(400)	289	226	–	(285)	–	268				
F	570	646	489	595	278	496	214	368	159			
Cl	432	444	327	398	193	328	206	272	256	243		
Br	366	369	272	329	159	264	(239)	–	280	218	193	
I	298	269	214	234	–	184	(201)	–	–	211	179	151

Mehrfachbindungen

C=C 615	C=N 616	C=O 708	C=S 587	N=N 419
O=O 498	S=O 420	S=S 423		
C≡C 811	C≡N 892	C≡O 1077	N≡N 945	

Die Bindungsenergie/-enthalpie D_{298}^0 einer Bindung A—B ist hier als Reaktionsenthalpie ΔH_{298}^0 (also bei 298 K) der Dissoziationsreaktion A—B (g) → A (g) + B (g) definiert. Die Spezies A und B können Atome oder Molekülfragmente sein. Die Bindungsenergie entspricht damit der Dissoziationsenergie. Bei mehratomigen Molekülen sind auch bei gleichartigen Bindungen die Dissoziationsenergien der stufenweisen Dissoziationen verschieden. So beträgt für das H_2O-Molekül die Dissoziationsenergie für die erste O—H-Bindung 497 kJ/mol, für die zweite O—H-Bindung 429 kJ/mol. Die Bindungsenergie der O—H-Bindung ist dann der Mittelwert 463 kJ/mol.

und fast gleich der von I—I. Hauptursache ist die gegenseitige Abstoßung der freien Elektronenpaare, die wegen des kleinen Kernabstands wirksam wird. Aus demselben Grund sind auch die Bindungsenergien der Bindungen —O—O—, >N—N<, >N—O— und >O—F klein. Die Anomalie dieser Bindungsenergien ist eine wesentliche Ursache dafür, daß F_2 sehr reaktionsfähig ist und daß H_2O_2 und N_2H_4 thermodynamisch instabil sind.

Mit den Bindungsenergien kann die thermodynamische Stabilität von Verbindungen und die Stabilität alternativer Strukturen abgeschätzt werden.

Beispiel:

Bildung von Ozon O_3 aus Disauerstoff O_2

$$3 O_2 \longrightarrow 2 O_3$$

Man erkennt sofort, daß von den beiden möglichen Strukturen des Ozonmoleküls die ringförmige weniger stabil ist, da die Doppelbindung mehr Energie liefert als zwei Einfachbindungen. Für die Umwandlung von O_2 in O_3 muß Energie aufgewendet werden, da aus drei Doppelbindungen zwei Einfachbindungen und zwei Doppelbindungen entstehen. O_3 ist daher thermodynamisch instabil.

2.2.7 Mesomerie

Statt Mesomerie ist auch der Begriff Resonanz gebräuchlich. Eine Reihe von Molekülen und Ionen werden durch eine einzige Lewis-Formel unzureichend beschrieben. Dies soll am Beispiel des Ions CO_3^{2-} diskutiert werden.
Lewis-Formel von CO_3^{2-}:

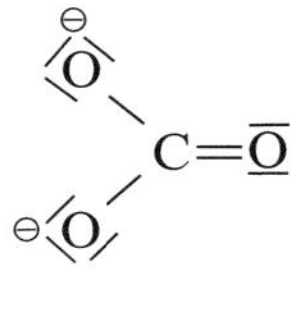

Ein s- und zwei p-Orbitale des angeregten C-Atoms hybridisieren zu drei sp²-Hybridorbitalen. Durch Überlappung mit den p-Orbitalen der drei Sauerstoffatome entstehen drei σ-Bindungen. In Übereinstimmung damit ergeben die Experimente, daß CO_3^{2-} ein planares Ion mit O—C—O-Winkeln von 120° ist. Das dritte p-Elektron bildet mit einem Sauerstoffatom eine π-Bindung.

Die Experimente zeigen jedoch, daß alle C—O-Bindungen gleich sind, und daß alle O-Atome die gleiche negative Ladung besitzen. Zur Beschreibung des Ions reicht eine einzige Lewis-Formel nicht aus, man muß drei Lewis-Strukturen kombinieren, die man als *mesomere Formen (Grenzstrukturen, Resonanzstrukturen)* bezeichnet:

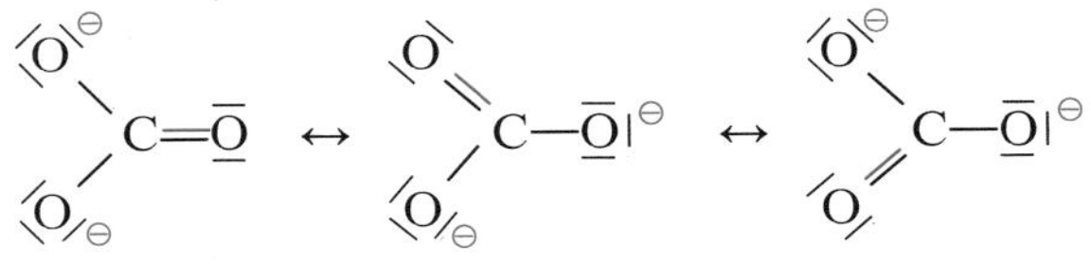

Das bedeutet nicht, daß das CO_3^{2-}-Ion ein Gemisch aus drei durch die Formeln wiedergegebenen Ionensorten ist. *Real ist nur ein Zustand. Das Zeichen ↔ bedeutet, daß dieser eine wirkliche Zustand nicht durch eine der Formeln allein beschrieben werden kann, sondern einen Zwischenzustand darstellt, den man sich am besten durch die Überlagerung mehrerer Grenzstrukturen vorstellen kann.*

Das heißt im Fall des CO_3^{2-}-Ions, daß die tatsächliche Elektronenverteilung zwischen den Elektronenverteilungen der Grenzformeln liegt. Sowohl die Doppelbindung als auch die negativen Ladungen sind über das ganze Ion verteilt, sie sind

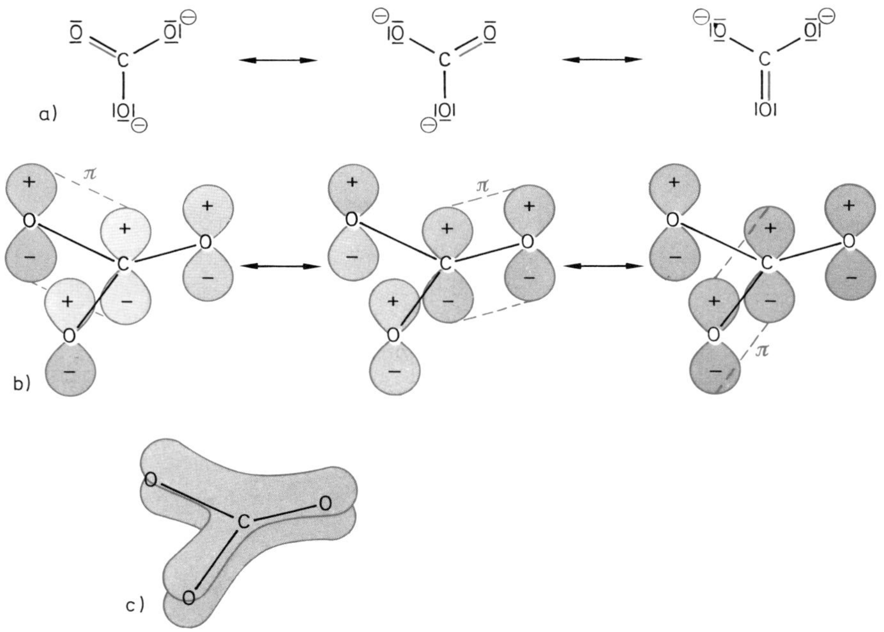

Abbildung 2.48 a) Grenzstrukturen des CO_3^{2-}-Ions.
b) Die Darstellung der zur π-Bindung geeigneten p-Orbitale zeigt, daß eine Überlappung des Kohlenstoff-p-Orbitals mit den p-Orbitalen aller drei Sauerstoffatome gleich wahrscheinlich ist.
c) Durch diese Überlappung entsteht ein über das gesamte Ion delokalisiertes π-Bindungssystem.

delokalisiert (Abb. 2.48b, c). Die Bindungslängen der C—O-Einfachbindung und der C=O-Doppelbindung betragen 143 pm bzw. 120 pm. Die Bindungslänge im CO_3^{2-}-Ion liegt mit 131 pm dazwischen.

Weitere Beispiele für Mesomerie:

Salpetersäure

Kohlenstoffdioxid

Benzol

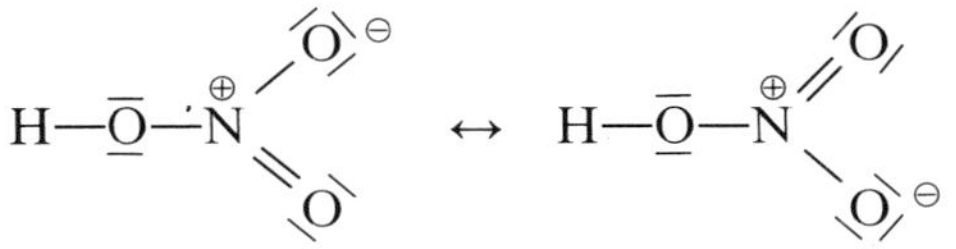

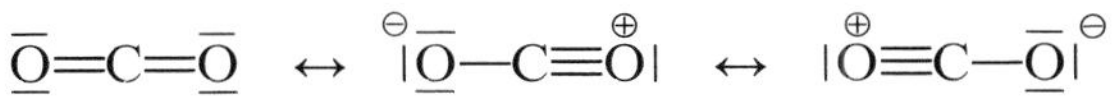

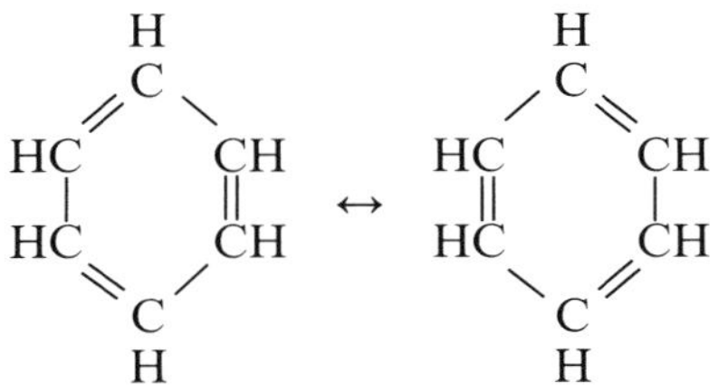

Die Resonanzstrukturen eines Moleküls dürfen sich nur in den Elektronenverteilungen unterscheiden, die Anordnung der Atomkerne muß dieselbe sein. Durch Mesomerie erfolgt eine Stabilisierung des Moleküls. Der Energieinhalt des tatsächlichen Moleküls ist kleiner als der jeder Grenzstruktur. Die Stabilisierungsenergie relativ zur energieärmsten Grenzstruktur wird Resonanzenergie genannt. Sie beträgt z. B. für Benzol 151 kJ/mol.

Die Resonanzenergie ist um so größer, je ähnlicher die Energien der Grenzstrukturen sind. *Die Resonanzenergie wird durch die Delokalisierung von Elektronen gewonnen,* die dadurch in den Anziehungsbereich mehrerer Kerne gelangen können. Je energieähnlicher die Grenzstrukturen sind, um so stärker ist die Delokalisierung der Elektronen; sie ist vollständig zwischen energiegleichen Grenzstrukturen.

Die Beschreibung delokalisierter π-Bindungen mit Molekülorbitalen wird in Abschn. 2.2.12 behandelt.

2.2.8 Polare Atombindung, Dipole

Die Atombindung und die Ionenbindung sind Grenztypen der chemischen Bindung. In den meisten Verbindungen sind Übergänge zwischen diesen beiden Bindungsarten vorhanden.

Eine unpolare kovalente Bindung tritt in Molekülen mit gleichen Atomen auf, z. B. bei F_2 und H_2. Die Elektronenwolke des bindenden Elektronenpaares ist gleichmäßig zwischen den beiden Atomen verteilt, die Bindungselektronen gehören beiden Atomen zu gleichen Teilen.

Bei Molekülen mit verschiedenen Atomen, z. B. HF, werden die bindenden Elektronen von den beiden Atomen unterschiedlich stark angezogen. Das F-Atom zieht die Elektronenwolke des bindenden Elektronenpaares stärker an sich heran als das H-Atom. Die Elektronendichte am F-Atom ist daher größer als am H-Atom. Am F-Atom entsteht die negative Partialladung $\delta-$, am H-Atom die positive Partialladung $\delta+$.

$$\overset{\delta+}{H} : \overset{\delta-}{F}$$

Im Gegensatz zur formalen Ladung gibt die Partialladung δ eine tatsächlich auftretende Ladung an. Die Atombindung zwischen H und F enthält einen ionischen Anteil, sie ist eine polare Atombindung. *Moleküle, in denen die Ladungsschwerpunkte der positiven Ladung und der negativen Ladung nicht zusammenfallen, stellen einen Dipol dar.*

Beispiele:

Molekül	$\overset{\delta+}{H}\text{—}\overset{\delta-}{F}$	$\overset{\delta+}{H}\diagdown\atop\overset{\delta+}{H}\diagup \overset{\delta-}{O}$	$\overset{\delta+}{H}\diagdown\atop\overset{\delta+}{H}\diagup\overset{\delta+}{H}\text{—}\overset{\delta-}{N}$
Dipol	+ −	+ −	+ −

Symmetrische Moleküle sind trotz polarer Bindungen keine Dipole, da die Ladungsschwerpunkte zusammenfallen.

Beispiele:

$$\overset{\delta-}{\underline{O}}=\overset{\delta+}{C}=\overset{\delta-}{\underline{O}}$$

$$\overset{\delta-}{F}\diagdown\;\overset{\delta+}{B}\;\diagup\overset{\delta-}{F}$$
$$\underset{\overset{|}{F}{}^{\delta-}}{}$$

Beim Grenzfall der Ionenbindung, z. B. bei LiF, wird das Valenzelektron des Li-Atoms vollständig vom F-Atom an sich gezogen, es hält sich nur noch in einem Orbital des Fluoratoms auf. Dadurch entstehen die Ionen Li^+ und F^-.

Dipolmoleküle besitzen ein meßbares *Dipolmoment p*. Haben die positive Ladung $+xe$ und die negative Ladung $-xe$ einen Abstand d, so beträgt das Dipolmoment

$$p = xed$$

Die SI-Einheit des Dipolmoments ist Cm. Bei Moleküldipolen benutzt man als Einheit meist das Debye(D): $1\,D = 3{,}336 \cdot 10^{-30}$ Cm. Zwei Elementarladungen im Abstand von 10^{-10} m erzeugen ein Dipolmoment von 4,80 D. Das Dipolmoment ist ein Vektor, dessen Spitze zum negativen Ende des Dipols zeigt. Das Dipolmoment eines Moleküls ist die Vektorsumme der Momente der einzelnen Molekülteile. Für einige Moleküle sind die Dipolmomente in der Tabelle 2.15 angegeben.

Tabelle 2.15   Dipolmomente einiger Moleküle in D

Molekül	Dipolmoment	Molekül	Dipolmoment
HF	1,82	H_2O	1,85
HCl	1,08	H_2S	0,97
HBr	0,82	NH_3	1,47
HI	0,44	CO	0,11

Das permanente Dipolmoment einer polaren Bindung ist ziemlich kompliziert *aus verschiedenen Anteilen zusammengesetzt.* Die Übertragung der Ladung e vom Atom A zum Atom B in der polaren Verbindung $A^{\delta+} - B^{\delta-}$ führt beim Kernabstand d zu einem Dipolmoment $p = \delta ed$ (Abb. 2.49a). Bei Orbitalen verschiedener Größe erfolgt bei der Überlappung dieser Orbitale die Anhäufung der Ladungsdichte näher am Kern des kleineren Atoms. Es entsteht ein Dipolmoment, das zum Atom mit dem kleineren Orbital hin gerichtet ist (Abb. 2.49b). Beim HF z. B. sind diese beiden Dipolmomentanteile einander entgegengerichtet. Im Gegensatz zu Atomorbitalen liegt bei Hybridorbitalen der Ladungsschwerpunkt nicht im Atommittelpunkt (Abb. 2.49c). In Bindungen resultiert ein Dipolmoment in Richtung auf den Bindungspartner. Nichtbindende Elektronenpaare in Hybridorbitalen führen zu Dipolmomenten, die vom Bindungspartner weg gerichtet sind (Abb. 2.50).

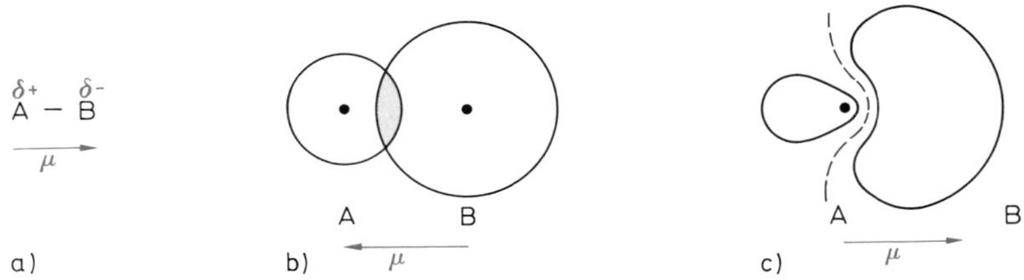

$$\underset{\mu}{\overset{\overset{\delta+\quad\delta-}{A\ -\ B}}{\longrightarrow}}$$

a)   b) $\xleftarrow{\mu}$ c) $\xrightarrow{\mu}$

Abbildung 2.49   Dipolmomentanteile einer polaren Atombindung.
a) Wegen der größeren Elektronegativität des B-Atoms wird die Ladung δe auf das B-Atom übertragen. Im Molekül AB entsteht ein auf B hin gerichtetes Dipolmoment.
b) B besitzt ein größeres Valenzorbital als A. Der Überlappungsbereich ist näher am Kern A. Die Asymmetrie der Ladungsverteilung führt zu einem auf A hin gerichteten Dipolmoment.
c) Der Ladungsschwerpunkt des Hybridorbitals liegt nicht im Mittelpunkt des Atoms A. In einer Bindung erzeugt das Hybridorbital ein Dipolmoment in Richtung B.

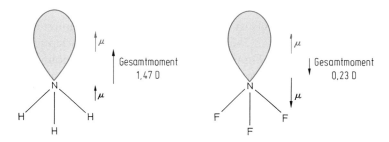

Abbildung 2.50   Dipolmomente von NH_3 und NF_3.
Das Dipolmoment des freien Elektronenpaars in einem sp^3-Hybridorbital des N-Atoms ($\uparrow$) addiert sich zu den Bindungsdipolmomenten N—H ($\uparrow$). Dadurch ergibt sich ein relativ großes Gesamtdipolmoment von 1,47 D. Im NF_3 kompensieren sich diese Momente teilweise, es entsteht ein kleines Gesamtdipolmoment von 0.23 D.

2.2.9 Die Elektronegativität

Ein Maß für die Fähigkeit eines Atoms, in einer Atombindung das bindende Elektronenpaar an sich zu ziehen, ist die Elektronegativität x.

Die erste Elektronegativitätsskala wurde von Pauling aus Bindungsenergien abgeleitet. Die polare Bindung eines Moleküls AB kann durch die Mesomerie einer kovalenten und einer ionischen Grenzstruktur beschrieben werden.

$$A—B \leftrightarrow A^+ B^-$$

Die Dissoziationsenergie eines Moleküls AB mit einer polaren Atombindung ist größer als der Mittelwert der Dissoziationsenergien der Moleküle A_2 und B_2 mit unpolaren Bindungen

$$D_{298}^0 (AB) = \tfrac{1}{2} D_{298}^0 (A_2) + \tfrac{1}{2} D_{298}^0 (B_2) + \Delta$$

Δ hängt von der Bindungspolarität ab. Je polarer eine Bindung ist, je größer also der Anteil der ionischen Grenzstruktur ist, um so größer ist Δ. In der Tabelle 2.16 sind als Beispiel die Δ-Werte der Wasserstoffhalogenide angegeben.

Tabelle 2.16   Dissoziationsenergien in kJ/mol und Ionenbindungsanteil von Wasserstoffhalogeniden

AB	$D^0_{298}(AB)$	$\frac{1}{2}D^0_{298}(A_2)$	$\frac{1}{2}D^0_{298}(B_2)$	Δ	Δx^*	Ionen-bindungs-anteil in %
HF	570	218	79	270	1,9	43
HCl	432	218	121	92	0,9	17
HBr	366	218	96	53	0,7	13
HI	298	218	76	4	0,4	7

* berechnet aus x-Werten der Tabelle 2.17.

Pauling postulierte, daß Δ dem Quadrat der Elektronegativitätsdifferenz der Atome A und B proportional sei

$$\Delta = 96(x_A - x_B)^2$$

Der Faktor 96 entsteht durch Umrechnung des Δ-Wertes von kJ/mol in eV. Der x-Wert von Fluor wird willkürlich zu $x_F = 4{,}0$ festgesetzt, aus den Δ-Werten erhält man dann die x-Werte aller anderen Elemente (Tabelle 2.17).

Statt des arithmetischen Mittels wurde später das geometrische Mittel $\sqrt{D^0_{298}(A_2) \cdot D^0_{298}(B_2)}$ verwendet.

Eine allgemein benutzte Elektronegativitätsskala wurde von Allred und Rochow abgeleitet (Tabelle 2.17). Die Elektronegativität wird der elektrostatischen Anziehungskraft F proportional gesetzt, die der Kern auf die Bindungselektronen ausübt. Die inneren Elektronen schirmen einen Teil der Kernladung Ze ab, im Abstand r wirkt auf die Elektronen die verminderte Kernladung $Z_{eff}e$

$$F = \frac{Z_{eff}\, e^2}{r^2}$$

$$x \sim F \sim \frac{Z_{eff}}{r^2}$$

r = Atomradius, Z_{eff} = effektive Kernladungszahl

Die beste Anpassung an die Pauling-Skala erhält man mit der Beziehung

$$x = 3590\,\frac{Z_{eff}}{r^2} + 0{,}744$$

r ist in der Einheit pm einzusetzen.

Tabelle 2.17   Elektronegativitäten der Elemente
(Pauling-Werte schwarz; Allred-Rochow-Werte rot)

Hauptgruppen

H
2,1
2,2

Li	Be	B	C	N	O	F
1,0	1,5	2,0	2,5	3,0	3,5	4,0
1,0	1,5	2,0	2,5	3,1	3,5	4,1
Na	Mg	Al	Si	P	S	Cl
0,9	1,2	1,5	1,8	2,1	2,5	3,0
1,0	1,2	1,5	1,7	2,1	2,4	2,8
K	Ca	Ga	Ge	As	Se	Br
0,8	1,0	1,6	1,8	2,0	2,4	2,8
0,9	1,0	1,8	2,0	2,2	2,5	2,7
Rb	Sr	In	Sn	Sb	Te	I
0,8	1,0	1,7	1,8	1,9	2,1	2,5
0,9	1,0	1,5	1,7	1,8	2,0	2,2
Cs	Ba	Tl	Pb	Bi		
0,7	0,9	1,8	1,9	1,9		
0,9	1,0	1,4	1,6	1,7		

Nebengruppen

Sc	Ti	V	Cr	Mn	Fe	Co	Ni	Cu	Zn
1,3	1,5	1,6	1,6	1,5	1,8	1,9	1,9	1,9	1,6
1,2	1,3	1,4	1,6	1,6	1,6	1,7	1,7	1,7	1,7
Y	Zr	Nb	Mo	Tc	Ru	Rh	Pd	Ag	Cd
1,2	1,4	1,6	1,8	1,9	2,2	2,2	2,2	1,9	1,9
1,1	1,2	1,2	1,3	1,4	1,4	1,4	1,3	1,4	1,5
La	Hf	Ta	W	Re	Os	Ir	Pt	Au	Hg
1,0	1,3	1,5	1,7	1,9	2,2	2,2	2,2	2,4	1,9
1,1	1,2	1,3	1,4	1,5	1,5	1,5	1,4	1,4	1,4

Lanthanoide

Ce	Pr	Nd	Pm	Sm	Eu	Gd	Tb	Dy	Ho	Er	Tm	Yb	Lu
1,1	1,1	1,1	1,1	1,1	1,0	1,1	1,1	1,1	1,1	1,1	1,1	1,1	1,1

Die Abschirmung ist für die Elektronen einer Valenzschale vom Orbitaltyp abhängig: ns < np < nd < nf. Für die Elemente der 2. Periode haben die effektiven Kernladungen z. B. die folgenden Werte.

	Li	Be	B	C	N	O	F	Ne
Z	3	4	5	6	7	8	9	10
1s	2,69	3,68	4,68	5,67	6,66	7,66	8,65	9,64
2s	1,28	1,91	2,58	3,22	3,85	4,49	5,13	5,76
2p			2,42	3,14	3,83	4,45	5,10	5,76

Eine andere Elektronegativitätsskala stammt von Mulliken. Er fand, daß die Elektronegativität eines Atoms der Differenz seiner Ionisierungsenergie und Elektronenaffinität proportional ist. Dies bedeutet anschaulich, daß die Tendenz eines gebundenen Atoms, die Bindungselektronen an sich zu ziehen, um so größer ist, je größer die Fähigkeit des Atoms ist, sein eigenes Elektron festzuhalten und ein zusätzliches Elektron aufzunehmen (Definition des Vorzeichens von E_{ea} siehe S. 65).

Die Mullikan-Elektronegativität folgt aus der Überlegung, daß zwei Teilchen A und B die gleiche Elektronegativität haben müssen, wenn die Energieänderungen der Reaktionen

$$A + B \longrightarrow A^+ + B^-$$
$$A + B \longrightarrow A^- + B^+$$

gleich sind. Es gilt daher

$$I(A) + E_{ea}(B) = I(B) + E_{ea}(A)$$
$$I(A) - E_{ea}(A) = I(B) - E_{ea}(B)$$
$$x(A) = x(B)$$

Die Elektronegativitäten nach Mulliken beziehen sich aber nicht auf den Grundzustand des Atoms, sondern auf seinen Valenzzustand (vgl. Abschn. 2.2.5). Mulliken-Elektronegativitäten sind *Orbital-Elektronegativitäten*. Man muß daher zu ihrer Berechnung die Ionisierungsenergie und Elektronenaffinität dieser Orbitale kennen. Als Beispiel seien die Elektronegativitäten für die Orbitale der verschiedenen Valenzzustände des C-Atoms angegeben

Valenzzustand	Orbital	x	Valenzzustand	Orbital	x
$s^1 p^3$	s	4,84	$(sp^2)^3 \pi^1$	sp^2	2,75
	p	1,75		π	1,68
$(sp)^2 \pi^2$	sp	3,29	$(sp^3)^4$	sp^3	2,48
	π	1,69			

Die Elektronegativität wächst mit zunehmendem s-Charakter der Hybridorbitale. Die Elektronegativität der σ-Orbitale ist größer als die der π-Orbitale. In einer Mehrfachbindung kann also die Polarität der σ-Bindung anders als die der π-Bindung sein. Als Folge der unterschiedlichen Orbital-Elektronegativität ist z.B. im Brommethan CH_3Br ein Dipolmoment mit negativem Ladungsschwerpunkt am Brom vorhanden, während im Bromethin $BrC\equiv CH$ ein Dipolmoment mit positivem

Ladungsschwerpunkt am Brom auftritt. Brom mit der Elektronegativität 2,7 kann vom sp³-hybridisierten Kohlenstoff Elektronen an sich ziehen, während der sp-hybridisierte Kohlenstoff die Bindungselektronen vom Brom an sich zieht.

Die beste Anpassung der Elektronegativitäten von Mulliken an die Pauling-Werte erhält man mit der Beziehung

$$x = 0{,}168\,(I - E_{\mathrm{ea}}) - 0{,}207$$

I und E_{ea} der Valenzorbitale sind in eV einzusetzen. Sie sind nicht identisch mit den experimentell bestimmten I- und E_{ea}-Werten des Grundzustands der Atome.

Eine Skala mit absoluten Elektronegativitäten erhält man aus der Beziehung

$$x = \frac{I - E_{\mathrm{ea}}}{2}$$

wenn man die Ionisierungsenergien und Elektronenaffinitäten des Grundzustands der Atome in eV einsetzt (vgl. Abschn. 3.7.14).

Im PSE nimmt die Elektronegativität mit wachsender Ordnungszahl in den Hauptgruppen ab, in den Perioden zu. Die elektronegativsten Elemente sind also die Nichtmetalle der rechten oberen Ecke des PSE. Das elektronegativste Element ist Fluor. Die am wenigsten elektronegativen Elemente sind die Metalle der linken unteren Ecke des PSE (Abb. 2.51).

Aus der Differenz der Elektronegativitäten der Bindungspartner kann man die Polarität einer Bindung abschätzen (Abb. 2.52). Je größer Δx ist, um so ionischer ist die

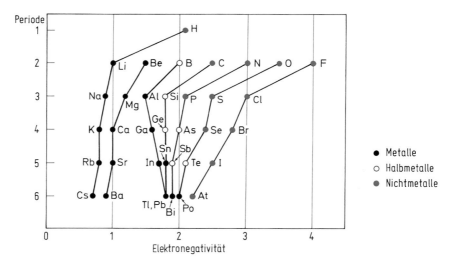

Abbildung 2.51 Elektronegativität der Hauptgruppenelemente. Mit steigender Ordnungszahl Z nimmt innerhalb der Perioden die Elektronegativität zu, innerhalb der Gruppen ab. Rechts oben im PSE stehen daher die Elemente mit ausgeprägtem Nichtmetallcharakter, links unten die typischen Metalle.

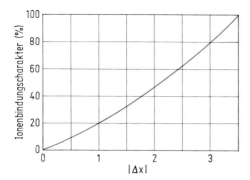

Abbildung 2.52   Beziehung zwischen dem prozentualen Ionenbindungscharakter und der Elektronegativitätsdifferenz. Die Kurve gehorcht der Beziehung:

Ionenbindungscharakter (%) $= 16|\Delta x| + 3,5|\Delta x|^2$.

Bindung (vgl. Tabelle 2.16). Wenig polar ist z. B. die C—H-Bindung, H—Cl hat einen Ionenbindungsanteil von etwa 20 %. Aber auch bei den als Ionenkristalle beschriebenen Verbindungen wie CsCl, NaCl, BeO und CaF_2 ist die Bindung nicht rein ionisch, sie haben nur Ionenbindungsanteile zwischen 50 % und 80 %. In erster Näherung lassen sie sich aber befriedigend so beschreiben, als wäre nur eine elektrostatische Wechselwirkung zwischen den Ionen vorhanden.

Für den Kristalltyp und die charakteristischen physikalischen Eigenschaften einer Verbindung ist jedoch nicht nur der Bindungscharakter maßgebend. Bei den Fluoriden der Elemente der 2. Periode erfolgt ein kontinuierlicher Übergang von einer Ionenbindung zu einer kovalenten Bindung.

Verbindung	LiF	BeF_2	BF_3	CF_4	NF_3	OF_2	F_2
Elektronegativitätsdifferenz	3,0	2,5	2,0	1,5	1,0	0,5	0
Kristalltyp	Ionenkristall		Molekülkristall				
Aggregatzustand bei Raumtemperatur	fest		gasförmig				

LiF und BeF_2 sind hochschmelzende Ionenkristalle. BF_3 ist bei Zimmertemperatur ein Gas und bildet im festen Zustand kein Ionengitter, sondern ein Molekülgitter, obwohl die Elektronegativitätsdifferenz ebenso groß ist wie bei NaCl. Ursache für die sprunghafte Änderung der physikalischen Eigenschaften ist nicht die Änderung des Bindungscharakters, sondern die Änderung der Koordinationsverhältnisse. Von Li^+ über Be^{2+} zu B^{3+} ändern sich die Koordinationszahlen von 6 über 4 auf 3. Ein Raumgitter aus Ionen kann daher nur noch für BeF_2 mit den Koordinationszahlen 4 : 2 aufgebaut werden. BF_3 mit den Koordinationszahlen 3 : 1 bildet ein Molekülgitter mit isolierten BF_3-Baugruppen.

2.2.10 Atomkristalle, Molekülkristalle

In einem Atomkristall sind die Gitterbausteine Atome, sie sind durch kovalente Bindungen dreidimensional verknüpft. Die Elemente der 4. Hauptgruppe, C, Si, Ge, Sn, kristallisieren in einem Atomgitter mit tetraedrischer Koordination der Atome. Nach der Kohlenstoffmodifikation Diamant wird dieser Gittertyp als **Diamant-Struktur** bezeichnet (Abb. 2.53a). In der Diamant-Struktur ist jedes Atom durch vier σ-Bindungen an seine Nachbaratome gebunden. Die Bindungen kommen durch Überlappung tetraedrisch ausgerichteter sp^3-Hybridorbitale zustande (2.53b). Die Koordi-

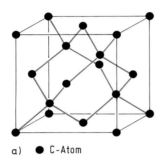
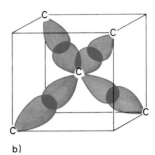

a)   ● C-Atom   b)

Abbildung 2.53   a) Diamant-Struktur. Jedes C-Atom ist von vier C-Atomen tetraedrisch umgeben.
b) Jedes C-Atom ist durch vier σ-Bindungen an Nachbaratome gebunden. Die C—C-Bindungen kommen durch Überlappung tetraedrisch ausgerichteter sp^3-Hybridorbitale zustande.

nationszahl ist also durch die Zahl der Atombindungen festgelegt. Da die C—C-Bindungen sehr fest sind, ist Diamant eine hochschmelzende, sehr harte, nichtleitende Substanz. Eng verwandt mit der Diamant-Struktur ist die **Zinkblende-Struktur** (Abb. 2.54). In einem Atomgitter mit Zinkblende-Struktur kristallisieren

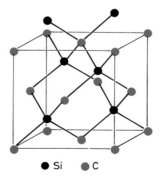

● Si   ● C

Abbildung 2.54   Zinkblende-Struktur. Jedes Si-Atom ist tetraedrisch von vier C-Atomen umgeben, ebenso jedes C-Atom von vier Si-Atomen. Die Bindungen entstehen durch Überlappung von sp^3-Hybridorbitalen.

SiC	BN	AlSb	BeS	ZnS	CuCl
	BP	GaP	BeSe	ZnSe	CuBr
	BAs	GaAs	BeTe	ZnTe	CuI
	AlP	GaSb			AgI
	AlAs				

In diesen Verbindungen ist die Summe der Valenzelektronen beider Atome acht. Jedes Atom ist wie im Diamant durch vier sp³-Hybridorbitale an die Nachbaratome gebunden. Im zweidimensionalen Bild lassen sich die Bindungsverhältnisse folgendermaßen darstellen:

$$
\begin{array}{c}
\quad | \qquad | \\
-\ P^{\oplus}-Al^{\ominus}- \\
| \qquad | \qquad | \qquad | \\
-P^{\oplus}-Al^{\ominus}-P^{\oplus}-Al^{\ominus}- \\
| \qquad | \qquad | \qquad | \\
-P^{\oplus}-Al^{\ominus}- \\
| \qquad |
\end{array}
$$

Die gleichen Koordinationen wie die Zinkblende-Struktur besitzt die **Wurtzit-Struktur**. Beide unterscheiden sich nur in der Schichtenfolge (Abb. 2.55). In der Wurtzit-Struktur kristallisieren

SiC	AlN	BeO	ZnSe	AgI
	GaN	MgTe	ZnTe	
	InN	MnS	CdS	
		ZnO	CdSe	
		ZnS		

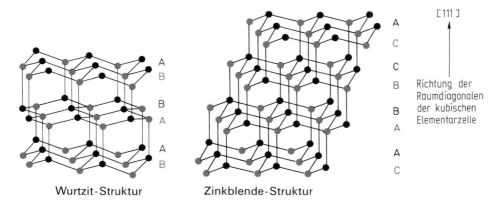

Abbildung 2.55   Vergleich zwischen der Zinkblende- und der Wurtzit-Struktur.
In der Wurtzit-Struktur ist – wie in der Zinkblende-Struktur – jede Atomsorte von der anderen tetraedrisch umgeben. In der Wurtzit-Struktur ist die Schichtenfolge jeder Atomsorte ABAB..., in der Zinkblende-Struktur ABCABC... In der Wurtzit-Struktur liegt eine hexagonale Packung, in der Zinkblende-Struktur eine kubische Packung vor (vgl. S. 168). Viele Strukturbeziehungen haben ihre Ursache in diesen beiden Packungstypen.

Bei Verbindungen mit kleinen und elektronegativen Anionen ist die Wurtzit-Struktur gegenüber der Zinkblende-Struktur bevorzugt. Die Ähnlichkeit beider Strukturen zeigt sich auch darin, daß einige Verbindungen in beiden Strukturen auftreten, z. B. SiC, ZnS, CdS und AgI.

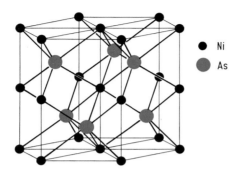

● Ni

● As

Abbildung 2.56   Die Nickelarsenid-Struktur. Die Ni-Atome haben 6 oktaedrisch angeordnete As-Nachbarn, die As-Atome sind von 6 Ni-Atomen in Form eines trigonalen Prismas umgeben. Die Ni-Atome haben außerdem längs der vertikalen Achsen zwei Ni-Nachbarn. Zusätzlich zu den kovalenten Bindungen treten daher auch Metall-Metall-Bindungsanteile auf.

Weit verbreitet ist die **Nickelarsenid-Struktur** (Abb. 2.56). Sie tritt bei AB-Verbindungen aus Übergangsmetallen mit den Nichtmetallen S, Se, P, den Halbmetallen Te, As, Sb und auch den Hauptgruppenmetallen Bi, Sn auf. In der Nickelarsenid-Struktur kristallisieren

$$Ti(S, Se, Te), \ V(S, Se, Te, P), \ Cr(S, Se, Te, Sb),$$
$$Mn(Te, As, Sb, Bi), \ Fe(S, Se, Te, Sb, Sn), \ Co(S, Se, Te, Sb)$$
$$Ni(S, Se, Te, As, Sb, Sn), \ Pd(Te, Sb, Sn), \ Pt(Sb, Bi, Sn)$$

Die Übergangsmetallatome A sind verzerrt oktaedrisch koordiniert. Neben den kovalenten Bindungen A—B zwischen den Metallatomen A und den Nichtmetallatomen B sind auch metallische Bindungen A—A zwischen den Metallatomen vorhanden.

Bleiben in der Nickelarsenid-Struktur Metallgitterplätze unbesetzt, entstehen nichtstöchiometrisch zusammengesetzte Verbindungen und es erfolgt ein Übergang zur Cadmiumiodid-Struktur (Abb. 2.58). Ein lückenloser Übergang wird im System CoTe—CoTe$_2$ gefunden.

Kovalente Bindungen sind gerichtet, ihre Wirkung beschränkt sich auf die Atome, die durch gemeinsame Elektronenpaare aneinander gebunden sind. In Molekülen sind daher die Atome bindungsmäßig abgesättigt. Zwischen den Molekülen können keine Atombindungen gebildet werden. *Molekülkristalle sind aus Molekülen aufgebaut, zwischen denen nur schwache zwischenmolekulare Bindungskräfte existieren.* Molekülkristalle haben daher niedrige Schmelzpunkte und sind meist weich. Molekülkristalle sind

Nichtleiter. Die Natur der zwischenmolekularen Bindungskräfte, der van der Waals-Kräfte, wird in Abschn. 2.3 näher besprochen.

Abb. 2.57 zeigt als Beispiel das Molekülgitter von CO_2. Innerhalb der CO_2-Moleküle sind starke Atombindungen vorhanden, zwischen den CO_2-Molekülen nur schwache Anziehungskräfte. Festes CO_2 sublimiert daher schon bei $-78\,°C$. Dabei verlassen CO_2-Moleküle die Oberfläche des Kristalls und bilden ein Gas aus CO_2-Molekülen.

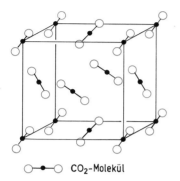

○━●━○ CO_2-Molekül

Abbildung 2.57   Molekülgitter von CO_2. Zwischen den CO_2-Molekülen sind nur schwache zwischenmolekulare Bindungskräfte vorhanden, während innerhalb der CO_2-Moleküle starke Atombindungen auftreten.

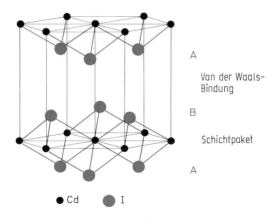

● Cd   ● I

Abbildung 2.58   Die Cadmiumiodid-Struktur.
Die Struktur besteht aus übereinander gestapelten Schichtpaketen ..ICdI...ICdI...Innerhalb der Schichten existieren kovalente Bindungen mit Ionenbildungsanteilen. Die Cd-Atome sind oktaedrisch koordiniert. Die Schichtpakete werden nur durch schwache van der Waals-Kräfte aneinander gebunden. Die Anionenschichten treten in der Schichtenfolge ABAB... auf (hexagonal dicht gepackt; vgl. S. 168). Die Cadmiumiodid-Struktur entsteht aus der Nickelarsenid-Struktur, wenn jede zweite Metallschicht unbesetzt bleibt.

Sind Atome durch kovalente Bindungen eindimensional verknüpft, entstehen *Kettenstrukturen*. Innerhalb der Ketten sind starke Atombindungen vorhanden, zwischen den Ketten schwache van der Waals-Kräfte. Sind Atome durch kovalente Bindungen zweidimensional verknüpft, entstehen *Schichtstrukturen*. Die Schichten sind durch schwache van der Waals-Kräfte aneinander gebunden. Beispiele sind die Elemente der 16. und 15. Gruppe (vgl. Abb. 4.14 und Abb. 4.20).

Von den AB_2-Verbindungen kristallisieren überwiegend nur die Fluoride und die Oxide in Ionenstrukturen. Die meisten anderen Halogenide sowie viele Chalkogenide AB_2 kristallisieren in der **Cadmiumiodid-Struktur** bzw. in der **Cadmiumchlorid-Struktur**. Beide Strukturen sind Schichtstrukturen, die aus Schichtpaketen BAB … BAB … aufgebaut sind (Abb. 2.58). Innerhalb der Schichtpakete sind polare kovalente Bindungen vorhanden, zwischen den Schichtpaketen nur schwache van der Waals-Bindungen. Die Kristalle sind daher parallel zu den Schichten gut spaltbar.

In der Cadmiumiodid- und der Cadmiumchlorid-Struktur kristallisieren:

	Cadmiumiodid-Struktur	Cadmiumchlorid-Struktur
B	A	A
Cl	–	Mg, Mn, Fe, Co, Ni, Zn, Cd
Br	Mg, Mn, Fe, Co	Ni, Zn, Cd
I	Mg, Ca, Tl, Pb, Ti, Mn, Fe, Co, Zn, Cd	Ni
S	Sn, Ti, Zr, Pt	–
Se	Ti, Zr	Ta
Te	Ti, Pt	–

Beide Strukturen unterscheiden sich in der Stapelung der Schichtpakete. In der Cadmiumiodid-Struktur liegen die Schichtpakete genau übereinander (Abb. 2.58). In der Cadmiumchlorid-Struktur sind sie gegeneinander verschoben und erst das 4. Schichtpaket liegt genau über dem ersten. Die Cadmiumchlorid-Struktur wird überwiegend bei den ionogeneren AB_2-Verbindungen, den Chloriden, gefunden.

2.2.11 Das Valenzschalen-Elektronenpaar-Abstoßungs-Modell

Zur Deutung der Molekülgeometrie wurde von Gillespie und Nyholm das Modell der Valenzschalen-Elektronenpaar-Abstoßung entwickelt (VSEPR-Modell, nach valence shell electron pair repulsion). Es beruht auf vier Regeln.

In Molekülen des Typs AB_n ordnen sich die Elektronenpaare in der Valenzschale des Zentralatoms so an, daß der Abstand möglichst groß wird.

Die Elektronenpaare verhalten sich so, als ob sie einander abstoßen. Dies hat zur Folge, daß sich die Elektronenpaare den kugelförmig um das Zentralatom gedachten Raum gleichmäßig aufteilen. Wenn jedes Elektronenpaar durch einen Punkt symbolisiert und auf der Oberfläche einer Kugel angeordnet wird, deren Mittelpunkt das Zentralatom A darstellt, dann entstehen Anordnungen mit maximalen Abständen

Tabelle 2.18   Molekülgeometrie nach dem VSEPR-Modell
(X einfach gebundenes Atom)

Anzahl der Elektronen-paare	Geometrie der Elek-tronenpaare	Molekül-typ	Molekül-gestalt	Beispiele
2	linear	AB_2	linear	HgX_2, CdX_2, ZnX_2, $BeCl_2$
3	dreieckig	AB_3	dreieckig	BX_3, GaI_3
		AB_2E	V-förmig	$SnCl_2$
4	tetraedrisch	AB_4	tetraedrisch	BeX_4^{2-}, BX_4^-, CX_4, NX_4^+, SiX_4, GeX_4, AsX_4^+
		AB_3E	trigonal-pyramidal	NX_3, OH_3^+, PX_3, AsX_3, SbX_3, P_4O_6
		AB_2E_2	V-förmig	OX_2, SX_2, SeX_2, TeX_2
5	trigonal-bipyramidal	AB_5	trigonal-bipyramidal	PCl_5, PF_5, PCl_3F_2, $SbCl_5$
		AB_4E	tetraedrisch verzerrt	SF_4, SeF_4, SCl_4
		AB_3E_2	T-förmig	ClF_3, BrF_3
		AB_2E_3	linear	ICl_2^-, I_3^-, XeF_2
5	quadratisch-pyramidal	AB_5	quadratisch-pyramidal	SbF_5
6	oktaedrisch	AB_6	oktaedrisch	SF_6, SeF_6, TeF_6, PCl_6^-, PF_6^-, SiF_6^{2-}, $Te(OH)_6$
		AB_5E	quadratisch-pyramidal	ClF_5, BrF_5, IF_5
		AB_4E_2	quadratisch-planar	ICl_4^-, I_2Cl_6, BrF_4^-, XeF_4
7	pentagonal-bipyramidal	AB_7	pentagonal-bipyramidal	IF_7, TeF_7^-

der Punkte. Für die Moleküle des Typs AB_n erhält man die in der Abb. 2.59 darge-stellten geometrischen Strukturen. Beispiele dafür sind in der Tabelle 2.18 zu finden. Wie die Geometrien der schon im Abschn. 2.2.5 Hybridisierung besprochenen Mole-küle $BeCl_2$, BF_3 und CH_4 zeigen, führen das VSEPR- und das Hybridisierungs-modell zum gleichen Ergebnis.

Mit dem VSEPR-Modell können auch solche Molekülstrukturen verstanden wer-den, bei denen im Molekül freie Elektronenpaare, unterschiedliche Substituenten oder Mehrfachbindungen vorhanden sind.

Die freien Elektronenpaare E in einem Molekül vom Typ AB_1E_m befinden sich im Gegensatz zu den bindenden Elektronenpaaren im Feld nur eines Atomkerns. Sie

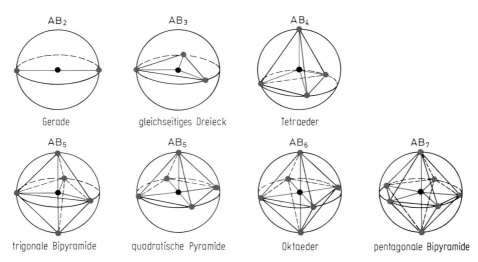

Abbildung 2.59   Anordnungen von Punkten (Elektronenpaare bzw. Liganden) auf einer Kugeloberfläche, bei denen die Punkte maximale Abstände besitzen. Bei fünf Liganden gibt es zwei Lösungen. Die meisten Moleküle AB_5 bevorzugen die trigonale Bipyramide. Die drei äquatorialen Positionen sind den beiden axialen Positionen nicht äquivalent.

beanspruchen daher *mehr Raum als die bindenden Elektronenpaare und verringern dadurch die Bindungswinkel.*

Beispiele für die tetraedrischen Strukturen AB_4, AB_3E und AB_2E_2 sind CH_4, NH_3 und H_2O

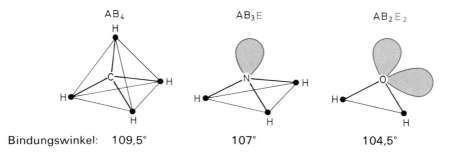

Gibt es für freie Elektronenpaare in einem Molekül mehrere mögliche Positionen, so werden solche Positionen eingenommen, bei denen die gegenseitige Abstoßung am kleinsten ist und die Wechselwirkung mit den bindenden Elektronenpaaren möglichst klein ist.

In den oktaedrischen Strukturen AB_4E_2 besetzen die beiden Elektronenpaare daher trans-Positionen, es liegt ein planares Molekül vor.

Beispiele für die oktaedrischen Strukturen AB_6, AB_5E und AB_4E_2 sind SF_6, BrF_5 und XeF_4.

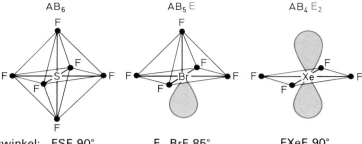

Bindungswinkel: FSF 90° $F_{ax}BrF$ 85°   FXeF 90°

In trigonal-bipyramidalen Strukturen besetzen freie Elektronenpaare die äquatorialen Positionen. Ursache: Die Valenzwinkel in der äquatorialen Ebene betragen
120°, die Winkel zu den Pyramidenspitzen nur 90°. Der Abstand zu einem Nachbaratom in der Äquatorebene ist daher größer als zu einem Nachbaratom in der Pyrami-
denspitze.

Beispiele für die trigonal-bipyramidalen Strukturen AB_5, AB_4E, AB_3E_2, AB_2E_3
sind PF_5, SF_4, ClF_3 und XeF_2.

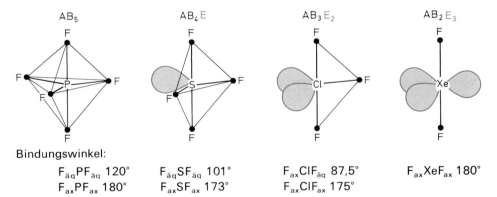

Bindungswinkel:

$F_{äq}PF_{äq}$ 120° $F_{äq}SF_{äq}$ 101° $F_{ax}ClF_{äq}$ 87,5° $F_{ax}XeF_{ax}$ 180°
$F_{ax}PF_{ax}$ 180° $F_{ax}SF_{ax}$ 173° $F_{ax}ClF_{ax}$ 175°

Der größere Raumbedarf der freien Elektronenpaare verringert die idealen Bindungswinkel 90°, 120°, 180° der trigonalen Bipyramide. In den trigonal-bipyramidalen Molekülen sind die äquatorialen Abstände um 5 bis 15 % kleiner als die axialen
Abstände. In der Ebene sind die Atome also fester gebunden.

Ein Beispiel für die pentagonal-bipyramidale Struktur AB_7 ist IF_7

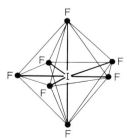

Elektronegative Substituenten ziehen bindende Elektronenpaare stärker an sich heran und vermindern damit deren Raumbedarf. Die Valenzwinkel nehmen daher mit wachsender Elektronegativität der Substituenten ab.

Beispiele:

PI_3	102°	AsI_3	101°
PBr_3	101°	$AsBr_3$	100°
PCl_3	100°	$AsCl_3$	98°
PF_3	98°	AsF_3	96°

$$x_F > x_{Cl} > x_{Br} > x_I$$

Bei gleichen Substituenten, aber abnehmender Elektronegativität des Zentralatoms, nehmen die freien Elektronenpaare mehr Raum ein, die Valenzwinkel verringern sich.

Beispiele:

H_2O	104°	NF_3	102°
H_2S	92°	PF_3	98°
H_2Se	91°	AsF_3	96°
H_2Te	89°	SbF_3	88°

$$x_O > x_S > x_{Se} > x_{Te} \quad x_N > x_P > x_{As} > x_{Sb}$$

In der trigonalen Bipyramide besetzen die elektronegativeren Atome – da sie weniger Raum beanspruchen – die axialen Positionen.

Beispiele:

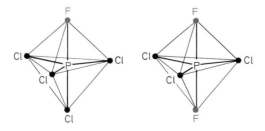

Mehrfachbindungen beanspruchen mehr Raum als Einfachbindungen und verringern die Bindungswinkel der Einfachbindungen.

Ist neben der Doppelbindung auch ein freies Elektronenpaar vorhanden, verstärkt sich die Abnahme des Bindungswinkels. Sind mehrere Doppelbindungen vorhanden, ist der Winkel zwischen diesen der größte des Moleküls.

Beispiele:

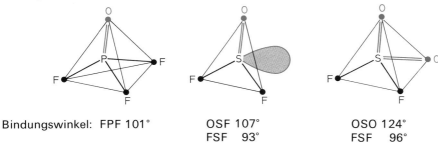

Bindungswinkel: FPF 101°   OSF 107°   OSO 124°
                                   FSF 93°   FSF 96°

In trigonal-bipyramidalen Molekülen liegen wegen ihrer größeren Raumbeanspruchung die Doppelbindungen in der Äquatorebene.

Beispiele:

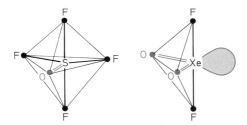

Das VSEPR-Modell setzt eine Äquivalenz der Elektronenpaare voraus. Es ignoriert die Unterschiedlichkeit der Energien und räumlichen Orientierungen der Atomorbitale. Mit wenigen an der Erfahrung orientierten Regeln liefert es aber eine anschauliche und leicht verständliche Systematik der Molekülstrukturen. Für Nebengruppenelemente ist es jedoch in der Regel nicht anwendbar.

2.2.12 Molekülorbitaltheorie

Die Valenzbindungstheorie geht von einzelnen Atomen aus, berücksichtigt die Wechselwirkung der Atome bei ihrer Annäherung und erklärt die Bindung durch die Überlappung bestimmter dafür geeigneter Atomorbitale.

Die Molekülorbitaltheorie (Mulliken und Hund 1928) geht von einem einheitlichen Elektronensystem des Moleküls aus. Die Elektronen halten sich nicht in Atomorbitalen auf, die zu bestimmten Kernen gehören, sondern in Molekülorbitalen, die sich über das ganze Molekül erstrecken und die sich im Feld mehrerer Kerne befinden.

Hält sich ein Elektron gerade in der Nähe *eines* Kernes auf, so wird es von den anderen Kernen wenig beeinflußt werden. Bei Vernachlässigung dieses Einflusses verhält sich das Elektron so, als ob es sich in einem Atomorbital des Kerns befände.

Das Molekülorbital in der Nähe des Kerns ist näherungsweise gleich einem Atomorbital. In der Nähe des Kerns A z. B. ähnelt das Molekülorbital dem Atomorbital ψ_A. Entsprechend ähnelt das Molekülorbital in der Nähe des Kerns B dem Atomorbital ψ_B. Das Molekülorbital hat also sowohl charakteristische Eigenschaften von ψ_A als auch von ψ_B, es wird daher durch eine Linearkombination beider angenähert. *Molekülorbitale sind in der einfachsten Näherung Linearkombinationen von Atomorbitalen.* Man nennt diese Methode, Molekülorbitale aufzufinden, abgekürzt LCAO-Näherung (linear combination of atomic orbitals).

Die Ermittlung der Molekülorbitale für das Wasserstoffmolekül H_2 ist anschaulich in der Abb. 2.60 dargestellt. Die 1s-Orbitale der beiden H-Atome kann man auf zwei

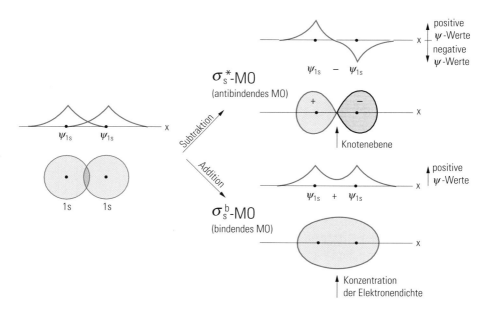

Abbildung 2.60   Linearkombination von 1s-Atomorbitalen zu Molekülorbitalen. Dargestellt ist sowohl der Verlauf der Wellenfunktion ψ als auch die räumliche Form der Elektronenwolken der Molekülorbitale. Beide MOs besitzen σ-Symmetrie, d. h. sie sind rotationssymmetrisch in bezug auf die x-Achse.

Arten miteinander kombinieren. Die erste Linearkombination ist eine Addition. Sie führt zu einem Molekülorbital, in dem die Elektronendichte zwischen den Kernen der Wasserstoffatome konzentriert ist. Dadurch kommt es zu einer starken Anziehung zwischen den Kernen und den Elektronen. Man nennt dieses Molekülorbital daher *bindendes MO.* Elektronen in diesem MO haben eine niedrigere Energie als in den 1s-Atomorbitalen (Abb. 2.61).

Die Subtraktion der 1s-Atomorbitale führt zu einem MO mit einer Knotenebene zwischen den Kernen. Die Elektronen halten sich bevorzugt außerhalb des Überlappungsbereiches auf, das Energieniveau des Molekülorbitals liegt über denen der 1s-Atomorbitale. Dieses MO nennt man daher *antibindendes MO*. Antibindende Molekülorbitale werden mit einem * bezeichnet.

Die Linearkombination der Wellenfunktion ψ_A des H-Atoms mit der Wellenfunktion ψ_B des H-Atoms ergibt die angenäherten Molekülfunktionen

$$\psi^b = N^b(\psi_A + \psi_B)$$
$$\psi^* = N^*(\psi_A - \psi_B)$$

mit den Normierungsfaktoren N^b und N^*.

Durch Einsetzen dieser Wellenfunktionen in die Schrödinger-Gleichung erhält man für die Energie der Molekülorbitale (bei Vernachlässigung des Überlappungsintegrals, was für eine qualitative Diskussion statthaft ist, da dies nur für die Normierungskonstante zu einem kleinen Fehler führt)

$$E^b = q_A + \beta$$
$$E^* = q_B - \beta$$

q_A wird *Coulombintegral* genannt, es ist die Energie, die erforderlich ist, ein Elektron aus dem Valenzorbital ψ_A des Atoms A, das sich im Feld beider Kerne und des anderen Elektrons befindet, zu entfernen. Daher wird es manchmal Valenzionisierungspotential genannt. Es ist nicht identisch mit der Energie des Elektrons im isolierten H_A-Atom. Da das Elektron im Valenzorbital ψ_A aber überwiegend vom Kern A und nur wenig vom Kern B beeinflußt wird, ist q_A von der Orbitalenergie des isolierten H_A-Atoms nicht sehr verschieden. Entsprechendes gilt für q_B.

β wird *Resonanzintegral* oder Austauschintegral genannt. Es ist die für die Stabilisierung oder Destabilisierung eines Molekülorbitals entscheidende Größe und ist die Wechselwirkungsenergie zwischen den Wellenfunktionen ψ_A und ψ_B. β hat ein negatives Vorzeichen. Sind die Atome A und B identisch, ist $q_A = q_B$ und man erhält

$$E^b = q + \beta$$
$$E^* = q - \beta$$

Daraus resultiert das in der Abb. 2.61 dargestellte Energieniveaudiagramm des H_2-Moleküls.

Die Besetzung der Molekülorbitale mit den Elektronen des Moleküls erfolgt unter Berücksichtigung des Pauli-Prinzips und der Hundschen Regel. Aufgrund des Pauli-Verbots kann jedes MO nur mit zwei Elektronen antiparallelen Spins besetzt werden. Das H_2-Molekül besitzt zwei Elektronen. Sie besetzen das energieärmere bindende MO (Abb. 2.61). Die Elektronenkonfiguration ist $(\sigma^b)^2$. Es existiert also im H_2-Molekül ein bindendes Elektronenpaar mit antiparallelen Spins in einem Orbital mit σ-Symmetrie. Die Ergebnisse der MO-Theorie und der VB-Theorie sind äquivalent: Im H_2-Molekül existiert eine σ-Bindung, die durch ein gemeinsames, zum gesamten Molekül gehörendes Elektronenpaar zustandekommt (vgl. Abschn. 2.2.4). Mit beiden Theorien kann die Bindungsenergie richtig berechnet werden.

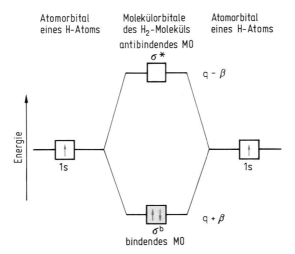

Abbildung 2.61   Energieniveaudiagramm des H_2-Moleküls. Durch Linearkombination der 1s-Orbitale der H-Atome entstehen ein bindendes und ein antibindendes MO. Im Grundzustand besetzen die beiden Elektronen des H_2-Moleküls das σ^b-MO. Dies entspricht einer σ-Bindung.

Das Energieniveaudiagramm der Abb. 2.61 erklärt, warum ein Molekül He_2 nicht existiert. Da sowohl das bindende als auch das antibindende Molekülorbital mit je zwei Elektronen besetzt sein müßten, resultiert keine Bindungsenergie. Bei den Molekülionen H_2^+ und He_2^+ mit drei Elektronen hingegen tritt eine Bindungsenergie auf, sie sind existent (vgl. Tabelle 2.19).

Bei den Elementen der zweiten Periode müssen außer den s-Orbitalen auch die p-Orbitale berücksichtigt werden. *Es lassen sich nicht beliebige Atomorbitale zu Molekülorbitalen kombinieren, sondern nur Atomorbitale vergleichbarer Energie und gleicher Symmetrie bezüglich der Kernverbindungsachse.* Die Kombination eines p_x-Orbi-

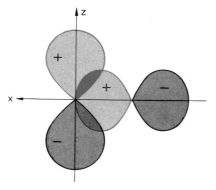

Abbildung 2.62   Die Kombination eines p_z- und eines p_x-Orbitals ergibt kein MO. Die Gesamtüberlappung ist null.

tals mit einem p_z-Orbital z. B. ergibt kein MO, die Gesamtüberlappung ist null, es tritt keine bindende Wirkung auf (Abb. 2.62). Weitere Beispiele zeigt Abb. 2.27. Die möglichen Linearkombinationen zweier p-Atomorbitale sind in der Abb. 2.63 dargestellt. Es entstehen zwei Gruppen von Molekülorbitalen, die sich in der Symmetrie ihrer Elektronenwolken unterscheiden.

Bei den aus p_x-Orbitalen gebildeten Molekülorbitalen ist die Symmetrie ebenso wie

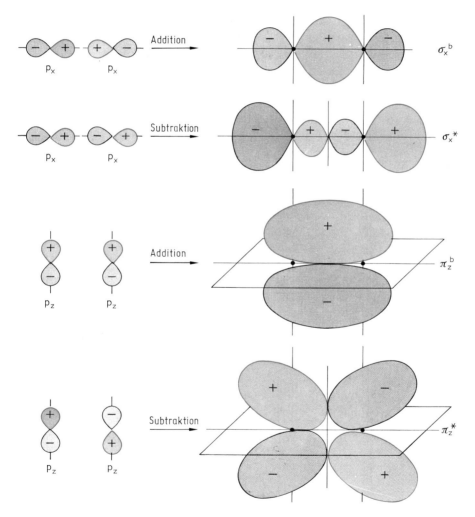

Abbildung 2.63   Bildung von Molekülorbitalen aus p-Atomorbitalen. Nur die σ-MOs sind rotationssymmetrisch zur Kernverbindungsachse. Die durch Linearkombination der p_z-Orbitale gebildeten π_z^b- und π_z^*-MOs sind den π_y^b- und π_y^*-MOs äquivalent und bilden mit diesen Winkel von 90°. Bei den bindenden MOs ist die Elektronendichte zwischen den Kernen erhöht, bei den antibindenden MOs sind zwischen den Kernen Knotenflächen vorhanden.

bei den aus s-Orbitalen gebildeten MOs rotationssymmetrisch in bezug auf die Kernverbindungsachse des Moleküls. Als Kernverbindungsachse ist die x-Achse gewählt.
Wegen der gleichen Symmetrie werden diese MOs gemeinsam als *σ-Molekülorbitale*
bezeichnet. Die Linearkombination der p_y- und der p_z-Atomorbitale führt zu einem
anderen MO-Typ. Die Ladungswolken sind nicht mehr rotationssymmetrisch zur x-
Achse. Diese MOs werden *π-Molekülorbitale* genannt.

Bei allen Linearkombinationen führt die Addition zu den stabilen, bindenden Molekülorbitalen, bei denen die Elektronendichte zwischen den Kernen konzentriert ist.
Die $π_y$- und $π_z$-Molekülorbitale haben Ladungswolken gleicher Gestalt, die nur um
$90°$ gegeneinander verdreht sind. Bei der Bildung der bindenden $π_y^b$- und $π_z^b$-MOs
erfolgt daher dieselbe Energieerniedrigung, bei der Bildung der antibindenden $π_y^*$-
und $π_z^*$-MOs dieselbe Energieerhöhung.

In den Abb. 2.64 und 2.65 sind die Energieniveaudiagramme für die Moleküle F_2
und O_2 dargestellt. Da beim Fluor und beim Sauerstoff die Energiedifferenz zwischen
den 2s- und den 2p-Atomorbitalen groß ist, erfolgt keine Wechselwirkung zwischen
den 2s- und $2p_x$-Orbitalen. Die 2s-Orbitale kombinieren daher nur miteinander zu
den $σ_s^b$- und $σ_s^*$-MOs und die $2p_x$-Orbitale miteinander zu den $σ_x^b$- und $σ_x^*$-MOs. Bei
gleichem Kernabstand und gleicher Orbitalenergie ist die Überlappung zweier σ-
Orbitale stärker als die zweier π-Orbitale, das $σ_x^b$-MO ist daher stabiler als die entarteten $π_{y,z}^b$-MOs.

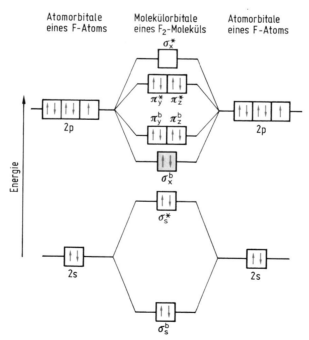

Abbildung 2.64 Energieniveaudiagramm für das F_2-Molekül. Ein Energiegewinn entsteht
nur durch die Besetzung des $σ_x^b$-MOs, das aus den p_x-Orbitalen gebildet wird.

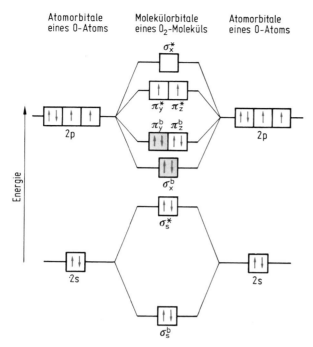

Abbildung 2.65   Energieniveaudiagramm für das O_2-Molekül. Bindungsenergie entsteht durch die Besetzung des σ_x^b- und eines π^b-Orbitals. Die ungepaarten Elektronen im π_y^*- und π_z^*-MO sind für den Paramagnetismus des O_2-Moleküls verantwortlich.

Die 14 Valenzelektronen des F_2-Moleküls besetzen die 7 energieärmsten Molekülorbitale. F_2 hat die Elektronenkonfiguration

$$(\sigma_s^b)^2 \, (\sigma_s^*)^2 \, (\sigma_x^b)^2 \, (\pi_{y,z}^b)^4 \, (\pi_{y,z}^*)^4$$

Die Bindungsenergie entsteht durch die Besetzung des σ_x^b-Molekülorbitals. In Übereinstimmung mit der Valenzbindungstheorie gibt es eine σ-Bindung.

Das O_2-Molekül hat die Elektronenkonfiguration

$$(\sigma_s^b)^2 \, (\sigma_s^*)^2 \, (\sigma_x^b)^2 \, (\pi_{y,z}^b)^4 \, (\pi_y^*)^1 \, (\pi_z^*)^1$$

Die Bindungsenergie entsteht durch die Besetzung des σ_x^b- und eines π^b-Molekülorbitals. Die Elektronen im π_y^*- und im π_z^*-MO haben aufgrund der Hundschen Regel den gleichen Spin. Substanzen mit ungepaarten Elektronen sind paramagnetisch. Die MO-Theorie kann im Gegensatz zur VB-Theorie den experimentell festgestellten Paramagnetismus des O_2-Moleküls erklären (vgl. Abschn. 2.2.6).

Bei kleinen Energiedifferenzen 2s — 2p tritt eine Wechselwirkung zwischen den 2s- und den 2p-Orbitalen auf. Die σ^b- und σ^*-MOs besitzen jetzt keinen reinen s- oder p-Charakter mehr, sondern sind s-p-Hybridorbitale. Die Hybridisierung führt zu einer Stabilisierung der σ_s-MOs und zu einer Destabilisierung der σ_x-MOs, dadurch werden die $\pi^b_{y,z}$-MOs stabiler als das σ^b_x-MO. Die Energiedifferenz $2s - 2p$ nimmt vom Neonatom zum Boratom von 25 eV auf 3 eV ab. Für das N_2-Molekül erhält man daher das unter Berücksichtigung der 2s-2p-Wechselwirkung aufgestellte Energieniveaudiagramm der Abb. 2.66. Die Elektronenkonfiguration ist

$$(\sigma^b_s)^2 \, (\sigma^*_s)^2 \, (\pi^b_{y,z})^4 \, (\sigma^b_x)^2$$

Im N_2-Molekül gibt es in Übereinstimmung mit der VB-Theorie eine σ-Bindung und zwei π-Bindungen.

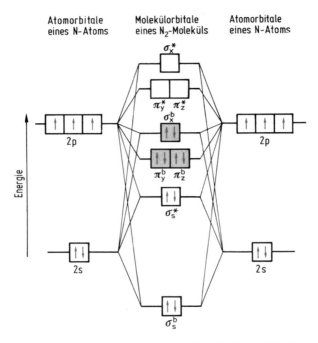

Abbildung 2.66   Energieniveauschema des N_2-Moleküls. Die Besetzung der MOs zeigt, daß im N_2-Molekül eine σ-Bindung und zwei π-Bindungen existieren. Auf Grund der Wechselwirkung zwischen den 2s- und den $2p_x$-Orbitalen sind das π^b_y- und das π^b_z-MO stabiler als das σ^b_x-MO.

C_2 existiert im Dampfzustand, enthält eine Doppelbindung und ist diamagnetisch. B_2 ist paramagnetisch und enthält wie O_2 zwei ungepaarte Elektronen.

Als *Bindungsordnung* wird für Moleküle mit Zweizentrenbindungen definiert:

Bindungsordnung = (Anzahl der Elektronen in bindenden MOs − Anzahl der Elektronen in antibindenden MOs)/2

In der Tabelle 2.19 sind die Bindungsordnung und einige Bindungseigenschaften für **homöonukleare zweiatomige Moleküle** angegeben. Bei den Elementen jeder Periode nimmt mit wachsender Bindungsordnung die Bindungsenergie zu, der Kernabstand ab.

Tabelle 2.19   Bindungseigenschaften einiger zweiatomiger Moleküle

Molekül oder Ion	Anzahl der Valenzelektronen	Bindungsordnung	Dissoziationsenergie in kJ mol^{-1}	Kernabstand in pm
H_2^+	1	0,5	256	106
H_2	2	1	436	74
He_2^+	3	0,5	≈ 300	108
He_2	4	0	0	–
Li_2	2	1	110	267
Be_2	4	$>0^*$	10	245
B_2	6	1	297	159
C_2	8	2	610	131
N_2	10	3	945	110
O_2	12	2	498	121
F_2	14	1	159	142
Ne_2	16	0	0	–

* Durch Mischung der leeren p-Orbitale mit den gefüllten σ_s^*- und σ_s^b-Niveaus wird ersteres weniger antibindend und letzteres stärker bindend (vgl. Abb. 2.66). So kommt trotz Wechselwirkung von zwei gefüllten s^2-Unterschalen eine schwache Bindung zustande.

Bei **heteronuklearen zweiatomigen Molekülen AB** sind nicht nur die Symmetrien der Valenzorbitale der beiden Atome A und B zu berücksichtigen, sondern auch ihre relativen Energien. Näherungsweise kann man dazu die Ionisierungsenergien benut-

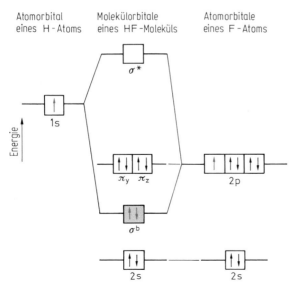

Abbildung 2.67   Energieniveaudiagramm des HF-Moleküls. Das aus dem H-1s-Orbital und dem F-2p$_x$-Orbital gebildete MO ähnelt in Energie und Ladungsverteilung einem F-2p$_x$-Orbital, die Bindung ist polar. Die 2s-, π_y- und π_z-Elektronenpaare sind nichtbindend.

zen. Die genauen relativen Energien im MO-Energieniveaudiagramm erhält man aus den Valenzionisierungspotentialen (vgl. S. 141).

Ein einfaches Beispiel ist **HF**. Die 1. Ionisierungsenergie von H beträgt 13,6 eV, die von F 17,4 eV. Die 2p-Orbitale von F sind also stabiler als das 1s-Orbital von H. Die günstigste Energie für eine Wechselwirkung mit dem 1s-Orbital des H-Atoms besitzen die 2p-Orbitale des F-Atoms, die Wechselwirkung mit dem 2s-Orbital des F-Atoms bleibt unberücksichtigt. Aber nur das p_x-Orbital besitzt die für eine Linearkombination geeignete Symmetrie. Das p_y- und das p_z-Orbital sind π-Orbitale, deren Kombination mit dem 1s-Orbital die Gesamtüberlappung null ergibt (vgl. Abb. 2.27). Die Linearkombination des 1s-Orbitals mit dem F-$2p_x$-Orbital ergibt das bindende σ^b-MO und das antibindende σ^*-MO. Das Energieniveaudiagramm der Abb. 2.67 zeigt, daß das bindende MO mehr dem 2p-Orbital des F-Atoms, das antibindende MO mehr dem 1s-Orbital des H-Atoms ähnelt. Die beiden Bindungselek-

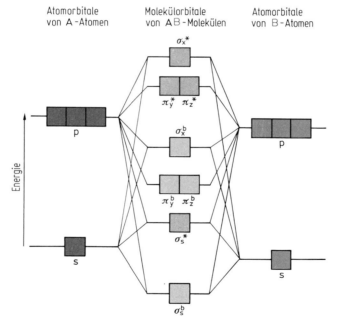

Abbildung 2.68   Energieniveaudiagramm eines AB-Moleküls, in dem B elektronegativer ist als A. Das Diagramm entspricht dem in der Abbildung 2.66 dargestellten Energieniveauschema eines homöonuklearen Moleküls AA. Der Vergleich zeigt die Wirkung einer zunehmenden Elektronegativitätsdifferenz: die bindenden MOs werden den B-Atomorbitalen immer ähnlicher, die antibindenden MOs den A-Atomorbitalen.

In der Linearkombination
$$\psi^b = a\psi_A + b\psi_B$$
$$\psi^* = b\psi_A - a\psi_B$$
wird der unterschiedliche Anteil der Atomorbitale bei der Bildung der Molekülorbitale durch die Parameter a und b berücksichtigt. Wenn B elektronegativer als A ist, dann ist $b > a$. Für die Grenzfälle gilt: unpolare Bindung $a = b$; Ionenbindung $b = 1$, $a = 0$.

tronen sind mehr beim Kern des F-Atoms lokalisiert als beim Kern des H-Atoms. Die
kovalente Bindung ist nicht mehr symmetrisch, sondern es ist eine polare Atombindung mit der Ladungsverteilung $H^{\delta+}F^{\delta-}$ vorhanden. Der Ionenbindungscharakter
beträgt 43 % (vgl. Tabelle 2.16). Die Polarität der Bindung ist also von der Energiedifferenz der zu kombinierenden Orbitale abhängig. Wird sie kleiner, nimmt die
Polarität ab und wir erhalten schließlich den Grenzfall der unpolaren Atombindung.
Nimmt die Energiedifferenz weiter zu, erreicht man den Grenzfall der Ionenbindung,
die beiden Bindungselektronen befinden sich in einem $2p_x$-Orbital eines Fluoratoms.
Dieser Grenzfall ist z. B. nahezu in KF erreicht.

Für den allgemeinen Fall zweiatomiger heteronuklearer Moleküle AB erhält man
das in der Abb. 2.68 dargestellte Energieniveaudiagramm. *Die Linearkombination der
Atomorbitale führt zu Molekülorbitalen, bei denen die bindenden MOs mehr den Charakter der Orbitale der elektronegativen B-Atome besitzen, während die antibindenden
MOs mehr den Orbitalen der A-Atome ähneln* (vgl. Abb. 2.69).

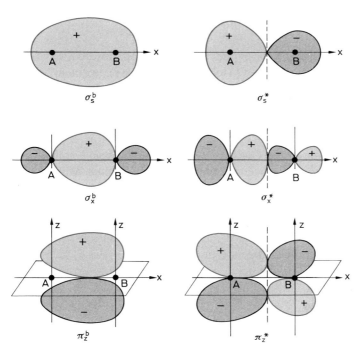

Abbildung 2.69   Molekülorbitale eines Moleküls AB.
B ist das elektronegativere Atom. Die bindenden MOs ähneln mehr den Orbitalen der B-
Atome, die antibindenden MOs denen der A-Atome. Die π_y-Orbitale sind den π_z-Orbitalen
äquivalent.

Beispiele:

Mit N_2 isoelektronisch sind CO, NO^+ und CN^-. Sie haben die Elektronenkonfiguration

$$(\sigma_s^b)^2 (\sigma_s^*)^2 (\pi_{y,z}^b)^4 (\sigma_x^b)^2$$

also eine σ-Bindung und zwei π-Bindungen. CO besitzt die ungewöhnlich hohe Bindungsenergie von 1070 kJ mol^{-1}.

NO hat die Elektronenkonfiguration

$$(\sigma_s^b)^2 (\sigma_s^*)^2 (\pi_{y,z}^b)^4 (\sigma_x^b)^2 (\pi_{y,z}^*)^1$$

und demnach die Bindungsordnung 2,5.

Im Abschn. 2.2.7 sahen wir, daß zur *Beschreibung delokalisierter π-Bindungen* eine einzige Lewis-Formel nicht ausreicht, sondern mehrere mesomere Grenzstrukturen notwendig sind. Beispielsweise gibt es im CO_3^{2-}-Ion eine π-Bindung, die über das ganze Ion verteilt ist, und dementsprechend drei Grenzstrukturen:

Nach der Molekülorbitaltheorie befindet sich das delokalisierte Elektronenpaar, das alle vier Atome aneinander bindet (Mehrzentrenbindung), in einem Molekülorbital, das sich über das ganze Ion erstreckt. In der Abb. 2.48c ist dieses π-MO anschaulich dargestellt.

Mehratomige Moleküle. Eine leicht verständliche, systematische Behandlung mehratomiger Moleküle mit der MO-Theorie findet man z. B. bei H. B. Gray „Elektronen und chemische Bindung", de Gruyter. Als einfache Beispiele sollen die Moleküle H_2O, CO_2 und Benzol besprochen werden. Nur bei kleinen Molekülen liefert die MO-Theorie anschauliche Ergebnisse und nur in einfachen Fällen kann die Molekülgeometrie aus dem Energieniveaudiagramm erkannt werden.

H_2O-Molekül. Bei der Bildung der H_2O-Molekülorbitale sind die möglichen Kombinationen der 1s-Orbitale der H-Atome mit dem 2s-Orbital und den 2p-Orbitalen des O-Atoms zu berücksichtigen. Durch Kombination dieser sechs Atomorbitale müssen sechs Molekülorbitale gebildet werden. Die Addition des $2p_z$-O-Orbitals mit der Kombination $(1s_a-1s_b)$ der H-Atome führt zu dem bindenden MO σ_z^b (Abb. 2.70a oben). Die Subtraktion von $2p_z$-O mit $(1s_a-1s_b)$ ergibt entsprechend das antibindende MO σ_z^* (nicht gezeichnet). Das O-$2p_y$-Orbital überlappt nicht mit den 1s-Orbitalen der H-Atome. Es wäre für π-Bindungen geeignet, aber Wasserstoffatome haben keine p-Valenzorbitale, daher ist es ein nichtbindendes MO; wir bezeichnen es mit p_y. Wenn man die Kombination $(1s_a + 1s_b)$ der H-Atome verwendet, so kann diese sowohl mit dem $2p_x$- als auch mit dem 2s-Orbital des O-Atoms bindend oder antibindend überlappen (vgl. Abb. 2.70a). Da $(1s_a + 1s_b)$ zur Kombination sowohl mit 2s als auch mit $2p_x$ geeignet ist, mischen sich die 2s- und 2p-Orbitale. Aus der Wechselwirkung der drei Orbitale ($1s_a + 1s_b$), 2s und $2p_x$ erhalten wir drei Molekülorbitale: das bindende MO σ_s^b, das MO σ_x^{nb}, das nahezu nichtbindend ist und das antibindende MO σ^* (vgl. Abb. 2.70a). Berücksichtigt man außerdem, daß die H-1s-Orbitale energetisch höher liegen als die O-Valenzorbitale, so erhält man das in der Abb. 2.70b dargestellte Energieniveaudiagramm. Im Grundzustand ist die Elektronenkonfiguration des H_2O-Moleküls

$$(\sigma_s^b)^2 \, (\sigma_z^b)^2 \, (\sigma_x^{nb})^2 \, (p_y)^2$$

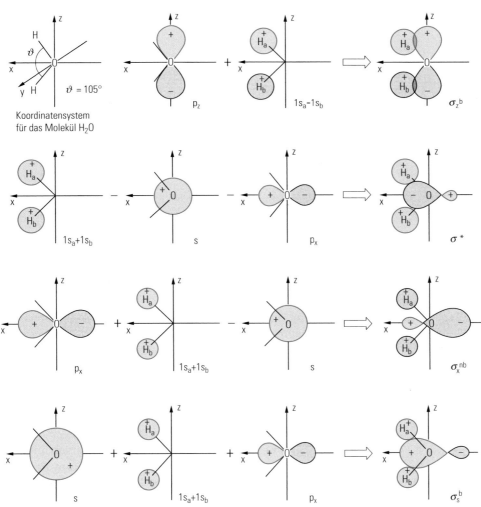

Abbildung 2.70a   Linearkombinationen der 1s-Orbitale der H-Atome mit den $2p_z$-, $2p_x$- und 2s-Orbitalen des O-Atoms. Die unterschiedliche Größe der Orbitale bei der 3-Orbital-Wechselwirkung soll schematisch deren relativen Beitrag zum Molekülorbital andeuten.

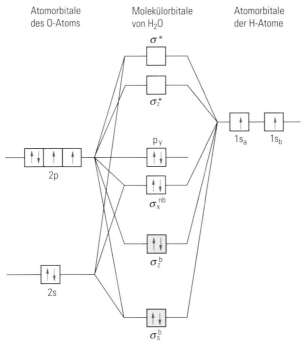

Atomorbitale des O-Atoms	Molekülorbitale von H$_2$O	Atomorbitale der H-Atome

Abbildung 2.70b   Energieniveaudiagramm des H$_2$O-Moleküls.
In Übereinstimmung mit der VB-Theorie gibt es im H$_2$O-Molekül zwei σ-Bindungen.

H$_2$O ist diamagnetisch und besitzt zwei σ-Bindungen. Da Sauerstoff elektronegativer als Wasserstoff ist, haben die bindenden Molekülorbitale überwiegend Sauerstoffcharakter. Die Bindungselektronen sind mehr am Kern des O-Atoms lokalisiert, die Bindungen sind polar.

CO$_2$-Molekül. Bei der Bildung der Molekülorbitale des CO$_2$-Moleküls müssen auch π-Molekülorbitale berücksichtigt werden. Die zur Bildung von σ-MOs geeignete Symmetrie besitzen das 2s- und das 2p$_x$-Orbital des C-Atoms und die beiden p$_x$-Orbitale der O-Atome. Ihre Kombination führt zu zwei bindenden und zwei antibindenden σ-MOs (Abb. 2.71a). Die π-Molekülorbitale entstehen aus den 2p$_z$- und den 2p$_y$-Valenzorbitalen der drei Atome. Die Linearkombinationen der O-Atomorbitale (2p$_{za}$ + 2p$_{zb}$) mit dem 2p$_z$-Orbital des C-Atoms ergeben ein bindendes und ein antibindendes π_z-MO. Die Linearkombination der O-Atomorbitale (2p$_{za}$ − 2p$_{zb}$ mit dem C-2p$_z$-Orbital führt zu keiner Überlappung. Es entsteht ein nichtbindendes MO (Abb. 2.71b). Die Kombinationen der p$_y$-Valenzorbitale führen zu drei äquivalenten, energiegleichen MOs. Das Energieniveaudiagramm der Abb. 2.71c zeigt, daß es im CO$_2$-Molekül zwei σ-Bindungen und zwei äquivalente, über das gesamte Molekül delokalisierte π-Bindungen gibt.

Benzolmolekül. Die sechs senkrecht zur Molekülebene stehenden p$_z$-Orbitale bilden sechs sich über das gesamte Benzolmolekül erstreckende π-Molekülorbitale

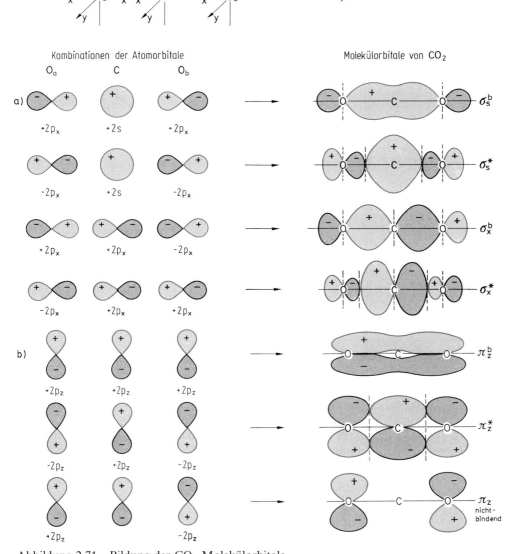

Abbildung 2.71   Bildung der CO_2-Molekülorbitale.

a) Die Linearkombinationen des 2s- und des $2p_x$-Orbitals des C-Atoms mit den $2p_x$-Orbitalen der O-Atome führen zu zwei bindenden und zu zwei antibindenden σ-Molekülorbitalen.

b) Die Linearkombinationen der $2p_z$-Orbitale der Sauerstoffatome $(2p_{za} + 2p_{zb})$ mit dem $2p_z$-Orbital des C-Atoms führen zu einem bindenden und zu einem antibindenden π-Molekülorbital. Die Linearkombination $(2p_{za} - 2p_{zb})$ der Sauerstoffatome ergibt ein nichtbindendes π-Molekülorbital, da mit dem $2p_z$-Orbital des C-Atoms keine Überlappung erfolgt (vgl. Abb. 2.27). Drei analoge energieäquivalente π-Molekülorbitale entstehen durch Kombination der $2p_y$-Valenzorbitale.

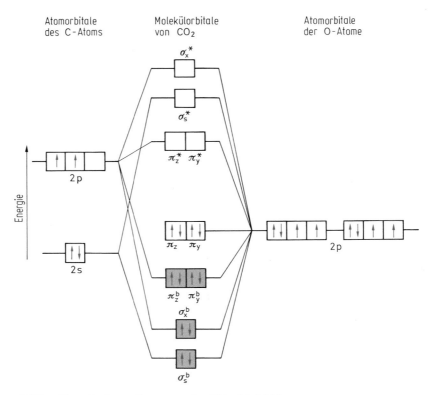

Abbildung 2.71c   Energieniveaudiagramm des CO_2-Moleküls.
Im Molekül CO_2 gibt es zwei σ-Bindungen und zwei äquivalente, über das gesamte Molekül
delokalisierte π-Bindungen. Die Elektronenwolken der beiden bindenden π-MOs sind senkrecht zueinander orientiert.

(Abb. 2.72). Davon sind im Grundzustand die drei energieärmsten bindenden MOs
mit je einem Elektronenpaar besetzt (Abb. 2.72c), die drei π-Bindungen sind vollständig delokalisiert. Die folgenden Strukturformeln bringen dies zum Ausdruck.

Der Energiegewinn aufgrund der Delokalisierung der π-Elektronen – die Mesome-
rieenergie – ist im Falle des Benzols besonders hoch, er beträgt $151\,\mathrm{kJ\,mol^{-1}}$ und
erklärt die große Stabilität dieses aromatischen Systems.

Diamant. *In Festkörpern erstrecken sich die Molekülorbitale über den gesamten
Kristall.* Im Graphit bilden die senkrecht zu einer ebenen Schicht des Gitters stehenden p-Orbitale π-Molekülorbitale, die über die gesamte Schicht ausgedehnt sind
(vgl. Abb. 4.30 und Abschn. 4.7.3.1). Das Zustandekommen der Molekülorbitale
im Diamantkristall (vgl. Abb. 2.53, Abschn. 2.2.10 und Abschn. 4.7.3.1) ist schematisch in der Abb. 2.73 dargestellt. Bei der Linearkombination von sp³-Hybridorbi-

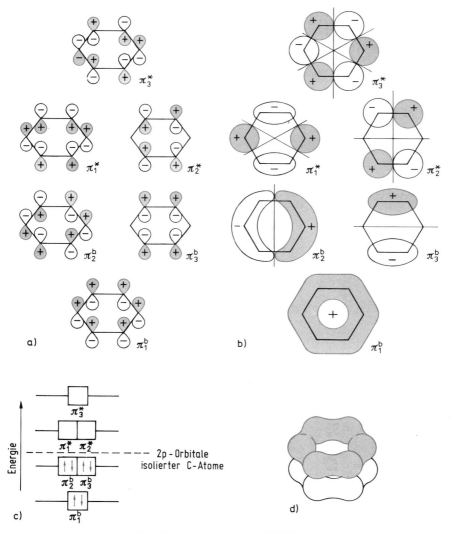

Abbildung 2.72 π-Molekülorbitale des Benzolmoleküls.
a) Zur Kombination geeignete π-Atomorbitale des Benzols.
b) Aufsicht auf die sechs π-Molekülorbitale des Benzols. Alle MOs haben eine Knotenebene in der Papierebene. Unterhalb dieser Knotenebene befinden sich dieselben Elektronenwolken, die Wellenfunktion hat das entgegengesetzte Vorzeichen.
c) Energieniveaudiagramm und Besetzung der π-MOs.
d) Räumliche Darstellung der beiden ringförmigen Ladungswolken des π_1^b-Molekülorbitals.

talen zweier C-Atome entstehen ein bindendes und ein antibindendes MO. Sind in einem Diamantkristall 10^{23} C-Atome vorhanden, die miteinander in Wechselwirkung treten, so erhält man aus den vier pro C-Atom vorhandenen sp^3-Hybridorbitalen $4 \cdot 10^{23}$ Molekülorbitale, die sich über den gesamten Kristall erstrecken. Da-

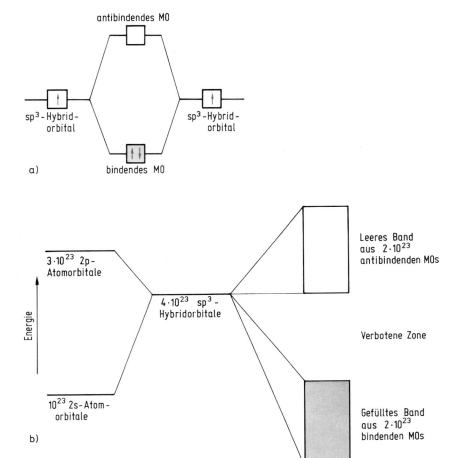

Abbildung 2.73   Bildung von Molekülorbitalen im Diamantkristall.
a) Linearkombination zweier sp^3-Hybridorbitale.
b) Im Diamantkristall spalten die durch Linearkombination von sp^3-Hybridorbitalen der C-Atome gebildeten Molekülorbitale in Bänder auf. Da aus den bindenden MOs entstandene Band vollständig besetzt und durch eine breite verbotene Zone von dem leeren Band der antibindenden MOs getrennt ist, ist Diamant ein Isolator.

von bilden $2 \cdot 10^{23}$ eine dichte Folge bindender MOs (Valenzband), die anderen $2 \cdot 10^{23}$ ein Band, das aus antibindenden MOs besteht (Leitungsband). Die bindenden MOs des Valenzbandes sind vollständig besetzt und durch eine 5 eV breite Lücke (verbotene Zone) von den unbesetzten MOs des Leitungsbandes getrennt. Diamant ist daher ein Isolator. In Eigenhalbleitern sind die bindenden und die antibindenden MOs nur durch eine schmale verbotene Zone getrennt, und einige Elektronen des Valenzbandes besitzen genügend thermische Energie, um die verbotene Zone zu überspringen und in das Leitungsband zu gelangen. In Metallkristallen bilden die

Molekülorbitale ein einheitliches Band, das nur teilweise mit Elektronen besetzt ist (s. Abschn. 2.4.4.2). In Stoffen mit nur zum Teil besetzten Bändern können sich die Elektronen durch den gesamten Kristall bewegen, sie sind daher Elektronenleiter. Das Energiebändermodell von Metallen, Isolatoren und Halbleitern wird im Abschn. 2.4.4.3 ausführlich behandelt.

Hyperkonjugation, nicht-klassische π-Bindung. Die *MO-Beschreibung hypervalenter Verbindungen* ist ziemlich kompliziert. Sie soll an einigen Beispielen erläutert werden. *Bei hypervalenten Molekülen mit Doppelbindungen* (siehe Abschnitt 2.2.2) *werden die von s- und p-Orbitalen gebildeten σ-Bindungen durch schwache π-Bindungen verstärkt.* Diese entstehen durch Transfer von Ladung nichtbindender besetzter p-Orbitale der Ligandenatome in leere Orbitale des Zentralatoms. Werden diese π-Bindungen mit p-Orbitalen des Zentralatoms gebildet, dann entstehen p-p-π-Bindungen. Diese nicht-klassischen π-Bindungen sind schwächer als die im Abschnitt 2.2.6 besprochenen klassischen π-Bindungen.

Als einfaches Beispiel ist das Molekül Schwefeltrioxid, **SO$_3$**, geeignet. Die sechs Valenzelektronen des Schwefelatoms bilden mit sp^2-Hybridorbitalen das σ-Bindungsgerüst. Es bestimmt die trigonal ebene Gestalt des Moleküls. Am Schwefelatom verbleiben drei positive Ladungen, die Sauerstoffatome sind einfach negativ geladen.

Beim Schwefelatom existiert senkrecht zur Molekülebene ein unbesetztes 3p-Orbital und es kommt – begünstigt durch die positiven Ladungen am S-Atom – zu einem teilweisen Übergang von Ladungen der nichtbindenden p-Elektronen der Sauerstoffatome in dieses Orbital. Es entsteht eine p-p-π-Bindung über die vier Zentren des Moleküls, also eine Mehrzentrenbindung. Man kann diese Mehrzentrenbindung mit drei Resonanzstrukturen beschreiben (vgl. Abb. 2.48)

Im Bild des MO-Modells bedeutet dies, daß im Molekül SO$_3$ *ein* bindendes Molekülorbital vorhanden ist, das mit einem Elektronenpaar besetzt ist.

Einfacher und üblich ist es die S-O-Bindungen mit der Strukturformel zu beschreiben. Die verdoppelnden Valzenzstriche – bedeuten Mehrzentren-π-Bindungen, die schwächer sind als klassische π-Bindungen (z. B. beim Molekül N_2). *Die Valenzstriche sind Symbole, die für unterschiedliche Bindungen verwendet werden.*

Der Transfer von Ladungen der Liganden-π-Orbitale kann auch in antibindende Orbitale des Zentralatoms erfolgen. Man bezeichnet dies als Hyperkonjugation. *Hyperkonjugation ist die Überlappung eines gefüllten Orbitals mit einem leeren antibindenden Orbital und der damit verbundene Transfer von Elektronendichte.* Ein Beispiel dafür ist das Perchloration ClO_4^-. Bei diesem Ion wird aus dem 3s-Elektron und den 3p-Elektronen mit sp³-Hybridorbitalen ein σ-Gerüst gebildet, das die tetraedrische Gestalt des Ions erklärt. Zu den vier σ-Bindungen steuert das Chloratom sieben Elektronen bei und die Sauerstoffatome ein Elektron. Am Chloratom sind drei positive Ladungen vorhanden, an den Sauerstoffatomen je eine negative Ladung.

$$\overset{\displaystyle |\overline{O}|^{\ominus}}{\underset{\displaystyle |\underline{O}|_{\ominus}}{\overset{|}{\underset{|}{^{\ominus}|\underline{O}-Cl^{3\oplus}-\overline{O}|^{\ominus}}}}}$$

Mit weiteren Bindungen, z. B. π-Bindungen wird nicht nur das Elektronenoktett am Cl-Atom überschritten, sondern es müssen auch Orbitale am Cl-Atom bereitgestellt werden. Diese Hypervalenz ist mit dem MO-Modell zu erklären und läßt sich mit dem MO-Diagramm von ClO_4^- anschaulich demonstrieren (Abb. 2.74).

Das 3s-Orbital und die drei 3p-Orbitale des Cl-Atoms bilden mit den σ-bindenden 2p-Orbitalen der O-Atome die beiden bindenden Linearkombinationen σ_s und σ_p und die entsprechenden antibindenden Linearkombinationen σ_s^* und σ_p^*. Die acht Elektronen von Cl^{3+} und vier O^- besetzen die vier bindenden Orbitale. Es gibt also vier σ-Bindungen. Das MO-Diagramm zeigt außerdem, daß es drei antibindende σ_p^*-Orbitale gibt, die auf Grund ihrer Symmetrie mit drei besetzten $2p_\pi$-Orbitalen der Sauerstoffatome durch Linearkombination drei bindende π-Orbitale ergeben. Durch Hyperkonjugation wird Ladung von den Sauerstoffatomen in die bindenden π-Orbitale übertragen und es entstehen drei delokalisierte schwache π-Bindungen.

Diese Bindungsverhältnisse können annähernd durch Strukturformeln mit Mehrfachbindungen beschrieben werden.

$$\overset{|\overline{O}|^{\ominus}}{\underset{|O|}{\overset{|}{\underset{\|}{\overline{O}=Cl=\overline{O}}}}} \leftrightarrow \overset{|O|}{\underset{|O|}{\overset{\|}{\underset{\|}{\overline{O}=Cl-\overline{O}|^{\ominus}}}}} \leftrightarrow \overset{|O|}{\underset{|\underline{O}|_{\ominus}}{\overset{\|}{\underset{\|}{\overline{O}=Cl=\overline{O}}}}} \leftrightarrow \overset{|O|}{\underset{|O|}{\overset{\|}{\underset{\|}{^{\ominus}|\overline{O}-Cl=\overline{O}}}}}$$

Mit der Mesomerie wird die Delokalisierung der π-Bindungen berücksichtigt. Die für die Bindungen verwendeten Valenzstriche geben aber (ohne zusätzliche Informationen) keine Auskunft über Art und Stärke der Mehrzentren-π-Bindungen. Bindungsabstände z. B. sind ein Maß für die Stärke einer π-Bindung (vgl. Tabelle 2.13

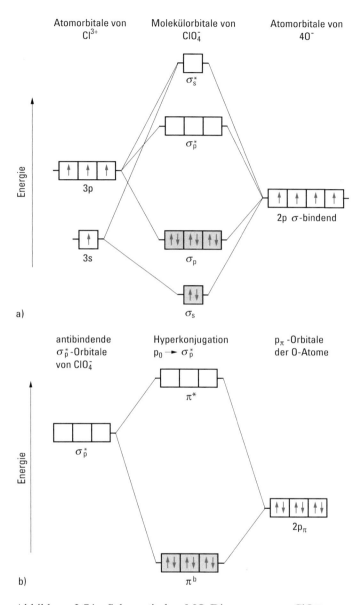

Abbildung 2.74   Schematisches MO-Diagramm von ClO_4^-
a)   Bildung von vier σ-Bindungen durch Linearkombination des 3s-Orbitals und der drei 3p-Orbitale des Chloratoms mit Orbitalen der Sauerstoffatome.
b)   Hyperkonjugation durch Überlappung gefüllter p_π-Orbitale von Sauerstoffatomen mit den antibindenden σ_p^*-Orbitalen. Es entstehen drei delokalisierte π-Bindungen.

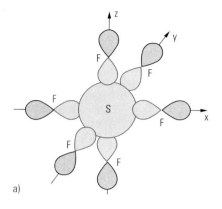

a)

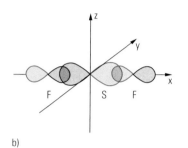
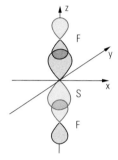
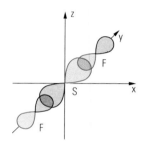

b)

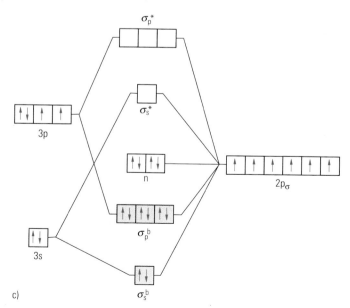

c)

und Abschnitt 2.2.7). Auch die Polarität der Element—O-Doppelbindung, die die Gesamtbindungsstärke und die Bindungsabstände beeinflußt, wird mit den Strukturfomeln nicht erfaßt.

Wie im Ion ClO_4^- sind auch bei den isoelektronischen tetraedrischen Ionen SO_4^{2-} und PO_4^{3-} vier σ-Bindungen mit sp³-Hybridorbitalen vorhanden, die durch schwächere π-Bindungen überlagert werden.

Im Kapitel 4 werden für Moleküle und Ionen wie H_2SO_4, H_3PO_4, P_4O_{10}, SO_4^{2-}, PO_4^{3-} etc. Strukturformeln verwendet, die Mehrfachbindungen enthalten. Die Bindungsverhältnisse werden damit aber nur unvollkommen wiedergegeben, aber es ist die klassische Schreibweise.

Schwefelhexafluorid, SF₆. Im Molekül SF_6 ist das Schwefelatom oktaedrisch von sechs Fluoratomen umgeben. Für die kovalenten Bindungen stehen die $2p_\sigma$-Orbitale der sechs F-Atome und die Orbitale 3s, $3p_x$, $3p_y$ und $3p_z$ des S-Atoms zur Verfügung. Das kugelförmige 3s-Orbital des S-Atoms bildet mit den sechs oktaedrisch angeordneten $2p_\sigma$-Orbitalen der F-Atome ein bindendes und ein antibindendes Molekülorbital (Abb. 2.75a). Die 3p-Orbitale des S-Atoms können mit je zwei Fluororbitalen überlappen, die auf der Achse des betreffenden Orbitals liegen (Abb. 2.75b). Es entstehen Sätze von dreifach entarteten bindenden und antibindenden Molekülorbitalen. Für weitere Linearkombinationen zur Bildung von bindenden und antibindenden σ-Molekülorbitalen stehen am Schwefel keine Orbitale mehr zur Verfügung. Die zwei fehlenden Molekülorbitale sind daher nichtbindend und entstehen durch Linearkombination von $2p_\sigma$-Orbitalen der F-Atome. Das Energieniveaudiagramm (Abb. 2.75c) zeigt, daß die 12 Valenzelektronen die vier bindenden und die zwei nichtbindenden Molekülorbitale besetzen. Nur 8 Elektronen sind bindend. Da jedoch Fluor viel elektronegativer ist als Schwefel sind die Bindungen stark polar und die Fluoratome partiell negativ geladen. Es entsteht eine starke Tendenz Elektronenladung von den F-Atomen auf das S-Atom zu übertragen. Dies geschieht mittels Hyperkonjugation durch Überlappung von besetzten $2p_\pi$-Orbitalen der F-Atome mit den leeren σ_p^*-Molekülorbitalen des Schwefels. Dadurch werden die nichtbindenden Molekülorbitale stabilisiert und schwach bindend. Insgesamt gibt es also sechs σ-Bindungen. *Die Bindungen in SF_6 sind im wesentlichen stark polare Mehrzentren-σ-Bindungen, denen sich in Rückbindung schwächere π-Mehrzentrenbindungen überlagern.*

◀ **Abbildung 2.75**   Bindungsverhältnisse im Molekül SF_6
a)   Bindende Linearkombination des 3s-Orbitals des S-Atoms mit den sechs $2p_\sigma$-Orbitalen der F-Atome.
b)   Bindende Linearkombinationen der drei 3p-Orbitale des S-Atoms mit je zwei $2p_\sigma$-Orbitalen der F-Atome. Es entsteht ein dreifach entartetes Energieniveau.
c)   Energieniveaudiagramm. Die vier Linearkombinationen ergeben vier bindende Energieniveaus. Durch Berücksichtigung der Hyperkonjugationen $p_\pi(F) \rightarrow \sigma_p^*$ werden die nichtbindenden Energieniveaus n schwach bindend und erst dadurch gibt es sechs bindende σ-Elektronenpaare im Molekül SF_6.

2.3 Van der Waals-Kräfte

Die Edelgase und viele Stoffe, die aus Molekülen aufgebaut sind, lassen sich erst bei tiefen Temperaturen verflüssigen und zur Kristallisation bringen (Tabelle 2.20).

Tabelle 2.20   Siedepunkt einiger flüchtiger Stoffe in °C

He	−269	F_2	−188	N_2	−196
Ne	−246	Cl_2	− 34	O_2	−183
Ar	−189	Br_2	+ 59	HCl	− 85
Kr	−157	I_2	+184	NH_3	− 33
Xe	−112				

Zwischen den Molekülen und zwischen den Edelgasatomen existieren nur schwache ungerichtete Anziehungskräfte, die als van der Waals-Kräfte bezeichnet werden. *Die van der Waals-Kräfte kommen durch Anziehung zwischen Dipolen* (vgl. Abschn. 2.2.8) *zustande,* sie sind also elektrostatischer Natur. Die Reichweite ist sehr gering – sie ist praktisch auf die nächsten Nachbarn beschränkt –, denn da die Wechselwirkungsenergie proportional r^{-6} ist, nimmt sie mit wachsendem Abstand viel schneller ab als die Ionen-Ionen-Wechselwirkung. Man unterscheidet drei Komponenten der van der Waals-Kräfte.

Wechselwirkung permanenter Dipol-permanenter Dipol (Richteffekt). Bei der Anziehung von Dipolen mit einem permanenten Dipolmoment kommt es zu einer Ausrichtung der Dipole, die dadurch in einen energieärmeren Zustand übergehen. Der Richteffekt ist temperaturabhängig, da die Wärmebewegung der Ausrichtung der Dipole entgegenwirkt.

Wechselwirkung permanenter Dipol-induzierter Dipol (Induktionseffekt). Ein permanenter Dipol induziert in einem benachbarten Teilchen ein Dipolmoment, es kommt zu einer Anziehung. Besitzt das benachbarte Teilchen ein permanentes Dipolmoment, so überlagern sich Induktionseffekt und Richteffekt. Der Induktionseffekt ist temperaturunabhängig.

Wechselwirkung fluktuierender Dipol-induzierter Dipol(Dispersionseffekt). In allen Atomen und Molekülen entstehen durch Schwankungen in der Ladungsdichte der Elektronenhülle fluktuierende Dipole. Im Nachbaratom werden durch diese „momentan" vorhandenen Dipole gleichgerichtete Dipole induziert, so daß eine Anziehung entsteht (Abb. 2.76). Da *mit zunehmender Größe der Atome bzw. Moleküle* die Elektronen leichter verschiebbar sind, *lassen sich leichter Dipole induzieren, die van der Waals-Anziehung nimmt zu.* Die thermischen Daten z. B. der Edelgase ändern sich als Folge davon gesetzmäßig mit der Ordnungszahl (vgl. Tabelle 2.20). Für unterschiedliche Partikel beträgt die Wechselwirkungsenergie (Nach London 1930 auch London-Energie genannt)

$$U = \frac{3}{2}\frac{\alpha_1\alpha_2}{r^6}\frac{I_1 \cdot I_2}{I_1 + I_2}$$

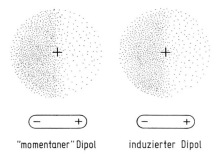

"momentaner" Dipol   induzierter Dipol

Abbildung 2.76 Anziehung „momentaner" Dipol – induzierter Dipol auf Grund statistischer Schwankungen der Ladungsdichte der Elektronenhüllen. Die Ladungsdichte ändert sich dauernd. Die Abbildung ist eine Momentaufnahme.

α_1 und α_2 sind die Polarisierbarkeiten der Teilchen, I_1 und I_2 die Ionisierungsenergien. Bei gleichen Partikeln beträgt die Energie

$$U = -\frac{3}{4}\frac{\alpha^2 I}{r^6}$$

Im elektrischen Feld werden die Elektronenhüllen relativ zu den Atomkernen verzerrt. Dadurch wird ein Dipolmoment p induziert, das der elektrischen Feldstärke E proportional ist.

$$p = \alpha\varepsilon_0 E$$

ε_0 ist die elektrische Feldkonstante. Die Polarisierbarkeit α (SI-Einheit m^3) ist also ein Maß für die Deformierbarkeit der Elektronenhüllen.

„Weiche" Atome mit großer Polarisierbarkeit sind die schweren Nichtmetallatome wie Xe, I, Br, Se, „harte" Atome mit kleiner Polarisierbarkeit sind C, N, O, F und Ne.

Der Dispersionseffekt ist zwischen allen Atomen, Ionen und Molekülen wirksam. Er liefert auch zur Gitterenergie von Kristallen und zur Bindungsenergie kovalenter Bindungen einen Beitrag (vgl. Tabelle 2.9). Verglichen mit der Gitterenergie von Ionenkristallen und Atomkristallen ist jedoch die Gitterenergie von Molekülkristallen klein (meistens kleiner als 25 kJ mol^{-1}). Bei Teilchen ohne Dipolmoment (Edelgase, SF_6, CH_4) ist der Dispersionseffekt die alleinige Ursache der van der Waals-Anziehung. Aber auch bei Molekülen mit Dipolmomenten $p < 1$ D (CO, HI, HBr) überwiegt der Dispersionseffekt bei weitem. Erst bei Molekülen mit größeren Dipolmomenten als 1 D wird der Richteffekt etwa gleich groß (NH_3: $p = 1,47$ D) oder größer (H_2O: $p = 1,85$ D) als der Dispersionseffekt. Der Induktionseffekt ist immer klein und meist vernachlässigbar. Beispiele zeigt Tabelle 2.21.

Van der Waals-Radien. Aus dem Gleichgewichtsabstand in Molekülkristallen und kristallisierten Edelgasen kann man einen Satz von van der Waals-Radien ableiten (Tabelle 2.22). Kleinere Abstände im Gitter als die Summe der van der Waals-Radien sind Anzeichen für kovalente Bindungskräfte. Beispiele sind die Bindungen zwischen

Tabelle 2.21   Van der Waals-Wechselwirkungsenergie in kJ mol^{-1}

Teil-chen	Dipol-moment in D	Polari-sierbar-keit in 10^{-30} m^3	Aufteilung der Gitterenergie nach ihrem Ursprung				
			Richt-effekt	Induk-tions-effekt	Disper-sions-effekt	Gitter-energie	Siede-punkt in K
Ar	0	1,6	0	0	8,49	8,49	87
CO	0,11	2,0	0,0004	0,008	8,74	8,74	82
HI	0,44	5,4	0,02	0,11	25,86	25,99	238
HBr	0,82	3,6	0,69	0,50	21,92	23,11	206
HCl	1,08	2,6	3,31	1,00	16,82	21,13	188
NH$_3$	1,47	2,2	13,31	1,54	14,74	29,59	240
H$_2$O	1,85	1,5	36,36	1,92	9,00	47,28	373

Tabelle 2.22   Van der Waals-Radien in 10^{-10} m

H	1,2					He	1,4
N	1,5	O	1,5	F	1,4	Ne	1,6
P	1,8	S	1,8	Cl	1,8	Ar	1,9
As	1,9	Se	1,9	Br	1,9	Kr	2,0
		Te	2,1	I	2,0	Xe	2,2

Der Radiensatz ist aus Mittelwerten der Gleichgewichtsabstände, die bei der van der Waals-Wechselwirkung bestimmt wurden, abgeleitet. Bei den folgenden Elementen wurden größere Schwankungen beobachtet:
H 1,2–1,45;   F 1,35–1,6;   Cl 1,7–1,9;   Br 1,8–2,0;   I 1,95–2,15.

den As-Schichten im Gitter des grauen Arsens (vgl. Abb. 4.20) und den Se-Ketten im grauen Selen (vgl. Abb. 4.14).

2.4 Der metallische Zustand

2.4.1 Eigenschaften von Metallen, Stellung im Periodensystem

Vier Fünftel aller Elemente sind Metalle. In den Hauptgruppen des Periodensystems stehen die Metalle links von den Elementen B, Si, Ge, Sb, At (Abb. 2.77). Die Abgrenzung zu den Nichtmetallen ist jedoch nicht scharf. Einige Elemente zeigen weniger typische metallische Eigenschaften und werden als *Halbmetalle* bezeichnet. Dazu gehören B, Si, Ge, As, Sb, Se, Te. Außerdem gibt es Elemente, bei denen sich nur bestimmte Modifikationen einer dieser Gruppen zuordnen lassen. Graues Zinn kristallisiert im Diamantgitter und ist ein Halbmetall, es wandelt sich oberhalb +13 °C in das metallische weiße Zinn um. Weißer und roter Phosphor sind nichtmetallische Modifikationen, schwarzer Phosphor hat Halbmetalleigenschaften. *Der metallische*

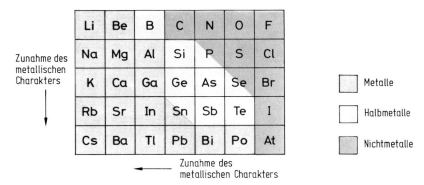

Zunahme des
metallischen
Charakters

Zunahme des
metallischen Charakters

Metalle

Halbmetalle

Nichtmetalle

Abbildung 2.77   Einteilung der Hauptgruppenelemente in Metalle, Halbmetalle und Nichtmetalle.

*Charakter der Elemente wächst in den Hauptgruppen von oben nach unten und in den
Perioden von rechts nach links. Alle Nebengruppenelemente, die Lanthanoide und die
Actinoide sind Metalle.*

Für die Metalle sind also Elektronenkonfigurationen der Atome mit nur wenigen
Elektronen auf der äußersten Schale typisch. Die Ionisierungsenergie der Metallatome ist niedrig (< 10 eV), sie bilden daher leicht positive Ionen.

Die Nichtmetalle sind in ihren Eigenschaften sehr differenziert, Metalle sind untereinander viel ähnlicher. Mit Ausnahme von Quecksilber sind alle Metalle bei Zimmertemperatur fest. Die Schmelzpunkte sind sehr unterschiedlich. Sie reichen von
$-39\,°C$ (Quecksilber) bis $3410\,°C$ (Wolfram), mit steigender Ordnungszahl ändern sie
sich periodisch (Abb. 2.78). Die Schmelzpunktsmaxima treten bei den Elementen der
6. Nebengruppe (Cr, Mo, W) auf.

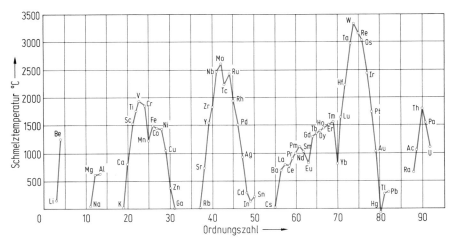

Abbildung 2.78   Schmelzpunkte der Metalle.

Die metallischen Eigenschaften bleiben im flüssigen Zustand erhalten – ein bekanntes Beispiel dafür ist Quecksilber – und gehen erst im Dampfzustand verloren. Sie *sind* also *an die Existenz größerer Atomverbände gebunden.* Typische Eigenschaften von Metallen sind:

1. Metallischer Glanz der Oberfläche, Undurchsichtigkeit
2. Dehnbarkeit und plastische Verformbarkeit (Duktilität)
3. Gute elektrische ($> 10^6 \, \Omega^{-1} \, m^{-1}$) und thermische Leitfähigkeit (Abb. 2.79). Bei Metallen nimmt mit steigender Temperatur die Leitfähigkeit ab, bei Halbmetallen nimmt sie zu.

Li 11,8	Be 18													
Na 23	Mg 25											Al 40		
K 15,9	Ca 23	Sc 1,7	Ti 1,2	V 0,6	Cr 6,5	Mn 20	Fe 11,2	Co 16	Ni 16	Cu 65	Zn 18	Ga 2,2		
Rb 8,6	Sr 3,3	Y 1,4	Zr 2,4	Nb 4,4	Mo 23	Tc	Ru 8,5	Rh 22	Pd 10	Ag 66	Cd 15	In 12	Sn 10	Sb 2,8
Cs 5,6	Ba 1 7	La 1,7	Hf 3,4	Ta 7,2	W 20	Re 5,3	Os 11	Ir 20	Pt 10	Au 49	Hg 4,4	Tl 7,1	Pb 5 2	Bi 1

Abbildung 2.79   Elektrische Leitfähigkeit der Metalle bei 0 °C in $10^6 \, \Omega^{-1} \, m^{-1}$.

Die metallischen Eigenschaften können mit den Kristallstrukturen der Metalle und den Bindungsverhältnissen in metallischen Substanzen erklärt werden.

In den chemischen Eigenschaften gibt es zwischen den Hauptgruppenmetallen und den Nebengruppenmetallen charakteristische Unterschiede. Bei den *Hauptgruppenmetallen* stehen für chemische Bindungen nur s- und p-Elektronen zur Verfügung, d-Elektronen sind entweder nicht oder nur in vollbesetzten Unterschalen vorhanden. Die Hauptgruppenmetalle treten daher überwiegend in einer einzigen Oxidationszahl auf, bei einigen kommen zwei Oxidationszahlen vor (Abb. 2.80). Die Ionen haben meist Edelgaskonfiguration. Sie sind farblos und diamagnetisch. Die Hauptgruppenmetalle sind fast alle unedle Metalle. Bei den *Nebengruppenmetallen* werden die d-Orbitale der zweitäußersten Schale aufgefüllt. Außer den s-Elektronen der äußersten Schale können auch die d-Elektronen als Valenzelektronen wirken. Die Übergangsmetalle treten daher in vielen Oxidationszahlen auf. Die wichtigsten Oxidationszahlen der 3d-Elemente sind in der Abb. 2.81 angegeben. Die meisten Ionen der Übergangsmetalle haben teilweise besetzte d-Niveaus. Solche Ionen sind gefärbt und paramagnetisch und besitzen eine ausgeprägte Neigung zur Komplexbildung (vgl. Abschn. 5.4). Unter den Nebengruppenmetallen finden sich die typischen Edelmetalle.

s^1	s^2	s^2p^1	s^2p^2	s^2p^3
Li +1	Be +2			
Na +1	Mg +2	Al +3		
K +1	Ca +2	Ga +3		
Rb +1	Sr +2	In +1 +3	Sn +2 +4	
Cs +1	Ba +2	Tl +1 +3	Pb +2 +4	Bi +3 +5

Abbildung 2.80   Oxidationszahlen der Hauptgruppenmetalle.

Sc $3d^1 4s^2$	Ti $3d^2 4s^2$	V $3d^3 4s^2$	Cr $3d^5 4s^1$	Mn $3d^5 4s^2$	Fe $3d^6 4s^2$	Co $3d^7 4s^2$	Ni $3d^8 4s^2$	Cu $3d^{10} 4s^1$	Zn $3d^{10} 4s^2$
+3	+2 +3 +4	+2 +3 +4 +5	+2 +3 +6	+2 +3 +4 +7	+2 +3	+2 +3	+2	+1 +2	+2
Sc_2O_3	TiO Ti_2O_3 TiO_2	VO V_2O_3 VO_2 V_2O_5	$FeCr_2O_4$ K_2CrO_4	MnO $ZnMn_2O_4$ MnO_2 $KMnO_4$	FeO Fe_2O_3	CoO $ZnCo_2O_4$	NiO	Cu_2O CuO	ZnO

Abbildung 2.81   Wichtige Oxidationszahlen der 3d-Elemente. Als Beispiele sind einige Sauerstoffverbindungen aufgeführt.

2.4.2 Kristallstrukturen der Metalle

Es treten vorwiegend drei Strukturen auf. Ihr Zustandekommen ist zu verstehen, wenn man annimmt, daß die Metallatome starre Kugeln sind und daß zwischen ihnen ungerichtete Anziehungskräfte existieren, so daß sich die Kugeln möglichst dicht zusammenlagern. Es entstehen dichteste Packungen. Abb. 2.82a zeigt eine Schicht mit Kugeln in dichtester Packung. Die Atome sind in gleichseitigen Dreiecken bzw. Sechsecken angeordnet. Packt man auf eine solche Schicht Kugeln, dann ist die Packung am dichtesten, wenn sie in Lücken liegen, die durch drei Kugeln der darunter liegenden Schicht gebildet werden. Wird eine Kugelschicht dichtester Packung raumsparend auf eine darunter liegende Schicht gepackt, gibt es für die obere Schicht zwei mögliche Lagen (vgl. Abb. 2.82b).

Es treten daher unterschiedliche Schichtenfolgen auf. 1. Die Schichtenfolge

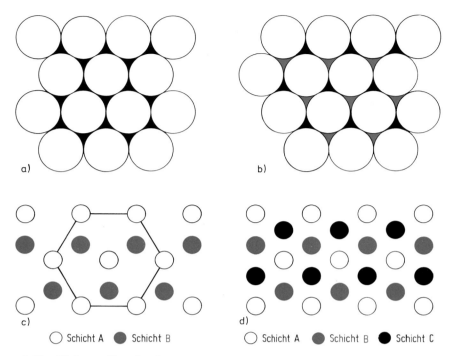

Abbildung 2.82   Dichteste Kugelpackungen.
a) Eine einzelne Schicht mit dichtest gepackten Kugeln.
b) Eine Schicht dichtester Packung besitzt zwei verschiedene Sorten von Lücken (▲ und ▼), in die eine zweite, darüberliegende Schicht dichtester Packung einrasten kann. Für diese Schicht gibt es daher zwei mögliche Positionen.
c) Hexagonal-dichteste Packung. Die Schichtenfolge ist ABAB... Die dritte Schicht liegt genau über der ersten Schicht.
d) Kubisch-dichteste Packung. Die Schichtenfolge ist ABCABC... Erst die vierte Schicht liegt genau über der ersten Schicht.

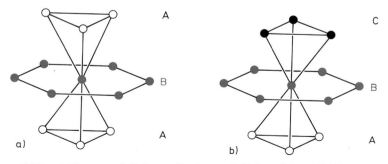

Abbildung 2.83   a) Hexagonal-dichteste Packung. Schichtenfolge ABAB...
b) Kubisch-dichteste Packung. Schichtenfolge ABCABC...

ABAB. Die dritte Schicht liegt so auf der zweiten Schicht, daß die Kugeln genau über denen der ersten Schicht liegen (Abb. 2.82c und Abb. 2.83a). 2. Die Schichtenfolge ABCABC. Die Kugeln der dritten Schicht liegen in anderen Positionen als die der ersten Schicht. Erst die vierte Schicht liegt wieder genau über der ersten (vgl. Abb. 2.82d und Abb. 2.83b).

Bei der Schichtenfolge ABAB liegt eine *hexagonal-dichteste Packung* (hdp) vor. Abb. 2.84 zeigt die hexagonale Elementarzelle dieser Struktur. Bei der *kubisch-dichtesten Packung* (kdp) mit der Schichtenfolge ABCABC entsteht eine Struktur mit

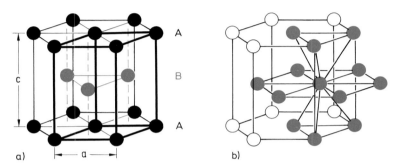

Abbildung 2.84   Hexagonal-dichteste Kugelpackung.
a) Atomlagen. Die dick gezeichneten Kanten umschließen die Elementarzelle. $c/a = 1,633$.
b) Koordinationszahl. Jedes Atom hat 12 Nachbarn im gleichen Abstand.

einer flächenzentrierten kubischen Elementarzelle. Die kleinste Einheit dieser Struktur ist also ein Würfel, dessen Ecken und Flächenmitten mit Atomen besetzt sind. Jeweils senkrecht zu den vier Raumdiagonalen des Würfels liegen die dichtest gepackten Schichten mit der Folge ABCABC (Abb. 2.85).

Die dritte häufige Struktur ist die *kubisch-raumzentrierte Struktur* (krz). Die Elementarzelle ist ein Würfel, dessen Eckpunkte und dessen Zentrum mit Atomen

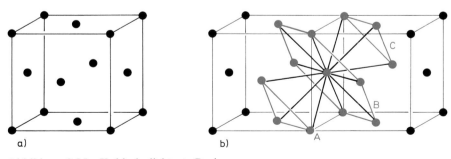

Abbildung 2.85   Kubisch-dichteste Packung.
a) Flächenzentrierte kubische Elementarzelle.
b) Die Schichten dichtester Packung liegen senkrecht zu den Raumdiagonalen der Elementarzelle. Jedes Atom hat 12 Nachbarn im gleichen Abstand.

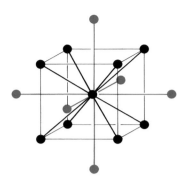

Abbildung 2.86   Elementarzelle der kubisch-raumzentrierten Struktur. Die rot gezeichneten Atome gehören zu Nachbarzellen. Jedes Atom hat 8 nächste Nachbarn und 6 übernächste Nachbarn, die nur 15 % weiter entfernt sind.

besetzt sind. Die Koordinationszahl beträgt 8. Zusammen mit den übernächsten Nachbarn, die nur 15 % weiter entfernt sind, ist die Anzahl der Nachbaratome 14 (Abb. 2.86). Die kubisch-raumzentrierte Struktur ist etwas weniger dicht gepackt (Raumausfüllung 68 %) als die kubisch-dichteste und die hexagonal-dichteste Packung (Raumausfüllung 74 %).

80 % der metallischen Elemente kristallisieren in einer der drei Strukturen. Abb. 2.87 zeigt, wie sich die Gittertypen über das Periodensystem verteilen.

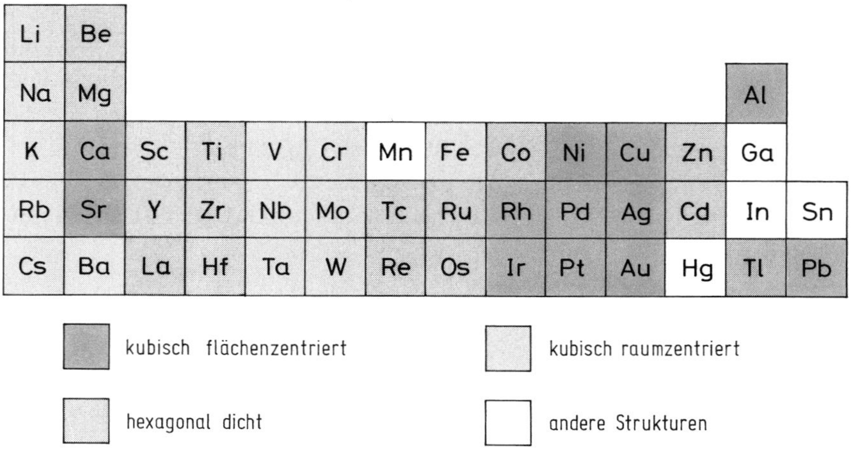

Li	Be												
Na	Mg											Al	
K	Ca	Sc	Ti	V	Cr	Mn	Fe	Co	Ni	Cu	Zn	Ga	
Rb	Sr	Y	Zr	Nb	Mo	Tc	Ru	Rh	Pd	Ag	Cd	In	Sn
Cs	Ba	La	Hf	Ta	W	Re	Os	Ir	Pt	Au	Hg	Tl	Pb

☐ kubisch flächenzentriert   ☐ kubisch raumzentriert

☐ hexagonal dicht   ☐ andere Strukturen

Abbildung 2.87   Kristallstrukturen der Metalle bei Normalbedingungen. Eine Reihe von Metallen kommt in mehreren Strukturen vor. Bei einer für das jeweilige Metall charakteristischen Temperatur findet eine Strukturumwandlung statt.

In der kubisch-raumzentrierten Struktur kristalisieren die Alkalimetalle und die Elemente der 5. und 6. Nebengruppe. *In der kubisch-flächenzentrierten Struktur kristallisieren die wichtigen Gebrauchsmetalle γ-Fe, Al, Pb, Ni, Cu und die Edelmetalle.*

Viele Metalle sind polymorph, sie kommen in mehreren Strukturen vor. Eisen z. B. kommt in drei Modifikationen vor.

$$\alpha\text{-Fe(krz)} \xrightleftharpoons{906\,°C} \gamma\text{-Fe(kdp)} \xrightleftharpoons{1401\,°C} \delta\text{-Fe(krz)} \xrightleftharpoons{1536\,°C} \text{Schmelze}$$

In der doppelt-hexagonalen Struktur mit der Schichtenfolge ABACABAC … kristallisieren Pr und Nd. Der Wechsel der kubischen und hexagonalen Strukturelemente führt zur Verdoppelung der *c*-Achse.

Interessant ist das Auftreten von Stapelfehlern. Bei bestimmter Temperaturbehandlung tritt z. B. bei Co durchschnittlich nach 10 Schichten statt der hexagonalen eine kubische Schichtenfolge auf:

ABABABABCBCBCBC …
hexagonal   hexagonal
        kubisch

Bei den Nichtmetallen führen gerichtete Atombindungen zu kleinen Koordinationszahlen. In Ionenkristallen sind die Bindungskräfte ungerichtet; aufgrund der Radienverhältnisse Kation : Anion sind die häufigsten Koordinationszahlen 4, 6 und 8. Bei beiden Bindungsarten ist eine große Strukturmannigfaltigkeit vorhanden. *Bei den Metallen führen die ungerichteten Bindungskräfte wegen der gleich großen Bausteine zu wenigen, geometrisch einfachen Strukturen mit großen Koordinationszahlen.*

Dicht gepackte Gitter besitzen daher auch die Edelgase (vgl. Abschn. 4.3.1), bei denen zwischen den kugelförmigen Atomen ungerichtete van der Waals-Kräfte vorhanden sind.

Das Modell starrer Kugeln trifft jedoch nur in erster Näherung zu. Das Auftreten mehrerer typischer Metallstrukturen deutet auf einen individuellen Einfluß der Atome hin. Bisher gelang es aber nicht generell, theoretisch abzuleiten, welcher der drei Gittertypen bei einem Metall auftritt.

Die Berechnung der relativen Stabilität der drei Metallgitter unter Berücksichtigung der Bandstruktur der Elektronen (vgl. S. 176) zeigt aber, daß die Bandenergie der dominierende Energiefaktor ist. Bei Übergangsmetallen mit 2 bis 8 d-Elektronen stimmen beobachtete und berechnete Strukturänderungen überein (Abb. 2.88).

Bei einigen Metallen mit hexagonal-dichtester Packung hat das *c*/*a*-Verhältnis nicht den idealen Wert 1,633. Beispiele sind: Be 1,58; Seltenerdmetalle 1,57; Zn 1,86; Cd 1,88. Bei Be und den Seltenerdmetallen sind demnach die Abstände zwischen den Atomen in den Schichten dichtester Packung größer als zwischen den Schichten. Bei Zn und Cd ist es umgekehrt. Diese Abweichungen von der idealen Struktur zeigen, daß gerichtete Bindungskräfte eine Rolle spielen.

Zu den Metallen, die in komplizierteren Metallstrukturen kristallisieren, gehören Ga, In, Sn, Hg und Mn.

Die *plastische Verformbarkeit* von Metallen (Ziehen, Walzen, Hämmern) beruht darauf, daß in ausgezeichneten Ebenen eine Gleitung möglich ist. Gleitebenen sind besonders Ebenen dichtester Packung, da innerhalb der Ebenen der Zusammenhalt

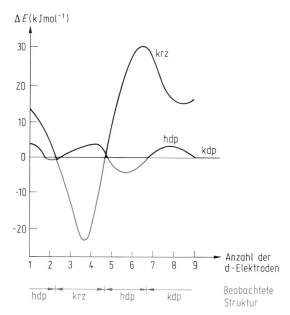

Abbildung 2.88   Relative Stabilität der Metallgitter in Abhängigkeit von der Anzahl der
d-Elektronen. Die Energie des kdp-Gitters wird null gesetzt und die Energien der anderen
Strukturen sind relativ dazu angegeben. Für die Übergangsmetalle mit d^2- bis d^8-Konfi-
guration stimmen beobachteter und berechneter Strukturwechsel überein. Ausnahmen sind
die 3d-Elemente Mn, Fe, Co.

stark ist. In der kubisch-flächenzentrierten Struktur existieren senkrecht zu den vier
Raumdiagonalen der kubischen Elementarzelle vier Scharen dichtgepackter Ebenen,
bei der hexagonal-dichtesten Packung existiert nur eine solche Ebenenschar. Meist
besteht ein Metallstück aus vielen regellos angeordneten Kriställchen, es ist poly-
kristallin. Die Ebenen dichtester Packung liegen in den Kristalliten regellos auf alle
Raumrichtungen verteilt. Bei polykristallinen Metallen mit kubisch-dichtester Pak-
kung ist wegen der größeren Anzahl an Gleitebenen die Wahrscheinlichkeit, daß
Gleitebenen der einzelnen Kristallite in eine günstige Lage zur Verformungskraft
kommen, größer als bei polykristallinen Metallen mit hexagonal-dichtester Packung.
Die Metalle mit kubisch-dichtester Packung (Cu, Ag, Au, Pt, Al, Pb, γ-Fe) sind
daher relativ weiche, gut zu bearbeitende (duktile) Metalle, während Metalle mit
hexagonal-dichtester Packung und besonders kubisch-raumzentrierte Metalle (Cr,
V, W, Mo) eher spröde sind. Fe tritt in zwei Strukturen auf und ist in der γ-Form
duktiler und leichter bearbeitbar als in der α-Form.
    Im Metallgitter eingebaute Fremdatome erschweren die Gleitung und mindern die
Duktilität. Legierungen enthalten Fremdatome und sind daher härter als das Wirts-
metall, oft sogar spröd oder brüchig.
    Es soll noch erwähnt werden, daß bei der plastischen Verformung von Metallen

Fehlordnungen im Metallgitter (Stufenversetzungen und Schraubenversetzungen) eine wesentliche Rolle spielen (vgl. Abschn. 5.7). Gleitebenen sind Ebenen mit hoher Versetzungsdichte.

2.4.3 Atomradien von Metallen

Der Atomradius eines Metalls wird als halber Abstand der im Metallgitter benachbarten Metallatome definiert. Aus den Strukturen mit dichtesten Packungen erhält man Metallradien für 12fach koordinierte Metallatome, aus den kubisch-raumzentrierten Strukturen solche für 8fach koordinierte Metallatome. Aus Untersuchungen polymorpher Metalle und von Legierungssystemen läßt sich die folgende Abhängigkeit der Metallradien von der Koordinationszahl ermitteln:

Koordinationszahl	12	8	6	4
Metallradius	1,00	0,97	0,96	0,88

In der Abb. 2.89 sind Metallradien für die Koordinationszahl 12 angegeben. Die Atomradien der Metalle sind sehr viel größer als die Ionenradien (vgl. Tabelle 2.2).

Li 157	Be 112													
Na 191	Mg 160											Al 143		
K 235	Ca 197	Sc 164	Ti 147	V 135	Cr 129	Mn 137	Fe 126	Co 125	Ni 125	Cu 128	Zn 137	Ga 153		
Rb 250	Sr 215	Y 182	Zr 160	Nb 147	Mo 140	Tc 135	Ru 134	Rh 134	Pd 137	Ag 144	Cd 152	In 167	Sn 158	
Cs 272	Ba 224	La 188	Hf 159	Ta 147	W 141	Re 137	Os 135	Ir 136	Pt 139	Au 144	Hg 155	Tl 171	Pb 175	Bi 182

Abbildung 2.89   Atomradien von Metallen für die Koordinationszahl 12 in pm.

Sie liegen im Bereich 110–270 pm. Mit steigender Ordnungszahl ändern sie sich periodisch. In jeder Periode haben die Alkalimetalle die größten Radien. In jeder Übergangsmetallreihe haben einige Elemente der zweiten Hälfte sehr ähnliche Radien (z. B. Fe, Co, Ni, Cu), da dort ein Minimum auftritt. Die Radien homologer 4d- und 5d-Elemente sind nahezu gleich (Mo, W; Nb, Ta; Pd, Pt; Ag, Au). Ursache dafür ist die sogenannte *Lanthanoid-Kontraktion.* Bei den auf das Lanthan folgenden 14 Lanthanoiden werden die inneren 4f-Niveaus aufgefüllt. Dabei erfolgt eine stetige Abnahme des Atomradius, so daß die auf die Lanthanoide folgenden 5d-Elemente den annähernd gleichen Radius besitzen, wie die homologen 4d-Elemente.

2.4.4 Die metallische Bindung

2.4.4.1 Elektronengas

Bereits um 1900 wurde von Drude und Lorentz ein Modell der metallischen Bindung
entwickelt, das auf klassischen Gesetzen beruht. Danach sind in Metallen die Gitterplätze durch positive Ionenrümpfe besetzt, die Valenzelektronen bewegen sich frei im
Metallgitter. *Im Gegensatz zu anderen Bindungsarten sind die Valenzelektronen* also
nicht an ein bestimmtes Atom gebunden, sondern *delokalisiert,* und ähnlich wie sich
Gasatome im gesamten Gasraum frei bewegen können, können sich die Valenzelektronen der Metallatome im gesamten Metallgitter frei bewegen. Diese frei beweglichen Elektronen werden daher als Elektronengas bezeichnet.

In Aluminium z. B. nehmen die kugelförmigen Al^{3+}-Rümpfe nur etwa 18 % des
Gesamtvolumens des Metalls ein, während das Elektronengas 82 % des Volumens
beansprucht (Abb. 2.90).

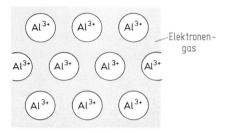

Abbildung 2.90   Schnitt durch einen Aluminiumkristall. Eine Schicht von Al^{3+}-Rümpfen in
der Anordnung dichtester Packung ist in Elektronengas eingebettet. In Ionenkristallen und
Atomkristallen sind die Valenzelektronen fest gebunden. In Metallen sind die Valenzelektronen
nicht lokalisiert, sondern im Metallgitter frei beweglich.

Die Untersuchung der Elektronendichteverteilung bestätigte, daß zwischen den
Atomen im Metallgitter eine endliche Elektronendichte vorhanden ist, die durch das
Elektronengas zustande kommt (Abb. 2.91).

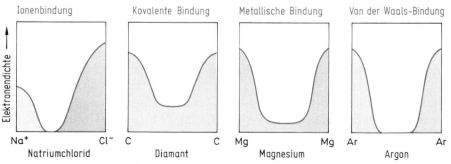

Abbildung 2.91   Schematischer Verlauf der Elektronendichte zwischen benachbarten Gitter-
bausteinen in Kristallgittern mit unterschiedlichen Bindungsarten.

Mit diesem Modell kann man viele Eigenschaften der Metalle – zumindest qualitativ – befriedigend erklären.

Strukturelle und mechanische Eigenschaften: Der Zusammenhalt der Atome in Metallen kommt durch die Anziehungskräfte zwischen den positiven Atomrümpfen und dem Elektronengas zustande. Diese Bindungskräfte sind ungerichtet, und sie erklären das bevorzugte Auftreten dichtgepackter Metallstrukturen.

Beim Gleiten der Gitterebenen bleiben die Bindungskräfte erhalten, Metalle sind daher plastisch verformbar (Abb. 2.92). Bei Ionenkristallen führt dagegen Gleitung

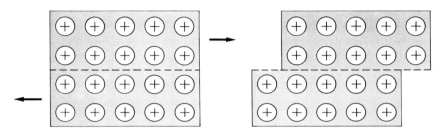

Abbildung 2.92   Bei der plastischen Verformung von Metallen führt die Verschiebung der Gitterebenen gegeneinander nicht zu Abstoßungskräften.

zum Bruch, wenn bei der Verschiebung der Gitterebenen gleichartig geladene Ionen übereinander zu liegen kommen und Abstoßung auftritt. Ionenkristalle sind daher spröde und nicht plastisch verformbar (Abb. 2.93). Bei Atomkristallen werden durch mechanische Deformation Elektronenpaarbindungen zerstört, so daß ein Kristall in kleinere Bruchstücke zerfällt. Diamant und Silicium z. B. sind spröde.

Elektronische Eigenschaften: Die Existenz des Elektronengases erklärt die gute elektrische und thermische Leitfähigkeit der Metalle. Beim Anlegen einer Spannung

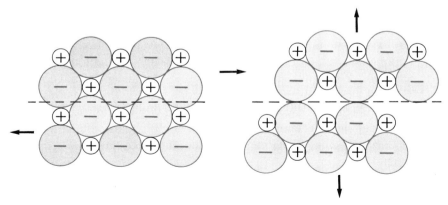

Abbildung 2.93   Die dargestellte Verschiebung der Schichten eines Ionenkristalls führt zu starken Abstoßungskräften.

wandern die Elektronen des Elektronengases im Kristall in Richtung der Anode. Mit steigender Temperatur sinkt die Leitfähigkeit, da durch die mit wachsender Temperatur zunehmenden Schwingungen der positiven Atomrümpfe eine wachsende Störung der freien Beweglichkeit der Elektronen erfolgt.

Da freie Elektronen Licht aller Wellenlängen absorbieren können, sind Metalle undurchsichtig. Das grau-weißliche Aussehen der Oberfläche der meisten Metalle kommt durch Reflexion von Licht aller Wellenlängen zustande.

Mit den klassischen Gesetzen ließ sich jedoch nicht das thermodynamische Verhalten von Metallen erklären. Im Gegensatz zu anderen einatomigen Gasen, beispielsweise den Edelgasen, die auf Grund der drei Translationsfreiheitsgrade die molare Wärmekapazität $\frac{3}{2}R$ besitzen, nimmt das Elektronengas bei einer Temperaturerhöhung nahezu keine Energie auf. Die Wärmekapazität des Elektronengases ist annähernd null. Man bezeichnet das Elektronengas als entartet.

Nach der Regel von Dulong-Petit beträgt die molare Wärmekapazität aller festen Stoffe, auch die metallischer Leiter, annähernd $3R$.

Erst mit Hilfe der Quantentheorie konnte die Entartung des Elektronengases erklärt werden (vgl. Abschn. 2.4.4.3).

2.4.4.2 Energiebändermodell

Stellen wir uns vor, daß ein Metallkristall aus vielen isolierten Metallatomen eines Metalldampfes gebildet wird. Sobald sich die Atome einander nähern, kommt es zu einer Wechselwirkung zwischen ihnen. Aufgrund dieser Wechselwirkung entsteht im Metallkristall aus den äquivalenten Atomorbitalen der einzelnen isolierten Atome, die ja die gleiche Energie besitzen, eine sehr dichte Folge von Energiezuständen. Man sagt, daß die Atomorbitale in einem Metall zu einem *Energieband* aufgespalten sind. Wird ein Metallkristall aus 10^{20} Atomen gebildet – 1 g Lithium enthält 10^{23} Atome –, dann entstehen aus 10^{20} äquivalenten Atomorbitalen der Atome des Metalldampfes 10^{20} Energieniveaus unterschiedlicher Energie (Abb. 2.94).

Man kann die Energiezustände eines Energiebandes als Molekülorbitale auffassen und das Zustandekommen des Energiebands mit der MO-Methode beschreiben. Bei der Wechselwirkung zweier Li-Atome entsteht durch Linearkombination der 2s-Orbitale – wie beim Wasserstoffmolekül (Abschn. 2.2.12) – ein bindendes und ein antibindendes MO. Die Linearkombination der 2s-Orbitale von drei Li-Atomen führt zu drei MOs (bindend, nichtbindend, antibindend). Treten vier Li-Atome in Wechselwirkung, so entstehen vier Vierzentren-MOs usw. Durch Linearkombination aller 2s-Orbitale der Li-Atome eines Kristalls entsteht eine dichte Folge von MOs, die sich über den gesamten Kristall erstrecken (Energieband). Die Anzahl der MOs ist gleich der Anzahl der Atomorbitale, aus denen sie gebildet werden. Elektronen, die diese MOs besetzen, sind vollständig delokalisiert, ihre Aufenthaltswahrscheinlichkeit erstreckt sich über den ganzen Kristall (vgl. Abschn. 2.2.12).

Abb. 2.95 zeigt schematisch das Zustandekommen der Energiebänder von metalli-

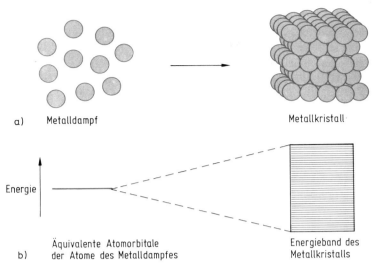

a)   Metalldampf   Metallkristall

Energie

b)   Äquivalente Atomorbitale   Energieband des
      der Atome des Metalldampfes   Metallkristalls

Abbildung 2.94   a) Aus isolierten Atomen eines Metalldampfes bildet sich ein Metallkristall.
b) Aufspaltung von Atomorbitalen zu einem Energieband im Metallkristall. Aus 10^{20} äquivalenten Atomorbitalen von 10^{20} isolierten Atomen eines Metalldampfes entsteht im festen Metall ein Energieband mit 10^{20} Energiezuständen unterschiedlicher Energie (vgl. Bildung von
Molekülorbitalen, Abschn. 2.2.12).

schem Lithium aus den Atomorbitalen der Li-Atome. Das aus den 1s-Atomorbitalen
der Li-Atome gebildete Band ist von dem aus den 2s-Atomorbitalen gebildeten Energieband durch einen Energiebereich getrennt, in dem keine Energieniveaus liegen.
Man nennt diesen Energiebereich *verbotene Zone*, da für die Metallelektronen Energien dieses Bereiches verboten sind. Die aus den 2s- und 2p-Atomorbitalen gebilde-

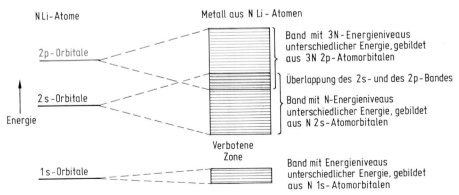

N Li-Atome   Metall aus N Li-Atome

2p-Orbitale   Band mit 3N-Energieniveaus
                                                   unterschiedlicher Energie, gebildet
                                                   aus 3N 2p-Atomorbitalen

                                                   Überlappung des 2s- und des 2p-Bandes

2s-Orbitale   Band mit N-Energieniveaus
                                                   unterschiedlicher Energie, gebildet
Energie   aus N 2s-Atomorbitalen

                                  Verbotene
                                  Zone
1s-Orbitale   Band mit Energieniveaus
                                                   unterschiedlicher Energie, gebildet
                                                   aus N 1s-Atomorbitalen

Abbildung 2.95   Schematische Darstellung des Zustandekommens der Energiebänder vom
Lithium aus Atomorbitalen. Die Energiebreite stark aufgespaltener Bänder liegt in der Größenordnung von eV, der Abstand der Energieniveaus in den Bändern hat die Größenordnung
10^{-20} eV, wenn $N = 10^{20}$ beträgt.

ten Energiebänder sind so stark aufgespalten, daß die beiden Bänder überlappen, also nicht durch eine verbotene Zone voneinander getrennt sind.

Da die Energiebreite der Bänder in der Größenordnung von eV liegt, ist der Abstand der Energieniveaus innerhalb der Bänder von der Größenordnung 10^{-20} eV, also sehr klein. Wegen des geringen Abstands der Energieniveaus ändert sich in den Bändern die Energie quasikontinuierlich, aber man darf nicht vergessen, daß die Energiebänder aus einer begrenzten Zahl von Energiezuständen bestehen.

Für die Besetzung der Energieniveaus von Energiebändern mit Elektronen gilt genauso wie für die Besetzung der Orbitale einzelner Atome das Pauli-Prinzip (vgl. Abschn. 1.4.7). Jedes Energieniveau kann also nur mit zwei Elektronen entgegengesetzten Spins besetzt werden. Für die Metalle Lithium und Beryllium ist die Besetzung der Energiebänder in den Abb. 2.96 und 2.97 dargestellt.

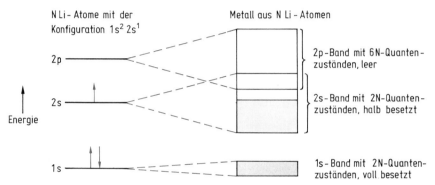

Abbildung 2.96   Besetzung der Energiebänder von Lithium. Für die Besetzung der Energieniveaus der Bänder gilt das Pauli-Verbot. Jedes Energieniveau kann nur mit zwei Elektronen entgegengesetzten Spins besetzt werden.

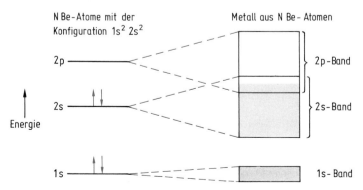

Abbildung 2.97   Besetzung der Energiebänder von Beryllium. Im Überlappungsbereich des 2s- und des 2p-Bandes werden Energieniveaus beider Bänder besetzt.

Die Breite einer verbotenen Zone hängt von der Energiedifferenz der Atomorbitale und der Stärke der Wechselwirkung der Atome im Kristallgitter ab. Je mehr sich die Atome im Kristallgitter einander nähern, um so stärker wird die Wechselwirkung der Elektronen, die Breite der Energiebänder wächst, und die Breite der verbotenen Zonen nimmt ab, bis schließlich die Bänder überlappen. Abb. 2.98 zeigt am Beispiel von Natrium und Magnesium die Aufspaltung der Atomorbitale in Abhängigkeit vom Atomabstand.

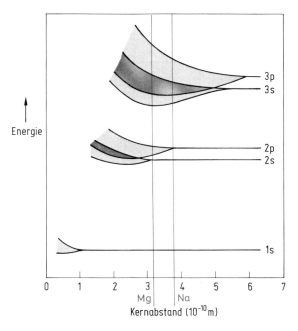

Abbildung 2.98   Aufspaltung der Atomorbitale in Abhängigkeit vom Atomabstand. Die 3p- und 3s-Orbitale der Na- und Mg-Atome sind in den Metallen zu breiten, sich überlappenden Energiebändern aufgespalten.

Innere, an die Atomkerne fest gebundene Elektronen zeigen im Festkörper nur eine schwache Wechselwirkung. Ihre Energiezustände sind praktisch ungestört und daher scharf. *Die inneren Elektronen bleiben lokalisiert und sind an bestimmte Atomrümpfe gebunden.*

Die Energieniveaus der äußeren Elektronen, der Valenzelektronen, spalten stark auf. Die Breite der Energiebänder liegt in der Größenordnung von eV. Ist ein solches Band nur teilweise mit Elektronen besetzt, dann können sich die Elektronen quasifrei durch den Kristall bewegen, sie sind nicht an bestimmte Atomrümpfe gebunden (Elektronengas). Beim Anlegen einer Spannung ist elektrische Leitung möglich.

2.4.4.3 Metalle, Isolatoren, Eigenhalbleiter

Mit dem Energiebändermodell läßt sich erklären, welche Festkörper metallische Leiter, Isolatoren oder Halbleiter sind. *Bei den Metallen überlappt das von den Orbitalen der Valenzelektronen gebildete Valenzband immer mit dem nächsthöheren Band* (Abb. 2.99a, b). Beim Anlegen einer Spannung ist eine Elektronenbewegung möglich, da den Valenzelektronen zu ihrer Bewegung ausreichend viele unbesetzte Energiezustände zur Verfügung stehen. Solche Stoffe sind daher gute elektrische Leiter.

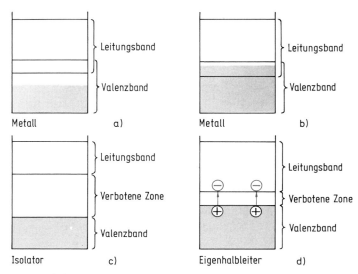

Abbildung 2.99   Schematische Energiebänderdiagramme. Es ist nur das oberste besetzte und das unterste leere Band dargestellt, da die anderen Bänder für die elektrischen Eigenschaften ohne Bedeutung sind.
a), b) Bei allen Metallen überlappt das Valenzband mit dem nächsthöheren Band. In der Abb. a) ist das Valenzband teilweise besetzt. Dies trifft für die Alkalimetalle zu, bei denen das Valenzband gerade halb besetzt ist (vgl. Abbildung 2.96). In der Abbildung b) ist das Valenzband fast aufgefüllt und der untere Teil des Leitungsbandes besetzt. Dies ist bei den Erdalkalimetallen der Fall (vgl. Abbildung 2.97).
c) Bei Isolatoren ist das voll besetzte Valenzband vom leeren Leitungsband durch eine breite verbotene Zone getrennt. Elektronen können nicht aus dem Valenzband in das Leitungsband gelangen.
d) Bei Eigenhalbleitern ist die verbotene Zone schmal. Durch thermische Anregung gelangen Elektronen aus dem Valenzband in das Leitungsband. Im Valenzband entstehen Defektelektronen. In beiden Bändern ist elektrische Leitung möglich.

Bei den Alkalimetallen ist das Valenzband nur halb besetzt (Abb. 2.96). Auch ohne Überlappung mit dem darüberliegenden p-Band wäre eine elektrische Leitung möglich. Die Erdalkalimetalle (Abb. 2.97) wären ohne diese Überlappung keine Metalle, da dann das Valenzband vollständig aufgefüllt wäre.

Da in Metallen auch bei der Temperatur $T = 0$ K die Elektronen wegen des Pauli-Verbots Quantenzustände höherer Energie besetzen müssen, haben die Elektronen bei $T = 0$ K einen Energieinhalt. Die obere Energiegrenze, bis zu der bei $T = 0$ K die Energieniveaus besetzt sind, heißt *Fermi-Energie E_F*. Sie beträgt für Lithium 4,7 eV. Bei einer Temperaturerhöhung können nur solche Elektronen Energie aufnehmen, die dabei in unbesetzte Energieniveaus gelangen. Da dies nur wenige Elektronen sind, nämlich die, deren Energieniveaus dicht unterhalb der Fermi-Energie liegen, ändert sich die Energie des Elektronengases mit wachsender Temperatur nur wenig, es ist entartet. Ein einatomiges Gas, für das klassische Gesetze gelten, hat dagegen bei der Temperatur $T = 0$ K die Energie null, und die Energie des Gases nimmt mit der Temperatur linear zu (Abb. 2.100).

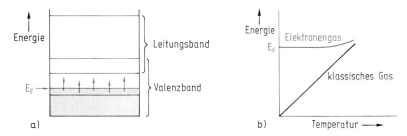

Abbildung 2.100   a) Bei $T = 0$K sind alle Energiezustände unterhalb E_F besetzt. Bei der Temperatur T können nur Elektronen des rot gekennzeichneten Bereichs thermische Energie aufnehmen und unbesetzte Energieniveaus oberhalb E_F besetzen. Mit steigender Temperatur wird dieser Bereich breiter.
b) Da nur ein kleiner Teil der Valenzelektronen thermische Energie aufnehmen kann, nimmt die Energie des Elektronengases bei Temperaturerhöhung nur wenig zu.

In einem Isolator ist das Leitungsband leer, es enthält keine Elektronen und ist vom darunterliegenden, mit Elektronen voll besetzten Valenzband durch eine breite verbotene Zone getrennt (Abb. 2.99c). In einem voll besetzten Band findet beim Anlegen einer Spannung keine Leitung statt, da für eine Elektronenbeweglichkeit freie Quantenzustände vorhanden sein müssen, in die die Elektronen bei der Zuführung elektrischer Energie gelangen können. *Ist die verbotene Zone zwischen dem leeren Leitungsband und dem vollen Valenzband schmal, tritt Eigenhalbleitung auf* (Abb. 2.99d). Durch Energiezufuhr (thermische oder optische Anregung) können nun Elektronen aus dem Valenzband in das Leitungsband gelangen. Im Leitungsband findet Elektronenleitung statt. Im Valenzband entstehen durch das Fehlen von Elektronen positiv geladene Stellen. Eine Elektronenbewegung im nahezu vollen Valenzband führt zur Wanderung der positiven Löcher in entgegengesetzter Richtung (Löcherleitung). Man beschreibt daher zweckmäßig die Leitung im Valenzband so, als ob positive Teilchen der Ladungsgröße eines Elektrons für die Leitung verantwortlich seien. Diese fiktiven Teilchen nennt man *Defektelektronen*. Mit steigender Temperatur nimmt die Anzahl der Ladungsträger stark zu. Dadurch erhöht sich die Leitfähigkeit viel stärker, als sie durch die mit steigender Temperatur wachsenden Gitterschwingungen vermindert wird. Im Gegensatz zu Metallen nimmt daher die Leitfähigkeit mit steigender Temperatur stark zu.

Ein Beispiel für einen Isolator ist der Diamant (vgl. Abb. 2.75). Das vollständig gefüllte Valenzband ist durch eine 5 eV breite verbotene Zone vom leeren Leitungsband getrennt. In den ebenfalls im Diamantgitter kristallisierenden homologen Elementen Si, Ge, Sn$_{grau}$ wird die verbotene Zone schmaler, es entsteht Eigenhalbleitung.

Eigenhalbleiter sind auch die III-V-Verbindungen (vgl. Abschn. 2.2.10), die in der vom Diamantgitter ableitbaren Zinkblende-Struktur kristallisieren. Die Breite der verbotenen Zone ist in der Tabelle 2.23 angegeben. GaAs und InAs sind als schnelle Halbleiter technisch interessant. Sie besitzen eine sehr viel größere Elektronenbeweglichkeit als Silicium. GaAs$_3$, GaP$_3$ und GaN$_3$ werden für Leuchtdioden verwendet.

Tabelle 2.23   Breite der verbotenen Zone von Elementen der 14. Gruppe und einigen III-V-Verbindungen

Diamant-Struktur	Verbotene Zone in eV	Zinkblende-Struktur	Verbotene Zone in eV
Diamant	5,3		
Silicium	1,1	AlP	3,0
Germanium	0,72	GaAs	1,34
graues Zinn	0,08	InSb	0,18

Mit abnehmender Breite der verbotenen Zone nimmt die Energie ab, die erforderlich ist, Bindungen aufzubrechen und Elektronen aus den sp^3-Hybridorbitalen zu entfernen. Beim grauen, nichtmetallischen Zinn sind die Bindungen bereits so schwach, daß bei 13 °C Umwandlung in die metallische Modifikation erfolgt.

2.4.4.4 Dotierte Halbleiter (Störstellenhalbleiter)

In das Siliciumgitter lassen sich Fremdatome einbauen. Fremdatome von Elementen der 15. Gruppe, beispielsweise As-Atome, besitzen ein Valenzelektron mehr als die Si-Atome. Dieses überschüssige Elektron ist nur schwach am As-Rumpf gebunden und kann viel leichter in das Leitungsband gelangen als die fest gebundenen Valenzelektronen der Si-Atome. Solche Atome nennt man Donatoratome. Im Energiebändermodell liegen daher die Energieniveaus der Donatoratome in der verbotenen Zone dicht unterhalb des Leitungsbandes. Schon durch Zufuhr kleiner Energiemengen werden Elektronen in das Leitungsband überführt. Es entsteht Elektronenleitung. Halbleiter dieses Typs nennt man *n-Halbleiter* (Abb. 2.101b).

In das Siliciumgitter eingebaute Fremdatome der 13. Gruppe, die ein Valenzelektron weniger haben als die Si-Atome, beispielsweise In-Atome, können nur drei

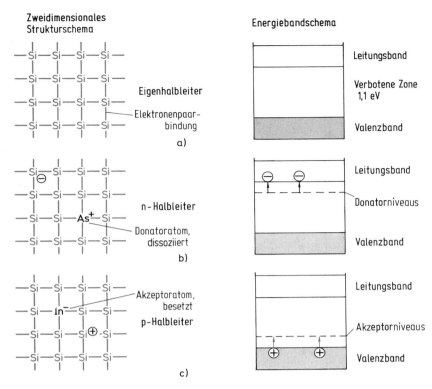

Abbildung 2.101   Valenzstrukturen und Energieniveaudiagramme dotierter Halbleiter.
a) Den bindenden Elektronenpaaren der Valenzstrukturen entsprechen im Energiebandschema die Elektronen im Valenzband. Der Übergang eines Elektrons aus dem Valenzband in das Leitungsband bedeutet, daß eine Si—Si-Bindung aufgebrochen wird.
b) Das an den Elektronenpaarbindungen nicht beteiligte As-Valenzelektron ist nur schwach an den As-Rumpf gebunden und kann leicht in das Gitter wandern. Dieser Dissoziation des As-Atoms entspricht im Bandschema der Übergang eines Elektrons von einem Donatorniveau in das Leitungsband. Die Donatorniveaus der As-Atome haben einen Abstand von 0,04 eV zum Leitungsband.
c) Ein Elektron einer Si—Si-Bindung kann unter geringem Energieaufwand an ein In-Atom angelagert werden. Dies bedeutet, daß ein Elektron des Valenzbandes ein Akzeptorniveau besetzt. Die Akzeptorniveaus von In liegen 0,1 eV über dem Valenzband.

Atombindungen bilden. Zur Ausbildung der vierten Atombindung kann das In-Atom ein Elektron von einem benachbarten Si-Atom aufnehmen. Dadurch entsteht am Si-Atom eine Elektronenleerstelle, ein Defektelektron. Durch die Dotierung mit Akzeptoratomen entsteht Defektelektronenleitung. Im Energiebändermodell liegen die Energieniveaus der Akzeptoratome dicht oberhalb des Valenzbandes. Elektronen des Valenzbandes können durch geringe Energiezufuhr Akzeptorniveaus besetzen, im Valenzband entstehen Defektelektronen. Diese Halbleiter nennt man *p-Halbleiter* (Abb. 2.101c).

Wie bei den Eigenhalbleitern, nimmt auch bei den dotierten Halbleitern die Leitfähig-keit mit steigender Temperatur zu. Da nur in sehr geringen Konzentrationen dotiert wird, muß das zur Herstellung von Si- und Ge-Halbleitern verwendete Silicium bzw. Germanium extrem rein sein. Diamant wird durch Dotierung mit B-Atomen p-leitend. Die n-Dotierung gelingt noch nicht.

Die Konzentration der Störstellen beträgt meist 10^{21} bis 10^{26} m^{-3}, die der Gitter-atome ist ca. 10^{28} m^{-3}. Die Herstellung von hochreinen Siliciumeinkristallen ist im Abschn. 4.7.3.2 beschrieben.

Bei vielen Halbleitern ist das Bändermodell nicht anwendbar. Die elektrische Leit-fähigkeit entsteht durch „Hüpfen" von Elektronen zwischen benachbarten Atomen. Diese als Hopping-Halbleiter bezeichneten Halbleiter werden im Abschn. 5.7.5.2 behandelt.

2.4.5 Metallcluster, Clustermetalle

Metallische Eigenschaften sind nur an größeren Atomverbänden zu beobachten. Wieviel Metallatome aber sind erforderlich, um metallische Eigenschaften zu er-zeugen? Zwischenstufen auf dem Weg zum metallischen Zustand sind Metallcluster. Nackte Cluster, die nur aus Metallatomen bestehen, können jedoch nicht in ein-heitlicher Größe hergestellt werden. Dies gelingt nur bei Clustern, die mit einer Ligandenhülle umgeben sind. Die Anordnung der Metallatome ist meist die einer dichtesten Kugelpackung (vgl. Abschn. 2.4.2), Metallcluster sind Ausschnitte aus Metallgittern. Bei Clustern mit perfekter äußerer Geometrie (full-shell-Cluster) ist die Zahl der Atome 13, 55, 147, 309, 561 (magische Zahlen). Die magischen Zahlen erhält man aus der Beziehung $10n^2 + 2$ für die Anzahl der Atome in der n-ten Schale des Clusters (vgl. Abb. 2.102). Die Cluster werden durch eine möglichst lückenlose Ligandenhülle stabilisiert, die die reaktiven äußeren Metallatome abschirmt. Die Wahl der richtigen Liganden ist für die Stabilität entscheidend. Lücken in der Ligandenhülle werden durch einzelne Atome, z. B. Cl, gefüllt (Abb. 2.102c). Beispiele für zweischalige Cluster: $Au_{55}[P(C_6H_5)_3]_{12}Cl_6$ (vgl. Abb. 2.102), $Rh_{55}[P(C_6H_5)_3]_{12}Cl_6$, $Ru_{55}[P(tert-C_4H_9)_3]_{12}Cl_{20}$, $Pt_{55}[As(tert-C_4H_9)_3]_{12}Cl_{20}$. Ein vierschaliger Cluster ist $Pt_{309}(phen)_{24}O_{30\pm10}$ (phen = Phenantrolin), ein fünf-schaliger Cluster $Pd_{561}(phen)_{36}O_n$ (n ≈ 200). Der Kern des Pd_{561}-Clusters hat einen Durchmesser von etwa 2,4 nm, erreicht also noch nicht die Größe kolloidaler Teil-chen (> 10 nm).

In den physikalischen Eigenschaften der Cluster ist der Übergang von Molekül-eigenschaften zu metallischen Eigenschaften zu erkennen. Der Anteil zum metalli-schen Verhalten stammt hauptsächlich von den Atomen des Clusterkerns und nicht von den Atomen der ligandenfeldstabilisierten Clusteroberfläche. Die Delokalisie-rung der Elektronen beginnt bereits bei den Me_{55}-Clustern. Der Au_{55}-Cluster enthält zwei frei bewegliche Elektronen und *mit etwa 50 Metallatomen ist* also *die Grenze zum metallischen Zustand erreicht.*

Die Pd-Cluster sind auf TiO_2- oder Zeolithträgern als heterogene Katalysatoren interessant (vgl. Abschn. 3.6.6).

Durch Abbau von Me_{55}-Clustern (z. B. an Elektroden in Dichlormethanlösung) werden nackte Me_{13}-Cluster freigesetzt, die zu Superclustern (Cluster von Clustern) reagieren können. Die Me_{13}-Cluster formieren sich zu dichtesten Packungen und es entstehen z. B. die einschaligen Supercluster $(Me_{13})_{13}$ und die zweischaligen Supercluster $(Me_{13})_{55}$. $(Au_{13})_{55}$ hat die relative Masse 140.833. *Kristalline Cluster-metalle sind neue Metallmodifikationen, die aufbauenden Einheiten sind Cluster* und

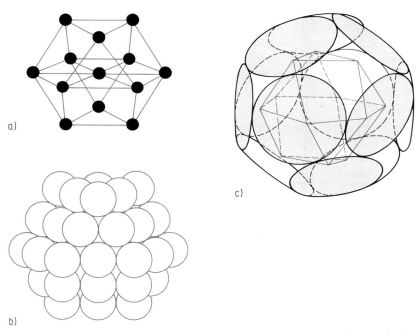

Abb. 2.102   a) Struktur eines einschaligen Me_{13}-Clusters mit kubisch-dichtester Packung. Die 12 äußeren Atome besetzen die Ecken eines Kuboktaeders.
b) Darstellung eines zweischaligen Me_{55}-Clusters. Für die Schalen erhält man aus $10n^2 + 2$ (n = Schalenzahl) die Atomzahlen 1 (Kern) + 12 (1. Schale) + 42 (2. Schale) = 55. Die 42 Atome der äußeren Schale bilden ein Kuboktaeder. Die Atome der inneren Schale liegen in den Lücken der äußeren Schale. Der Me_{55}-Cluster ist ein kleiner Ausschnitt aus einem Metall mit kubisch-dichtester Packung.
c) Schematische Darstellung des zweischaligen Clusters $Au_{55}[P(C_6H_5)_3]_{12}Cl_6$. Die Cluster werden durch eine möglichst lückenlose Ligandenhülle stabilisiert. Beim Au_{55}-Cluster ist dafür als Ligand Triphenylphosphin $P(C_6H_5)_3$ geeignet. Jede Kuboktaederecke ist von einem Liganden bedeckt, der als Kreis dargestellt ist, der Au_{55}-Cluster wird kugelartig abgeschirmt. Über den 6 quadratischen Kuboktaederflächen entstehen Lücken, die durch Anlagerung der 6 Cl-Liganden geschlossen werden. Von den 42 Atomen der Clusteroberfläche sind 6 an die Cl-Atome und 12 an die $P(C_6H_5)_3$-Liganden gebunden, 24 sind nicht koordiniert.

nicht wie bei „normalen" Metallen einzelne Atome. Sie sind jedoch thermodynamisch instabil und zerfallen nach einigen Wochen. Gold-Clustermetalle wandeln sich bei 400–500 °C in normales metallisches Gold um.

2.4.6 Intermetallische Systeme

Ionenverbindungen und kovalente Verbindungen sind meist stöchiometrisch zusammengesetzt. *Bei Verbindungen zwischen Metallen ist das Gesetz der konstanten Proportionen häufig nicht erfüllt,* die Zusammensetzung kann innerhalb weiter Grenzen schwanken. Ein Beispiel dafür ist die Verbindung Cu_5Zn_8. Die verwendete Formel gibt nur eine idealisierte Zusammensetzung mit einfachen Zahlenverhältnissen an. Die Zusammensetzung kann jedoch innerhalb der Grenzen $Cu_{0,34}Zn_{0,66}$ – $Cu_{0,42}Zn_{0,58}$ liegen. Treten in intermetallischen Systemen stöchiometrisch zusammengesetzte intermetallische Verbindungen wie Na_2K oder Cu_3Au auf, so entsteht die Stöchiometrie nicht aufgrund der chemischen „Wertigkeit" der Bindungspartner, sondern meist aufgrund der geometrischen Anordnung der Bausteine im Gitter. Aus diesen Gründen wird oft der Begriff intermetallische Verbindung vermieden und statt dessen die Bezeichnung *intermetallische Phase* verwendet.

Metallische Mehrstoffsysteme werden *Legierungen* genannt. Homogene Legierungen bestehen aus einer Phase mit einem einheitlichen Kristallgitter. Heterogene Legierungen bestehen aus einem Gefüge mehrerer Kristallarten, also aus mehreren metallischen Phasen.

Intermetallische Phasen sind bereits in den ersten Hochkulturen als Werkzeuge, Waffen und Zahlungsmittel wichtig gewesen. Auch heute sind sie in ihrer Verwendung als hochschmelzende, hochfeste Legierungen, Supraleiter, magnetische Verbindungen, metallische Gläser usw. von großer technischer Bedeutung.

Obwohl sie die umfangreichste Gruppe anorganischer Verbindungen sind, ist die Beziehung zwischen Struktur und chemischer Bindung vielfach unklar, denn die komplexen Bindungsverhältnisse können nicht mit den sonst gut funktionierenden Valenzregeln der Ionenbindung und der kovalenten Bindung beschrieben werden.

Die im Abschn. 2.4.6.2 angegebene Klassifikation erfaßt nur einen Teil der großen Zahl und der strukturellen Vielfalt intermetallischer Phasen.

2.4.6.1 Schmelzdiagramme von Zweistoffsystemen

Schmelzdiagramme sind Zustandsdiagramme bei konstantem Druck, aus denen abgelesen werden kann, wie sich feste Stoffe untereinander verhalten. Hier sollen nur Grundtypen metallischer Zweistoffsysteme (binäre Systeme) behandelt werden.

Unbegrenzte Mischbarkeit im festen und flüssigen Zustand

Beispiel: Silber–Gold (Abb. 2.103).

Silber und Gold kristallisieren beide kubisch-flächenzentriert und bilden miteinander *Mischkristalle*. In den Mischkristallen sind die Gitterplätze des kubisch-flächenzentrierten Gitters sowohl mit Ag- als auch mit Au-Atomen besetzt (Abb. 2.104). Die Besetzung ist ungeordnet, statistisch. Da in den Mischkristallen jedes beliebige Ag/Au-Verhältnis auftreten kann, ist die Mischkristallreihe lückenlos (vgl. Abschn. 2.4.6.2). Mischkristalle werden auch feste Lösungen genannt.

Im System Ag—Au existiert daher bei allen Zusammensetzungen nur eine feste Phase mit demselben Kristallgitter. Aus einer Ag—Au-Schmelze kristallisiert beim Erreichen der Erstarrungstemperatur (Liquiduskurve) ein Mischkristall aus, der eine von der Schmelze unterschiedliche Zusammensetzung hat und in dem die schwerer schmelzbare Komponente Au angereichert ist. Die Zusammensetzung einer Schmel-

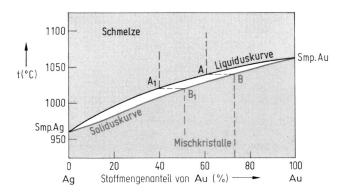

Abbildung 2.103 Schmelzdiagramm Silber-Gold. Silber und Gold bilden eine lückenlose Mischkristallreihe. Die Schnittpunkte einer Isotherme mit der Liquidus- und der Soliduskurve geben die Zusammensetzungen der Schmelze und des Mischkristalls an, die bei dieser Temperatur miteinander im Gleichgewicht stehen.

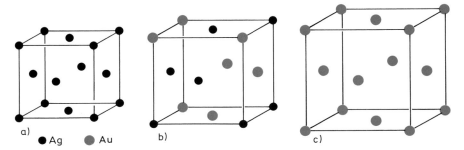

Abbildung 2.104   a) Elementarzelle des kubisch-flächenzentrierten Gitters von Silber. b) Elementarzelle eines Silber-Gold-Mischkristalls. Die Gitterplätze des kubisch-flächenzentrierten Gitters sind statistisch mit Gold- und Silberatomen besetzt. c) Elementarzelle des kubisch-flächenzentrierten Gitters von Gold.

ze und die Zusammensetzung des Mischkristalls, der mit dieser Schmelze im Gleichgewicht steht, wird durch die Schnittpunkte einer Isotherme mit der *Liquiduskurve*
und der *Soliduskurve* angegeben (z. B. A—B, A_1—B_1). Infolge der Anreicherung von
Au in der festen Phase verarmt die Schmelze an Au, dadurch sinkt die Erstarrungstemperatur, und es kristallisieren immer Au-ärmere Mischkristalle aus, bis im Falle
einer raschen Abkühlung zum Schluß reines Ag auskristallisiert. Es bilden sich also
inhomogen zusammengesetzte Mischkristalle, die durch Tempern (längeres Erwärmen auf höhere Temperatur) homogenisiert werden können.

Im System Cu—Au ist ebenfalls unbegrenzte Mischkristallbildung möglich. Es tritt
jedoch ein Schmelzpunktsminimum auf (Abb. 2.105a).

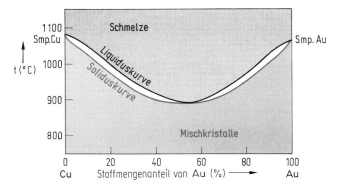

Abbildung 2.105a   Schmelzdiagramm Kupfer-Gold. Kupfer und Gold bilden eine lückenlose
Mischkristallreihe mit einem Schmelzpunktsminimum.

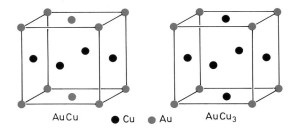

Abbildung 2.105b   Überstrukturen im System Kupfer-Gold. Aus Mischkristallen der Zusammensetzungen AuCu und $AuCu_3$ mit ungeordneter Verteilung der Atome auf den Gitterplätzen entstehen beim langsamen Abkühlen geordnete Verteilungen.

Beim langsamen Abkühlen von Mischkristallen kann aus der ungeordneten Verteilung der Atome auf den Gitterplätzen eine geordnete Verteilung der Atome entstehen. Die geordneten Phasen werden *Überstrukturen* genannt.

Im System Cu—Au treten zwei Überstrukturen auf (Abb. 2.105b). Beim Stoffmengenverhältnis 1 : 3 von Gold und Kupfer bildet sich unterhalb 390 °C, beim Ver-

hältnis 1 : 1 unterhalb 420 °C eine geordnete Struktur. Die Ordnung entsteht aufgrund der unterschiedlichen Metallradien von Cu (128 pm) und Au (144 pm) (Differenz 12 %). Beim schnellen Abkühlen (Abschrecken) ungeordneter Mischkristalle bleibt die statistische Verteilung erhalten (der Unordnungszustand wird eingefroren). Bei Zimmertemperatur ist die Beweglichkeit der Atome im Kristallgitter so gering, daß sich der Ordnungszustand nicht ausbilden kann.

Im System Ag—Au mit nahezu identischen Radien der Komponenten bilden sich keine Überstrukturen.

Bei der Zusammensetzung 1 : 1 wird aber ein Nahordnungseffekt beobachtet. Abweichend von der statistischen Verteilung umgibt sich Au bevorzugt mit Ag und umgekehrt.

In Mischkristallen ist, verglichen mit den reinen Metallen, eine Abnahme der typischen Metalleigenschaften zu beobachten, z. B. eine Abnahme der elektrischen Leitfähigkeit und der plastischen Verformbarkeit (Abb. 2.106). Bei den Überstrukturen sind, verglichen mit den ungeordneten Mischkristallen, die metallischen Eigenschaften ausgeprägter. Die elektrische Leitfähigkeit ist höher (Abb. 2.106), Härte und Zugfestigkeit sind geringer. Die geordnete CuAu-Phase z. B. ist weich wie Cu, während der ungeordnete Mischkristall hart und spröde ist.

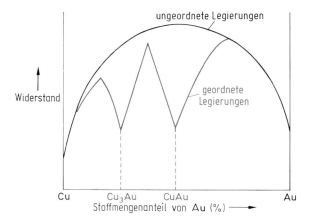

Abbildung 2.106   Elektrischer Widerstand im System Cu-Au. Legierungen haben einen höheren elektrischen Widerstand als die reinen Metalle. Die geordneten Legierungen leiten besser als die ungeordneten Legierungen.

Mischbarkeit im flüssigen Zustand, Nichtmischbarkeit im festen Zustand

Beispiel: Bismut–Cadmium (Abb. 2.107).

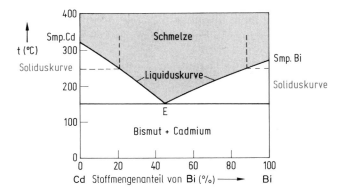

Abbildung 2.107   Schmelzdiagramm Bismut-Cadmium. Bi und Cd bilden keine Mischkristalle. Aus Schmelzen der Zusammensetzungen Cd-E kristallisiert Cd aus, aus Schmelzen des Bereichs Bi-E reines Bi.

Bismut und Cadmium sind im flüssigen Zustand in jedem Verhältnis mischbar, bilden aber miteinander keine Mischkristalle. Aus Schmelzen mit einem Stoffmengenanteil 0–45 % Bi scheidet sich am Erstarrungspunkt reines Cd aus. Kühlt man z. B. eine Schmelze der Zusammensetzung 20 % Bi und 80 % Cd ab, so kristallisiert bei 250 °C aus der Schmelze reines Cd aus. In der Schmelze reichert sich dadurch Bi an, und die Erstarrungstemperatur sinkt unter immer weiterer Anreicherung von Bi längs der Kurve Cd—E. Aus Schmelzen mit einem Stoffmengenanteil von 45–100 % Bi scheidet sich am Erstarrungspunkt reines Bi aus. Zum Beispiel kristallisiert aus einer Schmelze mit 90 % Bi und 10 % Cd bei etwa 250 °C Bi aus, die Schmelze reichert sich dadurch an Cd an, und die Erstarrungstemperatur sinkt längs der Kurve Bi—E. Am eutektischen Punkt E erstarrt die gesamte Schmelze zu einem Gemisch von Bi- und Cd-Kristallen, das 45 % Bi und 55 % Cd enthält (eutektisches Gemisch oder *Eutektikum*). Die Temperatur von 144 °C, bei der das eutektische Gemisch auskristallisiert, ist die tiefste Erstarrungstemperatur des Systems. Wegen des dichten Gefüges ist das Eutektikum besonders gut bearbeitbar.

Unbegrenzte Mischbarkeit im flüssigen Zustand, begrenzte Mischbarkeit im festen Zustand

Beispiel: Kupfer–Silber (Abb. 2.108)
    Häufiger als lückenlose Mischkristallreihen sind Systeme, bei denen zwei Metalle nur in einem begrenzten Bereich Mischkristalle bilden.

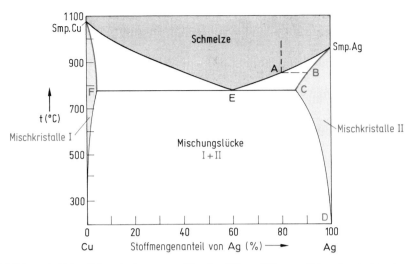

Abbildung 2.108   Schmelzdiagramm Kupfer-Silber. Silber und Kupfer sind im festen Zustand nur begrenzt ineinander löslich. Im Bereich der Mischungslücke existieren keine Mischkristalle. Zur Liquiduskurve Cu-E gehört die Soliduskurve Cu-F, zur Liquiduskurve Ag-E die Soliduskurve Ag-C.

Im System Cu—Ag ist die Löslichkeit der Metalle ineinander bei der eutektischen Temperatur (779 °C) am größten. In Cu sind maximal 4,9 % Ag löslich, in Ag maximal 14,1 % Cu. Bei tieferen Temperaturen wird der Löslichkeitsbereich etwas enger. Bei 500 °C sind z. B. nur noch 3 % Cu in Ag löslich. Beim Abkühlen einer Schmelze der Zusammensetzung A kristallisieren zunächst die Ag-reicheren Mischkristalle der Zusammensetzung B aus. Die Schmelze reichert sich dadurch an Cu an. Mit Schmelzen des Bereichs A—E sind Mischkristalle der Zusammensetzungen B—C im Gleichgewicht. Aus Schmelzen der Zusammensetzungen Cu—E kristallisieren die damit im Gleichgewicht befindlichen Mischkristalle der Zusammensetzungen Cu—F aus. Bei der Zusammensetzung des Eutektikums E erstarrt die gesamte Schmelze. Dabei bildet sich ein Gemisch der Mischkristalle C (14,1 % Cu gelöst in Ag) und F (4,9 % Ag gelöst in Cu). Mischkristalle der Zusammensetzungen 4,9–85,9 % Ag können also nicht erhalten werden. In diesem Bereich liegt eine *Mischungslücke*. Beim Abkühlen des eutektischen Gemisches tritt wegen der breiter werdenden Mischlücke Entmischung auf. Dabei scheiden sich z. B. längs der Linie C—D aus den silberreichen Mischkristallen silberhaltige Cu-Kristalle aus. Durch Abschrecken kann die Entmischung vermieden werden, und der größere Löslichkeitsbereich bleibt metastabil erhalten.

Durch Tempern abgeschreckter Produkte auf geeignete Temperatur unterhalb des Eutektikums erhält man vor der Ausscheidung der überschüssigen Komponente eine dauerhafte Erhöhung der Härte und Festigkeit. Diese Vergütung hat z. B. technische Bedeutung beim Duraluminium (3–6 % Cu in Al; abnehmende Löslichkeit mit fallender Temperatur analog C—D im System Cu—Ag). Nach der Ausscheidung geht die Härte verloren.

Mischbarkeit im flüssigen Zustand, keine Mischbarkeit im festen Zustand, aber Bildung einer neuen festen Phase

Beispiel: Magnesium–Germanium (Abb. 2.109).

In den bisher besprochenen Systemen traten entweder Gemische der Komponenten A und B oder Mischkristalle zwischen ihnen auf, also immer nur Kristalle mit dem Gittertyp von A und B. Es gibt jedoch zahlreiche Systeme, bei denen A und B eine Phase mit einem neuen Kristallgitter bilden. Dies ist im System Mg—Ge der Fall. Außer den Kristallindividuen von Mg und Ge existieren noch Kristalle der Phase Mg_2Ge.

Ge und Mg sind nicht ineinander löslich, bilden also keine Mischkristalle. Bei der Zusammensetzung Mg_2Ge tritt ein Schmelzpunktsmaximum auf. Dadurch entstehen zwei Eutektika. Im Bereich der Zusammensetzungen Mg—E_1 kristallisiert aus der Schmelze reines Mg aus, zwischen E_1 und E_2 Mg_2Ge und im Bereich E_2—Ge reines Ge. Am Eutektikum E_1 scheidet sich ein Kristallgemisch von Mg und Mg_2Ge aus, am Eutektikum E_2 ein Gemisch von Ge und Mg_2Ge. Mg kristallisiert in der hexagonal-dichtesten Packung, Ge in der Diamant-Struktur. Die intermetallische Phase Mg_2Ge kristallisiert in der Fluorit-Struktur (vgl. Zintl-Phasen).

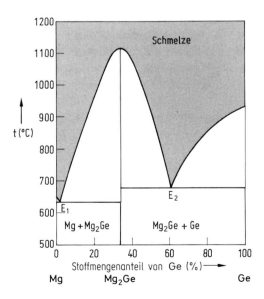

Abbildung 2.109 Schmelzdiagramm Magnesium-Germanium. Das System besitzt ein Schmelzpunktsmaximum, das durch die Existenz der intermetallischen Verbindung Mg_2Ge zustande kommt. Mg, Ge und Mg_2Ge bilden miteinander keine Mischkristalle.

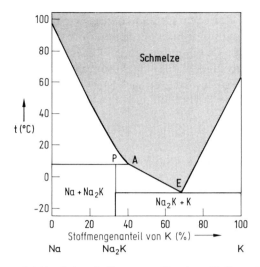

Abbildung 2.110   Schmelzdiagramm Natrium-Kalium. Na und K bilden die inkongruent schmelzende intermetallische Phase Na_2K.

Mg_2Ge kann unzersetzt geschmolzen werden (*kongruentes Schmelzen*). Intermetallische Phasen, die bei gleichzeitiger Zersetzung teilweise schmelzen, werden *inkongruent schmelzende Phasen* genannt. Ein Beispiel dafür ist die Phase Na_2K des Systems Na—K (Abb. 2.110). Na_2K ist nur unterhalb $6,9\,°C$ beständig. Bei $6,9\,°C$ zerfällt Na_2K in festes Na und eine Schmelze der Zusammensetzung A. Der Zersetzungspunkt wird *Peritektikum* genannt. Bei Zusammensetzungen zwischen Na und A scheidet sich aus der Schmelze festes Na aus, zwischen A und E entsteht beim Abkühlen Na_2K. Am eutektischen Punkt E kristallisiert ein Gemisch aus K und Na_2K aus.

Nichtmischbarkeit im festen und flüssigen Zustand

Beispiel: Eisen–Blei.

Fe und Pb sind auch im geschmolzenen Zustand nicht mischbar. Das spezifisch leichtere Fe schwimmt auf der Pb-Schmelze. Kühlt man die Schmelze ab, dann kristallisiert bei Erreichen des Schmelzpunkts von Fe ($1536\,°C$) zunächst das gesamte Eisen aus. Sobald der Schmelzpunkt von Blei ($327\,°C$) erreicht ist, erstarrt auch Blei. Die meisten binären Schmelzdiagramme sind komplizierter, und es treten Kombinationen der behandelten Grundtypen auf.

Das Zonenschmelzverfahren

Zur Reinstdarstellung vieler Substanzen, insbesondere von Halbleitern (Si, Ge, GaAs) wird das Zonenschmelzverfahren (Pfann 1952) benutzt. Man läßt durch das zu reinigende stabförmige Material eine schmale Schmelzzone wandern. Bei der Kristallisation reichern sich die Verunreinigungen in der Schmelze an und wandern mit der Schmelzzone durch die Substanz. Durch mehrfaches Schmelzen und Rekristallisieren erhält man z. B. Silicium mit weniger als $10^{-8}\%$ Verunreinigungen. Neben der Reinigung ermöglicht das Zonenschmelzverfahren gleichzeitig die Gewinnung von Einkristallen.

2.4.6.2 Häufige intermetallische Phasen

Man kann die Metalle nach ihrer Stellung im Periodensystem in drei Gruppen einteilen.

Typische Metalle											Weniger typische Metalle
T_1		T_2									B
Li	Be										
Na	Mg										(Al)
K	Ca	Sc	Ti	V	Cr	Mn	Fe	Co	Ni	Cu	Zn Ga
Rb	Sr	Y	Zr	Nb	Mo	Tc	Ru	Rh	Pd	Ag	Cd In Sn
Cs	Ba	La	Hf	Ta	W	Re	Os	Ir	Pt	Au	Hg Tl Pb Bi

Zur Gruppe T_1 gehören typische Metalle der Hauptgruppen, zur Gruppe T_2 typische Metalle der Nebengruppen, die Lanthanoide und die Actinoide. In der Gruppe B stehen weniger typische Metalle. Hg, Ga, In, Tl und Sn kristallisieren nicht in einer der charakteristischen Metallstrukturen. Bei Cd und Zn treten Abweichungen von der idealen A_3-Struktur auf (vgl. Abschn. 2.4.2). Al gehört eher zur T_1-Gruppe.

Diese Einteilung der Metalle ermöglicht eine Klassifikation intermetallischer Systeme, die in dem folgenden Schema zusammengefaßt ist, mit der aber nur die wichtigsten intermetallischen Phasen erfaßt sind.

Metall-gruppe	T_1	T_2	B
T_1	Mischkristalle Überstrukturen Laves-Phasen		Zintl-Phasen
T_2			Hume-Rothery-Phasen
B	–	–	Misch-kristalle

Mischkristalle, Überstrukturen

Lückenlose Mischkristallbildung zwischen zwei Metallen erfolgt nur, wenn die folgenden Bedingungen erfüllt sind:

1. Beide Metalle müssen im gleichen Gittertyp kristallisieren (Isotypie).

Tabelle 2.24   Beispiele für unbegrenzte Mischkristallbildung zwischen zwei Metallen

System	Unterschied der Atomradien in %	Struktur	Metall-gruppe
K—Rb	6	krz	T_1
K—Cs	13	krz	T_1
Rb—Cs	8	krz	T_1
Ca—Sr	9	kdp	T_1
Mg—Cd	5	hdp	T_1—B
Cu—Au	12	kdp	T_2
Ag—Au	< 1	kdp	T_2
Ag—Pd	5	kdp	T_2
Au—Pt	4	kdp	T_2
Ni—Pd	9	kdp	T_2
Ni—Pt	11	kdp	T_2
Pd—Pt	1	kdp	T_2
Cu—Ni	2	kdp	T_2
Cr—Mo	8	krz	T_2
Mo—W	1	krz	T_2

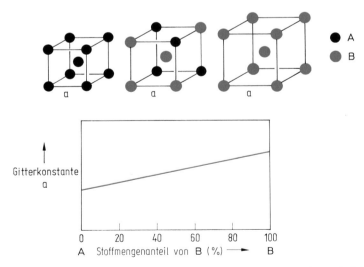

Abbildung 2.111   Vegardsche Regel. In vielen Mischkristallreihen nimmt bei der Substitution von A-Atomen durch größere B-Atome die Gitterkonstante linear mit dem Stoffmengenanteil von B zu. Im oberen Teil der Abbildung sind die Elementarzellen eines Mischkristallsystems mit A_2-Struktur für drei verschiedene Zusammensetzungen dargestellt.

2. Die Atomradien beider Metalle dürfen nicht zu verschieden sein. Die Differenz muß kleiner als etwa 15% sein.
3. Die beiden Metalle dürfen nicht zu unterschiedliche Elektronegativitäten besitzen.

Beispiele für unbegrenzte Mischkristallbildung zwischen zwei Metallen sind in der Tabelle 2.24 angegeben.

In einer Mischkristallreihe ändern sich häufig die Gitterkonstanten (Abmessungen der Elementarzelle) linear mit der Zusammensetzung (Vegardsche Regel) (Abb. 2.111).

Wenn diese Bedingungen nicht erfüllt sind, sind zwei Metalle entweder nur begrenzt mischbar oder sogar völlig unmischbar. Dies soll mit einigen Beispielen illustriert werden.

System	Struktur	Gruppe	Differenz der Radien in %	Mischkristall-bildung
Na—K	krz	T_1	25	keine
Ca—Al	kdp	T_1	38	keine
Pb—Sn	kdp − X	B	10	begrenzt
Cr—Ni	krz − kdp	T_2	3	begrenzt
Ag—Al	kdp	T_2–T_1	1	begrenzt
Mg—Pb	hdp − kdp	T_1–B	9	begrenzt
Cu—Zn	kdp − hdp	T_2–B	7	begrenzt

X Keine der drei typischen Metallstrukturen.

Außerdem spielen individuelle Faktoren eine Rolle. Im System Ag—Pt tritt eine Mischungslücke auf, obwohl beide Metalle in der A_1-Struktur kristallisieren und die Differenz der Atomradien nur 4% beträgt. Ag und Pd mit der nahezu gleichen Radiendifferenz von 5% sind dagegen unbegrenzt mischbar. Entsprechendes gilt für die Systeme Cu—Au und Cu—Ag. (Vgl. Abb. 2.104 und Abb. 2.108).

Aus ungeordneten Mischkristallen können Überstrukturen mit geordneten Atomanordnungen entstehen. Beispiele dafür sind die Überstrukturen AuCu, $AuCu_3$ (vgl. Abb. 2.105) und CuZn (vgl. Abb. 2.113).

Laves-Phasen

Laves-Phasen sind sehr häufig auftretende intermetallische Phasen der Zusammensetzung AB_2. Sie werden überwiegend von typischen Metallen der T-Gruppen gebildet, bei denen das Verhältnis der Atomradien r_A/r_B nur wenig vom Idealwert 1,22 abweicht (Tabelle 2.25). Laves-Phasen werden also von Metallen gebildet, bei denen aufgrund der zu großen Radiendifferenzen keine Mischkristallbildung möglich ist. Ein typisches Beispiel dafür ist die Phase KNa_2.

Die Laves-Phasen treten in drei nahe verwandten Strukturen auf, in denen die gleichen Koordinationszahlen vorhanden sind. Abb. 2.112 zeigt die kubische Struk-

Tabelle 2.25   Beispiele für Laves-Phasen

Phase	r_A/r_B	Phase	r_A/r_B
KNa_2	1,23	$NaAu_2$	1,33
$CaMg_2$	1,23	$MgNi_2$	1,28
$MgZn_2$	1,17	$CaAl_2$	1,38
$MgCu_2$	1,25	WFe_2	1,12
$AgBe_2$	1,29	$TiCo_2$	1,18
$TiFe_2$	1,17	VBe_2	1,20

tur des $MgCu_2$-Typs. Jedes Cu-Atom ist von 6 Cu- und 6 Mg-Atomen umgeben. Jedes Mg-Atom ist von 4 Mg- und 12 Cu-Atomen koordiniert. Daraus ergibt sich eine mittlere Koordinationszahl von $13\frac{1}{3}$, die Packungsdichte beträgt 71 %.

Laves-Phasen sind dicht gepackte Strukturen mit stöchiometrischer Zusammensetzung, deren Auftreten durch geometrische Faktoren bestimmt wird und nicht von der Elektronenkonfiguration oder Elektronegativität der Elemente abhängt. Die Bindung ist wie in reinen Metallen echt metallisch ohne heteropolare oder homöopolare Bindungstendenzen.

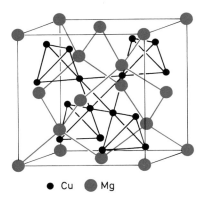

● Cu   ● Mg

Abbildung 2.112   Kristallstruktur der kubischen Laves-Phase $MgCu_2$. Für diese AB_2-Struktur ist das Verhältnis $r_A/r_B = 1,225$.

Hume-Rothery-Phasen

Hume-Rothery-Phasen treten bei intermetallischen Systemen auf, die von den Übergangsmetallen T_2 mit B-Metallen gebildet werden. Ein typisches Beispiel ist das System Cu—Zn (Messing). Bei Raumtemperatur treten im System Cu—Zn die folgenden Phasen auf (Abb. 2.113).

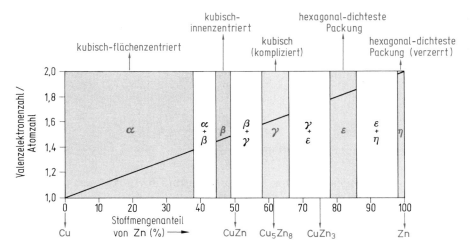

Abbildung 2.113   Phasenfolge im System Kupfer-Zink bei Raumtemperatur. Für die Bildung der Hume-Rothery-Phasen ist ein bestimmtes Verhältnis der Anzahl der Valenzelektronen zur Anzahl der Atome erforderlich.

α-Phase: Im kubisch-flächenzentrierten Cu-Gitter können sich 38 % Zn (Stoffmengenanteil) lösen. Es bilden sich Substitutionsmischkristalle.

β-Phase: Stabil im Bereich 45–49 % Zn; die ungefähre Zusammensetzung ist CuZn. Unterhalb 470 °C hat CuZn die Caesiumchlorid-Struktur, darüber ein kubisch-innenzentriertes Gitter mit einer statistischen Verteilung der Cu- und Zn-Atome auf den Plätzen des Caesiumchloridgitters.

γ-Phase: 58–66 % Zn; annähernde Zusammensetzung Cu_5Zn_8; komplizierte kubische Struktur.

ε-Phase: 78–86 % Zn; Zusammensetzung nahe bei $CuZn_3$; hexagonal-dichteste Packung.

η-Phase: Das Zn-Gitter kann nur 2 % Cu unter Mischkristallbildung aufnehmen; verzerrt hexagonal-dichteste Packung (vgl. Abschn. 2.4.2).

Während reines Cu weich und schmiegsam ist, zeigen die Messinglegierungen mit wachsendem Zn-Gehalt zunehmende Härte. Die γ- und die ε-Phase sind hart und spröde.

Technisch wichtige Messinglegierungen liegen im Bereich bis 41 % Zn. Zu hoch legiertes Cu versprödet.

Hume-Rothery-Phasen sind nicht stöchiometrisch zusammengesetzt wie die Laves-Phasen, sondern haben eine relativ große Phasenbreite. Die angegebenen Formeln geben nur die idealisierten Zusammensetzungen der Phasen an, sie sind nicht wie bei heteropolaren und homöopolaren Verbindungen durch Valenzregeln bestimmt. Bei anderen T_2-B-Systemen treten die analogen Phasen auf, aber die korrespondierenden β-, γ-, ε-Phasen haben ganz unterschiedliche Zusammensetzungen (Tabelle 2.26). Die Stöchiometrie spielt also für das Auftreten der Hume-Rothery-

Tabelle 2.26   Beispiele für Hume-Rothery-Phasen

Phase	Zusammen-setzung	Valenz-elektronenzahl	Atom-zahl	Valenzelektronenzahl: Atomzahl
β-Phase	CuZn, AgCd	1 + 2	2	
	$CoZn_3$	0 + 6	4	
	Cu_3Al	3 + 3	4	3 : 2 = 21 : 14 = 1,50
	FeAl	0 + 3	2	
	Cu_5Sn	5 + 4	6	
γ-Phase	Cu_5Zn_8, Ag_5Cd_8	5 + 16	13	
	Fe_5Zn_{21}	0 + 42	26	21 : 13 = 1,62
	Cu_9Al_4	9 + 12	13	
	$Cu_{31}Sn_8$	31 + 32	39	
ε-Phase	$CuZn_3$, $AgCd_3$	1 + 6	4	
	Ag_5Al_3	5 + 9	8	7 : 4 = 21 : 12 = 1,75
	Cu_3Sn	3 + 4	4	

Die Valenzelektronenzahl der Metalle der 8. und 9. Nebengruppe muß null gesetzt werden.

Phasen keine Rolle. *Die Zusammensetzung der Hume-Rothery-Phasen wird durch das Verhältnis der Anzahl der Valenzelektronen zur Gesamtzahl der Atome bestimmt.* In der Tabelle 2.26 sind diese Zahlenverhältnisse für einige Systeme angegeben.

Auch die Phasenbreite der α-Phase wird durch das Verhältnis der Valenzelektronenzahl zur Atomzahl bestimmt (Tabelle 2.27).

Ausschlaggebend für das Auftreten der Hume-Rothery-Phasen ist offenbar eine bestimmte Konzentration des Elektronengases. Wird diese Elektronenkonzentration überschritten, so ist die Struktur nicht mehr beständig und es bildet sich eine neue Phase.

Tabelle 2.27   Löslichkeit von Metallen mit unterschiedlicher Valenzelektronenzahl in Kupfer

System	Löslichkeit in % (Stoffmengenanteil)	Valenzelektronenzahl: Atomzahl	
Cu—Zn	38,4	1,38	
Cu—Al	20,4	1,41	
Cu—Ga	20,3	1,41	21 : 15 = 1,4
Cu—Ge	12,0	1,36	
Cu—Sn	9,3	1,28	

Zintl-Phasen

Zwischen den stark elektropositiven Metallen der T_1-Gruppe und den weniger elektropositiven Metallen der B-Gruppe ist die Elektronegativitätsdifferenz bereits so groß, daß sich *intermetallische Phasen mit heteropolarem Bindungscharakter* bilden.

Zu der großen Zahl dieser Phasen gehören auch die Verbindungen mit den Halbmetallen der 14. und 15. Gruppe (Si, Ge, P, As, Sb).

Viele Verbindungen sind stöchiometrisch so zusammengesetzt, wie man es für Salze erwartet, deren Anionen eine Oktettkonfiguration aufweisen. Sie kristallisieren in Strukturen, die für Ionenkristalle typisch sind. Im Gitter ist jede Atomsorte isoliert und nur von der anderen Atomsorte umgeben.

Beispiele:

Gittertyp	Antifluorit	Na_3As	Li_3Bi
	Mg_2Si	Li_3P	Li_3Sb
	Mg_2Ge	Na_3Sb	Rb_3Bi
	Mg_2Sn	K_3Bi	Cs_3Sb
	Mg_2Pb		

Umfangreicher ist die Gruppe von nicht valenzmäßig zusammengesetzten Phasen, für die die *Zintl-Klemm-Konzeption* gilt. *Danach gibt das unedle Metall Elektronen an das edlere Metall ab und mit den dann vorhandenen Valenzelektronen werden Anionenteilgitter aufgebaut, deren Atomanordnung für ein Element typisch ist, das die gleiche Valenzelektronenkonfiguration hat.* Das bekannteste Beispiel ist die NaTl-Struktur (Abb. 2.114). Das Gitter besteht aus zwei ineinander gestellten Na- und Tl-Untergittern mit Diamantstruktur. Sowohl Na als auch Tl ist von 4 Na und 4 Tl jeweils tetraedrisch umgeben. Dem ionischen Bindungsanteil entspricht die Grenzstruktur Na^+Tl^-. Tl^- hat dieselbe Valenzelektronenkonfiguration wie C und kann wie dieses ein Diamantgitter aufbauen, dessen Ladung durch die in den Lücken sitzenden Na^+-Ionen neutralisiert wird. Übereinstimmend mit einem ionischen Bindungsanteil liegt der Na-Radius zwischen dem Metallradius und dem Ionenradius. Im NaTl-Typ kristallisieren auch LiAl, LiGa, LiIn, LiCd und NaIn. (Bei 11 GPa erfolgt bei LiIn und LiCd eine Phasenumwandlung in die CsCl-Struktur.) Die Tabelle 2.28 enthält weitere Beispiele, für die die Zintl-Klemm-Konzeption gilt. Angegeben sind nur die Bauprinzipien der anionischen Teilgitter, die den Strukturtyp wesentlich bestimmen, nicht die Struktur selbst.

Bei den Phasen mit typischen Ionenstrukturen wie Mg_2Pb hat in der ionischen Grenzstruktur die anionische Komponente Edelgaskonfiguration, daher die Bindigkeit null, die Atome sind im Gitter isoliert.

Interessant sind Phasen, bei denen man für die B-Atome unterschiedliche formale Ladungen erhält. Dazu ein Beispiel. Bei der Phase Li_7Ge_2 erhält man für ein Ge-Atom die Bindigkeit 0 (Formalladung -4, edelgasanalog) und für das andere Ge-Atom die Bindigkeit 1 (Formalladung -3, halogenanalog). Das Li_7Ge_2-Gitter enthält tatsächlich Ge_2-Hanteln und isolierte Ge-Atome im Verhältnis $1:2$.

Für viele heteropolare intermetallische Verbindungen ist die Zintl-Klemm-Konzeption nicht anwendbar. Beispiele dafür sind: Phasen mit hohen Anteilen des elektronegativen Elements (K_8Ge_{46}, K_8Sn_{46}) oder des elektropositiven Elements

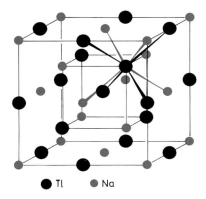

Abbildung 2.114   Gitter von NaTl. Jedes Atom des Gitters ist von vier Tl- und vier Na-Atomen jeweils tetraedrisch umgeben. Die acht Nachbarn bilden zusammen einen Würfel.

($Ca_{33}Ge$, $Li_{22}Pb_5$); Phasen, die im Cu_3Au-Typ (vgl. Abb. 2.105) kristallisieren ($CaSn_3$, $CaPb_3$, $NaPb_3$, $CaTl_3$, $SrBi_3$); Phasen mit CsCl-Struktur (LiHg, LiTl, MgTl, CaCd).

Tabelle 2.28   Beispiele für heteropolare intermetallische Phasen, für die die Zintl-Klemm-Konzeption gilt:
N ist die Anzahl der Valenzelektronen des elektronegativeren Atoms in der ionischen Grenzstruktur. 8-N ist die Bindigkeit in den anionischen Teilgittern.

N	Verbindung M_xB_y	Formalladung von B	Bindigkeit von B	Bauprinzip der Anionen
4	NaTl	1−	4	Raumnetz aus tetraetrisch koordinierten B-Atomen (analog Diamant)
4	$CaIn_2$ $BaTl_2$	1−	4	Raumnetz aus verzerrt tetraedrisch koordinierten B-Atomen
5	NaPb	1−	3	isolierte B_4-Tetraeder (analog P_4)
	$CaSi_2$	1−	3	gewellte Schichten (analog As)
6	CaSn BaPb	2−	2	planare Zickzack-Ketten der B-Atome
	LiP NaSb	1−	2	geschraubte Ketten der B-Atome (analog Se, Te)
8	Mg_2Pb Li_3Bi Na_3As	4− 3− 3−	0 0 0	isolierte B-Atome

Einlagerungsverbindungen

Die kleinen Nichtmetallatome H, B, C, N können in Metallgittern Zwischengitterplätze besetzen, wenn für die Atomradien die Bedingung $r_{\text{Nichtmetall}} : r_{\text{Metall}} \leqq 0{,}59$ gilt. Die dabei entstehenden Phasen werden „Einlagerungsverbindungen" genannt. Diese Phasen behalten metallischen Charakter, man spricht daher von legierungsartigen Hydriden, Carbiden und Nitriden. Sie werden von Metallen der 4.–10. Nebengruppe, den Lanthanoiden und Actinoiden gebildet. Andere Metalle bilden diese Verbindungen auch bei passender Atomgröße und Elektronegativität nicht. In der elektrischen Leitfähigkeit und im Glanz ähneln die Einlagerungsverbindungen den Metallen. Die Phasenbreite ist meist groß. Unähnlich den Metallen und Legierungen entstehen spröde Substanzen mit sehr hoher Härte und sehr hohen Schmelzpunkten, die daher technisch interessant sind (Hartstoffe). Ein bekanntes Beispiel ist WC, Widia (hart wie Diamant), weitere Beispiele zeigt Tabelle 2.29. Technisch von großer Bedeutung sind Hartmetalle. Es sind Sinterlegierungen aus Hartstoffen und Metallen, z. B. WC und Co, die bei relativ niedrigen Temperaturen gesintert werden können und in denen die Härte und die Zähigkeit der beiden Komponenten kombiniert sind.

Die Strukturen der Einlagerungsverbindungen leiten sich oft von kubisch-dichtest gepackten Metallgittern ab (vgl. Abb. 2.115). Die N- und C-Atome besetzen die größeren Oktaederlücken, die H-Atome auch die kleineren Tetraederlücken des Metallgitters. Die Lücken können auch teilweise besetzt sein. Es wird aber immer nur die eine Lückensorte besetzt. Tabelle 2.30 zeigt Beispiele für einige stöchiometrische Phasen und die Strukturen, in denen sie auftreten. Bei anderen Einlagerungsstrukturen sind die Metallatome hexagonal-dichtest gepackt oder kubisch-raumzentriert angeordnet. Weitere Strukturen entstehen durch Erniedrigung der kubischen Symmetrie als Folge von Gitterverzerrungen. Metallboride haben komplizierte Strukturen, sie werden im Abschn. 4.8.4.1 behandelt.

Die NaCl-Struktur entsteht auch dann häufig, wenn das Ausgangsmetall hexagonal-dichtest oder kubisch-raumzentriert kristallisiert. Da die Einlagerung der

Tabelle 2.29   Beispiele für Einlagerungsverbindungen

Carbide					Nitride	
	Schmelzpunkt in °C			Schmelzpunkt in °C		Schmelzpunkt in °C
TiC	2940–3070		β-Mo_2C	2485–2520	TiN	2950
ZrC	3420		WC	2720–2775	ZrN	2985
HfC	3820–3930		ThC	2650	HfN	3390
VC	2650–2680		ThC_2	2655	TaN	3095
NbC	3610		UC	2560	Mo_2N	Zersetzung
TaC	3825–3985		UC_2	2500	W_2N	Zersetzung

Die Mohs-Härte liegt meist bei 8–10. Die härteste Substanz mit der Härte 10 ist der Diamant.

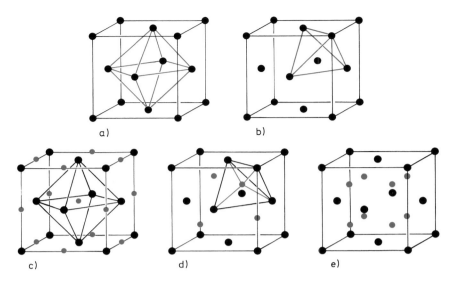

Abbildung 2.115 Kubisch-dichtest gepackte Metallatome bilden zwei Sorten von Hohlräumen. Metallatome, die ein Oktaeder bilden, umschließen eine oktaedrische Lücke (a). Pro Metallatom ist eine Oktaederlücke vorhanden. Metallatome, die ein Tetraeder bilden, umschließen eine tetraedrische Lücke (b). Pro Metallatom gibt es zwei Tetraederlücken. Bei der Natriumchlorid-Struktur sind alle Oktaederlücken der kubisch-dichtest gepackten Metallatome mit einer Atomsorte besetzt (c). Die Besetzung aller Tetraederlücken führt zur Fluorit-Struktur (e). Bei der geordneten Besetzung der Hälfte der Tetraederlücken entsteht die Zinkblende-Struktur (d).

Nichtmetallatome trotz der Vergrößerung des Metall-Metall-Abstandes eine Erhöhung der Härte und des Schmelzpunktes bewirkt und außerdem ein strukturelle Änderung des Metallgitters zur Folge haben kann, müssen starke Bindungen zwischen den Metall- und den Nichtmetallatomen vorhanden sein.

Tabelle 2.30 Beispiele für Einlagerungsverbindungen, bei denen die Metallatome eine kubisch-dichteste Packung besitzen

Nichtmetallatome besetzen	Anteil besetzter Lücken in %	Struktur	Beispiele
Oktaederlücken	100	Natrium-chlorid	TiC, ZrC, HfC, ThC, VC, NbC, TaC, UC, TiN, ZrN, HfN, ThN, VN, UN, CrN, PdH
	50		W_2N, Mo_2N
	25 (geordnet)		Mn_4N, Fe_4N
Tetraederlücken	100	Fluorit	CrH_2, TiH_2, VH_2, HfH_2, GdH_2

2.5 Vergleich der Bindungsarten

Für die bisher behandelten Bindungsarten werden in der folgenden Tabelle 2.31 die wichtigsten Merkmale zusammengefaßt und verglichen.

Tabelle 2.31   Vergleich zwischen Ionenbindung, Atombindung, zwischenmolekularer Bindung und metallischer Bindung

	Ionenbindung	Atombindung	Zwischenmole-kulare Bindung	Metallische Bindung
Teilchen, zwischen denen die Bindung wirksam ist	Ionen	Atome	→ Moleküle	Atome
Bindungskräfte	elektrostatische Kräfte zwischen Ionen, ungerichtet, stark	kovalente Bindungen durch gemeinsame Elektronenpaare, gerichtet, stark	van der Waals-Kräfte (Dipol-Dipol-Anziehung), ungerichtet, schwach	Bindung zwischen Atomrümpfen und delokalisierten Elektronen, ungerichtet, wechselnde Stärke
Entstehende Strukturen	Ionenkristalle, meist große KZ	Moleküle mit „abgesättigten" Valenzelektronen, Atomkristalle, kleine KZ	Molekülkristalle, komplizierte Strukturen, niedrigsymmetrisch	Metallkristalle, wenige Strukturen, sehr große KZ
Eigenschaften kristalliner Feststoffe	hoher Schmelzpunkt, hart, Ionenleitung in der Schmelze und in Lösung	hoher Schmelzpunkt, hart, Isolator oder Halbleiter	niedriger Schmelzpunkt, weich, Isolator	Unterschiedliche Schmelzpunkte, duktil, Elektronenleiter
Beispiele kristalliner Feststoffe	NaCl, BaO, CaF_2	Diamant, SiC, AlP	H_2, Cl_2, CO_2, CCl_4	Fe, Al, $MgZn_2$, $CuAu_3$, feste Lösungen

2.6 Die Wasserstoffbindung

Bei einer Reihe kovalenter Wasserstoffverbindungen elektronegativer Elemente erfolgt *eine Bindung zwischen den Molekülen durch Wasserstoffbrücken.* Dieser spezielle Bindungstyp *wird Wasserstoffbindung (Wasserstoffbrückenbindung) genannt.*

$$\overset{\delta-}{X}\!-\!\overset{\delta+}{H}\cdots\cdots\overset{\delta-}{X}\diagdown\!\!\underset{Y}{\overset{\delta+}{}}$$

Zwischen dem positiv geladenen H-Atom des Moleküls HX und dem freien Elektronenpaar eines Hybridorbitals des X-Atoms im Nachbarmolekül kommt es zu einer elektrostatischen Anziehung. Die Anziehung ist um so stärker, je größer die Elektronegativität des X-Atoms und je kleiner das X-Atom ist. Dadurch wird die X—Y-Bindung polarer, das nichtbindende Hybridorbital kleiner und damit seine Ladungsdichte erhöht. Die Ladungsdichte wächst auch mit zunehmendem Hybridcharakter des Orbitals. Der Hybridcharakter nimmt innerhalb einer Gruppe des PSE mit wachsender Atomgröße rasch ab. *Geeignet für starke Wasserstoffbindungen sind daher die Atome F, O und N. Cl, S, P und C sind nur zu schwachen Wasserstoffbindungen befähigt.*

Eigenschaften

Die Wasserstoffbrücken X—H $\cdots$ X sind linear angeordnet (in Ausnahmefällen schwach gewinkelt), da dann die Anziehung H $\cdots$ X am größten, die Abstoßung zwischen den X-Atomen am kleinsten ist. Der Valenzwinkel HXY liegt meist im Bereich 110–140°.

Die meisten Wasserstoffbrücken sind unsymmetrisch, es existiert ein langer und ein kurzer Bindungsabstand zu den Nachbaratomen. Eine symmetrische F—H—F-Brücke besitzt das HF_2^--Ion in KHF_2. In symmetrischen Brücken sind die Wasserstoffbindungen besonders stark.

Meistens ist das freie Elektronenpaar des X-Atoms nur zur Ausbildung einer Wasserstoffbrücke befähigt. Eine Ausnahme ist kristallines Ammoniak. Von jedem Elektronenpaar der N-Atome werden drei Wasserstoffbrücken ausgebildet.

Wasserstoffbrücken entstehen natürlich auch zwischen Atomen unterschiedlicher elektronegativer Elemente (vgl. Tabelle 2.32). Ein Beispiel ist HCN mit der Wasserstoffbrücke

C—H $\cdots$ N

Die Bindungsenergien der Wasserstoffbindungen liegen im Bereich bis 40 kJ mol^{-1}. Höhere Bindungsenergien treten nur in Ausnahmefällen auf, wie z. B. bei der symmetrischen F—H—F-Brücke (113 kJ mol^{-1}). Hinsichtlich der Bindungsenergie liegt die Wasserstoffbindung also zwischen der van der Waals-Bindung und der kovalenten Bindung. Beispiele für anorganische Verbindungen mit verschiedenen Wasserstoffbrücken zeigt Tabelle 2.32.

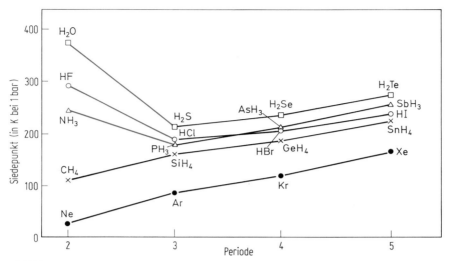

Abbildung 2.116   Siedepunkte von einfachen Hydriden der Hauptgruppenelemente und der Edelgase. Die zusätzlichen Bindungskräfte durch Wasserstoffbrücken in HF, H$_2$O und NH$_3$ können erst bei anomal hohen Siedepunkten überwunden werden.

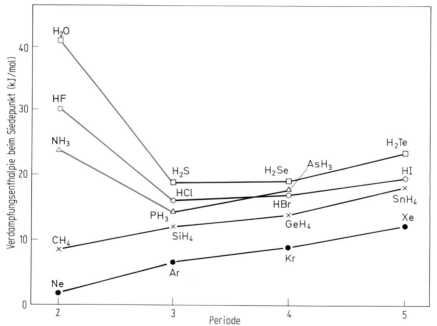

Abbildung 2.117   Verdampfungsenthalpie von einfachen Hydriden der Hauptgruppenelemente und der Edelgase. Die Wasserstoffbindungen in HF, H$_2$O und NH$_3$ verursachen eine starke Erhöhung der Verdampfungsenthalpie. Mit der Verdampfungsenthalpie müssen nicht nur die van der Waals-Kräfte überwunden werden, sondern auch die Wasserstoffbrücken gelöst und außerdem Rotationsfreiheitsgrade angeregt werden (durch die Wasserstoffbindung ist die Rotation z. T. eingeschränkt).

Tabelle 2.32   Beispiele für Wasserstoffbrücken in anorganischen Verbindungen

$O-H\cdots O$	$F-H\cdots F$	$N-H\cdots F$
$(H_2O)_n$	$(HF)_n$	NH_4HF_2
H_2SO_4	KHF_2	$(NH_4)_2SiF_6$
$B(OH)_3$	KH_2F_3	NH_4BF_4
KH_2PO_4	$N-H\cdots N$	$N-H\cdots O$
$NaHCO_3$	NH_3	NH_2OH
$CuSO_4\cdot 5H_2O$	N_2H_4	$N-H\cdots Cl$
$CaSO_4\cdot 2H_2O$	$O-H\cdots N$	NH_4Cl
H_2O_2	NH_2OH	$C-H\cdots N$
	$O-H\cdots Cl$	HCN
	$MnCl_2\cdot 2H_2O$	

Einfluß auf physikalische Eigenschaften und Strukturen

Wasserstoffbrücken beeinflussen die physikalischen Eigenschaften. Sie *erhöhen Schmelztemperatur, Siedetemperatur, Verdampfungsenthalpie, Dipolmoment, elektrische Feldkonstante und Viskosität.*

Der Einfluß der Wasserstoffbrücken auf die Siedepunkte und Verdampfungsenthalpien von HF, H_2O und NH_3 ist in den Abb. 2.116 und 2.117 zu erkennen.

Die Vergrößerung der elektrischen Feldkonstante des Wassers und wasserähnlicher Lösungsmittel ist für die Löslichkeit von Salzen wichtig.

Die Wasserstoffbrücken führen zu typischen Ketten-, Schicht- und Raumnetzstrukturen.

Kristallines HF besteht aus Zickzackketten, in denen die HF-Moleküle durch lineare unsymmetrische Wasserstoffbrücken verknüpft sind.

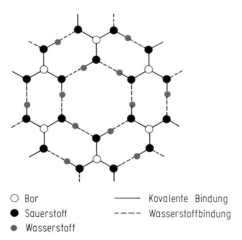

○ Bor   ———— Kovalente Bindung
● Sauerstoff   ----- Wasserstoffbindung
● Wasserstoff

Abbildung 2.118   Schichtstruktur der Borsäure H_3BO_3.

Ähnliche Assoziate sind vermutlich im flüssigen HF vorhanden, dessen Struktur aber noch ungeklärt ist. Gasförmiges HF besteht bei 20 °C aus gewellten (HF)$_6$-Ringen und HF-Molekülen, die miteinander im Gleichgewicht stehen.

Besitzen die Moleküle mehrere Wasserstoffatome und mehrere freie Elektronenpaare, dann kann eine zweidimensionale oder dreidimensionale Verknüpfung erfolgen. Ein Beispiel für eine Schichtstruktur ist die Borsäure H$_3$BO$_3$ (Abb. 2.118). Im Eis I wird durch Wasserstoffbrücken eine Raumnetzstruktur aufgebaut, in der jedes O-Atom tetraedrisch von vier anderen umgeben ist (Abb. 2.119).

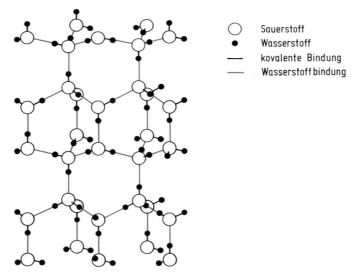

○	Sauerstoff
●	Wasserstoff
—	kovalente Bindung
—	Wasserstoffbindung

Abbildung 2.119   Struktur von Eis I.

Bindungsmodelle

Die Bindung in unsymmetrischen Wasserstoffbrücken wird am besten durch das elektrostatische Modell beschrieben. In einigen Fällen (z. B. Eis I) erfolgt ein ständiger Platzwechsel der Protonen zwischen zwei äquivalenten Positionen (Protomerie) (Abb. 2.120).

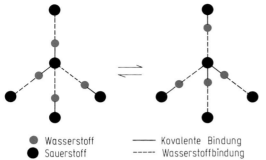

● Wasserstoff   —— Kovalente Bindung
● Sauerstoff   ----- Wasserstoffbindung

Abbildung 2.120   Simultaner Platzwechsel der Protonen in den Wasserstoffbrücken der Eisstruktur (Protomerie).

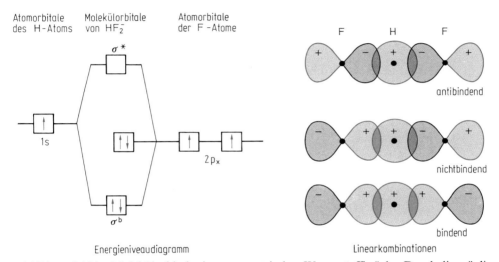

Abbildung 2.121   Molekülorbitale einer symmetrischen Wasserstoffbrücke. Durch die möglichen Linearkombinationen des H-1s-Orbitals und der F-2p$_x$-Orbitale entsteht ein bindendes, ein nichtbindendes und ein antibindendes MO. Die vier Valenzelektronen des HF$_2^-$-Ions besetzen das bindende und das nichtbindende MO. Es liegt eine 3Zentren-4Elektronen-Bindung vor. Die Bindungsordnung ist 0,5. Der im Vergleich zum HF schwächeren Bindung entspricht experimentell ein größerer Bindungsabstand und eine kleinere Kraftkonstante.

Die symmetrische Brücke kann als 3Zentren-4Elektronen-Bindung beschrieben werden. Die Bindungsordnung der H—F-Bindungen beträgt 0,5. Das MO-Schema ist in der Abb. 2.121 angegeben.

Im flüssigen und gasförmigen Zustand besitzen die Wasserstoffbrücken eine geringe Lebensdauer und sie werden dauernd gelöst und neu geknüpft. Bei 25 °C führt die ungleichmäßige Verteilung der Schwingungsenergie der Moleküle bei Wasserstoffbrücken mit Bindungsenergien < 40 kJ mol^{-1} zu einer Lebensdauer von Bruchteilen einer Sekunde.

Symmetrische anionische Wasserstoffbrücken existieren bei den Hydriden von B, Be, Al (Kap. 4).

2.7 Methoden zur Strukturaufklärung

2.7.1 Symmetrie

2.7.1.1 Molekülsymmetrie

Die Symmetrie eines Moleküls kann mit Symmetrieelementen beschrieben werden. *Ein Symmetrieelement gibt an, welche Symmetrieoperation ausgeführt werden soll. Durch eine Symmetrieoperation wird ein Gegenstand mit sich selbst zur Deckung gebracht.* Nach Ausführung einer Symmetrieoperation ist also die Lage eines Moleküls nicht von der vor der Operation zu unterscheiden.

Es gibt 5 Arten von Symmetrieelementen. Für Moleküle verwendet man die Schönflies-Symbolik.

Drehachsen C_n. Ein Molekül wird um den Winkel $2\pi/n$ um diese Achse gedreht.

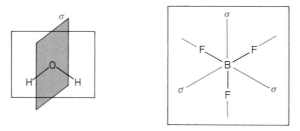

Die Identität I. Sie ist identisch mit der Drehachse C_1. Natürlich besitzen alle Moleküle die Identität I, da alle Moleküle durch Drehung um $2\pi = 360°$ in sich selbst überführt werden.

Spiegelebenen σ. Alle Atome des Moleküls werden an dieser Ebene gespiegelt.

Inversionszentrum i. Alle Atome des Moleküls werden an einem Punkt, dem Inversionszentrum, gespiegelt.

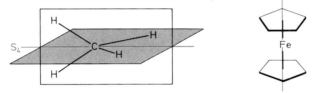

$[Fe(CN)_6]^{4-}$ (vgl. Abschn. 5.16.5)

Drehspiegelachsen S_n. Das Molekül wird um $2\pi/n$ um diese Achse gedreht und an einer Ebene senkrecht zu dieser Achse gespiegelt. S_1 ist identisch mit einer Spiegelebene, S_2 mit einem Inversionszentrum.

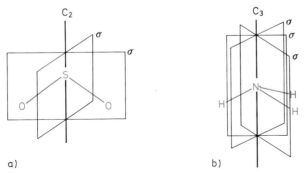

$(C_5H_5)_2Fe$, Ferrocen (vgl. Abschn. 5.6), gestaffelte Form

Es gibt nicht beliebige Kombinationen von Symmetrieelementen, denn bestimmte Kombinationen von Symmetrieelementen erzeugen neue Symmetrieelemente. Zum Beispiel erzeugen zwei senkrecht aufeinander stehende Spiegelebenen eine zweizählige Achse (vgl. Abb. 2.122). *Die begrenzte Anzahl der erlaubten Kombinationen von Symmetrieelementen nennt man Punktgruppen* (Abb. 2.122). Die Bezeichnung Punktgruppe kommt daher, daß es bei jedem Molekül einen Punkt gibt, dessen Lage im Raum unverändert bleibt, unabhängig davon wieviel Symmetrieoperationen an einem Molekül ausgeführt werden.

Abbildung 2.122   Beispiele für Punktgruppen
a) Die Punktgruppe, zu der SO_2 gehört, besitzt als Symmetrieelemente die Identität I, eine zweizählige Achse C_2 und zwei Symmetrieebenen σ.
b) Die Punktgruppe, zu der NH_3 gehört, besitzt als Symmetrieelemente die Identität I, eine dreizählige Achse C_3 und drei Symmetrieebenen σ.

Für die Beschreibung von Molekülen und für die Diskussion ihrer Eigenschaften, z. B. der Normalschwingungen (vgl. Abschn. 2.7.3), ist die Kenntnis ihrer Symmetrie wichtig. In der Tabelle 2.33 sind die wichtigsten Punktgruppen, ihre Symmetrieelemente und Beispiele angegeben. Anhang 2 enthält ein Schema mit dem die Punktgruppen eines Moleküls ermittelt werden können.

Tabelle 2.33   Wichtige Punktgruppen

Punktgruppe		Symmetrieelemente	Beispiele
C_n	C_1	I	CHFClBr
	C_2	I, C_2	H_2O_2
C_{nv}	$C_{1v} = C_s$	I, σ	HOCl
	C_{2v}	I, C_2, $2\sigma_v$	H_2O, CF_3, SO_2
	C_{3v}	I, C_3, $3\sigma_v$	NH_3, XeO_3, $S_2O_3^{2-}$
	C_{4v}	I, C_4, $4\sigma_v$	IF_5, $XeOF_4$, SF_5Cl
	$C_{\infty v}$	I, C_∞, $\infty\sigma_v$	NO, HCN
			alle linearen Moleküle ohne i
C_{nh}	C_{2h}	I, C_2, σ_h, i	trans-N_2F_2
	C_{3h}	I, C_3, σ_h, S_3	$B(OH)_3$
D_{nd}	D_{2d}	I, C_2, $2C_2'$, $2\sigma_d$, S_4	S_4N_4, As_4S_4
	D_{3d}	I, C_3, $3C_2'$, $3\sigma_d$, i, S_6	Si_2H_6
	D_{4d}	I, C_4, $4C_2'$, $4\sigma_d$, S_8	S_8
D_{nh}	D_{2h}	I, C_2, $2C_2'$, $2\sigma_v$, σ_h, i	C_2H_4, B_2H_6
	D_{3h}	I, C_3, $3C_2'$, $3\sigma_v$, σ_h, S_3	BF_3, PF_5, $[ReH_9]^{2-}$
	D_{4h}	I, C_4, $4C_2'$, $4\sigma_v$, σ_h, i, S_4	XeF_4, $PtCl_4^-$, $[Re_2Cl_8]^{2-}$
	D_{5h}	I, C_5, $5C_2'$, $5\sigma_v$, σ_h, S_5	IF_7
	D_{6h}	I, C_6, $6C_2'$, $6\sigma_v$, σ_h, i, S_6	C_6H_6
	$D_{\infty h}$	I, C_∞, $\infty C_2'$, $\infty\sigma_v$, i	CO_2, Hg_2Cl_2, H_2
			alle linearen Moleküle mit i
T_d	Tetraeder	I, $4C_3$, $3C_2$, $6\sigma_d$, $3S_4$	SiF_4, CH_4, $Ni(CO)_4$
O_h	Oktaeder	I, $3C_4$, $4C_3$, $6C_2'$, $3\sigma_h$, $6\sigma_d$, i, $3S_4$, $4S_6$	SF_6
I_h	Ikosaeder	I, $6C_5$, $10C_3$, $15C_2'$, $15\sigma_v$, i, $12S_{10}$, $10S_6$	$B_{12}H_{12}^{2-}$

Die Drehachse C_n mit der höchsten Ordnung wird als Hauptachse bezeichnet. Spiegelebenen senkrecht zur Hauptachse werden als Horizontalebenen (σ_d) bezeichnet, Spiegelebenen, die die Hauptachse enthalten, nennt man Vertikalebenen (σ_v) oder Diederebenen (σ_d), wenn sie den Winkel zwischen zwei zweizähligen Achsen halbieren. Die Achsen C_2' stehen senkrecht zur Hauptachse und unter gleichen Winkeln zueinander.

2.7.1.2 Kristallsymmetrie

Symmetrieelemente des Kontinuums

Bei Kristallen gibt es 8 verschiedene Symmetrieoperationen, mit denen die makroskopischen Symmetrieeigenschaften beschrieben werden können (Abb. 2.123). Dafür wird die Symbolik von Hermann-Mauguin verwendet, während für Moleküle die Schönflies-Symbolik benutzt wird. An Stelle der Drehspiegelung (Kombination aus Drehung und Spiegelung) wird die Drehinversion (Kombination aus Drehung und Inversion) verwendet.

Symmetrieelement	Symbol	Symmetrieoperation
Drehungsachse (Gyre)	X	Drehung um
einzählig	1	360°
zweizählig	2	180°
dreizählig	3	120°
vierzählig	4	90°
sechszählig	6	60°
Spiegelebene	m	Spiegelung an einer Spiegelebene
Inversionszentrum (Symmetriezentrum)	i	Spiegelung an einem Punkt (Symmetriezentrum)
Drehinversionsachse	$\bar{X}$	
vierzählig	$\bar{4}$	Drehung um 90° und Spiegelung am Inversionszentrum

Die möglichen Kombinationen der 8 Symmetrieelemente führen zu *32 Kristallklassen (Punktgruppen)*, die sich in ihrer makroskopischen Symmetrie unterscheiden.

Symmetrieelemente des Diskontinuums

Ein Kristall besteht aus einem Raumgitter, in dem die Bausteine (Atome, Ionen, Moleküle, komplexe Baugruppen) dreidimensional periodisch angeordnet sind. Um die Symmetrie eines Raumgitters zu beschreiben, sind außer den 8 Symmetrieelementen des Kontinuums weitere 8 Symmetrieelemente zu berücksichtigen, bei denen Drehung und Spiegelung mit einer Translation gekoppelt sind. Die Translation ist von der Größenordnung der Abstände der Gitterbausteine, sie wird deshalb makroskopisch nicht wirksam.

Symmetrieelement	Symbol	Symmetrieoperation
Gleitspiegelebene	c	Gleitspiegelung = Spiegelung und Translation parallel zur Spiegelebene

Schraubenachse		Schraubung = Drehung und Translation in Richtung der Drehungsachse
zweizählig	2_1	

Drehung um $180°$ und Translation um $\tau/2$

dreizählig	3_1 3_2

3_1 = Linksdrehung um $120°$ und Translation um $\tau/3$	3_2 = Rechtsdrehung um $120°$ und Translation um $\tau/3$

vierzählig	4_1	Linksdrehung um $90°$ und Translation um $\tau/4$
	4_2	Rechtsdrehung um $90°$ und Translation um $\tau/4$
sechszählig	6_1	Linksdrehung um $60°$ und Translation um $\tau/6$
	6_5	Rechtsdrehung um $60°$ und Translation um $\tau/6$

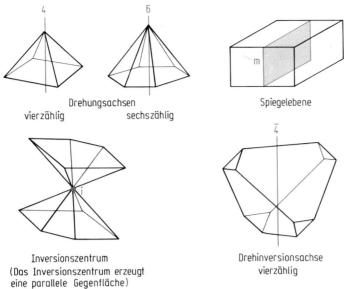

Abbildung 2.123   Symmetrieelemente des Kontinuums.
Es gibt 8 Symmetrieelemente: $1,2,3,4,6,m,i,\bar{4}$.
Die Drehinversionsachsen mit anderer Zähligkeit entsprechen:
$\bar{1} = i, \bar{2} = m, \bar{3} = 3 + i, \bar{6} = 3 + m$.

Bei der Schraubenachse 3_2 ist die Operation Rechtsdrehung um 120° und Translation um $\tau/3$ identisch mit einer Linksdrehung um 120° und Translation um $2/3 \cdot \tau$.

Die Schraubenachse 4_2 mit der Operation Drehung um 90° und Translation um $2/4 \cdot \tau$ ist identisch mit einer zweizähligen Achse.

Die Schraubenachsen 6_2 und 6_4 sind identisch mit zweizähligen Achsen, die Schraubenachse 6_3 mit einer dreizähligen Achse.

Die möglichen Kombinationen der Symmetrieelemente des Raumgitters führen zu *230 Raumgruppen* verschiedener Symmetrie. Sie teilen sich auf die 32 Kristallklassen auf.

Translationsgitter (Bravais-Gitter)

Jedes Raumgitter erhält man durch Translation eines Translationsgitters nach drei Raumrichtungen. Es gibt 14 verschiedene Translationsgitter (Abb. 2.124).

Ein Bravais-Gitter besteht aus einer Partikelsorte. Bei einer Verbindung entsteht das Raumgitter durch Translation desselben Bravais-Gitters für die Komponenten der Verbindung.

Beispiel NaCl:
Das Gitter von NaCl entsteht durch Translation je eines allseits flächenzentrierten kubischen Bravais-Gitters für die Na^+-Ionen und die Cl^--Ionen.

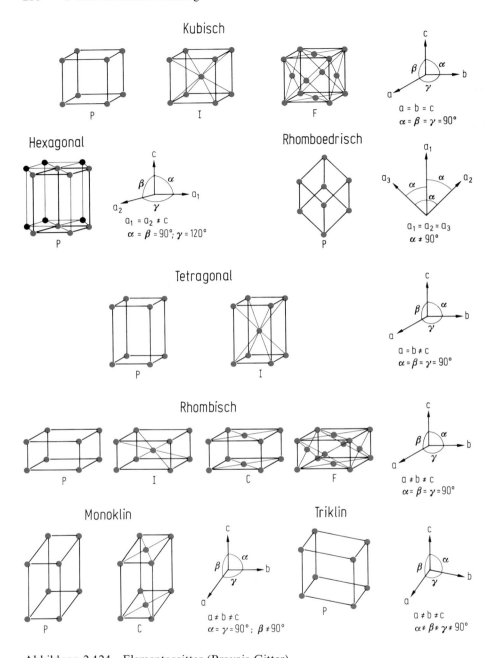

Abbildung 2.124   Elementargitter (Bravais-Gitter).
Es gibt 7 primitive Gitter (Symbol P), bei denen nur die Ecken des Bravais-Gitters besetzt sind.
Sie gehören zu den 7 Kristallsystemen. 3 Bravais-Gitter sind innenzentriert (Symbol I), 2 allseits
flächenzentriert (Symbol F) und 2 basisflächenzentriert (Symbol C).

Kristallsysteme

Bravais-Gitter, Raumgruppen und Kristallklassen sind 7 Kristallsystemen zuzuordnen. Sie werden durch die Winkel und Achsabschnitte eines Koordinatensystems festgelegt (Abb. 2.124).

Kristallsystem	Achsabschnitte	Winkel	Bestimmungsgrößen
Kubisch	$a = b = c$	$\alpha = \beta = \gamma = 90°$	a
Hexagonal	$a \neq c$	$\alpha = \beta = 90° \quad \gamma = 120°$	a, c
Rhomboedrisch	$a = b = c$	$\alpha = \beta = \gamma \neq 90°$	a, α
Tetragonal	$a = b \neq c$	$\alpha = \beta = \gamma = 90°$	a, c
Rhombisch	$a \neq b \neq c$	$\alpha = \beta = \gamma = 90°$	a, b, c
Monoklin	$a \neq b \neq c$	$\alpha = \beta = 90°, \ \gamma \neq 90°$	a, b, c, γ
Triklin	$a \neq b \neq c$	$\alpha \neq \beta \neq \gamma \neq 90°$	$a, b, c, \alpha, \beta, \gamma$

Elementarzelle

Die Elementarzelle ist die kleinste geometrische Einheit eines Kristallgitters, durch deren Translation das Gitter aufgebaut werden kann. Daher *genügt zur vollständigen Beschreibung des Gitters* die Kenntnis der Elementarzelle. Man wählt diejenige Elementarzelle mit der höchsten Symmetrie: möglichst senkrecht aufeinander stehende Achsen, kleine und möglichst gleich große Achsabschnitte (Abb. 2.125).

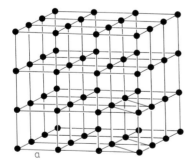

Abbildung 2.125   Mit beiden Elementarzellen (rot eingezeichnet) kann das Raumgitter aufgebaut werden. Zur Beschreibung wählt man zweckmäßig die linke kubische Elementarzelle mit der Gitterkonstante a.

Die makroskopische Symmetrie eines Kristalls ist in der Symmetrie des Raumgitters vorgegeben. Es gibt z. B. keine fünfzähligen oder achtzähligen Elementarzellen, da man daraus kein Raumgitter aufbauen kann. Es gibt daher – zum Unterschied von

Molekülen – auch keine Kristalle mit fünfzähligen oder achtzähligen Drehungsachsen.

Der Inhalt der Elementarzelle kann durch Angaben der *Punktlagen* x_i, y_i, z_i der Atome i in Einheiten der Achsabschnitte der Elementarzelle angegeben werden.

Beispiel: NaCl

Punktlagen

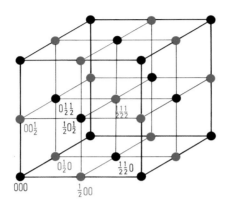

Na 000, $\tfrac{1}{2}\tfrac{1}{2}0$, $\tfrac{1}{2}0\tfrac{1}{2}$, $0\tfrac{1}{2}\tfrac{1}{2}$

Cl $\tfrac{1}{2}00$, $0\tfrac{1}{2}0$, $00\tfrac{1}{2}$, $\tfrac{1}{2}\tfrac{1}{2}\tfrac{1}{2}$

Die Elementarzelle enthält 4 Formeleinheiten NaCl. Die Atome in den Ecken der Elementarzelle gehören 8 Elementarzellen an, also zu 1/8 zur Elementarzelle, entsprechend Atome auf den Flächen zur Hälfte und Atome auf den Kanten zu 1/4.

2.7.2 Röntgenbeugung

Kristallebenen und ihre Orientierung

Man kann die Lage einer Kristallfläche durch das Verhältnis der Achsabschnitte im Koordinatensystem $ma : nb : pc$ angeben, wobei a, b, c die Gitterkonstanten der Elementarzelle sind. m, n, p sind ganze Zahlen (Rationalitätsgesetz). Das Rationalitätsgesetz folgt aus dem Raumgitteraufbau der Kristalle. Zur Kennzeichnung der Kristallebenen werden die Reziprokwerte $\dfrac{1}{m}a : \dfrac{1}{n}b : \dfrac{1}{p}c$ verwendet. Diese Reziprokwerte werden *Miller-Indizes* (hkl) genannt (Abb. 2.126).

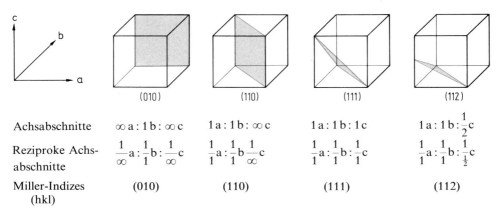

	(010)	(110)	(111)	(112)
Achsabschnitte	$\infty\, a : 1\, b : \infty\, c$	$1\, a : 1\, b : \infty\, c$	$1\, a : 1\, b : 1\, c$	$1\, a : 1\, b : \frac{1}{2}\, c$
Reziproke Achs-abschnitte	$\frac{1}{\infty} a : \frac{1}{1} b : \frac{1}{\infty} c$	$\frac{1}{1} a : \frac{1}{1} b\, \frac{1}{\infty} c$	$\frac{1}{1} a : \frac{1}{1} b : \frac{1}{1} c$	$\frac{1}{1} a : \frac{1}{1} b : \frac{1}{\frac{1}{2}} c$
Miller-Indizes (hkl)	(010)	(110)	(111)	(112)

Abbildung 2.126   Indizierung von Kristallflächen.

Beugung an Kristallebenen

Da die Atomabstände im Kristallgitter in der Größenordnung der Wellenlängen von Röntgenstrahlen liegen, wirken Kristalle wie dreidimensionale Beugungsgitter.

Die Beugung von Röntgenstrahlen an den Beugungszentren des Gitters führt zu einer Reflexion der Röntgenstrahlen an aufeinander folgenden Gitterebenen im Kristall. Treffen die Röntgenstrahlen unter einem Einfallswinkel ϑ auf den Kristall, dann kann eine Reflexion unter demselben Austrittswinkel erfolgen, wenn die *Gleichung von Bragg* erfüllt ist (Abb. 2.127).

$$n\lambda = 2\,d \sin\vartheta \qquad n = 1, 2, 3 \ldots$$

Die Wegdifferenz der an benachbarten Kristallebenen reflektierten Röntgenstrahlen muß ein Vielfaches der Wellenlänge λ betragen, sonst erfolgt Auslöschung der Strahlung durch Interferenz. Es wird also nur bei bestimmten Winkeln eine Reflexion erfolgen.

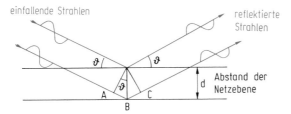

Abbildung 2.127   Reflexion von Röntgenstrahlen an Netzebenen eines Kristallgitters. Da $AB = BC = d\sin\vartheta$, ist die Wegdifferenz der an benachbarten Netzebenen reflektierten Strahlen $2d\sin\vartheta$. Die Bedingung der Reflexion ist also $2d\sin\vartheta = n\lambda$, sonst erfolgt Auslöschung durch Interferenz.

Ersetzt man den Netzebenenabstand $d_{(hkl)}$ für die Kristallfläche (hkl) durch die Gitterkonstante und die Miller-Indizes, erhält man die *quadratische Form der Bragg-Gleichung* für die 7 Kristallsysteme.

Beispiele:

Kubisch $\quad d_{(hkl)} = \dfrac{a}{\sqrt{h^2 + k^2 + l^2}}$ $\qquad\qquad \sin^2 \vartheta = \dfrac{\lambda^2}{4a^2}(h^2 + k^2 + l^2)$

Tetra-gonal $\quad d_{(hkl)} = \dfrac{a}{\sqrt{h^2 + k^2 + \left(\dfrac{a}{c}\right)^2 l^2}}$ $\qquad \sin^2 \vartheta = \dfrac{\lambda^2}{4a^2}\left\{h^2 + k^2 + \left(\dfrac{a}{c}\right)^2 l^2\right\}$

Rhom-bisch $\quad d_{(hkl)} = \dfrac{1}{\sqrt{\left(\dfrac{h}{a}\right)^2 + \left(\dfrac{k}{b}\right)^2 + \left(\dfrac{l}{c}\right)^2}}$ $\quad \sin^2 \vartheta = \dfrac{\lambda^2}{4}\left\{\left(\dfrac{h}{a}\right)^2 + \left(\dfrac{k}{b}\right)^2 + \left(\dfrac{l}{c}\right)^2\right\}$

d ist abhängig von den Dimensionen der Elementarzelle. Je niedriger die Symmetrie des Kristalls ist, um so komplizierter ist die Beziehung zwischen d und (hkl). Beim monoklinen System hängt d von a, b, c und γ ab, beim triklinen System von a, b, c, α, β und γ (vgl. Abb. 2.124).

Aufnahmeverfahren

Drehkristallverfahren. Ein Einkristall wird um eine festgelegte Richtung gedreht, so daß nacheinander verschiedene Netzebenen zum einfallenden Röntgenstrahl in Reflexionsstellung kommen. Die Röntgenstrahlung hat eine einheitliche Wellenlänge (monochromatische Röntgenstrahlung). Jede Kristallfläche ergibt einen Beugungspunkt, der auf einem Film in einer zylindrischen Kammer registriert wird (Abb. 2.128).

Laue-Verfahren. Auf einen feststehenden Kristall fällt polychromatische Röntgenstrahlung. Für jede Netzebene ist in der Röntgenstrahlung die passende Wellenlänge vorhanden, die die Braggsche Reflexionsbedingung erfüllt. Jede Netzebene verursacht einen Beugungspunkt, der auf einem ebenen Film registriert wird (Abb. 2.129).

Debye-Scherrer-Verfahren. Ein Kristallpulver wird mit monochromatischer Röntgenstrahlung bestrahlt. Im Kristallpulver liegen viele kleine Kriställchen regellos verteilt, so daß alle möglichen Kristallflächen ohne Drehung in Reflexionsstellung vorhanden sind. Ein Kristallpulver verhält sich wie ein Einkristall, der in sämtliche Raumrichtungen gedreht wird. Es entstehen Beugungskegel, die in einer zylindrischen Kammer auf einem Film Beugungsringe erzeugen (Abb. 2.130).

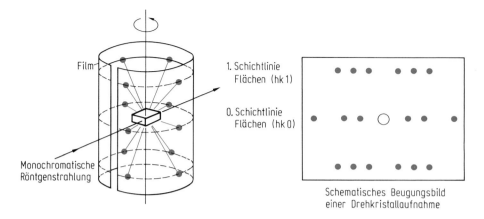

Schematisches Beugungsbild
einer Drehkristallaufnahme

Abbildung 2.128   Drehkristallaufnahme.
Dreht man einen kubischen Kristall um die Kante einer Würfelfläche, erhält man senkrecht zu dieser Richtung Reflexe, die von den Kristallebenen ($hk0$) stammen. Die Reflexe liegen in der Ebene des Primärstrahls (0. Schichtlinie). Die Reflexe von den Kristallflächen ($hk1$), ($hk2$) usw. werden symmetrisch nach oben und unten abgebeugt. Man erhält Reflexe auf Geraden oberhalb und unterhalb der 0. Schichtlinie : 1. Schichtlinie mit den Reflexen $hk1$, 2. Schichtlinie mit den Reflexen $hk2$ usw.

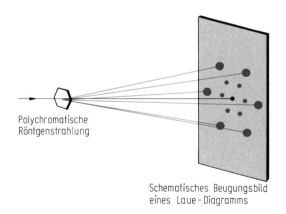

Schematisches Beugungsbild
eines Laue-Diagramms

Abbildung 2.129   Laue-Aufnahme.
Die Richtung der einfallenden Röntgenstrahlung ist die Richtung der hexagonalen Achse des Kristalls. Das Laue-Diagramm zeigt die hexagonale Symmetrie. Mit den Laue-Diagrammen kann die Symmetrie eines Kristalls in ausgewählten Kristallrichtungen erkannt werden.

Zählrohrinterferenzgoniometer-Verfahren. Die am Kristallpulver gebeugte Strahlung wird mit einem Zählrohr registriert. Der Vorteil ist eine genaue Messung der Intensitäten der Röntgenreflexe (Abb. 2.131).

Durch Vermessung der Röntgendiagramme können den Beugungsreflexen Netzebenen zugeordnet werden (*Indizierung*).

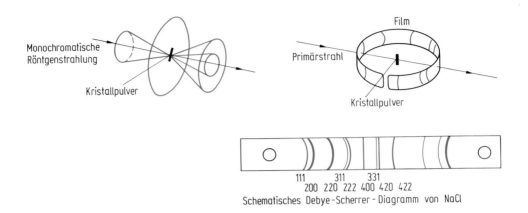

Abbildung 2.130   Debye-Scherrer-Aufnahme.
Das Kristallpulver erzeugt für jede Kristallfläche einen Beugungskegel. Wo der Beugungskegel
den Film schneidet, wird ein Beugungsbild erzeugt.

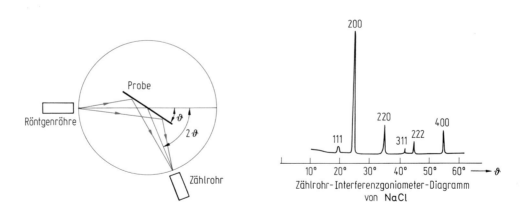

Abbildung 2.131   Strahlengang beim Zählrohr-Interferenzgoniometer.
Die Probe (ebener Präparatehalter, auf dem Kristallpulver aufgebracht ist) wird durch Drehen
in die Reflexionsstellung gebracht. Das Zählrohr wird gleichzeitig mit doppelter Winkelge-
schwindigkeit gedreht. Die mit dem Zählrohr gemessenen Intensitäten können mit einem
Schreiber registriert werden.

Beispiel NaCl:

NaCl kristallisiert im kubischen Kristallsystem. Mit der quadratischen Form der Bragg-Gleichung

$$\sin^2 \vartheta = \frac{\lambda^2}{4a^2} (h^2 + k^2 + l^2)$$

kann mit $a = 565$ pm aus den gemessenen ϑ-Werten (hkl) berechnet werden (vgl. Abb. 2.130 und 2.131).

Für niedrigsymmetrische Kristalle ist die Indizierung aus Pulveraufnahmen schwierig.

Atomverteilung in der Elementarzelle

Zur Ermittlung der Struktur einer Verbindung berechnet man für ein Strukturmodell mit einer angenommenen Atomverteilung in der Elementarzelle die Röntgenintensitäten und vergleicht sie mit den experimentell gefundenen. Bei gelöster Struktur können Bindungsabstände und Bindungswinkel errechnet werden.

Die Intensität eines Röntgenreflexes hkl ist proportional dem Quadrat des Strukturfaktors F_{hkl}

$$I_{hkl} \sim F_{hkl}^2$$

Der *Strukturfaktor* F gibt das Streuvermögen der Elementarzelle an.

$$F_{hkl} = \sqrt{\sum_i (f_i A_i)^2 + \sum_i (f_i B_i)^2}$$

$$A_i = \sum_i \cos 2\pi (hx_i + ky_i + lz_i)$$

$$B_i = \sum_i \sin 2\pi (hx_i + ky_i + lz_i)$$

x_i, y_i, z_i sind die Punktlagen der Atome i der Elementarzelle. f_i, der *Atomformfaktor*, gibt das Streuvermögen des Atoms i an. Das Streuvermögen ist linear proportional der Zahl der Elektronen, also proportional der Ordnungszahl Z. Schwere Atome tragen also stärker zur Intensität bei als leichte Atome. Daraus ergeben sich zwei wichtige Folgerungen für die Röntgenstrukturanalyse. *Im PSE benachbarte Atome sind röntgenographisch nicht zu unterscheiden. Die Position leichter Atome – vor allem von Wasserstoff – kann röntgenographisch nicht bestimmt werden.* Dies ist mit der Neutronenbeugung möglich (vgl. Abschn. 5.3).

Wenn die Elementarzelle ein Symmetriezentrum besitzt, vereinfacht sich der Strukturfaktor.

$$F_{hkl} = \sum_i f_i A_i$$

$$F_{hkl} = \sum_i f_i \cos 2\pi (hx_i + ky_i + lz_i)$$

Beispiel NaCl:

NaCl kristallisiert kubisch. Die Elementarzelle enthält 4 Formeleinheiten NaCl. Die Atomkoordinaten x_i, y_i, z_i sind (s. oben):

| Na | 000 | $\frac{1}{2}\frac{1}{2}0$ | $\frac{1}{2}0\frac{1}{2}$ | $0\frac{1}{2}\frac{1}{2}$ |
| Cl | $\frac{1}{2}00$ | $0\frac{1}{2}0$ | $00\frac{1}{2}$ | $\frac{1}{2}\frac{1}{2}\frac{1}{2}$ |

$$A_{Na} = \cos 0 + \cos 2\pi \left(\frac{h}{2} + \frac{k}{2}\right) + \cos 2\pi \left(\frac{h}{2} + \frac{l}{2}\right) + \cos 2\pi \left(\frac{k}{2} + \frac{l}{2}\right)$$

Wenn hkl gemischte Zahlen sind, werden die Glieder abwechselnd $+1$ und -1. Wenn alle hkl gerade oder alle ungerade sind, werden alle Glieder $+1$.

Es ist also $A_{Na} = 0$ für hkl gemischt
$\qquad\qquad A_{Na} = 4$ für hkl alle gerade oder alle ungerade.

$$A_{Cl} = \cos 2\pi \left(\frac{h}{2}\right) + \cos 2\pi \left(\frac{k}{2}\right) + \cos 2\pi \left(\frac{l}{2}\right) + \cos 2\pi \left(\frac{h+k+l}{2}\right)$$

Wenn hkl gemischte Zahlen sind, werden 2 Glieder $+1$, 2 Glieder -1. Wenn hkl alle gerade sind, werden alle Glieder $+1$. Wenn hkl alle ungerade sind, werden alle Glieder -1.

Es ist also $A_{Cl} = \quad 0$ für hkl gemischt
$\qquad\qquad A_{Cl} = +4$ für hkl alle gerade
$\qquad\qquad A_{Cl} = -4$ für hkl alle ungerade

Für den Strukturfaktor erhält man:
Alle Reflexe mit gemischten Indizes sind ausgelöscht.
$F_{hkl} = 4(f_{Na} + f_{Cl})$ gilt, wenn alle Indizes gerade sind.
$F_{hkl} = 4(f_{Na} - f_{Cl})$ gilt, wenn alle Indizes ungerade sind.

Das Diagramm von NaCl (s. oben) stimmt damit überein. Es treten keine Reflexe mit gemischten Indizes auf. Die Reflexe 200, 220, 222, 400 sind intensiver als 111, 311, 331.

Für die Berechnung der Intensität müssen weitere Faktoren berücksichtigt werden. Flächenhäufigkeitsfaktor: Er berücksichtigt die Häufigkeit, mit der eine bestimmte Fläche in Reflexionsstellung kommt, z.B. bei Pulveraufnahmen 6 Würfelflächen, 8 Oktaederflächen. Temperaturfaktor: Mit steigender Temperatur erfolgt eine Intensitätsverminderung. Absorptionsfaktor: In Abhängigkeit von der verschiedenen Weglänge, die ein abgebeugter Röntgenstrahl im Kristall zurücklegt, erfolgt eine Schwächung der Intensität durch Absorption. Weitere Korrekturfaktoren sind der Lorentz- und der Polarisationsfaktor.

2.7.3 Schwingungsspektroskopie

Normalschwingungen

Schwingungen sind Molekülbewegungen, bei denen sich Bindungsabstände und Bindungswinkel periodisch mit der Schwingungsfrequenz ändern. *Bei Normalschwingungen bewegen sich alle Atome des Moleküls mit gleicher Frequenz und gleicher Phase,* sie gehen also gleichzeitig durch die Gleichgewichtslage und durch die Lage maximaler Amplitude. Die maximalen Amplituden sind für verschiedene Atome verschieden groß.

Ein Molekül mit N Massenpunkten hat $3N$ Freiheitsgrade, da jeder Massenpunkt drei Raumkoordinaten besitzt, die für die N Massenpunkte unabhängig voneinander sind. Drei Freiheitsgrade entfallen auf Translationen in x-, y- und z-Richtung, drei weitere auf Rotationen. Die Anzahl der Schwingungsfreiheitsgrade ist $n = 3N - 6$ bzw. $n = 3N - 5$ für lineare Moleküle, da es bei diesen keinen Rotationsfreiheitsgrad in Richtung der Molekülachse gibt. *Die Gesamtbewegung eines schwingenden Moleküls kann* also *durch eine Überlagerung von $3N - 6$ bzw. $3N - 5$ Normalschwingungen dargestellt werden.* Man unterscheidet nach der Schwingungsform:
Valenzschwingungen ν. Es ändern sich nur die Bindungslängen.

Ebene Deformationsschwingungen δ. Es ändern sich die Bindungswinkel, die Atomabstände bleiben konstant.

Deformationsschwingungen aus der Ebene γ. Ein Atom schwingt durch eine von (mindestens) 3 Nachbaratomen gebildete Ebene.

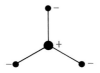

Torsionsschwingungen τ. Der Winkel zwischen zwei Ebenen, die eine Bindung gemeinsam haben, verändert sich.

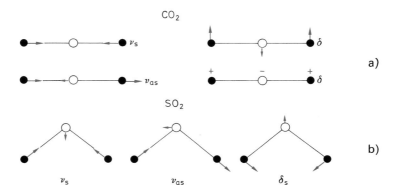

Abbildung 2.132   a) Normalschwingungen von CO_2.
Als lineares Molekül hat CO_2 $n = 3N - 5 = 4$ Normalschwingungen. Bei der symmetrischen Valenzschwingung ν_s verkürzen oder verlängern sich die C—O-Bindungen gleichzeitig. Die Molekülsymmetrie verändert sich nicht. Bei der antisymmetrischen Valenzschwingung ν_{as} verkürzt sich eine der Bindungen, während sich die andere verlängert. Dadurch verändert sich die Molekülsymmetrie. Bei der Deformationsschwingung δ ändert sich der O—C—O-Bindungswinkel. Die beiden Deformationsschwingungen lassen sich durch 90°-Drehung des Moleküls um die Molekülachse ineinander überführen. Sie sind daher entartet.
b) Normalschwingungen von SO_2.
Als nichtlineares dreiatomiges Molekül hat SO_2 $n = 3N - 6 = 3$ Normalschwingungen. Es gibt eine symmetrische Valenzschwingung ν_s, eine asymmetrische Valenzschwingung ν_{as} und eine symmetrische Deformationsschwingung δ_s.

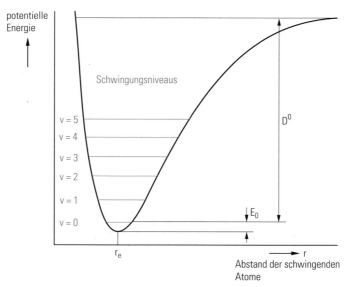

Abbildung 2.133   Potentialverlauf eines anharmonischen Oszillators.
r_e = Gleichgewichtsabstand der Atome, v = Schwingungsquantenzahlen,
E_0 = Nullpunktsenergie, D^0 = Dissoziationsenergie = Bindungsenergie (vgl. S. 119)

Im allgemeinen haben die Schwingungsformen die Frequenzfolge $\nu > \delta > \gamma > \tau$. Man unterscheidet nach dem Symmetrieverhalten:

Symmetrische Schwingungen (Index s). Die Symmetrie des Moleküls bleibt beim Schwingungsvorgang erhalten.

Antisymmetrische Schwingungen (Index as). Während des Schwingungsvorgangs ändert sich die Symmetrie des Moleküls.

In der Abb. 2.132 sind die Normalschwingungen von CO_2 und SO_2 dargestellt.

Die Energie der Molekülschwingungen ist gequantelt. Abb. 2.133 beschreibt den Potentialverlauf eines anharmonisch schwingenden Moleküls. Der Abstand zwischen zwei Quantenzuständen benachbarter Schwingungsniveaus wird mit wachsender Energie immer kleiner, bis die Dissoziationsenergie des Moleküls erreicht ist.

Anregung von Normalschwingungen

Die *Schwingungsfrequenzen eines Moleküls können mit zwei* verschiedenen spektroskopischen *Methoden bestimmt werden: Infrarot-Spektroskopie* und *Raman-Spektroskopie.*

Bei der IR-Spektroskopie wird durch Absorption eines Lichtquants $E = h\nu_{vib}$ eine Grundschwingung angeregt, das Molekül geht vom Schwingungszustand $v = 0$ in den Schwingungszustand $v = 1$ über (Abb. 2.134). Anregungen in Quantenzustände

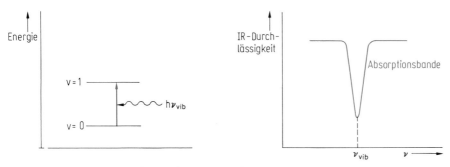

Abbildung 2.134   Entstehung einer IR-Bande.

mit $v > 1$ führen zu Oberschwingungen, deren Anregungswahrscheinlichkeiten und Intensitäten wesentlich geringer sind.

Zur Aufnahme eines IR-Spektrums wird die Probe mit polychromatischer Strahlung bestrahlt, deren Energie im IR-Bereich liegt (Abb. 2.135). Durch Intensitätsvergleich mit einem Referenzstrahl werden die Frequenzwerte der absorbierten Strahlung bestimmt.

Bei der Raman-Spektroskopie bestrahlt man die Probe mit energiereichen Quanten, die von den Molekülen nicht absorbiert werden können. Die Wechselwirkung führt zu 3 Effekten (Abb. 2.136).

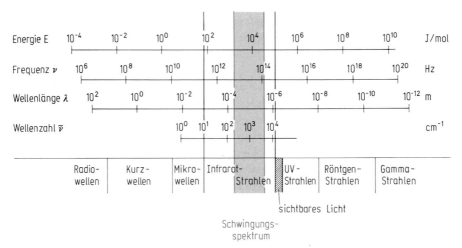

Abbildung 2.135   Bereich der Schwingungsspektren im elektromagnetischen Spektrum

$$E = h\nu = hc\,\frac{1}{\lambda} = hc\tilde{\nu}$$

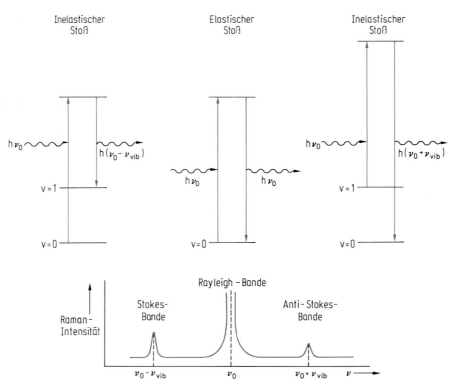

Abbildung 2.136   Entstehung von Raman-Banden.

Elastische Stöße der eingestrahlten Photonen mit der Frequenz v_0 führen zu einem angeregten Zustand, der sofort wieder in den Grundzustand ($v = 0$) übergeht. Die Energie des Moleküls ändert sich nicht, die Strahlung wird als Streustrahlung der gleichen Frequenz v_0 abgegeben (Rayleigh-Strahlung).

Durch inelastische Stöße der Photonen erfolgen Energieänderungen des Moleküls und der Photonen. Fällt das Molekül nicht in den Grundzustand, sondern in den 1. angeregten Zustand ($v = 1$) zurück, so ist die Energie der abgestrahlten Photonen um die Energie des Übergangs $v = 0$ nach $v = 1$ vermindert: $hv_{Stokes} = hv_0 - hv_{vib}$ (Stokes-Linie).

Wird ein Molekül angeregt, das sich im 1. angeregten Zustand ($v = 1$) befindet und fällt dieses in den Grundzustand zurück, so hat das gestreute Photon eine um die Übergangsenergie $v = 0$ nach $v = 1$ erhöhte Energie, $hv_{Anti\text{-}Stokes} = hv_0 + hv_{vib}$ (Anti-Stokes-Linie).

Man mißt die intensiveren Stokes-Linien. Die Schwingungsenergie wird relativ zur Anregungsenergie gemessen: $hv_{vib} = hv_0 - hv_{Stokes}$. Sie entspricht der IR-Absorptionsenergie hv_{vib}. Bei der Raman-Spektroskopie werden die Schwingungen mit monofrequenter Strahlung angeregt (z. B. mit einem He-Ne-Laser: $\lambda = 632,8$ nm; $\tilde{v} = 15802$ cm^{-1}).

Kraftkonstanten

Wenn in einem zweiatomigen Molekül AB der Gleichgewichtsabstand der Atome A und B durch eine äußere Krafteinwirkung um Δr verändert wird, dann tritt eine rücktreibende Kraft

$$F = f \cdot \Delta r$$

auf (Gesetz von Hooke). Der Proportionalitätsfaktor f heißt Kraftkonstante. Für zweiatomige Moleküle gilt

$$f_{AB} = 5,89 \cdot 10^{-7} \frac{\tilde{v}^2}{\mu_A + \mu_B} \text{ (Ncm}^{-1})$$

$\tilde{v}$ ist die Wellenzahl der Schwingung in cm^{-1}, μ_A, μ_B sind die Reziprokwerte der relativen Atommassen A_r. f kann bei Kenntnis der Massen der Atome durch Messung der Schwingungswellenzahl $\tilde{v}$ bestimmt werden. Die f-Werte variieren von 1 bis 30 Ncm^{-1}. *Die Kraftkonstante f ist eine für die Bindungsstärke kovalenter Bindungen charakteristische Größe.*

Die Kraftkonstanten von Mehrfachbindungen sind höher als die von Einfachbindungen. Bei vergleichbaren Bindungen verhalten sich die Kraftkonstanten von Ein-, Zwei- und Dreifachbindungen annähernd wie $1 : 2 : 3$.

Beispiel:	$H_3C—CH_3$	$H_2C=CH_2$	$HC\equiv CH$
f in Ncm^{-1}	4,5	9,8	15,6

Aus den Kraftkonstanten können daher Bindungsordnungen berechnet werden.

Beispiel:

	CO_2	CO	NO_3^-	SO_2	SO_3
Bindungsordnung	2,38	2,76	1,20	2,00	2,05

Die Kraftkonstanten ändern sich mit dem Hybridisierungszustand. f wächst mit zunehmendem s-Charakter.

Beispiel:

Hybridisierung	Molekül	f_{CH} in Ncm^{-1}
p	CH-Radikal	4,09
sp^3	CH_4	4,95
sp^2	C_2H_4	5,12
sp	C_2H_2	5,90

In der Tabelle 2.34 sind die f-Werte einiger zweiatomiger Moleküle angegeben.

Tabelle 2.34   Kraftkonstanten f einiger zweiatomiger Moleküle

Molekül	f in $N\,cm^{-1}$	Molekül	f in $N\,cm^{-1}$
Hg_2^{2+}	1,69	HI	2,92
I_2	1,60	HBr	3,84
IBr	1,98	HCl	4,81
ICl	2,35	HF	8,87
Br_2	2,36	O_2	11,41
BrCl	2,77	NO	15,48
Cl_2	3,20	CN^-	16,41
ClF	4,34	CO	18,56
F_2	4,45	N_2	22,39
H_2	5,14	NO^+	25,06

Kraftkonstanten können auch für mehratomige Moleküle bestimmt werden. Ihre Berechnung ist aber meist schwierig.

Molekülsymmetrie

Nicht jede Normalschwingung führt im IR- oder Raman-Spektrum zu einer Bande. *Entartete Schwingungen* (Abb. 2.132) besitzen dieselbe Energie, also dieselbe Schwingungsfrequenz und ergeben im Schwingungsspektrum nur eine Bande.

Eine Schwingung ist nur dann IR-aktiv (führt zu einer IR-Bande), wenn sich im Verlauf der Schwingung das Dipolmoment μ (vgl. S. 123) des Moleküls ändert.

Eine Schwingung ist nur dann Raman-aktiv, wenn sich beim Schwingungsvorgang die Polarisierbarkeit α (vgl. S. 163) ändert.

Daraus folgen die *Auswahlregeln.* Totalsymmetrische Schwingungen sind Raman-aktiv und ergeben die intensivste Raman-Linie. Hat das Molekül ein Symmetriezentrum (vgl. S. 211), dann sind alle dazu symmetrischen Schwingungen IR-verboten, alle dazu antisymmetrischen Schwingungen Raman-verboten (Alternativverbot). IR-Spektroskopie und Raman-Spektroskopie ergänzen sich.

Moleküle desselben Formeltyps und derselben Symmetrie besitzen die gleichen Normalschwingungen. Die IR- und Raman-Aktivität der Normalschwingungen ist typisch für die Symmetrieeigenschaften des Moleküls. *Aus den Schwingungsspektren erhält man daher nicht nur Informationen über den Bindungsgrad, sondern auch über die Molekülgeometrie.*

Beispiele:

Molekültyp AB$_3$

Normalschwingungen für trigonal-planare Moleküle

| Symmetrische Valenzschwingung ν_s | Deformations-schwingung γ | Antisymmetrische Valenzschwingung ν_{as} zweifach entartet | Deformations-schwingung δ zweifach entartet |

	Bandenlagen $\tilde{\nu}$ in cm^{-1}				Kraftkonstanten f in Ncm^{-1}
	ν_s	γ	ν_{as}	δ	
BF$_3$	888	691	1454	480	7,29
CO$_3^{2-}$	1063	880	1415	680	7,61
NO$_3^-$	1050	830	1390	720	7,96
SO$_3$	1068	496	1391	529	10,35
	Ra	IR	IR Ra	IR Ra	

Normalschwingungen für pyramidale Moleküle

| Symmetrische Valenzschwingung ν_s | Deformations-schwingung γ | Antisymmetrische Valenzschwingung ν_{as} zweifach entartet | Deformations-schwingung δ (e) zweifach entartet |

	Bandenlagen $\tilde{v}$ in cm^{-1}				Kraftkonstanten f in Ncm^{-1}
	v_s	γ	v_{as}	$\delta(e)$	
NF_3	1031	642	907	497	4,35
SO_3^{2-}	967	620	933	469	5,52
ClO_3^-	932	613	982	479	5,87
XeO_3	780	344	833	317	5,57
	IR Ra	IR Ra	IR Ra	IR Ra	

Molekültyp AB_2

Normalschwingungen für lineare Moleküle (Abb. 2.132)

	Bandenlagen $\tilde{v}$ in cm^{-1}			Kraftkonstanten f in Ncm^{-1}
	v_s	δ	v_{as}	
N_3^-	1344	647	2036	13,15
CS_2	658	397	1533	7,67
XeF_2	515	213	557	2,83
	Ra	IR	IR	

Normalschwingungen für gewinkelte Moleküle (Abb. 2.132)

	Bandenlagen $\tilde{v}$ in cm^{-1}			Kraftkonstanten f in Ncm^{-1}
	v_s	δ	v_{as}	
O_3	1110	701	1042	5,70
SO_2	1151	518	1362	10,02
NO_2^-	1323	827	1269	7,73
Cl_2O	640	300	686	2,92
	Ra IR	Ra IR	Ra IR	

Nur bei linearen Molekülen gilt das Alternativverbot.

Molekültyp AB_4

Die zahlreichen tetraedrischen Moleküle haben 4 Normalschwingungen, planare Moleküle 6 Normalschwingungen.

Gruppenfrequenzen

Bestimmte *Bindungen oder Atomgruppierungen können weitgehend unabhängig schwingen,* auch wenn sie in ein größeres Molekül eingebaut sind. Dies ist dann der Fall, *wenn sich das Strukturelement entweder durch die Atommassen oder durch die Kraftkonstanten wesentlich von den übrigen Teilen des Moleküls unterscheidet.* Die Schwingungen sind also vom Rest des Moleküls weitgehend unabhängig, ihre Frequenzen liegen in einem engen, charakteristischen Frequenzbereich. Dies ermöglicht eine Identifizierung einzelner Strukturelemente und die Klassifizierung unbekannter Substanzen nach ihren funktionellen Gruppen.

Beispiele (Wellenzahlen in cm^{-1}):

$>C=O$	1705–1740	$-C\equiv N$	2240–2260	$>C-H$	2840–2980
$>C=N-$	1640–1690	$-C\equiv C-$	2100–2260	$>N-H$	3300–3500
$>C=C$	1620–1680			$-O-H$	3590–3650
$-N=N-$	1570–1630				

Kristallgitter

Bei vielen kristallinen Verbindungen sind an den Schwingungen alle Gitteratome beteiligt und nicht nur bestimmte Baugruppen des Gitters. So findet man z. B. bei Spinellen vier IR-Banden, die zu *Gitterschwingungen* gehören. Es kann nicht zwischen Schwingungen der tetraedrisch bzw. oktaedrisch koordinierten Metallatome unterschieden werden.

Gibt es in Gitterverbindungen Baugruppen, die im Gesamtgitter abgegrenzt sind, z. B. komplexe Ionen, ist eine *Zuordnung von Normalschwingungen zu* diesen *Baugruppen* möglich. Ein interessantes Beispiel ist das Sulvanitgitter. Sulvanite sind Verbindungen der Zusammensetzung Cu_3MeX_4 (Me = V, Nb, Ta; X = S, Se, Te). Sie kristallisieren kubisch, sowohl die Cu- als auch die Me-Atome sind tetraedrisch von Anionen umgeben (Abb. 2.137a). Die Kraftkonstanten Me—X liegen im Bereich 1,6–2,6 Ncm^{-1}, die von Cu—X zwischen 0,3 und 0,6 Ncm^{-1}. Da die Kraftkonstanten sehr unterschiedlich sind, gibt es nahezu isolierte Valenzschwingungen der tetraedrischen MeX_4-Gruppen. In den Mischkristallen $Cu_3Me_xMe'_{1-x}X_4$ treten die in den Endgliedern gefundenen Banden der Valenzschwingungen in nahezu unveränderter Lage nebeneinander auf (Abb. 2.137b).

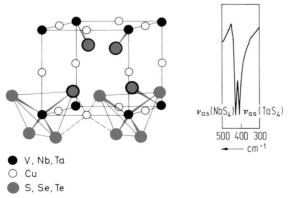

$\nu_{as}(NbS_4)$ $\nu_{as}(TaS_4)$

500 400 300
$\longleftarrow$ cm^{-1}

● V, Nb, Ta
○ Cu
● S, Se, Te

Abbildung 2.137 a) Elementarzelle der Sulvanit-Struktur. Nur die umrandeten Anionen liegen innerhalb der Elementarzelle.
b) IR-Spektrum des Sulvanitmischkristalls $Cu_3Nb_{0,5}Ta_{0,5}S_4$ im Bereich 300–500 cm^{-1}. Die antisymmetrischen Valenzschwingungen der NbS_4- und TaS_4-Tetraeder treten nebeneinander auf. Ihre Lage ist die der Endkomponenten Cu_3NbS_4 und Cu_3TaS_4.

2.7.4 Kernresonanzspektroskopie

Kernresonanz

Atomkerne, die eine ungerade Anzahl Protonen oder Neutronen oder eine ungerade Anzahl beider enthalten, besitzen einen *Kernspin*. Er beträgt $\frac{h}{2\pi}\sqrt{I(I+1)}$. h ist die Planck-Konstante, I die *Kernspinquantenzahl*. Sie kann die Werte $0, 1/2, 1, 3/2, 2 \ldots 9/2$ annehmen. Kerne mit $I = 0$, die keinen Spin besitzen, sind solche, die eine gerade Anzahl Protonen und Neutronen enthalten.

Ist $I > 0$, so erzeugt der Spin des Atomkerns ein Magnetfeld, die Kerne besitzen ein magnetisches Moment. Die magnetischen Kernmomente werden in Einheiten des *Kernmagnetons* μ_K angegeben.

$$\mu_K = \frac{eh}{4\pi m_p c}$$

e Elementarladung, c Lichtgeschwindigkeit, m_p Protonenmasse. Kernmagnetische Momente sind um mehrere Größenordnungen kleiner als die magnetischen Momente der Elektronen. Sie liegen im Bereich $-2{,}1\,\mu_K$ bis $5{,}5\,\mu_K$. Wegen der 1836mal größeren Masse des Protons gegenüber dem Elektron besteht zwischen dem Bohrschen Magneton (vgl. Abschn. 5.1.2) und dem Kernmagneton die Beziehung $\mu_B = 1836\,\mu_K$.

In einem äußeren Magnetfeld können sich die magnetischen Kernmomente in $2I + 1$ Richtungen zum äußeren Feld einstellen (vgl. S. 40). Für einen Kern mit $I = 1/2$ gibt es zwei Einstellmöglichkeiten zum äußeren Feld, parallele oder antiparallele Ausrichtung der Kernmomente. Ist das Kernmoment parallel zum äußeren Feld ausgerichtet, ist der Zustand energieärmer als bei der antiparallelen Ausrichtung

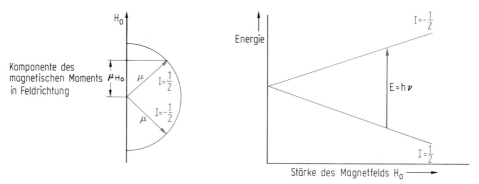

Abbildung 2.138 Ausrichtung der magnetischen Kernmomente von Kernen mit $I = 1/2$ in einem äußeren Feld. Es gibt zwei Zustände unterschiedlicher Energie, deren Energiedifferenz mit der Größe des äußeren Feldes linear zunimmt. Durch Quanten geeigneter Frequenz erfolgt Anregung (kernmagnetische Resonanz). Bei einem äußeren Feld von 1 Tesla liegen die Frequenzen im MHz-Bereich.

(Abb. 2.138). Die Energiedifferenz zwischen beiden Zuständen ist proportional zur Größe des äußeren Feldes. In einem Magnetfeld der Induktion 1 Tesla (vgl. Abschn. 5.1.1) beträgt z. B. die Aufspaltung für ^{1}H-Kerne 0,016 J.

Durch Aufnahme eines Quants geeigneter Frequenz kann ein Molekül vom energiearmen Zustand in den energiereichen Zustand übergehen. Beträgt das äußere Feld 1 Tesla, dann ist die *Anregungsfrequenz* für ^{1}H-Kerne $42,58 \cdot 10^6$ Hz. Auch für andere Kerne ist bei gleichem äußeren Feld der Frequenzbereich zur Anregung 1–50 MHz.

Bei der Aufnahme eines Kernresonanzspektrums (*NMR-Spektrum*, nach nuclear magnetic resonance) wird in einem Hochfrequenzgenerator elektromagnetische Strahlung konstanter Frequenz erzeugt und die Feldstärke des äußeren Feldes kontinuierlich geändert, bis Resonanz erfolgt. Der Energieverlust durch die Resonanz wird als Absorptionspeak registriert.

Die für die NMR-Spektroskopie wichtigsten Kerne sind ^1H, ^{13}C, ^{19}F, ^{31}P, ^{15}N, ^{29}Si $(I = 1/2)$, ^{14}N $(I = 1)$, ^{11}B $(I = 3/2)$.

Die Bedeutung der Kernresonanzspektroskopie für die Strukturchemie beruht im wesentlichen auf zwei Effekten, der chemischen Verschiebung und der Spin-Spin-Kopplung.

Chemische Verschiebung

Die Resonanzfrequenz eines Kerns ist von der Feldstärke am Ort des Kerns abhängig. Diese ist jedoch nicht genau identisch mit der Feldstärke des äußeren magnetischen Feldes H_0. *Die den Atomkern umgebende Elektronenwolke schirmt das äußere Feld ab.* Das am Kernort wirksame Feld H_K ist also geschwächt.

$$H_K = H_0(1 - \sigma)$$

σ, die Abschirmungskonstante, hat Werte zwischen 10^{-2} und 10^{-5}. *Wegen der Abschirmung ist eine größere Feldstärke des äußeren Magnetfeldes (Chemische Verschiebung) notwendig, damit Resonanz erfolgt.* Chemisch unterschiedliche Atome führen zu unterschiedlichen chemischen Verschiebungen. *Nur äquivalente Atome ergeben die gleiche Signallage. Die Intensität der Resonanzsignale gibt Information über die Anzahl äquivalenter Atome.*

Um einen von der Feldstärke und der Resonanzfrequenz unabhängigen Maßstab für die Verschiebung der Resonanzlinien zu erhalten, wird die chemische Verschiebung durch einen dimensionslosen Parameter δ angegeben.

$$\delta = \frac{v_{Probe} - v_{St}}{v_{St}} 10^6$$

v_{St} ist die Frequenz einer Vergleichssubstanz. Für die ^{1}H-NMR-Spektroskopie verwendet man $Si(CH_3)_4$, für die ^{19}F-NMR-Spektroskopie CCl_3F und für die ^{31}P-NMR-Spektroskopie 85 % H_3PO_4. Positive δ-Werte bedeuten, daß die Verschiebung gegenüber der Bezugssubstanz in Richtung kleinerer Feldstärken (höhere Frequenzen) des äußeren Feldes erfolgt.

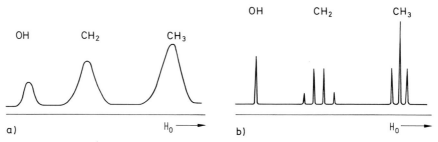

Abbildung 2.139   a) Das ^{1}H-NMR-Spektrum von C_2H_5OH mit geringer Auflösung zeigt keine Spin-Spin-Kopplung, sondern nur die unterschiedliche chemische Verschiebung der äquivalenten H-Atome der OH-, der CH_2- und der CH_3-Gruppe.
b) Das Spektrum bei mittlerer Auflösung zeigt die Spin-Spin-Kopplung zwischen der CH_2- und der CH_3-Gruppe. Sie führt für die H-Atome der CH_2-Gruppe zu 4 Linien mit den relativen Intensitäten $1:3:3:1$, für die H-Atome der CH_3-Gruppe zu 3 Linien mit den relativen Intensitäten $1:2:1$.

In der Abb. 2.139a ist die chemische Verschiebung der H-Atome für Ethylalkohol C_2H_5OH dargestellt.

Je elektronegativer der Bindungspartner von Wasserstoff ist, um so weniger wird das Proton abgeschirmt, das Resonanzsignal verschiebt sich zu kleineren Feldstärken.

Spin-Spin-Kopplung

Das auf einen Kern A wirkende Magnetfeld wird durch den Spin eines benachbarten Atoms (das nicht mit A äquivalent ist) *beeinflußt.* Besitzt das Nachbaratom B den Kernspin $I = 1/2$, führen die beiden möglichen Spineinstellungen und das daraus resultierende Magnetfeld zu einer Schwächung oder Verstärkung des Feldes am Kern A und *das Resonanzsignal spaltet* in zwei intensitätsgleiche Linien *auf*, da beide Spinanordnungen gleich wahrscheinlich sind.

Hat auch das A-Atom den Kernspin $I = 1/2$, dann führt die Spin-Spin-Kopplung auch zu einer Aufspaltung der Resonanzlinie des Atoms B.

Beispiel: $OPCl_2F$

^{31}P-NMR-Spektrum ^{19}F-NMR-Spektrum

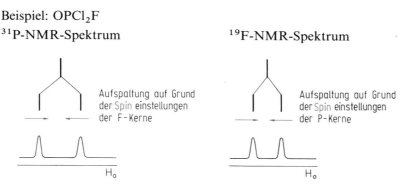

Hat Atom A zwei Nachbaratome mit dem Kernspin $I = 1/2$, die äquivalent sind, dann führt die Spin-Spin-Kopplung zur Aufspaltung des NMR-Spektrums in drei Linien mit den relativen Intensitäten $1:2:1$. Bei drei äquivalenten Nachbaratomen besteht das Spektrum aus 4 Linien mit den relativen Intensitäten $1:3:3:1$.

Beispiele: ^{31}P-NMR-Spektren

OPF_2 OPF_3

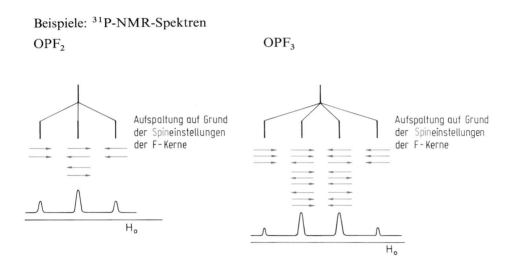

Die Multiplizitäten und relativen Intensitäten der durch Spin-Spin-Kopplung von n äquivalenten Nachbarkernen mit $I = 1/2$ verursachten Multipletts enthält die folgende Übersicht.

n	Multiplizität	Relative Intensität
1	2	$1:1$
2	3	$1:2:1$
3	4	$1:3:3:1$
4	5	$1:4:6:4:1$
5	6	$1:5:10:10:5:1$

Allgemein gilt für die Multiplizität $2In + 1$.

Das NMR-Spektrum von C_2H_5OH mit mittlerer Auflösung (Abb. 2.139b) besteht auf Grund der Spin-Spin-Kopplung aus einem Singulett, einem Triplett und einem Quartett.

Weitere Beispiele:

P_4S_3

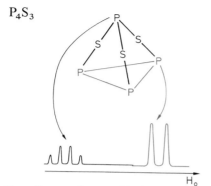

$P_4O_6S_4$

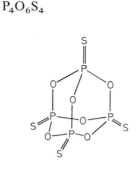

Es gibt zwei verschiedene P-Atome. Das NMR-Spektrum stimmt mit der angegebenen Struktur überein.

Es gibt nur eine Resonanzlinie. Alle P-Atome sind entsprechend der angegebenen Struktur äquivalent.

Den gleich großen und vom äußeren Magnetfeld unabhängigen Frequenzabstand zwischen den Linien eines Multipletts bezeichnet man als *Kopplungskonstante J*. Sie nimmt schnell mit der Entfernung zwischen den koppelnden Atomen ab, so daß man auch daraus Informationen über die Molekülgeometrie erhält. Die große Kopplungskonstante des ^{31}P-NMR-Spektrums entspricht z.B. der Struktur

$$H-\underset{\underset{O}{\|}}{\overset{\overset{O^-}{|}}{P}}-O^- \quad \text{und nicht der isomeren Struktur} \quad H-O-\underset{\overset{|}{O^-}}{\underline{P}}-O^-.$$

2.7.5 Photoelektronenspektroskopie

XPS, ESCA, UPS

Durch Ionisierung mit Photonen können Elektronen aus inneren Schalen, äußere Elektronen aus der Valenzschale oder aus Molekülorbitalen entfernt werden. Mißt man die kinetische Energie E_{kin} dieser Elektronen, dann kann man bei bekannter Photonenenergie *hν die Bindungsenergie E_B der Elektronen berechnen.*

$$E_{kin} = h\nu - E_B$$

Um die fest gebundenen Rumpfelektronen zu entfernen, sind Röntgenstrahlen erforderlich. Man verwendet annähernd monochromatische Röntgenstrahlung (Linienbreite 1–2 eV), meist die K_α-Linien von Mg (1254 eV) und Al (1487 eV) (vgl. Abschn. 1.4.9). Diese Technik wird *Röntgen-Photoelektronen-Spektroskopie (XPS)* genannt. Da damit Atome identifiziert werden können, wird sie auch als *Elektronenspektroskopie für die chemische Analyse (ESCA)* bezeichnet.

Die weniger fest gebundenen (kleiner als etwa 40 eV) Elektronen der Valenzschale, der Molekülorbitale und der Energiebänder können bereits durch ultraviolette Strahlung entfernt werden. Man verwendet Heliumemissionslinien der Übergänge $He\,1s^1\,p^1 \longrightarrow He\,1s^2$ (21,22 eV; He(I)) und $He^+2p^1 \longrightarrow He^+1s^1$ (40,8 eV; He(II)). Diese Technik wird *Ultraviolett-Photoelektronen-Spektroskopie (UPS)* genannt. Der Vorteil der Verwendung energieärmerer Photonen ist eine höhere Auflösung (ca. 0,02 eV), so daß auch die bei der Ionisierung eines Moleküls angeregten Molekülschwingungen erfaßt werden können.

Energieniveaus von Rumpfelektronen

Aus den Röntgen-Photoelektronen-Spektren lassen sich die Bindungsenergien der Unterschalen 1s, 2s, 2p, 3s, 3p usw. *für die verschiedenen Elemente bestimmen. Für jedes Element gibt es typische Linien,* mit denen es identifiziert werden kann.

Beispiele für Bindungsenergien in eV

	Li	Be	B	C	N	O	F	Ne
1s	55	111	188	284	399	532	686	867
	Na	Mg	Al	Si	P	S	Cl	Ar
2p	31	52	73	99	135	164	200	245
			74	100	136	165	202	247
2s	63	89	118	149	189	229	270	320
1s	1072	1305						

Bei Proben mit verschiedenen Atomen sind die Linien beider Atomsorten nebeneinander vorhanden. Da die chemische Verschiebung nur einige eV beträgt, ist eine Überlappung von Linien verschiedener Elemente unwahrscheinlich. Als Beispiel sind in der Abb. 2.140 die Linien der Spektren von Co und CoO dargestellt.

Chemische Verschiebung

Die Bindungsenergie der Rumpfelektronen eines Atoms hängt etwas von der Umgebung des Atoms ab. Positiv geladene Atome ziehen die Rumpfelektronen stärker an als neutrale oder negativ geladene Atome. Metallatome in Oxiden und Salzen haben daher höhere Bindungsenergien als in reinen Metallen. Auch mit zunehmenden Oxidationszahlen wird die Bindungsenergie größer.

Beispiele:

Aus dem Vergleich der 2p-Bindungsenergien von Cu und Cr der beiden Spinelle $\overset{+1}{Cu}\overset{+3}{Cr_2}\overset{-2}{Se_3}\overset{-1}{Br}$ und $CuCr_2Se_4$ folgt, daß $CuCr_2Se_4$ kein Cr(III)-Cr(IV)-Spinell ist, sondern daß im Anionenvalenzband pro Formeleinheit ein Defektelektron vorhanden sein muß. Dem entspricht die Formulierung $\overset{+1}{Cu}\overset{+3}{Cr_2}\overset{-2}{Se_3}\overset{-1}{Se}$. $\overset{-1}{Se}$ bedeutet ein

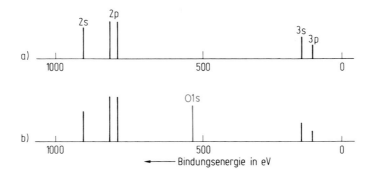

Abb. 2.140   Schematische Röntgen-Photoelektronen-Spektren von a) metallischem Cobalt und b) Cobaltoxid.
Für die p-Orbitale erhält man zwei Linien etwas unterschiedlicher Energie, die durch parallele oder antiparallele Orientierung des Bahndrehimpulses und des Eigendrehimpulses des p-Elektrons zustande kommen.

Defektelektron (vgl. Abschn. 2.4.4.3). Die im Valenzband beweglichen Defekt-elektronen bewirken die metallische Leitung

	Bindungsenergien in eV			
	Cu 2p		Cr 2p	
$CuCr_2Se_4$	952,2	932,2	584,0	574,5
$CuCr_2Se_3Br$	952,4	932,3	584,0	574,6

Abb. 2.141 zeigt, daß die 2p-Elektronen von metallischem Mg eine kleinere Bindungsenergie haben als die der Mg^{2+}-Ionen von MgO, das auf der Metallober-fläche gebildet wurde.

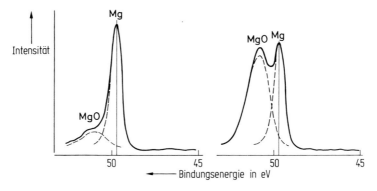

Abb. 2.141   2p-Linien von Mg a) einer „reinen" Metalloberfläche und b) einer oxidierten Oberfläche.

Die XPS ist in der Festkörperforschung eine wichtige Methode zur Untersuchung von Oberflächen. Damit können z. B. in der Katalyseforschung chemisorbierte Schichten untersucht werden, ebenso Oberflächenbeschichtungen, die technisch verwendet werden.

Molekülorbitale

Die Ultraviolett-Photoelektronen-Spektroskopie eignet sich zur Bestimmung der Bindungsenergie und des Charakters (bindend, antibindend, nichtbindend) von Molekülorbitalen. Jede Bande im Spektrum entspricht der Energie eines MO. Häufig wird jedoch die Aufspaltung einer Bande in mehrere dicht benachbarte Linien beobachtet. Die Ursache dafür sind Molekülschwingungen des durch Ionisation entstandenen Molekülions.

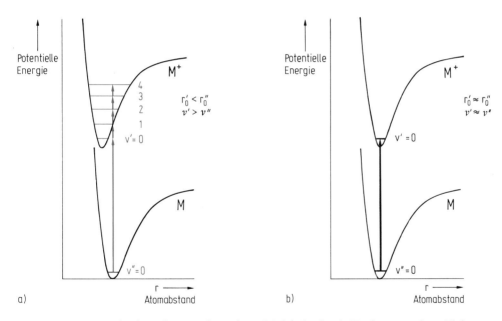

Abb. 2.142 a) Ionisation eines zweiatomigen Moleküls durch Entfernung eines Elektrons aus einem antibindenden MO. Der Bindungsabstand im Ion ist kleiner als im Molekül. Bei der Ionisation wird aber der Bindungsabstand des neutralen Moleküls „eingefroren" und es kann keine Anregung der Grundschwingung ($v' = 0$) erfolgen, sondern es werden mehrere höhere Schwingungszustände des Ions angeregt ($v'' = 0 \longrightarrow v' = 1, 2, 3, \ldots$). Die Schwingungsfrequenzen sind größer als die des neutralen Moleküls.
b) Ionisation eines zweiatomigen Moleküls durch Entfernung eines Elektrons aus einem nichtbindenden, schwach bindenden oder schwach antibindenden MO. Die Bindungslänge des Ions ist annähernd gleich der des neutralen Moleküls und es erfolgt nur der Übergang in den Grundschwingungszustand des Ions ($v'' = 0 \longrightarrow v' = 0$). Die Schwingungsfrequenz ändert sich daher nur wenig.

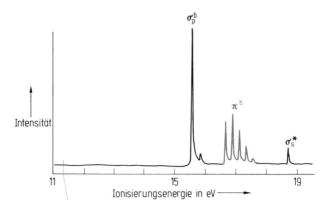

Abb. 2.143   UV-Photoelektronenspektrum von N_2

Wellenzahlen

$N_2 \quad \tilde{v} = 2345 \text{ cm}^{-1}$
$\qquad\qquad\qquad\qquad\quad \sigma_p^b(N_2^+) \quad \tilde{v} = 2150 \text{ cm}^{-1}$
$\qquad\qquad\qquad\qquad\quad \pi^b(N_2^+) \quad \tilde{v} = 1810 \text{ cm}^{-1}$
$\qquad\qquad\qquad\qquad\quad \sigma_s^*(N_2^+) \quad \tilde{v} = 2390 \text{ cm}^{-1}$

Betrachten wir ein zweiatomiges Molekül. Entfernt man ein Elektron aus einem antibindenden MO, dann wird die Bindung stärker, die Bindungslänge kürzer und die Schwingungsfrequenz erhöht. Die Ionisation erfolgt aber so schnell, daß die Bindungslänge sich dabei nicht ändert und das entstandene Molekülion die Bindungslänge des neutralen Moleküls behält. Bei der Ionisation kann kein Übergang in den Schwingungsgrundzustand des Ions erfolgen, sondern es erfolgen Übergänge in mehrere angeregte Schwingungszustände (Abb. 2.142a; vgl. auch Abb. 2.133). Wird ein Elektron aus einem bindenden MO entfernt, wird die Bindung geschwächt, die Bindungslänge erhöht sich, und es erfolgen Übergänge in Schwingungszustände des Molekülions mit erniedrigten Schwingungsfrequenzen. Bei der Entfernung eines Elektrons aus einem nichtbindenden, schwach bindenden oder schwach antibindenden MO, ändert sich die Bindungslänge nur wenig, der Übergang erfolgt in den Schwingungsgrundzustand des Ions, und wir beobachten eine einzelne Linie wenig veränderter Frequenz (Abb. 2.142 b).

In der Abb. 2.143 ist das Photoelektronenspektrum von N_2 dargestellt. Es bestätigt die Lage der MOs des Energieniveauschemas der Abb. 2.66. Durch Wechselwirkung zwischen den 2s- und den 2p-Orbitalen wird das σ_p^b-MO schwach bindend, es liegt energetisch über den stark bindenden π-MOs. Das σ_s^*-MO wird energieärmer und dadurch schwach antibindend. Die Orbitale σ_p^b und σ_s^* ergeben daher scharfe Banden, während die π-MOs zu einer Schwingungsstruktur führen. Die Änderung der Wellenzahlen der MOs, verglichen mit dem neutralen Molekül (Abb. 2.143), bestätigen den Orbitalcharakter.

3 Die chemische Reaktion

An chemischen Reaktionen sind eine Vielzahl von Teilchen beteiligt. Die Gesetzmäßigkeiten chemischer Reaktionen sind Gesetzmäßigkeiten des Kollektivverhaltens
vieler Teilchen. Zur quantitativen Beschreibung benötigen wir zunächst Definitionen
über die an der Reaktion beteiligten Stoffportionen.

3.1 Stoffmenge, Konzentration, Anteil, Äquivalent

Für einen abgegrenzten Materiebereich wird der Begriff Stoffportion (nicht Stoffmenge) verwendet. Die Stoffportion ist qualitativ durch die Bezeichnung des Stoffs
gekennzeichnet, quantitativ durch Größen wie Masse m, Volumen V, Teilchenanzahl
N oder Stoffmenge n.

Die SI-Einheit der **Stoffmenge** $n(X)$ ist das Mol (Einheitenzeichen: mol).

*Ein Mol ist die Stoffmenge einer Substanz, in der so viele Teilchen enthalten sind wie
Atome in 12 g des Kohlenstoffnuklids ^{12}C. Die Teilchen können Atome, Moleküle,
Ionen, Elektronen oder Formeleinheiten sein. Die Teilchenanzahl, die ein Mol eines
jeden Stoffes enthält, beträgt*

$$N_A = 6{,}02217 \cdot 10^{23} \text{ mol}^{-1}$$

Sie wird als Avogadro-Konstante bezeichnet.

Beispiele:

$n(\text{Na}) = 12 \text{ mol}$

$n(\text{CO}_2) = 3 \text{ mol}$

Die Stoffmenge von Na beträgt 12 mol. Die Stoffmenge von CO_2 beträgt 3 mol.

Der Chemiker rechnet vorzugsweise mit der Stoffmenge und nicht mit der Masse. Der
Vorteil ist, daß gleiche Stoffmengen verschiedener Stoffe die gleiche Teilchenanzahl
enthalten. Bei chemischen Reaktionen ist die Teilchenanzahl wichtig.

Die **molare Masse** M eines Stoffes X ist der Quotient aus der Masse $m(X)$ und der
Stoffmenge $n(X)$ dieses Stoffes

$$M(X) = \frac{m(X)}{n(X)}$$

Die SI-Einheit ist $kg \, mol^{-1}$, die übliche Einheit $g \, mol^{-1}$.

Beispiele:

$M(^{12}C) \quad = 12 \text{ g mol}^{-1}$

$$M(\text{Na}) \quad = 22{,}99 \text{ g mol}^{-1}$$
$$M(\text{CO}_2) \ = 44{,}01 \text{ g mol}^{-1}$$
$$M(\text{NaCl}) = 58{,}44 \text{ g mol}^{-1}$$

Die relative Atommasse A_r und die relative Molekülmasse M_r eines Stoffs in g sind gerade 1 mol. Die relative Molekülmasse ist gleich der Summe der relativen Atommassen der im Molekül enthaltenen Atome. Besteht die Verbindung nicht aus Molekülen, wie z. B. bei Ionenverbindungen, so wird der Begriff Formelmasse verwendet.

Beispiele:

$$M_r(\text{CO}_2) \ = A_r(\text{C}) \ + 2\,A_r(\text{O}) \ = 12{,}01 + 2 \cdot 16{,}00 = 44{,}01$$
$$M_r(\text{NaCl}) = A_r(\text{Na}) + A_r(\text{Cl}) = 22{,}99 + 35{,}45 = 58{,}44$$

Die **Stoffmengenkonzentration** $c(X)$ (oder einfacher Konzentration) *ist die Stoffmenge $n(X)$, die in einem Volumen V vorhanden ist.*

$$c(\text{X}) = \frac{n(\text{X})}{V}$$

Die SI-Einheit ist mol/m^3, die übliche Einheit mol/l. Mit wachsender Teilchenzahl pro Volumen wächst die Konzentration. Die Stoffmengenkonzentration kann für flüssige und feste Lösungen sowie für Gasmischungen benutzt werden.

Beispiel:

$c(\text{HCl}) = 0{,}1$ mol/l
In 1 l einer HCl-Lösung sind 0,1 mol gasförmiges HCl gelöst.

Bei wäßrigen Lösungen wird das Lösungsmittel nicht angegeben. Bei nichtwäßrigen Lösungen muß es z. B. heißen $c(\text{LiAlH}_4 \text{ in Ether}) = 0{,}01$ mol/l.

Nicht mehr verwendet werden soll

– die Schreibweise 0,1 M HCl-Lösung
– die Bezeichnung 0,1 molare Salzsäure
– der Begriff Molarität statt Stoffmengenkonzentration

Eine andere Konzentrationsgröße ist die **Massenkonzentration**

$$\varrho(\text{X}) = \frac{m(\text{X})}{V}$$

Bei Konzentrationsgrößen bezieht man also die Größe eines Bestandteils X einer Lösung, z. B. $m(\text{X})$, $n(\text{X})$ auf das Gesamtvolumen der Lösung.

Die **Molalität** b ist der Quotient aus der Stoffmenge $n(\text{X})$ und der Masse m des Lösungsmittels.

$$b(\text{X}) = \frac{n(\text{X})}{m}$$

Die SI-Einheit und die übliche Einheit ist mol/kg.

Beispiel:

$b(\text{NaOH}) = 0,1 \, \text{mol/kg}$
In der NaOH-Lösung ist 0,1 mol NaOH in 1 kg Wasser gelöst.

Nicht mehr verwendet werden soll

– die Bezeichnung 0,1 molale Natronlauge

Die Molalität hat gegenüber der Stoffmengenkonzentration den Vorteil, daß sie unabhängig von thermisch bedingten Volumenänderungen ist.

Der **Massenanteil** $w(\text{X})$ eines Stoffes X in einer Substanzportion ist die Masse $m(\text{X})$ des Stoffes bezogen auf die Gesamtmasse.

$$w(\text{X}) = \frac{m(\text{X})}{\sum m}$$

Beispiel:

Eine verdünnte Schwefelsäure hat den Massenanteil $w(\text{H}_2\text{SO}_4) = 9\%$. 100 g der verdünnten Schwefelsäure enthalten 9 g H_2SO_4 und 91 g H_2O.

Nicht mehr verwendet werden soll

– Masseprozent (Gewichtsprozent)

Der **Stoffmengenanteil** (Molenbruch) $x(\text{X})$ eines Stoffes X in einer Substanzportion ist die Stoffmenge $n(\text{X})$ des Stoffes bezogen auf die Gesamtstoffmenge

$$x(\text{X}) = \frac{n(\text{X})}{n}$$

Nicht mehr verwendet werden soll

– Molprozent, Atomprozent

Beim Anteil wird also die Größe eines Bestandteils X z.B. $m(\text{X})$, $n(\text{X})$, $v(\text{X})$ auf dieselbe Größe aller Bestandteile einer Stoffportion bezogen.

Für Neutralisationsreaktionen und Redoxreaktionen ist der Begriff des Äquivalentteilchens zweckmäßig, das abgekürzt einfach Äquivalent genannt wird.

Ein **Äquivalent** ist der Bruchteil $\frac{1}{z*}$ eines Teilchens X.

Bei Neutralisationsreaktionen liefert oder bindet es ein Proton (Neutralisationsäquivalent).

Beispiele:

$\frac{1}{2}\text{H}_2\text{SO}_4$, $\frac{1}{3}\text{H}_3\text{PO}_4$, $\frac{1}{2}\text{Na}_2\text{CO}_3$

Bei Redoxreaktionen nimmt es ein Elektron auf oder gibt es ein Elektron ab (Redoxäquivalent).

Beispiele:

$\frac{1}{5}KMnO_4$, $\quad \frac{1}{6}K_2Cr_2O_7$, $\quad \frac{1}{2}H_2O_2$

Ist X ein Ion, besitzt ein Äquivalent gerade eine Ladung (Ionenäquivalent).

Beispiele:

$\frac{1}{3}Fe^{3+}$, $\quad \frac{1}{2}Mg^{2+}$, $\quad \frac{1}{2}SO_4^{2-}$

Die Anzahl der Äquivalente z^* eines Teilchens X wird Äquivalentzahl genannt.

Stoffmenge von Äquivalenten $n\left(\dfrac{1}{z^*}X\right)$ (Äquivalent-Stoffmenge); Einheit mol.

Die Stoffmenge einer Stoffportion, bezogen auf Äquivalente, ist gleich dem Produkt der Äquivalentzahl z^* und der Stoffmenge, bezogen auf die Teilchen X.

$$n\left(\frac{1}{z^*}X\right) = z^* n(X)$$

Beispiel:

Der Stoffmenge $n(H_2SO_4) = 0,1$ mol, also bezogen auf H_2SO_4-Moleküle, entspricht die Stoffmenge $n(\frac{1}{2}H_2SO_4) = 0,2$ mol, bezogen auf Äquivalente $\frac{1}{2}H_2SO_4$. 0,1 mol Moleküle H_2SO_4 sind 0,2 mol Äquivalente H_2SO_4.

Nicht mehr verwendet werden soll

- der Begriff Val
- die Angabe 0,2 Val H_2SO_4

Molare Masse von Äquivalenten

$$M\left(\frac{1}{z^*}X\right) = \frac{m(X)}{n\left(\dfrac{1}{z^*}X\right)} = \frac{M(X)}{z^*} \quad \text{Übliche Einheit: g/mol}$$

Beispiel:

$M(\frac{1}{2}H_2SO_4) = 49$ g/mol

Nicht mehr verwendet werden sollen

- der Begriff Äquivalentmasse
- der Begriff Grammäquivalent

Für die **Äquivalentkonzentration** (Stoffmengenkonzentration von Äquivalenten) gilt

$$c\left(\frac{1}{z^*}X\right) = \frac{n\left(\dfrac{1}{z^*}X\right)}{V} = z^* c(X) \quad \text{Übliche Einheit: mol/l}$$

Beispiel:

Eine KMnO$_4$-Lösung der Konzentration $c(\text{KMnO}_4) = 0,04\,\text{mol}/\text{l}$ hat die Äquivalentkonzentration $c(\frac{1}{5}\text{KMnO}_4) = 0,2\,\text{mol}/\text{l}$.

Nicht mehr verwendet werden sollen

- der Begriff Normalität (für Äquivalentkonzentration)
- die Bezeichnung 0,2 normale KMnO$_4$-Lösung
- die Angabe 0,2 Val KMnO$_4$/l
- die Schreibweise 0,2 N KMnO$_4$-Lösung

3.2 Ideale Gase

Da an vielen chemischen Reaktionen Gase teilnehmen, ist die Beschreibung des Gaszustandes wichtig. Im Gaszustand sind die Moleküle oder Atome, aus denen das Gas besteht, in regelloser Bewegung. *Ein Gas verhält sich ideal, wenn zwischen den Gasteilchen keine Anziehungskräfte wirksam sind und wenn das Volumen der Gasteilchen vernachlässigbar klein ist gegen das Volumen des Gasraums.* Für diesen Grenzfall gilt das *ideale Gasgesetz*

$$pV = nRT$$

Es bedeuten: p Druck des Gases, V Gasvolumen, n Stoffmenge, T thermodynamische Temperatur.

Zwischen der thermodynamischen Temperatur T in Kelvin und der Celsius-Temperatur t in °C besteht der Zusammenhang

$$T/\text{K} = t/°\text{C} + 273,15$$

Dem absoluten Nullpunkt mit der Temperatur $T = 0\,\text{K}$ entspricht also die Temperatur $t = -273,15\,°\text{C}$. Die tiefste in der Natur vorkommende Temperatur beträgt etwa 3 K, im Labor wurde mit $10^{-9}\,\text{K}$ der absolute Nullpunkt fast erreicht.

Die SI-Einheit des Drucks ist das Pascal (Pa). Auch die Einheit Bar (bar) darf verwendet werden.

$$1\,\text{Pa} = 1\,\text{Nm}^{-2}$$
$$1\,\text{bar} = 10^5\,\text{Pa}$$

In der Chemie sind eine Reihe von Größen auf einen *Standarddruck* bezogen. Die bislang gebräuchlichste Druckeinheit war die Atmosphäre (atm). Als Standarddruck wurde deshalb 1 atm gewählt.

$$1\,\text{atm} = 1,013\,\text{bar}$$

Im SI beträgt der Standarddruck 1,013 bar. R nennt man *universelle Gaskonstante.* Sie hat den Wert

$$R = 0,083143 \, \text{bar} \, \text{l} \, \text{K}^{-1} \, \text{mol}^{-1}$$

Für konstante Temperaturen geht das ideale Gasgesetz in das Boyle-Mariottsche Gesetz über (Abb. 3.1).

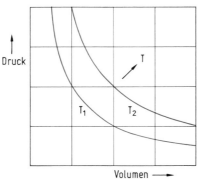

Abbildung 3.1   Boyle-Mariottsches Gesetz. Bei konstanter Temperatur gilt für ideale Gase $pV = \text{const}$.

$$pV = \text{const}$$

Nach Gay-Lussac gilt für konstante Drücke

$$V = \text{const} \, T$$

und für konstante Volumina (Abb. 3.2)

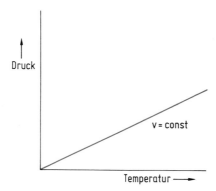

Abbildung 3.2   Gay-Lussacsches Gesetz. Bei konstantem Volumen gilt für ideale Gase $p = \text{const} \cdot T$.

$$p = \text{const} \, T$$

Für ein Mol eines idealen Gases ($n = 1$) gilt

$$V = \frac{RT}{p}$$

Bei allen idealen Gasen nimmt daher bei 1,013 bar = 1 atm und 0 °C ein Mol ein Volumen von 22,414 l ein. Dieses Volumen wird *molares Normvolumen* (früher Molvolumen) *des idealen Gases* V_0 genannt. Es enthält N_A Teilchen, da ja ein Mol jeder Substanz N_A Teilchen enthält (vgl. Abschn. 3.1).

Schon 1811 hatte Avogadro auf empirischem Wege das *Avogadro-Gesetz* gefunden: Gleiche Volumina idealer Gase enthalten bei gleichem Druck und gleicher Temperatur gleich viele Teilchen.

Je kleiner der Druck eines Gases und je höher seine Temperatur ist, um so besser sind die Voraussetzungen für ein ideales Verhalten erfüllt. Bei Drücken $p \leqq 1$ bar und Temperaturen $T \geqq 273$ K gehorchen beispielsweise Wasserstoff, Stickstoff, Sauerstoff, Chlor, Methan, Kohlenstoffdioxid, Kohlenstoffmonooxid und die Edelgase dem idealen Gasgesetz.

In einer Mischung aus idealen Gasen übt jede einzelne Komponente einen Druck aus, der als *Partialdruck* bezeichnet wird. Der Partialdruck einer Komponente eines Gasgemisches entspricht dem Druck, den diese Komponente ausüben würde, wenn sie sich allein in dem betrachteten Gasraum befände. Der Gesamtdruck des Gasgemisches p_{gesamt} ist gleich der Summe der Partialdrücke der einzelnen Komponenten (Abb. 3.3).

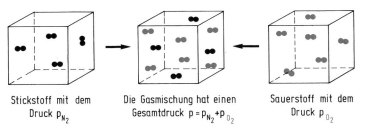

Stickstoff mit dem Druck p_{N_2} Die Gasmischung hat einen Gesamtdruck $p = p_{N_2} + p_{O_2}$ Sauerstoff mit dem Druck p_{O_2}

Abbildung 3.3   Stickstoff und Sauerstoff werden bei konstanter Temperatur und unter Konstanthaltung der Volumina der Gase vermischt. In der Gasmischung übt jede Komponente denselben Druck aus wie vor der Vermischung. Den Druck einer Komponente in der Gasmischung nennt man Partialdruck. Der Gesamtdruck des Gasgemisches ist daher gleich der Summe der Partialdrücke von Stickstoff und Sauerstoff.

$$p_{gesamt} = p_A + p_B + p_C + \cdots$$

wobei p_A, p_B, p_C die Partialdrücke der Komponenten A, B, C bedeuten.

Beispiel:

Ein Liter Sauerstoff mit einem Druck von 0,2 bar und ein Liter Stickstoff mit einem Druck von 0,8 bar werden bei der konstanten Temperatur von 300 K in einem Gefäß von einem Liter vermischt. Die Partialdrücke betragen: $p_{O_2} = 0,2$ bar, $p_{N_2} = 0,8$ bar. Das Gasgemisch hat einen Gesamtdruck von 1 bar.

Für eine Mischung aus idealen Gasen mit den Komponenten A und B gilt das ideale Gasgesetz sowohl für die einzelnen Komponenten als auch für die Gasmischung.

$$p_A V = n_A RT$$
$$p_B V = n_B RT$$
$$\underbrace{(p_A + p_B)}_{p} V = \underbrace{(n_A + n_B)}_{n} RT$$

n_A und n_B sind die Stoffmengen von A und B, p_A und p_B die Partialdrücke, p ist der Gesamtdruck, n die Gesamtstoffmenge.

Aus $\qquad p_A = n_A \dfrac{RT}{V}$

und $\qquad p \;\;= (n_A + n_B) \dfrac{RT}{V}$

folgt $\qquad p_A = \dfrac{n_A}{n_A + n_B} p$

und entsprechend

$$p_B = \frac{n_B}{n_A + n_B} p$$

Der Quotient $x(A) = \dfrac{n_A}{n_A + n_B}$ heißt Stoffmengenanteil (Molenbruch) von A. Er ist das Verhältnis der Stoffmenge des Gases A zur Gesamtstoffmenge des Gasgemisches. *Der Partialdruck einer Komponente des Gasgemisches ist gleich dem Produkt aus Stoffmengenanteil und Gesamtdruck.*

Aus dem Gasgesetz folgt das *Chemische Volumengesetz* von Gay-Lussac (1808): Die Volumina gasförmiger Stoffe, die miteinander zu chemischen Verbindungen reagieren, stehen im Verhältnis einfacher ganzer Zahlen zueinander. So verbinden sich z. B. zwei Volumenteile Wasserstoff mit einem Volumenteil Sauerstoff. Das ist natürlich eine Konsequenz der Tatsache, daß alle idealen Gase bei gleicher Temperatur und gleichem Druck in gleichen Volumina gleich viele Teilchen enthalten. Der Umsatz führt zu zwei Volumenteilen H_2O-Gas. Daraus schloß Avogadro, daß Sauerstoff und Wasserstoff im Gaszustand nicht aus Atomen, sondern aus den Molekülen H_2 und O_2 bestehen. Wären im Gaszustand H-Atome und O-Atome vorhanden, dann könnte sich nur ein Volumenteil H_2O bilden (Abb. 3.4).

Die makroskopischen Gaseigenschaften Druck und Temperatur können auf die mechanischen Eigenschaften der einzelnen Gasteilchen zurückgeführt werden. Dies geschieht in der *kinetischen Gastheorie*. Die Gasteilchen befinden sich in dauernder schneller Bewegung. Sowohl zwischen den einzelnen Teilchen als auch zwischen den Teilchen und der Gefäßwand des Gases kommt es zu elastischen Zusammenstößen. In gasförmigem Wasserstoff unter Normalbedingungen erfährt z. B. ein H_2-Molekül durchschnittlich 10^{10} Zusammenstöße pro Sekunde. Die durchschnittliche Entfernung, die ein Molekül zwischen zwei Zusammenstößen zurücklegt, wird mittlere freie Weglänge genannt, sie beträgt für Wasserstoff etwa 10^{-5} cm.

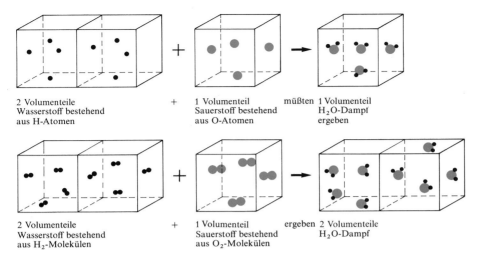

2 Volumenteile
Wasserstoff bestehend
aus H-Atomen

+

1 Volumenteil
Sauerstoff bestehend
aus O-Atomen

müßten

1 Volumenteil
H_2O-Dampf
ergeben

2 Volumenteile
Wasserstoff bestehend
aus H_2-Molekülen

+

1 Volumenteil
Sauerstoff bestehend
aus O_2-Molekülen

ergeben

2 Volumenteile
H_2O-Dampf

Abbildung 3.4   Gleiche Volumina idealer Gase enthalten bei gleichem Druck und gleicher Temperatur dieselbe Anzahl Teilchen. Ein Volumenteil Sauerstoff reagiert mit zwei Volumenteilen Wasserstoff zu zwei Volumenteilen Wasserdampf. Wasserstoff und Sauerstoff müssen daher aus zweiatomigen Molekülen bestehen.

Der Druck des Gases entsteht durch den Aufprall der Gasmoleküle auf die Gefäßwand. Je größer die Anzahl der Moleküle pro Volumen ist und je höher die durchschnittlichen Molekülgeschwindigkeiten sind, um so größer ist der Druck eines Gases. Die genaue Beziehung ist

$$p = \frac{2N}{3V} \frac{mv^2}{2}$$

Es bedeuten: N Anzahl der Teilchen, m Masse der Teilchen, v^2 Mittelwert aus den verschiedenen Geschwindigkeitsquadraten (nicht identisch mit dem Quadrat der mittleren Geschwindigkeit), $\frac{mv^2}{2}$ mittlere kinetische Energie der Teilchen. Aus dem Gasgesetz folgt für 1 mol

$$\frac{3}{2} RT = N_A \frac{mv^2}{2}$$

Die Temperatur eines Gases ist ein Maß für die mittlere kinetische Energie der Moleküle. Je höher die Temperatur eines Gases ist, um so größer ist demnach die mittlere Geschwindigkeit der Gasteilchen. Da die Moleküle aller idealen Gase bei gegebener Temperatur die gleiche mittlere kinetische Energie besitzen, haben leichte Gasteilchen eine höhere mittlere Geschwindigkeit als schwere Gasteilchen. Die mittlere Geschwindigkeit beträgt bei 20 °C z. B. für H_2 1760 m s^{-1}, für O_2 440 m s^{-1}. Die Geschwindigkeiten der Gasmoleküle sind über einen weiten Bereich verteilt. Die Gasteilchen haben eine von der Temperatur abhängige charakteristische Geschwindig-keitsverteilung. Die Abb. 3.5 enthält dafür Beispiele.

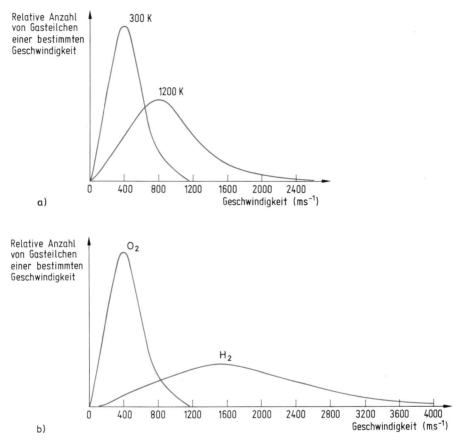

Abbildung 3.5   a) Geschwindigkeitsverteilung von Sauerstoffmolekülen bei zwei Temperatu-ren. Mit wachsender Temperatur erhöht sich die mittlere Geschwindigkeit der Moleküle. Gleichzeitig wird die Geschwindigkeitsverteilung diffuser: der Geschwindigkeitsbereich ver-breitert sich, die Anzahl von Molekülen mit Geschwindigkeiten im Bereich der mittleren Ge-schwindigkeit wird kleiner.
b) Geschwindigkeitsverteilung von Sauerstoffmolekülen und Wasserstoffmolekülen bei 300 K. Die mittlere Geschwindigkeit der leichteren Moleküle ist größer, die Geschwindigkeitsvertei-lung diffuser.

3.3 Zustandsdiagramme

Elemente und Verbindungen können in den drei Aggregatzuständen fest, flüssig und gasförmig auftreten. Zum Beispiel kommt die Verbindung H_2O als festes Eis, als flüssiges Wasser und als Wasserdampf vor. In welchem Aggregatzustand ein Stoff auftritt, hängt vom Druck und von der Temperatur ab. *Der Zusammenhang zwischen Aggregatzustand, Druck und Temperatur eines Stoffes läßt sich anschaulich in einem Zustandsdiagramm darstellen.* Als Beispiel soll das Zustandsdiagramm von Wasser (Abb. 3.6) besprochen werden.

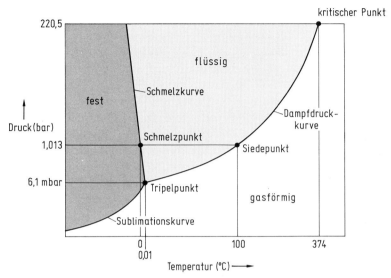

Abbildung 3.6   Zustandsdiagramm von Wasser (nicht maßstabsgerecht).

Aus der Oberfläche einer Flüssigkeit treten Moleküle dieser Flüssigkeit in den Gasraum über. Diesen Vorgang nennt man Verdampfung (vgl. Abb. 3.7a). Befindet

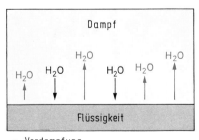

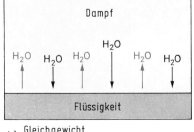

Abbildung 3.7   a) Es verdampfen mehr H_2O-Moleküle als kondensieren. Der Dampfdruck ist kleiner als der Sättigungsdampfdruck. Ein verdampfendes H_2O-Molekül ist durch H_2O, ein kondensierendes durch H_2O symbolisiert.   ↑
                                                                                        ↓
b) Die Anzahl verdampfender und kondensierender H_2O-Moleküle ist gleich. Es herrscht ein dynamisches Gleichgewicht zwischen flüssiger Phase und Gasphase. Der im Gleichgewichtszustand vorhandene Dampfdruck heißt Sättigungsdampfdruck.

sich die Flüssigkeit in einem abgeschlosssenen Gefäß, dann üben die verdampften Teilchen im Gasraum einen Druck aus, den man *Dampfdruck* nennt. Natürlich kehren aus der Gasphase auch Moleküle wieder in die Flüssigkeit zurück (Kondensation). Solange die Anzahl der die Flüssigkeitsoberfläche verlassenden Teilchen größer als die der zurückkehrenden ist, findet noch Verdampfung statt. Sobald aber die Anzahl der kondensierenden Moleküle und die Anzahl der verdampfenden Moleküle gleich geworden sind, befinden sich Flüssigkeit und Gasphase im dynamischen Gleichgewicht (Abb. 3.7b). Der im Gleichgewichtszustand auftretende Dampfdruck heißt *Sättigungsdampfdruck.* Er hängt von der Temperatur ab und steigt mit wachsender Temperatur. Den Zusammenhang zwischen Temperatur und Sättigungsdampfdruck gibt die *Dampfdruckkurve* an (Abb. 3.6).

Für eine bestimmte Temperatur gibt es nur einen Druck, bei dem die flüssige Phase und die Gasphase nebeneinander beständig sind. Ist der Dampfdruck kleiner als der Sättigungsdampfdruck, liegt kein Gleichgewicht vor, die Flüssigkeit verdampft. Dies ist beispielsweise der Fall, wenn sich die Flüssigkeit in einem offenen Gefäß befindet. In einem offenen Gefäß verdampft eine Flüssigkeit vollständig. Erhitzt man eine Flüssigkeit an der Luft, und der Dampfdruck erreicht die Größe des Luftdrucks, beginnt die Flüssigkeit zu sieden. Die Temperatur, bei der der Dampfdruck einer Flüssigkeit gleich 1,013 bar = 1 atm beträgt, ist der *Siedepunkt* der Flüssigkeit. Für den Siedepunkt von Wasser ist die Temperatur von 100 °C festgelegt worden. Wird der Luftdruck verringert, sinkt die Siedetemperatur. In einem evakuierten Gefäß siedet Wasser schon bei Raumtemperatur.

Bei sehr hohen Dampfdrücken erreicht der Dampf die gleiche Dichte wie die Flüssigkeit (vgl. Abb. 3.8). Der Unterschied zwischen der Gasphase und der flüssigen Phase verschwindet, es existiert nur noch eine einheitliche Phase. Der Punkt, bei dem die einheitliche Phase entsteht und an dem die Dampfdruckkurve endet

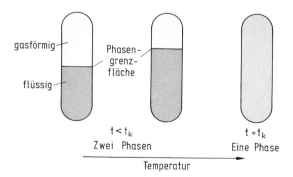

Abbildung 3.8   Kritischer Zustand. Eine Flüssigkeit wird in einem abgeschlossenen Gefäß erhitzt. Unterhalb der kritischen Temperatur t_k existieren die flüssige und die gasförmige Phase nebeneinander. Die flüssige Phase hat eine größere Dichte als die Gasphase. Wird die kritische Temperatur erreicht, verschwindet die Phasengrenzfläche. Es entsteht eine einheitliche Phase mit einer einheitlichen Dichte. Der bei der kritischen Temperatur auftretende Druck heißt kritischer Druck.

(vgl. Abb. 3.6), heißt *kritischer Punkt.* Der zum kritischen Punkt gehörige Druck heißt kritischer Druck p_K, die zugehörige Temperatur kritische Temperatur t_K. *Oberhalb der kritischen Temperatur können* daher *Gase auch bei beliebig hohen Drücken nicht verflüssigt werden.* In der Tabelle 3.1 sind für einige Stoffe die kritischen Daten angegeben.

Tabelle 3.1   Kritische Daten einiger Substanzen

Substanz	Kritischer Druck p_K in bar	Kritische Temperatur t_K in °C
H_2O	220,5	$+374$
CO_2	73,7	$+\ 31$
N_2	33,9	-147
H_2	13,0	-240
O_2	50,3	-119

Feste Phasen haben ebenfalls einen, allerdings geringeren Dampfdruck. Die Verdampfung einer festen Phase nennt man Sublimation. Den Gleichgewichtsdampfdruck für verschiedene Temperaturen gibt die *Sublimationskurve* an. Sie verläuft steiler als die Dampfdruckkurve.

Das Zustandsdiagramm von CO_2 z. B. (Abb. 3.9) zeigt, daß bei 1 bar festes CO_2 (Trockeneis) nicht verflüssigt werden kann. Der Übergang in die Gasphase erfolgt ohne Schmelzen durch Sublimation. Eine flüssige CO_2-Phase kann erst oberhalb 5,2 bar auftreten. Auch bei festem H_2O, z. B. Schnee, kann man beobachten, daß er bei tieferen Temperaturen ohne zu schmelzen durch Sublimation verschwindet.

Die Gleichgewichtskurve zwischen fester und flüssiger Phase wird *Schmelzkurve*

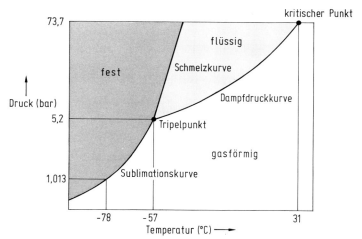

Abbildung 3.9   Zustandsdiagramm von Kohlenstoffdioxid (nicht maßstabsgerecht).

genannt. Die Temperatur, bei der die feste Phase unter einem Druck von 1,013 bar schmilzt, wird als *Schmelzpunkt* bezeichnet. Für den Schmelzpunkt von Eis ist die Temperatur $0\,°C$ festgelegt worden. Der Schmelzpunkt ist mit dem Gefrierpunkt identisch. Die Schmelztemperatur von Eis sinkt mit steigendem Druck. Dies wird nur bei wenigen Substanzen wie Antimon, Bismut und Wasser beobachtet und ist eine Folge der Tatsache, daß sich die flüssige Phase beim Gefrieren ausdehnt (vgl. Abb. 3.6 und Abb. 3.9). Eis kann daher durch Druck verflüssigt werden. Beim Schlittschuhlaufen z.B. wird das Eis durch Druck gleitfähig.

Der Punkt, in dem sich Dampfdruckkurve, Sublimationskurve und Schmelzkurve treffen, heißt *Tripelpunkt*. Am Tripelpunkt sind alle drei Phasen nebeneinander beständig. Für H_2O liegt der Tripelpunkt bei 6,10 mbar und $0,01\,°C$, für CO_2 bei 5,2 bar und $-57\,°C$.

Zum Verdampfen, Schmelzen und Sublimieren muß Energie zugeführt werden. Die dafür notwendigen Energiebeträge bezeichnet man als *Verdampfungswärme, Schmelzwärme* und *Sublimationswärme*.

Energieumsätze von Vorgängen, die bei konstantem Druck ablaufen, heißen Enthalpieänderungen. Zugeführte Energien erhalten definitionsgemäß ein positives Vorzeichen (vgl. Abschn. 3.4). Für 1 mol H_2O beträgt die Schmelzenthalpie $+6,0$ kJ, die Verdampfungsenthalpie $+40,7$ kJ.

Den Übergang von der Gasphase in die flüssige Phase nennt man Kondensation, den Übergang von der flüssigen Phase in die feste Phase Kristallisation oder Erstarrung. Dabei wird Energie frei. Freiwerdende Energien erhalten ein negatives Vorzeichen. Für 1 mol Wasser beträgt die Kondensationsenthalpie $-40,7$ kJ und die Kristallisationsenthalpie $-6,0$ kJ.

Die Änderung des Energieinhalts von H_2O in Abhängigkeit von der Temperatur ist in der Abb. 3.10 dargestellt.

Phasengesetz

Es lautet: *Anzahl der Phasen P + Anzahl der Freiheitsgrade F = Anzahl der Komponenten K + 2*

$$P + F = K + 2$$

Beispiel Wasser:

Es gibt nur eine stoffliche Komponente: $K = 1$. Das Phasengesetz heißt dann $P + F = 3$.

Freiheitsgrade sind veränderliche Bestimmungsgrößen, also Druck, Temperatur, Konzentration. Wir können drei Fälle unterscheiden (vgl. Abb. 3.6).

$P = 3$, $F = 0$. Die drei Phasen Wasserdampf, flüssiges Wasser, Eis können nur bei einer einzigen Temperatur und einem einzigen Druck nebeneinander existieren (Tripelpunkt). Es existieren keine Freiheitsgrade.

$P = 2$, $F = 1$. Nur eine Größe, Druck oder Temperatur ist frei wählbar, wenn sich

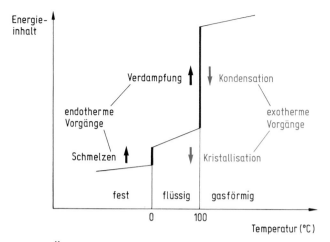

Abbildung 3.10   Änderung des Energieinhalts von Wasser in Abhängigkeit von der Temperatur. Bei den Phasenübergängen ändert sich der Energieinhalt sprunghaft. Schmelzen und Verdampfung sind endotherme Vorgänge, es muß Energie zugeführt werden. Kondensation und Kristallisation (Gefrieren) sind exotherme Vorgänge, bei denen Energie frei wird.

zwei Phasen im Gleichgewicht befinden (Dampfdruckkurve, Schmelzkurve, Sublimationskurve).

$P = 1$, $F = 2$. Innerhalb des Existenzbereichs einer Phase können sowohl Druck als auch Temperatur variiert werden.

Beispiel Lösungen:

Die Lösung soll aus zwei Komponenten bestehen: $K = 2$. Das Phasengesetz lautet $P + F = 4$.

$P = 2$, $F = 2$. Wir betrachten das Gleichgewicht Flüssigkeit-Dampf. Bei einer bestimmten Temperatur ist jetzt der Dampfdruck erst bei Wahl der Konzentration festgelegt (vgl. Abb. 3.11). Lösungen haben gegenüber dem reinen Lösungsmittel veränderte Dampfdrücke, die von der Konzentration abhängen.

Ist die Lösung gesättigt, also ein fester Bodenkörper vorhanden, erhält man

$P = 3$, $F = 1$. Bei einer gewählten Temperatur ist also Sättigungskonzentration und Dampfdruck festgelegt.

Dampfdruckerniedrigung von Lösungen, Gesetz von Raoult

Wenn man durch Auflösen nichtflüchtiger Stoffe in einem Lösungsmittel eine Lösung herstellt, so ist der Dampfdruck der Lösung kleiner als der des Lösungsmittels. Die Dampfdruckerniedrigung wächst mit zunehmender Konzentration der Lösung. *Als Folge der Dampfdruckerniedrigung tritt bei einer Lösung eine Gefrierpunktserniedrigung und eine Siedepunktserhöhung auf.* Dieser Effekt läßt sich mit Hilfe der Abb. 3.11 verstehen.

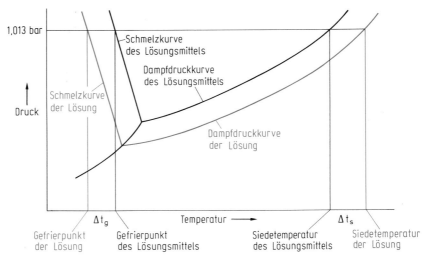

Abbildung 3.11   Bei einer Lösung ist der Sättigungsdampfdruck des Lösungsmittels niedriger als bei einem reinen Lösungsmittel. Dies hat eine Siedepunktserhöhung Δt_s und eine Gefrierpunktserniedrigung Δt_g der Lösung zur Folge.

Verglichen mit dem reinen Lösungsmittel, wird wegen der Dampfdruckerniedrigung bei einer Lösung der Dampfdruck von 1,013 bar erst bei einer höheren Temperatur erreicht. Dies bedeutet eine Erhöhung des Siedepunktes. Die Dampfdruckkurve einer Lösung schneidet die Sublimationskurve bei einer tieferen Temperatur als die Dampfdruckkurve des Lösungsmittels. Dies bedeutet, daß der Gefrierpunkt (= Schmelzpunkt) erniedrigt wird. Die Verschiebung des Gefrierpunktes bzw. des Siedepunktes ist proportional der Molalität b, also proportional der Anzahl gelöster Teilchen:

Gefrierpunktserniedrigung $\Delta t_g = E_g b$

Siedepunktserhöhung $\Delta t_s = E_s b$

Für $b = 1$ ist $\Delta t_g = E_g$, die molale Gefrierpunktserniedrigung, und $\Delta t_s = E_s$, die molale Siedepunktserhöhung. Wenn 1 mol Substanz in 1000 g Wasser gelöst ist ($b = 1$ mol/kg), dann beträgt die Siedepunktserhöhung 0,51 °C, die Gefrierpunktserniedrigung 1,86 °C, unabhängig davon, welche Substanz gelöst ist. E_s und E_g sind Stoffkonstanten, die für jedes Lösungsmittel einen charakteristischen Wert aufweisen.

Beispiele:

	E_s in K kg mol^{-1}	E_g in K kg mol^{-1}
Wasser	0,51	−1,86
Ethanol	1,21	−1,99
Essigsäure	3,07	−3,90
Ammoniak	0,34	−1,32

Beim Lösen von Salzen ist die Dissoziation zu beachten. Im Falle einer NaCl-Lösung entstehen durch Dissoziation zwei Teilchen. Für die Gefrierpunktserniedrigung erhält man dadurch

$$\Delta t_g = 2 E_g b_{NaCl}.$$

Aufgrund der Gefrierpunktserniedrigung, die durch Lösen von Salzen in Wasser auftritt, kann man aus Eis und Salz Kältemischungen herstellen. Die Verhinderung der Eisbildung auf den Straßen durch Streuen von Salz beruht ebenfalls auf der Gefrierpunktserniedrigung von Salzlösungen gegenüber reinem Wasser.

Die Gefrierpunktserniedrigung und die Siedepunktserhöhung sind nur dann unabhängig vom gelösten Stoff, wenn sich die Lösung ideal verhält. In idealen Lösungen mit den Komponenten A und B sind die Wechselwirkungen A–B nahezu gleich groß wie die Wechselwirkungen A–A und B–B in den reinen Komponenten. Für ideale Lösungen gilt das Gesetz von Raoult

$$p_A = x_A p_A^\circ$$

Der Partialdampfdruck p_A der Komponente A ist bei gegebener Temperatur gleich dem Produkt aus dem Stoffmengenanteil x_A von A und dem Dampfdruck p_A° der reinen Komponente A.

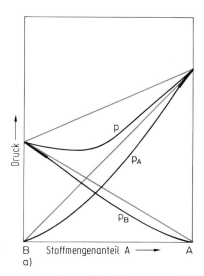 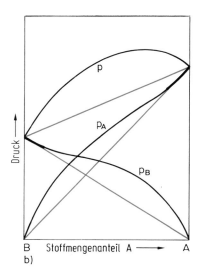

Abbildung 3.12   Dampfdruckkurven von Lösungen.
Die rotgezeichneten Kurven gelten für ideale Lösungen, die dem Gesetz von Raoult gehorchen. Dicke schwarze Linien bedeuten näherungsweise Gültigkeit des Raoult-Gesetzes.
a) Negative Abweichungen vom Raoult-Gesetz. Die Wechselwirkungen A-B sind größer als die der reinen Komponenten A-A und B-B. Die Lösungsenthalpien sind negativ (exothermer Vorgang).
b) Positive Abweichung vom Raoult-Gesetz. Die Wechselwirkungen A-B sind kleiner als die von A-A und B-B. Die Lösungsenthalpien sind daher positiv (endothermer Vorgang).

Entsprechend gilt für B

$$p_B = x_B p_B^\circ$$

und für den Gesamtdampfdruck (Abb. 3.12)

$$p = p_A + p_B = x_A p_A^\circ + x_B p_B^\circ$$

Ist in der Lösung ein nichtflüchtiger Stoff B gelöst, der einen sehr kleinen Dampf-druck besitzt, so ist der Gesamtdampfdruck annähernd gleich dem Partialdruck p_A und für die Dampfdruckerniedrigung gilt

$$\Delta p = p_A^\circ - p_A = p_A^\circ - x_A p_A^\circ = (1 - x_A) p_A^\circ$$

und da $x_A + x_B = 1$

folgt $\Delta p = x_B p_A^\circ$

Die Dampfdruckerniedrigung ist proportional dem Stoffmengenanteil der gelösten Sub-stanz.

Sind die Wechselwirkungen A–B von denen der reinen Komponenten A–A und B–B verschieden (Abb. 3.12), ist das Raoult-Gesetz nur auf verdünnte Lösungen anwendbar, für die noch annähernd ideales Verhalten gilt. Für

$$n_B \ll n_A$$

folgt $x_B \approx \dfrac{n_B}{n_A}$

Berücksichtigt man die Beziehung für die molare Masse von A (vgl. Abschn. 3.1)

$$M_A = \frac{m_A}{n_A}$$

erhält man

$$x_B \approx \frac{n_B}{m_A} M_A = b_B M_A$$

Für verdünnte Lösungen besteht Proportionalität zwischen Stoffmengenanteil und Molalität. Dampfdruckerniedrigung, Gefrierpunktserniedrigung und Siedepunkts-erhöhung sind also der Molalität des gelösten Stoffes proportional.

3.4 Reaktionsenthalpie, Standardbildungsenthalpie

Bei einer chemischen Reaktion findet eine Umverteilung von Atomen statt. Dabei erfolgt nicht nur eine stoffliche Veränderung, sondern damit verbunden ist gleichzei-tig ein Energieumsatz. Mit den energetischen Effekten chemischer Reaktionen befaßt sich die *Chemische Thermodynamik*.

Mit dem Begriff *System* wird ein Reaktionsraum definiert, der von seiner Umgebung durch physikalische oder nur gedachte Wände abgegrenzt ist und bei dem nur kontrollierte Einflüsse der Umgebung zugelassen sind (Abb. 3.13). Man unterscheidet:

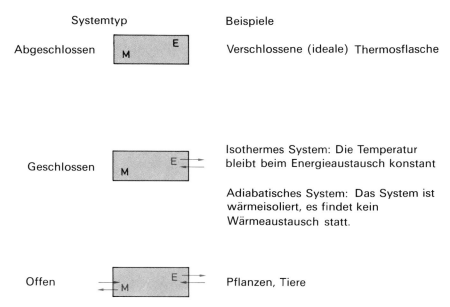

Systemtyp	Beispiele
Abgeschlossen	Verschlossene (ideale) Thermosflasche
Geschlossen	Isothermes System: Die Temperatur bleibt beim Energieaustausch konstant Adiabatisches System: Das System ist wärmeisoliert, es findet kein Wärmeaustausch statt.
Offen	Pflanzen, Tiere

Abbildung 3.13 Energie- und Materieaustausch eines Systems mit der Umgebung.

Isolierte oder abgeschlossene Systeme. Es findet weder ein Stoffaustausch noch ein Energieaustausch mit der Umgebung statt.

Geschlossene Systeme. Es wird zwar Energie, aber keine Materie mit der Umgebung ausgetauscht.

Offene Systeme. Sowohl Energie- als auch Stoffaustausch ist möglich.

Der jeweilige Zustand eines Systems kann mit *Zustandsgrößen* beschrieben werden.

Zustandsgrößen sind z. B. Druck, Temperatur, Volumen, Konzentration. Sie hängen nicht davon ab, auf welchem Wege der Zustand erreicht wurde.

Beispiel:

Für 1 mol eines idealen Gases gilt die Zustandsgleichung $pV = RT$. Der Zustand des Systems ist durch zwei Zustandsgrößen eindeutig bestimmt.

Eine wichtige Zustandsgröße ist der „Energieinhalt" eines Systems, seine *innere Energie U*. Die innere Energie ändert sich, wenn vom System Wärme Q aus der Umgebung aufgenommen bzw. an die Umgebung abgegeben wird oder wenn vom System bzw. am System Arbeit W geleistet wird.

1. Hauptsatz der Thermodynamik: Die von einem geschlossenen System mit der Um-

gebung ausgetauschte Summe von Arbeit und Wärme ist gleich der Änderung der inneren Energie des Systems.

$$\Delta U = Q + W \tag{3.1}$$

ΔU bedeutet $U_{\text{Endzustand}} - U_{\text{Anfangszustand}}$. Werden Wärme und Arbeit vom System abgegeben, so ist Q und W negativ und die innere Energie U nimmt ab; werden sie dem System zugeführt, ist Q und W positiv und U nimmt zu.

Für ein abgeschlossenes System gilt

$$\Delta U = 0 \quad \text{und} \quad U = \text{const.}$$

Energie kann nicht vernichtet werden oder neu entstehen (Energieerhaltungssatz).

Ändert sich das Volumen eines Systems, so wird die *Volumenarbeit*

$$W = -p\Delta V$$

geleistet (Ist ΔV positiv, erfolgt Volumenzunahme, ist ΔV negativ, Volumenabnahme) (Abb. 3.14). Volumenarbeit ist bei solchen chemischen Reaktionen von Bedeutung, bei denen der Druck konstant bleibt.

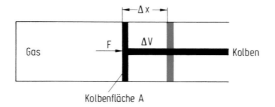

Abbildung 3.14   Volumenarbeit.
Das Gas in einem Zylinder dehnt sich aus. Dabei wird der Kolben um die Wegstrecke Δx bewegt. Dazu ist eine Kraft F erforderlich. Die geleistete (vom System verrichtete) Arbeit ist:

$$-W = F\Delta x$$
$$-W = \frac{F}{A}\Delta x \cdot A$$
$$W = -p\Delta V$$

Berücksichtigt man nur Volumenarbeit, so erhält man aus Gl. (3.1)

$$\Delta U = Q_V \qquad \text{für } V = \text{const}$$
$$\Delta U = Q_p - p\Delta V \qquad \text{für } p = \text{const}$$

Nimmt die innere Energie des Systems ab, so wird bei konstantem Volumen ΔU nur in Form von Wärme abgegeben. Bei konstantem Druck des Systems kann nur noch ein Teil als Wärme abgegeben werden, der Rest muß für Volumenarbeit zur Verfügung stehen, um den Druck konstant zu halten.

Man definiert daher eine neue Zustandsgröße, die *Enthalpie H*

$$H = U + pV$$

Für Enthalpieänderungen bei konstantem Druck erhält man

$$\Delta H = \Delta U + p\,\Delta V = Q_p$$

Die vom System bei konstantem Druck abgegebene Wärme ist nun gleich der Enthalpieabnahme ΔH des Systems.

Es gibt chemische Reaktionen, bei denen Energie freigesetzt wird und andere, bei denen Energie verbraucht wird. *Die bei einer chemischen Reaktion pro Formelumsatz entwickelte oder verbrauchte Wärmemenge heißt Reaktionswärme.* Im SI werden die Reaktionswärmen normalerweise in kJ angegeben, die vorher übliche Einheit war die kcal

$$1\,\text{kcal} = 4,187\,\text{kJ}$$

Die Reaktionswärme einer chemischen Reaktion, die bei konstantem Druck abläuft, bezeichnet man als Reaktionsenthalpie. Das Symbol für die Reaktionsenthalpie ist ΔH

Bei den folgenden Beispielen läuft die chemische Reaktion in einem geschlossenen System ab. Bei der Reaktion soll im Reaktionsraum die Temperatur konstant (isothermes System) und der Druck konstant (isobares System) bleiben.

Unter einem Formelumsatz versteht man z. B. bei der Reaktion $3\,H_2 + N_2 \rightarrow 2\,NH_3$ den gesamten Umsatz von 3 mol Wasserstoff und 1 mol Stickstoff zu 2 mol Ammoniak. Dabei wird eine Reaktionswärme von 92,3 kJ entwickelt und an die Umgebung abgegeben. Der fortschreitende Umsatz kann mit der Umsatzvariable ξ angegeben werden, sie hat die Einheit mol. $\xi = 1$ entspricht *einem* Formelumsatz. Die Reaktionsenthalpie ist gleich der Enthalpieänderung pro Formelumsatz

$$\Delta H_{\text{Reaktion}} = \frac{\Delta H}{\xi} \qquad \xi = 1\,\text{mol}$$

Die übliche Einheit der Reaktionsenthalpie ist kJ/mol.

Wird die Reaktionswärme an die Umgebung abgegeben, erhält der ΔH-Wert definitionsgemäß ein negatives Vorzeichen. Die gesamte Reaktionsgleichung mit Stoff- und Energiebilanz lautet:

$$3\,H_2 + N_2 \longrightarrow 2\,NH_3 \qquad \Delta H = -92,3\,\text{kJ/mol} \tag{3.2}$$

Bei der Bildung von 2 mol Stickstoffoxid aus 1 mol Stickstoff und 1 mol Sauerstoff wird eine Reaktionswärme von 180,6 kJ verbraucht, also der Umgebung entzogen. Die aus der Umgebung aufgenommene Reaktionswärme erhält ein positives Vorzeichen. Die Reaktionsgleichung lautet:

$$N_2 + O_2 \longrightarrow 2\,NO \qquad \Delta H = +180,6\,\text{kJ/mol} \tag{3.3}$$

Reaktionen, bei denen ΔH negativ ist, nennt man exotherm, Reaktionen, bei denen ΔH positiv ist, endotherm (Abb. 3.15).

Für eine bestimmte Reaktion bezieht sich die Größe der Reaktionsenthalpie natürlich immer auf die dazugehörige Gleichung, in der durch die stöchiometrischen Zahlen der jeweilige Formelumsatz angegeben wird.

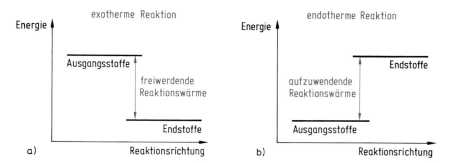

Abbildung 3.15   Schematische Energiediagramme.
a) Exotherme Reaktion. Der Energieinhalt der Endstoffe ist kleiner als der der Ausgangsstoffe, die Differenz wird als Reaktionswärme frei. ΔH ist negativ.
b) Endotherme Reaktion. Der Energieinhalt der Endstoffe ist größer als der der Ausgangsstoffe. Diese Energiedifferenz muß während der Reaktion zugeführt werden. ΔH ist positiv.

Beispiel:

$$H_2 + Cl_2 \longrightarrow 2\,HCl \qquad \Delta H = -184{,}8\ kJ/mol$$
$$\tfrac{1}{2}H_2 + \tfrac{1}{2}Cl_2 \longrightarrow HCl \qquad \Delta H = -92{,}4\ kJ/mol$$

Die Größe der Reaktionsenthalpie ΔH hängt von der Temperatur und dem Druck ab, bei denen die Reaktion abläuft. *Man gibt* daher *die Reaktionsenthalpie für einen definierten Anfangs- und Endzustand der Reaktionsteilnehmer, den sogenannten Standardzustand an. Als Standardzustände wählt man bei Gasen den idealen Zustand, bei festen und flüssigen Stoffen den Zustand der reinen Phase, jeweils bei 1,013 bar = 1 atm Druck. Für die Standardreaktionsenthalpie wird das Symbol $\Delta H°$ verwendet.* Die jeweilige Reaktionstemperatur wird als Index angegeben. $\Delta H°_{293}$ bedeutet also die Standardreaktionsenthalpie bei 293 K. Im allgemeinen gibt man $\Delta H°$ für die Standardtemperatur 25 °C an: $\Delta H°_{298}$. $\Delta H°$-Werte, bei denen zur Vereinfachung der Schreibweise die Temperaturangabe weggelassen ist, beziehen sich im folgenden immer auf die Standardtemperatur 25 °C. Die Temperaturabhängigkeit der Reaktionsenthalpie kann mit Hilfe der Wärmekapazitäten berechnet werden (siehe Lehrbücher der physikalischen Chemie).

Satz von Heß

Eine Verbindung kann auf verschiedenen Reaktionswegen entstehen. Betrachten wir als Beispiel die Bildung von Kohlenstoffdioxid (vgl. Abb. 3.16). CO_2 kann direkt aus Kohlenstoff und Sauerstoff gebildet werden:

Weg 1 $C + O_2 \longrightarrow CO_2 \qquad \Delta H° = -393{,}8\ kJ/mol$

Ein anderer Reaktionsweg führt in zwei Reaktionsschritten über die Zwischenverbindung Kohlenstoffmonooxid zu CO_2.

Weg 2   Schritt 1 $C + \frac{1}{2}O_2 \longrightarrow CO$ $\Delta H^\circ = -110,6\,\text{kJ/mol}$

Schritt 2 $CO + \frac{1}{2}O_2 \longrightarrow CO_2$ $\Delta H^\circ = -283,2\,\text{kJ/mol}$

Nach dem Satz von Heß hängt die Reaktionsenthalpie nicht davon ab, auf welchem Weg CO_2 entsteht. *Bei gleichem Anfangs- und Endzustand der Reaktion ist die Reaktionsenthalpie für jeden Reaktionsweg gleich groß* und unabhängig davon, ob die Reaktion direkt oder in verschiedenen, getrennten Schritten durchgeführt wird. Für die Bildung von CO_2 gilt danach

$$\Delta H^\circ_{\text{Weg 1}} = \Delta H^\circ_{\text{Weg 2}}$$

Der Satz von Heß lautet einfacher: ΔH ist eine Zustandsgröße. Er ist ein Spezialfall des 1. Hauptsatzes der Thermodynamik.

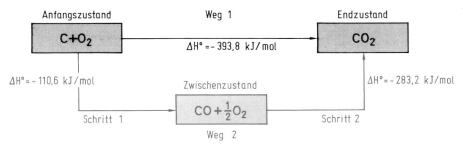

Abbildung 3.16   Nach dem Satz von Heß ist die Reaktionsenthalpie ΔH eine Zustandsgröße, die nicht vom Reaktionsweg abhängig ist: $\Delta H^\circ_{\text{Weg1}} = \Delta H^\circ_{\text{Weg2}}$.

Aufgrund des Heßschen Satzes können experimentell schwer bestimmbare Reaktionsenthalpien rechnerisch ermittelt werden. Die Reaktionsenthalpie der Reaktion $C + \frac{1}{2}O_2 \rightarrow CO$ ist experimentell schwierig zu bestimmen, kann aber aus den gut meßbaren Reaktionsenthalpien der Oxidation von C und CO zu CO_2 berechnet werden.

Standardbildungsenthalpie

Da ΔH eine Zustandsgröße ist, können wir die Reaktionsenthalpien von chemischen Reaktionen berechnen, wenn wir die Enthalpien der Endstoffe und Ausgangsstoffe kennen.

$$\Delta H = \Sigma H \text{ (Endstoffe)} - \Sigma H \text{ (Ausgangsstoffe)}$$

Unglücklicherweise lassen sich aber nur Enthalpieänderungen messen, der Absolutwert der Enthalpie (Wärmeinhalt) eines Stoffes ist nicht meßbar. Man muß daher eine Enthalpieskala mit Relativwerten der Enthalpien aufstellen. Für diese Enthalpieskala ist es notwendig, einen willkürlichen Nullpunkt festzulegen. Er ist folgendermaßen definiert: *Die stabilste Form eines Elements bei 25 °C und einem Druck von*

1,013 bar = 1 atm besitzt die Enthalpie null (vgl. Abb. 3.17). Die Enthalpie einer Verbindung erhält man nun aus der Reaktionswärme, die bei ihrer Bildung aus den Elementen auftritt. Die pro Mol der Verbindung unter Standardbedingungen auftretende Reaktionsenthalpie nennt man Standardbildungsenthalpie.

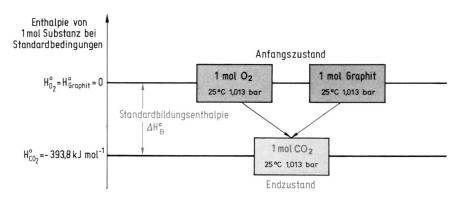

Abbildung 3.17 Die Standardbildungsenthalpie ΔH_B° tritt auf, wenn 1 mol einer Verbindung im Standardzustand aus den Elementen bei Standardbedingungen entsteht. Bei Elementen mit mehreren Modifikationen ist ΔH_B° auf die bei 298 K und 1,013 bar thermodynamisch stabile Modifikation bezogen.

Die Standardbildungsenthalpie ΔH_B° einer Verbindung ist die Reaktionsenthalpie, die bei der Bildung von 1 mol der Verbindung im Standardzustand aus den Elementen im Standardzustand bei der Reaktionstemperatur 25 °C auftritt.

Beispiel:

Standardbildungsenthalpie von CO_2

$$\Delta H_B^\circ(CO_2) = -394 \text{ kJ/mol}$$

Dies bedeutet: Läßt man bei 25 °C 1 mol Sauerstoffmoleküle von 1,013 bar Druck und 1 mol Kohlenstoff unter 1,013 bar Druck zu 1 mol CO_2 mit dem Druck 1,013 bar reagieren, so tritt die exotherme Reaktionsenthalpie von 394 kJ auf. Kohlenstoff muß als Graphit vorliegen, da bei 298 K und 1,013 bar die beständige Kohlenstoffmodifikation der Graphit und nicht der Diamant ist (vgl. Abb. 3.17).

In den Reaktionsgleichungen (3.2) und (3.3) sind die Standardreaktionsenthalpien für 298 K pro Formelumsatz angegeben. Die Standardbildungsenthalpien von NH_3 und NO, also jeweils für 1 mol Verbindung, sind daher (vgl. Abb. 3.17):

$$\Delta H_B^\circ(NH_3) = -46,1 \text{ kJ/mol}$$
$$\Delta H_B^\circ(NO)\ \ = +90,3 \text{ kJ/mol}$$

Weitere Standardbildungsenthalpien sind in der Tabelle 3.2 angegeben. *Mit den ΔH_B°-Werten kann man die Reaktionsenthalpien einer Vielzahl von Reaktionen berechnen.*

Tabelle 3.2   Standardbildungsenthalpien ΔH_B° einiger Verbindungen in kJ/mol

$P_4(g)$	$+ 59{,}0$	CO	$- 110{,}6$	CaO(s)	$- 636{,}0$
$S_8(g)$	$+102{,}4$	CO_2	$- 393{,}8$	α-Al_2O_3(s)	$-1676{,}9$
O_3	$+142{,}8$	NH_3	$- 46{,}1$	SiO_2(s)	$- 911{,}6$
HF	$-271{,}3$	NO	$+ 90{,}3$	α-Fe_2O_3(s)	$- 824{,}8$
HCl	$- 92{,}4$	NO_2	$+ 33{,}2$	Fe_3O_4(s)	$-1119{,}2$
HBr	$- 36{,}4$	P_4O_{10}(s)	$-2986{,}2$	FeS_2(s)	$- 178{,}4$
HI	$+ 26{,}5$	SO_2	$- 297{,}0$	CuO(s)	$- 157{,}4$
$H_2O(g)$	$-242{,}0$	$SO_3(g)$	$- 396{,}0$	H	$+ 218{,}1$
$H_2O(l)$	$-286{,}0$	NaCl(s)	$- 411{,}3$	O	$+ 249{,}3$
$H_2O_2(l)$	$-187{,}9$	NaF(s)	$- 569{,}4$	F	$+ 79{,}1$
H_2S	$- 20{,}6$	MgO(s)	$- 602{,}3$	Cl	$+ 121{,}8$
				N	$+ 473{,}0$

Für die allgemeine Reaktion

$$aA + bB \longrightarrow cC + dD$$

mit den Verbindungen A, B, C, D beträgt die Reaktionsenthalpie

$$\Delta H_{298}^\circ = d\Delta H_B^\circ(D) + c\Delta H_B^\circ(C) - b\Delta H_B^\circ(B) - a\Delta H_B^\circ(A)$$

Beispiel:

Für die Reaktion

$$Fe_2O_3(s) + 3\,CO(g) \longrightarrow 2\,Fe(s) + 3\,CO_2(g)$$

erhält man die Reaktionsenthalpie

$$\Delta H_{298}^\circ = 3\,\Delta H_B^\circ(CO_2) - \Delta H_B^\circ(Fe_2O_3) - 3\,\Delta H_B^\circ(CO)$$
$$\Delta H_{298}^\circ = 3\,(-393{,}8\ \text{kJ mol}^{-1}) - 1\,(-824{,}8\ \text{kJ mol}^{-1}) - 3\,(-110{,}6\ \text{kJ mol}^{-1})$$
$$\Delta H_{298}^\circ = - 24{,}8\ \text{kJ/mol}$$

Die Bildungsenthalpie von Fe ist definitionsgemäß null.

Aus den Standardbildungsenthalpien können Bindungsenergien ermittelt werden.

Beispiel:

Dissoziationsenergie von HCl

$D^0 = 432\ \text{kJ mol}^{-1}$. Die Dissoziationsenergie ist gleich der Bindungsenergie (vgl.

Tabelle 2.14). Bei mehratomigen Molekülen mit gleichen Bindungen erhält man eine mittlere Bindungsenergie

Beispiel:

Bindungsenergie O—H in H_2O

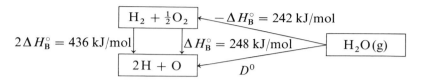

$D^0 = 926\,\mathrm{kJ\,mol^{-1}}$. Daraus erhält man für die O—H-Bindung als mittlere Bindungsenergie $D^0/2 = 463\,\mathrm{kJ\,mol^{-1}}$.

Beispiel:

Bindungsenergie O—O in H_2O_2

Die Dissoziationsenergie $H_2O_2 \rightarrow 2\,O + 2\,H$ beträgt $D^0 = 1065\,\mathrm{kJ\,mol^{-1}}$. Im Molekül H—O—O—H existieren drei Bindungen. Zieht man von der Gesamtdissoziationsenergie D^0 die beiden O—H-Bindungsenergien ab, so erhält man für die Bindungsenergie der O—O-Bindung $139\,\mathrm{kJ\,mol^{-1}}$.

3.5 Das chemische Gleichgewicht

3.5.1 Allgemeines

Läßt man Wasserstoffmoleküle und Iodmoleküle miteinander reagieren, bildet sich Iodwasserstoff.

$$H_2 + I_2 \longrightarrow 2\,HI$$

Es reagieren aber nicht alle H_2- und I_2-Moleküle miteinander zu HI-Molekülen, sondern die Reaktion verläuft unvollständig. Bringt man in ein Reaktionsgefäß 1 mol H_2 und 1 mol I_2, so bilden sich z. B. bei 490 °C nur 1,544 mol HI im Gemisch mit 0,228 mol H_2 und 0,228 mol I_2, die nicht miteinander weiterreagieren.

Bringt man in das Reaktionsgefäß 2 mol HI, so erfolgt ein Zerfall von HI-Molekülen in H_2- und I_2-Moleküle nach der Reaktionsgleichung

$$2\,HI \longrightarrow H_2 + I_2$$

Auch diese Reaktion läuft nicht vollständig ab. Bei 490 °C zerfallen nur solange HI-Moleküle bis im Reaktionsgefäß wiederum ein Gemisch von 0,228 mol H_2, 0,228 mol I_2 und 1,544 mol HI vorliegt.

Zwischen den Molekülen H_2, I_2 und HI bildet sich also *ein Zustand, bei dem keine* weitere *Änderung der Zusammensetzung des Reaktionsgemisches erfolgt.* Diesen Zustand *nennt man chemisches Gleichgewicht.* Wenn bei 490 °C im Reaktionsraum 0,228 mol H_2, 0,228 mol I_2 und 1,544 mol HI nebeneinander vorhanden sind, liegt ein Gleichgewichtszustand vor. Dies ist in der Abb. 3.18 schematisch dargestellt.

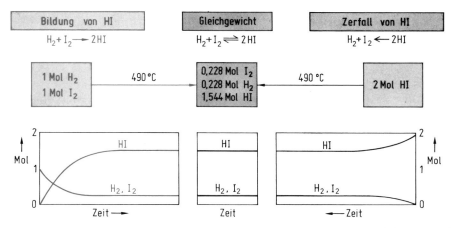

Abbildung 3.18   Chemisches Gleichgewicht. Bildung und Zerfall von HI führen zum gleichen Endzustand. Im Endzustand sind die drei Reaktionsteilnehmer in bestimmten Konzentrationen nebeneinander vorhanden. Diese Konzentrationen verändern sich mit fortschreitender Zeit nicht mehr. Ein solcher Zustand wird chemisches Gleichgewicht genannt.

Der Gleichgewichtszustand ist kein Ruhezustand. Nur makroskopisch sind im Gleichgewichtszustand keine Veränderungen feststellbar. Tatsächlich erfolgt aber auch im Gleichgewichtszustand dauernd Zerfall und Bildung von HI-Teilchen. Wie sich im Verlauf der Reaktion die Anzahl der pro Zeiteinheit gebildeten und zerfallenen HI-Moleküle ändert, zeigt schematisch Abb. 3.19.

Zu Beginn der Reaktion ist die Anzahl entstehender HI-Moleküle groß, sie sinkt im Verlauf der Reaktion, da die Konzentrationen der reagierenden H_2- und I_2-Moleküle abnehmen. Die Anzahl zerfallender HI-Moleküle ist zu Beginn der Reaktion natürlich null, da noch keine HI-Teilchen vorhanden sind. Je größer die Konzentration der HI-Moleküle im Verlauf der Reaktion wird, um so mehr HI-Moleküle zerfallen. Bildungskurve und Zerfallskurve nähern sich im Verlauf der Reaktion, bis schließlich die Anzahl zerfallender und gebildeter HI-Moleküle pro Zeiteinheit gleich groß ist, es ist Gleichgewicht erreicht. In der folgenden Zeit tritt keine makroskopisch wahrnehmbare Veränderung mehr ein.

Das Auftreten eines Gleichgewichts wird bei der Formulierung von Reaktionsgleichungen durch einen Doppelpfeil $\rightleftharpoons$ wiedergegeben, wobei $\rightarrow$ die Hinreaktion und $\leftarrow$ die Rückreaktion symbolisiert.

$$H_2 + I_2 \rightleftharpoons 2 HI$$

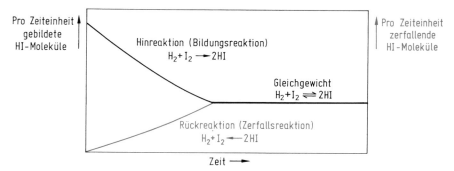

Abbildung 3.19   Bei der Reaktion von H_2 mit I_2 zu HI werden nicht nur HI-Moleküle gebildet, sondern gleichzeitig zerfallen auch gebildete HI-Moleküle wieder. Vor Erreichen des Gleichgewichtszustandes bilden sich pro Zeitintervall aber mehr HI-Moleküle als zerfallen, die Bildungsreaktion ist schneller als die Zerfallsreaktion. Im Gleichgewichtszustand ist die Anzahl sich bildender und zerfallender HI-Moleküle gleich groß geworden.

Bei vielen chemischen Reaktionen sind allerdings im Gleichgewicht überwiegend die Komponenten einer Seite vorhanden. Man sagt dann, daß das Gleichgewicht ganz auf einer Seite liegt. Bei der Reaktion

$$2H_2 + O_2 \rightleftharpoons 2H_2O$$

z. B. liegt das Gleichgewicht ganz auf der rechten Seite, d.h. im Gleichgewichtszustand sind praktisch nur H_2O-Moleküle vorhanden.

3.5.2 Das Massenwirkungsgesetz (MWG)

Das MWG wurde 1867 von Guldberg und Waage empirisch gefunden. Es kann aber auf Grund thermodynamischer Gesetze exakt abgeleitet werden (vgl. Abschn. 3.5.4). Mit dem MWG wird die Lage eines chemischen Gleichgewichts beschrieben. Es lautet für die Gleichgewichtsreaktion

$$H_2 + I_2 \rightleftharpoons 2HI \tag{3.4}$$

$$\frac{c_{HI}^2}{c_{H_2} \cdot c_{I_2}} = K_c$$

c_{HI}, c_{I_2} und c_{H_2} sind die Stoffmengenkonzentrationen von HI, I_2 und H_2 im Gleichgewichtszustand. Eine große Konzentration bedeutet eine große Teilchenzahl pro Volumen. K_c wird *Gleichgewichtskonstante* oder *Massenwirkungskonstante* genannt. Sie *ist definiert als Produkt der Konzentrationen der Endstoffe („Rechtsstoffe") dividiert durch das Produkt der Konzentrationen der Ausgangsstoffe („Linksstoffe"). Die Gleichgewichtskonstante hängt nur von der Reaktionstemperatur ab.*

Für die Reaktion (3.4) erhält man den Wert der Gleichgewichtskonstante K_c für die Temperatur 490 °C aus den in Abschn. 3.5.1 angegebenen Gleichgewichtskonzentrationen. Hat das dort beschriebene Reaktionsgefäß ein Volumen von 1 Liter, erhält man

$$K_c = \frac{1{,}544^2 \text{ mol}^2/\text{l}^2}{0{,}228 \text{ mol/l} \cdot 0{,}228 \text{ mol/l}} = 45{,}9$$

Es gibt natürlich beliebig viele Kombinationen der H_2-, I_2- und HI-Konzentrationen, für die das MWG erfüllt ist. Läßt man z. B. 1 mol I_2 mit 0,5 mol H_2 reagieren, dann sind bei 490 °C im Gleichgewichtszustand 0,930 mol HI, 0,535 mol I_2 und 0,035 mol H_2 nebeneinander vorhanden

$$K_c = \frac{0{,}9296^2 \text{ mol}^2/\text{l}^2}{0{,}5352 \text{ mol/l} \cdot 0{,}0352 \text{ mol/l}} = 45{,}9$$

Für Gasreaktionen ist es zweckmäßig, das MWG in der Form

$$\frac{p_{HI}^2}{p_{H_2} \cdot p_{I_2}} = K_p$$

zu schreiben. p_{HI}, p_{H_2} und p_{I_2} sind die Partialdrücke (vgl. Abschn. 3.2) von HI, H_2 und I_2 im Gleichgewichtszustand.

Für die allgemein geschriebene Reaktionsgleichung

$$a\,A + b\,B \rightleftharpoons c\,C + d\,D$$

lautet das MWG

$$\frac{c_C^c \, c_D^d}{c_A^a \, c_B^b} = K_c$$

Im MWG sind die Konzentrationen der Stoffe multiplikativ verknüpft, die *stöchiometrischen Zahlen* a, b, c und d treten daher als Exponenten der Konzentrationen auf. Dies wird sofort klar, wenn man die Reaktion (3.4) in der Form $H_2 + I_2 \rightleftharpoons HI + HI$ schreibt. Das MWG lautet dann

$$K_c = \frac{c_{HI} \cdot c_{HI}}{c_{H_2} \cdot c_{I_2}} = \frac{c_{HI}^2}{c_{H_2} \cdot c_{I_2}}$$

Die Gleichgewichtskonstanten verschiedener chemischer Reaktionen können sehr unterschiedliche Werte haben.

Ist $K \gg 1$, läuft die Reaktion nahezu vollständig in Richtung der Endprodukte ab. Die Ausgangsstoffe sind im Gleichgewicht in so geringer Konzentration vorhanden, daß diese oft nicht mehr meßbar ist.

Beispiel:

$$2\,H_2 + O_2 \rightleftharpoons 2\,H_2O\,(g)$$

$$\frac{p_{H_2O}^2}{p_{H_2}^2 \cdot p_{O_2}} = K_p$$

Bei 25 °C beträgt $K_p = 10^{80}$ bar^{-1}. Wasser zersetzt sich bei Normaltemperatur nicht.

Ist $K \approx 1$, liegen im Gleichgewichtszustand alle Reaktionsteilnehmer in vergleichbar großen Konzentrationen vor. Ein Beispiel ist die schon besprochene Reaktion $H_2 + I_2 \rightleftharpoons 2\,HI$. Bei 490 °C ist $K_p = 45{,}9$.

Wenn $K \ll 1$ ist, läuft die Reaktion praktisch nicht ab. Im Gleichgewichtszustand sind ganz überwiegend die Ausgangsprodukte vorhanden.

Beispiel:

$$N_2 + O_2 \rightleftharpoons 2\,NO$$

$$\frac{p_{NO}^2}{p_{N_2} \cdot p_{O_2}} = K_p$$

Bei 25 °C beträgt $K_p = 10^{-30}$.

In der Luft sind praktisch nur N_2- und O_2-Moleküle vorhanden.

Gleichgewichtskonstanten beziehen sich auf eine Reaktion mit bestimmter Stöchiometrie. Bei der Benutzung von Zahlenwerten muß man darauf achten, für welche Reaktion die Gleichgewichtskonstante angegeben ist.

Beispiel:

$$N_2 + O_2 \rightleftharpoons 2\,NO \qquad \frac{p_{NO}^2}{p_{N_2} \cdot p_{O_2}} = K_p(1) = 10^{-30}$$

$$\tfrac{1}{2}N_2 + \tfrac{1}{2}O_2 \rightleftharpoons NO \qquad \frac{p_{NO}}{p_{N_2}^{1/2} \cdot p_{O_2}^{1/2}} = K_p(2) = 10^{-15}$$

$$K_p(1) = K_p^2(2).$$

Homogene Gleichgewichte sind Gleichgewichte, bei denen alle an der Reaktion beteiligten Stoffe in derselben Phase vorhanden sind.

Beispiele für Reaktionen, bei denen alle Reaktionsteilnehmer gasförmig vorliegen:

Reaktion	MWG		
$3\,H_2 + N_2 \rightleftharpoons 2\,NH_3$	$\dfrac{c_{NH_3}^2}{c_{H_2}^3 \cdot c_{N_2}} = K_c$	oder	$\dfrac{p_{NH_3}^2}{p_{H_2}^3 \cdot p_{N_2}} = K_p$
$2\,SO_2 + O_2 \rightleftharpoons 2\,SO_3$	$\dfrac{c_{SO_3}^2}{c_{SO_2}^2 \cdot c_{O_2}} = K_c$	oder	$\dfrac{p_{SO_3}^2}{p_{SO_2}^2 \cdot p_{O_2}} = K_p$
$H_2 \rightleftharpoons 2\,H$	$\dfrac{c_H^2}{c_{H_2}} = K_c$	oder	$\dfrac{p_H^2}{p_{H_2}} = K_p$

Im MWG stehen die Konzentrationen solcher Teilchen, die in der Reaktionsgleichung auftreten. Bei der Oxidation von SO_2 mit Sauerstoff tritt im MWG die Konzentration von Sauerstoffmolekülen c_{O_2} auf und nicht die von Sauerstoffatomen c_O.

Bei der Dissoziation von Wasserstoffmolekülen treten im MWG sowohl die Konzentrationen von Wasserstoffmolekülen c_{H_2} als auch die von Wasserstoffatomen c_H auf.

Heterogene Gleichgewichte sind Gleichgewichte, an denen mehrere Phasen beteiligt sind.

Beispiele für Reaktionen, bei denen feste (s) und gasförmige (g) Reaktionsteilnehmer auftreten:

Reaktion	MWG
$C(s) + O_2(g) \rightleftharpoons CO_2(g)$	$\dfrac{c_{CO_2}}{c_{O_2}} = K_c$
$C(s) + CO_2(g) \rightleftharpoons 2\,CO(g)$	$\dfrac{p_{CO}^2}{p_{CO_2}} = K_p$
$CaCO_3(s) \rightleftharpoons CaO(s) + CO_2(g)$	$p_{CO_2} = K_p$

Die Gegenwart fester Stoffe wie C, CaO, $CaCO_3$ ist zwar für den Ablauf der Reaktionen notwendig, aber es ist gleichgültig, in welcher Menge sie bei der Reaktion vorliegen. Sie haben keine veränderlichen Konzentrationen, *es treten* daher *im MWG für feste reine Phasen keine Konzentrationsglieder auf.*

Der Zusammenhang zwischen den Gleichgewichtskonstanten K_c und K_p läßt sich mit Hilfe des idealen Gasgesetzes ableiten. Betrachten wir zunächst die Reaktion $H_2 + I_2 \rightleftharpoons 2\,HI$. Nach dem idealen Gasgesetz $pV = nRT$ besteht zwischen der Konzentration und dem Partialdruck von H_2 die Beziehung

$$p_{H_2} = \frac{n_{H_2}}{V}\,RT = c_{H_2}\,RT$$

Entsprechend gilt für I_2 und HI

$$p_{I_2} = c_{I_2}\,RT$$

und

$$p_{HI} = c_{HI}\,RT$$

Setzt man diese Beziehungen in das MWG ein, erhält man

$$K_p = \frac{p_{HI}^2}{p_{I_2} \cdot p_{H_2}} = \frac{c_{HI}^2 (RT)^2}{c_{I_2} RT\, c_{H_2} RT} = K_c$$

Für Reaktionen, bei denen auf beiden Seiten der Reaktionsgleichung die Gesamtstoffmenge der im MWG auftretenden Komponenten gleich groß ist, ist $K_c = K_p$. Dies ist dann der Fall, wenn die Summe der stöchiometrischen Zahlen dieser Komponenten auf beiden Seiten gleich groß ist. In allen anderen Fällen ist K_c ungleich K_p. Ein Beispiel dafür ist die Reaktion $H_2 \rightleftharpoons 2\,H$.

$$K_p = \frac{p_H^2}{p_{H_2}} = \frac{c_H^2 (RT)^2}{c_{H_2} RT}$$

$$K_p = K_c\,RT$$

Für das allgemein formulierte Gleichgewicht

$$a\text{A}(g) + b\text{B}(f) \rightleftharpoons c\text{C}(g) + d\text{D}(g)$$

gilt

$$K_p = K_c R T^{(c+d-a)}$$

3.5.3 Verschiebung der Gleichgewichtslage, Prinzip von Le Chatelier

Die Gleichgewichtslage chemischer Reaktionen kann durch Änderung folgender Größen beeinflußt werden: 1. Änderung der Konzentrationen bzw. der Partialdrücke der Reaktionsteilnehmer. 2. Temperaturänderung. 3. Bei Reaktionen, bei denen sich die Gesamtstoffmenge der gasförmigen Reaktionspartner ändert, durch Änderung des Gesamtdrucks.

Nur im ersten Fall erfolgt eine Änderung der Gleichgewichtslage durch Stoffaustausch des Reaktionssystems mit seiner Umgebung. Die Temperaturänderung und Druckänderung sind Zustandsänderungen, die im geschlossenen System (vgl. Abschn. 3.4) zu Änderungen der Gleichgewichtslage führen.

Die Verschiebung der Gleichgewichtslage durch Konzentrationsänderung soll am Beispiel der Reaktion $SO_2 + \frac{1}{2}O_2 \rightleftharpoons SO_3$ erläutert werden. Die Anwendung des MWG auf diese Reaktion ergibt

$$\frac{c_{SO_3}}{c_{SO_3} \cdot c_{O_2}^{1/2}} = K_c$$

oder umgeformt

$$\frac{c_{SO_3}}{c_{SO_2}} = K_c c_{O_2}^{1/2} \tag{3.5}$$

Wenn man die Konzentration von Sauerstoff erhöht, muß sich, wie Gl. (3.5) zeigt, das Konzentrationsverhältnis c_{SO_3}/c_{SO_2} im Gleichgewicht ebenfalls erhöhen. Man kann also eine Verschiebung des Gleichgewichts in Richtung auf das erwünschte Reaktionsprodukt SO_3 (erhöhter Umsatz von SO_2) durch einen Sauerstoffüberschuß erreichen.

Die Gleichgewichtskonstanten K_p und K_c ändern sich mit der Temperatur. Durch Temperaturänderung verschiebt sich daher auch das Gleichgewicht. Bei Reaktionen mit Stoffmengenänderung der im MWG auftretenden Komponenten hängt die Gleichgewichtslage vom Druck ab, bei dem die Reaktion abläuft. Die Gleichgewichtskonstanten K_c und K_p selbst sind aber nicht vom Druck abhängig. Die Temperatur- und Druckabhängigkeit der Gleichgewichtslage wird qualitativ durch das Le Chateliersche Prinzip beschrieben:

Übt man auf ein System, das im Gleichgewicht ist, durch Druckänderung oder Temperaturänderung einen Zwang aus, so verschiebt sich das Gleichgewicht, und zwar so, daß sich ein neues Gleichgewicht einstellt, bei dem dieser Zwang vermindert ist.

Das Le Chateliersche Prinzip, auch Prinzip des kleinsten Zwangs genannt, soll auf die Reaktionen

$$3\,H_2 + N_2 \;\rightleftharpoons 2\,NH_3 \qquad \Delta H^\circ = -\,92\;kJ/mol \tag{3.6}$$

und

$$C(s) + CO_2 \rightleftharpoons 2\,CO \qquad \Delta H^\circ = +\,173\;kJ/mol \tag{3.7}$$

angewendet werden.

Erfolgt eine Temperaturerhöhung, so versucht das System, dem Zwang der Temperaturerhöhung auszuweichen. Der Temperaturerhöhung wird entgegengewirkt, wenn das Gleichgewicht sich so verschiebt, daß dabei Wärme verbraucht wird. Bei der Reaktion (3.6) wird Wärme verbraucht, wenn NH_3 in H_2 und N_2 zerfällt. Das Gleichgewicht verschiebt sich also in Richtung der Ausgangsstoffe. Bei der Reaktion (3.7) wird Wärme verbraucht, wenn sich CO bildet, das Gleichgewicht verschiebt sich in Richtung der Endprodukte.

Allgemein gilt: *Temperaturerhöhung führt bei exothermen chemischen Reaktionen zu einer Verschiebung des Gleichgewichts in Richtung der Ausgangsstoffe, bei endothermen Reaktionen in Richtung der Endprodukte.*

Quantitativ wird die Temperaturabhängigkeit der Gleichgewichtskonstante K_p durch die Gleichung

$$\frac{d\ln K_p}{dT} = \frac{\Delta H^\circ}{RT^2} \tag{3.8}$$

beschrieben (vgl. Abschn. 3.5.4). Nimmt man in erster Näherung an, daß ΔH° temperaturunabhängig ist, so erhält man durch Integration (vgl. Abb. 3.20)

$$\ln \frac{K_2}{K_1} = -\frac{\Delta H^\circ}{R}\left(\frac{1}{T_2} - \frac{1}{T_1}\right)$$

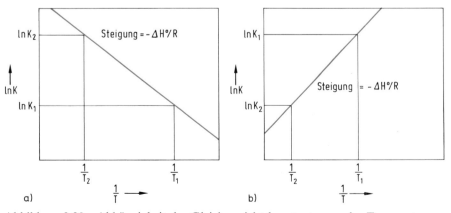

Abbildung 3.20   Abhängigkeit der Gleichgewichtskonstante von der Temperatur.
a) endotherme Reaktionen, ΔH° ist positiv.
b) exotherme Reaktionen, ΔH° ist negativ.

Beispiel:

Für die Reaktion

$$H_2 + \tfrac{1}{2}O_2 \rightleftharpoons H_2O\,(g) \qquad \Delta H_B^\circ = -242 \text{ kJ/mol}$$

beträgt bei 300 K die Gleichgewichtskonstante K_1

$$\frac{p_{H_2O}}{p_{H_2} \cdot p_{O_2}^{1/2}} = K_1 = 10^{40} \text{ bar}^{-1/2}$$

Für die Gleichgewichtskonstante K_2 bei 1000 K erhält man:

$$\lg \frac{K_2}{K_1} = -\frac{-242 \text{ kJ mol}^{-1}}{2{,}30 \cdot 0{,}00831 \text{ kJ K}^{-1} \text{mol}^{-1}} \left(\frac{1}{1000 \text{ K}} - \frac{1}{300 \text{ K}}\right) = -29{,}5$$

$$\lg K_2 = -29{,}5 + \lg K_1 = -29{,}5 + 40 = 10{,}5$$
$$K_2 \approx 10^{10} \text{ bar}^{-1/2}.$$

Die Gleichgewichtskonstante verringert sich um 30 Zehnerpotenzen, die Gleichgewichtslage verschiebt sich in Richtung der Ausgangsstoffe.

Bei großen Temperaturänderungen muß für genaue Berechnungen die Temperaturabhängigkeit von ΔH° berücksichtigt werden (vgl. Abschn. 3.5.4).

Aus der Gl. (3.8) läßt sich leicht das folgende Schema ableiten, das natürlich auch aus dem Prinzip von Le Chatelier folgt.

ΔT	ΔH°	ΔK	Verschiebung des Gleichgewichts
+	+	+	$\rightarrow$
+	−	−	$\leftarrow$

Die Reaktionen (3.6) und (3.7) verlaufen unter Stoffmengenänderung. Bei der Reaktion (3.6) entstehen aus 4 mol der Ausgangsstoffe 2 mol Endprodukt. Dem Zwang einer Druckerhöhung kann das System durch Verschiebung des Gleichgewichts in Richtung des Endprodukts ausweichen, denn dadurch wird die Gesamtzahl von Teilchen im Reaktionsraum und damit der Druck vermindert. Umgekehrt entstehen bei der Reaktion (3.7) aus 1 mol gasförmigen Ausgangsprodukts 2 mol gasförmigen Endprodukts. Durch eine Druckerhöhung wird das Gleichgewicht nun in Richtung der Ausgangsstoffe verschoben. Bei Reaktionen ohne Stoffmengenänderung verschiebt sich die Gleichgewichtslage bei verändertem Druck nicht. Ein Beispiel dafür ist die Reaktion $H_2 + I_2 \rightleftharpoons 2\,HI$.

Allgemein gilt: *Bei Reaktionen mit Stoffmengenänderung der gasförmigen Komponenten verschiebt sich durch Druckerhöhung das Gleichgewicht in Richtung der Seite mit der kleineren Stoffmenge.*

Δp	$\Delta n = n_{\text{Endst.}} - n_{\text{Ausg.St.}}$	Verschiebung des Gleichgewichts
+	+	←
+	0	keine
+	−	→

Den quantitativen Einfluß der Druckänderung auf die Gleichgewichtslage kann man mit Hilfe des MWG berechnen.

Beispiel:

Für die Reaktion

$$C + CO_2 \rightleftharpoons 2\,CO$$

beträgt bei 700 °C die Gleichgewichtskonstante

$$\frac{p_{CO}^2}{p_{CO_2}} = K_p = 0,81 \text{ bar}$$

Wir wollen die Änderung der Gleichgewichtspartialdrücke p_{CO} und p_{CO_2} bei Änderung des Gesamtdrucks p berechnen. Aus der Kombination der Beziehung

$$p_{CO} + p_{CO_2} = p$$

mit dem MWG erhalten wir

$$p_{CO}^2 + p_{CO} K_p - p K_p = 0$$

und daraus

$$p_{CO} = -\frac{K_p}{2} + \left(\frac{K_p^2}{4} + p K_p\right)^{\frac{1}{2}}$$

Für $p = 1$ bar und $p = 10$ bar erhält man unter Annahme der Gültigkeit des idealen Gasgesetzes die folgenden Werte:

t in °C	p in bar	p_{CO} in bar	p_{CO_2} in bar	p_{CO_2}/p_{CO}	K_p in bar
700	1	0,58	0,42	0,72	0,81
700	10	2,47	7,53	3,05	0,81

In der Abb. 3.21 ist die Druck- und Temperaturabhängigkeit der Gleichgewichtslage der Reaktion $3\,H_2 + N_2 \rightleftharpoons 2\,NH_3$ graphisch dargestellt. Abb. 3.22 zeigt die Temperaturabhängigkeit des Gleichgewichts der Reaktion $C + CO_2 \rightleftharpoons 2\,CO$.

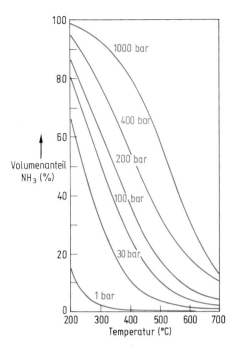

Abbildung 3.21   Druck- und Temperaturabhängigkeit der Gleichgewichtslage der Reaktion $3H_2 + N_2 \rightleftharpoons 2NH_3$.

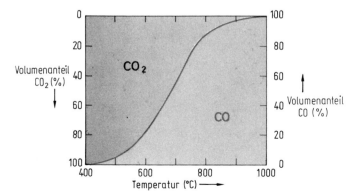

Abbildung 3.22   Temperaturabhängigkeit der Gleichgewichtslage der Reaktion $CO_2 + C \rightleftharpoons 2CO$ beim Druck von 1 bar.

3.5.4 Berechnung von Gleichgewichtskonstanten

Entropie

Wir wissen aus Erfahrung, daß es Vorgänge gibt, die freiwillig nur in einer bestimmten Richtung ablaufen. So wird z. B. Wärme von einem wärmeren zu einem kälteren Körper übertragen, nie umgekehrt. Zwei Gase vermischen sich freiwillig, aber sie entmischen sich nicht wieder. Solche Prozesse sind irreversible Prozesse. Bei irreversiblen Prozessen nimmt der Ordnungsgrad ab. Eine Gasmischung z. B. befindet sich in einem Zustand größerer Unordnung als vor der Vermischung. Der Ordnungsgrad eines Stoffes oder eines Systems kann durch eine Zustandsgröße (vgl. Abschn. 3.4), die Entropie S, bestimmt werden. Je geringer der Ordnungsgrad eines Systems ist, um so größer ist seine Entropie. Aufgrund des *2. Hauptsatzes der Thermodynamik* gilt das folgende fundamentale Naturgesetz. *In einem energetisch und stofflich abgeschlossenen Reaktionsraum können nur Vorgänge ablaufen, bei denen die Entropie wächst. Ein solches System strebt einem Zustand maximaler Entropie, also maximaler Unordnung entgegen.*

Im Gegensatz zur Enthalpie (vgl. Abschn. 3.4) können für die Entropie Absolutwerte berechnet werden, denn auf Grund des *3. Hauptsatzes der Thermodynamik* gilt: *Am absoluten Nullpunkt ist die Entropie einer idealen, kristallinen Substanz null. Als Standardentropie $S°$ ist die Entropie von einem Mol einer reinen Phase bei $25\,°C$ und $1,013\ bar = 1\ atm$ festgelegt worden. Für Gase wird ideales Verhalten vorausgesetzt.*

Tabelle 3.3   Standardentropien einiger Stoffe ($S°$ in $JK^{-1}mol^{-1}$)

Gasförmiger Zustand				Flüssiger Zustand	
		O_3	239,0	H_2O	70,0
H	114,7	H_2O	188,8		
H_2	130,7	H_2S	205,8	**Fester Zustand**	
F	158,8	SO_2	248,3		
F_2	202,8	SO_3	256,8	$C_{Graphit}$	5,7
Cl	165,2	CO	197,7	$C_{Diamant}$	2,4
Cl_2	223,1	CO_2	213,8	Ca	41,7
I	180,8	NH_3	192,5	Fe	27,3
I_2	260,8	NO	210,8	I_2	116,2
N	153,3	NO_2	240,1	P_{weiss}	41,1
N_2	191,6	HF	173,8	P_{rot}	22,8
O	161,1	HCl	186,9	S	31,8
O_2	205,2	HI	206,6	CaO	39,8
				$\alpha\text{-}Fe_2O_3$	87,5

Tabelle 3.3 enthält die $S°$-Werte einiger Stoffe. Mit den Standardentropien können die Entropieänderungen von Vorgängen bei Standardbedingungen berechnet werden. Beispiele für Entropieänderungen bei Phasenumwandlungen:

$$H_2O(l) \longrightarrow H_2O(g)$$

$$\Delta S^{\circ}_{298} = S^{\circ}(H_2O(g)) - S^{\circ}(H_2O(l))$$

$$\Delta S^{\circ}_{298} = 188,8\,\text{JK}^{-1}\,\text{mol}^{-1} - 70,0\,\text{JK}^{-1}\,\text{mol}^{-1} = 118,8\,\text{JK}^{-1}\,\text{mol}^{-1}$$

Die errechnete Entropieänderung würde auftreten, wenn der Phasenübergang $H_2O(l) \rightarrow H_2O(g)$ bei 25 °C und 1,013 bar vor sich ginge. Man gibt also die Entropie von Wasserdampf für 25 °C und 1,013 bar an, obwohl Wasser bei diesen Bedingungen flüssig ist. In der Tabelle 3.3 sind Standardentropien auch für andere fiktive, nur rechnerisch erfaßbare, aber nicht tatsächlich existierende Standardzustände angegeben.

$$I_2(s) \longrightarrow I_2(g) \qquad \Delta S^{\circ}_{298} = 144,6\,\text{JK}^{-1}\,\text{mol}^{-1}$$

Ein Festkörper mit einer regelmäßigen Anordnung der Gitterbausteine hat einen höheren Ordnungsgrad als ein Gas mit unregelmäßig angeordneten, frei beweglichen Teilchen. Bei den Phasenübergängen fest-flüssig (Schmelzen), flüssig-gasförmig (Verdampfung) und fest-gasförmig (Sublimation) nimmt der Unordnungsgrad und damit die Entropie sprunghaft zu.

$$C_{\text{Diamant}} \longrightarrow C_{\text{Graphit}} \qquad \Delta S^{\circ}_{298} = 3,4\,\text{JK}^{-1}\,\text{mol}^{-1}$$

$$P_{\text{weiss}} \longrightarrow P_{\text{rot}} \qquad \Delta S^{\circ}_{298} = -18,3\,\text{JK}^{-1}\,\text{mol}^{-1}$$

Die Modifikationen mit der höheren Gitterordnung Diamant und roter Phosphor besitzen die niedrigere Entropie. Beispiele für Entropieänderungen bei chemischen Reaktionen:

$$\tfrac{1}{2}H_2 + \tfrac{1}{2}Cl_2 \rightleftharpoons HCl$$

$$\Delta S^{\circ}_{298} = S^{\circ}(HCl) - \tfrac{1}{2}S^{\circ}(H_2) - \tfrac{1}{2}S^{\circ}(Cl_2)$$

$$\Delta S^{\circ}_{298} = 186,9\,\text{JK}^{-1}\,\text{mol}^{-1} - \tfrac{1}{2}\cdot 130,7\,\text{JK}^{-1}\,\text{mol}^{-1} - \tfrac{1}{2}\cdot 223,1\,\text{JK}^{-1}\,\text{mol}^{-1}$$

$$\Delta S^{\circ}_{298} = 10,0\,\text{JK}^{-1}\,\text{mol}^{-1}$$

$$C(s) + O_2 \rightleftharpoons CO_2 \qquad \Delta S^{\circ}_{298} = 2,9\,\text{JK}^{-1}\,\text{mol}^{-1}$$

$$\tfrac{1}{2}H_2 \rightleftharpoons H \qquad \Delta S^{\circ}_{298} = 49,4\,\text{JK}^{-1}\,\text{mol}^{-1}$$

$$\tfrac{1}{2}O_2 + \tfrac{1}{2}C(s) \rightleftharpoons CO \qquad \Delta S^{\circ}_{298} = 92,2\,\text{JK}^{-1}\,\text{mol}^{-1}$$

$$\tfrac{1}{2}N_2 + \tfrac{3}{2}H_2 \rightleftharpoons NH_3 \qquad \Delta S^{\circ}_{298} = -99,3\,\text{JK}^{-1}\,\text{mol}^{-1}$$

$$Ca(s) + \tfrac{1}{2}O_2 \rightleftharpoons CaO(s) \qquad \Delta S^{\circ}_{298} = -104,5\,\text{JK}^{-1}\,\text{mol}^{-1}$$

Große Entropieänderungen treten auf, wenn bei der Reaktion eine Änderung der Stoffmenge der gasförmigen Reaktionsteilnehmer erfolgt. Bei abnehmender Stoffmenge gasförmiger Stoffe nimmt die Entropie ab, bei zunehmender Stoffmenge nimmt sie zu. Aus der Änderung der Stoffmenge der gasförmigen Komponenten kann man ohne Kenntnis der Entropiewerte abschätzen, ob bei einer chemischen Reaktion eine Entropiezunahme oder eine Entropieabnahme erfolgt.

Wenn in einem System Reaktionen ablaufen, bei denen die Entropie abnimmt, so muß – auf Grund des 2. Hauptsatzes – in der Umgebung des Systems eine Entropiezunahme erfolgen. Damit insgesamt eine Entropiezunahme stattfindet, muß

$$\Delta S_{\text{Umgebung}} + \Delta S_{\text{System}} > 0$$

sein. Dies gilt für tatsächlich ablaufende Prozesse, also irreversible Prozesse.

Gedanklich lassen sich Zustandsänderungen durchführen, die reversibel sind. Ein reversibler Vorgang läßt sich nicht experimentell verwirklichen, denn er verläuft unendlich langsam, es erfolgen nur unendlich kleine Änderungen der Zustandsgrößen, die jederzeit wieder umkehrbar sein müssen, so daß das System sich dauernd im Gleichgewichtszustand befindet.

Finden in einem abgeschlossenen System nur reversible Prozesse statt, so bleibt die Entropie konstant.

Bei isothermen reversiblen Vorgängen ist die Entropieänderung ΔS gleich dem Quotienten aus der übertragenen Wärmemenge Q_{rev} und der Temperatur T

$$\Delta S = \frac{Q_{\text{rev}}}{T} \qquad (3.9)$$

Damit kann man z. B. die Entropieänderung eines idealen Gases, das isotherm von V_1 auf V_2 expandiert, berechnen (Abb. 3.23).

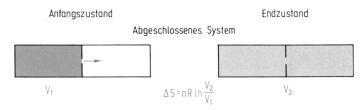

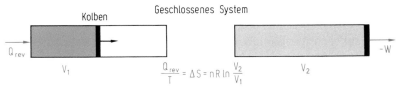

Dem System wird aus der Umgebung reversibel und isotherm die Wärme Q_{rev} zugeführt. Die Entropie des Systems nimmt um $\Delta S = \frac{Q_{\text{rev}}}{T}$ zu, die der Umgebung um $\Delta S = \frac{Q_{\text{rev}}}{T}$ ab. Die gesamte zugeführte Wärme wird vom System durch Arbeitsleistung an die Umgebung abgegeben. Nur dann bleibt T konstant.

Abbildung 3.23 Isotherme ($T = $ const) Expansion eines idealen Gases.

Reversible Expansion. Da bei idealen Gasen zwischen den Gasteilchen keine Wechselwirkungsenergie vorhanden ist, kann das Gas ohne Energieaufwand expandieren. Bei idealen Gasen ist die innere Energie U daher nicht vom Volumen, sondern nur von der Temperatur abhängig. Bei der isothermen Expansion eines idealen Gases ist $\Delta U = 0$ und auf Grund des 1. Hauptsatzes (Gl. (3.1)) ist

$$Q_{rev} = -W_{rev} \qquad (3.10)$$

Von der Umgebung wird dem idealen Gas die Wärmemenge Q reversibel und isotherm zugeführt. Dies hat eine Entropiezunahme des Gases um $+\dfrac{Q_{rev}}{T}$ und eine Entropieabnahme der Umgebung um $-\dfrac{Q_{rev}}{T}$ zur Folge. Die Gesamtentropie bleibt konstant.

Bei der isothermen Expansion des idealen Gases muß vom System Volumenarbeit gegen den äußeren Druck geleistet werden.

$$-W_{rev} = \int_{V_1}^{V_2} p\, dV = nRT \int_{V_1}^{V_2} \frac{dV}{V} = nRT \ln \frac{V_2}{V_1} = nRT \ln \frac{p_1}{p_2}$$

Für die Entropiezunahme eines idealen Gases erhält man aus den Gl. (3.9) und (3.10)

$$\Delta S = nR \ln \frac{V_2}{V_1} = nR \ln \frac{p_1}{p_2} \qquad (3.11)$$

Irreversible Expansion. Das System ist abgeschlossen. Das Gas breitet sich aus einem Raum mit V_1 in einem erweiterten Raum mit V_2 aus. Der Vorgang ist irreversibel, er erfolgt isotherm und ohne Arbeitsleistung. Die Entropiezunahme des Gases beträgt wie bei der reversiblen isothermen Expansion

$$\Delta S = nR \ln \frac{V_2}{V_1}$$

aber jetzt wird der Umgebung keine Entropie entnommen.

Die Umwandlung der gesamten zugeführten Wärme in Volumenarbeit ist nur bei der *reversiblen* isothermen Expansion möglich.

Da jeder tatsächliche Prozeß mindestens teilweise irreversibel ist, ist die Volumenarbeit stets kleiner als die zugeführte Wärme Q. Die maximale Arbeit erhält man als Grenzfall für reversible Prozesse.

Die Entropieänderung bei der Verdampfung einer Flüssigkeit ist gleich dem Quotienten aus der Verdampfungsenthalpie ΔH_v und der Siedetemperatur.

$$\Delta S = \frac{\Delta H_v}{T_S}$$

Für viele Flüssigkeiten beträgt die molare Verdampfungsentropie ungefähr $88\ \mathrm{J K^{-1}\,mol^{-1}}$ (Troutonsche Regel). Das bedeutet, daß sich der Unordnungsgrad bei der Verdampfung sprunghaft um den gleichen Wert erhöht.

Freie Reaktionsenthalpie, freie Standardbildungsenthalpie

Die Gleichgewichtslage einer chemischen Reaktion hängt sowohl von der Reaktions-enthalpie ΔH als auch von der Reaktionsentropie ΔS ab. Entropie und Enthalpie werden daher zu einer neuen Zustandsfunktion, der freien Enthalpie G, verknüpft. Für eine chemische Reaktion, die bei der Temperatur T abläuft, ist die freie Reaktionsenthalpie

$$\Delta G = \Delta H - T\Delta S \tag{3.12}$$

Wenn alle Reaktionsteilnehmer im Standardzustand (vgl. Abschn. 3.4) vorliegen, ist die pro Formelumsatz auftretende Änderung der freien Reaktionsenthalpie

$$\Delta G^\circ = \Delta H^\circ - T\Delta S^\circ \tag{3.13}$$

ΔG° ist die *freie Standardreaktionsenthalpie*.

Gewinnt man bei einem chemischen Prozeß Arbeit, so kann bei einer isotherm (T = const) ablaufenden chemischen Reaktion ihr Betrag maximal ΔG sein (*maximale Arbeit*). Dies ergibt sich aus folgender Überlegung: Nimmt bei einer Reaktion die Entropie um ΔS ab, dann muß der Umgebung mindestens die Entropie ΔS zugeführt werden, damit insgesamt keine Entropieabnahme erfolgt. Von der freiwerdenden Reaktionsenthalpie ΔH muß daher mindestens der Anteil $T\Delta S$ an die Umgebung abgegeben werden, und nur der Rest steht zur Arbeitsleistung zur Verfügung. Nimmt bei einer Reaktion die Entropie um ΔS zu, so kann bei insgesamt konstanter Entropie auch noch die der Umgebung entnommene Wärme $T\Delta S$ in Arbeit umgewandelt werden. Da bei allen tatsächlich ablaufenden Vorgängen die Entropie wächst, ist die maximale Arbeit ein praktisch nicht erreichbarer Grenzwert, der nur für reversible Prozesse gilt, bei denen die Gesamtentropie konstant ist. Für reale Prozesse ist $W < \Delta G$. Bei elektrochemischen Reaktionen ist die maximale Arbeit mit der elektro-motorischen Kraft (EMK) ΔE der Reaktion wie folgt verknüpft (vgl. Abschn. 3.8.4).

$$\Delta G = -zF\Delta E \tag{3.14}$$

zF ist die bei vollständigem Umsatz transportierte Ladungsmenge (vgl. Abschn. 3.8.5). Für Standardbedingungen erhält man aus ΔG° die Standard-EMK (vgl. S. 269).

$$\Delta G^\circ = -zF\Delta E^\circ \tag{3.15}$$

Ebenso wie Absolutwerte der Enthalpie (vgl. Abschn. 3.4) sind auch Absolutwerte der freien Enthalpie nicht meßbar. Man setzt daher die freie Enthalpie der Elemente in ihren Standardzuständen null und bestimmt die freie Bildungsenthalpie chemi-scher Verbindungen, die bei ihrer Bildung aus den Elementen auftritt. *Die freie Standardbildungsenthalpie ΔG_B° ist die freie Bildungsenthalpie, die bei der Bildung von 1 mol einer Verbindung im Standardzustand aus den Elementen im Standardzustand auftritt.*

Beispiel:

$$C + O_2 \rightleftharpoons CO_2 \qquad \Delta G_B^\circ = -394{,}6 \text{ kJ mol}^{-1}$$

Die Aussage $\Delta G_B^\circ = -394\ \text{kJ mol}^{-1}$ bedeutet, daß die freie Enthalpie von 1 mol CO_2 bei 25 °C und 1,013 bar um 394 kJ kleiner ist als die Summe der freien Enthalpie von 1 mol C_{Graphit} und 1 mol O_2 unter gleichen Bedingungen (vgl. Abb. 3.17).

Tabelle 3.4   Freie Standardbildungsenthalpien (ΔG_B° in kJ/mol)

$P_4(g)$	$+\ 24,5$	CO	$-137,2$	CaO(s)	$-\ 604,6$
$S_8(g)$	$+\ 49,7$	CO_2	$-394,6$	α-$Al_2O_3(s)$	$-1583,5$
O_3	$+163,3$	NH_3	$-\ 16,5$	$SiO_2(s)$	$-\ 857,3$
HF	$-273,4$	NO	$+\ 86,6$	α-$Fe_2O_3(s)$	$-\ 742,8$
HCl	$-\ 95,4$	NO_2	$+\ 51,3$	$Fe_3O_4(s)$	$-1016,2$
HBr	$-\ 53,5$	$P_4O_{10}(s)$	$-2699,8$	$FeS_2(s)$	$-\ 167,1$
HI	$+\ 1,7$	SO_2	$-\ 300,4$	CuO(s)	$-\ 129,8$
$H_2O(g)$	$-228,7$	$SO_3(g)$	$-\ 371,3$	H	$+\ 203,4$
$H_2O(l)$	$-237,3$	NaCl(s)	$-\ 384,3$	O	$+\ 231,9$
$H_2O_2(l)$	$-120,5$	NaF(s)	$-\ 541,4$	F	$+\ 62,0$
H_2S	$-\ 33,6$	MgO(s)	$-\ 570,0$	Cl	$+\ 105,8$
				N	$+\ 455,9$

Die ΔG_B°-Werte einiger Verbindungen sind in der Tabelle 3.4 angegeben. Mit den ΔG_B°-Werten lassen sich die freien Enthalpien ΔG° chemischer Reaktionen für Standardbedingungen berechnen.

Beispiel:

$\frac{1}{2}CO_2 + \frac{1}{2}C \rightleftharpoons CO$

$\Delta G_{298}^\circ = \Delta G^\circ(CO) - \frac{1}{2}\Delta G_B^\circ(C) - \frac{1}{2}\Delta G_B^\circ(CO_2)$

$\Delta G_{298}^\circ = 1\,(-137,2\ \text{kJ mol}^{-1}) - 0 - \frac{1}{2}(-394,6\ \text{kJ mol}^{-1})$

$\Delta G_{298}^\circ = 60,1\ \text{kJ mol}^{-1}$

In einem abgeschlossenen System sind nur Vorgänge möglich, bei denen die Entropie zunimmt. Ein chemisches Reaktionssystem ist normalerweise nicht abgeschlossen, mit der Umgebung kann Energie ausgetauscht werden. Bei isotherm und isobar ablaufenden chemischen Reaktionen führt der Austausch der Reaktionsenthalpie zu einer Entropieänderung der Umgebung um

$$\Delta S_{\text{Umgebung}} = -\frac{\Delta H_{\text{Reaktion}}}{T}$$

An die Umgebung abgegebene Reaktionsenthalpie (ΔH negativ) führt zu einer Entropiezunahme der Umgebung (ΔS positiv). Ist die Reaktion endotherm (ΔH positiv), nimmt die Entropie der Umgebung ab (ΔS negativ). Für die Entropie des Gesamtsystems gilt

$$\Delta S_{\text{Gesamtsystem}} = \Delta S_{\text{Reaktion}} + \Delta S_{\text{Umgebung}} > 0$$

Für das chemische Reaktionssystem folgt daraus

$$\Delta S_{\text{Reaktion}} - \frac{\Delta H_{\text{Reaktion}}}{T} > 0 \qquad \text{und} \qquad \Delta G_{\text{Reaktion}} < 0$$

Die Entropie des Gesamtsystems kann nur zunehmen, wenn die freie Reaktionsenthalpie ΔG negativ ist. Die Größe von ΔG, die sich nur auf das chemische Reaktionssystem und nicht auch auf seine Umgebung bezieht, entscheidet also darüber, ob eine Reaktion möglich ist.

Bei konstanter Temperatur und konstantem Druck kann eine chemische Reaktion nur dann freiwillig ablaufen, wenn dabei die freie Enthalpie G abnimmt.

$\Delta G < 0$ Die Reaktion läuft freiwillig ab, es kann Arbeit gewonnen werden.

$\Delta G > 0$ Die Reaktion kann nur durch Zufuhr von Arbeit erzwungen werden.

$\Delta G = 0$ Es herrscht Gleichgewicht.

Mit Hilfe dieser Gleichgewichtsbedingung kann man das MWG und eine Beziehung zwischen K_p und $\Delta G°$ ableiten.

Wir betrachten dazu die Reaktion

$$3\,H_2 + N_2 \rightleftharpoons 2\,NH_3$$

Der Endzustand soll bei konstanter Temperatur auf zwei verschiedenen Wegen erreicht werden (Abb. 3.24). Auf dem Weg 1 erfolgt beim Umsatz von 3 mol H_2 mit dem Druck p_{H_2} und 1 mol N_2 mit dem Druck p_{N_2} zu 2 mol NH_3 mit dem Druck p_{NH_3} eine Änderung der freien Enthalpie um ΔG. Auf dem Weg 2 werden zunächst N_2 und H_2 in den Standardzustand überführt. Bei der isothermen Expansion oder Kompression eines idealen Gases ist $\Delta H = 0$, da H nur von der Temperatur abhängt, und für ΔG folgt aus den Gl. (3.11) und (3.12)

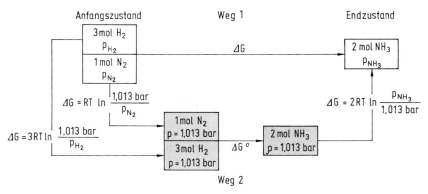

Abbildung 3.24 Sind in einem Reaktionsgemisch p_{H_2}, p_{N_2} und p_{NH_3} Gleichgewichtspartialdrücke, dann existiert für die Reaktion $3H_2 + N_2 \rightleftharpoons 2NH_3$ keine Triebkraft, und $\Delta G = 0$. Da ΔG eine Zustandsgröße ist, erhält man unter der Voraussetzung, daß die Partialdrücke des Anfangs- und des Endzustandes Gleichgewichtspartialdrücke sind, als Bilanz der freien Enthalpien für die beiden Reaktionswege die wichtige Beziehung $\Delta G° = -RT \ln K_p$, in der freie Standardreaktionsenthalpie und Gleichgewichtskonstante verknüpft sind.

$$\Delta G = -\,T\Delta S = n\,R\,T\ln\frac{p_{\text{Endzustand}}}{p_{\text{Anfangszustand}}}$$

Stickstoff und Wasserstoff im Standardzustand werden zu Ammoniak im Standardzustand umgesetzt, dabei tritt die freie Standardreaktionsenthalpie ΔG° auf. NH_3 wird aus dem Standardzustand in den Endzustand überführt. Da die freie Enthalpie eine Zustandsgröße ist, gilt

$$\Delta G_{\text{Weg 1}} = \Delta G_{\text{Weg 2}}$$

und

$$\Delta G = RT\ln\frac{p_{N_2}^\circ}{p_{N_2}} + 3\,RT\ln\frac{p_{H_2}^\circ}{p_{H_2}} + \Delta G^\circ + 2\,RT\ln\frac{p_{NH_3}}{p_{NH_3}^\circ}$$

$$\Delta G = \Delta G^\circ + RT\ln\frac{p_{NH_3}^2\cdot p_{H_2}^{\circ 3}\cdot p_{N_2}^\circ}{p_{H_2}^3\cdot p_{N_2}\cdot p_{NH_3}^{\circ 2}}$$

Wird p in bar angegeben, dann betragen die Standarddrücke $p_{N_2}^\circ = p_{H_2}^\circ = p_{NH_3}^\circ = 1{,}013$ bar.

Wählt man die Drücke p_{N_2}, p_{H_2} und p_{NH_3} so, daß die freie Enthalpie des Anfangszustands gleich der des Endzustands ist ($\Delta G = 0$), dann sind diese Drücke gleich den Partialdrücken eines Reaktionsgemisches, das sich im Gleichgewicht befindet. Bei der Bildung oder dem Zerfall von NH_3 unter Gleichgewichtsbedingungen tritt keine freie Enthalpie auf, $\Delta G = 0$. Dies wäre z. B. in einem sehr großen Reaktionsraum möglich, in dem sich bei der Reaktion die Gleichgewichtspartialdrücke nicht ändern. Für Gleichgewichtsbedingungen gilt also

$$\Delta G^\circ = -\,RT\ln\frac{p_{NH_3}^2\cdot p_{H_2}^{\circ 3}\cdot p_{N_2}^\circ}{p_{H_2}^3\cdot p_{N_2}\cdot p_{NH_3}^{\circ 2}}$$

Da ΔG° nur von der Temperatur abhängt, folgt daraus das Massenwirkungsgesetz

$$\frac{p_{NH_3}^2}{p_{H_2}^3\cdot p_{N_2}} = K_p \qquad \text{und} \qquad \Delta G^\circ = -\,RT\ln\frac{K_p}{K_p^\circ} \tag{3.16}$$

Aus den Beziehungen (3.13) und (3.16) folgt:

Je mehr Reaktionswärme frei wird und je mehr die Entropie zunimmt, um so weiter liegt bei einer chemischen Reaktion das Gleichgewicht auf der Seite der Endstoffe.

Die Gleichgewichtskonstante K hängt von der Wahl des Standardzustands ab. Bei Gasen ist der Standardzustand durch den Druck 1,013 bar festgelegt, die Gleichgewichtskonstante $K = K_p$ wird durch die Partialdrücke der Reaktionsteilnehmer in bar ausgedrückt. Bei Reaktionen in Lösungen ist der Standardzustand als eine Lösung der Konzentration $c = 1$ mol/l bei $25\,^\circ$C definiert, die Massenwirkungskonstante $K = K_c$ ist durch die Konzentrationen der Reaktionsteilnehmer in mol l^{-1} gegeben. Für die Beziehung zwischen ΔG° und K_c gilt

$$\Delta G^\circ = -\,RT\ln\frac{K_c}{K_c^\circ} \tag{3.17}$$

Damit in den Gl. (3.16) und (3.17) als Argument des Logarithmus nur Zahlenwerte auftreten, müssen die Massenwirkungskonstanten durch K_p° bzw. K_c° dividiert werden, die sich aus der Reaktionsgleichung und den Standarddrücken $p^\circ = 1,013$ bar bzw. den Standardkonzentrationen $c^\circ = 1\ \text{mol}\,l^{-1}$ ergeben.

Für elektrochemische Prozesse erhält man unter Berücksichtigung der Gl. (3.14) und (3.15) für die elektromotorische Kraft einer Reaktion (vgl. Abschn. 3.8.4 und S. 283) aus

$$\Delta G = \Delta G^\circ + RT \ln \frac{K}{K^\circ}$$

$$\Delta E = \Delta E^\circ - \frac{RT}{zF} \ln \frac{K}{K^\circ}$$

Für die Reaktion

$$N_2 + 3H_2 \rightleftharpoons 2NH_3 \text{ ist}$$
$$\Delta G_B^\circ(NH_3) = -16,5\ \text{kJ mol}^{-1}$$
$$\Delta G_{298}^\circ = -33,0\ \text{kJ mol}^{-1}$$

Aus Gl. (3.16) erhält man

$$\lg \frac{K_p(298)}{K_p^\circ} = -\frac{\Delta G^\circ}{2,303 \cdot RT} = 5,78$$

$$K_p(298) = 6 \cdot 10^5\ \text{bar}^{-2}.$$

Für den Umsatz von 3 mol H_2 und 1 mol N_2 zu NH_3 bei Standardbedingungen (298 K; 1,013 bar) erhält man aus K_p die Partialdrücke und Stoffmengen der Komponenten im Gleichgewichtszustand

	Partialdrücke p in bar	n in mol
NH_3	0,9522	1,938
H_2	0,0456	0,093
N_2	0,0152	0,031
	1,013	2,062

Die Umsätze von ΔG, ΔH und $-T\Delta S$ im Verlauf der Reaktion sind in der Abb. 3.25 dargestellt. *Der Gleichgewichtszustand ist der Endzustand, bei dem die gewonnene freie Enthalpie ΔG am größten ist, G erreicht ein Minimum.* Zur Berechnung von ΔG zerlegt man die Reaktion gedanklich in einzelne Schritte. Zunächst erfolgt Bildung von n mol NH_3 bei Standardbedingungen, dabei wird $n\Delta G_B^\circ$ frei. Aus den im Standardzustand vorliegenden Gasen wird eine Gasmischung hergestellt. Bei der Vermischung von Gasen wächst die Unordnung, die Entropie erhöht sich. Bei der Überführung eines Gases aus dem Standardzustand mit $p^\circ = 1,013$ bar in das Reaktionsgemisch mit dem Partialdruck p wächst die Entropie um

$$\Delta S = nR \ln \frac{p^\circ}{p}$$

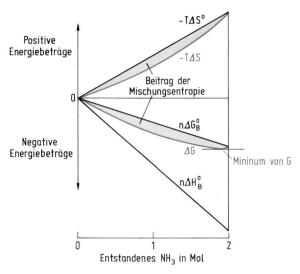

Abbildung 3.25 Umsatz von ΔH, $T\Delta S$ und ΔG im Verlauf der bei $T = 298\,\mathrm{K}$ und $p = 1.013$ bar ablaufenden Reaktion $3\mathrm{H}_2 + \mathrm{N}_2 \rightleftharpoons 2\mathrm{NH}_3$. $\Delta G = n\Delta H_\mathrm{B}^\circ - T\Delta S$. Sobald G ein Minimum erreicht, besitzt die Reaktion keine Triebkraft mehr, es herrscht Gleichgewicht. Der Grund dafür, daß die Reaktion nicht vollständig abläuft und für G ein Minimum existiert, ist der durch die Mischungsentropie verursachte Beitrag zu ΔG.

Bei der Vermischung von idealen Gasen bleibt die Enthalpie konstant, $\Delta H = 0$, die freie Enthalpie verringert sich daher um

$$\Delta G = - T\Delta S = n\,RT\ln\frac{p}{p^\circ}$$

Danach erhält man beim Übergang vom Anfangszustand in den Gleichgewichtszustand

$$\Delta G = n_{\mathrm{NH}_3}\Delta G_\mathrm{B}^\circ + n_{\mathrm{NH}_3}RT\ln\frac{p_{\mathrm{NH}_3}}{p_{\mathrm{NH}_3}^\circ} + \mathrm{n}_{\mathrm{H}_2}RT\ln\frac{p_{\mathrm{H}_2}}{p_{\mathrm{H}_2}^\circ} + n_{\mathrm{N}_2}RT\ln\frac{p_{\mathrm{N}_2}}{p_{\mathrm{N}_2}^\circ}$$

$$\Delta G = 1{,}938\ \mathrm{mol}\ \Delta G_\mathrm{B}^\circ + 1{,}938\ \mathrm{mol}\ RT\ln 0{,}94 + 0{,}093\ \mathrm{mol}\ RT\ln 0{,}045 +$$
$$+ 0{,}031\ RT\ln 0{,}015$$

$$\Delta G_{298} = - 31{,}98\ \mathrm{kJ} - 0{,}30\ \mathrm{kJ} - 0{,}71\ \mathrm{kJ} - 0{,}32\ \mathrm{kJ}$$

$$\Delta G_{298} = - 33{,}31\ \mathrm{kJ}$$

Verglichen mit dem Endzustand bei vollständigem Umsatz, erhält man beim Umsatz bis zum Gleichgewichtszustand einen zusätzlichen Gewinn an freier Enthalpie von $\Delta G = - 0{,}31$ kJ. Daher sind Reaktionen mit positiven Standardreaktionsenthalpien ΔG°, z. B. die Zersetzung von NH_3, möglich; die bei der Reaktion entstehende Mischphase führt zu einem Entropiezuwachs und damit zu einem Gewinn an ΔG. Bei der Zersetzung von 2 mol NH_3 sind im Gleichgewichtszustand 0,062 mol NH_3 zu

0,031 mol N_2 und 0,093 mol H_2 zerfallen. Die freie Enthalpie setzt sich aus den folgenden Beträgen zusammen:

$$\Delta G = 0,062 \text{ mol} \cdot \Delta G_B^\circ + 1,938 \text{ mol} \cdot RT \ln 0,94 +$$
$$+ 0,093 \text{ mol} \cdot RT \ln 0,045 + 0,031 \text{ mol} \cdot RT \ln 0,015$$
$$\Delta G_{298} = + 1,02 \text{ kJ} - 0,30 \text{ kJ} - 0,71 \text{ kJ} - 0,32 \text{ kJ}$$
$$\Delta G_{298} = - 0,31 \text{ kJ}$$

Chemische Reaktionen mit großen negativen ΔG°-Werten laufen nahezu vollständig ab, bei solchen mit großen positiven ΔG°-Werten findet nahezu keine Reaktion statt. Liegt ΔG° im Bereich von etwa $- 5$ kJ/mol bis $+ 5$ kJ/mol, dann existieren Gleichgewichte, bei denen alle Reaktionsteilnehmer in Konzentrationen gleicher Größenordnung vorhanden sind.

Aus den ΔG_B°-Werten erkennt man daher sofort, ob sich bei Normaltemperatur eine Verbindung aus den Elementen bilden kann.

Beispiele:

$$\Delta G_B^\circ(\text{NO}) = + 86,6 \text{ kJ mol}^{-1}.$$

Zwischen N_2 und O_2 findet keine Reaktion statt. NO ist bei Zimmertemperatur thermodynamisch instabil.

$$\Delta G_B^\circ(\text{HCl}) = - 95,4 \text{ kJ mol}^{-1}$$

Ein Gemisch aus H_2 und Cl_2 ist thermodynamisch instabil. Das Gleichgewicht liegt auf der Seite von HCl.

Die ΔG-Werte sagen aber nichts darüber aus, wie schnell eine Reaktion abläuft. Oft erfolgt die Gleichgewichtseinstellung sehr langsam, so daß thermodynamisch instabile Zustände beständig sind. NO ist bei Zimmertemperatur beständig und auch das Gemisch aus H_2 und Cl_2 reagiert nicht (vgl. Abschn. 3.6.5).

Temperatur und Gleichgewichtslage

Bei einer genauen Berechnung der Temperaturabhängigkeit von K_p muß man die Temperaturabhängigkeit von ΔH° und ΔS° berücksichtigen. In erster Näherung kann man aber annehmen, daß die Reaktionsentropie und die Reaktionsenthalpie unabhängig von T und gleich der Standardreaktionsentropie und der Standardreaktionsenthalpie bei 25 °C sind. Für die Temperatur T erhält man dann

$$\Delta G_T^\circ = \Delta H_{298}^\circ - T\Delta S_{298}^\circ \tag{3.18}$$

und

$$\Delta G_T^\circ = - RT \ln \frac{K_p(T)}{K_p^\circ} \tag{3.19}$$

Aus den Beziehungen (3.18) und (3.19) erhält man für die Temperaturen T_2 und T_1 die Gleichungen

$$\ln \frac{K_p(T_2)}{K_p^\circ} = -\frac{\Delta H_{298}^\circ}{RT_2} + \frac{\Delta S_{298}^\circ}{R} \tag{3.20}$$

$$\ln \frac{K_p(T_1)}{K_p^\circ} = -\frac{\Delta H_{298}^\circ}{RT_1} + \frac{\Delta S_{298}^\circ}{R} \tag{3.21}$$

Die Kombination von Gl. (3.20) und (3.21) ergibt

$$\ln \frac{K_p(T_2)}{K_p(T_1)} = -\frac{\Delta H_{298}^\circ}{R}\left(\frac{1}{T_2} - \frac{1}{T_1}\right)$$

Wenn die Gleichgewichtskonstante bei T_1 bekannt ist, kann man bei Kenntnis von ΔH_{298}° die Gleichgewichtskonstante für die Temperatur T_2 berechnen (vgl. Rechenbeispiel Abschn. 3.5.3 und Abb. 3.20).

Beispiel:

Dissoziationsgleichgewicht von Wasserdampf: $2\,H_2O \rightleftharpoons 2\,H_2 + O_2$

$\Delta H_B^\circ(H_2O(g)) = -242{,}0\,\text{kJ mol}^{-1}$

$\Delta H_{298}^\circ = +484{,}0\,\text{kJ mol}^{-1}$

$\Delta S_{298}^\circ = 2\,S^\circ(H_2) + S^\circ(O_2) - 2\,S^\circ(H_2O(g))$

$\Delta S_{298}^\circ = 2 \cdot 130{,}7\,\text{J K}^{-1}\,\text{mol}^{-1} + 205{,}2\,\text{J K}^{-1}\,\text{mol}^{-1} - 2 \cdot 188{,}85\,\text{J K}^{-1}\,\text{mol}^{-1}$

$\Delta S_{298}^\circ = +0{,}0889\,\text{kJ K}^{-1}\,\text{mol}^{-1}$

$\Delta G_T^\circ = \Delta H_{298}^\circ - T\Delta S_{298}^\circ$

$\Delta G_{298}^\circ = +484{,}0\,\text{kJ mol}^{-1} - 298\,\text{K} \cdot 0{,}0889\,\text{kJK}^{-1}\,\text{mol}^{-1} = 457{,}5\,\text{kJ mol}^{-1}$

$$\lg \frac{K_p(T)}{K_p^\circ} = -\frac{\Delta G_T^\circ}{2{,}303\,RT}$$

$$\lg \frac{K_p(298)}{K_p^\circ} = -\frac{457{,}5\,\text{kJ mol}^{-1}}{2{,}303 \cdot 298\,\text{K} \cdot 0{,}008314\,\text{kJ K}^{-1}\,\text{mol}^{-1}} = -80{,}2$$

$\Delta G_{1500}^\circ = +484{,}0\,\text{kJ mol}^{-1} - 1500\,\text{K} \cdot 0{,}0889\,\text{kJ K}^{-1}\,\text{mol}^{-1} = 350{,}6\,\text{kJ mol}^{-1}$

$$\lg \frac{K_p(1500)}{K_p^\circ} = -\frac{350{,}6\,\text{kJ mol}^{-1}}{2{,}303 \cdot 1500\,\text{K} \cdot 0{,}008314\,\text{kJ K}^{-1}\,\text{mol}^{-1}} = -12{,}2$$

Einen Vergleich berechneter und experimentell bestimmter K_p-Werte zeigt die folgende Tabelle.

T in $^\circ$K	$\lg K_p/K_p^\circ$ (ber.)	$\lg K_p/K_p^\circ$ (gem.)
290	$-82{,}5$	$-82{,}3$
298	$-80{,}2$	$-$
1500	$-12{,}2$	$-11{,}4$
2505	$-\;5{,}4$	$-\;4{,}3$

Selbst bei hohen Temperaturen liefert die einfache Näherung relativ gute Werte.

Mit der Gleichung

$$\Delta G = \Delta H - T\Delta S$$

kann man die Beziehung zwischen ΔS, ΔH, T und Gleichgewichtslage diskutieren. Bei sehr niedrigen Temperaturen ist $T\Delta S \ll \Delta H$, daraus folgt

$$\Delta G \approx \Delta H \qquad (3.22)$$

Bei tiefen Temperaturen laufen nur exotherme Reaktionen freiwillig ab. Bei sehr hohen Temperaturen ist $T\Delta S \gg \Delta H$ und demnach

$$\Delta G \approx -T\Delta S \qquad (3.23)$$

Bei sehr hohen Temperaturen können nur solche Reaktionen ablaufen, bei denen die Entropie der Endstoffe größer als die der Ausgangsstoffe ist.

Nach den Vorzeichen von ΔH° und ΔS° lassen sich chemische Reaktionen in verschiedene Gruppen einteilen (Energiegrößen in kJ mol^{-1}).

1. ΔH° negativ, ΔS° positiv

Reaktion	ΔH°_{298}	$-T\Delta S^{\circ}_{298}$		ΔG°_{298}	ΔG°_{1300}	$\lg K_p/K_p^{\circ}$	
		298 K	1300 K			298 K	1300 K
$\frac{1}{2}H_2 + \frac{1}{2}Cl_2 \rightleftharpoons HCl$	$-92,4$	$-3,0$	$-13,0$	$-95,4$	$-105,4$	$+16,7$	$+4,2$
$C + O_2 \rightleftharpoons CO_2$	$-393,8$	$-0,9$	$-3,8$	$-394,6$	$-397,4$	$+69,2$	$+15,9$

Die Gleichgewichtslage verschiebt sich zwar mit steigender Temperatur in Richtung der Ausgangsstoffe, aber bis zu hohen Temperaturen sind die Verbindungen thermodynamisch stabil.

2. ΔH° positiv, ΔS° negativ

Reaktion	ΔH°_{298}	$-T\Delta S^{\circ}_{298}$		ΔG°_{298}	ΔG°_{1300}	$\lg K_p/K_p^{\circ}$	
		298 K	1300 K			298 K	1300 K
$\frac{1}{2}Cl_2 + O_2 \rightleftharpoons ClO_2$	$+102,6$	$+17,9$	$+77,9$	$+120,6$	$+180,5$	$-21,1$	$-7,2$
$\frac{3}{2}O_2 \rightleftharpoons O_3$	$+142,8$	$+20,5$	$+89,4$	$+163,6$	$+232,2$	$-28,6$	$-9,3$
$\frac{1}{2}N_2 + O_2 \rightleftharpoons NO_2$	$+33,2$	$+18,1$	$+79,2$	$+51,3$	$+112,4$	$-9,0$	$-4,5$

Das Gleichgewicht liegt bei allen Temperaturen weitgehend auf der Seite der Ausgangsstoffe. ClO_2, O_3 und NO_2 sind bei allen Temperaturen thermodynamisch instabil und bei tieferen Temperaturen nur deswegen existent, weil die Zersetzungsgeschwindigkeit sehr klein ist (vgl. Abschn. 3.6). Wird bei höherer Temperatur die Zersetzungsgeschwindigkeit ausreichend groß, dann zerfallen diese Verbindungen rasch oder sogar explosionsartig.

3. ΔH° und ΔS° haben das gleiche Vorzeichen.

Reaktion	ΔH°_{298}	$-T\Delta S^\circ_{298}$		ΔG°_{298}	ΔG°_{1300}	$\lg K_p/K_p^\circ$	
		298 K	1300 K			298 K	1300 K
$\frac{1}{2}H_2 \rightleftharpoons 2H$	$+218,1$	$-14,7$	$-64,2$	$+203,4$	$+153,9$	$-35,6$	$-6,2$
$\frac{1}{2}N_2 + \frac{1}{2}O_2 \rightleftharpoons NO$	$+90,3$	$-3,7$	$-16,1$	$+86,6$	$+74,2$	$-15,2$	$-3,0$
$\frac{1}{2}CO_2 + \frac{1}{2}C \rightleftharpoons CO$	$+86,3$	$-26,2$	$-114,4$	$+60,1$	$-28,1$	$-10,5$	$+1,1$
$\frac{1}{2}N_2 + \frac{3}{2}H_2 \rightleftharpoons NH_3$	$-46,1$	$+29,6$	$+129,1$	$-16,5$	$+83,0$	$+2,9$	$-3,3$
$H_2 + \frac{1}{2}O_2 \rightleftharpoons H_2O$	$-242,1$	$+13,2$	$+57,7$	$-228,8$	$-184,3$	$+40,1$	$+7,4$

Wenn ΔH° und ΔS° das gleiche Vorzeichen haben, dann wirken sie auf die Gleichgewichtslage gegensätzlich. Je nach Temperatur können Ausgangsstoffe oder Endstoffe stabil sein (Abb. 3.26). Bei tiefen Temperaturen bestimmt ΔH die Gleichgewichtslage, bei hohen Temperaturen ΔS (vgl. Gl. (3.22) und (3.23)). Stark endotherme Reaktionen mit Entropieerhöhung laufen teilweise erst bei sehr hohen Temperaturen ab. Zum Beispiel ist bei 2000 °C nur 1% NO im Gleichgewicht mit N_2 und O_2. Beim Boudouard-Gleichgewicht (vgl. Abb. 3.22) ist schon bei 1300 K CO_2 weitgehend zu CO umgesetzt, da wegen des größeren ΔS°-Wertes ΔG°_{1300} bereits negativ ist.

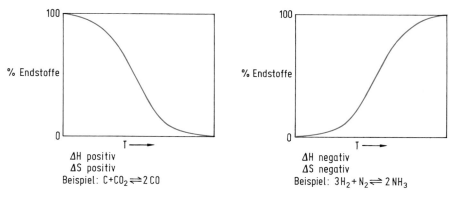

Abbildung 3.26   Temperaturabhängigkeit der Gleichgewichtslage für Reaktionen mit gleichen Vorzeichen der Reaktionsenthalpie und Reaktionsentropie.

Verbindungen, bei denen ΔH° negativ ist, zersetzen sich bei hoher Temperatur, wenn bei der Zersetzung die Entropie wächst. Bei 1 bar ist schon bei 500 °C nur noch 0,1% NH_3 im Gleichgewicht mit N_2 und H_2 (vgl. Abb. 3.21). Die thermische Zersetzung von H_2O erfolgt erst bei weit höheren Temperaturen (vgl. Rechenbeispiel), da ΔH° erst bei höheren Temperaturen von $T\Delta S^\circ$ kompensiert wird.

3.6 Die Geschwindigkeit chemischer Reaktionen

3.6.1 Allgemeines

Chemische Reaktionen verlaufen mit sehr unterschiedlicher Geschwindigkeit. Je nach Reaktionsgeschwindigkeit wird daher die Gleichgewichtslage bei verschiedenen chemischen Reaktionen in sehr unterschiedlichen Zeiten erreicht.
Beispiele sind die Reaktionen

$$H_2 + F_2 \rightleftharpoons 2\,HF \qquad\qquad (3.24)$$

und

$$H_2 + Cl_2 \rightleftharpoons 2\,HCl \qquad\qquad (3.25)$$

Bei beiden Reaktionen liegt das Gleichgewicht ganz auf der rechten Seite. Wasserstoffmoleküle reagieren mit Fluormolekülen sehr schnell zu Fluorwasserstoff, so daß die Gleichgewichtslage der Reaktion (3.24) momentan erreicht wird. Chlormoleküle und Wasserstoffmoleküle reagieren bei Normalbedingungen nicht miteinander, so daß bei der Reaktion (3.25) sich das Gleichgewicht nicht einstellt. Die Gleichgewichtslage hat also keinen Einfluß auf die Reaktionsgeschwindigkeit.

Für die praktische Durchführung chemischer Reaktionen, besonders technisch wichtiger Prozesse, muß nicht nur die Lage des Gleichgewichts günstig sein, sondern auch die Reaktionsgeschwindigkeit ausreichend schnell sein. Wodurch nun kann man die Reaktionsgeschwindigkeit einer Reaktion in gewünschter Weise beeinflussen?

Die Erfahrung zeigt, daß die Reaktionsgeschwindigkeit von der Konzentration der Reaktionsteilnehmer und von der Temperatur abhängt. So erfolgt z. B. in reinem Sauerstoff schnellere Oxidation als in Luft. Bei Erhöhung der Temperatur wächst die Oxidationsgeschwindigkeit. Nach einer Faustregel wächst die Geschwindigkeit einer Reaktion um das 2–4fache, wenn die Temperatur um 10 K erhöht wird.

Eine Erhöhung der Reaktionsgeschwindigkeit kann auch durch sogenannte Katalysatoren erreicht werden.

Mit der Geschwindigkeit und den Mechanismen chemischer Reaktionen befaßt sich die *Chemische Kinetik*.

3.6.2 Konzentrationsabhängigkeit der Reaktionsgeschwindigkeit

In welcher Weise die Geschwindigkeit einer Reaktion von der Konzentration der Reaktionspartner abhängt, muß experimentell ermittelt werden.

Die Reaktionsgeschwindigkeit r ist die zeitliche Änderung der Konzentration jedes Reaktionsteilnehmers $\dfrac{dc}{dt}$ bezogen auf die stöchiometrische Zahl v: $r = \dfrac{1}{v}\dfrac{dc}{dt}$.

Für die Reaktionsprodukte ist $\dfrac{dc}{dt} > 0$, $v > 0$, also r positiv. Für die Ausgangsprodukte ist $\dfrac{dc}{dt} < 0$, $v < 0$, also r ebenfalls positiv. Für die Reaktion $2\,A + B \rightarrow$ $C + 2\,D$ ist z. B.

$$r = -\frac{1}{2}\frac{dc_A}{dt} = -\frac{dc_B}{dt} = \frac{dc_C}{dt} = \frac{1}{2}\frac{dc_D}{dt}$$

Für die Spaltung von Distickstoffoxid N_2O in Sauerstoff und Stickstoff entsprechend der Reaktionsgleichung

$$2\,N_2O \longrightarrow O_2 + 2\,N_2 \tag{3.26}$$

gilt die Geschwindigkeitsgleichung (Abb. 3.27)

$$r = -\frac{1}{2}\frac{dc_{N_2O}}{dt} = k\,c_{N_2O}$$

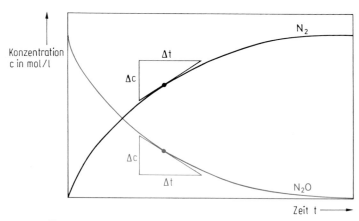

Abbildung 3.27   Änderung der Konzentration von N_2O und N_2 mit der Reaktionszeit für die Reaktion $N_2O \rightarrow N_2 + \frac{1}{2}O_2$.

Die Änderung der Konzentration mit der Zeit $\dfrac{dc}{dt}$ zu irgendeinem Zeitpunkt t ist gleich der Steigung der Tangente der Konzentration-Zeit-Kurve bei t. Bei zunehmender Konzentration ist die Steigung positiv, $\dfrac{dc_{N_2}}{dt} > 0$. Bei abnehmender Konzentration ist die Steigung negativ, $\dfrac{dc_{N_2O}}{dt} < 0$. Die Absolutwerte der Steigungen sind gleich, da für jedes verschwindende N_2O-Molekül ein N_2-Molekül entsteht. Für die Reaktionsgeschwindigkeit r gilt $r = \dfrac{1}{v}\dfrac{dc}{dt}$. Da $v_{N_2} = 1$ und $v_{N_2O} = -1$ folgt $r = \dfrac{dc_{N_2}}{dt} = -\dfrac{dc_{N_2O}}{dt}$.

Diese Gleichung sagt aus, daß die Abnahme der Konzentration von N_2O pro Zeiteinheit proportional der Konzentration an N_2O ist. In der Geschwindigkeitsgleichung tritt also die Konzentration mit dem Exponenten +1 auf. Reaktionen, die diesem Zeitgesetz gehorchen, werden als *Reaktionen erster Ordnung* bezeichnet. Der radioaktive Zerfall ist ebenfalls eine Reaktion erster Ordnung (vgl. Abschn. 1.3.1). k wird als *Geschwindigkeitskonstante* der Reaktion bezeichnet. Sie ist für eine bestimmte Reaktion eine charakteristische Größe und kann für verschiedene Reaktionen sehr unterschiedlich groß sein.

Der Zerfall von Iodwasserstoff in Iod und Wasserstoff erfolgt nach der Gleichung

$$2\,HI \longrightarrow I_2 + H_2$$

Die dafür gefundene Geschwindigkeitsgleichung lautet:

$$r = -\frac{1}{2}\frac{dc_{HI}}{dt} = k\,c_{HI}^2$$

Hier tritt die Konzentration mit dem Exponenten 2 auf, es liegt eine *Reaktion zweiter Ordnung* vor.

Chemische Bruttogleichungen geben nur die Anfangs- und Endprodukte einer Reaktion an, also die Stoffbilanz, *aber nicht den molekularen Ablauf*, den Mechanismus der Reaktion. Trotz ähnlicher Bruttogleichungen zerfallen N_2O und HI nach verschiedenen Reaktionsmechanismen.

N_2O reagiert in zwei Schritten:

$$\begin{array}{ll} 2\,N_2O \longrightarrow 2\,N_2 + 2\,O & \text{langsame Reaktion} \\ \underline{O + O \longrightarrow O_2} & \text{schnelle Reaktion} \\ 2\,N_2O \longrightarrow O_2 + 2\,N_2 & \text{Bruttoreaktion} \end{array}$$

Liegt eine Folge von Reaktionsschritten vor, bestimmt der langsamste Reaktionsschritt die Geschwindigkeit der Gesamtreaktion. Geschwindigkeitsbestimmender Reaktionsschritt für die Reaktion (3.26) ist der Zerfall von N_2O in N_2 + O. Bei diesem Reaktionsschritt erfolgt an einer Goldoberfläche spontaner Zerfall von N_2O-Molekülen (vgl. Abb. 3.28). Für den Zerfall ist ein Zusammenstoß mit anderen Molekülen nicht erforderlich. Solche Reaktionen nennt man *monomolekulare Reaktionen*. Monomo-

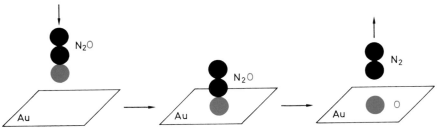

Abbildung 3.28· Beispiel einer monomolekularen Reaktion. N_2O-Moleküle zerfallen nach Anlagerung an einer Goldoberfläche in N_2-Moleküle und O-Atome. Die Reaktionsgeschwindigkeit dieses Zerfalls ist proportional der N_2O-Konzentration. Monomolekulare Reaktionen sind Reaktionen erster Ordnung.

lekulare Reaktionen sind Reaktionen erster Ordnung. Der Zerfall von N_2O verläuft daher nach einem Zeitgesetz erster Ordnung.

Da HI nach einem Zeitgesetz zweiter Ordnung zerfällt, liegt beim HI-Zerfall offenbar ein anderer Reaktionsmechanismus vor. Der geschwindigkeitsbestimmende Schritt ist die Reaktion zweier HI-Moleküle zu H_2 und I_2 durch einen Zusammenstoß der beiden HI-Moleküle, einen Zweierstoß: $HI + HI \rightarrow H_2 + I_2$. Eine solche Reaktion nennt man *bimolekulare Reaktion* (vgl. Abb. 3.29). Das Zeitgesetz dafür hat die Ordnung zwei.

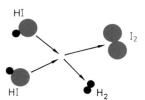

Abbildung 3.29   Beispiel einer bimolekularen Reaktion. Zwei HI-Moleküle reagieren beim Zusammenstoß zu einem H_2- und einem I_2-Molekül. Die Reaktionsgeschwindigkeit des HI-Zerfalls ist proportional dem Quadrat der HI-Konzentration. Bimolekulare Reaktionen sind Reaktionen zweiter Ordnung.

Bei einer *trimolekularen Reaktion* erfolgt ein gleichzeitiger Zusammenstoß dreier Teilchen. Da Dreierstöße weniger wahrscheinlich sind als Zweierstöße, sind trimolekulare Reaktionen als geschwindigkeitsbestimmender Schritt selten.

Aus der experimentell bestimmten Reaktionsordnung kann nicht ohne weiteres auf den Reaktionsmechanismus geschlossen werden. Eine experimentell bestimmte Reaktionsordnung kann durch verschiedene Mechanismen erklärt werden und zwischen den möglichen Mechanismen muß aufgrund zusätzlicher Experimente entschieden werden.

Ein Beispiel ist die HI-Bildung aus H_2 und I_2. Als Zeitgesetz wird eine Reaktion zweiter Ordnung gefunden. Dieses Zeitgesetz könnte durch die bimolekulare Reaktion

$$H_2 + I_2 \longrightarrow 2\,HI \tag{3.27}$$

als geschwindigkeitsbestimmender Schritt zustande kommen. Wie die folgenden Gleichungen zeigen, ist der Reaktionsmechanismus aber komplizierter.

$$I_2 \rightleftharpoons 2\,I \qquad \text{schnelle Gleichgewichtseinstellung}$$
$$2\,I + H_2 \longrightarrow 2\,HI \qquad \text{geschwindigkeitsbestimmender Schritt}$$

Zunächst erfolgt als schnelle Reaktion die Dissoziation eines I_2-Moleküls in I-Atome, wobei sich ein Gleichgewicht zwischen I_2 und I ausbildet. Es folgt als geschwindigkeitbestimmender Schritt eine langsame trimolekulare Reaktion, also ein Dreierstoß von zwei I-Atomen und einem H_2-Molekül (Abb. 3.30) Die Konzentration der I-Atome ist durch das MWG gegeben.

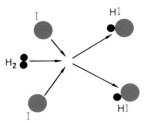

Abbildung 3.30   Beispiel einer trimolekularen Reaktion. Bei einem Dreierstoß zwischen einem H_2-Molekül und zwei I-Atomen bilden sich zwei HI-Moleküle. Trimolekulare Reaktionen sind Reaktionen dritter Ordnung.

$$\frac{c_I^2}{c_{I_2}} = K \tag{3.28}$$

Die Geschwindigkeitsgleichung der trimolekularen Reaktion ist 3. Ordnung und lautet:

$$\frac{1}{2}\frac{dc_{HI}}{dt} = k c_I^2 c_{H_2} \tag{3.29}$$

Setzt man Gl. (3.28) in (3.29) ein, erhält man

$$\frac{1}{2}\frac{dc_{HI}}{dt} = Kk c_{I_2} c_{H_2} = k' c_{I_2} c_{H_2} \tag{3.30}$$

Gl. (3.30) ist identisch mit der Geschwindigkeitsgleichung, die für die Reaktion (3.27) bei einem bimolekularen Reaktionsmechanismus zu erwarten wäre.

3.6.3 Temperaturabhängigkeit der Reaktionsgeschwindigkeit

Die Geschwindigkeit chemischer Reaktionen nimmt mit wachsender Temperatur stark zu. Die Temperaturabhängigkeit der Reaktionsgeschwindigkeitskonstante wird durch die Arrhenius-Gleichung beschrieben.

$$k = k_0\, e^{-E_A/RT}$$

k_0 und E_A sind für jede chemische Reaktion charakteristische Konstanten. Für die Geschwindigkeitsgleichung des HI-Zerfalls z. B. erhält man danach

$$r = k_0\, e^{-E_A/RT} c_{HI}^2$$

Diese Gleichung kann folgendermaßen interpretiert werden: Würde bei jedem Zusammenstoß zweier HI-Moleküle im Gasraum eine Reaktion zu H_2 und I_2 erfolgen, wäre die Reaktionsgeschwindigkeit die größtmögliche. Die Reaktionsgeschwindigkeit müßte dann aber viel höher sein als beobachtet wird. Tatsächlich führt nur ein Teil der Zusammenstöße zur Reaktion. Dabei spielen zwei Faktoren eine Rolle, die Aktivierungsenergie und der sterische Faktor.

Es können nur solche HI-Moleküle miteinander reagieren, die beim Zusammenstoß einen aktiven Zwischenzustand bilden, der eine um E_A größere Energie besitzt als der Durchschnitt der Moleküle. Man nennt diesen Energiebetrag E_A daher *Aktivierungsenergie* der Reaktion (vgl. Abb. 3.31). Die Reaktionsgeschwindigkeit wird

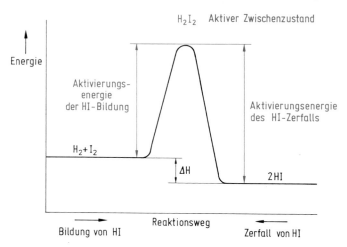

Abbildung 3.31   Energiediagramm der Gleichgewichtsreaktion $H_2 + I_2 \rightleftharpoons 2HI$. Beim Zusammenstoß von Teilchen im Gasraum kann nur dann eine Reaktion stattfinden, wenn sich ein energiereicher aktiver Zwischenzustand ausbildet. Nur solche Zusammenstöße sind erfolgreich, bei denen die Teilchen die dazu notwendige Aktivierungsenergie besitzen. Dies gilt für beide Reaktionsrichtungen.

dadurch um den Faktor $e^{-E_A/RT}$ verkleinert. Je kleiner E_A und je größer T ist, umso mehr Zusammenstöße sind erfolgreiche Zusammenstöße, die zur Reaktion führen.

Der Einfluß der Aktivierungsenergie und der Temperatur auf die Reaktionsgeschwindigkeit ist mit der schon behandelten Geschwindigkeitsverteilung der Gasmoleküle anschaulich zu verstehen. In der Abb. 3.32 ist die Energieverteilung für ein Gas bei zwei Temperaturen dargestellt. *Bei einer bestimmten Temperatur besitzt nur ein Teil der Moleküle die zu einer Reaktion notwendige Mindestenergie. Je größer die Aktivierungsenergie ist, umso weniger Moleküle sind zur Reaktion befähigt. Erhöht man die Temperatur, wächst die Zahl der Moleküle, die die zur Reaktion notwendige Aktivierungsenergie besitzen, die Reaktionsgeschwindigkeit nimmt zu.*

Der Faktor $e^{-E_A/RT}$ gibt den Bruchteil der Zusammenstöße an, bei denen die Energie gleich oder größer als die Aktivierungsenergie E_A ist. Die Größe des Einflusses der Aktivierungsenergie und der Temperatur auf die Reaktionsgeschwindigkeit der Reaktion $2HI \rightarrow H_2 + I_2$ zeigen die folgenden Zahlenwerte.

Reaktion	E_A in $kJ\,mol^{-1}$	k_0 in $l\,mol^{-1}\,s^{-1}$	$e^{-E_A/RT}$		
			300 K	600 K	900 K
$2HI \rightarrow H_2 + I_2$	184	11^{11}	10^{-32}	10^{-16}	10^{-11}

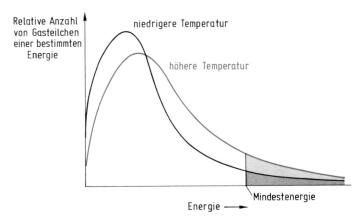

Abbildung 3.32 Einfluß der Aktivierungsenergie und der Temperatur auf die Reaktionsgeschwindigkeit. Nur ein Bruchteil der Moleküle besitzt die notwendige Mindestenergie, um bei einem Zusammenstoß einen aktiven Zwischenzustand zu bilden. Mit zunehmender Temperatur wächst der Anteil dieser Moleküle, die Reaktionsgeschwindigkeit erhöht sich.

Bei einer Konzentration von 1 mol/l HI würde das Gleichgewicht in 10^{-11} s erreicht, wenn alle Zusammenstöße der HI-Moleküle zur Reaktion führten. Die Aktivierungsenergie verringert die Reaktionsgeschwindigkeit so drastisch, daß bei 300 K praktisch keine Reaktion stattfindet. Bei 600 K zerfallen 10^{-5} mol l^{-1} s^{-1}, bei 900 K wird das Gleichgewicht in etwa 1 s erreicht.

Aber nicht alle Zusammenstöße, bei denen eine ausreichende Aktivierungsenergie vorhanden ist, führen zur Reaktion. Die zusammenstoßenden Moleküle müssen auch in einer bestimmten räumlichen Orientierung aufeinandertreffen (Abb. 3.33). Beim HI-Zerfall führen nur etwa 50% der Zusammenstöße mit ausreichender Aktivierungsenergie zur Reaktion.

Man kann dies in der Arrhenius-Gleichung durch einen sterischen Faktor p berücksichtigen.

$$k = p\,k_{max}\,e^{-E_A/RT}$$

Für den HI-Zerfall ist $p = 0{,}5$.

Beim Übergang der Reaktanden in den aktivierten Komplex erfolgt eine Änderung der molekularen Ordnung, es findet eine Entropieänderung statt. Zwischen dieser Aktivierungsentropie ΔS und dem sterischen Faktor p existiert nach der Theorie des Übergangszustands die Beziehung

$$p\,k_{max} = \frac{k_B\,T}{h}\,e^{\Delta S/R}$$

k_B Boltzmann-Konstante, h Planck-Konstante

Aktive Zwischenzustände können sich durch Reaktion von Elektronen bindender MOs des einen Reaktionspartners mit leeren antibindenden MOs des anderen Reak-

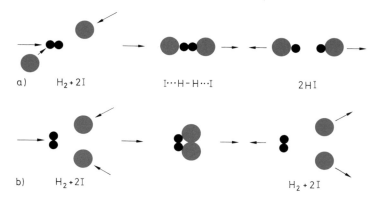

Abbildung 3.33   Einfluß sterischer Bedingungen auf die Reaktionsgeschwindigkeit.
a) Erfolgreicher Zusammenstoß zwischen einem H_2-Molekül und zwei I-Atomen. Aufgrund der günstigen räumlichen Orientierung der Teilchen zueinander erfolgt Reaktion zu zwei HI-Molekülen.
b) Unwirksamer Zusammenstoß zwischen einem H_2-Molekül und zwei I-Atomen. Bei einer ungünstigen räumlichen Orientierung bilden sich trotz ausreichend vorhandener Aktivierungs-energie keine HI-Moleküle.

tionspartners bilden. Sie können sich jedoch nur dann bilden, wenn die Orbitale aus Symmetriegründen überlappen können, andernfalls sind sie symmetrieverboten.

Die Bildung eines aktivierten Komplexes aus H_2- und I_2-Molekülen ist symmetrie-verboten, denn sowohl die Kombination des bindenden H_2-MOs mit dem antibin-denden I_2-MO als auch die Kombination des bindenden I_2-MOs mit dem antibinden-den H_2-MO führt zur Überlappung null (Abb. 3.34). Der aktivierte Komplex H_2I_2 (Abb. 3.34) entsteht daher aus zwei I-Radikalen und einem H_2-Molekül in einer trimolekularen Reaktion (vgl. Abschn. 3.6.2). Aus dem gleichen Grund sind auch die Reaktionen von F_2, Cl_2, Br_2, O_2 und N_2 mit H_2 radikalische Mehrstufenprozesse (vgl. S. 303).

3.6.4 Reaktionsgeschwindigkeit und chemisches Gleichgewicht

Im Gleichgewichtszustand bleiben die Konzentrationen der Reaktionsteilnehmer konstant. Die Geschwindigkeit der Hinreaktion muß also gleich der Geschwindigkeit der Rückreaktion sein. Für die Gleichgewichtsreaktion

$$H_2 + I_2 \rightleftharpoons 2HI$$

findet man für die Bildungsgeschwindigkeit r_{Bildung} von HI die Beziehung

$$r_{\text{Bildung}} = k_{\text{Bildung}} c_{H_2} c_{I_2}$$

und für die Zerfallsgeschwindigkeit r_{Zerfall} von HI

$$r_{\text{Zerfall}} = k_{\text{Zerfall}} c_{HI}^2$$

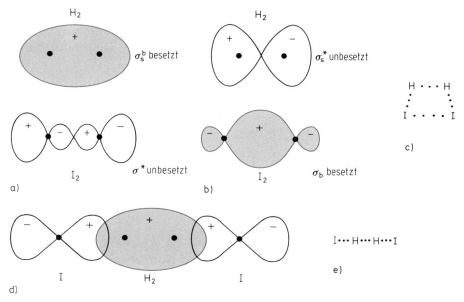

Abbildung 3.34   Bildung des aktiven Zwischenzustands H_2I_2.
Die in a) und b) dargestellte Wechselwirkung besetzter bindender MOs mit leeren antibindenden MOs führt zur Überlappung null. Die Bildung des aktivierten Komplexes c) ist symmetrie-
verboten. Existiert für die Hin-Reaktion ein Symmetrieverbot, dann gilt dies auch für die Rück-
Reaktion.
d) Die halbgefüllten p-Orbitale der I-Atome können Elektronen des besetzten bindenden MOs
des H_2-Moleküls aufnehmen. Die Bildung des aktivierten Komplexes e) ist symmetrieerlaubt.
Der Einfluß der Geometrie des aktivierten Zustands H_2I_2 auf die Reaktionsgeschwindigkeit ist
in der Abbildung 3.33 dargestellt.

Im Gleichgewichtszustand gilt daher

$$k_{\text{Zerfall}}\, c_{\text{HI}}^2 = k_{\text{Bildung}}\, c_{\text{H}_2}\, c_{\text{I}_2} \qquad (3.31)$$

Daraus folgt

$$\frac{c_{\text{HI}}^2}{c_{\text{H}_2}\, c_{\text{I}_2}} = \frac{k_{\text{Bildung}}}{k_{\text{Zerfall}}} = K_c$$

Danach ist die Massenwirkungskonstante K_c durch das Verhältnis der Geschwindigkeitskonstanten gegeben. *Das MWG läßt sich* also *kinetisch deuten.* Ist die Geschwindigkeitskonstante der Hinreaktion viel größer als die der Rückreaktion, dann wird K_c
groß, das Gleichgewicht liegt auf der rechten Seite. Dies bedeutet, daß die kinetische
Bedingung des Gleichgewichts der Gleichung 3.31 dadurch erreicht wird, daß die
kleinere Geschwindigkeitskonstante des Zerfalls mit einer hohen Konzentration der
Endstoffe multipliziert werden muß, die größere Geschwindigkeitskonstante der Bildung mit einer kleineren Konzentration der Ausgangsstoffe.

Da die Aktivierungsenergien E_A für die Bildung und den Zerfall von HI verschieden sind, ist die Temperaturabhängigkeit der Geschwindigkeitskonstanten $k_{Bildung}$ und $k_{Zerfall}$ unterschiedlich. Daher ist der Quotient und damit K_c temperaturabhängig.

3.6.5 Metastabile Systeme

Ist die Aktivierungsenergie E_A einer Reaktion sehr groß, so kann bei Normaltemperatur die Reaktionsgeschwindigkeit nahezu null werden. Bei den Reaktionen

$$H_2 + \tfrac{1}{2}O_2 \rightleftharpoons H_2O$$
und $$\tfrac{1}{2}H_2 + \tfrac{1}{2}Cl_2 \rightleftharpoons HCl$$

liegen die Gleichgewichte ganz auf der rechten Seite (vgl. Abschn. 3.5.4). Wegen der sehr kleinen Reaktionsgeschwindigkeiten sind aber bei Normaltemperatur Mischungen aus H_2 und O_2 (Knallgas) und Mischungen aus H_2 und Cl_2 (Chlorknallgas) beständig und reagieren nicht zu H_2O bzw. HCl, wie es aufgrund der Gleichgewichtslage zu erwarten wäre. Im Unterschied zu stabilen Systemen, die sich im Gleichgewicht befinden, nennt man solche Systeme metastabil. *Metastabile Systeme sind* also *kinetisch gehemmte Systeme* (vgl. Abb. 3.35). Sie lassen sich aber durch Aktivierung zur Reaktion bringen und in den stabilen Gleichgewichtszustand überführen. *Die Aufhebung der kinetischen Hemmung, die Aktivierung, kann durch Zuführung von Energie oder durch Katalysatoren erfolgen.*

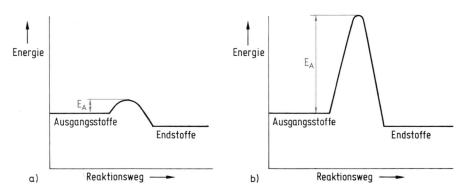

Abbildung 3.35   Mögliche Energiediagramme für eine chemische Reaktion. Im Fall a) ist auf Grund der kleinen Aktivierungsenergie die Reaktionsgeschwindigkeit groß, so daß sich das Gleichgewicht rasch einstellt. Im Fall b) ist die Aktivierungsenergie sehr groß und bei Normaltemperatur die Reaktionsgeschwindigkeit so gering, daß sich der Gleichgewichtszustand nicht einstellt. Solche kinetisch gehemmten Systeme nennt man metastabil.

Bei der Zündung von Knallgas mit einer Flamme erfolgt explosionsartige Reaktion. Diese explosionsartige Reaktion kann bei Normaltemperatur auch durch einen Platinkatalysator ausgelöst werden. Die Bildung von HCl aus Chlorknallgas erfolgt durch eine *Kettenreaktion*, bei der die folgenden Reaktionsschritte auftreten:

a) $Cl_2 \longrightarrow 2\,Cl$ — Startreaktion

b) $Cl + H_2 \longrightarrow HCl + H$ ⎫
c) $H + Cl_2 \longrightarrow HCl + Cl$ ⎭ Kettenfortpflanzung

d) $Cl + Cl \longrightarrow Cl_2$ oder
$Cl + H \longrightarrow HCl$ oder ⎬ Kettenabbruch
$H + H \longrightarrow H_2$

Als erster Reaktionsschritt erfolgt eine Spaltung von Cl_2-Molekülen in Cl-Atome (a). Dazu ist eine Aktivierungsenergie von 243 kJ/mol erforderlich. Die Cl-Atome reagieren schnell mit H_2-Molekülen nach b weiter. Die bei der Reaktion b entstehenden H-Atome reagieren mit Cl_2-Molekülen nach c weiter. Die beiden Schritte b und c wiederholen sich solange (Kettenfortpflanzung), bis durch zufällige Reaktion zweier Cl-Atome oder zweier H-Atome miteinander oder eines H-Atoms mit einem Cl-Atom die Kette abbricht (d).

In einer Reaktionskette werden durch Kettenfortpflanzung etwa 10^6 Moleküle HCl gebildet. Die Aktivierungsenergie für die Startreaktion kann in Form von Wärmeenergie oder in Form von Lichtquanten (vgl. Abschn. 1.4.2) zugeführt werden. Lichtquanten haben die erforderliche Energie bei Wellenlängen kleiner 480 nm. Bestrahlt man Chlorknallgas mit blauem Licht (450 nm), erfolgt explosionsartige Reaktion zu HCl.

Analog verläuft die Bildung von HBr aus H_2 und Br_2. Bei HI verläuft die radikalische HI-Bildung erst oberhalb 500 °C, da die Reaktion $I + H_2 \rightarrow HI + H$ stark endotherm ist. Unterhalb 500 °C erfolgt die HI-Bildung nach dem in Abschn. 3.6.2 beschriebenen Mechanismus.

Ursache von *Explosionen*. Bei sehr rasch ablaufenden exothermen Reaktionen kann die freiwerdende Reaktionswärme nicht mehr abgeleitet werden. Es kommt zu einer fortlaufenden Temperaturerhöhung und Steigerung der Reaktionsgeschwindigkeit (Zerfall von O_3 und ClO_2). Eine andere Ursache für explosionsartig ablaufende Reaktionen sind Kettenreaktionen mit Kettenverzweigung, bei denen sich dadurch im Verlauf der Reaktion die Reaktionsgeschwindigkeit exponentiell steigert (vgl. Knallgas Abschn. 4.2.3).

Eine große Zahl chemischer Verbindungen sind bei Normaltemperatur nur deswegen existent, weil sie metastabil sind. Ein Beispiel ist Stickstoffmonooxid NO, das bei Normaltemperatur nicht zerfällt, obwohl das Gleichgewicht $2\,NO \rightleftharpoons N_2 + O_2$ fast vollständig auf der rechten Seite liegt (vgl. Abschn. 3.5.2).

Diamant ist die bei Normalbedingungen metastabile Modifikation von Kohlenstoff. Die stabile Modifikation ist Graphit (vgl. Abschn. 4.7.3.1).

3.6.6 Katalyse

Manche Reaktionen können beschleunigt werden, wenn man dem Reaktionsgemisch einen Katalysator zusetzt. *Katalysatoren sind Stoffe, die in den Reaktionsmechanismus eingreifen, aber selbst durch die Reaktion nicht verbraucht werden* und die daher in der Bruttoreaktionsgleichung nicht auftreten. *Die Lage des Gleichgewichts wird durch einen Katalysator nicht verändert.*

Die Wirkungsweise eines Katalysators besteht darin, daß er den Mechanismus der Reaktion verändert. Die katalysierte Reaktion besitzt eine kleinere Aktivierungsenergie als die nichtkatalysierte (Abb. 3.36), *dadurch wird die Reaktionsgeschwindigkeitskonstante größer und die Reaktionsgeschwindigkeit erhöht.* Die Reaktionsgeschwindigkeit bei gleicher Konzentration und gleicher Temperatur ist ein Maß für die *Katalysatoraktivität.*

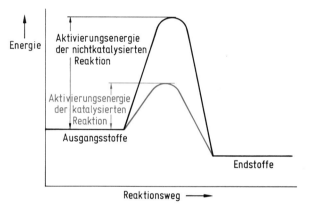

Abbildung 3.36   Energiediagramm einer katalysierten und einer nichtkatalysierten Reaktion. Durch die Gegenwart eines Katalysators wird der Mechanismus der Reaktion verändert. Die katalysierte Reaktion besitzt eine kleinere Aktivierungsenergie als die nichtkatalysierte. Dadurch steigt die Zahl der Moleküle, die die zur Reaktion notwendige Aktivierungsenergie besitzen, stark an, die Reaktionsgeschwindigkeit erhöht sich.

Ein Beispiel ist die Oxidation von Schwefeldioxid SO_2 mit Sauerstoff O_2 zu Schwefeltrioxid SO_3. Diese Reaktion wird durch Stickstoffmonooxid NO katalytisch beschleunigt. Die katalytische Wirkung von NO kann schematisch durch die folgenden Gleichungen beschrieben werden:

$$NO + \tfrac{1}{2}O_2 \longrightarrow NO_2 \tag{3.32}$$

$$\underline{SO_2 + NO_2 \longrightarrow SO_3 + NO} \tag{3.33}$$

$$SO_2 + \tfrac{1}{2}O_2 \longrightarrow SO_3 \text{ (Bruttogleichung)} \tag{3.34}$$

Die Oxidation von SO_2 erfolgt in Gegenwart des Katalysators nicht direkt mit O_2, sondern durch NO_2 als Sauerstoffüberträger. Der Ausgangsstoff O_2 bildet mit dem

Katalysator NO die reaktionsfähige Zwischenverbindung NO_2, die dann mit dem zweiten Reaktionspartner unter Freisetzung von NO zum Reaktionsprodukt SO_3 weiterreagiert. Die Teilreaktionen (3.32) und (3.33) verlaufen schneller als die direkte Reaktion, da die Aktivierungsenergien der Reaktionen (3.32) und (3.33) kleiner sind als die Aktivierungsenergie der Reaktion (3.34). Bereits Anfang des 19. Jhs. wurde diese Katalyse für die Herstellung von Schwefelsäure mit dem Bleikammerverfahren industriell genutzt.

Man unterscheidet *homogene Katalyse* und *heterogene Katalyse*. Bei der homogenen Katalyse liegen die reagierenden Stoffe und der Katalysator in der gleichen Phase vor. Das Bleikammerverfahren ist eine homogene Katalyse. Bei der heterogenen Katalyse werden Gasreaktionen und Reaktionen in Lösungen durch feste Katalysatoren (*Kontakte*) beschleunigt. Dabei spielt die Oberflächenbeschaffenheit des Katalysators eine Rolle. Die Wirksamkeit von festen Katalysatoren wird durch große Oberflächen erhöht. In Mehrphasenkatalysatoren ist das Material mit großer Oberfläche nur Träger auf dem der eigentliche Katalysator abgeschieden wird. Geeignete Träger sind $\gamma\text{-}Al_2O_3$ und Kieselgel. 1 g eines typischen Katalysatorträgers hat eine Oberfläche von der Größe eines Tennisplatzes. Eine hohe katalytische Aktivität besitzen die Metalle der 8. Nebengruppe, sie werden als fein verteilte Teilchen auf das Trägermaterial aufgebracht. Einphasige Katalysatoren, bei denen das Innere der Substanz eine große Oberfläche mit aktiven Zentren besitzt, bezeichnet man als uniforme Katalysatoren. Dazu gehören Tonmineralien und die Zeolithe (vgl. Abschn. 4.7.10.2), in deren Struktur Hohlräume vorhanden sind, die durch Kanäle verbunden sind.

Die Vorteile der festen Katalysatoren sind ihre Beständigkeit bei hohen Temperaturen und die Tatsache, daß das Reaktionsprodukt nicht vom Katalysator abgetrennt werden muß.

Ein wichtiger fester Katalysator ist fein verteiltes Platin. Platinkatalysatoren beschleunigen die meisten Reaktionen mit Wasserstoff. Ein Gemisch von Wasserstoff und Sauerstoff, das bei Normaltemperatur nicht reagiert, explodiert in Gegenwart eines Platinkatalysators. Die Wirkung des Katalysators besteht darin, daß bei den an der Katalysatoroberfläche angelagerten Wasserstoffmolekülen die H—H-Bindung gelöst wird. Es erfolgt nicht nur eine physikalische Anlagerung der H_2-Moleküle an der Oberfläche (Adsorption), sondern außerdem eine chemische Aktivierung der adsorbierten Teilchen (*Chemisorption*). Für die Reaktion von Sauerstoffmolekülen mit dem am Katalysator chemisorbierten Wasserstoff ist nun die Aktivierungsenergie so weit herabgesetzt, daß eine viel schnellere Reaktion erfolgen kann als mit Wasserstoffmolekülen in der Gasphase. Im Gegensatz zur Adsorption erfolgt die Chemisorption stoffspezifisch und erst bei höherer Temperatur, da zur Chemisorption eine relativ große Aktivierungsenergie benötigt wird. Für jede chemische Reaktion müssen daher spezifische Katalysatoren gefunden werden, die im allgemeinen erst bei höheren Temperaturen wirksam sind. Die Wirkung eines Kontaktes kann durch Zusätze, *Promotoren,* die allein nicht katalytisch wirksam sind, verbessert werden (Mischkatalysatoren).

Bei der Ammoniaksynthese z. B. (s. unten und Abschn. 4.6.4) wird als fester Katalysator α-Fe als Vollkontakt verwendet. Bei Vollkontakten besteht der Katalysator vollständig aus katalytisch aktivem Material. Für die katalytische Wirkung ist der entscheidende Schritt die dissoziative Chemisorption von Stickstoff zu einem Oberflächennitrid, das dann schrittweise zu NH_3 hydriert wird. Die Hydrierung erfolgt durch chemisorbierte Wasserstoffatome. Nach Desorption eines NH_3-Moleküls steht das katalytische Zentrum wieder für die Aktivierung eines N_2-Moleküls zur Verfügung. Die verschiedenen Flächen der Eisenkriställchen besitzen eine unterschiedliche Aktivität; (111)-Flächen (Oktaederflächen) sind z. B. wirksamer als (100)-Flächen (Würfelflächen). Aktiver als Eisen allein sind Mischkatalysatoren. Kleine Zusätze von Aluminium- und Calciumoxid verhindern das Zusammensintern des feinteiligen Katalysators (Strukturpromotor). Kaliumoxid erhöht die katalytische Aktivität durch Beeinflussung der Reaktion an der Grenzfläche Katalysator-Gas (elektronischer Promotor; vgl. Abschn. 4.6.4).

Häufig können kleine Fremdstoffmengen Katalysatoren unwirksam machen (*Kontaktgifte*). Bei der Katalysatorvergiftung werden wahrscheinlich die aktiven Zentren der Katalysatoroberfläche blockiert. Typische Katalysatorgifte sind H_2S, COS, As, Pb, Hg.

Neben der Katalysatoraktivität ist eine ganz wichtige Eigenschaft der Katalysatoren die *Katalysatorselektivität*. Häufig können gleiche Ausgangsstoffe zu unterschiedlichen Produkten reagieren. Die Selektivität des Reaktionsablaufs wird dadurch erreicht, daß der Katalysator nur die Reaktionsgeschwindigkeit zum gewünschten Produkt erhöht und dadurch die Entstehung der anderen Produkte unterdrückt wird.

Beispiel für die Katalysatorselektivität

$$CO + H_2 \begin{array}{l} \xrightarrow{\text{Ni}} \text{Methan } CH_4 \\ \xrightarrow{\text{CuO, } Cr_2O_3} \text{Methanol } CH_3OH \\ \xrightarrow{\text{Fe, Co}} \text{Benzin } C_nH_{2n+2} \end{array}$$

Je nach Katalysator laufen aus kinetischen Gründen unterschiedliche Reaktionen ab.

Das Zusammenspiel zwischen Gleichgewichtslage und Reaktionsgeschwindigkeit ist für die Durchführung von chemischen Reaktionen in der Technik ganz wesentlich. Dabei sind Katalysatoren von größter Bedeutung. Ein wichtiges Beispiel ist die großtechnische **Synthese von Ammoniak**. Sie erfolgt nach der Reaktion

$$N_2 + 3H_2 \rightleftharpoons 2NH_3 \qquad \Delta H^\circ = -92 \text{ kJ mol}^{-1}$$

Diese Reaktion ist exotherm, die Stoffmenge verringert sich. Nach dem Prinzip von Le Chatelier verschiebt sich das Gleichgewicht durch Temperaturerniedrigung und durch Druckerhöhung in Richtung NH_3. Die Gleichgewichtslage in Abhängigkeit von Druck und Temperatur zeigt Abb. 3.21. Bei 20 °C ist die NH_3-Ausbeute groß (Ausbeute = Volumenanteil NH_3 in % im Reaktionsraum), die Reaktionsgeschwindigkeit aber ist nahezu null. Eine ausreichende Reaktionsgeschwindigkeit durch Temperaturerhöhung wird erst bei Temperaturen erreicht, bei der die NH_3-Ausbeute fast null ist. Auch Katalysatoren wirken erst ab 400 °C genügend beschleunigend, so daß Synthesetemperaturen von 500 °C notwendig sind. Bei 500 °C und 1 bar beträgt die NH_3-Ausbeute nur 0,1 %. Um eine wirtschaftliche Ausbeute zu erhalten, muß trotz technischer Aufwendigkeit die Synthese bei hohen Drücken durchgeführt werden (Haber-Bosch-Verfahren). Bei Drücken von 200 bar beträgt die NH_3-Ausbeute 18 %, bei 400 bar 32 %.

Ein weiteres Beispiel ist die **Synthese von Schwefeltrioxid** nach dem Kontaktverfahren. SO_3 wird als Zwischenprodukt der Schwefelsäuresynthese großtechnisch hergestellt. Die Herstellung erfolgt nach der Reaktion

$$SO_2 + \tfrac{1}{2}O_2 \rightleftharpoons SO_3 \qquad \Delta H^\circ = -99 \text{ kJ mol}^{-1}$$

Da diese Reaktion exotherm ist, verschiebt sich das Gleichgewicht mit fallender Temperatur in Richtung SO_3. Die SO_3-Ausbeute in Abhängigkeit von der Temperatur zeigt Abb. 3.37. Um hohe Ausbeuten zu erhalten, muß bei möglichst tiefen Temperaturen gearbeitet werden. In Gegenwart von Pt-Katalysatoren ist die Reaktionsgeschwindigkeit bei 400 °C, bei Verwendung von Vanadiumoxidkatalysatoren bei 400–500 °C ausreichend schnell (vgl. Abschn. 4.5.7).

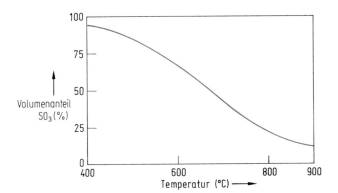

Abbildung 3.37 Temperaturabhängigkeit der Gleichgewichtslage der Reaktion $SO_2 + \tfrac{1}{2}O_2 \rightleftharpoons SO_3$.

Wie diese Beispiele zeigen, muß für die Durchführung von chemischen Reaktionen nicht nur die Gleichgewichtslage günstig sein, sondern diese muß auch ausreichend schnell erreicht werden. Es ist also sehr entscheidend für die Durchführbarkeit einer Reaktion, wenn nötig Katalysatoren zu finden, die eine ausreichende Reaktionsgeschwindigkeit bewirken. Noch immer müssen wirksame Katalysatoren experimentell gefunden werden. Für die Ammoniaksynthese wurden z. B. etwa 20 000 Katalysatorproben untersucht. Obwohl 75% der Produkte der chemischen Industrie unter Verwendung von Katalysatoren hergestellt werden, sind die einzelnen Vorgänge der Katalyse bei vielen Reaktionen noch ungeklärt.

Katalysatoren sind volkswirtschaftlich wichtig. 1984 betrug der Wert der weltweit eingesetzten Katalysatoren 27 Milliarden Dollar. Neben der Rohstoff- und Energieeinsparung haben sie auch im Umweltschutz Bedeutung. Ihr Einsatz z. B. bei der Autoabgasreinigung wird im Abschn. 4.11 besprochen.

3.7 Gleichgewichte von Salzen, Säuren und Basen

3.7.1 Lösungen, Elektrolyte

Lösungen sind homogene Mischungen. Am häufigsten und wichtigsten sind flüssige Lösungen. Feste Lösungen werden im Abschn. 2.4.5 behandelt.

Die im Überschuß vorhandene Hauptkomponente einer Lösung bezeichnet man als *Lösungsmittel*, die Nebenkomponenten als *gelöste Stoffe*.

Wir wollen nur solche Lösungen behandeln, bei denen das Lösungsmittel Wasser ist. Diese Lösungen nennt man wäßrige Lösungen. Verbindungen wie Zucker oder Alkohol, deren wäßrige Lösungen den elektrischen Strom nicht leiten, bezeichnen wir als Nichtelektrolyte. In diesen Lösungen sind die gelösten Teilchen einzelne Moleküle, die von Wassermolekülen umhüllt sind.

Viele polare Verbindungen lösen sich in Wasser unter Bildung frei beweglicher Ionen. Dies wird vereinfacht durch die folgenden Reaktionsgleichungen wiedergegeben:

$$Na^+Cl^- \xrightarrow{\text{Wasser}} Na^+ + Cl^-$$
$$HCl + H_2O \longrightarrow H_3O^+ + Cl^-$$
$$NH_3 + H_2O \longrightarrow NH_4^+ + OH^-$$

Diese Stoffe nennt man Elektrolyte, da ihre Lösungen den elektrischen Strom leiten. Träger des elektrischen Stroms sind die Ionen (im Gegensatz zu metallischen Leitern, wo der Stromtransport durch Elektronen erfolgt). Die positiv geladenen Ionen (Kationen) wandern im elektrischen Feld zur Kathode (negative Elektrode), die negativ geladenen Ionen (Anionen) zur Anode (positive Elektrode) (Abb. 3.38). Eine besonders große Ionenbeweglichkeit haben H_3O^+- und OH^--Ionen (vgl. Abschn. 3.7.2).

In Ionenkristallen liegen im festen Zustand bereits Ionen in bestimmten geometrischen Anordnungen vor. Beim Lösungsvorgang geht die geometrische Ordnung des Ionenkristalls verloren, es erfolgt eine Separierung in einzelne Ionen, eine Ionendissoziation. Bei den polaren kovalenten Verbindungen wie HCl und NH_3 entstehen die Ionen erst durch Reaktion mit dem Lösungsmittel.

In wäßriger Lösung sind die Ionen mit einer Hülle von Wassermolekülen umgeben, die Ionen sind hydratisiert, da zwischen den elektrischen Ladungen der Ionen und den Dipolen des Wassers Anziehungskräfte auftreten (vgl. Abb. 3.39).

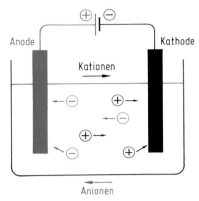

Abbildung 3.38   Polare Verbindungen lösen sich in Wasser unter Bildung beweglicher Ionen. Solche Lösungen leiten den elektrischen Strom. Im elektrischen Feld wandern die positiv geladenen Ionen (Kationen) an die negative Elektrode (Kathode), die negativ geladenen Ionen (Anionen) an die positive Elektrode (Anode).

Cu^{2+} z. B. liegt in Wasser als $[Cu(H_2O)_4]^{2+}$-Ion vor, Co^{2+} bildet das Ion $[Co(H_2O)_6]^{2+}$. Bei der *Hydratation* wird Energie frei. Die Hydratationsenergie ist um so größer, je höher die Ladung der Ionen ist und je kleiner die Ionen sind. Beispiele zeigt Tabelle 3.5.

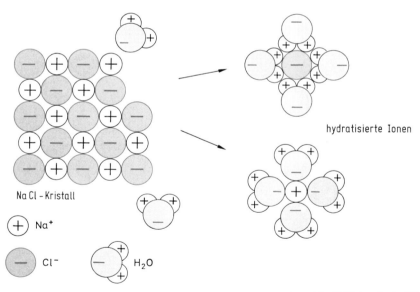

Abbildung 3.39   Zweidimensionale Darstellung der Auflösung eines NaCl-Kristalls in Wasser. Zwischen den Ionen des Kristalls und den Dipolen des Wassers existieren starke Anziehungskräfte. Da die Ionen-Dipol-Anziehung für die Ionen der Kristalloberfläche stärker ist als die Ionen-Ionen-Anziehung, verlassen die Ionen den Kristall und wechseln in die wäßrige Phase über. Die in Lösung gegangenen Ionen sind mit einer Hülle von Wassermolekülen umgeben, sie sind hydratisiert.

Tabelle 3.5 Hydratationsenthalpie einiger Ionen in kJ/mol
(Die in der Literatur angegebenen Werte unterscheiden sich z.T. erheblich, einige um ca. 10%)

H^+	-1091	Be^{2+}	-2494	Al^{3+}	-4665
Li^+	-519	Mg^{2+}	-1921	Fe^{3+}	-4430
Na^+	-406	Ca^{2+}	-1577	F^-	-515
K^+	-322	Sr^{2+}	-1443	Cl^-	-381
Rb^+	-293	Ba^{2+}	-1305	Br^-	-347
Cs^+	-264	Zn^{2+}	-2046	I^-	-305

Auch in vielen kristallinen Verbindungen sind hydratisierte Ionen vorhanden. Beispiele: $[Fe(H_2O)_6]Cl_3$, $[Co(H_2O)_6]Cl_2$, $[Cr(H_2O)_6]Cl_3$, $[Ca(H_2O)_6]Cl_2$.

Die Auflösung eines Ionenkristalls ist schematisch in der Abb. 3.39 am Beispiel von NaCl dargestellt. Die dafür benötigte Gitterenergie von 778 kJ/mol wird durch die Hydratationsenthalpie der Na^+- und Cl^--Ionen von 787 kJ/mol geliefert. Wenn die Hydratationsenthalpie größer ist als die Gitterenergie, dann ist der Lösungsvorgang exotherm. Bei vielen löslichen Salzen ist die Gitterenergie größer als die Hydratationsenthalpie, der Lösungsvorgang ist endotherm und erfolgt unter Abkühlung der Lösung.

Beispiel: Beim Lösen von wasserfreiem $CaCl_2$ in Wasser erwärmt sich die Lösung, beim Lösen des Hexahydrats $[Ca(H_2O)_6]Cl_2$ kühlt sie sich ab. Beim Hexahydrat sind die Ca^{2+}-Ionen schon im Kristall hydratisiert und die Hydratationsenthalpie der Cl^--Ionen allein reicht nicht aus, die Gitterenergie zu kompensieren.

3.7.2 Leitfähigkeit, Aktivität

Für Elektrolytlösungen gilt das Ohmsche Gesetz $U = RI$. Für den elektrischen Widerstand einer Lösung, gemessen zwischen zwei Elektrodenflächen A mit dem Elektrodenabstand d gilt

$$R = \varrho \frac{d}{A}$$

ϱ ist der spezifische Widerstand, SI-Einheit Ωm. Der Reziprokwert des spezifischen Widerstands ist die Leitfähigkeit κ. Die SI-Einheit von κ ist Sm^{-1} bzw. $\frac{1}{\Omega m}$, auch die Einheit Scm^{-1} ist üblich.

Es ist nur sinnvoll, die Leitfähigkeit verschiedener Elektrolyte zu vergleichen, wenn die Lösungen gleiche Stoffmengenkonzentrationen bezogen auf Ionenäquivalente besitzen (vgl. Abschn. 3.1). Man definiert als Äquivalentleitfähigkeit Λ die Leitfähigkeit einer Lösung bezogen auf die Äquivalentkonzentration $c\left(\frac{1}{z^*}X\right)$.

$$\Lambda = \frac{\kappa}{c\left(\dfrac{1}{z^*}X\right)} \qquad \text{SI-Einheit:} \quad \frac{m^2}{\Omega\,mol}$$

Starke Elektrolyte sind in wäßriger Lösung vollständig dissoziiert. Die Äquivalent-leitfähigkeit starker Elektrolyte nimmt mit abnehmender Konzentration zu, für unendliche Verdünnung erhält man als Grenzwert die Grenzleitfähigkeit Λ_∞ (Tabelle 3.6). *Nur sehr verdünnte Lösungen sind ideale Lösungen, in denen die Ionen so weit voneinander entfernt sind, daß keine Wechselwirkungen zwischen ihnen auftreten. In nichtidealen Lösungen sind Wechselwirkungskräfte vorhanden, die die Wanderung der Ionen im elektrischen Feld behindern und zu einer Verringerung der Leitfähigkeit führen.* Je größer die Ionenladung ist, um so stärker ist die interionische Wechselwirkung (Tabelle 3.6).

Tabelle 3.6   Äquivalentleitfähigkeit Λ bei 25 °C

	Äquivalentkonzentration in mol/l			
	0,000	0,001	0,010	0,100
	Äquivalentleitfähigkeit in cm²/(Ω mol)			
NaCl	126,5	123,7	118,5	106,7 $\cong$ 0,84 Λ_∞
BaCl$_2$	140,0	134,3	123,9	105,2 $\cong$ 0,75 Λ_∞
CuSO$_4$	133,0	115,2	83,3	50,5 $\cong$ 0,38 Λ_∞

Für ideale Lösungen gilt das Gesetz der unabhängigen Ionenbewegung; jede Ionensorte liefert einen charakteristischen Beitrag zur Leitfähigkeit, die Ionenleitfähigkeit $\lambda_\pm$.

$$\Lambda_\infty = \lambda_+ + \lambda_-$$

Λ_∞ läßt sich daher für die verschiedenen Salze aus den Ionenleitfähigkeiten (den Äquivalentleitfähigkeiten der Ionen, Tabelle 3.7) berechnen. Die hohe Ionenleitfä-

Tabelle 3.7   Ionenleitfähigkeiten $\lambda_\pm$ einiger Ionen bei 25 °C in cm²/(Ω mol)

H$_3$O$^+$	349,8	Mg^{2+}	53,1	Br$^-$	78,4
Li$^+$	38,7	Ba^{2+}	63,6	I$^-$	76,8
Na$^+$	50,1	Fe^{3+}	68,0	NO$_3^-$	71,4
K$^+$	73,5	OH$^-$	198	SO$_4^{2-}$	79,8
NH$_4^+$	73,4	Cl$^-$	76,3	CO$_3^{2-}$	70,0

higkeit der H$_3$O$^+$- und OH$^-$-Ionen kommt dadurch zustande, daß nicht die hydratisierten Ionen selbst wandern, sondern daß nur ein Platzwechsel der Protonen in den Wasserstoffbrücken des Wassers erfolgt.

$$
\begin{array}{ccccccc}
\overset{\oplus}{\text{H}}-\text{O}-\text{H}&\cdots\cdot\cdot&\text{O}-\text{H}&\cdots\cdot\cdot&\text{O}-\text{H}&\rightarrow&\text{H}-\text{O}\cdots\cdot\cdot\text{H}-\text{O}\cdots\cdot\cdot\overset{\oplus}{\text{H}}-\text{O}-\text{H}\\
|&&|&&|&&|\qquad\quad|\qquad\quad|\\
\text{H}&&\text{H}&&\text{H}&&\text{H}\qquad\quad\text{H}\qquad\quad\text{H}
\end{array}
$$

$$
\begin{array}{ccccccc}
\overset{\ominus}{\text{O}}&\cdots\cdot\cdot&\text{H}-\text{O}&\cdots\cdot\cdot&\text{H}-\text{O}&\rightarrow&\text{O}-\text{H}\cdots\cdot\cdot\text{O}-\text{H}\cdots\cdot\cdot\overset{\ominus}{\text{O}}\\
|&&|&&|&&|\qquad\quad|\qquad\quad|\\
\text{H}&&\text{H}&&\text{H}&&\text{H}\qquad\quad\text{H}\qquad\quad\text{H}
\end{array}
$$

Schwache Elektrolyte enthalten neben den Ionen undissoziierte Moleküle. Zwischen Ionen und undissoziierten Molekülen liegt ein Gleichgewicht vor. Der Dissoziationsgrad α gibt den Anteil dissoziierter Moleküle an

$$
\alpha = \frac{\text{Anzahl der dissoziierten Moleküle}}{\text{Gesamtzahl der Moleküle}}
$$

Mit abnehmender Konzentration nimmt die Dissoziation zu, bei unendlicher Verdünnung beträgt sie 100 % und $\alpha = 1$ (vgl. Abschn. 3.7.7). Bei schwachen Elektrolyten nimmt daher die Äquivalentleitfähigkeit mit abnehmender Konzentration sehr stark zu. Es gilt

$$
\Lambda = \alpha \Lambda_\infty
$$

Der Dissoziationsgrad α schwacher Elektrolyte kann aus der Konzentrationsabhängigkeit der Äquivalentleitfähigkeit Λ bestimmt werden. Die interionischen Wechselwirkungskräfte können bei schwachen Elektrolyten vernachlässigt werden.

Aufgrund der interionischen Wechselwirkung ist die „wirksame Konzentration" oder Aktivität der Lösung kleiner als die wirkliche Konzentration. Man erhält die Aktivität a durch Multiplikation der auf die Standardkonzentration $c^\circ = 1$ mol/l bezogenen Konzentration c mit dem Aktivitätskoeffizienten f, durch den die Wechselwirkungskräfte berücksichtigt werden.

$$
a = f \cdot \frac{c}{c^\circ}
$$

Für ideale Lösungen ist $a = c/c^\circ$, also $f = 1$. Die Aktivität einer Ionensorte hängt von der Konzentration aller in der Lösung vorhandenen Ionen ab. Die Berechnung von Aktivitätskoeffizienten ist daher schwierig, sie können aber empirisch bestimmt werden.

Bei der Anwendung des MWG auf Ionengleichgewichte in wäßrigen Lösungen darf nur bei idealen Lösungen die Ionenkonzentration in das MWG eingesetzt werden, bei konzentrierteren Lösungen ist die Aktivität einzusetzen.

In den folgenden Kapiteln werden chemische Gleichgewichte in wäßrigen Elektrolytlösungen behandelt. *Die in wäßrigen Elektrolytlösungen ablaufenden Reaktionen sind Ionenreaktionen. Die Geschwindigkeit, mit der Ionenreaktionen ablaufen, ist so groß, daß die Gleichgewichtseinstellung sofort erfolgt.* Zur Formulierung von Ionengleichgewichten werden nur Konzentrationen (nicht Aktivitäten) verwendet. Man muß sich aber darüber klar sein, daß die abgeleiteten Beziehungen dann exakt nur für ideale Lösungen gelten.

3.7.3 Löslichkeit, Löslichkeitsprodukt, Nernstsches Verteilungsgesetz

Die maximale Menge eines Stoffes, die sich bei einer bestimmten Temperatur in einem Lösungsmittel, z. B. Wasser, löst, ist eine charakteristische Eigenschaft dieses Stoffes und wird seine Löslichkeit genannt. Enthält eine Lösung die maximal lösliche Stoffmenge, ist die Lösung gesättigt. Lösungen, bei denen ein Feststoff gelöst ist, sind gesättigt, wenn ein fester Bodenkörper des löslichen Stoffes mit der Lösung im Gleichgewicht ist. Die Temperaturabhängigkeit der Löslichkeit folgt qualitativ aus dem Le Chatelier-Prinzip. Bei exothermen Lösungsvorgängen nimmt mit steigender Temperatur die Löslichkeit ab, bei endothermen Lösungsvorgängen nimmt sie zu.

Bei Gasen nimmt die Löslichkeit mit zunehmender Temperatur immer ab, da das Lösen von Gasen in Flüssigkeiten exotherm erfolgt.

Für die Löslichkeit von Gasen in Flüssigkeiten gilt das *Gesetz von Henry-Dalton. Die Löslichkeit eines Gases A ist bei gegebener Temperatur proportional zu seinem Druck.*

$$c_A = K p_A$$

K wird Löslichkeitskoeffizient genannt. Bei Erhöhung des Druckes um das 5fache nimmt auch die Löslichkeit auf das 5fache zu. Auf Gase, die mit dem Lösungsmittel chemisch reagieren, wie z. B. HCl, ist das Gesetz nicht anwendbar.

Bei einer gesättigten wäßrigen Lösung eines Salzes der allgemeinen Zusammensetzung AB ist fester Bodenkörper AB im Gleichgewicht mit den Ionen A^+ und B^- (vgl. Abb. 3.40).

$$\text{Bodenkörper} \rightleftharpoons \text{Ionen in Lösung}$$
$$\text{AB} \rightleftharpoons A^+ + B^-$$

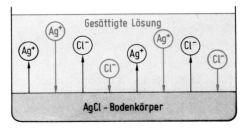

Abbildung 3.40   Schematische Darstellung einer gesättigten AgCl-Lösung. Festes AgCl befindet sich im Gleichgewicht mit der AgCl-Lösung: $AgCl \rightleftharpoons Ag^+ + Cl^-$. Im Gleichgewichtszustand muß nach dem MWG das Produkt der Ionenkonzentrationen konstant sein. $c_{Ag^+} \cdot c_{Cl^-} = L_{AgCl}$.

Beim Lösungsvorgang treten die Ionen A^+ und B^- aus dem Kristall in die Lösung über, dabei werden sie hydratisiert. Da sowohl der Kristall AB als auch die Lösung elektrisch neutral sein müssen, gehen immer eine gleiche Anzahl A^+- und B^--Ionen in Lösung. Im Gleichgewichtszustand werden pro Zeiteinheit ebenso viel Ionenpaare $A^+ + B^-$ aus der Lösung im Kristallgitter AB eingebaut, wie aus dem Gitter in Lösung gehen. Durch Anwendung des MWG auf den Lösungsvorgang erhält man:

$$c_{A^+} \cdot c_{B^-} = L_{AB}$$

c_{A^+} und c_{B^-} sind die Konzentrationen der Ionen A^+ und B^- in der gesättigten Lösung.

L_{AB} ist eine Konstante, sie wird Löslichkeitsprodukt des Stoffes AB genannt. L_{AB} ist temperaturabhängig. *Im Gleichgewichtszustand ist* also *bei gegebener Temperatur das Produkt der Ionenkonzentrationen konstant.* Wie schon bei anderen heterogenen Gleichgewichten erläutert wurde (vgl. Abschn. 3.5.2), treten im MWG die Konzentrationen reiner fester Stoffe nicht auf. Auch bei Lösungsgleichgewichten hat die vorhandene Menge des festen Bodenkörpers keinen Einfluß auf das Gleichgewicht. Es spielt keine Rolle, ob als ungelöster Bodenkörper 20 g oder nur 0,2 g vorhanden ist, wesentlich ist nur, daß er überhaupt zugegen ist.

Für die Lösungen eines schwerlöslichen Salzes AB, z.B. AgCl, sind drei Fälle möglich.

1. Gesättigte Lösung

$$c_{A^+} \cdot c_{B^-} = L_{AB}$$
$$c_{Ag^+} \cdot c_{Cl^-} = L_{AgCl}$$

Die Lösung ist gesättigt. Bei 25°C beträgt

$$L_{AgCl} = 10^{-10} \ mol^2/l^2$$

In einer gesättigten Lösung von AgCl in Wasser ist also

$$c_{Ag^+} = c_{Cl^-} = 10^{-5} \ mol/l$$

2. Übersättigte Lösung

$$c_{A^+} \cdot c_{B^-} > L_{AB}$$
$$c_{Ag^+} \cdot c_{Cl^-} > L_{AgCl}$$

Bringt man in die gesättigte Lösung von AgCl zusätzlich Ag^+- oder Cl^--Ionen, so ist die Lösung übersättigt. Das Löslichkeitsprodukt ist überschritten, und es bildet sich solange festes AgCl (AgCl fällt als Niederschlag aus), bis die Lösung gerade wieder gesättigt ist, also $c_{Ag^+} \cdot c_{Cl^-} = 10^{-10} \ mol^2/l^2$ beträgt. Setzt man z.B. der gesättigten Lösung Cl^--Ionen zu, bis die Konzentration $c_{Cl^-} = 10^{-2} \ mol/l$ erreicht wird, dann fällt solange AgCl aus, bis $c_{Ag^+} = 10^{-8} \ mol/l$ beträgt. In der gesättigten Lösung ist dann $c_{Ag^+} \cdot c_{Cl^-} = 10^{-8} \cdot 10^{-2} = 10^{-10} \ mol^2/l^2$. Die gesättigte Lösung von AgCl in Wasser mit $c_{Ag^+} = c_{Cl^-} = 10^{-5} \ mol/l$ ist also nur ein spezieller Fall einer gesättigten Lösung.

3. Ungesättigte Lösung

$$c_{A^+} \cdot c_{B^-} < L_{AB}$$
$$c_{Ag^+} \cdot c_{Cl^-} < L_{AgCl}$$

Das gesamte AgCl ist gelöst, das Produkt der Ionenkonzentrationen ist kleiner als das Löslichkeitsprodukt, die Lösung ist ungesättigt. Eine ungesättigte Lösung erhält man durch Verdünnen einer gesättigten Lösung. Sie entsteht auch dann, wenn man einer gesättigten Lösung Ionen durch Komplexbildung entzieht. So bildet z. B. Ag^+ mit NH_3 das komplexe Ion $[Ag(NH_3)_2]^+$, so daß durch Zugabe von NH_3 einer gesättigten AgCl-Lösung Ag^+-Ionen entzogen werden. Als Folge davon geht der im Gleichgewicht befindliche AgCl-Bodenkörper in Lösung. Die Löslichkeit vieler Salze kann durch Zugabe komplexbildender Ionen oder Moleküle sehr wesentlich beeinflußt werden (vgl. Abschn. 5.4).

Für Salze der allgemeinen Zusammensetzung AB_2 und A_2B_3 erhält man durch Anwendung des MWG die in den folgenden Gleichungen formulierten Löslichkeitsprodukte.

$$AB_2 \rightleftharpoons A^{2+} + 2B^- \qquad c_{A^{2+}} \cdot c_{B^-}^2 = L_{AB_2}$$
$$A_2B_3 \rightleftharpoons 2A^{3+} + 3B^{2-} \qquad c_{A^{3+}}^2 \cdot c_{B^{2-}}^3 = L_{A_2B_3}$$

Es ist zu beachten, daß die Koeffizienten der Reaktionsgleichungen im MWG als Exponenten der Konzentrationen auftreten.

Beispiel: Löslichkeit von Ag_2CrO_4

$c_{Ag^+}^2 \cdot c_{CrO_4^{2-}} = L_{Ag_2CrO_4} = 4 \cdot 10^{-12} \, mol^3/l^3$

Aus $c_{Ag^+} = 2 \, c_{CrO_4^{2-}}$

folgt $4c_{CrO_4^{2-}}^3 = 4 \cdot 10^{-12} \, mol^3/l^3$

und $c_{CrO_4^{2-}} = 10^{-4} \, mol/l$, $c_{Ag^+} = 2 \cdot 10^{-4} \, mol/l$.

Die Löslichkeit von Ag_2CrO_4 beträgt $10^{-4} \, mol/l$.

Die Löslichkeitsprodukte von einigen schwerlöslichen Verbindungen sind in der Tabelle 3.8 angegeben.

Schwerlösliche Salze spielen in der analytischen Chemie eine wichtige Rolle, da viele Ionen durch Bildung schwerlöslicher, oft typisch gefärbter Salze nachgewiesen werden können. Beispiele typischer Fällungsreaktionen zum Nachweis der Ionen Cl^-, SO_4^{2-}, Cu^{2+} und Cd^{2+} sind:

$$Cl^- + Ag^+ \longrightarrow AgCl \text{ (weiß)}$$
$$SO_4^{2-} + Ba^{2+} \longrightarrow BaSO_4 \text{ (weiß)}$$
$$Cu^{2+} + S^{2-} \longrightarrow CuS \text{ (schwarz)}$$
$$Cd^{2+} + S^{2-} \longrightarrow CdS \text{ (gelb)}$$

Für die Verteilung eines gelösten Stoffes in zwei nichtmischbaren Lösungsmitteln gilt für ideale Lösungen das *Verteilungsgesetz von Nernst*. Bei gegebener Temperatur stellt sich bei der Verteilung eines Stoffes A in zwei nichtmischbaren Flüssigkeiten ein Gleichgewicht ein

$$A_{Phase\,1} \rightleftharpoons A_{Phase\,2}$$

Tabelle 3.8   Löslichkeitsprodukte einiger schwerlöslicher Stoffe in Wasser bei 25 °C

Halogenide		Sulfide		Sulfate	
MgF_2	$6 \cdot 10^{-9}$	SnS	$1 \cdot 10^{-26}$	$CaSO_4$	$2 \cdot 10^{-5}$
CaF_2	$2 \cdot 10^{-10}$	PbS	$3 \cdot 10^{-28}$	$SrSO_4$	$8 \cdot 10^{-7}$
BaF_2	$2 \cdot 10^{-6}$	MnS	$7 \cdot 10^{-16}$	$BaSO_4$	$1 \cdot 10^{-9}$
PbF_2	$4 \cdot 10^{-8}$	NiS	10^{-21}	$PbSO_4$	$2 \cdot 10^{-8}$
$PbCl_2$	$2 \cdot 10^{-5}$	FeS	$4 \cdot 10^{-19}$		
PbI_2	$1 \cdot 10^{-8}$	CuS	$8 \cdot 10^{-45}$	Hydroxide	
CuCl	$1 \cdot 10^{-6}$	Ag_2S	$5 \cdot 10^{-51}$		
CuBr	$4 \cdot 10^{-8}$	ZnS	$1 \cdot 10^{-24}$	$Be(OH)_2$	$3 \cdot 10^{-19}$
CuI	$5 \cdot 10^{-12}$	CdS	$1 \cdot 10^{-28}$	$Mg(OH)_2$	$1 \cdot 10^{-12}$
AgCl	$2 \cdot 10^{-10}$	HgS	$2 \cdot 10^{-54}$	$Ca(OH)_2$	$4 \cdot 10^{-6}$
AgBr	$5 \cdot 10^{-13}$			$Ba(OH)_2$	$4 \cdot 10^{-3}$
AgI	$8 \cdot 10^{-17}$	Carbonate		$Al(OH)_3$	$2 \cdot 10^{-33}$
AgCN	$2 \cdot 10^{-14}$			$Pb(OH)_2$	$4 \cdot 10^{-15}$
Hg_2Cl_2	$2 \cdot 10^{-18}$	Li_2CO_3	$2 \cdot 10^{-3}$	$Mn(OH)_2$	$7 \cdot 10^{-13}$
Hg_2I_2	$1 \cdot 10^{-28}$	$MgCO_3$	$3 \cdot 10^{-5}$	$Cr(OH)_3$	$7 \cdot 10^{-31}$
		$CaCO_3$	$5 \cdot 10^{-9}$	$Ni(OH)_2$	$3 \cdot 10^{-17}$
		$SrCO_3$	$2 \cdot 10^{-9}$	$Fe(OH)_2$	$2 \cdot 10^{-15}$
Chromate		$BaCO_3$	$2 \cdot 10^{-9}$	$Fe(OH)_3$	$5 \cdot 10^{-38}$
		$PbCO_3$	$3 \cdot 10^{-14}$	$Cu(OH)_2$	$2 \cdot 10^{-19}$
$BaCrO_4$	$8 \cdot 10^{-11}$	$ZnCO_3$	$6 \cdot 10^{-11}$	$Zn(OH)_2$	$2 \cdot 10^{-17}$
$PbCrO_4$	$2 \cdot 10^{-14}$	Ag_2CO_3	$6 \cdot 10^{-12}$	$Cd(OH)_2$	$2 \cdot 10^{-14}$
Ag_2CrO_4	$4 \cdot 10^{-12}$				

Die Löslichkeitsprodukte von Stoffen unterschiedlicher Zusammensetzung haben auch unterschiedliche Einheiten. Nur Löslichkeitsprodukte gleicher Einheit sind direkt miteinander vergleichbar.

Das Verhältnis der Konzentration des Stoffes A im Lösungsmittel 2 zur Konzentration von A im Lösungsmittel 1 ist konstant

$$\frac{c(\text{A in Phase 1})}{c(\text{A in Phase 2})} = K$$

K wird Verteilungskoeffizient genannt. Er ist natürlich gleich dem Verhältnis der Sättigungskonzentrationen des Stoffes A in beiden Phasen.

Beispiel: Extraktion von Iod

Da der Verteilungskoeffizient $K = \dfrac{c(\text{I}_2 \text{ in Chloroform})}{c(\text{I}_2 \text{ in Wasser})} = 120$ beträgt, ist die I_2-Konzentration in Chloroform 120mal größer als die I_2-Konzentration in der wäßrigen Phase. Es gelingt daher, Iod aus wäßriger Lösung mit Chloroform zu extrahieren, d. h. weitgehend in die Chloroform-Phase zu überführen.

Das Nernstsche Verteilungsgesetz ist aber nur gültig, wenn in beiden Phasen die gleichen Teilchen, also z. B. I_2-Moleküle, gelöst sind.

3.7.4 Säuren und Basen

Die erste allgemeingültige Säure-Base-Theorie stammt von Arrhenius (1883). Danach sind Säuren Wasserstoffverbindungen, die in wäßriger Lösung durch Dissoziation H^+-Ionen bilden.

Beispiele:

$$HCl \xrightarrow{\text{Dissoziation}} H^+ + Cl^-$$

$$H_2SO_4 \xrightarrow{\text{Dissoziation}} 2\,H^+ + SO_4^{2-}$$

Basen sind Hydroxide, sie bilden durch Dissoziation in wäßriger Lösung OH^--Ionen.

Beispiele:

$$NaOH \xrightarrow{\text{Dissoziation}} Na^+ + OH^-$$

$$Ba(OH)_2 \xrightarrow{\text{Dissoziation}} Ba^{2+} + 2\,OH^-$$

Arrhenius erkannte, daß die sauren Eigenschaften einer Lösung durch H^+-Ionen, die basischen Eigenschaften durch OH^--Ionen zustande kommen.

Vereinigt man eine Säure mit einer Base, z. B. 1 mol HCl mit 1 mol NaOH, so entsteht aufgrund der Reaktion

$$H^+ + Cl^- + Na^+ + OH^- \longrightarrow Na^+ + Cl^- + H_2O$$

eine Lösung, die weder basisch noch sauer reagiert. Es entsteht eine neutrale Lösung, die sich so verhält wie eine Lösung von Kochsalz NaCl in Wasser.

Die Umsetzung

$$\text{Säure} + \text{Base} \longrightarrow \text{Salz} + \text{Wasser}$$

wird daher als *Neutralisation* bezeichnet. Die eigentliche chemische Reaktion jeder Neutralisation ist die Vereinigung von H^+- und OH^--Ionen zu Wassermolekülen. Dabei entsteht eine Neutralisationswärme von 57,4 kJ pro Mol H_2O.

$$H^+ + OH^- \longrightarrow H_2O \qquad \Delta H^\circ = -57,4\;\text{kJ mol}^{-1}$$

Die Säure-Base-Theorie von Arrhenius wurde 1923 von Brönsted erweitert.

Nach der Theorie von Brönsted sind Säuren solche Stoffe, die H^+-Ionen (Protonen) abspalten können, Basen sind Stoffe, die H^+-Ionen (Protonen) aufnehmen können.

Die Verbindung HCl z. B. ist eine Säure, da sie Protonen abspalten kann. Das dabei entstehende Cl^--Ion ist eine Base, da es Protonen aufnehmen kann. Die durch Protonenabspaltung aus einer Säure entstehende Base bezeichnet man als konjugierte Base. Cl^- ist die konjugierte Base der Säure HCl.

$$\underset{\text{Säure}}{HCl} \;\rightleftharpoons\; \underset{\substack{\text{konjugierte}\\\text{Base}}}{Cl^-} + \underset{\text{Proton}}{H^+} \qquad \text{Säure-Base-Paar 1} \qquad (3.35)$$

Säure und konjugierte Base bilden zusammen ein *Säure-Base-Paar*.

$$\text{Säure} \rightleftharpoons \text{Base} + \text{Proton}$$

Die Abspaltung eines Protons kann jedoch nicht als isolierte Reaktion vorsichgehen, sondern sie muß mit einer zweiten Reaktion gekoppelt sein, bei der das Proton verbraucht wird, da in gewöhnlicher Materie freie Protonen nicht existieren können. In wäßriger Lösung lagert sich das Proton an ein H_2O-Molekül an, H_2O wirkt als Base. Durch die Aufnahme eines Protons entsteht dabei die Säure H_3O^+.

$$\underset{\substack{\text{konjugierte}\\\text{Base}}}{H_2O} + \underset{\text{Proton}}{H^+} \rightleftharpoons \underset{\text{Säure}}{H_3O^+} \qquad \text{Säure-Base-Paar 2} \qquad (3.36)$$

Faßt man die Teilreaktionen (3.35) und (3.36) zusammen, erhält man als Gesamtreaktion:

$$\underset{\text{Säure 1}}{HCl} + \underset{\text{konj. Base 2}}{H_2O} \rightleftharpoons \underset{\text{Säure 2}}{H_3O^+} + \underset{\text{konj. Base 1}}{Cl^-} \qquad \text{Protolysereaktion}$$

Bei der Auflösung von HCl in Wasser erfolgt also die Übertragung eines Protons von einem HCl-Molekül auf ein H_2O-Molekül. Bei der Protonenübertragung von der Säure HCl auf die Base H_2O entsteht aus der Säure HCl die Base Cl^- und aus der Base H_2O die Säure H_3O^+. *An einer Protonenübertragungsreaktion* (Protolysereaktion) *sind immer zwei Säure-Base-Paare beteiligt, zwischen denen ein Gleichgewicht existiert.*

Beispiele für Protolysereaktionen:

	Säure 1	Base 2		Säure 2	Base 1	
	HCl	$+ H_2O$	$\rightleftharpoons$	H_3O^+	$+ Cl^-$	
wachsende	H_2SO_4	$+ H_2O$	$\rightleftharpoons$	H_3O^+	$+ HSO_4^-$	wachsende
Stärke	HSO_4^-	$+ H_2O$	$\rightleftharpoons$	H_3O^+	$+ SO_4^{2-}$	Stärke
der	NH_4^+	$+ H_2O$	$\rightleftharpoons$	H_3O^+	$+ NH_3$	der
Säure	HCO_3^-	$+ H_2O$	$\rightleftharpoons$	H_3O^+	$+ CO_3^{2-}$	Base
	H_2O	$+ H_2O$	$\rightleftharpoons$	H_3O^+	$+ OH^-$	

Wenn nur Wasser als Lösungsmittel berücksichtigt wird, tritt immer das Säure-Base-Paar H_3O^+/H_2O auf.

Ist die Tendenz zur Abgabe von Protonen groß, wie z. B. bei HCl, sind die Säuren starke Säuren, da viele H_3O^+-Ionen entstehen, die für die saure Reaktion verantwortlich sind. Die konjugierte Base Cl^- ist dann eine schwache Base, die Tendenz zur Protonenaufnahme ist nur gering. Umgekehrt ist bei einer schwachen Säure wie HCO_3^- die konjugierte Base CO_3^{2-} eine starke Base.

Die Brönstedsche Säure-Base-Theorie ist in folgenden Punkten allgemeiner als die Theorie von Arrhenius.

Säuren und Basen sind nicht fixierte Stoffklassen, sondern nach ihrer Funktion definiert. Der Unterschied zeigt sich deutlich bei Stoffen, die je nach dem Reaktionspartner sowohl als Säure als auch als Base reagieren können. Man bezeichnet sie als *Ampholyte*. Das HSO_4^--Ion kann als Base ein Proton anlagern und in ein H_2SO_4-Molekül übergehen,oder es kann als Säure ein Proton abspalten und in das Ion SO_4^{2-} übergehen. Dasselbe gilt für das Molekül H_2O, das ebenfalls als Säure oder als Base reagieren kann.

Nicht nur neutrale Moleküle, sondern auch Kationen oder Anionen können als Säuren und Basen fungieren. Beispiele: H_3O^+ und NH_4^+ sind Kationensäuren, HSO_4^- und HCO_3^- sind Anionensäuren, CO_3^{2-} und CN^- Anionenbasen.

Basen sind nicht nur die Metallhydroxide (bei ihnen ist die wirksame Base das OH^--Ion), sondern auch Stoffe, die keine Hydroxidionen enthalten, z.B. CO_3^{2-}, S^{2-} und NH_3.

Die Protolysereaktion eines Ions mit Wasser wird auch als *Hydrolyse* bezeichnet, da man allgemein unter Hydrolyse Umsetzungen mit Wasser versteht (bei denen keine Änderung der Oxidationsstufe erfolgt). Zweckmäßig ist die Verwendung des Begriffs Hydrolyse für die Spaltung kovalenter Bindungen mit Wasser, also z.B. für die Reaktion $>P{-}Cl + H_2O \rightarrow\ >P{-}OH + HCl$.

3.7.5 pH-Wert, Ionenprodukt des Wassers

Je mehr H_3O^+-Ionen eine Lösung enthält, um so saurer ist sie. Als Maß des Säuregrades, der Acidität der Lösung, wird aber nicht die H_3O^+-Konzentration selbst benutzt, da man dann unpraktische Zahlenwerte erhalten würde, sondern der pH-Wert. *Der pH-Wert ist der negative dekadische Logarithmus des Zahlenwertes der H_3O^+-Konzentration* (genauer der H_3O^+-Aktivität).

$$pH = -\lg\left(\frac{c_{H_3O^+}}{1\ mol\,l^{-1}}\right)$$

Da Logarithmen nur von reinen Zahlen gebildet werden können, muß die in mol/l angegebene Konzentration durch die Standardkonzentration 1 mol/l dividiert werden. Es ist aber üblich, vereinfachend $pH = -\lg c_{H_3O^+}$ zu schreiben. Bei analogen Definitionen (vgl. S. 321) wird ebenso verfahren.

Im Wasser ist das Protolysegleichgewicht

$$H_2O + H_2O \rightleftharpoons H_3O^+ + OH^-$$

vorhanden. Darauf kann das MWG angewendet werden.

$$\frac{c_{H_3O^+} \cdot c_{OH^-}}{c_{H_2O}^2} = K_c$$

Da das Gleichgewicht weit auf der linken Seite liegt, reagieren nur so wenige H_2O-Moleküle miteinander, daß ihre Konzentration (55,55 mol/l) praktisch konstant bleibt und in die Gleichgewichtskonstante einbezogen werden kann.

$$c_{H_3O^+} \cdot c_{OH^-} = K_c \, c_{H_2O}^2 = K_W \tag{3.37}$$

K_W wird Ionenprodukt des Wassers genannt. Bei 25 °C beträgt

$$K_W = 1,0 \cdot 10^{-14} \, \text{mol}^2/\text{l}^2$$

In wäßrigen Lösungen ist also *das Produkt der Konzentrationen der* H_3O^+ *- und* OH^- *-Ionen konstant.* Nach Logarithmieren folgt mit pOH $= - \lg c_{OH^-}$

$$\text{pH} + \text{pOH} = 14$$

Für reines Wasser ist

$$c_{H_3O^+} = c_{OH^-} = \sqrt{K_W} = 10^{-7} \, \text{mol}\,\text{l}^{-1}$$

Hat eine wäßrige Lösung eine H_3O^+-Konzentration $c_{H_3O^+} = 10^{-2}$ mol/l (pH = 2), so ist nach Gl. (3.37) die OH^--Konzentration

$$c_{OH^-} = \frac{K_W}{c_{H_3O^+}} = \frac{10^{-14}}{10^{-2}}$$

$$c_{OH^-} = 10^{-12} \, \text{mol/l}.$$

In dieser Lösung überwiegen die H_3O^+-Ionen gegenüber den OH^--Ionen, sie reagiert sauer. Für wäßrige Lösungen verschiedener pH-Werte erhält man das Schema der Abb. 3.41.

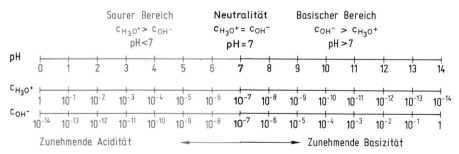

Abbildung 3.41   Acidität wäßriger Lösungen. Für wäßrige Lösungen gilt das Ionenprodukt des Wassers. Es beträgt bei 25 °C $c_{H_3O^+} \cdot c_{OH^-} = 10^{-14} \, \text{mol}^2 \, \text{l}^{-2}$.

3.7.6 Säurestärke, pK_S-Wert, Berechnung des pH-Wertes von Säuren

Liegt bei der Reaktion einer Säure HA mit Wasser das Gleichgewicht

$$\text{HA} + \text{H}_2\text{O} \rightleftharpoons \text{H}_3\text{O}^+ + \text{A}^-$$

weit auf der rechten Seite, dann ist HA eine starke Säure. Liegt das Gleichgewicht weit auf der linken Seite, ist HA eine schwache Säure. Ein quantitatives Maß für die Stärke einer Säure ist die Massenwirkungskonstante der Protolysereaktion.

$$\frac{c_{H_3O^+} \cdot c_{A^-}}{c_{HA}} = K_S$$

K_S wird *Säurekonstante* genannt. Da in verdünnten wäßrigen Lösungen die H_2O-Konzentration annähernd konstant ist, kann c_{H_2O} in die Konstante einbezogen werden. Statt des K_S-Wertes wird meist der negative dekadische Logarithmus des Zahlenwertes der Säurekonstante K_S (Säureexponent) benutzt.

$$pK_S = -\lg K_S$$

Tabelle 3.9 enthält die pK_S-Werte einiger Säure-Base-Paare. Zu den starken Säuren gehören HCl, H_2SO_4 und $HClO_4$. Da $K_S > 100$ ist, reagieren fast alle Säuremoleküle mit Wasser.

Bei den schwachen Säuren CH_3COOH, H_2S und HCN liegt das Gleichgewicht so weit auf der linken Seite, daß nahezu alle Säuremoleküle unverändert in der wäßrigen Lösung vorliegen.

Säuren, die mehrere Protonen abspalten können, nennt man mehrbasige Säuren. H_2SO_4 ist eine zweibasige, H_3PO_4 eine dreibasige Säure. Für die verschiedenen Pro-

Tabelle 3.9 pK_s-Werte einiger Säure-Base-Paare bei 25 °C   ($pK_s = -\lg K_s$)

	Säure	Base	pK_s
	$HClO_4$	ClO_4^-	-10
	HCl	Cl^-	-7
	H_2SO_4	HSO_4^-	$-3,0$
	H_3O^+	H_2O	$-1,74$
	HNO_3	NO_3^-	$-1,37$
Stärke	HSO_4^-	SO_4^{2-}	$+1,96$
der Säure	H_2SO_3	HSO_3^-	$+1,90$
nimmt zu	H_3PO_4	$H_2PO_4^-$	$+2,16$
	$[Fe(H_2O)_6]^{3+}$	$[Fe(OH)(H_2O)_5]^{2+}$	$+2,46$
	HF	F^-	$+3,18$
	CH_3COOH	CH_3COO^-	$+4,75$
	$[Al(H_2O)_6]^{3+}$	$[Al(OH)(H_2O)_5]^{2+}$	$+4,97$
	$CO_2 + H_2O$	HCO_3^-	$+6,35$
	$[Fe(H_2O)_6]^{2+}$	$[Fe(H_2O)_5OH]^+$	$+6,74$
	H_2S	HS^-	$+6,99$
	HSO_3^-	SO_3^{2-}	$+7,20$
	$H_2PO_4^-$	HPO_4^{2-}	$+7,21$
	$[Zn(H_2O)_6]^{2+}$	$[Zn(H_2O)_5OH]^+$	$+8,96$
	HCN	CN^-	$+9,21$
	NH_4^+	NH_3	$+9,25$
	HCO_3^-	CO_3^{2-}	$+10,33$
	H_2O_2	HO_2^-	$+11,65$
	HPO_4^{2-}	PO_4^{3-}	$+12,32$
	HS^-	S^{2-}	$+12,89$
	H_2O	OH^-	$+15,74$
	OH^-	O^{2-}	$+29$

Stärke der Base nimmt zu

tonen mehrbasiger Säuren ist die Tendenz der Abgabe verschieden groß (vgl. Tabelle 3.9).

Beispiel H_3PO_4:

$$H_3PO_4 + H_2O \rightleftharpoons H_3O^+ + H_2PO_4^- \qquad pK_S(I) \quad = + \; 2,16$$
$$H_2PO_4^- + H_2O \rightleftharpoons H_3O^+ + HPO_4^{2-} \qquad pK_S(II) \; = + \; 7,21$$
$$HPO_4^{2-} + H_2O \rightleftharpoons H_3O^+ + PO_4^{3-} \qquad pK_S(III) = +12,32$$

Für die einzelnen Protolyseschritte mehrbasiger Säuren gilt allgemein $K_S(I) > K_S(II) > K_S(III)$. Aus einem neutralen Molekül ist ein Proton leichter abspaltbar als aus einem einfach negativen Ion und aus diesem leichter als aus einem zweifach negativen Ion.

Das Protolysegleichgewicht einer starken Säure, z. B. von HCl, liegt sehr weit auf der rechten Seite:

$$HCl + H_2O \longrightarrow H_3O^+ + Cl^-$$

Praktisch reagieren alle HCl-Moleküle mit H_2O, so daß pro HCl-Molekül ein H_3O^+-Ion entsteht. Die H_3O^+-Konzentration in der Lösung ist demnach gleich der Konzentration der Säure HCl, und der pH-Wert kann nach der Beziehung

$$pH = - \lg c_{\text{Säure}}$$

berechnet werden.

Beispiele:

Eine HCl-Lösung der Konzentration $c(HCl) = 0,1$ mol/l hat auch die Konzentration $c_{H_3O^+} = 10^{-1}$ mol/l

$$pH = 1$$

Perchlorsäure $HClO_4$ der Konzentration $c(HClO_4) = 0,5$ mol/l hat die Konzentration $c_{H_3O^+} = 5 \cdot 10^{-1}$ mol/l.

$$pH = - \lg 5 \cdot 10^{-1} = -(-1 + 0,7) = 0,3$$

Bei Säuren, die nicht vollständig protolysiert sind, muß zur Berechnung des pH-Wertes das MWG auf das Protolysegleichgewicht angewendet werden.

Beispiel: Essigsäure.

$$CH_3COOH + H_2O \rightleftharpoons H_3O^+ + CH_3COO^-$$

$$\frac{c_{H_3O^+} \cdot c_{CH_3COO^-}}{c_{CH_3COOH}} = K_S = 1,8 \cdot 10^{-5} \text{ mol/l} \qquad (3.38)$$

Da, wie die Reaktionsgleichung zeigt, aus einem Molekül CH_3COOH ein H_3O^+-Ion und ein CH_3COO^--Ion entstehen, sind die Konzentrationen der beiden Ionensorten in der Lösung gleich groß:

$$c_{H_3O^+} = c_{CH_3COO^-}$$

Damit erhält man aus Gl. (3.38)

$$c^2_{H_3O^+} = K_S c_{CH_3COOH}$$
$$c_{H_3O^+} = \sqrt{K_S c_{CH_3COOH}} \qquad (3.39)$$

c_{CH_3COOH} ist die Konzentration der CH_3COOH-Moleküle im Gleichgewicht. Sie ist gleich der Gesamtkonzentration an Essigsäure $c_{Säure}$, vermindert um die Konzentration der durch Reaktion umgesetzten Essigsäuremoleküle:

$$c_{CH_3COOH} = c_{Säure} - c_{H_3O^+}$$

Da die Protolysekonstante K_S sehr klein ist, ist $c_{H_3O^+} \ll c_{Säure}$ und $c_{CH_3COOH} \approx c_{Säure}$. Man erhält aus Gl. (3.39) als Näherungsgleichung

$$c_{H_3O^+} = \sqrt{K_S c_{Säure}}$$

und

$$pH = \frac{pK_S - \lg c_{Säure}}{2}$$

Für eine Essigsäurelösung der Konzentration $c = 10^{-1}$ mol/l erhält man

$$pH = \frac{4,75 + 1,0}{2} = 2,87$$

Diese Essigsäurelösung hat, wie zu erwarten ist, einen größeren pH-Wert als eine Lösung der stärkeren Säure HCl gleicher Konzentration.

Beispiel: Schwefelwasserstoff.

H_2S ist eine zweibasige Säure. In der ersten Stufe erfolgt die Protolyse

$$H_2S + H_2O \rightleftharpoons H_3O^+ + HS^- \qquad K_S(I) = 1,02 \cdot 10^{-7} \text{ mol/l} \qquad (3.40)$$

Für eine H_2S-Lösung der Konzentration 0,1 mol/l erhält man

$$pH = \frac{pK_S - \lg c_{Säure}}{2}$$

$$pH = \frac{6,99 + 1}{2} = 4,00$$

$$c_{H_3O^+} = c_{HS^-} = 10^{-4} \text{ mol/l}$$

Für die zweite Protolysestufe gilt

$$HS^- + H_2O \rightleftharpoons H_3O^+ + S^{2-} \qquad K_S(II) = 1,29 \cdot 10^{-13} \text{ mol/l} \qquad (3.41)$$

$$\frac{c_{H_3O^+} \cdot c_{S^{2-}}}{c_{HS^-}} = 1,3 \cdot 10^{-13} \text{ mol/l}$$

Die Konzentrationen von H_3O^+ und HS^- werden im zweiten Protolyseschritt praktisch nicht geändert. Daraus folgt

$$c_{S^{2-}} = 1{,}3 \cdot 10^{-13} \, \text{mol/l}$$

Die Konzentration der S^{2-}-Ionen ist gleich der Säurekonstante $K_S(\text{II})$.
Die Multiplikation der beiden Protolysekonstanten ergibt

$$K_S(\text{I}) \cdot K_S(\text{II}) = \frac{c_{H_3O^+} \cdot c_{HS^-} \cdot c_{H_3O^+} \cdot c_{S^{2-}}}{c_{H_2S} \cdot c_{HS^-}} = \frac{c_{H_3O^+}^2 \cdot c_{S^{2-}}}{c_{H_2S}} \tag{3.42}$$

Diese Beziehung täuscht eine Protolyse vor, bei der aus H_2S zwei H_3O^+-Ionen und
ein S^{2-}-Ion entstehen. Die Gleichgewichte (3.40) und (3.41) zeigen aber, daß die
H_3O^+-Konzentration sehr viel größer ist als die S^{2-}-Konzentration, da die S^{2-}-
Ionen erst im zweiten Protolyseschritt entstehen und $K_S(\text{II}) \ll K_S(\text{I})$ ist.
 Aus Gl. (3.42) erhält man

$$c_{H_3O^+}^2 \cdot c_{S^{2-}} = 1{,}3 \cdot 10^{-20} \, c_{H_2S}$$

Damit kann man die S^{2-}-Konzentration in Abhängigkeit vom pH-Wert berechnen.
Für $c_{H_2S} = 0{,}1 \, \text{mol/l}$ und $p_H = 1$ ist

$$c_{S^{2-}} = 1{,}3 \cdot 10^{-19} \, \text{mol/l}$$

Mit dieser S^{2-}-Konzentration wird das Löslichkeitsprodukt der Sulfide HgS, CuS,
PbS, CdS, ZnS überschritten. Sie lassen sich in stark saurer Lösung ausfällen. Zur
Fällung von MnS ($L = 7 \cdot 10^{-16} \, \text{mol}^2/\text{l}^2$) muß durch Erhöhung des pH-Wertes die
S^{2-}-Konzentration erhöht werden.

3.7.7 Protolysegrad, Ostwaldsches Verdünnungsgesetz

Für die Protolysereaktion

$$\text{HA} + \text{H}_2\text{O} \rightleftharpoons \text{H}_3\text{O}^+ + \text{A}^- \tag{3.43}$$

kann definiert werden

$$\text{Protolysegrad } \alpha = \frac{\text{Konzentration protolysierter HA-Moleküle}}{\text{Konzentration der HA-Moleküle vor der Protolyse}}$$

$$\alpha = \frac{c - c_{HA}}{c} = \frac{c_{H_3O^+}}{c} = \frac{c_{A^-}}{c} \tag{3.44}$$

Es bedeuten: c die Gesamtkonzentration HA, c_{HA} die Konzentration von HA-Mole-
külen im Gleichgewicht.
 α kann Werte von 0 bis 1 annehmen. Bei starken Säuren ist $\alpha = 1$ (100%ige Protolyse). Wendet man auf die Reaktion (3.43) das MWG an und substituiert $c_{H_3O^+}$, c_{A^-}
und c_{HA} durch (3.44), so erhält man

$$K_S = \frac{c_{H_3O^+} \cdot c_{A^-}}{c_{HA}} = \frac{\alpha^2 c^2}{c - \alpha c} = c \, \frac{\alpha^2}{1 - \alpha} \tag{3.45}$$

Diese Beziehung heißt Ostwaldsches Verdünnungsgesetz. Für schwache Säuren ist $\alpha \ll 1$, und man erhält aus Gl. (3.45) die Näherungsgleichung

$$\alpha = \sqrt{\frac{K_S}{c}}$$

Diese Beziehung zeigt, *daß der Protolysegrad einer schwachen Säure mit abnehmender Konzentration, also wachsender Verdünnung, wächst.*

Beträgt die Konzentration der Essigsäure 0,1 mol/l, ist $\alpha = 0,0134$; nimmt die Konzentration auf 0,001 mol/l ab, so ist $\alpha = 0,125$, die Protolyse nimmt von 1,34 % auf 12,5 % zu.

Bei sehr verdünnten schwachen Säuren kann der Protolysegrad so große Werte erreichen, daß die Näherungsgleichung pH $= \frac{1}{2}(pK_S - \lg c_{\text{Säure}})$ zur pH-Berechnung nicht mehr anwendbar ist. Mit dieser Gleichung kann man rechnen, wenn

$$c_{\text{Säure}} \geq K_S$$

ist. Der Protolysegrad ist in diesem Bereich

$$\alpha \leq 0,62$$

Als größten Fehler erhält man für den Fall $c_{\text{Säure}} = K_S$ einen um 0,2 pH-Einheiten zu kleinen Wert.

Tabelle 3.10   Formeln zur Berechnung des pH-Wertes

Säuren		$pH = -\lg c_{H_3O^+}$
exakte Berechnung	Näherungen	
$\dfrac{c_{H_3O^+}^2}{c_{\text{Säure}} - c_{H_3O^+}} = K_S$	$c_{\text{Säure}} \geq K_s$ $\alpha \leq 0,62$ pH $= \frac{1}{2}(pK_s - \lg c_{\text{Säure}})$ Maximaler Fehler bei $c_{\text{Säure}} = K_s$: $-0,2$ pH-Einheiten	$c_{\text{Säure}} \leq K_s$ $\alpha \geq 0,62$ pH $= -\lg c_{\text{Säure}}$
Basen $pK_s + pK_B = 14$		pOH $= -\lg c_{OH^-}$ pOH $+$ pH $= 14$
exakte Berechnung	Näherungen	
$\dfrac{c_{OH^-}^2}{c_{\text{Base}} - c_{OH^-}} = K_B$	$c_{\text{Base}} \geq K_B$ $\alpha \leq 0,62$ pOH $= \frac{1}{2}(pK_B - \lg c_{\text{Base}})$ Maximaler Fehler bei $c_{\text{Base}} = K_B$: $-0,2$ pOH-Einheiten	$c_{\text{Base}} \leq K_B$ $\alpha \geq 0,62$ pOH $= -\lg c_{\text{Base}}$
Salze		
Kationensäuren + schwache Anionenbasen Berechnung wie bei Säuren, $c_{\text{Salz}} = c_{\text{Säure}}$	Anionenbasen + schwache Kationensäuren Berechnung wie bei Basen, $c_{\text{Salz}} = c_{\text{Base}}$	

Im Bereich

$$c_{\text{Säure}} \leq K_{\text{S}}$$
$$\alpha \geq 0{,}62$$

ist die Beziehung

$$\mathrm{pH} = -\lg c_{\text{Säure}}$$

die geeignete Näherung (vgl. Tabelle 3.10).

3.7.8 pH-Wert-Berechnung von Basen

Die Teilchen S^{2-}, PO_4^{3-}, CO_3^{2-}, CN^-, NH_3, CH_3COO^- (vgl. Tabelle 3.9) reagieren in wäßriger Lösung basisch. Die Reaktion der Base A^- mit Wasser führt zum Gleichgewicht

$$A^- + H_2O \rightleftharpoons OH^- + HA$$

Das MWG lautet

$$\frac{c_{OH^-} \cdot c_{HA}}{c_{A^-}} = K_{\text{B}}$$

K_{B} bezeichnet man als *Basenkonstante* und den negativen dekadischen Logarithmus als Basenexponent.

$$pK_{\text{B}} = -\lg K_{\text{B}}$$

Zwischen K_{S} und K_{B} eines Säure-Base-Paares besteht ein einfacher Zusammenhang.

$$\frac{c_{H_3O^+} \cdot c_{A^-}}{c_{HA}} = K_{\text{S}}$$

Multipliziert man K_{S} mit K_{B}, erhält man K_{W}, das Ionenprodukt des Wassers.

$$K_{\text{S}} \cdot K_{B} = \frac{c_{H_3O^+} \cdot c_{A^-} \cdot c_{OH^-} \cdot c_{HA}}{c_{HA} \cdot c_{A^-}} = c_{H_3O^+} \cdot c_{OH^-} = K_{\text{W}}$$

Für eine Säure HA und ihre konjugierte Base A^- gilt daher immer

$$K_{\text{B}} = \frac{K_{\text{W}}}{K_{\text{S}}}$$

und

$$pK_{\text{S}} + pK_{\text{B}} = 14 \tag{3.46}$$

Beispiel: CH_3COO^-.

$NaCH_3COO$ dissoziiert beim Lösen in Wasser vollständig in die Ionen Na^+ und CH_3COO^-. Das Ion Na^+ reagiert nicht mit Wasser. CH_3COO^- ist die konjugierte Base von CH_3COOH. Es findet daher die Protolysereaktion

$$CH_3COO^- + H_2O \rightleftharpoons CH_3COOH + OH^- \tag{3.47}$$

statt. Den H_2O-Molekülen werden von den CH_3COO^--Ionen Protonen entzogen, dadurch entstehen OH^--Ionen, die Lösung reagiert basisch. Die Anwendung des MWG führt zu

$$K_B = \frac{c_{CH_3COOH} \cdot c_{OH^-}}{c_{CH_3COO^-}}$$

$$c_{CH_3COOH} = c_{OH^-}$$

$$c_{OH^-} = \sqrt{K_B \, c_{CH_3COO^-}}$$

Wenn das Gleichgewicht der Reaktion (3.47) so weit auf der linken Seite liegt, daß die Gleichgewichtskonzentration von CH_3COO^- annähernd gleich der Konzentration an gelöstem Salz $NaCH_3COO$ ist, erhält man

$$c_{OH^-} = \sqrt{K_B \, c_{Base}}$$

und

$$pOH = \frac{pK_B - \lg c_{Base}}{2}$$

bzw.

$$pOH = \frac{pK_B - \lg c_{Salz}}{2}$$

Aus Gl. (3.46) erhält man für den pK_B-Wert von CH_3COO^-

$$pK_B = 14 - 4{,}75 = 9{,}25$$

Das Protolysegleichgewicht (3.47) liegt danach tatsächlich so weit auf der linken Seite, daß näherungsweise $c_{CH_3COO^-} = c_{NaCH_3COO}$ gilt (vgl. Tabelle 3.10). Für eine Lösung der Konzentration $c_{NaCH_3COO} = 0{,}1$ mol/l erhält man

$$pOH = \frac{9{,}2 + 1}{2} = 5{,}1$$

und

$$pH = 14 - 5{,}1 = 8{,}9$$

Mit der Näherung $pOH = -\lg c_{Base}$ kann man rechnen, wenn $c_{Base} \leq K_B$ ist (vgl. Tabelle 3.10). Sie ist aber nur auf verdünnte Lösungen weniger Anionenbasen wie S^{2-} und PO_4^{3-} anwendbar.

Beispiel: S^{2-}.

Der pK_S-Wert von HS^- beträgt 12,89. Mit der Beziehung (3.46) erhält man

$$K_B(S^{2-}) = 10^{-1{,}1} \text{ mol/l}$$

Für eine Lösung der Konzentration $c_{S^{2-}} = 10^{-2}$ mol/l ist also $c < K_B$ und folglich die Näherung für starke Basen anwendbar.

$$pOH = 2$$

und

$$pH = 12$$

3.7.9 Reaktion von Säuren mit Basen

Zwischen zwei Säure-Base-Paaren existiert das Gleichgewicht

$$S_1 + B_2 \rightleftharpoons B_1 + S_2$$

Dafür lautet das MWG

$$K = \frac{c_{B_1} \cdot c_{S_2}}{c_{S_1} \cdot c_{B_2}}$$

Die Gleichgewichtskonstante K läßt sich aus den Säurekonstanten der beiden Säure-Base-Paare berechnen.

$$S_1 + H_2O \rightleftharpoons H_3O^+ + B_1 \qquad K_S(1) = \frac{c_{H_3O^+} \cdot c_{B_1}}{c_{S_1}}$$

$$B_2 + H_3O^+ \rightleftharpoons S_2 + H_2O \qquad \frac{1}{K_S(2)} = \frac{c_{S_2}}{c_{B_2} \cdot c_{H_3O^+}}$$

$$K = \frac{K_S(1)}{K_S(2)}$$

$$pK = pK_S(1) - pK_S(2) \tag{3.48}$$

Ist $pK < 0$, liegt das Gleichgewicht auf der rechten Seite. Dies ist der Fall, wenn $pK_S(1) < pK_S(2)$, das Säure-Base-Paar 1 also in Tabelle 3.9 oberhalb des Säure-Base-Paares 2 steht.

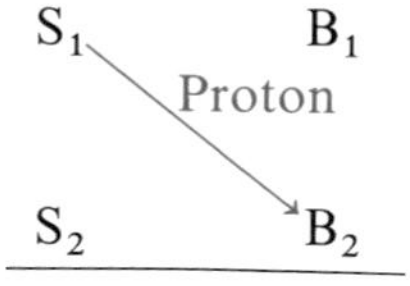

Beispiele:

$HCl + NH_3 \rightleftharpoons NH_4^+ + Cl^-$			$pK = -15{,}2$
$HNO_3 + CN^- \rightleftharpoons HCN + NO_3^-$			$pK = -10{,}6$
$HSO_4^- + HS^- \rightleftharpoons H_2S + SO_4^{2-}$			$pK = -5{,}0$
$NH_4^+ + S^{2-} \rightleftharpoons HS^- + NH_3$			$pK = -3{,}6$
$NH_4^+ + OH^- \rightleftharpoons H_2O + NH_3$			$pK = -6{,}5$

Die Gleichgewichte liegen vollständig auf der rechten Seite, die Protonenübertragung verläuft also vollständig. In sauren Lösungen entstehen aus Cyaniden und Sulfiden die flüchtigen Säuren HCN und H_2S. In stark basischen Lösungen entwickeln Ammoniumsalze NH_3. $(NH_4)_2S$, $(NH_4)_3PO_4$ und $(NH_4)_2CO_3$ sind bei Raumtemperatur nicht beständig. Sie wandeln sich unter Abspaltung von NH_3 in NH_4HS, $(NH_4)_2HPO_4$ und NH_4HCO_3 um. Im festen Zustand gibt es kein NH_4OH, sondern nur das Hydrat $NH_3 \cdot H_2O$ (Smp. $-79\,°C$).

Ist $pK > 0$, liegt das Gleichgewicht auf der linken Seite, es findet keine Protonenübertragung statt.

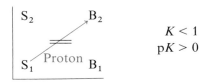

$$K < 1$$
$$pK > 0$$

Beispiele:

NH_4^+ + SO_4^{2-}	$\rightleftharpoons$ HSO_4^- + NH_3		$pK = 7,3$
NH_4^+ + HCO_3^-	$\rightleftharpoons$ CO_2 + H_2O + NH_3		$pK = 2,9$
H_2S + NO_3^-	$\rightleftharpoons$ HNO_3 + HS^-		$pK = 5,6$
HSO_3^- + Cl^-	$\rightleftharpoons$ HCl + SO_3^{2-}		$pK = 17,4$

Die Gleichgewichte liegen vollständig auf der linken Seite, die Ausgangsprodukte reagieren nicht miteinander. Die Salze $(NH_4)_2SO_4$, NH_4HCO_3, $Al(CH_3COO)_3$ z. B. sind beständig.

3.7.10 pH-Wert-Berechnung von Salzlösungen

Löst man ein Salz in Wasser, so zerfällt es in einzelne Ionen. Außer der Hydratation erfolgt in vielen Fällen keine weitere Reaktion der Ionen mit den Wassermolekülen. Die Lösung reagiert neutral. In der Lösung sind wie in reinem Wasser je 10^{-7} mol/l H_3O^+- und OH^--Ionen vorhanden. Dafür ist NaCl ein gutes Beispiel.

Viele Salze jedoch lösen sich unter Änderung des pH-Wertes. Zum Beispiel reagieren wäßrige Lösungen von NH_4Cl und $FeCl_3$ sauer, Lösungen von Na_2CO_3 und $NaCH_3COO$ reagieren basisch.

Beispiel: NH_4Cl.

Beim Lösen dissoziiert NH_4Cl in die Ionen NH_4^+ und Cl^-. Cl^- reagiert nicht mit Wasser, es ist eine extrem schwache Brönsted-Base. NH_4^+ ist eine Brönsted-Säure (vgl. Tabelle 3.9), es erfolgt daher die Protolysereaktion

$$NH_4^+ + H_2O \rightleftharpoons H_3O^+ + NH_3$$

NH_4^+ gibt unter Bildung von H_3O^+-Ionen Protonen an die Wassermoleküle ab. Eine NH_4Cl-Lösung reagiert daher sauer. Der pH-Wert kann in gleicher Weise berechnet werden wie der von Essigsäure (vgl. Abschn. 3.7.6 und Tab. 3.10). Die Anwendung des MWG führt zu

$$\frac{c_{H_3O^+} \cdot c_{NH_3}}{c_{NH_4^+}} = K_S$$

Wegen $c_{H_3O^+} = c_{NH_3}$ folgt

$$c_{H_3O^+} = \sqrt{K_S c_{NH_4^+}} \tag{3.49}$$

Da NH_4Cl vollständig in Ionen aufgespalten wird und von den entstandenen NH_4^+-Ionen nur ein vernachlässigbar kleiner Teil mit Wasser reagiert ($pK_S = 9{,}25$), ist die NH_4^+-Konzentration im Gleichgewicht nahezu gleich der Konzentration des gelösten Salzes:

$$c_{NH_4^+} = c_{NH_4Cl}$$

Damit erhält man aus Gl. (3.49)

und

$$c_{H_3O^+} = \sqrt{K_S c_{Salz}}$$

$$pH = \frac{pK_S - \lg c_{Salz}}{2}$$

Für eine NH_4Cl-Lösung der Konzentration $c_{NH_4Cl} = 0{,}1 \, mol/l$ erhält man daraus $pH = 5{,}1$.

Beispiel: $NaCH_3COO$.

Eine $NaCH_3COO$-Lösung der Konzentration $0{,}1 \, mol/l$ hat den pH = 8,9 (vgl. Berechnung Abschn. 3.7.8).

Lösungen von Salzen, deren Anionen starke Anionenbasen und deren Kationen schwache Kationensäuren sind, reagieren basisch. Lösungen von Salzen aus starken

Tabelle 3.11   Protolysereaktionen von Salzen in wäßriger Lösung

Salz	Charakter der Ionen in Lösung	Reaktion des Salzes in wäßriger Lösung
$AlCl_3$, NH_4HSO_4, $FeCl_2$, $ZnCl_2$	Kationensäure + sehr schwache Anionenbase	sauer
$NaCl$, KCl, $NaClO_4$, $BaCl_2$	sehr schwache Kationensäure + sehr schwache Anionenbase	neutral
Na_2S, KCN, Na_3PO_4, Na_2SO_3	Anionenbase + sehr schwache Kationensäure	basisch

Kationensäuren und schwachen Anionenbasen reagieren sauer. Weitere Beispiele enthält Tabelle 3.11.

Salze, deren Anionen Ampholyte sind, wie z. B. HSO_3^-, $H_2PO_4^-$, HPO_4^{2-}, HCO_3^-, HS^-, reagieren gleichzeitig als Säuren und als Basen. Der pH-Wert kann näherungsweise mit der Beziehung

$$pH = \frac{pK_S(1) + pK_S(2)}{2}$$

berechnet werden. (1) bedeutet Ampholyt, z. B. HSO_3^-, (2) bedeutet konjugierte Säure des Ampholyten, also H_2SO_3.

Diese Näherungsformel ist auch auf eine Reihe von Salzen anwendbar, die aus Kationensäuren und Anionenbasen zusammengesetzt sind, z. B. NH_4CN, NH_4CH_3COO, AlF_3, ZnF_2.

Beispiel: NaH_2PO_4.

Zur pH-Berechnung sind folgende Gleichgewichte zu berücksichtigen:

$$H_2PO_4^- + H_2O \rightleftharpoons H_3O^+ + HPO_4^{2-} \qquad K_S(H_2PO_4^-) = \frac{c_{H_3O^+} \cdot c_{HPO_4^{2-}}}{c_{H_2PO_4^-}}$$

$$pK_S(H_2PO_4^-) = 7{,}21$$

$$H_2PO_4^- + H_2O \rightleftharpoons OH^- + H_3PO_4 \qquad K_B(H_2PO_4^-) = \frac{c_{OH^-} \cdot c_{H_3PO_4}}{c_{H_2PO_4^-}}$$

$$pK_B(H_2PO_4^-) = 11{,}84$$

$$2\,H_2PO_4^- \rightleftharpoons H_3PO_4 + HPO_4^{2-} \qquad K = \frac{K_S(H_2PO_4^-)}{K_S(H_3PO_4)}$$

$$pK = 5{,}05$$

Dividiert man $K_S(H_2PO_4^-)$ durch $K_B(H_2PO_4^-)$ und multipliziert mit K_W, so erhält man

$$\frac{K_S(H_2PO_4^-)\,K_W}{K_B(H_2PO_4^-)} = \frac{c_{H_3O^+}^2 \cdot c_{HPO_4^{2-}} \cdot c_{H_2PO_4^-} \cdot c_{OH^-}}{c_{H_2PO_4^-} \cdot c_{H_3PO_4} \cdot c_{OH^-}}$$

Da $K \gg K_S(H_2PO_4^-)$ und $K \gg K_B(H_2PO_4^-)$ ist, sind die Konzentrationen von H_3PO_4 und HPO_4^{2-} ganz überwiegend durch die Autoprotolyse von $H_2PO_4^-$ festgelegt und $c_{H_3PO_4} = c_{HPO_4^{2-}}$. Daraus folgt

$$c_{H_3O^+} = \sqrt{K_S(H_2PO_4^-)\,K_S(H_3PO_4)}$$

und

$$pH = \frac{pK_S(H_2PO_4^-) + pK_S(H_3PO_4)}{2}$$

Unabhängig von der Konzentration der NaH_2PO_4-Lösung erhält man für den pH-Wert

$$pH = \frac{7,21 + 2,16}{2} = 4,68$$

Beispiel: NH_4F.

Protolysegleichgewichte:

$$NH_4^+ + H_2O \rightleftharpoons H_3O^+ + NH_3 \qquad pK_S(NH_4^+) = 9,25$$
$$F^- + H_2O \rightleftharpoons OH^- + HF \qquad pK_B(F^-) = 10,82$$
$$NH_4^+ + F^- \rightleftharpoons HF + NH_3 \qquad pK = pK_S(NH_4^+) - pK_S(HF) = 6,07$$

(vgl. Gl. 3.48)

Man erhält für

$$\frac{K_S(NH_4^+)K_W}{K_B(F^-)} = \frac{c_{H_3O^+}^2 \cdot c_{NH_3} \cdot c_{F^-} \cdot c_{OH^-}}{c_{NH_4^+} \cdot c_{HF} \cdot c_{OH^-}}$$

Wegen $K \gg K_S(NH_4^+)$ und $K \gg K_B(F^-)$ ist $c_{NH_3} = c_{HF}$.

Da $K \ll 1$, erfolgt nahezu keine Protolysereaktion der NH_4^+- mit den F^--Ionen und

$$c_{NH_4^+} = c_{F^-}$$
$$c_{H_3O^+} = \sqrt{K_S(NH_4^+)K_S(HF)}$$
$$pH = \frac{pK_S(NH_4^+) + pK_S(HF)}{2}$$
$$pH = \frac{9,21 + 3,18}{2} = 6,19$$

Die Näherungsformel ist nur anwendbar, wenn für die Protolysereaktion der Kationensäure mit der Anionenbase $K \ll 1$ ist, also für Salze mit einer Kombination Kationensäure-Anionenbase „links unten – rechts oben", aber nicht für Salze mit der Kombination „links oben – rechts unten".

3.7.11 Pufferlösungen

Pufferlösungen sind Lösungen, die auch bei Zugabe erheblicher Mengen Säure oder Base ihren pH-Wert nur wenig ändern. Sie bestehen aus einer schwachen Säure (Base) und einem Salz dieser schwachen Säure (Base).

Beispiele: Der Acetatpuffer enthält CH_3COOH und CH_3COONa (Pufferbereich bei $pH = 5$). Der Ammoniakpuffer enthält NH_3 und NH_4Cl (Pufferbereich bei $pH = 9$).

Wie eine Pufferlösung funktioniert, kann durch Anwendung des MWG auf die Protolysereaktion

$$HA + H_2O \rightleftharpoons H_3O^+ + A^- \tag{3.50}$$

erklärt werden.

$$K_S = \frac{c_{H_3O^+} \cdot c_{A^-}}{c_{HA}} \qquad (3.51)$$

$$c_{H_3O^+} = K_S \frac{c_{HA}}{c_{A^-}}$$

$$pH = pK_S + \lg \frac{c_{A^-}}{c_{HA}} \qquad (3.52)$$

In der Abb. 3.42 ist die Beziehung (3.52) für den Acetatpuffer graphisch dargestellt. Ist das Verhältnis $c_{A^-}/c_{HA} = 1$ (äquimolare Mischung), dann gilt pH = pK_S. Ändert sich das Verhältnis c_{A^-}/c_{HA} auf 10, wächst der pH-Wert nur um eine Einheit, ändert es sich auf 0,1, dann sinkt der pH-Wert um eins. Erst wenn c_{A^-}/c_{HA} größer als 10 oder kleiner als 0,1 ist, ändert sich der pH-Wert drastisch.

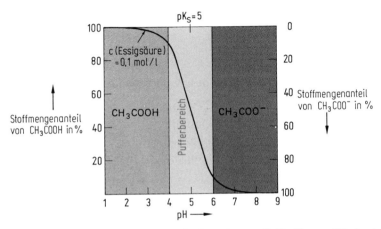

Abbildung 3.42   Pufferungskurve einer Essigsäure-Acetat-Pufferlösung. Die beste Pufferwirkung hat eine 1 : 1-Mischung (pH = 4,75). H_3O^+-Ionen werden von CH_3COO^--Ionen, OH^--Ionen von CH_3COOH gepuffert:

$$CH_3COOH + H_2O \xrightarrow[\text{Pufferung von } H_3O^+]{\text{Pufferung von } OH^-} CH_3COO^- + H_3O^+$$

Solange dabei das Verhältnis CH_3COOH/CH_3COO^- im Bereich 0,1 bis 10 bleibt, ändert sich der pH-Wert nur wenig.

Versetzt man eine Pufferlösung mit H_3O^+-Ionen, dann müssen, damit die Konstante in Gl. (3.51) erhalten bleibt, die H_3O^+-Ionen mit den A^--Ionen zu HA reagieren. Das Protolysegleichgewicht (3.50) verschiebt sich nach links, die H_3O^+-Ionen werden durch die A^--Ionen gepuffert, und der pH-Wert nimmt nur geringfügig ab. Die Lösung puffert solange, bis das Verhältnis $c_{A^-}/c_{HA} \approx 0,1$ erreicht ist. Erst dann erfolgt bei weiterer Zugabe von H_3O^+ eine starke Abnahme des Verhältnisses c_{A^-}/c_{HA} und entsprechend eine starke Abnahme des pH-Wertes. Fügt man der Pufferlösung OH^--Ionen zu, so reagieren diese mit HA zu A^- und H_2O, das Gleichgewicht

(3.50) verschiebt sich nach rechts. Erst wenn das Verhältnis c_A-$/c_{HA} \approx 10$ erreicht ist, wächst bei weiterer Zugabe von OH$^-$-Ionen der pH-Wert rasch an.

Die beste Pufferwirkung haben äquimolare Mischungen, ihr Pufferbereich liegt bei pH = pK$_S$. Je konzentrierter eine Pufferlösung ist, desto wirksamer puffert sie.

Beispiel:

Ein Liter eines Acetatpuffers, der 1 mol CH$_3$COOH und 1 mol CH$_3$COONa enthält, hat nach Gl. 3.52 einen pH-Wert von 4,75. Wie ändert sich der pH-Wert der Pufferlösung, wenn außerdem noch 0,1 mol HCl zugefügt werden? Die durch Protolyse des HCl entstandenen 0,1 mol H$_3$O$^+$-Ionen reagieren praktisch vollständig mit den CH$_3$COO$^-$-Ionen zu CH$_3$COOH + H$_2$O.

$$H_3O^+ + CH_3COO^- \longrightarrow CH_3COOH + H_2O$$

Die Konzentration der CH$_3$COO$^-$-Ionen wird damit $(1 - 0{,}1)$ mol/l, die Konzentration der CH$_3$COOH-Moleküle $(1 + 0{,}1)$ mol/l. Nach Gl. (3.52) erhält man

$$pH = pK(CH_3COOH) + \lg \frac{c_{CH_3COO^-}}{c_{CH_3COOH}} = 4{,}75 + \lg \frac{1 - 0{,}1}{1 + 0{,}1} = 4{,}66$$

Der HCl-Zusatz senkt den pH-Wert des Puffers also nur um etwa 0,1.

Ein Liter einer Lösung, die nur 1 mol CH$_3$COOH und außerdem 0,1 mol HCl enthält, hat dagegen einen pH von ungefähr 1. Das Gleichgewicht (3.50) liegt bei der Essigsäure so weit auf der linken Seite, daß nahezu keine CH$_3$COO$^-$-Ionen zur Reaktion mit den H$_3$O$^+$-Ionen der HCl zur Verfügung stehen. Reine Essigsäure puffert daher nicht.

3.7.12 Säure-Base-Indikatoren

Säure-Base-Indikatoren sind organische Farbstoffe, deren Lösungen bei Änderung des pH-Wertes ihre Farbe wechseln. Die Farbänderung erfolgt für einen bestimmten Indikator in einem für ihn charakteristischen pH-Bereich, daher werden diese Indikatoren zur pH-Wert-Anzeige verwendet.

Säure-Base-Indikatoren sind Säure-Base-Paare, bei denen die Indikatorsäure eine andere Farbe hat als die konjugierte Base. In wäßriger Lösung existiert das pH-abhängige Gleichgewicht

$$HInd + H_2O \rightleftharpoons H_3O^+ + Ind^-$$

Beispiel Phenolphtalein:

Indikatorsäure H Ind	konjugierte Indikatorbase Ind$^-$
farblos	rot
liegt vor in saurem Milieu	liegt vor in stark basischem Milieu

Die Anwendung des MWG ergibt

$$K_S(H\,Ind) = \frac{c_{H_3O^+} \cdot c_{Ind^-}}{c_{HInd}}$$

$$pH = pK_S(H\,Ind) + \lg\frac{c_{Ind^-}}{c_{HInd}}$$

Ist das Verhältnis $c_{Ind^-}/c_{HInd} = 10$, ist für das Auge meistens nur noch die Farbe von Ind^- wahrnehmbar. Ist das Verhältnis $c_{Ind^-}/c_{HInd} = 0{,}1$, so zeigt die Lösung nur die Farbe von $H\,Ind$. Bei dazwischen liegenden Verhältnissen treten Mischfarben auf. Den pH-Bereich, in dem Mischfarben auftreten, nennt man Umschlagbereich des Indikators. Der Umschlagbereich liegt also ungefähr bei

$$pH = pK_S(H\,Ind) \pm 1$$

Bei größeren oder kleineren pH-Werten tritt nur die Farbe von Ind^- bzw. $H\,Ind$ auf, der Indikator ist umgeschlagen. Der Umschlag erfolgt also wie erwünscht in einem kleinen pH-Intervall (Abb. 3.43).

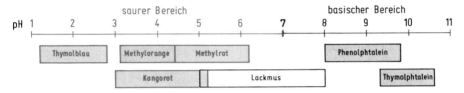

Abbildung 3.43   Umschlagbereiche einiger Indikatoren. Im Umschlagbereich ändert der Indikator seine Farbe. Indikatoren sind daher zur pH-Anzeige geeignet.

In der Tabelle 3.12 sind Farben und Umschlagbereiche einiger Indikatoren angegeben.

Tabelle 3.12   Farben und Umschlagbereiche einiger Indikatoren

Indikator	Umschlagbereich pH	Farbe der Indikatorsäure	Farbe der Indikatorbase
Thymolblau	1,2–2,8	rot	gelb
Methylorange	3,1–4,4	rot	gelb-orange
Kongorot	3,0–5,2	blau	rot
Methylrot	4,4–6,2	rot	gelb
Lackmus	5,0–8,0	rot	blau
Phenolphtalein	8,0–9,8	farblos	rot-violett
Thymolphtalein	9,3–10,6	farblos	blau

Der ungefähre pH-Wert einer Lösung kann mit einem *Universalindikatorpapier* bestimmt werden. Es ist ein mit mehreren Indikatoren imprägniertes Filterpapier, das je nach pH-Wert der Lösung eine bestimmte Farbe annimmt, wenn man etwas Lösung auf das Papier bringt.

Indikatoren werden bei Säure-Base-*Titrationen* verwendet. Dabei wird eine unbekannte Stoffmenge Säure (Base) durch Zugabe von Base (Säure) bekannter Konzentration bestimmt. Der Äquivalenzpunkt, bei dem gerade die zur Neutralisation erforderliche Äquivalent-Stoffmenge zugesetzt ist, wird am Farbumschlag des Indikators erkannt (Abb. 3.44).

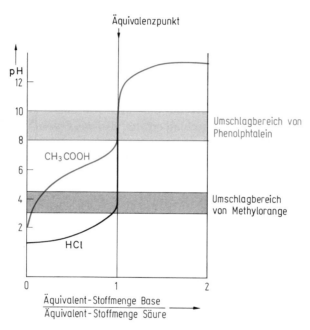

Abbildung 3.44   Titrationskurven von Salzsäure und Essigsäure bei der Titration mit einer starken Base. Am Äquivalenzpunkt erfolgt ein pH-Sprung. Für die HCl-Titration ist sowohl Methylorange als auch Phenolphtalein als Indikator geeignet (ebenso alle Indikatoren, deren Umschlagbereiche dazwischen liegen). Zur Titration von CH_3COOH ist Phenolphtalein als Indikator geeignet. Am Äquivalenzpunkt ist eine $NaCH_3COO$-Lösung vorhanden, die ja basisch reagiert (vgl. Abschn. 3.7.10), und der pH-Sprung erfolgt im basischen Bereich.

3.7.13 Säure-Base-Reaktionen in nichtwäßrigen Lösungsmitteln

Protonenübertragungsreaktionen sind auch in nichtwäßrigen Lösungsmitteln möglich, in denen wie bei H_2O Autoprotolyse auftritt.

$$2\,NH_3 \quad\rightleftharpoons\quad NH_4^+ + NH_2^-$$

$$2\,HF \quad\rightleftharpoons\quad H_2F^+ + F^-$$

$$2\,H_2SO_4 \quad\rightleftharpoons\quad H_3SO_4^+ + HSO_4^-$$

$$2\,CH_3COOH \rightleftharpoons CH_3COOH_2^+ + CH_3COO^-$$

Beispiel NH_3:

Die Autoprotolyse im wasserähnlichen Lösungsmittel NH_3 ist geringer als in H_2O. Das Ionenprodukt beträgt

$$c_{NH_4^+} \cdot c_{NH_2^-} = 10^{-29} \, mol^2 \, l^{-2}$$

Einige typische Protonenübertragungsreaktionen in flüssigem Ammoniak sind:

Neutralisation $\qquad NH_4^+ + NH_2^- \rightarrow 2\,NH_3$

Reaktion eines unedlen Metalls mit der Säure NH_4^+
$$Ca \quad + 2\,NH_4^+ \rightarrow Ca^{2+} + 2\,NH_3 + H_2$$

Ammonolyse $\qquad BCl_3 + 6\,NH_3 \rightarrow B(NH_2)_3 + 3\,NH_4Cl$

3.7.14 Der Säure-Base-Begriff von Lewis

Säure-Base-Reaktionen nach Brönsted sind Protonenübertragungsreaktionen. Brönsted-Säuren müssen Wasserstoffverbindungen sein und der Brönstedsche Säurebegriff ist nur auf wasserstoffhaltige (prototrope) Lösungsmittel wie H_2O, NH_3, HF anwendbar.

Das bereits 1923 von Lewis entwickelte Säure-Base-Konzept ist allgemeiner. *Lewis-Säuren sind Teilchen* mit unbesetzten Orbitalen in der Valenzelektronenschale, *die unter Bildung einer kovalenten Bindung ein Elektronenpaar aufnehmen können (Elektronenpaarakzeptoren). Lewis-Basen sind Teilchen, die ein freies Elektronenpaar besitzen, das zur Ausbildung einer kovalenten Bindung geeignet ist (Elektronenpaardonatoren).*

Beispiele für Lewis-Säuren:
BF_3, AlH_3, SiF_4, PF_3, $SnCl_4$, SO_2, SO_3, H^+, Mg^{2+}, Al^{3+}, Cu^{2+}, Hg^+

Beispiele für Lewis-Basen:
NH_3, PH_3, H_2O, F^-, Cl^-, CO, N_2, NO, CN^-

Bei der Reaktion einer Säure mit einer Base entsteht eine Atombindung

$$\begin{array}{ccc} |\overline{F}| & & |\overline{F}| \\ | & & | \\ |\overline{F}{-}B & + \; |\overline{F}|^- \longrightarrow & |\overline{F}{-}B^{\ominus}{-}\overline{F}| \\ | & & | \\ |\underline{F}| & & |\underline{F}| \end{array}$$

Die weiteren Beispiele zeigen, wie vielfältig Säure-Base-Reaktionen nach Lewis sind

Lewis-Säuren		Lewis-Basen	
SiF_4	$+$	$2F^-$	$\rightarrow SiF_6^{2-}$
SO_3	$+$	$Ca^{2+}O^{2-}$	$\rightarrow Ca^{2+}SO_4^{2-}$
CO_2	$+$	$Ca^{2+}O^{2-}$	$\rightarrow Ca^{2+}CO_3^{2-}$
SO_2	$+$	OH^-	$\rightarrow HSO_3^-$
Cu^{2+}	$+$	$4NH_3$	$\rightarrow [Cu(NH_3)_4]^{2+}$
Ni	$+$	$4CO$	$\rightarrow Ni(CO)_4$

Die Stärke einer Brönsted-Säure bzw. -Base kann durch die Säurekonstante bzw. Basenkonstante quantitativ erfaßt werden. Für Lewis-Säuren und Lewis-Basen erfolgte zunächst nur eine qualitative Klassifizierung (Pearson 1963). Es wird zwischen „harten" und „weichen" Säuren und Basen unterschieden.

Die Härte einer Säure nimmt mit abnehmender Größe, kleinerer Polarisierbarkeit und zunehmender Ladung der Säureteilchen zu

Hart	Grenzbereich	Weich
H^+, Li^+, Na^+, K^+, Be^{2+} Mg^{2+}, Ca^{2+}, Al^{3+}, Fe^{3+} Cr^{3+}, Ti^{4+}, SO_3, BF_3	Fe^{2+}, Co^{2+}, Ni^{2+}, Cu^{2+} Pb^{2+}, Zn^{2+}, Sn^{2+}, SO_2	Pd^{2+}, Pt^{2+}, Cu^+, Ag^+ Au^+, Hg^+, Hg^{2+}, Tl^+ Cd^{2+}, BH_3

Basen sind um so härter, je kleiner, weniger polarisierbar und schwerer oxidierbar die Basenteilchen sind.

Hart	Grenzbereich	Weich
F^-, OH^-, O^{2-}, ClO_4^- SO_4^{2-}, NO_3^-, PO_4^{3-}, CO_3^{2-} H_2O, NH_3	Br^-, NO_2^-, SO_3^{2-}, N_3^-, N_2	H^-, I^-, CN^-, SCN^-, S^{2-} $S_2O_3^{2-}$, CO, C_6H_6

Reaktionen von „harten" Säuren mit „harten" Basen und von „weichen" Säuren mit „weichen" Basen führen zu stabileren Verbindungen als die Kombinationen „weich"–„hart".

Beispiele:

Der Komplex $[AlF_6]^{3-}$ ist stabiler als der Komplex $[AlI_6]^{3-}$, aber $[HgI_4]^{2-}$ ist stabiler als $[HgF_4]^{2-}$.
$[Cu(NH_3)_4]^{2+}$ ist stabiler als $[Cu(H_2O)_4]^{2+}$. NH_3 ist eine weichere Base als H_2O. Es findet die Ligandenaustauschreaktion
$$[Cu(H_2O)_4]^{2+} + 4NH_3 \rightarrow [Cu(NH_3)_4]^{2+} + 4H_2O$$
statt. Die auch in der Natur vorkommenden stabilen Verbindungen von Mg^{2+}, Ca^{2+}, Al^{3+} sind Sulfate, Carbonate, Phosphate und Oxide. Die stabilen natürlichen Vorkommen von Cu^+, Hg^{2+}, Zn^{2+} sind Sulfide.

Das HSAB-(hard-soft acid-base)Prinzip wurde von Pearson und Parr (1983) erweitert. Lewis-Säuren und Lewis-Basen werden nach ihrer Härte quantitativ geordnet. Die *chemische Härte* η gibt an, wie leicht oder wie schwer die Anzahl der Elektronen eines Teilchens S verändert werden kann. Ein Maß für die Härte ist danach die halbe Energieänderung des Elektronenübergangs $S + S \longrightarrow S^+ + S^-$

$$\eta = \frac{I + E_{ea}}{2}$$

I Ionisierungsenergie, E_{ea} Elektronenaffinität (Definition des Vorzeichens s. Tab. 1.12)

Harte Atome und Ionen sind die mit großer Ionisierungsenergie und kleiner Elektronenaffinität, weiche solche mit kleiner Ionisierungsenergie und großer Elektronenaffinität. Für das weichste Teilchen mit der Härte null gilt $I = -E_{ea}$. Die leichten Atome einer Gruppe sind daher im allgemeinen hart, die schweren Atome weich.

Die Beziehung zwischen chemischer Härte und absoluter Elektronegativität (vgl. Abschn. 2.2.9) ist aus dem folgenden Schema ersichtlich.

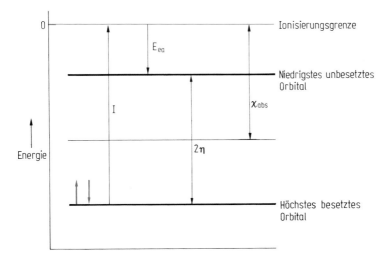

Auch für Moleküle gilt, daß der Abstand zwischen dem niedrigsten unbesetzten Orbital (LUMO, lowest unoccupied molecular orbital) und dem höchsten besetzten Orbital (HOMO, highest occupied molecular orbital) bei harten Molekülen groß und bei weichen Molekülen klein ist.

3.8 Redoxvorgänge

3.8.1 Oxidationszahl

Statt der mehrdeutigen Begriffe „Wertigkeit" oder „Valenz" eines Elements wird der Begriff Oxidationszahl oder Oxidationsstufe verwendet.

1. Die Oxidationszahl eines Atoms im elementaren Zustand ist null.

$$\overset{0}{H_2} \qquad \overset{0}{O_2} \qquad \overset{0}{Cl_2} \qquad \overset{0}{S_8} \qquad \overset{0}{Al}$$

2. In Ionenverbindungen ist die Oxidationszahl eines Elements identisch mit der Ionenladung.

Verbindung	Auftretende Ionen	Oxidationszahlen
NaCl	Na^{1+}, Cl^{1-}	$\overset{+1}{Na} \overset{-1}{Cl}$
LiF	Li^{1+}, F^{1-}	$\overset{+1}{Li} \overset{-1}{F}$
CaO	Ca^{2+}, O^{2-}	$\overset{+2}{Ca} \overset{-2}{O}$
LiH	Li^{1+}, H^{1-}	$\overset{+1}{Li} \overset{-1}{H}$
Fe_3O_4	$2\,Fe^{3+}$, Fe^{2+}, $4\,O^{2-}$	$\overset{+8/3}{Fe_3} \overset{-2}{O_4}$

Treten bei einem Element gebrochene Oxidationszahlen auf, sind die Atome dieses Elements in verschiedenen Oxidationszahlen vorhanden.

3. Bei kovalenten Verbindungen wird die Verbindung gedanklich in Ionen aufgeteilt. Die Aufteilung erfolgt so, daß die Bindungselektronen dem elektronegativeren Partner zugeteilt werden. Bei gleichen Bindungspartnern erhalten beide die Hälfte der Bindungselektronen. Die Oxidationszahl ist dann identisch mit der erhaltenen Ionenladung.

Verbindung	Lewisformel	fiktive Ionen	Oxidationszahlen
HCl	$H(|\overline{\underline{Cl}}|$	H^+, Cl^-	$\overset{+1}{H} \overset{-1}{Cl}$
H_2O	$H(|\overline{\underline{O}}|)H$	H^+, O^{2-}, H^+	$\overset{+1}{H_2} \overset{-2}{O}$
H_2O_2	$H(-O{+}O-)H$	$2\,H^+$, $2\,O^-$	$\overset{+1}{H_2} \overset{-1}{O_2}$
SF_6	$|\overline{F}-)S(-\overline{F}|$	$6\,F^-$, S^{6+}	$\overset{+6}{S} \overset{-1}{F_6}$
HNO_3	$H(-\overline{O}-)\overset{\oplus}{N}$	H^+, N^{5+}, $3\,O^{2-}$	$\overset{+1}{H} \overset{+5}{N} \overset{-2}{O_3}$
K_2SO_4	$K^{+\ominus}|\overline{O}-)S(-\overline{O}|^{\ominus}K^+$	$2\,K^+$, S^{6+}, $4\,O^{2-}$	$\overset{+1}{K_2}\overset{+6}{S} \overset{-2}{O_4}$

Bei Verbindungen mit gleichen Bindungspartnern ist für das Redoxverhalten nur die mittlere Oxidationszahl sinnvoll.

Beispiel Stickstoffwasserstoffsäure HN_3

$$H(-\overset{-2}{\underset{\ominus}{N}})(\overset{+1}{\underset{\oplus}{N}}\equiv\overset{0}{N}| \leftrightarrow H(-\overset{-1}{\underline{N}})(\overset{+1}{\underset{\oplus}{N}}\equiv\overset{-1}{\underset{\ominus}{\underline{N}}}$$

Nach den in 3 angegebenen Regeln erhält man für die einzelnen Stickstoffatome unterschiedliche Oxidationszahlen, die mittlere Oxidationszahl beträgt $-\frac{1}{3}$. Dies gilt für beide Grenzstrukturen.

Die Oxidationszahlen der Elemente hängen von ihrer Stellung im PSE ab. Für die Hauptgruppen gilt:
Die positive Oxidationszahl eines Elements der Gruppen 1 und 2 kann nicht größer sein als die Gruppennummer dieses Elements. Für die Elemente der Gruppen 13–17 ist die maximale Oxidationszahl Gruppennummer – 10.

Beispiele:

Alkalimetalle $+1$; Erdalkalimetalle $+2$; C $+4$; N $+5$; Cl $+7$.

Die maximale negative Oxidationszahl beträgt Gruppennummer – 18.

Beispiele:

Halogene -1; Chalkogene -2; N, P -3.

Aufgrund seiner besonderen Stellung im PSE kann Wasserstoff mit den Oxidationszahlen $+1$, 0, -1 auftreten. Als elektronegativstes Element kann Fluor keine positiven Oxidationszahlen haben.

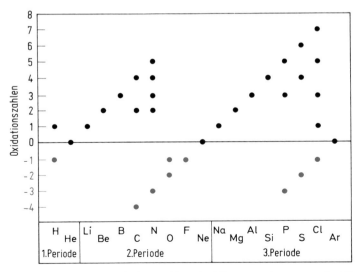

Abbildung 3.45   Wichtige Oxidationszahlen der Elemente der ersten drei Perioden.

Die meisten Elemente treten in mehreren Oxidationszahlen auf. Der Bereich der Oxidationszahlen kann für ein Element maximal acht Einheiten betragen (vgl. Abb. 3.45). Die Oxidationsstufen des Elements Stickstoff z. B. reichen von -3 in NH_3 bis $+5$ in HNO_3. Bei den Metallen kommen besonders die Übergangsmetalle in sehr unterschiedlichen Oxidationszahlen vor. Mn z. B. hat in MnO die Oxidationszahl $+2$, in $KMnO_4$ $+7$ (vgl. Abb. 2.81).

Die wichtigsten Oxidationszahlen der Elemente der ersten drei Perioden des PSE sind in der Abb. 3.45 zusammengestellt.

3.8.2 Oxidation, Reduktion

Lavoisier erkannte, daß bei allen Verbrennungen Sauerstoff verbraucht wird. Er führte für Vorgänge, bei denen sich eine Substanz mit Sauerstoff verbindet, den Begriff Oxidation ein.

Beispiele:

$$2\,Mg + O_2 \;\rightarrow\; 2\,MgO$$
$$S + O_2 \;\rightarrow\; SO_2$$

Der Begriff Reduktion wurde für den Entzug von Sauerstoff verwendet.

Beispiel:

$$Fe_2O_3 + 3\,C \;\rightarrow\; 2\,Fe + 3\,CO$$
$$CuO + H_2 \;\rightarrow\; Cu + H_2O$$

Man verwendet diese Begriffe jetzt viel allgemeiner und versteht unter Oxidation und Reduktion eine Änderung der Oxidationszahl (vgl. Abschn. 3.8.1) eines Teilchens. Die Oxidationszahl ändert sich, wenn man dem Teilchen – Atom, Ion, Molekül – Elektronen zuführt oder Elektronen entzieht.

Bei einer Oxidation werden Elektronen abgegeben, die Oxidationszahl erhöht sich:

$$\overset{m}{A} \;\rightarrow\; \overset{m+z}{A} + z\mathrm{e}^-.$$

Beispiele:

$$\overset{0}{Fe} \;\rightarrow\; \overset{+2}{Fe} + 2\mathrm{e}^-$$
$$\overset{0}{Na} \;\rightarrow\; \overset{+1}{Na} + \mathrm{e}^-$$
$$\overset{+2}{Fe} \;\rightarrow\; \overset{+3}{Fe} + \mathrm{e}^-$$

Bei einer Reduktion werden Elektronen aufgenommen, die Oxidationszahl erniedrigt sich:

$$\overset{m}{B} + z\mathrm{e}^- \;\rightarrow\; \overset{m-z}{B}.$$

Beispiele:

$$\overset{0}{Cl_2} + 2e^- \rightarrow 2\overset{-1}{Cl}$$

$$\overset{0}{O_2} + 4e^- \rightarrow 2\overset{-2}{O}$$

$$\overset{+1}{Na} + e^- \rightarrow \overset{0}{Na}$$

$$\overset{+3}{Fe} + e^- \rightarrow \overset{+2}{Fe}$$

Schreibt man diese Reaktionen als Gleichgewichtsreaktionen, dann erfolgt je nach der Richtung, in der die Reaktion abläuft, eine Oxidation oder eine Reduktion.

$$Na \underset{\text{Reduktion}}{\overset{\text{Oxidation}}{\rightleftharpoons}} \overset{+1}{Na} + e^-$$

$$\overset{+2}{Fe} \underset{\text{Reduktion}}{\overset{\text{Oxidation}}{\rightleftharpoons}} \overset{+3}{Fe} + e^-$$

Allgemein kann man schreiben

$$\text{reduzierte Form} \rightleftharpoons \text{oxidierte Form} + ze^-$$

Die oxidierte Form und die reduzierte Form bilden zusammen ein korrespondierendes *Redoxpaar*. Na/Na^+, $\overset{+2}{Fe}/\overset{+3}{Fe}$, $2Cl^-/Cl_2$ sind solche Redoxpaare.

Da bei chemischen Reaktionen keine freien Elektronen auftreten können, kann eine Oxidation oder eine Reduktion nicht isoliert vorkommen. Eine Oxidation, z.B. $Na \rightarrow Na^+ + e^-$, bei der Elektronen entstehen, muß stets mit einer Reduktion gekoppelt sein, bei der diese Elektronen aufgenommen werden, z.B. mit $Cl_2 + 2e^- \rightarrow 2Cl^-$.

$$2Na \xrightarrow{\text{Oxidation}} 2Na^+ + 2e^- \qquad \text{Redoxpaar 1}$$

$$Cl_2 + 2e^- \xrightarrow{\text{Reduktion}} 2Cl^- \qquad \text{Redoxpaar 2}$$

$$2\overset{0}{Na} + \overset{0}{Cl_2} \text{───} 2\overset{+1}{Na}\overset{-1}{Cl} \qquad \text{Redoxreaktion} \qquad (3.53)$$

Reaktionen mit gekoppelter Oxidation und Reduktion nennt man Redoxreaktionen. Bei Redoxreaktionen erfolgt eine Elektronenübertragung. Bei der Redoxreaktion (3.53) werden Elektronen von Natriumatomen auf Chloratome übertragen.

An einer Redoxreaktion sind immer zwei Redoxpaare beteiligt.

Redoxpaar 1	Red 1 $\rightleftharpoons$ Ox 1 + e^-
Redoxpaar 2	Red 2 $\rightleftharpoons$ Ox 2 + e^-
Redoxreaktion	Red 1 + Ox 2 $\rightleftharpoons$ Ox 1 + Red 2

Je stärker bei einem Redoxpaar die Tendenz der reduzierten Form ist, Elektronen abzugeben, um so schwächer ist die Tendenz der korrespondierenden oxidierten Form, Elektronen aufzunehmen. Man kann die Redoxpaare nach dieser Tendenz in einer Redoxreihe anordnen.

Je höher in der Redoxreihe ein Redoxpaar steht, um so stärker ist die reduzierende Wirkung der reduzierten Form. Man bezeichnet daher Na, Zn, Fe als Reduktionsmittel. Je tiefer ein Redoxpaar steht, um so stärker ist die oxidierende Wirkung der oxidierten Form. Cl_2, Br_2 bezeichnet man entsprechend als Oxidationsmittel. *Freiwillig laufen nur Redoxprozesse zwischen einer reduzierten Form mit einer in der Redoxreihe darunter stehenden oxidierten Form ab.*

Redoxreihe

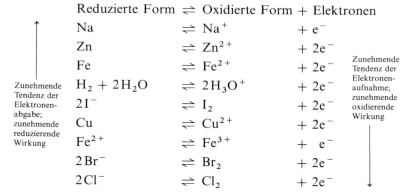

Beispiele für in wäßriger Lösung ablaufende Redoxreaktionen:

$$Zn + Cu^{2+} \longrightarrow Zn^{2+} + Cu$$
$$Fe + Cu^{2+} \longrightarrow Fe^{2+} + Cu$$
$$2\,Na + 2\,H_3O^+ \longrightarrow 2\,Na^+ + H_2 + 2\,H_2O$$
$$2\,I^- + Br_2 \longrightarrow I_2 + 2\,Br^-$$
$$2\,Br^- + Cl_2 \longrightarrow Br_2 + 2\,Cl^-$$

Bei allen Beispielen können die Redoxreaktionen nur von links nach rechts verlaufen, nicht umgekehrt. Nicht möglich ist auch die Reaktion

$$Cu + 2\,H_3O^+ \longrightarrow Cu^{2+} + H_2 + 2\,H_2O$$

Man kann demnach Cu nicht in HCl lösen.

3.8.3 Aufstellen von Redoxgleichungen

Das Aufstellen einer Redoxgleichung bezieht sich nur auf das Auffinden der stöchiometrischen Zahlen einer Redoxreaktion. Die Ausgangs- und Endstoffe der Reaktion müssen bekannt sein.

Beispiel:

Bei der Auflösung von Kupfer in Salpetersäure entstehen Cu^{2+}-Ionen und Stickstoffmonooxid NO.

$$Cu + H_3O^+ + NO_3^- \longrightarrow Cu^{2+} + NO$$

Wie lautet die Redoxgleichung? Bei komplizierteren Redoxvorgängen ist es zweckmäßig, zunächst die beiden beteiligten Redoxsysteme getrennt zu formulieren.

Redoxsystem 1 $\qquad Cu \rightleftharpoons Cu^{2+} + 2e^-$

Wie man etwas unübersichtlichere Redoxsysteme aufstellen kann, sei am Beispiel des Redoxsystems 2 erläutert.

1. Auffinden der Oxidationszahlen der oxidierten und reduzierten Form.

$$\overset{+5}{NO_3^-} \rightleftharpoons \overset{+2}{NO}$$

2. Aus der Differenz der Oxidationszahlen erhält man die Anzahl auftretender Elektronen.

$$\overset{+5}{NO_3^-} + 3e^- \rightleftharpoons \overset{+2}{NO}$$

3. Prüfung der Elektroneutralität. Auf beiden Seiten muß die Summe der elektrischen Ladungen gleich groß sein. Die Differenz wird bei Reaktionen in saurer Lösung durch H_3O^+-Ionen ausgeglichen.

$$4H_3O^+ + NO_3^- + 3e^- \rightleftharpoons NO$$

In basischen Lösungen erfolgt der Ladungsausgleich durch OH^--Ionen.

4. Stoffbilanz. Auf beiden Seiten der Reaktionsgleichung muß die Anzahl der Atome jeder Atomsorte gleich groß sein. Der Ausgleich erfolgt durch H_2O.

$$4H_3O^+ + NO_3^- + 3e^- \rightleftharpoons NO + 6H_2O$$

Die Redoxgleichung erhält man durch Kombination der beiden Redoxsysteme.

Redoxsystem 1	$Cu \longrightarrow Cu^{2+} + 2e^-$	$\times 3$
Redoxsystem 2	$4H_3O^+ + NO_3^- + 3e^- \longrightarrow NO + 6H_2O$	$\times 2$
Redoxgleichung	$3Cu + 8H_3O^+ + 2NO_3^- \longrightarrow 3Cu^{2+} + 2NO + 12H_2O$	

3.8.4 Galvanische Elemente

Taucht man einen Zinkstab in eine Lösung, die Cu^{2+}-Ionen enthält, findet die Redoxreaktion

$$Cu^{2+} + Zn \longrightarrow Cu + Zn^{2+}$$

statt. Auf dem Zinkstab scheidet sich metallisches Kupfer ab, Zn löst sich unter Bildung von Zn^{2+}-Ionen (Abb. 3.46).

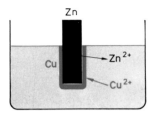

Abbildung 3.46   Auf einem Zinkstab, der in eine CuSO$_4$-Lösung taucht, scheidet sich Cu ab, aus Zn bilden sich Zn^{2+}-Ionen. Es findet die Redoxreaktion Cu^{2+} + Zn → Cu + Zn^{2+} statt.

Diese Redoxreaktion kann man in einer Anordnung ablaufen lassen, die galvanisches Element genannt wird (Abb. 3.47).
Ein metallischer Stab aus Zink taucht in eine Lösung, die Zn^{2+}- und SO$_4^{2-}$-Ionen enthält. Dadurch wird im Reaktionsraum 1 das Redoxpaar Zn/Zn^{2+} gebildet. Im Reaktionsraum 2 taucht ein Kupferstab in eine Lösung, in der Cu^{2+}- und SO$_4^{2-}$-

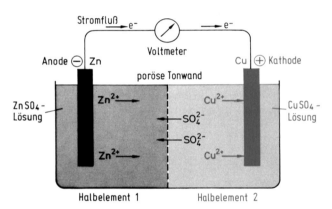

Abbildung 3.47   Daniell-Element. In diesem galvanischen Element sind die Redoxpaare Zn/Zn^{2+} und Cu/Cu^{2+} gekoppelt. Da Zn leichter Elektronen abgibt als Cu, fließen Elektronen von Zn zu Cu. Zn wird oxidiert, Cu^{2+} reduziert.

Redoxpaar 1 (Halbelement 1)   Redoxpaar 2 (Halbelement 2)

Zn $\longrightarrow$ Zn^{2+} + 2e$^-$ Cu^{2+} + 2e$^-$ $\longrightarrow$ Cu

$$\text{Gesamtreaktion}$$
$$\text{Zn} + \text{Cu}^{2+} \longrightarrow \text{Zn}^{2+} + \text{Cu}$$

Redoxpotential 1   Redoxpotential 2

$$E_{\text{Zn}} = E_{\text{Zn}}^{\circ} + \frac{0,059}{2} \lg c_{\text{Zn}^{2+}}$$ $$E_{\text{Cu}} = E_{\text{Cu}}^{\circ} + \frac{0,059}{2} \lg c_{\text{Cu}^{2+}}$$

$$\text{Gesamtpotential}$$

$$\Delta E = E_{\text{Cu}} - E_{\text{Zn}} = E_{\text{Cu}}^{\circ} - E_{\text{Zn}}^{\circ} + \frac{0,059}{2} \lg \frac{c_{\text{Cu}^{2+}}}{c_{\text{Zn}^{2+}}}$$

Ionen vorhanden sind. Es entsteht das Redoxpaar Cu/Cu^{2+}. Die beiden Reaktions-
räume sind durch ein Diaphragma, das aus porösem durchlässigen Material besteht,
voneinander getrennt. Verbindet man den Zn- und den Cu-Stab durch einen elektrischen Leiter, so fließen Elektronen vom Zn-Stab zum Cu-Stab. Zn wird in der gegebenen Anordnung zu einer negativen Elektrode, Cu zu einer positiven Elektrode. Zwischen den beiden Elektroden tritt eine Potentialdifferenz auf. Die Spannung des galvanischen Elements wird *EMK, elektromotorische Kraft*, genannt. *Aufgrund der auftretenden EMK kann das galvanische Element elektrische Arbeit leisten* (vgl.
Abschn. 3.5.4). Dabei laufen in den beiden Reaktionsräumen folgende Reaktionen
ab:

Raum 1 mit Redoxpaar 1:	$Zn \longrightarrow Zn^{2+} + 2e^-$	Oxidation
Raum 2 mit Redoxpaar 2:	$Cu^{2+} + 2e^- \longrightarrow Cu$	Reduktion
Gesamtreaktion:	$Zn + Cu^{2+} \longrightarrow Zn^{2+} + Cu$	Redoxreaktion

Zn-Atome der Zinkelektrode gehen als Zn^{2+}-Ionen in Lösung, die dadurch im Zn-
Stab zurückbleibenden Elektronen fließen zur Kupferelektrode und reagieren dort
mit den Cu^{2+}-Ionen der Lösung, die sich als neutrale Cu-Atome am Cu-Stab abscheiden. Durch diese Vorgänge entstehen in der Lösung des Reaktionsraums 1 überschüssige positive Ladungen, im Raum 2 entsteht ein Defizit an positiven Ladungen.
Durch Wanderung von negativen SO_4^{2-}-Ionen aus dem Raum 2 in den Raum 1
durch das Diaphragma erfolgt Ladungsausgleich.

Zn steht in der Redoxreihe oberhalb von Cu. *Das größere Bestreben* von Zn, *Elektronen abzugeben, bestimmt die Richtung des Elektronenflusses im galvanischen Element und damit die Reaktionsrichtung.*

3.8.5 Berechnung von Redoxpotentialen: Nernstsche Gleichung

Die verschiedenen Redoxsysteme Red $\rightleftharpoons$ Ox + ze$^-$ zeigen ein unterschiedlich starkes Reduktions- bzw. Oxidationsvermögen. Ein Maß dafür ist das *Redoxpotential E*
eines Redoxsystems. Es wird durch die Nernstsche Gleichung

$$E = E^\circ + \frac{RT}{zF} \ln \frac{c_{Ox}}{c_{Red}} \tag{3.54}$$

beschrieben. Es bedeuten: R Gaskonstante; T Temperatur; F Faraday-Konstante,
sie beträgt $96\,487\,As\,mol^{-1}$ (vgl. S. 365); z Zahl der bei einem Redoxsystem auftretenden Elektronen; c_{Red}, c_{Ox} sind die auf die Standardkonzentration 1 mol/l bezogenen Konzentrationen der reduzierten Form bzw. der oxidierten Form. In die
Nernstsche Gleichung sind also nur die Zahlenwerte der Konzentrationen einzusetzen. Bei nichtidealen Lösungen muß statt der Konzentration die Aktivität eingesetzt
werden (vgl. Abschn. 3.7.2).

Für $T = 298$ K (25 °C) erhält man aus Gl. (3.54) durch Einsetzen der Zahlenwerte
für die Konstanten und Berücksichtigung des Umwandlungsfaktors von ln in lg

$$E = E^\circ + \frac{0{,}059 \text{ (V)}}{z} \lg \frac{c_{\text{Ox}}}{c_{\text{Red}}} \tag{3.55}$$

Beträgt $c_{\text{Ox}} = 1$ und $c_{\text{Red}} = 1$, folgt aus Gl. (3.55)

$$E = E^\circ$$

E° wird *Normalpotential* oder *Standardpotential* genannt, die Einheit ist V. *Die Standardpotentiale haben für die verschiedenen Redoxsysteme charakteristische Werte. Sie sind ein Maß für die Stärke der reduzierenden bzw. oxidierenden Wirkung eines Redoxsystems* (vgl. Tabelle 3.13).

Während das erste Glied der Nernstschen Gleichung E° eine für jedes Redoxsystem charakteristische Konstante ist, wird durch das zweite Glied die Konzentrationsabhängigkeit des Potentials eines Redoxsystems beschrieben.

Mit der Nernstschen Gleichung kann die EMK eines galvanischen Elements berechnet werden.

Beispiel: Daniell-Element.

Redoxpaar	Redoxpotential bei 25 °C	Standardpotential
$Zn \rightleftharpoons Zn^{2+} + 2e^-$	$E_{Zn} = E^\circ_{Zn} + \dfrac{0{,}059}{2} \lg c_{Zn^{2+}}$	$E^\circ_{Zn} = -0{,}76 \text{ V}$
$Cu \rightleftharpoons Cu^{2+} + 2e^-$	$E_{Cu} = E^\circ_{Cu} + \dfrac{0{,}059}{2} \lg c_{Cu^{2+}}$	$E^\circ_{Cu} = +0{,}34 \text{ V}$

Wie im MWG treten auch in der Nernstschen Gleichung die Konzentrationen reiner fester Phasen nicht auf. Die EMK des galvanischen Elements erhält man aus der Differenz der Redoxpotentiale der Halbelemente.

$$\Delta E = E_{Cu} - E_{Zn} = E^\circ_{Cu} - E^\circ_{Zn} + \frac{0{,}059}{2} \lg \frac{c_{Cu^{2+}}}{c_{Zn^{2+}}} \tag{3.56}$$

Für $c_{Cu^{2+}} = c_{Zn^{2+}}$ erhält man aus Gl. (3.56)

$$\Delta E = E_{Cu} - E_{Zn} = E^\circ_{Cu} - E^\circ_{Zn} = 1{,}10 \text{ V}$$

Die Spannung des Elements ist dann gleich der Differenz der Standardpotentiale. Während des Betriebs wächst die Zn^{2+}-Konzentration, die Cu^{2+}-Konzentration sinkt, die Spannung des Elements muß daher, wie Gl. (3.56) zeigt, abnehmen.

Bei einer isothermen und isobaren Reaktion ist die elektromotorische Kraft (EMK) mit der maximalen Arbeit durch die Beziehung

$$\Delta G = -zF\Delta E$$

verknüpft (vgl. Abschn. 3.5.4, Gl. 3.14). Für Standardbedingungen gilt

$$\Delta G^\circ = -zF\Delta E^\circ$$

3.8.6 Konzentrationsketten, Elektroden zweiter Art

Da das Elektrodenpotential von der Ionenkonzentration abhängt, kann ein galvanisches Element aufgebaut werden, dessen Elektroden aus dem gleichen Material bestehen und die in Lösungen unterschiedlicher Ionenkonzentrationen eintauchen. Eine solche Anordnung nennt man Konzentrationskette. Abb. 3.48 zeigt schematisch eine Silberkonzentrationskette. Sowohl im Reaktionsraum 1 als auch im Reaktionsraum 2 taucht eine Silberelektrode in eine Lösung mit Ag^+-Ionen. Im Reaktionsraum 1 ist jedoch die Ag^+-Konzentration größer als im Reaktionsraum 2. Das Potential des Halbelements 2 ist daher negativer als das des Halbelements 1. Im Reaktionsraum 2 gehen Ag-Atome als Ag^+-Ionen in Lösung, die dabei freiwerdenden Elektronen fließen zum Halbelement 1 und entladen dort Ag^+-Ionen der Lösung. Der Ladungsausgleich durch die Anionen erfolgt über eine Salzbrücke, die z. B. KNO_3-Lösung enthalten kann.

Die EMK der Kette ist gleich der Differenz der Potentiale der beiden Halbelemente

$$\Delta E = E_{Ag}(1) - E_{Ag}(2) = 0{,}059 \lg \frac{c_{Ag^+}(1)}{c_{Ag^+}(2)}$$

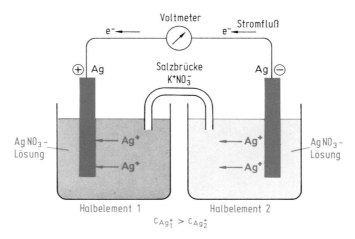

Abbildung 3.48   Konzentrationskette. Ag-Elektroden tauchen in Lösungen mit unterschiedlicher Ag^+-Konzentration. Lösungen verschiedener Konzentration haben das Bestreben, ihre Konzentrationen auszugleichen. Im Halbelement 2 gehen daher Ag^+-Ionen in Lösung, im Halbelement 1 werden Ag^+-Ionen abgeschieden, Elektronen fließen vom Halbelement 2 zum Halbelement 1.

Reaktion im Halbelement 1

$Ag^+ + e^- \rightarrow Ag$

Reaktion im Halbelement 2

$Ag \rightarrow Ag^+ + e^-$

Redoxpotential 1

$E_{Ag}(1) = E^\circ_{Ag} + 0{,}059 \lg c_{Ag^+}(1)$

Redoxpotential 2

$E_{Ag}(2) = E^\circ_{Ag} + 0{,}059 \lg c_{Ag^+}(2)$

$$\Delta E = E_{Ag}(1) - E_{Ag}(2) = 0{,}059 \lg \frac{c_{Ag^+}(1)}{c_{Ag^+}(2)}$$

Die EMK der Kette kommt also nur durch die Konzentrationsunterschiede in den beiden Halbelementen zustande und ist eine Folge des Bestrebens verschieden konzentrierter Lösungen, ihre Konzentrationen auszugleichen. Leistet das Element Arbeit, wird der Konzentrationsunterschied kleiner, die EMK nimmt ab.

Setzt man einem Ag/Ag^+-Halbelement Anionen zu, die mit Ag^+-Ionen ein schwerlösliches Salz bilden, z. B. Cl^--Ionen, dann wird das Potential nicht mehr durch die Ag^+-Konzentration, sondern durch die Cl^--Konzentration bestimmt. Solche Elektroden nennt man Elektroden zweiter Art.

Das Potential einer solchen Elektrode erhält man durch Kombination der Gleichung

$$E = E^\circ_{Ag} + 0{,}059 \lg c_{Ag^+}$$

mit dem Löslichkeitsprodukt

$$c_{Ag^+} \cdot c_{Cl^-} = L$$

$$E = E^\circ_{Ag} + 0{,}059 \lg \frac{L}{c_{Cl^-}}$$

Elektroden zweiter Art eignen sich als Vergleichselektroden, da sie sich leicht herstellen lassen und ihr Potential gut reproduzierbar ist. Eine in der Praxis häufig benutzte Vergleichselektrode ist die *Kalomel-Elektrode*. Sie besteht aus Quecksilber, das mit festem Hg_2Cl_2 (Kalomel) bedeckt ist. Als Elektrolyt dient eine KCl-Lösung bekannter Konzentration, die mit Hg_2Cl_2 gesättigt ist. In das Quecksilber taucht ein Platindraht, der als elektrische Zuleitung dient.

Mit Konzentrationsketten lassen sich sehr kleine Ionenkonzentrationen messen und z. B. Löslichkeitsprodukte bestimmen.

Beispiel: Löslichkeitsprodukt von AgI.

Versetzt man eine $AgNO_3$-Lösung mit I^--Ionen, fällt AgI aus. Es gilt das Löslichkeitsprodukt

$$c_{Ag^+} \cdot c_{I^-} = L_{AgI}$$

Verwendet man eine I^--Lösung der Konzentration 10^{-1} mol/l, so kann durch Messung der Ag^+-Konzentration das Löslichkeitsprodukt bestimmt werden.

Man erhält die Ag^+-Konzentration durch Messung der EMK einer Konzentrationskette, die aus dem Halbelement $Ag|AgI|Ag^+$ und dem Referenzhalbelement $Ag|Ag^+$ besteht

$$\Delta E = 0{,}059 \lg c_{Ag^+}(R) - 0{,}059 \lg c_{Ag^+}$$

$$\lg c_{Ag^+} = \frac{\Delta E}{0{,}059} + \lg c_{Ag^+}(R)$$

Beträgt die Ag^+-Konzentration der Referenzelektrode $c_{Ag^+}(R) = 10^{-1}$ mol/l und $\Delta E = 0{,}832$ V ist $c_{Ag^+} = 8 \cdot 10^{-16}$ mol/l und $L_{AgI} = 8 \cdot 10^{-17}$ mol^2/l^2

3.8.7 Die Standardwasserstoffelektrode

Das Potential eines einzelnen Redoxpaares kann experimentell nicht bestimmt werden. Exakt meßbar ist nur die Gesamtspannung eines galvanischen Elementes, also die Potentialdifferenz zweier Redoxpaare. Man mißt daher die Potentialdifferenz der verschiedenen Redoxsysteme gegen ein Bezugsredoxsystem und setzt das Potential dieses Bezugssystems willkürlich null. Dieses Bezugssystem ist die Standardwasserstoffelektrode.

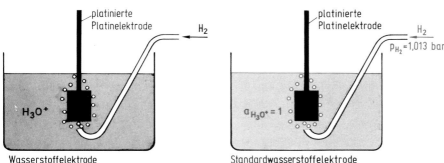

Abbildung 3.49   Schematischer Aufbau einer Wasserstoffelektrode.

Redoxsystem $H_2 + 2H_2O \rightleftharpoons 2H_3O^+ + 2e^-$

Redoxpotential $E_H = E_H^\circ + \dfrac{0{,}059}{2} \lg \dfrac{a_{H_3O^+}^2}{p_{H_2}}$

Das Standardpotential einer Wasserstoffelektrode wird willkürlich null gesetzt. Für die Standardwasserstoffelektrode ist daher $E_H = 0$.

Abb. 3.49 zeigt den Aufbau einer Wasserstoffelektrode. Eine platinierte – mit elektrolytisch abgeschiedenem, fein verteiltem Platin überzogene – Platinelektrode taucht in eine Lösung, die H_3O^+-Ionen enthält und wird von Wasserstoffgas umspült. Wasserstoff löst sich in Platin unter Bildung einer festen Lösung (vgl. Tabelle 2.30). An der Pt-Elektrode stellt sich das Potential des Redoxsystems

$$H_2 + 2H_2O \rightleftharpoons 2H_3O^+ + 2e^-$$

ein. Bei $25\,^\circ C$ beträgt das Potential

$$E_H = E_H^\circ + \frac{0{,}059}{2} \lg \frac{a_{H_3O^+}^2}{p_{H_2}}$$

Treten in einem Redoxsystem Gase auf, so ist in der Nernstschen Gleichung der Partialdruck der Gase einzusetzen. Da das Standardpotential für den Standarddruck 1 atm festgelegt ist, muß in die Nernstsche Gleichung der auf 1 atm bezogene Partialdruck eingesetzt werden. Im SI wird der Druck in bar angegeben. Der Standarddruck beträgt 1,013 bar, in die Nernstsche Gleichung wird der auf 1,013 bar bezogene Partialdruck eingesetzt:

$$\frac{p_{H_2}(\text{atm})}{1\,(\text{atm})} = \frac{p_{H_2}(\text{bar})}{1,013\,(\text{bar})}$$

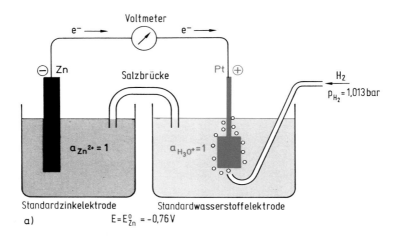

a)   Standardzinkelektrode   Standardwasserstoffelektrode
$E = E^0_{Zn} = -0,76\,V$

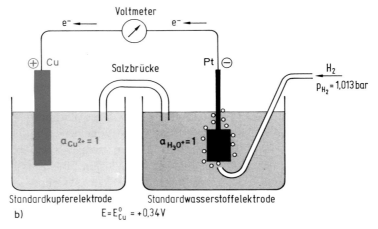

b)   Standardkupferelektrode   Standardwasserstoffelektrode
$E = E^0_{Cu} = +0,34\,V$

Abbildung 3.50   Bestimmung von Standardpotentialen. Als Bezugselektrode dient eine Standardwasserstoffelektrode. Die Standardwasserstoffelektrode hat das Potential null, da ihr Standardpotential willkürlich mit null festgesetzt wird. Die gesamte EMK der Anordnung a) ist also gleich dem Elektrodenpotential der Zn-Elektrode:

$\Delta E = E_{Zn} = E^\circ_{Zn} + \dfrac{0,059}{2}\lg a_{Zn^{2+}}$. Beträgt die Aktivität von Zn^{2+} eins ($a_{Zn^{2+}} = 1$), so ist die

EMK gleich dem Standardpotential von Zink. Entsprechend ist die EMK des in b) dargestellten Elements gleich dem Standardpotential von Cu. Standardpotentiale sind Relativwerte bezogen auf die Standardwasserstoffelektrode.

In wäßrigen Lösungen bleibt die Konzentration von H_2O nahezu konstant, sie wird in das Standardpotential einbezogen.

Bei einer Standardwasserstoffelektrode beträgt $a_{H_3O^+} = 1$ und $p_{H_2} = 1\,atm = 1,013\,bar$. Man erhält daher

$$E_H = E_H^\circ$$

Das Standardpotential der Wasserstoffelektrode E_H° wird willkürlich null gesetzt, das Potential einer Standardwasserstoffelektrode ist also ebenfalls null (vgl. Abb. 3.49).

Die Standardpotentiale von Redoxsystemen erhält man durch Messung der EMK eines galvanischen Elements, bei dem ein Standardhalbelement gegen eine Standardwasserstoffelektrode geschaltet ist. *Standardpotentiale sind* also *Relativwerte bezogen auf die Standardwasserstoffelektrode, deren Standardpotential willkürlich null gesetzt wurde.*

Der Aufbau von galvanischen Elementen, mit denen die Standardpotentiale von Zink und Kupfer bestimmt werden können, ist in der Abb. 3.50 dargestellt.

3.8.8 Die elektrochemische Spannungsreihe

Die Standardpotentiale sind ein Maß für das Redoxverhalten eines Redoxsystems in wäßriger Lösung. Man ordnet daher die Redoxsysteme nach der Größe ihrer Standardpotentiale und erhält eine Redoxreihe, die als Spannungsreihe bezeichnet wird (Tab. 3.13). *Mit Hilfe der Spannungsreihe läßt sich voraussagen, welche Redoxreaktionen möglich sind. Die reduzierte Form eines Redoxsystems gibt Elektronen nur an die oxidierte Form von solchen Redoxsystemen ab, die in der Spannungsreihe darunter stehen.* Einfacher ausgedrückt: Es reagieren Stoffe links oben mit Stoffen rechts unten (Abb. 3.51).

Es ist natürlich zu beachten, daß diese Voraussage nur aufgrund der Standardpotentiale geschieht und nur für solche Konzentrationsverhältnisse richtig ist, bei denen das Gesamtpotential nur wenig vom Standardpotential verschieden ist. Beispiele dafür sind die Reaktionen von Metallen

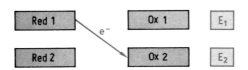

Abbildung 3.51   Das Potential E_1 des Redoxsystems 1 ist negativer als das Potential E_2 des Redoxsystems 2. Die reduzierte Form 1 kann Elektronen an die oxidierte Form 2 abgeben, nicht aber die reduzierte Form 2 an die oxidierte Form 1. Es läuft die Reaktion Red 1 + Ox 2 → Ox 1 + Red 2 ab.

$$Fe + Cu^{2+} \longrightarrow Fe^{2+} + Cu$$
$$Zn + 2\,Ag^+ \longrightarrow Zn^{2+} + 2\,Ag$$
$$Cu + Hg^{2+} \longrightarrow Cu^{2+} + Hg$$

Tabelle 3.13   Spannungsreihe

Reduzierte Form	$\rightleftharpoons$	Oxidierte Form	$+z\,e^-$	Standardpotential E° in V
Li	$\rightleftharpoons$	Li^+	$+\ e^-$	$-3,04$
K	$\rightleftharpoons$	K^+	$+\ e^-$	$-2,92$
Ba	$\rightleftharpoons$	Ba^{2+}	$+2\,e^-$	$-2,90$
Ca	$\rightleftharpoons$	Ca^{2+}	$+2\,e^-$	$-2,87$
Na	$\rightleftharpoons$	Na^+	$+\ e^-$	$-2,71$
Mg	$\rightleftharpoons$	Mg^{2+}	$+2\,e^-$	$-2,36$
Al	$\rightleftharpoons$	Al^{3+}	$+3\,e^-$	$-1,68$
Mn	$\rightleftharpoons$	Mn^{2+}	$+2\,e^-$	$-1,19$
Zn	$\rightleftharpoons$	Zn^{2+}	$+2\,e^-$	$-0,76$
Cr	$\rightleftharpoons$	Cr^{3+}	$+3\,e^-$	$-0,74$
S^{2-}	$\rightleftharpoons$	S	$+2\,e^-$	$-0,48$
Fe	$\rightleftharpoons$	Fe^{2+}	$+2\,e^-$	$-0,41$
Cd	$\rightleftharpoons$	Cd^{2+}	$+2\,e^-$	$-0,40$
Co	$\rightleftharpoons$	Co^{2+}	$+2\,e^-$	$-0,28$
Sn	$\rightleftharpoons$	Sn^{2+}	$+2\,e^-$	$-0,14$
Pb	$\rightleftharpoons$	Pb^{2+}	$+2\,e^-$	$-0,13$
Fe	$\rightleftharpoons$	Fe^{3+}	$+3\,e^-$	$-0,036$
$H_2 + 2\,H_2O$	$\rightleftharpoons$	$2\,H_3O^+$	$+2\,e^-$	0
Sn^{2+}	$\rightleftharpoons$	Sn^{4+}	$+2\,e^-$	$+0,15$
Cu^+	$\rightleftharpoons$	Cu^{2+}	$+\ e^-$	$+0,15$
$SO_2 + 6\,H_2O$	$\rightleftharpoons$	$SO_4^{2-} + 4\,H_3O^+$	$+2\,e^-$	$+0,17$
Cu	$\rightleftharpoons$	Cu^{2+}	$+2\,e^-$	$+0,34$
Cu	$\rightleftharpoons$	Cu^+	$+\ e^-$	$+0,52$
$2\,I^-$	$\rightleftharpoons$	I_2	$+2\,e^-$	$+0,54$
$H_2O_2 + 2\,H_2O$	$\rightleftharpoons$	$O_2 + 2\,H_3O^+$	$+2\,e^-$	$+0,68$
Fe^{2+}	$\rightleftharpoons$	Fe^{3+}	$+\ e^-$	$+0,77$
Ag	$\rightleftharpoons$	Ag^+	$+\ e^-$	$+0,80$
Hg	$\rightleftharpoons$	Hg^{2+}	$+2\,e^-$	$+0,85$
$NO + 6\,H_2O$	$\rightleftharpoons$	$NO_3^- + 4\,H_3O^+$	$+3\,e^-$	$+0,96$
$2\,Br^-$	$\rightleftharpoons$	Br_2	$+2\,e^-$	$+1,07$
$6\,H_2O$	$\rightleftharpoons$	$O_2 + 4\,H_3O^+$	$+4\,e^-$	$+1,23$
$2\,Cr^{3+} + 21\,H_2O$	$\rightleftharpoons$	$Cr_2O_7^{2-} + 14\,H_3O^+$	$+6\,e^-$	$+1,33$
$2\,Cl^-$	$\rightleftharpoons$	Cl_2	$+2\,e^-$	$+1,36$
$Pb^{2+} + 6\,H_2O$	$\rightleftharpoons$	$PbO_2 + 4\,H_3O^+$	$+2\,e^-$	$+1,46$
Au	$\rightleftharpoons$	Au^{3+}	$+3\,e^-$	$+1,50$
$Mn^{2+} + 12\,H_2O$	$\rightleftharpoons$	$MnO_4^- + 8\,H_3O^+$	$+5\,e^-$	$+1,51$
$3\,H_2O + O_2$	$\rightleftharpoons$	$O_3 + 2\,H_3O^+$	$+2\,e^-$	$+2,07$
$2\,F^-$	$\rightleftharpoons$	F_2	$+2\,e^-$	$+2,87$

und die Reaktionen von Nichtmetallen

$$2\,I^- + Br_2 \longrightarrow I_2 + 2\,Br^-$$
$$2\,Br^- + Cl_2 \longrightarrow Br_2 + 2\,Cl^-$$

Bei vielen Redoxreaktionen hängt das Redoxpotential vom pH-Wert ab. Beispiele dafür sind Reaktionen von Metallen mit Säuren und Wasser.

In starken Säuren ist nach

$$E_H = E_H^\circ + \frac{0{,}059}{2}\,\lg\frac{c_{H_3O^+}^2}{p_{H_2}} \tag{3.57}$$

das Redoxpotential H_2/H_3O^+ ungefähr null. Alle Metalle mit negativem Potential, also alle Metalle, die in der Spannungsreihe oberhalb von Wasserstoff stehen, können daher Elektronen an die H_3O^+-Ionen abgeben und Wasserstoff entwickeln. Beispiele:

$$Zn + 2\,H_3O^+ \longrightarrow Zn^{2+} + H_2 + 2\,H_2O$$
$$Fe + 2\,H_3O^+ \longrightarrow Fe^{2+} + H_2 + 2\,H_2O$$

Man bezeichnet diese Metalle als *unedle Metalle.* Metalle mit positivem Potential, die in der Spannungsreihe unterhalb von Wasserstoff stehen, wie Cu, Ag, Au, können sich nicht in Säuren unter H_2-Entwicklung lösen und sind z. B. in HCl unlöslich. Man bezeichnet sie daher als *edle Metalle.*

Für neutrales Wasser mit $c_{H_3O^+} = 10^{-7}$ mol/l erhält man aus Gl. (3.57)

$$E_H = 0 + 0{,}03\,\lg 10^{-14} = -0{,}41\ V$$

Mit Wasser sollten daher alle Metalle unter Wasserstoffentwicklung reagieren können, deren Potential negativer als $-0{,}41$ V ist (Abb. 3.52). Beispiele:

$$2\,Na + 2\,HOH \longrightarrow 2\,Na^+ + 2\,OH^- + H_2$$
$$Ca + 2\,HOH \longrightarrow Ca^{2+} + 2\,OH^- + H_2$$

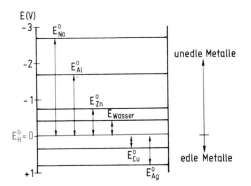

Abbildung 3.52   Unedle Metalle besitzen ein negatives, edle Metalle ein positives Standardpotential. Nur unedle Metalle lösen sich daher in Säuren unter Wasserstoffentwicklung.

Einige Metalle verhalten sich gegenüber Wasser und Säuren anders als nach der Spannungsreihe zu erwarten wäre. Obwohl z. B. das Standardpotential von Aluminium $E^\circ_{Al} = -1,7$ V beträgt, wird Al von Wasser nicht gelöst. Man bezeichnet diese Erscheinung als *Passivität*. Die Ursache der Passivität ist die Bildung einer festen unlöslichen, oxidischen Schutzschicht. In stark basischen Lösungen löst sich diese Schutzschicht unter Komplexbildung auf. Das Potential des Redoxsystems H_3O^+/H_2 in einer Lösung mit pH = 13 beträgt $E_H = -0,77$ V. Aluminium wird daher von Laugen unter H_2-Entwicklung gelöst. Zn und Cr lösen sich ebenfalls nicht in Wasser, da sie passiviert werden.

Auch bei einer Reihe anderer Redoxsysteme, bei denen H_3O^+-Ionen auftreten, sind die Potentiale sehr stark vom pH-Wert abhängig, und das Redoxverhalten solcher Systeme kann nicht mehr aus den Standardpotentialen allein vorausgesagt werden. Beispiel:

$$12\,H_2O + Mn^{2+} \rightleftharpoons MnO_4^- + 8\,H_3O^+ + 5\,e^-$$

$$E = E^\circ + \frac{0{,}059}{5} \lg \frac{c_{MnO_4^-} \cdot c^8_{H_3O^+}}{c_{Mn^{2+}}}; \quad E^\circ = 1{,}51 \text{ V}$$

Im Zähler des konzentrationsabhängigen Teils der Nernstschen Gleichung stehen die Produkte der Konzentrationen der Teilchen der oxidierenden, im Nenner die Produkte der Konzentrationen der Teilchen der reduzierenden Seite des Redoxsystems. Wie beim MWG treten die stöchiometrischen Zahlen als Exponenten der Konzentrationen auf. Bei Reaktionen in wäßrigen Lösungen werden im Vergleich zu der Gesamtzahl der H_2O-Teilchen so wenig H_2O-Moleküle verbraucht oder gebildet, daß die Konzentration von H_2O annähernd konstant bleibt. Die Konzentration von H_2O wird daher in die Konstante E° einbezogen und erscheint nicht im Konzentrationsglied der Nernstschen Gleichung.

Berechnet man E unter Annahme der Konzentrationen $c_{MnO_4^-} = 0,1$ mol/l und $c_{Mn^{2+}} = 0,1$ mol/l, so erhält man für verschieden saure Lösungen:

pH	$c_{H_3O^+}$ in mol/l	E in V
0	1	1,51
5	10^{-5}	1,04
7	10^{-7}	0,85

Die Oxidationskraft von MnO_4^- verringert sich also stark mit wachsendem pH.
Ein weiteres Beispiel ist das Redoxsystem

$$6\,H_2O + NO \rightleftharpoons NO_3^- + 4\,H_3O^+ + 3\,e^-$$

Die Nernstsche Gleichung dafür lautet

$$E = E^\circ + \frac{0{,}059}{3} \lg \frac{c_{NO_3^-} \cdot c^4_{H_3O^+}}{p_{NO}}; \quad E^\circ = 0{,}96 \text{ V}$$

Berechnet man E unter der Annahme $p_{NO} = 1$ atm $= 1,013$ bar und $c_{NO_3^-} = 1$ mol/l
für pH $= 0$ und pH $= 7$, so erhält man:

pH	$c_{H_3O^+}$ in mol/l	E in V
0	1	$+0,96$
7	10^{-7}	$+0,41$

Für das Redoxsystem Ag/Ag^+ beträgt $E^\circ = +0,80$ V, für Hg/Hg^{2+} ist $E^\circ = +0,85$ V. Man kann daher mit Salpetersäure Ag und Hg in Lösung bringen, nicht aber mit einer neutralen NO_3^--Lösung.

Das Redoxpotential kann auch *durch Komplexbildung wesentlich beeinflußt werden.*
Beispiel:

$$Fe^{2+} \rightleftharpoons Fe^{3+} + e^-$$

$$E = E^\circ + 0,059 \lg \frac{c_{Fe^{3+}}}{c_{Fe^{2+}}} \qquad E^\circ = +0,77 \text{ V}$$

Betragen die Konzentrationen $c_{Fe^{2+}} = c_{Fe^{3+}} = 0,1$ mol/l, so erhält man für das Redoxpotential $E = +0,77$ V. Setzt man der Lösung NaF zu, so bildet sich der stabile Komplex $[FeF_6]^{3-}$ und die Konzentration der nicht komplex gebundenen Fe^{3+}-Ionen beträgt nur noch etwa 10^{-12} mol/l. Das Redoxpotential nimmt dadurch auf $E = +0,12$ V ab, die Lösung wirkt jetzt stärker reduzierend. Nur eine NaF-haltige $FeSO_4$-Lösung kann z. B. Cu^{2+} zu Cu^+ reduzieren ($E^\circ_{Cu^+/Cu^{2+}} = +0,15$ V).

Ein anderes Beispiel ist die Löslichkeit von Gold. Gold löst sich nicht in Salpetersäure, ist aber in Königswasser, einem Gemisch aus Salzsäure und Salpetersäure, löslich. In Gegenwart von Cl^--Ionen bilden die Au^{3+}-Ionen die Komplexionen $[AuCl_4]^-$. Durch die Komplexbildung wird die Konzentration von Au^{3+} und damit das Redoxpotential Au/Au^{3+} so stark erniedrigt, daß eine Oxidation von Gold möglich wird.

Gibt es von einem Element Ionen mit verschiedenen Ladungen, so sind mehrere Redoxprozesse zu berücksichtigen. Beispiel Standardpotentiale des Eisens und seiner Ionen:

$$
\begin{aligned}
Fe &\rightleftharpoons Fe^{2+} + 2e^- & E^\circ &= -0,44 \text{ V} \\
Fe &\rightleftharpoons Fe^{3+} + 3e^- & E^\circ &= -0,04 \text{ V} \\
Fe^{2+} &\rightleftharpoons Fe^{3+} + e^- & E^\circ &= +0,77 \text{ V}
\end{aligned}
$$

Aus dem Kreisprozeß

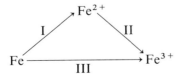

erhält man für die freien Enthalpien ΔG° der Redoxvorgänge relativ zu einer Standardwasserstoffelektrode

$$\Delta G_I^\circ + \Delta G_{II}^\circ = \Delta G_{III}^\circ$$

Da $\Delta G^\circ = -zF\Delta E^\circ$ (vgl. Gl. 3.15)

folgt $2E_I^\circ + E_{II}^\circ = 3E_{III}^\circ$

$$-0{,}88\ \text{V} + 0{,}77\ \text{V} = -0{,}11\ \text{V}$$

Beim Lösen von Eisen in Säure unter H_2-Entwicklung bilden sich Fe^{2+}-Ionen und nicht Fe^{3+}-Ionen. *Der Redoxprozeß mit dem negativeren Potential ist energetisch bevorzugt.*

Besitzt ein Element mehrere Oxidationsstufen, kann das Redoxverhalten übersichtlich in einem *Potentialdiagramm* dargestellt werden. Beispiel Standardpotential des Kupfers und seiner Ionen:

$$\begin{array}{lll} Cu & \rightleftharpoons Cu^+ + e^- & E^\circ = +0{,}52\ \text{V} \\ Cu & \rightleftharpoons Cu^{2+} + 2e^- & E^\circ = +0{,}34\ \text{V} \\ Cu^+ & \rightleftharpoons Cu^{2+} + e^- & E^\circ = +0{,}15\ \text{V} \end{array}$$

$$2E_{Cu/Cu^{2+}}^\circ = E_{Cu/Cu^+}^\circ + E_{Cu^+/Cu^{2+}}^\circ$$

Cu^+ ist nicht stabil. Für die Disproportionierungsreaktion

$$2\,Cu^+ \rightarrow Cu + Cu^{2+}$$

ist ΔG° negativ, man erhält eine Spannung von

$$\Delta E^\circ = (0{,}52 - 0{,}15)\,\text{V} = 0{,}37\ \text{V}$$

Die Gleichgewichtskonstante der Reaktion beträgt $K = 10^6$ (vgl. Abschn. 3.8.9), Cu^+ disproportioniert nahezu vollständig.

Eine Disproportionierung von Teilchen erfolgt, wenn das Redoxpotential für die Reduktion zum nächstniedrigeren Oxidationszustand positiver ist als das Redoxpotential für die Oxidation zum nächsthöheren Oxidationszustand.

Aus den Standardpotentialen wird klar, daß z.B. Fe^{2+} nicht disproportionieren kann.

Cu(I)-Verbindungen sind Beispiele für den *Einfluß der Löslichkeit auf das Redoxpotential.*

Die schwerlöslichen Verbindungen CuI, CuCN, Cu_2S sind in wäßriger Lösung beständig und disproportionieren nicht. Versetzt man eine Lösung, die Cu^{2+}-Ionen enthält, mit I^--Ionen, so entsteht durch Redoxreaktion schwerlösliches CuI.

$$Cu^{2+} + 2I^- \rightarrow CuI + \tfrac{1}{2}I_2$$

Die Oxidation von I^--Ionen ($E^\circ_{2I^-/I_2} = +0,54$ V) erfolgt, weil wegen der Schwerlöslichkeit von CuI ($L_{CuI} = 5 \cdot 10^{-12}$ mol^2/l^2) die Konzentration der Cu^+-Ionen so stark erniedrigt ist, daß das Redoxpotential

$$E_{Cu^+/Cu^{2+}} = E^\circ_{Cu^+/Cu^{2+}} + 0,059\lg \frac{c_{Cu^{2+}}}{c_{Cu^+}}$$

positiver ist als $+0,54$ V. Dieses Potential ist auch positiver als das Redoxpotential

$$E_{Cu/Cu^+} = E^\circ_{Cu/Cu^+} + 0,059\lg c_{Cu^+}$$

und es erfolgt daher keine Disproportionierung.

Eine Reihe von Redoxprozessen laufen nicht ab, obwohl sie aufgrund der Redoxpotentiale möglich sind. Bei diesen Reaktionen ist die Aktivierungsenergie so groß, daß die Reaktionsgeschwindigkeit nahezu null ist, sie sind kinetisch gehemmt. Die wichtigsten Beispiele dafür sind Redoxreaktionen, bei denen sich Wasserstoff oder Sauerstoff bilden. So sollte sich metallisches Zn ($E^\circ_{Zn} = -0,76$ V) unter Entwicklung von H_2 in Säuren lösen. Reines Zn löst sich jedoch nicht. MnO_4^- oxidiert H_2O nicht zu O_2, obwohl es auf Grund der Redoxpotentiale zu erwarten wäre (vgl. Tabelle 3.13).

Die Redoxpotentiale erlauben nur die Voraussage, ob ein Redoxprozeß überhaupt möglich ist, nicht aber, ob er auch wirklich abläuft.

3.8.9 Gleichgewichtslage bei Redoxprozessen

Auch Redoxreaktionen sind Gleichgewichtsreaktionen. Bei einem Redoxprozeß Red 1 + Ox 2 $\rightleftharpoons$ Ox 1 + Red 2 liegt Gleichgewicht vor, wenn die Potentiale der beiden Redoxpaare gleich groß sind.

$$E_1^\circ + \frac{RT}{zF}\ln\frac{c_{Ox1}}{c_{Red1}} = E_2^\circ + \frac{RT}{zF}\ln\frac{c_{Ox2}}{c_{Red2}}$$

$$E_2^\circ - E_1^\circ = \frac{RT}{zF}\ln\frac{c_{Ox1}\cdot c_{Red2}}{c_{Red1}\cdot c_{Ox2}}$$

$$E_2^\circ - E_1^\circ = \frac{RT}{zF}\ln K$$

Diese Beziehung erhält man auch durch Kombination der Gl. (3.15) und (3.16).

Bei 25 °C erhält man daraus

$$(E_2^\circ - E_1^\circ)\frac{z}{0,059} = \lg K \tag{3.58}$$

Je größer die Differenz der Standardpotentiale ist, um so weiter liegt das Gleichgewicht auf einer Seite.

Beispiele:

$$Zn + Cu^{2+} \longrightarrow Zn^{2+} + Cu$$

$$(0,34\ V + 0,76\ V)\frac{2}{0,059\ V} = \lg\frac{c_{Zn^{2+}}}{c_{Cu^{2+}}}$$

Gleichgewicht liegt vor, wenn die Gleichgewichtskonstante

$$K = \frac{c_{Zn^{2+}}}{c_{Cu^{2+}}} = 10^{37}$$

beträgt. Die Reaktion läuft also vollständig nach rechts ab.

$$2\,Br^- + Cl_2 \longrightarrow Br_2 + 2\,Cl^-$$

$$\frac{2\,(1,36\ V - 1,07\ V)}{0,059\ V} = \lg K$$

Obwohl die Differenz der Standardpotentiale nur 0,3 V beträgt, erhält man für $K = 10^{10}$, das Gleichgewicht liegt sehr weit auf der rechten Seite.

3.8.10 Die Elektrolyse

In galvanischen Elementen laufen Redoxprozesse freiwillig ab, galvanische Elemente können daher elektrische Arbeit leisten. *Redoxvorgänge, die nicht freiwillig ablaufen, können durch Zuführung einer elektrischen Arbeit erzwungen werden. Dies geschieht bei der Elektrolyse.*

Als Beispiel betrachten wir den Redoxprozeß

$$Zn + Cu^{2+} \underset{\text{erzwungen}}{\overset{\text{freiwillig}}{\rightleftharpoons}} Zn^{2+} + Cu$$

Im Daniell-Element läuft die Reaktion freiwillig nach rechts ab. Durch Elektrolyse kann der Ablauf der Reaktion von rechts nach links erzwungen werden (Abb. 3.53).

$$\begin{array}{lll} Zn\diagdown 2\,e^- \nearrow Zn^{2+} & E^\circ = -0,76\ V \\ \text{galvanischer} \qquad \times \quad \text{Elektrolyse} \\ \text{Prozeß} \quad \diagup 2\,e^- \searrow \\ \qquad Cu \qquad \quad Cu^{2+} & E^\circ = +0,34\ V \end{array}$$

Dazu wird an die beiden Elektroden eine Gleichspannung gelegt. Der negative Pol liegt an der Zn-Elektrode. Elektronen fließen von der Stromquelle zur Zn-Elektrode und entladen dort Zn^{2+}-Ionen. An der Cu-Elektrode gehen Cu^{2+}-Ionen in Lösung, die freiwerdenden Elektronen fließen zum positiven Pol der Stromquelle. Die Richtung des Elektronenflusses und damit die Reaktionsrichtung wird durch die Richtung des angelegten elektrischen Feldes bestimmt.

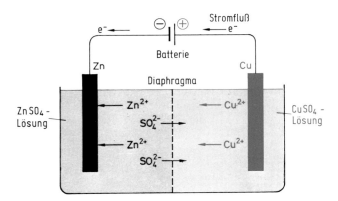

Abbildung 3.53   Elektrolyse. Durch Anlegen einer Gleichspannung wird die Umkehrung der im Daniell-Element freiwillig ablaufenden Reaktion $Zn + Cu^{2+} \rightarrow Zn^{2+} + Cu$ erzwungen. Zn^{2+} wird reduziert, Cu oxidiert.

$$\text{Elektrodenvorgänge}$$
$$Zn^{2+} + 2e^- \rightarrow Zn \qquad\qquad Cu \rightarrow Cu^{2+} + 2e^-$$
$$\text{Gesamtreaktion}$$
$$Zn^{2+} + Cu \rightarrow Zn + Cu^{2+}$$

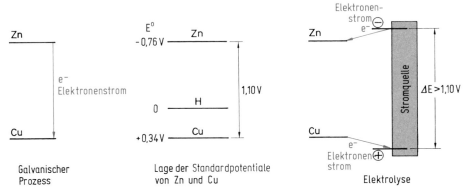

Abbildung 3.54   Galvanischer Prozeß: Elektronen fließen freiwillig von der negativen Zn-Elektrode zur positiven Cu-Elektrode (Daniell-Element). Da sie von einem Niveau höherer Energie auf ein Niveau niedrigerer Energie übergehen, können sie elektrische Arbeit leisten. Elektrolyse: Der negative Pol der Stromquelle muß negativer sein als die Zn-Elektrode, damit Elektronen zum Zn hinfließen können. Von der Cu-Elektrode fließen Elektronen zum positiven Pol der Stromquelle. Bei der Elektrolyse werden Elektronen auf ein Niveau höherer Energie gepumpt. Dazu ist eine Spannung erforderlich, die größer sein muß als die EMK der freiwillig ablaufenden Redoxreaktion.

*Damit eine Elektrolyse stattfinden kann, muß die angelegte Gleichspannung minde-
stens so groß sein wie die Spannung, die das galvanische Element liefert.* Diese für eine
Elektrolyse notwendige *Zersetzungsspannung* kann aus der Differenz der Redoxpotentiale berechnet werden. Sind die Aktivitäten der Zn^{2+}- und Cu^{2+}-Ionen gerade
eins, dann ist die Zersetzungsspannung der beschriebenen Elektrolysezelle 1,10 V
(vgl. Abb. 3.54).

In der Praxis zeigt sich jedoch, daß zur Elektrolyse eine höhere Spannung als die
berechnete angelegt werden muß. Eine der Ursachen dafür ist, daß zur Überwindung
des elektrischen Widerstandes der Zelle eine zusätzliche Spannung benötigt wird. Ein
anderer Effekt, der zur Erhöhung der Elektrolysespannung führen kann, wird später
besprochen. Zunächst soll ein weiteres Beispiel, die Elektrolyse einer HCl-Lösung,
behandelt werden (Abb. 3.55).

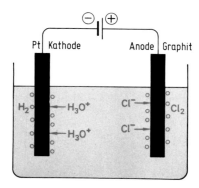

Abbildung 3.55   Elektrolyse von Salzsäure.

Kathodenreaktion   Anodenreaktion
$$H_3O^+ + e^- \rightarrow \tfrac{1}{2}H_2 + H_2O \qquad Cl^- \rightarrow \tfrac{1}{2}Cl_2 + e^-$$
Gesamtreaktion
$$H_3O^+ + Cl^- \rightarrow \tfrac{1}{2}H_2 + \tfrac{1}{2}Cl_2 + H_2O$$

In eine HCl-Lösung tauchen eine Platinelektrode und eine Graphitelektrode.
Wenn man die an die Elektroden angelegte Spannung allmählich steigert, tritt erst
oberhalb einer bestimmten Spannung, der Zersetzungsspannung, ein merklicher
Stromfluß auf, und erst dann setzt eine sichtbare Entwicklung von H_2 an der Kathode
und von Cl_2 an der Anode ein (Abb. 3.56). Die Elektrodenreaktionen und die Gesamtreaktion der Elektrolyse sind in der Abb. 3.55 formuliert.

Ist die angelegte Spannung kleiner als die Zersetzungsspannung, scheiden sich an
den Elektroden kleine Mengen H_2 und Cl_2 ab. Dadurch wird die Kathode zu einer
Wasserstoffelektrode, die Anode zu einer Chlorelektrode. Es entsteht also ein galvanisches Element mit einer der angelegten Spannung entgegengerichteten, gleich großen Spannung. Die EMK des Elements ist gleich der Differenz der Elektrodenpotentiale.

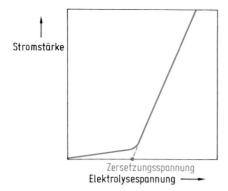

Abbildung 3.56   Stromstärke-Spannungs-Kurve bei einer Elektrolyse. Die Elektrolyse beginnt erst oberhalb der Zersetzungsspannung. Die Zersetzungsspannung von Salzsäure der Konzentration 1 mol/l (vgl. Abbildung 3.55) ist gleich dem Standardpotential des Redoxpaares Cl^-/Cl_2. Sie beträgt 1,36 V.

Kathode $E_H = 0,059 \lg \dfrac{c_{H_3O^+}}{p_{H_2}^{1/2}}$

Anode $E_{Cl} = E_{Cl}^\circ + 0,059 \lg \dfrac{p_{Cl_2}^{1/2}}{c_{Cl^-}}$

EMK $E_{Cl} - E_H = E_{Cl}^\circ + 0,059 \lg \dfrac{p_{Cl_2}^{1/2} \cdot p_{H_2}^{1/2}}{c_{Cl^-} \cdot c_{H_3O^+}}$

Mit wachsendem Druck von H_2 und Cl_2 steigt die Spannung des galvanischen Elements. Der Druck von Cl_2 und H_2 kann maximal den Wert des Außendrucks von 1,013 bar = 1 atm erreichen, dann können die Gase unter Blasenbildung entweichen. Bei $p_{H_2} = 1\,atm = 1,013\,bar$ und $p_{Cl_2} = 1\,atm = 1,013\,bar$ ist also die maximale EMK erreicht. Erhöht man nun die äußere Spannung etwas über diesen Wert, so kann die Gegenspannung nicht mehr mitwachsen, und die Elektrolyse setzt ein. Mit steigender äußerer Spannung wächst dann die Stromstärke linear an.

Die Zersetzungsspannung ist also gleich der Differenz der Redoxpotentiale beim Standarddruck $p = 1,013$ bar.

$$E_{Cl} - E_H = E_{Cl}^\circ + 0,059 \lg \frac{1}{c_{Cl^-} \cdot c_{H_3O^+}}$$

Für die Elektrolyse von Salzsäure mit der Konzentration $c_{HCl} = 0,1$ mol/l erhält man daraus die Zersetzungsspannung

$$E_{Cl} - E_H = (1,36 + 0,12)\,V = 1,48\ V$$

In vielen Fällen, besonders wenn bei der Elektrolyse Gase entstehen, ist die gemessene Zersetzungsspannung größer als die Differenz der Elektrodenpotentiale. Man bezeichnet diese Spannungserhöhung als *Überspannung*.

Zersetzungsspannung = Differenz der Redoxpotentiale + Überspannung.

Die Überspannung wird durch eine kinetische Hemmung der Elektrodenreaktionen hervorgerufen. Damit die Reaktion mit ausreichender Geschwindigkeit abläuft, ist eine zusätzliche Spannung erforderlich. Die Größe der Überspannung hängt vom Elektrodenmaterial, der Oberflächenbeschaffenheit der Elektrode und der Stromdichte an der Elektrodenfläche ab. Die Überspannung ist für Wasserstoff besonders an Zink-, Blei- und Quecksilberelektroden groß. Zum Beispiel ist zur Abscheidung von H_3O^+ an einer Hg-Elektrode bei einer Stromdichte von $10^{-2} \, A \, cm^{-2}$ eine Überspannung von 1,12 V erforderlich. An platinierten Platinelektroden ist die Überspannung von Wasserstoff null. Die Überspannung von Sauerstoff ist besonders an Platinelektroden groß. Bei der Elektrolyse einer HCl-Lösung müßte sich aufgrund der Redoxpotentiale an der Anode eigentlich Sauerstoff bilden und nicht Chlor. Aufgrund der Überspannung entsteht jedoch an der Anode Cl_2.

Elektrolysiert man eine wäßrige Lösung, die verschiedene Ionensorten enthält, so scheiden sich mit wachsender Spannung die einzelnen Ionensorten nacheinander ab. An der Kathode wird zuerst die Kationensorte mit dem positivsten Potential entladen. Je edler ein Metall ist, um so leichter sind seine Ionen reduzierbar. An der Anode werden zuerst diejenigen Ionen oxidiert, die die negativsten Redoxpotentiale haben.
In wäßrigen Lösungen mit pH = 7 beträgt das Redoxpotential von H_2/H_3O^+ −0,41 V. Kationen, deren Redoxpotentiale negativer als − 0,41 V sind (Na^+, Al^{3+}), können daher normalerweise nicht aus wäßrigen Lösungen elektrolytisch abgeschieden werden, da H_3O^+ zu H_2 reduziert wird. Aufgrund der hohen Überspannung von Wasserstoff gelingt es jedoch, in einigen Fällen an der Kathode Metalle abzuscheiden, deren Potentiale negativer als − 0,41 V sind. So kann z. B. Zn^{2+} an einer Zn-Elektrode sogar aus sauren Lösungen abgeschieden werden. Ohne die Überspannung wäre die Umkehrung der im Daniell-Element ablaufenden Reaktion nicht möglich. Bei der Elektrolyse würden statt der Zn^{2+}-Ionen H_3O^+-Ionen entladen. Die Abscheidung von Na^+-Ionen aus wäßrigen Lösungen ist möglich, wenn man eine Quecksilberelektrode verwendet. Durch die Wasserstoffüberspannung am Quecksilber wird das Wasserstoffpotential so weit nach der negativen Seite, durch die Bildung von Natriumamalgam (Amalgame sind Quecksilberlegierungen) das Natriumpotential so weit nach der positiven Seite hin verschoben, daß Natrium und Wasserstoff in der Redoxreihe ihre Plätze tauschen.

Lokalelemente. An einer Zinkoberfläche ist die Reaktion $2 H_3O^+ + 2 e^- \rightarrow H_2 + 2 H_2O$ kinetisch gehemmt, da eine hohe Überspannung auftritt. An einer Kupferoberfläche ist dies nicht der Fall. Sorgt man für eine Verunreinigung der Zinkoberfläche mit Kupfer (oder anderen edleren Metallen, bei denen keine Wasserüberspannung auftritt), so bildet sich ein Lokalelement. Die bei der Auflösung von Zink gebildeten Elektronen fließen zum Kupfer und können dort rasch mit H_3O^+-Ionen zu H_2 reagieren (Abb. 3.57a). Man kann Lokalelemente durch Zusatz von Cu^{2+}- oder Ni^{2+}-Ionen zum Lösungsmittel erzeugen, da sich dann auf der Zn-Oberfläche Cu bzw. Ni abscheidet.

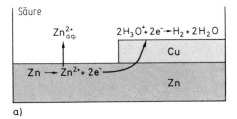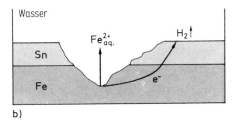

Abbildung 3.57   Entstehung von Lokalelementen.

$$Zn + Cu^{2+} \longrightarrow Zn^{2+} + Cu$$

Berührt man Zn mit einem Pt-Draht, entsteht ebenfalls ein Lokalelement. Die bei der Reaktion $Zn \rightarrow Zn^{2+} + 2e^-$ entstehenden Elektronen fließen zum Pt-Draht. Sie reagieren dort mit H_3O^+-Ionen und an der Oberfläche des Pt-Drahtes entwickelt sich H_2.

Lokalelemente sind wichtig bei der *Korrosion*. Schutzschichten auf Eisen aus Metallen, die edler als Eisen sind, (Cr, Sn, Ni) beschleunigen bei ihrer Verletzung die Korrosion von Eisen durch Bildung eines Lokalelements (Abb. 3.57b). Schutzschichten aus einem unedleren Metall, z. B. Zn, fördern bei ihrer Beschädigung die Korrosion des Eisens nicht.

Bei rostfreiem Stahl (siehe Abschnitt 5.16.4.1) wird die Korrosion durch Bildung einer chromreichen Oxidschicht verhindert.

Gesetz von Faraday. Die Faraday-Konstante F ist gerade die Elektrizitätsmenge von 1 mol Elektronen (vgl. Gl. 3.54).

Das Faradaysche Gesetz sagt aus, daß durch die Ladungsmenge von einem Faraday 1 mol Ionenäquivalente (vgl. Abschn. 3.1) abgeschieden werden. Bei einer Elektrolyse werden also durch die Ladungsmenge $1F$ gerade 1 mol Me^{1+}-Ionen (Na^+, Ag^+), $\frac{1}{2}$ mol Me^{2+}-Ionen (Cu^{2+}, Zn^{2+}) und $\frac{1}{3}$ mol Me^{3+}-Ionen (Al^{3+}, Fe^{3+}) abgeschieden.

Die Elektrolyse ist eine wichtige Methode zur qualitativen und quantitativen Analyse von Metallen. *Elektrogravimetrie*: Aus Lösungen können durch kathodische Reduktion Metallkationen als Metalle abgeschieden werden und die abgeschiedenen Mengen durch Wägung bestimmt werden. *Polarographie*: Durch Bestimmung der Abscheidungspotentiale an einer Quecksilberkathode können die Metallkationen von Lösungen – wegen der Überspannung auch unedle Kationen – identifiziert werden. Die Stromstärke der Stromstärke-Spannungs-Kurve ist proportional der Ionenkonzentration.

Elektrolytische Verfahren sind von großer technischer Bedeutung. Die Gewinnung von Alkalimetallen, Erdalkalimetallen, Aluminium, Fluor, Zink und die Raffination von Kupfer erfolgen durch Elektrolyse, ebenso die Oberflächenveredelung von Metallen, z. B. das Verchromen und die anodische Oxidation von Aluminium (Eloxal-Verfahren). An dieser Stelle soll die Elektrolyse wäßriger NaCl-Lösungen besprochen werden. Die anderen elektrolytischen Verfahren werden bei den Elementen behandelt.

Chloralkali-Elektrolyse

Diaphragmaverfahren (Abb. 3.58). Bei der Elektrolyse einer NaCl-Lösung mit einer Eisenkathode und einer Titananode (früher Graphit) laufen folgende Reaktionen an den Elektroden ab:

Kathode $2 H_2O + 2 e^- \longrightarrow H_2 + 2 OH^-$

Anode $2 Cl^- \longrightarrow Cl_2 + 2 e^-$

Gesamtvorgang $2 Na^+ + 2 Cl^- + 2 H_2O \longrightarrow H_2 + Cl_2 + 2 Na^+ + 2 OH^-$

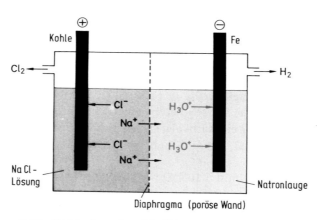

Abbildung 3.58   Elektrolyse einer NaCl-Lösung nach dem Diaphragmaverfahren.

Bei der Chloralkali-Elektrolyse entstehen also Natronlauge, Chlor und Wasserstoff. Um eine möglichst Cl^--freie NaOH-Lösung zu erhalten, wird der Anodenraum vom Kathodenraum durch ein Diaphragma getrennt.

Da das Diaphragma für Ionen durchlässig ist, wandern Cl^--Ionen in den Kathodenraum und OH^--Ionen in den Anodenraum. Da bei zu hoher OH^--Konzentration auch eine unerwünschte OH^--Abscheidung erfolgt, wird der OH^--Wanderung dadurch entgegengewirkt, daß nur eine verdünnte Lauge (bis 15%) erzeugt wird. Beim Eindampfen der verdünnten Lauge fällt das NaCl fast vollständig aus und wird erneut elektrolysiert.

Quecksilberverfahren. Die Anode besteht aus Graphit oder bevorzugt aus mit Edelmetallverbindungen beschichtetem Titan. Als Kathode wird statt Eisen Quecksilber verwendet. Wegen der hohen Wasserstoffüberspannung bildet sich an der Kathode kein Wasserstoffgas, sondern es werden Na^+-Ionen zu Na-Metall reduziert, das sich als Natriumamalgam (Amalgame sind Quecksilberlegierungen) in der Kathode löst.

Kathode $Na^+ + e^- \longrightarrow$ Na-Amalgam

Anode $Cl^- \longrightarrow \frac{1}{2} Cl_2 + e^-$

Das Amalgam wird mit Wasser unter Bildung von Natronlauge und Wasserstoff an Graphitkontakten zersetzt.

$$Na + H_2O \longrightarrow Na^+ + OH^- + \tfrac{1}{2}H_2$$

Mit dem Quecksilberverfahren erhält man eine chloridfreie Natronlauge und reines Chlorgas. Der Nachteil des Verfahrens ist die Emission von toxischem Quecksilber. Ein neues drittes Verfahren, das Menbranverfahren, gewinnt zunehmend technische Bedeutung.

Membranverfahren. An der Anode und der Kathode laufen die gleichen Prozesse ab wie beim Diaphragmaverfahren. Kathoden- und Anodenraum sind durch eine ionenselektive Membran getrennt. Sie soll eine hohe Durchlässigkeit für Na^+-Ionen und keine Durchlässigkeit für Cl^-- und OH^--Ionen besitzen. Die Membranen bestehen aus polymeren fluorierten Kohlenwasserstoffen mit Seitenketten, die Sulfonsäure- bzw. Carboxylgruppen enthalten (Nafion-Membran). Die Na^+-Ionen treten vom Anodenraum durch die Membran in den Kathodenraum. Bei zu hoher Konzentration an OH^--Ionen erfolgt auch eine Diffusion von OH^--Ionen vom Kathodenraum in den Anodenraum, dadurch sinkt die Stromausbeute. Das Membranverfahren liefert eine chloridfreie Natronlauge mit einem Massenanteil von maximal 35 % und die Umweltbelastung durch Hg entfällt. Nachteile sind die hohen Reinheitsanforderungen an die NaCl-Lösung (wegen der Empfindlichkeit der Membranen) und hohe Kosten der Membranen.

In Westeuropa hat das Quecksilberverfahren einen Anteil von 55 % und das Membranverfahren von 22 % an der Chloralkalielektrolyse. In den USA sind die Anteile 10 % und 17 %. Um die Emission des toxischen Quecksilbers vollständig zu vermeiden wird bei Neuanlagen weltweit die Membrantechnologie verwendet.

Die Auslastung der Elektrolysezellen wird zur Zeit durch die Chlornachfrage bestimmt. 97 % Chlor (Weltproduktion $80 \cdot 10^6$ t) wird durch Elektrolyse erzeugt, NaOH und H_2 sind Koppelprodukte. In einer Anlage mit 100 Zellen werden täglich 800 t Chlor erzeugt.

3.8.11 Elektrochemische Stromquellen

Galvanische Elemente sind Energieumwandler, in denen chemische Energie direkt in elektrische Energie umgewandelt wird. Man unterscheidet *Primärelemente, Sekundärelemente* und *Brennstoffzellen.* Bei Primärelementen und Sekundärelementen ist die Energie in den Elektrodensubstanzen gespeichert, durch ihre Beteiligung an Redoxreaktionen wird Strom erzeugt. *Sekundärelemente (Akkumulatoren) sind galvanische Elemente, bei denen sich die bei der Stromentnahme (Entladen) ablaufenden chemischen Vorgänge durch Zufuhr elektrischer Energie (Laden) umkehren lassen.* Bei einer Brennstoffzelle wird der Brennstoff den Elektroden kontinuierlich zugeführt.

Der **Bleiakkumulator** besteht aus einer Bleielektrode und einer Bleidioxidelektrode. Als Elektrolyt wird 20%ige Schwefelsäure verwendet. Die Potentialdifferenz zwischen den beiden Elektroden beträgt 2,04 V. Wird elektrische Energie entnommen (Entladung), laufen an den Elektroden die folgenden Reaktionen ab:

Negative Elektrode $\overset{0}{Pb} + SO_4^{2-} \xrightarrow{\text{Entladung}} \overset{+2}{Pb}SO_4 + 2e^-$

Positive Elektrode $\overset{+4}{Pb}O_2 + SO_4^{2-} + 4H_3O^+ + 2e^- \xrightarrow{\text{Entladung}} \overset{+2}{Pb}SO_4 + 6H_2O$

Gesamtreaktion $\overset{0}{Pb} + \overset{+4}{Pb}O_2 + 2H_2SO_4 \underset{\text{Ladung}}{\overset{\text{Entladung}}{\rightleftharpoons}} 2\overset{+2}{Pb}SO_4 + 2H_2O$

Bei der Stromentnahme wird H_2SO_4 verbraucht und H_2O gebildet, die Schwefelsäure wird verdünnt. Der Ladungszustand des Akkumulators kann daher durch Messung der Dichte der Schwefelsäure kontrolliert werden. Durch Zufuhr elektrischer Energie (Laden) läßt sich die chemische Energie des Akkumulators wieder erhöhen. Der Ladungsvorgang ist eine Elektrolyse. Dabei erfolgt wegen der Überspannung von Wasserstoff an Blei am negativen Pol keine Wasserstoffentwicklung. Bei Verunreinigung des Elektrolyten wird die Überspannung aufgehoben, und der Akku kann nicht mehr aufgeladen werden.

Der **Natrium-Schwefel-Akkumulator** besteht aus einer Natrium- und einer Schwefelelektrode, die bei der Betriebstemperatur von 300–350°C flüssig sind. Sie sind durch einen Festelektrolyten voneinander getrennt, der für Na^+-Ionen durchlässig ist. Dafür verwendet man den Na^+-Ionenleiter β-Al_2O_3 (vgl. Abschn. 4.8.5.2 und 5.7.5.1). Beim Stromfluß wandern Na^+-Ionen durch den Festelektrolyten und reagieren dann mit Schwefel unter Elektronenaufnahme zu Natriumpolysulfid (vgl. Abschn. 4.5.5).

Gesamtreaktion $2Na + \frac{n}{8}S_8 \longrightarrow Na_2S_n$

Der Na/S-Akkumulator liefert eine Spannung von 2,08 V, pro Masse fünfmal soviel Energie wie ein Bleiakkumulator und er ist längerlebig als dieser. Vorwiegend verwendet für stationäre Anwendungen als ununterbrochene Stromversorgungsanlage.

Beim **Natrium-Nickelchlorid-Akkumulator** wird die negative Natriumelektrode und der β-Al_2O_3-Festelektrolyt beibehalten. Als positive Elektrode wird $NiCl_2$ dispergiert in einer $NaAlCl_4$-Schmelze verwendet, die als Na^+-Ionenleiter zwischen β-Al_2O_3 und $NiCl_2$ fungiert. Die Betriebstemperatur beträgt $325°C \pm 50°C$, die Spannung 2,6 V.

Gesamtreaktion $2Na + NiCl_2 \rightarrow 2NaCl + Ni$

Im Unterschied zur Na—S-Zelle schadet auch mehrfaches Abkühlen der Batterie nicht. Vorwiegend in Elektrostraßenfahrzeugen verwendet.

Der **Nickel-Cadmium-Akkumulator** liefert eine EMK von etwa 1,3 V. Beim Entladen laufen folgende Elektrodenreaktionen ab:

Negative Elektrode $Cd + 2OH^- \rightarrow Cd(OH)_2 + 2e^-$
Positive Elektrode $2NiO(OH) + 2H_2O + 2e^- \rightarrow 2Ni(OH)_2 + 2OH^-$

Der **Nickel-Metallhydrid-Akkumulator** basiert auf dem gleichen Prinzip wie die Ni—Cd-Zelle. Das toxische Cd wird durch Metallhydrid, z. B. $LaNi_5H_{6-x}$ ersetzt. Als Elektrolyt wird konz. KOH-Lösung verwendet.

$$MH \,|\, KOH \,|\, NiO(OH)$$

Entladung $MH + NiO(OH) \rightarrow M + Ni(OH)_2$

Längere Lebenszeiten erhält man mit Hydriden der Legierungen $LaNi_{5-x}M_x$ (M = Co, Al, Mn, Si). Die EMK beträgt 1,3 V.

Lithium-Ionen-Akkumulatoren. Negative Elektroden sind graphitische Wirtsgitter, die reversibel Li^+-Ionen einlagern können. Durch Elektronenaufnahme aus dem Wirtsgitter werden die Li^+-Ionen neutralisiert. In den Schichtlücken des Graphitgitters wird maximal 1 Li pro 6 C-Atome eingelagert (LiC_6). Positive Elektroden sind Schichtstrukturen vom Typ $LiMO_2$ (M = Co, Ni, Mn), die reversibel Li^+-Ionen aufnehmen können. Derzeit wird vorwiegend $LiCoO_2$ verwendet, der Trend geht zu Manganoxiden. Für den Li^+-Transfer zwischen den Elektroden sorgen organische Elektrolyte.

Zellreaktionen:

Negative Elektrode $Li_xC_n \xrightleftharpoons[\text{Ladung}]{\text{Entladung}} C_n + xLi^+ + xe^-$

Positive Elektrode $Li_{1-x}MO_2 + xe^- + xLi^+ \xrightleftharpoons[\text{Ladung}]{\text{Entladung}} LiMO_2$

Die Li-Ionen-Zelle basiert also auf einem reversiblen Li^+-Austausch, die Wirtsstrukturen (nicht die Li^+-Ionen) sind die redoxaktiven Komponenten und bestimmen das Potential der Zelle. Die Entladespannung beträgt 4–5 V. Lithiumbatterien sind mittlerweile die meist verwendeten Batterien für portable Elektronik (Handy, Laptop) und verdrängen auf Grund ihrer hohen spezifischen Energie die Ni—Cd- und Ni-Metallhydrid-Akkus (Spezifische Energie in Wh/kg: Li-Ionen 120–130, Ni—Cd 50, Ni—Hydrid 80).

Gesamtreaktion $Li_{1-x}MO_2 + Li_xC_n \xrightleftharpoons[\text{Ladung}]{\text{Entladung}} LiMO_2 + C_n$

Das **Leclanché-Element** ist das bekannteste Primärelement. Es besteht aus einer Zinkanode, einer mit MnO_2 umgebenen Kohlekathode und einer mit Stärke bzw. Methylcellulose verdickten NH_4Cl-Lösung als Elektrolyt. Es liefert eine EMK von 1,5 V. Schematisch lassen sich die Vorgänge bei der Stromentnahme durch die folgenden Reaktionen beschreiben.

Negative Elektrode	$Zn \longrightarrow Zn^{2+} + 2e^-$
Positive Elektrode	$2\,MnO_2 + 2\,H_2O + 2e^- \longrightarrow 2\,MnO(OH) + 2\,OH^-$
Elektrolyt	$2\,NH_4Cl + 2\,OH^- + Zn^{2+} \longrightarrow Zn(NH_3)_2Cl_2 + 2\,H_2O$
Gesamtreaktion	$2\,MnO_2 + Zn + 2\,NH_4Cl \longrightarrow 2\,MnO(OH) + Zn(NH_3)_2Cl_2$

Lithiumbatterien sind Primärzellen mit hoher Energiedichte, niedriger Selbstentladungsrate und langer Lebensdauer.

Bei der Lithium-Thionylchlorid-Zelle erfolgt eine Oxidation der negativen Lithiumelektrode

$$Li \longrightarrow Li^+ + e^-$$

und eine Reduktion des Elektrolyten Thionylchlorid an einer positiven Kohleelektrode mit großer Oberfläche

$$2\,SOCl_2 + 4e^- \longrightarrow 4\,Cl^- + SO_2 + S$$

Die Li-Ionen wandern durch den Elektrolyten zur Kohleelektrode, bilden dort mit Cl^--Ionen LiCl, das sich an der Elektrode ablagert. Die Kohleelektrode hat also keinen Anteil an der Zellreaktion. Die Spannung beträgt 3,6 V, die Lebensdauer bis zu 10 Jahre, der Temperaturbereich $-50\,°C$ bis über $100\,°C$. Die Verwendung erfolgt zur langlebigen Energieversorgung zahlreicher elektronischer Geräte, z. B. Personal Computer.

Als Elektrolyt wird auch Sulfurylchlorid, SO_2Cl_2 und ein Gemisch aus SO_2Cl_2 und BrCl eingesetzt.

In der **Alkali-Mangan-Zelle**, die überwiegend als Primärzelle benutzt wird, wird Kalilauge als Elektrolyt verwendet. Sie arbeitet bis $-35\,°C$. Reaktionen bei der Stromentnahme:

Negative Elektrode	$Zn \longrightarrow Zn^{2+} + 2e^-$
Positive Elektrode	$2\,MnO_2 + 2\,H_2O + 2e^- \longrightarrow 2\,MnO(OH) + 2\,OH^-$
Elektrolyt	$Zn^{2+} + 2\,OH^- + KOH \longrightarrow Zn(OH)_2 \longrightarrow ZnO + H_2O$
Gesamtreaktion	$2\,MnO_2 + Zn + H_2O \longrightarrow 2\,MnO(OH) + ZnO$

Die $Zn-MnO_2$-Zelle ersetzt als Primärzelle in zunehmendem Maße das Leclanché-Element. Vorwiegend in den USA hat sie sich als wiederaufladbare Zelle, bezeichnet als RAM-Zelle (Rechargeable Alkaline Manganese) durchgesetzt.

Brennstoffzellen. Auch Brennstoffzellen sollen die zukünftige Energieversorgung verbessern. Die Automobilindustrie entwickelt sie für schadstofffreie Motoren. Sie sind aber auch für die dezentrale umweltfreundliche Energieversorgung von Gebäuden und Industrieanlagen verwendbar.

Brennstoffzellen sind gasgetriebene Batterien, die durch kalte elektrochemische Verbrennung eines gasförmigen Brennstoffs (Wasserstoff, Erdgas, Biogas) Gleichspan-

nungsenergie erzeugen. Am weitesten fortgeschritten ist die Entwicklung von Brennstoffzellen, die mit Wasserstoff betrieben werden. An der einen Elektrode wird Wasserstoff zu Protonen oxidiert, an der anderen Sauerstoff zu Oxidionen reduziert.

Schematische Elektrodenreaktionen:

Negative Elektrode $\quad H_2 \longrightarrow 2H^+ + 2e^-$

Positive Elektrode $\quad \frac{1}{2}O_2 + 2e^- \longrightarrow O^{2-}$

Gesamtreaktion $\quad H_2 + \frac{1}{2}O_2 \longrightarrow H_2O$

Die Gasdiffusionselektroden sind durchlässig für die reagierenden Gase und durch einen ionenleitenden Elektrolyten voneinander getrennt, so daß die Gase sich nicht mischen können. Die Sauerstoffionen reagieren mit den H^+-Ionen, die durch den Elektrolyten wandern zu H_2O. Es wird also elektrochemisch H_2 mit O_2 zu H_2O umgesetzt (Abb. 3.59). Die abgreifbare Zellspannung unter Betriebsbedingungen beträgt für eine Wasserstoff-Sauerstoff-Zelle 0,5–0,7 V.

Man unterscheidet Brennstoffzellentypen nach ihren Elektrolyten, aber auch nach der Betriebstemperatur (Hoch- und Niedrigtemperaturzellen). Die Tabelle 3.14 gibt einen Überblick. Brennstoffzellen haben Wirkungsgrade von etwa 60%. Konventionelle Systeme wie Dieselmaschinen und Gasturbinen ähnlicher Leistungsbereiche

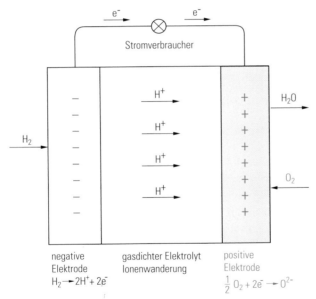

Abb. 3.59 Schematischer Aufbau einer Brennstoffzelle mit Protonenaustauschmembran (PEM). In Brennstoffzellen wird elektrochemisch gasförmiger Brennstoff (H_2, Erdgas) mit Sauerstoff (Luft) zu Wasser umgesetzt und damit Gleichspannungsenergie erzeugt. Der Wirkungsgrad beträgt ca. 60%. Mit Brennstoffzellen betriebene Automobile haben höhere Wirkungsgrade als mit Verbrennungsmotoren und sind abgasfrei oder zumindest abgasärmer.

Tabelle 3.14   Überblick über die fünf Typen von Brennstoffzellen (englisch fuel cell, FC)

Typ	Alkalische BZ (AFC)	Protonen-Austausch-membran BZ (PEMFC)	Phosphor-saure BZ (PAFC)	Carbonat-schmelzen BZ (MCFC)	Oxidkera-mische BZ (SOFC)
Elektrolyt	KOH-Lösung	Protonen-Austausch-membran (Nafion)	Konz. H_3PO_4 in poröser Matrix	Li_2CO_3/ K_2CO_3-Schmelze in $LiAlO_2$-Matrix	Keramischer Festkörper $ZrO_2(Y_2O_3)$
Arbeitstem-peratur in °C	< 100	60–120	160–220	600–660	800–1000
Brennstoff Oxidations-mittel	H_2 (hochrein) O_2 (hochrein)	H_2 Methanol (reformiert) Luftsauer-stoff	Erdgas Kohlegas (reformiert) Luftsauer-stoff	Erdgas Kohlegas Biogas Luftsauer-stoff	Erdgas Kohlegas Biogas Luftsauer-stoff
Wirkungs-grad in %	60	60	55	55–65	60–65
Anwendung	Raumfahrt	Kleinanlagen (Elektrofahr-zeuge, Kleinstkraft-werke)	Kleinanlagen Mittlere Anlagen Kraft-Wärmekopp-lung	Kleinanlagen Kraft-Wärme-Kopplung Schiffe, Schienenfahrzeuge	
Leistung	5–150 kW	10–250 kW	50 kW – 11 MW	100 kW	

(250 kW bis 10 MW) erreichen nur Wirkungsgrade bis 45 %. Gasturbinenanlagen, die Wirkungsgrade von 60 % erreichen, sind aber ökonomisch nur im Leistungs-bereich einiger hundert MW sinnvoll. Es gibt keine Brennstoffzelle, die sich für alle Anwendungen eignen würde. Alkalische Brennstoffzellen finden nur noch in der Raumfahrt Verwendung. Für alle anderen Typen gibt es technische Anwendungen (Tabelle 3.14). Einen großen Anwendungsbereich haben Membranbrennstoffzellen (PEMFC). Für die Elektroden wird als Elektrokatalysator Platin verwendet, das in nanodisperser Form auf die innere Oberfläche von Aktivkohle aufgebracht wird. Die Membran besteht aus Nafion, das für die Chloralkalielektrolyse entwickelt wur-de (Zusammensetzung siehe dort). Alle großen *Automobilhersteller entwickeln Mem-branzellen als alternative Technik zum Verbrennungsmotor*. Der Gesamtwirkungsgrad dieser Zellen ist ca. 10 % höher als der des Verbrennungsmotors und mit Wasserstoff

betriebene Fahrzeuge sind abgasfrei. Die Probleme bei wasserstoffbetriebenen Fahrzeugen sind die Wasserstoffspeicherung und die nötige Wasserstoffinfrastruktur. Testfahrzeuge wurden von DaimlerChrysler, Toyota und General Motors entwickelt. Einfacher zu handhaben ist als Treibstoff Methanol, das aber durch Methanolreformierung in Wasserstoff umgewandelt werden muß. Dabei entsteht auch Kohlenstoffdioxid und etwas Kohlenstoffmonooxid

$$CH_3OH + H_2O \xrightarrow{\text{200°C}} CO_2 + 2\,H_2$$

Der CO-Gehalt (Katalysatorgift) muß auf 10 ppm gesenkt werden. Die Einbußen beim Wirkungsgrad liegen bei 10–15%. Prototypen gibt es von DaimlerChrysler und Toyota.

Im Freiburger Frauenhofer- Institut wurde ein bereits serienreifer Brennstoffzellenakku (PEMFC) entwickelt, der zur Stromerzeugung z. B. für Notebooks dienen kann.

Davon abgesehen ist nur die phosphorsaure Brennstoffzelle (PAFC) derzeit kommerziell verfügbar. Bei Blockheizkraftwerken mit Kraft-Wärme-Kopplung (Hotels, Fabriken, Bürohäuser) kann der Wirkungsgrad auf 80% gesteigert werden. Die Brennstoffzelle ist geräuscharm und die Abgase sind zu vernachlässigen.

4 Die Elemente der Hauptgruppen

4.1 Häufigkeit der Elemente in der Erdkruste

Die Erdkruste reicht bis in eine Tiefe von 30–40 km. Die Häufigkeit der Elemente in der Erdkruste ist sehr unterschiedlich. Die zehn häufigsten Elemente ergeben bereits einen Massenanteil an der Erdkruste von 99,5%. Die zwanzig häufigsten Elemente sind in der Tabelle 4.1 angegeben. Sie machen 99,9% aus, den Rest von 0,1% bilden die übrigen Elemente. Sehr selten sind so wichtige Elemente wie Au, Pt, Se, Ag, I, Hg, W, Sn, Pb.

Tabelle 4.1   Häufigkeit der Elemente in der Erdkruste

Element	Massenanteil in %	Element	Massenanteil in %
O	45,50	P	0,112
Si	27,20	Mn	0,106
Al	8,30	F	0,054
Fe	6,20	Ba	0,039
Ca	4,66	Sr	0,038
Mg	2,76	S	0,034
Na	2,27	C	0,018
K	1,84	Zr	0,016
Ti	0,63	V	0,014
H	0,15	Cl	0,013
	99,51		0,444

Die Anzahl der Mineralarten in der Erdkruste beträgt etwa 3500. 91,5% der Erdkruste bestehen aus Si—O-Verbindungen (hauptsächlich Silicate von Al, Fe, Ca, Na, Mg), 3,5% aus Eisenerzen (vorwiegend Eisenoxide), 1,5% aus $CaCO_3$. Alle anderen Mineralarten machen nur noch 3,5% aus.

4.2 Wasserstoff

4.2.1 Allgemeine Eigenschaften

Ordnungszahl Z	1
Elektronenkonfiguration	$1s^1$
Ionisierungsenergie in eV	13,6
Elektronegativität	2,2
Schmelzpunkt in °C	-259
Siedepunkt in °C	-253

Wasserstoff nimmt unter den Elementen eine Ausnahmestellung ein. Das Wasserstoffatom ist das kleinste aller Atome und hat die einfachste Struktur aller Atome. Die Elektronenhülle besteht aus einem einzigen Elektron, die Elektronenkonfiguration ist $1s^1$. Wasserstoff gehört zu keiner Gruppe des Periodensystems. Verglichen mit den anderen s^1-Elementen, den Alkalimetallen, hat Wasserstoff eine doppelt so hohe Ionisierungsenergie und eine wesentlich größere Elektronegativität, und es ist ein typisches Nichtmetall.

Die durch Abgabe der 1s-Valenzelektronen gebildeten H^+-Ionen sind Protonen. In kondensierten Phasen existieren H^+-Ionen nie isoliert, sondern sie sind immer mit anderen Molekülen oder Atomen assoziiert. In wäßrigen Lösungen bilden sich H_3O^+-Ionen.

Wie bei den Halogenatomen entsteht aus einem Wasserstoffatom durch Aufnahme eines Elektrons ein Ion mit Edelgaskonfiguration. Von den Halogenen unterscheidet sich Wasserstoff aber durch seine kleinere Elektronenaffinität und Elektronegativität, der Nichtmetallcharakter ist beim Wasserstoff wesentlich weniger ausgeprägt. Verbindungen mit H^--Ionen wie KH und CaH_2 werden daher nur von den stark elektropositiven Metallen gebildet.

Da Wasserstoffatome nur ein Valenzelektron besitzen, können sie nur eine kovalente Bindung ausbilden. Im elementaren Zustand besteht Wasserstoff aus zweiatomigen Molekülen H_2, in denen die H-Atome durch eine σ-Bindung aneinander gebunden sind. Zwischen stark polaren Molekülen wie HF und H_2O treten Wasserstoffbindungen auf (vgl. Abschn. 2.6).

4.2.2 Vorkommen und Darstellung

Wasserstoff ist das häufigste Element des Kosmos. Etwa $^2/_3$ der Gesamtmasse des Weltalls besteht aus Wasserstoff (vgl. S. 24). In der Erdkruste ist jedes sechste Atom ein Wasserstoffatom. In der unteren Atmosphäre kommt elementarer Wasserstoff nur in Spuren (Volumenanteil $5 \cdot 10^{-5}\%$) vor.

Wasserstoff kann aus Wasser (Massenanteil H 11,2%), der häufigsten Wasserstoffverbindung, dargestellt werden.

Stark elektropositive Metalle reagieren mit Wasser unter Entwicklung von Wasserstoff, außerdem entsteht eine Lösung des Metallhydroxids.

$$2\,Na + 2\,H_2O \longrightarrow H_2 + 2\,Na^+ + 2\,OH^-$$
$$Ca + 2\,H_2O \longrightarrow H_2 + \quad Ca^{2+} + 2\,OH^-$$

Im Labormaßstab gewinnt man Wasserstoff durch Reaktion von unedlen Metallen, wie Zn oder Fe, mit Säuren.

$$2\,H_3O^+ + Zn \longrightarrow H_2 + Zn^{2+} + 2\,H_2O$$

Ausgangsstoffe für die technische Herstellung sind Kohlenwasserstoffe und Wasser. Die wichtigsten Verfahren sind:

Steam-Reforming-Verfahren

Methan aus Erdgasen oder leichte Erdölfraktionen (niedere Kohlenwasserstoffe) werden bei Temperaturen zwischen 700 und 830 °C und bei Drücken bis 40 bar mit Wasserdampf in Gegenwart von Ni-Katalysatoren umgesetzt.

$$CH_4 + H_2O \longrightarrow 3\,H_2 + CO \qquad \Delta H^\circ = +\,206\,kJ/mol$$

Da die Ni-Katalysatoren durch Schwefelverbindungen vergiftet werden, müssen die eingesetzten Rohstoffe vorher entschwefelt werden.

Partielle Oxidation von schwerem Heizöl

Schweres Heizöl und Erdölrückstände werden ohne Katalysator bei Temperaturen zwischen 1200 und 1500 °C und einem Druck von 30 bis 40 bar partiell mit Sauerstoff oxidiert.

$$2\,C_nH_{2n+2} + n\,O_2 \longrightarrow 2n\,CO + 2(n+1)\,H_2$$

Eine Entschwefelung ist nicht notwendig.

Kohlevergasung

Wasserdampf wird mit Koks reduziert.

$$C + H_2O \rightleftharpoons \underbrace{CO + H_2}_{\text{Wassergas}} \qquad \Delta H^\circ = +\,131\,kJ/mol$$

Die Erzeugung von Wassergas ist ein endothermer Prozeß. Die dafür benötigte Reaktionswärme erhält man durch Kombination mit dem exothermen Prozeß der Kohleverbrennung.

$$C + O_2 \longrightarrow CO_2 \qquad \Delta H_B^\circ = -\,394\,kJ/mol$$

Beim Winkler-Verfahren wird ohne Druck bei 800–1100 °C gearbeitet. Bei anderen

Verfahren erfolgt die Umsetzung bei höheren Temperaturen und zum Teil unter Druck.

Bei allen drei Verfahren erfolgt anschließend eine

Konvertierung von Kohlenstoffmonooxid

CO reagiert in Gegenwart von Katalysatoren mit Wasserdampf zu CO_2. Es stellt sich das sogenannte *Wassergasgleichgewicht* ein.

$$CO + H_2O(g) \rightleftharpoons CO_2 + H_2 \qquad \Delta H^\circ = -41 \text{ kJ/mol}; K_{830^\circ C} = 1$$

Bei 1000 °C liegt das Gleichgewicht auf der linken Seite, unterhalb 500 °C praktisch vollständig auf der rechten Seite.

Bei der Hochtemperaturkonvertierung arbeitet man bei 350–380 °C mit Eisenoxid-Chromoxid-Katalysatoren. Die Tieftemperaturkonvertierung wird mit Kupferoxid-Zinkoxid-Katalysatoren bei 200–250 °C durchgeführt, man erreicht Restgehalte von CO unter 0,3 %. Dieser Katalysator ist aber, im Gegensatz zum Eisenoxid-Chromoxid-Katalysator, sehr empfindlich gegen Schwefelverbindungen. Für die Tieftemperaturkonvertierung eignen sich daher die Reaktionsgemische aus dem Steam-Reforming-Prozeß.

CO_2 wird unter Druck durch physikalische Absorption (z. B. mit Methanol) oder durch chemische Absorption (organische Amine, wäßrige K_2CO_3-Lösungen) aus dem Gasgemisch entfernt.

Thermische Crackung von Kohlenwasserstoffen

Zur Benzingewinnung aus Erdöl werden die im Erdöl enthaltenen Kohlenwasserstoffe unter Rußabscheidung und H_2-Entwicklung katalytisch gespalten.

$$C_nH_{2n+2} \left\langle \begin{array}{l} \longrightarrow C_nH_{2n} + H_2 \\ \longrightarrow C_{n-1}H_{2n} + H_2 + C(s) \end{array} \right.$$

Elektrolyse

Elektrolytisch erzeugt man Wasserstoff durch Elektrolyse 30 %iger KOH-Lösungen und als Nebenprodukt bei der Elektrolyse von Natriumchloridlösungen (vgl. S. 366).

$$Na^+ + Cl^- + H_2O \longrightarrow Na^+ + OH^- + \tfrac{1}{2}H_2 + \tfrac{1}{2}Cl_2$$

Der erzeugte Wasserstoff ist sehr rein und wird z. B. für Hydrierungen in der Nahrungsmittelindustrie (Fetthärtung) verwendet.

Die Weltproduktion an H_2 liegt bei $500 \cdot 10^9$ m³. In Deutschland wurden im Jahr 2000 $2,9 \cdot 10^9$ m³ produziert. Gegenwärtig werden 80 % petrochemisch erzeugt. Die Kohlevergasung gewinnt in Ländern mit billiger Kohle wieder an Bedeutung (vor dem 2. Weltkrieg wurden danach weltweit 90 % des Wasserstoffs hergestellt). Der Anteil des elektrolytisch erzeugten Wasserstoffs ist ca. 4 %.

Der größte Teil des technisch hergestellten Wasserstoffs wird für Synthesen (NH_3, CH_3OH, HCN, HCl, Fetthärtung) *verwendet, mehr als die Hälfte für die NH_3-Synthese.* Außerdem benötigt man Wasserstoff als Raketentreibstoff, als Heizgas, zum autogenen Schneiden und Schweißen (vgl. S. 380) sowie als Reduktionsmittel bei der Herstellung bestimmter Metalle (W, Mo, Ge, Co) aus Metalloxiden.

Abhängig von der Herstellungsart enthält Wasserstoff Verunreinigungen wie O_2, N_2 und in Spuren H_2S, AsH_3. *Reinster Wasserstoff* wird nach folgenden Methoden hergestellt: Wasserstoff löst sich in Pd und Ni und diffundiert durch beheizte Röhrchen dieser Metalle, die Verunreinigungen lösen sich nicht (vgl. S. 385); Uran wird mit H_2 bei höheren Temperaturen zum Hydrid umgesetzt und dieses im Vakuum thermisch zersetzt.

4.2.3 Physikalische und chemische Eigenschaften

Wasserstoff ist ein farbloses, geruchloses Gas. Es ist das leichteste aller Gase, 1 l hat bei 0 °C die Masse von 0,08987 g, es ist 14,4mal leichter als Luft. Es hat von allen Gasen die größte spezifische Wärmekapazität und das größte Diffusionsvermögen. Die Diffusionsgeschwindigkeit eines Gases hängt von seiner Molekülmasse m ab. Für die Diffusionsgeschwindigkeit v zweier Gase gilt:

$$\frac{v_1}{v_2} = \sqrt{\frac{m_2}{m_1}}$$

Wasserstoff diffundiert also viermal schneller als Sauerstoff. Auf Grund der hohen mittleren Geschwindigkeit der H_2-Moleküle (vgl. S. 252) hat es von allen Gasen die größte Wärmeleitfähigkeit.

Bei 20 K kondensiert Wasserstoff zu einer farblosen, nichtleitenden Flüssigkeit, bei 14 K kristallisiert Wasserstoff in einem Molekülgitter mit hexagonal-dichtester Kugelpackung (vgl. S. 169).

Von großem theoretischen Interesse ist der Übergang Nichtmetall–Metall, der bei hohen Drücken zu erwarten ist und der z. B. beim Iod experimentell realisiert werden konnte (vgl. S. 399). Für die Umwandlung in metallischen Wasserstoff wurde theoretisch ein Druck von 2,5 Mbar abgeschätzt. Wasserstoff, der Stoßwellen mit Drücken bis zu 2 Mbar ausgesetzt wurde, zeigte eine elektrische Leitfähigkeit von $2000 \, \Omega \, cm^{-1}$. Damit wurde erstmalig der experimentelle Nachweis von metallischem Wasserstoff erbracht.

Wasserstoff besitzt nur eine geringe Löslichkeit in Wasser (18,2 ml H_2/l bei 20 °C) und anderen Lösungsmitteln, löst sich jedoch gut in einigen Übergangsmetallen (vgl. S. 385), am besten in Pd (850 ml H_2/ml Pd).

Wegen der relativ großen Dissoziationsenergie der Wasserstoffmoleküle ist H_2 bei Raumtemperatur ziemlich reaktionsträge.

$$H_2 \rightleftharpoons 2H \qquad \Delta H^\circ = +436 \, kJ/mol$$

Molekularer Wasserstoff kann aber durch Zufuhr von Wärme- oder Strahlungsenergie sowie durch Oberflächenreaktionen an Katalysatoren (vgl. S. 305) *aktiviert werden*. So wirkt molekularer Wasserstoff erst bei höherer Temperatur auf die Oxide schwach elektropositiver Metalle (Cu, Fe, Sn, W) reduzierend.

$$Cu_2O + H_2 \longrightarrow 2\,Cu + H_2O$$

$PdCl_2$ wird – ausnahmsweise – bereits bei Raumtemperatur reduziert.

$$PdCl_2 + H_2 \longrightarrow Pd + 2\,HCl$$

$PdCl_2$-Lösungen benutzt man daher zum Nachweis von H_2.

Bei Raumtemperatur reagiert ein Gemisch aus molekularem Wasserstoff und Sauerstoff (*Knallgas*) praktisch nicht. In Gegenwart von Katalysatoren (Pt) oder bei erhöhter Temperatur ($> 400\,°C$) läuft die exotherme Reaktion

$$\underbrace{H_2 + \tfrac{1}{2}O_2}_{\text{Knallgas}} \longrightarrow H_2O\,(g) \qquad \Delta H_B^\circ = -242\,kJ/mol$$

explosionsartig als *Kettenreaktion* ab.

$$H_2 \longrightarrow 2\,H \qquad\qquad \text{Startreaktion}$$

$$\left.\begin{array}{l} H + O_2 \longrightarrow OH + O \\ OH + H_2 \longrightarrow H_2O + H \\ O + H_2 \longrightarrow OH + H \end{array}\right\} \begin{array}{l}\text{Kettenreaktion mit}\\\text{Kettenverzweigung}\end{array}$$

Die Kettenabbruchreaktionen

$$OH + H \longrightarrow H_2O$$
$$O + H_2 \longrightarrow H_2O$$

finden nur dann statt, wenn ein Teil der Rekombinationsenergie von einem weiteren Teilchen (Dreierstöße) oder der Gefäßwand aufgenommen wird.

Auf Grund der hohen Verbrennungsenthalpie kann man diese Reaktion zur Erzeugung hoher Temperaturen benutzen (*Knallgasgebläse*). Damit keine Explosion erfolgen kann, leitet man die Gase getrennt in den Verbrennungsraum (Daniellscher Brenner). Man erreicht Temperaturen bis $3000\,°C$, so daß man das Knallgasgebäse zum Schmelzen hochschmelzender Stoffe sowie zum autogenen Schweißen und Schneiden benutzt. Überraschend ist, daß unter hohem Druck (ca. 80000 bar) bei Raumtemperatur Knallgas eine stabile Mischung bildet, die nicht zur Reaktion gebracht werden kann.

Auch die Reaktion von *Chlorknallgas*

$$H_2 + Cl_2 \longrightarrow 2\,HCl$$

muß aktiviert werden. Sie verläuft ebenfalls explosionsartig nach einem Kettenmechanismus (vgl. S. 303).

Gegenüber Alkalimetallen und Erdalkalimetallen kann Wasserstoff auch als Oxidationsmittel reagieren. Bei der Reaktion bilden sich salzartige Hydride, die aus Metallkationen und H^--Ionen aufgebaut sind (vgl. S. 383).

Atomarer Wasserstoff H ist sehr reaktionsfähig und hat ein hohes Reduktionsvermögen. Schon bei Raumtemperatur erfolgt Reaktion mit Cl_2, Br_2, I_2, O_2, S_8, P_4, As, Sb, Ge und Reduktion der Oxide CuO, SnO_2, PbO, Bi_2O_3 zu Metallen.

Atomarer Wasserstoff entsteht mit Ausbeuten bis zu 95%, wenn man H_2-Moleküle unter vermindertem Druck mit Mikrowellen bestrahlt. Auf Grund des ungepaarten Elektrons verhalten sich H-Atome wie Radikale, die sofort wieder zu H_2 rekombinieren. Die Halbwertszeit der Rekombination beträgt jedoch einige Zehntelsekunden, da bei der Rekombination ein dritter Stoßpartner (Teilchen oder Gefäßwand) vorhanden sein muß, der einen Teil der freiwerdenden Bindungsenergie aufnimmt. Fehlt dieser, wird die freiwerdende Bindungsenergie in Schwingungsenergie umgewandelt, das Molekül zerfällt wieder. Die Lebenszeit der H-Atome genügt, um sie aus dem Entladungsraum abzusaugen und den Reaktionspartnern zuzuleiten.

Atomarer Wasserstoff entsteht auch durch Aufspaltung der H_2-Moleküle bei hohen Temperaturen, z. B. im Lichtbogen. Bei 3000°C sind 9%, bei 3500°C 29% und bei 6000°C 99% H-Atome im Gleichgewicht mit H_2. In der *Langmuir-Fackel* wird die Rekombinationswärme zum Schweißen (reduzierende Atmosphäre) und Schmelzen höchstschmelzender Stoffe (Ta, W) ausgenutzt. Ein scharfer Strahl der im Lichtbogen erzeugten H-Atome wird auf die Metalloberfläche gerichtet. An den Auftreffstellen entstehen durch die Rekombinationswärme Temperaturen bis 4000°C.

4.2.4 Wasserstoffisotope

Natürlicher Wasserstoff besteht aus den Isotopen ^1H (leichter Wasserstoff, Protium), ^2H (Deuterium D) und ^3H (Tritium T) (Häufigkeiten $1 : 10^{-4} : 10^{-17}$). Tritium ist ein β-Strahler und wandelt sich mit einer Halbwertszeit von 12,4 Jahren in ^3_2He um. Es wird daher zur radioaktiven Markierung von Wasserstoffverbindungen verwendet. Natürliches Tritium entsteht in den höchsten Schichten der Atmosphäre durch Reaktion von N-Atomen mit Neutronen der Höhenstrahlung.

$$^{14}_7N + ^1_0n \longrightarrow ^3_1H + ^{12}_6C$$

Die künstliche Darstellung von T und die Kernfusion von T mit D ist im Abschn. 1.3.3 beschrieben.

Tabelle 4.2   Eigenschaften von Wasserstoff und Deuterium

	H_2	D_2
Schmelzpunkt in K	14,0	18,7
Siedepunkt in K	20,4	23,7
Verdampfungsenthalpie in kJ/mol	0,117	0,197
Dissoziationsenergie bei 25°C in kJ/mol	436	444

Bei keinem Element ist die relative Massendifferenz der Isotope so groß wie beim Wasserstoff, daher sind diese in ihren Eigenschaften unterschiedlicher als die Isotope der anderen Elemente. Einige Eigenschaften von H_2 und D_2 werden in der Tabelle 4.2 verglichen.

H_2 und D_2 unterscheiden sich nicht nur in den physikalischen Eigenschaften, sondern auch – im Gegensatz zu den Isotopen anderer Elemente – *etwas im chemischen Verhalten. H_2 ist reaktionsfähiger als D_2.* Die Reaktionen von H_2 mit Cl_2, Br_2 und O_2 verlaufen schneller als die entsprechenden Reaktionen mit D_2.

Auch die Reaktionsgeschwindigkeiten deuterierter Verbindungen sind meist kleiner als die entsprechender H-Verbindungen. Solche *Isotopeneffekte* benutzt man zur Anreicherung und Isolierung von Deuteriumverbindungen aus natürlichen Isotopengemischen. Bei der Elektrolyse von Wasser reichert sich D_2O im Elektrolyten an, da H_2O schneller kathodisch reduziert wird. Aus D_2O erhält man D_2 durch Elektrolyse oder Reduktion mittels Na. Da deuterierte Verbindungen einen kleineren Dampfdruck als H-Verbindungen haben, kann man D-Verbindungen von H-Verbindungen durch fraktionierende Destillation trennen.

Viele deuterierte Verbindungen können durch Isotopenaustauschreaktionen hergestellt werden. Zum Beispiel reagieren H_2, H_2O, NH_3, CH_4 an Pt-Katalysatoren mit D_2 zu den deuterierten Verbindungen HD, HDO usw. Auch durch Solvolyse mit D_2O werden deuterierte Verbindungen hergestellt.

Beispiele:

$$SiCl_4 + 2D_2O \longrightarrow SiO_2 + 4DCl$$
$$SO_3 + \quad D_2O \longrightarrow D_2SO_4$$

D_2O wird in Kernreaktoren als Moderator verwendet (vgl. S. 22). Deuterierte Verbindungen sind wertvoll bei der Aufklärung von Strukturen und Reaktionsabläufen.

4.2.5 Ortho- und Parawasserstoff

Der Wasserstoffatomkern besitzt einen Spin. *Ein H_2-Molekül besteht entweder aus Atomen, deren Spins parallel (Orthowasserstoff) oder antiparallel (Parawasserstoff) sind. Zwischen beiden Molekülformen existiert ein temperaturabhängiges Gleichgewicht.*

$$o\text{-}H_2 \rightleftharpoons p\text{-}H_2$$

p-H_2 ist die energieärmere Form. In der Nähe des absoluten Nullpunkts liegt das Gleichgewicht daher vollständig auf der Seite von p-H_2 (99,7 % bei 20 K). Nur in Gegenwart von Katalysatoren (Aktivkohle, Pt, paramagnetische Substanzen) erfolgt eine rasche Gleichgewichtseinstellung. Der Reaktionsmechanismus verläuft über die Dissoziation der H_2-Moleküle an der Katalysatoroberfläche und nachfolgende Rekombination des Moleküls. Dabei erfolgt Spinkopplung entsprechend der Gleichgewichtslage. Oberhalb 200 K ist im Gleichgewichtszustand der maximal mögliche Gehalt von 75 % o-H_2 vorhanden. Reines o-H_2 kann aber z. B. durch gaschromatographische Trennung des Gemisches hergestellt werden. o-H_2 und p-H_2 zeigen keinen Unterschied im chemischen Verhalten, aber geringfügige Unterschiede in den physikalischen Eigenschaften.

4.2.6 Wasserstoffverbindungen

Wasserstoff bildet mit fast allen Elementen Verbindungen, mehr als irgend ein anderes Element. Nach der vorherrschenden Bindungsart können drei Gruppen von Wasserstoffverbindungen unterschieden werden: kovalente Hydride, salzartige Hydride und metallische Hydride.

Kovalente Hydride

Zu dieser Gruppe gehören die Hydride der Nichtmetalle und Halbmetalle, sie sind bei Normalbedingungen meist Gase oder Flüssigkeiten. Flüchtige kovalente Hydride bilden auch einige schwach elektropositive Hauptgruppenmetalle (Sn, Pb, Bi, Po). Eine überwiegend kovalente Bindung besitzen die binären Metallhydride von Be, Al und Ga, die bei Raumtemperatur polymer und daher nichtflüchtig sind.

Die kovalente Bindung ist fast unpolar (CH_4, PH_3, AsH_3) bis stark polar (HCl, H_2O, HF). *Bezüglich der Bindungspolarität gibt es Hydride mit positiviertem Wasserstoff*

$$\overset{\delta+}{H}-\overset{\delta-}{X} \qquad HCl, H_2O, NH_3$$

und solche mit negativiertem Wasserstoff

$$\overset{\delta-}{H}-\overset{\delta+}{X} \qquad SiH_4, B_2H_6$$

Der positivierte Wasserstoff ist zu Säurefunktionen befähigt und wirkt als Oxidationsmittel.

Beispiel:

$$HCl + H_2O \longrightarrow H_3O^+ + Cl^-$$
$$2\,HCl + Zn \longrightarrow Zn^{2+} + 2\,Cl^- + H_2$$

Der negativierte Wasserstoff hat eine basische Funktion und wirkt reduzierend.

Beispiel:

$$SiH_4 + 2\,H_2O \longrightarrow SiO_2 + 4\,H_2$$
$$SiH_4 + 2\,O_2 \longrightarrow SiO_2 + 2\,H_2O$$

Die wichtigsten kovalenten Wasserstoffverbindungen werden bei den jeweiligen Elementen behandelt.

Salzartige Hydride

Sie werden von stark elektropositiven Metallen (Alkalimetalle, Erdalkalimetalle außer Be) mit Wasserstoff bei 500–700 °C gebildet und sie *kristallisieren in Ionengit-*

tern. Die Ionenkristalle sind aus Metallkationen und Hydridionen H^- aufgebaut. Das weiche H^--Ion hat je nach Bindungspartner einen Ionenradius zwischen 130 und 200 pm und ähnelt in der Größe F^- und Cl^- (vgl. Tab. 2.2). Die Hydride der Alkalimetalle kristallisieren daher in der NaCl-Struktur. Die Erdalkalimetallhydride CaH_2, SrH_2 und BaH_2 kristallisieren in der Hochdruckmodifikation im Fluorit-Typ, die ternären Hydride $KMgH_3$, $LiBaH_3$ und $LiEuH_3$ im Perowskit-Typ.

Die Bildungsenthalpie der Alkalimetallhydride ist viel kleiner ($\Delta H_B^\circ(LiH) = -91\,kJ/mol$; $\Delta H_B^\circ(NaH) = -57\,kJ/mol$) als die der Alkalimetallhalogenide (vgl. Tabelle 3.2). Dies liegt daran, daß die Reaktion $\frac{1}{2}H_2 + e^- \longrightarrow H^-$ endotherm ist; bei den Halogenen ist die analoge Reaktion exotherm ($\Delta H_B^\circ(H^-) = +140\,kJ/mol$; $\Delta H_B^\circ(Cl^-) = -167\,kJ/mol$). Bei der Schmelzelektrolyse salzartiger Hydride entwickelt sich an der Anode Wasserstoff, analog der Chlorentwicklung bei der Schmelzelektrolyse von NaCl (vgl. S. 608).

$$2\,H^- \longrightarrow H_2 + 2\,e^-$$

Mit Protonendonatoren reagieren Hydridionen nach

$$H^+ + H^- \longrightarrow H_2$$

Alle salzartigen Hydride werden daher von Wasser und Säuren unter Wasserstoffentwicklung zersetzt.

$$\overset{+2\ -1}{Ca}H_2 + 2\,\overset{+1}{H}OH \longrightarrow 2\,\overset{0}{H}_2 + Ca^{2+} + 2\,OH^-$$

In schwer zugänglichen Gebieten kann diese Reaktion zur H_2-Darstellung dienen (z.B. Füllung von Wetterballons in Polarregionen). CaH_2 wird für viele Lösungsmittel als Trockenmittel verwendet.

Salzartige Hydride werden als Hydrierungs- und Reduktionsmittel benutzt. Vielseitige Anwendung findet Lithiumaluminiumhydrid (Lithiumalanat) $LiAlH_4$, das man durch Hydrierung von $AlCl_3$ mit LiH erhält.

$$4\,LiH + AlCl_3 \longrightarrow LiAlH_4 + 3\,LiCl$$

$LiAlH_4$ löst sich in Ether; mit dieser Lösung lassen sich z.B. Chloride in Hydride überführen.

$$2\,Si_2Cl_6 + 3\,LiAlH_4 \longrightarrow 2\,Si_2H_6 + 3\,LiCl + 3\,AlCl_3$$

Metallische Hydride

Viele Übergangsmetalle reagieren in exothermer Reaktion mit Wasserstoff zu Hydriden, die meist nicht stöchiometrisch zusammengesetzt sind. Der Wasserstoffgehalt ist variabel und im allgemeinen um so größer, je niedriger die Temperatur und je höher der H_2-Druck ist. *Sie sind Feststoffe mit metallischem Aussehen, sind metallische Leiter oder Halbleiter und paramagnetisch. Im Metallgitter ist der Wasserstoff atomar gelöst.* Die Wasserstoffatome besetzen Tetraederlücken oder Oktaederlücken des Metallgitters (vgl. dazu S. 202). Die Aufnahme des Wasserstoffs im Metallgitter bewirkt eine Vergrößerung des Metall-Metall-Abstandes und manchmal auch eine Strukturänderung des Metallgitters. Sie verändert die Struktur der Elektronenbänder der Metalle und damit auch die elektronischen Eigenschaften (elektrische Leitfähigkeit, magnetisches Verhalten). So erfolgt z. B. beim Übergang von Dihydriden der Seltenerdmetalle zu Trihydriden ein Übergang Metall–Halbleiter, Pd wird durch Wasserstoffaufnahme supraleitend (vgl. Abschn. 5.7.5.3), wenn die Zusammensetzung $PdH_{0,8}$ erreicht wird.

In den meisten Metall-Wasserstoff-Systemen existiert eine Reihe von Phasen mit großer Phasenbreite. Bei stöchiometrischen Zusammensetzungen können Kristallstrukturen auftreten, die auch von anderen binären Verbindungen bekannt sind.

Beispiel:

Im System Pd—H (Abb. 4.1) löst sich bei 20 °C im kubisch-flächenzentrierten Gitter des Pd (a = 389,0 pm) Wasserstoff bis zur Zusammensetzung $PdH_{0,01}$ (α-Phase, a = 389,4 pm). Es folgt ein Zweiphasengebiet aus α-Phase und $PdH_{0,61}$ (β-Phase, a = 401,8 pm). Bis zur Zusammensetzung PdH vergrößert sich die Gitterkonstante der β-Phase auf ca. 410 pm. Die H-Atome besetzen die Oktaederlücken des Pd-Gitters, die β-Phase besitzt also eine NaCl-Defektstruktur (vgl. S. 719); bei tiefen Temperaturen (50–80 K) entstehen geordnete Verteilungen, z. B. Pd_2H. Die H-Atome besitzen eine hohe Beweglichkeit im Gitter, die Aktivierungsenergie der Diffusion beträgt 22 kJ/mol. PdH hat NaCl-Struktur und ist supraleitend, die Sprungtemperatur beträgt ca. 9 K.

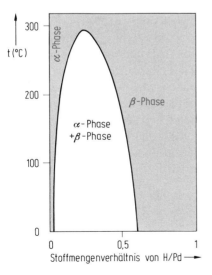

Abbildung 4.1   Phasendiagramm des Systems Palladium-Wasserstoff
Bis 300 °C existieren zwei Phasen, die durch einen Zweiphasenbereich getrennt sind. Die Wasserstoffatome besetzen die Oktaederlücken des Pd-Gitters, es entsteht eine NaCl-Defektstruktur.

Beispiele für stöchiometrische Strukturen:

NiAs-Struktur: MnH, CrH; Fluorit-Struktur: TiH_2, VH_2, CrH_2, CeH_2.

Es gibt für die strukturell sehr komplizierten metallischen Hydride kein einheitliches Bindungsmodell. Die Bindung ist vorwiegend metallisch mit sowohl ionischen als auch kovalenten Bindungsanteilen.

Komplexe Übergangsmetallhydride

Es sind außer den drei Gruppen binärer Hydride auch ternäre Hydride $A_xM_yH_z$ bekannt, die sowohl ein elektropositives Metall A als auch ein Übergangsmetall M enthalten und bei denen komplexe Struktureinheiten $[M_yH_z]^{nx-}$ auftreten können.

Es existiert bereits eine so große Anzahl ternärer Übergangsmetallhydride, so daß nur eine Auswahl strukturell untersuchter Alkalimetall- und Erdalkalimetall-Verbindungen genannt wird.

Erdalkalimetall-Übergangsmetallhydride

Mg_2FeH_6	Mg_2CoH_5	Mg_2NiH_4
A_2RuH_6 (A = Mg, Ca, Sr, Ba)	$Mg_6Co_2H_{11}$	$CaMgNiH_4$
Mg_2RuH_4	A_2RhH_5 (A = Ca, Sr)	$CaPdH_2$
Mg_3RuH_3	A_2IrH_5 (A = Ca, Sr)	
A_2OsH_6 (A = Mg, Ca, Sr, Ba)		

Die Hydride Mg_2FeH_6, A_2RuH_6 und Mg_2OsH_6 kristallisieren im K_2PtCl_6-Typ (Abb. 5.101), sie enthalten die oktaedrischen Komplexe $[MH_6]^{4-}$.

Die Hochtemperaturformen der Hydride Mg_2CoH_5, A_2MH_5 und Mg_2NiH_4 kristallisieren ebenfalls im K_2PtCl_6-Typ, die Cl-Punktlagen sind statistisch mit den beweglichen H-Atomen besetzt; bei den Tieftemperaturformen ordnen sich die H-Atome bei Mg_2CoH_5 tetragonal-pyramidal und bei Mg_2NiH_4 tetraedrisch. Auch beim $CaMgNiH_4$ ist Ni annähernd tetraedrisch von H koordiniert. $[RuH_4]^{4-}$ ist ein Komplex, bei dem aus dem oktaedrischen Koordinationspolyeder zwei H-Atome in cis-Stellung entfernt sind. Mg_3RuH_3 enthält den Komplex $[Ru_2H_6]^{12-}$, in dem Ru durch drei H in verzerrter T-Konfiguration umgeben ist und für den eine schwache Ru—Ru-Bindung angenommen wird.

Alkalimetall-Übergangsmetallhydride

A_3MnH_5 (A = K, Rb, Cs)	Li_3RhH_4	A_2PdH_2 (A = Li, Na)
K_2TcH_9	A_3RhH_6 (A = Li, Na)	A_3PdH_3 (A = K, Rb, Cs)
K_3ReH_6	A_3IrH_6 (A = Li, Na)	A_2PdH_4 (A = Na, K, Rb, Cs)
K_2ReH_9		A_3PdH_5 (A = K, Rb, Cs)
		Li_2PtH_2
		A_2PtH_4 (A = Na, K, Rb, Cs)
		A_3PtH_5 (A = K, Rb, Cs)
		A_2PtH_6 (A = Na, K, Rb, Cs)

Die Erdalkalimetall-Übergangsmetallhydride besitzen keine metallischen Eigenschaften.

Bei den Hydriden A_2MH_4 existieren bei tiefen Temperaturen Strukturen mit planaren $[MH_4]^{2-}$-Baugruppen (typisch für die d^8-Konfiguration von Pt^{2+} und Pd^{2+}; vgl. S. 681); die Hochtemperaturformen kristallisieren im K_2PtCl_6-Typ, die H-Atome besetzen statistisch $^2/_3$ der aktaedrischen Cl-Plätze. Zusätzlich zu den $[MH_4]^{2-}$-Gruppen gibt es bei den Hydriden A_3MnH_5, A_3PdH_5 und A_3PtH_5 einzelne H^--Ionen, die oktaedrisch von A-Ionen umgeben sind. Die Verbindungen A_2PdH_2 enthalten lineare $[PdH_2]^2-$-Gruppen (typisch für $Pd°$ mit d^{-10}-Konfiguration; vgl. Abschn. 5.8.7.1), bei K_3PdH_3 gibt es zusätzlich oktaedrisch von K^+-Ionen koordinierte H^--Ionen. Die übrigen Hydride enthalten die komplexen Gruppen $[MH_6]^{3-}$ bzw. $[MH_9]^{2-}$ (siehe Abb. 5.84). Die Alkalimetall-Übergangsmetallhydride sind meist farblos. Nur Na_2PdH_2 und Li_2PdH_2 haben metallische Eigenschaften.

Ternäre Hydride sind als Wasserstoffspeicher technisch interessant, da bei höheren Temperaturen reversible Wasserstoffabgabe erfolgt. Mg_2NiH_4 wurde bereits für wasserstoffgetriebene Automobile eingesetzt (vgl. Abschn. 3.8.11).

4.3 Gruppe 18 (Edelgase)

4.3.1 Gruppeneigenschaften

	Helium He	Neon Ne	Argon Ar	Krypton Kr	Xenon Xe	Radon Rn
Ordnungszahl Z	2	10	18	36	54	86
Elektronenkonfiguration	$1s^2$	$[He]$ $2s^2 2p^6$	$[Ne]$ $3s^2 3p^6$	$[Ar]$ $3d^{10}$ $4s^2 4p^6$	$[Kr]$ $4d^{10}$ $5s^2 5p^6$	$[Xe]$ $4f^{14} 5d^{10}$ $6s^2 6p^6$
Ionisierungsenergie in eV	24,6	21,6	15,8	14,0	12,1	10,7
Promotionsenergie $np \rightarrow (n+1)s$ in eV	–	16,6	11,5	9,9	8,3	6,8
Schmelzpunkt in °C	−272	−249	−189	−157	−112	− 71
Siedepunkt in °C	−269	−246	−186	−153	−108	− 62
Kritische Temperatur in °C	−268	−229	−122	− 64	17	105
Van der Waals-Radien in pm	120	160	190	200	220	–
Farbe des in Gasentladungsröhren ausgestrahlten Lichts	gelb	rot	rot	gelbgrün	violett	weiß

Die Edelgase stehen in der 18. Gruppe des PSE. Sie haben die Valenzelektronenkonfiguration s^2p^6 bzw. s^2, also abgeschlossene Elektronenkonfigurationen ohne ungepaarte Elektronen. Sie sind daher chemisch sehr inaktiv. Wie die hohen Ionisierungsenergien zeigen, sind Edelgaskonfigurationen sehr stabile Elektronenkonfigurationen. Viele Elemente bilden daher Ionen mit Edelgaskonfiguration und in zahlreichen kovalenten Verbindungen besteht die Valenzschale der Atome aus acht Elektronen (Oktettregel). Wegen des Fehlens ungepaarter Elektronen sind die Edelgase als einzige Elemente im elementaren Zustand atomar. Bei Zimmertemperatur sind die Edelgase einatomige Gase. Sie sind farblos, geruchlos, ungiftig und unbrennbar. Zwischen den Edelgasatomen existieren nur schwache van der Waals-Kräfte. Dementsprechend sind die Schmelzpunkte und Siedepunkte sehr niedrig. Sie nehmen mit wachsender Ordnungszahl systematisch zu, da mit größer werdender Elektronenhülle die Polarisierbarkeit wächst und damit die van der Waals-Kräfte (Dispersionseffekt) stärker werden.

Helium hat den tiefsten Siedepunkt aller bekannten Substanzen. Unterhalb 2,2 K geht das normale flüssige Helium I in einen Zustand extrem niedriger Viskosität über. Dieses superfluide Helium II besitzt außerdem eine extrem hohe Wärmeleitfähigkeit, die um drei Zehnerpotenzen höher ist als die von Cu bei Raumtemperatur.

Im festen Zustand kristallisieren alle Edelgase in der kubisch-dichtesten Packung, Neon außerdem auch in der hexagonal-dichtesten Packung (vgl. Abschn. 2.4.2).

Edelgase können kovalente Bindungen ausbilden. Da die Ionisationsenergie und die Promotionsenergie sehr hoch sind (siehe Tabelle), sind die Elektronen sehr fest gebunden. Beide nehmen aber von Neon zum Xenon auf die Hälfte ab und Verbindungsbildung ist daher am ehesten bei den schweren Edelgasen zu erwarten. Tatsächlich gibt es hauptsächlich Verbindungen von Kr, Xe und Rn, in denen diese Edelgase kovalente Bindungen mit den elektronegativen Elementen F, O, Cl, N und C ausbilden. In der Matrix[1] konnte auch die Existenz der Argonverbindung HArF nachgewiesen werden. Thermodynamisch stabile binäre Verbindungen sind nur die Fluoride von Xe. Erst *1962 wurden die ersten Edelgasverbindungen*, Edelgasfluoride, *synthetisiert.* Vorher waren nur **Edelgas-Clathrate**, z.B. Hydrat-Clathrate der idealen Zusammensetzung $(H_2O)_{46}E_8$ (E = Ar, Kr, Xe) bekannt. Bei ihnen sind in den Hohlräumen des Wirtsgitters Edelgasatome eingelagert, die durch schwache van der Waals-Wechselwirkungen festgehalten werden. *Die meisten heute bekannten Edelgasverbindungen sind Xenonverbindungen.* Die Chemie der Edelgase ist weitgehend die Chemie des Xenons.

4.3.2 Vorkommen, Gewinnung, Verwendung

Edelgase sind Bestandteile der Luft. Ihr Volumenanteil in der Luft beträgt 0,935%. Im einzelnen ist die Zusammensetzung der Luft in der Tabelle 4.3 angegeben.

He ist in Erdgasen enthalten. Ergiebige Erdgasquellen in den USA enthalten Volumenanteile He bis 8%. Die He-Reserven in Erdgasen werden auf $5 \cdot 10^9 \, m^3$ geschätzt.

---

[1] Bei Raumtemperatur instabile Moleküle kann man bei tiefen Temperaturen isolieren, wenn man sie in eine feste inerte Matrix einbettet.

Tabelle 4.3   Zusammensetzung der Luft (Volumenanteile in %)

N_2	78,09	Ne	$1,6 \cdot 10^{-3}$
O_2	20,95	He	$5 \cdot 10^{-4}$
Ar	0,93	Kr	$1 \cdot 10^{-4}$
CO_2	0,03	Xe	$9 \cdot 10^{-6}$

Die technische Gewinnung von Edelgasen aus der Luft erfolgt durch fraktionierende Destillation verflüssigter Luft (vgl. S. 423). He erhält man aus Erdgasen. Bei der Abkühlung auf $-205\,°C$ bleibt nur He gasförmig zurück. Ar wird auch aus Industrieabgasen gewonnen. Bei der NH_3-Synthese reichert sich in dem im Kreislauf gefahrenen Gasgemisch Ar an (ca. 10 %).

Die wichtigsten Verwendungsgebiete sind die Lichttechnik und die Schweißtechnik. Argon wird als Schutzgas, z. B. beim Umschmelzen von Metallen und bei der Lichtbogenschweißung verwendet. Gasentladungsröhren mit Edelgasfüllungen dienen als Lichtreklame. Ar, Kr und Xe werden als Füllgase für Glühlampen verwendet, da dann die Temperatur des Wolframglühfadens und damit die Lichtausbeute gesteigert werden kann. Kr besitzt eine geringe Wärmeleitfähigkeit, der Kolbendurchmesser der Glühlampen kann daher klein gehalten werden. In den Halogenlampen wird vorwiegend Kr als Füllgas (3–4 bar) verwendet. Spuren von Halogen transportieren verdampftes Wolfram zurück zum Glühfaden (vgl. S. 401) und ermöglichen eine Steigerung der Glühfadentemperatur bis $3\,200\,°C$ (W schmilzt bei $3\,410\,°C$). Hochdruck-Xenonlampen (100 bar) arbeiten mit einem Hochspannungslichtbogen und strahlen ein dem Tageslicht ähnliches Licht aus (Flutlichtlampen, Leuchttürme).

Helium wird zur Füllung von Ballons und in der Tieftemperaturtechnik benutzt. $He-O_2$-Gemische sind vorteilhaft als Atemgas für Taucher, da sich unter Druck weniger He im Blut löst als N_2. In der Kerntechnik hat He als Kühlmittel Bedeutung erlangt, da He nicht radioaktiv wird und einen geringen Neutronenabsorptionsquerschnitt hat.

4.3.3 Edelgasverbindungen

4.3.3.1 Edelgashalogenide

Man kennt bisher die Fluoride KrF_2, XeF_2, XeF_4, XeF_6, RnF_2 (Tabelle 4.4), die Chloride $XeCl_2$, $XeCl_4$ und das Bromid $XeBr_2$. In der Matrix wurden auch die Spezies HArF, HKrCl, HXeCl, HXeBr und HXeI gefunden.

Die Edelgase reagieren nur mit einem Element, dem Fluor, direkt. Das Fluor muß aber entweder durch Erhitzen, Bestrahlen oder elektrische Entladungen aktiviert werden, da Fluor nur in atomarer Form mit den Edelgasen reagiert.

Xenon reagiert mit Fluor nach folgenden Gleichgewichtsreaktionen schrittweise und exotherm:

$$Xe + F_2 \rightleftharpoons XeF_2$$
$$XeF_2 + F_2 \rightleftharpoons XeF_4$$
$$XeF_4 + F_2 \rightleftharpoons XeF_6$$

Tabelle 4.4   Eigenschaften von Edelgasfluoriden

	Oxidations-zahl	Eigenschaften	Molekülstruktur
KrF_2	+2	farblose Kristalle $\Delta H_B^\circ = +15\,\text{kJ/mol}$ metastabil bei t < 0 °C	linear
XeF_2	+2	farblose Kristalle $\Delta H_B^\circ = -164\,\text{kJ/mol}$; Smp. 129 °C	linear
RnF_2	+2	Festkörper	
XeF_4	+4	farblose Kristalle $\Delta H_B^\circ = -278\,\text{kJ/mol}$; Smp. 117 °C	quadratisch
XeF_6	+6	farblose Kristalle $\Delta H_B^\circ = -361\,\text{kJ/mol}$; Smp. 49 °C	verzerrt oktaedrisch

Darstellungsbedingungen der Xenonfluoride:

	XeF_2	XeF_4	XeF_6
Stoffmengenverhältnis Xe/F_2	2 : 1	1 : 5	1 : 20
	400 °C oder Mikrowellen	400 °C, 6 bar	300 °C, 60 bar

Xe(II)-fluorid XeF_2 und **Xenon(IV)-fluorid XeF_4** sind in allen Phasen monomer. **Xenon(VI)-fluorid XeF_6** ist nur in der Gasphase monomer, im festen Zustand sind quadratisch-pyramidale XeF_5^+-Ionen durch F^--Ionen zu tetrameren oder hexameren Ringen verbunden. Die Xenonfluoride sind bei Raumtemperatur beständig, zersetzen sich aber beim Erhitzen in die Elemente. Sie sind flüchtig und sublimieren bereits bei Raumtemperatur. Sie sind starke Oxidations- und Fluorierungsmittel. Bei Redoxreaktionen entsteht Xe. Mit der Oxidation einer Verbindung ist vielfach eine Fluorierung verbunden.

Beispiele:

$$XeF_2 + H_2 \xrightarrow{300\,°C} Xe + 2\,HF$$

$$XeF_4 + 4\,I^- \longrightarrow Xe + 2\,I_2 + 4\,F^-$$

$$XeF_4 + 2\,SF_4 \longrightarrow Xe + 2\,SF_6$$

$$XeF_6 + 6\,HCl \longrightarrow Xe + 3\,Cl_2 + 6\,HF$$

Die Xenonfluoride können sowohl als F^--Donatoren als auch als F^--Akzeptoren reagieren.

XeF_6 reagiert z. B. mit PtF_5 zu einem gelben Salz $[XeF_5^+][PtF_6^-]$. Die XeF_5^+-Ionen sind quadratisch-pyramidal gebaut.
Mit Alkalimetallfluoriden (außer LiF) entstehen **Fluoroxenate(VI)**

$$CsF + XeF_6 \xrightarrow{50\,°C} CsXeF_7 \xrightarrow{>50\,°C} \tfrac{1}{2}Cs_2XeF_8 + \tfrac{1}{2}XeF_6$$

Die Octafluoroxenate(VI) zersetzen sich erst oberhalb 400 °C und sind die stabilsten bekannten Xenonverbindungen.

Alle Xenonfluoride reagieren mit Wasser. XeF_2 zersetzt sich unter Oxidation von H_2O.

$$XeF_2 + H_2O \longrightarrow Xe + 2\,HF + \tfrac{1}{2}O_2$$

Die Hydrolyse von XeF_4 und XeF_6 wird bei den Oxiden des Xenons behandelt.

Krypton(II)-fluorid KrF_2 bildet farblose Kristalle, die bei $-78\,°C$ längere Zeit unzersetzt aufbewahrt werden können, die bei $-10\,°C$ sublimieren und bei Raumtemperatur spontan zerfallen. KrF_2 wird bei $-183\,°C$ aus einem Kr-F_2-Gemisch durch Einwirkung elektrischer Entladungen hergestellt. Es ist das stärkste bisher bekannte Oxidationsmittel. Mit KrF_2 konnte erstmals AuF_5 hergestellt werden.

$$5\,KrF_2 + 2\,Au \longrightarrow 2\,AuF_5 + 5\,Kr$$

AgF wird zu AgF_2 oxidiert.

$$KrF_2 + 2\,AgF \longrightarrow 2\,AgF_2 + Kr$$

Von Wasser wird KrF_2 zersetzt.

$$KrF_2 + H_2O \longrightarrow Kr + 2\,HF + 0{,}5\,O_2$$

Radonfluorid. Rn reagiert mit F_2 bei $400\,°C$ zu einem schwerflüchtigen Festkörper, der erst bei $250\,°C$ sublimiert; wahrscheinlich entsteht RnF_2. Weitere Verbindungen konnten bisher nicht synthetisiert werden, obwohl eigentlich thermodynamisch stabilere Verbindungen als bei Xe zu erwarten wären. Da aber das stabilste Radonisotop ^{222}Rn eine Halbwertszeit von nur 3,8 Tagen hat und die freiwerdende Strahlungsenergie außerdem Verbindungen zersetzt, ist die Chemie des Radons äußerst schwierig.

$XeCl_2$. $XeCl_4$. $XeBr_2$. Diese instabilen Halogenide konnten als Produkte des β-Zerfalls der isoelektronischen Ionen $^{129}ICl_2^-$, $^{129}ICl_4^-$, $^{129}IBr_2^-$ nachgewiesen werden.

$$^{129}_{53}ICl_2^- \longrightarrow {}^{129}_{54}XeCl_2 + e^-$$

Isoliert werden konnten die Organoxenon(II)-chloride C_6H_5XeCl und $[(C_6H_5Xe)_2Cl][AsF_6]$. Die vermutlich stabilste Verbindung mit einer Xe-Cl-Bindung ist das Kation $XeCl^+$, das unterhalb $-20\,°C$ als $[XeCl]^+[Sb_2F_{11}]^-$ beständig ist.

4.3.3.2 Oxide, Oxidfluoride und Oxosalze des Xenons

Bekannt sind nur die beiden Oxide XeO_3 und XeO_4, außerdem die Oxidfluoride $XeOF_2$, XeO_2F_2, $XeOF_4$, XeO_3F_2 und XeO_2F_4 (Tabelle 4.5).

Xenon(VI)-oxid XeO_3 entsteht bei der Hydrolyse von XeF_6 und XeF_4.

$$XeF_6 + 3\,H_2O \longrightarrow XeO_3 + 6\,HF$$
$$3\,XeF_4 + 6\,H_2O \longrightarrow Xe + 2\,XeO_3 + 12\,HF$$

Tabelle 4.5   Eigenschaften von Xenonoxiden und Xenonoxidfluoriden

			Oxidations-zahl
	$XeOF_2$ gelbe Kristalle instabil $\Delta H_B^\circ > 0$		$+4$
XeO_3 farblose Kristalle explosiv $\Delta H_B^\circ = +402$ kJ/mol	XeO_2F_2 farblose Kristalle metastabil, Smp. $31\,°C$ $\Delta H_B^\circ > 0$	$XeOF_4$ farblose Flüssigkeit Smp. $-46\,°C$ $\Delta H_B^\circ = -96$ kJ/mol	$+6$
XeO_4 farbloses Gas explosiv $\Delta H_B^\circ = +643$ kJ/mol	XeO_3F_2 Flüssigkeit Smp. $-54\,°C$	XeO_2F_4 massenspektrometrisch nachgewiesen	$+8$

Die farblosen Kristalle bestehen aus einem Molekülgitter mit isolierten XeO_3-Einheiten, sie sind hochexplosiv.

$$XeO_3(s) \longrightarrow Xe + 1,5O_2 \qquad \Delta H^\circ = -402 \text{ kJ/mol}$$

Beständig sind wäßrige Lösungen von XeO_3, in denen es überwiegend molekular gelöst ist. Außerdem entsteht etwas Xenonsäure H_2XeO_4, deren Anhydrid XeO_3 ist.

$$XeO_3 + H_2O \rightleftharpoons H_2XeO_4$$
$$H_2XeO_4 + H_2O \rightleftharpoons H_3O^+ + HXeO_4^-$$

Die Lösungen reagieren schwach sauer und wirken stark oxidierend. Bei Zusatz von Lauge bildet sich Xenat(VI).

$$H_2XeO_4 + OH^- \longrightarrow HXeO_4^- + H_2O$$

Isoliert werden konnten **Xenate(VI)** mit Alkalimetallkationen. In stark alkalischer Lösung disproportioniert Xe(VI) in Xe(0) und Xe(VIII).

$$2\,H\overset{+6}{Xe}O_4^- + 4\,Na^+ + 2\,OH^- \longrightarrow Na_4\overset{+8}{Xe}O_6 + \overset{0}{Xe} + O_2 + 2\,H_2O$$

Auf diese Weise können die thermisch ziemlich stabilen **Perxenate(VIII)** $Na_4XeO_6 \cdot nH_2O$ und $Ba_2XeO_6 \cdot 1{,}5\,H_2O$ erhalten werden. Perxenate(VIII) sind sehr starke Oxidationsmittel:

$$H_4XeO_6 + 2\,H_3O^+ + 2\,e^- \rightleftharpoons XeO_3 + 5\,H_2O \qquad E^\circ = +2{,}36\text{ V}$$

Xenon(VIII)-oxid XeO_4 entsteht gasförmig aus Natrium- oder Bariumperxenat(VIII) mit H_2SO_4.

$$Ba_2XeO_6 + 2\,H_2SO_4 \xrightarrow[-2\,H_2O]{-5\,°C} XeO_4 + 2\,BaSO_4$$

XeO_4 zerfällt explosionsartig

$$XeO_4(g) \longrightarrow Xe + 2O_2 \qquad \Delta H° = -643 \, kJ/mol$$

Bei der vorsichtigen Hydrolyse von XeF_4 bzw. XeF_6 entstehen die Verbindungen Xenondifluoridoxid $XeOF_2$ und Xenontetrafluoridoxid $XeOF_4$.

$$XeF_4 + H_2O \xrightarrow{-50°C} XeOF_2 + 2HF$$

$$XeF_6 + H_2O \longrightarrow XeOF_4 + 2HF$$

Durch Thermolyse von $XeOF_2$ entsteht Xenondifluoriddioxid XeO_2F_2.

$$2\,XeOF_2 \xrightarrow{-15°C} XeO_2F_2 + XeF_2$$

4.3.3.3 Verbindungen mit Xe—O-, Xe—N-, Xe—C-, Xe—S-, Xe—Au-, Kr—O-, Kr—N-, und Kr—C-Bindungen

Es existieren bereits viele Verbindungen und eine umfangreiche Chemie. Jeweils ein oder wenige Beispiele seien genannt.

$[H-C\equiv N-E-F]^+[AsF_6]^-$ $E = Kr, Xe$

$C_6F_5-\underset{\underset{O}{\|}}{C}-O-Xe-C_6F_5$

$C_6F_5-Xe-C_6F_5$ C_6F_5-Xe-F

$TeF_5-O-E-O-TeF_5$ $E = Kr, Xe$

$Xe(OTeF_5)_4$ $Xe(OTeF_6)_6$

—O—TeF_5 und —C_6F_5 sind Substituenten mit einer hohen Gruppenelektronegativität.

Die Verbindungen HKrCN, HXeOH und HXeSH sind wie die schon oben erwähnten Halogenide HArF und HXeHal in der Matrix nachgewiesen worden. HXeOH ist bis 48 K und HXeSH bis 100 K stabil.

Der erste isolierbare Komplex mit einer Metall-Edelgas Bindung wurde bei der Reduktion von Gold(III)fluorid mit Xenongas in der Supersäure SbF_5/HF erhalten.

$$AuF_3 + 6\,Xe + 3\,H^+ \xrightarrow{SbF_5/HF} [\overset{+2}{Au}Xe_4]^{2+} + Xe_2^+ + 3\,HF$$

Die Verbindung $[AuXe_4]^{2+}[Sb_2F_{11}]_2^-$ konnte in Form schwarzer Kristalle isoliert werden. Das Goldatom ist quadratisch-planar von vier Xenonliganden umgeben und weist noch Kontakte zu Fluoratomen von Anionen auf.

$$
\left[\begin{array}{c} \text{Xe} \cdots \cdots \text{Au} \cdots \cdots \text{Xe} \\ \text{Xe} \blacktriangleright \text{Au} \blacktriangleleft \text{Xe} \end{array}\right]^{2+}
$$

Für die Stabilisierung des Xe_2^+- und des $[AuXe_4]^{2+}$-Kations ist die schwache Koordination durch das supersaure Medium entscheidend.

Mit *trans*-$[AuXe_2F][SbF_6][Sb_2F_{11}]$ wurde der erste Xe-Komplex mit dreiwertigem Gold synthetisiert.

4.3.3.4 Struktur und Bindung

Die Edelgasverbindungen bestehen aus Molekülen mit polaren kovalenten Bindungen.
Die Molekülgeometrie läßt sich mit dem VSEPR-Modell erklären (Abb. 4.2a). Das Molekül XeF_2 kann bei Berücksichtigung der Elektronegativitätsdifferenz zwischen Xe und F mit zwei Grenzstrukturen beschrieben werden.

$$|\overline{F}-\overline{Xe}|^{\oplus}\ |\overline{F}|^{\ominus} \quad \longleftrightarrow \quad {}^{\ominus}|\overline{F}|\ {}^{\oplus}|\overline{Xe}-\overline{F}|$$

In Übereinstimmung damit wurde berechnet, daß Xe einfach positiv geladen ist. Auch das MO-Modell zeigt, daß eine 3-Zentren-2-Elektronen-Bindung vorliegt und die Bindungen fast nur von p-Orbitalen gebildet werden.

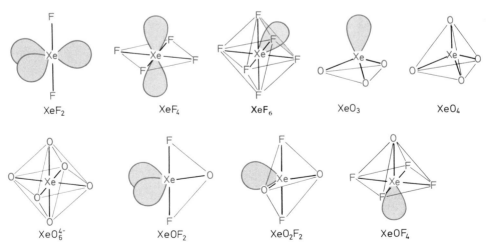

Abbildung 4.2a   Strukturen einiger Xenonverbindungen.
Die Struktur des Moleküls XeF_6 ist oktaedrisch verzerrt. Dies ist nach dem VSEPR-Modell zu erwarten, da XeF_6 7 Elektronenpaare besitzt und zum AB_6E-Typ gehört (vgl. Tab. 2.18). Eine aus F-Atomen gebildete Dreiecksfläche wird aufgeweitet, damit das einsame Elektronenpaar Platz hat.

Beim Molekül XeF_4 folgt aus Regel 2 des VSEPR-Modells eine quadratische Molekülgeometrie. Die berechnete Ladung $+2$ am Xe stimmt mit der Grenzstruktur

$$\begin{array}{cc} |\overline{F}\diagdown_{2\oplus} & |\overline{F}|^{\ominus} \\ \underline{Xe} & \\ |\overline{F}\diagup & |\overline{F}|^{\ominus} \end{array}$$

überein, die zwei 3-Zentren-2-Elektronen-Bindungen enthält.

Die Oxide XeO_3 und XeO_4 können unter Berücksichtigung der Bindungsgrade mit den Grenzstrukturen

$$\begin{array}{cc} \overline{O}{=}\overline{Xe}^{\oplus}{=}\overline{O} & |O| \\ | & \overline{O}{=}\overset{||}{Xe}^{\oplus}{=}\overline{O} \\ |\underline{O}|_{\ominus} & |\underline{O}|_{\ominus} \end{array}$$

beschrieben werden, die in Übereinstimmung mit einer pyramidalen bzw. tetraedrischen Molekülgestalt sind. XeO_3 und XeO_4 sind isoelektronisch mit ClO_3^- und ClO_4^-. Für die Bindungen des Moleküls XeO_4 kann ein dem Ion ClO_4^- analoges MO-Diagramm konstruiert werden. Vier tetraedischen σ-Bindungen überlagern sich schwache Mehrzentren-π-Bindungen, die durch Hyperkonjugation entstehen (siehe Abschnitt 2.2.9, Hyperkonjugation).

Mit zunehmender Ordnungszahl der Edelgase nimmt die Promotionsenergie ab und die Verbindungen werden stabiler.

Die größere Promotionsenergie führt beim Krypton zu einer sehr viel kleineren Bindungsenergie, und KrF_2 ist daher metastabil. Von Ne, He sind keine Verbindungen bekannt.

Beispiel:		$Xe + F_2 \longrightarrow XeF_2$		$Kr + F_2 \longrightarrow KrF_2$
Dissoziationsenergie				
$F_2 \longrightarrow 2F$ in kJ/mol		$+158$		$+158$
Bindungsenergie in kJ/mol	Xe—F	-131	Kr—F	-50
Bildungsenthalpie in kJ/mol	$XeF_2(g)$	-104	$KrF_2(g)$	$+58$

Die Stabilität der Edelgashalogenide nimmt mit zunehmender Ordnungszahl des Halogens ab. Ursache ist sowohl die größere Dissoziationsenergie als auch die kleinere Bindungsenergie. Aus den gleichen Gründen sind Xenonoxide endotherme, metastabile Verbindungen, während die Xenonfluoride exotherme, beständige Verbindungen sind.

Beispiel:		$Xe + 1,5O_2 \longrightarrow XeO_3$
Dissoziationsenergie		
$O_2 \longrightarrow 2O$ in kJ/mol		$+498$
Bindungsenergie in kJ/mol	Xe—O	-84
Bildungsenthalpie in kJ/mol	$XeO_3(g)$	$+495$

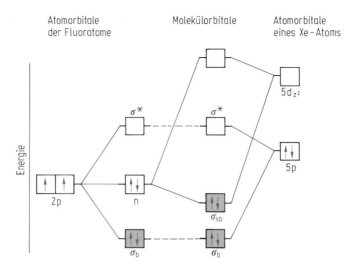

Abbildung 4.2b   MO-Schema für das Molekül XeF_2. Durch Linearkombination von zwei 2p-Orbitalen der F-Atome mit dem 5p-Orbital des Xe-Atoms erhält man ein bindendes, ein nichtbindendes und ein antibindendes MO. Die vier Elektronen dieser Orbitale besetzen das bindende und das nichtbindende MO. Dies ergibt eine σ-Bindung und den Bindungsgrad $\frac{1}{2}$. Für die 3-Zentren F—Xe—F Einheit gibt es also nur ein bindendes Orbital mit 2 Elektronen. Es liegt eine 3-Zentren-2-Elektronen-Bindung vor. Eine analoge Situation ist z. B. auch im iso(valenz)elektronischen I_3^--Ion (Abb. 4.5) vorhanden. Auf Grund der Symmetrie kann das $5d_{z^2}$-Orbital von Xe mit dem nichtbindenden MO kombiniert werden. Das nichtbindende MO wird dadurch schwach bindend und der Bindungsgrad ist dann größer als $\frac{1}{2}$. Das d-Orbital hat aber nur einen sehr geringen Anteil ($< 5\%$) an den Bindungen.

4.4 Gruppe 17 (Halogene)

4.4.1 Gruppeneigenschaften

	Fluor F	Chlor Cl	Brom Br	Iod I
Ordnungszahl Z	9	17	35	53
Elektronenkonfiguration	[He] $2s^2 2p^5$	[Ne] $3s^2 3p^5$	[Ar] $3d^{10} 4s^2 4p^5$	[Kr] $4d^{10} 5s^2 5p^5$
Elektronegativität	4,1	2,8	2,7	2,2
Elektronenaffinität in eV	$-3,4$	$-3,6$	$-3,4$	$-3,1$
Ionisierungsenergie in eV	17,5	13,0	11,8	10,4
Nichtmetallcharakter		$\longrightarrow$ nimmt ab		
Reaktionsfähigkeit		$\longrightarrow$ nimmt ab		
Affinität zu elektro- positiven Elementen		$\longrightarrow$ nimmt ab		
Affinität zu elektro- negativen Elementen		$\longrightarrow$ nimmt zu		

Die Halogene (Salzbildner) sind untereinander recht ähnlich. Sie sind ausgeprägte Nichtmetalle, sie gehören zu den elektronegativsten und reaktionsfähigsten Elementen. Fluor ist das elektronegativste und reaktionsfähigste Element überhaupt, es reagiert mit Wasserstoff sogar bei $-250\,°C$. Die Halogene stehen im PSE direkt vor den Edelgasen. Wie die Elektronenaffinitäten zeigen, ist die Anlagerung eines Elektrons ein stark exothermer Prozeß. In Ionenverbindungen treten daher die einfach negativ geladenen Halogenidionen X^- mit Edelgaskonfiguration auf.

Die Halogene besitzen im Grundzustand ein ungepaartes Elektron, sie sind deshalb zur Ausbildung *einer* kovalenten Bindung befähigt. Für Fluor gibt es nur die Bindungszustände F^- und $-F$. Da es als elektronegativstes Element stets der elektronegative Bindungspartner ist, ist in Verbindungen seine einzige Oxidationszahl -1. Die hohe Elektronegativität hat zur Folge, daß Fluor in der Gruppe der Halogene eine Sonderstellung einnimmt.

Bei den Halogenen Cl, Br und I können mit elektronegativen Bindungspartnern wie F, O, Cl die Oxidationszahlen $+3$, $+5$ und $+7$ erreicht werden. Beispiele dafür sind

$$\overset{+3}{Cl}F_3, \quad \overset{+3}{I}Cl_3, \quad \overset{+5}{Br}F_5, \quad \overset{+5}{Cl}O_3^-, \quad \overset{+7}{I}F_7, \quad \overset{+7}{Cl}O_4^-.$$

In einigen unbeständigen Verbindungen kommen auch noch andere, seltenere Oxidationszahlen wie $+4$ (ClO_2) vor.

Das fünfte Element der 7. Hauptgruppe ist das Astat At. Alle bekannten Isotope sind radioaktiv, das stabilste hat eine Halbwertszeit von nur 8,3 Stunden.

4.4.2 Vorkommen

Wegen ihrer großen Reaktionsfähigkeit kommen die Halogene in der Natur nicht elementar vor.

Die wichtigsten Rohstoffquellen für Fluor sind: Flußspat CaF_2, Apatit $Ca_5(PO_4)_3(OH, F)$ (der F-Gehalt schwankt, da sich die OH^-- und die F^--Ionen gegenseitig substituieren können), Kryolith Na_3AlF_6 (die einzigen Kryolithlagerstätten in Grönland sind weitgehend abgebaut).

Chlor und Brom kommen als Halogenide in Salzlagerstätten vor, die aus verdunsteten, eingeschlossenen Meerwasserbecken entstanden sind. Die wichtigsten Verbindungen sind: Steinsalz $NaCl$, Sylvin KCl, Carnallit $KMgCl_3 \cdot 6H_2O$, Kainit $KMgCl(SO_4) \cdot 3H_2O$, Bischofit $MgCl_2 \cdot 6H_2O$, Bromcarnallit $KMg(Cl,Br)_3 \cdot 6H_2O$, Bromsylvinit $K(Cl,Br)$. Die größten Chlormengen befinden sich im Wasser der Ozeane, das 2% Chloridionen enthält; der Br-Gehalt beträgt nur 0,01%.

Iod kommt im Chilesalpeter $NaNO_3$ als Iodat $Ca(IO_3)_2$ vor. Im Meerwasser vorhandenes Iod wird im Tang (Meeresalgen) angereichert.

4.4.3 Die Elemente

	Fluor	Chlor	Brom	Iod
Aussehen	schwach gelbliches Gas	gelbgrünes Gas	braune Flüssigk., Dampf rotbraun	blauschwarze Kristalle, Dampf violett
Schmelzpunkt in °C	-220	-101	-7	114
Siedepunkt in °C	-188	-34	59	185
Dissoziationsenergie D°_{298} $(X_2 \longrightarrow 2X)$ in kJ/mol	159	243	193	151
Oxidationsvermögen $X_2 + 2e^- \longrightarrow 2X^-$ (aq)		$\longrightarrow$ nimmt ab		
Standardpotential $(2X^-/X_2)$ in V	$+2,87$	$+1,36$	$+1,07$	$+0,54$
Bindungslänge X—X im Gas in pm	142	199	228	267

4.4.3.1 Physikalische Eigenschaften, Struktur

Auf Grund der Valenzelektronenkonfiguration s^2p^5 bestehen die elementaren Halogene in allen Aggregatzuständen aus zweiatomigen Molekülen. Zwischen den Molekülen sind schwache van der Waals-Kräfte wirksam, die Schmelz- und Siedetemperaturen sind daher z.T. sehr niedrig. Innerhalb der Gruppe steigen sie als Folge der zunehmenden van der Waals-Kräfte regelmäßig an (vgl. Abschn. 2.3).

Fluor ist bei Raumtemperatur ein gelbliches Gas. Es ist stark ätzend und extrem giftig. Es kann noch in sehr kleinen Konzentrationen am Geruch erkannt werden, der dem eines Gemisches aus O_3 und Cl_2 ähnelt.

Chlor ist bei Raumtemperatur ein gelbgrünes, giftiges, die Schleimhäute angreifendes Gas. Es ist 2,5mal so schwer wie Luft und durch Kompression leicht zu verflüssigen. Die kritische Temperatur beträgt 144 °C, der Dampfdruck bei 20 °C 6,7 bar.

Brom ist bei Raumtemperatur eine dunkelbraune Flüssigkeit, die schon bei −7 °C dunkelbraunrot kristallisiert. Bromdampf reizt die Schleimhäute, flüssiges Brom erzeugt auf der Haut schmerzhafte Wunden. In Wasser ist Brom weniger gut löslich als Chlor. Es ist aber mit unpolaren Lösungsmitteln (z. B. CCl_4, CS_2) gut mischbar.

Iod bildet bei Raumtemperatur grauschwarze, metallisch glänzende, halbleitende Kristalle. Es schmilzt bei 114 °C zu einer braunen Flüssigkeit und siedet bei 185 °C unter Bildung eines violetten Dampfes. Alle Phasen bestehen aus I_2-Molekülen. Schon bei Raumtemperatur ist Iod flüchtig, beim Schmelzpunkt beträgt der Dampfdruck 0,13 bar. Man kann daher Iod sublimieren und durch Sublimation reinigen.

I_2 kristallisiert wie Br_2 und Cl_2 in einer Schichtstruktur (Abb. 4.3) mit ausgeprägter Spaltbarkeit der Kristalle parallel zu den Schichten. Zwischen den Schichten sind die Moleküle durch van der Waals-Kräfte aneinander gebunden. Die Abstände betragen 435–450 pm (van der Waals-Abstand 430 pm). Innerhalb der Schichten sind die Abstände zwischen den I_2-Molekülen kürzer, so daß auch schwache kovalente Teilbindungen auftreten. Es liegen Mehrzentrenbindungen vom σ-Typ vor, die sich über die ganze Schicht erstrecken (vgl. Mehrzentrenbindungen in Polyhalogeniden, S. 407). Die damit verbundene Elektronendelokalisierung erklärt Farbe, Glanz und elektrische Leitfähigkeit des Iods (parallel zu den Schichten). Bei Normaldruck ist Iod ein Halbleiter mit einem gefüllten Valenzband und einem leeren Leitungsband. Bei etwa 170 kbar wird Iod ein metallischer Leiter, die Packung der Moleküle ist so dicht geworden, daß Valenzband und Leitungsband überlappen. Bei 210 kbar erfolgt

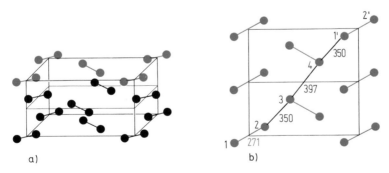

Abbildung 4.3   Struktur von Iod.
a) Elementarzelle des Iodgitters. Das Iodgitter besteht aus Iodschichten. Die Hanteln der I_2-Moleküle liegen in den Schichten.
b) Darstellung einer Schicht. Die Abstände zwischen den I_2-Molekülen sind kleiner als der van der Waals-Abstand (430 pm), es existieren kovalente Teilbindungen zwischen den I_2-Molekülen. Beispiel für eine Grenzstruktur:

$$
\begin{array}{cccccc}
1 & 2 & 3 & 4 & 1' & 2' \\
I^{\ominus} & I\!\!-\!\!\!-\!\!I^{\oplus} & & I & I\!\!-\!\!\!-\!\!I
\end{array}
$$

eine Strukturänderung, alle Iodabstände werden gleich groß, es entsteht ein aus Atomen aufgebauter metallischer Kristall.

Iod löst sich in unpolaren Lösungsmitteln (CCl_4, $CHCl_3$, CS_2) mit violetter Farbe. Die Lösungen enthalten wie der Dampf I_2-Moleküle. In anderen Lösungsmitteln, wie H_2O, Ether, löst sich Iod mit brauner Farbe, in aromatischen Kohlenwasserstoffen mit roter Farbe. Die Farbänderung ist auf die Bildung von Charge-Transfer-Komplexen zurückzuführen. Sie kommen durch den teilweisen Übergang eines Elektronenpaares des Lösungsmittelmoleküls auf ein I_2-Molekül zustande. Der Grundzustand der *Charge-Transfer-Komplexe* (vgl. Abschn. 5.4.8) kann mit den mesomeren Grenzstrukturen

$$I_2 \cdots D \;\leftrightarrow\; I_2^- \, D^+$$
$$ \text{I} \qquad\qquad \text{II}$$

beschrieben werden, wobei die Grenzstruktur I überwiegt. Donoreigenschaften besitzen z. B. π-Elektronensysteme und die einsamen Elektronenpaare des O-Atoms. Charge-Transfer-Komplexe zeichnen sich meist durch eine intensive Lichtabsorption aus. Dabei erfolgt ein Elektronenübergang in einen angeregten Zustand des Komplexes, bei dem die Grenzstruktur II überwiegt. Die Charge-Transfer-Absorptionen der I_2-Komplexe liegen im nahen Ultraviolett. Durch die Bildung der Charge-Transfer-Komplexe wird die I—I-Bindung geschwächt und damit auch die Energie der Elektronenanregung, die im ungestörten I_2-Molekül die violette Farbe verursacht, beeinflußt. Eine Farbänderung in Abhängigkeit von den Donoreigenschaften des Lösungsmittels ist die Folge.

Weniger stabile Komplexe sind auch von Cl_2 und Br_2 bekannt. Die Interhalogenverbindungen IBr und ICl (vgl. Abschn. 4.4.4) bilden ebenfalls Charge-Transfer-Komplexe.

4.4.3.2 Chemisches Verhalten

Fluor ist das reaktionsfähigste Element. Es reagiert direkt mit allen Elementen außer He, Ne, Ar, N_2. In Verbindungen mit Fluor erreichen die Elemente hohe und höchste Oxidationszahlen: IF_7, SF_6, XeF_6, ClF_5, BiF_5, AgF_2, AuF_5, UF_6.

Ni, Cu, Stahl sowie die Legierungen Monel(Cu-Ni) und Elektron (Mg-Al) werden von Fluor nur oberflächlich angegriffen. Es bildet sich eine dichte, fest haftende Fluoridschicht, die den weiteren Angriff von Fluor verhindert (Passivierung). Cu kann bis 500 °C, Ni und Monel bis 800 °C für Arbeiten mit Fluor verwendet werden. Fluor ist in Stahlflaschen mit Drücken bis 30 bar im Handel ($t_K = -129$ °C). In Quarz- und Glasgefäßen kann nur gearbeitet werden, wenn weder H_2O noch HF zugegen ist, da sonst ein ständiger Angriff erfolgen würde.

$$2\,F_2 + 2\,H_2O \longrightarrow 4\,HF + O_2$$
$$SiO_2 + 4\,HF \longrightarrow SiF_4 + 2\,H_2O$$

Wie mit H_2O reagiert F_2 auch mit anderen Wasserstoffverbindungen unter Bildung von HF.

Chlor gehört zu den reaktionsfähigsten Elementen, es reagiert außer mit den Edelgasen, O_2, N_2 und C mit allen Elementen, meist schon bei niedrigen Temperaturen. Mit vielen Metallen reagiert es beim Erwärmen oder bei großer Metalloberfläche unter Feuererscheinung, z. B. mit Alkalimetallen, Erdalkalimetallen, Cu, Fe, As, Sb, Bi. Die Reaktion mit W zu WCl_6 und dessen thermische Zersetzung dient zur Reinigung des Metalls.

$$W + 3\,Cl_2 \underset{> 700\,°C}{\overset{< 700\,°C}{\rightleftarrows}} WCl_6 \quad (Sdp.\ 346\,°C)$$

Nichtmetalle wie Phosphor und Schwefel werden je nach Reaktionsbedingungen in die kovalenten Chloride PCl_3, PCl_5, S_2Cl_2, SCl_2, SCl_4 überführt. Die Reaktion mit H_2

$$H_2 + Cl_2 \rightleftharpoons 2\,HCl \qquad \Delta H° = -185\ kJ/mol$$

verläuft nach Zündung explosionsartig (Chlorknallgas) in einer Kettenreaktion (vgl. S. 303).

Cl_2 löst sich gut in Wasser, dabei bildet sich in einer Disproportionierungsreaktion HCl und Hypochlorige Säure HOCl (vgl. S. 413).

$$\overset{0}{Cl_2} + H_2O \rightleftharpoons \overset{-1}{HCl} + \overset{+1}{HOCl}$$

HOCl wirkt stark oxidierend, daher wird feuchtes Chlor zum oxidativen Bleichen (Papier, Leinen, Baumwolle), sowie zum Desinfizieren (Trinkwasser, Abwässer) verwendet.

Brom reagiert analog Cl_2, die Reaktionsfähigkeit ist aber geringer.

Iod ist noch weniger reaktiv, verbindet sich aber immer noch direkt mit einigen Elementen, z. B. mit P, S, Al, Fe, Hg. Charakteristisch für I_2 und als Nachweisreaktion für kleine Iodmengen geeignet ist die intensive Blaufärbung mit wäßrigen Stärkelösungen. Bei dieser „*Iodstärkereaktion*" erfolgt ein Einschluß von Iod (Einschlußverbindung).

Fluor und Chlor sind starke Oxidationsmittel. Fluor ist – abgesehen von KrF_2 – das stärkste Oxidationsmittel überhaupt. *Innerhalb der Gruppe nimmt das Oxidationsvermögen mit zunehmender Ordnungszahl ab.* Fluor kann daher alle anderen Halogene aus ihren Verbindungen verdrängen.

$$F_2 + 2\,Cl^- \longrightarrow 2\,F^- + Cl_2$$
$$F_2 + 2\,Br^- \longrightarrow 2\,F^- + Br_2$$

Chlor kann Brom und Iod, Brom nur Iod in Freiheit setzen.

$$Cl_2 + 2\,Br^- \longrightarrow 2\,Cl^- + Br_2$$
$$Br_2 + 2\,I^- \longrightarrow 2\,Br^- + I_2$$

Das Oxidationsvermögen eines Halogens ist um so größer, je mehr Energie bei der Reaktion $X_2(g) + 2e^- \longrightarrow 2X^-(aq)$ *freigesetzt wird.* Die Gesamtenergie ist durch die Energiebeträge der folgenden Teilschritte bestimmt.

$$\tfrac{1}{2}X_2(g) \xrightarrow[\substack{\text{Dissoziations-}\\\text{energie}}]{\tfrac{1}{2}D^\circ} X(g) \xrightarrow[\substack{\text{Elektronen-}\\\text{affinität}}]{E_{ea}} X^-(g) \xrightarrow[\substack{\text{Hydratations-}\\\text{enthalpie}}]{\Delta H_{\text{Hyd.}}} X^-(aq)$$

Obwohl die Elektronenaffinität von Chlor größer als die von Fluor ist, ist Fluor das wesentlich stärkere Oxidationsmittel. Dies liegt an der kleinen Dissoziationsenergie von F_2 und der großen Hydratationsenergie der kleinen F^--Ionen. Die viel größere Dissoziationsenergie von Cl_2 entspricht im Vergleich mit Br_2 und I_2 der Erwartung. F_2 hat eine kürzere Bindungslänge, daher ist eine starke Abstoßung nichtbindender Elektronenpaare wirksam (vgl. Tabelle 2.13).

4.4.3.3 Darstellung, Verwendung

Fluor. *Wegen seines hohen Standardpotentials kann Fluor aus seinen Verbindungen nicht durch chemische Oxidationsmittel freigesetzt werden. F_2 wird daher durch anodische Oxidation von F^--Ionen in wasserfreien Elektrolyten hergestellt.* In Gegenwart von Wasser erfolgt Entladung von OH-Ionen zu O_2. Da wasserfreies HF ein schlechter Leiter ist, verwendet man zur Elektrolyse wasserfreie Schmelzen der Zusammensetzung $KF \cdot xHF$. Die Schmelzpunkte sinken mit wachsendem HF-Gehalt: $KF \cdot HF$ 217 °C, $KF \cdot 3HF$ 66 °C. Im technisch verwendeten Mitteltemperaturverfahren elektrolysiert man Schmelzen mit $x = 2{-}2{,}2$ bei Temperaturen von 70 bis 130 °C. Für die Herstellung im Laboratorium benutzt man Hochtemperaturzellen mit $KF \cdot HF$-Schmelzen, die Temperaturen von 250 °C erfordern. Da KHF_2 praktisch nicht hygroskopisch ist, enthält das damit erzeugte F_2 nur sehr wenig O_2 bzw. OF_2. Die Elektrolysezellen bestehen aus Stahl oder Monel. Die verwendeten Metalle überziehen sich bei Betriebsbedingungen mit einer vor weiterem Fluorangriff schützenden Fluoridschicht (Passivierung).

Die Darstellung von Fluor auf chemischem Wege gelingt mit dem Trick, ein instabiles Fluorid herzustellen, das sich unter Entwicklung von elementarem Fluor zersetzt. Aus K_2MnF_6 wird mit SbF_5 das instabile Fluorid MnF_4 freigesetzt, das spontan in MnF_3 und F_2 zerfällt.

$$K_2MnF_6 + 2SbF_5 \xrightarrow{150\,°C} 2KSbF_6 + MnF_3 + \tfrac{1}{2}F_2$$

K_2MnF_6 und SbF_5 werden nach den folgenden Reaktionen hergestellt:

$$2KMnO_4 + 2KF + 10HF + 3H_2O_2 \longrightarrow 2K_2MnF_6 + 8H_2O + 3O_2$$
$$SbCl_5 + 5HF \longrightarrow SbF_5 + 5HCl$$

Großtechnisch wird F_2 seit dem 2. Weltkrieg erzeugt. Es wurde zur Herstellung des Kampfstoffes ClF_3 und beim Bau der Atombombe (vgl. S. 23) zur Trennung der

Uranisotope mittels Diffusion von UF_6 verwendet. Bedeutung hat F_2 zur Herstellung von CF_4 und SF_6 (Dielektrikum, Kühlmittel), zur Reinstdarstellung hochschmelzender Metalle aus Fluoriden (W, Mo, Re, Ta), aber hauptsächlich bei der Aufarbeitung von Kernbrennstoffen (vgl. S. 406).

Chlor. *Technisch wird Chlor* fast ausschließlich *durch Elektrolyse wäßriger NaCl-Lösungen hergestellt.*

$$2\,Na^+ + 2\,Cl^- + 2\,H_2O \longrightarrow 2\,Na^+ + 2\,OH^- + H_2 + Cl_2$$

Das Verfahren wurde bereits im Abschn. 3.8.10 beschrieben. Große technische Bedeutung hatte früher das *Deacon-Verfahren*

$$2\,HCl + \tfrac{1}{2}O_2 \longrightarrow Cl_2 + H_2O$$

das bei 430 °C mit Luftsauerstoff und $CuCl_2$ als Katalysator durchgeführt wurde. In modifizierter Form (Shell-Deacon-Verfahren) verwendet man heute als wirksamere Katalysatoren ein Gemisch von Kupferchlorid und anderen Metallchloriden (z. B. von Lanthanoiden) auf einem Silicatträger. Bereits bei 350 °C erhält man Cl_2 mit einer Ausbeute von 76 %.

Im Labormaßstab kann Cl_2 durch Oxidation von konzentrierter Salzsäure mit MnO_2 (historisch als Weldon-Verfahren von Bedeutung) oder $KMnO_4$ hergestellt werden.

$$4\,H\overset{-1}{Cl} + \overset{+4}{Mn}O_2 \longrightarrow \overset{0}{Cl_2} + \overset{+2}{Mn}Cl_2 + 2\,H_2O$$

$$16\,H\overset{-1}{Cl} + 2\,K\overset{+7}{Mn}O_4 \longrightarrow 5\,\overset{0}{Cl_2} + 2\,\overset{+2}{Mn}Cl_2 + 2\,K\overset{-1}{Cl} + 8\,H_2O$$

Die größten Chlormengen benötigt die organisch-chemische Industrie (mehr als 80 %). In der anorganisch-chemischen Industrie wird es vor allem zur Darstellung von HCl, Br_2 und Metallchloriden verwendet. Weiterhin wird es zum Bleichen und zur Desinfektion benötigt.

Chlor ist ein Schlüsselprodukt der chemischen Industrie. Etwa 60 % des Umsatzes der deutschen Chemieunternehmen hängen direkt oder indirekt von chlorchemischen Verfahren ab. Die Weltproduktion beträgt ca. $80 \cdot 10^6$ t. In der Bundesrepublik Deutschland wurden 1999 $3,5 \cdot 10^6$ t produziert.

Brom. Bei der Aufarbeitung von Kalisalzen entstehen Br^--haltige Lösungen. In die schwach sauren Lösungen wird Cl_2 eingeleitet und das entstandene Br_2 mit einem Luftstrom ausgetrieben.

$$2\,Br^- + Cl_2 \longrightarrow Br_2 + 2\,Cl^-$$

Im Labor kann Br_2 durch Oxidation von KBr mit konz. H_2SO_4 hergestellt werden.

$$2\,H\overset{-1}{Br} + H_2\overset{+6}{S}O_4 \longrightarrow \overset{0}{Br_2} + \overset{+4}{S}O_2 + 2\,H_2O$$

Iod. Die Hauptmenge des Iods wird aus iodathaltigen Lösungen gewonnen, die bei der Kristallisation von Chilesalpeter zurückbleiben. Zunächst wird ein Teil der Iodsäure HIO_3 mit SO_2 reduziert.

$$\overset{+5}{HIO_3} + 3\overset{+4}{SO_2} + 3H_2O \longrightarrow \overset{-1}{HI} + 3H_2\overset{+6}{SO_4}$$

HI wird durch noch vorhandene Iodsäure oxidiert.

$$\overset{+5}{HIO_3} + 5\overset{-1}{HI} \longrightarrow 3\overset{0}{I_2} + 3H_2O$$

Gesamtreaktion: $2HIO_3 + 5SO_2 + 4H_2O \longrightarrow 5H_2SO_4 + I_2$

Außerdem wird Iod aus Salzsolen gewonnen, die oft bei der Erdöl- und Erdgasförderung anfallen.

Aus Iodiden (z. B. in der Asche der Meeresalgen) kann I_2 durch Oxidation (z. B. mit MnO_2 oder H_2SO_4) hergestellt werden. Technisch ist die Gewinnung aus Algen oder Tang heute ohne Bedeutung.

Iod und Iodverbindungen werden für Katalysatoren, pharmazeutische Zwecke, Futtermittelzusätze und Farbstoffe verwendet.

4.4.4 Interhalogenverbindungen

Von Verbindungen der Halogene untereinander sind die Typen **XY, XY$_3$, XY$_5$ und XY$_7$** *bekannt,* in denen das elektropositivere Halogen X in den Oxidationszahlen $+1$, $+3$, $+5$ und $+7$ vorliegt.

Die Interhalogenverbindungen sind typische kovalente Verbindungen. Sie lassen sich aus den Elementen synthetisieren und sind sehr reaktionsfähig.

Von den Verbindungen der Zusammensetzung XY sind alle Kombinationen bekannt (Tabelle 4.6).

Tabelle 4.6   Interhalogenverbindungen vom Typ XY

ClF			Schmelzpunkte
farbloses Gas			Siedepunkte
256			Reaktionsfähigkeit
-50			Disproportionierungsneigung
BrF	BrCl		
hellrotes Gas	dunkelrote Flüssigkeit		
280	218		
-94	$+15$		
IF	ICl	IBr	
braunes Pulver	rote Kristalle	rotbraune Kristalle	
271	211	179	
-96	$+18$	$+41$	
Disproportionierung oberhalb $-14\,°C$			

(Oberer Zahlenwert: Dissoziationsenergie D°_{298} in kJ/mol
Unterer Zahlenwert: Bildungsenthalpie ΔH°_B (g) in kJ/mol)

Die Interhalogenverbindungen XY sind wie die Halogene sehr reaktive Substanzen. Sie sind Oxidationsmittel und Halogenüberträger. Die Reaktionsfähigkeit und die Disproportionierungsneigung ist um so größer, je weiter die Halogene im PSE voneinander entfernt stehen.

Beispiele:
ClF ist disproportionierungsstabil, es wird als Fluorierungsmittel benutzt. BrF disproportioniert nach $3\,BrF \rightarrow Br_2 + BrF_3$. IF ist nur bei tiefen Temperaturen beständig, oberhalb $-14\,°C$ zerfällt es nach $5\,IF \rightarrow 2\,I_2 + IF_5$.

Die Zerfallsneigung der Interhalogenverbindungen XY in die Elemente wächst in der Reihe ClF < ICl < BrF < IBr < BrCl.

Mit Wasser findet die Reaktion $XY + HOH \rightarrow HY + HOX$ statt; X ist das elektropositivere Atom.

Mit Ausnahme von ICl_3 sind alle anderen Interhalogenverbindungen Fluoride (Tabelle 4.7).

Die Halogenide XY_3 sind T-förmig gebaut, die Pentahalogenide XY_5 haben die Geometrie quadratischer Pyramiden, IF_7 bildet eine pentagonale Bipyramide (Abb. 4.4).

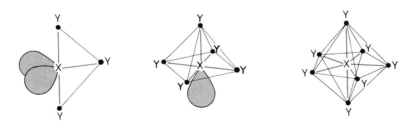

Abbildung 4.4   Molekülgeometrie der Interhalogenverbindungen XY_3, XY_5 und XY_7 nach dem VSEPR-Modell.

Nur Br, Cl und I sind Zentralatome und hauptsächlich F ist als Substituent geeignet. Die Ionisierungsenergie nimmt von Cl zu I ab, die Affinität zu elektronegativen Elementen nimmt zu. Daher ist verständlich, daß die thermodynamische Stabilität der Verbindungen XY_3 und XY_5 von Cl zu I zunimmt (vgl. Tabelle 4.7) und nur I ein Heptafluorid bildet. Von allen Elementen besitzt Fluor die größte Fähigkeit zur Stabilisierung hoher positiver Oxidationsstufen. Chlor kann nur noch mit Iod zu Iodtrichlorid reagieren.

ClF_3, BrF_3 und IF_5 werden neben ClF als Fluorierungsmittel verwendet und tech-

Tabelle 4.7   Interhalogenverbindungen des Typs XY_3, XY_5, XY_7

ClF_3	ClF_5		
farbloses Gas	farbloses Gas		
-165	-255		
BrF_3	BrF_5		
farblose Flüssigkeit	farblose Flüssigkeit		
-256	-429		
IF_3	IF_5	IF_7	$(ICl_3)_2$
gelbes Pulver	farblose Flüssigkeit	farbloses Gas	gelbe Kristalle
-486	-841	-962	-90 (ΔH_B°(s))
Disproportionierung			
oberhalb $-28\,^\circ$C			

(Zahlenwerte: Bildungsenthalpien ΔH_B°(g) in kJ/mol)

nisch hergestellt. Sie werden z. B. zur Trennung von U-Pu-Spaltprodukten in der Kerntechnik verwendet.

$$U + 3\,ClF_3 \longrightarrow UF_6 + 3\,ClF$$

Pu bildet nichtflüchtiges PuF_4 und das flüchtige UF_6 kann durch Destillation abgetrennt werden.

Bekannt sind zahlreiche Interhalogenionen.

Beispiele:

BrF_6^- (Oktaeder), IF_6^- (wie XeF_6 verzerrt oktaedrisch), IF_8^- (quadratisches Antiprisma).

4.4.5 Polyhalogenidionen

In Wasser löst sich nur wenig *Iod. Es ist* dagegen leicht und *mit dunkelbrauner Farbe in KI-Lösungen löslich. Ursache dafür ist die Anlagerung von I_2-Molekülen an I^--Ionen.*

$$I^- + I_2 \rightleftharpoons I_3^-$$

Bekannt sind auch die weniger beständigen Polyhalogenidionen Br_3^-, Cl_3^-, F_3^- und gemischte Polyhalogenidionen wie ICl_2^-, I_2Br^-, $IBrF^-$. Das Halogen mit der kleinsten Elektronegativität ist das Zentralatom. Es können Alkalimetallsalze wie z. B. CsI_3 oder RbI_3 isoliert werden.

Die Trihalogenidionen sind linear gebaut; in Lösung sind die Ionen I_3^- und ICl_2^- symmetrisch mit gleichen Kernabständen, die einem Bindungsgrad von 0,5 entsprechen. Eine Erklärung liefert sowohl die MO-Theorie (Abb. 4.5) als auch die VB-Theorie.

$$I^-\ \overline{|I-I|}\ \leftrightarrow\ \overline{|I-I|}\ I^-$$

Von Iod sind auch die Anionen I_5^-, I_7^-, I_9^- und Salze davon bekannt.

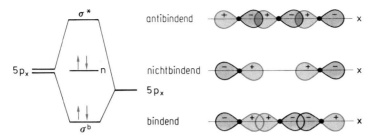

Abbildung 4.5   MO-Diagramm des I_3^--Ions. Die Linearkombination der $5p_x$-Orbitale der drei I-Atome ergibt ein bindendes, ein nichtbindendes und ein antibindendes MO. In den drei MOs befinden sich vier Valenzelektronen. Da nur zwei davon bindend sind, ist der Bindungsgrad 0,5. Am günstigsten ist die Überlappung bei der 3-Zentren-2-Elektronenbindung bei linearer Anordnung der Atome (vgl. dazu das MO-Diagramm von XeF_2 in Abb. 4.2b).

4.4.6 Halogenide

Hydrogenfluorid HF, Hydrogenchlorid HCl, Hydrogenbromid HBr und Hydrogeniodid HI sind farblose, stechend riechende Gase. Einige Eigenschaften der untereinander ähnlichen Verbindungen sind in der Tabelle 4.8 angegeben.

Tabelle 4.8   Eigenschaften von Hydrogenhalogeniden

	HF	HCl	HBr	HI
Bildungsenthalpie in kJ/mol	− 271	− 92	− 36	+ 27
Schmelzpunkt in °C	− 83	− 114	− 87	− 51
Siedepunkt in °C	+ 20	− 85	− 67	− 35
Verdampfungsenthalpie in kJ/mol	30	13	18	20
Säurestärke	→ nimmt zu			
Dipolmoment in D	1,8	1,1	0,8	0,4

In den Hydrogenhalogeniden liegen polare Einfachbindungen vor. Die Polarität der Bindung wächst entsprechend der zunehmenden Elektronegativitätsdifferenz von HI nach HF.

$$\overset{\delta+}{H}-\overset{\delta-}{\underline{\underline{X}}}|$$

Zwischen den HX-Molekülen wirken nur schwache van der Waals-Kräfte, daher sind alle Verbindungen flüchtig. Erwartungsgemäß nehmen die Schmelzpunkte, Siedepunkte und die Verdampfungsenthalpien von HI zu HCl ab, *HF zeigt* aber anomal hohe Werte (vgl. Abb. 2.116 u. 2.117). Die Ursache sind *zusätzliche Bindungskräfte, die durch Wasserstoffbrücken zustande kommen* (vgl. Abschn. 2.6). Im festen Hydrogenfluorid sind die HF-Moleküle über unsymmetrische Wasserstoffbrücken F—H····F— zu Zickzack-Ketten verknüpft (s. S. 208). Ähnliche Brückenbindungen dürften im flüssigen HF vorliegen. Es ist eine farblose, bewegliche, hygroskopische Flüssigkeit. Im Dampf sind gewellte $(HF)_6$-Ringe (s. S. 208) im Gleichgewicht mit HF-Molekülen, erst oberhalb von 90 °C ist Hydrogenfluorid nur monomolekular.

Alle Hydrogenhalogenide lösen sich gut in Wasser. Bei 0 °C lösen sich in 1 l Wasser 507 l HCl-Gas und 612 l HBr-Gas. Da *sie* dabei Protonen abgeben, *fungieren* sie *als Säuren.*

$$HX + H_2O \rightleftharpoons H_3O^+ + X^-$$

Die Säurestärke nimmt von HF nach HI zu. Die Ursache dafür ist die von HF nach HI abnehmende Bindungsenergie (siehe Tabelle 2.14).

Alle Hydrogenhalogenide bilden sich in direkter Reaktion aus den Elementen.

$$H_2 + X_2 \rightleftharpoons 2 HX$$

Die Reaktionen mit Fluor und Chlor verlaufen explosionsartig (vgl. S. 292). Br_2 reagiert auch in Gegenwart von Pt-Katalysatoren erst bei 200 °C. *Die Bildungsenthalpie und die thermische Stabilität nehmen von HF nach HI stark ab.* HI zersetzt sich bereits bei mäßig hohen Temperaturen zum Teil in die Elemente (19 % bei 300 °C). Die Bildungsreaktionen der Hydrogenhalogenide verlaufen nach einem Radikalkettenmechanismus (vgl. S. 303), bei I_2 allerdings erst bei Temperaturen oberhalb 500 °C (zum Reaktionsmechanismus bei tieferen Temperaturen vgl. S. 296).

Hydrogenfluorid HF. Die übliche technische Darstellung von HF ist die Umsetzung von CaF_2 mit konz. H_2SO_4 bei 270 °C.

$$CaF_2 + H_2SO_4 \longrightarrow 2 HF + CaSO_4$$

Reinstes, wasserfreies HF gewinnt man durch thermische Zersetzung von KHF_2.

$$KHF_2 \longrightarrow KF + HF$$

Mit den im Flußspat als Nebenprodukt vorhandenen Silicaten entsteht SiF_4, das mit HF zu Hexafluorokieselsäure umgesetzt wird.

$$2 CaF_2 + SiO_2 + 2 H_2SO_4 \longrightarrow SiF_4 + 2 CaSO_4 + 2 H_2O$$
$$SiF_4 + 2 HF \longrightarrow H_2SiF_6$$

Die Hauptmenge HF wird zur Herstellung von AlF_3, Kryolith und Fluorhalogenkohlenwasserstoffen verwendet. In der Glasindustrie dient es zum Ätzen und Polieren. Aus H_2SiF_6 gewinnt man AlF_3 und Kryolith (vgl. S. 583 u. 586).

Wäßrige Lösungen von HF heißen **Flußsäure.** Flußsäure ist eine mittelstarke Säure; sie ätzt Glas

$$SiO_2 + 4 HF \longrightarrow SiF_4 + 2 H_2O$$

und kann daher nicht in Glasflaschen aufbewahrt werden. Handelsübliche Flußsäure ist meist 40 %ig, sie kann in Polyethenflaschen aufbewahrt werden.

Hydrogenchlorid HCl. Bei der technischen Darstellung von HCl aus den Elementen benutzt man einen nach dem Prinzip des Daniellschen Hahns (vgl. S. 380) arbeitenden Quarzbrenner.

Beim Chlorid-Schwefelsäure-Verfahren wird NaCl mit konz. H_2SO_4 umgesetzt.

$$NaCl + H_2SO_4 \xrightarrow{20\,°C} NaHSO_4 + HCl$$

$$NaCl + NaHSO_4 \xrightarrow{80\,°C} Na_2SO_4 + HCl$$

Das meiste HCl entsteht als Zwangsanfall (zu etwa 90 %) bei der technisch wichtigen Chlorierung organischer Verbindungen.

Beispiel: $>C{-}H + Cl_2 \longrightarrow >C{-}Cl + HCl$

Technisch nicht verwendbares HCl wird durch Elektrolyse in Cl_2 und H_2 umgewandelt. Die Weltproduktion von HCl betrug 2000 $15 \cdot 10^6$ t, in der Bundesrepublik Deutschland wurden 2000 $1{,}7 \cdot 10^6$ t erzeugt.

Wäßrige Lösungen von HCl heißen **Salzsäure**. In konzentrierter Salzsäure ist ein Massenanteil von ca. 38 % HCl-Gas gelöst. Salzsäure ist eine starke, nichtoxidierende Säure, sie löst daher nur unedle Metalle wie Zn, Al, Fe, nicht aber Cu, Hg, Ag, Au, Pt und Ta.

$$Zn + 2\,HCl \longrightarrow H_2 + ZnCl_2$$

Hydrogenbromid HBr. Hydrogeniodid HI. HBr und HI können nicht aus ihren Salzen mit konz. H_2SO_4 hergestellt werden, da teilweise Oxidation zu Br_2 und I_2 erfolgt. Sie werden durch Hydrolyse von PBr_3 bzw. PI_3 hergestellt.

$$PBr_3 + 3\,H_2O \longrightarrow 3\,HBr + H_3PO_3$$

$$PI_3\ \ + 3\,H_2O \longrightarrow 3\,HI\ \ + H_3PO_3$$

Dazu kann roter Phosphor und das Halogen direkt in Gegenwart von Wasser umgesetzt werden, intermediär bildet sich das Phosphortrihalogenid.

Hydrogeniodid ist eine sehr starke Säure, sie ist oxidationsempfindlich. Bei Einwirkung von Luftsauerstoff wird Iod ausgeschieden.

$$4\,HI + O_2 \longrightarrow 2\,I_2 + 2\,H_2O$$

Die Halogenide der Alkalimetalle und der Erdalkalimetalle sind typische Salze, die überwiegend in Ionengittern kristallisieren (vgl. Abschn. 2.1.3). Typisch für Fluor ist die Existenz von Hydrogenfluoriden, so z. B. der Alkalimetallhydrogenfluoride $Me^+HF_2^-$, $Me^+H_2F_3^-$ und $Me^+H_3F_4^-$.

Mit Nichtmetallen bilden die Halogene flüchtige, kovalente Halogenide, die in Molekülgittern kristallisieren.

Beispiele:

BF_3, SiF_4, SF_4, PF_5, CF_4 Gase (bei 25 °C)

SCl_2, PCl_3, CCl_4, $SiBr_4$ Flüssigkeiten (bei 25 °C)

Die mit Fluor erreichbaren Koordinationszahlen sind meist höher als bei den übrigen Halogenen. So existieren zu den Fluoriden SF_6, XeF_6, UF_6, IF_7, ReF_7 keine analogen Halogenide mit Cl, Br, I. Einige Fluoride, wie BF_3, AsF_5, SbF_5, PF_5, sind starke F^--Akzeptoren. Aus AlF_3, SiF_4, PF_5 entstehen dabei die mit SF_6 isoelektronischen Ionen AlF_6^{3-}, SiF_6^{2-}, PF_6^-. Sie sind oktaedrisch gebaut und in Wasser stabil, während SiF_4 und PF_5 hydrolysieren.

Der Ionenradius des F^--Ions ist ähnlich dem des OH^--Ions. Diese Ionen können sich daher diadoch vertreten, z. B. in Silicaten und im Apatit. Der Fluorgehalt im Apatit der Zähne (bis 0,5 %) schützt gegen Karies. Durch Fluoridierung des Trinkwassers (1 ppm F^-) kann Resistenz gegen Karies erreicht werden.

Die Silberhalogenide und der photographische Prozeß werden beim Silber besprochen.

Fluorierte Kohlenwasserstoffe. Aus chlorierten Kohlenwasserstoffen können mit HF Fluorchlorkohlenwasserstoffe FCKW (Frigene, Kaltrone) hergestellt werden. Die wichtigsten sind:

CCl_3F $CHCl_2F$ $CCl_2F—CCl_2F$

CCl_2F_2 $CHClF_2$ $CClF_2—CClF_2$

Sie sind farblos, meist ungiftig, unbrennbar, chemisch resistent und sie besitzen niedrige Siedepunkte. Sie finden Verwendung als Kühlmittel in Kälteanlagen, als Lösungsmittel und zur Verschäumung von Kunststoffen. Da die FCKW die Ozonschicht abbauen, ist ihr Ersatz notwendig (vgl. Abschn. 4.11).

Aus $CHClF_2$ erhält man durch HCl-Abspaltung Tetrafluorethen $\underset{F}{\overset{F}{>}}C{=}C\underset{F}{\overset{F}{<}}$

und daraus durch Polymerisation Polytetrafluorethen (PTFE) $\left(\underset{\underset{F}{|}}{\overset{\overset{F}{|}}{-}}C\underset{\underset{F}{|}}{\overset{\overset{F}{|}}{-}}C-\right)_n$ (Teflon, Hostaflon), das chemisch sehr widerstandsfähig und bei Temperaturen von -200 °C bis $+260$ °C verwendbar ist.

4.4.7 Sauerstoffsäuren der Halogene

Die bekannten Sauerstoffsäuren der Halogene sind in der Tabelle 4.9 aufgeführt.

Beim gleichen Halogen steigt die Stabilität der Sauerstoffsäuren mit wachsender Oxidationszahl. In reiner Form lassen sich nur $HClO_4$, HIO_3, H_5IO_6, $H_7I_3O_{14}$ und $(HIO_4)_n$ isolieren. Die anderen Oxosäuren existieren nur in wäßrigen Lösungen. BrO_2^- und IO_2^- treten nur als instabile Reaktionszwischenprodukte auf.

Tabelle 4.9   Sauerstoffsäuren der Halogene*

Oxidationszahl	Cl	Br	I
$+1$	HClO	HBrO	HIO
$+3$	$HClO_2$	–	–
$+5$	$HClO_3$	$HBrO_3$	HIO_3
$+7$	$HClO_4$	$HBrO_4$	HIO_4, H_5IO_6, $H_7I_3O_{14}$

* HOF siehe S. 420

Die Formeln, die Nomenklatur der Sauerstoffsäuren des Chlors und ihrer Salze, sowie die Bindungsverhältnisse sind in der Tabelle 4.10 angegeben.

Tabelle 4.10   Nomenklatur und Bindungsverhältnisse von Sauerstoffsäuren des Chlors

$HClO_n$	HClO	$HClO_2$	$HClO_3$	$HClO_4$
Name	Hypochlorige Säure	Chlorige Säure	Chlorsäure	Perchlorsäure
Salze $MeClO_n$	Hypochlorite	Chlorite	Chlorate	Perchlorate
Oxidations-zahl von Cl	$+1$	$+3$	$+5$	$+7$
Lewisformel der Anionen				
Mesomere Grenz-strukturen	–	2	3	4
Räumlicher Bau	–	gewinkelt	pyramidal	tetraedrisch
σ-Bindungen	1	2	3	4
π-Bindungen	0	1	2	3
Abstände Cl–O in pm	169	156	148	144

Der räumliche Bau ist durch σ-Bindungen bestimmt, die von sp^3-Hybridorbitalen gebildet werden. Den σ-Bindungen überlagern sich schwache π-Bindungen. Mit der Mesomerie wird die Delokalisierung der π-Bindungen berücksichtigt. Das ClO_4^--Ion ist perfekt tetraedrisch gebaut. Die Entstehung der Mehrzentren-π-Bindungen ist am Schluß des Abschnitts 2.2.9 Molekülorbitale, Hyperkonjugation zu finden. Dort wird auch das Beispiel ClO_4^- behandelt.

Mit zunehmender Zahl der π-Bindungen wächst die Anzahl mesomerer Grenzstrukturen, die Anionen werden dadurch stabilisiert, die negative Ladung an den O-Atomen wird verringert, und die Protonen werden weniger stark angezogen. *Die Säurestärke wächst* daher *mit steigender Oxidationszahl.* Dies ist auch die Ursache für den Anstieg der Säurekonstanten in der Reihe H_4SiO_4, H_3PO_4, H_2SO_4, $HClO_4$.

Mit zunehmender Koordinationszahl nimmt die Anzahl freier, reaktiver Elektronenpaare am Cl-Atom ab, die Stabilität erhöht sich. Dies erklärt die typischen Disproportionierungsreaktionen, bei denen aus sauerstoffärmeren Ionen Cl^- und sauerstoffreichere Anionen entstehen.

Beispiel:

$$3\overset{+1}{Cl}O^- \longrightarrow \overset{+5}{Cl}O_3^- + 2\overset{-1}{Cl}{}^-$$

Über Redoxverhalten und Disproportionierungsreaktionen geben besonders übersichtlich *Potentialdiagramme* (Zahlenangaben: Standardpotentiale in V) *Auskunft.*

$$pH = 0 \qquad Cl^- \xrightarrow{+1,36} Cl_2 \xrightarrow{+1,65} HClO \xrightarrow{+1,63} HClO_2 \xrightarrow{+1,21} ClO_3^- \xrightarrow{+1,19} ClO_4^-$$

$$pH = 14 \qquad Cl^- \xrightarrow{+1,36} Cl_2 \xrightarrow{+0,32} ClO^- \xrightarrow{+0,66} ClO_2^- \xrightarrow{+0,33} ClO_3^- \xrightarrow{+0,36} ClO_4^-$$

Aus den Potentialdiagrammen können die Standardpotentiale für die verschiedenen Redoxsysteme ermittelt werden (vgl. S. 358).

Beispiel: Redoxsystem ClO_3^-/Cl_2 bei $pH = 0$

$$5E^\circ_{ClO_3^-/Cl_2} = 2E^\circ_{ClO_3^-/HClO_2} + 2E^\circ_{HClO_2/HClO} + E^\circ_{HClO/Cl_2}$$
$$5E^\circ_{ClO_3^-/Cl_2} = 2 \cdot 1,21\,V \quad + 2 \cdot 1,63\,V \quad + 1,65\,V$$
$$E^\circ_{ClO_3^-/Cl_2} = +1,47\,V$$

In saurer Lösung sind alle Chlorsauerstoffsäuren starke Oxidationsmittel. Ein besonders starkes Oxidationsvermögen besitzt HClO. Mit wachsendem pH-Wert nimmt das Oxidationsvermögen stark ab. Die Potentiale zeigen auch, daß z. B. die Disproportionierung von Cl_2 in Cl^- und ClO^- nur in alkalischen Lösungen möglich ist (vgl. dazu unten). In sauren Lösungen ist die Komproportionierung von HClO und Cl^- zu Cl_2 energetisch begünstigt.

Hypochlorige Säure HOCl entsteht in einer Disproportionierungsreaktion beim Einleiten von Cl_2 in Wasser.

$$\overset{0}{Cl}_2 + H_2O \rightleftharpoons H\overset{-1}{Cl} + HO\overset{+1}{Cl}$$

Das Gleichgewicht der Reaktion liegt aber ganz auf der linken Seite (Chlorwasser). Eine Verschiebung des Gleichgewichts nach rechts erreicht man durch Abfangen von

HCl mit einer HgO-Suspension als unlösliches $HgO \cdot HgCl_2$. Es entsteht 20%ige HOCl, die sich aber schon bei $0\,°C$ langsam zersetzt.

$$2\,HOCl \longrightarrow 2\,HCl + O_2$$

HOCl ist eine schwache Säure und ein starkes Oxidationsmittel (Desinfektion von Wasser). Sie ist im wasserfreien Zustand nicht bekannt, beim Entwässern entsteht ihr Anhydrid Cl_2O. In Lösungen ist Cl_2O im Gleichgewicht mit HOCl

$$2\,HOCl \rightleftharpoons Cl_2O + H_2O$$

so daß nebeneinander Cl_2, HOCl und Cl_2O vorliegen.

Die Salze der Hypochlorigen Säure, die **Hypochlorite**, erhält man durch Einleiten von Chlor in kalte alkalische Lösungen.

$$Cl_2 + 2\,NaOH \longrightarrow NaCl + NaOCl + H_2O$$

Brom und Iod reagieren analog zu Hypobromiten bzw. zu Hypoioditen. Technisch kann man die Darstellung von NaOCl an die Chloralkalielktrolyse (s. S. 366) anschließen, indem man das anodisch entwickelte Chlor in die kathodisch gebildete Natronlauge einleitet. Chlorkalk erhält man aus Cl_2 und $Ca(OH)_2$.

$$Cl_2 + Ca(OH)_2 \longrightarrow CaCl(OCl) + H_2O$$

Mit Salzsäure entsteht aus Chlorkalk Chlor.

$$CaCl(OCl) + 2\,HCl \longrightarrow CaCl_2 + Cl_2 + H_2O$$

Hypochlorite sind schwächere Oxidationsmittel als HOCl, sie werden als Bleich- und Desinfektionsmittel verwendet. Wäßrige Lösungen reagieren basisch, da ClO^- eine Anionenbase ist.

Chlorige Säure $HClO_2$ ist bedeutungslos, da sie sich schnell zersetzt.

$$5\,HClO_2 \longrightarrow 4\,ClO_2 + HCl + 2\,H_2O$$

Beständiger sind ihre Salze, die **Chlorite.** Sie werden technisch durch Einleiten von ClO_2 in $NaOH$-H_2O_2-Lösungen hergestellt.

$$2\,ClO_2 + H_2O_2 + 2\,NaOH \longrightarrow 2\,NaClO_2 + O_2 + 2\,H_2O$$

Verwendet werden sie als Bleichmittel für Textilien, da das beim Ansäurern freiwerdende ClO_2 faserschonend bleicht.

Chlorsäure $HClO_3$ erhält man aus ihren Salzen, den Chloraten.

$$Ba(ClO_3)_2 + H_2SO_4 \longrightarrow 2\,HClO_3 + BaSO_4$$

Lösungen mit mehr als 40% $HClO_3$ zersetzen sich. $HClO_3$ ist eine starke Säure ($pK_S = -2,7$) und ein starkes Oxidationsmittel ($E°_{ClO_3^-/Cl^-} = +1,45\ V$ bei $pH = 0$).

„Euchlorin" ist eine Mischung aus konz. $HClO_3$ und konz. HCl, die sich wegen ihres starken Oxidationsvermögens besonders zur Auflösung organischer Stoffe eignet.

Chlorate entstehen durch Disproportionierung von Hypochloriten in erwärmten Lösungen.

$$3\overset{+1}{\text{Cl}}\text{O}^- \longrightarrow \overset{+5}{\text{Cl}}\text{O}_3^- + 2\overset{-1}{\text{Cl}}^-$$

Wahrscheinlich wird dabei das Anion ClO^- durch die freie Säure HClO oxidiert.

$$2\,\text{HClO} + \text{ClO}^- \longrightarrow \text{ClO}_3^- + 2\,\text{HCl}$$

Da Cl_2 in NaOH zu ClO^- und Cl^- disproportioniert, erhält man ClO_3^- durch Einleiten von Cl_2 in heiße Laugen.

$$3\,\text{Cl}_2 + 6\,\text{OH}^- \longrightarrow 5\,\text{Cl}^- + \text{ClO}_3^- + 3\,\text{H}_2\text{O}$$

Technisch elektrolysiert man heiße NaCl-Lösungen ohne Trennung des Kathoden- und Anodenraums.

Chlorate sind kräftige Oxidationsmittel. Gemische von Chloraten mit oxidierbaren Substanzen (Phosphor, Schwefel, organische Substanzen) sind explosiv. KClO_3 wird zur Herstellung von Zündhölzern (vgl. S. 461), Feuerwerkskörpern und Sprengstoffen verwendet. NaClO_3 ist Ausgangsprodukt zur Herstellung von ClO_2 und Perchlorat und wird als Herbizid verwendet.

Perchlorsäure HClO_4 ist die beständigste und die einzige in reiner Form herstellbare Chlorsauerstoffsäure. HClO_4 ist eine farblose Flüssigkeit, die bei $120\,^\circ\text{C}$ siedet und bei $-101\,^\circ\text{C}$ erstarrt. Beim Erwärmen zersetzt sie sich, manchmal explosionsartig. Mit brennbaren Substanzen erfolgt Explosion. In wäßriger Lösung ist HClO_4 stabil, sie ist eine der stärksten Säuren. Trotz des hohen Redoxpotentials ($E^\circ_{\text{ClO}_4^-/\text{Cl}^-} = +1{,}38$ V) wirkt sie aus kinetischen Gründen weit weniger oxidierend als HClO_3. Von HClO_3 wird z.B. HCl zu Cl_2 und S zu H_2SO_4 oxidiert, nicht aber von HClO_4.

HClO_4 kann aus Perchloraten dargestellt werden.

$$\text{KClO}_4 + \text{H}_2\text{SO}_4 \longrightarrow \text{HClO}_4 + \text{KHSO}_4$$

Die entstandene Perchlorsäure wird im Vakuum abdestilliert.

Perchlorate werden technisch durch anodische Oxidation von Chloraten hergestellt.

$$\text{ClO}_3^- + \text{H}_2\text{O} \longrightarrow \text{ClO}_4^- + 2\,\text{H}^+ + 2\,\text{e}^-$$

Perchlorate entstehen auch bei der thermischen Disproportionierung von Chloraten.

$$4\,\text{KClO}_3 \xrightarrow{400\,^\circ\text{C}} 3\,\text{KClO}_4 + \text{KCl}$$

Bei noch stärkerem Erhitzen zersetzt sich KClO_4.

$$\text{KClO}_4 \xrightarrow{500\,^\circ\text{C}} \text{KCl} + 2\,\text{O}_2$$

Die Perchlorate sind die beständigsten Salze von Oxosäuren des Chlors. Schwerlöslich sind die Perchlorate von K, Rb, Cs. NH_4ClO_4 wird als Raketentreibstoff verwendet.

Iodsäure HIO_3 kristallisiert in farblosen Kristallen. Sie ist ein starkes Oxidations-mittel, durch Entwässern erhält man aus ihr I_2O_5. HIO_3 kann durch Oxidation von I_2 mit HNO_3, Cl_2 oder H_2O_2 hergestellt werden.

$$I_2 + 6H_2O + 5Cl_2 \longrightarrow 2HIO_3 + 10HCl$$

HCl muß aus dem Gleichgewicht entfernt werden, da es HIO_3 reduziert.

Iodate enthalten das pyramidale Anion IO_3^-. In den sauren Salzen $MeIO_3 \cdot HIO_3$ und $MeIO_3 \cdot 2HIO_3$ sind Iodsäuremoleküle über Wasserstoffbrücken an die Iodatio-nen gebunden. Die Iodate sind beständiger als die Chlorate und die Bromate.

Periodsäuren. Orthoperiodsäure H_5IO_6 bildet farblose, hygroskopische Kristalle (Smp. $128\,^\circ$C). Sie ist die einzige in Wasser existenzfähige Iod(VII)-säure; sie ist ein starkes Oxidationsmittel und eine schwache mehrbasige Säure, die nur sehr wenig protolysiert. Es liegen folgende Protolysegleichgewichte vor:

$$
\begin{aligned}
H_5IO_6 + H_2O &\rightleftharpoons H_3O^+ + H_4IO_6^- & K_S &= 5 \cdot 10^{-4} \\
H_4IO_6^- + H_2O &\rightleftharpoons H_3O^+ + H_3IO_6^{2-} & K_S &= 5 \cdot 10^{-9} \\
H_3IO_6^{2-} + H_2O &\rightleftharpoons H_3O^+ + H_2IO_6^{3-} & K_S &= 2 \cdot 10^{-12}
\end{aligned}
$$

Außerdem finden Dehydratisierungen statt:

$$
\begin{aligned}
H_4IO_6^- &\rightleftharpoons IO_4^- + 2H_2O & K &= 29 \\
2H_3IO_6^{2-} &\rightleftharpoons H_2I_2O_{10}^{4-} + 2H_2O & K &= 820
\end{aligned}
$$

Bei Raumtemperatur herrscht in wäßriger Lösung das Ion IO_4^- vor. In alkalischen Lösungen liegen die Ionen $H_4IO_6^-$, $H_3IO_6^{2-}$, $H_2IO_6^{3-}$, IO_4^- und $H_2I_2O_{10}^{4-}$ nebenein-ander vor. Aus diesen Lösungen können unterschiedliche Salze gewonnen werden: $CsIO_4$, MeH_4IO_6, $Me_2H_3IO_6$, $Me_3H_2IO_6$, $Me_4H_2I_2O_{10}$ (Me = Alkalimetalle, Erd-alkalimetalle), Ag_5IO_6.

Durch Erhitzen von H_5IO_6 im Vakuum erhält man zunächst die **Triperiodsäure $H_7I_3O_{14}$** und daraus die **Periodsäure $(HIO_4)_n$**, aus der bei weiterem Erhitzen unter H_2O- und O_2-Abspaltung I_2O_5 entsteht. In wäßriger Lösung entsteht aus $H_7I_3O_{14}$ und HIO_4 wieder H_5IO_6. Die Strukturen der Periodsäuren sind in der Abb. 4.6 wiedergegeben.

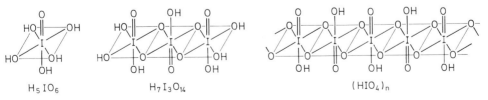

Abbildung 4.6 Strukturen der Periodsäuren.
In allen Periodsäuren sind die Iodatome oktaedrisch von O-Atomen koordiniert. HIO_4 ist daher polymer und nicht wie $HClO_4$ monomer.

4.4.8 Oxide der Halogene

In den Oxiden von Chlor, Brom, Iod kommen die Halogene in positiven Oxidations-zahlen vor. Gesichert ist die Existenz der in der Tabelle 4.11 angegebenen Oxide.

Mit Ausnahme von I_2O_5 sind die Halogenoxide endotherme Verbindungen, die beim Erwärmen teilweise explosionsartig zerfallen. Sie sind sehr reaktionsfähig und starke Oxidationsmittel. Die Strukturen sind zum Teil noch ungeklärt. Technische Bedeu-tung hat ClO_2.

Dichloroxid Cl_2O ist ein gelbrotes Gas, das beim Erwärmen explosionsartig in Cl_2 und O_2 zerfällt. Es entsteht durch Reaktion von Cl_2 mit HgO.

$$2\,Cl_2 + 2\,HgO \longrightarrow Cl_2O + HgO \cdot HgCl_2$$

In analoger Reaktion entsteht Br_2O. Cl_2O ist das Anhydrid von HOCl, es bildet in Alkalilaugen Hypochlorit. Cl_2O und Br_2O sind gewinkelte Moleküle mit schwachen Einfachbindungen.

$$\overline{\underline{Cl}}^{\,O}\,\overline{\underline{Cl}}$$

Chlordioxid ClO_2 ist ein gelbes, sehr explosives Gas. Mit CO_2 verdünnt, wird es als Oxidationsmittel zum Bleichen (Mehl, Cellulose) und als Desinfektionsmittel (Trinkwasser wird wirksamer und geruchsfreier desinfiziert als mit Chlor) verwendet. Es wird durch Reduktion von $NaClO_3$ mit SO_2 oder Salzsäure hergestellt.

$$2\,NaClO_3 + SO_2 + H_2SO_4 \longrightarrow 2\,ClO_2 + 2\,NaHSO_4$$

Im Labor entsteht es aus $KClO_3$ und konz. H_2SO_4 durch Disproportionierung der Chlorsäure.

$$KClO_3 + H_2SO_4 \longrightarrow HClO_3 + KHSO_4$$
$$3\,HClO_3 \longrightarrow 2\,ClO_2 + HClO_4 + H_2O$$

In alkalischen Lösungen disproportioniert ClO_2.

$$2\,ClO_2 + 2\,OH^- \longrightarrow ClO_2^- + ClO_3^- + H_2O$$

ClO_2 ist ein gewinkeltes Molekül, es enthält ein ungepaartes Elektron.

$$^{\ominus}\overline{\underline{O}}^{\,\overline{Cl}^{2\oplus}}\overline{\underline{O}}^{\ominus} \quad\leftrightarrow\quad ^{\ominus}\overline{\underline{O}}^{\,\overline{Cl}^{\oplus}}\underline{\underline{O}} \quad\leftrightarrow\quad \underline{\underline{O}}^{\,\overline{Cl}^{\oplus}}\overline{\underline{O}}^{\ominus}$$

Wahrscheinlich ist das ungepaarte Elektron über das ganze Molekül delokalisiert. Bei tiefen Temperaturen existieren im festen Zustand Dimere mit kompensierten Spinmomenten.

BrO_2-Dimere entstehen bei elektrischen Entladungen aus Br_2/O_2-Gemischen. Die Struktur ist die eines Bromperbromats, $\overset{+1}{Br}\!-\!O\!-\!\overset{+7}{Br}O_3$.

Tabelle 4.11   Oxide der Halogene

Oxidations-zahl**	Chlor	Brom	Iod
+1	Cl_2O gelbrotes Gas $\Delta H_B^\circ = +80$ kJ/mol ClO^*, Dimere	Br_2O braun, fest $\Delta H_B^\circ \approx +110$ kJ/mol Zers. $> -40\,°C$ BrO^*	 IO^*
+3	Cl_2O_3 braun $\Delta H_B^\circ \approx +190$ kJ/mol Zers. beim Smp. $-45\,°C$	Br_2O_3 orange, kristallin Zers. $> -40\,°C$	
+4	ClO_2 gelbes Gas $\Delta H_B^\circ = +103$ kJ/mol Cl_2O_4 gelbe Flüssigkeit, Zers. $> 0\,°C$	BrO_2 gelb, kristallin $\Delta H_B^\circ = +52$ kJ/mol Zers. $> -40\,°C$ BrO_2^* Br_2O_4	I_2O_4 gelb, fest Smp. 130 °C IO_2^*
+4,5			I_4O_9 gelb, fest
+5		Br_2O_5 farblos Zers. $-20\,°C$	I_2O_5 farblos, kristallin $\Delta H_B^\circ = -158$ kJ/mol
+6	Cl_2O_6 braunrote Flüssigkeit, $\Delta H_B^\circ = +145$ kJ/mol	BrO_3^*	IO_3^* I_4O_{12} hellgelb, fest
+7	Cl_2O_7 farblose Flüssigkeit, $\Delta H_B^\circ = +238$ kJ/mol ClO_4^*		

* kurzlebige monomere Radikale. ClO und ClO$_4$ siehe unten.
** Bei einigen Verbindungen ist es die mittlere Oxidationszahl:

Cl_2O_3 ist ein Chlor(II)-chlor(IV)-oxid $O\overset{+2}{Cl}-\overset{+4}{Cl}O_2$

Cl_2O_4 ist ein Chlorperchlorat $\overset{+1}{Cl}-O-\overset{+7}{Cl}O_3$

Cl_2O_6 im festen Zustand ist ein Chlor(V, VII)-oxid $[\overset{+5}{Cl}O_2]^+[\overset{+7}{Cl}O_4]^-$

Br_2O_3 ist ein Brombromat $\overset{+1}{Br}-O-\overset{+5}{Br}O_2$

Br_2O_4 ist vermutlich ein Bromperbromat $\overset{+1}{Br}-O-\overset{+7}{Br}O_3$

I_2O_4 ist ein Iodosyliodat $[\overset{+3}{I}O]^+[\overset{+5}{I}O_3]^-$

I_4O_9 ist ein Iod(III)-iodat $\overset{+3}{I}(\overset{+5}{I}O_3)_3$

I_4O_{12}-Moleküle mit I in den Oxidationsstufen $+5$ und $+7$ sind zu Schichten verbrückt.

Dichlorhexaoxid Cl_2O_6. Festes Cl_2O_6 (rot, Smp. $3\,°C$) ist aus Ionen mit Cl in unterschiedlichen Oxidationszahlen aufgebaut: $[\overset{+5}{Cl}O_2]^+ [\overset{+7}{Cl}O_4]^-$. Die Struktur im Gaszustand ist nicht gesichert. Gasförmiges Cl_2O_6 zersetzt sich in ClO_2, Cl_2O_4 und O_2.

Dichlorheptaoxid Cl_2O_7 ist das beständigste Chloroxid, es ist das Anhydrid der Perchlorsäure und entsteht durch deren Entwässerung.

$$2\,HClO_4 + P_2O_5 \longrightarrow Cl_2O_7 + 2\,HPO_3$$

Es ist eine farblose Flüssigkeit, die bei gewöhnlicher Temperatur langsam zerfällt, durch Schlag explodiert. Das Molekül Cl_2O_7 besitzt folgende Struktur:

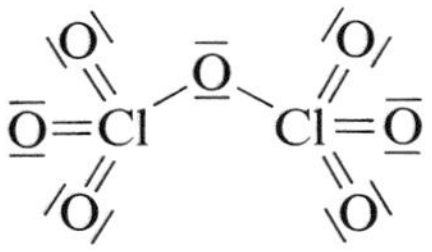

Diiodpentaoxid I_2O_5 ist ein farbloses, kristallines Pulver, das erst oberhalb $300\,°C$ in die Elemente zerfällt. Die Kristalle sind aus I_2O_5-Molekülen

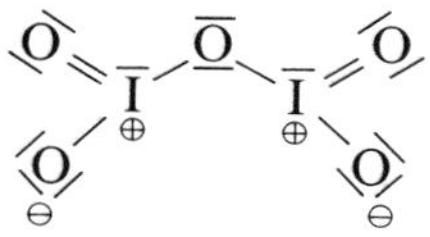

aufgebaut, die über koordinative I—O-Wechselwirkungen dreidimensional verknüpft sind.

I_2O_5 ist das Anhydrid der Iodsäure und wird aus dieser durch Entwässern bei $250\,°C$ hergestellt.

$$2\,HIO_3 \longrightarrow I_2O_5 + H_2O$$

I_2O_5 reagiert mit H_2O wieder zu HIO_3. Bei $170\,°C$ reagiert I_2O_5 mit CO quantitativ zu I_2 und CO_2, so daß CO iodometrisch bestimmt werden kann.

Das **Radikal ClO** tritt als Zwischenprodukt beim Abbau der lebensnotwendigen Ozonschicht in der Stratosphäre (vgl. Abschn. 4.11) auf. Aus den in die Atmosphäre abgegebenen FCKW entstehen durch Photolyse Cl-Atome. Diese reagieren mit Ozonmolekülen unter Bildung von ClO.

$$Cl + O_3 \longrightarrow ClO + O_2$$
$$ClO + O \longrightarrow Cl + O_2$$

ClO kann zu **ClOOCl** dimerisieren. Das Isomere **ClClO$_2$**, Chlorylchlorid wurde durch Matrixtechnik isoliert. Es hat einen pyramidalen Bau, in der Gasphase zersetzt es sich in ClO_2 und Cl.

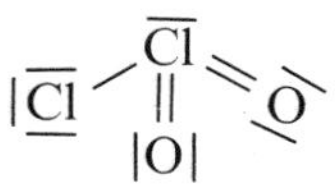

Im Radikal ClO hat Chlor nicht die Oxidationsstufe $+2$, sondern nur $+1$, wenn man das bindende Elektronenpaar der Cl—O-Einfachbindung dem Sauerstoff zuschlägt.

$$\overset{+1}{|\underline{Cl}} - \overset{-1}{\underline{\underline{O}}}\cdot$$

Das gleiche gilt wahrscheinlich für BrO und IO.

Das **Radikal ClO$_4$** ist verzerrt tetraedrich gebaut und besitzt drei kurze und eine lange Cl—O-Bindung

Es entsteht bei der Vakuumthermolyse von Cl_2O_6.

$$Cl_2O_6 \longrightarrow ClO_4 + ClO_2$$

4.4.9 Sauerstofffluoride

Da in den Sauerstoffverbindungen des Fluors nicht O, sondern F der elektronegativere Partner ist, sind diese Verbindungen als Sauerstofffluoride zu bezeichnen. Bekannt sind die Verbindungen OF_2, O_2F_2 und O_4F_2. Die Existenz von O_3F_2, O_5F_2 und O_6F_2 ist nicht gesichert.

Sauerstoffdifluorid OF$_2$ entsteht beim Einleiten von F_2 in Natronlauge.

$$2F_2 + 2OH^- \longrightarrow 2F^- + OF_2 + H_2O$$

OF_2 ist ein giftiges Gas und ein starkes Oxidations- und Fluorierungsmittel, aber reaktionsträger als F_2. Es zerfällt beim Erwärmen auf $200\,°C$ in die Elemente. In alkalischer Lösung entsteht kein Hypofluorit, sondern F^- und O_2.

$$OF_2 + 2OH^- \longrightarrow 2F^- + O_2 + H_2O$$

OF_2 ist wie H_2O ein gewinkeltes Molekül mit Einfachbindungen.

Disauerstoffdifluorid O$_2$F$_2$ ist eine feste, gelbe Substanz (Smp. $-163\,°C$), die aus einem O_2-F_2-Gemisch durch elektrische Entladungen bei $80-90\,K$ entsteht. O_2F_2 zersetzt sich bereits oberhalb $-95\,°C$ in die Elemente und ist ein starkes Fluorierungs- und Oxidationsmittel. Die Struktur des Moleküls entspricht der von H_2O_2 (vgl. Abb. 4.15). Der Bindungsgrad O—F ist viel kleiner als der einer Einfachbindung, der von O—O liegt bei 2, dem entspricht die Mesomerie

Hydroxylfluorid HOF (Hypofluorige Säure) ist ein nicht beständiges Gas. Es zerfällt in HF und O_2. Mit Wasser erfolgt Reaktion nach

$$HOF + H_2O \longrightarrow HF + H_2O_2$$

Im festen Zustand sind die Moleküle durch Wasserstoffbrücken zu gewinkelten, unendlichen Ketten verknüpft.

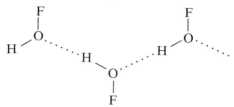

In HOF hat F die Oxidationszahl -1, in der formal analogen Hypochlorigen Säure HOCl (vgl. S. 412) hat Cl die Oxidationszahl $+1$.

4.4.10 Pseudohalogene

Einige anorganische Atomgruppen ähneln den Halogenen.

Beispiele:

Atomgruppe	CN	SCN	OCN	N_3
Ionen	CN^-	SCN^-	OCN^-	N_3^-
	Cyanid	Thiocyanat (Rhodanid)	Cyanat	Azid

Analogien:
Die Pseudohalogene Dicyan $(CN)_2$ und Dithiocyan (Dirhodan) $(SCN)_2$ sind flüchtig. Die Pseudohalogene bilden Wasserstoffverbindungen, die allerdings schwächer sauer sind als die Hydrogenhalogenide. Am bekanntesten ist das stark giftige Hydrogencyanid (Blausäure) HCN (vgl. S. 526). Sie bilden Verbindungen mit Halogenen (z. B. Bromcyan BrCN) und untereinander (z. B. Cyanazid CNN_3). In alkalischer Lösung erfolgt Disproportionierung: $(CN)_2 + 2 OH^- \rightarrow CN^- + OCN^- + H_2O$. Pseudohalogenidionen bilden schwerlösliche Silber-, Quecksilber(I)- und Blei(II)-Salze. Es existieren Pseudohalogenokomplexe wie $[Ag(CN)_2]^-$, $[Hg(N_3)_4]^{2-}$ und $[Hg(SCN)_4]^{2-}$.

4.5 Gruppe 16 (Chalkogene)

4.5.1 Gruppeneigenschaften

	Sauerstoff O	Schwefel S	Selen Se	Tellur Te	Polonium Po
Ordnungszahl Z	8	16	34	52	84
Elektronen-konfiguration	$1s^2 2s^2 2p^4$	$[Ne]3s^2 3p^4$	$[Ar]3d^{10}4s^2 4p^4$	$[Kr]4d^{10}5s^2 5p^4$	$[Xe]4f^{14}$ $5d^{10}6s^2 6p^4$
Ionisierungs-energie in eV	13,6	10,4	9,8	9,0	8,4
Elektronegativität	3,5	2,4	2,5	2,0	1,8
Nichtmetallcharakter	Nichtmetalle		Halbmetalle		Metall
Affinität zu elektro-positiven Elementen	→ nimmt ab				
Affinität zu elektro-negativen Elementen	→ nimmt zu				

Die Chalkogene (Erzbildner) unterscheiden sich in ihren Eigenschaften stärker als die Halogene. Sauerstoff und Schwefel sind typische Nichtmetalle, Selen und Tellur besitzen bereits Modifikationen mit Halbleitereigenschaften, deswegen werden sie zu den Halbmetallen gerechnet. In ihren chemischen Eigenschaften verhalten sie sich aber überwiegend wie Nichtmetalle. Polonium ist ein radioaktives Metall. Das stabilste Isotop ^{209}Po hat eine Halbwertszeit von 105 Jahren.

Sauerstoff hat als Element der ersten Achterperiode eine Sonderstellung. Er ist wesentlich elektronegativer als die anderen Elemente der Gruppe, nach Fluor ist er das elektronegativste Element. Er tritt daher hauptsächlich in den Oxidationszahlen -2 und -1 auf, nur in Sauerstofffluoriden besitzt er positive Oxidationszahlen.

Schwefel hat eine ausgeprägte Fähigkeit, Ketten und Ringe zu bilden, daher ist es das Element mit vielen Modifikationen.

Die Chalkogene stehen zwei Gruppen vor den Edelgasen. Durch Aufnahme von zwei Elektronen entstehen Ionen mit Edelgaskonfiguration. Die meisten Metalloxide sind ionisch aufgebaut. Wegen der wesentlich geringeren Elektronegativität von Schwefel sind nur noch die Sulfide der elektropositivsten Elemente Ionenverbindungen.

Auf Grund ihrer Elektronenkonfiguration können alle Chalkogenatome zwei kovalente Bindungen ausbilden. Sie erreichen dabei Edelgaskonfiguration.

Bei Schwefel, Selen und Tellur sind in ihren Verbindungen vor allem die Oxidationszahlen $+4$ und $+6$ von Bedeutung. Die Beständigkeit der Oxidationszahl $+6$ nimmt mit steigender Ordnungszahl ab, die oxidierende Wirkung also zu. H_2SeO_4 ist ein stärkeres Oxidationsmittel als H_2SO_4, SO_2 ein stärkeres Reduktionsmittel als SeO_2.

Der saure Charakter der Oxide nimmt von SO_2 zu TeO_2 und von SO_3 zu TeO_3 ab. Schwefelsäure ist eine starke, Tellursäure eine schwache Säure. SO_2 ist ein Säurean-hydrid, TeO_2 hat amphoteren Charakter.

4.5.2 Vorkommen

Sauerstoff ist das häufigste Element der Erdkruste. Es kommt elementar mit einem Volumenanteil von 21 % in der Luft vor, gebunden im Wasser und in vielen weiteren Verbindungen (Silicate, Carbonate, Oxide usw.).

Schwefel kommt in der Natur elementar in weit verbreiteten Lagerstätten vor. Verbindungen des Schwefels, vor allem die *Schwermetallsulfide, besitzen größte Bedeutung als Erzlagerstätten.* Einige wichtige Mineralien sind: Pyrit FeS_2, Zinkblende ZnS, Bleiglanz PbS, Kupferkies $CuFeS_2$, Zinnober HgS, Schwerspat $BaSO_4$, Gips $CaSO_4 \cdot 2H_2O$, Anhydrit $CaSO_4$.

Selen und Tellur sind als Selenide und Telluride spurenweise in sulfidischen Erzen enthalten. Se- und Te-Mineralien sind selten. Te kommt auch in geringer Menge gediegen vor.

4.5.3 Die Elemente

	Sauerstoff	Schwefel	Selen	Tellur
Farbe	hellblau	gelb	rot/grau	braun
Schmelzpunkt in °C	− 219	120*	220**	450
Siedepunkt in °C	− 183	445	685	1390
Dissoziationsenergie D°_{298}	498	425	333	258
$(X_2(g) \rightarrow 2X)$ in kJ/mol				

 * monokliner Schwefel
** graues Selen

4.5.3.1 Sauerstoff

Disauerstoff O_2

Unter Normalbedingungen ist elementarer Sauerstoff ein farbloses, geruch- und ge-schmackloses Gas, das aus O_2-Molekülen besteht. Verflüssigt oder in dickeren Schichten sieht Sauerstoff hellblau aus. In Wasser ist O_2 etwas besser löslich (0,049 l in 1 l Wasser bei 0 °C und 1 bar) als N_2.

Im O_2-Molekül sind die Sauerstoffatome durch eine σ-Bindung und eine π-Bin-dung aneinander gebunden. Die Bindungslänge beträgt 121 pm. Die Lewis-Formel

$$\overline{\underline{O}}{=}\overline{\underline{O}}$$

beschreibt aber das Molekül unzureichend, da Sauerstoff paramagnetisch ist und zwei ungepaarte Elektronen besitzt. Mit der MO-Theorie ist sowohl die Bindungsordnung als auch der Paramagnetismus zu verstehen (vgl. Abb. 2.65).

Das O_2-Molekül ist ziemlich stabil und es dissoziiert erst bei hohen Temperaturen. Bei 3000 °C beträgt der Dissoziationsgrad 6%.

$$O_2 \longrightarrow 2O \qquad \Delta H° = 498 \text{ kJ/mol}$$

Die Umsetzung mit Sauerstoff (*Oxidation*) erfolgt meist erst bei hohen Temperaturen. Mit vielen Stoffen erfolgen langsame Oxidationen („stille Verbrennung"), z. B. das Rosten und das Anlaufen von Metallen. In reinem Sauerstoff laufen Oxidationen viel schneller ab. Ein glimmender Holzspan brennt in Sauerstoff mit heller Flamme, Schwefel verbrennt mit intensiv blauem Licht zu SO_2.

$$S + O_2 \longrightarrow SO_2$$

Noch stärker wird die Verbrennung durch flüssigen Sauerstoff gefördert. Ein glimmender Span verbrennt in flüssigem Sauerstoff – trotz der tiefen Temperatur von −183 °C – heftig mit heller Flamme.

Sauerstoff wird großtechnisch (Weltproduktion ca. 10^9 t) *durch fraktionierende Destillation verflüssigter Luft (Linde-Verfahren) hergestellt* (Abb. 4.7 und 4.8).

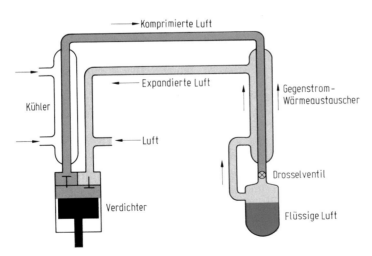

Abbildung 4.7   Schema der Luftverflüssigung nach Linde.
Angesaugte Luft wird im Verdichter auf ca. 200 bar komprimiert, dann im Kühler vorgekühlt und mittels des Drosselventils wieder entspannt und dabei abgekühlt. Mit dieser abgekühlten Luft wird im Gegenstrom-Wärmeaustauscher die nachkommende verdichtete Luft vorgekühlt. Die Temperatur sinkt immer mehr, bis schließlich bei der Entspannung flüssige Luft entsteht. Bei Druckerniedrigung um 1 bar sinkt die Temperatur um etwa 1/4 °C.

Ein Gas kann nur verflüssigt werden, wenn seine Temperatur tiefer als die kritische Temperatur ist ($T_K(N_2) = 126$ K, $T_K(O_2) = 154$ K; vgl. Tabelle 3.1).

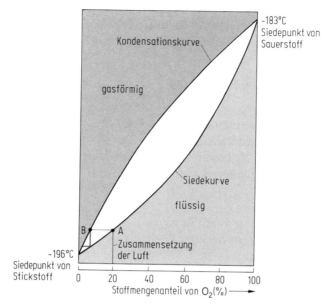

Abbildung 4.8   Fraktionierende Destillation flüssiger Luft.
Flüssige Luft siedet bei $-194\,°C$ (A). Der dabei entstehende Dampf (B) und natürlich auch das bei seiner Kondensation gebildete Destillat ist an der tiefer siedenden Komponente N_2 angereichert. Durch wiederholte Verdampfung und Kondensation erhält man schließlich reinen Sauerstoff im Destillationsrückstand und reinen Stickstoff im flüchtigen Destillat. Die fraktionierende Destillation erfolgt großtechnisch in Fraktionierkolonnen. In ihr befinden sich sogenannte Böden, in welchen die einzelnen Stufen (vgl. Abbildung ⌐) der Kondensation und Wiederverdampfung erfolgen.
Manche Kondensationskurven enthalten ein Maximum oder ein Minimum. Bei diesen Zusammensetzungen siedet eine Flüssigkeit *azeotrop,* der Dampf hat die gleiche Zusammensetzung wie die Flüssigkeit.

Die Abkühlung des Gases beim Linde-Verfahren beruht auf dem Joule-Thomson-Effekt. Wenn sich ein komprimiertes Gas ausdehnt, so kühlt es sich ab. Bei der Ausdehnung muß Arbeit geleistet werden, um die Anziehungskräfte zwischen den Gasteilchen zu überwinden. Die Energie dazu wird der inneren Energie des Gases entnommen, die kinetische Energie und damit die Temperatur nehmen daher ab. Nur bei Gasen, die sich ideal verhalten, sind zwischen den Gasteilchen keine Anziehungskräfte wirksam. Luft verhält sich bei Normalbedingungen ideal, nicht aber im komprimierten Zustand (vgl. Abschn. 3.2). Das Linde-Verfahren wird seit 1905 technisch eingesetzt. Vorher war das Bariumperoxid-Verfahren die einzige technische Möglichkeit zur Sauerstoffgewinnung aus Luft.

$$2\,BaO + O_2 \underset{700\,°C}{\overset{500\,°C}{\rightleftharpoons}} 2\,BaO_2$$

Reinsten Sauerstoff erhält man durch Elektrolyse von Kalilauge.

Kathodenreaktion:	$2\,H_3O^+ + 2\,e^- \longrightarrow H_2 + 2\,H_2O$
Anodenreaktion:	$2\,OH^- \longrightarrow 2\,OH + 2\,e^-$
	$2\,OH \longrightarrow H_2O + \frac{1}{2}O_2$

Im Labor kann man kleinere Mengen reinen Sauerstoffs durch katalytische Zersetzung von H_2O_2 (vgl. S. 435) darstellen.

Etwa 60 % der Weltproduktion von Sauerstoff wird zur Stahlherstellung benötigt.

Singulett-Sauerstoff

Normaler Sauerstoff ist der Triplett-Sauerstoff $^3O_2$. Bei diesen O_2-Molekülen befinden sich im antibindenden π^*-MO zwei Elektronen mit parallelem Spin (vgl. Abb. 2.65). Beim Singulett-Sauerstoff $^1O_2$ handelt es sich um kurzlebige, energiereichere Zustände des O_2-Moleküls, bei denen die beiden π^*-Elektronen antiparallelen Spin besitzen (Abb. 4.9).

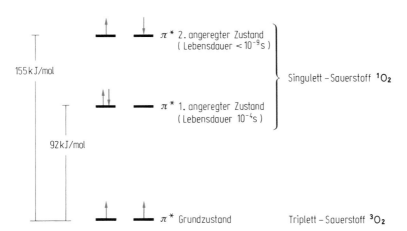

Abbildung 4.9   Elektronenanordnungen und Energieniveaus von Singulett- und Triplett-Sauerstoff.
Bei den Symbolen für die Elektronenzustände bedeuten die Zahlen links oben die Spinmultiplizität 2S + 1. Beim Singulett-Sauerstoff $^1O_2$ ist der Gesamtspin S = 0, beim Triplett-Sauerstoff $^3O_2$ ist S = 1.

Singulett-Sauerstoff ist diamagnetisch. Er ist reaktionsfähiger als Triplett-Sauerstoff, ein wirkungsvolles Oxidationsmittel und er wird besonders in der organischen Chemie für selektive Oxidationen benutzt. Er kann photochemisch oder chemisch erzeugt werden. Chemisch entsteht er z. B. durch Abspaltung von O_2 aus Verbindungen, die Peroxogruppen enthalten.

Beispiel: Umsetzung von H_2O_2 mit ClO^-

$$H\text{---}O\text{---}O\text{---}H \xrightarrow[-OH^-]{+ClO^-} H\text{---}O\text{---}O\text{---}Cl \xrightarrow[-HCl]{schnell} {}^1O_2$$

Die freiwerdende Energie bei der Umwandlung von ${}^1O_2$ in ${}^3O_2$ wird als Lichtenergie abgegeben. Man beobachtet ein rotes Leuchten. Aus zwei ${}^1O_2$-Molekülen entstehen durch Elektronenaustausch ohne Spinumkehr zwei ${}^3O_2$-Moleküle.

$$^1O_2(\uparrow\downarrow) + {}^1O_2(\uparrow\downarrow) \longrightarrow {}^3O_2(\uparrow\uparrow) + {}^3O_2(\downarrow\downarrow) \qquad \Delta H = -184 \text{ kJ/mol}$$

Dabei wird ein Lichtquant mit der Wellenlänge $\lambda = 633$ nm (orangerot) abgestrahlt (vgl. Abb. 4.9).

Ozon O_3

Sauerstoff kommt in einer zweiten Modifikation, dem Ozon O_3 vor. Ozon ist ein charakteristisch riechendes, blaßblaues Gas, das sich bei $-111\,°C$ verflüssigen läßt und bei $-193\,°C$ in den festen Zustand übergeht. Die kondensierten Phasen sind schwarzblau und diamagnetisch.

Ozon besteht aus gewinkelten O_3-Molekülen (Bindungswinkel $117°$), die beiden O---O-Abstände sind gleich lang (128 pm), es ist daher eine delokalisierte π-Bindung vorhanden. Nach neuen VB-Berechnungen hat aber die spingepaarte diradikalische Grenzstruktur das höchste Gewicht.

Mit dem MO-Modell erhält man den Bindungsgrad 1,5 (Abb. 4.10).

Ozon ist eine endotherme Verbindung.

$$\tfrac{3}{2}O_2 \longrightarrow O_3 \qquad \Delta H_B^\circ = 143 \text{ kJ/mol}$$

Reines Ozon, besonders in kondensiertem Zustand, *ist explosiv.* In verdünntem Zustand erfolgt bei Normaltemperatur nur allmählicher Zerfall, der sich beim Erwärmen und in Gegenwart von Katalysatoren (MnO_2, PbO_2) beschleunigt.

O_3 ist ein starkes Oxidationsmittel. PbS wird zu $PbSO_4$ oxidiert, S zu SO_3. Das Standardpotential zeigt, daß das Oxidationsvermögen von O_3 fast das des atomaren Sauerstoffs erreicht und nur von wenigen Stoffen übertroffen wird (F_2, $S_2O_8^{2-}$, H_4XeO_6, KrF_2).

$$O_2 + 3H_2O \rightleftharpoons O_3 + 2H_3O^+ + 2e^- \qquad E^\circ = 2,07 \text{ V}$$
$$3H_2O \rightleftharpoons O + 2H_3O^+ + 2e^- \qquad E^\circ = 2,42 \text{ V}$$

Beim Einleiten von O_3 in eine KI-Lösung entsteht I_2.

$$O_3 + 2I^- + H_2O \longrightarrow I_2 + O_2 + 2OH^-$$

Durch Titration des Iods kann O_3 quantitativ bestimmt werden.

In größeren Konzentrationen ist O_3 giftig, Mikroorganismen werden vernichtet und O_3 wird daher zur Entkeimung von Trinkwasser verwendet. O_3 ist schlechter

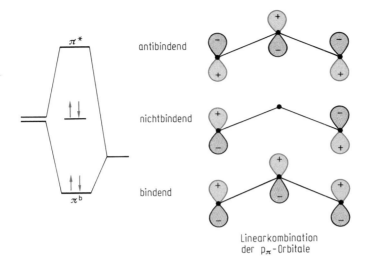

Abbildung 4.10   Bildung der π-Molekülorbitale im O_3-Molekül (3-Zentren-2-Elektronen-Bindung).
Die Linearkombination der drei p-Orbitale ergibt ein bindendes, ein nichtbindendes und ein antibindendes MO. Der π-Bindungsgrad beträgt 0,5. Die Addition mit dem Bindungsgrad der beiden σ-Bindungen ergibt den Gesamtbindungsgrad 1,5.

in Wasser löslich als andere Reizgase, z. B. HCl, NH_3, Cl_2 und SO_2. Es wird daher nicht wie diese bereits im vorderen Teil der Atemwege absorbiert, sondern dringt tief in die Lunge ein.

Ozon bildet sich bei Einwirkung stiller elektrischer Entladungen auf Sauerstoff (Siemensscher Ozonisator). Die O_3-Bildung erfolgt nur teilweise über Sauerstoffatome.

$$\tfrac{1}{2}O_2 \longrightarrow O \qquad \Delta H^\circ = +249 \text{ kJ/mol}$$
$$O + O_2 \longrightarrow O_3 \qquad \Delta H^\circ = -106 \text{ kJ/mol}$$

Auch angeregte O_2-Moleküle reagieren zu O_3.

$$O_2^* + O_2 \longrightarrow O_3 + O$$

Da Ozon durch die schnelle Folgereaktion

$$O_3 + O \longrightarrow 2O_2 \qquad \Delta H^\circ = -392 \text{ kJ/mol}$$

abgebaut wird, erhält man nur O_3-Volumenanteile von 10%. Durch fraktionierende Kondensation kann man aber aus den O_2-O_3-Gemischen reines O_3 darstellen.

Ozonhaltig ist elektrolytisch entwickelter Sauerstoff, da an der Anode primär atomarer Sauerstoff gebildet wird. Eine Spaltung des Sauerstoffmoleküls in Sauerstoffatome erfolgt auch durch Lichtquanten mit Wellenlängen < 240 nm (kurzwelliges UV). In der Umgebung von „Höhensonnen" riecht es daher nach Ozon.

Durch Einwirkung von UV-Strahlung auf Sauerstoff in den oberen Schichten der Atmosphäre entsteht in Spuren Ozon mit einer maximalen Konzentration (10^{13} Teilchen/cm³) in ca. 25 km Höhe (Stratosphäre 10–50 km). Ozon hat ein hohes Absorptionsvermögen für die UV-Strahlung der Sonne und die *Ozonschicht* ist daher ein absolut lebensnotwendiger Schutzschirm für alles biologische Leben auf der Erde. Der Abbau der Ozonschicht der Stratosphäre durch FCKW und die Bildung von Ozon in der Troposphäre sind hochaktuelle Umweltprobleme. Sie werden ausführlich im Abschn. 4.11 behandelt.

4.5.3.2 Schwefel

Modifikationen. Chemisches Verhalten

Schwefel besitzt eine ausgeprägte Tendenz, Ringe oder Ketten auszubilden. Am stabilsten sind S_8-Ringe (Abb. 4.11), in denen die S-Atome durch Einfachbindungen ver-

 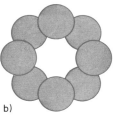 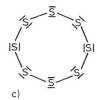

a)   b)   c)

Abbildung 4.11   a) Anordnung der Atome im S_8-Molekül.
b) Der S_8-Ring von oben gesehen.
c) Strukturformel des S_8-Ringes.

bunden sind. Thermodynamisch stabil bei Normalbedingungen ist der rhombische α-Schwefel mit 16 Molekülen S_8 in der Elementarzelle. Die Kristalle dieses natürlich vorkommenden Schwefels sind hellgelb, spröde, unlöslich in Wasser, aber sehr gut löslich in CS_2. Bei 95,6 °C erfolgt reversible Umwandlung in den monoklinen β-Schwefel, der ebenfalls aus S_8-Molekülen besteht. Bei Raumtemperatur wandelt er sich langsam in rhombischen Schwefel um. Der Dampfdruck ist bei 100 °C bereits so hoch, daß Schwefel sublimiert werden kann. β-Schwefel schmilzt bei 119,6 °C. Die Schmelze besteht zunächst aus S_8-Ringen (λ-Schwefel), und bei sofortiger Abkühlung erstarrt sie wieder bei 119,6 °C. Nach längerem Stehen erstarrt die Schmelze bei 114,5 °C (natürlicher Schmelzpunkt) (Abb. 4.12). Die Schmelzpunktserniedrigung ist auf die Bildung von etwa 5 % an Fremdmolekülen in der Schmelze zurückzuführen (2,8 % S_7; 0,5 % S_6; 1,5 % > S_8). In der Nähe des Schmelzpunktes ist der Schwefel hellgelb und dünnflüssig. Mit steigender Temperatur wächst der Anteil an niedermolekularen Schwefelringen S_n (π-Schwefel; $n = 6 - 26$, hauptsächlich 6, 7, 9, 12) sowie

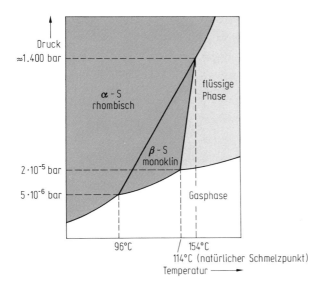

Abbildung 4.12 Phasendiagramm des Schwefels (nicht maßstabsgerecht).
Bei Normalbedingungen thermodynamisch stabil ist rhombischer α-S. Er wandelt sich bei 95,6 °C reversibel in monoklinen β-S um. Beide Modifikationen sind aus S_8-Ringen aufgebaut. Reiner β-S schmilzt bei 119 °C. Das thermodynamische Gleichgewicht liegt aber bei 114 °C (natürlicher Schmelzpunkt), da die Schmelze außer S_8 auch andere Schwefelmoleküle enthält, die den Schmelzpunkt erniedrigen.

hochmolekularen Schwefelketten S_x (μ-Schwefel; $x = 10^3$–10^6). Bei 159 °C nimmt die Viskosität sprunghaft zu, die Schmelze wird dunkelrot, das Gleichgewicht verschiebt sich drastisch in Richtung μ-Schwefel. Durch Abschrecken dieser Schmelze erhält man plastischen Schwefel, der hochmolekulare Schwefelketten enthält. Er ist instabil und wandelt sich nach kurzer Zeit in kristallinen Schwefel um. Bei 187 °C erreicht die Viskosität ein Maximum, bei höheren Temperaturen nimmt die Molekülgröße infolge thermischer Crackung ab und beim Siedepunkt (444,6 °C) ist die Schmelze dunkel-rotbraun und wieder dünnflüssig. In der Gasphase existiert ein temperaturabhängiges Gleichgewicht von Molekülen S_n mit $n = 1$–8. S-Atome überwiegen erst bei 2200 °C (Tabelle 4.12). S_8, S_7, S_6, S_5 sind ringförmig gebaut. S_4 ist kettenförmig und von roter Farbe. S_3 ist blau und wie O_3 gewinkelt gebaut. S_2 ist blauviolett, paramagnetisch und enthält eine Doppelbindung (die Elektronenkonfiguration ist analog der von O_2).

Die Reaktion

$$4\,S_2\,(g) \longrightarrow S_8\,(g) \qquad \Delta H^\circ = -412\,\text{kJ/mol}$$

ist exotherm, während die Berechnung für die analoge hypothetische Reaktion von O_2-Molekülen zu einem O_8-Molekül eine Reaktionsenthalpie $\Delta H^\circ = +888\,\text{kJ/mol}$ ergibt.

Tabelle 4.12   Zustandsformen des Schwefels

α-S		rhombischer Schwefel gelb	}	kristalliner Schwefel
↕	95,6 °C			
β-S		monokliner Schwefel gelb		
↓	119,6 °C	Schmelzpunkt des monoklinen Schwefels		
λ-S		S_8-Ringe, gelb, leichtflüssig	}	flüssiger Schwefel temperaturabhängige Gleichgewichte zwischen λ-, π- und μ-Schwefel abgeschreckt: plastischer Schwefel
↕		niedermolekulare Ringe $n = 6$ bis 26		
π-S				
μ-S		S_x-Ketten ($x = 10^3 - 10^6$) zähflüssig, dunkelbraun		
↓	444,6 °C	Siedepunkt		
S_n		$n = 1$ bis 8 dunkelrotbraun		gasförmiger Schwefel temperaturabhängige Gleichgewichte oberhalb 2200 °C überwiegen S-Atome

Cyclooctaschwefel S_8 ist bei Normaltemperatur nicht sehr reaktionsfähig. Bei Raumtemperatur reagiert Schwefel nur mit Fluor und Quecksilber. Bei erhöhter Temperatur verbindet er sich direkt mit vielen Metallen und Nichtmetallen (nicht mit Au, Pt, Ir, N_2, Te, I, Edelgasen).

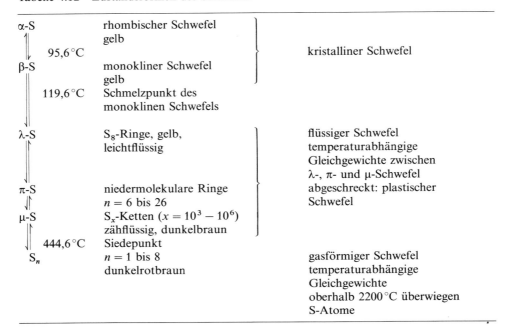

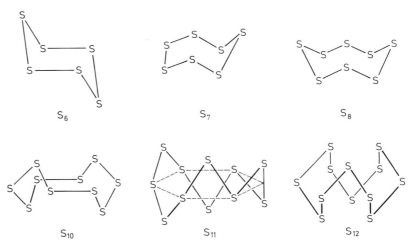

Abbildung 4.13   Strukturen einiger Schwefelmoleküle.

Beispiele:

$$Cu + S \longrightarrow CuS$$
$$H_2 + S \longrightarrow H_2S$$

Gegen Wasser und nichtoxidierende Säuren wie HCl ist S_8 inert, von oxidierenden Säuren und Alkalien wird er angegriffen.

Synthetisch lassen sich Schwefelmodifikationen mit den Ringmolekülen S_n mit $n = 6, 7, 9, 10, 11, 12, 13, 15, 18, 20$ herstellen (Abb. 4.13).

Nach thermischer Stabilität und Reaktionsfähigkeit können 4 Gruppen unterschieden werden.

$$S_8 \qquad S_{12}S_{18}S_{20} \qquad S_6S_9S_{10}S_{11}S_{13}S_{15} \qquad S_7$$

Thermische Stabilität $\leftarrow$

Reaktionsfähigkeit $\quad \rightarrow$

S_6 entsteht z.B. bei der Zersetzung von Thiosulfaten mit Säuren.

$$Na_2S_2O_3 + 2HCl \longrightarrow \tfrac{1}{6}S_6 + SO_2 + 2NaCl + H_2O$$

Zur Synthese von Schwefelmodifikationen mit Polysulfanen siehe S. 443.

Darstellung. Verwendung

Der kleinere Teil der Weltproduktion ($35 \cdot 10^6$ t) entstammt Lagerstätten aus Elementarschwefel. Mit heißem Wasserdampf wird der Schwefel unter Tage geschmolzen und mit Druckluft an die Erdoberfläche gedrückt (*Frasch-Verfahren*). Der geförderte Schwefel ist bereits sehr rein (99,5–99,9 %).

Die Hauptmenge des Schwefels wird aus H_2S-haltigen Gasen (Erdgas, Raffineriegas, Kokereigas) nach dem *Claus-Prozeß* hergestellt. Zuerst wird in einer Brennkammer ein Teil des H_2S zu SO_2 und Wasserdampf verbrannt.

$$H_2S + \tfrac{3}{2}O_2 \longrightarrow SO_2 + H_2O \qquad \Delta H^\circ = -518 \text{ kJ/mol}$$

Die Sauerstoffzufuhr muß so geregelt werden, daß sich ein Verhältnis $H_2S/SO_2 = 2$ einstellt. Dieses Gemisch reagiert in hintereinander geschalteten Reaktoren katalytisch zu Schwefel.

$$2H_2S + SO_2 \xrightarrow{200-300\,^\circ C} 3S + 2H_2O$$

Diese Reaktion findet auch in der Brennkammer statt, so daß dort bereits 60 % des H_2S in Schwefel umgewandelt werden.

Schwefel wird in großen Mengen zur Herstellung von Schwefelsäure gebraucht (85 % der Produktion von S wird zu H_2SO_4 verarbeitet). Außerdem ist er wichtig zum Vulkanisieren von Kautschuk, zur Herstellung von CS_2, Zündhölzern, Feuerwerkskörpern, Schießpulver und Farbstoffen (Zinnober, Ultramarin).

4.5.3.3 Selen, Tellur, Polonium

Selen kommt in 6 Modifikationen vor. Vom roten kristallinen Selen gibt es drei monokline Modifikationen, die sich mit roter Farbe in CS_2 lösen. Sie sind – analog S_8 – aus gewellten Se_8-Ringen aufgebaut, in denen die Se-Atome durch Einfachbindungen verbunden sind (Abb. 4.14). Bei 100 °C wandeln sie sich in das thermodynamisch stabile, metallische **graue Selen** um, dessen Gitter aus spiraligen Se-Ketten besteht (Abb. 4.14). Amorphes rotes Selen enthält diese Ketten etwas deformiert. Schwarzes glasiges Selen, die handelsübliche Form, ist unregelmäßig aus großen Ringen (bis 1000 Atome) aufgebaut. Man erhält es durch rasches Abkühlen einer Selenschmelze. Synthetisiert werden konnten auch Se_7-Ringe und gemischte Chalkogenringe, z. B. Se_3S und Se_5S.

Tellur kristallisiert im gleichen Gitter wie graues Selen. Tellur und graues Selen bilden eine lückenlose Mischkristallreihe.

Graues Selen und Tellur sind Halbleiter. Graues Selen ist ein Halbleiter, dessen Leitfähigkeit durch Licht verstärkt wird. Es findet technische Anwendung in Selengleichrichtern und Selenphotoelementen, in der Glasindustrie und für Xerox-Photokopierer.

Selen und seine Verbindungen wirken stark toxisch. Gleichzeitig ist Selen ein essentielles Spurenelement für Menschen und höhere Tiere. Es schützt Proteine gegen Oxidation.

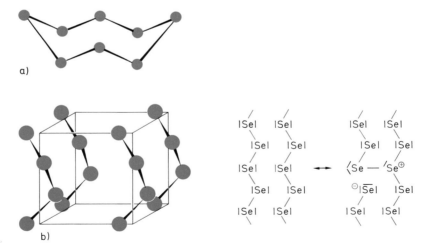

Abbildung 4.14   a) Struktur des Se_8-Ringes. Die Se-Atome sind durch Einfachbindungen aneinander gebunden. Se_8-Moleküle enthält das rote Selen.
b) Struktur des grauen Selens. Das Gitter besteht aus unendlichen, spiraligen, parallelen Ketten. Jedes Se-Atom ist verzerrt oktaedrisch koordiniert. Die Abstände der Se-Atome zwischen den Ketten sind kleiner als der van der Waals-Abstand. Zwischen den Ketten existieren nicht nur van der Waalssche, sondern auch kovalente Bindungskräfte. Ihr Zustandekommen ist in den mesomeren Grenzstrukturen dargestellt.
Im gleichen Gitter kristallisiert Tellur.

Se und Te sind in Spuren in sulfidischen Erzen enthalten. Beim Rösten der Sulfide (vgl. S. 443) werden SeO_2 und TeO_2 im Flugstaub angereichert. Hauptausgangsmaterial für die Se- und Te-Gewinnung ist der bei der elektrolytischen Kupferraffination (vgl. S. 729) anfallende Anodenschlamm, in dem die Verbindungen Cu_2Se, Ag_2Se, Au_2Se, Cu_2Te, Ag_2Te und Au_2Te enthalten sind.

Aus Selenitlösungen kann mit SO_2 rotes amorphes Selen ausgefällt werden.

$$H_2SeO_3 + 2SO_2 + H_2O \longrightarrow Se + 2H_2SO_4$$

Polonium ist bereits ein Metall. Es kristallisiert in einem kubischen Gitter mit exakt oktaedrischer Koordination.

Sauerstoffatome können untereinander stabile (p-p)-π-Bindungen ausbilden. Bei Schwefel- und Selenatomen erfolgt die Valenzabsättigung durch zwei σ-Bindungen. Sie bilden daher eindimensionale Moleküle (Ringe, Ketten) und sind im Gegensatz zum Sauerstoff bei Normaltemperatur kristalline Festkörper. Im Gaszustand bilden aber auch S und Se paramagnetische X_2-Moleküle. In Analogie zum Singulett-Sauerstoff konnte auch ein Singulett-S_2-Molekül nachgewiesen werden.

4.5.3.4 Positive Chalkogenionen

Durch Oxidation der Chalkogene sind die folgenden positiven Ionen darstellbar:

S_4^{2+}	S_8^{2+}	S_{19}^{2+}	Se_4^{2+}	Se_8^{2+}	Se_{10}^{2+}	Te_4^{2+}	Te_6^{2+}	Te_8^{2+}
farblos	blau	rot	gelb	grün	grünbraun	rot	orangerot	blauschwarz

Die Polychalkogen-Kationen besitzen cyclische Strukturen. Se_8^{2+} und Te_4^{2+} bilden sich beim Erhitzen von Se und Te mit konz. H_2SO_4. Die Farbreaktionen dienen zum Nachweis von Se und Te.

Es gibt auch Polychalkogenidkationen mit gemischten Chalkogenatomen.

4.5.4 Sauerstoffverbindungen

Sauerstoff bildet mit allen Elementen Verbindungen, außer mit He, Ne, Ar und Kr. Die weitaus wichtigsten und häufigsten Verbindungen sind die Oxide mit der Oxidationszahl -2 des Sauerstoffs. Die Bindung variiert von überwiegend ionisch bis vorwiegend kovalent.

Die Bildung des Oxidions O^{2-} aus O_2 erfordert erhebliche Energie.

$$\frac{1}{2}O_2 \longrightarrow O \qquad \Delta H^\circ = 249 \text{ kJ/mol}$$
$$O + 2e^- \longrightarrow O^{2-} \qquad \Delta H^\circ \approx 640 \text{ kJ/mol}$$

Ist die Gitterenergie (vgl. Abschn. 2.1.4) ausreichend groß, werden stabile ionische Metalloxide gebildet.

Nur F ist elektronegativer als O, daher besitzt Sauerstoff in Fluoriden positive Oxidationszahlen. Die Sauerstofffluoride wurden bereits im Abschn. 4.4.9 behandelt. Einige Fluoride besitzen eine so große Elektronenaffinität, daß sie mit O_2 das Kation O_2^+ bilden können, in dem Sauerstoff die Oxidationszahl $+\frac{1}{2}$ besitzt.

Die wichtigsten Oxide – außer H_2O – werden bei den entsprechenden Elementen behandelt (Strukturen siehe Abschn. 2.1.3). An dieser Stelle werden neben H_2O die Sauerstoffverbindungen mit den Oxidationszahlen -1, $-\frac{1}{2}$, $-\frac{1}{3}$ und $+\frac{1}{2}$ besprochen.

Wasser H_2O

H_2O ist die bei weitem wichtigste Wasserstoffverbindung. Das H_2O-Molekül ist gewinkelt, die Bindungen lassen sich am besten mit einem sp^3-Hybrid am O-Atom beschreiben (vgl. Abb. 2.35).

$$\overset{\displaystyle \overline{O}}{\underset{\displaystyle H \qquad H}{\diagup \quad \diagdown}}$$

Die Bindungen sind stark polar (vgl. Abschn. 2.2.8), *es treten zwischen den H_2O-Molekülen Wasserstoffbindungen auf.* Wasser hat daher, verglichen mit den anderen Hydriden der Gruppe, einen anomal hohen Schmelzpunkt (0 °C) und Siedepunkt (100 °C) (vgl. Abb. 2.116). H_2S z. B. ist unter Normalbedingungen gasförmig.

Von H_2O sind 7 kristalline Phasen bekannt. Bei Normaldruck existiert nur die Modifikation Eis I. Sie ist isotyp mit β-Tridymit (Abb. 2.119). Jedes Wassermolekül ist tetraedrisch von 4 anderen umgeben. Jedes Sauerstoffatom ist an zwei Wasserstoffatome durch kovalente Bindungen und an zwei weitere durch Wasserstoffbindungen gebunden. Die Wasserstoffbrücken sind die Ursache dafür, daß die Struktur sehr locker ist. Die Dichte bei 0 °C beträgt 0,92 g/cm^3. Beim Schmelzen bricht die Gitterordnung zusammen, die Moleküle können sich dichter zusammenlagern und Wasser hat daher eine höhere Dichte als Eis. Das Dichtemaximum von Wasser liegt bei 4 °C, es beträgt 1,0000 g/cm^3. Diese *Anomalie des Wassers* ist in der Natur von großer Bedeutung. Da Eis auf Wasser schwimmt, frieren die Gewässer nicht vollständig zu, dies ermöglicht das Weiterleben von Fauna und Flora. Beim Gefrieren dehnt sich Wasser um 9 % aus, die dadurch auftretende Sprengwirkung gefrierenden Wassers in Rissen und Spalten von Gesteinen fördert ihre Verwitterung. Für die Gleitfähigkeit des Eises (Gletscherbewegung, Eislaufen) ist wichtig, daß Eis unter Druck bei Temperaturen unterhalb 0 °C schmilzt (vgl. Zustandsdiagramm Abb. 3.6).

Das *Wasservolumen der Erde* beträgt $1,4 \cdot 10^9$ km^3, dies entspricht einem Würfel mit 1100 km Seitenlänge. Davon sind 2,6 % Süßwasser (einschließlich der Eisvorkommen), nur 0,3 % ist als Trinkwasser verfügbar. Die Gefährdung der Gewässer durch Eutrophierung wird im Abschn. 4.11 behandelt.

Wasser ist eine sehr beständige Verbindung. Bei 2000 °C sind nur 2 % Wassermoleküle thermisch in H_2- und O_2-Moleküle gespalten. Die Autoprotolyse und das Lösungsvermögen von H_2O sowie die Protolysegleichgewichte in H_2O wurden bereits in Abschn. 3.7 behandelt.

Wasserstoffperoxid H_2O_2

H_2O_2 ist eine sirupöse, fast farblose, in dicker Schicht bläuliche Flüssigkeit (Sdp. 150°C, Smp. $-0,4$°C). In den Handel kommt eine 30%ige Lösung (Perhydrol).
   H_2O_2 hat die Strukturformel

$$H-\overline{\underline{O}}-\overline{\underline{O}}-H$$

aber es liegt eine verdrillte Kette von 4 Atomen vor (Abb. 4.15). *Die O—O-Bindung ist schwach,* die Bindungsenergie ist klein (vgl. Tabelle 2.14). *H_2O_2 ist daher eine metastabile Verbindung,* die sich bei höherer Temperatur – eventuell auch explosionsartig – zersetzt.

$$H_2O_2 \longrightarrow H_2O + \tfrac{1}{2}O_2 \qquad \Delta H° = -98 \text{ kJ/mol}$$

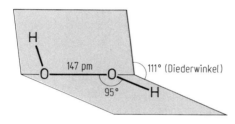

Abbildung 4.15   Struktur des H_2O_2-Moleküls.
Die vier Atome des Moleküls bilden eine verdrillte Kette. Durch die Verdrillung wird die Abstoßung der freien Elektronenpaare der Sauerstoffatome verringert. Die noch vorhandene Abstoßung ist die Ursache für die geringe Bindungsenergie der O—O-Bindung.

Die Zersetzung wird durch Spuren von Schwermetallionen wie Fe^{3+}, Cu^{2+}, sowie Pt und alkalisch reagierende Stoffe katalysiert. Stabilisierend wirkt Phosphorsäure.
   H_2O_2 ist eine sehr schwache Säure ($K_S = 10^{-12}$). *Gegenüber vielen Verbindungen wirkt H_2O_2* sowohl in saurer als auch in alkalischer Lösung *oxidierend.*

$$\overset{-1}{H_2O_2} + 2H_3O^+ + 2e^- \rightleftharpoons 4\overset{-2}{H_2O} \qquad E° = +1,78 \text{ V}$$

H_2O_2 oxidiert SO_2 zu SO_4^{2-}, NO_2^- zu NO_3^-, Fe(II) zu Fe(III), Cr(III) zu Chromat.
Gegenüber starken Oxidationsmitteln wirkt H_2O_2 reduzierend.

$$\overset{-1}{H_2O_2} + 2H_2O \rightleftharpoons \overset{0}{O_2} + 2H_3O^+ + 2e^- \qquad E° = +0,68 \text{ V}$$

Dies ist gegenüber MnO_4^-, Cl_2, Ce(IV), PbO_2 und O_3 der Fall. Die Reaktion

$$2\overset{+7}{Mn}O_4^- + 6H_3O^+ + 5\overset{-1}{H_2O_2} \longrightarrow 2Mn^{2+} + 14H_2O + 5\overset{0}{O_2}$$

wird zur titrimetrischen Bestimmung von H_2O_2 benutzt.

H_2O_2 bildet ein tiefblaues Chromperoxid CrO_5 (vgl. S. 789) und ein gelbes Peroxotitanylion $[TiO_2]^{2+}$ (vgl. S. 771), die zum H_2O_2-Nachweis geeignet sind.

H_2O_2 wird in großen Mengen technisch nach verschiedenen Verfahren produziert. Durch elektrolytische Oxidation von H_2SO_4-SO_4^{2-}-Lösungen entsteht Peroxodisulfat, das durch Hydrolyse zu H_2O_2 umgesetzt wird.

$$2\,SO_4^{2-} \longrightarrow S_2O_8^{2-} + 2\,e^-$$

$$
\begin{array}{c}
O-\boxed{SO_3^-} \quad \boxed{HO}H \\
| \qquad\qquad + \qquad\qquad \longrightarrow H_2O_2 + 2\,HSO_4^- \\
O-\boxed{SO_3^-} \quad \boxed{HO}H
\end{array}
$$

Heute wird H_2O_2 ganz überwiegend nach dem *Anthrachinon-Verfahren* hergestellt. Anthrachinon wird zu Anthrahydrochinon hydriert. Durch Oxidation mit Luftsauerstoff entsteht H_2O_2 und Anthrachinon, das wieder hydriert werden kann.

$(R = C_2H_5)$ H_2O_2 entsteht also letztlich aus H_2 und O_2.

Wegen seiner Oxidationswirkung dient H_2O_2 als Desinfektionsmittel und als Bleichmittel. Perborat $NaBO_2(OH)_2 \cdot 3\,H_2O$ (vgl. S. 577) ist Bestandteil von Waschmitteln.

Peroxide

Peroxide enthalten Sauerstoff mit der Oxidationszahl − 1. Ionische Peroxide sind formal Salze der schwachen zweibasigen Säure H_2O_2. *Sie enthalten das Anion O_2^{2-},* das eine starke Anionenbase ist. Löst man Peroxide unter Kühlung in Wasser, erhält man eine alkalische Lösung von H_2O_2.

$$Na_2O_2 + 2\,H_2O \longrightarrow H_2O_2 + 2\,NaOH$$

Ohne Kühlung zersetzt sich wegen der Temperaturerhöhung und der katalytischen Wirkung der OH^--Ionen das gebildete H_2O_2 unter O_2-Entwicklung.

$$Na_2O_2 + H_2O \longrightarrow 2\,NaOH + \tfrac{1}{2}O_2$$

Beim Erhitzen zersetzen sich die Peroxide in das Oxid und O_2.

Bekannt sind die Peroxide der Alkalimetalle, sowie die von Ca, Sr, Ba. Wichtig sind Na_2O_2 und BaO_2. **Na_2O_2** entsteht beim Verbrennen von Na an der Luft.

$$2\,Na + O_2 \longrightarrow Na_2O_2 \qquad \Delta H^\circ = -505\ kJ/mol$$

Es ist bis 500 °C thermisch stabil, mit oxidierbaren Stoffen (Schwefel, Kohlenstoff, Aluminiumpulver) reagiert es explosiv. Es dient zum Bleichen von Papier und Textilrohstoffen. Mit CO_2 entwickeln alle Alkalimetallperoxide Sauerstoff.

$$Na_2O_2 + CO_2 \longrightarrow Na_2CO_3 + \tfrac{1}{2}O_2$$

In der Raumfahrt wird das leichtere Li_2O_2 verwendet. Durch Oxidation von BaO erhält man **BaO$_2$** (vgl. S. 605).

$$BaO + \tfrac{1}{2}O_2 \xrightarrow[\text{2 bar}]{500-600\,°C} BaO_2 \qquad \Delta H° = -71 \text{ kJ/mol}$$

Bei höherer Temperatur wird O_2 wieder abgegeben, bei 800 °C beträgt der O_2-Druck 1 bar. BaO_2 dient als Sauerstoffüberträger bei der Entzündung von Thermitgemischen (vgl. S. 557).

Hyperoxide

K, Rb, Cs verbrennen in O_2 zu *Verbindungen des Typs MeO$_2$, die das Ion O_2^- enthalten. Die Oxidationszahl des Sauerstoffs ist $-\tfrac{1}{2}$.* Sie kristallisieren wie CaC_2 in einer tetragonal verzerrten NaCl-Struktur (Abb. 4.56). Außerdem sind LiO_2, NaO_2, $Ba(O_2)_2$, $Sr(O_2)_2$ bekannt. Ihre Darstellung ist komplizierter. Die Hyperoxide sind paramagnetisch. Sie sind starke Oxidationsmittel und reagieren heftig mit Wasser unter Disproportionierung.

$$2\overset{-\frac{1}{2}}{O_2^-} + 2\,H_2O \longrightarrow \overset{0}{O_2} + H_2\overset{-1}{O_2} + 2\,OH^-$$

Dioxygenylverbindungen

Sie enthalten das Kation O_2^+ mit der Oxidationszahl $+\tfrac{1}{2}$. Das O_2^+-Kation ist paramagnetisch. Die Entfernung eines Elektrons aus einem der π^*-Orbitale erfordert eine hohe Ionisierungsenergie.

$$O_2 \longrightarrow O_2^+ + e^- \qquad \Delta H° = 1168 \text{ kJ/mol}$$

Der Reaktionspartner muß daher eine große Elektronenaffinität haben.

Beispiel:

$$O_2 + \overset{+6}{Pt}F_6 \xrightarrow{25\,°C} O_2^+[\overset{+5}{Pt}F_6]^-$$

Außerdem sind bekannt: O_2BF_4, O_2PF_6, O_2AsF_6, O_2SbF_6, O_2AuF_6, O_2RuF_6.

Einen Vergleich der Bindungseigenschaften der Teilchen O_2^+, O_2, O_2^-, O_2^{2-} zeigt Tabelle 4.13. Die O—O-Bindung wird in der Reihe vom O_2^+ zum O_2^{2-} geschwächt. Dies ist nach den MO-Energieniveaudiagrammen (Abb. 4.16) auch zu erwarten.

Ozonide

Bei der Einwirkung von O_3 auf die Hydroxide von Na, K, Rb, Cs entstehen *Ozonide MeO$_3$, die das paramagnetische Ion O_3^- mit der Oxidationszahl $-\tfrac{1}{3}$ enthalten.*

$$3\,KOH + 2\,O_3 \longrightarrow 2\,KO_3 + KOH \cdot H_2O + \tfrac{1}{2}O_2$$

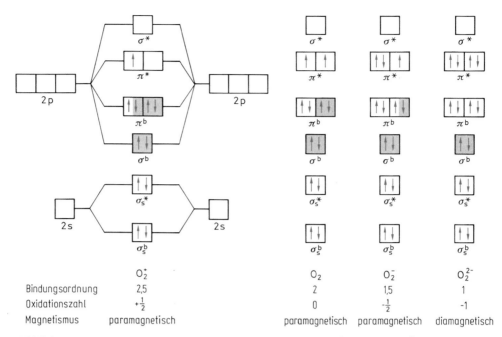

Abbildung 4.16   Energieniveaudiagramme für die Teilchen O_2^+, O_2, O_2^-, O_2^{2-}.

Bekannt ist auch das Ozonid $N(CH_3)_4O_3$, das stabiler ist als das stabilste Alkalimetallozonid CsO_3.

Nach der MO-Theorie ist der Bindungsgrad 1,25, da sich das ungepaarte Elektron in einem antibindenden π^*-MO befindet (vgl. Abb. 4.10).

Tabelle 4.13   Bindungseigenschaften der O—O-Bindung für O_2^+, O_2, O_2^-, und O_2^{2-}

	Anzahl der Valenzelektronen	Bindungsgrad	Bindungslänge in pm	Dissoziations-energie D_{298}° in kJ/mol
O_2^+	11	2,5	112	628
O_2	12	2	121	498
O_2^-	13	1,5	134	398
O_2^{2-}	14	1	149	126

4.5.5 Wasserstoffverbindungen von Schwefel, Selen und Tellur

Die Elemente S, Se, Te, Po bilden die flüchtigen Hydride Monosulfan (Schwefelwasserstoff) H_2S, Monoselan (Selenwasserstoff) H_2Se, Monotellan (Tellurwasserstoff) H_2Te und Poloniumhydrid H_2Po.

Vom Schwefel sind außerdem noch Polysulfane H_2S_n bekannt.

H₂S. H₂Se. H₂Te

H₂S und H₂Se können aus den Elementen dargestellt werden.

$$H_2 + S \xrightarrow{600\,°C} H_2S \qquad\qquad \Delta H° = -20\ \text{kJ/mol}$$

$$H_2 + Se \xrightarrow{350\text{--}400\,°C} H_2Se \qquad\qquad \Delta H° = +30\ \text{kJ/mol}$$

H₂Te ist eine stark endotherme Verbindung und wird durch Zersetzung ionischer Telluride hergestellt, z. B. nach

$$Al_2Te_3 + 6\,HCl \longrightarrow 3\,H_2Te + 2\,AlCl_3$$

In analoger Reaktion entstehen aus Al₂S₃ und Al₂Se₃ H₂S und H₂Se. Im Labor stellt man H₂S aus FeS her.

$$FeS + 2\,HCl \longrightarrow H_2S + FeCl_2$$

H₂S, H₂Se und H₂Te sind farblose, sehr giftige, unangenehm riechende Gase. H₂S zerfällt bei hoher Temperatur in die Elemente. Bei 1000 °C sind 25 % zerfallen. An der Luft verbrennt H₂S mit blauer Flamme.

$$H_2S + 1,5\,O_2 \longrightarrow H_2O + SO_2$$

In 1 l Wasser lösen sich bei 20 °C 2,6 l H₂S. H₂S wirkt reduzierend, z. B. auf Cl₂ und konz. H₂SO₄.

$$H_2S + Cl_2 \qquad \longrightarrow 2\,HCl + S$$
$$H_2S + H_2SO_4 \longrightarrow SO_2 + S + 2\,H_2O$$

H₂Se und H₂Te sind als endotherme Verbindungen wenig beständig. An der Luft erfolgt Oxidation zu H₂O und Se bzw. Te, ihre Darstellung muß daher unter Luftausschluß erfolgen.

H₂S, H₂Se und H₂Te sind schwache zweibasige Säuren.

$$H_2S + H_2O \rightleftharpoons H_3O^+ + HS^- \qquad K_S = 1,0 \cdot 10^{-7}$$
$$HS^- + H_2O \rightleftharpoons H_3O^+ + S^{2-} \qquad K_S = 1,3 \cdot 10^{-13}$$

Die Säurestärke nimmt – analog dem Gang bei den Hydrogenhalogeniden – in Richtung H₂Te zu. Ursache ist die abnehmende Bindungsenergie. Die kleinen Säurekonstanten zeigen, daß S²⁻ eine starke Anionenbase ist. Ionische Sulfide zersetzen sich daher in sauren Lösungen unter Entwicklung von H₂S.

Sulfide

H₂S bildet zwei Reihen von Salzen: Hydrogensulfide mit dem Anion HS⁻ und Sulfide mit dem Anion S²⁻.

Die Sulfide stark elektropositiver Metalle sind ionisch.

Beispiele: Na_2S, K_2S, Al_2S_3

Technisch erhält man Na_2S durch Reduktion von Na_2SO_4.

$$Na_2SO_4 + 4C \xrightarrow{700-1000\,°C} Na_2S + 4CO$$

Die aus NH_3 und H_2S im Stoffmengenverhältnis $2:1$ hergestellte „farblose Ammoniumsulfidlösung" enthält keine S^{2-}-Ionen, sondern HS^--Ionen (s. Abschn. 3.7.9).

Von Übergangsmetallen sind zahlreiche Sulfide bekannt, die in Strukturen mit überwiegend kovalenten Bindungen kristallisieren: Natriumchlorid-Struktur (Abb. 2.2), Zinkblende-Struktur (Abb. 2.54), Wurtzit-Struktur (Abb. 2.55), Nickelarsenid-Struktur (Abb. 2.56), Cadmiumiodid-Struktur (Abb. 2.58), Pyrit-Struktur (Abb. 5.91).

Struktur	Verbindung
Antifluorit	Li_2S, Na_2S, K_2S
Natriumchlorid	MgS, CaS, BaS, MnS, PbS, LaS, CeS, US, PuS
Nickelarsenid	FeS, CoS, NiS, VS, TiS, CrS
Pyrit	FeS_2, CoS_2, NiS_2, MnS_2, OsS_2, RuS_2
Zinkblende	BeS, ZnS, CdS, HgS
Wurtzit	ZnS, CdS, MnS
Cadmiumiodid	TiS_2, ZrS_2, SnS_2, PtS_2, TaS_2

Die Schwerlöslichkeit der Metallsulfide benutzt man in der analytischen Chemie zur Trennung von Metallen. Bei $pH = 0$ beträgt in einer gesättigten H_2S-Lösung die Konzentration $c(S^{2-}) = 10^{-21}$ mol/l (vgl. S. 324). Schwerlösliche Sulfide fallen daher mit H_2S schon aus saurer Lösung aus (Schwefelwasserstoffgruppe):

As_2S_3	Sb_2S_3	SnS	HgS	PbS	Bi_2S_3	CuS	CdS
gelb	orange	braun	schwarz	schwarz	dunkelbraun	schwarz	gelb

Weniger schwerlösliche Sulfide fallen erst in ammoniakalischer Lösung aus, in der die S^{2-}-Konzentration wesentlich größer ist (Ammoniumsulfidgruppe):

NiS	CoS	FeS	MnS	ZnS
schwarz	schwarz	schwarz	fleischfarben	weiß

Als Reagenz eignet sich Thioacetamid, das mit Wasser zu H_2S reagiert.

$$H_3C-C{\overset{\displaystyle S}{\underset{\displaystyle NH_2}{<}}} \; + \; H_2O \; \rightarrow \; H_3C-C{\overset{\displaystyle O}{\underset{\displaystyle NH_2}{<}}} \; + \; H_2S$$

Thioacetamid   Acetamid

Polysulfide und Polysulfane

Schmilzt man Alkalimetallsulfide mit Schwefel bei 500 °C unter Luftausschluß, so entstehen Alkalimetallpolysulfide, die gewinkelte Schwefelketten enthalten: $\overline{|S}(-\overline{S}-)_n\overline{S}|^{2-}$. Gießt man Lösungen von Alkalimetallpolysulfiden unter Kühlung in Salzsäure, erhält man ein gelbes Rohöl, das aus den Polysulfanen H_2S_n ($n = 4$ bis 8) besteht.

$$Na_2S_n + 2\,HCl \longrightarrow 2\,NaCl + H_2S_n$$

Durch Crack-Destillation können auch H_2S_2 und H_2S_3 isoliert werden. Polysulfane sind gelbe Flüssigkeiten. Sie sind schwache Säuren. Sie sind instabil in Bezug auf einen Zerfall in H_2S und S_8, der schon durch Spuren von Hydroxiden ausgelöst wird.

Bedeutung haben Polysulfane für Kondensationsreaktionen zur Synthese z. B. von Schwefelringen (vgl. S. 431).

$$S_6{\overset{H}{\underset{H}{<}}} \quad + \quad {\overset{Cl}{\underset{Cl}{>}}}S_6 \quad \longrightarrow \quad S_{12} + 2\,HCl$$

Lösungen von Polysulfiden (z. B. Na_2S_n oder $(NH_4)_2S_n$ „gelbe Ammoniumsulfidlösung") zersetzen sich beim Ansäuern in H_2S und S.

Mit polaren Medien (z. B. Aceton) entstehen aus Alkalimetallpolysulfiden farbige Lösungen, die Polyschwefelanionen S_n^- enthalten.

$$\begin{array}{ccc} S_2^- & S_3^- & S_4^- \\ \text{gelbgrün} & \text{blau} & \text{rot} \end{array}$$

Die blaue Farbe des Ultramarins (Lapislazuli) entsteht durch S_3^--Ionen, die sich in den Hohlräumen des Alumosilicatgitters befinden (vgl. S. 538).

4.5.6 Oxide des Schwefels

Tabelle 4.14   Schwefeloxide

Oxidationszahl		
$< +1$	Polyschwefelmonooxide	S_nO $n = 5 - 10$
$< +1$	Heptaschwefeldioxid	S_7O_2
$+1$	Dischwefelmonooxid	S_2O
$+2$	Schwefelmonooxid	SO
$+2$	Dischwefeldioxid	S_2O_2
$+4$	Schwefeldioxid	SO_2
$+6$	Schwefeltrioxid	SO_3
$+6$	Schwefeltetraoxid	SO_4
$+6$	Polyschwefelperoxid	$(SO_{3-4})_n$

Die stabilsten und ökonomisch wichtigsten Oxide sind Schwefeldioxid SO_2 und Schwefeltrioxid SO_3. Es gibt eine Reihe weiterer, zum Teil sehr instabiler Schwefeloxide. Eine Übersicht gibt Tabelle 4.14.

Niedere Schwefeloxide

Die Polyschwefelmonooxide S_nO und das Polyschwefeldioxid S_7O_2 leiten sich strukturell von den entsprechenden Schwefelringen ab.

Beispiele:

S_8O S_7O S_7O_2

Die kristallinen Substanzen sind dunkelgelb bis orange und zersetzen sich bei Raumtemperatur langsam in Schwefel und SO_2. Man kann sie durch Einwirkung von Trifluorperoxoessigsäure auf Schwefel S_n in CS_2 bei -10 bis $-40\,°C$ herstellen.

$$S_n + CF_3C\diagdown_{O-OH}^{\diagup O} \longrightarrow S_nO + CF_3C\diagdown_{OH}^{\diagup O}$$

Dischwefelmonooxid S_2O entsteht durch Überleiten von Thionylchloriddampf über Ag_2S.

$$Ag_2S + SOCl_2 \xrightarrow{\;160\,°C\;} 2\,AgCl + S_2O$$

Die gasförmige Substanz ist unter vermindertem Druck nur einige Tage haltbar. Das S_2O-Molekül ist gewinkelt, die Struktur ist analog der von SO_2.

Schwefelmonooxid SO und Dischwefeldioxid S_2O_2 sind instabile Moleküle. SO zersetzt sich in weniger als 1 s in S und SO_2. S_2O_2 zersetzt sich in einigen Sekunden in SO.
  SO ist wie O_2 und S_2 paramagnetisch, Bindungslänge und Dissoziationsenergie (524 kJ/mol) entsprechen einer Doppelbindung.

Schwefeldioxid SO$_2$

SO$_2$ ist ein farbloses, stechend riechendes, korrodierendes Gas (Sdp. $-10\,°C$). Es löst sich gut in Wasser, *die Lösung reagiert schwach sauer* (vgl. S. 449) *und wirkt reduzierend.* Es wird als Desinfektionsmittel (Ausschwefeln von Weinfässern) verwendet. Das SO$_2$-Molekül ist gewinkelt (119,5°).

$$\underset{\underset{\diagdown}{|\overline{O}}}{\diagup}\!\!\!\!\!=\overset{\overline{\overline{S}}}{}=\underset{\overline{O}|}{}$$

Die beiden σ-Bindungen werden von sp^2-Hybridorbitalen des S-Atoms gebildet. Die π-Bindungen sind wie beim SO$_3$ Mehrzentren-π-Bindungen, auch die Bindungsabstände sind mit 143 pm fast gleich.

Technisch wird SO$_2$ durch Verbrennen von Schwefel

$$S + O_2 \longrightarrow SO_2 \qquad \Delta H_B^\circ = -297\,\text{kJ/mol}$$

und durch Erhitzen sulfidischer Erze an der Luft (Abrösten)

$$4\,FeS_2 + 11\,O_2 \longrightarrow 2\,Fe_2O_3 + 8\,SO_2$$

hergestellt und zu Schwefelsäure weiterverarbeitet.

Fossile Brennstoffe enthalten Schwefel. Bei ihrer Verbrennung entsteht SO$_2$, das besonders in Ballungsräumen zu *Umweltbelastungen* führt. In der Bundesrepublik Deutschland betrug 1990 die SO$_2$-Emission $5{,}2 \cdot 10^6$ t, sie konnte durch Umweltschutzmaßnahmen und Änderungen der industriellen Struktur in den neuen Ländern bis 2002 auf $0{,}55 \cdot 10^6$ t reduziert werden (45% entstehen bei der Energieproduktion). Emissionsdaten und die Schadstoffwirkungen von SO$_2$, sowie Verfahren zur Rauchgasentschwefelung enthält Abschn. 4.11.

Schwefeltrioxid SO$_3$

SO$_3$ kommt in mehreren Modifikationen vor. Monomer existiert es nur im Gaszustand im Gleichgewicht mit S$_3$O$_9$-Molekülen.

$$3\,SO_3 \rightleftharpoons S_3O_9 \qquad \Delta H^\circ = -126\,\text{kJ/mol}$$

Das SO$_3$-Molekül ist trigonal-planar gebaut und enthält drei gleichstarke S—O-Doppelbindungen (Bindungsabstand 142 pm; S—O-Einfachbindung 162 pm). Die drei σ-Bindungen werden von sp^2-Hybridorbitalen des S-Atoms gebildet. Die π-Bindungen sind Mehrzentren-π-Bindungen. Am Beispiel SO$_3$ wurden diese nichtklassischen-π-Bindungen im Abschnitt 2.2.9 Molekülorbitale erörtert.

$$\begin{array}{c}|O|\\\|\\\underset{\diagup\quad\diagdown}{S}\\|\overline{O}\qquad\overline{O}|\end{array}$$

Kühlt man gasförmiges SO_3 auf $-80\,°C$ ab, entsteht kristallines, eisartiges γ-SO_3, das bei $17\,°C$ schmilzt und bei $44\,°C$ siedet. γ-SO_3 ist aus S_3O_9-Molekülen aufgebaut. Es sind gewellte Ringe, in denen die S-Atome verzerrt tetraedrisch von Sauerstoff umgeben sind.

Unterhalb Raumtemperatur wandelt sich γ-SO_3 in stabilere, asbestartige Modifikationen (β-SO_3, α-SO_3) um, die weiße, seidigglänzende Nadeln bilden. β-SO_3 besteht aus kettenförmigen Molekülen

$$n \approx 10^5$$

und ist eigentlich eine Polyschwefelsäure. Die genaue Struktur von α-SO_3 ist nicht bekannt, wohl aber der von β-SO_3 ähnlich.

SO_3 ist eine sehr reaktive Verbindung, ein starkes Oxidationsmittel und das Anhydrid der Schwefelsäure.

Die wichtige technische Darstellung von SO_3 wird bei der Schwefelsäure behandelt.

Peroxoschwefeloxide

Schwefeltetraoxid SO_4 entsteht durch Reaktion von SO_3 mit atomarem Sauerstoff. Monomeres SO_4 wurde bei $15-78$ K durch Matrixtechnik (siehe Abschn. 4.3.1) isoliert. Es zerfällt noch unterhalb Raumtemperatur, die Konstitution ist unbekannt.

Polyschwefelperoxide $(SO_{3+x})_n$, $0 < x < 1$, leiten sich von β-SO_3 durch statistischen Ersatz von Sauerstoffbrücken durch Peroxobrücken ab.

Oberhalb $15\,°C$ erfolgt Zerfall in SO_3 und O_2.

4.5.7 Sauerstoffsäuren des Schwefels

Die folgende Tabelle 4.15 gibt eine Übersicht über die bekannten Oxosäuren, ihre Namen und Oxidationszahlen, sowie ihre Salze.

Tabelle 4.15   Sauerstoffsäuren des Schwefels

Oxidations-zahl	Säuren des Typs H_2SO_n und ihre Salze	Säuren des Typs $H_2S_2O_n$ und ihre Salze
+1		$H_2S_2O_2$ Thioschweflige Säure Thiosulfite
+2	H_2SO_2 Sulfoxylsäure Sulfoxylate	$H_2S_2O_3$ Thioschwefelsäure Thiosulfate
+3		$H_2S_2O_4$ Dithionige Säure Dithionite
+4	H_2SO_3 Schweflige Säure Sulfite	$H_2S_2O_5$ Dischweflige Säure Disulfite
+5		$H_2S_2O_6$ Dithionsäure Dithionate
+6	H_2SO_4 Schwefelsäure Sulfate	$H_2S_2O_7$ Dischwefelsäure Disulfate
+6	H_2SO_5 Peroxoschwefelsäure Peroxosulfate	$H_2S_2O_8$ Peroxodischwefelsäure Peroxodisulfate

Als reine Verbindungen isolierbar sind: Schwefelsäure, Dischwefelsäure, Peroxoschwe-felsäure, Peroxodischwefelsäure, Thioschwefelsäure. Die übrigen Sauerstoffsäuren sind nur in wäßriger Lösung oder in Form ihrer Salze bekannt. Die Sulfoxylsäure und die Thioschweflige Säure treten nur als kurzlebige Zwischenprodukte auf, z. B. bei der Hydrolyse von S_nCl_2 ($n = 1, 2$).

Mit Ausnahme der einbasigen Peroxoschwefelsäure sind alle Säuren zweibasig. Die Säurestärke wächst mit zunehmendem n. Bei gleicher Oxidationszahl sind Di-schwefelsäuren stärker als Monoschwefelsäuren.

Redoxverhalten und Disproportionierungsneigung sind aus den Potentialdiagram-men abzulesen (Zahlenangaben: Standardpotentiale in V).

pH = 0
$$S_2O_8^{2-} \xrightarrow{2{,}01} SO_4^{2-} \xrightarrow{-0{,}22} S_2O_6^{2-} \xrightarrow{0{,}56} SO_2(aq) \xrightarrow{-0{,}08} HS_2O_4^- \xrightarrow{0{,}88} HS_2O_3^- \xrightarrow{0{,}50} S_8 \xrightarrow{0{,}14} H_2S$$

pH = 14
$$S_2O_8^{2-} \xrightarrow{1{,}0} SO_4^{2-} \underline{\quad\quad} S_2O_6^{2-} \underline{\quad\quad} SO_3^{2-} \xrightarrow{-1{,}12} S_2O_4^{2-} \xrightarrow{-0{,}04} S_2O_3^{2-} \xrightarrow{-0{,}64} S_8 \xrightarrow{0{,}48} HS^-$$

Das Oxidationsvermögen ist in saurer Lösung, das Reduktionsvermögen in alkalischer Lösung größer. Das stärkste Oxidationsmittel ist Peroxodisulfat, es folgt Dithionat; das stärkste Reduktionsmittel ist Dithionit, gefolgt von Sulfit.

Schwefel disproportioniert nur in alkalischer Lösung. $S_2O_3^{2-}$ disproportioniert nur in saurer Lösung, in alkalischer Lösung bildet es sich aus S_8 und SO_3^{2-} durch Komproportionierung. Dithionit und Sulfit können sowohl in saurer als auch in alkalischer Lösung disproportionieren. Sulfat ist disproportionierungsstabil.

Schwefelsäure H_2SO_4. Dischwefelsäure $H_2S_2O_7$

Schwefelsäure ist eines der wichtigsten großtechnischen Produkte (Weltjahresproduktion ca. $140 \cdot 10^6$ t). Die Hauptmenge wird zur Herstellung von Kunstdünger verwendet (vgl. S. 494). Schwefelsäure wird heute fast ausschließlich nach dem *Kontaktverfahren* hergestellt. Das *Bleikammerverfahren* (vgl. S. 305) besitzt keine Bedeutung mehr.

SO_2 wird mit Luftsauerstoff zu SO_3, dem Anhydrid der Schwefelsäure, oxidiert.

$$SO_2 + \tfrac{1}{2}O_2 \longrightarrow SO_3 \qquad \Delta H^\circ = -99 \text{ kJ/mol}$$

Mit zunehmender Temperatur verschiebt sich das Gleichgewicht in Richtung SO_2, da die Reaktion exotherm ist (Abb. 3.37). Bei Raumtemperatur reagieren SO_2 und O_2 praktisch nicht miteinander. Bei höherer Temperatur stellt sich zwar das Gleichgewicht schnell ein, es liegt aber dann auf der Seite von SO_2. Damit die Reaktion bei günstiger Gleichgewichtslage mit gleichzeitig ausreichender Reaktionsgeschwindigkeit abläuft, müssen Katalysatoren verwendet werden. Beim Kontaktverfahren benutzt man V_2O_5 auf SiO_2 als Trägermaterial und arbeitet bei $420–440\,°C$. Bei der Sauerstoffübertragung durch den Katalysator laufen schematisch folgende Reaktionen ab.

$$V_2O_5 + SO_2 \longrightarrow V_2O_4 + SO_3$$
$$V_2O_4 + \tfrac{1}{2}O_2 \longrightarrow V_2O_5$$

SO_3 löst sich schneller in H_2SO_4 als in Wasser. Dabei bildet sich Dischwefelsäure. Diese wird dann mit Wasser zu H_2SO_4 umgesetzt.

$$SO_3 + H_2SO_4 \longrightarrow H_2S_2O_7$$
$$H_2S_2O_7 + H_2O \longrightarrow 2H_2SO_4$$

Reine Schwefelsäure ist eine farblose, ölige Flüssigkeit (Smp. $10\,°C$, Sdp. $280\,°C$). Die konzentrierte Säure des Handels ist 98%ig, sie siedet azeotrop bei $338\,°C$. Schwefelsäure mit einem Überschuß an SO_3 heißt rauchende Schwefelsäure (Oleum).

Konzentrierte Schwefelsäure wirkt wasserentziehend und wird deshalb als Trocknungsmittel verwendet (Gaswaschflaschen, Exsiccatoren). Auf viele organische Stoffe wirkt konz. H_2SO_4 verkohlend. Beim Vermischen mit Wasser tritt eine hohe Lösungsenthalpie auf. Konz. H_2SO_4 wirkt *oxidierend*, heiße Säure löst z.B. Kupfer, Silber und Quecksilber.

$$2\,H_2\overset{+6}{S}O_4 + \overset{0}{Cu} \longrightarrow \overset{+2}{Cu}SO_4 + \overset{+4}{S}O_2 + 2\,H_2O$$

Gold und Platin werden nicht angegriffen. Eisen wird von konz. H_2SO_4 passiviert.

Die elektrische Leitfähigkeit reiner Schwefelsäure kommt durch ihre Autoprotolyse zustande.

$$2\,H_2SO_4 \rightleftharpoons H_3SO_4^+ + HSO_4^-$$

Bei 25 °C beträgt das Ionenprodukt

$$c(H_3SO_4^+) \cdot c(HSO_4^-) = 2{,}7 \cdot 10^{-4}\ \text{mol}^2/\text{l}^2\,.$$

In wäßriger Lösung ist H_2SO_4 eine starke, zweibasige Säure *und ist praktisch vollständig in H_3O^+ und HSO_4^- protolysiert.*

$$\begin{aligned} H_2SO_4 + H_2O &\rightleftharpoons H_3O^+ + HSO_4^- & pK_S &= -3{,}0 \\ HSO_4^- + H_2O &\rightleftharpoons H_3O^+ + SO_4^{2-} & pK_S &= +1{,}96 \end{aligned}$$

Von H_2SO_4 leiten sich **Hydrogensulfate** mit dem Anion HSO_4^- und **Sulfate** mit dem Anion SO_4^{2-} ab. Schwerlöslich sind $BaSO_4$, $SrSO_4$ und $PbSO_4$.

Die wasserfreie Dischwefelsäure bildet eine durchsichtige, kristalline Masse (Smp. 36 °C). Disulfate entstehen beim Erhitzen von Hydrogensulfaten.

$$2\,NaHSO_4 \longrightarrow Na_2S_2O_7 + H_2O$$

H_2SO_4, HSO_4^-, SO_4^{2-} und $H_2S_2O_7$ können mit den folgenden Strukturformeln beschrieben werden.

Die S—O-Bindungslängen im tetraedrisch gebauten SO_4^{2-}-Ion sind gleich (151 pm), die π-Bindungen delokalisiert. Im HSO_4^--Ion sind die Mehrzentren-π-Bindungen über drei Bindungen delokalisiert (Bindungslänge 147 pm). Im H_2SO_4-Molekül sind beide π-Bindungen lokalisiert (Bindungslänge 143 pm). Das SO_4^{2-}-Ion ist isoelektronisch zu ClO_4^-, die Bindungsverhältnisse sind analog (siehe Abschnitt 2.2.9 Molekülorbitale, Hyperkonjugation).

Halogenderivate der Schwefelsäure

Ersetzt man in der Schwefelsäure OH-Gruppen durch Halogene X, erhält man

Halogenoschwefelsäuren $O_2S{<}^{X}_{OH}$ und

Sulfurylhalogenide $O_2S{<}^{X}_{X}$

Die Darstellung der Halogenoschwefelsäuren (Halogensulfonsäuren) erfolgt aus SO_3 und HF, HCl bzw. HBr. HI wird zu I_2 oxidiert.

$$SO_3 + HX \longrightarrow H-\overline{O}-\overset{\displaystyle |O|}{\underset{\displaystyle |O|}{S}}-\overline{X}| \qquad X = F, Cl, Br$$

Chloroschwefelsäure (Chlorsulfonsäure) ist eine farblose, an der Luft rauchende Flüssigkeit. Mit Wasser reagiert sie heftig.

$$HSO_3Cl + H_2O \longrightarrow H_2SO_4 + HCl$$

HSO_3Cl ist ein starkes Sulfonierungsmittel (Einführung der Sulfongruppe HSO_3-).

$$RH + HSO_3Cl \longrightarrow HSO_3R + HCl$$

Die Sulfurylhalogenide werden bei den Schwefelhalogenidoxiden besprochen (S. 456).

Peroxomonoschwefelsäure H_2SO_5 (Carosche Säure). Peroxodischwefelsäure $H_2S_2O_8$

Die Peroxosäuren enthalten die Peroxogruppe $-\overline{O}-\overline{O}-$.

$$H-\overline{O}-\overset{\displaystyle |O|}{\underset{\displaystyle |O|}{S}}-\overline{O}-\overline{O}-H \qquad\qquad H-\overline{O}-\overset{\displaystyle |O|}{\underset{\displaystyle |O|}{S}}-\overline{O}-\overline{O}-\overset{\displaystyle |O|}{\underset{\displaystyle |O|}{S}}-\overline{O}-H$$

$H_2S_2O_8$ ist hygroskopisch (Smp. 65°C) und ein starkes Oxidationsmittel. In Wasser erfolgt zunächst Hydrolyse zu H_2SO_5 und H_2SO_4.

$$H-O-\overset{\displaystyle O}{\underset{\displaystyle O}{S}}-O-O{\Big|}\overset{\displaystyle O}{\underset{\displaystyle O}{S}}-O-H \rightleftharpoons H-O-\overset{\displaystyle O}{\underset{\displaystyle O}{S}}-O-O-H + H-O-\overset{\displaystyle O}{\underset{\displaystyle O}{S}}-O-H$$
$$H{\Big|}OH$$

H_2SO_5 ist ebenfalls hygroskopisch (Smp. 45°C) und ein starkes Oxidationsmittel. Mit Wasser hydrolysiert die Carosche Säure langsam zu H_2O_2 und H_2SO_4.

$$H-O-\overset{\displaystyle O}{\underset{\displaystyle O}{S}}{\Big|}O-O-H \rightleftharpoons H-O-\overset{\displaystyle O}{\underset{\displaystyle O}{S}}-O-H + H-O-O-H$$
$$HO{\Big|}H$$

Diese Reaktion ist umkehrbar und man erhält H_2SO_5 durch Einwirkung von H_2O_2 auf kalte konz. H_2SO_4. Setzt man Chloroschwefelsäure mit H_2O_2 unter Kühlung um, so erhält man H_2SO_5 und $H_2S_2O_8$ in reinen, farblosen Kristallen.

$$\text{H-O-}\overset{\displaystyle O}{\underset{\displaystyle O}{\overset{\displaystyle \|}{\underset{\displaystyle \|}{S}}}}\boxed{\text{-Cl + H}}\text{-O-O-H} \xrightarrow{-HCl} \text{H-O-}\overset{\displaystyle O}{\underset{\displaystyle O}{\overset{\displaystyle \|}{\underset{\displaystyle \|}{S}}}}\text{-O-O}\boxed{\text{-H + Cl}}\text{-}\overset{\displaystyle O}{\underset{\displaystyle O}{\overset{\displaystyle \|}{\underset{\displaystyle \|}{S}}}}\text{-O-H} \xrightarrow{-HCl}$$

$$\text{H-O-}\overset{\displaystyle O}{\underset{\displaystyle O}{\overset{\displaystyle \|}{\underset{\displaystyle \|}{S}}}}\text{-O-O-}\overset{\displaystyle O}{\underset{\displaystyle O}{\overset{\displaystyle \|}{\underset{\displaystyle \|}{S}}}}\text{-O-H}$$

Von H_2SO_5 sind keine Salze bekannt. Festes H_2SO_5 besteht aus Schichten mit Wasserstoffbindungen zwischen den Molekülen. Die Salze von $H_2S_2O_8$ heißen **Peroxodisulfate**, ihre Lösungen sind relativ beständig, sie sind starke Oxidationsmittel und oxidieren in Gegenwart von Ag^+ als Katalysator z.B. Mn^{2+} zu MnO_4^- und Cr^{3+} zu $Cr_2O_7^{2-}$. Peroxodisulfate werden technisch durch anodische Oxidation konzentrierter Sulfatlösungen bei hoher Stromdichte an Pt-Elektroden (Sauerstoffüberspannung) hergestellt:

$$2\,SO_4^{2-} \longrightarrow S_2O_8^{2-} + 2e^-$$

Bei verdünnten Lösungen und kleiner Stromdichte reagiert entladenes SO_4 nicht mit SO_4^{2-}-Ionen, sondern nach $SO_4 + H_2O \rightarrow H_2SO_4 + \frac{1}{2}O_2$.

Schweflige Säure H_2SO_3. Dischweflige Säure $H_2S_2O_5$

SO_2 löst sich gut in Wasser (45 l SO_2 in 1 l H_2O bei 15 °C). Die Lösung reagiert sauer und wirkt reduzierend. *Die hypothetische Schweflige Säure H_2SO_3 kann nicht isoliert werden. Auch in wäßriger Lösung existiert keine nichtprotolysierte H_2SO_3.*

$$SO_2 + H_2O \rightleftharpoons H_2SO_3 \qquad K \ll 10^{-9}$$

Es existieren folgende Gleichgewichte:

$$SO_2 \;\; + 2\,H_2O \rightleftharpoons H_3O^+ + HSO_3^- \qquad pK_S = 1{,}8$$
$$HSO_3^- + \;\; H_2O \rightleftharpoons H_3O^+ + SO_3^{2-} \qquad pK_S = 7{,}0$$

Bei höheren Konzentrationen entstehen $S_2O_5^{2-}$-Ionen.

$$2\,HSO_3^- \rightleftharpoons S_2O_5^{2-} + H_2O$$

Auch die Dischweflige Säure $H_2S_2O_5$ ist sowohl als freie Säure als auch in Lösungen unbekannt.

Von der hypothetischen Säure H_2SO_3 leiten sich zwei Reihen von Salzen ab, die

Hydrogensulfite mit dem Anion HSO_3^- und die **Sulfite** mit dem Anion SO_3^{2-}. Hydrogensulfite sind leicht löslich, Sulfite – mit Ausnahme der Alkalimetallsulfite – schwer löslich. Man erhält sie durch Einleiten von SO_2 in Laugen.

$$NaOH + SO_2 \longrightarrow NaHSO_3$$
$$NaHSO_3 + NaOH \longrightarrow Na_2SO_3 + H_2O$$

Disulfite entstehen durch Wasserabspaltung aus Hydrogensulfiten.

$$2\,NaHSO_3 \longrightarrow Na_2S_2O_5 + H_2O$$

„Schweflige Säure" und ihre Salze wirken reduzierend. Die Reduktionswirkung ist in alkalischer Lösung stärker als in saurer Lösung.

$$SO_3^{2-} + 2\,OH^- \rightleftharpoons SO_4^{2-} + H_2O + 2e^- \qquad E° = -0{,}93\ V$$

Die Anionen haben folgende Strukturen:

| SO_3^{2-} | tautomeres Gleichgewicht von HSO_3^- | $S_2O_5^{2-}$ |

Die π-Bindungen sind delokalisiert. Beim tautomeren Gleichgewicht[1] von HSO_3^- erfolgt der Ortswechsel des H^+-Ions so rasch, daß sich keine der beiden Formen isolieren läßt. Von beiden Formen sind aber Ester bekannt: $O_2SR(OR)$ Alkylsulfonsäureester, $OS(OR)_2$ Dialkylsulfite. Die S—S-Bindung im Disulfition ist länger als eine normale S—S-Einfachbindung. $Na_2S_2O_5$ zerfällt daher bereits bei $400\,°C$ in Na_2SO_3 und SO_2.

Dithionige Säure $H_2S_2O_4$

Dithionite erhält man durch Reduktion von Hydrogensulfiten (mit Zink oder durch kathodische Reduktion).

$$2\,\overset{+4}{H}SO_3^- + 2e^- \longrightarrow \overset{+3}{S}_2O_4^{2-} + 2\,OH^-$$

Es sind starke Reduktionsmittel, da sie in Umkehrung der Bildungsreaktion die beständigere Oxidationszahl $+4$ erreichen.

---

[1] Unter Tautomerie versteht man das gleichzeitige Vorliegen von zwei oder mehr isomeren Formen eines Moleküls im Gleichgewicht. Die Tautomere unterscheiden sich nur in der Position einer beweglichen Gruppe, die Umwandlung erfolgt meist schnell.

Im Anion $S_2O_4^{2-}$

$$^{\ominus}|\overline{O}^{\diagdown} \quad \overset{\overline{S} - \overline{S}}{\underset{|O| \quad |O|}{\| \quad \|}} \quad ^{\diagup}\overline{O}|^{\ominus}$$

ist eine extrem lange S—S-Bindung (239 pm) vorhanden, die leicht zu spalten ist und die die geringe Beständigkeit der Oxidationszahl $+3$ erklärt. $H_2S_2O_4$ kann man nicht isolieren. Beim Ansäuern zerfallen Dithionite nach

$$2\overset{+3}{S}_2O_4^{2-} + H_2O \longrightarrow 2\overset{+4}{H}SO_3^- + \overset{+2}{S}_2O_3^{2-}$$

Dithionsäure $H_2S_2O_6$

$H_2S_2O_6$ ist nur in wäßriger Lösung beständig. Dithionate erhält man durch Oxidation von Hydrogensulfiten (mit MnO_2 oder durch anodische Oxidation).

$$2\overset{+4}{H}SO_3^- + 2H_2O \longrightarrow \overset{+5}{S}_2O_6^{2-} + 2H_3O^+ + 2e^-$$

Dithionsäure und Dithionate wirken nicht oxidierend, sie disproportionieren aber leicht.

$$\overset{+5}{S}_2O_6^{2-} \longrightarrow \overset{+6}{S}O_4^{2-} + \overset{+4}{S}O_2$$

Struktur des $S_2O_6^{2-}$-Anions:

$$^{\ominus}|\overline{O} - \overset{\displaystyle \diagup O\diagdown}{\underset{\diagdown O\diagup}{S}} - \overset{\displaystyle \diagup O\diagdown}{\underset{\diagdown O\diagup}{S}} - \overline{O}|^{\ominus}$$

Thioschwefelsäure $H_2S_2O_3$

In der Thioschwefelsäure ist ein Sauerstoffatom der Schwefelsäure durch ein Schwefelatom („thio") ersetzt.

$$^{\ominus}\overline{O} - \overset{\displaystyle |O|}{\underset{\displaystyle |O|}{\overset{\|}{\underset{\|}{S}}}} - \overline{S}|^{\ominus}$$

Die S—O-Bindungen haben starken Doppelbindungscharakter (Bindungslänge 147 pm), der Doppelbindungscharakter der S—S-Bindung ist schwächer (Bindungslänge 201 pm). Für die beiden Schwefelatome erhält man die mittlere Oxidationszahl $+2$ (vgl. Tab. 4.15 und Abschn. 3.8.1).

In wasserfreiem Zustand kann $H_2S_2O_3$ bei $-80\,°C$ als farblose, ölige Flüssigkeit hergestellt werden, z.B. nach

$$SO_3 + H_2S \longrightarrow H_2S_2O_3$$

Beim Erwärmen zerfällt sie schon unterhalb $0\,°C$ wieder in H_2S und SO_3.

Die Salze, die **Thiosulfate,** *sind in Wasser beständig.* Man erhält sie durch Kochen von Sulfitlösungen mit Schwefel.

$$S_8 + 8\,Na_2SO_3 \longrightarrow 8\,Na_2S_2O_3$$

Zunächst sprengt SO_3^{2-} den S_8-Ring unter Anlagerung des freien Elektronenpaars am Schwefel. Dann wird die Schwefelkette schrittweise durch SO_3^{2-} abgebaut.

Angesäuerte Thiosulfatlösungen zersetzen sich unter Schwefelabscheidung.

$$H_2S_2O_3 \longrightarrow H_2O + SO_2 + S$$

Praktische Bedeutung hat Natriumthiosulfat $Na_2S_2O_3 \cdot 5\,H_2O$ in der Photographie als Fixiersalz (vgl. S. 738).

$S_2O_3^{2-}$ wirkt reduzierend. In der Bleicherei benutzt man es zur Entfernung von Chlor aus chlorgebleichten Geweben.

$$Na_2S_2O_3 + 4\,Cl_2 + 5\,H_2O \longrightarrow Na_2SO_4 + H_2SO_4 + 8\,HCl$$

Die quantitative Reaktion mit Iod zu Tetrathionat $S_4O_6^{2-}$ (vgl. Polythionsäuren) wird in der analytischen Chemie (Iodometrie) verwendet.

$$2\,SSO_3^{2-} + I_2 \longrightarrow {}^-O_3S{-}S{-}S{-}SO_3^- + 2\,I^-$$

Formal kann man $H_2S_2O_3$ auch von H_2S (Monosulfan) durch Ersatz eines H-Atoms durch die Sulfonsäuregruppe $-SO_3H$ ableiten. Der rationelle Name ist dann Monosulfanmonosulfonsäure.

Analog kann man eine Reihe von Schwefelsäuren von Polysulfanen $H{-}(S)_n{-}H$ ableiten, in denen beide H-Atome durch Sulfonsäuregruppen ersetzt sind. Sie heißen daher **Polysulfandisulfonsäuren** $HO_3S{-}(S)_{n-2}{-}SO_3H$ ($n = 3$ bis 14) oder auch Polythionsäuren.

Sie sind farblose, ölige Flüssigkeiten und nur bei tiefen Temperaturen beständig. Die Zersetzlichkeit nimmt mit wachsender Kettenlänge zu. Isolierbar sind ihre Salze, z. B. die farblos kristallisierenden Alkalimetallpolythionate. In den Polythionaten sind Schwefel-Zickzack-Ketten mit Einfachbindungen vorhanden.

4.5.8 Oxide und Sauerstoffsäuren von Selen und Tellur

Selendioxid SeO$_2$

SeO_2 entsteht beim Verbrennen von Selen.

$$Se + O_2 \longrightarrow SeO_2 \qquad \Delta H° = -225\ kJ/mol$$

SeO_2 bildet farblose Nadeln, die bei $315\,°C$ sublimieren. In der Gasphase besteht es aus monomeren SeO_2-Molekülen (Abb. 4.17a), in der kristallinen Phase liegen nichtplanare hochpolymere Ketten vor (Abb. 4.17b).

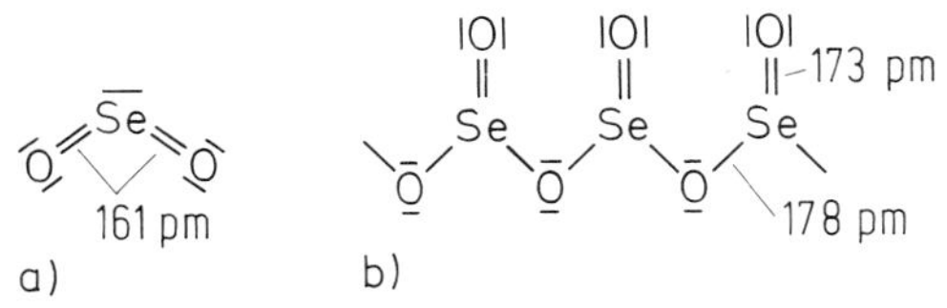

Abbildung 4.17   Struktur von SeO_2.
a) Die Gasphase besteht aus SeO_2-Molekülen mit $Se{=}O$-Doppelbindungen.
b) Die kristalline Phase besteht aus polymeren, nichtplanaren Ketten. Alle $Se{-}O$-Bindungen haben Doppelbindungscharakter.
Bindungslängen: $Se{-}O$ 183 pm; $Se{=}O$ 160 pm.

Selentrioxid SeO_3

SeO_3 bildet farblose, hygroskopische Kristalle (Smp. $118\,°C$), die aus cyclischen, achtgliedrigen Se_4O_{12}-Molekülen bestehen. In der Gasphase stehen diese Moleküle mit monomerem SeO_3 im Gleichgewicht. SeO_3 ist ein noch stärkeres Oxidationsmittel als SO_3. SeO_3 erhält man durch Entwässerung von H_2SeO_4 mit P_4O_{10} bei $150\,°C$. Mit Wasser reagiert SeO_3 wieder zur Selensäure.

Selenige Säure H_2SeO_3

SeO_2 löst sich in Wasser unter Bildung der Selenigen Säure H_2SeO_3. Sie ist eine schwächere Säure als die Schweflige Säure, aber im Gegensatz zu dieser in Form farbloser Kristalle isolierbar. H_2SeO_3 wird von SO_2, H_2S, HI, N_2H_4 zu rotem Selen reduziert.

$$H_2SeO_3 + 4\,HI \longrightarrow Se + 2\,I_2 + 3\,H_2O$$

Selensäure H_2SeO_4

Selensäure bildet farblose, hygroskopische Kristalle, die bei $60\,°C$ schmelzen. Sie kann durch Oxidation von H_2SeO_3 mit H_2O_2, $KMnO_4$ oder von Se mit Cl_2 dargestellt werden. H_2SeO_4 ist eine ebenso starke Säure wie H_2SO_4, ihr Oxidationsvermögen ist aber bedeutend stärker. Ein Gemisch aus Selensäure und Salzsäure bildet aktives Chlor und es löst wie Königswasser Gold und Platin unter Bildung von Chlorokomplexen.

$$H_2SeO_4 + 2\,HCl \longrightarrow H_2SeO_3 + H_2O + 2\,Cl$$

Wie H_2SO_4 ist H_2SeO_4 so stark wasserentziehend, daß sie auf organische Substanzen verkohlend wirkt. Die Selenate $PbSeO_4$ und $BaSeO_4$ sind wie die Sulfate schwerlöslich.

Tellurdioxid TeO$_2$

TeO$_2$ ist dimorph. α-TeO$_2$ entsteht durch Verbrennung von Te in Luft.

$$\text{Te} + \text{O}_2 \longrightarrow \alpha\text{-TeO}_2 \qquad \Delta H^\circ = -323 \text{ kJ/mol}$$

Es ist farblos (Smp. 733 °C) und kristallisiert in einem rutilähnlichen Ionengitter. TeO$_2$ löst sich schlecht in Wasser. Es hat aber amphoteren Charakter und löst sich in starken Säuren zu Te(IV)-Salzen (TeO$_2$ + 4 H$_3$O$^+$ → Te^{4+} + 6 H$_2$O) und in starken Laugen zu Telluriten (TeO$_2$ + 2 OH$^-$ ⟶ TeO$_3^{2-}$ + H$_2$O). β-TeO$_2$ kommt als gelbes Mineral (Tellurit) vor und kristallisiert in einer Schichtstruktur.

Tellurige Säure H$_2$TeO$_3$ ist nur in wäßriger Lösung bekannt. Sie ist eine schwache Säure, die beim Erwärmen in TeO$_2$ und H$_2$O zerfällt.

Tellurtrioxid TeO$_3$

TeO$_3$ kommt in zwei Modifikationen vor. α-TeO$_3$ ist gelb, in Wasser unlöslich, ein starkes Oxidationsmittel und zerfällt oberhalb 400 °C in TeO$_2$ und O$_2$. Es entsteht durch Erhitzen von Tellursäure.

$$\text{Te(OH)}_6 \xrightarrow{300-360\,^\circ\text{C}} \text{TeO}_3 + 3\,\text{H}_2\text{O}$$

Das stabilere, weniger reaktive graue β-TeO$_3$ entsteht durch Erhitzen von α-TeO$_3$.

Tellursäure H$_6$TeO$_6$

Die Orthotellursäure (Smp. 136 °C) wirkt wesentlich stärker oxidierend als die Schwefelsäure. Analog zur Periodsäure besitzt Tellur auf Grund seiner Größe in der Tellursäure die KZ 6. H$_6$TeO$_6$ ist eine sechsbasige Säure. Es sind saure Tellurate Me$_n$H$_{6-n}$TeO$_6$ und neutrale Tellurate, z.B. Ag$_6$TeO$_6$, Hg$_3$TeO$_6$, bekannt. Das TeO$_6^{6-}$-Ion ist wie Te(OH)$_6$ oktaedrisch gebaut. Die Tellursäure bildet Heteropolyanionen: [Te(MoO$_4$)$_6$]$^{6-}$, [Te(WO$_4$)$_6$]$^{6-}$ (vgl. S. 798).

4.5.9 Halogenverbindungen

Halogenide von Schwefel

Die binären Halogenverbindungen des Schwefels sind in der Tabelle 4.16 zusammengestellt.

Mit I bildet S nur eine endotherme, zersetzliche Verbindung, da die I—S-Bindung sehr schwach ist. Brom bildet nur Verbindungen, die sich von Polysulfanen ableiten. Mit Ausnahme von SF$_6$ sind alle Schwefelhalogenide hydrolyseempfindlich.

Schwefelhexafluorid **SF$_6$** ist ein farbloses und geruchloses, ungiftiges Gas (Sblp. −64 °C). Es entsteht aus elementarem Schwefel mit Fluor.

$$\text{S} + 3\,\text{F}_2 \longrightarrow \text{SF}_6 \qquad \Delta H_B^\circ = -1220 \text{ kJ/mol}$$

Tabelle 4.16   Binäre Halogenverbindungen des Schwefels

Oxida-tions-zahl	Verbindungs-typ	F	Cl	Br	I
+6	Schwefelhexa-fluorid SX$_6$	SF$_6$ farbloses Gas $\Delta H_B^\circ = -1220\,\text{kJ/mol}$			
+5	Dischwefel-decafluorid X$_5$SSX$_5$	S$_2$F$_{10}$ farblose Flüssigkeit			
+4	Schwefeltetra-halogenide SX$_4$	SF$_4$ farbloses Gas $\Delta H_B^\circ \approx -762\,\text{kJ/mol}$	SCl$_4$ farblose Substanz Zers. $> -30\,^\circ\text{C}$		
+2	Schwefeldi-halogenide SX$_2$	SF$_2$ farbloses Gas $\Delta H_B^\circ = -298\,\text{kJ/mol}$	SCl$_2$ rote Flüssigkeit $\Delta H_B^\circ = -49\,\text{kJ/mol}$		
+1	Dischwefeldi-halogenide XSSX oder SSX$_2$	FSSF farbloses Gas $\Delta H_B^\circ = -350\,\text{kJ/mol}$ SSF$_2$ farbloses Gas $\Delta H_B^\circ = -385\,\text{kJ/mol}$	ClSSCl gelbe Flüssigkeit $\Delta H_B^\circ = -58\,\text{kJ/mol}$	BrSSBr tiefrote Flüssig-keit	ISSI dunkel-braune Substanz Zers. $> -31\,^\circ\text{C}$
+1	Polyschwefel-dihalogenide S$_n$X$_2$ (n > 2)		S$_n$Cl$_2$ gelbe bis orangerote Öle (isoliert bis n = 8)	S$_n$Br$_2$ tiefrote Öle (isoliert bis n = 8)	

Es *ist ungewöhnlich reaktionsträge* und reagiert z. B. nicht mit Wasserdampf bei 500 °C, obwohl das Gleichgewicht der Reaktion

$$SF_6 + 4\,H_2O \rightleftharpoons H_2SO_4 + 6\,HF$$

ganz auf der rechten Seite liegt. Mit H$_2$ kann SF$_6$ erhitzt werden, ohne daß HF gebildet wird. Die Resistenz von SF$_6$ wird auf die sterische Abschirmung des S-Atoms zurückgeführt. Im Molekül SF$_6$ ist das S-Atom oktaedrisch von sechs F-Atomen umgeben. Die Bindungen wurden mit dem MO-Modell im Abschnitt 2.2.9 Molekülorbitale (Abb. 2.75) diskutiert. Reaktionen mit Lewis-Basen sind kinetisch gehemmt. SF$_5$Cl ist dagegen ein hydrolyseempfindliches Gas, das wesentlich reaktionsfähiger ist. *SF$_6$ wird als gasförmiger Isolator* in Hochspannungsanlagen *verwendet*, da es eine hohe Dielektrizitätskonstante besitzt. In Isolierglasfenstern wird SF_6 im Fensterinnenraum anstelle von Luft zur Wärme- und Geräuschdämmung eingesetzt. Die Produktion von SF_6 beträgt weltweit mehrere tausend Tonnen im Jahr. Zur Wirkung als Treibhausgas siehe Abschn. 4.11.1.2.

Als ein Begleiter von SF_6 wurde SF_5—CF_3 in der Atmosphäre nachgewiesen. Es ist wie SF_6 ein äußerst wirksames Klimagas. Es bildet sich evtl. bei der Hochspannungsentladung im SF_6-Schutzgas in Gegenwart von Fluorpolymeren.

Schwefeltetrafluorid SF_4 ist ein farbloses, sehr reaktionsfähiges Gas, das als Fluorierungsmittel verwendet wird und mit Wasser zu SO_2 und HF reagiert.

S_2F_2 ist die Summenformel von zwei isomeren gasförmigen Verbindungen:

Thiothionylfluorid $\overline{\underline{S}}{=}\overline{\underline{S}}\diagdown_{F}^{F}$ (thermodynamisch stabiler) und

Difluordisulfan $F^{\diagup}\overline{\underline{S}}{=}\overline{\underline{S}}\diagdown^{F} \leftrightarrow F^{\diagup}\overline{\underline{S}}{=}\overline{\underline{S}}\diagdown^{F}$

Dischwefeldichlorid S_2Cl_2 ist das beständigste Schwefelchlorid und eine gelbe, stechend riechende Flüssigkeit, die beim Überleiten von Chlor über geschmolzenen Schwefel bei ca. 240 °C entsteht. S_2Cl_2 dient zur Herstellung von Schwefeldichlorid SCl_2, Thionylchlorid $SOCl_2$ und Schwefeltetrafluorid SF_4. Es *ist technisch von Bedeutung*, da sich Schwefel unter Kettenbildung als S_nCl_2 ($n = 3$ bis 100) löst und diese Lösungen zum Vulkanisieren von Kautschuk dienen. S_2Cl_2 ist wie alle Schwefelchloride hydrolyseempfindlich.

SCl_2 erhält man als dunkelrote Flüssigkeit aus Schwefel oder S_2Cl_2 mit einem Chlorüberschuß. Bei Raumtemperatur zersetzt sie sich langsam.

$$2\,SCl_2 \longrightarrow S_2Cl_2 + Cl_2$$

Halogenide von Selen und Tellur

Die Halogenide des Selens und Tellurs sind beständiger als die des Schwefels. Eine Ausnahme ist SF_6. Mit den Oxidationszahlen $+1$, $+2$, $+4$ sind Chloride und Bromide bekannt. Mit der höchsten Oxidationszahl $+6$ sind nur Fluoride bekannt. Mit der Oxidationszahl $+1$ und $+2$ gibt es keine beständigen Fluoride. Wegen des stärker elektropositiven Charakters bildet nur Te beständige binäre Verbindungen mit I. Strukturell interessant sind die Subiodide Te_2I, α-TeI, β-TeI und die Intercalationsverbindung $(Te_2)_2I_2$, in der zwischen Schichten, die von Te_2-Hanteln gebildet werden, Schichten aus I_2-Molekülen eingelagert sind. Von TeI_4 gibt es 5 Modifikationen, die alle aus tetrameren Molekülen aufgebaut sind; nur eine davon ist bei $TeCl_4$ und $TeBr_4$ bekannt. Typisch für die Tetrahalogenide von Se und Te ist die Bildung von Anionen wie $SeCl_6^{2-}$, $TeBr_6^{2-}$, TeI_6^{2-}.

Schwefelhalogenidoxide

Ersetzt man in Sauerstoffsäuren OH-Gruppen durch Halogenatome, erhält man formal Säurehalogenide. Halogenide der Schwefligen Säure sind die Thionylhalogenide SOF_2, $SOCl_2$, $SOBr_2$. Halogenide der Schwefelsäure sind die Sulfurylhalogenide SO_2F_2, SO_2Cl_2. Die Thionylhalogenide bestehen aus pyramidalen Molekülen mit

sp^3-hybridisiertem Zentralatom. Die Sulfurylhalogenide sind verzerrt tetraedrisch gebaut.

SOCl$_2$ ist eine farblose Flüssigkeit (Sdp. 76 °C), die von H_2O zu SO_2 und HCl hydrolysiert wird. Man erhält es nach

$$SO_2 + PCl_5 \longrightarrow SOCl_2 + POCl_3$$

Die technische Gewinnung erfolgt durch Oxidation von SCl_2.

$$SCl_2 + SO_3 \longrightarrow SOCl_2 + SO_2$$

Es wird als Chlorierungsmittel verwendet.

SOF$_2$ ist ein Gas, das man durch Chlor-Fluor-Austausch aus $SOCl_2$ mit SbF_3 oder HF erhält.

SO$_2$Cl$_2$ ist eine farblose Flüssigkeit (Sdp. 69 °C), die aus SO_2 und Cl_2 in Gegenwart von Aktivkohle als Katalysator hergestellt wird.

$$SO_2 + Cl_2 \longrightarrow SO_2Cl_2$$

Mit Wasser erfolgt Hydrolyse.

$$SO_2Cl_2 + 2 H_2O \longrightarrow H_2SO_4 + 2 HCl$$

SO_2Cl_2 wird wie $SOCl_2$ als Chlorierungsmittel verwendet.

SO$_2$F$_2$ ist ein chemisch relativ inertes Gas. Man erhält es durch Halogenaustausch aus SO_2Cl_2.

4.6 Gruppe 15

4.6.1 Gruppeneigenschaften

	Stickstoff N	Phosphor P	Arsen As	Antimon Sb	Bismut Bi
Ordnungszahl Z	7	15	33	51	83
Elektronen-konfiguration	$[He]2s^22p^3$	$[Ne]3s^23p^3$	$[Ar]3d^{10}$ $4s^24p^3$	$[Kr]4d^{10}$ $5s^25p^3$	$[Xe]4f^{14}5d^{10}$ $6s^26p^3$
Ionisierungsenergie in eV	14,5	11,0	9,8	8,6	7,3
Elektronegativität	3,0	2,1	2,2	1,8	1,7
Nichtmetallcharakter	nimmt ab →				
Affinität zu elektro-positiven Elementen	nimmt ab →				
Affinität zu elektro-negativen Elementen	nimmt zu →				
Basischer Charakter der Oxide	nimmt zu →				
Salzcharakter der Halogenide	nimmt zu →				

Die Elemente der 15. Gruppe zeigen in ihren Eigenschaften ein weites Spektrum. Mit wachsender Ordnungszahl nimmt der metallische Charakter stark zu, und es erfolgt ein Übergang von dem typischen Nichtmetall Stickstoff zu dem metallischen Element Bismut.

Auf Grund der Valenzelektronenkonfiguration $s^2 p^3$ sind in den Verbindungen die häufigsten Oxidationszahlen -3, $+3$ und $+5$.

Die Beständigkeit der Verbindungen mit elektropositiven Elementen nimmt mit wachsender Ordnungszahl Z ab. NH_3 ist beständig, BiH_3 instabil. Bei Verbindungen mit elektronegativen Elementen nimmt die Beständigkeit mit Z zu, und sie werden ionischer. NCl_3 ist flüssig, thermisch unbeständig und hydrolyseempfindlich, während $BiCl_3$ farblose Kristalle bildet, die unzersetzt schmelzen.

Mit steigender Ordnungszahl nimmt die Stabilität der Oxidationszahl $+3$ zu, die Oxidationszahl $+5$ wird instabiler. P_4O_6 ist im Unterschied zu Bi_2O_3 ein Reduktionsmittel, Bi_2O_5 im Unterschied zu P_4O_{10} ein starkes Oxidationsmittel.

Mit steigender Ordnungszahl nimmt der basische Charakter der Oxide zu. N_2O_3, P_4O_6 und As_4O_6 sind Säureanhydride, Sb_2O_3 ist amphoter, Bi_2O_3 ist ein Basenanhydrid.

Stickstoff nimmt innerhalb der Gruppe eine Sonderstellung ein. Dafür sind mehrere Gründe maßgebend. Stickstoff ist wesentlich elektronegativer als die anderen Elemente. Stickstoff bildet im elementaren Zustand und in vielen Verbindungen $(p-p)\pi$-Bindungen. In den Verbindungen der anderen Elemente der Gruppe sind $(p-p)\pi$-Bindungen seltener und in den elementaren Modifikationen treten nur Einfachbindungen auf. Beim Vergleich der Oxide und der Sauerstoffsäuren des Stickstoffs mit denen des Phosphors wird die Wirkung dieser Unterschiede besonders deutlich.

4.6.2 Vorkommen

Stickstoff ist der Hauptbestandteil der Luft, in der er molekular als N_2 mit einem Volumenanteil von 78,1% enthalten ist. In gebundener Form ist er im Chilesalpeter $NaNO_3$ enthalten. Stickstoff ist Bestandteil der Eiweißstoffe.

Da *Phosphor* sehr reaktionsfähig ist, *kommt* er *in der Natur nur in Verbindungen vor. Die wichtigsten Mineralien sind* die *Phosphate.* Häufig ist Apatit $Ca_5(PO_4)_3(OH, F, Cl)$. Seltener sind Vivianit (Blaueisenerz) $Fe_3(PO_4)_2 \cdot 8 H_2O$, Wavellit $Al_3(PO_4)_2(F, OH)_3 \cdot 5 H_2O$ und Monazit, ein Phosphat, das Seltenerdmetalle und Thorium enthält. Hydroxylapatit bildet die Knochensubstanz der Wirbeltiere.

Arsen kommt nur gelegentlich elementar vor (Scherbencobalt oder Fliegenstein genannt). Am häufigsten sind Arsenide: Arsenkies $FeAsS$, Glanzcobalt $CoAsS$, Arsennickelkies $NiAsS$, Arsenikalkies (Löllingit) $FeAs_2$. In den Sulfiden Realgar As_4S_4 und Auripigment As_2S_3 ist As positiv polarisiert.

Vom Antimon gibt es in der Natur wie beim Arsen Sulfide und Metallantimonide.

Am häufigsten ist der Grauspießglanz Sb_2S_3. Elementares Sb ist selten und tritt meist in Form von Mischkristallen mit As auf.

Die wichtigsten Bismuterze sind Bismutglanz Bi_2S_3 und Bismutocker Bi_2O_3.

4.6.3 Die Elemente

	Stickstoff	Phosphor	Arsen	Antimon	Bismut
Schmelzpunkt in °C	−210	44*	817**	630	271
Siedepunkt in °C	−196	280*	616 (Sblp.)***	1635	1580

   * weißer Phosphor
  ** graues Arsen unter Luftabschluß bei 27 bar
*** graues Arsen sublimiert bei Normaldruck, ohne zu schmelzen

Die Elemente treten im elementaren Zustand in einer Reihe unterschiedlicher Strukturen auf. *In allen Strukturen bilden die Atome auf Grund ihrer Valenzelektronenkonfiguration drei kovalente Bindungen aus.*

4.6.3.1 Stickstoff

Stickstoff ist bei Raumtemperatur ein Gas (Sdp. $-196\,°C$, Smp. $-210\,°C$), das aus N_2-Molekülen besteht.

$$|N\equiv N|$$

Die Stickstoffatome sind durch eine σ-Bindung und zwei π-Bindungen aneinander gebunden (vgl. Abschn. 2.2.6 und 2.2.12). Die Dissoziationsenergie ist ungewöhnlich hoch.

$$N_2 \rightleftharpoons 2\,N \qquad \Delta H° = +\,945\,kJ/mol$$

Die N_2-Moleküle sind dementsprechend *chemisch sehr stabil* und Stickstoff wird oft als Inertgas bei chemischen Reaktionen verwendet. Eine Aktivierung erfolgt bei hohen Temperaturen oder durch Katalysatoren.

Die *technische Stickstoffherstellung* (Weltproduktion ca. $100\cdot 10^6$ t) erfolgt durch fraktionierende Destillation verflüssigter Luft (vgl. S. 423). Die Entfernung von Sauerstoff aus der Luft durch Reaktion mit glühendem Koks zu CO (vgl. S. 467) hat heute keine technische Bedeutung mehr.

Chemisch reinen Stickstoff erhält man durch thermische Zersetzung von Natriumazid

$$2\,NaN_3 \xrightarrow{\;300\,°C\;} 2\,Na + 3\,N_2$$

oder durch Erwärmen konzentrierter NH_4NO_2-Lösungen.

$$\overset{-3}{N}H_4\overset{+3}{N}O_2 \xrightarrow{\;70\,°C\;} \overset{0}{N}_2 + 2\,H_2O$$

N_2 ist isoelektronisch[1] mit CO, NO^+ und CN^-, von denen schon lange Komplexe mit Übergangsmetallen bekannt sind.

$$|N{\equiv}N| \qquad |\overset{\ominus}{C}{\equiv}\overset{\oplus}{O}| \qquad |N{\equiv}\overset{\oplus}{O}| \qquad |\overset{\ominus}{C}{\equiv}N|$$

Seit 1965 sind auch *Distickstoffkomplexe* bekannt. Die Hoffnung mit Hilfe von N_2-Komplexen katalytisch eine NH_3-Synthese zu entwickeln hat sich bisher nicht erfüllt.

Beispiel:

$$[Ru(H_2O)(NH_3)_5]Cl_2 + N_2 \xrightarrow[-H_2O]{} [Ru(N_2)(NH_3)_5]Cl_2$$

Beständige Komplexe des Typs $Me(N_2)_x$ konnten bisher jedoch nicht hergestellt werden.

Einige Mikroorganismen sind in der Lage, Luftstickstoff N_2 enzymatisch aufzunehmen und zum Aufbau von Aminosäuren zu verwenden. An der katalytischen Reduktion von N_2 zu NH_3 sind Metall-Cluster von Fe und Mo beteiligt (vgl. S. 829).

Stickstoff ist ein wesentlicher Bestandteil von Aminosäuren und Nucleobasen. *Die pflanzliche Stickstoffassimilation ist eine ebenso wesentliche Voraussetzung für das Leben auf der Erde wie die Photosynthese.*

Stickstoff bildet als einziges Element der Gruppe mit sich selbst Moleküle mit (p-p)π-Bindungen. Bei den Strukturen der anderen Elemente sind die Atome durch Einfachbindungen an drei Nachbarn gebunden.

4.6.3.2 Phosphor

Phosphor tritt in mehreren festen Modifikationen auf (Abb. 4.18). **Weißer Phosphor** entsteht bei der Kondensation von Phosphordampf. Er ist wachsweich, weiß bis

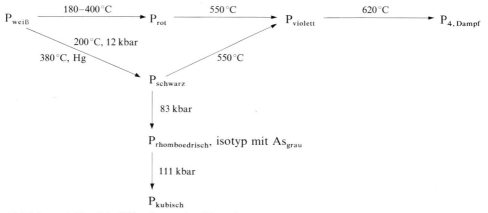

Abbildung 4.18   Modifikationen des Phosphors.

[1] Isoelektronisch sind Moleküle, Ionen oder Formeleinheiten, wenn die Anzahl der Atome und Elektronen und die Elektronenkonfiguration gleich sind. Man verwendet den Begriff isoelektronisch im weiteren Sinne auch bei gleicher Valenzelektronenzahl und Valenzelektronenkonfiguration, z. B. für SiO_2 und BeF_2 oder BF_4^- und ClO_4^-. Genauer sollte man dies dann als isovalenzelektronisch bezeichnen. Als isoster werden Teilchen bezeichnet, die isoelektronisch sind und außerdem die gleiche Gesamtladung besitzen.

gelblich, schmilzt bei 44 °C und löst sich in CS_2, nicht in H_2O. Er ist sehr reaktionsfähig und sehr giftig. Er verbrennt zu P_4O_{10}, in fein verteilter Form entzündet er sich an der Luft von selbst und er wird daher unter Wasser aufbewahrt. Durch brennenden Phosphor entstehen auf der Haut gefährliche Brandwunden. Im Dunkeln leuchtet weißer Phosphor *(Chemilumineszenz).* Die spurenweise abgegebenen Dämpfe werden von Luftsauerstoff zunächst zu P_4O_6 und dann unter Abgabe von Licht zu P_4O_{10} oxidiert. Festkörper, Schmelze, Lösung und Dampf (unterhalb 800 °C) bestehen aus tetraedrischen P_4-Molekülen.

Wegen der kleinen Valenzwinkel von 60° befindet sich das Molekül in einem Spannungszustand, es ist daher instabil und sehr reaktiv.

Roter Phosphor. Erhitzt man weißen Phosphor unter Luftabschluß auf 180–400 °C, so wandelt er sich in den polymeren, amorphen roten Phosphor um. Iod beschleunigt die Umwandlung katalytisch. Er besteht aus einem unregelmäßigen, dreidimensionalen Netzwerk, dessen Ordnungszustand von der Temperatur und Temperzeit abhängig ist. Roter Phosphor ist ungiftig und luftstabil und entzündet sich erst oberhalb 300 °C. Er wird in der Zündholzindustrie in den Reibflächen für *Zündhölzer* verwendet. Die Zündholzköpfe enthalten ein leicht brennbares Gemisch von Antimonsulfid Sb_2S_5 oder Schwefel und Kaliumchlorat.

Violetter Phosphor (Hittorfscher Phosphor) entsteht beim Erhitzen von rotem Phosphor auf 550 °C, er kristallisiert in einer komplizierten Schichtstruktur.

Schwarzer Phosphor *ist die bei Standarddruck bis 550 °C thermodynamisch stabile Modifikation.* Er entsteht aus weißem Phosphor bei 200 °C und 12 kbar oder bei 380 °C in Gegenwart von Hg als Katalysator. Schwarzer Phosphor zeigt Metallglanz, ist ein elektrischer *Halbleiter* und reaktionsträge. Er kristallisiert in einer rhombischen Schichtstruktur, die aus Doppelschichten besteht (Abb. 4.19). Oberhalb von 550 °C erfolgt Umwandlung in violetten Phosphor, der bis 620 °C die stabile Modifikation ist. Bei 620 °C sublimiert er bei Normaldruck, bei einem Druck von 49 bar schmilzt er. Gas und Schmelze bestehen aus P_4-Molekülen.

Schwarzer Phosphor kann in **Hochdruckmodifikationen** umgewandelt werden. Bei 83 kbar erfolgt reversible Umwandlung in eine rhomboedrische Modifikation, bei 111 kbar in eine kubische Modifikation. Rhomboedrischer Phosphor ist isotyp mit grauem Arsen (vgl. Abb. 4.20). Der kubische Phosphor kristallisiert primitiv mit idealer oktaedrischer Koordination.

Neu ist der Nachweis des Phosphormoleküls P_6 in der Gasphase. Wahrscheinliche Struktur

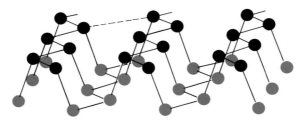

Perspektivische Darstellung

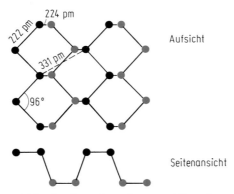

Aufsicht

Seitenansicht

Abbildung 4.19   Struktur des schwarzen Phosphors.
Die Struktur besteht aus übereinander liegenden Doppelschichten. Die Doppelschichten bestehen aus unten (●) und oben (●) parallel liegenden Zickzack-Ketten mit P—P-Einfachbindun-
gen. Der kürzeste Abstand zwischen benachbarten Atomen verschiedener Ketten einer Doppel-
schichthälfte ist kleiner (331 pm) als der Abstand zwischen den Schichten (359 pm). Wie beim
Se und Te korrespondieren die Abstandsverkürzungen mit der Halbleitereigenschaft und der
grauen bis schwarzen Farbe der Modifikationen.

Darstellung . Phosphor wird aus Calciumphosphat durch Reduktion mit Koks bei
1400 °C im Lichtbogenofen hergestellt, wobei der Phosphor als Dampf entweicht und
als weißer Phosphor gewonnen wird. Quarzsand wird als Schlackenbildner zugesetzt.

$$2\,Ca_3(PO_4)_2 + 6\,SiO_2 + 10\,C \longrightarrow 6\,CaSiO_3 + 10\,CO + P_4$$

90 % des Phosphors wird zu Phosphorsäure weiterverarbeitet. Roter Phosphor wird
aus weißem Phosphor durch Tempern bei 200–400 °C unter Luftabschluß hergestellt.

4.6.3.3 Arsen

Die thermodynamisch beständige Modifikation ist metallisches oder **graues Arsen**. Die
rhomboedrischen Kristalle sind spröde, grau und metallisch glänzend, sie leiten den
elektrischen Strom. Die Struktur besteht aus gewellten Schichten (Abb. 4.20).
Bei 616 °C sublimiert Arsen. Der Dampf besteht aus As_4-Molekülen. Schreckt man
Arsendampf ab, entsteht metastabiles gelbes Arsen, das analog dem weißen Phos-

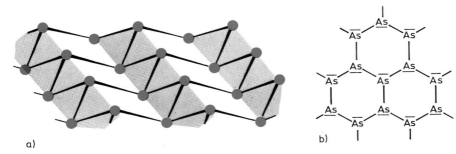

a)   b)

Abbildung 4.20   a) Anordnung der Atome in einer Schicht des Gitters von grauem Arsen. In demselben Gittertyp kristallisieren rhomboedrischer Phosphor, graues Antimon und Bismut. b) Strukturausschnitt einer Arsenschicht. Die Abstände zwischen den Schichten sind kleiner als die van der Waals-Abstände und es gibt schwache Bindungen auch zwischen den Schichten entsprechend der Mesomerie

$$\overset{r_1}{As\text{—}As} \quad As\text{—}As \quad \leftrightarrow \quad As \quad \overset{r_2}{As\text{—}As} \quad As$$

Schicht 1   Schicht 2   Schicht 1   Schicht 2
        I   II

Das Gewicht der mesomeren Struktur II wächst vom As zum Bi und damit auch der metallische Charakter. Das Verhältnis der Bindungslängen r_2/r_1 nimmt mit Zunahme des metallischen Charakters ab.

	r_2/r_1
$P_{rhomboedrisch}$	1,53
As_{grau}	1,25
Sb_{grau}	$1,15_4$
Bi	$1,14_9$

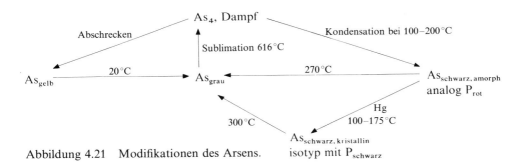

Abbildung 4.21   Modifikationen des Arsens.

phor aus As_4-Molekülen besteht und sich in CS_2 löst. Bei 20 °C wandelt es sich in graues Arsen um, unter Lichteinwirkung auch bei tiefen Temperaturen (-180 °C).

Kondensiert man Arsendampf an 100–200 °C warmen Flächen, so entsteht amorphes schwarzes Arsen, das nichtleitend, glasartig hart und spröde ist und in der Struktur dem roten Phosphor entspricht. Oberhalb 270 °C wandelt sich das amorphe Arsen in das graue Arsen um. Erhitzt man amorphes Arsen zusammen mit Hg auf 100–175 °C, so entsteht rhombisches schwarzes Arsen, das mit schwarzem Phosphor isotyp ist. Bei 300 °C wandelt es sich in das graue Arsen um (Abb. 4.21).

Arsen wird durch Erhitzen von Arsenkies unter Luftabschluß *dargestellt.* Dabei sublimiert As ab.

$$FeAsS \longrightarrow FeS + As$$

4.6.3.4 Antimon

Stabiles, metallisches oder **graues Antimon** *ist mit grauem Arsen isotyp* (Abb. 4.20). Die Kristalle sind silberweiß, glänzend und spröde. Sie leiten den elektrischen Strom gut und schmelzen unter Volumenabnahme. Außerdem gibt es eine instabile nichtleitende, dem roten Phosphor analoge Modifikation (schwarzes Antimon). Sie entsteht durch Kondensation von Antimondampf, bereits bei $0\,°C$ wandelt sie sich in graues Antimon um.

Antimon wird aus Grauspießglanz Sb_2S_3 nach zwei Verfahren hergestellt.
Beim *Niederschlagsverfahren* wird Sb_2S_3 mit Eisen verschmolzen.

$$Sb_2S_3 + 3\,Fe \longrightarrow 2\,Sb + 3\,FeS$$

Beim *Röstreduktionsverfahren* wird Sb_2S_3 zunächst geröstet

$$Sb_2S_3 + 5\,O_2 \longrightarrow Sb_2O_4 + 3\,SO_2$$

und das entstandene Oxid anschließend mit Kohle reduziert.

$$Sb_2O_4 + 4\,C \longrightarrow 2\,Sb + 4\,CO$$

Antimon dient zur Herstellung von *Legierungen*. Weiche Metalle wie Pb und Sn werden durch Sb gehärtet. Antimonlegierungen werden als Lagermetalle verwendet. Pb-Sb-Legierungen sind als Letternmetalle zum Buchdruck geeignet.

4.6.3.5 Bismut

Bismut tritt nur in einer metallischen Modifikation auf, die mit grauem Arsen (Abb. 4.20) *isotyp ist.* Bi ist ein schwach rotstichiges, silberweiß glänzendes, sprödes Metall, das wie Ga, Ge und Sb unter Volumenabnahme schmilzt.

Aus oxidischen Erzen wird Bi durch Reduktion mit Kohle hergestellt.

$$Bi_2O_3 + 3\,C \longrightarrow 2\,Bi + 3\,CO$$

Aus sulfidischen Erzen erhält man Bi nach dem Röstreduktionsverfahren oder dem Niederschlagsverfahren (vgl. Darstellung von Sb).

Bi wird zur Herstellung leicht schmelzender *Legierungen* verwendet. Das Woodsche Metall (50 % Bi, 25 % Pb, 12,5 % Sn, 12,5 % Cd) z. B. schmilzt schon bei $70\,°C$. Solche Legierungen können als Schmelzsicherungen verwendet werden. Bei etwa $130\,°C$ schmelzende Legierungen ($\frac{1}{3}$ Bi, $\frac{1}{3}$ Pb, $\frac{1}{3}$ Sn) werden für Abgüsse verwendet, da sie sich beim Erstarren ausdehnen und feinste Konturen scharf abbilden.

4.6.4 Wasserstoffverbindungen des Stickstoffs

Bei Raumtemperatur stabil sind:

Ammoniak NH_3
Hydrazin N_2H_4
Stickstoffwasserstoffsäure HN_3
Hydroxylamin NH_2OH, ein Derivat des Ammoniaks

Bei tiefen Temperaturen sind isolierbar:

Diazen N_2H_2
Tetrazen N_4H_4

Ammoniak NH_3

$\overset{-3}{N}H_3$ ist ein farbloses, stechend riechendes Gas (Smp. $-78\,°C$, Sdp. $-33\,°C$), das sich leicht verflüssigen läßt. Das NH_3-Molekül ist pyramidenförmig gebaut, die Bindungswinkel betragen $107°$.

$$H \overset{\displaystyle \overline{N}}{\underset{\displaystyle H}{|}} H$$

Struktur und Bindung wurden bereits in Abschn. 2.2.2 und 2.2.5 diskutiert. Im flüssigen Ammoniak sind Wasserstoffbrücken vorhanden, die eine Erhöhung des Siedepunktes und der Verdampfungsenthalpie bewirken (vgl. Abschn. 2.6). Flüssiges Ammoniak ist ein gutes Lösungsmittel für viele Salze. Wie in Wasser tritt *Autoprotolyse* auf (vgl. S. 319).

$$2\,NH_3 \rightleftharpoons NH_4^+ + NH_2^-$$

Alkalimetalle und Erdalkalimetalle lösen sich in flüssigem NH_3 unter *Bildung solvatisierter Elektronen.*

$$Me + NH_3 \rightleftharpoons Me_{am.}^+ + e_{am.}^-$$

Die Lösungen sind sehr gute elektrische Leiter (vergleichbar mit Metallen), sind blaugefärbt und paramagnetisch. Auf Grund der Coulomb-Abstoßung zwischen den solvatisierten Elektronen und den Elektronen der NH_3-Moleküle entstehen ziemlich große Hohlräume (Radius ca. 350 pm), in denen ein oder zwei Elektronen eingefangen sind. Solvatisierte Elektronen sind starke Reduktionsmittel. Sie reduzieren viele Schwermetallionen zum elementaren Zustand und die meisten Nichtmetalle zu Anionen. Die Lösungen sind metastabil, beim Erwärmen oder bei Zusatz von Katalysatoren (Ni, Pt, Fe_3O_4) zersetzen sie sich.

$$NH_3 + e_{am.}^- \rightleftharpoons NH_2^- + \tfrac{1}{2}H_2 \qquad \Delta H° = -67\ kJ/mol$$

Solvatisierte Elektronen können auch in Wasser erzeugt werden. Ihre Lebensdauer beträgt aber nur etwa 1 ms und es erfolgt rasche Reaktion mit H_2O.

$$e_{aq.}^- + H_2O \rightleftharpoons OH^- + \tfrac{1}{2}H_2$$

NH_3 löst sich gut in Wasser (in 1 l H_2O lösen sich bei 15 °C 772 l NH_3). Auf Grund des freien Elektronenpaares ist NH_3 eine Base.

Wäßrige NH_3-Lösungen reagieren schwach basisch.

$$NH_3 + H_2O \rightleftharpoons NH_4^+ + OH^- \qquad pK_B = 4,75$$

Das Gleichgewicht liegt weit auf der linken Seite, die Verbindung NH_4OH existiert daher nicht und durch Reaktion von Ammoniumsalzen mit Basen entsteht NH_3 (vgl. S. 329).

$$NH_4Cl + OH^- \longrightarrow NH_3 + H_2O + Cl^-$$

Mit Protonendonatoren wie HCl reagiert NH_3 praktisch quantitativ zu **Ammoniumsalzen**.

$$NH_3 + HCl \longrightarrow NH_4^+Cl^-$$

Das tetraedrisch gebaute (sp^3-Hybrid), stabile NH_4^+-Ion ähnelt den Alkalimetallkationen. Es bildet Salze, die in der Caesiumchlorid- oder in der Natriumchlorid-Struktur kristallisieren (vgl. Tabelle 2.4).

Das freie Elektronenpaar befähigt NH_3 zur *Komplexbildung.*

Beispiel:

$$AgCl + 2\,NH_3 \longrightarrow [Ag(NH_3)_2]^+ + Cl^-$$

Großtechnisch wird NH_3 mit dem *Haber-Bosch-Verfahren* aus den Elementen hergestellt.

$$\tfrac{3}{2}H_2 + \tfrac{1}{2}N_2 \rightleftharpoons NH_3 \qquad \Delta H_B^\circ = -46 \text{ kJ/mol}$$

Auch bei Verwendung von Katalysatoren ist die Reaktionsgeschwindigkeit erst bei 400–500 °C ausreichend groß. Bei diesen Temperaturen liegt das Gleichgewicht aber weit auf der linken Seite. Um eine ausreichende NH_3-Ausbeute zu erhalten, muß man daher hohe Drücke anwenden (Abb. 3.21). Der wirtschaftlich optimale Druckbereich liegt bei 250–350 bar, es werden aber auch Anlagen bis 1000 bar betrieben. Die Synthese ist ein Kreislaufprozeß. In einem Druckreaktor findet die Umsetzung statt, das gebildete NH_3 wird durch Kondensation aus dem Kreislauf entfernt und das unverbrauchte Synthesegas in den Reaktor rückgeführt. Der Druckreaktor besteht aus Cr—Mo-Stahl, der gegen Wasserstoff beständig ist.

Die erste Produktionsanlage ging 1913 bei der BASF in Betrieb. Man arbeitete bei 200 bar und mit einem Stahlreaktor, der mit einem kohlenstofffreien Weicheisen ausgekleidet war. Dadurch verhinderte man, daß H_2 mit dem Kohlenstoff des Stahls reagierte und der Reaktor undicht wurde.

Als Katalysator wird Fe_3O_4 eingesetzt, dem zur Aktivierung als Promotoren Al_2O_3, CaO und K_2O zugesetzt werden (vgl. Abschn. 3.6.6). Der eigentliche Katalysator α-Fe bildet sich in der Anfahrphase durch Reduktion des Eisenoxids mit H_2 bei 400 °C. Die Aktivierungsenergie der nichtkatalysierten Gasreaktion beträgt ca. 400 kJ/mol, sie wird durch den Katalysator auf 65–85 kJ/mol herabgesetzt. Der geschwindigkeitsbestimmende Schritt der Katalyse ist die dissoziative Adsorption (Chemisorption) von N_2 an der Eisenoberfläche. Die Aktivierungsenergie dieser Reaktion hängt von der Oberflächenstruktur ab (Reaktivität der Flächen: (111) > (100) > (110)) und sie wächst mit dem Bedeckungsgrad der Oberfläche an N-Atomen. Die N-Atome reagieren zu einem Oberflächennitrid, dessen Fe—N-Bindungsenergie beträgt etwa 590 kJ/mol und liegt damit zwischen den Werten einer Stickstoff-Dreifachbindung und einer Stickstoff-Doppelbindung. Wasserstoff wird ebenfalls dissoziativ adsorbiert und reagiert stufenweise in schneller Reaktion zu NH_3, das dann desorbiert wird. Schema des katalytischen Mechanismus der NH_3-Synthese:

$$H_2 \rightleftharpoons 2H_{ads}$$
$$N_2 \rightleftharpoons N_{2\,ads} \rightleftharpoons 2N_{ads}$$
$$N_{ads} + H_{ads} \rightleftharpoons NH_{ads}$$
$$NH_{ads} + H_{ads} \rightleftharpoons NH_{2\,ads}$$
$$NH_{2\,ads} + H_{ads} \rightleftharpoons NH_{3\,ads} \rightleftharpoons NH_{3\,desorb}$$

Al_2O_3 und CaO (Strukturpromotoren) stabilisieren die Oberflächenstruktur und verhindern das Zusammensintern der Eisenpartikel. K_2O (elektronischer Promotor) verringert die Aktivierungsenergie der Dissoziation der adsorbierten N_2-Moleküle wahrscheinlich durch eine Verstärkung der π-Rückbindung Fe—N und damit Schwächung der N—N-Bindung (Fe—N≡N| ↔ Fe=N=N; vgl. Abschn. 5.5.1) der adsorbierten N_2-Moleküle. Die Herstellung des Synthesewasserstoffs wurde bereits im Abschn. 4.2.2 behandelt. Der Synthesestickstoff wird heute überwiegend durch fraktionierende Destillation verflüssigter Luft (siehe S. 423) hergestellt. Chemisch kann er durch Umsetzung von Luft mit Koks erzeugt werden.

$$\underbrace{4N_2 + O_2}_{\text{Luft}} + 2C \rightleftharpoons \underbrace{2CO + 4N_2}_{\text{Generatorgas}} \qquad \Delta H° = -221\,\text{kJ/mol}$$

Die Entfernung von CO aus dem Gasgemisch erfolgt nach den auf S. 378 beschriebenen Verfahren (Konvertierung in CO_2).

Die NH_3-Synthese ist das einzige technisch bedeutsame Verfahren, bei dem die reaktionsträgen N_2-Moleküle der Luft in eine chemische Verbindung überführt werden. Die Reaktion hat daher eine zentrale Bedeutung (z. B. für die Düngemittelindustrie). NH_3 wird in riesigen Mengen erzeugt (Weltproduktion $120 \cdot 10^6$ t) und hauptsächlich zu stickstoffhaltigen Düngemitteln verarbeitet (Weltproduktion $91 \cdot 10^6$ t), außerdem wird es zur Herstellung von HNO_3 und von Vorprodukten für Kunststoffe und Fasern verwendet.

Die Wasserstoffatome im NH_3 können durch Metallatome ersetzt werden.

Beim Erhitzen reagiert gasförmiges Ammoniak mit Alkalimetallen oder Erdalkalimetallen zu **Amiden**.

$$2\,Na + 2\,NH_3 \longrightarrow 2\,NaNH_2 + H_2$$

Aus Amiden der Erdalkalimetalle erhält man bei weiterem Erhitzen **Imide**

$$Ca(NH_2)_2 \longrightarrow CaNH + NH_3$$

und schließlich **Nitride**.

$$3\,CaNH \longrightarrow Ca_3N_2 + NH_3$$

In Wasser entsteht aus den Ionen NH_2^-, NH^{2-} und N^{3-} sofort NH_3.

Beispiel:

$$Mg_3N_2 + 6\,H_2O \longrightarrow 2\,NH_3 + 3\,Mg(OH)_2$$

Es kann wie bei den Hydriden und Carbiden *zwischen salzartigen, kovalenten und metallartigen Nitriden unterschieden werden.*

Salzartige Nitride bilden Lithium, Natrium, die Erdalkalimetalle, die Lanthanoide und Actinoide. Als Festelektrolyt geeignet ist Li_3N, das aus Li^+- und N^{3-}-Ionen aufgebaut ist und einer der besten festen Ionenleiter ist (vgl. Abschn. 5.7.5.1). Ladungsträger sind die Li^+-Ionen. In den Verbindungen BaN_2 und SrN_2 sind N_2^{2-}-Ionen vorhanden, die isoelektronisch mit C_2^{4-}-Ionen sind.

Kovalente Nitride entstehen mit den Elementen der 3. bis 5. Hauptgruppe. Die Nitride BN (vgl. Abschn. 4.8.4.6), AlN und Si_3N_4 (vgl. Abschn. 4.7.10.3) gehören zu den nichtmetallischen Hartstoffen und werden als Hochleistungskeramiken verwendet. GaN und InN kristallisieren im Wurtzitgitter und sind wegen ihrer Halbleiter- und Lumineszenzeigenschaften interessant. P_3N_5 bildet eine dreidimensionale Raumnetzstruktur aus eckenverknüpften PN_4-Tetraedern.

Metallartige Nitride werden von den Übergangsmetallen der 4.–8. Nebengruppe gebildet. Dazu gehören die metallischen Hartstoffe. Sie wurden bereits bei den Einlagerungsverbindungen im Abschn. 2.4.6.2 behandelt.

Sowohl ionische als auch metallische Bindung ist im Subnitrid $NaBa_3N$ vorhanden. Die Ba- und N-Atome bilden Säulen aus flächenverknüpften Oktaedern, zwischen denen sich die Na-Atome befinden. Innerhalb der Säulen ist die Bindung ionisch: $(Ba_3^{2+}N^{3-})^{3+}3\,e^-$. Die positiv geladenen Säulen werden durch die überschüssigen Elektronen metallisch aneinander gebunden. Die sowohl zwischen den Säulen als auch den Na-Atomen vorhandene metallische Bindung hat metallisches Verhalten der Verbindung zur Folge. Ionisch und metallisch ist auch die Bindung im Subnitrid Ca_3AuN, das im Perowskit-Typ kristallisiert: $(Ca_3^{2+}Au^-N^{3-})^{2+}2\,e^-$. Die Bindungsverhältnisse sind denen in Rb- und Cs-Suboxiden analog (vgl. Abschn. 4.10.4.2).

Hydrazin N_2H_4

$\overset{-2}{N}_2H_4$ ist eine farblose Flüssigkeit (Smp. 2 °C, Sdp. 113 °C), die an der Luft raucht. Im N_2H_4-Molekül ist eine N—N-Einfachbindung vorhanden, die Bindungswinkel entsprechen etwa einer sp^3-Hybridisierung.

$$H_2\overline{N}-\overline{N}H_2$$

Die beiden NH_2-Gruppen sind um die N—N-Achse des Moleküls ca. 100° gegeneinander verdrillt (*gauche-Konformation*). In dieser Konformation ist die Abstoßung zwischen den freien Elektronenpaaren am kleinsten. Im Gleichgewicht besteht N_2H_4 zu gleichen Teilen aus zwei spiegelbildlichen Isomeren, die sich mit hoher Frequenz (Aktivierungsenergie 3 kJ/mol) ineinander umwandeln.

Wie die F—F- und die O—O-Einfachbindung besitzt auch die N—N-Einfachbindung eine kleine Bindungsenergie (vgl. Tabelle 2.14). *Hydrazin ist* daher *eine endotherme Verbindung* ($\Delta H_B^\circ = +51$ kJ/mol), die beim Erhitzen oder bei Initialzündung explosionsartig zerfällt.

$$3\,N_2H_4 \longrightarrow 4\,NH_3 + N_2$$

Mit Wasser ist Hydrazin unbegrenzt mischbar. *Wäßrige Lösungen* lassen sich gefahrlos handhaben. Sie *haben reduzierende und basische Eigenschaften.* Cu(II)-Salze werden zu Cu_2O, Ag- und Hg-Salze zu den Metallen, Selenit und Tellurit zu den Elementen reduziert. Dabei wird N_2H_4 zu N_2 oxidiert.

Mit Sauerstoff verbrennt N_2H_4 unter großer Wärmeentwicklung und wird daher als Raketentreibstoff verwendet.

$$N_2H_4 + O_2 \longrightarrow N_2 + 2\,H_2O \qquad \Delta H^\circ = -623 \text{ kJ/mol}$$

N_2H_4 ist eine schwächere Base als NH_3.

$$N_2H_4 + H_2O \rightleftharpoons N_2H_5^+ + OH^- \qquad K_{B1} = 8 \cdot 10^{-7} \text{ mol/l}$$
$$N_2H_5^+ + H_2O \rightleftharpoons N_2H_6^{2+} + OH^- \qquad K_{B2} = 8 \cdot 10^{-16} \text{ mol/l}$$

Es gibt zwei Reihen von **Hydraziniumsalzen**. $N_2H_5^+$-Salze sind in Wasser beständig. $N_2H_6^{2+}$-Salze wie $N_2H_6Cl_2$ und $N_2H_6SO_4$ hydrolysieren, da K_{B2} sehr klein ist.

$$N_2H_6^{2+} + H_2O \rightleftharpoons N_2H_5^+ + H_3O^+$$

N_2H_4 kann durch Oxidation von NH_3 mit NaOCl hergestellt werden, wobei als Zwischenprodukt Chloramin NH_2Cl auftritt (*Raschig-Synthese*).

$$NH_3 + NaOCl \longrightarrow NaOH + NH_2Cl$$
$$NH_2\boxed{Cl + H}NH_2 + NaOH \longrightarrow H_2N-NH_2 + NaCl + H_2O$$
$$\text{Gesamtreaktion:} \quad 2\,NH_3 + NaOCl \longrightarrow N_2H_4 + NaCl + H_2O$$

Spuren von Schwermetallen katalysieren die Konkurrenzreaktion

$$2\,NH_2Cl + N_2H_4 \longrightarrow 2\,NH_4Cl + N_2$$

Daher werden Komplexbildner wie EDTA zugesetzt, die die Schwermetallionen binden.

Heute wird Hydrazin überwiegend durch Oxidation von NH_3 mit Natriumhypochlorit in Gegenwart von Aceton hergestellt (*Bayer-Prozeß*). Das Zwischenprodukt ist Acetonazin.

$$2\,NH_3 + NaOCl + 2\,CH_3COCH_3 \longrightarrow$$
$$(CH_3)_2C{=}N{-}N{=}C(CH_3)_2 + NaCl + 3\,H_2O$$
$$(CH_3)_2C{=}N{-}N{=}C(CH_3)_2 + 2\,H_2O \longrightarrow 2\,CH_3COCH_3 + N_2H_4$$

Derivate des Hydrazins sind als Polymerisationsinitiatoren, als Herbizide und Pharmaka von Bedeutung.

Stickstoffwasserstoffsäure HN_3

Wasserfreies $\overset{-\frac{1}{3}}{H N_3}$ ist eine farblose, explosive Flüssigkeit (Sdp. 36 °C).

$$2\,HN_3 \longrightarrow 3\,N_2 + H_2 \qquad \Delta H^\circ = -538\ \text{kJ/mol}$$

Wäßrige Lösungen bis zu einem Massenanteil von 20 % HN_3 sind gefahrlos zu handhaben, sie reagieren schwach sauer.

$$HN_3 + H_2O \rightleftharpoons H_3O^+ + N_3^- \qquad pK_S = 4{,}9$$

Die Salze der Stickstoffwasserstoffsäure heißen **Azide**. Das N_3^--Ion ist ein Pseudohalogenidion (vgl. Abschn. 4.4.10). Schwermetallazide wie AgN_3 und $Pb(N_3)_2$ sind schwerlöslich und explodieren bei Erhitzen oder Schlag. $Pb(N_3)_2$ wird als Initialzünder verwendet. Alkalimetall- und Erdalkalimetallazide lassen sich bei höherer Temperatur kontrolliert zersetzen.

$$2\,NaN_3 \xrightarrow{\ 300\,°C\ } 2\,Na + 3\,N_2$$

Die Zersetzungsreaktion dient zur Darstellung von Alkalimetallen und Reinststickstoff.

HN_3 ist ein starkes Oxidationsmittel. Metalle (Zn, Fe, Mn, Cu) lösen sich unter Stickstoffentwicklung.

$$\overset{0}{Me} + 3\,\overset{-\frac{1}{3}}{HN_3} \longrightarrow \overset{+2\ -\frac{1}{3}}{Me(N_3)_2} + \overset{0}{N_2} + \overset{-3}{NH_3}$$

Das Azidion ist linear und symmetrisch gebaut.

$$\langle\overset{\ominus}{N}{=}\overset{\oplus}{N}{=}\overset{\ominus}{N}\rangle \ \leftrightarrow\ |N{\equiv}\overset{\oplus}{N}{-}\overline{\underline{N}}|^{2\ominus} \ \leftrightarrow\ ^{2\ominus}|\overline{\underline{N}}{-}\overset{\oplus}{N}{\equiv}N|$$

Im Gegensatz dazu enthält das HN_3-Molekül zwei unterschiedliche N—N-Bindungen.

$$H{\diagup}\overset{\ominus}{\underline{N}}{-}\overset{\oplus}{N}{\equiv}N| \ \leftrightarrow\ H{\diagup}\overline{N}{=}\overset{\oplus}{N}{=}\overset{\ominus}{N}\rangle$$

NaN_3 stellt man durch Überleiten von N_2O über $NaNH_2$ her.

$$NaNH_2 + N_2O \xrightarrow{190\,°C} NaN_3 + H_2O$$

HN_3 erhält man aus NaN_3 mit verdünnter H_2SO_4.

Diazen (Diimin) $\overset{-1}{N_2}H_2$. Festes Diazen ist gelb und unterhalb $-180\,°C$ metastabil. Es entsteht als Reaktionszwischenprodukt bei der Oxidation von N_2H_4 mit O_2 oder H_2O_2.

$$H_2\underline{N}{-}\underline{N}H_2 \xrightarrow[-2H]{\text{Oxidation}} H\underline{N}{=}\underline{N}H$$

Dargestellt wird es durch Thermolyse von Hydrazinderivaten.

Tetrazen $\overset{-1}{N_4}H_4$ kristallisiert in farblosen Nadeln. Bei $0\,°C$ zersetzt es sich in N_2, N_2H_4 und NH_4N_3, bei $-30\,°C$ ist es metastabil.

Strukturformel:
$$\begin{matrix} H\!\!\searrow \\ H\!\!\nearrow \end{matrix}\underline{N}{-}\underline{N}{=}\underline{N}{-}\underline{N}\begin{matrix} \nearrow H \\ \searrow H \end{matrix}$$

N_4H_4 ist schwächer basisch als Hydrazin und wirkt stark reduzierend.

4.6.5 Hydride des Phosphors, Arsens, Antimons und Bismuts

Die Stabilität der gasförmigen Hydride NH_3, PH_3, AsH_3, SbH_3, BiH_3 nimmt mit steigender Ordnungszahl ab. SbH_3 und BiH_3 sind thermisch instabil. Zusammenstellung einiger Eigenschaften:

	NH_3	PH_3	AsH_3	SbH_3	BiH_3
ΔH_B° in kJ/mol	-46	$+\;5\;(?)$	$+66$	$+145$	$+278$
Siedepunkt in °C	-33	-88	-62	$-\;17$	$+\;17$
Bindungswinkel	$107°$	$94°$	$92°$	$91°$	$-$
Basizität	$\rightarrow$ nimmt ab				

Die Hydridmoleküle sind pyramidal gebaut. Mit zunehmender Ordnungszahl nimmt der s-Charakter des freien Elektronenpaares zu und damit die Basizität der Moleküle ab. Phosphoniumsalze, die das Ion PH_4^+ enthalten, sind weniger beständig als Ammoniumsalze; sie werden in wäßriger Lösung zersetzt.

$$PH_4^+ + H_2O \longrightarrow PH_3 + H_3O^+$$

AsH_4^+ ist bereits unbeständig und bildet keine Salze.

Darstellung der Hydride:
Hydrolyse von Phosphiden, Arseniden, Antimoniden mit Säure.

$$Mg_3P_2 + 6\,HCl \longrightarrow 2\,PH_3 + 3\,MgCl_2$$

Reduktion mit naszierendem Wasserstoff.

$$AsCl_3 + 6H \longrightarrow AsH_3 + 3HCl$$

Reduktion der Halogenide mit $LiAlH_4$.

$$4AsCl_3 + 3LiAlH_4 \longrightarrow 3LiCl + 3AlCl_3 + 4AsH_3$$

PH_3 entsteht aus weißem Phosphor und Kalilauge unter Erwärmen.

$$\overset{0}{P_4} + 3KOH + 3H_2O \longrightarrow \overset{-3}{P}H_3 + 3KH_2\overset{+1}{P}O_2$$

Neben Phosphan entsteht auch Diphosphan.

Phosphan PH_3 ist ein farbloses, knoblauchartig riechendes, sehr giftiges Gas (Sdp. $-88\,°C$). Mit Hydrogenhalogeniden bilden sich Phosphoniumsalze, die in wäßriger Lösung hydrolytisch zersetzt werden.

$$PH_4I + H_2O \longrightarrow PH_3 + H_3O^+ + I^-$$

Diphosphan P_2H_4 ist eine farblose Flüssigkeit (Sdp. $52\,°C$), es ist selbstentzündlich und zersetzt sich im Licht und in der Wärme unter Disproportionierung in PH_3 und wasserstoffärmere Phosphane.

Es sind zahlreiche weitere Phosphane bekannt. Isoliert hergestellt wurden bisher P_3H_5, P_5H_5, P_7H_3 und ein polymerer Phosphorwasserstoff.

Arsenhydrid (Arsan) AsH_3 ist ein farbloses, äußerst giftiges Gas (Sdp. $-62\,°C$). Seine thermische Zersetzung und Abscheidung als Arsenspiegel wird zum Nachweis von As verwendet (Marshsche Probe). Das sehr giftige $As(CH_3)_3$ kann sich durch Wirkung von Schimmelpilzen aus dem grünen Farbpigment $[Cu_3(AsO_3)_2 \cdot Cu(CH_3COO)_2]$ (Schweinfurter Grün) bilden (Biomethylierung).

4.6.6 Oxide des Stickstoffs

Es gibt Oxide des Stickstoffs mit den Oxidationszahlen $+1$ bis $+5$.

Oxidationszahl	$+1$	$+2$	$+3$	$+4$	$+5$
Stickstoffoxide	N_2O	NO	N_2O_3	NO_2	N_2O_5
		N_2O_2		N_2O_4	

Die Stickstoffoxide sind – mit Ausnahme von N_2O_5 (f.) und N_2O_4 (fl.) – endotherme Verbindungen. Alle Stickstoffoxide zerfallen beim Erhitzen.

Die Oxide NO und NO_2 besitzen ein ungepaartes Elektron, existieren aber bei Raumtemperatur als stabile Radikale. Sie stehen im Gleichgewicht mit diamagnetischen Dimeren, die in den kondensierten Phasen bei tiefen Temperaturen überwiegen.

Nachgewiesen wurde das paramagnetische, instabile Radikal NO_3, jedoch nicht als reine Verbindung isoliert. N_4O ist nur bei tiefen Temperaturen isolierbar, es ist ein Nitrosylazid.

Distickstoffmonooxid N_2O

N_2O ist ein farbloses, reaktionsträges Gas. Es ist metastabil ($\Delta H_B^\circ = + 82$ kJ/mol), zerfällt aber erst oberhalb 600 °C in die Elemente. Es wird als Anästhetikum verwendet, unterhält aber die Atmung nicht. Da es eingeatmet Halluzinationen und Lachlust hervorruft, wird es auch Lachgas genannt. Phosphor, Schwefel und Kohlenstoff verbrennen in N_2O wie in Sauerstoff, Gemische mit Wasserstoff explodieren beim Entzünden wie Knallgas.

N_2O wird durch thermische Zersetzung von Ammoniumnitrat hergestellt.

$$\overset{-3}{N}H_4\overset{+5}{N}O_3 \xrightarrow{200\,°C} \overset{+1}{N}_2O + 2\,H_2O \qquad \Delta H^\circ = -124 \text{ kJ/mol}$$

Oberhalb von 300 °C kann explosionsartiger Zerfall von NH_4NO_3 erfolgen.

Das Molekül N_2O ist linear gebaut, isoelektronisch mit CO_2, N_3^- und NO_2^+ und kann mit den folgenden Grenzstrukturen beschrieben werden.

$$\overset{\ominus}{\underline{N}}=\overset{\oplus}{N}=\overline{O} \leftrightarrow |N\equiv\overset{\oplus}{N}-\overset{\ominus}{\underline{O}}|$$

N_2O ist eines der wichtigeren klimawirksamen Spurengase (vgl. Abschn. 4.11). Es wirkt in der Stratosphäre ozonzerstörend und trägt zum Teibhauseffekt bei. Für die Zunahme der N_2O-Konzentration in der Atmosphäre sind landwirtschaftliche Aktivitäten verantwortlich: verstärkter Einsatz mineralischer Dünger und Ausweitung des Nassreisanbaus. NO_3^- wird mikrobiell zu N_2O reduziert.

Stickstoffmonooxid NO. Distickstoffdioxid N_2O_2

NO ist ein farbloses, giftiges Gas, das aus N_2 und O_2 in endothermer Reaktion entsteht.

$$\tfrac{1}{2}N_2 + \tfrac{1}{2}O_2 \rightleftharpoons NO \qquad \Delta H_B^\circ = +90 \text{ kJ/mol}$$

Bei Raumtemperatur liegt das Gleichgewicht vollständig auf der linken Seite. Bei 2000 °C ist ein Volumenanteil von 1 % NO, bei 3000 °C von 5 % NO im Gleichgewicht mit N_2 und O_2. Durch Abschrecken kann man NO unterhalb von etwa 400 °C metastabil erhalten (Abb. 4.22).

NO ist ein Zwischenprodukt bei der Salpetersäureherstellung. Früher wurde NO durch „Luftverbrennung" in einem elektrischen Flammenbogen hergestellt. Die technische Darstellung erfolgt heute mit dem billigeren *Ostwald-Verfahren*, bei dem NH_3 in exothermer Reaktion katalytisch zu NO oxidiert wird.

$$4\,NH_3 + 5\,O_2 \xrightarrow[\text{Pt}]{800-950\,°C} 4\,NO + 6\,H_2O \qquad \Delta H^\circ = -906 \text{ kJ/mol}$$

Ein NH_3-Luft-Gemisch wird über einen Platinnetz-Katalysator geleitet. Die Kontaktzeit am Katalysator beträgt nur etwa $^1/_{1000}$ s. Dadurch wird NO sofort aus der heißen Reaktionszone entfernt und auf Temperaturen abgeschreckt, bei denen das metastabile NO nicht mehr in die Elemente zerfällt.

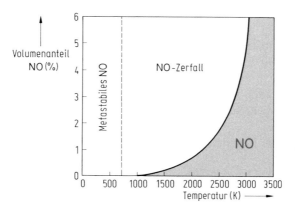

Abbildung 4.22   Volumenanteil NO in % beim Erhitzen von Luft ($4N_2 + O_2$). Nur bei hohen Temperaturen erfolgt Bildung von NO aus N_2 und O_2. Unterhalb 400 °C ist NO metastabil, darüber erfolgt Zerfall in die Elemente.

Im Labor kann NO durch Reduktion von Salpetersäure mit Kupfer hergestellt werden (vgl. S. 478).

$$8 H_3O^+ + 2 NO_3^- + 3 Cu \longrightarrow 3 Cu^{2+} + 2 NO + 12 H_2O$$

Die Bindung kann am besten mit dem in Abb. 2.65 angegebenen MO-Diagramm beschrieben werden. NO besitzt 11 Valenzelektronen und das π^*-Orbital ist nur mit einem Elektron besetzt. Das Molekül ist daher paramagnetisch und der Bindungsgrad beträgt 2,5. Durch Abgabe des einsamen Elektrons kann das NO-Molekül leicht zum **Nitrosylkation** NO^+ oxidiert werden, das mit N_2 und CO isoelektronisch ist und den Bindungsgrad 3 besitzt (vgl. S. 460). Von NO^+ sind ionische Verbindungen bekannt, z. B. $NOClO_4$, $NOBF_4$ und $NOHSO_4$. Das Nitrosylhydrogensulfat entsteht als Zwischenprodukt bei der Schwefelsäureherstellung nach dem Bleikammerverfahren (weiße „Bleikammerkristalle").

Die Nitrosylsalze reagieren mit Wasser zu Salpetriger Säure.

$$NO^+ + H_2O \longrightarrow HNO_2 + H^+$$

Mit Übergangsmetallionen bildet NO^+ wie CO Komplexe. Der braune Ring beim NO_3^--Nachweis z. B. entsteht durch das Komplexion $[Fe(H_2O)_5NO]^{2+}$. NO lagert sich an das Zentralion an und gibt dabei formal ein Elektron ab.

$$NO + [Fe(H_2O)_6]^{2+} \longrightarrow [Fe(H_2O)_5NO]^{2+} + H_2O$$

Meist sind Moleküle mit ungepaarten Elektronen gefärbt und sehr reaktiv. NO ist jedoch ein farbloses, mäßig reaktives Gas, das unrein im kondensierten Zustand blau aussieht.

Für das Radikal NO sollte man eine Dimerisierung erwarten. Die *Dimerisierung*

$$2 NO \rightleftharpoons N_2O_2 \qquad \Delta H^\circ = -10 \text{ kJ/mol}$$

erfolgt erst im kondensierten Zustand. Als Dimer bildet sich ein diamagnetisches Molekül mit cis-Konfiguration und einer schwachen Bindung.

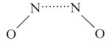

Die „Nicht"-Dimerisierung ist mit dem MO-Diagramm von NO zu verstehen (vgl. Abb. 2.65). Bei der Dimerisierung würde eine Kopplung der Elektronen in einem NO antibindenden Orbital erfolgen.

Mit Sauerstoff reagiert NO spontan zu NO_2.

$$2\,NO + O_2 \rightleftharpoons 2\,NO_2 \qquad \Delta H^\circ = -114\,\text{kJ/mol}$$

Oberhalb von 600 °C liegt das Gleichgewicht vollständig auf der linken Seite.

Das NO-Molekül spielt beim Abbau der Ozonschicht in der Stratosphäre eine Rolle (vgl. Abschn. 4.11). Es ist außerdem ein biologisch relevantes Molekül. Erst in den 90er Jahren erkannte man, dass es in menschlichen Zellen synthetisiert wird und als Botenstoff und für Kontrollfunktionen bei einer Vielzahl physiologischer Prozesse wichtig ist: Blutgerinnung, Blutdruck-Kontrolle, Vasodilatation (Relaxation von glatter Muskulatur, z. B. des Verdauungstraktes und der Blutgefäße).

Zur Verringerung des arteriellen Blutdrucks z. B. bei frischen Herzinfarkten wird Nitroprussidnatrium $Na_2[Fe(CN)_5NO] \cdot 2\,H_2O$ (siehe Abschn. 5.16.5) als schnell wirkender Vasodilatator eingesetzt.

Distickstofftrioxid N_2O_3

N_2O_3 entsteht als blaue Flüssigkeit beim Abkühlen einer Mischung aus gleichen Stoffmengen der beiden Radikalmoleküle NO_2 und NO.

$$NO + NO_2 \rightleftharpoons N_2O_3 \qquad \Delta H^\circ = -40\,\text{kJ/mol}$$

Bereits oberhalb $-10\,°C$ zerfällt N_2O_3 in Umkehrung der Bildungsgleichung, bei 25 °C enthält der Dampf nur noch 10 % undissoziiertes N_2O_3. N_2O_3 ist das Anhydrid der Salpetrigen Säure. Mit Laugen reagiert N_2O_3 (oder ein NO-NO_2-Gemisch) daher zu Nitriten.

$$N_2O_3 + 2\,OH^- \longrightarrow 2\,NO_2^- + H_2O$$

Das N_2O_3-Molekül ist planar gebaut und enthält eine schwache N—N-Bindung, es kann als Nitrosylnitrit beschrieben werden.

$$\overset{\frown}{O}{=}\underline{N}{-}\overset{\oplus}{\underline{N}}{<}^{\overset{\frown}{O}}_{\underset{\ominus}{O}} \quad \longleftrightarrow \quad [NO]^+ [NO_2]^-$$

Stickstoffdioxid NO_2. Distickstofftetraoxid N_2O_4

NO_2 ist ein braunes, giftiges, paramagnetisches Gas, das zu farblosem diamagnetischen N_2O_4 dimerisiert.

$$2\,NO_2 \rightleftharpoons N_2O_4 \qquad \Delta H^\circ = -57\,\text{kJ/mol}$$

Bei 27 °C sind 20 %, bei 100 °C 90 % N_2O_4 dissoziiert. Bei -11 °C erhält man farblose Kristalle von N_2O_4.

NO_2 ist ein Zwischenprodukt bei der Salpetersäureherstellung. Im Labor erhält man es durch thermische Zersetzung von Schwermetallnitraten im Sauerstoffstrom.

$$Pb(NO_3)_2 \xrightarrow{250-600\,°C} PbO + 2\,NO_2 + \tfrac{1}{2}O_2$$

Oberhalb 150 °C beginnt NO_2 sich in NO und O_2 zu zersetzen, bei 600 °C ist der *Zerfall* vollständig.

$$2\,NO_2 \longrightarrow 2\,NO + O_2$$

NO_2 und N_2O_4 sind starke Oxidationsmittel.

NO_2 ist das gemischte Anhydrid der Salpetersäure und der Salpetrigen Säure. Mit Lauge reagiert NO_2 bzw. N_2O_4 nach

$$N_2O_4 + 2\,OH^- \longrightarrow NO_3^- + NO_2^- + H_2O$$

NO_2 ist gewinkelt und kann nach neuen VB-Berechnungen mit folgenden Grenzstrukturen etwa gleichen Gewichts beschrieben werden.

N_2O_4 besteht in der Gasphase und auch im festen Zustand aus planaren Molekülen mit einer schwachen N—N-Bindung.

NO_2 kann leicht zum Nitrition NO_2^- reduziert und zum **Nitrylion** NO_2^+ (vgl. S. 484) oxidiert werden. NO_2^+ ist ein lineares Molekül mit einem sp-Hybrid am N-Atom und isoelektronisch mit CO_2.

Die Stickstoffoxide NO und NO_2 sind *Luftschadstoffe*, die bei der Bildung von troposphärischem Ozon und anderen Photooxidantien eine Rolle spielen. Die jährliche Emission (berechnet als NO_2) betrug 2002 in Deutschland $1{,}4 \cdot 10^6$ t. 40 % der Stickstoffemissionen entstehen im Bereich Verkehr. Emissionen, Schadstoffwirkungen sowie Umweltschutzmaßnahmen (Entstickung von Rauchgasen, Katalysatoren von Kraftfahrzeugen) werden im Abschn. 4.11 behandelt.

Distickstoffpentaoxid N$_2$O$_5$

N$_2$O$_5$ ist das Anhydrid der Salpetersäure und kann aus dieser durch Entwässern mit P$_4$O$_{10}$ erhalten werden.

$$2\,HNO_3 \longrightarrow N_2O_5 + H_2O$$

N$_2$O$_5$ bildet farblose Kristalle, die bei 32 °C sublimieren, mit Wasser zu HNO$_3$ reagieren und sich bereits bei Raumtemperatur zu NO$_2$ und O$_2$ zersetzen. Festes N$_2$O$_5$ besitzt die ionogene Struktur [NO$_2^+$][NO$_3^-$] und ist also ein Nitrylnitrat. Im gasförmigen Zustand sind Moleküle der Struktur

vorhanden.

Vom NO$_2^+$-Ion (vgl. oben) sind farblose Salze bekannt z. B. NO$_2$ClO$_4$. NO$_2^+$ ist auch in der Nitriersäure (konz. HNO$_3$ + konz. H$_2$SO$_4$) vorhanden, mit der aromatische Kohlenwasserstoffe in Nitroverbindungen überführt werden können (vgl. S. 479).

Hydroxylamin NH$_2$OH

Formal ist $\overset{-1}{N}$H$_2$OH ein Hydroxylderivat von NH$_3$. Es kristallisiert in farblosen Kristallen (Smp. 32 °C), die sich bei Raumtemperatur langsam zersetzen und oberhalb 100 °C explosionsartig in NH$_3$, N$_2$ und H$_2$O zerfallen. NH$_2$OH ist eine schwächere Base als NH$_3$ (pK_B = 8,2). In saurer Lösung disproportioniert es zu NH$_3$ und N$_2$O, in alkalischer Lösung zu NH$_3$ und N$_2$.

$$4\,\overset{-1}{N}H_2OH \longrightarrow 2\,\overset{-3}{N}H_3 + \overset{+1}{N_2}O + 3\,H_2O$$
$$3\,\overset{-1}{N}H_2OH \longrightarrow \overset{-3}{N}H_3 + \overset{0}{N_2} + 3\,H_2O$$

Es ist ein starkes Reduktionsmittel und reduziert Ag$^+$ zu Ag und Hg$_2^{2+}$ zu Hg, wobei es zu N$_2$ oxidiert wird. Mit anderen Oxidationsmitteln reagiert es auch zu N$_2$O und NO. Gegenüber Sn^{2+}, Cr^{2+}, V^{2+} reagiert es als Oxidationsmittel und wird zu NH$_3$ reduziert.

Die Darstellung erfolgt großtechnisch mit drei Verfahren. Beim Stickstoffmonoxid-Reduktionsverfahren wird NO mit Wasserstoff in saurer Lösung katalytisch (Pt, Pd) zu Hydroxylammoniumsulfat reduziert.

$$2\,NO + 3\,H_2 + H_2SO_4 \longrightarrow [NH_3OH]_2SO_4$$

98 % der Gesamtproduktion wird zur Herstellung von Caprolactam verwendet, das zu Polyamiden verarbeitet wird.

Beständiger als NH$_2$OH sind die Hydroxylammoniumsalze wie [NH$_3$OH]Cl oder [NH$_3$OH]NO$_3$.

4.6.7 Sauerstoffsäuren des Stickstoffs

Die wichtigsten und stabilsten Sauerstoffsäuren sind:

	Oxidationszahl	Salze
Salpetersäure HNO_3	$+5$	Nitrate
Salpetrige Säure HNO_2	$+3$	Nitrite
Hyposalpetrige Säure $H_2N_2O_2$	$+1$	Hyponitrite

Außerdem sind einige instabile Oxosäuren bekannt.

Peroxosalpetersäure $HOO\overset{+5}{N}O_2$. Sie zerfällt bereits bei $-30\,°C$ explosionsartig. Salze sind nicht bekannt.

Peroxosalpetrige Säure $HOO\overset{+3}{N}O$. Sie wandelt sich rasch in die isomere Salpetersäure um. Alkalische Lösungen sind stabiler. Salze konnten nicht isoliert werden.

Oxohyposalpetrige Säure $H_2\overset{+2}{N}_2O_3$. Die Säure ist instabil, das Anion

ist in alkalischen Lösungen relativ stabil, bekannt ist das Salz $Na_2N_2O_3$.

Salpetersäure HNO_3

HNO_3 wird großtechnisch durch Einleiten von N_2O_4 in Wasser hergestellt, wobei zur Oxidation noch Sauerstoff erforderlich ist.

$$N_2O_4 + H_2O + \tfrac{1}{2}O_2 \xrightarrow[\text{3–10 bar}]{\text{20–35°C}} 2\,HNO_3$$

Im einzelnen laufen folgende Reaktionen ab: Aus N_2O_4 entsteht mit Wasser durch Disproportionierung Salpetersäure und Salpetrige Säure.

$$\overset{+4}{N}_2O_4 + H_2O \longrightarrow H\overset{+5}{N}O_3 + H\overset{+3}{N}O_2$$

HNO_2 ist instabil und disproportioniert (vgl. S. 480).

$$3\,H\overset{+3}{N}O_2 \longrightarrow H\overset{+5}{N}O_3 + 2\,\overset{+2}{N}O + H_2O$$

NO reagiert mit Luftsauerstoff zu NO_2, das überwiegend dimerisiert (vgl. S. 474).

$$2\,NO + O_2 \longrightarrow N_2O_4$$

Letztlich wird Salpetersäure durch mehrere großtechnische Reaktionen aus dem Stickstoff der Luft hergestellt:

$$N_2 \xrightarrow[\text{Haber-Bosch-Verfahren}]{+H_2} NH_3 \xrightarrow[\text{Ostwald-Verfahren}]{+O_2} NO \xrightarrow{+O_2} NO_2 \xrightarrow{+O_2,\,H_2O} HNO_3$$

HNO_3 (Weltproduktion ca. $30 \cdot 10^6$ t) wird überwiegend zur Herstellung von Düngemitteln, vor allem NH_4NO_3 und für Sprengstoffe verwendet.

Wasserfreie HNO_3 ist eine farblose Flüssigkeit (Sdp. 84 °C). Beim Sieden erfolgt teilweise *Zersetzung*, die durch Lichteinwirkung schon bei Raumtemperatur einsetzt.

$$4\,HNO_3 \longrightarrow 4\,NO_2 + 2\,H_2O + O_2$$

HNO_3 wird daher in braunen Flaschen aufbewahrt. Gelöstes NO_2 färbt HNO_3 gelb bis rotbraun. Die konzentrierte Säure hat einen Massenanteil von 69 % HNO_3, sie siedet bei 122 °C als azeotropes Gemisch. Rauchende Salpetersäure enthält NO_2 gelöst und entwickelt an der Luft rotbraune Dämpfe. *HNO_3 ist ein starkes Oxidationsmittel.*

$$NO + 6\,H_2O \rightleftharpoons NO_3^- + 4\,H_3O^+ + 3\,e^- \qquad E° = +0,96\,V$$

Die konzentrierte Säure löst Kupfer, Quecksilber und Silber, nicht aber Gold und Platin.

$$3\,Cu + 2\,NO_3^- + 8\,H_3O^+ \longrightarrow 3\,Cu^{2+} + 2\,NO + 12\,H_2O$$

Einige unedle Metalle (Cr, Al, Fe) werden von konz. HNO_3 nicht gelöst, da sich auf ihnen eine dichte Oxidhaut bildet, die das Metall vor weiterer Säureeinwirkung schützt (*Passivierung*). Diese Metalle lösen sich nur in verdünnter HNO_3.

Die Mischung von konz. HNO_3 und konz. HCl im Volumenverhältnis 1 : 3 heißt *Königswasser*. Es löst fast alle Metalle, auch Gold und Platin, da aktives Chlor entsteht und mit den Metallionen Chlorokomplexe gebildet werden, die das Redoxpotential beeinflussen (vgl. Abschn. 3.8.8):

$$HNO_3 + 3\,HCl \longrightarrow NOCl + 2\,Cl + 2\,H_2O$$

Niob, Tantal und Wolfram werden von Königswasser nicht gelöst.

Eine Mischung von konz. HNO_3 und konz. H_2SO_4 (*Nitriersäure*) wirkt nitrierend. Dabei ist das angreifende Teilchen das NO_2^+-Ion.

$$HNO_3 + 2\,H_2SO_4 \rightleftharpoons NO_2^+ + H_3O^+ + 2\,HSO_4^-$$

Das HNO_3-Molekül ist planar gebaut und kann mit den beiden Grenzstrukturen

beschrieben werden.

Die Salze der Salpetersäure heißen **Nitrate**. Das Nitration NO_3^- ist planar gebaut, die Bindungswinkel betragen 120°, es kann mit drei mesomeren Grenzstrukturen beschrieben werden.

$$|\overline{\underline{O}}|^{\ominus} \qquad |\underline{O}| \qquad |\overline{\underline{O}}|^{\ominus}$$

$$\overset{\nearrow N^{\oplus}}{O} \overset{}{\underset{O^{\ominus}}{\searrow}} \leftrightarrow \overset{\ominus}{O} \overset{N^{\oplus}}{\underset{O^{\ominus}}{\searrow}} \leftrightarrow \overset{\ominus}{O} \overset{N^{\oplus}}{\underset{O}{\searrow}}$$

Wie beim HNO_3-Molekül ist das N-Atom sp^2-hybridisiert, die völlige Delokalisierung des π-Elektronenpaares führt zu einer *Stabilisierung des NO_3^--Ions,* daher ist das NO_3^--Ion stabiler als das HNO_3-Molekül.

Nitrate sind in Wasser leicht löslich. Alkalimetallnitrate zersetzen sich beim Erhitzen in Nitrite, während aus Schwermetallnitraten NO_2 und Metalloxide entstehen.

$$KNO_3 \longrightarrow KNO_2 + \tfrac{1}{2}O_2$$
$$Hg(NO_3)_2 \longrightarrow HgO + 2\,NO_2 + \tfrac{1}{2}O_2$$

Nitrate sind, besonders bei höheren Temperaturen, Oxidationsmittel. Durch starke Reduktionsmittel wird das NO_3^--Ion zu NH_3 reduziert. $NaNO_3$ (Chilesalpeter), KNO_3 (Salpeter) und NH_4NO_3 sind wichtige Düngemittel (siehe Abschn. 4.6.5). Bei höherer Temperatur kann sich NH_4NO_3 explosiv zersetzen.

KNO_3 (Salpeter) ist im ältesten Explosivstoff *Schwarzpulver* enthalten, der aus einer Mischung von Schwefel, Holzkohle und Kaliumnitrat besteht. Vom späten Mittelalter bis zur Neuzeit war die notwendige Beschaffung von Salpeter zur Herstellung von Schwarzpulver und von Düngemitteln schwierig. Dies führte zu nationalen Konflikten und ist ein interessantes Beispiel für die Beziehung zwischen Wirtschaft und Politik.

Zu hohe Nitratgehalte im Trinkwasser und in pflanzlichen Nahrungsmitteln (z. B. Salat) können im Speichel und im Dünndarm zu Nitritbildung führen (siehe unter Nitrit). Die Oxidation von Hämoglobin zu Methämoglobin führt zu Sauerstoffmangelsymptomen (Blausucht). Besonders empfindlich gegenüber Nitrit reagieren Säuglinge während der ersten Lebenswochen.

Salpetrige Säure HNO_2

HNO_2 ist in reinem Zustand nicht darstellbar, sondern nur in verdünnter Lösung einige Zeit haltbar. HNO_2 ist eine mittelstarke Säure ($K_S = 4 \cdot 10^{-4}$), *sie zersetzt sich unter Disproportionierung.*

$$3\,H\overset{+3}{N}O_2 \longrightarrow H\overset{+5}{N}O_3 + 2\,\overset{+2}{N}O + H_2O$$

HNO_2 kann je nach Reaktionspartner reduzierend oder oxidierend wirken. Als *Reduktionsmittel*

$$NO_2^- + 3\,H_2O \rightleftharpoons NO_3^- + 2\,H_3O^+ + 2\,e^- \qquad E^\circ = +0{,}94\,V$$

fungiert sie gegenüber MnO_4^-, PbO_2 und H_2O_2, als *Oxidationsmittel*

$$NO_2^- + 2\,H_3O^+ + e^- \rightleftharpoons NO + 3\,H_2O \qquad E^\circ = +0{,}996\,V$$

gegenüber I^- und Fe^{2+}.

Mit NH_3 reagiert HNO_2 zu N_2 (vgl. S. 459).

$$NH_3 + HNO_2 \longrightarrow N_2 + 2 H_2O$$

HNO_2 besteht aus planaren *cis*- und *trans*-Isomeren.

Das *trans*-Isomere ist um 2 kJ/mol stabiler als das *cis*-Isomere.

Beständig sind die Salze der Salpetrigen Säure, die **Nitrite**. Das Nitrition NO_2^-
– isoelektronisch mit O_3 – ist mesomeriestabilisiert.

Darstellung von Nitriten:

$$\overset{+2}{N}O + \overset{+4}{N}O_2 \,(\text{bzw. } \overset{+3}{N_2}O_3) + 2\,NaOH \longrightarrow 2\,Na\overset{+3}{N}O_2 + H_2O$$

$$KNO_3 \xrightarrow{\text{Erhitzen}} KNO_2 + \tfrac{1}{2}O_2$$

Als *Komplexligand* bildet NO_2^- Nitrokomplexe $Me \leftarrow NO_2$, z.B. Kaliumhexanitrocobaltat(III) $K_3[Co(NO_2)_6]$, und Nitritokomplexe $Me \leftarrow ONO$, bei denen die Bindung an das Zentralatom über das O-Atom erfolgt.

$NaNO_2$ wird zur Haltbarmachung von Lebensmitteln verwendet, z.B. als Nitritpökelsalz, ein Gemisch aus Speisesalz mit 0,4–0,5 % $NaNO_2$. Es konserviert gegen Botulismus und Salmonellen und bewirkt eine stabile Pökelfarbe. $NaNO_2$ ist giftig, die bei Verwendung von Pökelsalz vorhandene Nitritmenge gilt jedoch als ungefährlich. Allerdings können sich bei gleichzeitiger Aufnahme von Aminen carcinogene Nitrosamine bilden ($R_2NH + NO_2^- \rightarrow R_2N{-}NO$).

Hyposalpetrige Säure $H_2N_2O_2$ ist in reinem Zustand in weißen Kristallblättchen isolierbar, die leicht explodieren. Die wäßrige Lösung reagiert schwach sauer und zerfällt nach

$$H_2N_2O_2 \longrightarrow N_2O + H_2O$$

N_2O ist nur formal das Anhydrid der Hyposalpetrigen Säure, denn weder die Säure noch ihre Salze lassen sich aus N_2O herstellen.

Es gibt zwei Reihen zersetzlicher Salze mit den Anionen $HN_2O_2^-$ und $N_2O_2^{2-}$. Sie reagieren in wäßriger Lösung alkalisch und wirken reduzierend.

Von der Säure ist nur die *trans*-Form

bekannt. Bei den Salzen gibt es auch die *cis*-Form.

4.6.8 Halogenverbindungen des Stickstoffs

Die binären Halogenverbindungen der Zusammensetzungen NX_3, N_2X_4, N_2X_2 und N_3X leiten sich vom Ammoniak, Hydrazin, Diimin und der Stickstoffwasserstoffsäure ab. Eine Übersicht enthält die Tabelle 4.17.

Tabelle 4.17　Binäre Stickstoff-Halogen-Verbindungen

Verbindungstyp	F	Cl	Br	I
NX_3 Stickstofftri-halogenide $\underset{X}{\overset{X}{\underset{\mid}{\overline{N}}}}{}_{X}$	NF_3 farbloses Gas $\Delta H_B^\circ = -125\,\text{kJ/mol}$	NCl_3 gelbes, explosives Öl $\Delta H_B^\circ = +229\,\text{kJ/mol}$	NBr_3 rote, explosive Kristalle	NI_3 rotschwarze, explosive Kristalle $NI_3 \cdot NH_3$ schwarze, explosive Kristalle
N_2X_4 Distickstoff-tetrahalogenide $X_2\overline{N}-\overline{N}X_2$ (*gauche*- und *trans*-Form)	N_2F_4 farbloses Gas $\Delta H_B^\circ = -7\,\text{kJ/mol}$	–	–	–
N_2X_2 Distickstoff-dihalogenide $X{\diagdown}\overline{N}{=}\underline{N}{\diagup}^X$ *trans* $X{\diagup}\overline{N}{=}\overline{N}{\diagdown}_X$ *cis*	*trans*-N_2F_2 farbloses Gas $\Delta H_B^\circ = +82\,\text{kJ/mol}$ *cis*-N_2F_2 farbloses Gas $\Delta H_B^\circ = +69\,\text{kJ/mol}$	–	–	–
N_3X Halogenazide $X{\diagup}\overline{N}-N{\equiv}N\vert$	N_3F grüngelbes Gas	N_3Cl farbloses Gas, explosiv	N_3Br orangerote Flüssigkeit, explosiv	N_3I farbloser Feststoff, explosiv

Stickstofftrifluorid NF_3 ist ein farbloses, wenig reaktionsfähiges Gas, das erst beim Erhitzen mit Metallen zu Metallfluoriden reagiert. Von Wasser wird es nicht hydrolysiert. Ein NF_3-Wasserdampf-Gemisch reagiert durch Zündung.

$$\overset{\delta+\ \delta-}{N\,F_3} + 2\,H_2O \longrightarrow HNO_2 + 3\,HF$$

NF_3 wird technisch bei der Fertigung von Halbleitern und Flüssigkristalldisplays verwendet.

Stickstofftrichlorid NCl_3 ist eine endotherme Verbindung. Die gelbe, ölige Flüssigkeit ist hochexplosiv. Mit Wasser erfolgt Hydrolyse.

$$\overset{\delta- \;\; \delta+}{N Cl_3} + 3\,H_2O \longrightarrow NH_3 + 3\,HOCl$$

Auf Grund der unterschiedlichen Bindungspolarität reagieren NF_3 und NCl_3 mit Wasser unterschiedlich. Nicht explosiv und bei tiefen Temperaturen beständig ist das Salz $[NCl_4]^+[AsF_6]^-$, das das tetraedrische Tetrachlorammoniumion NCl_4^+ enthält.

Stickstofftribromid NBr_3 und Stickstofftriiodid NI_3 sind endotherme, explosive Festkörper. Stickstofftriiodid bildet Ammoniakate $NI_3 \cdot nNH_3$ (n = 1, 3, 5), bei Raumtemperatur entsteht durch NH_3-Abgabe **$NI_3 \cdot NH_3$**. $NI_3 \cdot NH_3$ hat eine polymere Struktur, die aus Ketten besteht, in denen N annähernd tetraedrisch von I umgeben ist.

NH_3 bildet mit je einem der endständigen I-Atome Charge-Transfer-Komplexe: $-N-I\cdots\cdots NH_3$ (vgl. Abschn. 5.4.8). In trockenem Zustand explodiert $NI_3 \cdot NH_3$ bei der geringsten Berührung.

Die Trihalogenide NX_3 (X = F, Cl, Br) entstehen durch Reaktion von NH_3 mit dem Halogen.

$$NH_3 + 3\,X_2 \longrightarrow NX_3 + 3\,HX$$

NI_3 läßt sich nicht in Gegenwart von NH_3 darstellen, es entstehen Ammoniakate, aus denen es sich nicht durch Entfernung von NH_3 darstellen läßt, da dabei Zerfall in die Elemente erfolgt. Man erhält es in $CFCl_3$-Lösung nach der Reaktion

$$BN + 3\,IF \longrightarrow NI_3 + BF_3$$

N_2F_4 ist im Gegensatz zu NF_3 sehr reaktionsfähig, da im Molekül eine sehr schwache $N-N$-Bindung vorhanden ist. N_2F_4 dissoziiert daher beim Erwärmen in NF_2-Radikale.

$$N_2F_4 \rightleftharpoons 2\,NF_2 \qquad \Delta H^\circ = +83 \text{ kJ/mol}$$

Es gibt zwei Typen von Halogensauerstoffverbindungen mit Stickstoff-Halogen-Bindungen.

Die **Nitrosylhalogenide** NOF, NOCl und NOBr leiten sich von der Salpetrigen Säure durch Ersatz einer OH-Gruppe durch ein Halogenatom ab (vgl. S. 474).

Die **Nitrylhalogenide** NO_2F und NO_2Cl sind ganz entsprechend Säurehalogenide der Salpetersäure (vgl. S. 476).

$$X-\overset{\oplus}{N}\begin{smallmatrix}\diagup\!\!\diagup O \\ \diagdown O^{\ominus}\end{smallmatrix}$$

4.6.9 Schwefelverbindungen des Stickstoffs

Die wichtigsten Verbindungen sind S_2N_2, S_4N_4 und das polymere $(SN)_n$. Außerdem sind Verbindungen des Typs S_mN_2 ($m = 4, 11, 15, 16, 17, 19$) bekannt.

Die N—S-Bindung ist kovalent, N ist der negativ polarisierte Bindungspartner: $\overset{\delta+}{S}-\overset{\delta-}{N}$.

Tetraschwefel-tetranitrid S_4N_4 bildet orangefarbene, wasserunlösliche Kristalle (Smp. 178 °C). Es explodiert auf Schlag oder Stoß und beim Erhitzen.

$$S_4N_4 \longrightarrow 4S + 2N_2 \qquad \Delta H^\circ = -536 \text{ kJ/mol}$$

S_4N_4 ist sehr reaktionsfähig. Mit Lewis-Säuren (BF_3, $SbCl_3$, $SnCl_4$) bildet es Addukte, mit naszierendem Wasserstoff entsteht Tetraschwefel-tetraimid $S_4(NH)_4$.

S_4N_4 entsteht durch Lösen von Schwefel in flüssigem NH_3, präparativ kann es aus gasförmigem S_2Cl_2 und NH_4Cl bei 160 °C hergestellt werden.

Das S_4N_4-Molekül hat eine Käfigstruktur (Abb. 4.23). Die S—N-Abstände sind gleich groß, es liegen delokalisierte π-Bindungen vor, so daß die S-Atome die Oxidationszahl $+3$ haben.

$$
\begin{array}{ccc}
\overline{N}=\overline{S}=\overline{N} & & \overline{N}-\overline{S}-\overline{N} \\
| \quad\quad | & & \| \quad\quad \| \\
|S| \quad |S| & \leftrightarrow & |S \quad\quad S| \\
| \quad\quad | & & \| \quad\quad \| \\
\underline{N}=\underline{S}=\underline{N} & & \underline{N}-\underline{S}-\underline{N}
\end{array}
$$

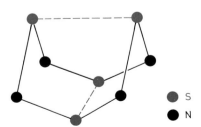

Abbildung 4.23   Käfigstruktur von S_4N_4.
Die Abstände zwischen den gegenüberliegenden S-Atomen sind wesentlich kleiner (258 pm) als die van der Waals-Abstände (360 pm). Die Käfigstruktur wird durch S—S-Teilbindungen stabilisiert. (Vergleiche die isotype Struktur von AsS_4 in Abb. 4.29).

Polyschwefel-polynitrid (SN)$_n$ ist bronzefarben, diamagnetisch und schmilzt bei 130 °C. Es besteht aus gewinkelten Ketten.

$$-\underline{\overline{S}}\diagup^{\overline{N}=\overline{S}}\diagdown_{N-\underline{\overline{S}}}\diagup \quad \leftrightarrow \quad =\underline{S}\diagup^{\overline{N}-\overline{S}}\diagdown_{N=\underline{S}}\diagup$$

Entlang der Ketten existiert metallische Leitfähigkeit.

4.6.10 Oxide des Phosphors

Die Phosphoroxide sind im Gegensatz zu den Stickstoffoxiden exotherme Verbindungen.

Phosphor(III)-oxid P$_4$O$_6$

P$_4$O$_6$ entsteht bei der Oxidation von Phosphor mit der stöchiometrischen Menge Sauerstoff als sublimierbare, wachsartige, giftige Masse (Smp. 24 °C).

$$P_4 + 3O_2 \longrightarrow P_4O_6 \qquad \Delta H_B^\circ = -1641 \text{ kJ/mol}$$

Die Struktur läßt sich aus dem P$_4$-Molekül ableiten; die P—P-Bindungen sind durch P—O—P-Bindungen ersetzt (Abb. 4.24). Phosphor(III)-oxid besteht in allen Phasen und auch in Lösung aus P$_4$O$_6$-Molekülen. Bei 25 °C ist P$_4$O$_6$ an der Luft beständig, bei 70 °C verbrennt es zu P$_4$O$_{10}$. Nur mit kaltem Wasser erfolgt Reaktion zu Phosphonsäure, dessen Anhydrid P$_4$O$_6$ ist.

$$P_4O_6 + 6H_2O \longrightarrow 4H_2PHO_3$$

Mit heißem Wasser entsteht außerdem P, PH$_3$ und H$_3$PO$_4$.

Abbildung 4.24   Struktur von P$_4$O$_6$.

Phosphor(V)-oxid P$_4$O$_{10}$

P$_4$O$_{10}$ entsteht bei der Verbrennung von Phosphor in überschüssigem Sauerstoff als weißes, geruchloses Pulver, das bei 359 °C sublimiert.

$$P_4 + 5O_2 \longrightarrow P_4O_{10} \qquad \Delta H_B^\circ = -2986 \text{ kJ/mol}$$

Die Struktur leitet sich ebenfalls vom P$_4$-Tetraeder ab. Jedes P-Atom ist tetraedrisch von Sauerstoffatomen umgeben (Abb. 4.25). Das P-Atom ist sp^3-hybridisiert, es bildet vier tetraedrische σ-Bindungen und eine π-Bindung.

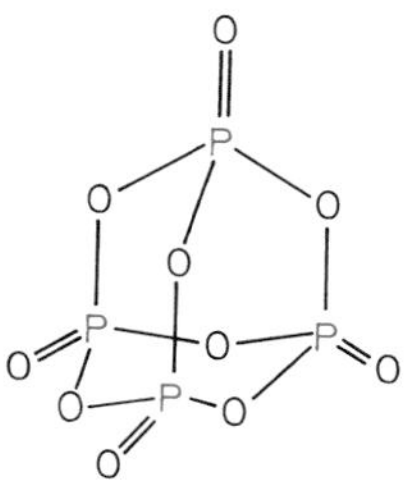

Abbildung 4.25   Struktur des Moleküls P_4O_{10}

P_4O_{10} reagiert mit Wasser äußerst heftig über Zwischenstufen (vgl. S. 490) zu Orthophosphorsäure.

$$P_4O_{10} + 6H_2O \longrightarrow 4H_3PO_4 \qquad \Delta H^\circ = -378 \text{ kJ/mol}$$

P_4O_{10} ist eine der wirksamsten wasserentziehenden Substanzen und dient als Trockenmittel und zur Darstellung von Säureanhydriden. An Luft zerfließt P_4O_{10} zu einem sirupösen Gemisch von Phosphorsäuren. Im Gegensatz zu N_2O_5 ist P_4O_{10} kein Oxidationsmittel.

Durch Erhitzen im abgeschlossenen System auf 450 °C wandelt sich das aus P_4O_{10}-Molekülen aufgebaute Phosphor(V)-oxid nacheinander in zwei polymere Formen mit einer Schichtstruktur und einer Raumnetzstruktur um.

Struktur der Schicht:

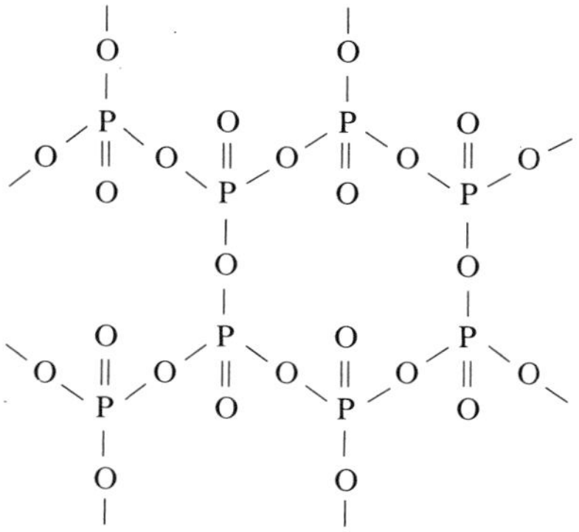

Die **Phosphor(III, V)-oxide** P_4O_7, P_4O_8 und P_4O_9 entstehen durch kontrollierte Oxidation oder thermische Disproportionierung von P_4O_6 und bei der Reduktion von P_4O_{10} mit rotem Phosphor. Man erhält die Molekülstrukturen aus P_4O_{10}-Molekülen durch Entfernung exoständiger O-Atome. Bekannt und strukturell untersucht sind auch Oxidsulfide und Oxidselenide, z. B. $P_4O_6S_x$ und $P_4O_6Se_x$ mit $x = 1, 2, 3$ (siehe auch S. 497).

4.6.11 Sauerstoffsäuren des Phosphors

Einen Überblick über die Sauerstoffsäuren des Phosphors und ihre Strukturen enthält Tabelle 4.18.

Bevor die wichtigsten Phosphorsäuren und ihre Salze im einzelnen besprochen werden, sei auf einige *Besonderheiten der Phosphorsäuren* hingewiesen.

Ist am P-Atom ein freies Elektronenpaar vorhanden, isomerisiert sich eine P—OH-Gruppe.

$$>\overline{P}-OH \;\rightarrow\; >\overset{\overset{\displaystyle H}{|}}{P}=O$$

In den Phosphorsäuren sind die P-Atome daher tetraedrisch koordiniert. Die sauren Eigenschaften der Phosphorsäuren sind durch die P—OH-Gruppen bedingt.

$$\gtrless\!\!P-OH + H_2O \;\rightleftharpoons\; \gtrless\!\!PO^- + H_3O^+$$

Die P—H-Bindung protolysiert in Wasser nicht, die am P-Atom gebundenen H-Atome können nicht titriert werden. Demnach ist z. B. die Phosphonsäure H_3PO_3 nur eine zweibasige Säure. Dies kann man mit der Schreibweise H_2PHO_3 zum Ausdruck bringen.

Phosphorsäuren und saure Phosphate kondensieren (vgl. S. 490) in vielfältiger Weise. In den kondensierten Phosphorsäuren und Phosphaten gibt es drei verschiedene Gruppen.

$$
\overset{\displaystyle O^{\ominus}}{\underset{\displaystyle O}{\overset{|}{\underset{||}{^\ominus O-P-O-}}}}
\qquad
\overset{\displaystyle O^{\ominus}}{\underset{\displaystyle O}{\overset{|}{\underset{||}{-O-P-O-}}}}
\qquad
\overset{\displaystyle O}{\underset{\displaystyle O}{\overset{|}{\underset{||}{-O-P-O-}}}}
$$

| Endgruppe | Kettenglied | Verzweigungsgruppe |

Polyphosphate enthalten Kettenglieder und Endgruppen. Metaphosphate bestehen nur aus Kettengliedern, da sie ringförmig gebaut sind. Sind Verzweigungsgruppen vorhanden, spricht man von Ultraphosphaten. Die endständigen OH-Gruppen der kettenförmigen Polyphosphorsäuren sind schwach, die mittelständigen stark protolysiert. Die cyclischen Metaphosphorsäuren sind relativ starke Säuren.

Das *Redoxverhalten* der Phosphor-Sauerstoffsäuren und ihrer Salze ist in den folgenden Potentialdiagrammen dargestellt (Redoxpotentiale in V).

$$
\text{pH}=0 \quad H_3PO_4 \;\overset{-0,28}{\rule{1cm}{0.4pt}}\; H_3PO_3 \;\overset{-0,50}{\rule{1cm}{0.4pt}}\; H_3PO_2 \;\overset{-0,50}{\rule{1cm}{0.4pt}}\; P_4 \;\overset{-0,06}{\rule{1cm}{0.4pt}}\; PH_3
$$

(mit Brücke $-0,50$ über H_3PO_3–H_3PO_2)

$$
\text{pH}=14 \quad PO_4^{3-} \;\overset{-1,12}{\rule{1cm}{0.4pt}}\; HPO_3^{2-} \;\overset{-1,65}{\rule{1cm}{0.4pt}}\; H_2PO_2^- \;\overset{-1,82}{\rule{1cm}{0.4pt}}\; P_4 \;\overset{-0,89}{\rule{1cm}{0.4pt}}\; PH_3
$$

(mit Brücke $-1,71$ über HPO_3^{2-}–$H_2PO_2^-$)

Tabelle 4.18 Sauerstoffsäuren des Phosphors

Oxidationszahl	+1	+2	+3	+4	+5	+5
H₃POₙ Monophosphorsäuren	HPH₂O₂ Phosphinsäure $O=\overset{\text{H}}{\underset{\text{H}}{\overset{|}{\underset{|}{P}}}}-OH$		H₂PHO₃ Phosphonsäure $O=\overset{\text{OH}}{\underset{\text{H}}{\overset{|}{\underset{|}{P}}}}-OH$		H₃PO₄ Phosphorsäure $O=\overset{\text{OH}}{\underset{\text{H}}{\overset{|}{\underset{|}{P}}}}-OH$	H₃PO₅ Peroxophosphorsäure $HO-\overset{O}{\underset{H}{\overset{\|}{\underset{|}{P}}}}-O-OH$
H₄P₂Oₙ Diphosphorsäuren		H₂P₂H₂O₄ Hypodiphosphonsäure $O=\overset{\text{OH}}{\underset{\text{H}}{\overset{|}{\underset{|}{P}}}}-\overset{\text{OH}}{\underset{\text{H}}{\overset{|}{\underset{|}{P}}}}=O$	H₂P₂H₂O₅ Diphosphonsäure $O=\overset{\text{OH}}{\underset{\text{H}}{\overset{|}{\underset{|}{P}}}}-O-\overset{\text{OH}}{\underset{\text{H}}{\overset{|}{\underset{|}{P}}}}=O$	H₄P₂O₆ Hypodiphosphorsäure $HO-\overset{O}{\underset{\text{OH}}{\overset{\|}{\underset{|}{P}}}}-\overset{O}{\underset{\text{OH}}{\overset{\|}{\underset{|}{P}}}}-OH$	H₄P₂O₇ Diphosphorsäure $HO-\overset{O}{\underset{\text{OH}}{\overset{\|}{\underset{|}{P}}}}-O-\overset{O}{\underset{\text{OH}}{\overset{\|}{\underset{|}{P}}}}-OH$	H₄P₂O₈ Peroxodiphosphorsäure $HO-\overset{O}{\underset{\text{OH}}{\overset{\|}{\underset{|}{P}}}}-O-O-\overset{O}{\underset{\text{OH}}{\overset{\|}{\underset{|}{P}}}}-OH$
			H₃P₂HO₅ Diphosphor-(II,IV)-säure $H-\overset{O}{\underset{\text{H}}{\overset{\|}{\underset{|}{P}}}}-O-\overset{O}{\underset{\text{OH}}{\overset{\|}{\underset{|}{P}}}}=O$	H₃P₂HO₆ Diphosphor-(III,V)-säure $H-\overset{O}{\underset{\text{H}}{\overset{\|}{\underset{|}{P}}}}-O-\overset{O}{\underset{\text{OH}}{\overset{\|}{\underset{|}{P}}}}-OH$		

$\xrightarrow{\text{Kondensation}}$

Metaphosphorsäuren (HPO₃)ₙ, Ringe

Beispiele n = 3

Trimetaphosphorsäure

Polyphosphorsäuren Hₙ₊₂PₙO₃ₙ₊₁, Ketten

Triphosphorsäure

Das Oxidationsvermögen ist in saurer, das Reduktionsvermögen in alkalischer Lösung größer. Bei jedem pH-Wert ist Phosphor das stärkste Oxidationsmittel. In alkalischer Lösung sind die stärksten Reduktionsmittel Phosphor, gefolgt von Phosphinat und Phosphonat. Phosphor disproportioniert bei jedem pH-Wert.

Orthophosphorsäure H_3PO_4

H_3PO_4 bildet farblose Kristalle (Smp. $42\,°C$), die sich gut in Wasser lösen. Konzentrierte Lösungen sind sirupös, da die H_3PO_4-Moleküle – wie auch im festen Zustand – durch Wasserstoffbrücken vernetzt sind. Handelsüblich ist Phosphorsäure mit einem Massenanteil an H_3PO_4 von 85%.

H_3PO_4 ist eine mittelstarke dreibasige Säure, sie bildet daher drei Reihen von Salzen.

$\overset{+1}{Me}H_2PO_4$	**Dihydrogenphosphate**	(primäre Phosphate)
$\overset{+1}{Me}_2HPO_4$	**Hydrogenphosphate**	(sekundäre Phosphate)
$\overset{+1}{Me}_3PO_4$	**Orthophosphate**	(tertiäre Phosphate)

Das PO_4^{3-}-Ion ist tetraedrisch gebaut, die Sauerstoffatome sind gleichartig gebunden. Die Bindungen lassen sich mit einem sp^3-Hybrid am P-Atom und einer delokalisierten π-Bindung deuten (vgl. S. 161). Das PO_4^{3-}-Ion ist isoelektronisch mit SO_4^{2-} und ClO_4^-.

Als säuernder Zusatzstoff ist Orthophosphorsäure in Coffein-haltigen Erfrischungsgetränken zugelassen (bis 0,7 g/l).

Technisch verwendet wird Orthophosphorsäure zur Zinkphosphatierung, dem wichtigsten Korrosionsschutz von Stählen. Die Phosphatierlösungen enthalten neben H_3PO_4 hauptsächlich Zn-Salze. Die Phosphatierung erfolgt bei $45-70\,°C$ mit Tauch- oder Spritzverfahren in 2–5 Minuten. Die schützenden Schichten sind einige nm dick. Bei der Phosphatierung von Stahloberflächen bildet sich Phosphophyllit, $FeZn_2(PO_4)_2 \cdot 4H_2O$. Wird, wie in der Automobilindustrie üblich, oberflächenveredelter, verzinkter Stahl eingesetzt, bildet sich Hopeit, $Zn_3(PO_4)_2 \cdot 4H_2O$.

Calciumhydrogenphosphate sind wichtige Düngemittel (vgl. S. 494) und werden als Futtermittel verwendet. Na_2HPO_4 findet Verwendung im Lebensmittelbereich und zur Tierernährung, $Ca(H_2PO_4)_2$ als Backpulver und $CaHPO_4 \cdot 2H_2O$ in Zahncremes.

H_3PO_4 wird aus natürlich vorkommendem *$Ca_3(PO_4)_2$ hergestellt.* Auf nassem Wege erfolgt Aufschluß mit verdünnter Schwefelsäure.

$$Ca_3(PO_4)_2 + 3H_2SO_4 \longrightarrow 3CaSO_4 + 2H_3PO_4$$

Auf trockenem Wege wird zunächst weißer Phosphor hergestellt (vgl. S. 462), der mit Luftüberschuß zu P_4O_{10} umgesetzt wird. Die *Hydrolyse von P_4O_{10}* führt über die Zwischenstufen Tetrametaphosphorsäure $H_4P_4O_{12}$ und Diphosphorsäure $H_4P_2O_7$ zu H_3PO_4. In der ersten Stufe werden zwei der sechs P—O—P-Brücken im P_4O_{10} hydrolysiert.

$$\text{(Struktur 1)} \longrightarrow \text{(Struktur 2)} \longrightarrow 2\,\text{(Struktur 3)}$$

Diphosphorsäure $H_4P_2O_7$

Beim Erhitzen von H_3PO_4 auf Temperaturen über 200 °C erfolgt *intermolekulare Wasserabspaltung* (Kondensation). Es entstehen Diphosphorsäure und Polyphosphorsäuren.

$$\text{(Struktur)}$$

Reine $H_4P_2O_7$-Lösungen erhält man aus $Na_4P_2O_7$ durch H-Ionenaustauscher.

Die wasserfreie Säure ist farblos, glasig. Sie löst sich leicht in Wasser und hydrolysiert zu H_3PO_4. $H_4P_2O_7$ ist eine stärkere Säure als H_3PO_4, als vierprotonige Säure bildet sie Salze des Typs $Me_2H_2P_2O_7$ und $Me_4P_2O_7$. Diphosphate $Me_4P_2O_7$ erhält man durch Erhitzen von Hydrogenphosphaten.

$$2\,Me_2HPO_4 \longrightarrow Me_4P_2O_7 + H_2O$$

$Na_2H_2P_2O_7$ verwendet man als Backpulver. In fluoridhaltigen Zahncremes wird das gegen Fluorid nicht reaktive $Ca_2P_2O_7$ benutzt.

Polyphosphorsäuren. Metaphosphorsäuren

Beim Erwärmen von H_3PO_4 auf Temperaturen über 300 °C führt die Kondensation zu

Polyphosphorsäuren	$H_{n+2}P_nO_{3n+1}$ mit linearen Ketten,
Ultraphosphorsäuren	$H_{n+2}P_nO_{3n+1}$ mit verzweigten Ketten,
Metaphosphorsäuren	$(HPO_3)_n$ mit ringförmigen Molekülen.

Beispiel:

Durch *intermolekulare Kondensation* erhält man aus vier H_3PO_4-Molekülen Tetraphosphorsäure $H_6P_4O_{13}$.

```
    O              O              O              O
    ‖              ‖              ‖              ‖
HO—P—OH  HO—P—OH  HO—P—OH  HO—P—OH  →
    |              |              |              |
    O              O              O              O
    H              H              H              H
```

```
    O        O        O        O
    ‖        ‖        ‖        ‖
HO—P—O—P—O—P—O—P—OH
    |        |        |        |
    O        O        O        O
    H        H        H        H
```

oder bei kettenverzweigender Kondensation die Ultraphosphorsäure *iso*-Tetra-
phosphorsäure.

```
    O              O              O              O    O    O
    ‖              ‖              ‖              ‖    ‖    ‖
HO—P—OH  HO—P—OH  HO—P—OH  →  HO—P—O—P—O—P—OH
    |              |              |              |    |    |
    O              O              O              O    O    O
    H              H              H              H    |    H
                   H                                 HO—P—OH
                   O                                     |
                HO—P—OH                                  O
                   ‖
                   O
```

Durch *intramolekulare Kondensation* entsteht aus Tetraphosphorsäure die cyclische Tetrametaphosphorsäure $(HPO_3)_4$.

```
         O
         ‖
    O    O—P—OH                     O        O
    ‖   /     |                     ‖        ‖
HO—P—O      O                   HO—P—O—P—OH
    |        H                       |        |
    O        H          →            O        O
    |        O                       |        |
HO—P     O   |                   HO—P—O—P—OH
    ‖    \  P—OH                      ‖        ‖
    O     O  |                       O        O
             O
```

Polyphosphate und **Metaphosphate** entstehen beim Erhitzen von primären Phosphaten. Während in den cyclischen Metaphosphaten n relativ klein ist ($n = 3-8$) gibt
es hochmolekulare Polyphosphate.

Poly- und Metaphosphate sind waschaktive Substanzen, die Schmutz lösen können. Polyphosphate sind ausgezeichnete Emulgatoren für Wasser und Fett. Sie werden als Lebensmittelzusatzstoffe verwendet, z. B. in Schmelzkäse, Speiseeis, ebenso
in Brüh- und Fleischwürsten.

Niedermolekulare Polyphosphate werden als *Wasserenthärter* verwendet, da die
Anionen mit Ca^{2+} lösliche Komplexe bilden. **Pentanatriumtriphosphat $Na_5P_3O_{10}$**
war Bestandteil von Waschmitteln (Massenanteil bis 40 %). Da es umweltschädigend
wirkt (Eutrophierung von Gewässern, siehe Abschn. 4.11), wurde es durch Zeolithe
ersetzt (vgl. S. 535). Man erhält es durch Erhitzen von Gemischen aus NaH_2PO_4
und Na_2HPO_4.

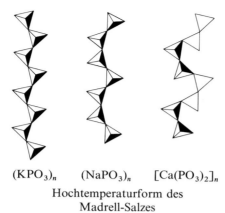

(KPO$_3$)$_n$ (NaPO$_3$)$_n$ [Ca(PO$_3$)$_2$]$_n$

Hochtemperaturform des
Madrell-Salzes

Abbildung 4.26   Struktur von Polyphosphatketten.

$$2\,Na_2HPO_4 + NaH_2PO_4 \longrightarrow Na_5P_3O_{10} + 2\,H_2O$$

In allen kondensierten Phosphaten sind die PO$_4$-Tetraeder eckenverknüpft. Man kennt Polyphosphatketten mit je 2, 3 oder 4 PO$_4$-Tetraedern als sich wiederholende Einheiten (Abb. 4.26). Hochmolekulare Polyphosphate verschiedener Struktur und Kettenlänge sind das Graham-, das Madrell- und das Kurrol-Salz. Das folgende Schema zeigt die Beziehungen zwischen diesen Salzen.

Graham-Salz erhält man durch Erhitzen von NaH$_2$PO$_4$ auf 625 °C und Abschrekken der erhaltenen Schmelze. Das glasartige, hygroskopische Salz besteht zu 90 %

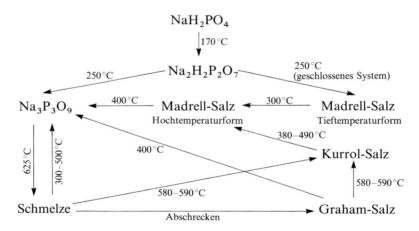

aus linearen Polyphosphatketten mit $n = 30 - 90$ und 10 % cyclischem Metaphosphat. Es dient unter dem Handelsnamen Calgon zur Wasserenthärtung.

Madrell-Salz entsteht durch Erhitzen von NaH$_2$PO$_4$ oder Tempern von Graham-Salz. Die Tieftemperaturform besteht aus Polyphosphatketten mit $n = 16 - 32$, sie wandelt sich bei 300 °C in die Hochtemperaturform um, in der Ketten mit $n = 36$

− 72 vorhanden sind. Die Ketten bestehen aus spiralig angeordneten Dreiereinheiten (Abb. 4.26).

Kurrol-Salz entsteht aus geschmolzenem NaH_2PO_4 durch Tempern. Die Polyphosphatketten bestehen aus spiralig angeordneten Viererheiten.

Alle Kettenphosphate wandeln sich bei $400\,°C$ in cyclisches Trimetaphosphat um.

Phosphinsäure HPH_2O_2

P_4 disproportioniert beim Erwärmen in Wasser.

$$\overset{0}{P_4} + 6\,H_2O \longrightarrow \overset{-3}{P}H_3 + 3\,\overset{+1}{H}PH_2O_2$$

In Gegenwart von $Ba(OH)_2$ wird das Gleichgewicht nach rechts verschoben und es kann Bariumphosphinat $Ba(PH_2O_2)_2$ isoliert werden. Mit H_2SO_4 erhält man daraus die Säure.

Die reine Säure bildet weiße Blättchen (Smp. $26\,°C$). Es ist eine mittelstarke, einbasige Säure und ein stärkeres Reduktionsmittel als Phosphonsäure.

$$HPH_2O_2 + 3\,H_2O \longrightarrow H_2PHO_3 + 2\,H_3O^+ + 2\,e^- \qquad E° = -0,50\,V$$

Beim Erwärmen disproportioniert Phosphinsäure.

$$3\,\overset{+1}{H}PH_2O_2 \xrightarrow{130–140\,°C} \overset{-3}{P}H_3 + 2\,\overset{+3}{H_2}PHO_3$$

Phosphonsäure H_2PHO_3

H_2PHO_3 erhält man durch Hydrolyse von PCl_3.

$$PCl_3 + 3\,H_2O \longrightarrow H_2PHO_3 + 3\,HCl$$

Die reine Säure bildet farblose Kristalle (Smp. $70\,°C$). Sie ist zweibasig und es leiten sich von ihr Hydrogenphosphonate $MeHPHO_3$ und Phosphonate Me_2PHO_3 ab. Wie alle Verbindungen mit Phosphor der Oxidationszahl $+3$ sind H_2PHO_3 und ihre Salze starke Reduktionsmittel.

$$2\,Ag^+ + \overset{+3}{P}HO_3^{2-} + H_2O \longrightarrow \overset{+5}{H_3}PO_4 + 2\,Ag$$

Beim Erhitzen erfolgt Disproportionierung.

$$4\,\overset{+3}{H_2}PHO_3 \xrightarrow{200\,°C} 3\,\overset{+5}{H_3}PO_4 + \overset{-3}{P}H_3$$

Peroxophosphorsäuren

Peroxodiphosphate entstehen durch anodische Oxidation von Phosphatlösungen.

$$2\,PO_4^{3-} \longrightarrow P_2O_8^{4-} + 2\,e^-$$

$K_4P_2O_8$ ist in festem Zustand beständig.

Peroxomonophosphorsäure erhält man durch Hydrolyse von Peroxodiphosphorsäure.

$$H_4P_2O_8 + H_2O \longrightarrow H_3PO_5 + H_3PO_4$$

Die Peroxophosphorsäuren sind unbeständig und gehen leicht unter Sauerstoffabspaltung in Phosphorsäure über, sie wirken daher oxidierend.

Phosphathaltige Düngemittel

Phosphate sind wichtige Düngemittel. Man verwendet entweder Calcium- oder Ammoniumphosphate (Weltproduktion 1999 37 · 10^6 t, berechnet als P_2O_5).

Das in der Natur vorkommende $Ca_3(PO_4)_2$ ist unlöslich und muß in eine lösliche Verbindung umgewandelt werden. Durch Aufschließen mit halbkonzentrierter Schwefelsäure erhält man lösliches $Ca(H_2PO_4)_2$ und wenig lösliches $CaSO_4$. Dieses Gemisch heißt „Superphosphat".

$$Ca_3(PO_4)_2 + 2H_2SO_4 \longrightarrow Ca(H_2PO_4)_2 + 2CaSO_4$$

Zur Herstellung von Superphosphat wird etwa 60% der Welterzeugung von Schwefelsäure verbraucht.

Erfolgt der Aufschluß mit H_3PO_4, entsteht „Doppelsuperphosphat", das keine inaktiven $CaSO_4$-Beimengungen enthält.

$$Ca_3(PO_4)_2 + 4H_3PO_4 \longrightarrow 3Ca(H_2PO_4)_2$$

Besonders bei $CaCO_3$-reichen Phosphaten ist dieses Verfahren vorteilhaft, da auch das $CaCO_3$ in lösliches Phosphat überführt wird.

$$CaCO_3 + 2H_3PO_4 \longrightarrow Ca(H_2PO_4)_2 + CO_2 + H_2O$$

Beim Aufschluß auf trockenem Wege wird $Ca_3(PO_4)_2$ mit Soda, Kalk und Alkalisilicaten bei 1100–1200 °C im Drehrohrofen gesintert. Das gebildete „Glühphosphat" besteht aus $3CaNaPO_4 \cdot CaSiO_4$ („Rhenaniaphosphat"). Es ist ein Langzeitdünger, da er nicht wasserlöslich ist und nur allmählich durch organische Säuren, die von den Pflanzenwurzeln geliefert werden, gelöst wird.

Diammoniumhydrogenphosphat $(NH_4)_2HPO_4$ ist Bestandteil von Mischdüngern wie „Hakaphos" (Harnstoff, KNO_3, $(NH_4)_2HPO_4$), „Leunaphos" ($(NH_4)_2SO_4$, $(NH_4)_2HPO_4$) und „Nitrophoska" ($(NH_4)_2SO_4$, KNO_3, $(NH_4)_2HPO_4$). Es wird durch Einleiten von NH_3 in H_3PO_4 hergestellt.

$$H_3PO_4 + 2NH_3 \longrightarrow (NH_4)_2HPO_4$$

4.6.12 Halogenverbindungen des Phosphors

Phosphor reagiert mit allen Halogenen. Eine Übersicht über die Halogenverbindungen des Phosphors enthält Tabelle 4.19.

Tabelle 4.19   Halogenverbindungen des Phosphors

Verbindungstyp	F	Cl	Br	I
Phosphorpenta-halogenide PX_5	farbloses Gas $\Delta H_B^\circ = -1597\,\text{kJ/mol}$	farblose Kristalle	rotgelbe Kristalle	schwarze Kristalle?
Phosphortri-halogenide PX_3	farbloses Gas $\Delta H_B^\circ = -946\,\text{kJ/mol}$	farblose Flüssigkeit $\Delta H_B^\circ = -320\,\text{kJ/mol}$	farblose Flüssigkeit $\Delta H_B^\circ = -199\,\text{kJ/mol}$	rote Kristalle $\Delta H_B^\circ = -46\,\text{kJ/mol}$
Phosphortetra-halogenide P_2X_4	farbloses Gas	farblose Flüssigkeit $\Delta H_B^\circ = -444\,\text{kJ/mol}$	–	hellrote Kristalle $\Delta H_B^\circ = -83\,\text{kJ/mol}$

Die Beständigkeit der Phosphorhalogenide nimmt in Richtung I ab.
Es gibt außerdem zahlreiche gemischte Halogenide, sowie Halogenidoxide und Halogenidsulfide.

Struktur der Moleküle:

PX_5 trigonale Bipyramide	PX_3 trigonale Pyramide	P_2X_4 *trans*-Konformation mit P—P-Einfachbindung	POX_3 verzerrtes Tetraeder

Pentahalogenide

PF₅ ist ein farbloses, hydrolyseempfindliches Gas, das man durch Chlor-Fluor-Austausch aus PCl_5 mit AsF_5 herstellt. Intermediär treten die gemischten Halogenide PCl_nF_{5-n} auf. Die elektronegativeren Atome besetzen im Molekül die axialen Positionen. PF_5 ist eine starke Lewis-Säure und reagiert mit F^- zu PF_6^--Ionen.

Mit überschüssigem Cl_2 bzw. Br_2 reagiert weißer Phosphor oder das Trihalogenid zu weißem kristallinen **PCl₅** bzw. rotgelbem kristallinen **PBr₅**.

$$PCl_3 + Cl_2 \longrightarrow PCl_5 \qquad \Delta H^\circ = -124\,\text{kJ/mol}$$
$$\tfrac{1}{4}P_4 + \tfrac{5}{2}Cl_2 \longrightarrow PCl_5 \qquad \Delta H^\circ = -444\,\text{kJ/mol}$$

Im festen Zustand sind beide Verbindungen salzartig gebaut. Sie bestehen aus den Ionen $[PCl_4]^+ [PCl_6]^-$ bzw. $[PBr_4]^+ Br^-$. Eine metastabile PCl_5-Modifikation enthält die Ionen $[PCl_4]^+$, $[PCl_6]^-$ und Cl^-. Für **PI₅** wird ebenfalls die Zusammensetzung $[PI_4]^+ I^-$ postuliert, die Existenz von PI_5 ist jedoch fraglich. Existent ist aber das Tetraiodophosphoniumkation PI_4^+ in der Verbindung $[PI_4]^+ [AsF_6]^-$. PCl_5-Moleküle treten im Gaszustand und in unpolaren Lösungsmitteln auf. PBr_5 ist in der Gasphase in PBr_3 und Br_2 dissoziiert, in nichtpolaren Lösungsmitteln tritt teilweise Dissoziation ein. PCl_5 sublimiert bei 159 °C, bei höheren Temperaturen zersetzt es sich reversibel zu PCl_3 und Cl_2. Es wird als Chlorierungsmittel benutzt. Mit P_4O_{10} erhält man Phosphorylchlorid $POCl_3$.

$$6\,PCl_5 + P_4O_{10} \longrightarrow 10\,POCl_3$$

PCl_5 ist eine Lewis-Säure und reagiert mit Chloriddonatoren zu oktaedrischen PCl_6^--Ionen.

Die Pentahalogenide hydrolysieren leicht zu H_3PO_4 und HX.

$$PCl_5 \;+\; H_2O \longrightarrow POCl_3 + 2\,HCl$$
$$POCl_3 + 3\,H_2O \longrightarrow H_3PO_4 + 3\,HCl$$

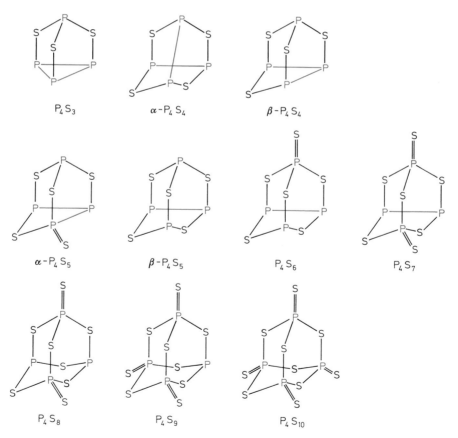

Abbildung 4.27   Struktur der Phosphorsulfide $P_4S_n (n = 3-10)$.

POCl$_3$ ist nur bei kontrollierter Hydrolyse faßbar.

POCl$_3$ ist eine farblose Flüssigkeit (Sdp. 105 °C), die man technisch durch Oxidation von PCl$_3$ mit Sauerstoff herstellt.

Trihalogenide

PCl$_3$, PBr$_3$ und PI$_3$ können aus den Elementen hergestellt werden. PF$_3$ kann durch Fluorierung aus PCl$_3$ synthetisiert werden.

$$PCl_3 + 3\,HF \longrightarrow PF_3 + 3\,HCl$$

Die Trihalogenide hydrolysieren leicht zu Phosphonsäure.

$$PX_3 + 3\,H_2O \longrightarrow H_2PHO_3 + 3\,HX$$

4.6.13 Schwefel-Phosphor-Verbindungen

Bekannt sind die binären Sulfide **P$_4$S$_n$** mit $n = 3 - 10$. Es sind thermisch beständige Verbindungen. Die meisten können aus Schmelzen der Elemente hergestellt werden. Die Strukturen der Moleküle leiten sich von P$_4$-Tetraedern ab (Abb. 4.27), aber nur einige sind den Oxiden analog (vgl. Abschn. 4.6.10). P$_4$S$_{10}$ wird zur Herstellung von Insektiziden und Schmierölzusätzen gebraucht.

Man kennt auch Oxidsulfide des Phosphors, z. B. P$_4$O$_4$S$_6$ und P$_4$O$_3$S$_6$ (Abb. 4.28, siehe auch S. 486).

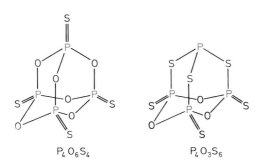

$$P_4O_6S_4 \qquad\qquad P_4O_3S_6$$

Abbildung 4.28   Struktur der Phosphoroxidsulfide P$_4$O$_4$S$_6$ und P$_4$O$_3$S$_6$.

4.6.14 Phosphor-Stickstoff-Verbindungen

In der Verbindung Li$_{10}$P$_4$N$_{10}$ sind **P$_4$N$_{10}$$^{10-}$**-Ionen vorhanden, die wie P$_4$O$_{10}$ und P$_4$S$_{10}$ gebaut sind.

Die endständigen P—N-Abstände sind kürzer als die in den P—N—P-Brücken.

Zwischen Phosphor(V)-nitriden und Silicaten (vgl. Abschn. 4.7.10.1) existieren strukturchemische Analogien. Im **LiPN$_2$** und **HPN$_2$** hat [PN$_2^-$] eine dem β-Cristobalit isostere Struktur. PN$_4$-Tetraeder sind über gemeinsame Ecken zu einer Raumnetzstruktur verknüpft. Im **Li$_4$PN$_3$** gibt es Dreierringe aus eckenverknüpften PN$_4$-Tetraedern, analog den Cyclotrisilicaten, im **Ca$_2$PN$_3$** Ketten aus eckenverknüpften PN$_4$-Tetraedern, analog den Kettensilicaten. **Li$_7$PN$_4$** ist aus isolierten PN$_4^{7-}$-Ionen aufgebaut, die mit SiO$_4^{4-}$-Baugruppen isoelektronisch sind. Eine dem Sodalith Na$_8$[Al$_6$Si$_6$O$_{24}$]Cl$_2$ (vgl. Abb. 4.40) analoge Struktur existiert in der Verbindung **Zn$_7$[P$_{12}$N$_{24}$]Cl$_2$**. Im Zentrum des β-Käfigs befindet sich ein Cl$^-$-Ion, das von Zn^{2+}-Ionen tetraedrisch umgeben ist (1/8 der Zn-Plätze ist statistisch unbesetzt). Analoge Nitridosodalithe gibt es auch mit Fe, Co, Ni, Mn und Br, I. Eine aufgefüllte Variante dazu sind die Nitridosodalithe Zn$_8$[P$_{12}$N$_{24}$]X$_2$ mit X = O, S, Se.

Die bekanntesten Phosphor-Stickstoff-Verbindungen sind die **Phosphazene**. Sie enthalten das Strukturelement —N=P$\leqq$. **Phosphornitriddichloride** (Chlorophosphazene) **(NPCl$_2$)$_n$** entstehen aus PCl$_5$ und NH$_4$Cl im Autoklaven bei 120 °C.

$$n\text{PCl}_5 + n\text{NH}_4\text{Cl} \longrightarrow (-\text{N}=\text{PCl}_2-)_n + 4n\text{HCl}$$

Es entstehen cyclische Verbindungen und kettenförmige Moleküle. Die cyclischen Verbindungen mit $n = 3 - 8$ sind destillierbare, bei Raumtemperatur feste, farblose Verbindungen. (NPCl$_2$)$_3$ schmilzt bei 113 °C, siedet bei 256 °C und besteht aus planaren Sechsringen mit Bindungswinkeln von 120° und gleichen P—N-Abständen.

Im P$_3$N$_3$-Ring liegt aber nicht wie im Benzol ein aromatisches System mit vollständig delokalisierten π-Bindungen vor. Die π-Elektronen sind in Dreizentrenbindungen an den Gruppen PNP lokalisiert. Die Dreizentrenbindung entsteht durch Kombination des p$_\pi$-Orbitals des N-Atoms mit leeren Orbitalen der benachbarten P-Atome.

Die polymeren, kettenförmigen Moleküle (NPCl$_2$)$_n$ sind aus spiraligen Ketten aufgebaut.

Durch Erhitzen niedermolekularer cyclischer Phosphornitriddichloride auf 300 °C bilden sich Moleküle mit Kettenlängen bis $n = 15\,000$. Das hochpolymere (NPCl$_2$)$_n$

besitzt kautschukartige Eigenschaften („anorganischer Kautschuk"), ist aber hydro-lyseempfindlich.

Aus den Chlorophosphazenen lassen sich durch Substitution der Cl-Atome zahl-reiche andere Verbindungen $(NPX_2)_n$ (X=F, Br, SCN, NR_2, CH_3, C_6H_5, OR) her-stellen. Ersetzt man im polymeren $(NPCl_2)_n$ Cl durch OR, NR_2, R oder kettenverbin-dende Gruppen wie —NR—, —O—, so erhält man hydrolysebeständige Materialien, die gummielastisch bis glashart sind und zu Fasern, Geweben, Folien, Schläuchen und Röhren verarbeitet werden. Verbindungen $(NPX_2)_n$ mit Substituenten wie OCH_2CF_3 greifen organische Gewebe nicht an; aus ihnen werden Organersatzteile hergestellt.

Ersetzt man in den Phosphazenen jedes dritte P-Atom durch ein C- bzw. S-Atom erhält man Carbophosphazene bzw. Thiophosphazene.

4.6.15 Verbindungen des Arsens

4.6.15.1 Sauerstoffverbindungen des Arsens

Die wichtigsten Verbindungen sind:

Oxide		Oxosäuren	
Arsen(III)-oxid	As_2O_3	Arsenige Säure	H_3AsO_3
Arsen(V)-oxid	As_2O_5	Arsensäure	H_3AsO_4
Arsen(III,V)-oxid	As_2O_4		

Arsen(III)-Verbindungen

Arsen(III)-oxid As_2O_3 (Arsenik) entsteht als sublimierbares, weißes Pulver beim Ver-brennen von As an der Luft oder technisch beim Abrösten arsenhaltiger Erze.

$$2\,As + 1{,}5\,O_2 \longrightarrow As_2O_3 \qquad \Delta H_B^{\circ} = -657\ \text{kJ/mol}$$

$$2\,FeAsS + 5\,O_2 \longrightarrow As_2O_3 + Fe_2O_3 + 2\,SO_2$$

Es kristallisiert in zwei Modifikationen, die auch in der Natur vorkommen. Das etwas stabilere kubische As_2O_3 (Arsenolith) wandelt sich bei 180 °C in das monokline As_2O_3 (Claudetit) um.

$$As_2O_{3\ \text{kubisch}} \rightleftharpoons As_2O_{3\ \text{monoklin}} \qquad \Delta H^{\circ} = +2\ \text{kJ/mol}$$

Die kubische Modifikation und auch die Dampfphase bestehen aus As_4O_6-Molekülen, die dieselbe Struktur wie P_4O_6 besitzen (vgl. Abb. 4.24). Die monokline Modifikation enthält gewellte Schichten.

Arsen(III)-Verbindungen sind starke Gifte. Schon 0,1 g Arsenik kann tödlich wirken.

As_2O_3 ist nur mäßig in Wasser löslich. Es bildet sich **Arsenige Säure H_3AsO_3**. Sie ist eine schwache, dreiprotonige Säure, die drei Reihen von Salzen (Arsenite) bildet. Versucht man sie aus wäßrigen Lösungen zu isolieren, so kristallisiert As_2O_3 aus. H_3AsO_3 läßt sich leicht reduzieren.

$$H_3AsO_3 + 3H_3O^+ + 3e^- \rightleftharpoons As + 6H_2O$$

In salzsaurer Lösung wird durch Sn(II) braunes As ausgefällt (Bettendorfsche Arsenprobe). H_3AsO_3 ist schwerer oxidierbar als H_3PO_3. Die Reaktion mit I_2

$$H_3AsO_3 + I_2 + 3H_2O \rightleftharpoons H_3AsO_4 + 2I^- + 2H_3O^+$$

ist eine Gleichgewichtsreaktion, die zur iodometrischen Bestimmung von As(III) dient. Durch HCO_3^--Ionen werden die entstehenden H_3O^+-Ionen aus dem Gleichgewicht entfernt und die Reaktion läuft quantitativ in Richtung H_3AsO_4.

Arsen(V)-Verbindungen

Durch Oxidation von As oder As_2O_3 mit konz. HNO_3 erhält man **Arsensäure H_3AsO_4.** Es ist eine dreibasige mittelstarke Säure, von der sich drei Reihen von Salzen (Arsenate) ableiten. Im Gegensatz zur Orthophosphorsäure ist sie eine oxidierende Säure (Zunahme der Beständigkeit der Oxidationszahl $+3$ mit zunehmender Ordnungszahl).

Arsen(V)-oxid As_2O_5 ist eine farblose, hygroskopische Verbindung, die durch Entwässerung der Arsensäure, nicht aber durch Verbrennung von As dargestellt werden kann. As_2O_5 besitzt eine polymere Struktur.

4.6.15.2 Schwefelverbindungen des Arsens

Es sind die binären Verbindungen **As_4S_n** ($n = 3, 4, 5, 6, 10$) bekannt. In der Natur kommen als Mineralien As_4S_4 (Realgar) und As_2S_3 (Auripigment) vor.

Die meisten Strukturen leiten sich vom As_4-Tetraeder ab. Die As_4S_3-Moleküle sind isotyp mit P_4S_3 (vgl. Abb. 4.27). As_2S_3 hat eine dem As_2O_3 analoge Schichtstruktur (vgl. oben), der Dampf besteht aus As_4S_6-Molekülen, die mit P_4O_6 isotyp

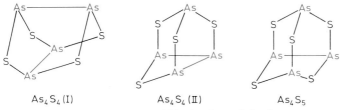

As_4S_4 (I) As_4S_4 (II) As_4S_5

Abbildung 4.29   Struktur der Arsensulfide As_4S_4 und As_4S_5.
Die beiden isomeren As_4S_4-Molekülstrukturen sind mit denen von P_4S_4 isotyp (Abbildung 4.27). Die Darstellung von I ist so gewählt, daß die Isotypie zum S_4N_4-Molekül deutlich ist (vgl. Abbildung 4.23). Realgar besteht aus As_4S_4(I)-Molekülen.

sind (vgl. Abb. 4.24). Die Struktur von As_4S_{10} ist unbekannt. Die Moleküle As_4S_4 und As_4S_5 sind in der Abb. 4.29 wiedergegeben.

Amorphes, gelbes As_2S_3 entsteht beim Einleiten von H_2S in salzsaure Arsenlösungen. In Ammonium- und Alkalimetallsulfidlösungen löst es sich unter Bildung von **Thioarsenit**.

$$As_2S_3 + 3S^{2-} \longrightarrow 2AsS_3^{3-}$$

In Ammoniumpolysulfidlösungen wird durch Schwefel As(III) zu As(V) oxidiert. Es entsteht **Thioarsenat**, das sich auch aus As_2S_5 mit Sulfidlösungen bildet.

$$As_2S_3 + 3S^{2-} + 2S \longrightarrow 2AsS_4^{3-}$$

Die Säuren H_3AsS_3 und H_3AsS_4 zerfallen unter H_2S-Abspaltung.

4.6.15.3 Halogenverbindungen von Arsen

Arsen bildet die binären Halogenide **AsX_3**, **AsX_5** und **As_2X_4**. Die Molekülstruktur ist denen der Phosphorhalogenide analog. Die Arsenhalogenide lassen sich aus den Elementen herstellen, mit Wasser erfolgt Hydrolyse.

Verbindungstyp	F	Cl	Br	I
Arsentrihalogenide AsX_3	farblose Flüssigkeit $\Delta H_B^\circ = -959$ kJ/mol	farblose Flüssigkeit $\Delta H_B^\circ = -305$ kJ/mol	farblose Kristalle $\Delta H_B^\circ = -197$ kJ/mol	rote Kristalle $\Delta H_B^\circ = -58$ kJ/mol
Arsenpentahalogenide AsX_5	farbloses Gas $\Delta H_B^\circ = -1238$ kJ/mol	Festkörper Zersetzung bei $-50\,^\circ$C	–	–
Diarsentetrahalogenide As_2X_4	–	–	–	dunkelrote Kristalle

Von den Trihalogeniden werden die verzerrt-tetraedrischen Ionen $[AsF_4]^-$, $[AsCl_4]^-$ und $[AsBr_4]^-$ gebildet, von AsF_5 und $AsCl_5$ die oktaedrischen Komplexionen $[AsX_6]^-$. Es gibt eine Anzahl Verbindungen mit dem Kation $[AsCl_4]^+$, das mit großen Anionen stabilisiert wird, z. B. $[AsCl_4]$ $[SbCl_6]$. Die binären As(V)-Verbindungen $AsBr_5$ und AsI_5 sind unbekannt. Synthetisiert werden konnten aber die Verbindungen $[AsBr_4]$ $[AsF_6]$ und $[AsI_4]$ $[AlCl_4]$ mit den Kationen $[AsBr_4]^+$ und $[AsI_4]^+$, in denen Arsen mit der Oxidationszahl $+5$ vorliegt.

4.6.16 Verbindungen des Antimons

4.6.16.1 Sauerstoffverbindungen des Antimons

Beim Verbrennen von Antimon an der Luft entsteht **Antimon(III)-oxid Sb_2O_3**. Die kubische Modifikation ist mit kubischem As_2O_3 (Arsenolith) isotyp; sie besteht – wie die Dampfphase – aus Sb_4O_6-Molekülen. Bei $606\,°C$ erfolgt Umwandlung in eine rhombische Modifikation, die aus Ketten besteht.

$$Sb_2O_{3\,kubisch} \xrightarrow{606\,°C} Sb_2O_{3\,rhombisch}$$

Sb_2O_3 ist amphoter. Mit starken Basen werden Antimonite $\overset{+1}{Me}SbO_2$ gebildet. Mit starken Säuren entstehen Antimon(III)-Salze, z. B. $Sb_2(SO_4)_3$ und $Sb(NO_3)_3$, die dazu neigen, zu Antimonoxidsalzen wie $SbONO_3$ zu hydrolysieren.

Durch Hydrolyse von $SbCl_5$ oder Oxidation von Sb mit konz. HNO_3 erhält man **„Antimonsäure"**, ein weißes Pulver, das ein Antimon(V)-oxidhydrat $Sb_2O_5 \cdot xH_2O$ ist. Durch Entwässerung erhält man daraus **Antimon(V)-oxid Sb_2O_5**. Sb_2O_5 löst sich schlecht in Wasser, wahrscheinlich bildet sich **Hexahydroxoantimonsäure** **$H[Sb(OH)_6]$**, die Salze des Typs $Me[Sb(OH)_6]$ bildet. Für die Analytik ist die Schwerlöslichkeit von $Na[Sb(OH)_6]$ interessant.

Bei $800\,°C$ entsteht aus Sb_2O_5 und auch aus Sb_2O_3 **Antimon(III,V)-oxid Sb_2O_4**.

$$Sb_2O_5 \xrightarrow{800\,°C} Sb_2O_4 \xleftarrow{800\,°C} Sb_2O_3$$

4.6.16.2 Schwefelverbindungen des Antimons

Antimon(III)-sulfid Sb_2S_3 fällt aus angesäuerten Antimon(III)-Lösungen beim Einleiten von H_2S als amorpher orangeroter Niederschlag aus. Wie As_2S_3 löst er sich in Ammoniumsulfidlösung als Thioantimonit

$$Sb_2S_3 + 3S^{2-} \longrightarrow 2SbS_3^{3-}$$

und in Ammoniumpolysulfidlösung als Thioantimonat.

$$Sb_2S_3 + 3S^{2-} + 2S \longrightarrow 2SbS_4^{3-}$$

Beim Erhitzen entsteht die stabile grauschwarze, kristalline Modifikation, die als Grauspießglanz in der Natur vorkommt. Die Kristalle enthalten Ketten.

Antimon(V)-sulfid Sb_2S_5 ist orangerot und wird in den Zündholzköpfen als brennbare Komponente verwendet.

4.6.16.3 Halogenverbindungen des Antimons

Es sind Verbindungen der Zusammensetzung **SbX_3** und **SbX_5** bekannt.

Verbindungstyp	F	Cl	Br	I
Antimontri-halogenide SbX_3	farblose Kristalle $\Delta H_B^\circ =$ $-915\,kJ/mol$	farblose Kristalle $\Delta H_B^\circ =$ $-382\,kJ/mol$	farblose Kristalle $\Delta H_B^\circ =$ $-259\,kJ/mol$	rubinrote Kristalle $\Delta H_B^\circ =$ $-100\,kJ/mol$
Antimonpenta-halogenide SbX_5	farbloses Öl	farblose Flüssigkeit $\Delta H_B^\circ =$ $-440\,kJ/mol$	–	–

In SbF_5 sind SbF_6-Oktaeder über gemeinsame Ecken zu Ketten polymerisiert. SbF_5 ist ein F^--Akzeptor und bildet $[SbF_6]^-$-Ionen. Entsprechend entsteht aus $SbCl_5$ mit Metallchloriden das Komplexion $[SbCl_6]^-$. Die Trihalogenide bilden die Ionen $[SbCl_4]^-$, $[SbCl_5]^{2-}$, $[SbCl_6]^{3-}$, $[SbF_5]^{2-}$, sowie die polymeren Ionen $[Sb_2F_7]^-$, $[Sb_4F_{13}]^-$ und $[Sb_4F_{16}]^{4-} = (SbF_4^-)_4$.

4.6.17 Verbindungen des Bismuts

4.6.17.1 Sauerstoffverbindungen des Bismuts

Aus Bismutsalzlösungen fällt mit Alkalilauge Bismut(III)-oxidhydrat $Bi_2O_3 \cdot xH_2O$ als flockiger, weißer Niederschlag aus. Beim Erhitzen entsteht daraus gelbes **Bismut(III)-oxid Bi_2O_3** (Smp. 824 °C). Bi_2O_3 ist ein basisches Oxid, es löst sich nur in Säuren unter Salzbildung, nicht in Basen.

Mit starken Oxidationsmitteln wie Cl_2, $KMnO_4$, $K_2S_2O_8$, wird Bi_2O_3 in alkalischer Lösung zu Bismutaten oxidiert. **Bismutate** erhält man auch durch Schmelzen von Bi_2O_3 mit Alkalimetalloxiden (oder Peroxiden) an der Luft.

$$Bi_2O_3 +\ \ Na_2O + O_2 \longrightarrow 2\,NaBiO_3\ \text{(gelb)}$$
$$Bi_2O_3 + 3\,Na_2O + O_2 \longrightarrow 2\,Na_3BiO_4\ \text{(braun)}$$

Bismut(III)-Salze bilden sich aus Bi oder Bi_2O_3 mit den entsprechenden Säuren, z. B. $Bi(NO_3)_3 \cdot 5\,H_2O$ und $Bi_2(SO_4)_3 \cdot x\,H_2O$. Sie werden in Wasser zu basischen Salzen hydrolysiert.

$$Bi(NO_3)_3 + H_2O \longrightarrow \underset{\text{Bismutnitratoxid}}{BiONO_3} + 2\,HNO_3$$

4.6.17.2 Halogenverbindungen des Bismuts

Die Bismut(III)-Halogenide **BiF_3**, **$BiCl_3$**, **$BiBr_3$** und **BiI_3** sind kristalline Substanzen. BiI_3 kristallisiert in einer Schichtstruktur. Die Herstellung erfolgt nach der Reaktion

$$Bi_2O_3 + 6\,HX \longrightarrow 2\,BiX_3 + 3\,H_2O$$

Mit Alkalimetallhalogeniden bilden sie Halogenobismutite $Me[BiF_4]$, $Me_2[BiF_5]$, $Me_3[BiF_6]$.

Durch Wasser werden die Bismuthalogenide hydrolytisch zu **Bismuthalogenidoxiden** gespalten.

$$BiX_3 + H_2O \longrightarrow BiX(O) + 2\,HX$$

BiIO ist ziegelrot, die anderen Bismuthalogenidoxide bilden farblose Kristalle.

$BiCl_3$, $BiBr_3$ und BiI_3 lassen sich mit Bi zu festen **Bismutmonohalogeniden BiX** reduzieren.

Das einzige bekannte Bismut(V)-Halogenid ist **BiF_5**. Es entsteht aus BiF_3 mit F_2, bildet farblose Nadeln und ist ein starkes Fluorierungsmittel. Mit Alkalimetallfluoriden entstehen Hexafluorobismutate(V) $Me[BiF_6]$.

4.6.17.3 Bismutsulfide

Aus Lösungen von Bi(III)-Salzen fällt mit H_2S dunkelbraunes **Bismut(III)-sulfid Bi_2S_3** aus. Im Gegensatz zu As_2S_3 und Sb_2S_3 besitzt es keine sauren Eigenschaften und löst sich nicht in Alkalimetallsulfidlösungen. Das amorphe braune Sulfid wandelt sich in die graue, kristalline Modifikation um, die mit Grauspießglanz Sb_2S_3 isotyp ist.

4.7 Gruppe 14

4.7.1 Gruppeneigenschaften

	Kohlenstoff C	Silicium Si	Germanium Ge	Zinn Sn	Blei Pb
Ordnungszahl Z	6	14	32	50	82
Elektronen- konfiguration	[He] $2s^2 2p^2$	[Ne] $3s^2 3p^2$	[Ar] $3d^{10} 4s^2 4p^2$	[Kr] $4d^{10} 5s^2 5p^2$	[Xe] $4f^{14} 5d^{10} 6s^2 6p^2$
Ionisierungsenergie in eV	11,3	8,1	7,9	7,3	7,4
Elektronegativität	2,5	1,7	2,0	1,7	1,6
Nichtmetallcharakter			$\longrightarrow$ nimmt ab $\longrightarrow$		

Auch in dieser Gruppe erfolgt ein Übergang von nichtmetallischen zu metallischen Elementen. Kohlenstoff und Silicium sind Nichtmetalle, Germanium ist ein Halbmetall, Zinn und Blei sind Metalle. Diese Zuordnung ist jedoch nicht eindeutig, denn in den Strukturen der Elemente ist beim Zinn noch der nichtmetallische Charakter, beim Silicium schon der metallische Charakter erkennbar.

Die gemeinsame Valenzelektronenkonfiguration ist $s^2 p^2$. Für die meisten Verbindungen der Nichtmetalle C und Si ist jedoch der angeregte Zustand maßgebend.

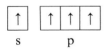

Erfolgt eine sp^3-Hybridisierung, dann können die Elemente vier kovalente Bindungen in tetraedrischer Anordnung ausbilden.

Charakteristisch für das C-Atom ist seine Fähigkeit, mit anderen Nichtmetallatomen Mehrfachbindungen einzugehen, z.B.:

$$\ce{>C=C<} \qquad \ce{-C#C-} \qquad \ce{-C#N|} \qquad \ce{>C=\overline{O}}$$

Das mehrfach gebundene C-Atom ist sp^2-hybridisiert, wenn es eine π-Bindung bildet, und sp-hybridisiert, wenn es zwei π-Bindungen bildet.

Von allen Elementen besitzt Kohlenstoff die größte Tendenz zur Verkettung gleichartiger Atome. Kohlenstoff bildet daher mehr Verbindungen als alle anderen Elemente, abgesehen von Wasserstoff. Die Fülle dieser Verbindungen – bis heute ca. 12 Millionen – ist Gegenstand der organischen Chemie. Zum Stoffgebiet der anorganischen Chemie zählen traditionsgemäß nur die Modifikationen und einige einfache Verbindungen des Kohlenstoffs.

Die wichtigsten Oxidationszahlen sind $+2$ und $+4$. Mit wachsender Ordnungszahl nimmt die Stabilität der Verbindungen mit der Oxidationszahl $+2$ zu, die der

Verbindungen mit der Oxidationszahl $+4$ ab. PbH_4 und $PbCl_4$ sind unbeständig, während CH_4 und CCl_4 sehr stabil sind. Si(II)-Verbindungen sind unbeständig, Ge(II)- und Sn(II)-Verbindungen sind stabil, aber Reduktionsmittel; nur beim Pb sind Pb(II)-Verbindungen stabiler als Pb(IV)-Verbindungen. PbO_2 ist im Unterschied zu den anderen Dioxiden (CO_2, SiO_2, GeO_2, SnO_2) ein Oxidationsmittel. In der Natur gibt es daher Pb nur in Verbindungen mit der Oxidationszahl $+2$ und C, Si, Ge, Sn nur in Verbindungen mit der Oxidationszahl $+4$.

Mit steigender Ordnungszahl nimmt der basische Charakter der Hydroxide zu. $Ge(OH)_2$ ist schwach sauer, $Sn(OH)_2$ amphoter und $Pb(OH)_2$ überwiegend basisch. In der höheren Oxidationszahl ist bei jedem Element der basische Charakter schwächer. PbO ist basischer als PbO_2.

Metallisches Blei und Bleiverbindungen sind giftig (vgl. S. 515).

4.7.2 Vorkommen

Kohlenstoff kommt elementar als Diamant und Graphit vor. Die Hauptmenge des Kohlenstoffs tritt chemisch gebunden *in Carbonaten auf,* die gebirgsbildende Mineralien sind. Die wichtigsten Carbonate sind: Calciumcarbonat $CaCO_3$ (Kalkstein, Marmor, Kreide); Calcium-magnesium-carbonat $CaCO_3 \cdot MgCO_3$ (Dolomit); Magnesiumcarbonat $MgCO_3$ (Magnesit); Eisencarbonat $FeCO_3$ (Siderit).

Im Pflanzen- und Tierreich ist Kohlenstoff ein wesentlicher Bestandteil aller Organismen. Aus urweltlichen Pflanzen und tierischen Organismen sind Kohlen, Erdöle und Erdgase entstanden.

Die Luft enthält einen Volumenanteil von 0,037% CO_2, das Meerwasser einen Massenanteil von 0,005% CO_2.

Die Kohlenstoffmengen in der Biosphäre, Atmosphäre, Hydrosphäre und Lithosphäre verhalten sich wie $1:2:50:10^5$.

Silicium ist das zweithäufigste Element der Erdkruste. Es *tritt nicht elementar auf, sondern überwiegend als* SiO_2 *und in* einer Vielzahl von *Silicaten* (vgl. Abschn. 4.7.10.2).

Germanium kommt in der Natur nur in seltenen, sulfidischen Mineralien vor. Ausgangsmaterial zur Darstellung ist Germanit $Cu_6FeGe_2S_8$.

Zinn kommt nur selten elementar vor. *Das wichtigste Zinnerz ist Zinnstein (Cassiterit)* SnO_2. Seltener ist Zinnkies (Stannin) Cu_2FeSnS_4.

Das wichtigste Bleierz ist der Bleiglanz (Galenit) PbS. Weitere Bleierze sind: Weißbleierz (Cerussit) $PbCO_3$, Rotbleierz (Krokoit) $PbCrO_4$, Gelbbleierz (Wulfenit) $PbMoO_4$, Scheelbleierz (Stolzit) $PbWO_4$, Anglesit $PbSO_4$. Alle natürlichen Pb-Vorkommen sind Pb(II)-Verbindungen.

4.7.3 Die Elemente

	Kohlenstoff	Silicium	Germanium	Zinn	Blei
Schmelzpunkt in °C	3800*	1410	947	232	327

* Graphit bei 0,2 bar.

4.7.3.1 Kohlenstoff

Kohlenstoff kristallisiert in den Modifikationen Diamant und Graphit. Beide kommen in der Natur vor. Sie sind in ihren Eigenschaften sehr unterschiedlich. *Neue, bemerkenswerte Modifikationen sind die Fullerene.*

Im **Diamant** ist jedes C-Atom tetraedrisch von vier C-Atomen umgeben (Abb. 2.53). Die Bindungen entstehen durch Überlappung von sp^3-Hybridorbitalen der C-Atome. Auf Grund der hohen C—C-Bindungsenergie (348 kJ/mol) ist Diamant sehr hart (er ist der härteste natürliche Stoff). Alle Valenzelektronen sind in den sp^3-Hybridorbitalen lokalisiert, Diamantkristalle sind daher farblos und elektrisch nichtleitend. Wegen der hohen Lichtbrechung, ihrer Härte, ihres Glanzes und ihrer Seltenheit sind Diamanten wertvolle *Edelsteine.* Durch Spuren von Beimengungen entstehen gelbe, blaue, violette, grüne und schwarze (Carbonados) Diamanten. 95 % werden wegen ihrer Härte und unübertroffenen Wärmeleitfähigkeit für technische Zwecke verwendet: zum Schleifen und Bohren, zum Schneiden von Glas und als Achslager für Präzisionsinstrumente.

Diamant ist metastabil, er wandelt sich aber erst bei 1500°C unter Luftabschluß in den thermodynamisch stabilen Graphit um.

$$C_{\text{Diamant}} \xrightarrow{\text{1500°C}} C_{\text{Graphit}} \qquad \Delta H^\circ = -1,9 \text{ kJ/mol}$$

In Gegenwart von Luft verbrennt er bei 800°C zu CO_2.

Graphit kristallisiert in Schichtstrukturen. Die bei gewöhnlichem Graphit auftretende Struktur ist in der Abb. 4.30 dargestellt. Innerhalb der Schichten ist jedes C-Atom von drei Nachbarn in Form eines Dreiecks umgeben. Die C-Atome sind sp^2-hybridisiert und bilden mit jedem Nachbarn eine σ-Bindung. Das vierte Elektron befindet sich in einem p-Orbital, dessen Achse senkrecht zur Schichtebene steht (Abb. 4.30c). Diese p-Orbitale bilden delokalisierte (p-p)π-Bindungen aus, die sich über die gesamte Schicht erstrecken. Der C—C-Abstand im Diamant beträgt 154 pm, innerhalb der Graphitschichten nur noch 142 pm. Die innerhalb der Schichten gut beweglichen π-Elektronen verursachen den metallischen Glanz, die schwarze Farbe und die gute Leitfähigkeit parallel zu den Schichten ($10^4\ \Omega^{-1}\,cm^{-1}$). Senkrecht zu den Schichten ist die Leitfähigkeit 10^4mal schlechter. Zwischen den Schichten sind nur schwache van der Waals-Kräfte wirksam. Dies hat einen Abstand der Schichten von 335 pm zur Folge und erklärt die leichte Verschiebbarkeit der Schichten gegeneinander. Graphit wird daher als *Schmiermittel* verwendet. Die gute elektrische Leitfähigkeit ermöglicht seine Verwendung als *Elektrodenmaterial.*

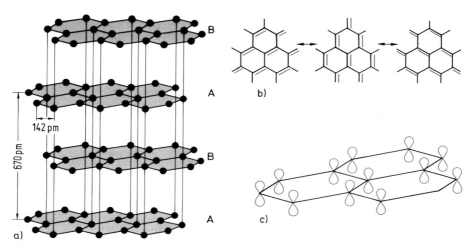

Abbildung 4.30   a) Struktur von hexagonalem α-Graphit. Die Schichtenfolge ist ABAB.. In der rhomboedrischen Form des β-Graphits ist die Schichtenfolge ABCABC..
b) Mesomere Grenzstrukturen eines Ausschnittes einer Graphitschicht.
c) Darstellung der zu delokalisierten π-Bindungen befähigten p-Orbitale.

Graphit ist chemisch reaktionsfähiger als Diamant und verbrennt an Luft schon bei 700 °C zu CO_2.

Das *Zustandsdiagramm des Kohlenstoffs* (Abb. 4.31) zeigt, daß bei hohen Drücken Diamant thermodynamisch stabiler ist und Graphit sich in den dichteren Diamant umwandeln läßt. Ausreichende Umwandlungsgeschwindigkeiten erreicht man z. B. bei 1500 °C und 60 kbar in Gegenwart der Metalle Fe, Co, Ni, Mn oder Pt. Wahrscheinlich bildet sich auf dem Graphit ein Metallfilm, in dem sich Graphit bis zur Sättigung löst und aus dem dann der weniger gut lösliche Diamant – in bezug auf Diamant ist die Lösung übersättigt – ausgeschieden wird. **Synthetische Diamanten** werden mit der *Hochdrucksynthese* seit 1955 industriell hergestellt. Sie decken bereits etwa die Hälfte des Bedarfs an Industriediamanten. Synthetisch werden auch lupenreine Steine mit Schmuckqualität hergestellt. Sie können von Natursteinen durch unterschiedliche Phosphoreszenz unterschieden werden.

Offenbar sind auch die natürlichen Diamanten unter hohem Druck entstanden, denn die primären Diamantvorkommen in Südafrika und Sibirien finden sich in Tiefengesteinen, die an die Erdoberfläche gelangt sind. Der größte bisher gefundene Diamant („Cullinan" Südafrika 1905) hatte eine Masse von 3106 Karat (1 *Karat* = 0,2 g).

In den achtziger Jahren wurde die *CVD-Diamantsynthese* entwickelt (CVD von chemical vapour deposition). Im Unterschied zur Hochdrucksynthese gelingt bei dieser Niederdrucksynthese die *Herstellung dünner Filme* und freistehender Membrane *aus polykristallinem Diamant*, die z. B. zur Beschichtung von Schneidwerkzeugen Verwendung finden. Gasmischungen von Kohlenwasserstoffen werden in reaktive Radikale und Molekülbruchstücke zerlegt, aus denen sich auf einem heißen

Substrat Diamant abscheidet. Die in der Gasphase erzeugten H-Atome reagieren mit entstandenem Graphit und amorphem Kohlenstoff, jedoch wenig mit Diamant, so daß der unter diesen Bedingungen metastabile Diamant entsteht.

Es werden vier Verfahren verwendet. Heißdrahtmethode: Ein CH_4-H_2-Gasgemisch wird an einem elektrisch beheizten W-, Mo- oder Ta-Draht zersetzt. Mikrowellen-Plasma-Verfahren: Mikrowellen erzeugen in einer teilevakuierten Kammer in den Reaktionsgasen ein Plasma. Gleichstrom-Bogenentladung: In einer Mischung aus Ar, H_2 und CH_4 wird ein etwa 5000 °C heißes Gleichstromplasma erzeugt. Flammen-CVD: In einem Schweißbrenner wird Acetylen mit Sauerstoff verbrannt.

Ein Durchbruch ist, daß jetzt auch die *Abscheidung zu einkristallinen Diamantschichten* gelungen ist. Als Substrat wurde Ir/SrTiO$_3$ verwendet.

Graphitischer Kohlenstoff wird künstlich durch thermische Zersetzung von Kohle, Erdöl oder Erdgas als künstlicher Graphit, Pyrokohlenstoff, Faserkohlenstoff, Koks, Ruß und Aktivkohle hergestellt. Diese verschiedenen Kohlenstoffsorten unterscheiden sich voneinander in der Größe und Anordnung sowie der Schichtstruktur der Graphitkristalle. Schlecht kristallisierte Kohlenstoffsorten entstehen bei tiefen Temperaturen. Sie bestehen aus kleinen Kristallen, die zwar parallel gestapelt sind, aber bei denen die Schichten gegeneinander verschoben und verdreht sind (turbostratische Ordnung) und der Schichtabstand größer ist (bis 360 pm). Beim Ruß z. B. ist die Kristallgröße 2000–3000 pm. Mit zunehmender Zersetzungstemperatur wächst die Größe der Graphitschichtpakete. Oberhalb 2500 °C erhält man Kristalle mit der Struktur natürlichen Graphits.

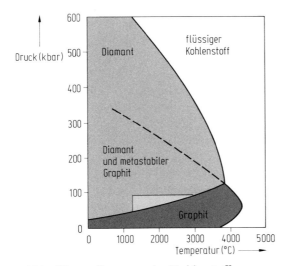

Abbildung 4.31   Phasendiagramm des Kohlenstoffs.
Der Tripelpunkt Graphit/Diamant/Schmelze liegt bei 130 kbar und 3.800 °C. Für die katalytische Graphit-Diamant-Umwandlung ist das rot gekennzeichnete Gebiet geeignet.
Bei hohen Drücken existiert eine hexagonale Form des Diamants (Lonsdaleit). Die Beziehung zwischen den Strukturen kubischer Diamant-hexagonaler Diamant ist analog der Strukturbeziehung Zinkblende-Wurtzit (siehe S. 131).

Bei Drücken von 17 MPa entsteht aus Graphit reversivel *eine durchsichtige superharte Phase, die so hart wie Diamant ist.* Die Graphitebenen werden so dicht zusammengepreßt, daß sich bereits zur Hälfte Bindungen wie im Diamantgitter bilden. Beim Entspannen bildet sich Graphit zurück.

Künstlicher Graphit entsteht aus Koks bei Temperaturen von 2800–3000 °C. Beim Acheson-Verfahren setzt man Silicium als Katalysator zu. Die katalytische Wirkung beruht wahrscheinlich auf der intermediären Bildung von SiC.

Hitzebeständigkeit, Leitfähigkeit und Schmiereigenschaften sorgen für breite technische Anwendung: Auskleidungsmaterial in Hochöfen und Ferrolegierungsöfen, Schmelztiegel, Elektrodenmaterial, Bleistiftminen, Schmier- und Schwärzungsmittel. Da Graphit schnelle Neutronen abbremst und einen kleinen Neutroneneinfangquerschnitt aufweist, benutzt man ihn in Kernreaktoren als Moderator (vgl. S. 22).

Koks, Ruß, Holzkohle bestehen aus schlecht kristallisiertem, mehr oder weniger verunreinigtem, mikrokristallinem Graphit. Industrieruß ist Füllstoff für Elastomere (z. B. Reifenindustrie). Ruß verbessert die mechanischen Eigenschaften des Kautschuks, er erhöht Abriebwiderstand und Zerreißfestigkeit. Autoreifen enthalten etwa 30–35 % Ruß. Weiterhin dient Ruß als Pigment für Druckfarben, Farben und Lacke, sowie zum Einfärben und Stabilisieren von Kunststoffen. **Aktivkohle** ist eine feinkristalline, lockere Graphitform mit großer spezifischer Oberfläche (ca. 1000 m^2/g), die ein hohes Adsorptionsvermögen besitzt. Man erhält sie durch Erhitzen von Holz, tierischen Abfällen oder Rohrzucker. Die Bildung großer spezifischer Oberflächen erreicht man durch Zusätze (z. B. $ZnCl_2$), die das Zusammensintern verhindern, oder durch Anoxidieren (Aufrauhen) der Oberflächen mit Luft oder Wasserdampf. Verwendung: Gasmaskeneinsätze (CO wird nur adsorbiert, wenn vorherige Oxidation zu CO_2 erfolgt ist), Entfuselung von Spiritus, Entfernung von Farbstoffen und Verunreinigungen aus Lösungen (z. B. Entfärbung von Rohrzuckerlösungen), Kohletabletten in der Medizin.

Faserkohlenstoff entsteht durch Pyrolyse synthetischer oder natürlicher Fasern. Durch Streckung während der Pyrolyse richten sich die Kohlenstoffschichten parallel zur Faserachse aus. Bei Temperaturen oberhalb 2000 °C entstehen durch Streckgraphitierung Graphitfasern hoher Zugfestigkeit und Elastizität mit geringer Masse (Tennisschläger, Motorradhelme, Verbundwerkstoff im Flugzeugbau).

Pyrographit. Man zersetzt Kohlenwasserstoffe bei niedrigen Drücken an glatten Oberflächen und graphitiert bei 3000 °C nach. Die Kohlenstoffschichten sind parallel zur Abscheidungsfläche ausgerichtet. Wegen der hohen Anisotropie der thermischen Leitfähigkeit wurde Pyrographit als Hitzeschild für Raumfahrzeuge und für Raketenmotoren verwendet. Hochorientierter Pyrographit dient für Röntgenmonochromatoren.

Glaskohlenstoff ist eine leichte, spröde, sehr harte, isotrope, gas- und flüssigkeitsdichte Keramik, deren Bruch glasartig ist. Man erhält sie durch Pyrolyse bei etwa 1000 °C aus vernetzten Polymeren. Sie besteht aus winzigen Kristalliten (< 10 nm), die knäuelartig verschlungene Bänder bilden. Verwendung in der Medizin (Elektrode in Herzschrittmachern) und für Laborgeräte.

Graphitfolie. Graphitoxid (siehe S. 511) wird durch schnelles Erhitzen auf 1000 °C zersetzt. Dabei spalten sich die Graphitaggregate zwischen den Schichten, die sich dann zu Folien verpressen lassen. Die Folien haben ausgeprägt anisotrope Eigenschaften und werden für Auskleidungen und Dichtungen verwendet.

Fullerene. *Durch Verdampfen von Graphit in einer Heliumatmosphäre entstehen große Kohlenstoffmoleküle mit Hohlkugelgestalt, die faszinierenden Fullerene* C_{60}, C_{70}, C_{76}, C_{78}, C_{80}, C_{82}, C_{84}, C_{86}, C_{88}, C_{90}, C_{94} $\cdots$. Am besten untersucht ist das Buckminsterfulleren C_{60}, dessen Struktur bereits 1985 richtig vorausgesagt wurde (es wurde nach dem Architekten Buckminster-Fuller benannt, der zur Expo 1967 in Montreal eine Kuppelkonstruktion aus sechseckigen und fünfeckigen Zellen entworfen hatte). Das C_{60}-Molekül hat einen Durchmesser von 700 pm, hat ikosaedrische Symmetrie und ist – wie ein Fußball – aus 20 Sechsringen und 12 Fünfringen aufgebaut (Abb. 4.32). Alle C-Atome sind äquivalent. Die mittleren C—C-Abstände betragen 141 pm und sind denen im Graphit fast gleich. Wie im Graphit ist jedes C-Atom sp²-hybridisiert und bildet mit jedem der 3 Nachbarn eine σ-Bindung. Da die Atome auf einer Kugeloberfläche liegen, ist die mittlere Winkelsumme auf 348° verringert und das C-Atom bildet mit den 3 Nachbarn eine flache verzerrte Pyramide. Beide Oberflächen der Kugel sind mit π-Elektronenwolken bedeckt. Die π-Elektronen sind aber nicht wie in den Graphitschichten delokalisiert, sondern bevorzugt in den Bindungen zwischen den Sechsecken lokalisiert.

C_{60} konnte auch auf chemischem Weege aus kommerziellem Ausgangsmaterial in 12 Schritten synthetisiert werden. Letzter Schritt ist die Vakuumpyrolyse von $C_{60}H_{27}Cl_3$ bei 1100 °C.

Die Fullerene lösen sich mit typischen Farben in Toluol. Ihre Trennung gelingt durch Chromatographie an Al_2O_3. In kristalliner Form wurden C_{60}, C_{70}, C_{76}, C_{84}, C_{90} und C_{94} isoliert. *Mit der Fullerenfamilie gibt es nun eine Vielzahl neuer Kohlenstoffmodifikationen.*

Im kristallinen C_{60}-Fulleren sind die C_{60}-Moleküle kubisch-dichtest gepackt (a = 1.420 pm). Die Kristalle sind im durchscheinenden Licht rot bis braun und zeigen Metallglanz. Die Standardbildungsenthalpie $\Delta H_B^{\circ} = 2282$ kJ/mol. Die C_{60}-Kristalle sind also thermodynamisch instabil (relativ zum Graphit um 38 kJ pro C-Atom), aber kinetisch stabil. Die C_{60}-Moleküle sind bei 400 °C unter reduziertem Druck ohne Zersetzung sublimierbar. Durch UV-Strahlung, besonders in Gegenwart von O_2, wird der C_{60}-Käfig zerstört. *Das C_{60}-Fulleren reagiert vielfältig*, es entstehen Verbindungen mit ungewöhnlichen Eigenschaften. Einige Reaktionen werden im Abschn. 4.7.4 besprochen.

Nach der Regel isolierter Fünfecke sollten bei den Fullerenen die Fünfecke von Sechsecken umgeben sein. Zwischen C_{60} und C_{70} gibt es entsprechend der Regel keine Fullerene. Instabile Fullerene wie C_{72}, C_{74}, C_{80} und C_{82} lassen sich aber durch eingelagerte Metallatome als endohydrale Fullerene (siehe Abschnitt 4.7.4) stabilisieren. Kürzlich gelang die Synthese des allerkleinsten Fullerens C_{20}, das nur aus kondensierten Fünfringen besteht.

Fullerene wurden zunächst künstlich erzeugt. Später konnten sie auch in Sedimenten und Meteoriten identifiziert werden. Auf Grund der Isotopenanalyse von Helium- und Argon-Gaseinschlüssen in den derart gefundenen Fullerenkäfigen wurde ihr Entstehen im Weltall angenommen.

Mittels der Graphitverdampfungsverfahren konnten mittlerweile weitere geschlossene Formen von Kohlenstoff synthetisiert werden. Zu diesen Formen gehören die röhrenförmig aufgebauten Kohlenstoff-Nanoröhren, „Bucky Tubes" (Abb. 4.32b) und die Kohlenstoffzwiebeln, Zwiebelschalen-artig aufgebaute Mikropartikel, „Bucky Onions".

Kohlenstoff-Nanoröhren können ein- oder mehrwandig sein. Die Wandung ist gleichsam eine aufgerollte Graphitschicht. Sie besteht aus allseitig aneinanderkondensierten Sechsringen. Durch den Einbau von topologischen Fünfeck-Siebeneck-Defekten kann aus der linearen Röhre eine abgeknickte, gekrümmte oder sogar spiralige Struktur werden. Kohlenstoff-Nanoröhren können am Ende geschlossen oder offen sein. Der Innenraum kann leer oder gefüllt sein. Der Abstand zwischen den Graphenschichten bei den mehrwandigen Röhren oder den Kohlenstoffzwiebeln gleicht mit 340 pm dem Abstand zweier Schichten im Graphit.

Die Herstellung der Kohlenstoff-Nanoröhren kann in der Gasphase durch Lichtbogensynthese, durch die pyrolytische Zersetzung von Kohlenwasserstoffen in Gegenwart von Metallkatalysatoren und durch Laserverdampfung von Graphit erfolgen. Als Synthese in kondensierter Phase ist die Elektrolyse einer LiCl-Schmelze bei 600 °C mit Graphitelektroden im Einsatz.

Kohlenstoff-Nanoröhren haben eine größere Festigkeit als Kohlenstofffasern und Siliciumcarbidfasern, sie sind oxidationsbeständiger als Fullerene und Graphit. Nanoröhren sind bessere Wärmeleiter als Diamant, vorteilhaft ist, daß die Wärme nur in Längsrichtung gelenkt wird. Sie sind Halbleiter wie Silicium. Die Bandlücke hängt

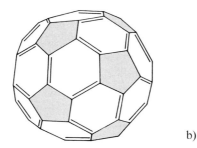
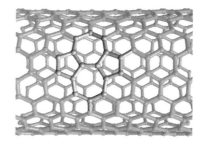

a)   b)

Abbildung 4.32 a)   Das C_{60}-Molekül (Buckminsterfulleren). Die Oberfläche ist die eines 60-eckigen Fußballs. Es gibt 12 isolierte fünfeckige Flächen und 20 sechseckige Flächen. Das 32-flächige Polyeder ist ein abgestumpftes Ikosaeder (vgl. Abb. 4.42). Das kugelförmige Molekül hat einen Durchmesser von 700 pm. Die C—C-Abstände der Sechsring-Sechsring-Verknüpfungen sind 138,8 pm, die der Sechsring-Fünfring-Verknüpfungen 143,2 pm.
b) Modell einer einwandigen Kohlenstoff-Nanoröhre (nanotube). Die Wandung besteht aus einer aufgerollten, in sich geschlossenen Graphitschicht. Der Durchmesser der Röhre beträgt 1–3 nm. Dunkler dargestellt sind topologische Fünfeck-Siebeneck-Defekte.

vom Durchmesser der Röhren ab, sie wird kleiner mit wachsendem Durchmesser. Durch Füllung der Röhren mit Metallen entstehen Nanodrähte.

Nanodrähte und Nanoröhren haben ein faszinierendes Gebiet mit vielen Anwendungsmöglichkeiten erschlossen. Beispiele für Kohlenstoffnanoröhren: Wasserstoffspeicherung in Kraftfahrzeugen, Spitzen für Rastersondenmikroskope, Verbundwerkstoffe, molekulare Filter und Membranen.

Nanoröhren wurden auch mit anderen Elementen und deren Verbindungen synthetisiert, z. B. mit Si, SiO_2, BN, BC_3, MoS_2, WS_2. Nanodrähte lassen sich mit vielen Metallen und Metalloxiden herstellen und finden Anwendungen in Mikroelektronik und Mikrosensorik.

Die Nanotechnologie wird als Schlüsseltechnologie kommender Jahrzehnte angesehen.

Die Kohlenstoffzwiebeln sind keine Fullerene im engeren Sinne. Fullerene sind geschlossene Hohlkörper. Die Zwiebeln dagegen sind Graphitebenen, die sich durch Fünfring- und Siebenring-Defekte konzentrisch ineinander krümmen und die einzelnen „Zwiebelschalen" bilden. Kohlenstoffzwiebeln können mehrere 100 nm groß werden.

4.7.3.2 Silicium, Germanium, Zinn, Blei

Modifikationen

Silicium, Germanium und **graues Zinn** *kristallisieren ebenfalls im Diamantgitter* (α-Modifikationen). *Die Bindungsstärke nimmt in Richtung Sn ab.* Im Gegensatz zum Diamant ist daher ein kleiner Anteil der Valenzelektronen nicht mehr in bindenden Orbitalen lokalisiert, sondern im Gitter frei beweglich. Si, Ge und graues Zinn sind *Eigenhalbleiter.* Da die Anzahl der freien Elektronen in Richtung Sn zunimmt, erhöht sich zum Zinn hin die Leitfähigkeit (vgl. Abschn. 2.4.4.3). Durch Dotierung (z. B. mit As oder Ga) werden aus hochreinem Silicium oder Germanium *Störstellenhalbleiter* hergestellt (vgl. Abschn. 2.4.4.4).

Nichtmetallisches graues Zinn (α-Sn) ist nur unterhalb 13 °C beständig, bei höheren Temperaturen ist **metallisches Zinn** (β-Sn) stabiler.

$$\alpha\text{-Sn} \underset{\longleftarrow}{\overset{13\,°C}{\rightleftharpoons}} \beta\text{-Sn} \qquad \Delta H° = +\,2\,kJ/mol$$

grau	weiß
nichtmetallisch	metallisch
KZ = 4	KZ = 6
Dichte 5,77 g cm^{-3}	Dichte 7,28 g cm^{-3}

Im β-Sn ist jedes Sn-Atom sechsfach koordiniert. Mit der Vergrößerung der Koordinationszahl vergrößert sich auch die Dichte. Die Umwandlungsgeschwindigkeit von β-Sn in α-Sn ist sehr klein. Wenn sich aber Kristallisationskeime von α-Sn gebildet haben, erfolgt schnelle Ausbreitung der zerstörenden Umwandlung der metallischen Struktur in pulvriges graues Zinn (Zinnpest).

Von Si sind drei **Hochdruckmodifikationen** bekannt: β-Si ist isotyp mit β-Sn, δ-Si mit hexagonalem Diamant (vgl. Abb. 4.31), γ-Si kristallisiert kubisch-raumzentriert. Dieselben Hochdruckmodifikationen gibt es auch beim Ge.

Blei *kristallisiert in einer typischen Metallstruktur,* nämlich in der kubisch-dichtesten Packung (vgl. Abschn. 2.4.2). Es ist ein bläulich-graues, weiches, dehnbares Schwermetall. Nur frische Schnittflächen zeigen metallischen Glanz, da sich an der Luft eine dünne Oxidschicht bildet. Sie verhindert die oxidative Zerstörung des Metalls.

Nur beim Kohlenstoff erfolgt im elementaren Zustand eine Verknüpfung der Atome unter Beteiligung von π-Bindungen. Im Gegensatz zur Diamantstruktur tritt die Graphitstruktur daher bei den anderen Elementen der Gruppe nicht auf.

Darstellung. Reaktion. Verwendung

Bei der technischen Darstellung von **Silicium** wird Quarz mit Koks im elektrischen Ofen reduziert.

$$SiO_2 + 2C \xrightarrow{1800\,°C} Si + 2CO \qquad \Delta H° = +690 \, kJ/mol$$

Man erhält Si in kompakten Stücken.

Im Laboratorium verwendet man Mg oder Al als Reduktionsmittel.

$$3\,SiO_2 + 4\,Al \longrightarrow 3\,Si + 2\,Al_2O_3 \qquad \Delta H° = -619 \, kJ/mol$$

Für die *Halbleitertechnik* benötigt man extrem reines Silicium. Technisches Si wird mit HCl zu $SiHCl_3$ (Trichlorsilan) umgesetzt, dieses durch Destillation gereinigt und dann zu Si reduziert.

$$Si + 3\,HCl \underset{1100\,°C}{\overset{300\,°C}{\rightleftharpoons}} HSiCl_3 + H_2$$

Man erhält polykristallines Silicium einer Reinheit von 10^{-9} Atom %. Siliciumeinkristalle gewinnt man daraus mit dem Zonenschmelzverfahren (vgl. Abschn. 2.4.6.1) oder mit dem jetzt hauptsächlich eingesetzten Czochralski-Verfahren. Dabei wird das polykristalline Silicium in einem Quarztiegel geschmolzen, in die Schmelze wird ein Impfkristall eingetaucht, an dem das Silicium auskristallisiert. Der wachsende Einkristall wird – unter gegenläufiger Rotation von Tiegel und Kristall – langsam aus der Schmelze herausgezogen. Man erhält anderthalb Meter lange und bis zu 30 cm dicke walzenförmige Einkristalle. Sie werden in 0,5 bis 1 mm dicke Scheiben („Wafer") zerschnitten.

1990 wurden weltweit 4000 t Si-Einkristallscheiben im Wert von 3 Milliarden DM hergestellt. Die daraus gefertigten Bauteile hatten ein Umsatzvolumen von 80 Milliarden DM.

Si reagiert bei Raumtemperatur nur mit Fluor. Mit den anderen Halogenen, O_2, N_2, S, C und vielen Metallen reagiert es erst bei hohen Temperaturen. Si löst sich trotz des negativen Standardpotentials nicht in Säuren (Passivierung), aber leicht in heißen Laugen.

$$Si + 2\,NaOH + H_2O \longrightarrow Na_2SiO_3 + 2\,H_2$$

Zur Darstellung von **Germanium** wird aus Germanit mit einem H_2SO_4-HNO_3-Gemisch GeO_2 abgeschieden und dieses mit konz. Salzsäure zu $GeCl_4$ umgesetzt. Durch Destillation von $GeCl_4$ und Hydrolyse erhält man reines GeO_2, das mit H_2 zu Ge reduziert wird.

$$GeO_2 + 4\,HCl \longrightarrow GeCl_4 + 2\,H_2O$$
$$GeO_2 + 2\,H_2 \longrightarrow Ge + 2\,H_2O$$

Reinstes Ge für Halbleiterzwecke wird mit dem Zonenschmelzverfahren hergestellt.

Zur Darstellung von **Zinn** wird Zinnstein mit Kohle reduziert.

$$SnO_2 + 2\,C \longrightarrow Sn + 2\,CO \qquad \Delta H^\circ = 360\,\text{kJ/mol}$$

Zur Wiedergewinnung von Sn aus Weißblechabfällen (verzinntes Eisenblech) wird das Weißblech elektrolytisch gelöst und daraus das Sn kathodisch abgeschieden. Früher wurde Sn mit Cl_2 in $SnCl_4$ überführt (Fe wird nicht angegriffen).

Bei Raumtemperatur ist Sn gegenüber Wasser und Luft beständig, von starken Säuren und Basen wird es angegriffen.

$$Sn + 2\,HCl \longrightarrow SnCl_2 + H_2$$

$$Sn + 4\,H_2O + 2\,OH^- \longrightarrow [Sn(OH)_6]^{2-} + 2\,H_2$$

Mit Chlor und Brom reagiert Sn zu Tetrahalogeniden SnX_4.

Schon vor der Erfindung des Porzellans diente Sn zur Herstellung von Geschirr. Eisenblech wird durch Eintauchen in geschmolzenes Sn verzinnt (Weißblech) und dadurch vor Korrosion geschützt. Sn ist Bestandteil wichtiger *Legierungen.* Britanniametall wird zur Herstellung von Gebrauchsgegenständen (Tischgeschirr) verwendet. Es besteht aus 88–90% Sn, 10–8% Sb und 2% Cu. Bronzen sind Cu-Sn-Legierungen (s. bei Cu). Weichlot besteht aus 40–70% Sn und 60–30% Pb (den niedrigsten Schmelzpunkt von 181°C hat eine Legierung mit 64% Sn und 36% Pb).

Für die Herstellung von **Blei** wird fast ausschließlich Bleiglanz PbS verwendet.

Röstreduktionsverfahren. Nach der Oxidation von PbS

$$PbS + 1{,}5\,O_2 \longrightarrow PbO + SO_2 \qquad \text{(Röstarbeit)}$$

wird im Hochofen PbO mit Koks reduziert.

$$PbO + CO \longrightarrow Pb + CO_2 \qquad \text{(Reduktionsarbeit)}$$

Röstreaktionsverfahren. PbS wird unvollständig oxidiert

$$3\,PbS + 3\,O_2 \longrightarrow PbS + 2\,PbO + 2\,SO_2 \qquad \text{(Röstarbeit)}$$

und dann unter Luftausschluß weiter erhitzt.

$$PbS + 2\,PbO \longrightarrow 3\,Pb + SO_2 \qquad \text{(Reaktionsarbeit)}$$

Trotz des negativen Standardpotentials löst sich Pb nicht in H_2SO_4, HCl und HF (Passivierung). In HNO_3 und heißen Laugen löst es sich. Wegen der Giftigkeit von

Bleiverbindungen ist zu beachten, daß Blei in Gegenwart von Luftsauerstoff von Wasser angegriffen wird.

$$Pb + \tfrac{1}{2}O_2 + H_2O \longrightarrow Pb(OH)_2$$

Auch von CO_2-haltigen Wässern wird Pb gelöst.

$$Pb + \tfrac{1}{2}O_2 + H_2O + 2CO_2 \longrightarrow Pb(HCO_3)_2$$

Pb wird zur Herstellung von Bleirohren, Geschossen und Flintenschrot sowie Akkumulatorplatten (vgl. S. 368) verwendet.

Durch Sb-Zusätze gehärtetes Pb nennt man Hartblei. Wichtige *Legierungen* sind Bleilagermetalle (60–80% Pb, Sb, Sn und etwas Alkali- bzw. Erdalkalimetall) und Letternmetall (70–90% Pb, Sb und etwas Sn).

4.7.4 Graphitverbindungen, Fullerenverbindungen

Graphit bildet unter Erhalt der Schichtstruktur zahlreiche polymere Verbindungen. Je nach Reaktionspartner ist die Bindung überwiegend kovalent oder ionisch.

Kovalente Graphitverbindungen

Bei 700 °C reagiert Graphit mit F_2 zu CF_4-Molekülen. Bei tieferen Temperaturen bleiben die Graphitschichten erhalten, die Fluoratome bilden mit den π-Elektronen des Graphits kovalente Bindungen. Bei 600 °C entstehen feste Verbindungen mit den Zusammensetzungen $CF_{0,68}$ bis CF. Die Hybridisierung ändert sich von sp^2 nach sp^3, die Leitfähigkeit nimmt ab, die schwarze Farbe und der metallische Glanz verschwinden. **CF** (Abb. 4.33 a) ist daher farblos und nichtleitend, es ist eine hydrophobe, chemisch resistente Substanz (inert gegen Wasser, Säuren und Basen).

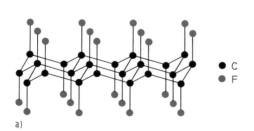

● C
● F

a)   b)

Abbildung 4.33   Graphitverbindungen a) Eine Schicht im Graphitfluorid $(CF)_n$.
Alle π-Elektronen des Elektronengases des Graphits sind in Bindungen mit F-Atomen lokalisiert. CF ist daher nichtleitend und farblos. Die C-Atome sind sp^3-hybridisiert, die Schichten daher gewellt. Die Bindungen sind Einfachbindungen. Der Abstand zwischen den Schichten beträgt ca. 700 pm (335 pm im Graphit). Im Kristall liegen die Schichten spiegelbildlich übereinander, so daß jede dritte Schicht dieselbe Lage einnimmt.
b) Zwei Schichten im Graphitfluorid $(C_2F)_n$.
Die Schichten sind durch kovalente Bindungen verbunden. Die eine Hälfte der sp^3-hybridisierten C-Atome ist an F-Atome gebunden, die andere Hälfte an C-Atome der Nachbarschicht. Im Kristall liegen die Schichtpakete spiegelbildlich übereinander, ihr Abstand beträgt 800 pm.

Bei $350-400\,°C$ erhält man die durchsichtige, dunkelbraune Verbindung **C_2F**, in der nur noch nach jeder 2. Schicht Fluor eingebaut ist (Abb. 4.33 b). Die sp^3-hybridisierten C-Atome sind mit drei Bindungen innerhalb der Schicht gebunden, die vierte Bindung geht von der einen Hälfte der C-Atome an die Fluoratome, von der anderen Hälfte an C-Atome der benachbarten Schicht.

Mit starken wäßrigen Oxidationsmitteln (z. B. $H_2SO_4/KMnO_4$) erhält man **Graphitoxid** der idealisierten Zusammensetzung $C_8O_2(OH)_2$, das noch $C=C$-Bindungen enthält. Die OH-Gruppen haben schwach sauren Charakter, daher wird die Verbindung auch als Graphitsäure bezeichnet.

Graphit-Intercalationsverbindungen (Einlagerungsverbindungen)

Zwischen den Schichten des Graphitgitters können zahlreiche Atome und Verbindungen – zum Teil reversibel – eingelagert werden. Die Schichten des Graphitgitters bleiben erhalten, ihr Abstand vergrößert sich jedoch. Man unterscheidet Einlagerungsverbindungen der 1., 2., 3. Stufe, je nachdem ob nach jeder, jeder 2., jeder 3. Kohlenstoffschicht eine Einlagerungsschicht vorhanden ist.

Eingelagerte Elektronendonatoren geben Elektronen an das Graphitgitter ab, eingelagerte Elektronenakzeptoren nehmen Elektronen aus dem Graphitgitter auf. Zwischen den Graphitschichten und den Intercalationsschichten entsteht eine ionogene Bindung.

Gut untersucht sind die Alkalimetallgraphitverbindungen.

Beispiel Kalium:

Zusammensetzung	C_8K	$C_{24}K$	$C_{36}K$	$C_{48}K$	$C_{60}K$
Farbe	bronzefarben	stahlblau	dunkelblau	schwarz	schwarz
Stufe	1	2	3	4	5

Die K-Atome geben ihr Valenzelektron an das Leitungsband des Graphitgitters ab. Es entstehen ionische Strukturen, z.B. $C_8^-K^+$ (Abb. 4.33 c). Die Kaliumgraphitverbindungen sind daher metallische Leiter. Die Leitfähigkeit in Richtung der Schichten ist

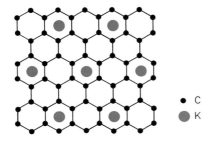

C
K

Abbildung 4.33 c   Aufsicht auf das Gitter von C_8K.
Die Kohlenstoffschichten liegen genau übereinander (Schichtenfolge AAA...). Der Schichtabstand beträgt 540 pm. Beim Graphit ist die Schichtfolge ABAB.. oder ABCABC.., der Schichtabstand 335 pm. Bei den Kaliumgraphitverbindungen höherer Stufen fehlt das mittlere K-Atom. Es bleiben also $\frac{1}{3}$ der K-Plätze unbesetzt und die 2. Stufe hat daher die Zusammensetzung $C_{24}K$.

ca. zehnmal, senkrecht zu den Schichten ca. hundertmal so groß wie im Graphit. Die Leitfähigkeit nimmt mit steigender Temperatur ab. Alkalimetallgraphitverbindungen sind schwach paramagnetisch. Sie sind sehr reaktiv und zersetzen sich heftig mit Wasser.

Ähnliche Verbindungen gibt es mit Erdalkalimetallen, Eu, Yb und Sm.

Zahlreicher als Graphitverbindungen mit Elektronendonatoren sind die Einlagerungsverbindungen mit Elektronenakzeptoren (Metallhalogenide, Sauerstoffsäuren, Oxide).

Beispiele:

$C_{24}^+ HSO_4^- \cdot 2{,}4 H_2SO_4$; $C_{70}^+ Cl^- FeCl_2 \cdot 5 FeCl_3$

Die Graphitsalze leiten besser als Graphit. Sie werden von Wasser zersetzt. In der präparativen organischen Chemie werden die Graphit-Einlagerungsverbindungen vielfältig verwendet, z.B. C_8K als selektiv wirkendes Reduktionsmittel, $C_{24}^+ HSO_4^- \cdot 2{,}4 H_2SO_4$ als Veresterungskatalysator.

Verbindungen des Fullerens C_{60}

Im kristallinen C_{60}-Fulleren sind die C_{60}-Moleküle kubisch-dichtest gepackt. In das Kristallgitter können Alkalimetalle und Erdalkalimetalle eingebaut werden. Pro C_{60} sind im Gitter eine oktaedrische Lücke und zwei tetraedrische Lücken vorhanden. Bei K_3C_{60} und Rb_3C_{60} sind diese Lücken mit den Alkalimetallatomen gefüllt. Ein weiterer Einbau führt zu Strukturänderungen. K_4C_{60} und Rb_4C_{60} haben eine raumzentrierte tetragonale Struktur, K_6C_{60} und Rb_6C_{60} kristallisieren kubisch-raumzentriert. C_{60} ist ein Halbleiter (Bandlücke 1,9 eV), der Einbau von Alkalimetallen führt zunächst zu metallischer Leitung, die Phasen Me_6C_{60} sind wieder Isolatoren. Die höchste Leitfähigkeit besitzen die Phasen Me_3C_{60}, und nur diese Phasen sind Supraleiter mit Sprungtemperaturen bis 33 K (Cs_2RbC_{60}). Im Kristall entsteht aus π-Orbitalen der C_{60}-Moleküle ein schmales Valenzband mit 6 besetzbaren Zuständen pro C_{60}. Die Alkalimetallatome geben ihr Valenzelektron an das Leitungsband ab, es entstehen die Fulleride $Me_n^+ C_{60}^{n-}$ (Me = K, Rb, Cs; n = 2, 3, 4, 5, 6). Bei $Me_3^+ (C_{60})^{3-}$ ist das Band halbgefüllt (maximale Leitfähigkeit), bei $Me_6^+ (C_{60})^{6-}$ ist es vollständig aufgefüllt (Isolator).

Zu anderen Phasen führt der Einbau der kleineren Na-Atome. Na_3C_{60} ist kein Supraleiter. Im Na_6C_{60} sind die C_{60}-Moleküle kubisch-dichtest gepackt, die tetraedrischen Lücken mit Na-Atomen besetzt, die oktaedrischen Lücken mit tetraedrischen Na_4-Clustern. Im $Na_{11}C_{60}$ enthalten die oktaedrischen Lücken Na_9-Cluster.

Durch Einbau von Erdalkalimetallen entstehen die supraleitenden Phasen Ca_5C_{60} und Ba_6C_{60}.

Der große Hohlraum des C_{60}-Moleküls macht dieses zu einem molekularen Container. Es können Nichtmetall- oder Metallatome (vorwiegend Seltenerdmetalle) in Fullerenkäfigen eingeschlossen sein: *Endohydrale* Fullerenderivate. Der Einschluß wird durch das Symbol @ angezeigt. Beispiele sind: $He@C_{60}$, $N@C_{60}$, $La_2@C_{72}$, $Eu@C_{74}$, $Ce_2@C_{80}$, $La@C_{82}$, $Sc_3@C_{82}$, $Sc_2@C_{84}$. Im Käfig wird $Sc_3N@C_{80}$, ein vieratomiger Cluster eingebaut. Helium kann von außen hineingeschossen werden, die Metallatome werden beim Aufbau der Käfige eingebaut. Die nichtexistierenden Fullerene C_{72} und C_{74}, sowie die weniger stabilen Fullerene C_{80} und C_{82} sind als endohydrale Fullerene stabil. Stabilisierend ist die elektronische Struktur der eingelagerten Spezies.

Mit Übergangsmetallen bildet C_{60} durch Addition von Metall-Ligand-Spezies Komplexe, die *exohydralen* Fullerene.

Heterofullerene sind Käfige, in denen einzelne C-Atome durch andere Atome wie Bor oder Stickstoff ersetzt sind.

Brom wird an den Doppelbindungen addiert, es entstehen die Verbindungen $C_{60}Br_6$, $C_{60}Br_8$ und $C_{60}Br_{24}$. Durch Addition von 24 Br-Atomen ist C_{60} sterisch abgesättigt.

Die Reaktion mit Fluor führt stufenweise über $C_{60}F_6$ und $C_{60}F_{42}$ zum vollständig fluorierten $C_{60}F_{60}$.

Mit Wasserstoff werden nur die konjugierten Doppelbindungen angegriffen, es bleiben 12 Doppelbindungen erhalten und es bildet sich die Verbindung $C_{60}H_{36}$.

In allen Verbindungen bleibt die Käfigstruktur der C_{60}-Moleküle erhalten.

4.7.5 Carbide

Carbide sind Verbindungen des Kohlenstoffs mit Metallen und den Halbmetallen B und Si. Kohlenstoff ist also *der elektronegativere Reaktionspartner.* Die Carbide können in kovalente, salzartige und metallische Carbide eingeteilt werden.

Mit den Elementen ähnlicher Elektronegativität, B und Si, bildet Kohlenstoff **kovalente Carbide**, z. B. SiC und $B_{13}C_2$ (vgl. Abschn. 4.8.4.1).

Siliciumcarbid SiC (Carborund) ist sehr hart, thermisch und chemisch resistent, gut wärmeleitend und wie Silicium ein Eigenhalbleiter. Es dient als Schleifmittel, zur Herstellung feuerfester Steine und von Heizwiderständen (Silitstäbe), sowie für hochtemperaturfeste Teile im Maschinen- und Apparatebau (Gasturbinen, Turbo-Dieselmotore, Lager). *SiC kommt in mehreren Modifikationen vor; in allen sind die Atome tetraedrisch von vier Atomen der anderen Art umgeben und durch kovalente Bindungen verknüpft.* Eine der Modifikationen kristallisiert in der diamantähnlichen Zinkblende-Struktur (vgl. Abb. 2.54). Technisch stellt man SiC aus Quarzsand und Koks her (Acheson-Verfahren, Weltproduktion ca. 10^6 t/Jahr).

$$SiO_2 + 3\,C \xrightarrow{2200\,°C} SiC + 2\,CO \qquad \Delta H° = +625\,kJ/mol$$

Man erhält sogenanntes α-SiC (hexagonale und rhomboedrische Modifikationen). Kubisches β-SiC entsteht bei der thermischen Zersetzung von Methylchlorsilanen bei Temperaturen über 1000 °C.

$$CH_3SiCl_3 \longrightarrow SiC + 3\,HCl$$

Salzartige Carbide werden mit den elektropositiven Metallen gebildet. Es *sind farblose, hydrolyseempfindliche Feststoffe.* Am häufigsten sind ionische Carbide, die aus

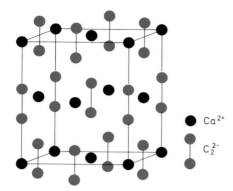

Abbildung 4.34   Struktur von CaC_2.
Die Anordnung der Ionen ist dieselbe wie in der NaCl-Struktur (Abb. 2.2). Da die $[|C\equiv C|]^{2-}$-Ionen parallel zu einer Achse der Elementarzelle liegen, verursachen sie eine Verzerrung zu tetragonaler Symmetrie.

Metallkationen und dem Acetylenid-Anion $[|C\equiv C|]^{2-}$ aufgebaut sind:

$$\overset{+1}{Me_2}C_2 \qquad (Me = \text{Alkalimetall, Cu, Ag, Au})$$

$$\overset{+2}{Me}C_2 \qquad (Me = \text{Erdalkalimetall, Zn, Cd}),$$

Mit Wasser erfolgt Zersetzung zu Acetylen.

$$CaC_2 + 2H_2O \longrightarrow Ca(OH)_2 + HC\equiv CH$$

Calciumcarbid CaC_2 hat großtechnische Bedeutung (vgl. S. 603). Es wird aus Calciumoxid und Koks im elektrischen Ofen hergestellt.

$$CaO + 3C \xrightarrow{2200°C} CaC_2 + CO \qquad \Delta H° = +465\,kJ/mol$$

Die Hauptmenge wird zu Acetylen weiterverarbeitet.

Eine der vier Modifikationen von CaC_2 besitzt eine verzerrte NaCl-Struktur (Abb. 4.34), in der auch die meisten anderen Acetylenide MeC_2 kristallisieren.

Außer den ionischen Carbiden, die als Salze des Acetylens aufzufassen sind, gibt es solche, die sich vom Methan CH_4 ableiten und die formal C^{4-}-Ionen enthalten, z. B. Be_2C und Al_4C_3. Bei der Umsetzung mit Wasser entwickeln sie Methan.

$$Al_4C_3 + 12H_2O \longrightarrow 4Al(OH)_3 + 3CH_4$$

Be_2C kristallisiert im Antifluorit-Typ, aus Berechnungen folgt die Existenz von C^{4-}-Ionen im Kristall.
Das Carbid Li_4C_3 hydrolysiert zu Propin

$$Li_4C_3 + 4H_2O \longrightarrow 4LiOH + CH_3-C\equiv C-H$$

Mg_2C_3 zu einem Gemisch aus Propin und Propadien $CH_2=C=CH_2$. Die Annahme, daß sie das Ion $[\bar{C}=C=\bar{C}]^{4-}$ enthalten, konnte für Mg_2C_3 durch Strukturuntersuchungen bestätigt werden. C_3-Einheiten neben C_2-Einheiten und einzelnen C-Atomen treten im metallisch leitenden Carbid Sc_3C_4 auf. Inhalt der Elementarzelle: $Sc_{30}(C_3)_8(C_2)_2(C)_{12}$; $Sc_{30}^{3+}(C_3^{4-})_8(C_2^{2-})_2(C^{4-})_{12}\,6e^-$. Die Carbide Me_3C_4 (Me = Ho, Er, Tm, Yb, Lu) sind mit Sc_3C_4 isotyp.

In den Carbiden $\overset{+3}{Me}C_2$ und $\overset{+3}{Me}_2C_3$ (Me = Y, Lanthanoide, U) existieren C_2^{3-}-Ionen. Ein Elektron befindet sich in antibindenden π-MOs der C_2-Gruppen (vgl. Abb. 2.66), die Bindung ist geschwächt und die C—C-Abstände vergrößert. Diese Carbide sind nicht mehr salzartig, sondern metallisch leitend. Sie zeigen ein kompliziertes Hydrolyseverhalten, es entsteht ein Gemisch aus Kohlenwasserstoffen.

Die Carbide Me_4C_5 (Me = Y, Gd, Tb, Dy, Ho) lassen sich mit der Formel $Me_4^{3+}(C_2^{4-})_2C^{4-}$ beschreiben. Einzelne C-Atome sind oktaedrisch koordiniert. In den C_2-Gruppen sind Doppelbindungen vorhanden. Das Hydrolyseverhalten ist kompliziert.

Es gibt eine große Anzahl ternärer Lanthanoid-Übergangsmetall-Carbide, die C_2-Paare enthalten und die in vielen unterschiedlichen Strukturen kristallisieren.

Metallische Carbide (Einlagerungscarbide) sind Verbindungen mit Übergangsmetallen, in denen die kleinen Kohlenstoffatome die Lücken von Metallgittern besetzen. Es entstehen *Stoffe mit großer Härte, hohen Schmelzpunkten und metallischer Leitfähigkeit*. Sie sind im Abschn. 2.4.6.2 behandelt worden.

4.7.6 Sauerstoffverbindungen des Kohlenstoffs

4.7.6.1 Oxide des Kohlenstoffs

Die wichtigsten und beständigsten Oxide des Kohlenstoffs sind Kohlenstoffmonooxid CO und Kohlenstoffdioxid CO_2. Außerdem gibt es die Suboxide C_3O_2, C_4O_2, C_5O_2 und das Mellithsäureanhydrid $C_{12}O_9$.

Kohlenstoffmonooxid CO ist ein farbloses, geruchloses, sehr giftiges Gas (Smp. $-204\,°C$, Sdp. $-191,5\,°C$). Die Moleküle CO und N_2 sind isoelektronisch, in beiden Molekülen sind die Atome durch eine σ-Bindung und zwei π-Bindungen verbunden

$$|\overset{\ominus}{C}\equiv\overset{\oplus}{O}|$$

CO entsteht bei unvollständiger Verbrennung von Kohlenstoff.

$$C + \tfrac{1}{2}O_2 \rightleftharpoons CO \qquad \Delta H_B^\circ = -111\,kJ/mol$$

Technisch entsteht CO in großen Mengen bei der Erzeugung von Wassergas (vgl. Abschn. 4.2.2). CO ist Bestandteil des *Stadtgas*es, das aus H_2, CO, CH_4 und etwas CO_2 und N_2 besteht. Im Laboratorium stellt man CO durch Eintropfen von Ameisensäure in warme konz. H_2SO_4 her.

$$HCOOH \xrightarrow{H_2SO_4} H_2O + CO$$

An der Luft verbrennt CO mit charakteristischer blauer Flamme zu CO_2.

$$CO + \tfrac{1}{2}O_2 \rightleftharpoons CO_2 \qquad \Delta H^\circ = -283\,kJ/mol$$

CO ist daher ein *Reduktionsmittel*. Es reduziert bei erhöhter Temperatur viele Metall-oxide (CuO, Fe_2O_3) zu Metallen (vgl. Hochofenprozeß S. 818). Palladium wird von CO schon bei Raumtemperatur aus wäßriger Salzlösung ausgefällt.

$$Pd^{2+} + 3H_2O + CO \longrightarrow Pd + 2H_3O^+ + CO_2$$

Die dabei auftretende Dunkelfärbung der Lösung ist ein empfindlicher Nachweis für CO.

Mit Übergangsmetallen bildet CO eine Vielzahl von *Carbonylkomplexen*. Sie werden im Abschn. 5.5 behandelt. Technisch interessant ist Tetracarbonylnickel, das zur Reindarstellung von Ni und auch CO dient.

$$Ni + 4CO \xrightleftharpoons[180\,°C]{80\,°C} Ni(CO)_4$$

Die Giftigkeit des CO beruht auf der Bildung von Carbonylkomplexen mit dem Eisen des Hämoglobins im Blut, wodurch der O_2-Transport blockiert wird..

Von großtechnischer Bedeutung ist die Umsetzung von CO mit H_2. Je nach Versuchs-bedingungen erhält man Methanol, höhere Alkohole oder gesättigte und ungesättig-te aliphatische Kohlenwasserstoffe (vgl. Abschn. 3.6.6). Die Kohlenwasserstoffsyn-these von Fischer und Tropsch wird bei 180 °C und Normaldruck mit Katalysatoren durchgeführt.

$$nCO + (2n+1)H_2 \longrightarrow C_nH_{2n+2} + nH_2O$$
$$nCO + 2nH_2 \qquad \longrightarrow C_nH_{2n} \quad + nH_2O$$

Die Rolle von CO als Luftschadstoff wird im Abschn. 4.11 behandelt. 2002 betrug die CO-Emission in der Bundesrepublik Deutschland $4,3 \cdot 10^6$ t, davon entstanden 45 % im Bereich Verkehr.

Kohlenstoffdioxid CO_2

CO_2 ist ein farbloses, geruchloses Gas, das nicht brennt und die Verbrennung nicht unterhält (Verwendung als Feuerlöschmittel). Es ist anderthalbmal dichter als Luft und sammelt sich deshalb in geschlossenen Räumen (Höhlen, Grotten, Gärkeller) am Boden (Erstickungsgefahr). CO_2 kann leicht verflüssigt werden ($t_K = -31$ °C, $p_K = 73,7$ bar). Im festen Zustand bildet CO_2 Molekülkristalle (Abb. 2.57). Festes CO_2 (Trockeneis) sublimiert beim Normdruck bei -78 °C. Es wird – zweckmäßig im Gemisch mit Aceton oder Alkohol – als Kältemittel verwendet. Das Zustandsdia-gramm ist in der Abb. 3.9 dargestellt. 1 l H_2O löst bei 20 °C 0,9 l CO_2. CO_2 wird für kohlensäurehaltige Getränke verwendet.

Das CO_2-Molekül ist linear gebaut. Die wichtigste Grenzstruktur ist

$$\overline{O}{=}C{=}\overline{O}$$

Das C-Atom ist sp-hybridisiert, die beiden verbleibenden p-Orbitale bilden π-Bin-dungen. Die Delokalisierung der π-Bindungen wird durch die Grenzstrukturen $|O{\equiv}C{-}\overline{O}| \leftrightarrow |\overline{O}{-}C{\equiv}O|$ berücksichtigt. Die Bildung der MOs von CO_2 und das Energieniveaudiagramm der MOs sind in den Abb. 2.72 und 2.73 dargestellt.

CO_2 entsteht bei der vollständigen Verbrennung von Kohlenstoff.

$$C + O_2 \longrightarrow CO_2 \qquad \Delta H_B^\circ = -394\ \text{kJ/mol}$$

Es fällt als Nebenprodukt beim Kalkbrennen an (vgl. S. 601).

$$CaCO_3 \xrightarrow{\ 1000\,^\circ C\ } CaO + CO_2$$

Zur Reinigung leitet man CO_2 in eine K_2CO_3-Lösung, aus der es beim Kochen wieder freigesetzt wird.

$$K_2CO_3 + CO_2 + H_2O \underset{\text{Hitze}}{\overset{\text{Kälte}}{\rightleftharpoons}} 2\,KHCO_3$$

Im Labor erhält man CO_2 durch Zersetzung von Carbonaten mit Säuren.

$$CaCO_3 + 2\,HCl \longrightarrow CaCl_2 + H_2O + CO_2$$

CO_2 ist eine sehr beständige Verbindung, die sich erst bei hohen Temperaturen in CO und O_2 zersetzt (bei 1200 °C zu 0,03 %, bei 2600 °C zu 52 %).

$$CO_2 \rightleftharpoons CO + \tfrac{1}{2}O_2 \qquad \Delta H^\circ = +283\ \text{kJ/mol}$$

Nur durch starke Reduktionsmittel (H_2, C, Na, Mg) wird CO_2 reduziert. Zwischen Kohlenstoffdioxid, Kohlenstoffmonooxid und Kohlenstoff existiert das sogenannte *Boudouard-Gleichgewicht* (vgl. Abb. 3.22).

$$CO_2 + C(s) \rightleftharpoons 2\,CO \qquad \Delta H^\circ = +173\ \text{kJ/mol}$$

Mit abnehmender Temperatur verschiebt sich die Gleichgewichtslage in Richtung CO_2. Unter Normalbedingungen ist CO daher thermodynamisch instabil, aber die Disproportionierung in CO_2 und C ist kinetisch gehemmt. CO ist daher metastabil existent.

Auch durch H_2 wird CO_2 nur bei hohen Temperaturen reduziert. Beim *Wassergasgleichgewicht* (vgl. S. 378).

$$CO_2 + H_2 \rightleftharpoons CO + H_2O\,(g) \qquad \Delta H^\circ = +41\ \text{kJ/mol}$$

liegt das Gleichgewicht erst bei Temperaturen > 1000 °C auf der rechten Seite.

CO_2 ist für die belebte Natur von großer Bedeutung. Mensch und Tier atmen es als Verbrennungsprodukt aus. Beim *Assimilationsprozeß* nehmen Pflanzen CO_2 auf und wandeln es mit Hilfe von Lichtenergie in Kohlenhydrate um.

Die Atmosphäre enthält einen Volumenanteil von 0,037 % CO_2. Dieser ist für den *Wärmehaushalt der Erdoberfläche* von großer Bedeutung, da das CO_2 der Atmosphäre die von der Erdoberfläche ausgesandten Wärmestrahlen absorbiert, aber die sichtbare Sonnenstrahlung ungehindert passieren läßt. Als Konsequenz des Anstiegs des CO_2-Gehalts durch Verbrennung von fossilen Brennstoffen (weltweit wird 80 % der Energie aus fossilen Energieträgern erzeugt) und großflächigen Waldrodungen ist eine Erwärmung der Erdoberfläche (*Treibhauseffekt*) und als Folge eine weltweite Klimaänderung zu erwarten. Der Treibhauseffekt wird ausführlich im Abschn. 4.11 behandelt.

Kohlenstoffsuboxid C_3O_2 entsteht als farbloses Gas durch Entwässern von Malonsäure mit P_4O_{10}.

$$HOOC-CH_2-COOH \longrightarrow \overline{O}{=}C{=}C{=}C{=}\overline{O} + 2H_2O$$

Das Molekül hat eine lineare Struktur. Es ist bei $-78\,°C$ kinetisch stabil. Bei $25\,°C$ ist es nur unter vermindertem Druck haltbar, bei Normaldruck erfolgt Polymerisation.

C_5O_2, $\overline{O}{=}C{=}C{=}C{=}C{=}C{=}\overline{O}$, ist ein gelber Festkörper, der oberhalb $-90\,°C$ zu einem schwarzen Festkörper polymerisiert.

C_4O_2, $\overline{O}{=}C{=}C{=}C{=}C{=}\overline{O}$, ist bei 10 K in Argon isoliert worden (vgl. Fußnote S. 388).

4.7.6.2 Kohlensäure und Carbonate

CO_2 ist das Anhydrid der Kohlensäure H_2CO_3. Eine wäßrige Lösung von CO_2 reagiert schwach sauer (pH = 4–5). Es treten nebeneinander folgende Gleichgewichte auf:

$$CO_2 + H_2O \rightleftharpoons H_2CO_3 \qquad\qquad pK = 2{,}6$$
$$H_2CO_3 + H_2O \rightleftharpoons H_3O^+ + HCO_3^- \qquad pK_S = 3{,}8$$
$$HCO_3^- + H_2O \rightleftharpoons H_3O^+ + CO_3^{2-} \qquad pK_S = 10{,}3$$

Das erste Gleichgewicht liegt weitgehend auf der Seite von CO_2, 99,8% des gelösten Kohlenstoffdioxids liegen als physikalisch gelöste CO_2-Moleküle vor. H_2CO_3 ist eine mittelstarke Säure. Da aber nur wenige CO_2-Moleküle mit Wasser zu H_2CO_3 reagieren, wirkt die Gesamtlösung als schwache Säure. Durch Zusammenfassung der ersten beiden Gleichgewichte erhält man die Säurekonstante bezogen auf CO_2.

$$CO_2 + 2H_2O \rightleftharpoons H_3O^+ + HCO_3^- \qquad pK_S = 6{,}4$$

H_2CO_3 läßt sich aus wäßriger Lösung nicht isolieren, bei der Entwässerung zersetzt sich H_2CO_3, und CO_2 entweicht. Lange Zeit nahm man an, daß Kohlensäure instabil ist und nicht in reiner Form isoliert werden kann. Reine Kohlensäure konnte mittlerweile auf verschiedenen Wegen synthetisiert werden, z. B. durch Protonierung von Hydrogencarbonaten. Die freie Säure konnte IR- und massenspektroskopisch charakterisiert werden. Die Kohlensäure

ist im festen Zustand und in der Gasphase kinetisch stabil. Wichtig für die Stabilität ist die Abwesenheit von Wasser. Katalytische Mengen beschleunigen den Zerfall um Größenordnungen. Feste Kohlensäure läßt sich sublimieren und wieder kondensieren. Beständig bis $-16\,°C$ ist das Salz $C(OH)_3^+ AsF_6^-$, in dem das mit $B(OH)_3$ isoelektronische Trihydroxicarbeniumion $C(OH)_3^+$ vorliegt, eine protonierte Kohlensäure. Als zweibasige Säure bildet Kohlensäure zwei Reihen von Salzen, **Hydrogencarbonate** („Bicarbonate") mit den Anionen HCO_3^- und **Carbonate** mit den Anionen CO_3^{2-}. CO_3^{2-} ist eine starke Anionenbase. Die CO_3^{2-}-Anionen sind trigonalplanar gebaut, das C-Atom ist sp^2-hybridisiert, die π-Bindung ist delokalisiert (vgl. Abschn. 2.2.7).

In der Natur weit verbreitet sind $CaCO_3$ (Kalkstein, Marmor, Kreide) und $CaMg(CO_3)_2$ (Dolomit). In Wasser schwerlösliches $CaCO_3$ wird durch CO_2-haltige Wässer in lösliches Calciumhydrogencarbonat überführt.

$$CaCO_3 + H_2O + CO_2 \rightleftharpoons Ca^{2+} + 2\,HCO_3^-$$

Auf diese Weise entsteht die Carbonathärte (*temporäre Härte*) des Wassers. Beim Erhitzen verschiebt sich das Gleichgewicht infolge des Entweichens von CO_2 nach links, und $CaCO_3$ fällt aus. Darauf beruht die Ausscheidung des „Kesselsteins" und die Bildung von „Tropfsteinen". Die Sulfathärte (*permanente Härte*) wird durch gelöstes $CaSO_4$ verursacht, sie kann nicht durch Kochen beseitigt werden. Die Gesamthärte wird in mmol/l Erdalkaliionen angegeben. Häufig erfolgt die Angabe noch in Deutschen Härtegraden. $1\,°d$ entspricht 10 mg CaO/l. Sehr harte Wässer haben Härtegrade >21, sehr weiche Wässer <7.

Zur Enthärtung des Wassers verwendet man Polyphosphate (vgl. Abschn. 4.6.11) oder *Ionenaustauscher*. Ionenaustauscher aus Kunstharzen bestehen aus einem lockeren dreidimensionalen Gerüst, in dem saure ($-SO_3H$) oder basische ($-N(CH_3)_3OH$) Gruppen eingebaut sind. Die Gruppen sind Haftstellen für Kationen (Kationenaustauscher) und Anionen (Anionenaustauscher).

$$-SO_3H + Me^+ + H_2O \rightleftharpoons -SO_3^- Me^+ + H_3O^+$$
$$-N(CH_3)_3OH + X^- \rightleftharpoons -N(CH_3)_3^+ X^- + OH^-$$

Läßt man z.B. Wasser durch einen Kationenaustauscher fließen, so werden Ca^{2+}- und Mg^{2+}-Ionen gegen H_3O^+-Ionen ausgetauscht, anschließend können im Anionenaustauscher die SO_4^{2-} und CO_3^{2-}-Ionen gegen OH^--Ionen ausgetauscht werden, so daß vollentsalztes Wasser entsteht. Der Austausch ist umkehrbar, mit Kationen und Anionen beladene Austauscher können durch Säure bzw. Lauge wieder regeneriert werden.

Als Ionenaustauscher sind auch Silicate (Zeolithe) geeignet.

Derivate der Kohlensäure

Harnstoff $CO(NH_2)_2$ ist das Diamid der Kohlensäure (die beiden OH-Gruppen sind durch NH_2-Gruppen ersetzt). Er wird als Düngemittel verwendet und technisch aus CO_2 und NH_3 unter Druck hergestellt.

$$CO_2 + 2\,NH_3 \xrightarrow{\text{60 bar}} O{=}C\langle^{ONH_4}_{NH_2} \xrightarrow[150\,°C]{-H_2O} O{=}C\langle^{NH_2}_{NH_2}$$

Das Zwischenprodukt ist das Ammoniumsalz der Carbaminsäure $O{=}C\langle^{OH}_{NH_2}$

Phosgen $O{=}C\langle^{Cl}_{Cl}$ ist das Dichlorid der Kohlensäure. Es ist ein giftiges, reaktionsfähiges Gas (Giftgas Grünkreuz). Es wird technisch aus CO und Cl_2 hergestellt.

4.7.7 Stickstoffverbindungen des Kohlenstoffs

Hydrogencyanid HCN (Blausäure) ist eine farblose, äußerst giftige, nach bitteren Mandeln riechende Flüssigkeit (Sdp. 26 °C) und eine sehr schwache Säure. Es existieren zwei tautomere Formen:

$$H{-}C{\equiv}N| \rightleftharpoons |C{\equiv}N{-}H$$

Das Gleichgewicht liegt aber vollständig auf der linken Seite.

In organischen Derivaten sind diese Formen als Nitrile RCN und Isonitrile RNC isolierbar.

Die technische Darstellung erfolgt aus Methan und Ammoniak.

$$CH_4 + NH_3 \xrightarrow[\text{Katalysator}]{1200\,°C} HCN + 3\,H_2$$

Ihre Salze, die **Cyanide**, enthalten das Cyanidion $|\overset{\ominus}{C}{\equiv}N|$, das isoelektronisch mit N_2 und CO ist. CN^- bildet mit vielen Übergangsmetallionen Komplexe. Die Cyanide entwickeln mit Säuren HCN, sie werden schon vom CO_2 der Luft zersetzt.

$$2\,KCN + H_2O + CO_2 \longrightarrow K_2CO_3 + 2\,HCN$$

Man stellt Cyanide durch Einleiten von HCN in Laugen her. Der Hauptverbrauch erfolgt bei der Cyanidlaugerei (vgl. S. 729).

Dicyan (CN)$_2$ ist ein farbloses, giftiges, brennbares Gas, das bei 300–500 °C polymerisiert. Das Molekül ist linear gebaut.

$$|N{\equiv}C{-}C{\equiv}N|$$

Es entsteht bei der thermischen Zersetzung von $Hg(CN)_2$ und bei der Reaktion von Cu^{2+} mit CN^-.

$$Cu^{2+} + 2\,CN^- \longrightarrow CuCN + \tfrac{1}{2}(CN)_2$$

$(CN)_2$ ist ein Pseudohalogen und disproportioniert wie die Halogene in basischer Lösung.

$$(CN)_2 + 2\,OH^- \longrightarrow CN^- + OCN^- + H_2O$$

Die **Cyansäure HOCN** existiert in den tautomeren Formen

$$H{-}\overline{\underline{O}}{-}C{\equiv}N| \rightleftharpoons \overline{\underline{O}}{=}C{=}\overline{N}{-}H$$

Beide Formen sind unbeständig. Stabil sind Salze mit dem mesomeren Anion $|\overset{\ominus}{\underline{O}}-C\equiv N| \leftrightarrow \underline{\overline{O}}=C=\overset{\ominus}{\underline{N}}$.

Eine weitere isomere Form ist die Knallsäure $|\overline{\underline{O}}-N\equiv C-H$ (Salze: Fulminate). Ersetzt man Sauerstoff durch Schwefel, erhält man die **Thiocyansäure** (Rhodanwasserstoffsäure) HSCN, die ebenfalls unbeständig ist. Sie bildet beständige Salze, die Thiocyanate (Rhodanide).

4.7.8 Halogen- und Schwefelverbindungen des Kohlenstoffs

Kohlenstofftetrafluorid CF_4 ist ein farbloses, sehr stabiles ($\Delta H_B^\circ = -908\,kJ/mol$) Gas und das Endprodukt der Fluorierung von Graphit (vgl. S. 516).

Polytetrafluorethylen $(CF_2)_n$ und fluorierte Kohlenwasserstoffe wurden bereits im Abschn. 4.4.6 besprochen.

Kohlenstofftetrachlorid CCl_4 ist eine farblose, nicht brennbare Flüssigkeit (Sdp. 76 °C). Sie ist chemisch reaktionsträge und wird als Lösungsmittel und Feuerlöschmittel verwendet.

Kohlenstoffdisulfid CS_2 entsteht aus Schwefeldampf und Kohlenstoff.

$$C + 2S(g) \xrightarrow{850\,°C} CS_2 \qquad \Delta H_B^\circ = +117\,kJ/mol$$

Es ist eine farblose, sehr giftige, leicht entzündliche Flüssigkeit (Sdp. 46 °C) und ein gutes Lösungsmittel für Fette, Öle, Schwefel, Phosphor und Iod. Das CS_2-Molekül ist wie CO_2 ein lineares Molekül mit einem sp-hybridisiertem C-Atom und zwei (p-p)π-Bindungen.

$$\overline{\underline{S}}=C=\overline{\underline{S}}$$

Die Thiokohlensäure H_2CS_3 ist eine ölige Flüssigkeit. Ihre Salze sind die Thiocarbonate. Bekannt ist auch das gasförmige Kohlenstoffoxidsulfid COS.

4.7.9 Wasserstoffverbindungen des Siliciums

Silicium bildet **kettenförmige Silane** der allgemeinen Zusammensetzung Si_nH_{2n+2}, die den aliphatischen Kohlenwasserstoffen C_nH_{2n+2} entsprechen. Es wurden alle Glieder bis $n=15$ nachgewiesen. Monosilan SiH_4 und Disilan Si_2H_6 sind Gase, die Glieder ab $n=3$ sind flüssig oder fest. Es *sind endotherme Verbindungen,* die aber in Abwesenheit von O_2 und H_2O bei Raumtemperatur beständig sind. Beim Erhitzen zerfallen sie in die Elemente.

$$SiH_4 \longrightarrow Si + 2H_2 \qquad \Delta H^\circ = -34\,kJ/mol$$

An der Luft entzünden sie sich von selbst und verbrennen zu SiO_2 und H_2O. Während in den Alkanen der Kohlenstoff negativ polarisiert ist ($\overset{\delta-}{\geqslant C}-\overset{\delta+}{H}$), enthalten die Silane negativ polarisierten Wasserstoff ($\overset{\delta+}{\geqslant Si}-\overset{\delta-}{H}$). Im Gegensatz zu den Kohlenwasserstoffen erfolgt mit starken Nukleophilen Substitution der H-Atome. Hydrolyse erfolgt daher nur bei Anwesenheit von OH$^-$-Ionen.

$$SiH_4 + 4H_2O \xrightarrow{\text{OH}^-} Si(OH)_4 + 4H_2$$

SiH_4, Si_2H_6 und Si_3H_8 können durch Reaktion der entsprechenden Chloride mit $LiAlH_4$ in Ether dargestellt werden, z. B.

$$2Si_2Cl_6 + 3LiAlH_4 \longrightarrow 2Si_2H_6 + 3LiAlCl_4$$

Ein Silangemisch, das alle Silane enthält, entsteht bei der Zersetzung von Mg_2Si mit Säure.

$$Mg_2Si + 4H^+ \longrightarrow SiH_4 + 2Mg^{2+}$$

Man kennt außerdem die **cyclischen Silane** Si_5H_{10} und Si_6H_{12} sowie **polymere Silane** mit variablen Zusammensetzungen, zu denen die Verbindungen $(SiH_2)_n$ und $(SiH)_n$ gehören.

4.7.10 Sauerstoffverbindungen von Silicium

4.7.10.1 Oxide des Siliciums

Siliciumdioxid SiO$_2$

SiO_2 ist im Gegensatz zu CO_2 ein polymerer, harter Festkörper mit sehr hohem Schmelzpunkt. Die Si-Atome bilden nicht wie die C-Atome mit O-Atomen (p-p)π-Bindungen. Die Si-Atome sind sp^3-hybridisiert und tetraedrisch mit vier O-Atomen verbunden. Jedes O-Atom hat zwei Si-Nachbarn, die SiO_4-Tetraeder sind über gemeinsame Ecken verknüpft.

$$
\begin{array}{ccc}
 & | & | \\
 & |O| & |O| \\
 & | & | \\
-\overline{O}- & Si-\overline{O}-Si & -\overline{O}- \\
 & | & | \\
 & |O| & |O| \\
 & | & |
\end{array}
$$

Zusätzlich zu den stark polaren Einfachbindungen existieren Wechselwirkungen zwischen den freien p-Elektronenpaaren des Sauerstoffs und leeren Orbitalen des Siliciums. Diese π-Bindungsanteile erklären die außergewöhnlich hohe Bindungsenergie der Si—O-Bindung.

$$
-\overset{|}{\underset{|}{Si}}-\overline{O}- \leftrightarrow -\overset{|}{\underset{|}{Si}}=\overset{\oplus}{\underset{}{\overline{O}}}-
$$

SiO_2 existiert in verschiedenen Modifikationen, die sich in der dreidimensionalen Anordnung der SiO_4-Tetraeder unterscheiden.

$$\alpha\text{-Quarz} \underset{}{\overset{573\,°C}{\rightleftharpoons}} \beta\text{-Quarz} \underset{}{\overset{870\,°C}{\rightleftharpoons}} \beta\text{-Tridymit} \underset{}{\overset{1470\,°C}{\rightleftharpoons}} \beta\text{-Cristobalit} \underset{}{\overset{1725\,°C}{\rightleftharpoons}} \text{Schmelze}$$

$$\Big\Updownarrow 120\,°C \qquad\qquad \Big\Updownarrow 270\,°C$$

$$\alpha\text{-Tridymit} \qquad\qquad \alpha\text{-Cristobalit}$$

Die Umwandlungen zwischen **Quarz**, **Tridymit** und **Cristobalit** (vgl. Abb. 2.12) verlaufen nur sehr langsam, da dabei die Bindungen aufgebrochen werden müssen. Außer dem bei Normaltemperatur thermodynamisch stabilen α-Quarz sind daher auch alle anderen Modifikationen metastabil existent. Bei der Umwandlung von den α-Formen in die β-Formen ändern sich nur die Si—O—Si-Bindungswinkel, sie verlaufen daher schnell und bei relativ niedrigen Temperaturen.

Nur bei sehr langsamem Abkühlen erhält man aus der Schmelze Cristobalit. Beim raschen Abkühlen erstarrt eine SiO_2-Schmelze glasig (vgl. Gläser S. 538). „**Quarzglas**" ist bei 25 °C metastabil und kristallisiert erst beim Tempern (1000–1100 °C) allmählich. Da es wegen seines kleinen thermischen Ausdehnungskoeffizienten eine sehr gute Temperaturwechselbeständigkeit besitzt, kann man Quarzglas von heller Rotglut auf Zimmertemperatur abschrecken. Auf Grund seiner chemischen Resistenz, Schwerschmelzbarkeit und Temperaturwechselbeständigkeit wird es zur Herstellung hitzebeständiger Apparate verwendet. Da es für UV-Licht durchlässig ist, wird es für Quarzlampen, UV-Mikroskope usw. benutzt.

In der Hochdruckmodifikation **Stishovit** kristallisiert SiO_2 im Rutilgitter (Abb. 2.11), Si hat darin die ungewöhnliche Koordinationszahl 6.

Im **faserförmigen SiO_2**, das durch Oxidation von SiO erhalten werden kann, sind in einer Kettenstruktur die SiO_4-Tetraeder über Kanten verknüpft.

In der Natur ist SiO_2 weit verbreitet und tritt in zahlreichen kristallinen und amorphen Formen auf. Gut ausgebildete Kristalle werden als Schmucksteine verwendet: Bergkristall (wasserklar), Rauchquarz (braun), Amethyst (violett), Morion (schwarz), Citrin (gelb), Rosenquarz (rosa). Mikrokristalliner Quarz wird als Chalcedon bezeichnet. Varietäten von Chalcedon sind: Achat, Carneol, Onyx, Jaspis, Heliotrop, Feuerstein. Amorph und wasserhaltig sind Opale. Zu den Opalvarietäten gehört Kieselgur. Quarz ist Bestandteil vieler Gesteine (Quarzsand, Granit, Sandstein, Gneis).

Quarz ist piezoelektrisch: durch eine angelegte Wechselspannung wird der Kristall zu Schwingungen angeregt. Auf der hohen Frequenzgenauigkeit der Eigenschwingungen ($\Delta v/v = 10^{-8}$) beruht der Bau von Quarzuhren.

Synthetische Quarzkristalle hoher Reinheit werden nach dem Hydrothermalverfahren hergestellt. Im Druckautoklaven wird bei 400 °C die wäßrige Lösung mit SiO_2 gesättigt. Im kühleren Autoklaventeil ist die Lösung übersättigt und bei 380 °C scheidet sich Quarz an einem Impfkristall ab.

SiO$_2$ ist chemisch sehr widerstandsfähig. Außer von HF (vgl. S. 408) wird es von Säuren nicht angegriffen. Laugen reagieren auch beim Kochen nur langsam mit SiO$_2$. Beim Zusammenschmelzen mit Hydroxiden oder Carbonaten der Alkalimetalle entstehen Silicate.

$$SiO_2 + 2\,MeOH \longrightarrow Me_2SiO_3 + H_2O$$
$$SiO_2 + Me_2CO_3 \longrightarrow Me_2SiO_3 + CO_2$$

Siliciummonooxid SiO

Beim Erhitzen von SiO$_2$ mit Si auf 1250 °C im Vakuum entsteht gasförmiges SiO.

$$Si + SiO_2 \rightleftharpoons 2\,SiO\,(g) \qquad \Delta H^\circ = +812\ kJ/mol$$

Beim Abkühlen disproportioniert SiO in Si und SiO$_2$. Durch Abschrecken erhält man glasiges oder faserförmiges polymeres (SiO)$_n$, das luft- und feuchtigkeitsempfindlich ist. Monomeres SiO wurde mit der Matrix-Technik isoliert.

4.7.10.2 Kieselsäuren, Silicate

Die einfachste Sauerstoffsäure des Siliciums ist die **Orthokieselsäure H$_4$SiO$_4$**. Sie ist nur in großer Verdünnung (bei Raumtemperatur $\leq 2 \cdot 10^{-3}$ mol/l) beständig.

In der Natur bildet sie sich durch Reaktion von SiO$_2$ und Silicaten mit Wasser und ist in natürlichen Gewässern in Konzentrationen $< 10^{-3}$ mol/l vorhanden.

$$SiO_2\,(s) + 2\,H_2O \rightleftharpoons H_4SiO_4$$

Durch Hydrolyse von SiCl$_4$ in großer Verdünnung entsteht sie als unbeständige Lösung.

Bei höherer Konzentration erfolgt spontane Kondensation zu **Polykieselsäuren**.

Die Geschwindigkeit der Kondensation ist von der Konzentration, der Temperatur und dem pH-Wert der Lösung abhängig. Am beständigsten sind Lösungen mit einem pH-Wert um 2. Das Endprodukt der dreidimensionalen Kondensation ist SiO$_2$. Die als Zwischenprodukte auftretenden Kieselsäuren sind unbeständig und nicht isolierbar. Beständig sind ihre Salze, die Silicate. Eine hochkondensierte wasserreiche Polykieselsäure ist **Kieselgel**. Entwässertes Kieselgel (**Silicagel**) ist ein polymerer Stoff mit großer spezifischer Oberfläche, der zur Adsorption von Gasen und Dämpfen geeignet ist und daher als Trockenmittel, z. B. in Exsiccatoren, dient (vgl. S. 836).

Als Hauptbestandteil der Erdkruste, aber auch als technische Produkte sind die Salze der Kieselsäuren, die **Silicate**, von größter Bedeutung. *In den Silicaten hat Silicium die Koordinationszahl vier und bildet mit Sauerstoff SiO$_4$-Tetraeder. Die Tetraeder sind nur über gemeinsame Ecken verknüpft, nicht über Kanten oder Flächen. Sie sind die Baueinheiten der Silicate, und die Einteilung der Silicate erfolgt nach der*

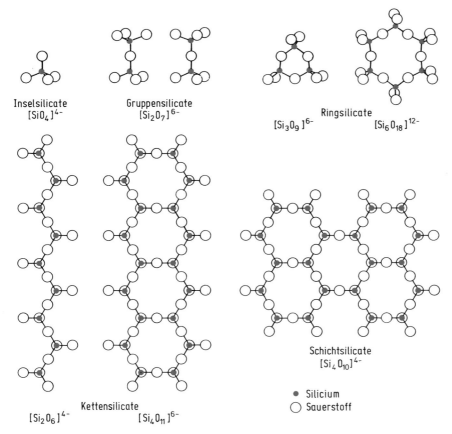

Inselsilicate
$[SiO_4]^{4-}$

Gruppensilicate
$[Si_2O_7]^{6-}$

Ringsilicate

$[Si_3O_9]^{6-}$ $[Si_6O_{18}]^{12-}$

Schichtsilicate
$[Si_4O_{10}]^{4-}$

● Silicium
○ Sauerstoff

Kettensilicate
$[Si_2O_6]^{4-}$ $[Si_4O_{11}]^{6-}$

Abbildung 4.35   Anionenstruktur einiger Silicate.

Anordnung der SiO₄-Tetraeder. Eine Ausnahme ist die Hochdruckphase $CaSi_2O_5$, bei der SiO_5-Gruppen mit trigonal-bipyramidaler Struktur nachgewiesen sind. Die wichtigsten in den Silicaten auftretenden Anionen sind in der Abb. 4.35 dargestellt.

Die außerordentliche Vielfalt der Silicatstrukturen ist natürlich schon durch die zahlreichen Anordnungsmöglichkeiten der SiO₄-Tetraeder bedingt. Hinzu kommen aber weitere Gründe. Die Silicatanionen bilden Lücken, in denen die Kationen sitzen, die durch elektrostatische Wechselwirkung mit den Anionen den Kristall zusammenhalten. Ionen mit gleicher Koordinationszahl sind in weiten Grenzen austauschbar, z. B. Fe^{2+} gegen Mg^{2+} und Na^+ gegen Ca^{2+}. Dieser diadoche Ersatz führt häufig zu variablen und unbestimmten Zusammensetzungen. In vielen Silicaten sind außerdem noch tetraederfremde Anionen wie OH^-, F^-, O^{2-} vorhanden, die nicht an Si gebunden sind. Die zur Neutralisation erforderlichen Kationen komplizieren die Zusammensetzungen. Si kann statistisch oder gesetzmäßig durch Al ersetzt sein. Solche Silicate heißen **Alumosilicate**. Mit jeder Substitution erhöht sich die negative Ladung des Gitteranions um eine Einheit, so daß zur Neutralisation zusätzliche Kationen erforderlich sind.

1. **Inselsilicate** (Nesosilicate) sind Silicate mit isolierten $[SiO_4]^{4-}$-Tetraedern, die nur durch Kationen miteinander verbunden sind. Dazu gehören Zirkon $Zr[SiO_4]$, Granat $Ca_3Al_2[SiO_4]_3$, Phenakit $Be_2[SiO_4]$, Forsterit $Mg_2[SiO_4]$, Nephelin $NaAl[SiO_4]$ und Olivin $(Fe,Mg)_2[SiO_4]$. Tetraederfremde Anionen enthält der Topas $Al_2[SiO_4](F, OH)_2$. *Es sind harte Substanzen mit hoher Brechzahl.* Granate, Olivine, Zirkone und Topase sind geschätzte Schmucksteine. Technische Bedeutung haben Olivin und Zirkon als Rohstoffe für feuerfeste Steine und Formsand für Gießereien.

2. **Gruppensilicate** (Sorosilicate) enthalten Doppeltetraeder $[Si_2O_7]^{6-}$. Sorosilicate sind Thortveitit $Sc_2[Si_2O_7]$ und Barysilit $Pb_3[Si_2O_7]$.

3. **Ringsilicate** (Cyclosilicate). Dreierringe $[Si_3O_9]^{6-}$ treten im Benitoit $BaTi[Si_3O_9]$, Sechserringe $[Si_6O_{18}]^{12-}$ im Beryll $Al_2Be_3[Si_6O_{18}]$ auf. Beryll ist das wichtigste Be-Mineral. Abarten des Berylls sind Aquamarin und Smaragd.

4. **Kettensilicate** (Inosilicate). Die Tetraeder sind zu unendlichen Ketten oder Bändern verknüpft. Aus Ketten mit den Struktureinheiten $[Si_2O_6]^{4-}$ bestehen die Pyroxene, aus Bändern mit den Struktureinheiten $[Si_4O_{11}]^{6-}$ die Amphibole. Die kettenförmigen Anionen liegen parallel zueinander, zwischen ihnen sind die Kationen eingebaut. Zu den Pyroxenen gehört z. B. das wichtigste Lithiummineral Spodumen $LiAl[Si_2O_6]$, sowie Enstatit $Mg_2[Si_2O_6]$ und Diopsid $CaMg[Si_2O_6]$. Zu den Amphibolen gehören der Tremolit $Ca_2Mg_5[Si_4O_{11}]_2 (OH, F)_2$ und die Hornblenden, in denen Si durch Al bis zur Zusammensetzung $Si_6Al_2O_{22}$ substituiert ist.

Technische Bedeutung haben Wollastonit $Ca[SiO_3]$ (keramische Erzeugnisse und Füllstoff für Anstrichstoffe, Kunststoffe und Baustoffe) und Sillimanit $Al[AlSiO_5]$ (feuerfeste Steine, hochtemperaturbeständiger Mörtel). $CaSiO_3$ ist aus Ketten auf-

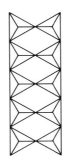

Dreier -Einfachkette   Einer -Doppelkette

Abbildung 4.36   Strukturprinzipien bei Kettensilicaten.
Die Pyroxenketten bestehen aus Zweier-Einfachketten $[Si_2O_6]^{4-}$ (Abb. 4.35). Wollastonit besteht aus Ketten mit Dreiereinheiten $[Si_3O_9]^{6-}$. Amphibole sind aus Doppelketten mit Zweiereinheiten $[Si_4O_{11}]^{4-}$ aufgebaut (Abb. 4.35), Sillimanit besteht aus Einer-Doppelketten $[Si_2O_5]^{2-}$, in denen jedes zweite Si durch Al ersetzt ist.

gebaut, die aus Dreiereinheiten bestehen, Sillimanit aus Einer-Doppelketten (Abb. 4.36).

Die Kettensilicate zeigen parallel zu den Ketten bevorzugte Spaltbarkeit, die Kristalle sind faserig oder nadelig ausgebildet.

5. **Schichtsilicate** (Phyllosilicate). Jedes SiO_4-Tetraeder ist über drei Ecken mit Nachbartetraedern verknüpft. Es entstehen unendlich zweidimensionale Schichten $[Si_4O_{10}]^{4-}$. Im allgemeinen erfolgt die Verknüpfung zu sechsgliedrigen Ringen. *Treten zwischen den Schichten nur van der Waals-Kräfte auf* (Talk, Kaolinit), *resultieren weiche Minerale mit leicht gegeneinander verschiebbaren Schichten. Werden die Schichten durch Kationen zusammengehalten* (Glimmer), *wächst die Härte, aber parallel zu den Schichten existiert gute Spaltbarkeit.* Das Quellungsvermögen der Tone beruht auf der Wassereinlagerung zwischen den Schichten des Tonminerals Montmorillonit.

Talk $Mg_3[Si_4O_{10}](OH)_2$ (Abb. 4.37) ist das weichste der bekannten Mineralien. Es wird vielseitig verwendet: in der Papierindustrie als Pigment und Füllstoff, als Füllstoff bei Kunststoffen, Anstrichmitteln und Lacken, als Grundlage in Pudern und Schminken. Speckstein besteht überwiegend aus Talk.

Glimmer sind Alumosilicate. Häufig und technisch wichtig sind: Muskovit $KAl_2[AlSi_3O_{10}](OH)_2$ (siehe Abb. 4.38), Biotit $K(Mg,Fe)_3[AlSi_3O_{10}](OH)_2$, Phlogopit $KMg_3[AlSi_3O_{10}](OH)_2$. Zu den Sprödglimmern gehört Margarit $CaAl_2[Al_2Si_2O_{10}](OH)_2$. Glimmer werden als Isoliermaterial verwendet.

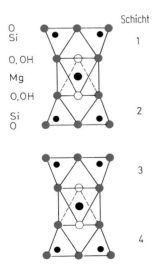

Abbildung 4.37   Schematische Struktur von Talk $Mg_3[Si_4O_{10}](OH)_2$. Bei den benachbarten Schichten sind die Tetraederspitzen abwechselnd nach oben und nach unten gerichtet. Schicht 1 und 2 werden durch Mg^{2+}-Ionen fest verbunden. Jedes Mg^{2+}-Ion ist oktaedrisch von Sauerstoff koordiniert. Je zwei gehören den Schichten an, die restlichen zwei zu Hydroxidionen. Zwischen Schicht 2 und 3 existieren nur schwache van der Waals-Kräfte.

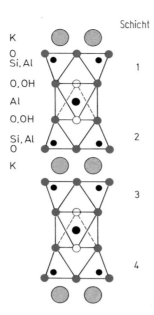

Abbildung 4.38   Schematische Struktur von Muskovit $KAl_2[Si_3AlO_{10}](OH_2)$.
Die Struktur des Glimmers Muskovit zeigt Verwandtschaft zur Struktur des Talks. Ein Viertel der Si-Atome sind durch Al-Atome ersetzt. Die drei Mg^{2+}-Ionen sind durch zwei oktaedrisch koordinierte Al^{3+}-Ionen ersetzt. Der Ladungsausgleich erfolgt durch ein K^+-Ion, das von 12 Sauerstoffionen koordiniert ist. Schicht 1 und 2 sind fest durch Al^{3+}-Ionen verbunden. Der Zusammenhalt zwischen Schicht 2 und 3 durch K^+-Ionen ist schwächer, aber verglichen mit Talk angewachsen.
In Margarit und anderen Sprödglimmern sind statt der K^+-Ionen Ca^{2+}-Ionen vorhanden, die Härte wächst und die Spaltbarkeit wird schlechter.

Das technisch wichtigste Schichtsilicat ist **Kaolinit** $Al_4[Si_4O_{10}](OH)_8$ (Abb. 4.39). Kaolin (Porzellanerde) ist nahezu reiner Kaolinit und dient als *Rohstoff für kerami-sche Produkte*. Die Hälfte des Kaolinits wird in der Papierindustrie verwendet; für Gummi und Kunststoffe dient er als Füllstoff (Erhöhung der Abriebfestigkeit). Analog aufgebaut ist der Serpentin $Mg_6[Si_4O_{10}](OH)_8$. Im Serpentin sind aber die Oktaederschichten $Mg(O,OH)_6$ ausgedehnter als die Tetraederschichten SiO_4. Die Serpentinschichten stabilisieren sich daher durch Krümmung (den außen liegenden Oktaederschichten steht dadurch mehr Platz zur Verfügung). Der faserige Serpentin (Chrysotil) besteht aus aufgerollten Schichten, die hohle Fasern bilden. Er wird auch als „Serpentinasbest" bezeichnet und dient zur Herstellung von feuerfestem Material, für Asbestzement (Eternit: Verbundwerkstoff von 10–20 % Asbest mit Portlandzement) und als Katalysatorträger für Platin. Da Asbestfasern kanzerogen sind, werden sie durch umweltverträgliche mineralische und synthetische Fasern ersetzt.

Ein weiterer Rohstoff für die keramische Industrie ist der quellfähige Montmorillonit $(Al_{1,67}Mg_{0,33})[Si_4O_{10}](OH)_2Na_{0,33}(H_2O)_4$.

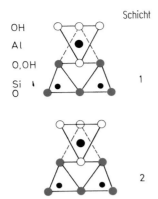

Schicht

OH
Al
O,OH
Si
O

1

2

Abbildung 4.39   Schematische Struktur von Kaolinit $Al_4[Si_4O_{10}](OH)_8$.
Die Tetraederspitzen der Schichten zeigen in gleiche Richtung. Jedes Al^{3+} ist von 4 OH-Gruppen und zwei Sauerstoffionen koordiniert. Es treten Schichtpakete auf, die aus einer Schicht von SiO_4-Tetraedern und einer Schicht von $AlO_2(OH)_4$-Oktaedern bestehen. Die Schichtpakete sind nur durch van der Waals-Kräfte aneinander gebunden. Tonmineralien sind daher weich und leicht spaltbar.

6. **Gerüstsilicate** (Tektosilicate). Wie in SiO_2 sind die SiO_4-Tetraeder über alle vier Ecken mit Nachbartetraedern verknüpft, so daß ein dreisimensionales, locker gepacktes Gerüst entsteht. Ein Teil des Si ist durch Al ersetzt, das Gitter enthält dreidimensionale unendliche Anionen und die zur Ladungskompensation entsprechende Anzahl von Kationen, meist Alkalimetalle und Erdalkalimetalle. Weit verbreitet sind die **Feldspate**: Albit $Na[AlSi_3O_8]$, Orthoklas $K[AlSi_3O_8]$, Anorthit $Ca[Al_2Si_2O_8]$. Sie sind Bestandteil vieler Gesteine und zu 60 % am Aufbau der Erdkruste beteiligt.

Die interessantesten Tektosilicate sind die **Zeolithe** (gr. zein = sieden, lithos = Stein). Es sind kristalline, hydratisierte Alumosilicate, die Alkalimetall- bzw. Erdalkalimetallkationen enthalten. Ihre allgemeine Zusammensetzung ist

$$(Me^+, Me^{2+}_{0,5})_x(AlO_2)_x(SiO_2)_y(H_2O)_z$$

Me^+ Alkalimetalle, Me^{2+} Erdalkalimetalle. Das Verhältnis Si/Al liegt bei den meisten Zeolithen zwischen 1 und 100.

In den Zeolithstrukturen existieren große Hohlräume, die durch kleinere Kanäle verbunden sind (Abb. 4.40). In den Hohlräumen befinden sich die Kationen und Wassermoleküle. Die Kationen sind nicht fest gebunden und können ausgetauscht werden, ebenso ist reversible Entwässerung möglich. Statt H_2O können auch andere Moleküle adsorbiert werden. Man kennt 40 natürliche Zeolithe und mehr als 100 synthetisch hergestellte. Ein typischer natürlicher Zeolith ist Faujasit

$$Na_2Ca[Al_4Si_{10}O_{28}] \cdot 20\,H_2O.$$

Durch Synthese werden Zeolithe mit unterschiedlich großen Kanälen und Hohlräumen hergestellt. Bei der Synthese bildet sich aus einem Gel aus Natriumaluminat und Natriumsilicat (z. B. Wasserglas) feinkristalliner Zeolith oder eine amorphe Reaktionsmischung, die durch Tempern kristallisiert wird. Wichtige synthetische Zeolithe sind:

Zeolith A $Na_{12}[Al_{12}Si_{12}O_{48}] \cdot 27 H_2O$

Zeolith X $Na_{43}[Al_{43}Si_{53}O_{192}] \cdot 132 H_2O$

Zeolith Y $Na_{28}[Al_{28}Si_{68}O_{192}] \cdot 125 H_2O$

Bei einem Zeolith mit bestimmter Struktur kann der Durchmesser der Kanäle durch Kationenaustausch modifiziert werden. So kann beim Zeolith A durch Ersatz von Na^+-Ionen durch die größeren K^+-Ionen eine Verkleinerung, durch die kleineren Ca^{2+}-Ionen eine Vergrößerung der Kanäle bewirkt werden.

Synthetische Zeolithe sind, da vielfältig verwendbar, technisch wichtig (weltweiter Bedarf 800 000 t/Jahr).

Ionenaustausch. Wasserenthärtung mit Na-Zeolith A. Die Na^+-Ionen werden gegen die Ca^{2+}-Ionen des harten Wassers ausgetauscht. Als Bestandteil von Waschmitteln ersetzen sie die umweltschädigenden Polyphosphate (vgl. Abschn. 4.11). Aus galvanischen Abwässern werden toxische Schwermetallionen (Cd, Pb, Cr), aus industriellen und landwirtschaftlichen Abwässern NH_4^+-Ionen entfernt. Eine spezielle Anwendung ist die Entfernung radioaktiver Isotope (^{137}Cs, ^{90}Sr) aus radioaktiven Abwässern.

Adsorption. Nur solche Moleküle können adsorptiv zurückgehalten werden, die durch die engen Kanäle in die größeren Hohlräume gelangen können, daher lassen sich Moleküle verschiedener Größe trennen (Molekularsieb). Die Trennung von n- und iso-Paraffinen beruht darauf, daß nur die geradkettigen n-Paraffine gut adsorbiert werden. Da die innere kristalline Oberfläche polar ist, werden bevorzugt polare Moleküle adsorbiert (polare Selektivität). Zur Trocknung werden Zeolithe in Isolierglasfenstern, in Kühlmittelkreisläufen und zur Entfernung von Wasserspuren in Gasen eingesetzt. Bei Erdgasen erfolgt neben der Trocknung gleichzeitig Entfernung von CO_2, H_2S, Toluol und Benzol. In Luftzerlegungsanlagen sind Koh-

Abbildung 4.40   Struktur von Ultramarinen, von Faujasit und des Zeoliths A. ▶

a) 24 (Si, Al)O_4-Tetraeder sind über gemeinsame Ecken zu einem Kuboktaeder verknüpft.

b) Schematische Darstellung des Kuboktaeders, das Baustein sowohl der Ultramarine als auch einiger Zeolithe ist.

c) Strukturen des Ultramarins Sodalith $Na_4[Al_3Si_3O_{12}]Cl$, des synthetischen Zeoliths A $Na_{12}[Al_{12}Si_{12}O_{48}] \cdot 27 H_2O$ und des natürlichen Zeoliths Faujasit. Beim Zeolith A sind die Kuboktaeder mit den quadratischen Flächen über Würfel verknüpft. Beim Gitter des Faujasits, in dem auch die synthetischen Zeolithe X und Y kristallisieren, sind die Kuboktaeder mit den sechseckigen Flächen über hexagonale Prismen verbunden. In allen Strukturen umschließen die Kuboktaeder Hohlräume, die über Kanäle (Fenster) zugänglich sind.

Beim Aufbau der Zeolithe unterscheidet man primäre Baugruppen (SiO_4-, AlO_4-Tetraeder), daraus werden durch Verknüpfung 9 Sekundärbausteine gebildet (Quadrat, Sechseck, Achteck, Würfel, hexagonale Säule etc.). Diese bauen die tertiären Baueinheiten, z. B. das Kuboktaeder, auf. Eine andere tertiäre Baueinheit ist ein Fünfringpolyeder, dessen Verknüpfung zu den Strukturen der wichtigen synthetischen Zeolithe ZSM 5 und ZSM 11 führt. In beiden existieren sich kreuzende Kanäle.

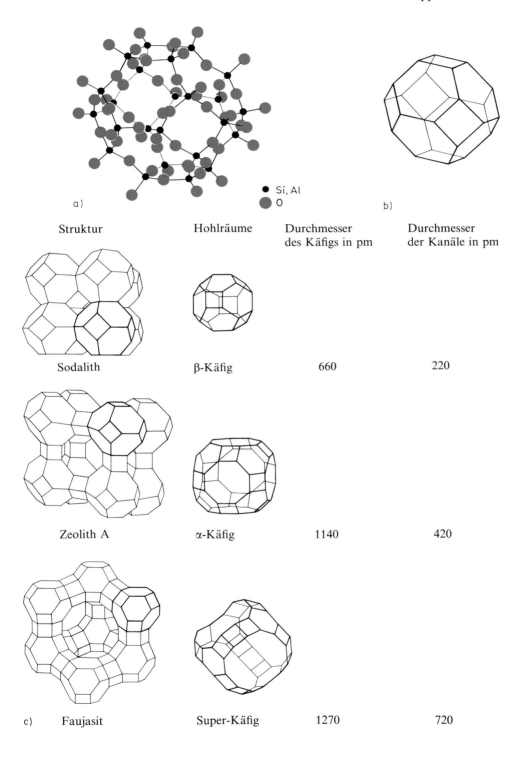

a)   ● Si, Al
                                          ◉ O   b)

Struktur	Hohlräume	Durchmesser des Käfigs in pm	Durchmesser der Kanäle in pm
Sodalith	β-Käfig	660	220
Zeolith A	α-Käfig	1140	420
Faujasit	Super-Käfig	1270	720

c)

lenwasserstoffe neben flüssigem Sauerstoff gefährlich, sie können zusammen mit CO_2 und Wasser entfernt werden.

Katalyse. Auf der inneren Oberfläche (bis $1000 \ m^2/g$) können katalytisch aktive Zentren (saure Gruppen, Pt, Pd) eingebaut werden. Verwendung: Isomerisierung von n- zu iso-Paraffinen; Crackung von Erdölfraktionen zur Treibstoffherstellung; Umwandlung von Methanol in Kohlenwasserstoffe. Da die im Inneren entstandenen Moleküle die Zeolithkanäle passieren müssen, können bevorzugt Moleküle mit bestimmter Größe und Gestalt synthetisiert werden (Formselektivität). Großtechnische Anwendung ist z. B. die Synthese von Ethylbenzol aus Benzol und Ethen.

Neue Molekularsiebe und formselektive Katalysatoren sind Verbindungen, die sich vom $AlPO_4$ ableiten (siehe Abschn. 4.8.5.4).

Ultramarine sind kubische Alumosilicate, die wie die Zeolithe aus Kuboktaedern aufgebaut sind (Abb. 4.40). Ultramarine sind wasserfrei, die Hohlräume des Gitters enthalten Anionen, z. B. Cl^- im Sodalith $Na_4[Al_3Si_3O_{12}]Cl$. Ersetzt man im Sodalith die Cl^--Ionen durch S_3^--Radikal-Anionen, erhält man tiefblauen „Ultramarin". der schon in den ältesten Kulturen als Halbedelstein Lapislazuli bekannt war. Synthetische Ultramarine sind blau, grün oder rot und werden als anorganische Pigmente verwendet. S_2^--Ionen sind Farbträger grüner, S_4^--Ionen rotvioletter Ultramarine.

4.7.10.3 Technische Produkte

Gläser

Gläser sind ohne Kristallisation erstarrte Schmelzen. *Im Unterschied zu der regelmäßigen dreidimensionalen Anordnung der Bausteine in Kristallen (Fernordnung) sind in den Gläsern nur Ordnungen in kleinen Bezirken vorhanden (Nahordnung)* (Abb. 4.41). Beim Erwärmen schmelzen sie daher nicht bei einer bestimmten Temperatur, sondern erweichen allmählich. Der Glaszustand ist metastabil, da er gegenüber dem kristallisierten Zustand eine höhere innere Energie besitzt. Die Fähigkeit, glasig amorph zu erstarren, besitzen außer SiO_2 und den Silicaten auch die Oxide GeO_2, P_2O_5, As_2O_5 und B_2O_3. Gläser im engeren Sinne sind Silicate, die aus SiO_2 und basischen Oxiden wie Na_2O, K_2O und CaO bestehen. SiO_2 bildet das dreidimensionale Netzwerk aus eckenverknüpften SiO_4-Tetraedern (*Netzwerkbildner*). Die basischen Oxide (*Netzwerkwandler*) trennen Si—O—Si-Brücken (Abb. 4.41 c).

$$Na_2O + \begin{array}{c} O \\ | \\ -O-Si-O- \\ | \\ O \end{array} \begin{array}{c} O \\ | \\ Si-O- \\ | \\ O \end{array} \rightarrow \begin{array}{c} O \\ | \\ -O-Si-O^- \\ | \\ O \end{array} \begin{array}{c} Na^+ \\ Na^+ \end{array} \begin{array}{c} O \\ | \\ {}^-O-Si-O- \\ | \\ O \end{array}$$

Je mehr Trennstellen vorhanden sind, um so niedriger ist der Erweichungspunkt des Glases (er sinkt von etwa $1500\,^\circ C$ für reines Quarzglas auf $400–800\,^\circ C$ für technische Silicatgläser).

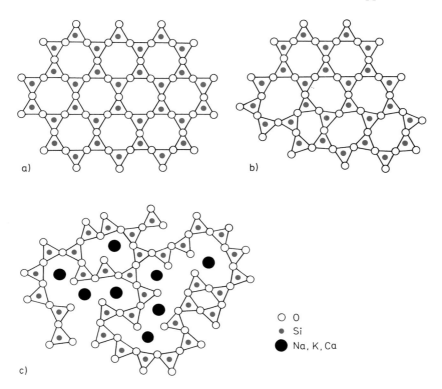

Abbildung 4.41 Schematische zweidimensionale Darstellung der Anordnung von SiO$_4$-Tetraedern (a) in kristallinem SiO$_2$, (b) in glasigem SiO$_2$ und (c) in Glas mit eingebauten Netzwerkwandlern.

Gewöhnliches Gebrauchsglas (Fensterglas, Flaschenglas) besteht aus Na$_2$O, CaO und SiO$_2$. Durch Zusätze von K$_2$O erhält man schwerer schmelzbare Gläser (Thüringer Glas). Ein Zusatz von B$_2$O$_3$ erhöht die chemische Resistenz und die Festigkeit, Al$_2$O$_3$ verbessert Festigkeit und chemische Resistenz, vermindert die Entglasungsneigung und verringert den Ausdehnungskoeffizienten, das Glas wird dadurch unempfindlicher gegen Temperaturschwankungen. Bekannte Gläser mit diesen Zusätzen sind Jenaer Glas, Pyrexglas und Supremaxglas. Ein Zusatz von PbO erhöht das Lichtbrechungsvermögen. Bleikristallglas und Flintglas (optisches Glas) sind Kali-Blei-Gläser.

Unempfindlich gegen Temperaturschwankungen ist Quarzglas (Kieselglas). Es kann von Rotglut auf Normaltemperatur abgeschreckt werden. Färbungen von Gläsern erzielt man durch Zusätze von Metalloxiden (Fe(II)-oxid färbt grün, Fe(III)-oxid braun, Co(II)-oxid blau) oder durch kolloidale Metalle (Goldrubinglas). Getrübte Gläser wie Milchglas erhält man durch Einlagerung kleiner fester Teilchen. Dazu eignen sich Ca$_3$(PO$_4$)$_2$ oder SnO$_2$.

Emaille ist ein meist getrübtes und gefärbtes Glas, das zum Schutz oder zur Dekoration auf Metalle aufgeschmolzen wird.

Glasfasern, die für Lichtleitkabel verwendet werden, bestehen aus einem Kern, dessen Brechungsindex etwas größer ist als der des Fasermantels. Das Licht wird durch Totalreflexion am Mantel weitergeleitet.

Glaskeramik

Glaskeramik entsteht durch eine gesteuerte teilweise Entglasung. Glasphase und kristalline Phase bilden ein feinkörniges Gefüge. Sind die Kristallite kleiner (etwa 50 nm) als die Lichtwellenlänge und die Brechzahlen der Kristalle und der Glasphase wenig verschieden, sind die Keramiken durchsichtig. Glaskeramiken mit hoher Temperaturbeständigkeit und Temperaturwechselbeständigkeit werden für Geschirr und Kochflächen verwendet. Sie werden aus Lithiumaluminiumsilicaten hergestellt, die sehr kleine Ausdehnungskoeffizienten besitzen (Cordierit, Hochspodumen).

Tonkeramik

Tonkeramische Erzeugnisse entstehen durch Brennen von Tonen. Die wichtigsten Bestandteile der Tone sind Schichtsilicate (Kaolinit, Montmorillonit). Reiner Ton ist der Kaolin, der überwiegend aus Kaolinit besteht und zur Herstellung von Porzellan dient. Weniger reine Tone dienen zur Herstellung von Steingut, Steinzeug, Fayence und Majolika. Sie enthalten als Verunreinigung Quarz, Glimmer und Eisenoxide.

Lehm ist Ton, der stark durch Eisenoxid und Sand verunreinigt ist. Er wird zur Herstellung von Ziegelsteinen verwendet.

Man unterscheidet Tongut mit einem wasserdurchlässigen Scherben und Tonzeug mit einem dichten, wasserundurchlässigen Scherben. Zu letzterem gehört Steinzeug und Porzellan. Hartporzellan ($\approx 50\%$ Kaolin, $\approx 25\%$ Quarz, $\approx 25\%$ Feldspat) wird bei 1400–1500 °C gebrannt. Weichporzellan enthält weniger Kaolin (Seger-Porzellan z. B. 25% Kaolin, 45% Quarz, 30% Feldspat) und wird bei 1200–1300 °C gebrannt. Chinesisches und japanisches Porzellan, auch Sanitärporzellane, sind Weichporzellane. Für die meisten Gebrauchszwecke wird Tongut (Steingut, Majolika, Fayence) glasiert.

Hochleistungskeramik

Hochleistungskeramiken sind chemisch hergestellte hochreine Oxide, Nitride, Carbide und Boride genau definierter Zusammensetzung und Teilchengröße (0,1–0,005 µm), die durch Pressen und Sintern zu Kompaktkörpern verarbeitet werden. Hochleistungskeramik ist relativ neu und gilt als eine der Schlüsseltechnologien der Zukunft.

Nichtoxidkeramik: Siliciumcarbid SiC (vgl. S. 519), Siliciumnitrid Si_3N_4, Borcarbid $B_{13}C_2$ (vgl. S. 565), Bornitrid BN (vgl. S. 579), TiC, WC. Hervorragende Eigenschaften sind Festigkeit und Härte auch bei Temperaturen oberhalb 1000 °C und ausgezeichnete chemische Beständigkeit. Nicht beständig sind $B_{13}C_2$ und BN in oxidierender Umgebung bei hohen Temperaturen. Bei den Si-haltigen Verbindungen bildet sich eine passivierende SiO_2-Deckschicht, so daß sie bis 1600 °C eingesetzt werden können. Siliciumnitrid (Smp. 1900 °C) wird nach folgenden Reaktionen hergestellt.

$$3\,Si + 2\,N_2 \xrightarrow{\;1200\text{–}1400\,°C\;} Si_3N_4$$

$$3\,SiO_2 + 6\,C + 2\,N_2 \xrightarrow{\;1500°\;} Si_3N_4 + 6\,CO$$

Außer zwei hexagonalen Modifikationen gibt es eine Hochdruckmodifikation mit Spinellstruktur. Verwendungsbereich wie der von SiC, außerdem für Turbinenteile und in Automotoren.

Cermets (Kombination von ceramics and metals) sind Verbundwerkstoffe aus zwei Phasen, bei denen abhängig von der Zusammensetzung bestimmte Eigenschaften optimiert werden. Beispiel: In WC/Co-Cermets ist die Härte von WC mit der Zähigkeit von Co zu einem Hartstoff kombiniert. Komposite sind Kombinationen keramischer Materialien, z.B. Si_3N_4/SiC. Die Komposite aus Si_3N_4, SiC und BN z.B. sind bis 2000 °C stabil.

Oxidkeramik: Aluminiumoxid Al_2O_3 (vgl. S. 584), Zirconiumdioxid ZrO_2 (vgl. S. 774), Berylliumoxid BeO (vgl. S. 597). Zusätzlich zu den bei den Verbindungen besprochenen Verwendungen sei noch erwähnt: ZrO_2 und Al_2O_3 sind bioinert und können für belastbare Implantate benutzt werden. Wegen der guten Wärmeleitfähigkeit ist Al_2O_3 in der Elektronikindustrie als Trägermaterial für Chips geeignet. Es wird durch das besser leitende Aluminiumnitrid AlN (Smp. 2230 °C; Wurtzit-Struktur) ersetzt.

Sialone (Oxidonitridoalumosilicate) sind Substitutionsvarianten von Si_3N_4. Bei ihnen ist Si^{4+} partiell durch Al^{3+} und N^{3-} partiell durch O^{2-} substituiert. Sie sind wegen ihrer thermischen, chemischen und mechanischen Stabilität als keramische Materialien von Bedeutung. Die Sialon-Hochdruckphase γ-Si_2AlON_3 kristallisiert in der Spinellstruktur und besitzt die Härte von Borcarbid.

Wasserglas

Durch Zusammenschmelzen von Quarz und Alkalimetallcarbonaten bei 1300 °C erhält man Alkalimetallsilicate. Die Lösungen (Wasserglas) reagieren alkalisch.

$$SiO_2 + 2\,Na_2CO_3 \longrightarrow Na_4SiO_4 + 2\,CO_2$$

Silicone

Die Si—C-Bindung ist thermisch sehr stabil und chemisch wenig reaktiv. $(CH_3)_4Si$ z.B. wird erst oberhalb von 650 °C thermisch zersetzt und von verdünnten Laugen nicht hydrolysiert.

Silicone sind chemisch und thermisch sehr beständige Kunststoffe, in denen die Stabilität der Si—O—Si-Bindung und die chemische Resistenz der Si—CH_3-Bindung ausgenutzt wird:

$$CH_3 \!-\! \underset{\underset{CH_3}{|}}{\overset{\overset{CH_3}{|}}{Si}} \!-\! O \!-\! \underset{\underset{CH_3}{|}}{\overset{\overset{O}{|}}{Si}} \!-\! O \!-\! \underset{\underset{O}{|}}{\overset{\overset{CH_3}{|}}{Si}} \!-\! O \!-$$

Ausgangsprodukte der Silicondarstellung sind Methylchlorsilane, die aus Methylchlorid und Si mit Cu als Katalysator hergestellt werden können (Rochow-Synthese). Schematische Reaktion:

$$6\,RCl + 3\,Si \xrightarrow{\;300-400\,°C\;} RSiCl_3 + R_2SiCl_2 + R_3SiCl \qquad R = CH_3,\ Ph$$

Durch Direktsynthese können also auch Phenylchlorsilane synthetisiert werden.

Durch Hydrolyse erhält man Silanole R_3SiOH, Silandiole $R_2Si(OH)_2$ und Silantriole $RSi(OH)_3$. Sie kondensieren spontan, wobei die chemisch und thermisch stabilen Siloxanbrücken entstehen.

$$R\!-\!\underset{\underset{R}{|}}{\overset{\overset{R}{|}}{Si}}\!-\!O\boxed{H + HO}\!-\!\underset{\underset{R}{|}}{\overset{\overset{R}{|}}{Si}}\!-\!O\boxed{H + HO}\!-\!\underset{\underset{R}{|}}{\overset{\overset{\boxed{O}H}{|}}{Si}}\!-\!O\boxed{H} \xrightarrow[-H_2O]{} R\!-\!\underset{\underset{R}{|}}{\overset{\overset{R}{|}}{Si}}\!-\!O\!-\!\underset{\underset{R}{|}}{\overset{\overset{R}{|}}{Si}}\!-\!O\!-\!\underset{\underset{R}{|}}{\overset{\overset{O}{|}}{Si}}\!-\!O\!-$$

Das Silanol (monofunktionell) fungiert als Kettenendgruppe, das Silandiol (bifunktionell) als Kettenglied und das Silantriol (trifunktionell) als Verzweigungsstelle. Mit geeigneten Mischungen kann man den Polymerisationsgrad einstellen und es entstehen dünnflüssige, ölige, fettartige, kautschukartige oder harzige Substanzen. Sie sind beständig gegen höhere Temperatur, Oxidation und Wettereinflüsse, sind hydrophobierend, elektrisch nichtleitend, physiologisch indifferent und daher sehr vielseitig verwendbar (Schmier- und Isoliermaterial, Dichtungen, Imprägniermittel, Lackrohstoff, Schläuche, Kabel).

4.7.11 Halogenverbindungen und Schwefelverbindungen des Siliciums

Die wichtigsten Halogenide sind vom Typ Si_nX_{2n+2} (X = F, Cl, Br, I), die sich von Silanen durch Ersatz der H-Atome durch Halogenatome ableiten. Außerdem sind die polymeren Halogenide $(SiX_2)_n$ und $(SiX)_n$ bekannt (X = F, Cl, Br, I).

Siliciumtetrafluorid SiF$_4$

SiF_4 ist ein Gas, das stechend riecht und infolge Hydrolyse an der Luft raucht. SiF_4 entsteht beim Erwärmen eines Gemisches aus CaF_2, SiO_2 und konz. H_2SO_4.

$$2\,CaF_2 + 2\,H_2SO_4 \longrightarrow 2\,CaSO_4 + 4\,HF$$
$$4\,HF + SiO_2 \longrightarrow SiF_4 + 2\,H_2O$$

Die wasserentziehende Wirkung der konz. H_2SO_4 verschiebt das Gleichgewicht in Richtung SiF_4. In Gegenwart von H_2O hydrolysiert SiF_4 zu SiO_2 und HF. Bei Ausschluß von Feuchtigkeit ist die stark exotherme Verbindung ($\Delta H_B^\circ = -1616$ kJ/mol) sehr beständig.

SiF_4 ist tetraedrisch gebaut, der Si—F-Abstand liegt zwischen dem einer Einfach- und Doppelbindung. Wie bei der Si—O-Bindung (vgl. S. 528) gibt es π-Bindungsanteile, die die sehr hohe Bindungsenergie erklären:

$$\equiv\!\overline{\underline{Si}}\!-\!\overline{\underline{F}}| \;\leftrightarrow\; \equiv\!\overset{\ominus}{\underline{Si}}\!=\!\overset{\oplus}{\underline{F}}|$$

Hexafluorokieselsäure H_2SiF_6

Bei der Hydrolyse von SiF_4 reagiert HF mit noch unzersetztem SiF_4 zu H_2SiF_6.

$$SiF_4 + 2\,H_2O \longrightarrow SiO_2 + 4\,HF$$
$$4\,HF + 2\,SiF_4 \longrightarrow 2\,H_2SiF_6$$

In reinem Zustand ist H_2SiF_6 nicht bekannt. Beständig ist das Oxoniumsalz $(H_3O)_2SiF_6$, das farblose Kristalle (Smp. 19 °C) bildet. H_2SiF_6 ist eine starke Säure, vergleichbar mit H_2SO_4. Mit Carbonaten und Hydroxiden setzt sich H_2SiF_6 zu Hexafluorosilicaten um. Schwerlöslich ist $BaSiF_6$. SiF_6^{2-}-Ionen werden nicht hydrolytisch zersetzt. H_2SiF_6 wird zur Darstellung von AlF_3 und Na_3AlF_6 verwendet.

Siliciumdifluorid SiF_2 und höhere Siliciumfluoride

Gasförmiges, monomeres SiF_2 ist gewinkelt und enthält normale Einfachbindungen. Es entsteht durch Reduktion von SiF_4 mit Si.

$$SiF_4\,(g) + Si\,(s) \xrightarrow[\text{Vakuum}]{1100-1400\,°C} 2\,SiF_2\,(g)$$

Es ist sehr reaktionsfähig und polymerisiert zu kettenförmigem $(SiF_2)_n$. Polysiliciumdifluorid ist wachsartig und an der Luft entzündlich. Beim Erhitzen auf 200–350 °C im Hochvakuum entstehen höhere Siliciumfluoride Si_nF_{2n+2} ($n = 2-14$) und Polysiliciummonofluorid $(SiF)_n$, das oberhalb 400 °C explosionsartig zerfällt.

Siliciumtetrachlorid $SiCl_4$

$SiCl_4$ ist eine farblose, an der Luft rauchende Flüssigkeit, die durch Erhitzen von Si im Cl_2-Strom hergestellt werden kann. Im Gegensatz zu CCl_4 ist $SiCl_4$ leicht hydrolysierbar. Dafür ist sowohl die größere Polarität der Si—Cl-Bindung als auch die Existenz von d-Orbitalen beim Si verantwortlich, die eine Anlagerung von H_2O ermöglichen:

$$H_2O + {\textstyle |\atop{Si\atop|}}{\textstyle <} \longrightarrow H_2O \rightarrow {\textstyle |\atop{Si\atop|}}{\textstyle <} \longrightarrow HO\!-\!\overset{|}{\underset{|}{Si}}\!- + HCl$$

Siliciumdisulfid SiS$_2$

Im Gegensatz zu CS$_2$ ist SiS$_2$ ein Festkörper, der in farblosen, faserigen Kristallen mit Kettenstruktur kristallisiert. Die Kettenmoleküle

enthalten verzerrt tetraedrisch koordinierte Si-Atome mit nahezu reinen Einfachbindungen. SiS$_2$ ist reaktiver als SiO$_2$. Mit Wasser reagiert es zu SiO$_2$.

$$SiS_2 + 2H_2O \longrightarrow SiO_2 + 2H_2S$$

4.7.12 Germaniumverbindungen

Hydride

Germane Ge$_n$H$_{2n+2}$ sind bis $n = 9$ bekannt. GeH$_4$ ist gasförmig, die höheren Glieder sind flüssig bzw. fest. Die Oxidationsempfindlichkeit ist geringer als die der Silane, sie sind schwächere Reduktionsmittel und stabiler gegen Hydrolyse.

Chalkogenide

GeO$_2$ ist dimorph. Die mit Rutil isotype Modifikation wandelt sich bei 1033 °C in die im Cristobalitgitter kristallisierende Modifikation um. GeO ist wesentlich beständiger als SiO.

Auch GeS, das man durch Reduktion von GeS$_2$ mit H$_2$ erhält, ist verglichen mit SiS recht beständig.

Halogenide

GeF$_2$ ist ein Gas, das mit Wasser zu GeO$_2$ und H$_2$GeF$_6$ reagiert (vgl. S. 543). Es existieren Salze wie K$_2$GeF$_6$ und BaGeF$_6$. GeF$_2$ ist beständiger als SiF$_2$ und bildet farblose Kristalle. Die Struktur ist analog der von SnCl$_2$ (vgl. S. 546).

GeCl$_4$ ist eine Flüssigkeit, die mit Wasser rasch hydrolysiert. Mit Chloriden bilden sich Chlorokomplexe des Typs GeCl$_6^{2-}$. GeCl$_2$ ist fest, die salzsaure Lösung wirkt stark reduzierend. Mit Chloriden bildet es Chlorokomplexe des Typs GeCl$_3^-$. In Wasser erfolgt Hydrolyse zu Ge(OH)$_2$.

4.7.13 Zinnverbindungen

4.7.13.1 Zinn(IV)-Verbindungen

Zinntetrahydrid SnH$_4$ (Monostannan) ist ein bei Raumtemperatur tagelang haltbares, giftiges Gas. Oberhalb von 100 °C zersetzt es sich rasch unter Bildung eines Zinnspiegels.

$$SnH_4 \xrightarrow{>100\,°C} Sn + 2\,H_2 \qquad \Delta H° = -163 \text{ kJ/mol}$$

Von verdünnten Laugen und Säuren wird es nicht angegriffen. Man erhält es in etherischer Lösung nach

$$SnCl_4 + 4\,LiAlH_4 \xrightarrow{-30\,°C} SnH_4 + 4\,LiCl + 4\,AlH_3$$

Außerdem ist Distannan **Sn$_2$H$_6$** bekannt.

Zinn(IV)-chlorid SnCl$_4$ wird technisch aus Weißblechabfällen hergestellt.

$$Sn + 2\,Cl_2 \longrightarrow SnCl_4 \qquad \Delta H° = -512 \text{ kJ/mol}$$

Es ist eine farblose, rauchende Flüssigkeit (Sdp. 114 °C). Mit wenig Wasser bildet sich SnCl$_4 \cdot 5\,H_2O$, eine halbfeste kristalline Masse („Zinnbutter"). Die wäßrige Lösung ist weitgehend hydrolytisch gespalten.

$$SnCl_4 + 2\,H_2O \longrightarrow SnO_2 + 4\,HCl$$

SnO$_2$ bleibt kolloidal in Lösung. Leitet man in eine wäßrige konz. SnCl$_4$-Lösung HCl ein, entsteht **Hexachlorozinnsäure H$_2$SnCl$_6$**. Sie kristallisiert als Hydrat H$_2$SnCl$_6 \cdot 6\,H_2O$ aus (Smp. 19 °C). (NH$_4$)$_2$ SnCl$_6$ („Pinksalz") dient als Beizmittel in der Färberei.

Zinndioxid SnO$_2$ ist polymorph. In der Natur kommt es als Zinnstein vor, der im Rutil-Typ kristallisiert. Technisch erhält man SnO$_2$ als weißes Pulver durch Verbrennen von Sn im Luftstrom. Es ist thermisch und chemisch sehr beständig. Es sublimiert erst oberhalb 1800 °C und ist in Säuren und Laugen unlöslich. Man kann es mit Soda und Schwefel zu einem löslichen Thiostannat aufschließen (*Freiberger Aufschluß*).

$$2\,SnO_2 + 2\,Na_2CO_3 + 9\,S \longrightarrow 2\,Na_2SnS_3 + 3\,SO_2 + 2\,CO_2$$

SnO$_2$ wird als Trübungsmittel in der Glasindustrie verwendet (vgl. S. 539).

Zinnsäure. Stannate(IV). Beim Schmelzen von SnO$_2$ mit NaOH erhält man Natriumstannat(IV) Na$_2$SnO$_3$.

$$SnO_2 + 2\,NaOH \longrightarrow Na_2SnO_3 + H_2O$$

Aus wäßrigen Lösungen kristallisiert es als Natriumhexahydroxostannat(IV) Na$_2$Sn(OH)$_6$ aus. Die Zinnsäure H$_2$Sn(OH)$_6$ ist in freiem Zustand ebenso wenig bekannt wie Sn(OH)$_4$. Beim Ansäuern erhält man Niederschläge von SnO$_2 \cdot$ aq, die frisch gefällt in Säuren löslich sind, die aber durch Kondensation (Alterung) in unlösliches SnO_2 übergehen.

Mg_2SnO_4 und Zn_2SnO_4 sind im Spinellgitter kristallisierende Doppeloxide.

Zinndisulfid SnS_2 bildet goldglänzende Blättchen, die zum Bronzieren verwendet werden („Mussivgold", „Zinnbronze"). SnS_2 löst sich in wäßriger Lösung mit Alkalimetallsulfiden zu Thiostannaten.

$$SnS_2 + Na_2S \longrightarrow Na_2SnS_3$$

4.7.13.2 Zinn(II)-Verbindungen

In freien Sn^{2+}-Ionen ist das nichtbindende $5s^2$-Elektronenpaar vorhanden. Die Strukturchemie der Sn(II)-Verbindungen ist jedoch kompliziert und es treten nicht solche Strukturen auf, die für kugelförmige Ionen zu erwarten wären. Die Ursache dafür ist, daß in Verbindungen das nichtbindende Elektronenpaar hybridisiert ist und stereochemisch einen großen Einfluß ausübt. So bildet z. B. SnF_2 kein regelmäßiges Koordinationsgitter, sondern ist aus Sn_4F_8-Tetrameren aufgebaut, die durch schwächere Sn-F-Bindungen verknüpft sind. Die Sn-Ionen sind verzerrt oktaedrisch koordiniert. Das nichtbindende Elektronenpaar kann als Donor gegenüber unbesetzten Orbitalen fungieren, die unbesetzten Orbitale können als Akzeptoren bei zusätzlichen kovalenten Bindungen wirken. *Sowohl in saurer als auch in alkalischer Lösung wirken Sn(II)-Verbindungen reduzierend* und haben die Tendenz, in die Oxidationszahl $+4$ überzugehen.

Zinn(II)-chlorid $SnCl_2$ erhält man wasserfrei als weiße, glänzende Masse (Smp. 247 °C) durch Überleiten von HCl über erhitztes Zinn.

$$Sn + 2HCl \longrightarrow SnCl_2 + H_2$$

Aus wäßrigen Lösungen kristallisiert das Dihydrat $SnCl_2 \cdot 2H_2O$ aus. In wenig Wasser ist $SnCl_2$ klar löslich, beim Verdünnen erfolgt Hydrolyse, die Lösung trübt sich unter Abscheidung eines basischen Salzes.

$$SnCl_2 + H_2O \longrightarrow Sn(OH)Cl + HCl$$

Technisch erhält man $SnCl_2$ durch Lösen von Sn in Salzsäure. Mit Cl^--Ionen entstehen in wäßrigen Lösungen Halogenokomplexe, z. B. $SnCl_3^-$.

Strukturen:

$SnCl_2$-Moleküle
gewinkelt
sind oberhalb 1000 °C
im Dampfzustand vorhanden

$SnCl_3^-$-Ionen
pyramidal

$(SnCl_2)_n$-Ketten aus
pyramidalen $SnCl_3$-
Gruppen bilden mit den
exoständigen Cl-Atomen
Schichten

Die hervorstechende Eigenschaft von $SnCl_2$ ist sein Reduktionsvermögen. Au, Ag und Hg werden aus den Lösungen ihrer Salze als Metalle ausgefällt. Beim Quecksilber tritt als Zwischenstufe Hg_2^{2+} auf.

$$2\,Hg^{2+} + Sn^{2+} \longrightarrow Hg_2^{2+} + Sn^{4+}$$
$$Hg_2^{2+} + Sn^{2+} \longrightarrow 2\,Hg + Sn^{4+}$$

Chromate werden zu Cr(III)-Salzen, Permanganate zu Mn(II)-Salzen reduziert, Schweflige Säure zu H_2S.

Zinn(II)-oxid SnO. Aus Sn(II)-Salzlösungen fällt mit Basen Zinn(II)-oxid-Hydrat aus. Beim Erwärmen unter Luftausschluß erhält man daraus SnO. SnO ist polymorph. Beim Erhitzen an Luft wird es zu SnO_2 oxidiert, unter Luftausschluß zersetzt es sich zu SnO_2 und Sn, als Zwischenprodukt tritt Sn_3O_4 auf.

SnO ist amphoter. Mit Säuren entstehen Sn(II)-Salze, mit starken Basen **Stannate(II)** $Sn(OH)_3^-$. Stannate(II) sind Reduktionsmittel, sie werden leicht zu Stannaten(IV) $Sn(OH)_6^{2-}$ oxidiert.

Zinn(II)-sulfid SnS erhält man aus Sn(II)-Salzlösungen mit H_2S.

$$Sn^{2+} + S^{2-} \longrightarrow SnS$$

Es ist nur in Polysulfidlösungen, z.B. in $(NH_4)_2S_n$, unter Oxidation löslich.

$$\overset{+2}{Sn}S + (NH_4)_2S_2 \longrightarrow (NH_4)_2\overset{+4}{Sn}S_3$$

4.7.14 Bleiverbindungen

4.7.14.1 Blei(II)-Verbindungen

Blei(II)-oxid PbO kommt in zwei Modifikationen vor, die sich reversibel ineinander umwandeln lassen.

$$PbO_{rot} \underset{tetragonal}{\overset{488\,°C}{\rightleftharpoons}} PbO_{gelb} \qquad \Delta H° = 1{,}7 \text{ kJ/mol}$$
$$\phantom{PbO_{rot}} rhombisch$$

Da die Umwandlungsgeschwindigkeit klein ist, ist gelbes PbO bei Raumtemperatur metastabil. Man erhält es durch thermische Zersetzung von $PbCO_3$. PbO ist unterhalb des Schmelzpunktes (Smp. 884 °C) flüchtig. Technisch wird es durch Oxidation von geschmolzenem Pb mit Luftsauerstoff hergestellt. In Säuren löst sich PbO unter Salzbildung. Nur in starken konzentrierten Basen löst es sich als Hydroxoplumbat(II).

$$PbO + H_2O + OH^- \longrightarrow Pb(OH)_3^-$$

Mit Reduktionsmitteln (Kohlenstoff oder Wasserstoff) läßt sich PbO zum Metall reduzieren. PbO wird zur Herstellung von Mennige Pb_3O_4, Bleiweiß

$Pb(OH)_2 \cdot 2PbCO_3$ und Bleigläsern verwendet. Mit Basen fällt aus Pb(II)-Salzlösungen weißes Blei(II)-oxid-Hydrat aus. Reines $Pb(OH)_2$ konnte bisher nicht dargestellt werden.

Blei(II)-Halogenide sind schwerlöslich und können aus Pb(II)-Salzlösungen mit Halogenidionen ausgefällt werden. Im Gegensatz zu $SnCl_2$ besitzt $PbCl_2$ keine reduzierenden Eigenschaften. Mit Chloriden entstehen Chloroplumbate(II) $[PbCl_3]^-$ und $[PbCl_4]^{2-}$.

Blei(II)-sulfat $PbSO_4$ bildet glasklare Kristalle. Es ist schwerlöslich und fällt aus Pb^{2+}-haltigen Lösungen mit SO_4^{2-}-Ionen als weißer kristalliner Niederschlag aus. In konzentrierten starken Säuren (H_2SO_4, HCl, HNO_3) löst sich $PbSO_4$ auf.

$$PbSO_4 + H^+ \longrightarrow Pb(HSO_4)^+$$

In ammoniakalischer Tartratlösung löst es sich unter Komplexbildung, in konzentrierten Laugen als Hydroxoplumbat(II).

Blei(II)-carbonat $PbCO_3$ erhält man aus Pb(II)-Salzlösungen und CO_3^{2-}-Ionen in der Kälte. In der Wärme entstehen basische Carbonate. Ein basisches Carbonat ist **Bleiweiß** $Pb(OH)_2 \cdot 2PbCO_3$. Es hat von allen weißen Farben den schönsten Glanz und die größte Deckkraft und ist daher trotz seiner Giftigkeit und seines Nachdunkelns (Bildung von PbS) ein geschätztes Farbpigment.

Blei(II)-chromat $PbCrO_4$ wird als Malerfarbe verwendet (Chromgelb), ebenso das basische Chromat $PbO \cdot PbCrO_4$ (Chromrot).

Blei(II)-sulfid PbS ist die wichtigste natürlich vorkommende Bleiverbindung (Bleiglanz). Es kristallisiert in bleigrauen, glänzenden, leicht spaltbaren Kristallen vom NaCl-Typ. Es fällt als schwerlöslicher, schwarzer Niederschlag aus Pb(II)-Salzlösungen mit H_2S aus.

Blei(II)-acetat $Pb(CH_3COO)_2$ entsteht beim Auflösen von PbO in Essigsäure. Die stark giftigen Lösungen schmecken süß (Bleizucker).

4.7.14.2 Blei(IV)-Verbindungen

Anorganische Blei(IV)-Verbindungen sind weniger beständig als Blei(II)-Verbindungen.

Bleidioxid PbO_2 entsteht durch Oxidation von Pb(II)-Salzen mit starken Oxidationsmitteln wie Chlor und Hypochlorit oder durch anodische Oxidation.

$$Pb^{2+} + 2H_2O \longrightarrow PbO_2 + 4H^+ + 2e^-$$

PbO_2 kristallisiert im Rutilgitter, es ist ein schwarzbraunes Pulver und ein starkes Oxidationsmittel. Beim Erhitzen mit konz. Salzsäure entsteht Cl_2.

$$PbO_2 + 4HCl \longrightarrow PbCl_2 + 2H_2O + Cl_2$$

Beim Erwärmen spaltet es Sauerstoff ab.

$$PbO_2 \longrightarrow PbO + \tfrac{1}{2}O_2$$

PbO_2 ist amphoter mit überwiegend saurem Charakter. Mit konzentrierten Laugen entstehen Hydroxoplumbate(IV), z. B. $K_2[Pb(OH)_6]$. Mit basischen Oxiden bilden sich wasserfreie Plumbate des Typs $\overset{+2}{Me}_2PbO_4$ (Orthoplumbate) bzw. $\overset{+1}{Me}_2PbO_3$ (Metaplumbate). Über die Rolle von PbO_2 im Bleiakkumulator s. Abschn. 3.8.11.

Blei(II,IV)-oxid Pb_3O_4 (Mennige) enthält Blei mit den Oxidationszahlen $+2$ und $+4$ und kann formal als Blei(II)-orthoplumbat(IV) aufgefaßt werden. Es kommt in zwei Modifikationen vor. Bei Raumtemperatur ist rotes, tetragonales Pb_3O_4 stabil, das beim Erhitzen von PbO im Luftstrom entsteht.

$$3\,PbO + \tfrac{1}{2}O_2 \xrightarrow{\ 500\,°C\ } Pb_3O_4$$

Bei 550 °C zersetzt sich Pb_3O_4 zu PbO. Interessant ist die Reaktion mit HNO_3.

$$Pb_3O_4 + 4\,HNO_3 \longrightarrow \overset{+4}{Pb}O_2 + 2\,\overset{+2}{Pb}(NO_3)_2 + 2\,H_2O$$

Pb_3O_4 ist ein ausgezeichnetes *Rostschutzmittel.* Da Bleiverbindungen giftig sind, wird es für Schutzanstriche kaum noch verwendet. Als Korrosionsschutzpigmente werden jetzt Zinkstaub oder Zinkphosphat benutzt.

Blei(IV)-Halogenide. $PbCl_4$ ist eine unbeständige, gelbe, rauchende Flüssigkeit (Sdp. 150 °C), die sich leicht in $PbCl_2$ und Cl_2 zersetzt und oxidierende Eigenschaften besitzt. Beständiger sind Hexachloroplumbate $\overset{+1}{Me}_2[PbCl_6]$. $PbBr_4$ und PbI_4 sind nicht existent, da Br^- bzw. I^- von Pb^{4+} oxidiert wird.

$$Pb^{4+} + 2\,X^- \longrightarrow Pb^{2+} + X_2$$

Das feste, salzartige PbF_4 bildet Fluorokomplexe des Typs PbF_5^- und PbF_6^{2-}.

Bleitetraethyl $Pb(C_2H_5)_4$ und **Bleitetramethyl $Pb(CH_3)_4$** sind giftige, in Wasser unlösliche Flüssigkeiten. Sie werden Benzinen als Antiklopfmittel zugesetzt und waren die Hauptquelle (1982 zu 60 %) für Bleiemissionen. Inzwischen ist die Verwendung von Bleialkylen verboten. Die bleifreien Kraftstoffe dürfen maximal 13 mg Pb/l enthalten. Durch Verwendung bleifreien Benzins erfolgte eine Abnahme des Pb-Gehalts in der Biosphäre.

4.8 Gruppe 13

4.8.1 Gruppeneigenschaften

	Bor	Alumi- nium	Gallium	Indium	Thallium
	B	Al	Ga	In	Tl
Ordnungszahl Z	5	13	31	49	81
Elektronenkonfiguration	[He] $2s^2 2p^1$	[Ne] $3s^2 3p^1$	[Ar] $3d^{10}$ $4s^2 4p^1$	[Kr] $4d^{10}$ $5s^2 5p^1$	[Xe] $4f^{14}$ $5d^{10} 6s^2 6p^1$
1. Ionisierungsenergie in eV	8,3	6,0	6,0	5,8	6,1
2. Ionisierungsenergie in eV	25,1	18,8	20,5	18,9	20,4
3. Ionisierungsenergie in eV	37,9	28,4	30,7	28,0	29,8
Elektronegativität	2,0	1,5	1,8	1,5	1,4
Metallcharakter	Halbmetall	└──────── Metalle ────────┘			
Standardpotentiale in V Me/Me^{3+}	−0,87*	−1,68	−0,53	−0,34	+0,72
Me/Me^+	–	–	–	–	−0,34
Me^+/Me^{3+}	–	–	–	–	+1,25
Beständigkeit der Me(I)- Verbindungen	$\longrightarrow$		nimmt zu		
Basischer Charakter der Oxide und Hydroxide	$\longrightarrow$		nimmt zu		
Salzcharakter der Chloride	$\longrightarrow$		nimmt zu		

* $B/B(OH)_3$

Bor ist ein Halbmetall mit Halbleitereigenschaften, die anderen Elemente der Gruppe sind Metalle. Die Ionisierungsenergien und Elektronegativitäten ändern sich nicht regelmäßig. Die Anomalie bei Ga hängt mit der Auffüllung der 3d-Unterschale zusammen, die zwischen den Elementen Al und Ga erfolgt.

Alle Elemente treten entsprechend ihrer Elektronenkonfiguration bevorzugt in der Oxidationszahl +3 auf. Außerdem gibt es Verbindungen mit der Oxidationszahl +1, deren Beständigkeit mit Z zunimmt. Tl(I)-Verbindungen sind stabiler als Tl(III)-Verbindungen. Das Standardpotential Tl^{3+}/Tl^+ zeigt, daß Tl^{3+} ein kräftiges Oxidationsmittel ist (fast so stark wie Chlor), während In^+ stark reduzierend wirkt (etwa wie Cr(II)).

Alle Elemente sind in nichtoxidierenden Säuren löslich, Tl löst sich als Tl^+. Der unedle Charakter ist bei Al am größten und nimmt – anders als in der 1. und 2. Hauptgruppe – mit Z wieder ab. Bor bildet als einziges Element der Gruppe keine freien Ionen mit der Ladung +3.

Die Affinität zu den elektronegativen Elementen (Sauerstoff, Halogene) ist größer als zu den elektropositiven Elementen. Der Salzcharakter der Verbindungen nimmt mit Z zu und ist bei Verbindungen mit der Oxidationzahl +1 stärker ausgeprägt.

Trotz der großen Elektronegativitätsdifferenz zwischen Bor und den Nichtmetallen bildet es keine Salze mit B^{3+}-Kationen. Ursache ist die zu kleine Koordinationszahl von B^{3+} (vgl. S. 129).

Der saure Charakter der Oxide und Hydroxide nimmt mit Z ab. $B(OH)_3$ hat saure Eigenschaften, $Al(OH)_3$ und $Ga(OH)_3$ sind amphoter, $In(OH)_3$ und $Tl(OH)_3$ überwiegend basisch. Entsprechend dem Charakter der Hydroxide reagieren die Salze sauer. Die Basizität ist in der Oxidationszahl $+1$ stärker, $Tl(OH)$ ist eine starke Base.

Für kovalente Verbindungen stehen sp^2-Hybridorbitale zur Verfügung, und die Koordination ist trigonal-planar. Diese Verbindungen enthalten eine Elektronenlücke, sie sind daher starke Lewis-Säuren. Der Elektronenmangel ist ganz wesentlich für die Strukturen und Reaktionen der kovalenten Verbindungen.

In einer Reihe von Eigenschaften ähnelt Bor dem Silicium mehr als seinem Homologen Aluminium (*Schrägbeziehung* im PSE).

Elektronegativitäten: B 2,0; Si 1,7; Al 1,5. Bor und Silicium sind harte, hochschmelzende Halbmetalle mit Halbleitereigenschaften. Aluminium ist ein typisches, duktiles Metall. B und Si bilden zahlreiche flüchtige Wasserstoffverbindungen, von Al ist nur ein polymeres Hydrid bekannt. BCl_3 ist wie $SiCl_4$ flüssig, monomer, hydrolyseempfindlich. $AlCl_3$ kristallisiert in einer Schichtstruktur und ist in der flüssigen und gasförmigen Phase dimer. B_2O_3 neigt wie SiO_2 zur Glasbildung.

Nicht nur unter den Elementen der Gruppe nimmt Bor eine Sonderstellung ein. Seine Modifikationen, die Wasserstoffverbindungen, die Carbaborane und die Metallboride sind einzigartig und es gibt dafür keine Analoga bei allen anderen Elementen des PSE.

4.8.2 Vorkommen

Wegen ihrer Reaktionsfähigkeit kommen die Elemente der 13. Gruppe nicht elementar vor.

Natürliche Borverbindungen sind Borate. Die wichtigsten Mineralien sind Kernit $Na_2B_4O_7 \cdot 4H_2O$, Borax $Na_2B_4O_7 \cdot 10H_2O$, Borocalcit $CaB_4O_7 \cdot 4H_2O$, Colemanit $Ca_2B_6O_{11} \cdot 5H_2O$. Hauptförderländer sind die USA und die Türkei. Borsäure H_3BO_3 findet man in heißen Quellen.

Aluminium ist das häufigste Metall der Erdrinde und das dritthäufigste Element überhaupt. Es ist Bestandteil der Feldspate, Glimmer und Tonmineralien (vgl. Silicate, Abschn. 4.7.10.2). Relativ selten kommt Al_2O_3 (Tonerde) als Korund und Schmirgel (mit Eisenoxid und Quarz verunreinigt) vor. Gut ausgebildete und gefärbte Al_2O_3-Kristalle sind *Edelsteine*: Rubin (rot), Saphir (blau). Die Naturvorräte an Kryolith Na_3AlF_6 sind weitgehend abgebaut. Das wichtigste *Ausgangsmaterial zur Aluminiumgewinnung ist Bauxit.* Es ist ein Gemenge aus Aluminiumhydroxidoxid $AlO(OH)$ (Böhmit und Diaspor) und Aluminiumhydroxid $Al(OH)_3$ (Hydrargillit) mit Beimengungen an Tonmineralien und Eisenoxiden. Die Weltförderung lag 2001 bei $134 \cdot 10^6$ t (40 % in Australien).

Gallium und Indium sind Begleiter des Zinks in der Zinkblende. Thallium ist Begleiter von Zink in der Zinkblende und von Eisen im Pyrit. Selten sind die Mineralien Lorandit $TlAsS_2$ und Crookesit $(Tl,Cu,Ag)_2Se$.

4.8.3 Die Elemente

	B	Al	Ga	In	Tl
Modifikationen	Modifikationen mit kovalenten Bindungen	Metallische Modifikationen kdp	–	kdp$_{verzerrt}$	hdp
Dichte in g/cm^3	2,46*	2,70	5,91	7,31	11,85
Schmelzpunkt in °C	2180**	660	30	156	302
Siedepunkt in °C	3660	2467	2400	2080	1457
Sublimationsenthalpie in kJ/mol	570**	327	277	243	182

   * α-rhomboedrisches Bor
  ** β-rhomboedrisches Bor

4.8.3.1 Modifikationen, chemisches Verhalten

Bor

Hauptgruppenelemente mit weniger als vier Valenzelektronen kristallisieren in Metallgittern. Eine Ausnahme ist Bor. Wegen der hohen Ionisierungsenergie und der relativ großen Elektronegativität *bevorzugt* es *kovalente Bindungen.* Die komplizierten und einmaligen Strukturen der Bormodifikationen sind eine Folge des Elektronenmangels der Boratome, die vier Valenzorbitale, aber nur drei Elektronen besitzen. *Raumnetzstrukturen können nur unter Beteiligung von Mehrzentrenbindungen gebildet werden.*

Von Bor sind mehrere kristalline Modifikationen bekannt. In allen Strukturen treten als Struktureinheiten B_{12}-Ikosaeder auf (Abb. 4.42). Alle 12 Atome des Ikosaeders sind äquivalent, haben 5 Bornachbarn und liegen auf einer fünfzähligen Achse. Die Ikosaeder lassen sich nur locker packen, in der dichtesten Modifikation beträgt die Raumausfüllung 37%. In die Lücken der Strukturen können zusätzlich Boratome oder Metallatome eintreten.

α-rhomboedrisches Bor hat die einfachste Struktur (Abb. 4.43). Die B_{12}-Ikosaeder sind in einer annähernd kubisch-dichten Packung angeordnet. 6 B-Atome eines Ikosaeders haben die Koordinationszahl 7. Sie sind durch eine Dreizentrenbindung an zwei B-Atome zweier Nachbarikosaeder innerhalb der Ikosaederschicht gebunden (Abb. 4.44). Die anderen 6 B-Atome haben die Koordinationszahl 6. Sie sind durch

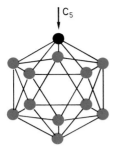

Abbildung 4.42 B_{12}-Ikosaeder (Zwanzigflächner).
Alle Atome sind äquivalent. Jedes Atom liegt auf einer fünfzähligen Achse (C_5) und hat 5
Nachbarn.
Die 12 B-Atome bilden 13 bindende Molekülorbitale. Der B_{12}-Ikosaeder erhält seine maximale
Stabilität durch Besetzung dieser MOs mit 26 Valenzelektronen. Von den 36 Valenzelektronen
der 12 B-Atome stehen noch 10 für Bindungen nach außen zur Verfügung.

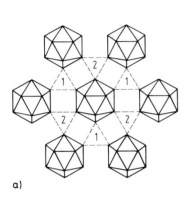

a)

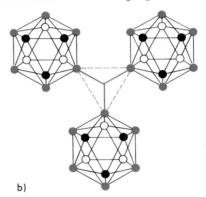

b)

Abbildung 4.43   Struktur und Bindung in α-rhomboedrischem Bor.
a) Die Struktureinheiten sind B_{12}-Ikosaeder. Sie haben die Anordnung einer kubisch-dichten
Packung.

b) 6 B-Atome ● eines Ikosaeders sind durch eine geschlossene 3Zentren-BBB-Bindung
innerhalb einer Schicht an zwei Nachbarikosaeder gebunden (KZ=7). 3 B-Atome ● sind
durch 2Zentren-BB-Bindungen an drei Ikosaeder der darüber liegenden Schicht(Position 1)
und 3 B-Atome ○ an drei Ikosaeder der darunter liegenden Schicht(Position 2) gebunden
(KZ=6).

Typ	Bindungen		Elektronenzahl
	Anzahl	Abstand B—B in pm	
2Zentren-Bindung B—B	6	171	6
3Zentren-Bindung	6	202	$6 \cdot \dfrac{4}{6} = 4$
Bindende MOs im B_{12}-Gerüst	13	173–179	$\dfrac{26}{36}$

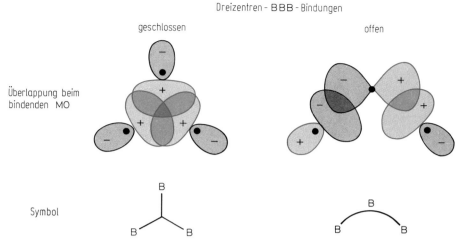

Abbildung 4.44   Typen von 3Zentren-BBB-Bindungen.
Sie sind an der chemischen Bindung in den Bormodifikationen, den Boranen und Carbaboranen beteiligt.

Zweizentrenbindungen an je drei Ikosaeder der darüber und darunter liegenden Ikosaederschicht gebunden.

β-rhomboedrisches Bor ist die thermodynamisch stabile Modifikation. Man erhält es durch Erhitzen von α-rhomboedrischem Bor auf 1200 °C. Die Struktur ist kompliziert. Die Elementarzelle enthält 105 B-Atome. Ein Teil der Struktureinheiten sind Ikosaeder.

α-tetragonales Bor enthält B_{12}-Ikosaeder und einzelne B-Atome. (Abb. 4.45). Die B_{12}-Ikosaeder sind in einer hexagonal-dichten Packung angeordnet. $\frac{1}{4}$ der vorhandenen Tetraederlücken sind mit B-Atomen besetzt. Die einzelnen B-Atome sind tetraedrisch koordiniert, sie verbinden 4 Ikosaeder. Die B-Atome der Ikosaeder haben die Koordinationszahl 6. Jedes Ikosaeder ist mit 10 Nachbarikosaedern durch je eine B—B-Einfachbindung verbunden. Die Verbindung zum 11. und 12. Nachbarikosaeder erfolgt über die einzelnen B-Atome. Die gleiche Struktur wie α-tetragonales Bor haben das **Borcarbid $B_{24}C$**, sowie das **Bornitrid $B_{24}N$**, in denen die tetraedrisch koordinierten B-Atome durch C- bzw. N-Atome ersetzt sind. α-tetragonales Bor erhält man nur durch epitaktische Abscheidung auf den Oberflächen von $B_{24}C$ oder $B_{24}N$. Wahrscheinlich ist α-tetragonales Bor nur stabil, wenn es kleine Mengen C oder N enthält.

β-tetragonales Bor enthält pro Elementarzelle 190 B-Atome.

Kein anderes Element zeigt in seinen Modifikationen eine ähnliche Flexibilität seiner Atome. Die B-Atome besitzen Koordinationszahlen von 4 bis 9, die Bindungsabstände variieren stark. *Da die Boratome nur drei Valenzelektronen besitzen, können die hohen Koordinationszahlen nur durch Ausbildung von Mehrzentrenbindungen erreicht werden.* Mit der MO-Theorie erhält man für ein B_{12}-Ikosaeder 13 bindende

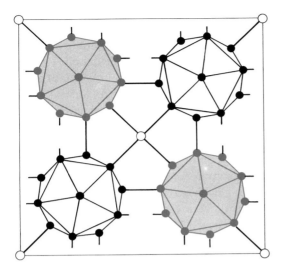

Das Zentrum der schwarz gezeichneten Ikosaeder liegt in der Höhe 1/4 der Elementarzelle, das der rot gezeichneten in der Höhe 3/4.

○ Isolierte B-Atome.

Abbildung 4.45   Struktur von α-tetragonalem Bor.
Die Elementarzelle enthält 50 Atome: 4 Ikosaeder in der Anordnung eines Tetraeders, im Zentrum dieses Tetraeders und in den Ecken der Elementarzelle einzelne B-Atome. Jedes Ikosaeder ist mit 10 Nachbarikosaedern durch eine B—B-Einfachbindung verbunden. Die Bindung an die restlichen beiden Nachbarikosaeder erfolgt über die isolierten B-Atome.
Ersetzt man die isolierten B-Atome durch C- bzw. N-Atome, erhält man das Carbid $B_{24}C$ und das Nitrid $B_{24}N$, die mit α-tetragonalem Bor isotyp sind. Man erhält dieses nur durch epitaktische Abscheidung auf den Oberflächen des Carbids oder Nitrids.

Molekülorbitale, die mit 26 Elektronen besetzt sind. Von den insgesamt 36 Valenzelektronen der 12 Boratome stehen also nur noch 10 für Bindungen nach außen zur Verfügung. Im α-rhomboedrischen Bor gehen von 6 Boratomen Zweizentrenbindungen aus. Dazu werden 6 Valenzelektronen benötigt. Die restlichen 6 Atome sind durch Dreizentrenbindungen an zwei benachbarte Ikosaeder gebunden. Jedem Boratom stehen dafür durchschnittlich $\frac{4}{6}$ Elektronen zur Verfügung. Für eine Dreizentrenbindung erhält man also $\frac{4}{6} \cdot 3 = 2$, also gerade ein bindendes Elektronenpaar.

Die Bormodifikationen sind sehr hart und halbleitend. Das thermodynamisch stabile β-rhomboedrische Bor hat die Mohs-Härte 9,3 und ist nach dem Diamant das härteste Element; die elektrische Leitfähigkeit bei Raumtemperatur beträgt $10^{-6}\,\Omega^{-1}\,cm^{-1}$, sie nimmt bis 600 °C auf das Hundertfache zu.

Bor ist reaktionsträge und reagiert erst bei höheren Temperaturen. Trotz des negativen Standardpotentials wird es weder von Salzsäure noch von Flußsäure angegriffen. Heiße Salpetersäure und Königswasser oxidieren es zu Borsäure. Beim Schmelzen mit Alkalimetallhydroxiden erhält man unter H_2-Entwicklung Borate. Bei höheren Temperaturen (oberhalb 400 °C) reagiert Bor mit Sauerstoff, Chlor, Brom, Schwefel und Stickstoff. Bor reduziert bei hohen Temperaturen Wasserdampf, CO_2 und SiO_2, ist also ein starkes *Reduktionsmittel.*

Aluminium

Aluminium ist ein silberweißes *Leichtmetall* (Leichtmetalle haben Dichten $< 5\ \text{g/cm}^3$), es kristallisiert kubisch-flächenzentriert. Die elektrische Leitfähigkeit beträgt etwa $\frac{2}{3}$ von der des Kupfers. Aluminium ist sehr dehnbar, läßt sich zu feinen Drähten ziehen und zu dünnen Folien (bis 0,004 mm Dicke) auswalzen. Bei 600 °C wird Aluminium körnig, in Schüttelmaschinen erhält man Aluminiumgrieß. In noch feinerer Zerteilung erhält man es als Pulver.

Nach seiner Stellung in der Spannungsreihe sollte Aluminium leicht oxidiert werden. An der Luft ist Aluminium jedoch beständig, da es durch die Bildung einer fest anhaftenden dünnen Oxidschicht vor weiterer Oxidation geschützt wird (*Passivierung*). Man kann diese Schutzwirkung noch verbessern, indem man durch anodische Oxidation künstlich eine harte und dickere Oxidhaut (0,02 mm) erzeugt (*Eloxal-Verfahren*). Eloxiertes Al ist beständig gegen Meerwasser, Säuren und Laugen. Aluminiumdrähte lassen sich durch Eloxieren elektrisch isolieren.

Al löst sich entsprechend seinem Standardpotential ($E^\circ = -1,68$ V) in verdünnten Säuren unter Wasserstoffentwicklung,

$$Al + 3\,H_3O^+ \longrightarrow Al^{3+} + 1,5\,H_2 + 3\,H_2O$$

nicht aber in oxidierenden Säuren (Passivierung). Von Wasser oder sehr schwachen Säuren wird es nicht angegriffen, da in diesem Milieu die OH^--Konzentration groß genug ist, um das Löslichkeitsprodukt von $Al(OH)_3$ ($L = 2 \cdot 10^{-33}$) zu überschreiten, und das an der Al-Oberfläche gebildete $Al(OH)_3$ vor weiterer Einwirkung schützt. *In stark saurer oder alkalischer Lösung kann* sich die Schutzschicht nicht ausbilden, da wegen des amphoteren Charakteres $Al(OH)_3$ sowohl in Säuren als auch in Laugen gelöst wird.

$$Al(OH)_3 + 3\,H_3O^+ \longrightarrow [Al(H_2O)_6]^{3+}$$
$$Al(OH)_3 + \quad OH^- \longrightarrow [Al(OH)_4]^-$$

Al kann *sich unter Wasserstoffentwicklung lösen.* Auf amalgamiertem Aluminium kann sich keine feste Deckschicht ausbilden. Es oxidiert daher leicht an der Luft und löst sich in Wasser unter H_2-Entwicklung. Man erhält es durch Verreiben von Quecksilberchlorid auf Aluminium.

$$3\,HgCl_2 + 2\,Al \longrightarrow 2\,AlCl_3 + 3\,Hg$$

Beim Erhitzen verbrennt fein verteiltes Aluminium an der Luft mit hellem Licht und großer Wärmeentwicklung.

$$2\,Al + \tfrac{3}{2}O_2 \longrightarrow Al_2O_3 \qquad \Delta H_B^\circ = -1677\ \text{kJ/mol}$$

In der Photographie wurde die Lichtentwicklung bei den „*Kolbenblitzen*" ausgenutzt. In einem Glaskolben verbrennt eine Al-Folie in reinem Sauerstoff nach elektrischer Zündung in etwa $\frac{1}{50}$ s.

Aluminothermisches Verfahren. Man nutzt die große Bildungsenthalpie von Al_2O_3 aus.

Al kann alle Metalloxide Me_2O_3 reduzieren, deren Bildungsenthalpien kleiner sind als die von Al_2O_3, z. B. Cr_2O_3.

$$\Delta H_B^{\circ} (Cr_2O_3) = - 1130 \text{ kJ/mol.}$$

$$Cr_2O_3 + 2\,Al \longrightarrow Al_2O_3 + 2\,Cr \qquad \Delta H^{\circ} = - 547 \text{ kJ/mol}$$

Schwer reduzierbare Oxide und solche, bei denen die Reduktion mit Kohlenstoff zu Carbiden führt, können durch aluminothermische Reduktion dargestellt werden (Cr, Si, B, Co, V, Mn). Die Oxide werden mit Alumiumgrieß gemischt (Thermit). Das Gemisch wird mit einer Zündkirsche (Magnesiumpulver und BaO_2 bzw. $KClO_3$) gezündet. Durch die große Reaktionswärme entstehen Temperaturen von über 2000 °C und das entstehende Metall fällt flüssig an. Das Al_2O_3 wird als Korundschlacke für Schleifzwecke verwendet. Das Thermitschweißen beruht auf der Reaktion

$$3\,Fe_3O_4 + 8\,Al \longrightarrow 4\,Al_2O_3 + 9\,Fe \qquad \Delta H^{\circ} = - 3341 \text{ kJ/mol}$$

Es entstehen Temperaturen bis 2400 °C, so daß flüssiges Eisen entsteht, das die Schweißnaht bildet.

Gallium. Indium. Thallium

Ga ist ein weiches, dehnbares, glänzend weißes Metall. Es kristallisiert nicht in einer typischen Metallstruktur, sondern bei Raumtemperatur als α-Ga in einem orthorhombischen Gitter. Beim Schmelzen erfolgt wie bei Bi und H_2O eine Volumenkontraktion. Ga ist an der Luft beständig, da es wie Al passiviert wird; auch von Wasser wird es bis 100 °C nicht angegriffen ($L_{Ga(OH)_3} = 5 \cdot 10^{-37}$). Es löst sich wie Al in nichtoxidierenden Säuren (Bildung von Ga^{3+}-Ionen) und Basen (Bildung von $[Ga(OH)_4]^-$-Ionen) unter H_2-Entwicklung.

In ist ein silberweißes, glänzendes, sehr weiches Metall (es läßt sich mit dem Messer schneiden). Es kristallisiert in einer tetragonal verzerrten kubisch-dichten Packung. Es ist beständig gegenüber Luft, kochendem Wasser und Alkalien. Es löst sich in Mineralsäuren.

Tl ist weißglänzend, weich wie Blei und zäh. Bei Normaltemperatur kristallisiert Tl in der hexagonal-dichten Packung. An der Luft läuft es grau an, es wird daher unter Glycerin aufbewahrt. In Gegenwart von Luft wird es von Wasser unter Bildung von TlOH angegriffen. Es löst sich nicht in wäßrigen Alkalien, aber gut in HNO_3 und H_2SO_4. *Tl und seine Verbindungen sind giftig.* Tl-Verbindungen färben die Flamme intensiv grün.

4.8.3.2 Darstellung und Verwendung

Bor

Kristallines, hochreines Bor erhält man durch Reduktion von Borhalogeniden mit Wasserstoff bei 1000–1400 °C,

$$2\,BCl_3 + 3\,H_2 \longrightarrow 2\,B + 6\,HCl \qquad \Delta H^\circ = +262\ \text{kJ/mol}$$

sowie durch thermische Zersetzung von BI_3 an Wolframdrähten bei 800–1000 °C (Aufwachsverfahren).

$$2\,BI_3 \longrightarrow 2\,B + 3\,I_2 \qquad \Delta H^\circ = -71\ \text{kJ/mol}$$

Welche Modifikation entsteht, hängt im wesentlichen von der Reaktionstemperatur ab.

Amorphes Bor entsteht als braunes Pulver geringer Reinheit durch Reduktion von B_2O_3 mit Na oder Mg.

$$B_2O_3 + 3\,Mg \longrightarrow 2\,B + 3\,MgO \qquad \Delta H^\circ = -533\ \text{kJ/mol}$$

Aus geschmolzenem Aluminium kristallisiert AlB_{12} (quadratisches Bor) aus. *Technisch wird kristallines Bor* heute meist *durch Schmelzflußelektrolyse* eines Gemisches von KBF_4, KCl und B_2O_3 bei 800 °C *hergestellt.*

Da Bor bei hohen Temperaturen korrosiv ist, mit vielen Metallen Boride bildet und gegenüber Oxiden als starkes Reduktionsmittel wirkt (CO_2 und SiO_2 werden reduziert), ist es schwierig, kristallines Bor in hoher Reinheit darzustellen.

Bor wird in der Metallurgie als Desoxidationsmittel und zum Vergüten von Stahl (Erhöhung der Härtbarkeit) verwendet. Das quadratische Bor AlB_{12} ist wegen seiner Härte („Bordiamant") ein gutes Schleifmittel. Das Isotop ^{10}B wird wegen seines hohen Neutroneneinfangquerschnitts in der Kerntechnik verwendet.

Aluminium

Nach Eisen ist Aluminium das wichtigste Gebrauchsmetall. 2002 betrug die Weltproduktion $25,5 \cdot 10^6$ t. *Es wird aus Al_2O_3 durch Schmelzflußelektrolyse hergestellt. Ausgangsmaterial* zur Herstellung von Aluminium *ist Bauxit,* der überwiegend $AlO(OH)$ enthält. Bauxit ist mit Fe_2O_3 verunreinigt. Fe_2O_3 muß vor der Schmelzflußelektrolyse entfernt werden, da sich bei der Elektrolyse Eisen an der Kathode abscheiden würde. Für die Aufarbeitung zu reinem Al_2O_3 gibt es mehrere Verfahren. Bei allen Verfahren wird der amphotere Charakter von Al_2O_3 ausgenutzt. Amphotere Stoffe lösen sich sowohl in Säuren als auch in Basen. $AlO(OH)$ kann daher mit basischen Stoffen in das lösliche Komplexsalz $Na[Al(OH)_4]$ überführt werden. Fe_2O_3 ist in Basen unlöslich und wird von der $Na[Al(OH)_4]$-Lösung durch Filtration abgetrennt.

Die einzelnen Reaktionsschritte des vorwiegend durchgeführten nassen Aufschlußverfahrens (*Bayer-Verfahren*) sind im folgenden Schema dargestellt:

$$\text{Bauxit} + \text{NaOH} \xrightarrow[\text{Druck}]{170\,°C} \text{Na[Al(OH)}_4] + \text{Fe}_2\text{O}_3$$

$$\downarrow \text{ Impfen}$$

$$\text{Al}_2\text{O}_3 + \text{H}_2\text{O} \xleftarrow{1200\,°C} \text{Al(OH)}_3 + \text{NaOH}$$

AlO(OH) wird mit Natronlauge in Lösung gebracht und durch Filtration von Fe_2O_3 getrennt. Durch Impfen mit Al(OH)_3-Kriställchen wird aus dem Hydroxokomplex Al(OH)_3 ausgeschieden. Nach erneuter Filtration wird Al(OH)_3 bei hohen Temperaturen zum Oxid entwässert.

Der SiO_2-Anteil des Bauxits wird zusammen mit Fe_2O_3 als unlösliches Natriumaluminiumsilicat $\text{Na}_2\text{Al}_2\text{SiO}_6 \cdot 2\,\text{H}_2\text{O}$ abgetrennt. Da die Bildung des Silicats zu NaOH- und Al_2O_3-Verlusten führt, bevorzugt man beim Bayer-Verfahren SiO_2-arme Bauxite.

Al_2O_3 hat einen Schmelzpunkt von 2050 °C. *Zur Schmelzpunktserniedrigung wird* Al_2O_3 *in Kryolith* Na_3AlF_6 *gelöst.* Na_3AlF_6 schmilzt bei 1000 °C und bildet mit Al_2O_3 ein Eutektikum (vgl. Abb. 2.107), das bei 960 °C schmilzt und die Zusammensetzung 10,5 % Al_2O_3 und 89,5 % Na_3AlF_6 hat. Man elektrolysiert Na_3AlF_6-Schmelzen, die neben Al_2O_3 (2–8 %), AlF_3 (5–15 %), CaF_2 (2–6 %), LiF (2–5 %) und selten MgF_2 (2–3 %) enthalten. Miteinander kombiniert setzen diese Fluoride die Liquidustemperatur, die Verdampfungsverluste, die Dichte, den elektrischen Widerstand und die Metallöslichkeit der Schmelze herab und verbessern die Stromausbeute. Man kann daher die Elektrolyse bei 950–970 °C durchführen. Als Elektrodenmaterial wird Kohle verwendet.

Die chemischen *Reaktionen bei der Schmelzflußelektrolyse* sind nicht vollständig geklärt. Es ist nicht genau bekannt, wie sich Al_2O_3 in der Schmelze löst, man vermutet die Bildung von Oxidfluorid-Komplexen, z.B. von $\text{Al}_2\text{OF}_8^{4-}$, die aber noch nicht nachgewiesen werden konnten. Wahrscheinlich sind folgende Reaktionen.

Dissoziation von Kryolith $\quad 2\,\text{Na}_3\text{AlF}_6 \rightleftharpoons 6\,\text{Na}^+ + 2\,\text{AlF}_6^{3-}$

Anodenreaktion $\quad\quad\quad\quad \text{Al}_2\text{O}_3 + 2\,\text{AlF}_6^{3-} \rightleftharpoons \tfrac{3}{2}\text{O}_2 + 4\,\text{AlF}_3 + 6\,\text{e}^-$

Kathodenreaktion $\quad\quad\quad 6\,\text{Na}^+ + 6\,\text{e}^- \rightleftharpoons 6\,\text{Na}$

$$6\,\text{Na} + 2\,\text{AlF}_3 \rightleftharpoons 2\,\text{Al} + 6\,\text{NaF}$$

NaF reagiert mit dem überschüssigen AlF_3 der Anodenreaktion

$$2\,\text{AlF}_3 + 6\,\text{NaF} \rightleftharpoons 2\,\text{Na}_3\text{AlF}_6$$

Gesamtreaktion $\quad\quad\quad\quad\; \text{Al}_2\text{O}_3 \rightleftharpoons 2\,\text{Al} + \tfrac{3}{2}\text{O}_2$

Das abgeschiedene Aluminium hat eine größere Dichte als die Schmelze und sammelt sich flüssig am Boden des Elektrolyseofens (der Schmelzpunkt von Al beträgt 660 °C). Durch die Schmelze wird das Aluminium vor Oxidation geschützt.

Der an der Anode entstandene Sauerstoff reagiert mit der Kohleanode. Das als Anodengas bezeichnete Gasgemisch enthält 80–85 % CO_2, 15–20 % CO und Spuren von verdampften Fluorverbindungen (HF und staubförmige Fluoride). An der Anode stellt sich nicht das Boudouard-Gleichgewicht ein, da die primär gebildeten CO_2-

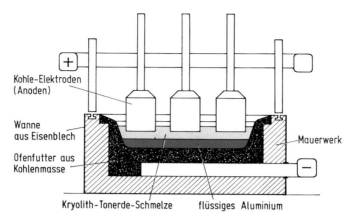

Abbildung 4.46   Schematische Darstellung eines Elektrolyseofens zur Herstellung von Aluminium.

Gasblasen sehr schnell von der Anodenkohlenfläche abrollen. Der größte Teil des CO entsteht durch Rückreaktion von Al mit CO_2.

$$2\,Al + 3\,CO_2 \rightleftharpoons Al_2O_3 + 3\,CO$$

Außerhalb der Schmelze wird CO durch Luftsauerstoff sofort zu CO_2 oxidiert. Die Abgasreinigung erfolgt durch Adsorption der Fluorverbindungen an Al_2O_3; das Reingas enthält noch $0,5\,mg/m^3$ Fluor (erlaubter Grenzwert $1\,mg/m^3$).

Moderne Elektrolysen arbeiten mit etwa 180000 A und 4–5 V. Bei einer Stromausbeute von 95 % beträgt die Produktion eines Ofens 1 400 kg Al/Tag. Die größte deutsche Hütte produziert 200000 t/Jahr. Das Al hat eine Reinheit von 99,8–99,9 %, Verunreinigungen sind hauptsächlich Fe und Si. Für 1 t Al benötigt man 1,9 t Al_2O_3 (aus 4,5–5 t Bauxit), 0,5 t Elektrodenkohle und eine Energiemenge von $14 \cdot 10^3$ kWh. Die wirtschaftliche Al-Herstellung erfordert billige Energie.

Wichtige *Aluminium-Legierungen* sind: Magnalium (10–30 % Mg), Hydronalium (3–12 % Mg; seewasserfest), Duralumin (2,5–5,5 % Cu, 0,5–2 % Mg, 0,5–1,2 % Mn, 0,2–1 % Si; läßt sich kalt walzen, ziehen und schmieden).

Wegen der guten elektrischen Leitfähigkeit wird Al in der Elektrotechnik verwendet. Die chemische Widerstandsfähigkeit ermöglicht seine Verwendung im chemischen Apparatebau. Hauptsächlich verwendet wird es für den Fahrzeug-, Schiff-, Flugzeug- und Hausbau sowie für Haushaltsgegenstände. Al-Pulver wird zur Herstellung von Anstrichmitteln, pyrotechnischen Produkten und in der Aluminothermie verwendet. Al-Folien dienen als Verpackungsmaterial.

Gallium, Indium und **Thallium** können durch Elektrolyse ihrer Salzlösungen dargestellt werden. Ga wird in Quarzthermometern für hohe Temperatur verwendet (Smp. 30 °C, Sdp. 2400 °C). Für Halbleiterzwecke wird $GaCl_3$ vor der Elektrolyse mit dem Zonenschmelzverfahren gereinigt. In wird als Legierungsbestandteil für Lagermetalle verwendet und hat Bedeutung zur Herstellung von III-V-Verbindungen als Halbleitermaterial. Tl wird mit Hg legiert für Tieftemperaturthermometer benutzt.

4.8.4 Verbindungen des Bors

Die Chemie des Bors unterscheidet sich wesentlich von der seiner homologen Elemente. Aber auch verglichen mit anderen Elementen ist die Chemie des Bors einzigartig.

Bor tritt nicht als Kation B^{3+} *auf. Auf Grund seiner Elektronenkonfiguration bildet Bor kovalente Bindungen mit* sp^2*-hybridisierten B-Atomen.* Es entstehen Verbindungen mit trigonal-planarer Koordination. Die Bindungen mit elektronegativen Partnern (Halogene, Sauerstoff) sind stark polar. In Wasserstoffverbindungen ist H negativ polarisiert, in den Reaktionen – z.B. der Hydrolyse – ähneln sie daher mehr den Silanen als den Alkanen. *Die Verbindungen des Typs* BX_3 sind Elektronenmangelverbindungen und besitzen nur ein Elektronensextett. Sie *stabilisieren sich* auf verschiedenen Wegen *unter Ausbildung eines Elektronenoktetts.*

Ausbildung von π-Bindungen

Beispiel BF_3

Das Boratom bildet mit nichtbindenden Elektronen der F-Atome π-Bindungen.

Durch die delokalisierte π-Bindung verkürzt sich die Bindungslänge auf 130 pm (B—F 145 pm, B=F 125 pm), die Lewis-Acidität verringert sich.

Wie in BF_3 *existieren* π*-Bindungsanteile auch in* BCl_3 *und* BBr_3*, sowie zwischen B und N in Bornitriden und B und O in Bor-Sauerstoffverbindungen.*

Mehrzentrenbindungen

Wenn keine freien Elektronenpaare für π-Bindungen zur Verfügung stehen, kann Stabilisierung durch Mehrzentrenbindungen erfolgen.

Beispiel BH_3

BH_3 ist nicht beständig. Zwei BH_3-Moleküle reagieren miteinander zum Diboran B_2H_6 (vgl. S. 569).

$\Delta H^\circ = -164\,\text{kJ/mol}$

Mehrzentrenbindungen treten auch bei den anderen Boranen, bei den Bormodifikationen und den Metallboriden auf.

Anlagerung von Donormolekülen

Die Elektronenlücke kann durch ein Elektronenpaar eines Donormoleküls geschlossen werden. Dabei erfolgt am B-Atom Änderung der Hybridisierung von sp^2 nach sp^3.

Beispiele: BF_4^-, BH_4^-, BF_3OR_2

Mit stärker werdender π-Bindung in den Molekülen BX_3 nimmt die Akzeptorstärke ab: $BH_3 > BBr_3 > BCl_3 > BF_3$. Die Bindungslängen in BF_4^- entsprechen Einfachbindungen. Im Gegensatz zu den BX_3-Molekülen sind die BX_4^--Ionen nicht hydrolyseempfindlich.

Durch die Ausbildung von Mehrzentrenbindungen *hat Bor – neben den normalen Koordinationszahlen 3 und 4 –* in den Boranen, Carbaboranen und Bormodifikationen *auch die Koordinationszahlen 5 bis 9. Kein anderes Nichtmetall ist dazu befähigt.* Bor bildet selten B≡B-Doppelbindungen. B—B-Einfachbindungen treten bei den Halogeniden

$$\begin{array}{c} X \\ {}^{\diagdown} \\ {}_{\diagup} \\ X \end{array} B{-}B \begin{array}{c} X \\ {}^{\diagup} \\ {}_{\diagdown} \\ X \end{array}$$

auf. Bor bildet selten Ketten und Ringe mit B—B-Bindungen, sondern bevorzugt räumliche Strukturen mit Mehrzentrenbindungen.

4.8.4.1 Metallboride, Borcarbide

Es gibt mehr als 200 binäre Metallboride. Zusammensetzungen und Strukturen sind vielfältig.

Zusammensetzungen

$v(Me) \geqq v(B)$ Me_5B, Me_4B, Me_3B, Me_5B_2, Me_7B_3, Me_2B, Me_5B_3, Me_3B_2, $Me_{11}B_8$, MeB

$v(B) > v(Me)$ $Me_{10}B_{11}$, Me_3B_4, Me_2B_3, Me_3B_5, MeB_2, Me_2B_5, MeB_3, MeB_4, MeB_6, Me_2B_{13}, MeB_{10}, MeB_{12}, MeB_{15}, MeB_{18}, MeB_{66}

Außerdem gibt es zahlreiche nichtstöchiometrische Phasen mit variablen Zusammensetzungen. 75 % aller Boride gehören den Verbindungsklassen Me_2B, MeB, MeB_2, MeB_4 und MeB_6 an.

Eigenschaften

Die Boride sind sehr harte, temperaturbeständige Substanzen. Schmelzpunkte und elektrische Leitfähigkeit sind oft höher als die der Wirtsmetalle. ZrB_2 und TiB_2 z. B. haben fünfmal höhere Leitfähigkeiten als die Metalle, die Schmelzpunkte sind um 1000 °C höher, sie liegen bei 3000 °C.

Boride sind daher *bei extremen Beanspruchungen verwendbar.* Von Nachteil ist, daß sie nur wenig oxidationsbeständig sind und mit Metallen reagieren. Sie lassen sich daher nicht wie die Carbide zu Hartmetallegierungen verarbeiten (vgl. S. 202). Technisch werden bisher nur TiB_2 (Elektroden- und Tiegelmaterial) sowie CrB und CrB_2 (Verschleißschutzschichten) verwendet. MgB_2 ist ein Supraleiter mit der Sprungtemperatur 39 K (siehe Abschn. 5.7.5.3).

Strukturen

Es ist zweckmäßig, die Metallboride nach der Art des Bornetzwerkes zu klassifizieren, die Stellung der Metalle im PSE eignet sich dazu nicht.

Metallreiche Boride

Isolierte B-Atome	Mn_4B; Me_3B (Tc, Re, Co, Ni, Pd); Pd_5B_2;
Die B—B-Abstände liegen zwischen 210 und 330 pm	Me_7B_3(Tc, Re, Ru, Rh); Me_2B(Ta, Mo, W, Mn, Fe, Co, Ni)
Isolierte B_2-Paare B—B-Abstände: 179–180 pm	Cr_5B_3; Me_3B_2(V, Nb, Ta)

Bor-Zickzackketten Me_3B_4(Ti, V, Nb, Ta, Cr, Mn, Ni)
                                       MeB(Ti, Hf, V, Nb, Ta, Cr, Mo, W, Mn, Fe, Co, Ni)

B—B-Abstände: 175–185 pm

Bor-Doppelketten Me_3B_4(V, Nb, Ta, Cr, Mn)

B—B-Abstand: 175 pm

Bor-Schichten MeB_2(Mg, Al, Sc, Y, Ti, Zr, Hf, V, Nb, Ta, Cr, Mo, W, Mn, Tc, Re, Ru, Os, U, Pu)
                                      Me_2B_5(Ti, W, Mo)

B—B-Abstände: 170–186 pm

In den metallreichen Boriden besetzen die B-Atome häufig die Mittelpunkte von trigonalen Prismen der Metallatome.

Metallarme Boride

Boride mit großen Borgehalten bilden Strukturen mit einem dreidimensionalen Netzwerk aus Boratomen.

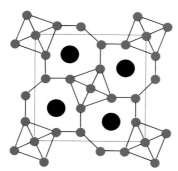

MeB_4 (Ho, Er, Tm, Lu, Ca, Y, Mo, W, Th)

Die tetragonale Struktur besteht aus Ketten von B_6-Oktaedern in c-Richtung, die durch B_2-Paare verknüpft sind. Die Metallatome besetzen in c-Richtung liegende Kanäle. Der Radius der Metallplätze beträgt 185–200 pm.

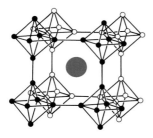

MeB_6 (Ca, Sr, Ba, Eu(II), Yb(II), La, Lanthanoide, Th)

● ○ B

⬤ Metall

Die kubische Struktur leitet sich von der CsCl-Struktur ab. Die Anionen sind durch B_6-Oktaeder ersetzt. Der Radius der von 24 Boratomen umgebenen Metallplätze beträgt 215–225 pm.

MeB_{12} (Sc, Y, Zr, Lanthanoide, Actinoide)

Die Struktur leitet sich von der NaCl-Struktur ab. Die Cl-Atome sind durch B_{12}-Kuboktaeder ersetzt.

MeB_{66} (Y)

Die Struktur ist mit der des β-rhomboedrischen Bors verwandt.

Bindung

Die Bindung in den Metallboriden ist kompliziert, es sind mehrere Bindungstypen beteiligt.

Beispiel LaB_6

Innerhalb der B_6-Cluster existieren kovalente Mehrzentrenbindungen, es gibt 7 bindende MOs. Die Bindung an die 6 Nachbarcluster erfolgt durch kovalente Zweizentrenbindungen. Die kovalenten Bindungen erfordern also pro Cluster 20 Valenzelektronen. Den 6 B-Atomen fehlen zwei Valenzelektronen, die von den Metallatomen geliefert werden. Es entsteht ein positiv geladenes Metalluntergitter und ein negativ geladenes Boruntergitter: $La^{2+}B_6^{2-}$. Zwischen den Untergittern existiert ionische Bindung. Das dritte Valenzelektron der La-Atome befindet sich im Leitungsband des Kristalls und liefert einen metallischen Bindungsanteil. LaB_6 ist ein besserer elektrischer Leiter als metallisches Lanthan.

Borcarbid $B_{13}C_2$

$B_{13}C_2$ bildet schwarze, glänzende Kristalle (Smp. 2400 °C), die fast so hart wie Diamant sind. Es ist gegen HNO_3 beständig und wird erst oberhalb 1000 °C von O_2 und Cl_2 angegriffen. Die Struktur ist aus B_{12}-Ikosaedern aufgebaut. Die Anordnung der Ikosaeder ist gleich der im α-rhomboedrischen Bor, zusätzlich sind die Ikosaeder durch lineare CBC-Ketten verbunden. Pro Ikosaeder ist eine Kette vorhanden: $(B_{12})CBC = B_{13}C_2$. Das B-Atom der Kette ist linear nur an die beiden C-Atome gebunden. Die Substitution von B-Atomen der Ikosaeder durch C-Atome führt zu einer großen Variationsbreite in der Stöchiometrie, die Grenzzusammensetzung ist $B_4C = (B_{11}C)CBC$.

Die technische Herstellung erfolgt aus B_2O_3 und Kohlenstoff bei 2400 °C. Nach Diamant und Borazon hat $B_{13}C_2$ die größte Härte (oberhalb 1000 °C ist es härter als diese), es wird daher als Schleifmittel, für Panzerplatten und Sandstrahldüsen verwendet. Es ist Ausgangsstoff für die Herstellung von Metallboriden und wird zur Härtung von Metalloberflächen durch Erzeugung von Metallboridschichten benutzt. In Kernreaktoren wird es als Neutronenabsorber eingesetzt.

Borcarbid $B_{24}C$

Die strukturelle Beziehung zwischen $B_{24}C$ und α-tetragonalem Bor wurde bereits besprochen (S. 554).

4.8.4.2 Wasserstoffverbindungen des Bors (Borane)

Bor und Wasserstoff bilden binäre Verbindungen, für deren Zusammensetzung und Struktur sich keine Analoga bei den Hydriden der anderen Elemente finden. Die Verbindungen sind Glieder der folgenden Reihen:

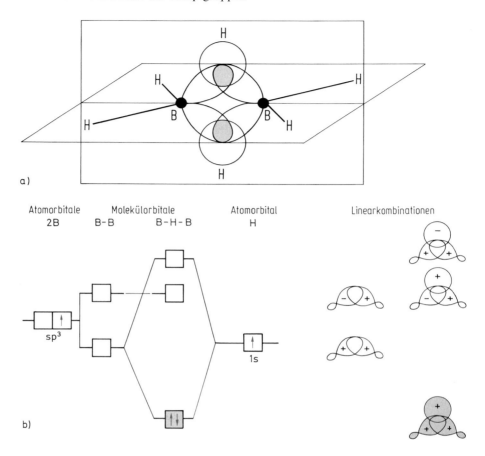

Abbildung 4.47

a) Struktur und Bindung im Diboran-Molekül B_2H_6.

Die B-Atome sind verzerrt tetraedrisch von vier H-Atomen umgeben. Für die Bindungen stehen den B-Atomen vier sp^3-Hybridorbitale zur Verfügung. Zwei sp^3-Hybridorbitale bilden mit den endständigen H-Atomen 2-Zentren-2-Elektronen-Bindungen (B—H 120 pm). Die beiden Brücken-H-Atome werden durch 3-Zentren-2-Elektronen-Bindungen gebunden (B—H 132 pm). An der Dreizentrenbindung sind das 1s-Orbital des H-Atoms und die sp^3-Hybridorbitale der beiden B-Atome beteiligt. Da auch die sp^3-Hybridorbitale der B-Atome überlappen, entsteht außerdem eine schwache B—B-Bindung (B—B 176 pm).

b) MO-Diagramm einer B—H—B-Dreizentrenbindung.

Die Linearkombination zweier sp^3-Hybridorbitale der Boratome ergibt ein bindendes und ein antibindendes MO (B—B). Kombiniert man das bindende MO mit dem 1s-Orbital des H-Atoms, so erhält man ein bindendes und ein antibindendes MO (B—H—B). Das aus den sp^3-Hybridorbitalen gebildete antibindende MO (B—B) überlappt nicht mit dem 1s-H-Orbital, es ist ein nichtbindendes MO der B—H—B-Dreizentrenbindung. Die bindenden Elektronen stammen vom H-Atom und einem B-Atom.

B_nH_{n+4} $n = 2, 5, 6, 8, 10, 12, 14, 16, 18$

B_nH_{n+6} $n = 4, 5, 6, 8, 9, 10, 13, 14, 20$

B_nH_{n+8} $n = 8, 10, 14, 15, 30$

B_nH_{n+10} $n = 8, 26, 40$

Außerdem ist das wasserstoffarme Hydrid $B_{20}H_{16}$ bekannt.

Nomenklatur: Vor dem Wortstamm Boran wird die Anzahl der B-Atome durch das griechische Zahlwort angegeben, die Anzahl der H-Atome wird als arabische Ziffer in Klammern angefügt.

Beispiele:

B_2H_6 Diboran(6); B_4H_{10} Tetraboran(10)

Das einfachste stabile Boran ist das Diboran B_2H_6. Die Struktur ist in der Abb. 4.47a dargestellt. Jedes B-Atom ist tetraedrisch von zwei endständigen und zwei brückenbildenden H-Atomen umgeben. Für die 8 Atome stehen 12 Valenzelektronen zur Verfügung. Davon werden 8 Valenzelektronen für die vier σ-Bindungen der B-Atome zu den endständigen H-Atomen verbraucht. Für die Bindung der brückenbildenden H-Atome stehen noch 4 Valenzelektronen zur Verfügung. Damit werden zwei 3-Zentren-2-Elektronen-Bindungen gebildet (Abb. 4.47b).

Die höheren Borane besitzen einseitig geöffnete Käfigstrukturen. Die Boratome besetzen die Ecken hochsymmetrischer Polyeder (Tetraeder, Oktaeder, pentagonale Bipyramide, Dodekaeder, Oktadekaeder, Ikosaeder). Die Strukturen lassen sich danach einteilen, ob ein, zwei oder drei Ecken eines Polyeders unbesetzt bleiben.

Zahl unbesetzter Polyederecken	Bezeichnung	Beispiele
1	*nido*-Borane (nidus = Nest)	B_nH_{n+4}
2	*arachno*-Borane (arachne = Spinne)	B_nH_{n+6}
3	*hypho*-Borane (hypho = Netz)	B_nH_{n+8}

Die Strukturen einiger Polyborane sind in der Abb. 4.48 dargestellt. *An den Bindungen sind Zweizentren- und Dreizentrenbindungen beteiligt.* Die Valenzstrichformeln können unter Benutzung der folgenden Bindungssymbole formuliert werden.

B—H   Zweizentren-BH-Bindung

B—B   Zweizentren-BB-Bindung

Dreizentren-BHB-Bindung

Offene Dreizentren-BBB-Bindung

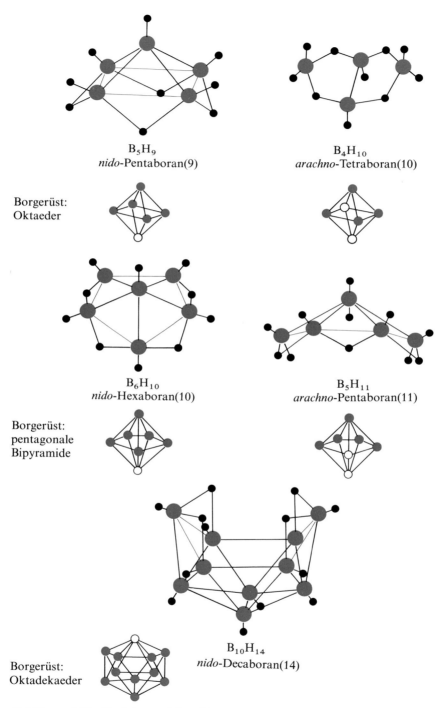

B_5H_9
nido-Pentaboran(9)

B_4H_{10}
arachno-Tetraboran(10)

Borgerüst:
Oktaeder

B_6H_{10}
nido-Hexaboran(10)

B_5H_{11}
arachno-Pentaboran(11)

Borgerüst:
pentagonale
Bipyramide

$B_{10}H_{14}$
nido-Decaboran(14)

Borgerüst:
Oktadekaeder

Abbildung 4.48   Strukturen einiger Borane.

Geschlossene Dreizentren-BBB-Bindung

Beispiele:

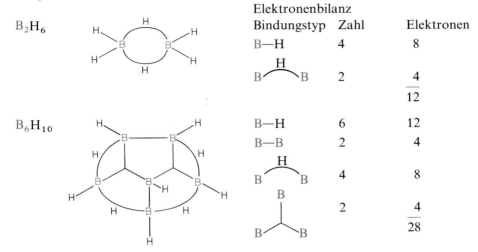

B_2H_6

Elektronenbilanz

Bindungstyp	Zahl	Elektronen
B—H	4	8
B⌒B (H)	2	4
		12

B_6H_{10}

Bindungstyp	Zahl	Elektronen
B—H	6	12
B—B	2	4
B⌒B (H)	4	8
B (B,B)	2	4
		28

B_5H_{11} kann mit zwei mesomeren Grenzstrukturen beschrieben werden.

Die Anzahl mesomerer Grenzstrukturen wächst mit der Anzahl der B-Atome (z. B. 24 bei $B_{10}H_{14}$).

Ob B_8H_{16} und $B_{10}H_{18}$ *hypho*-Borane sind, ist noch ungeklärt. Eine *hypho*-Struktur besitzt das Boranat-Anion $B_5H_{12}^-$ und das Carbaboran $B_4C_3H_{12}$.

Geschlossene Käfigstrukturen existieren bei neutralen Boranen nicht (sie wären für Borane B_nH_{2n+2} zu erwarten, die aber nicht bekannt sind), es gibt sie aber bei Boran-Anionen (siehe unten) und Carbaboranen (vgl. Abschn. 4.8.4.3). Für sie wird die Vorsilbe *closo* verwendet.

Borane mit mehr als 10 Boratomen sowie B_8H_{18} und $B_{10}H_{16}$ bestehen aus zwei Käfigen, die durch gemeinsame B-Atome verbunden sind. Man bezeichnet sie als *conjuncto*-Borane.

Beispiele für *conjuncto*-Borane

Zwei Cluster sind durch eine B—B-σ-Bindung verbunden:

$$B_8H_{18} = (B_4H_9)_2; \quad B_{10}H_{16} = (B_5H_8)_2$$

Zwei Cluster sind über eine gemeinsame Kante verbunden, die von zwei-B-Atomen gebildet wird:

$$B_{13}H_{19}, \; B_{14}H_{18}, \; B_{14}H_{20}, \; B_{16}H_{20}, \; B_{18}H_{22}.$$

Bei $B_{20}H_{16}$ entsteht durch 4 gemeinsame B-Atome eine *closo*-Struktur.

Diboran B_2H_6 ist ein farbloses, giftiges Gas von unangenehmen Geruch. Man erhält es nach folgenden Reaktionen:

$$4\,BCl_3 + 3\,LiAlH_4 \xrightarrow{\text{Ether}} 2\,B_2H_6 + 3\,LiAlCl_4$$
$$4\,BF_3 + 3\,NaBH_4 \longrightarrow 2\,B_2H_6 + 3\,NaBF_4$$

Es ist bis 50 °C metastabil, darüber zersetzt es sich in H_2 und höhere Borane. Erhitzt man B_2H_6 unter vermindertem Druck, so entsteht bis 300 °C praktisch kein BH_3.

$$B_2H_6 \rightleftharpoons 2\,BH_3 \qquad \Delta H^\circ = +\,164\,\text{kJ/mol}$$

Oberhalb 300 °C beginnt die Zersetzung in die Elemente.

$$BH_3 \longrightarrow B + \tfrac{3}{2}H_2 \qquad \Delta H^\circ = -\,100\,\text{kJ/mol}$$

Durch Einwirkung starker Lewis-Basen werden die Brückenbindungen gespalten und es entstehen Addukte des Borans BH_3.

$$B_2H_6 + 2\,D \longrightarrow 2\,D{-}BH_3 \qquad D = CO, NH_3, PH_3, PF_3, PR_3, NR_3$$

Mit Wasser erfolgt, entsprechend der Polarisierung der B—H-Bindung, schnelle Hydrolyse zu H_2 und $B(OH)_3$.

$$B_2H_6 + 6\,H_2O \longrightarrow 2\,B(OH)_3 + 6\,H_2 \qquad \Delta H^\circ = -\,467\,\text{kJ/mol}$$

B_2H_6 verbrennt unter hoher Wärmeentwicklung.

$$B_2H_6 + 3\,O_2 \longrightarrow B_2O_3 + 3\,H_2O \quad \Delta H^\circ = -\,2066\,\text{kJ/mol}$$

Reines B_2H_6 entflammt in Luft bei 145 °C; wenn es Spuren höherer Borane enthält, ist es bereits bei Raumtemperatur selbstentzündlich.

Polyborane entstehen aus MgB_2 bei Einwirkung nichtoxidierender Säuren oder durch Pyrolyse von Boranen. Alle Polyborane sind giftig. Tetraboran ist ein Gas, die Pentaborane bis Nonaborane sind Flüssigkeiten, ab den Decaboranen sind sie Feststoffe. Pentaborane sind selbstentzündlich. Ähnlich hydrolyseempfindlich wie B_2H_6 sind B_4H_{10}, B_5H_{11} und B_6H_{12}.

Hydridoborate (Boran-Anionen)

BH_3 kann seine Elektronenlücke durch Anlagerung eines H^--Ions schließen. Es entsteht das stabile Tetrahydridoboration (Boranat) BH_4^-, das isoelektronisch mit CH_4 ist und wie dieses tetraedrisch gebaut ist. Die Darstellung kann nach folgenden Reaktionen erfolgen:

$$2\,LiH + B_2H_6 \longrightarrow 2\,LiBH_4$$
$$4\,NaH + B(OCH_3)_3 \longrightarrow NaBH_4 + 3\,NaOCH_3$$
$$AlCl_3 + 3\,NaBH_4 \longrightarrow Al(BH_4)_3 + 3\,NaCl$$

LiBH$_4$ und **NaBH$_4$** sind feste, weiße, salzartige Verbindungen, sie werden als Hydrierungsmittel verwendet. **Al(BH$_4$)$_3$** ist eine kovalente Verbindung und bei 25 °C flüssig.

Bei den **polyedrischen Boran-Anionen** gibt es *closo*-, *nido*- und *arachno*-Strukturen. Nur ein *hypho*-Boranat, $B_5H_{12}^-$, ist bekannt. Unter den *closo*-Boranaten $B_nH_n^{2-}$ (n = 5–12) sind besonders die Boranate $B_{10}H_{10}^{2-}$ und $B_{12}H_{12}^{2-}$ interessant. Ihre Strukturen sind in der Abb. 4.49 dargestellt. Beide Ionen sind chemisch ähnlich und ungewöhnlich stabil. Sie werden von Laugen und Säuren auch bei 100 °C nicht angegriffen, die Alkalimetallsalze sind bis 600 °C stabil.

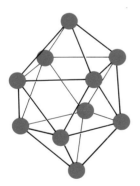
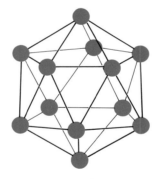

$$B_{10}H_{10}^{2-}$$
Decahydridododecaborat(2−)

$$B_{12}H_{12}^{2-}$$
Dodecahydridododecaborat(2−)

Abbildung 4.49   Strukturen der Polyboranationen $B_{10}H_{10}^{2-}$ und $B_{12}H_{12}^{2-}$.
An jedes B-Atom ist durch eine Zweizentrenbindung ein H-Atom gebunden. Von den 50 Valenzelektronen des $B_{12}H_{12}^{2-}$-Ions werden 24 für die B—H-Bindungen gebraucht, die restlichen 26 stehen für die Besetzung der Molekülorbitale des B_{12}-Ikosaedergerüstes zur Verfügung. Diese Delokalisierung ist die Ursache der Stabilität der symmetrischen geschlossenen B-Gerüste.

Wade-Regel

Die Geometrie des Gerüsts von Boranen, Boran-Anionen und Carbaboranen ist durch das Verhältnis der Anzahl der Gerüstelektronen zur Anzahl der Gerüstatome n bestimmt.

Gerüstelektronen	Gerüstelektronenpaare	Struktur
$2n + 2$	$n + 1$	*closo*
$2n + 4$	$n + 2$	*nido*
$2n + 6$	$n + 3$	*arachno*
$2n + 8$	$n + 4$	*hypho*

Die Anzahl der Gerüstelektronen kann durch eine einfache Abzählregel bestimmt werden.

Anzahl der Gerüstelektronen = Summe der Valenzelektronen der Gerüstatome + Valenzelektronen der H-Atome + Anzahl der Elektronenladungen − zwei Elektronen pro Hauptgruppen-Gerüstatom.

Dies bedeutet, daß jede BH-Gruppe als Einheit des Clustergerüsts betrachtet wird, die zwei Gerüstelektronen liefert. Von den CH-Gruppen werden drei Gerüstelektronen geliefert. Jedes weitere H-Atom liefert ein Elektron.

Beispiele:

	Gerüstelektronen		Struktur
B_5H_{11}	$15 + 11 - 10 = 16$	$2n + 6$	*arachno*
$B_5H_{12}^-$	$15 + 12 + 1 - 10 = 18$	$2n + 8$	*hypho*
$B_6H_6^{2-}$	$18 + 6 + 2 - 12 = 14$	$2n + 2$	*closo*
$B_{12}H_{12}^{2-}$	$36 + 12 + 2 - 24 = 26$	$2n + 2$	*closo*
$B_{10}C_2H_{12}$	$30 + 8 + 12 - 24 = 26$	$2n + 2$	*closo*

4.8.4.3 Carbaborane (Carborane)

Carbaborane sind Verbindungen, bei denen in den Gerüsten der Borane oder Hydridoborate B-Atome durch C-Atome ersetzt sind. Die CH-Gruppe ist isoelektronisch mit der BH^--Gruppe. So erhält man formal aus den Hydridoboraten $B_nH_n^{2-}$ durch Ersatz von zwei BH^--Gruppen neutrale Moleküle der allgemeinen Formel $B_{n-2}C_2H_n$, die eine geschlossene Käfigstruktur besitzen. Aus der Vielzahl der Verbindungen soll als Beispiel das gut untersuchte ikosaederförmige **$B_{10}C_2H_{12}$** besprochen werden. Es gibt drei Isomere (Abb. 4.50). $1,2$-$B_{10}C_2H_{12}$ erhält man durch Reaktion von $B_{10}H_{14}$ mit Ethin in Gegenwart von Lewis-Basen, z. B. Dialkylsulfan.

$$B_{10}H_{14} + 2\,R_2S \longrightarrow B_{10}H_{12}(R_2S)_2 + H_2$$
$$B_{10}H_{12}(R_2S)_2 + C_2H_2 \longrightarrow B_{10}C_2H_{12} + H_2 + (R_2S)_2$$

Bei $470\,°C$ erfolgt Umwandlung in das 1,7-Isomer, bei $615\,°C$ in das thermodynamisch stabilste 1,12-Isomer. Das $B_{10}C_2$-Gerüst zersetzt sich erst oberhalb $630\,°C$.

Die Carbaborane $B_{10}C_2H_{12}$ sind chemisch ähnlich resistent wie $B_{10}H_{10}^-$ und $B_{12}H_{12}^{2-}$ und werden von kochendem Wasser, Säuren, Alkalien und Oxidationsmitteln nicht angegriffen. *Die Chemie der Carbaborane* ist vielfältig und *ähnelt der Che-*

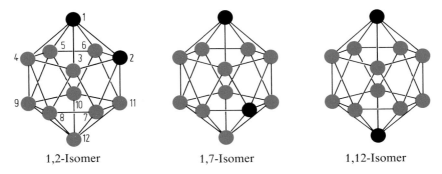

1,2-Isomer   1,7-Isomer   1,12-Isomer

Abbildung 4.50   Isomere des *closo*-Carboborans $B_{10}C_2H_{12}$.
Das $B_{10}C_2$-Gerüst ist ein Ikosaeder. Es gibt drei Isomere. Die Bindungen sind denen im
Boran-Anion $B_{12}H_{12}^{2-}$ analog (vgl. Abb. 4.49).

mie konventioneller Kohlenstoffsysteme. Es lassen sich zahlreiche C-substituierte organische Derivate herstellen.
Durch nukleophile Reagenzien erfolgt ein Abbau des $B_{10}C_2$-Gerüstes. Aus dem *closo*-Carbaboran $B_{10}C_2H_{12}$ entsteht das *nido*-Carbaboran-Anion $B_9C_2H_{12}^-$.

$$B_{10}C_2H_{12} + C_2H_5O^- + 2C_2H_5OH \longrightarrow B_9C_2H_{12}^- + B(OC_2H_5)_3 + H_2$$

Dieses läßt sich protonieren oder durch H^+-Abspaltung in das Anion $B_9C_2H_{11}^{2-}$ überführen.

$$B_9C_2H_{12}^- \quad \begin{array}{c} \xrightarrow{\;H^+\;} B_9C_2H_{13} \\[1ex] \xrightarrow[\text{NaH}]{} B_9C_2H_{11}^{2-} \end{array}$$

$B_9C_2H_{11}^{2-}$ ist ein ähnlich guter Ligand wie das Cyclopentadienylanion $C_5H_5^-$. Es bildet daher Komplexe, die dem Ferrocen analog sind (Abb. 4.51). Es gibt eine große Anzahl solcher Metallcarbaborane mit einer interessanten Chemie.

In das Borgerüst können auch andere Nichtmetallatome, z. B. Phosphor, Silicium, Stickstoff oder Schwefel, eingebaut werden. Ein Beispiel ist das *closo*-Heteroboran $B_{11}NH_{12}$.

4.8.4.4 Sauerstoffverbindungen des Bors

Borsäuren

Orthoborsäure H_3BO_3 kommt in Wasserdampfquellen und als Mineral Sassolin vor. Sie wird aber heute aus Boraten durch saure Hydrolyse hergestellt, z. B. aus Borax.

$$[Na(H_2O)_4]_2[B_4O_5(OH)_4] + H_2SO_4 \longrightarrow 4H_3BO_3 + Na_2SO_4 + 5H_2O$$

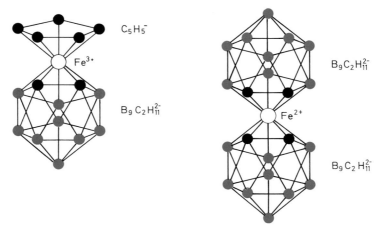

Abbildung 4.51   Das *nido*-Carbaboran-Anion $B_9C_2H_{11}{}^{2-}$ bildet dem Ferrocen analoge Sandwich-Komplexe. An der offenen Käfigseite befinden sich freiliegende Orbitale, sie eignet sich daher als Koordinationsstelle für Metallatome. Der Komplex $[(B_9C_2H_{11})_2Fe]^{2-}$ kann reversibel oxidiert werden.

H_3BO_3 kristallisiert in einer Schichtstruktur, in der planare $B(OH)_3$-Moleküle über Wasserstoffbrücken zu zweidimensionalen Schichten verbunden sind. Zwischen den Schichten sind nur van der Waals-Kräfte wirksam (Abb. 2.118). H_3BO_3 bildet daher schuppige, weißglänzende, sechsseitige Blättchen mit dem Smp. 171 °C. H_3BO_3 ist relativ schwer in Wasser löslich (40 g/l bei 20 °C), die Lösung wird als Antiseptikum verwendet (Borwasser). H_3BO_3 ist eine sehr schwache einbasige Säure. Sie wirkt nicht als Protonendonator, sondern als OH^--Akzeptor (Lewis-Säure)

$$B(OH)_3 + 2H_2O \rightleftharpoons H_3O^+ + B(OH)_4^- \qquad pK_S = 9,2$$

In verdünnten Lösungen liegen praktisch nur die monomeren Teilchen H_3BO_3 vor. Nur sehr stark basische Lösungen enthalten das Anion $B(OH)_4^-$. Bei höheren Konzentrationen erfolgt in alkalischen Lösungen partielle Kondensation.

$$3H_3BO_3 \longrightarrow [B_3O_3(OH)_4]^- + H_3O^+ + H_2O \qquad pK_S = 6,8$$

Neben $[B_3O_3(OH)_4]^-$ sind aber wahrscheinlich noch die Teilchen $[B_3O_3(OH)_5]^{2-}$, $[B_4O_5(OH)_4]^{2-}$ und $[B_5O_6(OH)_4]^-$ vorhanden. Diese Anionen kommen auch in kristallinen Boraten vor.

Beim Erhitzen geht die Orthoborsäure durch intermolekulare Kondensation zunächst in die **Metaborsäure $(HBO_2)_n$**, dann in glasiges Bortrioxid B_2O_3 über.

$$H_3BO_3 \xrightarrow[-H_2O]{>90\,°C} (HBO_2)_n \xrightarrow[-H_2O]{500\,°C} B_2O_3$$

Löst man Metaborsäure in Wasser, bildet sich wieder die Orthoborsäure.

Von der Metaborsäure gibt es drei Modifikationen. α-HBO_2 besteht aus ringförmigen Molekülen, die über Wasserstoffbrücken zu Schichten verbunden sind.

α-HBO$_2$ Boroxin-Ring

Im planaren Boroxin-Ring der α-Metaborsäure und ihrer Salze sind (p-p)π-Bindungen vorhanden. Die Bindungsabstände liegen zwischen denen von Einfach- und Doppelbindungen. In β-HBO$_2$ und γ-HBO$_2$ sind die Ringe über brückenbildende O-Atome verknüpft. β-HBO$_2$ besteht aus kettenförmigen Molekülen, γ-HBO$_2$ aus einem dreidimensionalen Netzwerk mit der KZ = 4 der Boratome.

β-HBO$_2$
kettenförmige Moleküle
$[B_3O_4(OH)(H_2O)]_n$;   KZ = 3 und 4

Borsäure bildet mit Alkoholen leicht flüchtige Ester. Aus borsäurehaltigen Substanzen entsteht beim Erhitzen mit Methanol und konzentrierter Schwefelsäure Borsäuretrimethylester, der die Flamme grün färbt und zum Bornachweis geeignet ist.

$$B(OH)_3 + 3\,CH_3OH \longrightarrow B(OCH_3)_3 + 3\,H_2O$$

Bortrioxid B$_2$O$_3$

Durch Glühen von Borsäure H$_3$BO$_3$ erhält man B$_2$O$_3$ als glasige, hygroskopische Masse. Kristallines B$_2$O$_3$ (Smp. 450 °C; $\Delta H_B^\circ = -1274$ kJ/mol) entsteht bei sehr langsamer Dehydratisierung von HBO$_2$. Es kristallisiert in einer Raumnetzstruktur, ist eine sehr beständige Verbindung und wird auch bei Weißglut durch Kohlenstoff nicht reduziert. Oberhalb von 1000 °C besteht der Dampf aus monomeren B$_2$O$_3$-Molekülen, in denen die B-Atome sp-hybridisiert sind.

Die Bindungslängen der endständigen B—O-Bindungen liegen zwischen denen einer Doppel- und Dreifachbindung, die der B—O—B-Bindungen zwischen denen einer Einfach- und Doppelbindung.

Borate

Die Borate leiten sich von der Orthoborsäure H_3BO_3, den Metaborsäuren $(HBO_2)_n$ und von noch wasserärmeren Polyborsäuren ab, die als freie Säuren nicht isolierbar sind. Die Alkalimetallborate sind leicht löslich, ihre Lösungen reagieren stark basisch.

Orthoborate. Isolierte trigonal-planare Ionen $[BO_3]^{3-}$

liegen in Salzen mit den Kationen Li^+, Mg^{2+}, Ca^{2+}, Co^{2+}, Ni^{2+}, Cu^{2+}, Zn^{2+}, Me^{3+} (Me = Lanthanoid) vor.

Metaborate. BO_3-Gruppen sind über gemeinsame Sauerstoffatome zu Ringen (meist $n = 3$) oder Ketten mit den Anionen $[BO_2]_n^{n-}$ verknüpft.

$$[B_3O_6]^{3-} \qquad\qquad [BO_2]_n^{n-}$$

Beispiele:

$Na_3[B_3O_6]$, $K_3[B_3O_6]$, $Ba_3[B_3O_6]_2$ $Li[BO_2]$, $Ca[BO_2]_2$, $Sr[BO_2]_2$

Hydroxoborate. Die natürlichen Borate sind meist hydratisiert. Das Wasser ist als Strukturwasser (OH-Gruppen) oder Kristallwasser (H_2O-Moleküle) enthalten. Struktureinheiten sind planare B_3O_3-Sechsringe, in denen trigonale BO_3- und tetraedrische BO_4-Gruppen enthalten sind.

$$[B_3O_3(OH)_5]^{2-} \qquad\qquad [B_4O_5(OH)_4]^{2-}$$

Beispiele:

Meyerhoffit $Ca[B_3O_3(OH)_5] \cdot H_2O$

Colemanit $Ca[B_3O_4(OH)_3] \cdot H_2O$. Die $[B_3O_3(OH)_5]^{2-}$-Anionen sind zu Ketten kondensiert.

Borax [Na(H$_2$O)$_4$]$_2$[B$_4$O$_5$(OH)$_4$]. Die Boratanionen sind im Kristall über Wasserstoffbrücken zu Ketten verknüpft. Die Na$^+$-Ionen sind oktaedrisch von H$_2$O-Molekülen koordiniert, die Oktaeder sind über gemeinsame Kanten zu Ketten verbunden. (Die Formel Na$_2$B$_4$O$_7$ · 10H$_2$O ist nicht korrekt.)

Borax geht beim Erhitzen auf 400°C in wasserfreies Na$_2$B$_4$O$_7$ über (Smp. 878°C), die glasartige Schmelze löst Metalloxide unter Bildung charakteristisch gefärbter Borate (*Boraxperle*). Die Verwendung beim Schweißen und Löten beruht ebenfalls darauf, daß Borax die Oxidschicht auf den Metallen löst und blanke Oberflächen schafft. Borax wird in der Glasindustrie (temperaturbeständige Glassorten), Keramikindustrie (leichtschmelzende Glasuren) und zur Herstellung von Perboraten verwendet.

Perborate

Viele *Wasch- und Bleichmittel enthalten Perborate.* Die Perborate des Handels enthalten teils echte Peroxoverbindungen, teils Additionsprodukte aus H$_2$O$_2$ und Boraten. Perborax ist vermutlich eine Additionsverbindung: Na$_2$B$_4$O$_7$ · xH$_2$O$_2$ · yH$_2$O. Ersetzt man in den Boraten ein Sauerstoffatom durch die Peroxogruppe, so erhält man Peroxoborate. Natriumperborat hat die Zusammensetzung Na$_2$[B$_2$(O$_2$)$_2$(OH)$_4$] · 6H$_2$O. Es enthält das Anion

$$
\begin{array}{c}
\mathrm{HO}\diagdown \overset{\ominus}{\underset{}{\mathrm{B}}} \diagup \mathrm{O{-}O} \diagdown \overset{\ominus}{\underset{}{\mathrm{B}}} \diagup \mathrm{OH}\\
\mathrm{HO}\diagup \quad \diagdown \mathrm{O{-}O} \diagup \quad \diagdown \mathrm{OH}
\end{array}
$$

Die Herstellung erfolgt in zwei Stufen:

$$\mathrm{Na_2B_4O_7 + 2NaOH \longrightarrow 4NaBO_2 + H_2O}$$
$$\mathrm{NaBO_2 + H_2O_2 + 3H_2O \longrightarrow NaBO_2(OH)_2 \cdot 3H_2O}$$

Waschmittel enthalten 10–25% Natriumperborat. Es ist erst oberhalb 60°C wirksam, daher ist für niedrigere Temperaturen der Zusatz von Bleichmittelaktivatoren erforderlich.

4.8.4.5 Halogenverbindungen des Bors

Eine Übersicht enthält Tabelle 4.20.

Die Bor(III)-Halogenide BX$_3$ sind trigonal-planar gebaut (vgl. S. 561). *Die Bor(II)-Halogenide X$_2$B—BX$_2$ haben* im kristallinen Zustand *eine planare Struktur* mit einer B—B-Einfachbindung. Die B—X-Abstände liegen wie bei den Trihalogeniden zwischen Einfach- und Doppelbindung. *In den Bor(I)-Halogeniden (BX)$_n$ bilden die Boratome geschlossene Käfige mit Mehrzentrenbindungen,* die Halogenatome sind durch Zweizentrenbindungen an die B-Atome gebunden. Im Molekül B$_4$Cl$_4$ z. B. bilden die B-Atome ein Tetraeder. Von den 12 Valenzelektronen der B-Atome werden

Tabelle 4.20   Borhalogenide

BX$_3$ Bortri- halogenide	BF$_3$ farbloses Gas $\Delta H_B^\circ =$ -1138 kJ/mol	BCl$_3$ farbloses Gas $\Delta H_B^\circ =$ -404 kJ/mol	BBr$_3$ farblose Flüssigkeit $\Delta H_B^\circ =$ -206 kJ/mol	BI$_3$ farblose Kristalle $\Delta H_B^\circ =$ $+71$ kJ/mol
B$_2$X$_4$ Dibortetra- halogenide	B$_2$F$_4$ farbloses Gas $\Delta H_B^\circ =$ -1441 kJ/mol	B$_2$Cl$_4$ farblose Flüssigkeit $\Delta H_B^\circ =$ -523 kJ/mol	B$_2$Br$_4$ farblose Flüssigkeit	B$_2$I$_4$ gelbe Kristalle $\Delta H_B^\circ =$ ca. -80 kJ/mol
(BX)$_n$ Bormono- halogenide	BF[1] –	(BCl)$_n$ $n = 4,8$–12 gelbe bis dunkelrote Kristalle	(BBr)$_n$ $n = 7$–10 gelbe bis dunkelrote Kristalle	(BI)$_n$ $n = 8, 9$ dunkelbraune Kristalle

(Die ΔH_B°-Werte beziehen sich auf den gasförmigen Zustand)
[1] BF entsteht als instabiles Gas aus BF$_3$ und B bei 2000 °C.

4 für die B—Cl-Bindungen gebraucht, die restlichen stehen für 4 geschlossene BBB-Dreizentrenbindungen zur Verfügung, die auf jeder Tetraederfläche von den sp^3-Hybridorbitalen gebildet werden.

Bortrifluorid BF$_3$ ist ein farbloses, stechend riechendes Gas. Es entsteht durch Erhitzen von B$_2$O$_3$ und CaF$_2$ mit konzentrierter Schwefelsäure.

$$B_2O_3 + 3\,CaF_2 + 3\,H_2SO_4 \longrightarrow 2\,BF_3 + 3\,CaSO_4 + 3\,H_2O$$

Mit Wasser erfolgt Hydrolyse zu B(OH)$_3$.

$$BF_3 + 3\,H_2O \longrightarrow B(OH)_3 + 3\,HF$$

Als Lewis-Säuren reagieren BF$_3$ und auch die anderen Trihalogenide mit Aminen, Ethern und anderen Donatoren unter Bildung von Addukten. BF$_3$ wird als Friedel-Crafts-Katalysator eingesetzt.

Aus Flußsäure und Borsäure entsteht **Fluoroborsäure HBF$_4$**, eine starke Säure, die aber nur in wäßriger Lösung bekannt ist.

$$B(OH)_3 + 4\,HF \longrightarrow HBF_4 + 3\,H_2O$$

Ihre Salze, die Tetrafluoroborate $\overset{+1}{Me}BF_4$, ähneln den isoelektronischen Perchloraten, so ist z. B. das Kaliumsalz schwerlöslich.

Bortrichlorid BCl$_3$ ist ein farbloses, an der Luft rauchendes Gas. Mit Wasser erfolgt Hydrolyse zu B(OH)$_3$. BCl$_3$ entsteht aus den Elementen oder durch Einwirkung von Chlor auf ein Gemisch von B$_2$O$_3$ und Kohlenstoff.

$$B_2O_3 + 3\,C + 3\,Cl_2 \xrightarrow{550\,°C} 2\,BCl_3 + 3\,CO$$

4.8.4.6 Stickstoffverbindungen des Bors

Die B—N-Gruppe

$$>\!B\!-\!\overline{N}\!< \quad \leftrightarrow \quad >\!\overset{\ominus}{B}\!=\!\overset{\oplus}{N}\!<$$

ist isoelektronisch mit der C—C-Gruppe. *Es gibt* daher *Ähnlichkeiten zwischen Bor-Stickstoff- und Kohlenstoffverbindungen.*

Bornitrid BN

Es sind vier Modifikationen bekannt. Unter Normalbedingungen thermodynamisch stabil sind hexagonales BN und kubisches BN. **Hexagonales BN** hat eine graphit-analoge Struktur (Abb. 4.52). In den planaren Schichten sind alle Atome sp^2-hy-bridisiert. An den Bor-Stickstoff-Bindungen sind (p-p)π-Bindungen beteiligt. *Wegen der Elektronegativitätsdifferenz zwischen B und N sind die π-Elektronen* jedoch weit-gehend am Stickstoff lokalisiert und *nicht* wie in den Graphitschichten *delokalisiert* und frei beweglich. BN ist daher weiß und kein elektrischer Leiter. BN ist thermisch sehr beständig (Smp. 3270°C) und chemisch ziemlich inert. Beim Erhitzen an Luft reagiert es erst oberhalb 750°C zu B_2O_3, von Wasserdampf wird es erst bei Rotglut hydrolysiert.

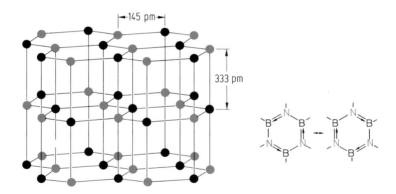

Abbildung 4.52   Struktur von hexagonalem Bornitrid BN.
Innerhalb der Schichten sind alle B—N-Abstände gleich. Außer den sp^2-Hybridorbitalen sind auch π-Orbitale an den Bindungen beteiligt. Die Schichten sind durch van der Waals-Kräfte aneinander gebunden. Die Bindungsabstände sind denen im Graphit (142 pm; 335 pm) sehr ähnlich. Die Schichten sind im BN aber anders gestapelt als im Graphit. Sie liegen direkt übereinander, die Folge der Atome ist alternierend BNBN...

BN wird technisch als Hochtemperaturschmiermittel, für feuerfeste Auskleidun-gen von Plasmabrennern und Raketendüsen sowie für Schmelztiegel verwendet.
Bei der technischen Herstellung, die zu einem Rohprodukt von 80–90%iger Rein-heit führt, wird B_2O_3 mit NH_3 in einer Matrix von $Ca_3(PO_4)_2$ umgesetzt.

$$B_2O_3 + 2\,NH_3 \xrightarrow{\;800-1200\,^{\circ}C\;} 2\,BN + 3\,H_2O$$

Ein reines kristallines BN liefert die folgende Umsetzung:

$$B_2O_3 + 3\,C + N_2 \xrightarrow{\;1800-1900\,^{\circ}C\;} 2\,BN + 3\,CO$$

Analog der Hochdruckumwandlung von Graphit in Diamant erhält man aus hexagonalem BN ein **kubisches BN**, Borazon, das in der Zinkblende-Struktur (vgl. Abb. 2.9) kristallisiert. Die B—N-Abstände betragen 156 pm (der C—C-Abstand im Diamant 154 pm), sie entsprechen Einfachbindungen, die von den sp^3-hybridisierten B- und N-Atomen ausgehen:

$$-\overset{|}{\underset{|}{B}}{}^{\ominus}\!-\overset{|}{\underset{|}{N}}{}^{\oplus}\cdot$$

$$BN_{hexagonal} \xrightarrow[\;1500-2200\,^{\circ}C\;]{\;60-90\ kbar\;} BN_{kubisch}$$

Bei der Hochdrucksynthese verwendet man Li_3N, Alkali- oder Erdalkalimetalle als Katalysatoren. *Kubisches BN ist* ähnlich hart wie Diamant (*nach Diamant das härteste Material*), aber oxidationsbeständiger (es verbrennt erst bei 1900 °C zu B_2O_3). Es wird daher an Stelle von Diamant als Schleifmittel verwendet. Beim Erhitzen unter Normaldruck wandelt sich kubisches BN in hexagonales BN um.

Aus hexagonalem BN mit Schichtstruktur entsteht bei 100–130 kbar (Stoßwellen) eine Hochdruckmodifikation mit Wurtzit-Struktur (vgl. Abb. 2.55), die im gesamten p, T-Bereich metastabil ist.

Eine rhomboedrische Modifikation mit Schichtstruktur existiert nur im Gemisch mit hexagonalem BN.

Borazin $B_3N_3H_6$ („anorganisches Benzol")

Borazin ist eine farblose Flüssigkeit von aromatischem Geruch. In seinen physikalischen Eigenschaften ist es dem Benzol sehr ähnlich (es wird daher als anorganisches Benzol bezeichnet). Man erhält es aus Diboran und NH_3 bei 250–300 °C. Borazan H_3B—NH_3 und Borazen H_2B=NH_2 können als formale Zwischenstufen angenommen werden.

$$\tfrac{1}{2}B_2H_6 + NH_3 \longrightarrow \underset{\text{Borazan}}{H_3B\!-\!NH_3} \xrightarrow{-H_2} \underset{\text{Borazen}}{H_2B\!=\!NH_2} \xrightarrow{-H_2} HB\!\equiv\!NH$$

Borazen polymerisiert und ist monomer nur in Form von Derivaten wie Cl_2B=$N(CH_3)_2$ beständig. $HB\equiv NH$ trimerisiert sofort. Die Molekülstruktur entspricht folgender Mesomerie:

Die B—N-Abstände sind gleich (144 pm), die Valenzwinkel im Ring betragen 120°. Die B—N-Bindung ist stark polar (entgegen den Formalladungen sind die N-Atome negativ polarisiert) und Borazin ist daher viel reaktionsfähiger als Benzol. Es addiert leicht HCl, H_2O, CH_3OH oder CH_3I.

4.8.5 Aluminiumverbindungen

Aluminium bildet keine $(p\text{-}p)\pi$-Bindungen. Bei den Halogeniden AlX_3 erfolgt die Stabilisierung daher nicht wie bei den Borhalogeniden BX_3 durch $(p\text{-}p)\pi$-Bindungen, sondern die Elektronenlücke wird intermolekular durch Dimerisierung aufgefüllt.

AlN kommt nicht wie BN in einer graphitähnlichen Struktur vor, es existiert auch keine dem Borazin $B_3N_3H_6$ analoge Verbindung.

Al-Atome können in kovalenten Verbindungen oktaedrisch koordiniert sein. Es existiert z. B. das monomere oktaedrische Ion AlF_6^{3-}, die Ionen AlF_5^{2-}, AlF_4^- sind polymer und bestehen aus kondensierten AlF_6-Einheiten.

Al hat eine viel kleinere Elektronegativität als B, es bildet – unterschiedlich zu B – in wäßriger Lösung die Kationen $[Al(H_2O)_6]^{3+}$, die als Kationensäuren fungieren. Nur in sehr verdünnten Lösungen erfolgt mit zunehmendem pH stufenweise Deprotonierung bis zu $[Al(OH)_6]^{3-}$. Bei höheren Konzentrationen (ca. 0,1 mol/l) bilden sich bei pH > 3 mehrkernige Aluminiumkationen. Im Bereich pH = 4–8 liegt überwiegend das Ion $[Al_{13}O_4(OH)_{24}(H_2O)_{12}]^{7+}$ vor.

In den stabilen Al-Verbindungen hat Al die Oxidationszahl $+3$. Verbindungen mit der Oxidationszahl $+1$ sind endotherme Verbindungen, die nur unter besonderen Bedingungen beständig sind.

4.8.5.1 Wasserstoffverbindungen des Aluminiums

Die Aluminiumhydride heißen auch Alane, die Doppelverbindungen mit anderen Metallhydriden, die Hydridoaluminate, auch Alanate.

Aluminiumhydrid $(AlH_3)_n$ (Alan)

Unter normalen Bedingungen ist weder AlH_3 noch Al_2H_6 stabil. Beide Verbindungen polymerisieren zu $(AlH_3)_n$, das das einzige stabile binäre Hydrid von Al ist. In der strukturell aufgeklärten hexagonalen Form ist jedes Al-Atom an drei $Al\!\!\begin{array}{c}H\\ \diagdown\diagup\\ H\end{array}\!\!Al$-Brücken beteiligt, bei denen wie beim Diboran 3-Zentren-2-Elektronen-Bindungen vorliegen. Die KZ von Al ist also 6. Eine direkte Al—Al-Bindung ist nicht vorhanden.

$(AlH_3)_n$ ist ein farbloses Pulver $(\Delta H_B^{\circ} \doteq -45\,kJ/mol)$, luft- und feuchtigkeitsempfindlich und zerfällt im Vakuum oberhalb $100\,°C$ in die Elemente. Es ist ein starkes Reduktionsmittel und eignet sich besonders in etherischen Lösungen zur Hydrierung. Man erhält $(AlH_3)_n$ durch Zusammengießen etherischer Lösungen von $AlCl_3$ und $LiAlH_4$. Zunächst bildet sich unter Ausscheidung von LiCl eine klare Lösung von monomerem AlH_3 als Etherat

$$3\,LiAlH_4 + AlCl_3 \longrightarrow 3\,LiCl + 4\,AlH_3$$

aus der sich langsam durch Polymerisation $(AlH_3)_n$ ausscheidet. Aus den Elementen erhält man bei hohen Temperaturen AlH_3.

$$2\,Al + 3\,H_2 \longrightarrow 2\,AlH_3(g) \qquad \Delta H^{\circ} = +300\,kJ/mol$$

An kalten Flächen kann polymeres $(AlH_3)_n$ abgeschieden werden.

Hydridoaluminate (Alanate)

Alanate sind stabil, in vielen organischen Lösungsmitteln (z.B. Ether) löslich und wichtige Reduktionsmittel. Man unterscheidet salzartige Alanate wie $Li[AlH_4]$ und $Na[AlH_4]$ und die kovalenten Hydride wie $Be[AlH_4]_2$ und $Mg[AlH_4]_2$. Die Reduktionswirkung der salzartigen Hydride ist schwächer. Am wichtigsten ist Lithiumaluminiumhydrid $LiAlH_4$, das nach

$$4\,LiH + AlX_3 \longrightarrow LiAlH_4 + 3\,LiX \qquad X = Cl,\,Br$$

in Ether entsteht. $LiAlH_4$ ist ein fester, weißer Stoff, der oberhalb $150\,°C$ in LiH, Al und H_2 zerfällt. Mit $LiAlH_4$ können viele Wasserstoffverbindungen synthetisiert werden. z.B. B_2H_6 und SiH_4.

$$4\,BCl_3 + 3\,LiAlH_4 \longrightarrow 2\,B_2H_6 + 3\,LiAlCl_4$$
$$SiCl_4 + LiAlH_4 \longrightarrow SiH_4 + LiAlCl_4$$

Mit $LiAlD_4$ können Deuteriumverbindungen dargestellt werden.

Beispiel:

$$SiCl_4 + LiAlD_4 \longrightarrow SiD_4 + LiAlCl_4$$

Im Unterschied zu Boranaten kennt man auch Alanate mit der KZ6, z.B. Li_3AlH_6 und Na_3AlH_6.

4.8.5.2 Sauerstoffverbindungen des Aluminiums

Aluminiumhydroxid Al(OH)$_3$

Es gibt drei kristalline Modifikationen. Die beiden wichtigsten sind: **Hydrargillit (Gibbsit) γ-Al(OH)$_3$**, es ist thermodynamisch stabil und Bestandteil von Bauxiten; **Bayerit α-Al(OH)$_3$**, es ist metastabil und kommt in der Natur nicht vor. $Al(OH)_3$ kristallisiert in Schichtstrukturen, in denen Al oktaedrisch von OH koordiniert ist, die Oktaeder sind kantenverknüpft. Kristallines $Al(OH)_3$ erhält man beim Einleiten von CO_2 in Aluminatlösungen.

$$2\,[Al(OH)_4]^- + CO_2 \longrightarrow 2\,Al(OH)_3 + CO_3^{2-} + H_2O$$

Hydrargillit entsteht bei langsamer Fällung, fällt man schnell, so entsteht Bayerit, der sich allmählich in Hydrargillit umwandelt.

Aus Aluminiumsalzlösungen entsteht mit NH_3 amorphes Aluminiumhydroxid. *Al(OH)$_3$ ist amphoter* und löst sich frisch gefällt in Säuren und Laugen.

$$Al(OH)_3 + 3\,H_3O^+ \longrightarrow [Al(H_2O)_6]^{3+}$$
$$Al(OH)_3 + \quad OH^- \longrightarrow [Al(OH)_4]^-$$

Wie die kondensierte Kieselsäure $SiO_2 \cdot aq$ und die kondensierte Zinnsäure $SnO_2 \cdot aq$, *altert* Aluminiumhydroxid und wandelt sich in kristalline Formen um, die von Laugen und Säuren viel schwerer angegriffen werden. Das amorphe Aluminiumhydroxid wandelt sich über Böhmit γ-AlO(OH) in Bayerit und schließlich in Hydrargillit um.

Aluminate

Das Tetrahydroxoaluminat-Ion $[Al(OH)_4]^-$ kann durch Wasseraustritt zu höhermolekularen Oxoverbindungen kondensieren. Im ersten Schritt entsteht ein Dialuminat-Ion $[Al(OH)_3-O-Al(OH)_3]^{2-}$, dessen Kaliumsalz isoliert wurde. Die Wasserabspaltung führt über Zwischenstufen zu wasserfreien Aluminaten, z.B. $NaAlO_2$, mit dem hochpolymeren $(AlO_2)_n^{n-}$-Ion, das eine Raumnetzstruktur besitzt.

Durch Anlagerung von OH^--Ionen bilden sich in stark alkalischer Lösung Aluminate mit dem Anion $[Al(OH)_6]^{3-}$, die aber nicht sehr stabil sind.

Aluminiumhydroxidoxid AlO(OH)

Es gibt zwei, auch in der Natur vorkommende kristalline Modifikationen: **Diaspor α-AlO(OH)** und **Böhmit γ-AlO(OH)**. In beiden ist Al oktaedrisch von O und OH koordiniert.

Aluminiumoxid Al$_2$O$_3$

Durch Entwässern von Hydrargillit oder Böhmit entsteht γ-Al$_2$O$_3$.

$$2\,\gamma\text{Al(OH)}_3 \xrightarrow[-3\,\text{H}_2\text{O}]{400\,°\text{C}} \gamma\text{-Al}_2\text{O}_3 \xleftarrow[-2\,\text{H}_2\text{O}]{400\,°\text{C}} 2\,\gamma\text{-AlO(OH)}$$

Hydrargillit   Böhmit

γ-Al$_2$O$_3$ ($\Delta H_\text{B}^\circ = -1654$ kJ/mol) ist ein weißes, in Wasser unlösliches, in starken Säuren und Laugen lösliches, hygroskopisches Pulver. Je nach Darstellung sind die Teilchengrößen verschieden und starke Gitterstörungen vorhanden. Es ist oberflächenreich und besitzt ein gutes Adsorptionsvermögen (aktive Tonerde). Es wird als *Trägermaterial für Katalysatoren* verwendet. γ-Al$_2$O$_3$ kristallisiert in einer fehlgeordneten Spinellstruktur (vgl. Abb. 2.19), in der ein Teil der Oktaederplätze im Spinellgitter statistisch unbesetzt sind: Al(Al$_{5/3}$ $\square_{1/3}$)O$_4$ ($\square$ = Leerstelle). γ-Al$_2$O$_3$ kommt in der Natur nicht vor.

Beim Glühen über 1000 °C wandelt sich γ-Al$_2$O$_3$ in α-Al$_2$O$_3$ (Korund) um.

$$\gamma\text{-Al}_2\text{O}_3 \xrightarrow{1000\,°\text{C}} \alpha\text{-Al}_2\text{O}_3 \qquad \Delta H^\circ = -23 \text{ kJ/mol}$$

Aus Diaspor entsteht schon bei 500 °C α-Al$_2$O$_3$.

$$2\,\alpha\text{-AlO(OH)} \xrightarrow[-\text{H}_2\text{O}]{500\,°\text{C}} \alpha\text{-Al}_2\text{O}_3$$

Diaspor

Korund, α-Al$_2$O$_3$ (Smp. 2045 °C; $\Delta H_\text{B}^\circ = -1677$ kJ/mol) ist sehr hart, wasser-, säure- und basenunlöslich und nicht hygroskopisch.

Im Kristallgitter des Korunds (vgl. Abb. 2.17) bilden die Sauerstoffionen eine hexagonal-dichte Kugelpackung, also eine Schichtenfolge ABAB... Von den vorhandenen oktaedrischen Lücken werden $^2/_3$ von Al^{3+}-Ionen besetzt. Im Korrundgitter kristallisieren auch die Oxide α-Fe$_2$O$_3$, V$_2$O$_3$, Ti$_2$O$_3$, Cr$_2$O$_3$, Rh$_2$O$_3$, α-Ga$_2$O$_3$.

Technisch wird α-Al$_2$O$_3$ in großen Mengen aus Bauxit hergestellt. Der größte Teil dient zur Aluminiumgewinnung, der Rest zur Herstellung von Schleif- und Poliermitteln sowie hochfeuerfester Geräte (*Sinterkorund*). Dazu wird Al$_2$O$_3$ im elektrischen Ofen geschmolzen, nach dem Erkalten wird das Material nach Bedarf zerkleinert. Geräte aus Korund werden durch Sintern bei 1800 °C hergestellt. Aus Schmelzen von Al$_2$O$_3$ mit kleinen Mengen von Metalloxiden lassen sich durch Einkristallzüchtung gefärbte, *künstliche Edelsteine* herstellen, z. B. Rubin (enthält Cr^{3+}), Saphir (enthält Fe^{2+}, Fe^{3+}, Ti^{4+}). Rubine werden auch in der Uhrenindustrie, als Spinndüsen und als Lasermaterial verwendet.

Al_2O_3 bildet mit einigen Oxiden MeO (Me = Mg, Zn, Fe, Co, Mn, Ni, Cu) **Doppeloxide MeAl$_2$O$_4$**, die in der Spinell-Struktur (Abb. 2.19) kristallisieren. Das Mineral Spinell ist $MgAl_2O_4$. Es ist hart (Mohs-Härte 8), zeigt Glasglanz und ist je nach Beimengungen rot, blau, grün oder violett gefärbt. Es wird als Schmuckstein verwendet; Spinelle für Schmuckzwecke können auch künstlich hergestellt werden.

β-Al$_2$O$_3$ wurde zunächst für eine Al_2O_3-Modifikation gehalten, ist aber nur bei Anwesenheit von Natrium stabil. Das **Natrium-β-aluminat** hat die idealisierte Zusammensetzung $NaAl_{11}O_{17}$ ($Na_2O \cdot 11Al_2O_3$), hat Bedeutung als Festelektrolyt (vgl. Abschn. 5.7.5.1 und 3.8.11) und eine Struktur, in der sich zwischen Spinellblöcken Ebenen mit den beweglichen Na^+-Ionen befinden.

Aluminium(I)-oxid Al$_2$O erhält man als instabile Verbindung bei 1800 °C durch Reduktion von Al_2O_3 mit Al oder Si.

4.8.5.3 Halogenverbindungen des Aluminiums

Aluminiumfluorid AlF$_3$

Wasserfreies AlF_3 (Smp. 1290 °C) ist ein weißes, in Wasser, Säuren und Alkalien unlösliches Pulver. Es kristallisiert in einem Gitter, das aus AlF_6-Oktaedern aufgebaut ist, die über alle Oktaederecken verknüpft sind (Abb. 2.16). AlF_3 wird neben Kryolith bei der elektrolytischen Al-Herstellung eingesetzt und daher technisch – hauptsächlich nach zwei Verfahren – hergestellt.

$$Al_2O_3 + 6\,HF \xrightarrow{400-600\,°C} 2\,AlF_3 + 3\,H_2O$$

$$2\,Al(OH)_3 + H_2SiF_6 \xrightarrow{100\,°C} 2\,AlF_3 + SiO_2 + 4\,H_2O$$

Fluoroaluminate

AlF_3 bildet mit Metallfluoriden Komplexsalze des Typs $\overset{+1}{Me}_3[AlF_6]$, $\overset{+1}{Me}_2[AlF_5]$, $\overset{+1}{Me}[AlF_4]$. Sie sind aus AlF_6-Oktaedern aufgebaut (Abb. 4.53).

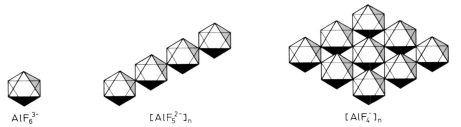

AlF_6^{3-} $[AlF_5^{2-}]_n$ $[AlF_4^-]_n$

Abbildung 4.53   Strukturen von Fluoroaluminaten.
Isolierte AlF_6^{3-}-Oktaeder sind in der Struktur des Kryoliths vorhanden. Die Oktaeder bilden eine kubisch-dichte Packung, alle Oktaeder- und Tetraederlücken sind mit Na^+-Ionen besetzt. Ketten aus Oktaedern liegen in Tl_2AlF_5, Schichten in $NaAlF_4$ vor.

Fluoroaluminate kommen in der Natur vor. Am wichtigsten ist **Kryolith Na$_3$AlF$_6$**, das bei der Al-Herstellung sowie als Trübungsmittel für Milchglas und Emaille verwendet wird. Na$_3$AlF$_6$ (Eisstein) ist in reinem Zustand ein weißes Pulver (Smp. 1009 °C). Es wird industriell hergestellt. Ausgangsprodukte sind Hexafluorokieselsäure und Natriumaluminat.

$$H_2SiF_6 + 6\,NH_3 + 2\,H_2O \longrightarrow 6\,NH_4F + SiO_2$$
$$6\,NH_4F + 3\,NaOH + Al(OH)_3 \longrightarrow Na_3AlF_6 + 6\,NH_3 + 6\,H_2O$$

Aluminiumchlorid AlCl$_3$

Wasserfreies AlCl$_3$ ist eine farblose, kristalline, flüchtige, hygroskopische Substanz, die bei 183 °C sublimiert. Im festen Zustand liegt eine Schichtstruktur vor, in der die Al^{3+}-Ionen oktaedrisch von Cl$^-$-Ionen koordiniert sind.

Im flüssigen Zustand, im Dampfzustand bei tiefen Temperaturen und in bestimmten Lösungsmitteln wie CCl$_4$ existieren Al$_2$Cl$_6$-Moleküle mit Chlorbrücken. Mit steigender Temperatur entstehen im Dampf trigonal-planare AlCl$_3$-Moleküle, die bei 800 °C ausschließlich vorhanden sind.

KZ = 6   KZ = 4   KZ = 3
Kristall   Gasphase

Wasserfreies AlCl$_3$ wird hauptsächlich durch Chlorieren von flüssigem Al hergestellt.

$$2\,Al + 3\,Cl_2 \xrightarrow{750-800\,°C} 2\,AlCl_3$$

Durch Auflösen von Al(OH)$_3$ oder Al in Salzsäure läßt sich wasserhaltiges Aluminiumchlorid auskristallisieren.

$$Al(OH)_3 + 3\,HCl + 3\,H_2O \longrightarrow [Al(H_2O)_6]Cl_3$$

Es wird als Textilimprägnierungsmittel und in der Kosmetik (Desodorant, Antiseptikum) verwendet.

Wie BF$_3$ und BCl$_3$ reagiert Aluminiumchlorid als Lewis-Säure mit vielen anorganischen (H$_2$S, SO$_2$, SCl$_4$, PCl$_5$) und organischen Donoren (Ether, Ester, Amine) zu Additionsverbindungen.

Beispiel:

$$AlCl_3 + PCl_5 \longrightarrow [PCl_4]^+ [AlCl_4]^-$$

Darauf beruht ein Hauptanwendungsgebiet von AlCl$_3$, nämlich die Verwendung als Katalysator für organische *Reaktionen nach Friedel-Crafts*.

Beispiel: Anlagerung von Alkylgruppen an Benzolmoleküle

$$RCl + AlCl_3 \longrightarrow R^+AlCl_4^-$$

$$R^+AlCl_4^- + ArH \longrightarrow RAr + HCl + AlCl_3$$

(R = Alkyl; Ar = Aryl $\langle\bigcirc\rangle-$)

Aluminiumbromid AlBr$_3$ und **Aluminiumiodid AlI$_3$** bestehen im festen Zustand aus Molekülgittern mit Al$_2$X$_6$-Molekülen.

Subhalogenide

Leitet man Dampf von AlCl$_3$ und AlBr$_3$ unter vermindertem Druck bei 1000 °C über Aluminium, so entstehen in endothermer Reaktion Aluminium(I)-Halogenide.

$$2 Al + AlX_3 \rightleftharpoons 3 AlX$$

Beim Abkühlen erfolgt Zerfall in die Ausgangsprodukte. Mit dieser Gleichgewichtsreaktion kann man daher das Metall weit unterhalb seines Siedepunkts transportieren (*Transportreaktion*) und reinigen.

4.8.5.4 Aluminiumsalze

Aluminiumsulfat Al$_2$(SO$_4$)$_3 \cdot$ 18 H$_2$O erhält man aus Al(OH)$_3$ und heißer konz. Schwefelsäure.

$$2 Al(OH)_3 + 3 H_2SO_4 \longrightarrow Al_2(SO_4)_3 + 6 H_2O$$

Wasserfreies Al$_2$(SO$_4$)$_3$ entsteht daraus durch Erhitzen auf 340 °C. Aluminiumsulfat wird technisch hergestellt (Weltproduktion ca. $2 \cdot 10^6$ t/a); es dient zum Leimen von Papier, zur Gerbung von Häuten, als Beizmittel sowie als Flockungsmittel bei der Wasserreinigung. Es ist weiterhin Ausgangsverbindung zur Herstellung anderer Al-Salze.

Aluminiumacetat Al(CH$_3$COO)$_3$ entsteht nach

$$Al_2(SO_4)_3 + 3 Ba(CH_3COO)_2 \longrightarrow 3 BaSO_4 + 2 Al(CH_3COO)_3$$

Das basische Aluminiumacetat Al(CH$_3$COO)$_2$(OH) wird in der Medizin als „essigsaure Tonerde" verwendet.

Alaune sind Verbindungen des Typs $\overset{+1}{Me}\overset{+3}{Me}(SO_4)_2 \cdot$ 12 H$_2$O; Me$^+$ = Na, K, Rb, Cs, NH$_4$, Tl; Me^{3+} = Al, Sc, V, Cr, Mn, Fe, Co, Ga, In. Alaune sind *Doppelsalze*. Die wäßrigen Lösungen von Doppelsalzen zeigen die chemischen Reaktionen der Einzelkomponenten Me$^+$, Me^{3+}, SO$_4^{2-}$, die physikalischen Eigenschaften setzen sich additiv aus den Eigenschaften der einzelnen Komponenten zusammen, so z. B. die elektrische Leitfähigkeit aus der der Ionen Me$^+$, Me^{3+} und SO$_4^{2-}$. Ganz anders verhalten sich *Komplexsalze* (vgl. Abschn. 5.4), bei denen durch die Komplexionen neue Eigenschaften entstehen.

Der gewöhnliche Alaun, nach dem die Verbindungsklasse benannt ist, ist der Kaliumaluminiumalaun $KAl(SO_4)_2 \cdot 12H_2O$. Er kristallisiert aus Aluminiumsulfatlösungen nach Zusatz von Kaliumsulfat aus. Da er blutstillend wirkt, verwendete man ihn als „Rasierstein". Im Altertum benutzte man ihn wegen seiner fäulnishemmenden und adstringierenden (zusammenziehenden) Wirkung zur Mumifizierung.

Aluminiumphosphat $AlPO_4$ kommt in vielen polymorphen Formen vor. Es kristallisiert in den auch beim SiO_2 auftretenden Modifikationen mit ähnlichen Umwandlungstemperaturen (siehe Abschn. 4.7.10.1).

Neu entdeckte Strukturen des $AlPO_4$ sind teilweise strukturanalog zu den Zeolithen (siehe Abschn. 4.7.10.2). Reine Aluminiumphosphate (ALPO) enthalten keine austauschbaren Kationen und sind katalytisch inaktiv. Sie können jedoch in vielfältiger Weise modifiziert werden: Ersatz eines Teils der P-Atome durch Si-Atome (SAPO); Einbau von Metallatomen (Li, Fe, Mn, Co, Zn, Ni) in das Gitter (MAPO). Wie die Zeolithe können diese Verbindungen als Molekularsiebe verwendet werden und sie besitzen als heterogene Katalysatoren ebenfalls Formselektivität.

4.8.6 Galliumverbindungen

In den wichtigsten Verbindungen hat Ga die Oxidationszahl $+3$. **Ga(III)-Verbindungen** sind den entsprechenden Aluminiumverbindungen sehr ähnlich. Die Salze sind farblos und reagieren in wäßriger Lösung sauer.

$Ga(OH)_3$ ist amphoter, mit Basen bildet es $[Ga(OH)_4]^-$-Ionen. Beim Entwässern entsteht zunächst α-GaO(OH) (Diaspor-Struktur), dann α-Ga_2O_3 (Korund-Struktur). Von Ga_2O_3 sind 5 Modifikationen bekannt. In Analogie zum Al gibt es den Defektspinell γ-Ga_2O_3. Mit Alkalimetallen entstehen Gallate $\overset{+1}{Me}GaO_2$, mit MgO, ZnO, CoO, NiO und CuO die Spinelle $\overset{+2}{Me}Ga_2O_4$.

Die flüchtigen Halogenide $GaCl_3$, $GaBr_3$ und GaI_3 bestehen in allen Phasen aus dimeren Ga_2X_6-Molekülen, nur beim Iodid sind in der Gasphase überwiegend monomere, planare GaI_3-Moleküle vorhanden. GaF_3 (Sblp. 950 °C) hat eine der AlF_3-Struktur ähnliche Struktur. Ga^{3+} ist oktaedrisch koordiniert, die Oktaeder sind ekkenverknüpft, der Ga—F—Ga-Winkel ist aber kleiner als 180°. GaF_3 bildet Fluorokomplexe $[GaF_6]^{3-}$

GaN besitzt Wurtzit-Struktur. GaAs kristallisiert in der Zinkblende-Struktur und ist ein *III-V-Halbleiter* (vgl. S. 182).

$Ga_2(SO_4)_3$ bildet mit $(NH_4)_2SO_4$ den Alaun $NH_4Ga(SO_4)_2 \cdot 12H_2O$. Von den Wasserstoffverbindungen sind Lithiumgallanat $LiGaH_4$ und Galliumalanat $Ga(AlH_4)_3$ zu erwähnen. Aus $LiGaH_4$ und $GaCl_3$ in etherischer Lösung entsteht polymeres Galliumhydrid $(GaH_3)_n$.

Durch Komproportionierungsreaktionen (z. B. $4Ga + Ga_2O_3 \rightarrow 3Ga_2O$) können **Ga(I)-Verbindungen** wie GaCl, GaBr, GaI, Ga_2O dargestellt werden. In Lösungen disproportionieren Ga(I)-Verbindungen in Ga und Ga(III)-Verbindungen.

Diamagnetisches $GaCl_2$ enthält keine Ga^{2+}-Ionen, es hat die Zusammensetzung $\overset{+1}{Ga}[\overset{+3}{Ga}Cl_4]$.

4.8.7 Indiumverbindungen

In(III)-Verbindungen ähneln weitgehend den Ga(III)-Verbindungen. Die Salze sind farblos, ihre wäßrigen Lösungen regieren sauer.

Analoge Verbindungen sind: $(InH_3)_n$, $LiInH_4$, $In(AlH_4)_3$, InF_3, $InCl_3$, $InBr_3$, InI_3, $In_2(SO_4)_3$ (bildet mit $(NH_4)_2SO_4$ und Rb_2SO_4 Alaune).

$In(OH)_3$ ist amphoter, es bildet mit Alkalimetallhydroxiden Hydroxoindate, z.B. $Na_3[In(OH)_6] \cdot 2H_2O$. In_2O_3 zersetzt sich im Vakuum bei 700°C zu In_2O.

In(I)-Verbindungen sind etwas beständiger als die Ga(I)-Verbindungen. Die In(I)-Halogenide InX (X = Cl, Br, I) können aus den Elementen hergestellt werden. InCl ist rot und hat eine deformierte NaCl-Struktur. In Wasser zerfällt es in In und $InCl_3$. $InCl_2$ ist ein In(I, III)-chlorid.

Die stabile rote Modifikation β-In_2S_3 kristallisiert im Spinellgitter. Aus den Elementen erhält man weinrotes In(I, III)-sulfid InS.

4.8.8 Thalliumverbindungen

Tl(III)-Verbindungen sind starke Oxidationsmittel. Beständiger sind die **Tl(I)-Verbindungen.** *Sie ähneln einerseits den Alkalimetallverbindungen* (TlOH, Tl_2CO_3, Tl_2SO_4), *andererseits den Silberverbindungen* (TlCl, Tl_2O, Tl_2S).

TlOH löst sich in Wasser unter alkalischer Reaktion. Mit CO_2 bildet sich Tl_2CO_3. Es ist das einzige in Wasser leicht lösliche Schwermetallcarbonat, es reagiert stark alkalisch. Tl_2SO_4 ist isotyp mit K_2SO_4 und bildet Alaune wie $TlAl(SO_4)_2 \cdot 12H_2O$. Die Halogenide ähneln in Löslichkeit und Farbe denen des Silbers. TlF ist weiß, kristallisiert in der NaCl-Struktur und ist gut löslich. TlCl ist weiß und lichtempfindlich, TlBr hellgelb, TlI tiefgelb. Sie sind schwer löslich und kristallisieren im CsCl-Typ. Tl_2O und Tl_2S sind schwarz. Tl_2O entsteht durch Entwässern von TlOH bei 100°C, Tl_2S beim Einleiten von H_2S in Tl(I)-Salzlösungen.

Tl(III)-Verbindungen. Aus Tl(III)-Salzlösungen und KI entsteht ein Polyiodid $TlI \cdot I_2$ (isotyp mit Alkalimetalltriiodiden; vgl. S. 406). In flüssigem NH_3 reagiert Na mit TlI zu der interessanten intermetallischen Verbindung NaTl (vgl. Abb. 2.114).

Das am meisten benutzte Tl(III)-Salz ist $Tl_2(SO_4)_3 \cdot 7H_2O$. TlF_3 ist bis 500°C stabil. $TlCl_3$ gibt bereits bei 40°C Cl_2 unter Bildung von TlCl ab. $TlBr_3$ geht unter Bromabspaltung in $\overset{+1}{Tl}[\overset{+3}{Tl}Br_4]$ über. Tiefbraunes Tl_2O_3 entsteht durch Erhitzen von $Tl(NO_3)_3 \cdot 3H_2O$, es gibt oberhalb von 800°C O_2 ab und geht in Tl_2O über. Mit

Wasserstoff ist das unbeständige, polymere, etherunlösliche $(TlH_3)_n$ herstellbar, das bei Raumtemperatur in $(TlH)_n$ zerfällt. Tl(I) bildet das beständige Boranat $TlBH_4$. *Thalliumverbindungen sind sehr giftig,* sie bewirken u.a. Haarausfall. Tl_2SO_4 wird als Rattengift verwendet. Tl-Verbindungen färben die Flamme intensiv grün.

4.9 Gruppe 2 (Erdalkalimetalle)

	Beryllium Be	Magnesium Mg	Calcium Ca	Strontium Sr	Barium Ba
Ordnungszahl Z	4	12	20	38	56
Elektronenkonfiguration	$[He]2s^2$	$[Ne]3s^2$	$[Ar]4s^2$	$[Kr]5s^2$	$[Xe]6s^2$
1. Ionisierungsenergie in eV	9,3	7,6	6,1	5,7	5,2
2. Ionisierungsenergie in eV	18,2	15,0	11,9	11,0	10,0
Elektronegativität	1,5	1,2	1,0	1,0	0,9
Reaktionsfähigkeit			$\longrightarrow$ nimmt zu		
Ionenradius $r(Me^{2+})$ für KZ6 in pm	45	72	100	118	135
Hydratationsenthalpie von Me^{2+} in kJ/mol	−2494	−1921	−1577	−1443	−1305
Bildungsenthalpie der Hydride MeH_2 in kJ/mol	−19	−74	−186	−180	−179
Bildungsenthalpie der Oxide MeO in kJ/mol	−610	−602	−635	−592	−554
Basischer Charakter der Hydroxide			$\longrightarrow$ nimmt zu		
Flammenfärbung	−	−	ziegelrot	karminrot	grün

4.9.1 Gruppeneigenschaften

Die Erdalkalimetalle stehen in der zweiten Gruppe des PSE. Sie haben die Valenzelektronenkonfiguration s^2. Es sind reaktionsfähige, elektropositive Metalle und starke Reduktionsmittel. Die Reaktionsfähigkeit und der elektropositive Charakter nehmen mit der Ordnungszahl Z zu. In ihren stabilen Verbindungen treten sie nur in der Oxidationszahl +2 auf. Trotz der relativ hohen 2. Ionisierungsenergie sind im festen und gelösten Zustand die Me^{2+}-Kationen mit Edelgaskonfiguration stabil, da sie durch Gitterenergie und Hydratationsenthalpie stabilisiert werden. Die Berechnung ergibt für die Bildungsenthalpie hypothetischer Erdalkalimetallchloride MeCl zwar negative Werte (z. B. für MgCl $\Delta H_B^\circ = -125$ kJ/mol), aber die Verbindungen sind instabil hinsichtlich der Disproportionierung $2\,MeCl \rightarrow MeCl_2 + Me$ (für die Disproportionierung von $2\,MgCl$ ist $\Delta H^\circ = -392$ kJ/mol). Im Gaszustand sind Me^+-Ionen stabil.

Die Erdalkalimetalle verbrennen an der Luft zu Oxiden MeO. Mit Ba entsteht auch ein Peroxid BaO_2. Mit Stickstoff bilden sich Nitride Me_3N_2.

Wasserstoff wird reduziert, es bilden sich Hydride MeH_2, die – mit Ausnahme von BeH_2 – in Ionengittern kristallisieren, aber thermisch weniger stabil sind als die Oxide und Halogenide.

Der basische Charakter der Hydroxide $Me(OH)_2$ nimmt mit Z zu. Mit zunehmender Basizität wächst auch die Beständigkeit der Carbonate und Nitrate.

Die Löslichkeit der Sulfate und Carbonate nimmt mit Z ab, die der Hydroxide zu.

Ca, Sr, Ba und Ra zeigen charakteristische Flammenfärbungen. Ra gibt eine karminrote Flamme. Strontiumsalze werden für bengalisches Feuer verwendet.

Beryllium ist dem Aluminium ähnlicher als dem nächsten Homologen seiner Gruppe, dem Magnesium (Schrägbeziehung im PSE). Die Ähnlichkeit ist auf die fast gleiche Elektronegativität und den ähnlichen Ionenradius zurückzuführen. Be bevorzugt die Koordinationszahl 4, die auch bei Al häufig auftritt, während bei Mg die bevorzugte Koordinationszahl 6 ist.

Beispiele für die Ähnlichkeit:

$(BeH_2)_n$ ist wie $(AlH_3)_n$ hochpolymer, die Bindungen sind kovalent. MgH_2 ist ionisch aufgebaut.

$BeCl_2$ und $AlCl_3$ sind sublimierbare Lewis-Säuren, die in wäßriger Lösung stark sauer reagieren. $MgCl_2$-Lösungen reagieren schwach sauer.

$Be(OH)_2$ und $Al(OH)_3$ sind amphoter und bilden keine stabilen Carbonate. $Mg(OH)_2$ ist basisch und bildet ein stabiles Carbonat.

BeO und Al_2O_3 sind sehr harte (Mohs-Härte 9) kristalline Substanzen mit hohen Schmelzpunkten.

Be und Al sind Leichtmetalle mit ähnlichen Standardpotentialen. Sie lösen sich in Säuren und Basen unter H_2-Entwicklung. In Wasser werden sie passiviert. Mg ist viel unedler und löst sich nur in Säuren unter H_2-Entwicklung.

Ra ist ein Zerfallsprodukt von ^{238}U, es ist in der Pechblende UO_2 enthalten (0,34 g Ra pro t U). Alle Ra-Isotope sind radioaktiv. Ra ähnelt in seinen Eigenschaften Ba und kristallisiert wie dieses kubisch-raumzentriert.

Beryllium und seine Verbindungen sind toxisch und wirken krebserregend.

4.9.2 Vorkommen

Wegen ihrer großen Reaktionsfähigkeit kommen die Erdalkalimetalle nicht elementar in der Natur vor.

Beryllium gehört zu den selteneren Metallen. Am häufigsten ist das Cyclosilicat Beryll $Be_3Al_2[Si_6O_{18}]$. Gefärbte Abarten sind Smaragd (grün, chromhaltig) und Aquamarin (hellblau, eisenhaltig). Weniger häufig sind die Inselsilicate Euklas $BeAl[SiO_4]OH$ und Phenakit $Be_2[SiO_4]$, die ebenfalls als *Edelsteine* dienen. Chrysoberyll $Al_2[BeO_4]$ hat Olivinstruktur, eine Varietät ist der von Grün nach Rot schillernde Edelstein Alexandrit.

Magnesium und Calcium gehören zu den 10 häufigsten Elementen. Es gibt zahlreiche **Magnesium**mineralien. Carbonate: Dolomit $CaMg(CO_3)_2$, Magnesit $MgCO_3$. Silicate: Olivin $(Mg, Fe)_2[SiO_4]$ (Inselsilicat), Enstatit $Mg[SiO_3]$ (Kettensilicat), Talk $Mg_3[Si_4O_{10}](OH)_2$, Serpentin $Mg_3[Si_2O_5](OH)_4$ (Schichtsilicate). In Salzlagern kommen vor: Carnallit $KCl \cdot MgCl_2 \cdot 6H_2O$, Kieserit $MgSO_4 \cdot H_2O$, Kainit $KCl \cdot MgSO_4 \cdot 3H_2O$, Schönit $K_2SO_4 \cdot MgSO_4 \cdot 6H_2O$. Als Doppeloxid kommt Spinell $MgAl_2O_4$ (Abb. 2.19) vor, der in gefärbten Varietäten als Edelstein Verwendung findet. Das Meerwasser enthält 0,13% Mg. Die als „Bitterwässer" bezeichneten Mineralwässer enthalten $MgSO_4$ ($MgSO_4 \cdot 7H_2O$ wird Bittersalz genannt).

Calciumverbindungen kommen als *gesteinsbildende Mineralien* vor. Der Feldspat Anorthit $Ca[Al_2Si_2O_8]$ ist ein Tektosilicat. Calciumcarbonat $CaCO_3$ kommt als Kalkstein, Marmor und Kreide vor. Dolomit $CaMg(CO_3)_2$ ist ein Doppelcarbonat. Große Lagerstätten bilden Gips $CaSO_4 \cdot 2H_2O$, Anhydrit $CaSO_4$, Apatit $Ca_5(PO_4)_3$ (OH, F, Cl) und Flußspat CaF_2.

Die wichtigsten **Strontium**mineralien sind Strontianit $SrCO_3$ und Cölestin $SrSO_4$. Beim **Barium** sind es Witherit $BaCO_3$ und Schwerspat $BaSO_4$.

4.9.3 Die Elemente

	Be	Mg	Ca	Sr	Ba
Kristallstruktur	hexagonal-dichteste Packung		kubisch-dichteste Packung		kubisch-raum-zentriert
Schmelzpunkt in °C	1285	650	845	771	726
Siedepunkt in °C	2477	1105	1483	1385	1696
Sublimationsenthalpie in kJ/mol	321	148	178	165	180
Dichte bei 20°C in g/cm³	1,85	1,74	1,54	2,63	3,62
Standardpotential $E°(Me/Me^{2+})$ in V	−1,85	−2,36	−2,87	−2,89	−2,90

4.9.3.1 Physikalische und chemische Eigenschaften

Die Erdalkalimetalle sind *Leichtmetalle. Be weicht in seinen physikalischen Daten von den anderen Erdalkalimetallen ab.* Es ist stahlgrau, spröde und hart, Schmelzpunkt,

Siedepunkt und Sublimationswärme sind höher. Mg ist silberglänzend, läuft matt-weiß an, ist von mittlerer Härte und duktil. Die Leitfähigkeit beträgt etwa $^2/_3$ von der des Aluminiums. Ca, Sr, Ba sind in ihren Eigenschaften sehr ähnlich. Sie sind silber-weiß, laufen schnell an und sind weich wie Blei. Ba kristallisiert allerdings – wie auch Ra – kubisch-raumzentriert.

Dichten, Schmelzpunkte, Siedepunkte, Sublimationsenthalpien und Härten sind höher als die der Alkalimetalle. *Die Erdalkalimetalle sind elektropositive Elemente mit stark negativen Standardpotentialen.* Die deutlich elektropositiveren Metalle Ca, Sr, Ba haben ähnliche Standardpotentiale wie die Alkalimetalle. Sie reagieren mit Was-ser unter H_2-Entwicklung zu Hydroxiden. Trotz der negativen Standardpotentiale reagieren Be und Mg nicht mit Wasser, da ihre Oberflächen passiviert werden. Auf Grund der *Passivierung* sind Be und Mg an der Luft beständig.

4.9.3.2 Darstellung und Verwendung

Die Erdalkalimetalle können durch Schmelzelektrolyse oder durch chemische Re-duktion hergestellt werden. Technisch wird die Schmelzelektrolyse zur Herstellung von Be und Mg eingesetzt.

Will man kompaktes **Beryllium** gewinnen, muß die Elektrolyse oberhalb des Schmelzpunktes von Be ($1285\,°C$) durchgeführt werden. Als Elektrolyt wird basi-sches Berylliumfluorid $2\,BeO \cdot 5\,BeF_2$ verwendet. Technisch elektrolysiert man Mi-schungen von $BeCl_2$ und $NaCl$ bei tieferer Temperatur. Be muß im Vakuum umge-schmolzen werden oder das komprimierte Pulver bei $1150\,°C$ gesintert werden.

Meist wird Be durch Reduktion von BeF_2 mit Mg im Graphittiegel hergestellt.

$$BeF_2 + Mg \xrightarrow{1300\,°C} Be + MgF_2$$

80% der Weltproduktion an **Magnesium** wird durch Schmelzelektrolyse von $MgCl_2$ hergestellt.

$$MgCl_2 \xrightarrow[\text{Elektrolyse}]{700-800\,°C} Mg + Cl_2 \qquad \Delta H° = +\,642\;\text{kJ/mol}$$

Wasserfreies $MgCl_2$ erhält man durch Umsetzung von MgO mit Koks und Chlor.

$$MgO + Cl_2 + C \xrightarrow{1000-1200\,°C} MgCl_2 + CO \qquad \Delta H° = -\,150\;\text{kJ/mol}$$

Das Chlor wird bei der Schmelzelektrolyse zurückgewonnen. MgO wird durch ther-mische Zersetzung von $MgCO_3$ hergestellt. Als Gesamtreaktion ergibt sich:

$$MgO + C \longrightarrow Mg + CO \qquad \Delta H° = +\,492\;\text{kJ/mol}$$

Diese endotherme Reaktion kann auch direkt im elektrischen Ofen bei $2000\,°C$ durchgeführt werden. Technisch wird calcinierter Dolomit mit Si im Vakuum redu-ziert.

$$2\,(MgO \cdot CaO) + Si \xrightarrow{\;1200\,°C\;} 2\,Mg + Ca_2SiO_4$$

Das dampfförmige Magnesium (Sdp. 1105 °C) wird in einer Kondensationskammer niedergeschlagen.

Calcium kann durch Elektrolyse von geschmolzenem $CaCl_2$ (Smp. 772 °C) im Gemisch mit CaF_2 oder KCl bei 700 °C hergestellt werden. An den Eisenkathoden, die gerade die Schmelze berühren (Berührungselektrode) scheidet sich Ca flüssig ab. Beim langsamen Heben der Elektroden während der Elektrolyse erstarrt das Metall in langen Stäben. Analog kann Strontium gewonnen werden.

Die technische Darstellung von Ca erfolgt derzeit aber aluminothermisch.

$$6\,CaO + 2\,Al \xrightarrow[\text{Vakuum}]{1200\,°C} 3\,Ca\,(g) + 3\,CaO \cdot Al_2O_3$$

Auch **Barium** wird durch Reduktion von BaO mit Al oder Si bei 1200 °C im Vakuum hergestellt.

$$3\,BaO + 2\,Al \longrightarrow Al_2O_3 \quad + 3\,Ba$$
$$3\,BaO + \;\;Si \longrightarrow BaSiO_3 \quad + 2\,Ba$$

BaO erhält man durch thermische Zersetzung von $BaCO_3$.

$$BaCO_3 \longrightarrow BaO + CO_2$$

Wird $BaSO_4$ als Ausgangsmaterial verwendet, so wird es zuerst in $BaCO_3$ umgewandelt. $BaSO_4$ wird zunächst mit Kohlenstoff reduziert.

$$BaSO_4 + 4\,C \xrightarrow{\;1000-1200\,°C\;} BaS + 4\,CO$$

Aus BaS-Lösungen wird $BaCO_3$ mit CO_2 oder Na_2CO_3 ausgefällt.

$$BaS + Na_2CO_3 \longrightarrow BaCO_3 + Na_2S$$

Bei der Aufarbeitung der Uranerze auf **Radium** (0,34 g Ra/t U) wird Ra nach Zusatz von $BaCl_2$ zusammen mit dem Ba als Sulfat ausgefällt. Ra und Ba können durch fraktionierende Kristallisation z.B. der Bromide getrennt werden. Aus Salzlösungen kann Ra elektrolytisch an Hg-Elektroden als Amalgam abgeschieden werden. Durch Erhitzen des Amalgams auf 400–700 °C in einer H_2-Atmosphäre wird daraus metallisches Ra (Smp. 700 °C) gewonnen.

Be ist als Legierungsbestandteil von Bedeutung. Eine Cu-Legierung mit 6–7 % Be ist hart wie Stahl, die thermische und elektrische Leitfähigkeit von Cu bleibt erhalten. Wegen des niedrigen Neutronen-Absorptionsquerschnitts von Be wird es bei Kernreaktionen zur Moderierung und Reflexion von Neutronen benutzt. Da Be Röntgenstrahlung wenig absorbiert, werden daraus die Austrittsfenster in Röntgenröhren hergestellt.

Aus Mg werden Legierungen hergestellt, die wegen ihrer geringen Dichte für Flugzeugbau und Raumfahrt wichtig sind. An der Luft ist es bei Raumtemperatur beständig, da es sich mit einer schützenden Oxidschicht überzieht. Elektronmetalle bestehen aus 90% und mehr Mg sowie Zusätzen von Si, Al, Zn, Mn, Cu; sie sind gegen alkalische Lösungen und Flußsäure beständig. In der Metallurgie dient Mg als starkes Reduktionsmittel.

Ca wird in der Metallurgie als Reduktionsmittel zur Darstellung von Ti, Zr, Cr, U verwendet.

Ba wird als Gettermetall zur Hochvakuumerzeugung in Elektronenröhren benutzt.

4.9.4 Berylliumverbindungen

Beryllium unterscheidet sich als erstes Element der 2. Gruppe stärker von den anderen Elementen der Gruppe als diese sich voneinander unterscheiden. Die Ionisierungsenergie ist wesentlich größer, ebenso die Elektronegativität, der Ionenradius von Be^{2+} ist viel kleiner. Die *Be-Verbindungen sind* daher *kovalenter.* Be kann mit zwei sp-Hybridorbitalen lineare *BeX_2-Moleküle* bilden. Diese Elektronenmangelverbindungen *streben* jedoch durch Erhöhung der Koordinationszahl auf 4 *nach einer abgeschlossenen Elektronenkonfiguration.* Dies wird auf verschiedenen Wegen erreicht.

Dreizentrenbindungen. In $(BeH_2)_n$ betätigt jedes Be-Atom zwei BeHBe-Dreizentrenbindungen.

Koordinative Bindungen. $(BeCl_2)_n$ ist kettenförmig aufgebaut und entspricht dem faserförmigen, isoelektronischen SiO_2.

Auch in den Raumnetzstrukturen von BeF_2 (Cristobalit-Struktur), BeO, BeS (Wurtzit-Struktur) ist Be tetraedrisch koordiniert. Viele Be-Verbindungen erreichen die maximale Koordinationszahl 4, indem sie als Lewis-Säuren fungieren und komplexe Ionen wie $[BeF_4]^{2-}$, $[Be(H_2O)_4]^{2+}$ bzw. Addukte wie $\begin{smallmatrix} Cl \searrow & \swarrow OR_2 \\ & Be \\ Cl \nearrow & \nwarrow OR_2 \end{smallmatrix}$ bilden.

(p-p)π-Bindungen. Nur in der Gasphase werden bei entsprechender Energiezufuhr Elektronenlücken durch π-Bindungen geschlossen. Ein Beispiel ist Berylliumchlorid. Beim Erhitzen wird $(BeCl_2)_n$ depolymerisiert. Bei 560 °C sind in der Gasphase 20% dimere Moleküle $(BeCl_2)_2$ vorhanden, bei 750 °C fast nur noch monomere $BeCl_2$-Moleküle.

$$\overset{\oplus}{\underline{Cl}}=\overset{\ominus\ominus}{Be}=\overset{\oplus}{\underline{Cl}} \qquad \overset{\oplus}{\underline{Cl}}=\overset{\ominus\ominus}{Be}\overset{\overset{\oplus}{\underline{Cl}}}{\underset{\underset{\oplus}{\underline{Cl}}}{<}}\overset{\ominus\ominus}{>}\overset{\ominus\ominus}{Be}=\overset{\oplus}{\underline{Cl}}$$

Zwischen isoelektronischen Beryllium-Fluor- und Silicium-Sauerstoff-Verbindungen existieren erstaunliche strukturelle Verwandtschaften. Isotyp sind:

Verbindung		Struktur
SiO_2	BeF_2	Cristobalit
$Mg[SiO_3]$	$Li[BeF_3]$	Enstatit
$Ca[SiO_3]$	$Na[BeF_3]$	Wollastonit
$Mg_2[SiO_4]$	$Na_2[BeF_4]$	Forsterit
$Zr[SiO_4]$	$Ca[BeF_4]$	Zirkon

Berylliumhydrid BeH₂

BeH_2 ist eine feste, weiße, nichtflüchtige, hochpolymere Substanz $(\Delta H_B^\circ \approx 0)$, die bei 300 °C in die Elemente zerfällt. BeH_2 ist luft- und feuchtigkeitsempfindlich und dem Aluminiumhydrid ähnlich, jedoch nicht in Ether löslich. Es bildet eine Kettenstruktur mit kovalenten Bindungen.

$$\begin{array}{ccccccc} & H & & H & & H & \\ \diagdown \diagup & & \diagdown \diagup & & \diagdown \diagup & & \diagup \\ Be & & Be & & Be & & Be \\ \diagup & & \diagup & & \diagup & & \diagdown \\ & H & & H & & H & \end{array}$$

Die Be-Atome sind tetraedrisch von 4 H-Atomen umgeben. Jedes Be-Atom betätigt zwei Be—H—Be-Dreizentrenbindungen.

Die Darstellung aus den Elementen gelingt nicht. Man erhält BeH_2 nach der Reaktion

$$2\,Be(CH_3)_2 + LiAlH_4 \xrightarrow{\text{Ether}} 2\,BeH_2 + LiAl(CH_3)_4$$

oder durch Thermolyse von Bis(*tert*-butyl)beryllium.

$$Be(C_4H_9)_2 \xrightarrow{210\,°C} BeH_2 + 2\,H_2C=C\overset{\diagup CH_3}{\diagdown CH_3}$$

Berylliumhydroxid Be(OH)₂

Versetzt man Berylliumsalzlösungen mit Basen, fällt $Be(OH)_2$ als weißer, gallertartiger Niederschlag aus. Dieses frisch gefällte $Be(OH)_2$ ist *amphoter*.

$$Be(OH)_2 + 2\,H_3O^+ \longrightarrow [Be(H_2O)_4]^{2+}$$
$$Be(OH)_2 + 2\,OH^- \longrightarrow [Be(OH)_4]^{2-}$$

Beim Kochen oder Stehen *altert* Be(OH)$_2$, es löst sich dann nur noch schwer in Säuren und Laugen.

Berylliumoxid BeO

Beim Erhitzen von Be(OH)$_2$ auf 400 °C entsteht BeO als lockeres, weißes Pulver (Smp. 2530 °C), das sich in Säuren löst. Hochgeglüht ist es säureunlöslich; es wird zur Herstellung von Tiegeln für Reaktionen bei sehr hohen Temperaturen verwendet. Hoher Preis und Giftigkeit begrenzen den Einsatz. BeO hat Wurtzit-Struktur mit tetraedrischer Koordination der Atome und ist sehr hart (Mohs-Härte 9).

Berylliumfluorid BeF$_2$

BeF$_2$ (Smp. 552 °C) ist isoelektronisch mit SiO$_2$ und mit diesem strukturell verwandt. Er erstarrt wie SiO$_2$ glasartig. Im kristallinen Zustand ist es oberhalb 516 °C isotyp mit β-Cristobalit, unterhalb 430 °C mit α-Quarz. BeF$_2$ löst sich in Wasser und bildet mit Fluoriden Fluoroberyllate des Typs BeF$_3^-$, BeF$_4^{2-}$, Be$_2$F$_7^{3-}$.

Berylliumchlorid BeCl$_2$

BeCl$_2$ entsteht durch Erhitzen von Be im trockenen Chlor- oder Hydrogenchlorid-strom.

$$\text{Be} + \text{Cl}_2 \longrightarrow \text{BeCl}_2$$
$$\text{Be} + 2\,\text{HCl} \longrightarrow \text{BeCl}_2 + \text{H}_2$$

Es bildet farblose, hygroskopische, nadelförmige Kristalle (Smp. 430 °C) mit Ketten-struktur. Die Be-Atome sind durch Cl-Brücken verbunden, die Koordination ist annähernd tetradrisch.

BeCl$_2$ löst sich gut in Ether und Alkohol und bildet Additionsverbindungen.
Wäßrige Lösungen von BeCl$_2$ – und den anderen Be-Salzen – reagieren sauer.

$$[\text{Be}(\text{H}_2\text{O})_4]^{2+} + \text{H}_2\text{O} \longrightarrow [\text{Be}(\text{H}_2\text{O})_3(\text{OH})]^+ + \text{H}_3\text{O}^+ \qquad \text{p}K_\text{s} = 6{,}5$$

4.9.5 Magnesiumverbindungen

Magnesium ist ein starkes Reduktionsmittel, mit dem bei hohen Temperaturen SiO$_2$ und B$_2$O$_3$ reduziert werden können. *Es ist elektropositiver als Be.* Mg-Verbindungen sind daher heteropolarer als die analogen Be-Verbindungen. *Die bevorzugte Koordi-*

nationszahl ist 6. $[Mg(H_2O)_6]^{2+}$-Ionen reagieren im Gegensatz zu $[Be(H_2O)_4]^{2+}$-Ionen nur schwach sauer.

Magnesiumhydrid MgH$_2$

Aus den Elementen kann MgH_2 bei $570\,°C$ und 200 bar dargestellt werden.

$$Mg + H_2 \longrightarrow MgH_2 \qquad \Delta H_B^\circ = -74 \,\text{kJ/mol}$$

Außerdem erhält man es durch thermische Zersetzung von Diethylmagnesium im Hochvakuum.

$$Mg(C_2H_5)_2 \xrightarrow{\;175\,°C\;} MgH_2 + 2\,C_2H_4$$

MgH_2 ist weiß, fest und nichtflüchtig. Es kristallisiert in der Rutil-Struktur, der Bindungscharakter ist ionisch.

An trockener Luft ist MgH_2 beständig, erst oberhalb $280\,°C$ zerfällt es in die Elemente. Mit Wasser reagiert MgH_2 unter H_2-Entwicklung. In etherischer Lösung sind die Mischhydride Magnesiumboranat und Magnesiumalanat nach den folgenden Reaktionen herstellbar.

$$3\,MgR_2 + 4\,(BH_3)_2 \longrightarrow 3\,Mg(BH_4)_2 + 2\,BR_3$$
$$MgBr_2 + 2\,LiAlH_4 \longrightarrow Mg(AlH_4)_2 + 2\,LiBr$$

Magnesiumoxid MgO

Mg verbrennt an der Luft mit blendend weißem Licht zu MgO.

$$Mg + \tfrac{1}{2}O_2 \longrightarrow MgO \qquad \Delta H_B^\circ = -602 \,\text{kJ/mol}$$

Gemische von Mg mit Oxidationsmitteln wie $KClO_3$ wurden früher als Blitzlichtpulver verwendet. Technisch erhält man MgO durch thermische Zersetzung von $MgCO_3$.

$$MgCO_3 \longrightarrow MgO + CO_2$$

MgO ist weiß (Smp. $2642\,°C$) und kristallisiert wie CaO, SrO und BaO in der NaCl-Struktur.

Zersetzt man $MgCO_3$ bei $800-900\,°C$, erhält man „kaustische Magnesia", ein mit Wasser abbindendes Produkt. Brennt man bei $1700-2000\,°C$, so sintert MgO zu einer mit Wasser nicht mehr abbindenden Masse zusammen, die zur Herstellung hochfeuerfester Steine (Magnesiasteine) und für Laboratoriumsgeräte (*Sintermagnesia*) verwendet wird. Erhitzt man Magnesiumhydroxid oder basisches Magnesiumcarbonat auf $600\,°C$, erhält man MgO als lockeres, weißes Pulver (Magnesia usta), das in der Medizin als Neutralisationsmittel Verwendung findet.

$$Mg(OH)_2 \longrightarrow MgO + H_2O$$
$$MgCO_3 \cdot Mg(OH)_2 \longrightarrow 2\,MgO + H_2O + CO_2$$

Mischungen von MgO und konzentrierten $MgCl_2$-Lösungen erhärten steinartig (*Magnesiazement, Sorelzement*) unter Bildung basischer Chloride vom Typ $MgCl_2 \cdot 3\,Mg(OH)_2 \cdot 8\,H_2O$. Sie werden unter Zumischung neutraler Füllstoffe und Farben zur Herstellung künstlicher Steine und fugenloser Fußböden (Steinholz, Kunstmarmor), sowie von künstlichem Elfenbein (Billardkugeln, Kunstgegenstände) verwendet.

Magnesiumhydroxid Mg(OH)$_2$

$Mg(OH)_2$ wird aus $MgCl_2$-Lösungen und Kalkmilch $Ca(OH)_2$ hergestellt.

$$MgCl_2 + Ca(OH)_2 \longrightarrow Mg(OH)_2 + CaCl_2$$

$Mg(OH)_2$ ist ein farbloses Pulver, das in Wasser schwerlöslich, in Säuren leicht löslich ist. Als echtes basisches Oxid löst es sich nicht in Laugen.

Magnesiumchlorid MgCl$_2$

$MgCl_2$ kristallisiert aus wäßriger Lösung bei Normaltemperatur als Hexahydrat $[Mg(H_2O)_6]Cl_2$. Beim Entwässern des Hexahydrats entstehen unter HCl-Abspaltung basische Chloride, z. B.

$$MgCl_2 + H_2O \longrightarrow Mg(OH)Cl + HCl$$

Wasserfreies $MgCl_2$ wird daher durch Entwässern des Hexahydrats in einer HCl-Atmosphäre hergestellt.

$MgCl_2$ ist blättrig-kristallin (Smp. 708 °C) und sehr hygroskopisch. Es kristallisiert in der Schichtstruktur vom $CdCl_2$-Typ. Um das Feuchtwerden von $MgCl_2$-haltigem Kochsalz zu verhindern, wird Na_2HPO_4 zugesetzt, dadurch wird $MgCl_2$ als $MgHPO_4$ gebunden.

Magnesiumfluorid MgF$_2$

MgF_2 (Smp. 1265 °C) kristallisiert in der Rutil-Struktur (KZ 6 : 3). Entsprechend den Radienquotienten kristallisiert BeF_2 in der Cristobalit-Struktur (KZ 4 : 2) und CaF_2 in der Fluorit-Struktur (KZ 8 : 4). MgF_2 ist schwerlöslich, es wird zur Vergütung auf optische Linsen aufgedampft (Verhinderung von Spiegelungen).

Magnesiumcarbonat MgCO$_3$

Natürliches Magnesiumcarbonat (Magnesit) ist das wichtigste Magnesiummineral, das in großen Lagerstätten vorkommt. Es wird überwiegend zur Herstellung von MgO verwendet.

Aus Magnesiumsalzlösungen fällt mit Alkalimetallcarbonaten nur bei CO_2-Überschuß $MgCO_3$ aus, andernfalls entstehen basische Carbonate. Das basische

Carbonat $4\,MgCO_3 \cdot Mg(OH)_2 \cdot 4\,H_2O$, ein lockeres weißes Pulver, wird als „*Magnesia alba*" in der Medizin als Neutralisationsmittel verwendet, außerdem in Pudern, Putzpulvern und hauptsächlich als weißes Farbpigment und als Füllstoff für Papier und Kautschuk.

Magnesiumsulfat MgSO$_4$

$MgSO_4$ bildet eine Reihe von Hydraten. Von 2–48 °C kristallisiert aus wäßrigen Lösungen das Heptahydrat $MgSO_4 \cdot 7\,H_2O$ (Bittersalz) aus, das als Abführmittel dient. Es gehört zur Gruppe der **Vitriole** $[Me(H_2O)_6]SO_4 \cdot H_2O$ (Me = Mg, Mn, Zn, Fe, Ni, Co). Sechs H_2O-Moleküle sind oktaedrisch an das Metallatom angelagert, das siebente ist durch Wasserstoffbrücken an das Sulfation gebunden. Beim Erhitzen verliert $MgSO_4 \cdot 7\,H_2O$ bei 150 °C 6 Moleküle Wasser, das siebente erst bei 200 °C.

Grignardverbindungen

Darunter versteht man Verbindungen des Typs RMgX (X = Halogen, R = organischer Rest). Man erhält sie durch Einwirkung von Organylhalogeniden RX auf aktiviertes Mg in Donorlösungsmitteln (Ether, Tetrahydrofuran). Man benutzt sie als Alkylierungs- und Arylierungsmittel.

Beispiel:

$$SiCl_4 + 4\,CH_3MgI \longrightarrow Si(CH_3)_4 + 4\,MgClI$$

4.9.6 Calciumverbindungen

Verbindungen des Calciums *sind* technisch besonders *für die Baustoffindustrie von Bedeutung.*

Calciumhydrid CaH$_2$

CaH_2 ist eine weiße, kristalline Masse. Es ist heteropolar aufgebaut und kristallisiert unterhalb 780 °C in der $PbCl_2$-Struktur, darüber in der Fluorit-Struktur. Es wird durch Überleiten von H_2 über Ca bei 400 °C hergestellt.

$$Ca + H_2 \longrightarrow CaH_2 \qquad \Delta H_B^\circ = -186\,kJ/mol$$

Mit Wasser reagiert es heftig unter H_2-Entwicklung.

$$Ca\overset{-1}{H_2} + 2\,\overset{+1}{H_2}O \longrightarrow Ca(OH)_2 + 2\,\overset{0}{H_2}$$

CaH_2 wird zur Wasserstofferzeugung, als Trocken- und Reduktionsmittel verwendet.

Calciumoxid CaO (Ätzkalk, gebrannter Kalk)

CaO wird großtechnisch durch Erhitzen von $CaCO_3$ (Kalkstein) auf $1000-1200\,°C$ hergestellt (*Kalkbrennen*). Es entsteht eine weiße, amorphe Masse (Smp. $2587\,°C$).

$$CaCO_3 \longrightarrow CaO + CO_2 \qquad \Delta H° = +178\,kJ/mol$$

Nach dem MWG entspricht jeder Temperatur ein ganz bestimmter Gleichgewichtsdruck p_{CO_2} (Abb. 4.54), bei $908\,°C$ erreicht er $1,013$ bar.

Gebrannter Kalk reagiert mit Wasser unter starker Wärmeentwicklung zu $Ca(OH)_2$ (*Kalklöschen*).

$$CaO + H_2O \longrightarrow Ca(OH)_2 \qquad \Delta H° = -65\,kJ/mol$$

Aus gelöschtem Kalk wird Luftmörtel (vgl. S. 604) hergestellt. Hauptsächlich wird CaO bei der Stahlproduktion gebraucht. Außerdem dient CaO zur Herstellung von CaC_2 und Chlorkalk, wird bei der Glasfabrikation, bei der Sodasynthese und als basischer Zuschlag im Hochofen verwendet.

Bei starkem Erhitzen mit einer Knallgasflamme strahlt CaO ein helles, weißes Licht aus (Drummondsches Kalklicht).

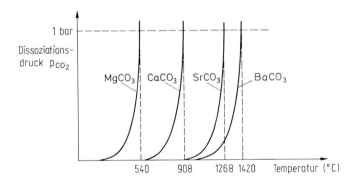

Abbildung 4.54   Dissoziationsdrücke p_{CO_2} der Erdalkalimetallcarbonate.
Da die Basizität der Hydroxide mit zunehmender Ordnungszahl stärker wird, nimmt auch die Temperatur, bei der der Dissoziationsdruck 1 bar erreicht, vom $MgCO_3$ zum $BaCO_3$ zu.

Calciumhydroxid $Ca(OH)_2$

Im trockenen Zustand ist $Ca(OH)_2$ ein weißes Pulver, das bei $450\,°C$ Wasser abspaltet.

$$Ca(OH)_2 \xrightarrow{450\,°C} CaO + H_2O$$

In Wasser löst sich nur wenig $Ca(OH)_2$ (1,26 g im 1 l bei $20\,°C$), die Lösung heißt *Kalkwasser*, sie reagiert stark basisch. Eine Suspension von $Ca(OH)_2$ heißt *Kalk-*

milch, sie dient als weiße Anstrichfarbe. $Ca(OH)_2$ wird als billigste Base industriell verwendet (vgl. Herstellung von Chlorkalk und Soda).

Calciumchlorid $CaCl_2$

$CaCl_2$ entsteht technisch als Abfallprodukt bei der Sodaherstellung. Aus wäßrigen Lösungen kristallisiert das Hexahydrat $[Ca(H_2O)_6]Cl_2$ aus, das im Gegensatz zum $[Mg(H_2O)_6]Cl_2$ durch Erhitzen zum wasserfreien $CaCl_2$ entwässert werden kann. $CaCl_2$ ist weiß (Smp. 772 °C), sehr hygroskopisch und wird als Trockenmittel für Gase verwendet. $CaCl_2$ löst sich exotherm ($\Delta H^\circ = -83$ kJ/mol), $[Ca(H_2O)_6]Cl_2$ endotherm ($\Delta H^\circ = +14$ kJ/mol). Aus Eis und $[Ca(H_2O)_6]Cl_2$ lassen sich *Kältemischungen* bis -55 °C herstellen.

Calciumcarbonat $CaCO_3$

$CaCO_3$ kristallisiert in drei Modifikationen: Calcit (Kalkspat), Aragonit, Vaterit. Beständig ist Calcit (vgl. Abb. 2.20). Aus Calcitkristallen bestehen Kalkstein, Kreide und Marmor. *Kalkstein* ist ein durch Ton verunreinigtes feinkristallines $CaCO_3$. Bei stärkeren Tongehalten (10–90 % Ton) wird er als Mergel bezeichnet. *Kreide* ist $CaCO_3$, gebildet aus Schalentrümmern von Einzellern in der Kreidezeit. *Marmor* ist sehr reiner grobkristalliner Calcit. *Perlen* bestehen aus Aragonit.

Die Weltförderung von Kalkstein und Dolomit beträgt ca. 2 Milliarden t/a.

Das schwerlösliche $CaCO_3$ wird durch CO_2-haltige Wässer als $Ca(HCO_3)_2$ gelöst. Die durch $CaSO_4$ und $Ca(HCO_3)_2$ verursachte *Wasserhärte* und ihre Beseitigung wurde bereits an anderer Stelle (S. 525) besprochen.

Calciumsulfat $CaSO_4$

In der Natur findet sich **Gips $CaSO_4 \cdot 2H_2O$** und **Anhydrit $CaSO_4$**. Eine Varietät des Gipses ist *Alabaster*.

Aus wäßrigen Lösungen kristallisiert $CaSO_4$ unterhalb 66 °C als Gips, oberhalb 66 °C als Anhydrit.

Bei 120 °C geht Gips in „*gebrannten Gips*" über

$$CaSO_4 \cdot 2H_2O \xrightarrow{\text{120–130 °C}} CaSO_4 \cdot 0{,}5H_2O$$

Mit Wasser erhärtet dieser rasch wieder zu einer aus Gipskristallen bestehenden festen Masse. Er wird im Baugewerbe, in der keramischen Industrie und in der Bildhauerei verwendet.

Weiteres Erhitzen von gebranntem Gips führt zu *Stuckgips*.

$$CaSO_4 \cdot 0{,}5H_2O \xrightarrow{\text{130–180 °C}} CaSO_4 \cdot (0{,}18\text{–}0{,}48)H_2O$$

Bei 190–200 °C entsteht wasserfreier Stuckgips, der so schnell abbindet, daß er praktisch nicht verwendbar ist. Bei 500 °C verliert dieser Stuckgips seine Abbindefähigkeit. Bei 800–900 °C entsteht *Estrichgips*, der langsam (in Tagen) abbindet und hydraulische Eigenschaften aufweist, während Stuckgips in 10–20 Minuten abbindet und unter Wasser erweicht. Bei 1000–1200 °C entsteht totgebrannter Gips, der sich wie natürlicher Anhydrit praktisch nicht mit Wasser umsetzt. Oberhalb 1200 °C erfolgt thermische Zersetzung.

$$CaSO_4 \longrightarrow CaO + SO_2 + \tfrac{1}{2}O_2$$

Calciumcarbid CaC$_2$

CaC$_2$ wird zu Acetylen und Kalkstickstoff weiterverarbeitet. CaC$_2$ wird daher großtechnisch aus Kalk und Koks im Lichtbogen eines elektrischen Ofens hergestellt.

$$CaO + 3\,C \xrightleftharpoons{2000-2200\,°C} CaC_2 + CO \qquad \Delta H° = +465\,\text{kJ/mol}$$

Unterhalb von 1600 °C läuft die Reaktion nach links. Struktur und Reaktionen von CaC$_2$ wurden bereits behandelt (vgl. S. 520).

Bei der Herstellung von CaC$_2$ entsteht aus Calciumphosphat-Verunreinigungen des Kalks Calciumphosphid.

$$Ca_3(PO_4)_2 + 8\,C \longrightarrow Ca_3P_2 + 8\,CO$$

Bei der Reaktion von Carbid mit Wasser entsteht deshalb nicht nur das geruchlose Acetylen, sondern auch etwas Phosphan PH$_3$, das den unangenehmen „Carbidgeruch" verursacht.

Wegen der abnehmenden Bedeutung von Acetylen ist die CaC$_2$-Produktion stark rückläufig.

Kalkstickstoff

Aus CaC$_2$ entsteht bei 1100 °C mit Stickstoff ein Gemisch aus Calciumcyanamid und Kohlenstoff, das als Kalkstickstoff bezeichnet wird.

$$CaC_2 + N_2 \longrightarrow CaCN_2 + C \qquad \Delta H° = -291\,\text{kJ/mol}$$

CaCN$_2$ ist das Calciumsalz des Cyanamids H$_2\overline{N}$—C≡N|. Es wird als Düngemittel verwendet, da es im Boden unter Einwirkung von Wasser und Bakterien in Ammoniak übergeht.

$$CaCN_2 + 3\,H_2O \longrightarrow CaCO_3 + 2\,NH_3$$

Mörtel

Mörtel sind Bindemittel, die mit Wasser angerührt erhärten und zur Verkittung von Baumaterial oder als Verputz dienen. Man unterscheidet Luftmörtel, der von Wasser angegriffen wird, und Wassermörtel, der wasserbeständig ist.

Luftmörtel

Kalkmörtel besteht aus einem Brei von gelöschtem Kalk und Sand. Die Erhärtung beruht auf der Bildung von $CaCO_3$ mit dem CO_2 der Luft. Sand und Bausteine werden dadurch verbunden.

$$Ca(OH)_2 + CO_2 \longrightarrow CaCO_3 + H_2O$$

Gipsmörtel. Gips schwindet nicht wie Kalk, sondern dehnt sich um 1% aus. Stuckgips ist wegen der Volumenvergrößerung für Gipsabgüsse geeignet. Außerdem wird er für Gießformen, schmückende Bauteile an Decken und Wänden und Rabitzwände verwendet. Aus Estrichgips werden hauptsächlich Fußböden hergestellt.

Wassermörtel

Zement entsteht durch Brennen von Gemischen aus Kalkstein und Ton bei 1450 °C. Dabei bilden sich Calciumsilicate, Calciumaluminate und Calciumferrite. Beim Abbinden entstehen kompliziert zusammengesetzte Hydrate. Zementmörtel erhärtet auch unter Wasser.

4.9.7 Bariumverbindungen

Lösliche Bariumsalze, z. B. $BaCl_2$, *sind giftig*. $BaCO_3$ wird als Mäuse- und Rattengift verwendet. $Ba(NO_3)_2$ dient in der Pyrotechnik als „Grünfeuer".

Bariumsulfat $BaSO_4$

$BaSO_4$ (Smp. 1350 °C) ist die wichtigste natürliche Bariumverbindung (Weltförderung 2000 5,7 · 10^6 t) und Ausgangsmaterial für die Gewinnung anderer Bariumsalze (vgl. S. 594).

$BaSO_4$ *ist wasserunlöslich und chemisch sehr beständig.* Erst oberhalb 1400 °C zersetzt es sich.

$$BaSO_4 \xrightarrow{1400\,°C} BaO + SO_2 + \tfrac{1}{2}O_2$$

$BaSO_4$ wird als weiße Malerfarbe (*Permanentweiß*) verwendet. Größere Deckkraft besitzen die *Lithopone*, Mischungen aus $BaSO_4$ und ZnS. Man erhält sie durch Umsetzung von BaS mit $ZnSO_4$ und anschließendes Glühen bei 850 °C.

$$BaS + ZnSO_4 \longrightarrow BaSO_4 + ZnS$$

Sie besitzen nahezu die Deckkraft von Bleiweiß, dunkeln aber nicht wie dieses nach, sind aber weitgehend durch TiO_2-Pigmente verdrängt worden.

$BaSO_4$ wird als Füllstoff in der Papier- und Gummiindustrie verwendet. Bei Röntgenuntersuchungen dient es als Kontrastmittel.

Bariumoxid BaO. Bariumhydroxid Ba(OH)$_2$

BaO (Smp. 1923 °C) kristallisiert in der NaCl-Struktur. Es entsteht beim Erhitzen von Ba im Sauerstoffstrom. Technisch wird es durch Zersetzung von BaCO$_3$ in Gegenwart von Kohle hergestellt.

$$BaCO_3 + C \longrightarrow BaO + 2CO$$

Mit Wasser reagiert BaO zu Bariumhydroxid.

$$BaO + H_2O \longrightarrow Ba(OH)_2$$

Die wäßrigen Ba(OH)$_2$-Lösungen (*Barytwasser*) reagieren stark alkalisch. Aus ihnen kristallisiert das Hydrat Ba(OH)$_2 \cdot 8\,H_2O$ aus.

Bariumperoxid BaO$_2$

Es wird technisch aus BaO bei 500–600 °C und 2 bar im Luftstrom hergestellt.

$$2\,BaO + O_2 \xrightleftharpoons[\;]{500\,°C} 2\,BaO_2 \qquad \Delta H° = -143\,kJ/mol$$

Bei höherer Temperatur und vermindertem Druck wird der Sauerstoff wieder abgegeben (s. S. 437).

Mit verdünnten Säuren reagiert BaO$_2$ zu H$_2$O$_2$. Es wird zum Bleichen und als Entfärbungsmittel für Bleigläser verwendet. Ein Gemisch von BaO$_2$ und Mg dient als Zündkirsche beim aluminothermischen Verfahren.

4.10 Gruppe 1 (Alkalimetalle)

	Lithium Li	Natrium Na	Kalium K	Rubidium Rb	Caesium Cs
Ordnungszahl Z	3	11	19	37	55
Elektronenkonfiguration	[He]2s^1	[Ne]3s^1	[Ar]4s^1	[Kr]5s^1	[Xe]6s^1
Ionisierungsenergie in eV	5,4	5,1	4,3	4,2	3,9
Elektronegativität	1,0	1,0	0,9	0,9	0,9
Ionenradius $r(Me^+)$ für KZ6 in pm	76	102	138	152	167
Hydratationsenthalpie von Me$^+$ in kJ/mol	−519	−406	−322	−293	−264
Reaktivität		$\longrightarrow$ nimmt zu			
Reduktionsvermögen		$\longrightarrow$ nimmt zu			
Flammenfärbungen	karminrot	gelb	violett	violett	blau

4.10.1 Gruppeneigenschaften

Die Alkalimetalle stehen in der 1. Gruppe des PSE. Sie haben die Valenzelektronen-konfiguration s^1. Das s-Elektron wird leicht unter Bildung positiver Ionen abgegeben. Daher sind Alkalimetalle die reaktivsten Metalle und gehören zu den stärksten Reduktionsmitteln. Reaktivität und Reduktionsfähigkeit nehmen mit der Ordnungszahl Z zu. In ihren Verbindungen treten sie fast ausschließlich in der Oxidationszahl $+1$ auf. Unter hohem Druck verhalten sich aber K, Rb und Cs wie Übergangsmetalle, da das s-Elektron in ein d-Niveau wechselt.

Li und Na reagieren mit Wasser unter H_2-Entwicklung zum Hydroxid, ohne daß es zur Entzündung von H_2 kommt. Dagegen reagieren K und Rb unter spontaner Entzündung des Wasserstoffs, Cs reagiert explosionsartig. Die Hydroxide sind starke Basen. Wasserstoff wird zum Hydridion reduziert.

$$Na + \tfrac{1}{2}H_2 \longrightarrow Na^+H^-$$

Die thermische Stabilität der im NaCl-Gitter kristallisierenden Hydride nimmt mit Z ab, die Reaktivität zu.

Mit Sauerstoff reagiert Li unterhalb $130\,°C$ langsam zu Li_2O. Dagegen verbrennen Na zum Peroxid Na_2O_2 und K, Rb, Cs zu Hyperoxiden MeO_2.

Die Halogenide sind stabile Ionenverbindungen, die mit Ausnahme von CsCl, CsBr und CsI (CsCl-Struktur) in der NaCl-Struktur kristallisieren.

Die Alkalimetalle geben charakteristische Flammenfärbungen.

Da der Ionenradius von NH_4^+ zwischen den Radien von K^+ und Rb^+ liegt, ähneln Ammoniumverbindungen den entsprechenden Alkalimetallverbindungen.

Lithium unterscheidet sich in einigen Eigenschaften von den anderen Alkalimetallen und ähnelt darin – hauptsächlich auf Grund des ähnlichen Ionenradius – Magnesium (Schrägbeziehung im PSE).

Beispiele für die Ähnlichkeit:

Die Löslichkeiten und Basizitäten von LiOH und $Mg(OH)_2$ sind ähnlich.

Die Phosphate, Carbonate und Fluoride von Li und Mg sind schwerlöslich.

Li_2CO_3 und $MgCO_3$ sind leicht thermisch zu zersetzen.

Mit N_2 bilden sich die Nitride Li_3N und Mg_3N_2, die zu NH_3 hydrolysieren. Alle anderen Alkalimetalle bilden keine Nitride.

LiCl und $MgCl_2$ sind im Gegensatz zu NaCl hygroskopisch.

Die Oxidation im O_2-Strom führt zu den normalen Oxiden Li_2O und MgO. Na bildet ein Peroxid, die anderen Alkalimetalle Hyperoxide.

Alle Isotope des Elements Francium sind radioaktiv, das längstlebige Isotop $^{223}_{87}Fr$ hat eine Halbwertszeit von 21,8 Minuten. In seinen Eigenschaften ist Fr ein typisches Alkalimetall mit s^1-Konfiguration und einer Ionisierungsenergie von 3,8 eV. Es schmilzt bei etwa $30\,°C$ und bildet analog den anderen schweren Alkalimetallen die schwerlöslichen Verbindungen $FrClO_4$ und Fr_2PtCl_6.

4.10.2 Vorkommen

Wegen ihrer großen Reaktivität kommen die Alkalimetalle in der Natur gebunden vor.

Wichtige **Lithium**mineralien sind: Amblygonit (Li, Na) $AlPO_4(F, OH)$; Spodumen $LiAl[Si_2O_6]$, ein Silicat mit Kettenstruktur; Lepidolith $KLi_{1,5}Al_{1,5}[AlSi_3O_{10}](OH, F)_2$, ein Glimmer; Petalit (Kastor) $Li[AlSi_4O_{10}]$, ein Tektosilicat.

Natrium und Kalium gehören zu den 10 häufigsten Elementen der Erdkruste.

Die meistverbreiteten **Natrium**mineralien sind Tektosilicate: Natronfeldspat (Albit) $Na[AlSi_3O_8]$; Kalk-Natron-Feldspate (Plagioklase), Mischkristalle zwischen Albit und Anorthit $Ca[Al_2Si_2O_8]$. In großen Lagerstätten kommen vor: Steinsalz NaCl, Soda $Na_2CO_3 \cdot 10H_2O$, Trona $Na_2CO_3 \cdot NaHCO_3 \cdot 2H_2O$, Thenardit Na_2SO_4, Kryolith $Na_3[AlF_6]$ (weitgehend abgebaut). Große Mengen NaCl sind im Meerwasser gelöst. Es enthält etwa 3 % NaCl, die zehnfache Menge der Vorkommen an festem NaCl.

Die wichtigsten **Kalium**verbindungen kommen wie NaCl in Salzlagerstätten vor: Sylvin KCl, Carnallit $KCl \cdot MgCl_2 \cdot 6H_2O$, Kainit $KCl \cdot MgSO_4 \cdot 3H_2O$. Die häufigsten Kaliummineralien sind Silicate, z.B. der Kalifeldspat $K[AlSi_3O_8]$ und der Kaliglimmer Muskovit $KAl_2[AlSi_3O_{10}](OH, F)_2$.

Rubidium und **Caesium** sind Begleiter der anderen Alkalimetalle. Lepidolith enthält ca. 1% Rb. Ein seltenes Mineral ist das Tektosilicat Pollux $Cs[AlSi_2O_6] \cdot 0,5H_2O$.

In der Natur kommen die radioaktiven Isotope ^{40}K (Isotopenhäufigkeit 10^{-2}%) und ^{87}Rb (Isotopenhäufigkeit 28%) vor. Ihr Zerfall wird zu Altersbestimmungen (vgl. S. 18) genutzt.

4.10.3 Die Elemente

	Li	Na	K	Rb	Cs
Kristallstruktur	kubisch-raumzentriert				
Schmelzpunkt in °C	181	98	64	39	28
Siedepunkt in °C	1347	881	754	688	705
Sublimationsenthalpie in kJ/mol	155	109	90	86	79
Dichte bei 20°C in g/cm³	0,53	0,97	0,86	1,53	1,90
Dissoziationsenergie von Me_2-Molekülen in kJ/mol	111	75	51	49	45
Standardpotential in V	−3,04	−2,71	−2,92	−2,92	−2,92

4.10.3.1 Physikalische und chemische Eigenschaften

Die Alkalimetalle sind weiche Metalle (sie lassen sich mit dem Messer schneiden) und *von geringer Dichte.* Li, Na, K sind leichter als Wasser, Li ist das leichteste aller festen Elemente. Li, Na, K, Rb sind silberweiß, Cs hat einen Goldton. Alle Alkalimetalle kristallisieren in der kubisch-raumzentrierten Struktur, Li und Na bei tiefen Temperaturen in der hexagonal-dichtesten Packung. Schmelzpunkte, Siedepunkte und Sublimationsenthalpien sind niedrig und nehmen mit steigender Ordnungszahl Z ab. Die Gasphase besteht überwiegend aus Atomen und einem geringen Anteil von zweiatomigen Molekülen. Die kleine, mit Z abnehmende Dissoziationsenergie der Me_2-Moleküle spiegelt die abnehmende Fähigkeit zu kovalenten Bindungen wider.

Die Standardpotentiale sind stark negativ und werden vom Na zum Cs negativer, dem entspricht eine Zunahme des elektropositiven Charakters. *Li* besitzt einen anomal hohen negativen Wert des Standardpotentials, *ist* also *am unedelsten.* Für die Größe des Standardpotentials eines Redoxpaares Me/Me^+ ist die Energiedifferenz zwischen festem Metall $Me(s)$ und den Me-Ionen in der Lösung $Me^+(aq)$ entscheidend. Dieser Übergang kann in drei Einzelreaktionen zerlegt werden.

1. $Me(s) \rightarrow Me(g)$ Dafür ist die Sublimationsenthalpie erforderlich.
2. $Me(g) \rightarrow Me^+(g) + e^-$ Es muß die Ionisierungsenergie aufgewandt werden.
3. $Me^+(g) \rightarrow Me^+(aq)$ Es wird die Hydratationsenthalpie gewonnen.

Die besonders große Hydratationsenthalpie des Li^+-Ions führt zu einer günstigen Energiebilanz des Gesamtprozesses und zu dem hohen Wert des Standardpotentials.

Wegen ihres unedlen Charakters laufen die Metalle an feuchter Luft an, es bildet sich eine Hydroxidschicht; sie werden daher unter Petroleum aufbewahrt. In mit P_4O_{10} getrocknetem Sauerstoff behält dagegen z. B. Na tagelang seinen metallischen Glanz.

4.10.3.2 Darstellung und Verwendung

Verbindungen unedler Metalle sind chemisch nur schwer zum Metall zu reduzieren. Unedle Metalle werden daher häufig durch elektrochemische Reduktion gewonnen. Durch Elektrolyse wäßriger Lösungen ist ihre Herstellung nicht möglich, da die unedlen Metalle hohe negative Standardpotentiale besitzen und sich Wasserstoff und nicht Metall abscheidet. Man elektrolysiert daher geschmolzene Salze, die die betreffenden Metalle als Kationen enthalten. Durch *Schmelzelektrolyse* werden technisch die Alkalimetalle Li und Na hergestellt, außerdem Be, Mg und in riesigen Mengen Al.

Zur elektrolytischen Gewinnung von **Natrium** kann man NaOH (Castner-Verfahren) oder NaCl (*Downs-Verfahren*) verwenden. Beim jetzt fast ausschließlich angewandten Downs-Verfahren wird die Schmelztemperatur (Smp. NaCl 808 °C) durch

Zusatz von ca. 60% $CaCl_2$ auf etwa 600 °C herabgesetzt. Bei zu hoher Elektrolyse-temperatur löst sich das enstandene Na in der Schmelze.

Kathodenreaktion: $2\,Na^+ + 2\,e^- \longrightarrow 2\,Na$

Anodenreaktion: $2\,Cl^- \longrightarrow Cl_2 + 2\,e^-$

Technische Einzelheiten sind in der Abb. 4.55 dargestellt.

Lithium wird durch Schmelzelektrolyse eines eutektischen Gemisches von LiCl und KCl bei 450 °C dargestellt. LiCl erhält man durch alkalischen Aufschluß von Spodumen. Im Labor wird Li auch durch Elektrolyse einer Lösung von LiCl in Pyridin gewonnen.

Kalium wird durch Reduktion von geschmolzenem KCl mit metallischem Na bei 850 °C hergestellt. Es entsteht eine K-Na-Legierung, aus der reines K durch Destillation gewonnen wird.

Rubidium und **Caesium** werden durch chemische Reduktion gewonnen, z. B. durch Erhitzen der Dichromate mit Zirconium im Hochvakuum.

$$Cs_2Cr_2O_7 + 2\,Zr \xrightarrow{\;500\,°C\;} 2\,Cs + 2\,ZrO_2 + Cr_2O_3$$

Man kann auch die Hydroxide mit Mg im H_2-Strom oder die Chloride mit Ca im Hochvakuum reduzieren.

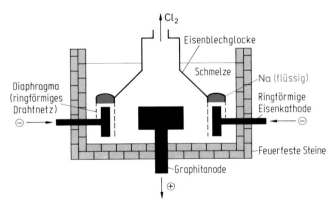

Abbildung 4.55   Downs-Zelle für die Schmelzelektrolyse von NaCl.
Die Schmelztemperatur wird durch $CaCl_2$ auf 600 °C herabgesetzt. Pro kg Natrium werden 11 kWh benötigt.

Li dient in der Metallurgie als Legierungsbestandteil zum Härten von Blei, Magnesium und Aluminium. $^6Li\,^2H$ wird als Kernsprengstoff verwendet (vgl. S. 24).

Na ist Ausgangsstoff zur Herstellung von Na_2O_2, $NaNH_2$, NaH, $NaCN$. Na-Pb-Legierungen dienen zur Herstellung des Antiklopfmittels Tetraethylblei $Pb(C_2H_5)_4$. In der Beleuchtungstechnik verwendet man Na für Natriumdampfentladungslampen, in Schnellbrutreaktoren dient flüssiges Natrium als Kühlmittel. Im Labor ist es ein wichtiges Reduktionsmittel und wird zur Trocknung organischer Lösungsmittel (Ether, Benzol) verwendet.

Die Alkalimetalle spalten bei Bestrahlung mit UV-Strahlung Elektronen ab (photoelektrischer Effekt). Am geeignetsten ist Cs, es wird daher für Photozellen benutzt.

^{137}Cs wird in der Medizin als Strahlenquelle verwendet. Es ist ein β-Strahler mit einer Halbwertszeit von 30 Jahren.

4.10.4 Verbindungen der Alkalimetalle

4.10.4.1 Hydride

Alkalimetalle reagieren mit Wasserstoff zu stöchiometrischen, thermodynamisch stabilen Hydriden. Sie kristallisieren in der NaCl-Struktur, die Gitterpunkte werden von Alkalimetallkationen und H$^-$-Ionen besetzt. Die berechneten Gitterenergien (Abb. 4.59) liegen zwischen denen der Alkalimetallfluoride und Alkalimetallchloride. Die Bildungsenthalpien ΔH_B° (Abb. 4.59) sind kleiner als die der Alkalimetallhalogenide, da bei den Halogenen die Reaktion $\frac{1}{2}X_2 + e^- \rightarrow X^-$ exotherm ist, während beim Wasserstoff die Reaktion $\frac{1}{2}H_2 + e^- \rightarrow H^-$ endotherm ist (vgl. S. 384). Die kovalenten Bindungsanteile nehmen in Richtung LiH zu. Die thermische Stabilität nimmt vom LiH zum CsH ab. RbH z. B. ist sehr reaktiv, entzündet sich an der Luft und verbrennt zu RbO$_2$ und H$_2$O.

Lithiumhydrid LiH ist das stabilste Alkalimetallhydrid (Smp. 686 °C). Es kann aus den Elementen bei 600 °C dargestellt werden.

$$Li + 0,5 H_2 \longrightarrow LiH \quad \Delta H_B^\circ = -91 \text{ kJ/mol}$$

Die Schmelze leitet den elektrischen Strom, bei der elektrolytischen Zersetzung entwickelt sich an der Anode Wasserstoff. Mit Wasser entwickelt LiH Wasserstoff, pro kg 2,8 m^3 H$_2$.

$$\overset{-1}{\text{Li}}\text{H} + \overset{+1}{\text{H}}\text{OH} \longrightarrow LiOH + \overset{0}{\text{H}}_2$$

In etherischen Lösungen reagiert LiH mit vielen Halogeniden zu Doppelhydriden.

$$4 LiH + AlCl_3 \longrightarrow LiAlH_4 + 3 LiCl$$

Lithiumhydridoaluminat ist ein wichtiges selektives Reduktionsmittel.

Natriumhydrid NaH entsteht bei 300 °C aus den Elementen.

$$Na + 0,5 H_2 \longrightarrow NaH \quad \Delta H_B^\circ = -57 \text{ kJ/mol}$$

Mit Wasser reagiert NaH stärker als Na, so daß es zur Beseitigung letzter Wasserspuren geeignet ist. NaH wird als Reduktionsmittel verwendet.

Beispiele:

$$2\,BF_3 + 6\,NaH \xrightarrow{\;200\,°C\;} B_2H_6 + 6\,NaF$$

$$BF_3 + 4\,NaH \xrightarrow{\;Ether/125\,°C\;} NaBH_4 + 3\,NaF$$

$$AlBr_3 + 4\,NaH \xrightarrow{\;(CH_3)_2O\;} NaAlH_4 + 3\,NaBr$$

$$TiCl_4 + 4\,NaH \xrightarrow{\;400\,°C\;} Ti + 4\,NaCl + 2\,H_2$$

4.10.4.2 Sauerstoffverbindungen

Alle Alkalimetalle bilden Oxide $Me_2\overset{-2}{O}$, Peroxide $Me_2\overset{-1}{O}_2$ und Hyperoxide $Me\overset{-1/2}{O}_2$ mit den Anionen O^{2-}, O_2^{2-} und O_2^- (vgl. S. 438).

Es gibt außerdem Sauerstoffverbindungen des Typs $Me_4\overset{-2/3}{O}_6$, Ozonide $Me\overset{-1/3}{O}_3$ und Suboxide mit Oxidationszahlen des Alkalimetalls < 1. Erhitzt man Alkalimetalle an der Luft, entsteht aus Li das Oxid Li_2O, aus Na das Peroxid Na_2O_2, während die schwereren Alkalimetalle die Hyperoxide KO_2, RbO_2, CsO_2 bilden.

Oxide Me_2O. Die Oxide Me_2O mit Me = Li, Na, K, Rb kristallisieren in der Anti-fluorit-Struktur (vgl. Abb. 2.10), Cs_2O in der Anti-CdCl$_2$-Struktur (vgl. S. 134). Li_2O und Na_2O sind weiß, K_2O ist gelblich, Rb_2O gelb und Cs_2O orange. Die Verbindungen sind thermisch ziemlich stabil und zersetzen sich erst oberhalb 500 °C.

Li_2O (Smp. 1570 °C) entsteht auch bei der thermischen Zersetzung von LiOH, Li_2CO_3 und $LiNO_3$. Es wird in der Glasindustrie als Flußmittel verwendet.

Na_2O (Smp. 920 °C) ist hygroskopisch, man erhält es aus Natriumperoxid mit Natrium.

$$Na_2O_2 + 2\,Na \longrightarrow 2\,Na_2O$$

In sehr reiner Form entsteht es nach der Reaktion

$$NaNO_3 + 5\,NaN_3 \longrightarrow 3\,Na_2O + 8\,N_2$$

Peroxide Me_2O_2. Na_2O_2 (vgl. S. 436) entsteht durch Verbrennung von Na im Sauerstoffstrom.

$$2\,Na + O_2 \longrightarrow Na_2O_2 \quad \Delta H° = -505\ kJ/mol$$

Es ist bis 500 °C thermisch stabil und ein kräftiges Oxidationsmittel, das technisch zum Bleichen (Papier, Textilrohstoffe) verwendet wird. Mit oxidierbaren Substanzen reagiert es oft explosionsartig. Wäßrige Lösungen reagieren alkalisch, da O_2^{2-} eine Anionenbase ist.

$$O_2^{2-} + 2\,H_2O \longrightarrow 2\,OH^- + H_2O_2$$

Li_2O_2 wird industriell aus $LiOH \cdot H_2O$ mit H_2O_2 hergestellt.

$$\mathrm{LiOH \cdot H_2O + H_2O_2 \longrightarrow LiOOH \cdot H_2O + H_2O}$$

$$2\,\mathrm{LiOOH \cdot H_2O} \xrightarrow{\text{Erhitzen}} \mathrm{Li_2O_2 + H_2O_2 + 2\,H_2O}$$

$\mathrm{Li_2O_2}$ zersetzt sich oberhalb 195 °C in $\mathrm{Li_2O}$.

$\mathrm{K_2O_2}$, $\mathrm{Rb_2O_2}$, $\mathrm{Cs_2O_2}$ werden durch Oxidation der Metalle in flüssigem $\mathrm{NH_3}$ bei −60 °C dargestellt.

Peroxide reagieren mit Säure bzw. H_2O unter Bildung von H_2O_2.

$$\mathrm{Me_2O_2 + H_2SO_4 \longrightarrow Me_2SO_4 + H_2O_2}$$

Mit CO_2 wird O_2 freigesetzt.

$$\mathrm{Na_2O_2 + CO_2 \longrightarrow Na_2CO_3 + \tfrac{1}{2}O_2}$$

$\mathrm{Na_2O_2}$ findet daher Verwendung in der Unterwassertechnik und Feuerwehrtechnik, das leichtere $\mathrm{Li_2O_2}$ in der Raumfahrttechnik.

Hyperoxide MeO_2. Bei der Oxidation mit Luftsauerstoff reagieren K, Rb, Cs zu Hyperoxiden.

$$\mathrm{K + O_2 \longrightarrow KO_2} \quad \Delta H° = -285\ \mathrm{kJ/mol}$$

Hyperoxide sind nur mit den großen Alkalimetallkationen stabil. $\mathrm{LiO_2}$ wurde bei 15 K mit der Matrixtechnik isoliert. Es zersetzt sich bereits bei −33 °C in $\mathrm{Li_2O_2}$.

$\mathrm{NaO_2}$ erhält man durch Oxidation bei hohen Drücken.

$$\mathrm{Na + O_2} \xrightarrow[\text{450 °C}]{\text{150 bar}} \mathrm{NaO_2}$$

Oberhalb 67 °C zersetzt es sich in $\mathrm{Na_2O_2}$.

$\mathrm{KO_2}$, orange (Smp. 380 °C), $\mathrm{RbO_2}$, dunkelbraun (Smp. 412 °C), $\mathrm{CsO_2}$, orange (Smp. 432 °C) kristallisieren in der tetragonalen $\mathrm{CaC_2}$-Struktur (Abb. 4.56).

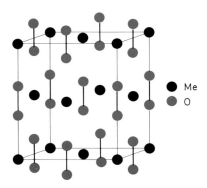

Me
O

Abbildung 4.56   Struktur der Hyperoxide MeO_2(Me = K,Rb,Cs).
Die Struktur läßt sich von der des NaCl ableiten. Die $\mathrm{Na^+}$-Positionen sind von $\mathrm{Me^+}$-Ionen besetzt, die $\mathrm{Cl^-}$-Plätze von $\mathrm{O_2^-}$-Ionen. Da die $\mathrm{O_2^-}$-Hanteln parallel zur z-Achse liegen, entsteht tetragonale Symmetrie.

Durch kontrollierte thermische Zersetzung von KO_2, RbO_2, CsO_2 erhält man Sauerstoffverbindungen des Typs **Me_4O_6**. Es sind Doppeloxide mit den Ionen O_2^{2-} und O_2^-: $(Me^+)_4(O_2^{2-})(O_2^-)_2$. Phasenrein entsteht Rb_4O_6 durch Festkörperreaktion aus Rb_2O_2 und RbO_2 bei $200\,°C$.

Ozonide MeO_3. Die Ozonide MeO_3 mit Me = Na, K, Rb, Cs, die das paramagnetische Ion O_3^- enthalten, können bei niedriger Temperatur durch Einwirkung von Ozon auf MeOH dargestellt werden.

$$3\,MeOH(s) + 2\,O_3 \longrightarrow 2\,MeO_3(s) + MeOH \cdot H_2O(s) + \tfrac{1}{2}O_2$$

Suboxide. Von Cs sind 9 Verbindungen mit Sauerstoff bekannt. Außer den schon besprochenen existieren noch folgende Suboxide:

Cs_7O	Cs_4O	$Cs_{11}O_3$	$Cs_{3+x}O$
bronzefarben, Smp. $4\,°C$	rotviolett, schmilzt inkongruent bei $10\,°C$	violett, schmilzt inkongruent bei $52\,°C$	nicht stöchiometrisch, obere Zusammensetzung Cs_4O; Zers. $166\,°C$

Von Rb sind zwei Suboxide bekannt:

$$2\,Rb_6O \xrightarrow{-7\,°C} Rb_9O_2 + 3\,Rb$$

kupferfarben, schmilzt inkongruent bei $40\,°C$

Das Suboxid $Cs_{11}O_3$ ist aus $Cs_{11}O_3$-Clustern (Abb. 4.57) aufgebaut, in denen drei OCs_6-Oktaeder über gemeinsame Flächen verknüpft sind. Die Bindung innerhalb der Cluster ist ionogen. Unter der Annahme der Oxidationszahl $+1$ für Cs und -2 für O sind die Cluster fünffach positiv geladen, sie werden durch die überschüssigen Elektronen metallisch aneinander gebunden: $(Cs_{11}O_3)^{5+}5e^-$. Die Sauerstoff-Metall-Abstände sind etwas kleiner als die Summe der Ionenradien, die Metallabstände zwischen den Clustern entsprechen denen im reinen Metall, die Metallabstände innerhalb der Cluster sind viel kleiner.

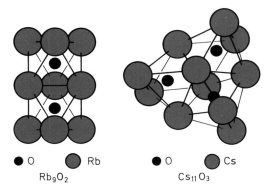

$●$ O $\bigcirc$ Rb $\qquad$ $●$ O $\bigcirc$ Cs
Rb_9O_2 $\qquad\qquad$ $Cs_{11}O_3$

Abbildung 4.57 Struktur der Cluster Rb_9O_2 und $Cs_{11}O_3$.
Die Cluster sind aus flächenverknüpften OMe_6-Oktaedern aufgebaut. Alle Suboxide von Rb und Cs enthalten Rb_9O_2- bzw. $Cs_{11}O_3$-Cluster als Baugruppen.

Die Cluster bilden mit Cs quasi intermetallische Phasen. Cs_4O ist aus $Cs_{11}O_3$-Clustern und Cs im Verhältnis 1:1 aufgebaut, Cs_7O im Verhältnis 1:10.

Die Rb-Suboxide sind aus Rb_9O_2-Clustern aufgebaut, in denen zwei Oktaeder über gemeinsame Flächen verknüpft sind.

4.10.4.3 Hydroxide

Die Alkalimetallhydroxide sind von allen Hydroxiden die stärksten Basen. Sie reagieren mit Säuren zu Salzen, mit CO_2 und H_2S zu Carbonaten bzw. Sulfiden. Ihre großtechnische Herstellung durch Elektrolyse von Chloridlösungen (*Chloralkalielektrolyse*) wurde bereits im Abschn. 3.8.10 besprochen. LiOH wird auch durch Umsetzung von Li_2CO_3 mit $Ca(OH)_2$ hergestellt.

$$Li_2CO_3 + Ca(OH)_2 \longrightarrow 2\,LiOH + CaCO_3$$

In analoger Reaktion wurde früher Natronlauge durch Kaustifizierung (kaustifizieren = ätzend machen) von Soda hergestellt.

$$Na_2CO_3 + Ca(OH)_2 \longrightarrow 2\,NaOH + CaCO_3$$

Aus wäßrigen Lösungen von LiOH erhält man das Monohydrat **LiOH · H_2O**, das zur Herstellung von Schmierfetten dient. Von den anderen Alkalimetallhydroxiden gibt es zahlreiche **Hydrate**, z.B. NaOH · nH_2O mit $n = 1$–7. Bei den wasserfreien Hydroxiden nehmen die Schmelzpunkte von 471 °C für LiOH auf 272 °C für CsOH ab.

NaOH (Ätznatron) ist eine weiße, hygroskopische, kristalline Substanz (Smp. 318 °C). Die Industrie benötigt große Mengen NaOH zum Aufschluß von Bauxit (S. 559), zur Herstellung von NaOCl (S. 413) sowie bei der Fabrikation von Papier, Zellstoff und Kunstseide. Weltproduktion 2001 ca. $46 \cdot 10^6$ t.

KOH (Ätzkali) (Smp. 360 °C) ist eine weiße, sehr hygroskopische Substanz; sie wird daher als Trocknungsmittel und Absorptionsmittel für CO_2 verwendet. Technisch ist KOH wichtig für die Herstellung von Schmierseifen und wasserenthärtenden Kaliumphosphaten für flüssige Waschmittel (die Kaliumpolyphosphate sind besser löslich als die entsprechenden Natriumsalze).

4.10.4.4 Halogenide

Die Alkalimetallhalogenide sind farblose, hochschmelzende, kristalline Feststoffe. CsCl, CsBr, CsI kristallisieren in der CsCl-Struktur, alle anderen in der NaCl-Struktur. Der Gang der Schmelzpunkte ist in der Abb. 4.58 dargestellt, Gitterenergien und Bildungsenthalpien in der Abb. 4.59.

Die Alkalimetallhalogenide können durch Reaktion von Alkalimetallhydroxiden MeOH oder Alkalimetallcarbonaten Me_2CO_3 mit Hydrogenhalogeniden HX herge-

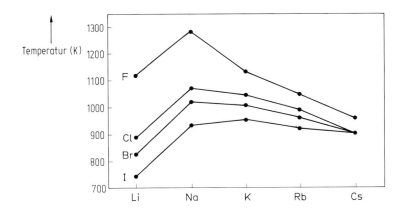

Abbildung 4.58   Schmelzpunkte der Alkalimetallhalogenide.
Die Schmelzpunkte zeigen folgenden Gang: F > Cl > Br > I. In jeder Serie hat NaX ein Maximum (Ausnahme KI).

stellt werden. Von NaCl und KCl gibt es reichhaltige natürliche Vorkommen. Die Reinigung kann durch Umkristallisieren erfolgen.

LiF (Smp. 848 °C) ist im Gegensatz zu den anderen Lithiumhalogeniden schwerlöslich. Wegen der hohen IR-Durchlässigkeit werden LiF-Einkristalle als Prismenmaterial für IR-Geräte verwendet.

LiCl (Smp. 613 °C) kristallisiert bei Normaltemperatur als Hydrat, oberhalb 98 °C wasserfrei. Die starke Solvatisierung des Li-Ions bewirkt die gute Löslichkeit von LiCl, LiBr und LiI in Ethanol, was zur Trennung von anderen Alkalimetallhalogeniden genutzt wird.

NaCl (Smp. 808 °C) *ist die industriell wichtigste Natriumverbindung* und ist Ausgangsprodukt für die Herstellung von Na_2CO_3, NaOH, Cl_2, HCl und Wasserglas. Es wird überwiegend durch Abbau von Steinsalzlagern gewonnen, aber auch in großen Mengen durch Eindunsten von Meerwasser (Weltförderung 2000 190 · 10^6 t. NaCl ist nicht hygroskopisch, das Feuchtwerden von Speisesalz wird durch Verunreinigung mit $MgCl_2$ verursacht (vgl. S. 599). Die Löslichkeit von NaCl ist nur wenig temperaturabhängig (bei 0 °C lösen sich 35,6, bei 100 °C 39,1 g NaCl in 100 g Wasser). Eis-Kochsalz-Mischungen können als *Kältemischungen* verwendet werden. (Ein Gemisch Eis : Kochsalz im Verhältnis 3,5 : 1 schmilzt bei − 21 °C.)

KCl (Smp. 772 °C) *ist das wichtigste Kalirohsalz* und Ausgangsprodukt für die Herstellung von Kaliumverbindungen, z.B. KOH und K_2CO_3. Die wichtigsten Kalisalze, aus denen KCl durch Aufarbeitung gewonnen wird, sind: Carnallit $KMgCl_3 · 6H_2O$; Hartsalz, ein Gemenge aus Steinsalz NaCl, Sylvin KCl und Kieserit $MgSO_4 · H_2O$; Sylvinit, ein Gemisch aus Steinsalz und Sylvin.

CsI wird als Prismenmaterial für IR-Spektrometer verwendet.

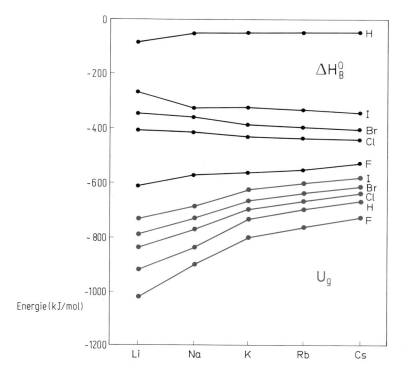

Abbildung 4.59 Standardbildungsenthalpien ΔH_B° und Gitterenergien U_g von Alkalimetall-halogeniden und Alkalimetallhydriden.

Die Absolutwerte der Gitterenergien und der Standardbildungsenthalpien der Halogenide zeigen folgenden Gang: F > Cl > Br > I.

Bei jedem Halogen und auch bei H gilt für die Gitterenergie: Li > Na > K > Rb > Cs. Der gleiche Gang ist für die Bildungsenthalpien nur bei den Fluoriden und Hydriden vorhanden. Die geringe Zunahme der ΔH_B°-Werte von Li zum Cs bei den Chloriden, Bromiden, Iodiden spiegelt die geringere Sublimationsenthalpie und Ionisierungsenergie der schweren Alkalimetalle wider, die nur bei den Fluoriden und Hydriden durch den Gang der Gitterenergie überkompensiert wird.

4.10.4.5 Salze von Oxosäuren

Natriumcarbonat Na_2CO_3

Na_2CO_3 gehört zu den wichtigsten Produkten der chemischen Industrie und wird in der Glasindustrie (ca. 50%), zur Herstellung von Wasserglas, Waschmitteln und Natriumsalzen gebraucht. 1994 betrug die Weltproduktion $32 \cdot 10^6$ t, davon waren etwa 70% synthetische Soda. Auf Grund der riesigen Naturvorkommen in den USA wächst der Anteil an Natursoda.

Wasserfreie Soda (*calcinierte Soda*) ist ein weißes Pulver (Smp. 851 °C), das sich unter Erwärmung und alkalischer Reaktion in Wasser löst.

$$CO_3^{2-} + H_2O \longrightarrow HCO_3^- + OH^-$$

Aus wäßrigen Lösungen kristallisiert unterhalb 32 °C das Decahydrat $Na_2CO_3 \cdot 10\,H_2O$ (*Kristallsoda*) aus. Im Kristall liegen neben den CO_3^{2-}-Ionen $[Na_2(H_2O)_{10}]^{2+}$-Ionen vor, in denen jedes Na^+ oktaedrisch von H_2O umgeben ist, so daß eine gemeinsame Oktaederkante vorhanden ist. Bei 32 °C schmilzt Kristallsoda im eigenen Kirstallwasser (siehe S. 618). Oberhalb 32 °C entsteht ein Heptahydrat, dann ein Monohydrat und oberhalb 107 °C die wasserfreie Verbindung.

Soda wird überwiegend nach dem Ammoniak-Soda-Verfahren (*Solvay-Prozeß*) hergestellt, bei dem die relative Schwerlöslichkeit von $NaHCO_3$ ausgenutzt wird. Aus einer NaCl-Lösung, in die CO_2 und NH_3 eingeleitet wird, fällt $NaHCO_3$ aus.

$$2\,NaCl + 2\,H_2O + 2\,NH_3 + 2\,CO_2 \longrightarrow 2\,NaHCO_3 + 2\,NH_4Cl$$

$NaHCO_3$ wird thermisch zersetzt, das entstehende CO_2 wird wieder in den Prozeß zurückgeführt.

$$2\,NaHCO_3 \longrightarrow Na_2CO_3 + H_2O + CO_2$$

Die andere Hälfte des CO_2 wird durch Brennen von Kalkstein gewonnen (vgl. S. 601).

$$CaCO_3 \longrightarrow CaO + CO_2$$

Das CaO wird zur Rückgewinnung von NH_3 verwendet.

$$2\,NH_4Cl + CaO \longrightarrow CaCl_2 + 2\,NH_3 + H_2O$$

Die resultierende Bruttogleichung ist

$$2\,NaCl + CaCO_3 \longrightarrow Na_2CO_3 + CaCl_2$$

und nur $CaCl_2$ entsteht als Abfallprodukt.

Kaliumcarbonat K_2CO_3

K_2CO_3 (Pottasche) ist eine weiße, hygroskopische Substanz (Smp. 894 °C), die in der Seifenindustrie und zur Fabrikation von Kaligläsern verwendet wird.

K_2CO_3 kann nicht analog dem Solvay-Prozeß hergestellt werden, da $KHCO_3$ – im Gegensatz zu $NaHCO_3$ – gut löslich ist. Die Darstellung erfolgt durch Carbonisierung von Kalilauge

$$2\,KOH + CO_2 \longrightarrow K_2CO_3 + H_2O$$

oder mit dem Formiat-Pottasche-Verfahren. In eine wäßrige Lösung von Kaliumsulfat und Ätzkalk wird CO eingeleitet.

$$K_2SO_4 + Ca(OH)_2 + 2\,CO \xrightarrow[\text{30 bar}]{\text{230 °C}} CaSO_4 + 2\,HCOOK$$

Das abgetrennte Formiat wird zusammen mit KOH unter Luftzufuhr calciniert.

$$2\,HCOOK + 2\,KOH + O_2 \longrightarrow 2\,K_2CO_3 + 2\,H_2O$$

Natriumsulfat Na$_2$SO$_4$

Na$_2$SO$_4$ erhält man durch Umsetzung von Steinsalz mit Kieserit

$$2\,NaCl + MgSO_4 \longrightarrow Na_2SO_4 + MgCl_2$$

oder als Nebenprodukt bei der Salzsäureherstellung (vgl. S. 409).

$$2\,NaCl + H_2SO_4 \longrightarrow Na_2SO_4 + 2\,HCl$$

Beim Abkühlen kristallisiert aus Na$_2$SO$_4$-Lösungen unterhalb 32 °C das Decahydrat Na$_2$SO$_4 \cdot 10\,H_2O$ (Glaubersalz) aus, darüber wasserfreies Natriumsulfat (Smp. 884 °C). Na$_2$SO$_4$ wird in der Glas-, Textil- und Papierindustrie verwendet. Na$_2$SO$_4$ ist im Karlsbader Salz enthalten. Bei Raumtemperatur verwittert Na$_2$SO$_4 \cdot 10\,H_2O$, bei 32 °C schmilzt es im eigenen Kristallwasser.

Ist bei Raumtemperatur der Wasserdampfdruck eines Salzes größer als der Wasserdampf-Partialdruck in der Luft, gibt das Salz Kristallwasser ab, es verwittert. Aus Na$_2$SO$_4 \cdot 10\,H_2O$ entsteht durch Verwitterung Na$_2$SO$_4$.

Wenn der Wasserdampf-Partialdruck eines wasserhaltigen Salzes den H$_2$O-Partialdruck der gesättigten Lösung dieses Salzes erreicht, dann schmilzt es im eigenen Kristallwasser. Bei 32 °C erreicht der H$_2$O-Partialdruck von Na$_2$SO$_4 \cdot 10\,H_2O$ den H$_2$O-Partialdruck einer gesättigten Na$_2$SO$_4$-Lösung, oberhalb 32 °C schmilzt deshalb Na$_2$SO$_4 \cdot 10\,H_2O$ (Glaubersalz) im eigenen Kristallwasser unter Abscheidung von Na$_2$SO$_4$.

Natriumnitrat NaNO$_3$

Naturvorkommen existieren hauptsächlich in Chile (Chilesalpeter). Die technische Darstellung erfolgt durch Umsetzung von Soda mit Salpetersäure.

$$Na_2CO_3 + 2\,HNO_3 \longrightarrow 2\,NaNO_3 + H_2O + CO_2$$

NaNO$_3$ (Smp. 308 °C) ist isotyp mit Calcit (Abb. 2.20). Es wird hauptsächlich als *Düngemittel* und zur Herstellung von KNO$_3$ verwendet.

Kaliumnitrat KNO$_3$

KNO$_3$ (Kalisalpeter) wird entweder aus K$_2$CO$_3$ mit HNO$_3$ hergestellt

$$2\,HNO_3 + K_2CO_3 \longrightarrow 2\,KNO_3 + H_2O + CO_2$$

oder durch „Konversion" von NaNO$_3$ mit KCl.

$$NaNO_3 + KCl \rightleftharpoons KNO_3 + NaCl$$

In heißen Lösungen ist NaCl am schwersten löslich und kristallisiert zuerst aus, beim Abkühlen fällt dann reines KNO_3 aus (Abb. 4.60). KNO_3 (Smp. 339 °C) ist im Gegensatz zu $NaNO_3$ nicht hygroskopisch und wird in der *Pyrotechnik* verwendet. Oberhalb des Schmelzpunktes geht es unter Sauerstoffabgabe in Nitrit über. Es ist Bestandteil des Schwarzpulvers (vgl. S. 480) und ein wichtiges *Düngemittel*.

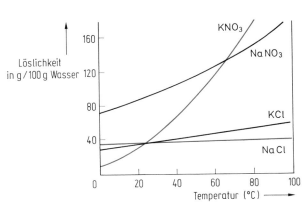

Abbildung 4.60   Löslichkeit der Salze des Gleichgewichts $NaNO_3 + KCl \rightleftharpoons KNO_3 + NaCl$ in Abhängigkeit von der Temperatur.

Perchlorate. Hexachloroplatinate

Schwerlöslich und zum analytischen Nachweis geeignet sind die Perchlorate $MeClO_4$ und die Hexachloroplatinate Me_2PtCl_6 (Me = K, Rb, Cs).

Kaliumhaltige Düngemittel

Die wichtigsten Kalisalze, die als Düngemittel (Weltproduktion 2000 $26 \cdot 10^6$ t, berechnet als K_2O) Verwendung finden, sind: KNO_3, KCl, Carnallit $KMgCl_3 \cdot 6H_2O$, Kainit $KMgCl(SO_4) \cdot 3H_2O$, K_2SO_4, Schönit $K_2Mg(SO_4)_2 \cdot 6H_2O$. Viele Pflanzen (z. B. Kartoffeln) sind allerdings gegen Chloride empfindlich.

Kaliumhaltige Mischdünger sind „Kaliammonsalpeter" (KNO_3 und NH_4Cl) sowie „Nitrophoska" und „Hakaphos" (siehe Phosphate S. 494).

4.11 Umweltprobleme

Seit Beginn der Industrialisierung hat die Weltbevölkerung exponentiell zugenommen (Abb. 4.61 a). Seit 1960 hat sich die Weltbevölkerung verdoppelt, dies entspricht einer Wachstumsrate von 1,7 %. Auch die globale Industrieproduktion nahm exponentiell zu (Abb. 4.61 b). Von 1970–90 betrug die Wachstumsrate durchschnittlich 3,3 %, die Verdoppelungszeit also 21 Jahre; die Produktion pro Kopf nahm jährlich um 1,5 % zu. Wie Bevölkerungswachstum und Industrieproduktion war auch das Tempo technologischer Entwicklungen exponentiell. In vielen Bereichen der Forschung und Wissenschaft sind in den letzten Jahrzehnten größere Fortschritte erzielt worden als in der bisherigen gesamten Geschichte der Wissenschaft. Parallel dazu

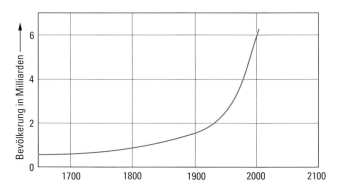

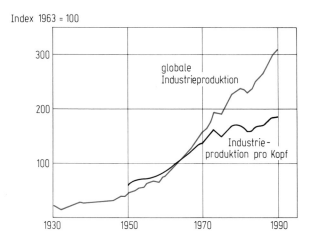

Abbildung 4.61   a) Wachstum der Weltbevölkerung. 2003 betrug sie 6,3 Milliarden. Trotz Verringerung der Wachstumsrate Prognose für 2050 9 Milliarden.
b) Globale Industrieproduktion —, Industrieproduktion pro Kopf —. Das Bruttosozialprodukt zeigt weltweit drastische Unterschiede. 2001 betrug es pro Kopf in Luxemburg 39 840 Dollar (höchster Wert), in Deutschland 23 560, in Äthiopien 100 Dollar (niedrigster Wert).

wuchs aber auch die Belastung der Umwelt mit Schadstoffen und die Erschöpfung wichtiger Rohstoffe droht. In einigen Bereichen sind die Grenzen der Belastbarkeit der Erde nahezu erreicht oder schon überschritten. Die Menschheit ist dadurch von Problemen einer Größenordnung herausgefordert, die völlig neu in ihrer Geschichte sind und zu deren Lösung die traditionellen Strukturen und Institutionen nicht mehr ausreichen. Sie können nur international gelöst werden.

Ein Beispiel mit globalem Charakter ist das Ozonproblem. Es zeigte sich, daß es möglich war, rasch und wirkungsvoll eine internationale Übereinkunft durchzusetzen, sobald erkannt wurde, daß dies unerläßlich sei. Aber dazu war die weltweite Zusammenarbeit von Wissenschaftlern, Technikern, Politikern und Organisationen erforderlich.

Beim Treibhauseffekt, der das bedrohlichste und am schwierigsten zu lösende Umweltproblem ist, stehen wir noch am Anfang.

Kenntnis und Erkenntnis des Ausmaßes der Umweltprobleme und der daraus resultierenden Bedrohung der Menschheit selbst sind Voraussetzungen zum notwendigen raschen Handeln. Dazu soll dieser Abschnitt etwas beitragen.

In zwei Abschnitten werden wesentliche globale Umweltprobleme und einige regionale Umweltprobleme behandelt. Sie nehmen Bezug auf chemische Verbindungen, die im 4. Kapitel besprochen wurden und beschränken sich auf diese. Umfassende Darstellungen und wichtige Quellen dieses Abschnitts sind:
A. Heintz, G. Reinhardt, Chemie und Umwelt 4. Aufl., Vieweg Verlagsgesellschaft mbH, Braunschweig 1996.
Donella und Dennis Meadows, Die neuen Grenzen des Wachstums, Deutsche Verlags-Anstalt GmbH, Stuttgart 1992.
Daten zur Umwelt Ausgabe 2000, Umweltbundesamt, Erich Schmidt Verlag GmbH & Co., Berlin 20001.
Umweltdaten Deutschland 2002, Umweltbundesamt.
Emissionsdaten, Umweltbundesamt Januar 2004.
Internet www.ippc.ch.Summary for Policymakers 2001.
Der Fischer Weltalmanach 2004, S. Fischer Verlag GmbH, Frankfurt am Main 2003.

4.11.1 Globale Umweltprobleme

4.11.1.1 Die Ozonschicht

In der Stratosphäre existiert neben den Luftbestandteilen Stickstoff N_2 und Sauerstoff O_2 auch die Sauerstoffmodifikation Ozon O_3 (vgl. Abschn. 4.5.3.1). *Die sogenannte Ozonschicht hat ein Konzentrationsmaximum in ca. 25 km Höhe* (Abb. 4.62). Die Gesamtmenge atmosphärischen Ozons ist klein. Würde es *bei Standardbedingungen* die Erdoberfläche bedecken, dann *wäre die Ozonschicht nur etwa 3,5 mm dick*.

Die Existenz der Ozonschicht und ihr merkwürdiges Konzentrationsprofil wurde bereits 1930 erklärt. *Durch harte UV-Strahlung der Sonne ($\lambda < 240$ nm) wird molekularer Sauerstoff in Atome gespalten. Die O-Atome reagieren mit O_2-Molekülen zu Ozon.*

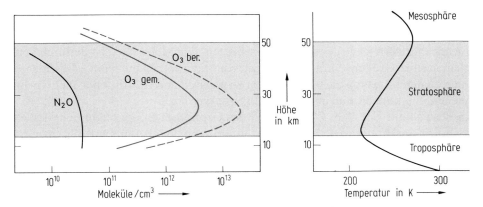

Abb. 4.62 Spurengaskonzenration in der Stratosphäre.

In der Stratosphäre existiert eine Ozonschicht mit einer maximalen Konzentration von 10 ppm, also einem Partialdruck der hunderttausendmal kleiner ist als der Gesamtdruck. (Als Faust-regel gilt, daß der Druck in der Höhe alle 5,5 km auf die Hälfte fällt.) Die Konzentration anderer Spurengase (N_2O, CH_4 und CH_3Cl) ist noch wesentlich kleiner, sie sind aber am Abbau von Ozon beteiligt.

(ppm bedeutet part per million, 1 ppm = 1 Teil auf 10^6 Teile)

$$O_2 \xrightarrow{h\nu} 2O$$

$$O + O_2 \longrightarrow O_3$$

Ozon wird durch UV-Strahlung ($\lambda < 310$ nm) oder durch Sauerstoffatome wieder zer-stört.

$$O_3 \xrightarrow{h\nu} O_2 + O$$

$$O_3 + O \longrightarrow 2O_2$$

Bildung und Abbau führen zu einem Gleichgewicht. Die Bildungsgeschwindigkeit von O_3 erhöht sich mit wachsender O_2-Konzentration und mit zunehmender Intensität der UV-Strahlung. Mit abnehmender Höhe führt die zunehmende O_2-Konzentration daher zunächst zu einer Erhöhung der Bildungsgeschwindigkeit, dann jedoch wird die harte UV-Strahlung immer stärker geschwächt und die Bildungsgeschwindigkeit nimmt ab, die O_3-Konzentration muß ein Maximum durchlaufen.

Die gemessene Ozonkonzentration ist aber etwa eine Größenordnung kleiner als die nach obigem Mechanismus berechnete (Abb. 4.62). Ursache dafür sind *natürlich entstandene Spurengase* wie CH_4, H_2O, N_2O, CH_3Cl, die zum Ozonabbau beitra-gen. Als Beispiel wird die Wirkung von N_2O behandelt. Durch UV-Strahlung ($\lambda < 320$ nm) wird N_2O gespalten, die entstandenen O-Atome reagieren mit N_2O zu NO-Radikalen.

$$N_2O \xrightarrow{h\nu} N_2 + O$$

$$N_2O + O \longrightarrow 2NO$$

Tabelle 4.21   Eigenschaften einiger Fluorchlorkohlenwasserstoffe (FCKW)

Formel	Name	Siedepunkt °C	Verwendung	Verweilzeit in der Atmosphäre Jahre	Weltproduktion 1985 t
CCl_3F	FCKW 11	$+24$	T, PUS, PSS, R	65–75	300 000
CCl_2F_2	FCKW 12	-30	T, K, PSS	100–140	440 000
$CClF_2-CCl_2F$	FCKW 113	$+48$	R	100–135	140 000

T = Treibgas,   PUS Polyurethanschaumherstellung,   PSS Polystyrolschaumherstellung,
R = Reinigungs- und Lösemittel,   K = Kältemittel in Kühlaggregaten.

FCKW sind gasförmige oder flüssige Stoffe. Sie sind chemisch stabil, unbrennbar, wärmedämmend und ungiftig. Auf Grund dieser Eigenschaften werden sie vielfach verwendet und sind nicht leicht zu ersetzen.

Die NO-Radikale zerstören in einem katalytischen Reaktionszyklus Ozonmoleküle.

$$\left.\begin{array}{l} NO + O_3 \rightarrow NO_2 + O_2 \\ NO_2 + O \rightarrow NO + O_2 \end{array}\right\} \text{Reaktionskette}$$

Reaktionsbilanz $O_3 + O \rightarrow 2O_2$

Nicht nur natürlich entstandenes N_2O, sondern auch N_2O anthropogenen Ursprungs (Hauptquelle Stickstoffdüngung) gelangt in die Atmosphäre.

Zum ersten Mal wurde 1974 vor einer möglichen Gefährdung der Ozonschicht durch FCKW gewarnt. Es ist jetzt sicher, *anthropogene Spurengase, vor allem Fluorchlorkohlenwasserstoffe (FCKW), aber auch N_2O verursachen den beobachteten Abbau der Ozonschicht* (ihre Mitwirkung am Treibhauseffekt wird im Abschn. 4.11.1.2 besprochen). Die FCKW (Tabelle 4.21) sind chemisch inert, sie wandern daher unverändert durch die Troposphäre und erreichen in ca. 10 Jahren die Stratosphäre. *Sie werden* dort in Höhen ab 20 km *durch UV-Strahlung ($\lambda < 220$ nm) unter Bildung von Cl-Atomen gespalten.*

$$CF_3Cl \rightarrow CF_3 + Cl$$

Jedes Cl-Atom kann katalytisch im Mittel 10 000 O_3-Atome zerstören.

$$\left.\begin{array}{l} Cl + O_3 \rightarrow ClO + O_2 \\ ClO + O \rightarrow Cl + O_2 \end{array}\right\} \text{Reaktionskette}$$

Reaktionsbilanz $O_3 + O \rightarrow 2O_2$

Die Konzentration von natürlichem Cl in der Stratosphäre wird auf 0,6 ppb geschätzt, bis 1993 hatte sich der Cl-Gehalt auf 3,4 ppb fast versechsfacht (1 ppb = 1 Teil auf 10^9 Teile).

Insgesamt ist der Ozonabbau durch FCKW jedoch, besonders über der Antarktis, viel komplizierter. In der globalen Stratosphäre ist der Ozonabbau z.B. von Reaktionen beeinflußt, durch die ClO der Reaktionskette entzogen wird. Dies sind:

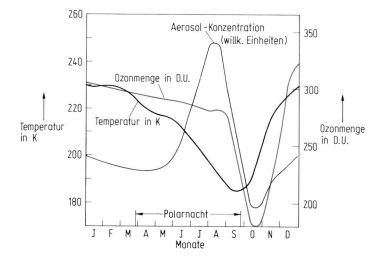

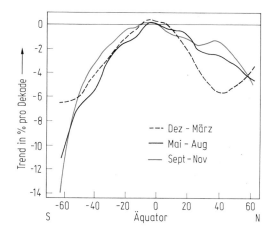

Abb. 4.63   a) Zeitlicher Verlauf von Ozonmenge, Temperatur und Aerosolkonzentration der
stratosphärischen Wolken über der Antarktis in 17 km Höhe für das Jahr 1984. Während
der Polarnacht fällt die Temperatur, und es bilden sich stratosphärische Wolken. Nach Ende
der Polarnacht sinkt die Ozonkonzentration drastisch, es entsteht das Ozonloch, das bald
wieder ausheilt. (Die Ozonkonzentration ist in Dobson-Einheiten (D. U.) angegeben. 1 D. U.
entspricht einem Hundertstel mm und bezieht sich auf die Dicke der Ozonschicht, die ent-
stünde, wenn das Ozon bei Standardbedingungen vorläge. Wenn die Dobson-Einheiten unter
200 D.U. liegen spricht man von einem Ozonloch.)
b) Ozonabnahmetrends in % pro Jahrzehnt in Abhängigkeit von geographischer Breite und
verschiedenen Jahreszeiten (gemessen 1978–1991). Auf der Südhalbkugel erfolgt ein wesentlich
größerer Ozonabbau.

Reaktion mit Stickstoffdioxid zum stabilen Chlornitrat

$$ClO + NO_2 \rightarrow ClONO_2$$

Reaktion mit Stickstoffmonooxid zu Stickstoffdioxid; dieses wird durch UV-Strahlung ($\lambda < 400$ nm) gespalten, es entstehen Sauerstoffatome, die wieder zu Ozonmolekülen reagieren können.

$$ClO + NO \longrightarrow NO_2 + Cl$$
$$NO_2 \xrightarrow{h\nu} NO + O$$
$$O + O_2 \longrightarrow O_3$$

Seit 1984 wurde beobachtet, daß über der Antarktis im Frühling (September und Oktober) die Ozonkonzentration drastisch abnimmt. Dieses sogenannte *Ozonloch* vertiefte sich von Jahr zu Jahr. In den Jahren 1992 bis 1995 betrug der Ozonverlust bis zu 70 % im Vergleich zum Mittel dieser Jahreszeit vor Mitte der siebziger Jahre und das Ozonloch hatte 1992 eine Ausdehnung von etwa 10 % der Gesamtfläche der Südhemisphäre. Im November und Dezember nimmt die O_3-Konzentration wieder zu, und das Ozonloch heilt weitgehend aus (Abb. 4.63a). Die wahrscheinliche Erklärung dafür ist die folgende: Im Polarwinter entsteht über der Antarktis durch stabile Luftwirbel ein von der Umgebung isoliertes „Reaktionsgefäß" für die in der Atmosphäre wirksamen Stoffe. Während der Polarnacht finden keine photochemischen Reaktionen statt, da kein Sonnenlicht in die Antarktisatmosphäre eindringt. Bildung und Abbau des Ozons „frieren ein", die photolytische Bildung von O-Atomen findet nicht mehr statt. Die katalytisch reagierenden Teilchen Cl und ClO werden verbraucht, z.B. nach

$$ClO + NO_2 \rightarrow ClONO_2$$
$$ClO + OH \rightarrow HCl + O_2$$
$$Cl + HO_2 \rightarrow HCl + O_2$$

Die Stickstoffoxide reagieren zu Salpetersäure

$$NO + HO_2 \rightarrow HNO_3$$
$$NO_2 + OH \rightarrow HNO_3$$

(Die Radikale OH und HO_2 entstehen photolytisch aus H_2O-Molekülen nach $H_2O \xrightarrow{h\nu} OH + H$ ($\lambda < 185$ nm) und $O_3 + OH \rightarrow O_2 + HO_2$.) Bei Temperaturen bis $-90\,°C$ bilden sich Stratosphärenwolken, die kondensiertes Wasser und Salpetersäure enthalten. An den Oberflächen der Aerosolteilchen dieser Wolken können mit dem Chlornitrat die Reaktionen

$$ClONO_2 + HCl \rightarrow Cl_2 + HNO_3$$
$$ClONO_2 + H_2O \rightarrow HOCl + HNO_3$$

ablaufen. Wenn Ende September die Zeit des Polartages anbricht entstehen Cl-Atome in hoher Konzentration.

$$Cl_2 \xrightarrow{\ h\nu\ } 2\,Cl$$

$$HClO \xrightarrow{\ h\nu\ } OH + Cl$$

Da desaktivierende Stickstoffoxide nicht vorhanden sind, bewirken die Cl-Atome einen drastischen Ozonabbau. Da bei beginnendem Polartag aber nicht ausreichend O-Atome durch photolytische Spaltung aus O_2 oder O_3 für die Rückbildung von Cl aus ClO zu Verfügung stehen (Licht mit $\lambda < 310$ nm ist nur in sehr geringer Intensität vorhanden), nimmt man folgenden Mechanismus an:

$$ClO + ClO \longrightarrow Cl_2O_2$$

$$Cl_2O_2 \xrightarrow{\ h\nu\ } Cl + ClO_2$$

$$ClO_2 \longrightarrow Cl + O_2$$

Der Ozonabbau in der Nordhemisphäre ist geringer. Für die Ozongehalte sind außer den chemischen Prozessen Umverteilungen durch Transportvorgänge wesentlich. Ein Ozonloch wurde nicht beobachtet, aber die Ozonverluste auch über bewohnten Gebieten (Europa, Sibirien) betragen bereits 20%.

Der Gesamt-Ozongehalt hat in den letzten 30 Jahren global um 10% abgenommen. Für den Zeitraum 1978–1991 sind die Ozonabnahmetrends in Abhängigkeit von geographischer Breite und Jahreszeit in der Abb. 4.63 b dargestellt.

Als Folge der Ausdünnung der Ozonschicht hat die Intensität der UV-Strahlung zugenommen. In mittleren südlichen Breiten z. B. ist sie um 6% erhöht.

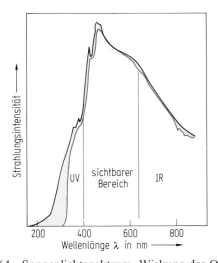

Abb. 4.64   Sonnenlichtspektrum. Wirkung der Ozonschicht.
—— Das Sonnenlichtspektrum außerhalb der Lufthülle. ——Das Spektrum am Erdboden. Die maximale Strahlungsintensität liegt bei 480 nm, im grünen Bereich des sichtbaren Spektrums. Die UV-B-Strahlung erreicht den Erdboden nicht. Sie wird im Bereich 310–240 nm von O_3 und im Bereich < 240 nm von O_2 fast vollständig absorbiert.

Durch Abbau des Ozons kühlt sich die Stratosphäre ab und der positive Temperaturkoeffizient schwächt sich ab. Die Folge ist eine erhöhte Durchlässigkeit für den Stofftransport zwischen Troposphäre und Stratosphäre. Anthropogene Spurengase können leichter in die Stratosphäre eindringen und sie angreifen. Außerdem wird dadurch das Auftreten polarer stratosphärischer Wolken begünstigt, die maßgeblich am Ozonabbau in polaren Regionen beteiligt sind.

Die Ozonschicht ist für das Leben auf der Erde absolut notwendig. Sie schützt wirksam gegen die gefährliche UV-B-Strahlung (Abb. 4.64). Ihr Abbau bewirkt nicht nur vermehrte Hautkrebserkrankungen und Augenschädigungen, sondern vor allem die Gefährdung des Meeresplanktons, das das Fundament der Nahrungsketten in den Ozeanen ist. Eine Schädigung vieler Populationen wäre die Folge. Wegen der verringerten Photosynthese sind Ernteeinbußen zu erwarten.

1974 erschien die erste wissenschaftliche Arbeit über die Gefährdung der Ozonschicht durch FCKW. Aber erst 1985 alarmierte die Entdeckung des Ozonloches die Weltöffentlichkeit. Die Weltproduktion von FCKW betrug 1987 1,1 Million t (vgl. Tabelle 4.21). Seit 1981 erfolgte ein jährlicher Anstieg der FCKW in der Stratosphäre um 6%. 1987 kam es in Montreal zum ersten internationalen, historisch bedeutsamen Abkommen. Bis 1999 sollte die FCKW-Produktion stufenweise um 50% verringert werden. Die alarmierenden Nachrichten über die Vergrößerung des Ozonloches führten zu verschärften Maßnahmen von London (1990), Kopenhagen (1992), Wien (1995), Montreal (1997) und Peking (1999). Die Industriestaaten verpflichteten sich bis zum 1.1.96 Produktion und Verbrauch von vollhalogenierten FCKW zu stoppen. Für die Entwicklungsländer gilt ein etappenweiser Ausstieg bis 2010. In Deutschland erfolgte der vorzeitige Ausstieg bei der Verwendung bereits 1993 und bei der Produktion Mitte 1994. Insgesamt kann ein Erfolg der internationalen Maßnahmen zum Schutz der Ozonschicht festgestellt werden. Weltweit konnte die Produktion von vollhalogenierten FCKW bis 1997 um 85% gesenkt werden. Die Gesamtmenge der ozonschädigenden Substanzen erreichte 1994 in der unteren Atmosphäre ihren Höchstwert und nimmt seitdem langsam ab. Die Abnahme des stratosphärischen Ozons über den mittleren Breiten hat sich verlangsamt, allerdings tritt das Ozonloch unvermindert auf. Es hatte sogar 2000 die bisher größte Ausdehnung von 27 Millionen km^2. Meteorologische Bedingungen beeinflussen die Ausdehnung des Ozonlochs und verursachen Schwankungen.

Wegen der langen Verweilzeit der FCKW in der Stratosphäre (siehe Tabelle 4.21) werden diese aber noch lange wirksam sein. *Frühestens ab 2010 wird sich auf Grund des allmählichen Rückgangs des Cl-Gehalts in der Stratosphäre die Ozonschicht erholen* und das Ozonloch wird in 30–40 Jahren verschwinden.

Ersatzstoffe für die FCKW als begrenzte Zwischenlösung sind wasserstoffhaltige Fluorchlorkohlenwasserstoffe H-FCKW, die bereits in der Troposphäre abgebaut werden. Ausstiegstermin ist in der EU 2026, weltweit 2030. Zunehmende Verbreitung finden Fluorkohlenwasserstoffe H-FKW. Sie enthalten kein Chlor und verursachen keinen Ozonabbau, aber einen Treibhauseffekt. In Kälteanlagen wird Cyclopentan verwendet.

4.11.1.2 Der Treibhauseffekt

Die Temperatur der Erdoberfläche wird hauptsächlich durch die Intensität der einfallenden Sonnenstrahlung bestimmt. Die Oberflächentemperatur der Sonne beträgt 5700 K, die maximale Strahlungsintensität liegt im sichtbaren Bereich (Abb. 4.64). Der größte Teil der einfallenden Strahlung wird auf der Erde in Wärme umgewandelt und als terrestrische Strahlung von der Erde abgegeben. 30 % der einfallenden Strahlung wird als sichtbares Licht in den Weltraum zurückgeworfen. Diesen Anteil nennt man die *Albedo* der Erde. Es muß Strahlungsgleichgewicht herrschen, d. h. pro Zeiteinheit muß die Energie der einfallenden und abgegebenen Strahlung gleich groß sein. *Die berechnete Strahlungsgleichgewichtstemperatur der Erde beträgt 255 K = − 18°C.* Dieser Temperatur entspricht eine terrestrische Strahlung im IR-Bereich.

Die tatsächliche mittlere Temperatur der Erdoberfläche beträgt aber 288 K = 15°C. Die Differenz von 33 K nennt man den natürlichen Treibhauseffekt. Er wird durch das Vorhandensein der Atmosphäre verursacht. Der größte Teil der IR-Strahlung wird von Spurengasen der Atmosphäre absorbiert, als Wärmeenergie in der Atmosphäre gespeichert und von dort zum Teil an die Erdoberfläche zurückgestrahlt. Es kommt zu einem „Wärmestau" und dadurch zu einer Erhöhung der mittleren Temperatur der Erdoberfläche. Die wichtigsten natürlichen Spurengase sind H_2O-Dampf, CO_2, N_2O, CH_4 und troposphärisches O_3.

Die Anteile der Spurengase am natürlichen Treibhauseffekt enthält Tabelle 4.22. Die Hauptbeiträge stammen von H_2O-Dampf (einschließlich Wolken) und CO_2.

Tabelle 4.22   Anteil der Spurengase am natürlichen Treibhauseffekt

	H_2O (Dampf)	CO_2	O_3 (Troposphäre)	N_2O	CH_4	Rest
ΔT in K $\Sigma \Delta T = 33$ K	20,6	7,2	2,4	1,4	0,8	0,6
ΔT in %	62,4	21,8	7,3	4,3	2,4	1,8

Die Wirkung der Teibhausgase beruht darauf, daß sie sichtbares Licht nicht absorbieren, aber für IR-Strahlung starke Banden existieren. Der Anteil der Spurengase am Treibhauseffekt hängt aber nicht nur von ihrer Konzentration ab, sondern auch von ihrer spezifischen Fähigkeit die Infrarotstrahlung der Erde zu absorbieren. Der Treibhauseffekt verschiedener Spurengase wird mit dem *GWP-Wert* (Global Warming Potential) verglichen. Der GWP-Wert ist ein Relativwert, der angibt wie treibhauswirksam ein Stoff über einen bestimmten Zeitraum, z. B. 20 Jahre oder 100 Jahre, im Vergleich zur selben Masse CO_2 ist. Dadurch wird auch die Abnahme der Spurengase im angegebenen Zeitraum berücksichtigt, also ihre Verweilzeit. Der GWP-Wert vermittelt also außer der Absorptionsfähigkeit auch die Lebensdauer der Spurenmoleküle und ändert sich natürlich mit dem gewählten Zeithorizont.

Beispiele für den Zeitraum 100 Jahre (dieser gilt auch für spätere Beispiele):

	CO_2	CH_4	H_2O	CCl_3F (FCKW 11)
GWP	1	21	310	4600
Verweilzeit in Jahren		12	120	45

Nicht nur die Strahlungsintensität der Sonne, sondern auch *die Zusammensetzung der Erdatmosphäre hat* also *einen entscheidenden Einfluß auf unser Klima*. Seit mehreren hunderttausend Jahren ist die Zusammensetzung der Atmosphäre weitgehend konstant geblieben, nur die Konzentration von CO_2 schwankte zwischen ca. 200 ppm und 300 ppm. Mit Beginn der Industrialisierung ist es zu einem Anstieg der klimarelevanten Spurengase gekommen. *Die von Menschen erzeugten Spurengase verursachen einen zusätzlichen anthropogenen Treibhauseffekt.*

Das wichtigste klimarelevante Spurengas ist CO_2. Die Konzentration von CO_2 hat in den letzten 200 Jahren um 30% von 280 auf 370 ppm zugenommen (Abb. 4.65). In den letzten 40 000 Jahren war die Konzentration von CO_2 niemals so hoch, noch nie hat es in den letzten 20 000 Jahren einen so explosiven Anstieg gegeben. 10 000 Jahre lang betrug die Konzentration von CO_2 280 ± 10 ppm. *Die Hauptursachen dieses Anstiegs sind die Verbrennung fossiler Brennstoffe* (Kohle, Öl, Gas) *und das Abholzen der Regenwälder.* Im 20. Jahrhundert hat sich der Verbrauch an Primärenergie etwa verzehnfacht. 90% der Primärenergie wird durch die Verbrennung fossiler Brennstoffe erzeugt (Abb. 4.66). Von 1990 bis 1999 wurden pro Jahr durch

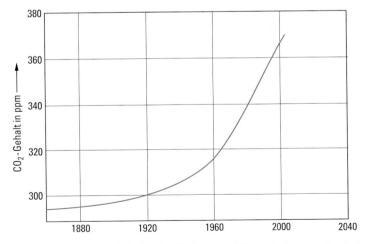

Abb. 4.65 Anstieg des CO_2-Gehalts der Erdatmosphäre seit Beginn der Industrialisierung. Die Werte vor 1960 wurden durch Analyse von in Eis eingeschlossenen Gasblasen erhalten. Die Tiefe der entnommenen arktischen und antarktischen Eisproben ist der Zeitmaßstab.

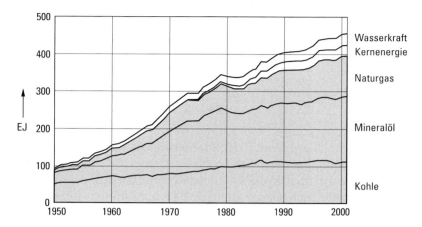

Abbildung 4.66   Zunahme des globalen Primärenergieverbrauchs seit 1950. 2002 betrug die Weltenergieerzeugung 402 000 PJ, 87 % wurden aus fossilen Brennstoffen erzeugt. In Deutschland wurden 14 300 PJ Primärenergie verbraucht (3,6 % der Welterzeugung), davon 84 % aus fossilen Brennstoffen (Peta P = 10^{15}).

Anteile der Energieträger am Primärenergieverbrauch in %

Welt 2002		Deutschland 2002	
Kohle	25,5	Kohle	24,8
Mineralöl	37,4	Mineralöl	37,5
Naturgas	24,3	Naturgas	21,7
Kernenergie	6,5	Kernenergie	12,6
Wasserkraft	6,3	Wasser/Wind/Sonstiges	3,4

Verbrennung fossiler Brennstoffe $6,3 \cdot 10^9$ t C an die Atmosphäre abgegeben. Zwischen der Atmosphäre und der Oberfläche der Ozeane findet ein langsamer CO_2-Austausch statt und von den Ozeanen wurden $1,7 \cdot 10^9$ t C/Jahr aus der Atmosphäre aufgenommen. Die Biosphäre nahm $1,4 \cdot 10^9$ t C/Jahr aus der Atmosphäre auf und es verbleiben also $3,2 \cdot 10^9$ t C/Jahr als CO_2 in der Atmosphäre (Abb. 4.67). Durch Abholzen und Brandrodung von Wäldern* ist die CO_2-Aufnahme durch die Biosphäre erheblich vermindert und wirkt wie eine CO_2-Abgabe. 1980–1989 waren dies $1,7 \cdot 10^9$ t C/Jahr (Abb. 4.67).

In den letzten 20 Jahren betrug die Zunahme des CO_2-Gehalts in der Atmosphäre 0,4 % pro Jahr. Bei gleichbleibender Konzentrationszunahme würde in 100 Jahren der CO_2-Gehalt auf etwa 550 ppm ansteigen.

* 1990–2000 nahm der Bestand tropischer Regenwälder um 7 % ab. Über die Hälfte aller Arten der Erde leben im tropischen Regenwald. Seine Zerstörung führt zu einem nicht wieder gut zu machenden Verlust von Lebensformen. Außerdem ist der Regenwald ein wichtiger Wasserspeicher.

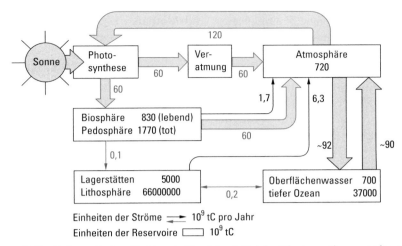

Abbildung 4.67   Schematischer Kohlenstoffkreislauf. Bei der Photosynthese werden aus CO_2 und H_2O mit der Energie des Sonnenlichts Kohlenhydrate erzeugt. Dabei werden der Atmosphäre jährlich $120 \cdot 10^9$ t C entnommen. Die eine Hälfte der Kohlenhydrate wird in der Biomasse der Pflanzen eingebaut, die andere Hälfte dient zur Energieproduktion der Pflanzen, Kohlenstoff wird dabei durch Oxidation als CO_2 an die Atmosphäre abgegeben (Veratmung). Aus der Biomasse wird durch Mikroorganismen CO_2 erzeugt. Nur $0,1 \cdot 10^9$ t C aus der Biomasse werden in den Sedimenten gespeichert und dem Kohlenstoffkreislauf entzogen. Durch anthropogene Eingriffe wird der Kohlenstoffkreislauf beeinflußt. Zwischen 1990 und 1999 wurden pro Jahr durch Verbrennung fossiler Brennstoffe $6,3 \pm 0,4 \cdot 10^9$ t C als CO_2 an die Atmosphäre abgegeben. Von den Ozeanen wurden $1,7 \pm 0,5 \cdot 10^9$ t C/Jahr aufgenommen, von der Biosphäre $1,4 \pm 0,7 \cdot 10^9$ t C/Jahr. Es verbleiben also $3,2 \pm 0,1 \cdot 10^9$ t C/Jahr als CO_2 in der Atmosphäre. Durch Abholzung und Brandrodung von Wäldern ist die CO_2-Aufnahme der Biosphäre erheblich vermindert und wirkt wie eine CO_2-Abgabe. 1980–1989 waren dies $1,7 \cdot 10^9$ t C/Jahr, allerdings ein unsicherer Mittelwert aus Werten erheblicher Bandbreite (0,6–2,5).

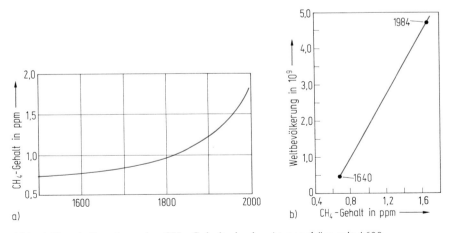

Abb. 4.68   a) Zunahme des CH_4-Gehalts in der Atmosphäre seit 1600.
b) Die CH_4-Konzentration nimmt linear mit dem Wachstum der Weltbevölkerung zu.

Weitere anthropogene Treibhausgase sind Methan CH_4, Distickstoffoxid N_2O, Fluorchlorkohlenwasserstoffe FCKW, perfluorierte Kohlenwasserstoffe FKW und Schwefelhexafluorid SF_6.

Für das Spurengas Methan (Verweilzeit in der Atmosphäre 12 Jahre, GWP 21, Konzentration 0,174 ppm) existiert ein linearer Zusammenhang zwischen Wachstum der Weltbevölkerung und Zunahme der Methankonzentration in der Atmosphäre (Abb. 4.68). Reissümpfe und Verdauungsorgane von Wiederkäuern sind ideale Lebensbedingungen für anaerob wirksame Bakterien, die CH_4 erzeugen. Der mit der Weltbevölkerung wachsende Viehbestand und Reisanbau sind die Quellen dieser Zunahme. Jährliche Zunahme 0,4 %.

Für Distickstoffoxid (GWP 310, atmosphärische Verweilzeit 120 Jahre, Konzentration 0,31 ppm) sind global die wichtigsten Quellen mikrobielle Umsetzungen von Stickstoffverbindungen in den Böden (Hauptursache Stickstoffdüngung). Die jährliche Konzentrationszunahme beträgt 0,25 %.

Die FCKW wurden bereits im Abschnitt 4.11.1.1 besprochen.

Die wichtigsten FKW sind CF_4 und C_2F_6. Die Hauptquellen sind die Aluminiumelektrolyse und die Halbleiterproduktion. Die atmosphärischen Verweilzeiten betragen 50 000 und 10 000 Jahre, die GWP-Werte sind 5700 und 11 900. Die Konzentration von CF_4 beträgt 80 ppt (parts per trillion), die Hälfte ist natürlichen Ursprungs.

Das spezifisch wirksamste Treibhausgas ist SF_6 mit einer Verweilzeit von 3 200 Jahren und einem GWP-Wert von 22 200. Die Konzentration ist erst seit 1960 um zwei Größenordnungen auf 4 ppt gestiegen. Quellen sind die Verwendung in gasisolierten Schaltanlagen und in Schallschutzfenstern.

Tabelle 4.23   Gegenwärtiger anthropogener Treibhauseffekt der wichtigsten langlebigen Spurengase

	CO_2	CH_4	N_2O	FCKW
Anteil in %	60	20	6	14

Die Tabelle 4.23 enthält die Anteile der wichtigsten langlebigen Spurengase CO_2, CH_4, N_2O und FCKW am gegenwärtigen anthropogenen Treibhauseffekt. Sie verursachen hauptsächlich die Zunahme der globalen mittleren Oberflächentemperatur um $0,6 \pm 0,2$ K.

Auch Ozon ist ein wichtiges Treibhausgas. Trophosphärisches Ozon wird nicht direkt emittiert, sondern es entsteht durch photochemische Reaktionen (siehe Abschn. 4.11.2.3). Die globale Konzentration beträgt etwa 50 ppb, seit der vorindustriellen Zeit erfolgte eine Zunahme um 36 %. Der positive Treibhauseffekt ist fast gleich groß wie der der FCKW. Die Abnahme des stratosphärischen Ozons verursacht einen etwa halb so großen negativen Treibhauseffekt. Wegen der geringen

Verweilzeit gibt es zeitliche Schwankungen der troposphärischen Ozonkonzentrationen, außerdem auch räumliche Schwankungen. Daher ist der Anteil am Treibhauseffekt unsicherer zu bestimmen als bei langlebigen Treibhausgasen.

Die Verbrennung fossiler Brennstoffe führt auch zu Emissionen von SO_2. In der Stratosphäre bilden sich daraus Sulfat-Aerosole. Sie verursachen einen negativen Treibhauseffekt der Größenordnung des stratosphärischen Ozons, sind also treibhausbremsend. Auch bei starken Vulkanausbrüchen entstehen durch SO_2-Emission kurzlebige Aerosole.

Der gegenwärtige Treibhauseffekt der FKW ist klein. Wegen der großen GWP-Werte haben sie aber ein Potential für einen zukünftigen Einfluß auf das Klima.

Die klimatischen Veränderungen im 20. Jahrhundert, besonders in den letzten 30–35 Jahren sind bereits Signale für die Wirkung anthropogener Spurengase. Beispiele dafür sind: Die Erhöhung der globalen mittleren Oberflächentemperatur um 0,6 K. Auf der Nordhalbkugel war das 20. Jahrhundert das wärmste der letzten 1000 Jahre. Das Jahrzehnt 1990–2000 war die wärmste Dekade des Jahrhunderts. In den letzten hundert Jahren stieg der Meeresspiegel um 0,1–0,2 m an, die Oberflächentemperatur erhöhte sich. Rückbildung von Gletschern in nichtpolaren Regionen. Seit 1960 hat die Schneedecke um 10% abgenommen. Verringerung der Ausdehnung und Dicke der arktischen Ozeaneisdecke.

Nach gegenwärtiger Erkenntnis ist bei weiter ungebremster Emission von Treibhausgasen gegen Ende des 21. Jahrhunderts eine Temperaturerhöhung von 1,5–4,5 K zu erwarten. Bei einer Erwärmung um 2 Grad hätte unser Planet eine Temperatur erreicht, die er seit 120 000 Jahren nicht hatte. *Bedrohliche Klimaänderungen* wären unvermeidlich. Die Voraussagen sind unsicher, da nicht nur die Konzentrationen der Treibhausgase zu berücksichtigen sind, sondern auch die durch den Treibhauseffekt verursachten *Rückkoppelungen.* Die Sicherheit einer genauen Voraussage hängt von der Kenntnis der Rückkoppelungen und ihrer komplexen Wechselwirkungen ab. Sie können positiv (treibhausverstärkend) oder negativ (treibhausmindernd) sein. Für Klimamodelle müssen die wichtigsten Komponenten des Klimasystems Ozean, Atmosphäre, Landoberfläche, Biosphäre und Kryosphäre berücksichtigt werden. Beispiele: Die Erwärmung durch Zunahme der CO_2-Konzentration führt zu einer Zunahme der Wasserdampfkonzentration in der Atmosphäre und verursacht eine positive Rückkoppelung. Die Rückbildung von Ozeaneis bewirkt ebenso wie die Abnahme von Schnee auf Grund der verringerten Albedo eine positive Rückkoppelung. Trotz hoher Löslichkeit von CO_2 im Ozean wird die CO_2-Aufnahme durch die langsame vertikale Vermischung begrenzt und verringert sich dadurch mit zunehmender CO_2-Konzentration in der Atmosphäre. Erwärmung der Permafrostregion führt zur Freisetzung von Treibhausgasen aus der oberen aktiven Schicht und zu einer positiven Rückkoppelung.

Nach Modellrechnungen ist für das zukünftige globale Klima zu erwarten: Eine Verschiebung der Klimazonen. Häufige regionale Stürme, Überschwemmungen, Hitze- und Dürreperioden. Ein Rückgang der Ernteerträge in tropischen und subtropischen Gebieten. Die Anzahl der mit ungenügendem Trinkwasser lebenden Menschen wird sich drastisch erhöhen. Der Meeresspiegel steigt weiter an, es müssen Millionen Menschen aus Flußlandschaften und Küstenbereichen, aber auch aus verödeten Landschaften umgesiedelt werden. Die Luftverschmutzung in Städten nimmt zu. Das Absterben von Korallenriffen und das Abschmelzen von Gletschern geht weiter.

Das Klima hat für unsere Gesellschaft größte Bedeutung. Es beeinflußt nicht nur die wirtschafliche Situation, sondern auch das soziale Leben. Klima und Kultur sind eng verbunden. In der Vergangenheit war Zivilisation immer von stabilen Klimabedingungen abhängig. Um eine drohende Klimakatastrophe abzuwenden, müßte der Temperaturanstieg vor allem durch Verminderung der CO_2-Emission begrenzt werden (CO_2 ist Hauptverursacher des Treibhauseffekts). Dazu sind Energiesparmaßnahmen und Energieerzeugung durch alternative Energiequellen erforderlich.

Tabelle 4.24 CO_2-Emissionen und Pro-Kopf-Verbrauch an Primärenergie 1999

Land/Erdteil	CO_2-Emission in Gt	in %	in t/Einw.	Land/Erdteil	Pro-Kopf-Verbrauch in GJ (Gigajoule)
USA	5,52	25,0	20,5	Kanada	336
China	2,97	13,5	2,4	USA	334
Japan	1,13	5,1	9,1	Australien	239
Lateinamerika	0,84	3,8	8,1	Frankreich	169
Deutschland	0,82	3,7	10,0	Deutschland	160
Afrika	0,66	3,0	0,9	Japan	153
Großbritannien	0,52	2,4	9,0	Großbritannien	159
Kanada	0,50	2,3	16,0	Brasilien	29
Frankreich	0,38	1,7	6,0	Ägypten	26
Australien	0,33	1,5	17,0	China	24
Welt	21,06		3,9	Indien	13

Die Tabelle 4.24 enthält für die wichtigsten Industrieländer und einige Erdteile Angaben über die CO_2-Emissionen. Hauptverursacher sind auf Grund des hohen Pro-Kopf-Verbrauchs an Primärenergie die Industriestaaten. Ein Viertel verursachen allein die USA.

Es gab mehrere internationale Konferenzen zu einer Klimarahmenkonvention mit dem Ziel die weltweiten Treibhausgasemissionen zu reduzieren. In Kioto 1997 wurde beschlossen, die wichtigsten Treibhausgase in ihrer Summe um 5% bis zum Zeitraum 2008–2012 relativ zu 1990 bzw. 1995 zu reduzieren. Die EU verpflichtete sich zu einer Gesamtminderung um 8% mit unterschiedlichen nationalen Kontingenten. Erst 2001 in Bonn beschlossen die teilnehmenden Staaten (ohne USA) die Umsetzung dieser Beschlüsse. Die in Kioto festgelegten Minderungen sind jedoch für eine wirksame Begrenzung der Treibhausgase ungenügend. Es sind weitergehende Maßnahmen erforderlich. Die Zeit, die bleibt, um rechtzeitig wirksame Maßnahmen durchzusetzen, ist kurz, und die Lösung des Treibhauseffekts ist wesentlich schwieriger als die des Ozonproblems.

Das nationale Klimaschutzziel Deutschlands war eine Verminderung der CO_2-Emission um 25 %, relativ zu 1990, bis 2005 (bis 2000 wurde eine Verminderung um 15 % erreicht). Erfüllbar ist aber die nach dem Kyoto-Protokoll eingegangene Verpflichtung die Emission von 6 Treibhausgasen bis 2012 um 21 % zu reduzieren. Erreicht wurden 2002 bereits 19 % (berechnet in CO_2-Äquivalenten). Die Reduktion der CO_2-Emission soll durch Energiesparmaßnahmen (Wärme-Kraft-Kopplung, Wärmedämmung im Gebäudebereich, sparsame Kraftfahrzeuge, Reduktion des Stromverbrauchs) und erneuerbare Energien (Solarenergie, Windenergie, Geothermie) erreicht werden. 2002 betrug der Anteil erneuerbarer Energien an der Stromerzeugung 7,4 %, davon Wasserkraft 4,5 %, Windenergie 2,9 % und Photovoltaik 0,01 %. Bis 2010 soll der Anteil an der Stromerzeugung auf 12 % gesteigert werden. Die stärkste Entwicklung erfolgte bei der Windkraft. Die CO_2-Emissionen und die Anteile der Verursacher in Deutschland für 2002 enthält die Tabelle 4.25.

Tabelle 4.25 CO_2-Emission in Deutschland 2002

Verursacher	10^6 t	%
Gesamtemission	877	
Energieindustrie (Kraft- und Fernheizwerke etc.)	356	41
Verkehr	176	20
Haushalte, Kleinverbraucher, Landwirtschaft	174	20
Verarbeitendes Gewerbe	132	15
Industrieprozesse	23	3

4.11.1.3 Rohstoffe

Die meisten technisch genutzten Metalle sind nur mit einem sehr geringen mittleren Massenanteil in der Erdkruste vorhanden. Er ist zusammen mit dem sogenannten Grenzmassenanteil für wichtige Metalle in der Tabelle 4.26 angegeben.

Der Grenzmassenanteil ist derjenige Metallgehalt eines Erzes, der nach heutigen technologischen und wirtschaftlichen Maßstäben einen kommerziellen Abbau erlaubt. Auch wenn sich dieser Wert durch verbesserte Technologien und Marktfaktoren erniedrigen würde, so bliebe doch bei den meisten Metallen das Verhältnis Grenzmassenanteil/Mittlerer Massenanteil so groß, daß Energieaufwand und Umweltbelastungen bei der Gewinnung nicht tragbar wären. Nur Eisen, Aluminium und Titan sind in ausreichendem Anteil in der Erdkruste zu finden.

Glücklicherweise haben sich in geochemischen Prozessen im Laufe von Jahrmillionen die Metalle in abbauwürdigen Lagerstätten angereichert. Diese sich nicht erneuernden Rohstoffquellen werden jedoch bei vielen Metallen bald erschöpft sein, wenn der gegenwärtige Verbrauch beibehalten wird (Tabelle 4.27).

„Selbst wenn es kein weiteres Wachstum gäbe, wären die gegenwärtig umgesetzten Materialmengen längerfristig nicht weiter tragbar. Wenn daher eine wachsende Welt-

Tabelle 4.26   Mittlerer Massenanteil und Grenzmassenanteil wichtiger Metalle in der Erdkruste

Metall	Massenanteil %	Grenzmassenanteil %	Verhältnis
Wolfram	0,00012	0,45	3 700
Blei	0,0013	4,0	3 300
Chrom	0,012	23	1 900
Zinn	0,0002	0,35	1 700
Silber	0,000008	0,01	1 200
Gold	0,0000004	0,00035	870
Zink	0,0094	3,5	370
Nickel	0,0099	0,9	90
Kupfer	0,0068	0,35	51
Titan	0,63	10	16
Eisen	6,2	20	3,2
Aluminium	8,3	18,5	2,2

Tabelle 4.27   Weltjahresproduktion einiger Gebrauchsmetalle in t/Jahr

Element	2000	2002	Element	2000	2002
Stahl	$8,5 \cdot 10^8$	$9,0 \cdot 10^8$	Kupfer	$14,8 \cdot 10^6$	$15,3 \cdot 10^6$
Eisen	$5,8 \cdot 10^8$	$6,1 \cdot 10^8$	Blei	$6,5 \cdot 10^6$	$6,6 \cdot 10^6$
Aluminium	$2,5 \cdot 10^7$	$2,5 \cdot 10^7$	Zink	$9,0 \cdot 10^6$	$9,6 \cdot 10^6$

bevölkerung unter materiell zuträglichen Bedingungen leben soll, braucht man dringend alle sich künftig entwickelnden Technologien zur Schonung der Quellen und zur Wiederverwertung von Rohstoffen. Alle Materialien müssen dann als begrenzte und kostbare Gaben der Erde geschätzt und behandelt werden. Mit den Denkstrukturen einer Wegwerfgesellschaft verträgt sich das nicht mehr." (Donella und Dennis Meadows, Die neuen Grenzen des Wachstums, Deutsche Verlags-Anstalt GmbH, Stuttgart, 1992, S. 116).

4.11.2 Regionale Umweltprobleme

4.11.2.1 Schwefeldioxid

Bei der Verbrennung schwefelhaltiger Substanzen entsteht Schwefeldioxid SO_2 (vgl. Abschn. 4.5.6). *SO_2 als Luftschadstoff entsteht vorwiegend bei der Verbrennung fossiler Brennstoffe in der Energiewirtschaft.* In der Tabelle 4.28 sind die Schwefelgehalte verschiedener fossiler Brennstoffe angegeben, in der Tabelle 4.29 die Verursacher der SO_2-Emissionen in Deutschland für das Jahr 2002. Die SO_2-Emission betrug 2002 $0,55 \cdot 10^6$ t, fast die Hälfte entsteht durch Energieerzeugung. Die jährlichen Emissionen seit 1850 sind in der Abb. 4.69 dargestellt. In den 80er Jahren ist in den alten Ländern durch den Einsatz von Abgasentschwefelungsanlagen ein drastischer Rückgang der SO_2-Emissionen erreicht worden. In den frühen 60er Jahren betrugen diese z. B. im Ballungsraum Ruhrgebiet im Jahresmittel $200-250\,\mu g/m^3$, 1989–1990 nur noch $50\,\mu g/m^3$. In der DDR war zwischen 1985 und 1989 die Pro-Kopf-Emission mit $320-330$ kg/Jahr weltweit die höchste. Zwischen 1990 und 2002 ist in Deutschland gesamt eine Abnahme der SO_2-Emission um 90 % erreicht worden.

Tabelle 4.28   Schwefelgehalt verschiedener fossiler Brennstoffe in kg, bezogen auf die Brennstoffmenge mit dem Brennwert 1 GJ = 10^9 J

Brennstoff	Schwefelgehalt	Brennstoff	Schwefelgehalt
Steinkohle	10,9	Leichtes Heizöl	1,7
Braunkohle	8,0	Kraftstoffe	0,8
Schweres Heizöl	6,7	Erdgas	0,2

Tabelle 4.29 SO_2-Emission in Deutschland 2002

Verursacher	kt	%
Gesamtemission	550	
Energieerzeugung (Kraft- und Fernheizwerke etc.)	250	45
Verarbeitendes Gewerbe	140	25
Haushalte, Kleinverbraucher, Landwirtschaft	87	16
Industrieprozesse	48	9
Öl-, Erdgasindustrie	20	4
Verkehr	3	0,5

Die Schadstoffwirkungen werden im Abschn. 4.11.2.4 behandelt.

Die Abgase aus Feuerungsanlagen werden als Rauchgase bezeichnet. Der SO_2-Gehalt der Rauchgase beträgt $1-4$ g/m^3. In einem großen Kraftwerk (700 MW elektrische Leistung) z. B. werden stündlich 250 t Steinkohle verbrannt und $2,5 \cdot 10^6$ m^3 Rauchgas erzeugt, das 2,5 t Schwefel enthält.

Von den zahlreich entwickelten Rauchgasentschwefelungsverfahren sind die drei wichtigsten:

Calciumverfahren. CaO (Kalkverfahren) oder $CaCO_3$ (Kalksteinverfahren) wird mit dem SO_2 der Rauchgase zunächst zu $CaSO_3$ und dann durch Oxidation zu $CaSO_4 \cdot 2H_2O$ (Gips) umgesetzt. Dazu wird eine Waschflüssigkeit, die aus einer

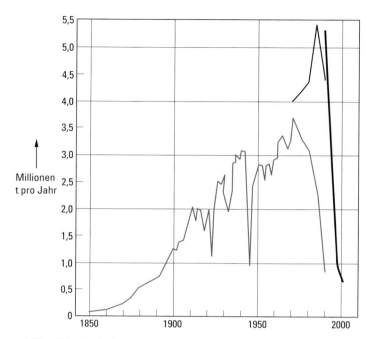

Abbildung 4.69   SO$_2$-Emissionen von 1850 bis 1990 bezogen auf die Fläche der BR Deutschland von 1989 (alte Länder——). Die seit der Industrialisierung rapid ansteigende SO$_2$-Emission ist auf die Kohlewirtschaft zurückzuführen. Ein deutlicher Rückgang erfolgte während der beiden Weltkriege und der Weltwirtschaftskrise 1930. Der erfreuliche Rückgang in den 80er Jahren ist durch den Einsatz von Abgasentschwefelungsanlagen erreicht worden. Die Emissionen in den alten Ländern lagen 1990 75 % unter denen von 1970. Zum Vergleich sind für die neuen Länder Werte für 1970–1990 angegeben (——). Für 1990 bis 2002 sind die Emissionen für Deutschland gesamt dargestellt (——). Sie nehmen um 90 % ab.

CaCO$_3$-Suspension oder einer Ca(OH)$_2$-Suspension (entsteht aus CaO mit H$_2$O) besteht, in den Abgasstrom eingesprüht.

$$Ca(OH)_2 + SO_2 \rightarrow CaSO_3 \cdot 0,5H_2O + 0,5H_2O$$

$$CaCO_3 + SO_2 + 0,5H_2O \rightarrow CaSO_3 \cdot 0,5H_2O + CO_2$$

In der Oxidationszone bildet sich mit eingeblasener Luft Gips

$$CaSO_3 \cdot 0,5H_2O + 1,5H_2O + 0,5O_2 \rightarrow CaSO_4 \cdot 2H_2O$$

Der anfallende Gips wird teilweise weiterverwendet. 90 % der Abgasentschwefelungsanlagen in der BR Deutschland arbeiten mit dem Calciumverfahren. Regenerative Verfahren, bei denen das Absorptionsmittel zurückgewonnen wird: *Wellmann-Lord-Verfahren*. Als Absorptionsflüssigkeit wird eine alkalische Natriumsulfitlösung verwendet. Mit SO$_2$ bildet sich eine Natriumhydrogensulfitlösung.

$$Na_2SO_3 + SO_2 + H_2O \rightarrow 2NaHSO_3$$

In einem Verdampfer kann die Reaktion umgekehrt werden, es entsteht technisch verwendbares SO_2-Gas und wiederverwendbare Natriumsulfitlösung.

Magnesiumverfahren. Eine Magnesiumhydroxidsuspension, die aus MgO und Wasser entsteht, wird mit SO_2 zu Magnesiumsulfit umgesetzt.

$$Mg(OH)_2 + SO_2 + 5H_2O \rightarrow MgSO_3 \cdot 6H_2O$$

$MgSO_3 \cdot 6H_2O$ wird thermisch zersetzt, das MgO wiedergewonnen

$$MgSO_3 \cdot 6H_2O \rightarrow MgO + 6H_2O + SO_2$$

Das Magnesiumverfahren wird häufig in Japan und den USA eingesetzt.

4.11.2.2 Stickstoffoxide

Die anthropogen emittierten Stickstoffoxide entstehen als Nebenprodukte bei Verbrennungsprozessen. Kohle z. B. enthält Stickstoff (bis 2 %) in organischen Stickstoffverbindungen, aus denen bei der Verbrennung Stickstoffmonooxid NO entsteht. Bei hohen Temperaturen z. B. in Kfz-Motoren reagiert der Luftstickstoff mit Luftsauerstoff zu NO (vgl. Abschn. 4.6.6). In der Tabelle 4.30 sind die Verursacher der NO-Emissionen in Deutschland für das Jahr 2002 angegeben. Die NO_x-Emission betrug $1,42 \cdot 10^6$ t (berechnet als NO_2), *mehr als die Hälfte entsteht im Bereich Verkehr.* Die jährlichen Emissionen seit 1850 sind für die alten Bundesländer in der Abb. 4.70 dargestellt. Seit 1950 erfolgte parallel zum zunehmenden Kraftfahrzeugverkehr eine drastische Erhöhung der NO_x-Emission bis 1980. Dann nahm sie, bedingt durch Umweltschutzmaßnahmen, bis 1990 auf den Wert von 1970 ab. In der DDR betrug die jährliche Pro-Kopf-Emission wie in der Bundesrepublik 40 kg NO_2, der Verkehr hatte einen Anteil von 20 %. Von 1990 bis 2002 nahm die NO_x-Emission in Deutschland gesamt um ca. 50 % ab.

NO wird in der Atmosphäre zu NO_2 oxidiert. Die Oxidation und die Rolle der Stickstoffoxide bei der Bildung von Photooxidantien werden im Abschn. 4.11.2.3 behandelt.

Tabelle 4.30 Stickstoffemission in Deutschland 2002 (NO_x berechnet als NO_2)

Verursacher	kt	%
Gesamtemission	1425	
Verkehr	776	54
Energieerzeugung (Kraft- und Fernheizwerke etc.)	265	19
Haushalte, Kleinverbraucher, Landwirtschaft	186	13
Verarbeitendes Gewerbe	156	11
Industrieprozesse	12	0,8
Militärische Quellen	9	0,6

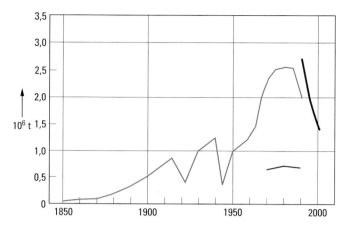

Abbildung 4.70 NO_x-Emissionen von 1850 bis 1990 bezogen auf die Fläche der BR Deutschland von 1989 (alte Länder ——). Der steile Anstieg nach 1950 ist auf die schnelle Zunahme der Anzahl der Kraftfahrzeuge zurückzuführen. 1955 waren dies 1,7 Millionen PKW, 1990 35 Millionen. Die Umweltschutzmaßnahmen bewirkten nach 1980 eine Abnahme der NO_x-Emissionen. Zum Vergleich sind die Emissionswerte für die neuen Bundesländer von 1970–1990 eingetragen (——). Sie sind von 1970–1990 konstant mit einem Durchschnittswert von $0,68 \cdot 10^6$ t/Jahr. Für 1990–2002 sind die Emissionen für Deutschland gesamt dargestellt (——). Sie nehmen um fast 50 % ab.

Die wichtigsten Umweltschutzmaßnahmen sind:
Entstickung von Rauchgasen. In die Rauchgase wird Ammoniak eingedüst, durch Reaktion mit den Stickstoffoxiden bildet sich Stickstoff und Wasserdampf.

$$6\,NO + 4\,NH_3 \;\rightarrow\; 5\,N_2 + 6\,H_2O$$

Vorhandener Luftsauerstoff reagiert nach

$$4\,NO + 4\,NH_3 + O_2 \;\rightarrow\; 4\,N_2 + 6\,H_2O$$

Analog reagiert das in geringer Konzentration vorhandene NO_2. Beim SNCR-Verfahren (selective noncatalytic reduction) wird bei 850–1000 °C gearbeitet. Beim SCR-Verfahren (selective catalytic reduction) erfolgt die Reaktion mit TiO_2-Katalysatoren bei 400 °C, mit Aktivkohle bei 100 °C.
Katalysatoren bei Kraftfahrzeugen. Die Hauptschadstoffe in den Abgasen von Kfz-Motoren sind NO, CO und Kohlenwasserstoffe. Geregelte Dreiweg-Katalysatoren beseitigen die Schadstoffe bis zu 98 %. Die wichtigsten nebeneinander ablaufenden Reaktionen sind:

$$NO + CO \;\rightarrow\; CO_2 + 0,5\,N_2$$
$$CO + 0,5\,O_2 \;\rightarrow\; CO_2$$
$$C_mH_n + (m + n/4)O_2 \;\rightarrow\; m\,CO_2 + n/2\,H_2O$$

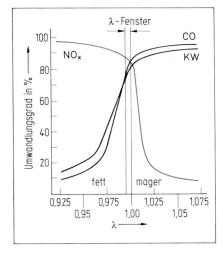

Abb. 4.71   Umwandlungsgrad von NO, CO und Kohlenwasserstoffen beim Dreiweg-Katalysator. Für das gesamte Abgas ist er nur in einem kleinen λ-Bereich (λ-Fenster) günstig.

$$\lambda = \frac{\text{Zugeführte Sauerstoffmenge}}{O_2\text{-Verbrauch bei vollständiger Verbrennung}}$$

Die Reaktionen sind aber gegenläufig vom O_2-Gehalt des Abgases abhängig. Dies zeigt die Abb. 4.71. Daher muß der sogenannte λ-Wert, das Verhältnis von zugeführter Sauerstoffmenge zum Sauerstoffbedarf bei vollständiger Verbrennung, nahe bei 1 liegen. Die Regelung des O_2-Gehalts der Kraftstoffmischung erfolgt durch Messung des O_2-Partialdrucks vor dem Katalysator mit der λ-Sonde. Verwendete Katalysatoren sind die Edelmetalle Platin, Rhodium und Palladium, die auf einem keramischen Träger aufgebracht sind. 2000 wurden dazu weltweit 57 t Platin, 175 t Palladium und 25 t Rhodium benötigt.

2003 gab es in Deutschland 46 Millionen PKW und 2,6 Millionen LKW. PKW dürfen nur mit bleifreien Kraftstoffen betrieben werden, da Blei den Katalysator „vergiftet". Seit 1997 sind die Kraftstoffe unverbleit, dies hat auch eine wesentliche Verminderung von Bleiemissionen zur Folge. Während von 1991 bis 2001 der Kraftstoffverbrauch beim Personenverkehr um 3,6 % abnahm, vergrößerte er sich beim Güterverkehr um 40 %. LKW verursachen hohe Emissionswerte bei Stickstoffoxiden und Ruß. Von 1990 bis 2000 nahm beim Personenverkehr die Stickstoffemission um 64 % ab, beim Straßengüterverkehr um 15 % zu.

4.11.2.3 Troposphärisches Ozon, Smog

Die in die Atmosphäre gelangten Schadstoffe werden nicht direkt durch den Luftsauerstoff oxidiert, da dafür die Temperatur zu niedrig ist. Es finden jedoch *photochemisch induzierte Oxidationsreaktionen* statt, die zu vielfältigen Oxidationsprodukten der Schadstoffe führen. Die Oxidationsprodukte, die ebenfalls oxidierende Eigenschaften besitzen, wie z. B. Ozon werden als *Photooxidantien* bezeichnet. Der Ozongehalt in der Troposphäre hat sich seit der vorindustriellen Zeit um 30 % erhöht.

Durch Diffusion gelangt etwas Ozon O_3 aus der Stratosphäre in die Troposphäre. Durch Licht mit einer Wellenlänge < 310 nm wird es photolytisch gespalten.

$$O_3 \xrightarrow{h\nu} O_2 + O$$

Da Licht dieser Wellenlänge nur in geringer Intensität vorhanden ist (vgl. Abb. 4.64), erfolgt der Zerfall langsam. Die reaktiven Sauerstoffatome bilden mit Wassermolekülen OH-Radikale.

$$O + H_2O \rightarrow 2OH$$

Die OH-Radikale leiten Reaktionsketten ein, durch die Spurengase oxidiert werden. In Gegenwart von Stickstoffmonooxid NO führt die Oxidation überraschenderweise zur Bildung von Ozon.

Kohlenwasserstoffe, z.B. Propan C_3H_8, Butan C_4H_{10} (abgekürzt mit RCH_3), werden in Gegenwart von NO zu Aldehyden RCHO oxidiert, aus NO entsteht NO_2.
Reaktionskette:

$$R{-}CH_3 + OH \rightarrow R{-}CH_2 + H_2O$$
$$R{-}CH_2 + O_2 \rightarrow R{-}CH_2O_2$$
$$R{-}CH_2O_2 + NO \rightarrow R{-}CH_2O + NO_2$$
$$R{-}CH_2O + O_2 \rightarrow R{-}CHO + HO_2$$
$$NO + HO_2 \rightarrow NO_2 + OH$$

Das rückgebildete Startradikal steht wieder für eine neue Reaktionskette zur Verfügung.
Gesamtbilanz:

$$RCH_3 + 2O_2 + 2NO \rightarrow RCHO + 2NO_2 + H_2O$$

NO_2 wird photolytisch gespalten.

$$NO_2 \xrightarrow{h\nu} NO + O \ (\lambda < 400 \, \text{nm})$$

Die Sauerstoffatome reagieren sehr schnell mit Sauerstoffmolekülen zu Ozonmolekülen

$$O + O_2 \rightarrow O_3$$

Bei bestimmten Konzentrationsverhältnissen (vgl. Abb. 4.72) findet auch die Abbaureaktion

$$NO + O_3 \rightarrow NO_2 + O_2$$

statt.

Die Aldehyde können weiter oxidiert werden, z. B. der Acetaldehyd zum Peroxyacetylnitrat (*PAN*).

$$CH_3CHO + OH + O_2 + NO_2 \rightarrow CH_3C(O)O_2NO_2 + H_2O$$

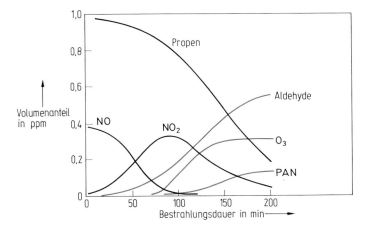

Abb. 4.72 Simulation der Entstehung von troposphärischem Ozon im Laborexperiment. Durch Reaktion von NO mit Propen werden beide abgebaut, es entstehen NO_2 und Aldehyde.

$$CH_3-CH=CH_2 + 2O_2 + 2NO \rightarrow CH_3CHO + HCHO + 2NO_2$$

Aus NO_2 entstehen durch photolytische Spaltung O-Atome, die schnell zu Ozon reagieren.

$$NO_2 \xrightarrow{h\nu} NO + O$$

$$O + O_2 \rightarrow O_3$$

Die O_3-Konzentration wächst nur so lange, bis sie so groß ist, daß jedes durch Photolyse neu entstandene O_3-Molekül mit dem dabei auch entstandenen NO-Molekül wieder zu NO_2 reagiert. Durch Bildung von PAN (Peroxyacetylnitrat)

$$CH_3CHO + OH + O_2 + NO_2 \rightarrow PAN + H_2O$$

und Salpetersäure

$$OH + NO_2 \rightarrow HNO_3$$

nimmt die NO_2-Konzentration ab.

Eine weitere Reaktion, die zum Abbau von NO_2 unter Bildung von Salpetersäure führt, ist die Reaktion mit OH-Radikalen.

$$NO_2 + OH \rightarrow HNO_3$$

Diese Mechanismen erklären, *daß troposphärisches Ozon in verkehrsreichen Großstädten mit hohen Emissionen an NO und Kohlenwasserstoffen bevorzugt in sonnenreichen Sommermonaten entsteht.* Die Abb. 4.72 zeigt den zeitlichen Ablauf der photochemischen Reaktionen im Laborexperiment, der eine gute Simulation des tatsächlichen Verlaufs darstellt.

Bei normalen Wetterverhältnissen wird die Luft mit den primär emittierten Schadstoffen (NO, SO_2, RCH_3) durch Wind abtransportiert, die Bildung von Ozon verläuft im Bereich von Stunden fern von den Ballungszentren während des Transportweges. Es kommt in stadtfernen Regionen, vor allem in Mittelgebirgen zu hohen Ozonkonzentrationen und säurehaltigen Niederschlägen (HNO_3, H_2SO_4). Übereinstimmend damit sind *die gemessenen jährlichen mittleren Ozongehalte* in ländlichen Gebieten höher als in den Städten, sie *sind am höchsten in Bergregionen*.

Da Ozon nicht direkt emittiert wird, sondern aus anderen Schadstoffen gebildet wird, gibt es keine Emissionsgrenzwerte wie z. B. beim SO_2. Es sind daher Schwellenwerte als 1-Stunden-Mittelwerte festgelegt worden: Unterrichtung der Bevölkerung bei $180\,\mu g/m^3$ und Auslösung eines Warnsystems bei $360\,\mu g/m^3$.

Zwischen 1990 und 2002 haben in Deutschland die Spitzenwerte (1-Stunden-Mittelwerte höher als $240\,\mu g/m^3$) abgenommen, was auf die Abnahme der Ozonvorläuferstoffe (z. B. NO_x) zurückzuführen ist. Im gleichen Zeitraum haben aber die Jahresmittelwerte zugenommen (1990 $41\,\mu g/m^3$, 2002 $46\,\mu g/m^3$).

Bei Inversionswetterlagen (kalte Luftschichten in Bodennähe sind durch warme Luftschichten überlagert) entsteht der *Photosmog* (Los-Angeles-Smog) mit gefährlich hohen lokalen Konzentrationen an O_3, PAN und HNO_3 in der Mittagszeit. Die Spitzenwerte treten in der Peripherie der Städte auf, da in den verkehrsreichen Stadtzentren ein Abbau von O_3 durch NO erfolgt.

Bei zusätzlicher Emission von SO_2 kann auch SO_3 und H_2SO_4 am Photosmog beteiligt sein.

Reaktionskette:

$$SO_2 + OH \rightarrow SO_2OH$$

$$SO_2OH + O_2 \rightarrow SO_3 + HO_2$$

$$HO_2 + NO \rightarrow OH + NO_2$$

Bilanz: $SO_2 + O_2 + NO \rightarrow SO_3 + NO_2$

$$SO_3 + H_2O \rightarrow H_2SO_4$$

Für die Entstehung von SO_3 bzw. H_2SO_4 aus SO_2 ohne Beteiligung von NO gibt es mehrere Reaktionswege. Einer davon ist die katalytische Oxidation von SO_2 an schwermetallhaltigen Ruß- und Staubteilchen:

$$SO_2 + H_2O + 0{,}5\,O_2 \rightarrow H_2SO_4$$

Nebel begünstigt den Reaktionsablauf. Der schwefelsäurehaltige Nebel, der in der Luft bleibt und nicht ausregnet wird als *Saurer Smog* (London-Smog; smog ist eine Kombination aus smoke und fog) bezeichnet. Er entsteht bevorzugt morgens und abends in der feuchtkalten Jahreszeit.

4.11.2.4 Umweltbelastungen durch Luftschadstoffe

Gesundheitsgefährdung. Schädigung der Atemwege. Risikogruppen sind Kinder und Personen mit Bronchialerkrankungen. Zu beachten ist, daß Ozon wenig wasserlöslich ist und daher viel weiter in die Lunge eindringt als z. B. SO_2.

Versäuerung von Böden und Gewässern. Durch die im Regenwasser gelösten Stoffe wie SO_2, HNO_3, H_2SO_4, entsteht *Saurer Regen*. Fällt er auf kalkarme Gesteine, z. B. Granit, dann wird die Säure nicht neutralisiert, Böden und Gewässer versäuern. Solche Gebiete gibt es in Skandinavien, Kanada, Nordost-USA und in einigen Alpenregionen. Gewässer mit einem pH-Wert kleiner als 5 sind tot. Dieser Zustand ist in vielen Seen Skandinaviens und Kanadas bereits erreicht. In Norwegen stammen 90 % der SO_2-Depositionen aus anderen Ländern, in Kanada zwei Drittel aus den USA.

Durch saure Oberflächenwässer werden sedimentierte Schwermetalle mobilisiert, das Grundwasser kann kontaminiert werden, die Schwermetalle können in die Nahrungskette gelangen.

Schäden an Baudenkmälern. Carbonathaltige Baustoffe werden durch SO_2-Emissionen in Sulfate umgewandelt.

$$CaCO_3 + H_2SO_4 \rightarrow CaSO_4 + CO_2 + H_2O$$

Die Sulfate haben ein größeres Volumen als die Carbonate, ihre Bildung sprengt das Gesteinsgefüge. Carbonathaltige Natursteine sind Kalkstein $CaCO_3$ und basisch gebundener Sandstein. (Die SiO_2-Körner werden durch eine basische Matrix z. B. Dolomit $CaMg(CO_3)_2$ verbunden.)

Waldschäden. Waldsterben durch „Rauchschäden" ist eine Folge hoher SO_2-Konzentrationen im Einflußgebiet großer Braunkohlekraftwerke, z. B. in Böhmen und Sachsen. *Neuartige Waldschäden* treten großflächig überwiegend in wenig belasteten „Reinluftgebieten" auf. 2001 waren in der BR Deutschland nur 36 % der Bäume ohne Schäden. Deutliche Schäden zeigten 22 %, besonders betroffen sind Buchen und Eichen. Die Ursachen sind komplex, aber Luftverunreinigungen spielen eine wichtige Rolle. Nadeln und Blätter werden durch SO_2, NO_x, O_3 und andere Photooxidantien direkt geschädigt. Saurer Regen führt durch Versäuerung des Waldbodens zu einem Ca^{2+}- und Mg^{2+}-Mangel und zur Freisetzung von Al^{3+}-Ionen, die für Pflanzen toxisch sind.

4.11.2.5 Eutrophierung, Zeolithe

Das auf der Erde vorhandene Wasser besteht zu 97,4 % aus Salzwasser und zu 2,6 % aus Süßwasser. Als Trinkwasser verfügbar sind 0,27 %. Im Jahr 2000 hatten mehr als 1 Milliarde Menschen keinen Zugang zu sauberem Trinkwasser. Der Wasserbedarf für Haushalte und Kleingewerbe in der BR Deutschland beträgt etwa 4,4 Milliarden m³ pro Jahr, der häusliche Wasserverbrauch pro Person und Tag betrug

1999 130 l. Der Wasserbedarf an Trinkwasser wird zu 73% aus Grundwasser und Quellwasser gedeckt. Eine Gefährdung des Grundwassers sind Nitrate (vgl. dort) und Pestizide aus der Landwirtschaft und eine Versalzung des Grundwassers durch die Salzfracht ($CaCl_2$, $MgCl_2$, KCl) großer Flüsse. Der Rhein z. B. transportiert pro Jahr ca. 10 000 t Cl als Chloride, die aus anthropogenen Quellen stammen.

Eine besondere *Gefahr für Gewässer ist die Belastung mit Phosphaten. Sie verursachen ein vermehrtes Algenwachstum. Man bezeichnet den Prozeß der Anreicherung anorganischer Pflanzennährstoffe und die daraus folgende steigende Produktion pflanzlicher Biomasse als Eutrophierung.* Abgestorbene Pflanzenmassen sinken auf den Gewässerboden und werden dort unter Sauerstoffverbrauch (aerob) bakteriell zersetzt. Aus dem organisch gebundenen Phosphor entsteht unlösliches Fe(III)-Phosphat. Hält dieser Prozeß durch kontinuierliche Phosphatzufuhr an, so kommt es zu einem Sauerstoffdefizit, die abgestorbene Biomasse zersetzt sich dann anaerob, es entstehen Methan und toxische Stoffwechselprodukte, z. B. H_2S und NH_3. Diese reduzieren Fe(III)-Phosphat zu löslichem Fe(II)-Phosphat, das sedimentierte Phosphat wird dadurch wieder in den biologischen Kreislauf zurückgeführt. Am Seeboden bildet sich sogenannter Faulschlamm. Lebewesen, die Sauerstoff benötigen, sterben, das Gewässer „kippt um", es geht in den hypertrophen Zustand über.

1975 stammten in der Bundesrepublik 40% der *in die Oberflächenwässer gelangten Phosphate aus Waschmitteln* . Sie enthielten bis zu 40% Pentanatriumtriphosphat $Na_5P_3O_{10}$ (vgl. Abschn. 4.6.11). Nach Erlaß der Phosphathöchstmengenverordnungen für Wasch- und Reinigungsmittel wurde erreicht, daß 1991/92 nur noch 7% des Phosphats in Gewässern aus Waschmitteln stammte. 1975 wurden 276 000 t $Na_5P_3O_{10}$ im Haushalt und gewerblichen Bereich verbraucht, 1993 waren es nur noch 15 000 t.

Wichtigster Phosphatersatzstoff ist der Zeolith A (vgl. Abschn. 4.7.10.2). 1991 wurden weltweit 700 000 t produziert. Bei den Polyphosphaten erfolgte die Enthärtung des Wassers (vgl. Abschn. 4.7.6.2) durch Komplexbildung mit den Ca^{2+}-Ionen. *Zeolithe wirken als Ionenaustauscher. Die Na^+-Ionen des Zeoliths werden gegen die Ca^{2+}-Ionen des Wassers ausgetauscht.* Zeolithe sind ökologisch unbedenklich, vermehren aber die Klärschlammengen in den Kläranlagen. 1998 betrug in der BR Deutschland der Verbrauch an Zeolith in Wasch- und Reinigungsmitteln 132 000 t.

Die seit den 70er Jahren verstärkten Abwasserreinigungsmaßnahmen haben zu einer erheblichen Verbesserung der *Gewässerqualität* geführt. 1998 waren in der Bundesrepublik 91% der Einwohner an kommunale Kläranlagen angeschlossen. 1995 waren 43% der Gewässer mäßig belastet, 4,5% unbelastet bis mäßig belastet, aber noch 44% kritisch belastet. Die meisten großen Flüsse waren mäßig belastet. Das größte Problem ist nach wie vor der Nährstoffeintrag aus der Landwirtschaft. Die angestrebte Halbierung der Nährstoffeinträge 1995 gegenüber 1985 über die Flüsse in die Meere (Beschluß der Nordseeschutzkonferenz) wurde für Phosphate erreicht, nicht aber für die Stickstoffeinträge.

Die Schwermetallbelastung der Nordsee, die hauptsächlich durch Flußeinträge bestimmt ist, nimmt langsam ab. So haben die zahlreichen Sanierungsmaßnahmen

z. B. im Rheingebiet zu einer erfreulichen Verringerung der Gehalte an Tensiden, chlorhaltigen organischen Verbindungen, Schwermetallen und Phosphorverbindungen geführt. Unverändert ist immer noch die Salzfracht und die Stickstofffracht des Rheins.

5 Die Elemente der Nebengruppen

Alle Nebengruppenelemente sind Metalle. Sie unterscheiden sich charakteristisch von den Metallen der Hauptgruppen. Außer den s-Elektronen der äußersten Schale sind auch die d-Elektronen der zweitäußersten Schale an chemischen Bindungen beteiligt. Die Nebengruppenmetalle treten daher in vielen Oxidationsstufen auf. Die meisten Ionen haben unvollständig besetzte d-Niveaus. Sie sind gefärbt und paramagnetisch und besitzen überwiegend eine ausgeprägte Neigung zur Komplexbildung. Durch Wechselwirkung paramagnetischer Momente der Ionen entsteht kollektiver Magnetismus. Viele Verbindungen sind nichtstöchiometrisch zusammengesetzt, wenn die Gitterplätze von Ionen verschiedener Oxidationsstufen besetzt sind.

Vor der Besprechung der acht Nebengruppen ist es zweckmäßig, dies in einigen theoretischen Kapiteln geschlossen abzuhandeln.

5.1 Magnetochemie

5.1.1 Materie im Magnetfeld

Ein Magnetfeld wird durch die *magnetische Induktion* (magnetische Flußdichte) B oder die *magnetische Feldstärke* (magnetische Erregung) H beschrieben. Im Vakuum gilt

$$B = \mu_0 H$$

Die SI-Einheit der magnetischen Induktion ist das Tesla (Einheitenzeichen T). 1 T = 1 Vs/m². Die SI-Einheit der magnetischen Feldstärke ist A/m. Die magnetische Feldkonstante $\mu_0 = 4\pi \cdot 10^{-7}$ Vs/Am. Die magnetische Induktion kann durch die Dichte von Feldlinien veranschaulicht werden.

Bringt man einen Körper in ein homogenes Magnetfeld, so ist im Inneren des Körpers nicht die Induktion $B_{außen}$, sondern eine neue Induktion B_{innen} vorhanden. Man kann das magnetische Verhalten durch zwei Größen beschreiben, die *Permeabilität* μ und die *Suszeptibilität* χ.

Aus der Beziehung

$$B_{innen} = \mu_r B_{außen}$$

erhält man μ_r als dimensionslose Proportionalitätskonstante. Sie wird Permeabilitätszahl (relative magnetische Permeabilität, Durchlässigkeit) eines Stoffes genannt.

Bezeichnet man die im Körper hinzukommende oder wegfallende Induktion, die *magnetische Polarisation*, mit J, so gilt

$$B_{\text{innen}} = B_{\text{außen}} + J$$

Aus der Beziehung

$$J = \chi_V B_{\text{außen}}$$

erhält man die Suszeptibilität (Aufnahmefähigkeit) χ_V eines Stoffes als dimensionslose Proportionalitätskonstante.

Es gilt auch

$$M = \chi_V H_{\text{außen}} \qquad \text{und}$$
$$J = \mu_0 M$$

M ist die Magnetisierung (SI-Einheit: A/m).

Man kann die Materie in drei Gruppen einteilen (Abb. 5.1).

Diamagnetische Stoffe $\mu_r < 1$ $\chi_V < 0$
Paramagnetische Stoffe $\mu_r > 1$ $\chi_V > 0$
Ferromagnetische Stoffe $\mu_r \gg 1$ $\chi_V \gg 0$

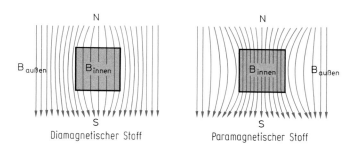

Abbildung 5.1   Verhalten diamagnetischer und paramagnetischer Stoffe in einem homogenen Magnetfeld. Ein diamagnetischer Stoff wird durch ein inhomogenes Magnetfeld abgestoßen, ein paramagnetischer Stoff in das Feld hineingezogen.

Der Chemiker gibt die Suszeptibilität meist nicht als volumenbezogene Suszeptibilität χ_V (Volumensuszeptibilität), sondern als molare (stoffmengenbezogene) Suszeptibilität χ_{mol} (Molsuszeptibilität) an. Für diese und die massenbezogene Suszeptibilität χ_g gilt

$$\chi_V V_m = \chi_g M = \chi_{\text{mol}}$$

V_m molares Volumen, M molare Masse. Es ist üblich χ_g in cm^3/g und χ_{mol} in cm^3/mol anzugeben.

Bei 300 K liegen die volumenbezogenen Suszeptibilitäten annähernd in folgenden Bereichen.

	χ_{v}
Diamagnetische Stoffe	-10^{-5} bis -10^{-4}
Paramagnetische Stoffe	$+10^{-5}$ bis $+10^{-3}$
Ferromagnetische Stoffe	$+10^{4}$ bis $+10^{5}$

5.1.2 Magnetisches Moment, Bohrsches Magneton

Fließt durch eine Spule ein elektrischer Strom, so entsteht ein Magnetfeld. Die Richtung des Feldes ist parallel zur Spulenachse. Die Spule stellt somit einen magnetischen Dipol dar und besitzt ein magnetisches Moment μ_{mag}. Ein Strom der Stärke I erzeugt auf einer Kreisbahn mit dem Radius r ein magnetisches Moment, das gleich dem Produkt aus Stromstärke und umflossener Fläche ist (Abb. 5.2)

$$\mu_{\mathrm{mag}} = I r^{2} \pi$$

Die SI-Einheit des magnetischen Moments ist $\mathrm{Am^{2}}$.

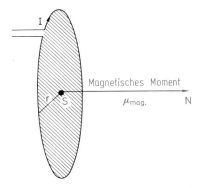

Abbildung 5.2   Entstehung eines magnetischen Dipols durch einen elektrischen Kreisstrom. Das magnetische Moment (magnetisches Dipolmoment) beträgt $\mu_{\mathrm{mag}} = I r^{2}\pi$. Die Richtung des Pfeils symbolisiert die Richtung des magnetischen Dipolmoments, seine Länge dessen numerische Größe.

Auch *ein um einen Atomkern sich bewegendes Elektron erzeugt ein magnetisches Feld. Es besitzt ein magnetisches Bahnmoment, wenn es einen Bahndrehimpuls besitzt.* Dies ist bei p-, d- und f-Elektronen der Fall (nicht bei s-Elektronen). *Auf Grund seines Eigendrehimpulses (Spin) besitzt es außerdem ein magnetisches Spinmoment.* Jeder Drehimpuls eines Elektrons ist mit einem magnetischen Moment nach der Gleichung

$$\mu_{\mathrm{mag}} = \frac{e}{2 m_{\mathrm{e}}}\, \hbar \sqrt{\mathrm{X}(\mathrm{X}+1)} \qquad (5.1)$$

gekoppelt. e Elementarladung, m_{e} Elektronenmasse, X Quantenzahl des Drehimpulses, h Planck-Konstante $\left(\hbar = \dfrac{h}{2\pi}\right)$.

Die magnetischen Momente von Atomen, Ionen und Molekülen werden in Bohr-Magnetonen μ_B *angegeben.*

$$\mu_B = \frac{e\hbar}{2m_e} \qquad (5.2)$$

Das Bohr-Magneton ist die kleinste Einheit des magnetischen Moments, es ist das elektronische Elementarquantum des Magnetismus. Setzt man für die Konstanten die Zahlenwerte ein, erhält man

$$\mu_B = 9{,}27 \cdot 10^{-4} \, \text{Am}^2$$

Für das magnetische Bahnmoment eines Elektrons erhält man aus den Gl. (5.1) und (5.2) mit $X = l$

$$\mu_l = \sqrt{l(l+1)} \, \mu_B$$

Für das Spinmoment muß ein *g-Faktor* (gyromagnetische Anomalie) eingeführt werden. Er hat annähernd den Wert 2. Mit $X = s$ erhält man

$$\mu_s = g\sqrt{s(s+1)} \, \mu_B$$

und mit $s = \frac{1}{2}$, $\mu_s = 1{,}7321 \, \mu_B$.

5.1.3 Elektronenzustände in freien Atomen und Ionen, Russel-Saunders-Terme

Das gesamte magnetische Moment von Atomen oder Ionen resultiert aus den Bahn- und Spinmomenten aller Elektronen. Für leichtere Atome (bis etwa zu den Lanthanoiden) erhält man den Gesamtdrehimpuls aus den einzelnen Elektronen nach einem Schema, das als *Russel-Saunders-Kopplung* oder *LS-Kopplung* bezeichnet wird.

Die Spins der einzelnen Elektronen m_s koppeln zu einem Gesamtspin M_S mit der Quantenzahl S

$$M_S = \Sigma m_s$$
$$M_S = S, S-1, S-2, \ldots, -S$$

Die Bahndrehimpulse der einzelnen Elektronen m_l koppeln zu einem Gesamtbahn-drehimpuls M_L mit der Quantenzahl L

$$M_L = \Sigma m_l$$
$$M_L = L, L-1, L-2, \ldots, -L$$

Analog zu den Bezeichnungen für einzelne Elektronen werden folgende Symbole verwendet.

L	0	1	2	3	4	5
Symbol	S	P	D	F	G	H

Gesamtspin und Gesamtbahndrehimpuls koppeln zu einem Gesamtdrehimpuls mit der Quantenzahl J

$$J = L + S, L + S - 1, L + S - 2, \ldots, L - S \qquad (L \geq S)$$
$$J = S + L, S + L - 1, S + L - 2, \ldots, S - L \qquad (S \geq L)$$

Die durch die Quantenzahlen S, L und J bestimmten Zustände nennt man Russel-Saunders-Terme. Das Symbol dafür ist $^{2S+1}L_J$. $2S + 1$ nennt man Spinmultiplizität.

Beispiel Kohlenstoffatom:

Es sind die möglichen Zustände (Terme) des Kohlenstoffatoms zu finden. Die Elektronenkonfiguration des C-Atoms ist $1s^2\,2s^2\,2p^2$. Vollständig gefüllte Schalen oder Unterschalen können außer acht gelassen werden. Für sie ist immer $M_L = 0$ und $M_S = 0$. Zu berücksichtigen sind also nur die beiden p-Elektronen. Für p-Elektronen ist $l = 1$ und jedes p-Elektron kann die m_l-Werte $+1, 0, -1$ annehmen. Die möglichen M_L-Werte liegen daher zwischen $+2$ und -2. Für jedes der beiden p-Elektronen ist $m_s = +\frac{1}{2}$ oder $m_s = -\frac{1}{2}$, die möglichen M_S-Werte sind $1, 0, -1$. In der Abb. 5.3 sind alle erlaubten Kombinationen von m_l- und m_s-Werten den $M_L M_S$-Kästchen zugeordnet. Sie führen zu drei Zuständen: $^3P, {}^1D, {}^1S$. Zum Term ^3P mit $L = 1$ und $S = 1$ gehören neun Kombinationen (graue Kästchen). Zum Term ^1D mit $L = 2$ und $S = 0$ gehören fünf Kombinationen (rote Kästchen) und zum Term ^1S eine Kombination mit $L = 0$ und $S = 0$ (weißes Kästchen). Bei Berücksichtigung der J-Werte erhält man die folgenden Terme: $^3P_2, {}^3P_1, {}^3P_0, {}^1D_2, {}^1S_0$.

M_L	M_S		
	1	0	-1
2			$(\overset{+}{1}, \overset{-}{1})$
1	$(\overset{+}{1}, \overset{+}{0})$	$(\overset{+}{1}, \overset{-}{0})$	$(\overset{-}{1}, \overset{+}{0})$
			$(\overset{+}{1}, \overset{+}{0})$ $(\overset{-}{1}, \overset{-}{0})$
0	$(\overset{+}{1}, -\overset{+}{1})$	$(\overset{+}{1}, -\overset{-}{1})$	$(\overset{-}{1}, -\overset{+}{1})$
			$(\overset{+}{0}, \overset{-}{0})$
-1	$(-\overset{+}{1}, \overset{+}{0})$	$(-\overset{+}{1}, \overset{-}{0})$	$(-\overset{-}{1}, \overset{+}{0})$
-2			$(-\overset{+}{1}, -\overset{-}{1})$

Abbildung 5.3 $M_L M_S$-Zustände für die Elektronenkonfiguration p^2. Die Zahlen bezeichnen die m_l-Werte; die m_s-Werte $+1/2$ und $-1/2$ sind mit $+$ bzw. $-$ gekennzeichnet.
Graue Kästchen: 9 Kombinationen mit $M_L = 1, 0, -1$ und $M_S = 1, 0, -1$, die zum Term ^3P mit $L = 1$, $S = 1$ gehören.
Rote Kästchen: 5 Kombinationen mit $M_L = 2, 1, 0, -1, -2$ und $M_S = 0$, die zum Term ^1D mit $L = 2$, $S = 0$ gehören.
Weißes Kästchen: 1 Kombination, sie gehört zum Term ^1S mit $L = 0$, $S = 0$.

Der Term mit der niedrigsten Energie, *der Grundzustand, kann nach den Regeln von Hund ermittelt werden.*

Der Grundterm besitzt den höchsten Wert der Spinmultiplizität $2S + 1$. Wenn mehrere Terme die gleiche Spinmultiplizität haben, dann ist der Term mit dem größeren L-Wert stabiler. Bei gleicher Spinmultiplizität und gleichem L-Wert ist in der ersten Hälfte einer Untergruppe der Term mit dem kleinsten J-Wert, in der zweiten Hälfte der mit dem größten J-Wert am stabilsten.

Der Grundterm des C-Atoms ist also der Term ${}^3P_0$. Der ${}^1D$-Term liegt 105 kJ/mol, der ${}^1S$-Term 135 kJ/mol über dem ${}^3P$-Grundterm (Abb. 5.4).

Die energetische Aufspaltung eines Terms auf Grund seiner verschiedenen J-Werte bezeichnet man als *Multiplettaufspaltung.* Die Energiedifferenz der Multipletterme ist im allgemeinen eine Größenordnung kleiner als die der ${}^{2S+1}L$-Terme. Jeder Multipletterm ist $(2J + 1)$-fach entartet. Im Magnetfeld wird die Entartung aufgehoben und es erfolgt eine Aufspaltung in $2J + 1$ Energieterme (*Zeeman-Aufspaltung*).

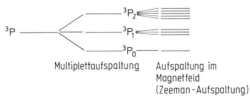

Multiplettaufspaltung   Aufspaltung im
Magnetfeld
(Zeeman-Aufspaltung)

Abbildung 5.4   Schematisches Termdiagramm der Konfiguration p^2.

Die Russel-Saunders-Terme für die Elektronenkonfigurationen $d^1 - d^9$ sind in der Tabelle 5.1 angegeben. Die Terme des Grundzustandes für alle Elektronenkonfigurationen enthält die Tabelle 2 in Anh. 2.

Tabelle 5.1   Russel-Saunders-Terme für die Elektronenkonfigurationen d^1–d^9

Konfiguration	${}^{2S+1}L$-Terme	Grundterme
d^1, d^9	${}^2D$	${}^2D_{3/2}$, ${}^2D_{5/2}$
d^2, d^8	${}^3F$, ${}^3P$, ${}^1G$, ${}^1D$, ${}^1S$	${}^3F_2$, ${}^3F_4$
d^3, d^7	${}^4F$, ${}^4P$, ${}^2H$, ${}^2G$, ${}^2F$, 2mal ${}^2D$, ${}^2P$	${}^4F_{3/2}$, ${}^4F_{9/2}$
d^4, d^6	${}^5D$, ${}^3H$, ${}^3G$, 2mal ${}^3F$, ${}^3D$, 2mal ${}^3P$, ${}^1I$, 2mal ${}^1G$, ${}^1F$, 2mal ${}^1D$, 2mal ${}^1S$	${}^5D_0$, ${}^5D_4$
d^5	${}^6S$, ${}^4G$, ${}^4F$, ${}^4D$, ${}^4P$, ${}^2I$, ${}^2H$, 2mal ${}^2G$, 2mal ${}^2F$, 3mal ${}^2D$, ${}^2P$, ${}^2S$	${}^6S_{5/2}$

5.1.4 Diamagnetismus

Diamagnetisch sind alle *Stoffe, deren Atome, Ionen oder Moleküle abgeschlossene Schalen oder Unterschalen haben.* Sie besitzen kein resultierendes magnetisches Moment, da sich die Spinmomente und die Bahnmomente der Elektronen kompensieren. Die meisten Substanzen sind diamagnetisch, weil die ungepaarten Elektronen der Atome bei der Bildung von Verbindungen abgesättigt werden.

Die durch ein Magnetfeld induzierte magnetische Polarisation ist dem äußeren Feld entgegengerichtet. Dies führt zu einer Schwächung im Inneren des diamagnetischen Stoffes: $\chi_{dia} < 0$ (Abb. 5.1).

Die diamagnetische Suszeptibilität ist unabhängig von der Feldstärke und der Temperatur.

Die diamagnetische Suszeptibilität eines Moleküls kann additiv aus empirischen Einzelwerten der Atome (χ_{Atom}) und der Bindungen ($\chi_{Bindung}$) des Moleküls berechnet werden.

$$\chi_{dia} = \Sigma\chi_{Atom} + \Sigma\chi_{Bindung}$$

Bei Ionenverbindungen erhält man die diamagnetische Suszeptibilität aus der Summe der Ionensuszeptibilitäten.

$$\chi_{dia} = \chi_{Kation} + \chi_{Anion}$$

5.1.5 Paramagnetismus

Atome, Ionen und Moleküle, in denen ungepaarte Elektronen vorhanden sind, besitzen ein permanentes magnetisches Moment (vgl. Abschn. 5.1.2). Ohne äußeres Feld sind die magnetischen Momente statistisch verteilt und heben sich daher gegenseitig auf. Legt man ein äußeres Feld an, so richten sich die magnetischen Momente in Feldrichtung aus, es entsteht ein Magnetfeld, das dem äußeren Feld gleichgerichtet ist. Ein solcher Stoff ist paramagnetisch: $\chi_{para} > 0$ (Abb. 5.1).

Die paramagnetische Suszeptibilität ist unabhängig von der Feldstärke, aber temperaturabhängig, da eine Temperaturzunahme der Ausrichtung der permanenten Magnete im äußeren Feld entgegenwirkt.

Der diamagnetische Effekt tritt bei allen Stoffen auf.

$$\chi = \chi_{dia} + \chi_{para}$$

Der Diamagnetismus ist mehrere Größenordnungen schwächer als der Paramagnetismus. (Eine Ausnahme ist der Paramagnetismus des Elektronengases von Metallen.) *Substanzen mit ungepaarten Elektronen sind* daher *paramagnetisch.* Die gemessene Suszeptibilität paramagnetischer Stoffe χ ist etwas kleiner als die wahre paramagnetische Suszeptibilität χ_{para}, da χ_{dia} negativ ist.

Die Temperaturabhängigkeit der paramagnetischen Suszeptibilität kann mit dem *Curie-Gesetz*

$$\chi_{\text{para}} = \frac{C}{T}$$

bzw. mit dem *Curie-Weiss-Gesetz*

$$\chi_{\text{para}} = \frac{C}{T - \Theta}$$

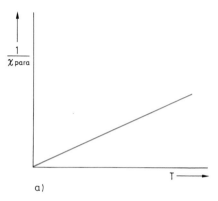
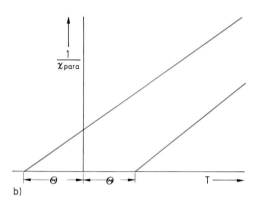

Abbildung 5.5   Abhängigkeit der paramagnetischen Suszeptibilität von der Temperatur
a) Curie-Gesetz $\dfrac{1}{\chi_{\text{para}}} = \dfrac{T}{C}$
b) Curie-Weiss-Gesetz $\dfrac{1}{\chi_{\text{para}}} = \dfrac{T - \Theta}{C}$; Θ, die paramagnetische Curie-Temperatur, kann positiv oder negativ sein.

beschrieben werden (Abb. 5.5). Θ, die paramagnetische Curie-Temperatur, kann positiv oder negativ sein. Ihr Vorhandensein bedeutet, daß die magnetischen Dipole der Teilchen nicht unabhängig voneinander sind, sondern daß ihre Orientierung durch die Orientierung der Nachbardipole beeinflußt wird. Für die Curie-Konstante C gilt

$$C = \frac{\mu_0 N_A}{3k} \mu_{\text{mag}}^2$$

μ_0 magnetische Feldkonstante, N_A Avogadro-Konstante, k Boltzmann-Konstante.
    Durch Messung der volumenbezogenen Suszeptibilität, Umrechnung auf die molare Suszeptibilität und Abzug der diamagnetischen Suszeptibilität erhält man die paramagnetische Suszeptibilität. Daraus kann das magnetische Moment ermittelt werden.

$$\mu_{\text{exp}} = \sqrt{\frac{3k}{\mu_0 N_A} \chi_{\text{para}}(T - \Theta)}$$

Zur magnetochemischen Lösung von Strukturproblemen wird das experimentelle ma-

gnetische Moment μ_{exp} *mit dem berechneten magnetischen Moment verglichen.* **Man bezeichnet letzteres als effektives magnetisches Moment** μ_{eff}.

Für die Berechnung der magnetischen Momente kann man zwei Grenzfälle unterscheiden.

Wenn die Kopplung zwischen Gesamtbahndrehimpuls und Gesamtspin stark ist, dann ist die Multiplettaufspaltung viel größer als kT. Alle Teilchen befinden sich daher im Zustand niedrigster Energie, der durch die Quantenzahl J bestimmt ist. Dafür erhält man (vgl. Gleichung 5.1 und Gleichung 5.2)

$$\mu_{eff} = g_J \mu_B \sqrt{J(J+1)}$$

$$g_J = 1 + \frac{J(J+1) + S(S+1) - L(L+1)}{2J(J+1)}$$

Dieser Fall ist bei den Lanthanoiden realisiert. Bei ihnen kommt das paramagnetische Moment durch die 4f-Elektronen zustande. Diese inneren Elektronen sind nicht an Bindungen beteiligt und nach außen gegen den Einfluß von Ligandenfeldern weitgehend abgeschirmt. Abb. 5.6 zeigt die gute Übereinstimmung zwischen μ_{exp} und μ_{eff}.

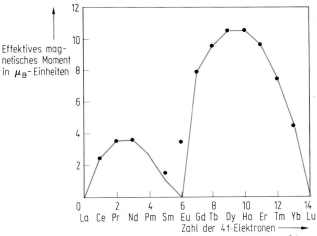

Abbildung 5.6   Magnetische Momente der Lanthanoidionen Ln^{3+}

Mit der Beziehung $\mu = g_J\sqrt{J(J+1)}\,\mu_B$ berechnete magnetische Momente ($-$). Die Grundterme sind in der Tabelle 5.9 angegeben.
Beispiel: Terbium Tb, Grundterm $^7F_6$

$$2S + 1 = 7; \; S = 3; \; L = 3, \; J = 6$$

$$g_J = 1 + \frac{6(6+1) + 3(3+1) - 3(3+1)}{2 \cdot 6(6+1)} = \frac{3}{2}$$

$$\mu = \frac{3}{2}\sqrt{6(6+1)}\,\mu_B = 9{,}72\,\mu_B$$

● Experimentelle magnetische Momente. Nur für Sm^{3+} und Eu^{3+} sind die experimentellen Werte größer. Bei beiden Ionen liegt der erste angeregte J-Zustand relativ nahe über dem Grundzustand, so daß er bei normaler Temperatur teilweise besetzt ist. Da die angeregten Zustände höhere J-Werte als der Grundzustand besitzen, sind die experimentellen magnetischen Momente größer, als die Berechnung unter ausschließlicher Berücksichtigung des Grundzustandes ergibt.

Bei schwacher Spin-Bahn-Kopplung ist die Multiplettaufspaltung viel kleiner als kT. Die Teilchen haben keinen durch J bestimmten Gesamtdrehimpuls. Der durch L bestimmte Bahndrehimpuls und der durch S bestimmte Spin nehmen unabhängig voneinander alle im Raum erlaubten Lagen ein. Das effektive magnetische Moment beträgt

$$\mu_{\text{eff}} = \mu_B \sqrt{L(L+1) + 4S(S+1)}$$

Oft sind die Bahnmomente ganz oder teilweise unterdrückt. Mit $L = 0$ erhält man die „spin-only"-Werte.

$$\mu_{\text{eff}} = 2\mu_B \sqrt{S(S+1)}$$

Tabelle 5.2   Vergleich berechneter und experimenteller magnetischer Momente für 3d-Ionen.

Anzahl der d-Elektronen	Ion	Grundterm	$\dfrac{\mu_{\text{eff}}}{\mu_B}$			$\dfrac{\mu_{\exp}}{\mu_B}$
			$g_J\sqrt{J(J+1)}$	$\sqrt{L(L+1)+4S(S+1)}$	$2\sqrt{S(S+1)}$	
0	Sc^{3+}	$^1S_0$	0	0	0	0
1	Ti^{3+}	$^2D_{3/2}$	1,55	3,00	1,73	1,7–1,8
	V^{4+}					1,6–1,8
2	V^{3+}	$^3F_2$	1,63	4,47	2,83	2,8–2,9
	Ti^{2+}					
3	V^{2+}	$^4F_{3/2}$	0,70	5,20	3,87	3,8–3,9
	Cr^{3+}					3,7–3,9
	Mn^{4+}					3,8–4,0
4	Cr^{2+}	$^5D_0$	0	5,48	4,90	4,8–4,9
	Mn^{3+}					4,9–5,0
5	Mn^{2+}	$^6S_{5/2}$	5,92	5,92	5,92	5,7–6,1
	Fe^{3+}					5,7–6,0
6	Co^{3+}	$^5D_4$	6,71	5,48	4,90	5,1–5,7
7	Co^{2+}	$^4F_{9/2}$	6,63	5,20	3,87	4,3–5,2
	Ni^{3+}					
8	Ni^{2+}	$^3F_4$	5,59	4,47	2,83	2,8–3,5
9	Cu^{2+}	$^2D_{5/2}$	3,55	3,00	1,73	1,8–2,1
10	Cu^+	$^1S_0$	0	0	0	0
	Zn^{2+}					

Beispiel:

V^{3+}, Grundterm $^3F_2$

$2S + 1 = 3$; $S = 1$; $L = 3$, $J = 2$

$2\sqrt{S(S+1)} = 2\sqrt{1(1+1)} = 2,83$

$\sqrt{L(L+1) + 4S(S+1)} = \sqrt{3(3+1) + 4(1+1)} = 4,47$

$g_J = 1 + \dfrac{J(J+1) + S(S+1) - L(L+1)}{2J(J+1)} = 1 + \dfrac{2(2+1) + 1(1+1) - 3(3+1)}{2 \cdot 2(2+1)} = \dfrac{2}{3}$

$g_J\sqrt{J(J+1)} = \dfrac{2}{3}\sqrt{2(2+1)} = 1,63$

Beispiele sind die Verbindungen der 3d-Übergangsmetalle (Tabelle 5.2), bei denen die paramagnetischen Eigenschaften der 3d-Ionen durch die sie umgebenden Liganden beeinflußt werden. Bei den Ionen der ersten Hälfte der 3d-Elemente stimmen die experimentellen magnetischen Momente mit den spin-only-Werten überein. Bei den Ionen der zweiten Hälfte sind durch das Kristallfeld die Bahnmomente nur teilweise unterdrückt.

5.1.6 Spinordnung, Spontane Magnetisierung

Beim Diamagnetismus und beim Paramagnetismus erfolgt keine Wechselwirkung zwischen den Atomen, Ionen und Molekülen, sie sind magnetisch isoliert. Die magnetischen Eigenschaften sind annähernd additiv aus denen der einzelnen Teilchen zusammengesetzt.

Wenn in Feststoffen Wechselwirkungen zwischen den Spins paramagnetischer Teilchen auftreten, sprechen wir von kooperativem oder kollektivem Magnetismus. Sind die Teilchen, zwischen denen die Wechselwirkung auftritt, benachbart, ist eine direkte Wechselwirkung vorhanden. Bei indirekter Wechselwirkung wird die Austauschwechselwirkung durch die Elektronen diamagnetischer Ionen vermittelt, die sich zwischen den paramagnetischen Teilchen befinden.

Unterhalb einer charakteristischen Temperatur erfolgt auf Grund der Spin-Spin-Wechselwirkung eine Spinordnung und eine spontane Magnetisierung. Die Spinordnung stellt sich ohne äußeres Feld ein. Es existiert unterschiedlich zu diamagnetischen und paramagnetischen Stoffen eine komplizierte Abhängigkeit der Suszeptibilität von der Feldstärke.

Es gibt verschiedene Spinordnungen. Am wichtigsten ist die parallele Ausrichtung der Spins (ferromagnetische Spinordnung) und die antiparallele Ausrichtung der Spins (antiferromagnetische Spinordnung). Außerdem gibt es Spinordnungen mit komplizierten Spiralstrukturen und verkantete Spinstrukturen (Abb. 5.7).

Spinorientierung		Beispiele
↑↑↑↑↑↑	ferromagnetisch	Fe, Co, Ni, Tb, Dy, Gd, CrO$_2$
↑↓↑↓↑↓	antiferromagnetisch	MnO, CoO, NiO, FeF$_2$, MnF$_2$
↑↓↑↓↑↓	ferrimagnetisch	Ferrite, Granate
/\/\/\	verkantet	FeF$_3$, FeBO$_3$ (schwache Ferromagnetika)
	spiralförmig (nur ein Beispiel für spiralförmige Spinstrukturen)	Lanthanoide

Abbildung 5.7   Schematische Darstellung verschiedener Spinstrukturen.

Ferromagnetismus

Unterhalb der Curie-Temperatur T_C erfolgt innerhalb eines kleinen Bereichs, der sogenannten „Domäne" (*Weissscher Bereich*) *eine parallele Kopplung der Spins benachbarter Atome.* Die Suszeptibilität ist 10^7 bis 10^{10} mal größer als die der Paramagne-
tika, sie erreicht ihren größten Wert bei $T = 0$ K. Mit steigender Temperatur nimmt
die magnetische Polarisation, also auch die Suszeptibilität ab, da sich innerhalb der
Weissschen Bezirke die magnetischen Spinmomente teilweise antiparallel zueinander
orientieren. Oberhalb der Curie-Temperatur bricht die Spinkopplung zusammen, es
gilt dann das Curie-Weiss-Gesetz. Θ ist bei ferromagnetischen Stoffen positiv
(Abb. 5.8).

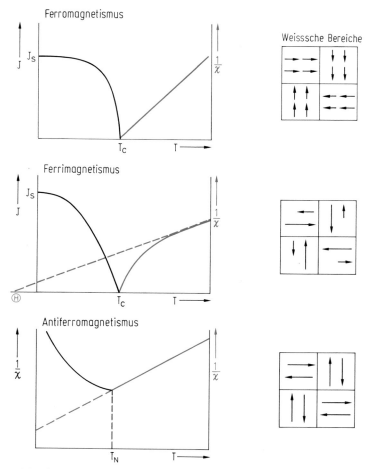

Abbildung 5.8   Schematische Darstellung des Verlaufs der spontanen Magnetisierung und der
reziproken Suszeptibilität ferro-, ferri- und antiferromagnetischer Stoffe als Funktion der Temperatur (Schwarze Kurven: Bereiche des kooperativen Magnetismus. Rote Kurven: Paramagnetische Bereiche).

Nach außen ist ein ferromagnetischer Stoff auch unterhalb T_C unmagnetisch, da die Richtungen der Magnetisierung der einzelnen Weissschen Bereiche statistisch verteilt sind, so daß ein Gesamtmoment Null resultiert (Abb. 5.8). In einem Magnetfeld erfolgt eine Magnetisierung des ferromagnetischen Stoffes, da sich die magnetischen Momente der Weissschen Bereiche im Feld ausrichten (Abb. 5.9).

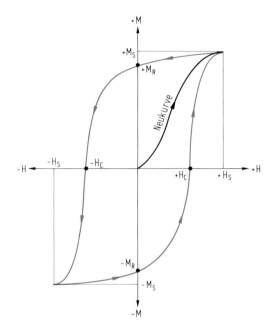

Abbildung 5.9   Hysterese-Schleife von ferromagnetischen und ferrimagnetischen Stoffen. In einem Magnetfeld richten sich die magnetischen Momente der Weissschen Bereiche im Feld aus. Die Magnetisierung M wächst solange mit der Feldstärke, bis bei H_S eine vollständige Spinausrichtung erfolgt ist; man erhält dann die Sättigungsmagnetisierung M_S. Verringert man die Feldstärke des äußeren Feldes auf Null, verläuft die Magnetisierung nicht entlang der Neukurve, sondern in einer Hysterese-Schleife. Bei $H = 0$ verbleibt eine Magnetisierung M_R (Remanenzmagnetisierung). Es ist ein Permanentmagnet entstanden. Erst bei einem Feld $-H_C$ (Koerzitivfeldstärke) erreicht man wieder die Magnetisierung $M = 0$. Bei $-H_S$ erhält man die Sättigungsmagnetisierung $-M_S$. Verringert man die Feldstärke und kehrt ihre Richtung um, verläuft die Magnetisierung in Pfeilrichtung über $M = -M_R$, $M = 0$ nach $M = +M_S$. „Magnetisch harte" Werkstoffe sind solche mit einer großen Remanenzmagnetisierung und großer Koerzitivfeldstärke (Permanentmagnete).

Ferromagnetismus tritt bei Fe, Co, Ni, Gd, Dy, EuS, CrO_2 sowie Legierungen aus Cu, Al und Mn (Heuslersche Legierungen) auf. Diese Stoffe bestehen aus Atomen mit nicht abgeschlossenen d- oder f-Unterschalen

Ferrimagnetismus

Innerhalb eines Weissschen Bereichs erfolgt unterhalb der ferrimagnetischen Curie-

Temperatur T_C eine antiparallele Kopplung verschieden großer Spinmomente. Es resultiert ein magnetisches Moment und es findet eine spontane Magnetisierung statt. Wegen der statistischen Verteilung der Momente der einzelnen Weissschen Bereiche tritt nach außen keine Magnetisierung auf und erst bei Einwirkung eines äußeren Feldes erfolgt Magnetisierung (Abb. 5.8). Die Abhängigkeit der Magnetisierung von der Temperatur und dem äußeren Feld ähnelt der ferromagnetischer Stoffe (Abb. 5.8 u. Abb. 5.9). Oberhalb der Curie-Temperatur gilt das Curie-Weiss-Gesetz, Θ ist negativ.

Wichtige Beispiele für ferrimagnetische Stoffe sind **Spinelle** und **Granate**. In Spinellen (vgl. Abb. 5.10) gibt es zwei Metalluntergitter. Das A-Untergitter besteht aus den Kationen, die tetraedrisch, das B-Untergitter aus den Kationen, die oktaedrisch von Sauerstoffionen koordiniert sind. In jedem Untergitter sind die Spins parallel zueinander orientiert. Zwischen den Untergittern ist die Orientierung antiparallel. Da die Momente der Untergitter verschieden sind, resultiert ein Gesamtmoment. Bei $T = 0$ K sind die Spins vollkommen orientiert, man erhält die Sättigungsmagnetisierung. In jedem Untergitter beträgt das Sättigungsspinmoment

$$\mu = g S \mu_B$$

Mit $g = 2$ und $n_B =$ Anzahl ungepaarter Elektronen folgt

$$\mu = n_B \mu_B$$

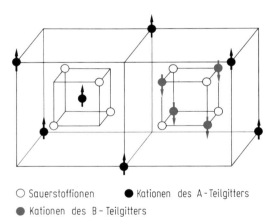

○ Sauerstoffionen   ● Kationen des A-Teilgitters
● Kationen des B-Teilgitters

Abbildung 5.10   Ferrimagnetische Kopplung der Spins in Spinellen (vgl. Abbildung 2.19). In jedem Teilgitter ist die Spinorientierung (durch Pfeile symbolisiert) parallel. Zwischen den beiden Untergittern ist die Spinorientierung antiparallel.

In der Tabelle 5.3 sind die experimentellen und die theoretischen Sättigungsmomente für verschiedene Ferrite $MeFe_2O_4$ (Me = Fe, Co, Ni, Mn, Zn, Cd) mit Spinell-Struktur angegeben. Der bekannteste Ferrit ist der Magnetit Fe_3O_4, ein inverser Spinell, bei dem das A-Untergitter von Fe^{3+}-Ionen, das B-Untergitter statistisch mit Fe^{3+}- und Fe^{2+}-Ionen besetzt ist.

Tabelle 5.3   Magnetische Momente einiger Ferrite mit Spinellstruktur in μ_B

Spinell	$n_B(A)$	$n_B(B)$	n_B(theor.)	n_B(exp.)*
$Fe^{3+}(Fe^{2+}Fe^{3+})O_4$	5	9	4	4,0–4,2
$Fe^{3+}(Co^{2+}Fe^{3+})O_4$	5	8	3	3,3–3,9
$Fe^{3+}(Ni^{2+}Fe^{3+})O_4$	5	7	2	2,2–2,4
$Mn_{0,8}^{2+}Fe_{0,2}^{3+}(Mn_{0,2}^{2+}Fe_{1,8}^{3+})O_4$	5	10	5	4,4–5,0
$Zn^{2+}(Fe_2^{3+})O_4$	0	0	0	0
$Cd^{2+}(Fe_2^{3+})O_4$	0	0	0	0

* Die größeren experimentellen magnetischen Momente werden wahrscheinlich durch Beiträge des Bahnmoments verursacht.

In der Abb. 5.11 ist für einige Ferrite die Magnetisierung in Abhängigkeit von der Temperatur wiedergegeben. Die Curie-Temperatur spiegelt die Größe der Austauschwechselwirkung wider.

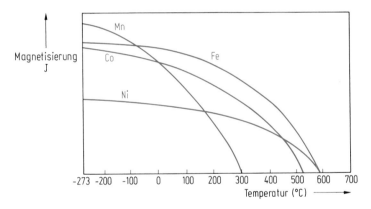

Abbildung 5.11   Temperaturabhängigkeit der spontanen Magnetisierung einiger Ferrite $MeFe_2O_4$ (Me = Fe, Mn, Co, Ni).

Die antiferromagnetische Kopplung zwischen den Metalluntergittern in Spinellen oder NaCl-Strukturen ist eine durch die Anionen vermittelte indirekte Austauschwechselwirkung. Sie wird *Superaustausch* genannt.

Ferrite der Zusammensetzung $Me_3^{3+}Fe_5^{3+}O_{12}$ (Me = Y, Gd, Tb, Dy, Ho, Er, Tm, Yb, Lu) kristallisieren in der komplizierten, kubischen Granat-Struktur. Die Elementarzelle enthält 8 Formeleinheiten, also 96 Sauerstoffionen. Die Sauerstoffionen sind nicht in einer der dichtesten Packungen angeordnet. Es gibt 3 Metalluntergitter. Die Seltenerdmetalle sind von 8 Sauerstoffionen dodekaedrisch umgeben. Zwei Fe^{3+}-Ionen sind oktaedrisch, drei tetraedrisch koordiniert. Die magnetischen Momente der beiden Fe-Untergitter sind antiparallel zueinander orientiert. Das resultierende Moment ist wiederum antiparallel zum Moment des Seltenerdmetalluntergitters orientiert. Für die beiden Fe-Untergitter folgt daraus mit $n_B(Fe) = 5$ das Sättigungsmoment

$$\mu_{Fe} = (3n_B(Fe) - 2n_B(Fe))\,\mu_B = 5\,\mu_B$$

Berücksichtigt man auch für die Lanthanoide (Ln) nur die Spinmomente, erhält man das Gesamtmoment nach

$$\mu_{Ges} = n_B\,\mu_B$$

mit $n_B = |3n_B(Ln) - 5|$

$n_B(Ln) = 2S$ ist gleich der Zahl ungepaarter Elektronen der Ln^{3+}-Ionen (vgl. Tab. 5.9).

	Y	Gd	Tb	Dy	Ho	Er	Tm	Yb	Lu
$n_B(Ln)$	0	7	6	5	4	3	2	1	0
n_B theor.	5	16	13	10	7	4	1	2	5
n_B exp.	4,72	16	18,2	16,4	15,2	10,4	1,2	0	5

Berechnete und gemessene magnetische Momente stimmen nur überein, wenn das Bahnmoment L = 0 beträgt. Bei allen anderen Lanthanoid-Ferriten ist das gemessene magnetische Moment wesentlich größer als der spin-only-Wert. Das Bahnmoment ist nur teilweise durch das Kristallfeld unterdrückt und liefert unterschiedlich zu Ferriten mit Spinellstruktur einen erheblichen Beitrag zum Gesamtmoment.

Der Neodym-YAG-Laser besteht aus Yttrium-Aluminium-Granat ($Y_3Al_5O_{12}$), in dem Y^{3+} durch etwas Nd^{3+} substituiert ist.

Antiferromagnetismus

Unterhalb der Néel-Temperatur T_N erfolgt eine spontane antiparallele Kopplung gleich großer Momente in einem Weissschen Bereich. Beim absoluten Nullpunkt ist die Ausrichtung vollkommen und es resultiert Diamagnetismus. Mit zunehmender Temperatur und damit zunehmender Wärmebewegung ist die Kopplung gestört, die Suszeptibilität χ nimmt zu und durchläuft bei T_N ein Maximum. Oberhalb T_N bricht die Spinordnung zusammen, die Substanz verhält sich normal paramagnetisch, mit zunehmender Temperatur nimmt χ ab (Abb. 5.8). Bei Antiferromagnetika resultiert aus der Spinkopplung keine magnetische Polarisation und im äußeren Feld erfolgt keine makroskopische Magnetisierung.

Antiferromagnetisch sind z.B. MnO (vgl. Abschn. 5.3), CoO, NiO, α-Fe_2O_3, FeF_2. Ihre Néel-Temperaturen betragen 122 K, 292 K, 523 K, 953 K und 80 K.

5.2 Mößbauerspektroskopie

Das beim Übergang eines angeregten Kernzustandes (Quelle) in den Grundzustand emittierte γ-Quant kann von einem gleichen Kern im Grundzustand (Absorber) absorbiert werden. Emission und Absorption müssen rückstoßfrei erfolgen (Abb. 5.12).

Die rückstoßfreie Kernresonanz von γ-Strahlen wird Mößbauer-Effekt genannt. Er wurde 1958 von R. Mößbauer entdeckt.

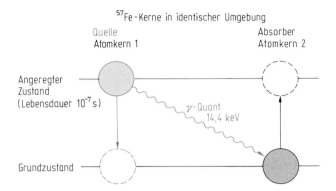

Abbildung 5.12 Kernresonanz von ^{57}Fe. Der angeregte Zustand des Eisenkerns hat eine Lebensdauer von 10^{-7}s. Beim Übergang in den Grundzustand wird ein γ-Quant der Energie von 14,4 keV abgegeben. Trifft es auf einen Eisenkern, der sich im Grundzustand befindet und dessen chemische Umgebung identisch ist, kann durch Absorption des γ-Quants Anregung erfolgen. Der Anteil rückstoßfreier Kernübergänge beträgt beim Eisen bei Raumtemperatur 70%. Rückstoßfreie Kernresonanz ist nur im festen Zustand möglich.
Angeregte ^{57}Fe-Kerne entstehen aus ^{57}Co-Kernen durch Elektroneneinfang. ^{57}Co hat eine Halbwertszeit von 270 Tagen.

Ist die Energiedifferenz zwischen angeregtem Zustand und Grundzustand für die Quelle und den Absorber nicht genau gleich, erfolgt keine Resonanz. Man kann aber die Resonanzbedingung dadurch herstellen, daß man dem γ-Quant Doppler-Energie zuführt. Bei der ^{57}Fe-Mößbauer-Spektroskopie wird die Quelle mit einer Geschwindigkeit zwischen -10 mm/s und $+10$ mm/s bewegt. Pro mm/s erhält das γ-Quant eine zusätzliche Energie von $5 \cdot 10^{-8}$ eV. Mißt man die Kernresonanz in Abhängigkeit von der Geschwindigkeit der Quelle, erhält man ein *Mößbauer-Spektrum* (Abb. 5.13).

Die Energieniveaus der Kernzustände werden durch die chemische Umgebung beeinflußt. Die Energieänderung ist von der Größenordnung $10^{-8} - 10^{-7}$ eV. *Aus den Wechselwirkungen zwischen dem Kern des Mößbaueratoms und den umgebenden Elektronen* – des Mößbaueratoms oder anderer Atome der Umgebung *–lassen sich chemische Informationen ableiten.* Drei Arten der Wechselwirkung können unterschieden werden (Abb. 5.14).

1. Elektrische Monopol-Wechselwirkung zwischen Atomkern und s-Elektronen am Kernort. Die Energie des Grundzustandes und die Energie des angeregten Zustandes werden unterschiedlich verändert. Die dadurch veränderte Übergangsenergie wird durch die *Isomerieverschiebung* δ registriert. δ liefert also eine Information über die s-Elektronendichte und läßt Rückschlüsse zu über Oxidationszustand, Koordination,

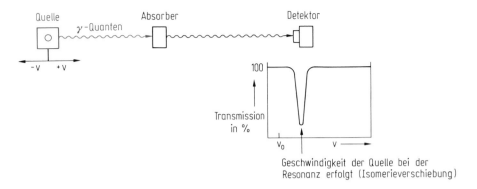

Abbildung 5.13   Mößbauer-Spektrum.
Bei einer charakteristischen Geschwindigkeit der Quelle erfolgt Resonanz. Die Resonanzabsorption der γ-Quanten wird vom Detektor als Schwächung der Strahlungsintensität der Quelle registriert. Es entsteht eine Mößbauerlinie. Die Linienbreite ist sehr klein (beim ^{57}Fe-Kern $5 \cdot 10^{-9}$ eV), man kann daher außerordentlich kleine Energieänderungen messen.

Elektronegativität von Liganden, π-Akzeptoreigenschaften von Liganden in Komplexen (vgl. Abschn. 5.4.6). Bei high-spin-Eisenverbindungen ändert sich die Elektronendichte deswegen mit der Oxidationszahl, weil bei unterschiedlicher Anzahl der d-Elektronen die s-Elektronen verschieden stark abgeschirmt werden.

2. Elektrische Quadrupolwechselwirkung zwischen dem elektrischen Quadrupolmoment des Kerns und einem inhomogenen elektrischen Feld am Kernort. Das Energieniveau des angeregten Zustandes des ^{57}Fe-Kerns spaltet symmetrisch auf (*Quadrupolaufspaltung Δ*). Es gibt zwei Resonanzabsorptionen, das Spektrum besteht aus einem Dublett. Bei Ionen mit kugelsymmetrischer Ladungsverteilung, z. B. Fe^{3+}, wird ein inhomogenes Feld durch eine nichtkubische Umgebung im Kristallgitter erzeugt (Gittereffekt). Beim Gittereffekt ist die Quadrupolaufspaltung klein. Verursacht die nichtkubische Umgebung eine nichtkugelsymmetrische Ladungsverteilung der Elektronenhülle wie z. B. beim Fe^{2+} (vgl. Abschn. 2.7.2), dann ist die Quadrupolaufspaltung groß (Valenzeffekt). Aus dem Vorhandensein und der Größe der Quadrupolaufspaltung erhält man Informationen über Molekülsymmetrie, Platzsymmetrie, Oxidationszustand, Koordination, Ligandenfeldaufspaltung.

3. Magnetische Dipolwechselwirkung zwischen dem magnetischen Dipolmoment eines Kerns mit einem magnetischen Feld am Kernort. Die Energieniveaus des Grundzustandes und des angeregten Zustandes werden aufgespalten (*Magnetische Aufspaltung ΔE_M*). Beim ^{57}Fe-Kern sind sechs Übergänge möglich, das Spektrum besteht aus einem Sextett. Die magnetische Aufspaltung liefert Informationen über den magnetischen Zustand (Ferromagnetismus, Ferrimagnetismus) und die Stärke innerer Magnetfelder. Aus den bei verschiedenen Temperaturen gemessenen Spektren können Curie-Temperaturen ermittelt werden.

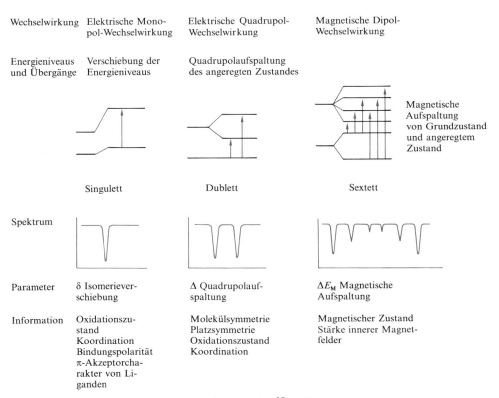

Abbildung 5.14   Hyperfeinwechselwirkungen des ^{57}Fe-Kerns.

In den meisten Spektren sind mehrere Wechselwirkungen überlagert.

Beispiel Fe_3O_4:

Fe_3O_4 ist ein inverser Spinell: $Fe^{3+}(Fe^{2+}Fe^{3+})O_4$. Er ist ferrimagnetisch und ein guter elektrischer Leiter. Die Analyse des gemessenen Mößbauer-Spektrums ergibt, daß es durch Überlagerung von zwei Sextetts erklärt werden kann (Abb. 5.15).

Der Mößbauer-Effekt wurde bei etwa einem Drittel der Elemente nachgewiesen. Die Mößbauer-Untersuchungen sind aber auf relativ wenige Elemente beschränkt. Am umfangreichsten und wichtigsten ist die ^{57}Fe-Mößbauer-Spektroskopie. Zahlreiche Untersuchungen gibt es aber auch von Sn, Sb, Te, I, Xe, Cs, Ni, Ru, Os, Ir, Pt, Au und einigen Lanthanoiden.

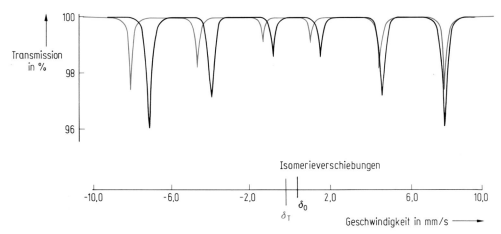

Abbildung 5.15   Mößbauer-Spektrum von Fe_3O_4. Das an polykristallinem Fe_3O_4 gemessene Spektrum ist eine Überlagerung der beiden dargestellten Sextetts. Das Sextett mit der kleineren Intensität (rot gezeichnet) stammt von tetraedrisch koordiniertem Eisen. Aus der Isomerieverschiebung folgt, daß dieses Sextett von Fe^{3+}-Ionen herrührt. Die Oktaederplätze sind von Fe^{2+}- und Fe^{3+}-Ionen besetzt. Sie ergeben aber nur ein Sextett (schwarz gezeichnet) mit einer Isomerieverschiebung, die der Oxidationsstufe 2,5 entspricht. Das Mößbauer-Spektrum registriert nur eine einheitliche Eisenspezies, und es beweist, daß auf den Oktaederplätzen ein schneller Elektronenaustausch zwischen Fe^{2+}- und Fe^{3+}-Ionen stattfindet. Die Größe des inneren Feldes ist für den Tetraederplatz größer (49,2 T) als für den Oktaederplatz (45,8 T).

5.3 Neutronenbeugung

Wie Elektronen (vgl. S. 37), so besitzen auch Neutronen Welleneigenschaften. Die Wellenlängen von Neutronenstrahlen haben die Größe der Atomabstände in Kristallen. *Man kann* daher analog der Röntgenbeugung (vgl. Abschn. 2.7.2) *Kristallstrukturuntersuchungen mit der Neutronenbeugung durchführen.*

Die Wechselwirkung der Neutronen mit dem Kristall ist durch zwei Prozesse annähernd gleicher Größenordnung bestimmt.

Kernstreuung: Wechselwirkung des Neutrons mit den Atomkernen auf Grund von Kernwechselwirkungskräften.

Das Streuvermögen für Röntgenstrahlen nimmt proportional mit der Ordnungszahl Z der Atome zu. Bei der Neutronenbeugung ist das Streuvermögen der Kerne regellos über die Elemente des PSE verteilt. So ist z. B. das Streuvermögen der Wasserstoffatome vergleichbar mit dem schwerer Elemente.

Magnetische Streuung: Magnetische Dipol-Dipol-Wechselwirkung des magnetischen Moments des Neutrons mit dem magnetischen Moment der Elektronenhülle.

Mit der Neutronenbeugung können Strukturprobleme gelöst werden, für die die Röntgenbeugung nicht geeignet ist.

Unterscheidung von Elementen ähnlicher Ordnungszahl.

Beispiel $MgAl_2O_4$:

$MgAl_2O_4$ kristallisiert im Spinell-Typ. Die Mg^{2+}- und Al^{3+}-Ionen sind isoelektro-nisch und röntgenographisch nicht unterscheidbar. Ihre Verteilung auf die beiden Plätze des Spinellgitters kann mit der Röntgenbeugung nicht bestimmt werden. Die Neutronenbeugung ergibt annähernd normale Verteilung (vgl. S. 84).

Lokalisierung leichter Elemente neben schweren Elementen. Besonders wichtig ist die Möglichkeit, die Positionen von Wasserstoffatomen zu bestimmen.

Beispiele:

Lokalisierung von Wasserstoffatomen in Wasserstoffbrücken, Hydriden und der leichten Atome in Carbiden und Nitriden von Schwermetallen.

Mit der magnetischen Streuung können bestimmt werden: Curie- und Néel-Tempera-turen. Magnetischer Ordnungszustand (Ferro-, Ferri-, Antiferromagnetismus). Grö-ße der magnetischen Elementarzelle, Verteilung der magnetischen Ionen im Kristall. Größe und Richtung der magnetischen Momente.

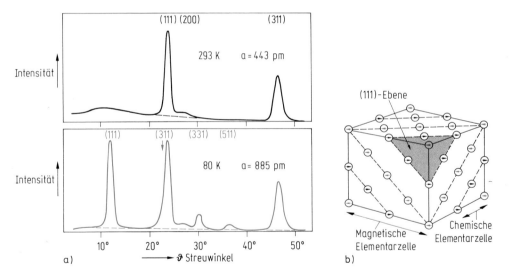

Abbildung 5.16   a) Neutronenbeugungsdiagramm von MnO oberhalb (–) und unterhalb ( ) der Néel-Temperatur. Die Beugungsreflexe oberhalb der Néel-Temperatur kommen nur durch Kernstreuung zustande. Unterhalb der Néel-Temperatur gibt es auf Grund der magnetischen Streuung zusätzliche Reflexe.
b) Magnetische Struktur von MnO (die Sauerstoffionen sind weggelassen). Die magnetische Elementarzelle des antiferromagnetischen MnO hat eine doppelt so große Gitterkonstante wie die chemische Elementarzelle. Die magnetische Struktur besteht aus (111)-Ebenen (gestrichelt dargestellte Flächen), in denen alle Spins der Mn^{2+}-Ionen parallel ausgerichtet sind. In den aufeinanderfolgenden Ebenen sind die Spins antiparallel orientiert, die Folge ist antiferroma-gnetisch.

Beispiel MnO:

MnO ist antiferromagnetisch, die Néel-Temperatur beträgt 120 K. Das Beugungs-diagramm oberhalb der Néel-Temperatur kommt nur durch Kernstreuung zustande. Es ist dem Röntgenbeugungsdiagramm analog. Unterhalb der Néel-Temperatur überlagert sich der Kernstreuung die magnetische Streuung, es treten zusätzliche Reflexe auf (Abb. 5.16a). Die magnetische Elementarzelle von MnO und der Ordnungszustand der Spins ist in der Abb. 5.16b dargestellt.

5.4 Komplexverbindungen

5.4.1 Aufbau und Eigenschaften von Komplexen

Komplexverbindungen werden auch als *Koordinationsverbindungen* bezeichnet. *Ein Komplex besteht aus dem Koordinationszentrum und der Ligandenhülle. Das Koordinationszentrum kann ein Zentralatom oder ein Zentralion sein. Die Liganden sind Ionen oder Moleküle.* Die Anzahl der vom Zentralteilchen chemisch gebundenen Liganden wird Koordinationszahl (KZ) genannt.

Beispiele:

Koordinations-zentrum	Ligand	Komplex	KZ
Al^{3+}	F^-	$[AlF_6]^{3-}$	6
Cr^{3+}	NH_3	$[Cr(NH_3)_6]^{3+}$	6
Fe^{3+}	H_2O	$[Fe(H_2O)_6]^{3+}$	6
Ni	CO	$Ni(CO)_4$	4
Ag^+	CN^-	$[Ag(CN)_2]^-$	2

Komplexionen werden in eckige Klammern gesetzt. Die Ladung wird außerhalb der Klammer hochgestellt hinzugefügt. Sie ergibt sich aus der Summe der Ladungen aller Teilchen, aus denen der Komplex zusammengesetzt ist.

Komplexe sind an ihren typischen Eigenschaften und Reaktionen zu erkennen.

Farbe von Komplexionen. Komplexionen sind häufig charakteristisch gefärbt. Eine wäßrige $CuSO_4$-Lösung z. B. ist schwachblau gefärbt. Versetzt man diese Lösung mit NH_3, entsteht eine tiefblaue Lösung. Die Ursache für die Farbänderung ist die Bildung des Ions $[Cu(NH_3)_4]^{2+}$. Eine wäßrige $FeSO_4$-Lösung ist grünlich gefärbt. Mit CN^--Ionen bildet sich der gelb gefärbte Komplex $[Fe(CN)_6]^{4-}$.

Elektrolytische Eigenschaften. Mißt man beispielsweise die elektrische Leitfähigkeit einer Lösung, die $K_4[Fe(CN)_6]$ enthält, so entspricht die Leitfähigkeit nicht einer Lösung, die Fe^{2+}-, K^+- und CN^--Ionen enthält, sondern einer Lösung mit den

Ionen K^+ und $[Fe(CN)_6]^{4-}$. Das Komplexion $[Fe(CN)_6]^{4-}$ ist also in wäßriger Lösung praktisch nicht dissoziiert.

Ionenreaktionen. Komplexe dissoziieren in wäßriger Lösung oft in so geringem Maße, daß die typischen Ionenreaktionen der Bestandteile des Komplexes ausbleiben können, man sagt, die Ionen sind „maskiert". Ag^+-Ionen z. B. reagieren mit Cl^--Ionen zu festem AgCl. In Gegenwart von NH_3 bilden sich $[Ag(NH_3)_2]^+$-Ionen, und mit Cl^- erfolgt keine Fällung von AgCl. Ag^+ ist maskiert. Fe^{2+} bildet mit S^{2-} in ammoniakalischer Lösung schwarzes FeS. $[Fe(CN)_6]^{4-}$ gibt mit S^{2-} keinen Niederschlag von FeS. Fe^{2+} ist durch Komplexbildung mit CN^- maskiert. An Stelle der für die Einzelionen typischen Reaktionen gibt es statt dessen charakteristische Reaktionen des Komplexions. $[Fe(CN)_6]^{4-}$ z. B. reagiert mit Fe^{3+} zu intensiv gefärbtem Berliner Blau $Fe_4[Fe(CN)_6]_3$.

Die bisher besprochenen Komplexe besitzen nur ein Koordinationszentrum. Man nennt diese Komplexe *einkernige Komplexe.*

Mehrkernige Komplexe besitzen mehrere Koordinationszentren. Ein Beispiel für einen zweikernigen Komplex ist das

Carbonylmangan $Mn_2(CO)_{10}$

$$\begin{bmatrix} OC & \begin{array}{c}CO\\|\end{array} & \begin{array}{c}CO\\|\end{array} & CO \\ OC-Mn-Mn-CO \\ OC & CO & CO & CO \end{bmatrix}$$

Die bisher besprochenen Liganden H_2O, NH_3, F^-, CN^- und CO besetzen im Komplex nur eine Koordinationsstelle. Man nennt sie daher *einzähnige Liganden.* Liganden, die mehrere Koordinationsstellen besetzen, nennt man *mehrzähnige Liganden.* Ein zweizähniger Ligand ist beispielsweise das CO_3^{2-}-Anion:

$$\begin{bmatrix} O-C \begin{array}{c} \nearrow O \searrow \\ \searrow O \nearrow \end{array} \end{bmatrix}^{2-}$$

Mehrzähnige Liganden, die mehrere Bindungen mit dem gleichen Zentralteilchen ausbilden, wodurch ein oder mehrere Ringe geschlossen werden, nennt man *Chelatliganden* (chelat, gr. Krebsschere).

Beispiele für Chelatliganden:

Ethylendiamin („en") ist zweizähnig.

$$\begin{array}{c} NH_2 \\ H_2C \\ | \\ H_2C \\ NH_2 \end{array}$$

Ethylendiamintetraessigsäure (EDTA) ist sechszähnig.

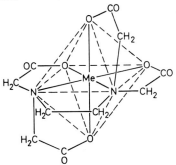

Die Atome, die mit dem Zentralteilchen koordinative Bindungen eingehen können, sind durch einen Pfeil markiert. Abb. 5.17 zeigt den räumlichen Bau eines EDTA-Komplexes.

Abbildung 5.17   Räumlicher Bau des Chelatkomplexes $[Me(EDTA)]^{2-}$.

5.4.2 Nomenklatur von Komplexverbindungen

Für einen Komplex wird zuerst der Name der Liganden und dann der des Zentralatoms angegeben. Anionische Liganden werden durch Anhängen eines o an den Stamm des Ionennamens gekennzeichnet.

Beispiele für die Bezeichnung von Liganden:

F^-	fluoro	H_2O	aqua
Cl^-	chloro	NH_3	ammin
OH^-	hydroxo	CO	carbonyl
CN^-	cyano		

Die Anzahl der Liganden wird mit vorangestellten griechischen Zahlen (mono, di, tri, tetra, penta, hexa) bezeichnet. Die Oxidationszahl des Zentralatoms wird am Ende des Namens mit in Klammern gesetzten römischen Ziffern gekennzeichnet.

Schema für kationische Komplexe am Beispiel von $[Ag(NH_3)_2]Cl$.

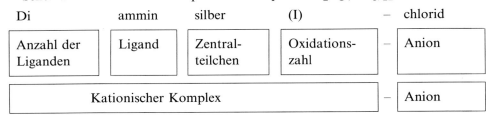

Weitere Beispiele:

$[Cu(NH_3)_4]^{2+}$ Tetraamminkupfer(II)
$[Ni(CO)_4]$ Tetracarbonylnickel(0)
$[Cr(H_2O)_6]Cl_3$ Hexaaquachrom(III)-chlorid

(Die Zahl der Cl-Atome braucht nicht bezeichnet zu werden, sie ergibt sich aus der Ladung des Komplexes.)

In negativ geladenen Komplexen endet der Name des Zentralatoms auf -at. Er wird in einigen Fällen vom lateinischen Namen abgeleitet.
    Schema für anionische Komplexe am Beispiel von $Na[Ag(CN)_2]$.

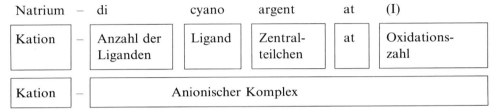

| Natrium | – | di | cyano | argent | at | (I) |

| Kation | – | Anzahl der Ligaden | Ligand | Zentral-teilchen | at | Oxidations-zahl |

| Kation | – | Anionischer Komplex | | | | |

Weitere Beispiele:

$[CoCl_4]^{2-}$ Tetrachlorocobaltat(II)
$[Al(OH)_4]^-$ Tetrahydroxoaluminat(III)
$K_4[Fe(CN)_6]$ Kalium-hexacyanoferrat(II)

(Die Zahl der K-Atome wird nicht bezeichnet. Sie ergibt sich aus der Ladung -4 des Komplexes.)

Bei verschiedenen Liganden ist die Reihenfolge
in der Formel: Anionische Liganden vor Neutralliganden
im Namen: Alphabetisch

Beispiel:
$[CrCl_2(H_2O)_4]^+$ Tetraaquadichlorochrom(III)

5.4.3 Räumlicher Bau von Komplexen, Isomerie

Häufige Koordinationszahlen in Komplexen sind 2, 4 und 6. Die räumliche Anordnung der Liganden bei diesen Koordinationszahlen ist linear, tetraedrisch oder quadratisch-planar und oktaedrisch. Beispiele für solche Komplexe sind in der folgenden Tabelle angegeben.
    Für die meisten Ionen gibt es bei wechselnden Liganden Komplexe mit unterschiedlicher Koordination. So kann z. B. Ni^{2+} oktaedrisch, tetraedrisch und quadratisch-planar koordiniert sein. *Einige Ionen* allerdings *bevorzugen ganz bestimmte Koordinationen*, nämlich Cr^{3+}, Co^{3+} und Pt^{4+} die oktaedrische, Pt^{2+} und Pd^{2+} die quadratisch-planare Koordination. Eine Erklärung dafür gibt die Ligandenfeldtheo-

rie (Abschn. 5.4.6). Die Koordinationszahl 2 tritt bei den einfach positiven Ionen Ag^+, Cu^+ und Au^+ auf.

KZ	Räumliche Anordnung der Liganden	Beispiele
2	●━━●━━● linear	$[Ag(NH_3)_2]^+$, $[Ag(CN)_2]^-$, $[AuCl_2]^-$, $[CuCl_2]^-$
4	tetraedrisch	$[BeF_4]^{2-}$, $[ZnCl_4]^{2-}$, $[Cd(CN)_4]^{2-}$, $[CoCl_4]^{2-}$, $[FeCl_4]^-$, $[Cu(CN)_4]^{3-}$, $[NiCl_4]^{2-}$
4	quadratisch-planar	$[PtCl_4]^{2-}$, $[PdCl_4]^{2-}$, $[Ni(CN)_4]^{2-}$, $[Cu(NH_3)_4]^{2+}$, $[AuF_4]^-$
6	oktaedrisch	$[Ti(H_2O)_6]^{3+}$, $[V(H_2O)_6]^{3+}$, $[Cr(H_2O)_6]^{3+}$, $[Cr(NH_3)_6]^{3+}$, $[Fe(CN)_6]^{4-}$, $[Fe(CN)_6]^{3-}$, $[Co(NH_3)_6]^{3+}$, $[Co(H_2O)_6]^{2+}$, $[Ni(NH_3)_6]^{2+}$, $[PtCl_6]^{2-}$

Konfigurationsisomerie (Stereoisomerie)

Komplexe, die dieselbe chemische Zusammensetzung und Ladung, aber einen verschiedenen räumlichen Aufbau haben, sind stereoisomer. Man unterscheidet verschiedene Arten der Stereoisomerie.

Bei dem quadratisch-planaren Komplex $Pt(NH_3)_2Cl_2$ gibt es zwei mögliche geometrische Anordnungen der Liganden.

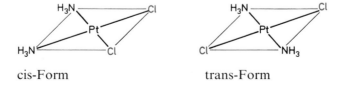

cis-Form   trans-Form

Bei der trans-Form stehen die gleichen Liganden einander gegenüber, bei der cis-Form sind sie einander benachbart.

Bei oktaedrischen Komplexen kann ebenfalls cis/trans-Isomerie auftreten. Ein Beispiel dafür ist der Komplex $[Cr(NH_3)_4Cl_2]^+$.

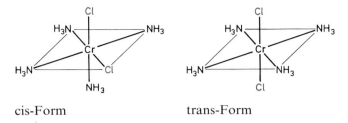

cis-Form   trans-Form

Bei tetraedrischen Komplexen ist keine cis/trans-Isomerie möglich.

Bei oktaedrischen Komplexen gibt es außerdem fac (facial)- und mer (meridional)-Isomerie.

Beispiel $[Rh(H_2O)_3Cl_3]$

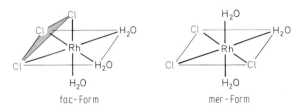

fac-Form   mer-Form

Optische Isomerie (Spiegelbildisomerie).

Bei tetraedrischer Koordination mit 4 verschiedenen Liganden sind zwei Formen möglich, die sich nicht zur Deckung bringen lassen und die sich wie die linke und rechte Hand verhalten oder wie Bild und Spiegelbild.

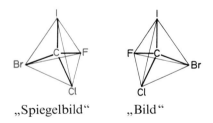

„Spiegelbild"   „Bild"

Bei oktaedrischer Koordination tritt optische Isomerie häufig in Chelatkomplexen auf.

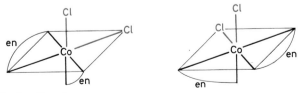

en = Ethylendiamin

Optische Isomere bezeichnet man auch als enantiomorph. Enantiomorphe Verbindungen besitzen identische physikalische Eigenschaften mit Ausnahme ihrer Wirkung auf linear polarisiertes Licht. Sie drehen die Schwingungsebene des polarisierten Lichts um den gleichen Betrag, aber in entgegengesetzter Richtung (optische Aktivität). Ein Gemisch optischer Isomere im Stoffmengenverhältnis 1 : 1 nennt man racemisches Gemisch.

Außerdem gibt es bei Verbindungen mit Komplexen:

Bindungsisomerie (Salzisomerie)

Sie tritt auf, wenn Liganden wie CN^- oder NO_2^- durch verschiedene Atome an das Zentralteilchen gebunden sind.

Me—C≡N| Me—N≡C|
Cyano-Komplex   Isocyano-Komplex

Me—N   Me—Ō—N̄=Ō
Nitro-Komplex   Nitrito-Komplex

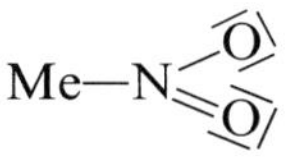

Beispiel (anionische Liganden vor Neutralliganden):

$[CoNO_2(NH_3)_5]^{2+}$ $[CoONO(NH_3)_5]^{2+}$

Koordinationsisomerie

Sie tritt bei Verbindungen auf, bei denen Anionen und Kationen Komplexe sind.

Beispiele:

$[Co(NH_3)_6][Cr(CN)_6]$ $[Cr(NH_3)_6][Co(CN)_6]$
$[Cu(NH_3)_4][PtCl_4]$ $[Pt(NH_3)_4][CuCl_4]$

Ionenisomerie

In einer Verbindung kann ein Ion als Ligand im Komplex oder außerhalb des Komplexes gebunden sein. In der Lösung treten dann verschiedene Ionen auf.

Beispiel (anionische Liganden vor Neutralliganden):

$[CoCl(NH_3)_5]SO_4$ $[CoSO_4(NH_3)_5]Cl$

Ein spezieller Fall der Ionenisomerie ist die **Hydratisomerie**

Beispiel (anionische Liganden vor Neutralliganden):

$[Cr(H_2O)_6]Cl_3$ $[CrCl(H_2O)_5]Cl_2 \cdot H_2O$ $[CrCl_2(H_2O)_4]Cl \cdot 2H_2O$

5.4.4 Stabilität und Reaktivität von Komplexen

Die Bildung eines Komplexes ist eine Gleichgewichtsreaktion, auf die sich das MWG anwenden läßt. Der Komplex entsteht durch stufenweise Anlagerung der Liganden L an das Zentralteilchen Me. Für einen Komplex MeL_4 erhält man die folgenden Gleichgewichte und Gleichgewichtskonstanten:

$$Me + L \rightleftharpoons MeL \qquad K_1 = \frac{c_{MeL}}{c_{Me} \cdot c_L}$$

$$MeL + L \rightleftharpoons MeL_2 \qquad K_2 = \frac{c_{MeL_2}}{c_{MeL} \cdot c_L}$$

$$MeL_2 + L \rightleftharpoons MeL_3 \qquad K_3 = \frac{c_{MeL_3}}{c_{MeL_2} \cdot c_L}$$

$$MeL_3 + L \rightleftharpoons MeL_4 \qquad K_4 = \frac{c_{MeL_4}}{c_{MeL_3} \cdot c_L}$$

Die Gleichgewichtskonstanten K werden als *individuelle Komplexbildungskonstanten* oder *Stabilitätskonstanten* bezeichnet.

Man kann die Bildung des Komplexes auch mit folgenden Gleichgewichten beschreiben:

$$Me + L \rightleftharpoons MeL \qquad \beta_1 = \frac{c_{MeL}}{c_{Me} \cdot c_L}$$

$$Me + 2L \rightleftharpoons MeL_2 \qquad \beta_2 = \frac{c_{MeL_2}}{c_{Me} \cdot c_L^2}$$

$$Me + 3L \rightleftharpoons MeL_3 \qquad \beta_3 = \frac{c_{MeL_3}}{c_{Me} \cdot c_L^3}$$

$$Me + 4L \rightleftharpoons MeL_4 \qquad \beta_4 = \frac{c_{MeL_4}}{c_{Me} \cdot c_L^4}$$

Die Konstanten β werden *Bruttokomplexbildungskonstanten* genannt.

Es gilt $\beta_n = K_1 \cdot K_2 \ldots K_n$
also $\beta_4 = K_1 \cdot K_2 \cdot K_3 \cdot K_4$

Fast immer ist $K_1 > K_2 > K_3 \ldots > K_n$

Beispiel:

$$Cd^{2+} + CN^- \rightleftharpoons [Cd(CN)]^+ \qquad K_1 = 10^{5,5}$$
$$[Cd(CN)]^+ + CN^- \rightleftharpoons [Cd(CN)_2] \qquad K_2 = 10^{5,2}$$
$$[Cd(CN)_2] + CN^- \rightleftharpoons [Cd(CN)_3]^- \qquad K_3 = 10^{4,6}$$
$$[Cd(CN)_3]^- + CN^- \rightleftharpoons [Cd(CN)_4]^{2-} \qquad K_4 = 10^{3,5} \qquad \beta_4 = 10^{18,8}$$

Eine anschauliche Darstellung der Gleichgewichtsverhältnisse bei der Komplexbildung zeigt Abb. 5.18.

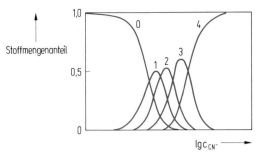

Abbildung 5.18   Gleichgewichtskonzentrationen von Cd^{2+} und der Komplexe $[Cd(CN)]^+$, $[Cd(CN)_2]$, $[Cd(CN)_3]^-$ und $[Cd(CN)_4]^{2-}$ in Abhängigkeit von der CN^--Konzentration. Die Ziffern an den Kurven geben die Anzahl der Liganden an (0 bedeutet Cd^{2+}, 4 bedeutet $[Cd(CN)_4]^{2-}$). Mit steigender CN^--Konzentration wird zunächst der Komplex $[Cd(CN)]^+$ gebildet, dann $[Cd(CN)_2]$ usw. Die Konzentrationen der Komplexe $[Cd(CN)]^+$, $[Cd(CN)_2]$ und $[Cd(CN)_3]^-$ durchlaufen ein Maximum. Auf ihre Kosten bildet sich $[Cd(CN)_4]^{2-}$, der schließlich der allein vorhandene Komplex ist.

Je größer die Komplexbildungskonstanten sind, um so beständiger ist ein Komplex. Komplexe, die nur sehr gering dissoziiert sind, nennt man starke Komplexe. In der Tabelle 5.4 sind für einige Komplexe die $\lg \beta$-Werte angegeben.

Tabelle 5.4   Komplexbildungskonstanten einiger Komplexe in Wasser

Komplex	$\lg \beta$	Komplex	$\lg \beta$
$[Ag(NH_3)_2]^+$	7	$[Cu(NH_3)_4]^{2+}$	13
$[Ag(S_2O_3)_2]^{3-}$	13	$[Fe(CN)_6]^{3-}$	44
$[Ag(CN)_2]^-$	21	$[Fe(CN)_6]^{4-}$	35
$[Au(CN)_2]^-$	37	$[Ni(CN)_4]^{2-}$	29
$[Co(NH_3)_6]^{2+}$	5	$[Zn(NH_3)_4]^{2+}$	10
$[Co(NH_3)_6]^{3+}$	35	$[Cu(CN)_4]^-$	27

(In der Literatur sind z. Teil sehr unterschiedliche Werte angegeben)

Chelatkomplexe sind stabiler als Komplexe des gleichen Zentralions mit einzähnigen Liganden (*Chelateffekt*).

Beispiel:

$$Ni^{2+} + 6\,NH_3 \rightleftharpoons [Ni(NH_3)_6]^{2+} \qquad \beta \approx 10^9$$

$$Ni^{2+} + 3\,en \quad \rightleftharpoons [Ni(en)_3]^{2+} \qquad \beta \approx 10^{18}$$

Von Komplexsalzen zu unterscheiden sind *Doppelsalze*. Sie sind in wäßrigen Lösungen in die einzelnen Ionen dissoziiert.

Beispiele:

$KAl(SO_4)_2 \cdot 12 H_2O$

$KMgCl_3 \cdot 6 H_2O$

$KMgCl_3 \cdot 6 H_2O$ dissoziiert in wäßriger Lösung in K^+-, Mg^{2+}- und Cl^--Ionen, es existiert kein Chlorokomplex.

Die Größe der Stabilitätskonstante ist für die *Maskierung* von Ionen wichtig. Die Stabilität des Komplexes $[Ag(NH_3)_2]^+$ reicht aus, um die Fällung von Ag^+ mit Cl^- zu verhindern ($L_{AgCl} = 10^{-10}$), Ag^+ ist maskiert. Sie reicht aber nicht aus, um die Fällung von Ag^+ mit I^- zu verhindern, da das Löslichkeitsprodukt von AgI viel kleiner ist ($L_{AgI} = 10^{-16}$). Aus dem stärkeren Komplex $[Ag(CN)_2]^-$ fällt auch mit I^- kein AgI aus.

Bei Ligandenaustauschreaktionen von Komplexen bildet sich der stärkere Komplex.

Beispiele:

$$[Cu(H_2O)_4]^{2+} + 4NH_3 \longrightarrow [Cu(NH_3)_4]^{2+} + 4H_2O$$
hellblau   tiefblau

$$[Ag(NH_3)_2]^+ + 2CN^- \longrightarrow [Ag(CN)_2]^- + 2NH_3$$

Die Gleichgewichtseinstellung des Ligandenaustauschs kann mit sehr unterschiedlicher Reaktionsgeschwindigkeit erfolgen. Komplexe, die rasch unter Ligandenaustausch reagieren, werden als labil (kinetisch instabil) bezeichnet. Dazu gehören die Komplexe $[Cu(H_2O)_4]^{2+}$ und $[Ag(NH_3)_2]^+$. Bei inerten (kinetisch stabilen) Komplexen erfolgt der Ligandenaustausch nur sehr langsam oder gar nicht. So wandelt sich beispielsweise der inerte Komplex $[CrCl_2(H_2O)_4]^+$ nur sehr langsam in den thermodynamisch stabileren Komplex $[Cr(H_2O)_6]^{3+}$ um. Man muß also zwischen der thermodynamischen Stabilität und der kinetischen Stabilität (Reaktivität) eines Komplexes unterscheiden.

5.4.5 Die Valenzbindungstheorie von Komplexen

Es wird angenommen, daß zwischen dem Zentralatom und den Liganden kovalente Bindungen existieren. *Die Bindung entsteht durch Überlappung eines gefüllten Ligandenorbitals mit einem leeren Orbital des Zentralatoms.* Die bindenden Elektronenpaare werden also von den Liganden geliefert. Die räumliche Anordnung der Liganden kann durch den Hybridisierungstyp der Orbitale des Zentralatoms erklärt werden. Die häufigsten Hybridisierungstypen (vgl. Abschn. 2.2.5) sind:

sp^3	tetraedrisch
dsp^2	quadratisch-planar
d^2sp^3	oktaedrisch

Abb. 5.19 zeigt das Zustandekommen der koordinativ kovalenten Bindungen (vgl.

Abschn. 2.2.3) im Komplex $[Cr(NH_3)_6]^{3+}$. Die Valenzbindungsdiagramme einiger Komplexe sind in der Abb. 5.20 dargestellt.

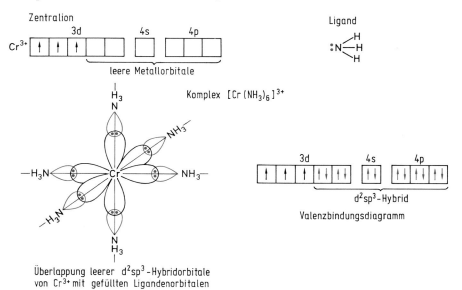

Abbildung 5.19   Zustandekommen der Bindungen im Komplex $[Cr(NH_3)_6]^{3+}$ nach der Valenzbindungstheorie.

Mit der Valenzbindungstheorie kann man Geometrie und magnetisches Verhalten der Komplexe (vgl. Abschn. 5.1) verstehen. Diese Theorie kann jedoch einige experimentelle Beobachtungen, vor allem die Farbspektren von Komplexen, nicht erklären.

5.4.6 Die Ligandenfeldtheorie

Die meisten Komplexe werden von Ionen der Übergangsmetalle gebildet. Die Übergangsmetallionen haben unvollständig aufgefüllte d-Orbitale. *In der Ligandenfeldtheorie wird die Wechselwirkung der Liganden eines Komplexes mit den d-Elektronen des Zentralatoms berücksichtigt.* Eine Reihe wichtiger Eigenschaften von Komplexen, wie magnetisches Verhalten, Absorptionsspektren, bevorzugtes Auftreten bestimmter Oxidationszahlen und Koordinationen bei einigen Übergangsmetallen, können durch das Verhalten der d-Elektronen im elektrostatischen Feld der Liganden erklärt werden.

5.4.6.1 Oktaedrische Komplexe

Ein Übergangsmetallion, z.B. Co^{3+} oder Fe^{2+}, besitzt fünf d-Orbitale. Bei einem isolierten Ion haben alle fünf d-Orbitale die gleiche Energie, sie sind entartet. Be-

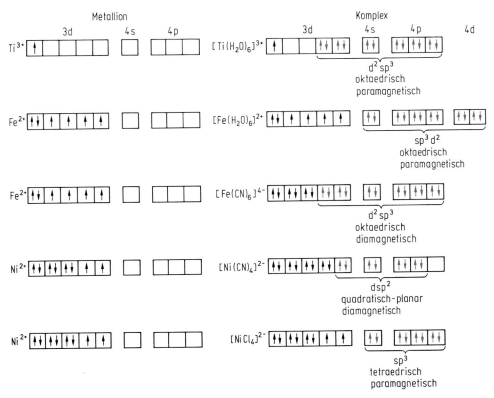

Abbildung 5.20   Valenzbindungsdiagramme einiger Komplexe. Die von den Liganden stammenden bindenden Elektronen sind rot gezeichnet. Die Ni^{2+}-Komplexe zeigen den Zusammenhang zwischen der Geometrie und den magnetischen Eigenschaften.

trachten wir nun ein Übergangsmetallion in einem Komplex mit sechs oktaedrisch angeordneten Liganden. Zwischen den d-Elektronen des Zentralions und den einsamen Elektronenpaaren der Liganden erfolgt eine elektrostatische Abstoßung, die Energie der d-Orbitale erhöht sich (Abb. 5.22). Die Größe der Abstoßung ist aber für die verschiedenen d-Elektronen unterschiedlich. Die Liganden nähern sich den Elektronen, die sich in d_{z^2}- und $d_{x^2-y^2}$-Orbitalen befinden und deren Elektronenwolken in Richtung der Koordinatenachsen liegen, stärker als solchen Elektronen, die sich in den d_{xy}-, d_{xz}- und d_{yz}-Orbitalen aufhalten und deren Elektronenwolken zwischen den Koordinatenachsen liegen (Abb. 5.21). Die d-Elektronen werden sich bevorzugt in den Orbitalen aufhalten, in denen sie möglichst weit von den Liganden entfernt sind, da dort die Abstoßung geringer ist. Die d_{xy}-, d_{xz}- und d_{yz}-Orbitale sind also energetisch günstiger als die d_{z^2}- und $d_{x^2-y^2}$-Orbitale. *Im oktaedrischen Ligandenfeld sind die d-Orbitale nicht mehr energetisch gleichwertig, die Entartung ist aufgehoben. Es erfolgt eine Aufspaltung in zwei Gruppen von Orbitalen* (Abb. 5.22). Die d_{z^2}- und $d_{x^2-y^2}$-Orbitale liegen auf einem höheren Energieniveau, man bezeichnet sie als e_g-Orbitale.

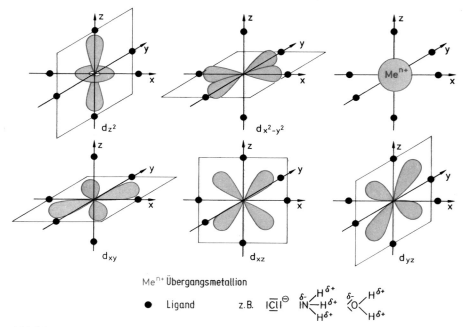

Abbildung 5.21 Oktaedrisch angeordnete Liganden nähern sich den d_{z^2}- und $d_{x^2-y^2}$-Orbitalen des Zentralatoms stärker als den d_{xy}-, d_{yz}- und d_{xz}-Orbitalen. Die Abstoßung zwischen den Liganden und den d-Elektronen, die sich in den d_{z^2}- und $d_{x^2-y^2}$-Orbitalen aufhalten, ist daher stärker als zwischen den Liganden und solchen d-Elektronen, die sich in den d_{xy}-, d_{xz}- und d_{yz}-Orbitalen befinden.

Die d_{xy}-, d_{xz}- und d_{yz}-Orbitale werden als t_{2g}-Orbitale bezeichnet, sie liegen auf einem tieferen Energieniveau. Die Energiedifferenz zwischen dem e_g- und dem t_{2g}-Niveau, also die Größe der Aufspaltung, wird mit Δ oder 10 Dq bezeichnet. Bezogen auf die mittlere Energie der d-Orbitale ist das t_{2g}-Niveau um 4 Dq erniedrigt, das e_g-Niveau um 6 Dq erhöht. Sind alle Orbitale mit zwei Elektronen besetzt, gilt $+ 4 \cdot 6\,Dq - 6 \cdot 4\,Dq = 0$. Dies folgt aus dem *Schwerpunktsatz.* Er besagt, daß beim Übergang vom kugelsymmetrischen Ligandenfeld zum oktaedrischen Ligandenfeld der energetische Schwerpunkt der d-Orbitale sich nicht ändert.

Bei der Besetzung der d-Niveaus mit Elektronen im oktaedrischen Ligandenfeld wird zuerst das energieärmere t_{2g}-Niveau besetzt. Entsprechend der Hundschen Regel (vgl. Abschn. 1.4.7) werden Orbitale gleicher Energie zunächst einzeln mit Elektronen gleichen Spins besetzt.

Für Übergangsmetallionen, die 1, 2, 3, 8, 9 oder 10 d-Elektronen besitzen, gibt es jeweils nur einen energieärmsten Zustand. Die Elektronenanordnungen für diese Konfigurationen sind in Abb. 5.23 dargestellt. *Für Übergangsmetallionen mit 4,5,6 und 7 d-Elektronen gibt es im oktaedrischen Ligandenfeld jeweils zwei mögliche Elektronenanordnungen.* Sie sind in der Abb. 5.24 dargestellt.

Man bezeichnet die Anordnung, bei der das Zentralion aufgrund der Hundschen

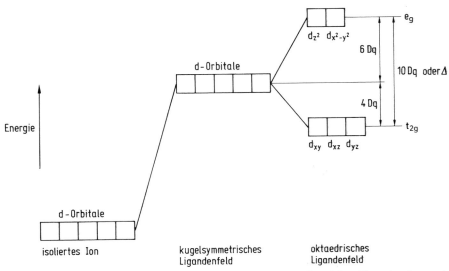

Abbildung 5.22   Energieniveaudiagramm der d-Orbitale eines Metallions in einem oktaedrischen Ligandenfeld. Bei einem isolierten Ion sind die fünf d-Orbitale entartet. Im Ligandenfeld ist die durchschnittliche Energie der d-Orbitale um 20–40 eV erhöht. Wäre das Ion von den negativen Ladungen der Liganden kugelförmig umgeben, bliebe die Entartung der d-Orbitale erhalten. Die oktaedrische Anordnung der negativen Ladungen hat eine Aufspaltung der d-Orbitale in zwei äquivalente Gruppen zur Folge. Δ hat die Größenordnung 1–4 eV.

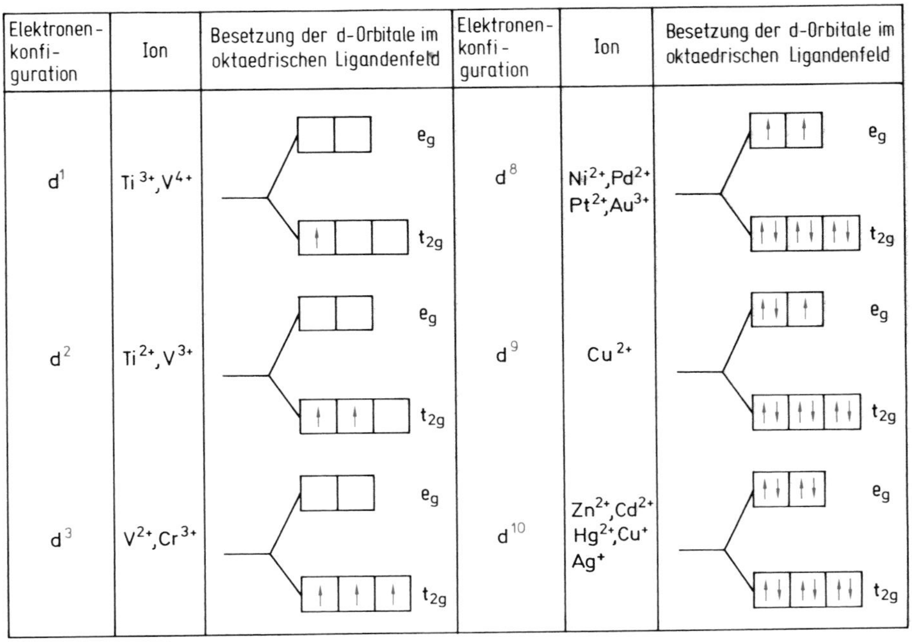

Elektronen-konfi-guration	Ion	Besetzung der d-Orbitale im oktaedrischen Ligandenfeld	Elektronen-konfi-guration	Ion	Besetzung der d-Orbitale im oktaedrischen Ligandenfeld
d^1	Ti^{3+}, V^{4+}	e_g / t_{2g}	d^8	Ni^{2+}, Pd^{2+} Pt^{2+}, Au^{3+}	e_g / t_{2g}
d^2	Ti^{2+}, V^{3+}	e_g / t_{2g}	d^9	Cu^{2+}	e_g / t_{2g}
d^3	V^{2+}, Cr^{3+}	e_g / t_{2g}	d^{10}	Zn^{2+}, Cd^{2+} Hg^{2+}, Cu^{+} Ag^{+}	e_g / t_{2g}

Abbildung 5.23   Für Metallionen mit 1–3 bzw. 8–10 d-Elektronen gibt es in oktaedrischen Komplexen nur einen möglichen Elektronenzustand.

Elektronen-konfiguration	Ion	Besetzung der d-Orbitale im oktaedrischen Ligandenfeld	Elektronen-zustand	Zahl ungepaarter Elektronen	Komplex
d^4	Cr^{2+}, Mn^{3+}	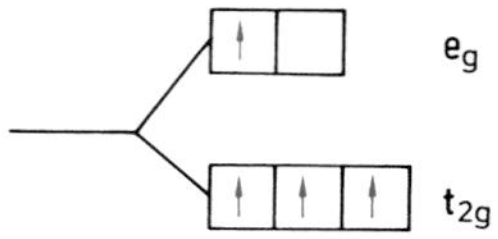 e_g / t_{2g}	high-spin	4	$[Cr(H_2O)_6]^{2+}$
		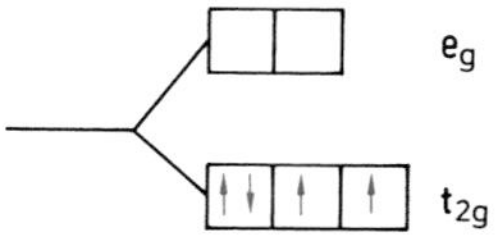 e_g / t_{2g}	low-spin	2	$[Mn(CN)_6]^{3-}$
d^5	Mn^{2+}, Fe^{3+}	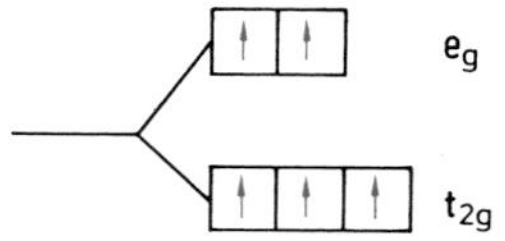 e_g / t_{2g}	high-spin	5	$[Mn(H_2O)_6]^{2+}$ $[Fe(H_2O)_6]^{3+}$
		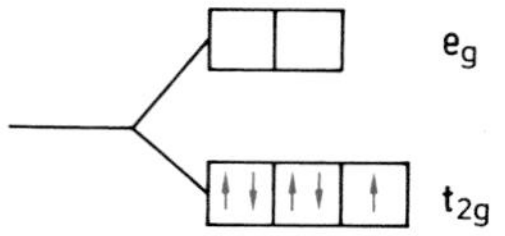 e_g / t_{2g}	low-spin	1	$[Fe(CN)_6]^{3-}$
d^6	Fe^{2+}, Co^{3+} Pt^{4+}	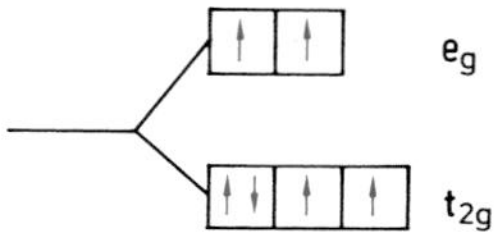 e_g / t_{2g}	high-spin	4	$[CoF_6]^{3-}$
		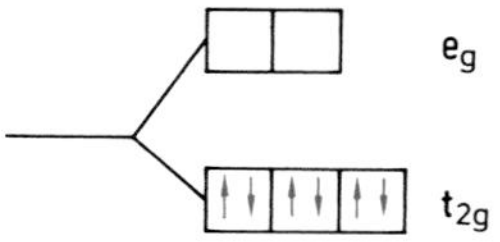 e_g / t_{2g}	low-spin	0	$[Fe(CN)_6]^{4-}$
d^7	Co^{2+}	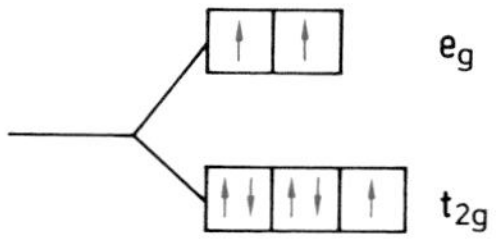 e_g / t_{2g}	high-spin	3	$[Co(NH_3)_6]^{2+}$
		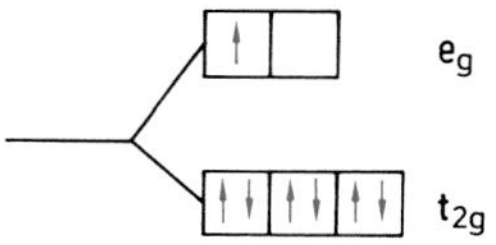 e_g / t_{2g}	low-spin	1	$[Co(NO_2)_6]^{4-}$

Abbildung 5.24   Für Metallionen mit 4–7 d-Elektronen gibt es in oktaedrischen Komplexen zwei mögliche Elektronenanordnungen. In schwachen Ligandenfeldern entstehen high-spin-Anordnungen, in starken Ligandenfeldern low-spin-Zustände.

Regel die größtmögliche Zahl ungepaarter d-Elektronen besitzt, als *high-spin-Zustand*. Der Zustand, bei dem entgegen der Hundschen Regel das Zentralion die geringstmögliche Zahl ungepaarter d-Elektronen besitzt, wird *low-spin-Zustand* genannt.

Wann liegt nun ein Übergangsmetallion mit d^4-, d^5-, d^6- bzw. d^7-Konfiguration im high-spin- oder im low-spin-Zustand vor? Betrachten wir ein d^4-Ion. Beim Wechsel vom high-spin-Zustand zum low-spin-Zustand wird das 4. Elektron auf dem um Δ energetisch günstigeren t_{2g}-Niveau eingebaut, es wird also der Energiebetrag Δ gewonnen. Andererseits erfordert Spinpaarung Energie. *Ist Δ größer als die Spinpaarungsenergie, entsteht ein low-spin-Komplex*, ist Δ kleiner als die Spinpaarungsenergie, entsteht ein high-spin-Komplex.

Die Größe der *Ligandenfeldaufspaltung* Δ bestimmt also, ob der high-spin- oder der low-spin-Komplex energetisch günstiger ist. Δ ist abhängig von der Ladung und Ordnungszahl des Metallions und von der Natur der Liganden (vgl. Tabelle 5.5). Ordnet man die Liganden nach ihrer Fähigkeit, d-Orbitale aufzuspalten, erhält man eine Reihe, die *spektrochemische Reihe* genannt wird. Die Reihenfolge ist für die häufiger vorkommenden Liganden

$$\underset{\text{schwaches Feld}}{I^- < Cl^- < F^-} < \underset{\text{mittleres Feld}}{OH^- < H_2O < NH_3} < en < \underset{\text{starkes Feld}}{CN^- \approx CO}$$

CN^--Ionen erzeugen ein starkes Ligandenfeld mit starker Aufspaltung der d-Niveaus, sie bilden low-spin-Komplexe. In Komplexen mit F^- entsteht ein schwaches Ligandenfeld, und es wird die high-spin-Konfiguration bevorzugt. Beispielsweise sind die Fe^{3+}-Komplexe $[FeF_6]^{3-}$ und $[Fe(H_2O)_6]^{3+}$ high-spin-Komplexe, während $[Fe(CN)_6]^{3-}$ ein low-spin-Komplex ist. Bei gleichen Liganden wächst Δ mit der Hauptquantenzahl der d-Orbitale der Metallionen: 5d > 4d > 3d. Eine Zunahme von Δ erfolgt auch, wenn die Ladung des Zentralions erhöht wird. Zum Beispiel ist $[Co(NH_3)_6]^{2+}$ ein high-spin-Komplex, $[Co(NH_3)_6]^{3+}$ ein low-spin-Komplex. Für die Metallionen erhält man die Reihe

$$Mn^{2+} < Ni^{2+} < Co^{2+} < Fe^{2+} < V^{2+} < Fe^{3+} < Cr^{3+} < V^{3+} < Co^{3+} < Mn^{4+}$$
$$< Mo^{3+} < Rh^{3+} < Pd^{4+} < Ir^{3+} < Re^{4+} < Pt^{4+}$$

Tabelle 5.5 enthält die Δ-Werte von einigen oktaedrischen Komplexen.

Die Ligandenfeldaufspaltung erklärt einige Eigenschaften, die für die Verbindungen der Übergangsmetalle – natürlich besonders für die Komplexe – typisch sind.

Ligandenfeldstabilisierungsenergie. *Aufgrund der Aufspaltung der d-Orbitale tritt für die d-Elektronen bei den meisten Elektronenkonfigurationen ein Energiegewinn auf.* Er beträgt für die d^1-Konfiguration 4 Dq, für die d^2-Konfiguration 8 Dq, für die d^3-Konfiguration 12 Dq usw. (Tabelle 5.6). Dieser Energiegewinn wird Ligandenfeldstabilisierungsenergie (LFSE) genannt. Die Ligandenfeldstabilisierungsenergie ist groß für die d^3-Konfiguration und für die d^6-Konfiguration mit low-spin-Anordnung, da bei diesen Konfigurationen nur das energetisch günstige t_{2g}-Niveau mit 3 bzw. 6 Elektronen besetzt ist. Dies erklärt die bevorzugte oktaedrische Koordination von Cr^{3+}, Co^{3+} und Pt^{4+} und auch die große Beständigkeit der Oxidationsstufe + 3 von Cr und Co in Komplexverbindungen.

Tabelle 5.5   Δ-Werte in kJ/mol von einigen oktaedrischen Komplexen
(hs = high-spin, ls = low-spin)

Zentralion Konfiguration	Ligand Ion	Cl⁻	F⁻	H₂O	NH₃	CN⁻
$3d^1$	Ti^{3+}	–	203	243	–	–
$3d^2$	V^{3+}	–	–	214	–	–
$3d^3$	Cr^{3+}	163	–	208	258	318
$3d^5$	Fe^{3+}	–	–	164 hs	–	419 ls
$3d^6$	Fe^{2+}	–	–	124 hs	–	404 ls
	Co^{3+}	–	156 hs	218 ls	274 ls	416 ls
$4d^6$	Rh^{3+}	243 ls	–	323 ls	408 ls	—
$5d^6$	Ir^{3+}	299 ls	—	—	479 ls	—
$3d^7$	Co^{2+}	–	–	111 hs	122 hs	–
$3d^8$	Ni^{2+}	87	–	102	129	–

Die LFSE liefert einen zusätzlichen Beitrag zur Gitterenergie (Abschn. 2.1.4). In der Abb. 5.25 ist als Beispiel der Verlauf der Gitterenergien der Halogenide MeX₂ für die 3d-Metalle dargestellt.

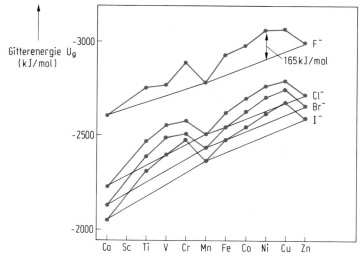

Abbildung 5.25   Gitterenergie der Halogenide MeX₂ der 3d-Metalle.
Die Ligandenfeldstabilisierungsenergie liefert einen Beitrag zur Gitterenergie (Differenz zwischen roter und schwarzer Kurve). Entsprechend der theoretischen Erwartung für oktaedrische Koordination ist er meist bei dem d³-Ion V²⁺ und dem d⁸-Ion Ni²⁺ am größten.

Auch für die Verteilung von Ionen auf unterschiedliche Plätze in Ionenkristallen spielt die Ligandenfeldstabilisierungsenergie als Beitrag zur Gitterenergie eine wichtige Rolle.

Beispiel Spinelle:

In Spinellen besetzen die Metallionen oktaedrisch oder tetraedrisch koordinierte Plätze (vgl. S. 84). Man kann für die 3d-Ionen die Ligandenfeldstabilisierungsenergien für die Tetraeder- und die Oktaederplätze berechnen. Aus der Differenz erhält man die „site preference"-Energie für den Oktaederplatz (Tabelle 5.6). Sie gibt den Energiegewinn an, wenn ein Ion von Tetraeder- zum Oktaederplatz wechselt. Die Werte der Tabelle 5.6 erklären, warum alle Cr(III)-Spinelle normale Spinelle $\overset{2+}{Me}(\overset{3+}{Cr_2})O_4$ sind, die Cr^{3+}-Ionen also immer die Oktaederplätze besetzen, und warum andererseits $NiFe_2O_4$ und $NiGa_2O_4$ die inverse Verteilung $Fe^{3+}(Ni^{2+}Fe^{3+})O_4$ und $Ga^{3+}(Ni^{2+}Ga^{3+})O_4$ besitzen, bei der die Oktaederplätze statistisch mit Ni^{2+}- und Me^{3+}-Ionen besetzt sind.

Tabelle 5.6   Ligandenfeldstabilisierungsenergien LFSE für die oktaedrische und die tetraedrische Koordination und „site preference"-Energie für den Oktaederplatz

Anzahl der Elektronen	Oktaederplatz Konfiguration	LFSE in Dq	Tetraederplatz Konfiguration*	LFSE in Dq_{Okt}**	„site preference"-Energie in Dq $LFSE_{Okt} - LFSE_{Tetr}$
1	t_{2g}^1	−4	e^1	−2,7	−1,3
2	t_{2g}^2	−8	e^2	−5,3	−2,7
3	t_{2g}^3	−12	$e^2 t_2^1$	−3,6	−8,4
4	$t_{2g}^3 e_g^1$	−6	$e^2 t_2^2$	−1,8	−4,2
5	$t_{2g}^3 e_g^2$	0	$e^2 t_2^3$	0	0
6	$t_{2g}^4 e_g^2$	−4	$e^3 t_2^3$	−2,7	−1,3
7	$t_{2g}^5 e_g^2$	−8	$e^4 t_2^3$	−5,3	−2,7
8	$t_{2g}^6 e_g^2$	−12	$e^4 t_2^4$	−3,6	−8,4
9	$t_{2g}^6 e_g^3$	−6	$e^4 t_2^5$	−1,8	−4,2

* Die Aufspaltung im tetraedrischen Ligandenfeld ist in der Abb. 5.30 dargestellt. Die Orbitale d_{z^2} und $d_{x^2-y^2}$ werden als e-Orbitale, die Orbitale d_{xy}, d_{xz} und d_{yz} als t_2-Orbitale bezeichnet. Die Konfigurationen im oktaedrischen Feld werden zusätzlich durch den Index g (gerade) gekennzeichnet, da das Oktaeder ein Symmetriezentrum besitzt, das beim Tetraeder fehlt.

** Für die Berechnung wird angenommen, daß die tetraedrische Aufspaltung 4/9 der oktaedrischen Aufspaltung beträgt.

Magnetische Eigenschaften. Ionen können diamagnetisch oder paramagnetisch sein. Ein diamagnetischer Stoff wird durch ein Magnetfeld abgestoßen, ein paramagnetischer Stoff wird in das Feld hineingezogen. Teilchen, die keine ungepaarten Elektronen besitzen, sind diamagnetisch. *Alle Ionen mit abgeschlossener Elektronenkonfiguration sind* also *diamagnetisch.* Dazu gehören die Metallionen der Hauptgruppenmetalle, wie Na^+, Mg^{2+}, Al^{3+}, aber auch die Ionen der Nebengruppenmetalle mit vollständig aufgefüllten d-Orbitalen, wie Ag^+, Zn^{2+}, Hg^{2+}. *Teilchen mit ungepaarten Elektronen sind paramagnetisch.* Alle Ionen mit ungepaarten Elektronen besitzen ein permanentes magnetisches Moment, das um so größer ist, je größer die Zahl ungepaarter Elektronen ist (vgl. Abschn. 5.1).

Durch magnetische Messungen kann daher entschieden werden, ob in einem Komplex eine high-spin- oder eine low-spin-Anordnung vorliegt. Für $[Fe(H_2O)_6]^{2+}$ und $[CoF_6]^{3-}$ mißt man ein magnetisches Moment, das 4 ungepaarten Elektronen entspricht, es liegen high-spin-Komplexe vor. Die Ionen $[Fe(CN)_6]^{4-}$ und $[Co(NH_3)_6]^{3+}$ sind diamagnetisch, es existieren also in diesen Komplexionen keine ungepaarten Elektronen, es liegen d^6-low-spin-Anordnungen vor. *Die Zentralionen in low-spin-Komplexen haben im Vergleich zu den high-spin-Komplexen* immer *ein vermindertes magnetisches Moment,* da die Zahl ungepaarter Elektronen vermindert ist (Tabelle 5.7).

Tabelle 5.7 Ligandenfeldstabilisierungsenergie (LFSE) und magnetische Momente in μ_B möglicher d^n-Konfigurationen im oktaedrischen Ligandenfeld.
Die magnetischen Momente der Tabelle sind Spinmomente: $\mu_{mag} = \sqrt{n(n+2)}\ \mu_B$ (n = Anzahl ungepaarter Elektronen) (vgl. Abschn. 5.1.5).

Anzahl der d-Elektronen	Konfiguration	LFSE in Dq	Magnetisches Moment in μ_B
1	t_{2g}^1	-4	1,73
2	t_{2g}^2	-8	2,83
3	t_{2g}^3	-12	3,88
4	$t_{2g}^3 e_g^1$ hs	-6	4,90
4	t_{2g}^4 ls	-16	2,83
5	$t_{2g}^3 e_g^2$ hs	0	5,92
5	t_{2g}^5 ls	-20	1,73
6	$t_{2g}^4 e_g^2$ hs	-4	4,90
6	t_{2g}^6 ls	-24	0
7	$t_{2g}^5 e_g^2$ hs	-8	3,88
7	$t_{2g}^6 e_g^1$ ls	-18	1,73
8	$t_{2g}^6 e_g^2$	-12	2,83
9	$t_{2g}^6 e_g^3$	-6	1,73
10	$t_{2g}^6 e_g^4$	0	0

(hs = high spin, ls = low spin)

Farbe der Ionen von Übergangsmetallen. Die Metallionen der Hauptgruppen wie Na^+, K^+, Mg^{2+}, Al^{3+} sind in wäßriger Lösung farblos. Diese Ionen besitzen Edelgaskonfiguration. Auch die Ionen mit abgeschlossener d^{10}-Konfiguration wie Zn^{2+}, Cd^{2+} und Ag^+ sind farblos. Im Gegensatz dazu sind die Ionen der Übergangsmetalle mit nicht aufgefüllten d-Niveaus farbig. Das Zustandekommen der Ionenfarbe ist besonders einfach beim Ti^{3+}-Ion zu verstehen, das in wäßriger Lösung rötlich-violett gefärbt ist (Abb. 5.26). In wäßriger Lösung bildet Ti^{3+} den Komplex $[Ti(H_2O)_6]^{3+}$. Die Größe der Ligandenfeldaufspaltung 10 Dq beträgt 243 kJ/mol. Ti^{3+} besitzt ein

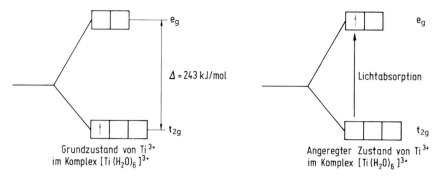

Abbildung 5.26   Entstehung der Farbe des Komplexions $[Ti(H_2O)_6]^{3+}$.

d-Elektron, das sich im Grundzustand auf dem t_{2g}-Niveau befindet. Durch Lichtabsorption kann dieses Elektron angeregt werden, es geht dabei in den e_g-Zustand über. Die dazu erforderliche Energie beträgt gerade 243 kJ/mol, das entspricht einer Wellenlänge von 500 nm. Die Absorptionsbande liegt also im sichtbaren Bereich (blaugrün) und verursacht die rötlich-violette Färbung (komplementäre Farbe zu blaugrün).

Die Farben vieler anderer *Übergangsmetallkomplexe entstehen* ebenfalls *durch Anregung von d-Elektronen.* Aus den Absorptionsspektren lassen sich daher die 10 Dq-Werte experimentell bestimmen (vgl. Abschn. 5.4.6.4). *Die Farbe eines Ions in einem Komplex hängt* natürlich *vom jeweiligen Liganden ab.* So entsteht z. B. aus dem grünen $[Ni(H_2O)_6]^{2+}$-Komplex beim Versetzen mit NH_3 der blaue $[Ni(NH_3)_6]^{2+}$-Komplex. Die Absorptionsbanden verschieben sich zu kürzeren Wellenlängen, also höherer Energie, da im Amminkomplex das Ligandenfeld und damit die Ligandenfeldaufspaltung stärker ist (vgl. Tabelle 5.5).

Ionenradien. Die Aufspaltung der d-Orbitale beeinflußt auch die Ionenradien. Abb. 5.27 zeigt den Verlauf der Radien der Me^{2+}-Ionen der 3d-Metalle für die oktaedrische Koordination (KZ = 6). Bei einer kugelsymmetrischen Ladungsverteilung der d-Elektronen wäre auf Grund der kontinuierlichen Zunahme der Kernladungszahl (vgl. Abschn. 2.1.2) eine kontinuierliche Abnahme der Radien zu erwarten (gestrichelte Kurve der Abb. 5.27). *Auf Grund der Aufspaltung der d-Orbitale* werden bevorzugt die energetisch günstigeren t_{2g}-Orbitale mit den d-Elektronen besetzt. Die Liganden können sich dadurch dem Zentralion stärker nähern, denn die auf die Liganden gerichteten e_g-Orbitale wirken weniger abstoßend als bei kugelsymmetrischer Ladungsverteilung. Es *resultieren kleinere Radien*, als für die kugelsymmetrische Ladungsverteilung zu erwarten wäre. *Ionen mit low-spin-Konfiguration sind* daher *kleiner als die mit high-spin-Konfiguration* (vgl. Abb. 5.27).

Jahn-Teller-Effekt. *Bei einigen Ionen treten aufgrund der Wechselwirkung zwischen den Liganden und den d-Elektronen des Zentralteilchens verzerrte Koordinationspolyeder auf.* Man bezeichnet diesen Effekt als Jahn-Teller-Effekt. Tetragonal deformierte oktaedrische Strukturen werden bei Verbindungen von Ionen mit d^4- (Cr^{2+}, Mn^{3+})

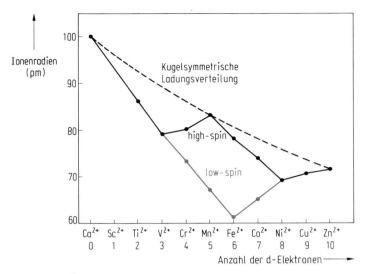

Abbildung 5.27 Me^{2+}-Ionenradien der 3d-Elemente (KZ = 6).
Die gestrichelte Kurve ist eine theoretische Kurve für kugelsymmetrische Ladungsverteilungen. Auf ihr liegt der Radius von Mn^{2+} mit der kugelsymmetrischen high-spin-Anordnung $t_{2g}^3 e_g^2$. Die Kurve der high-spin-Radien hat Minima bei den Konfigurationen t_{2g}^3 und $t_{2g}^6 e_g^2$, die low-spin-Kurve hat ihr Minimum bei der Konfiguration t_{2g}^6. Die Kurven spiegeln also die asymmetrische Ladungsverteilung der d-Elektronen wider.

und d^9-high-spin-Konfigurationen (Cu^{2+}, Ag^{2+}) sowie von Ionen mit d^7-low-spin-Konfiguration (Co^{2+}, Ni^{3+}) beobachtet. Beispiele sind die Komplexe $[Cr(H_2O)_6]^{2+}$, $[Mn(H_2O)_6]^{3+}$, der tetragonal verzerrte Spinell $Mn^{2+}(Mn_2^{3+})O_4$ und K_3NiF_6. Die mit dem Jahn-Teller-Effekt erklärbaren Koordinationsverhältnisse von Cu^{2+} und Ag^{2+} werden in den Abschn. 5.8.5.2 und 5.8.6.2 behandelt.

Die Ursache des Jahn-Teller-Effekts ist eine mit der Verzerrung verbundene Energieerniedrigung. Das Energieniveaudiagramm der Abb. 5.28 zeigt, wie diese Energieerniedrigung zustandekommt. Bei der Verzerrung zu einem gestreckten Oktaeder werden alle Orbitale mit einer z-Komponente energetisch günstiger. Bei der d^4- und der d^9-high-spin-Konfiguration sowie bei der d^7-low-spin-Konfiguration führt die Besetzung des d_{z^2}-Orbitals zu einem Energiegewinn, wenn das Oktaeder verzerrt ist.

5.4.6.2 Tetraedrische Komplexe

Auch im tetraedrischen Ligandenfeld erfolgt eine Aufspaltung der d-Orbitale. Aus der Abb. 5.29 geht hervor, daß sich die tetraedrisch angeordneten Liganden den d_{xy}-, d_{xz}- und d_{yz}-Orbitalen des Zentralions stärker nähern als den d_{z^2}- und $d_{x^2-y^2}$-Orbitalen. Im Gegensatz zu oktaedrischen Komplexen sind die d_{z^2}- und $d_{x^2-y^2}$-Orbitale also energetisch günstiger (Abb. 5.30). Bei gleichem Zentralion, gleichen

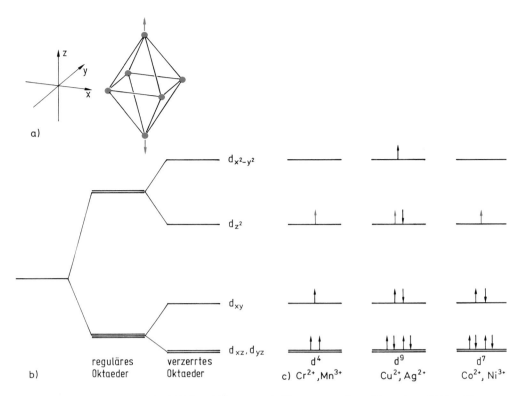

Abbildung 5.28   Jahn-Teller-Effekt. a) Tetragonale Verzerrung eines Oktaeders. b) Das Energieniveaudiagramm gilt für ein gestrecktes Oktaeder. Diese Verzerrung wird überwiegend beobachtet. Für ein gestauchtes Oktaeder erhält man ein analoges Diagramm. Die Reihenfolge der Orbitale ist dafür d_{xy}; d_{xz}, d_{yz}; $d_{x^2-y^2}$; d_{z^2}. Die Aufspaltungen sind nicht maßstäblich dargestellt. Die durch die Verzerrung verursachte Aufspaltung ist sehr viel kleiner als 10 Dq. Die Aufspaltungen gehorchen dem Schwerpunktsatz. c) Die Verzerrung führt zu einem Energiegewinn bei der d^4- und der d^9-high-spin- sowie der d^7-low-spin-Konfiguration. (Das durch einen roten Pfeil dargestellte Elektron bringt den Energiegewinn).

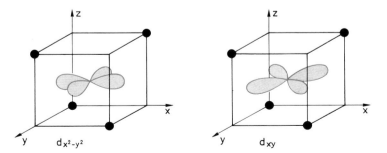

Abbildung 5.29   Tetraedrisch angeordnete Liganden nähern sich dem d_{xy}-Orbital des Zentralatoms stärker als dem $d_{x^2-y^2}$-Orbital.

Liganden und gleichem Abstand Ligand-Zentralion beträgt die tetraedrische Auf-
spaltung nur $^4/_9$ von der im oktaedrischen Feld: $\Delta_{tetr} = {}^4/_9\,\Delta_{okt}$. Die Δ-Werte der
tetraedrischen Komplexe VCl_4, $[CoI_4]^{2-}$ und $[CoCl_4]^{2-}$ z. B. betragen 108, 32 und
39 kJ/mol. Prinzipiell sollte es für die Konfigurationen d^3, d^4, d^5 und d^6 high-spin-
und low-spin-Anordnungen geben. *Wegen der kleinen Ligandenfeldaufspaltung sind*
aber *nur high-spin-Komplexe bekannt.*

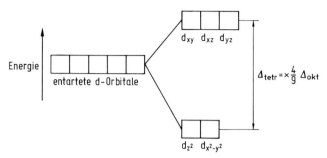

Abbildung 5.30   Aufspaltung der d-Orbitale im tetraedrischen Ligandenfeld.

Co^{2+} bildet mehr tetraedrische Komplexe als jedes andere Übergangsmetallion.
Dies stimmt damit überein, daß für Co^{2+} ($3d^7$) die Ligandenfeldstabilisierungsener-
gie in tetraedrischen Komplexen größer ist als bei anderen Übergangsmetallionen
(Abb. 5.31).

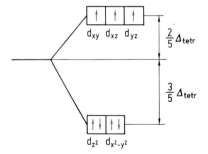

Abbildung 5.31   Besetzung der d-Orbitale von Co^{2+} im tetraedrischen Ligandenfeld.

5.4.6.3 Quadratisch-planare Komplexe

Für die Ionen Pd^{2+}, Pt^{2+} *und* Au^{3+} *mit* d^8-*Konfigurationen ist die quadratische Koordination typisch.* Alle quadratischen Komplexe dieser Ionen sind diamagnetische low-
spin-Komplexe. In Abb. 5.32 ist das Energieniveaudiagramm der d-Orbitale des
Komplexes $[PtCl_4]^{2-}$ dargestellt. In quadratischen Komplexen fehlen die Liganden
in z-Richtung, daher sind die d-Orbitale mit einer z-Komponente energetisch günsti-

ger als die anderen d-Orbitale. Die d_{xz}- und d_{yz}-Orbitale werden von den Liganden in gleichem Maße beeinflußt, sie sind daher entartet. Da die Ladungsdichte des $d_{x^2-y^2}$-Orbitals direkt auf die Liganden gerichtet ist, ist es das bei weitem energiereichste Orbital. Δ_1, die Energiedifferenz zwischen dem $d_{x^2-y^2}$- und dem d_{xy}-Orbital, ist bei gleicher Ligandenfeldstärke gleich der Aufspaltung im oktaedrischen Feld Δ_{okt}. Wenn Δ_1 größer als die Spinpaarungsenergie ist, entsteht ein low-spin-Komplex, der bei d^8-Konfigurationen die größtmögliche Ligandenfeldstabilisierungsenergie besitzt. *Quadratische Komplexe sind daher bei d^8-Konfigurationen mit großen Ligandenfeldaufspaltungen zu erwarten.* Dies stimmt mit den Beobachtungen überein. Bei dem 4d-Ion Pd^{2+} und den 5d-Ionen Pt^{2+} und Au^{3+} ist die Aufspaltung bei allen Liganden groß, es entstehen quadratisch-planare Komplexe. Ni^{2+} ($3d^8$) bildet nur mit starken Liganden wie CN^- einen quadratischen Komplex, während mit den weniger starken Liganden H_2O und NH_3 oktaedrische Komplexe gebildet werden. Das d_{z^2}-Orbital muß nicht wie in den Komplexen $[PtCl_4]^{2-}$ und $[PdCl_4]^{2-}$ das energetisch stabilste Orbital sein (siehe Abb. 5.32). Wahrscheinlich liegt es bei den quadratischen Komplexen von Ni^{2+} zwischen dem d_{xy}-Orbital und den entarteten Orbitalen d_{yz}, d_{xz}.

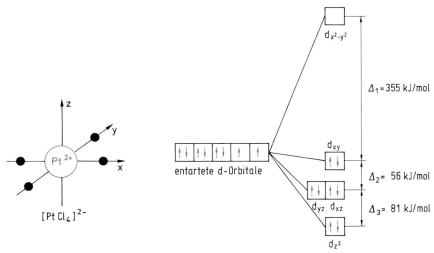

Abbildung 5.32 Aufspaltung und Besetzung der d-Orbitale im quadratischen Komplex $[PtCl_4]^{2-}$. Da Δ_1 größer ist als die aufzuwendende Spinpaarungsenergie, entsteht ein low-spin-Komplex mit großer LFSE.

5.4.6.4 Termdiagramme, Elektronenspektren

Bei der bisherigen Darstellung der Ligandenfeldtheorie wurde angenommen, daß das Ligandenfeld stark gegenüber der Elektronenwechselwirkung zwischen den einzelnen d-Elektronen ist. Dadurch wird die Russel-Saunders-Kopplung (zum Verständnis dieses Abschnitts ist die Kenntnis von Abschn. 5.1.3 erforderlich), die in isolierten

Atomen oder Ionen auftritt, zerstört. Man betrachtet daher die Aufspaltung eines d-Einelektronenzustandes – der im freien Ion fünffach entartet ist – im Feld der Liganden. Die Besetzung der Einelektronenzustände erfolgt unter Berücksichtigung des Pauli-Prinzips. Diese Darstellung wird als *Methode des starken Feldes* bezeichnet.

Bei der *Methode des schwachen Feldes* wird angenommen, daß das Ligandenfeld so schwach ist, daß es die Kopplung der Elektronen nicht verhindert. *Die* durch die Kopplung entstandenen *Russel-Saunders-Terme werden* aber *durch das Ligandenfeld "gestört". Die Störung verursacht* eine energetische Anhebung und *eine Aufspaltung der RS-Terme.* Die Anzahl der Spaltterme und ihre Bezeichnung folgt aus der Gruppentheorie. Hier kann nur kurz ihr Gebrauch besprochen werden. Außerdem soll nur ein oktaedrisches Ligandenfeld berücksichtigt werden. Die Aufspaltung der RS-Terme im oktaedrischen Feld ist in der Tabelle 5.8 angegeben.

Tabelle 5.8   Aufspaltung der Russel-Saunders-Terme im oktaedrischen Ligandenfeld

Russel-Saunders-Terme	Spaltterme im oktaedrischen Ligandenfeld		Bahnentartungsgrad
	Anzahl	Bezeichnung	
S	1	A_{1g}	1
P	1	T_{1g}	3
D	2	E_g T_{2g}	2 3
F	3	A_{2g} T_{1g} T_{2g}	1 3 3
G	4	A_{1g} E_g T_{1g} T_{2g}	1 2 3 3

(Für Einelektronenzustände werden kleine Buchstaben verwendet, z. B. e, t_{2g}, für Mehrelektronenzustände große Buchstaben E, T_{2g}; g (gerade) kennzeichnet Zustände, die wie bei oktaedrischen Komplexen ein Symmetriezentrum besitzen).

Die Aufspaltung der RS-Grundterme im oktaedrischen Feld führt für die Elektronenkonfigurationen d^1 bis d^9 zu den in der Abb. 5.33a dargestellten Termdiagrammen.

Bei einem vollständigen Termdiagramm ist nicht nur die Aufspaltung des Grundterms, sondern auch die der angeregten Terme zu berücksichtigen. Als Beispiel ist in der Abb. 5.34 das Termschema der d^2-Konfiguration dargestellt.

Für alle Diagramme gilt:

Die Spaltdiagramme besitzen die gleiche Spinmultiplizität wie die Terme des freien Ions, aus denen sie hervorgehen.

Die Summe der Bahnentartungsgrade der Spaltterme ist gleich dem Bahnentartungsgrad des Terms des freien Ions, aus dem sie hervorgehen.

Terme mit identischen Bezeichnungen überschneiden sich nicht.

Bei Termen, die allein vorkommen, ändert sich die Energie linear mit der Ligandenfeldstärke.

Für Terme mit identischer Bezeichnung ist eine Termwechselwirkung zu berücksichtigen. Sie führt zu einer Abstoßung der Terme, daher zeigen diese Terme gekrümmte Kurven.

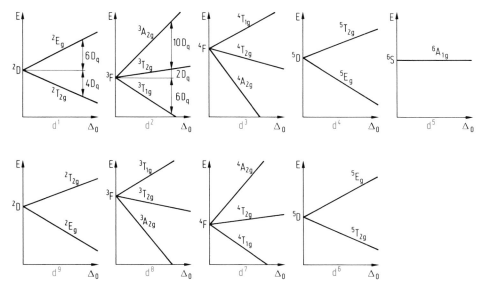

Abbildung 5.33a Termdiagramme der RS-Terme für die Elektronenkonfigurationen von d^1 bis d^9 im oktaedrischen Ligandenfeld. Für die Spaltterme gilt der Schwerpunktsatz. Das Termschema eines Systems mit $(10-n)$-Elektronen ist gleich einem System mit n Löchern in der d-Schale (Loch-Formalismus). Die Löcher besitzen das magnetische Moment und die Ladung von Positronen. Das Termschema des Systems mit n Elektronen erhält man durch Umkehrung der Energie des Termschemas für n Löcher. Das Termschema eines d^9-Ions entspricht also dem eines d^1-Ions mit vertauschter Reihenfolge der Terme. Entsprechend ist d^2 invers zu d^8, d^3 zu d^7 und d^4 zu d^6.

In der Abb. 5.33b ist die Korrelation der Spaltterme mit den Elektronenkonfigurationen der Einelektronzustände für das oktaedrische Ligandenfeld dargestellt. Aus den vollständigen Korrelationsdiagrammen geht hervor, daß unter Berücksichtigung der Elektronenwechselwirkungen aus den Einelektronzuständen (Methode des starken Feldes) dasselbe Termschema entsteht wie aus den Spalttermen der RS-Terme bei Berücksichtigung der Termwechselwirkung (Methode des schwachen Feldes).

Termdiagramme eignen sich zur Voraussage oder Deutung von Elektronenspektren. Auf Grund der Auswahlregeln sind nur Übergänge zwischen Termen gleicher Spinmultiplizität erlaubt. Treten spinverbotene Übergänge zwischen Termen verschiedener Spinmultiplizität auf, so sind ihre Intensitäten um mehrere Größenordnungen schwächer als die spinerlaubten.

Es sollen die Konfigurationen d^2 und d^6 besprochen werden.

Für das d^2-Ion sind drei Übergänge zu erwarten (vgl. Abb. 5.34). Aus dem Termschema können die Bandenlagen berechnet werden.

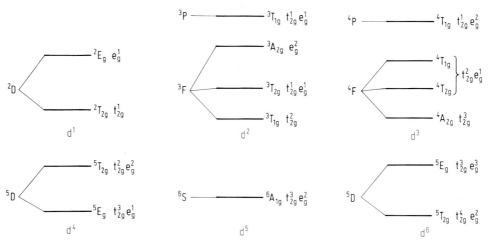

Abbildung 5.33 b   Korrelation der RS-Spaltterme und der Elektronenkonfigurationen der Einelektronenzustände im oktaedrischen Ligandenfeld. Berücksichtigt sind nur high-spin-Zustände, also Terme mit gleicher Spinmultiplizität.

Beispiel d^1: Bei der Konfiguration t^1_{2g} kann sich das Elektron in 3 Orbitalen aufhalten (Entartung 3), bei der Konfiguration e^1_g nur in 2 Orbitalen (Entartung 2). Dies entspricht den Spalttermen $^2T_{2g}$ und ^2E_g.

Beispiel d^5: Bei der Konfiguration $t^3_{2g}e^2_g$ sind 5 Elektronen in 5 Orbitalen (Entartung 1), dies entspricht dem Term $^6A_{1g}$.

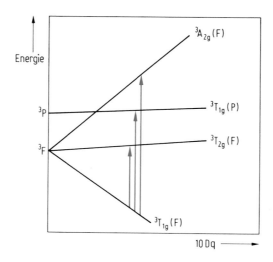

Abbildung 5.34   a) Termdiagramm der d^2-Konfiguration im oktaedrischen Ligandenfeld.

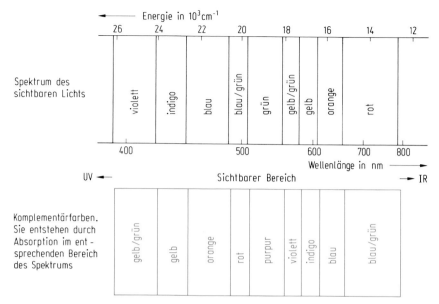

Abbildung 5.34 b) Wellenlänge in nm und Energie in cm^{-1} des sichtbaren Spektrums. 10^3 cm^{-1} entsprechen 11,96 kJ/mol.

Beispiel $[V(H_2O)_6]^{3+}$:

Übergang			Energiewerte der $[V(H_2O)_6]^{3+}$-Banden in cm^{-1}	
			beobachtet	berechnet mit $10\,Dq = 21\,500$ cm^{-1}
$^3T_{1g}(F) \longrightarrow {}^3T_{2g}(F)$	8 Dq		17 000	17 300
$^3T_{1g}(F) \longrightarrow {}^3T_{1g}(P)$			25 000	25 500
$^3T_{1g}(F) \longrightarrow {}^3A_{2g}(F)$	18 Dq		38 000	38 600

Das Termdiagramm der d^6-Konfiguration ist in der Abb. 5.35 wiedergegeben. Bei schwachen Ligandenfeldern ist der $^5T_{2g}$-Term der Grundterm. Die Spinmultiplizität $2S + 1 = 5$ entspricht einer high-spin-Konfiguration mit 4 ungepaarten Elektronen ($S = 2$). Mit wachsender Ligandenfeldstärke nimmt die Energie des $^1A_{1g}$-Terms stärker ab als die Energie des $^5T_{2g}$-Terms. Bei einer bestimmten Ligandenfeldstärke schneiden sich beide Terme. Bei starken Ligandenfeldern ist dann der $^1A_{1g}$-Term der Grundterm. Die Spinmultiplizität $2S + 1 = 1$ bedeutet eine low-spin-Konfiguration ($S = 0$). Wir erwarten für beide Konfigurationen verschiedene Spektren. (Abb. 5.35): für die high-spin-Konfiguration den Übergang $^5T_{2g} \rightarrow {}^5E_g$, also eine Bande, für die low-spin-Konfiguration zwei Banden mit den Übergängen $^1A_{1g} \rightarrow {}^1T_{1g}$ und $^1A_{1g} \rightarrow {}^1T_{2g}$.

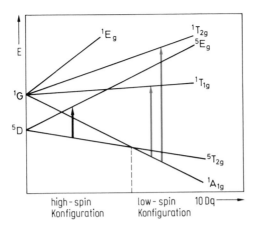

Abbildung 5.35   Schematischer Ausschnitt aus dem Termdiagramm der d^6-Konfiguration im oktaedrischen Ligandenfeld.

Für die high-spin-Komplexe $[Fe(H_2O)_6]^{2+}$, $[Fe(NH_3)_6]^{2+}$ und $[CoF_6]^{3-}$ beobachtet man tatsächlich eine Bande, für die low-spin-Komplexe $[Fe(CN)_6]^{4-}$, $[Co(H_2O)_6]^{3+}$ und $[Co(NH_3)_6]^{3+}$ werden zwei Banden gefunden.

Im Termdiagramm des d^2-Ions ist bei allen Ligandenfeldstärken der $^3T_{1g}$-Term der energetisch stabilste, also immer eine high-spin-Konfiguration vorhanden (vgl. Abschn. 5.4.6.1).

5.4.7 Molekülorbitaltheorie von Komplexen

Im Abschn. 2.2.12 sahen wir, daß man Molekülorbitale durch Linearkombination von Atomorbitalen (LCAO-Näherung) erhält. *Bei Komplexen müssen die Atomorbitale des Zentralatoms mit denen der Liganden kombiniert werden.* Welche Orbitale auf Grund ihrer Symmetrieeigenschaften kombiniert werden können, läßt sich mit Hilfe der Gruppentheorie ableiten. Wir wollen hier die möglichen Linearkombinationen bildlich darstellen und uns auf oktaedrische Komplexe beschränken.

Zunächst sollen nur *Komplexe mit σ-Bindungen zwischen dem Zentralion und den Liganden* berücksichtigt werden. Zur σ-Bindung geeignet sind diejenigen Orbitale des Metallions, deren größte Elektronendichte in der Bindungsrichtung Metall-Ligand liegt. Dies sind: s, p_x, p_y, p_z, d_{z^2}, $d_{x^2-y^2}$. Jeder Ligand besitzt ein σ-Orbital. Es gibt sechs Linearkombinationen zwischen den Liganden- und den Metallorbitalen, die zu sechs bindenden und zu sechs antibindenden Molekülorbitalen führen. Sie sind in der Abb. 5.36 dargestellt, das zugehörige Energieniveaudiagramm in der Abb. 5.37.

Betrachten wir als Beispiele die beiden Komplexe $[Ti(H_2O)_6]^{3+}$ und $[FeF_6]^{3-}$. Wir müssen alle Elektronen der Valenzorbitale abzählen. Jeder Ligand steuert zwei Elektronen bei, also stammen von den Liganden insgesamt 12 Elektronen. Ti^{3+} hat

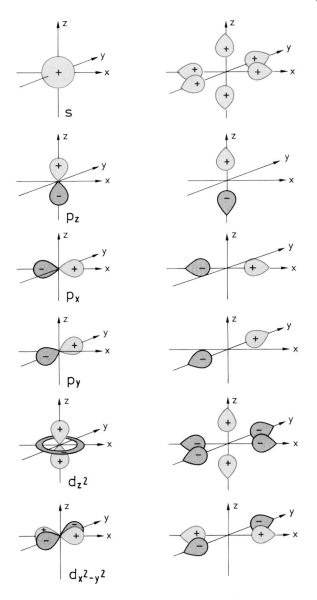

Abbildung 5.36   Kombinationen von Ligandenorbitalen mit den σ-Orbitalen des Zentralions. Dargestellt ist die Addition, die zur Bildung der bindenden MOs führt. Bei der Subtraktion, die zur Bildung der antibindenden MOs führt, müssen die Vorzeichen der Liganden umgekehrt werden.

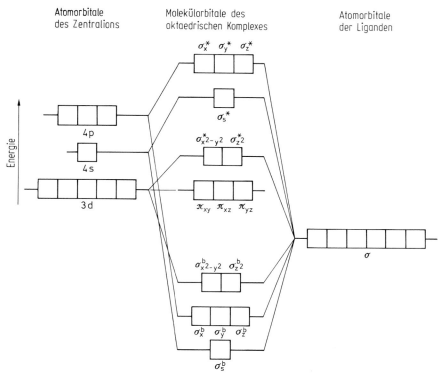

Abbildung 5.37   Energieniveaudiagramm eines oktaedrischen Komplexes. Es sind nur σ-Bindungen berücksichtigt. Die Orbitale d_{xy}, d_{xz}, d_{yz} sind nur für π-Bindungen geeignet. Ihre energetische Lage ist daher unverändert. Die Orbitale p_x, p_y, p_z und $d_{x^2-y^2}$, d_{z^2} bilden jeweils einen Satz äquivalenter MOs, die energetisch entartet sind.

die Konfiguration $3d^1$. Der Grundzustand von $[Ti(H_2O)_6]^{3+}$ ist also

$$(\sigma_s^b)^2 (\sigma_{x,y,z}^b)^6 (\sigma_{x^2-y^2,z^2}^b)^4 (\pi_{xy,yz,xz})^1$$

Fe^{3+} hat die Konfiguration d^5 und $[FeF_6]^{3-}$ den Grundzustand

$$(\sigma_s^b)^2 (\sigma_{x,y,z}^b)^6 (\sigma_{x^2-y^2,z^2}^b)^4 (\pi_{xy,xz,yz})^3 (\sigma_{x^2-y^2,z^2}^*)^2$$

Diese Ergebnisse entsprechen denen der Ligandenfeldtheorie.

Die antibindenden Orbitale haben Metallcharakter und Elektronen in diesen Orbitalen sind vorwiegend „Metallelektronen". In den nichtbindenden Orbitalen sind die Elektronen reine Metallelektronen (solange diese Orbitale nicht an π-Bindungen beteiligt sind). Die MOs π_{xy}, π_{xz}, π_{yz} entsprechen den t_{2g}-Orbitalen, die MOs $\sigma_{x^2-y^2}^*$, $\sigma_{z^2}^*$ den e_g-Orbitalen im oktaedrischen Ligandenfeld (vgl. Abb. 5.22). Ihr Abstand entspricht der Ligandenfeldaufspaltung Δ und ist auch hier maßgebend dafür, ob ein high-spin- oder ein low-spin-Komplex entsteht.

Die d_{xy}-, d_{xz}- und d_{yz}-Orbitale sind zu π-Bindungen befähigt (Abb. 5.38). Die Li-

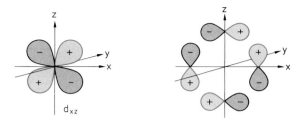

Abbildung 5.38   Durch Linearkombination des d_{xz}-Orbitals mit vier p-Orbitalen der Liganden erhält man ein π-Molekülorbital. Äquivalente Kombinationen gibt es für das d_{xy}- und das d_{yz}-Orbital.

ganden-π-Orbitale können wie z. B. bei Cl^- p-Orbitale sein oder wie bei mehratomigen Liganden, z. B. CO oder CN^-, bindende π-Orbitale π^b oder antibindende π-Orbitale π^* (vgl. Abb. 2.69). Bei *Komplexen mit π-Bindung* können zwei Grenzfälle unterschieden werden.

In einem Grenzfall sind die Liganden-π-Orbitale besetzt und besitzen eine niedrigere Energie als die $d\pi$-Orbitale der Metallionen. Ein Ausschnitt aus dem Energieniveaudiagramm ist in der Abb. 5.39 dargestellt. Im bindenden π-Molekülorbital wird Ladung vom Liganden zum Metall übertragen. Wir nennen diese Bindung daher *dative π-Bindung Ligand → Metall.* Die π-Orbitale des Metalls werden destabilisiert und gehen in schwach antibindende MOs über. Diese Art der π-Bindung *verkleinert* Δ.

Beim anderen Grenzfall sind die Liganden-π-Orbitale unbesetzt, ihre Energie liegt oberhalb der der π-Metallorbitale. Ein Ausschnitt aus dem Energieniveaudiagramm ist in der Abb. 5.40 dargestellt. Die $d\pi$-Elektronen der Metallionen werden durch die

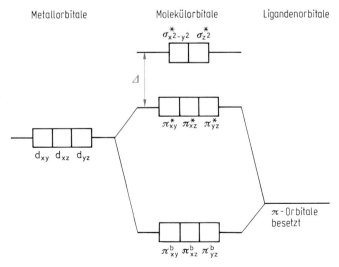

Abbildung 5.39   Dative π-Bindung L → Me

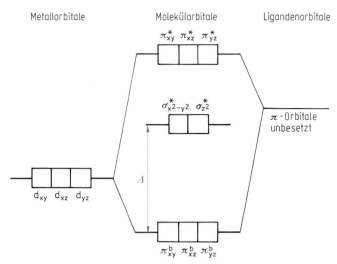

Abbildung 5.40   Dative π-Bindung Me → L

π-Bindung stabilisiert, sie erhalten etwas Ligandencharakter. Es wird also Elektronendichte vom Metall entfernt. Wir nennen diese Bindung daher *dative π-Bindung Metall → Ligand*, sie *vergrößert Δ.*

Die spektrochemische Reihe der Liganden (vgl. Abschn. 5.4.6) ist mit der Fähigkeit der Liganden korreliert, π-Bindungen zu bilden. Reine σ-Donatoren sind NH_3 und NR_3. Schwache π-Donatoren sind OH^- und F^-. Gute π-Donatoren wie Cl^-, Br^-, I^- sind zu starken π-Bindungen L → Me befähigt und verursachen kleine Aufspaltungen. *Gute Akzeptorliganden wie CO und CN^- sind zu starken π-Bindungen Me → L befähigt und verursachen große Aufspaltungen.*

Die zweiatomigen Liganden CO und CN^- besitzen besetzte $π^b$- und leere $π^*$-Orbitale (vgl. S. 150). Sie können daher sowohl π-Bindungen L → Me als auch Me → L ausbilden. Letztere wird auch als *Rückbindung* bezeichnet. σ-Bindung und π-Rückbindung sind synergetisch (zusammenwirkend). Je stärker die σ-Bindung ist, um so mehr Elektronendichte wird am Metallion konzentriert, dies verstärkt die Tendenz zur Rückbindung. Eine starke Rückbindung zieht Elektronen vom Metall ab und verstärkt wiederum die σ-Bindung. Die Rückbindung stabilisiert die dπ-Molekülorbitale, die σ-Bindung destabilisiert die $σ^*_{x^2-y^2}$- und die $σ^*_{z^2}$-Orbitale. Je stärker beide Bindungen sind, um so größer ist Δ. Die Rückbindung ist für die Stabilität der Cyanokomplexe und der Carbonyle (vgl. Abschn. 5.5) wichtig.

5.4.8 Charge-Transfer-Spektren

Bei vielen Komplexen ist die Ursache der Farbigkeit eine Charge-Transfer-Absorption. *Durch Absorption eines Lichtquants wird Elektronenladung innerhalb eines Kom-*

plexes übertragen. Die Charge-Transfer(CT)-Absorptionen können innerhalb oder außerhalb des sichtbaren Bereichs des elektromagnetischen Spektrums liegen. Die CT-Banden *sind meist intensiv und breit.* Man kann Elektronenübertragung vom Ligand zum Metall, vom Metall zum Ligand und zwischen Metallatomen unterscheiden.

Übergang L → M. Ein Elektron wird aus einem besetzten Molekülorbital des Liganden in ein niedrig liegendes, unbesetztes oder teilweise besetztes Molekülorbital des Metallatoms angeregt. Bei den intensiv rot gefärbten Thiocyanatoeisen(III)-Komplexen (vgl. Abschn. 5.16.5.1) erfolgt eine Elektronenübertragung vom SCN-Liganden zum Fe(III). Diese Übertragung läßt sich so beschreiben als wäre Fe(III)(d^5) zu Fe(II)(d^6) reduziert und ein SCN-Ligand zu einem SCN-Radikal oxidiert worden. Die große Intensität der Banden beruht auf der gleichen Symmetrie des Elektronendonator- und des Elektronenakzeptor-Orbitals. Symmetrieerlaubte Übergänge überwiegen bei CT-Absorptionen.

Die intensive violette Farbe des MnO_4^--Ions beruht auf dem Elektronenübergang von den Sauerstoffliganden zum Mn(VII). ReO_4^- ist farblos, da die Bande im UV liegt. Auch die Farben der tetraedrischen Ionen CrO_4^{2-} (gelb), MnO_4^{2-} (grün), MnO_4^{3-} (blau) und FeO_4^{2-} (rot) kommen durch CT-Absorptionen zustande.

Übergang M → M. Intensive Farben treten bei Verbindungen auf, die Metallatome in unterschiedlichen Oxidationsstufen enthalten. Ein bekanntes Beispiel ist Berliner-blau $\overset{+3}{Fe}_4[\overset{+2}{Fe}(CN)_6]_3 \cdot n\,H_2O$ (vgl. Abschn. 5.16.5.1), bei dem durch gelbes Licht der Übergang eines d-Elektrons vom low-spin-Fe(II) zum high-spin-Fe(III) erfolgt.

Übergang M → L. Aus einem am Metall lokalisierten, besetzten MO (z.B. aus einem besetzten d-Orbital) erfolgt eine Elektronenanregung in ein energetisch höher gelegenes leeres MO mit Ligandencharakter (z.B. in ein π*-Orbital gleicher Symmetrie). Dies ist bei Komplexen mit CO-, CN^-- und aromatischen Amin-Liganden (Phenanthrolin, Bipyridin) der Fall. Die intensiv rote Farbe des Komplexes $[Fe(bipy)_3]^{2+}$ entsteht durch Elektronenübergang vom low-spin-Fe(II) in ein leeres Ligandenorbital. Ebenfalls rot gefärbt ist der Komplex $[Fe(phen)_3]^{2+}$ (Ferroin).

5.5 Metallcarbonyle

Die Übergangsmetalle besitzen die charakteristische Fähigkeit, mit vielen neutralen Molekülen Komplexe zu bilden. Dazu gehören Kohlenstoffmonooxid, Isocyanide, substituierte Phosphane und Arsane, Stickstoffmonooxid, Pyridin, 1,10-Phenanthrolin. Diese Liganden besitzen unbesetzte Orbitale, die zu einer π-Bindung Metall → Ligand befähigt sind (vgl. S. 702). Es sind π-Akzeptorliganden. *Der wichtigste π-Akzeptorligand ist Kohlenstoffmonooxid CO.*

Verbindungen von Metallen mit CO heißen Carbonyle. Das erste Carbonyl, das Tetracarbonylnickel $Ni(CO)_4$, wurde bereits 1890 entdeckt. Heute sind von den meisten Übergangsmetallen, besonders von denen der 5.–10. Gruppe, Carbonyle bekannt. Zusammen mit gemischten Komplexen gibt es Tausende von Verbindungen.

5.5.1 Bindung

Kohlenstoffmonooxid bildet mit dem einsamen Elektronenpaar am Kohlenstoffatom eine dative σ-Bindung Ligand $\rightarrow$ Metall (L $\rightarrow$ Me) (Abb. 5.41a). Dadurch entsteht eine hohe Elektronendichte am Metallatom. CO besitzt leere π-Orbitale (vgl. S. 150), es kann Elektronendichte aus besetzten π-Orbitalen des Metallatoms aufnehmen. Es entsteht eine π-Rückbindung Metall $\rightarrow$ Ligand (Me $\rightarrow$ L), durch die die Ladung am Metallatom verringert wird (Abb. 5.41b). Dieser Bindungsmechanismus wird als synergetisch (zusammenwirkend) bezeichnet. Die Rückbindung erhöht die negative Ladung am CO, verstärkt seine Lewis-Basizität und damit die σ-Bindung. Die σ-Bindung wiederum positiviert CO und erhöht seinen π-Säurecharakter, also die Akzeptorstärke. Die Bindungen verstärken sich gegenseitig.

Nur mit π-Akzeptorliganden werden von Metallen in niedrigen Oxidationsstufen stabile Komplexe gebildet. Ohne Rückbindung würde bei neutralen Metallatomen oder Ionen der Ladung +1 die L $\rightarrow$ Me-Bindung zu einer zu hohen Ladung am Metallatom führen.

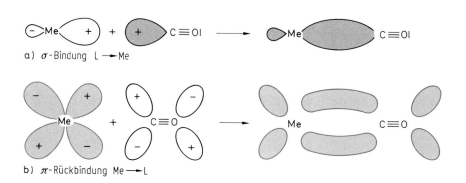

a) σ-Bindung L $\longrightarrow$ Me

b) π-Rückbindung Me $\longrightarrow$ L

Abbildung 5.41   Bindung in Metallcarbonylen.
a) Bildung der σ-Bindung CO $\rightarrow$ Metall (L $\rightarrow$ Me). Das freie Elektronenpaar eines sp-Hybridorbitals des C-Atoms überlappt mit einem leeren σ-Orbital des Metallatoms.
b) Entstehung der π-Rückbindung Metall $\rightarrow$ CO (Me $\rightarrow$ L). Ein besetztes dπ-Orbital des Metallatoms überlappt mit einem leeren π^*-Molekülorbital von CO. Durch die Rückbindung wird die C—O-Bindung geschwächt, dies bestätigt die Frequenzänderung der C—O-Valenzschwingung.
Beide Bindungen übertragen Ladung. Die Ladungsübertragungen kompensieren sich aber weitgehend, so daß annähernd Elektroneutralität erreicht wird. Die Bindung in Carbonylen kann durch zwei mesomere Grenzstrukturen formuliert werden.
$$\overset{\ominus}{Me} - C{\equiv}\overset{\oplus}{O}| \leftrightarrow Me{=}C{=}\overline{\underline{O}}$$

CO verursacht große Ligandenfeldaufspaltungen (vgl. Abschn. 5.4.6). *Die Carbonyle sind* daher immer *low-spin-Komplexe.*

5.5.2 Strukturen

Die Zusammensetzung der meisten Carbonyle kann mit der 18-Elektronen-Regel (Edelgasregel) vorhergesagt werden. Die Anzahl der Valenzelektronen des Metallatoms plus der Anzahl der von den Liganden für σ-Bindungen stammenden Elektronen ist gleich 18. Die Metallatome benutzen also alle nd-, $(n+1)$s- und $(n+1)$p-Orbitale zur Ausbildung von Bindungen mit den Liganden und erreichen dadurch die Elektronenschale des nächstfolgenden Edelgases.

Einkernige Metallcarbonyle

Gruppe	5	6	7	8	9	10
Anzahl der Valenzelektronen	5	6	7	8	9	10
Verbindungen	$V(CO)_6$	$Cr(CO)_6$ $Mo(CO)_6$ $W(CO)_6$	–	$Fe(CO)_5$ $Ru(CO)_5$ $Os(CO)_5$	–	$Ni(CO)_4$
Struktur	oktaedrisch	oktaedrisch		trigonal-bipyramidal		tetraedrisch
Eigenschaften	kristallin paramagnetisch	kristallin		flüssig		flüssig

Nur bei Übergangsmetallen mit gerader Anzahl der Valenzelektronen ist die Edelgasregel erfüllt. Alle kristallinen Carbonyle sublimieren im Vakuum. Die bei Raumtemperatur flüssigen Carbonyle sind flüchtig, leicht entzündlich und sehr giftig.

Zweikernige Metallcarbonyle

Gruppe	7	8	9
Anzahl der Valenzelektronen	7	8	9
Verbindungen	$Mn_2(CO)_{10}$ $Tc_2(CO)_{10}$ $Re_2(CO)_{10}$	$Fe_2(CO)_9$ $Ru_2(CO)_9$ $Os_2(CO)_9$	$Co_2(CO)_8$

Es sind kristalline, meist gefärbte Substanzen mit niedrigen Schmelzpunkten, die reaktionsfähiger als einkernige Carbonyle sind. $Ru_2(CO)_9$ und $Os_2(CO)_9$ zersetzen sich bei Raumtemperatur.

Auf Grund der ungeraden Valenzelektronenzahl des Metallatoms können $Mn(CO)_5$ und $Co(CO)_4$ als Radikale mit 17 Elektronen betrachtet werden, die durch Dimerisierung unter Ausbildung einer Me-Me-Bindung die Edelgasregel erfüllen (Abb. 5.42a). Von $Co_2(CO)_8$ ist eine weitere Struktur bekannt, bei der zwei Brücken-Carbonyl-Gruppen auftreten (Abb. 5.42b).

Die beiden Struktureinheiten

unterscheiden sich energetisch so wenig, daß nicht vorausgesagt werden kann welche Anordnung auftritt. Entscheidend können sterische Ursachen sein, da bei der verbrückten Form die Koordinationszahl der Metallatome größer ist.

Auch $V(CO)_6$ könnte durch Dimerisierung eine 18-Elektronen-Konfiguration erreichen. Dabei würde sich die Koordinationszahl erhöhen. Wahrscheinlich ist eine sterische Behinderung die Ursache dafür, daß die Dimerisierung bei $V(CO)_6$ nicht stattfindet. Aus demselben Grund tritt vermutlich beim $Mn_2(CO)_{10}$ keine Struktur mit verbrückenden CO-Liganden auf.

$Fe_2(CO)_9$ besitzt eine Struktur mit drei verbrückenden CO-Gruppen (Abb. 5.42c). Die alternative Struktur mit einer Verbrückung

existiert vermutlich bei $Os_2(CO)_9$ und $Ru_2(CO)_9$.

Mehrkernige Carbonyle

Verbindungen, die nur CO-Moleküle als Liganden enthalten, sind nicht sehr zahlreich. Bekannt sind:

$Me_3(CO)_{12}$	Me = Fe, Ru, Os
$Me_4(CO)_{12}$	Me = Co, Rh, Ir
$Me_6(CO)_{16}$	Me = Co, Rh, Ir

Es sind farbige, zersetzliche oder sublimierbare Kristalle mit relativ niedrigen Schmelzpunkten. Die Strukturen (Abb. 5.43) enthalten symmetrische Metallcluster (Dreieck, Tetraeder, Oktaeder). Bei den dreikernigen und vierkernigen Carbonylen sind zwei Strukturen bekannt.

Große Cluster werden von Osmium gebildet: $Os_5(CO)_{16}$, $Os_6(CO)_{18}$, $Os_7(CO)_{21}$ und $Os_8(CO)_{23}$.

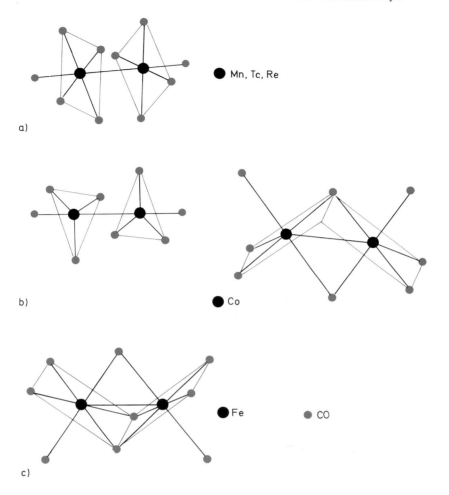

Abbildung 5.42   Strukturen zweikerniger Carbonyle
a) Struktur von $Me_2(CO)_{10}$ (Me = Mn, Tc, Re)
b) Strukturen von $Co_2(CO)_8$. Eine Struktur enthält zwei verbrückende CO-Moleküle
(KZ = 6), bei der anderen ist jedes CO-Molekül nur an ein Metallatom gebunden (KZ = 5).
c) In $Fe_2(CO)_9$ sind drei verbrückende CO-Gruppen vorhanden.
In allen Strukturen existiert eine Me—Me-Bindung, und die Edelgasregel ist erfüllt.

5.5.3 Darstellung

Reaktionen von Metall mit CO

Feinverteiltes Nickel reagiert schon bei 80 °C mit CO zu $Ni(CO)_4$. Feinverteiltes
Eisen und Cobalt reagieren mit CO bei 150–200 °C und 100 bar zu $Fe(CO)_5$ und
$Co_2(CO)_8$.

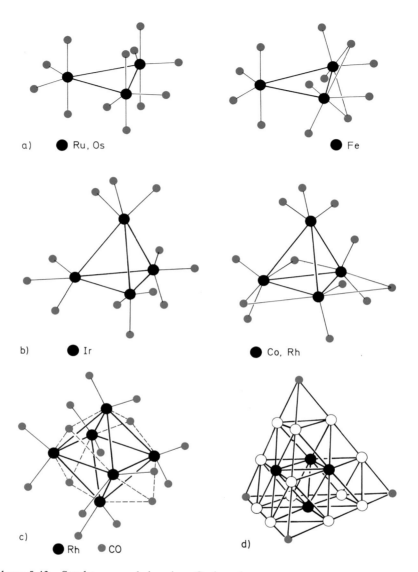

a) ● Ru, Os   ● Fe

b) ● Ir   ● Co, Rh

c) ● Rh   ● CO   d)

Abbildung 5.43   Strukturen mehrkerniger Carbonyle.

a) $Me_3(CO)_{12}$. Die Metallcluster bestehen aus Dreiecken. In $Fe_3(CO)_{12}$ sind zwei Fe-Atome durch zwei CO-Moleküle verbrückt.

b) $Me_4(CO)_{12}$. Die Metallatome bilden tetraedrische Cluster. In $Co_4(CO)_{12}$ und $Rh_4(CO)_{12}$ gibt es drei verbrückende CO-Moleküle.

c) $Rh_6(CO)_{16}$. Die Metallatome bilden ein Oktaeder.
Jedes Rh-Atom hat zwei endständige CO-Gruppen. Die restlichen vier CO-Gruppen befinden sich in dreifach verbrückenden Positionen über vier der Dreiecksflächen des Oktaeders.

d) $Os_{20}(CO)_{40}^{2-}$. Der Cluster besitzt eine perfekte tetraedrische Symmetrie. Die Metallatome sind kubisch-dichtest gepackt. An die rot gezeichneten Os-Atome sind drei, an die weißen zwei CO-Moleküle und an die schwarzen ist ein CO-Molekül gebunden.

Reduktion von Metallsalzen in Gegenwart von CO
Es gibt eine Vielzahl von Verfahren. Bei erhöhter Temperatur und unter Druck fungiert CO gleichzeitig als Reduktionsmittel. Es reagieren die Oxide von Mo, Re, Ru, Os, Ir, Co, die Halogenide von Re, Fe, Co, Ni, Ru, Os, Ir und die Sulfide von Mo, Re. Reduktionen in flüssiger Phase werden mit verschiedenen Reduktionsmitteln und Lösungsmitteln durchgeführt.

Beispiele:

$Cr(CO)_6$ aus $CrCl_3$ mit Al in Benzol unter Druck
$Cr(CO)_6$, $Mo(CO)_6$, $W(CO)_6$, $Mn_2(CO)_{10}$ aus Halogeniden mit AlR_3, ZnR_2, Na in Ether unter Druck
$Rh_6(CO)_{16}$, $Ir_4(CO)_{12}$ aus Chloriden mit CO in Methanol unter Druck

Zersetzung von Metallcarbonylen
Durch Energiezufuhr (z. B. photochemisch) entstehen durch CO-Abspaltung höherkernige Spezies.

Beispiele:

$$2\,Me(CO)_5 \longrightarrow Me_2(CO)_9 + CO \qquad Me = Fe, Ru, Os$$
$$3\,Me_2(CO)_9 \longrightarrow 2\,Me_3(CO)_{12} + 3\,CO \qquad Me = Ru, Os$$

Oxidation von Carbonylmetallaten
Dieses Verfahren ist zweckmäßig, wenn Carbonylmetallate (vgl. unten) leichter hergestellt werden können als die Carbonyle.

Beispiel:

$$[V(CO)_6]^- \xrightarrow[\text{H}_3\text{PO}_4]{\text{H}^+} V(CO)_6 + \tfrac{1}{2}H_2$$

5.5.4 Carbonylmetallat-Anionen, Metallcarbonylhydride

Durch Reduktion von Metallcarbonylen erhält man Carbonylmetallat-Anionen. Sie können einkernig und mehrkernig sein und sind überwiegend einfach negativ oder zweifach negativ geladen. Für fast alle ist die Edelgasregel gültig. Die ein- bis dreikernigen Verbindungen enthält die folgende Tabelle.

Gruppe	4	5	6	7	8	9	10
Me	Zr	V Nb Ta	Cr Mo W	Mn Tc Re	Fe Ru Os	Co Rh Ir	Ni Pd Pt
Einkernig	$Zr(CO)_6^{2-}$	$Me(CO)_6^-$ $Me(CO)_5^{3-}$	$Me(CO)_5^{2-}$ $Me(CO)_4^{4-}$	$Me(CO)_5^-$ $Me(CO)_4^{3-}$	$Me(CO)_4^{2-}$	$Me(CO)_4^-$ $Me(CO)_3^{3-}$	
Zweikernig			$Me_2(CO)_{10}^{2-}$	$Me_2(CO)_9^{2-}$	$Fe_2(CO)_8^{2-}$		$Ni_2(CO)_6^{2-}$
Dreikernig			$Me_3(CO)_{14}^{2-}$		$Fe_3(CO)_{11}^{2-}$		$Ni_3(CO)_8^{2-}$

Einige Beispiele für vielkernige Komplexe:

$Fe_4(CO)_{13}^{2-}$, $Os_5(CO)_{15}^{2-}$, $Pt_6(CO)_{12}^{2-}$, $Rh_{12}(CO)_{30}^{2-}$, $Rh_{15}(CO)_{27}^{3-}$, $Os_{17}(CO)_{36}^{2-}$, $Pt_{18}(CO)_{36}^{2-}$, $Os_{20}(CO)_{40}^{2-}$ (Abb. 5.43 d).

Die Metall-CO-Bindung ist stabiler als in neutralen Carbonylen, da die negative Ladung am Metallatom die π-Rückbindung verstärkt. Es gibt daher nicht nur eine Vielzahl von Verbindungen, sondern *es existieren auch mehrkernige Carbonylmetallat-Anionen, zu denen keine isoelektronischen Metallcarbonyle bekannt sind.* Im allgemeinen sind die CO-Liganden wegen ihrer festen Bindung nicht substituierbar. Die Ionen werden bereits durch Luft oxidiert. Aus wäßrigen Lösungen lassen sie sich mit großen Kationen, z. B. $[Co(NH_3)_6]^{3+}$, ausfällen.

Carbonylmetallate reagieren mit Säuren unter Bildung von Carbonylwasserstoffen.

$$Co(CO)_4^- + H^+ \longrightarrow HCo(CO)_4$$

Sie lassen sich auch auf anderen Wegen, z. B. durch Hydrierung von Metallcarbonylen unter Druck, herstellen.

Einkernige Hydridometallkomplexe

Gruppe	7	8	9	
Verbindungen	$HMn(CO)_5$ $HRe(CO)_5$	$H_2Fe(CO)_4$ $H_2Ru(CO)_4$ $H_2Os(CO)_4$	$HCo(CO)_4$	Zunahme der Stabilität Abnahme der Acidität ↓ ←

Die Carbonylhydride sind unbeständiger als die zugehörigen Anionen, da die Fähigkeit zur π-Rückbindung geschwächt ist.

Die einkernigen Verbindungen sind zersetzliche Flüssigkeiten, die unter Wasserstoffabspaltung reagieren.

$$HMn(CO)_5 \longrightarrow \tfrac{1}{2}H_2 + \tfrac{1}{2}Mn_2(CO)_{10}$$

Sie lösen sich nicht gut in Wasser, reagieren aber als Säuren.

$$HCo(CO)_4 + H_2O \longrightarrow H_3O^+ + Co(CO)_4^- \qquad K \approx 1$$

$$H_2Fe(CO)_4 + H_2O \longrightarrow H_3O^+ + HFe(CO)_4^- \qquad K \approx 10^{-5}$$

$$HMn(CO)_5 + H_2O \longrightarrow H_3O^+ + Mn(CO)_5^- \qquad K \approx 10^{-7}$$

In den einkernigen Hydriden besetzt das H-Atom eine Koordinationsstelle des Komplexes, der Me-H-Abstand entspricht der Summe der kovalenten Radien.

5.5.5 Metallcarbonylhalogenide

Durch Oxidationsreaktionen der Metallcarbonyle mit Halogenen X_2 erhält man Carbonylhalogenide $Me_x(CO)_y X_z$. Man erhält sie auch durch Reaktion von Metallhalogeniden mit CO unter Druck. Carbonylhalogenide werden von den meisten Metallen gebildet, von denen auch binäre Carbonyle existieren, außerdem aber auch von Pd, Pt, Au. *In den Carbonylhalogeniden hat das Metallatom eine positive Oxidationszahl.*

Beispiele:

$Ru(CO)_4X_2$, $Os(CO)_4X_2$, $Pt(CO)_2X_2$, $[Pd(CO)X_2]_2$, $[Pt(CO)X_2]_2$

In mehrkernigen Komplexen sind die Me-Atome immer über Halogenatome, niemals durch CO-Gruppen verbrückt.

Beispiel:

$$\begin{array}{ccccc} Cl & & Cl & & CO \\ & \diagdown & & \diagup & & \diagup \\ & Pt & & Pt & \\ & \diagup & & \diagdown & & \diagdown \\ CO & & Cl & & Cl \end{array}$$

5.5.6 Nitrosylcarbonyle

In den Metallcarbonylen kann CO durch andere Liganden, z. B. NO, substituiert werden. NO besitzt ein Elektron mehr als CO und fungiert als Dreielektronenligand. Die Bindung kann wie folgt beschrieben werden. Zunächst wird ein Elektron auf das Metall übertragen, dann bildet NO^+ wie CO (vgl. Abb. 5.41) eine dative σ-Bindung Ligand → Metall und eine π-Rückbindung Metall → Ligand. *NO^+ ist ein noch stärkerer π-Akzeptor als CO,* die Bindung an das Metallatom ist sehr stabil.

$$\overset{\ominus}{Me}\!-\!\overset{\oplus}{N}\!\equiv\!\overset{\oplus}{O}| \;\leftrightarrow\; \overset{\ominus}{Me}\!=\!\overset{\oplus}{N}\!=\!\overline{\underline{O}}$$

Ein Beispiel für Nitrosylcarbonyle ist die folgende Reihe isoelektronischer Komplexe:

$Ni(CO)_4$, $Co(CO)_3NO$, $Fe(CO)_2(NO)_2$, $Mn(CO)(NO)_3$, $Cr(NO)_4$

5.6 π-Komplexe mit organischen Liganden[1]

Die Bindung Ligand → Metall wird von den π-Elektronen organischer Verbindungen errichtet. Die Komplexe werden durch π-Rückbindung stabilisiert. Die organischen Liganden können aromatische Ringsysteme, Alkene oder Alkine sein.

---

[1] Ausführlich behandelt in Erwin Riedel (Hrsg.) Moderne Anorganische Chemie, verfaßt von C. Janiak, T. M. Klapötke und H.-J. Meyer, 2. Aufl., Walter de Gruyter. Berlin · New York 2003.

5.6.1 Aromatenkomplexe

Aromatische Ringsysteme mit einem π-Elektronensextett sind

$$\left[\begin{array}{c} HC\!-\!CH \\ | \bigcirc | \\ HC\!-\!CH \end{array}\right]^{2-} \qquad \left[\begin{array}{c} HC\!-\!\!-\!CH \\ | \; \bigcirc \; | \\ HC \quad CH \\ C \\ H \end{array}\right]^{-} \qquad \begin{array}{c} H \\ C \\ HC \quad CH \\ \bigcirc \\ HC \quad CH \\ C \\ H \end{array} \qquad \left[\begin{array}{c} H \quad H \\ C\!-\!C \\ HC \qquad CH \\ \bigcirc \\ HC \qquad CH \\ C \\ H \end{array}\right]^{+}$$

Cyclobutadienylanion   Cyclopenta- Benzol   Tropyliumkation
        dienylanion (Cp)

Die Ringsysteme sind eben gebaut (vgl. S. 152). Die π-Elektronen können mit den leeren Orbitalen von Übergangsmetallen überlappen.

Im **Dibenzolchrom** $(C_6H_6)_2Cr$ (braunschwarze Kristalle, Smp. 285 °C) befindet sich das Chromatom zwischen zwei parallel übereinander liegenden Benzolringen (*Sandwich-Verbindung*). Sind alle π-Elektronen an Bindungen beteiligt, ist die Edelgasregel erfüllt.

Bekannt ist auch Dibenzolmolybdän $(C_6H_6)_2Mo$ und Dibenzolwolfram $(C_6H_6)_2W$. Dibenzolverbindungen der höheren Nebengruppen gibt es als Kationen: $(C_6H_6)_2Re^+$, $(C_6H_6)_2Fe^{2+}$, $(C_6H_6)_2Co^{3+}$.

Der bekannteste Cp-Komplex ist das Bis(cyclopentadienyl)eisen $(C_5H_5)_2Fe$ (**Ferrocen**) (orangefarbene Kristalle, Smp. 174 °C). Im Ferrocen hat Eisen die Oxidationszahl +2. In der Sandwich-Struktur liegen die Cp-Ringe wie auch im homologen Ruthenocen $Ru(Cp)_2$ „auf Deckung". Die zahlreichen Cp-Komplexe sind die wichtigsten aromatischen π-Komplexe.

5.6.2 Alkenkomplexe, Alkinkomplexe

Das π-Elektronenpaar der Doppelbindung eines Alkens kann mit einem leeren Metallorbital überlappen. Es besetzt eine Koordinationsstelle.
Beispiel:
Ethen $H_2C\!=\!CH_2$

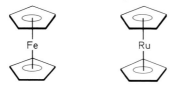

Die katalytische Wirkung von Platinverbindungen bei der Oxidation von Alkenen beruht auf der intermediären Bildung von π-Komplexen. Alkene mit konjugierten Doppelbindungen ($-\overset{H}{C}=\overset{H}{C}-\overset{H}{C}=\overset{H}{C}-$) können Chelate bilden.

Beispiel:

Butadien $H_2C=\overset{H}{C}-\overset{H}{C}=CH_2$

$$H_2C=\overset{H}{C}-\overset{H}{C}=CH_2 + Fe(CO)_5 \quad \rightarrow \quad$$

(Struktur des Eisen-Butadien-Komplexes mit Fe-Zentrum, drei CO-Liganden und H_2C, CH_2, $\overset{C-C}{H\ \ H}$) $+ 2\,CO$

Alkine können zwei π-Elektronenpaare für Bindungen zur Verfügung stellen.

Beispiel:

Ethin $HC\equiv CH$

(Struktur des Dicobalt-Komplexes mit zwei Co-Zentren, CO-Liganden und $HC\equiv CH$)

Die π-Elektronenpaare errichten Bindungen mit zwei Metallatomen und ersetzen zwei CO-Moleküle.

5.7 Fehlordnung

In jedem Realkristall sind Abweichungen vom idealen Kristallgitter vorhanden. *In jedem Realkristall treten* also *Baufehler auf.* Diese Baufehler haben einen wesentlichen Einfluß auf die Eigenschaften der Kristalle, z.B. auf optische und elektrische Eigenschaften, Diffusion, Reaktivität, Plastizität, Festigkeit.
Man teilt die Baufehler nach der Dimension ihrer geometrischen Ausdehnung ein.

- Nulldimensionale Baufehler: Punktfehlordnung.
- Eindimensionale Baufehler: Versetzungen.
- Zweidimensionale Baufehler: Korngrenzen, Stapelfelder (vgl. S. 171).

Die Punktfehlordnung ist eine reversible Fehlordnung, die in allen kristallinen Stoffen auftritt und deren Konzentration von thermodynamischen Parametern abhängt. Eindimensionale und zweidimensionale Baufehler sind irreversible Defekte, die von der Entstehungsgeschichte des Kristalls abhängen.

5.7.1 Korngrenzen

Korngrenzen sind der Grenzbereich zwischen zwei verschieden orientierten Kristalliten im polykristallinen Festkörper. Sie beeinflussen z.B. die elektrische Leitfähigkeit (Korngrenzenwiderstand) und die Diffusion (Korngrenzendiffusion).

5.7.2 Versetzungen

Stufenversetzung. Bei einer Stufenversetzung endet eine Netzebene im Inneren eines Kristalls (Abb. 5.44). Man kann eine Stufenversetzung als Einfügung einer Halbebe-

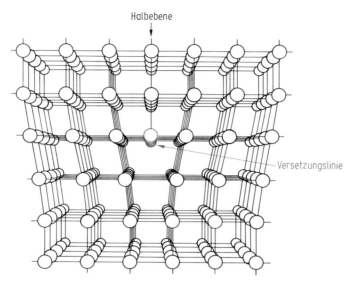

Abbildung 5.44 Dreidimensionales Modell einer Stufenversetzung.

ne in einen Kristall auffassen. Die untere Kante der Halbebene ist die Versetzungslinie. Sie ist einige hundert bis tausend Atome lang. Die Versetzungsdichte hängt von den Herstellungsbedingungen des Kristalls ab. Bei normal behandelten Metallen beträgt sie 10^7 bis 10^9 cm^{-2}, bei stark deformierten Metallen 10^{11} bis 10^{13} cm^{-2}. Mit besonderen Züchtungsmethoden kann man Kristalle herstellen, die praktisch versetzungsfrei sind, z. B. Si- und Ge-Einkristalle. Stufenversetzungen sind für das Verständnis der plastischen Verformung von Metallen wichtig (Abb. 5.45).

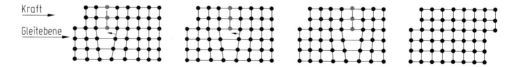

Abbildung 5.45 Wanderung einer Stufenversetzung entlang einer Gleitebene bei plastischer Verformung. Bei der Verformung eines Idealkristalls müßten ganze Netzebenen gegeneinander verschoben werden. Die Verformung durch Bewegung einer Versetzung erfordert viel weniger Energie (Analogie: Bewegung eines Teppichs durch die Bewegung einer Teppichfalte).

Schraubenversetzung. Die Netzebenen sind nicht übereinander gestapelt, sondern eine einzige Atomschicht windet sich wie eine Wendeltreppe um eine senkrechte Linie (Versetzungslinie) (Abb. 5.46). Schraubenversetzungen führen zu einem spiraligen Wachstum. Whiskers (Haarkristalle) enthalten nur eine Schraubenversetzung, entlang der das Wachstum des Kristalls erfolgt.

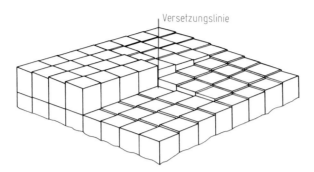

Abbildung 5.46   Modell einer Schraubenversetzung.

Versetzungen haben nicht nur für die mechanischen Eigenschaften, sondern auch *für chemische Eigenschaften Bedeutung.* Versetzungslinien sind schnelle Diffusionswege im Kristall, dort erfolgt Einstellung von Punktfehlstellengleichgewichten, und es sind Stellen bevorzugter Keimbildung bei Phasenneubildungen. Mit der Erhöhung der Versetzungsdichte ist eine Erhöhung der katalytischen Aktivität gekoppelt.

5.7.3 Punktfehlordnung

Es gibt drei Arten von Punktfehlstellen (Abb. 5.47).
Leerstellen: im Idealgitter sind Gitterplätze unbesetzt.
Zwischengitterteilchen: im Idealgitter unbesetzte Gitterplätze sind besetzt.
Substitutionsteilchen: einzelne Gitterplätze sind durch falsche Teilchen besetzt.

A B A B A B

B ☐ B A B A   Leerstelle im A-Teilgitter

A B A B B B   Teilchen B auf A-Platz
    A   Teilchen A auf Zwischengitterplatz
B A B A B A
      B   Teilchen B auf Zwischengitterplatz
A B A ☐ A B   Leerstelle im B-Teilgitter

B A A A B A   Teilchen A auf B-Platz

Abbildung 5.47   Mögliche Punktfehlstellen in einem AB-Gitter.

Punktfehlordnung tritt prinzipiell *in allen kristallinen Stoffen auf, es ist eine thermodynamisch bedingte Fehlordnung.* Die Konzentration der Punktfehlstellen ist eine Gleichgewichtskonzentration, die vom Druck, der Temperatur und der Kristallzusammensetzung abhängt. Die thermischen Schwingungen der Kristallbausteine um die Ruhelage des idealen Gitterplatzes führen dazu, daß einige Kristallbausteine den Gitterplatz verlassen. Sie wandern unter Hinterlassung einer Leerstelle auf einen Zwischengitterplatz oder an die Oberfläche des Gitters. Die Konzentration der Fehlstellen wächst daher mit zunehmender Temperatur.

5.7.3.1 Eigenfehlordnung in stöchiometrischen binären Ionenkristallen

Die wichtigsten Fehlordnungstypen sind:

Frenkel-Typ. Zwischengitterplätze sind mit Kationen besetzt, im Kationenteilgitter sind Leerstellen vorhanden. Die Konzentrationen der Zwischengitterteilchen und der Leerstellen sind gleich groß (Abb. 5.48a). Beispiele für den Frenkel-Typ sind die Silberhalogenide.

Schottky-Typ. Im Kationenteilgitter und im Anionenteilgitter sind Leerstellen vorhanden, ihre Konzentrationen sind gleich groß (Abb. 5.48b). Beispiele für den Schottky-Typ sind die Alkalimetallhalogenide. Dicht unterhalb des Schmelzpunktes beträgt die Anzahl der Fehlstellen z. B. bei NaCl $4 \cdot 10^{17}$ cm^{-3}.

Zur Bildung der Fehlstellen muß Energie aufgewendet werden. Für einen bestimmten Kristall sind die *Fehlordnungsenergien* für die verschiedenen Fehlordnungstypen unterschiedlich groß. Es wird sich der Fehlordnungstyp mit der kleinsten Fehlordnungsenergie ausbilden. Bei den Silberhalogeniden liegen die Fehlordnungsenergien für den Frenkel-Typ zwischen 60 und 170 kJ/mol. Die Fehlordnungsenergien des Schottky-Typs (Bildung je einer Leerstelle im Anionen- und Kationenteilgitter) liegen bei den Alkalimetallhalogeniden zwischen 125 und 250 kJ/mol.

Abbildung 5.48   a) Bildung einer Frenkel-Fehlstelle. Ein Kation wandert auf einen Zwischengitterplatz und hinterläßt eine Leerstelle. b) Bildung einer Schottky-Fehlstelle. Ein Kation und ein Anion verlassen ihre Gitterplätze und wandern an die Kristalloberfläche. In beiden Teilgittern entsteht eine Leerstelle.

Substitutionsteilchen gibt es in binären Ionenkristallen nicht, da ihre Bildung zu viel Energie erfordert. Sie können aber z. B. in intermetallischen Phasen auftreten, da dort keine elektrostatische Abstoßung erfolgt (vgl. S. 186).

Punktfehlstellen können wie chemische Teilchen behandelt werden und auf die Fehlordnungsgleichgewichte kann das Massenwirkungsgesetz angewendet werden. Dazu wird die folgende Symbolik benutzt:

- A_i Teilchen A auf Zwischengitterplatz (interstitial site)
- V_A Leerstelle (vacancy) im A-Teilgitter
- Positive Ladung einer Fehlstelle (bezogen auf das ungestörte Gitter), oberer Index ·
- Negative Ladung einer Fehlstelle (bezogen auf das ungestörte Gitter), oberer Index '.

Beispiele:

Frenkel-Fehlordnung von AgCl

MWG: $c_{Ag_i^{\cdot}} \cdot c_{V'_{Ag}} = K$

Schottky-Fehlordnung von NaCl

MWG: $c_{V'_{Na}} \cdot c_{V^{\cdot}_{Cl}} = K$

Transportvorgänge wie Ionenleitung und Diffusion kommen durch die Wanderung von Fehlstellen zustande (Abb. 5.48c). In einem idealen Kristall gibt es keine Transportvorgänge. Auf der Existenz von Fehlstellen beruht die Reaktivität von Kristallen. Reaktionen im festen Zustand sind nur in Zusammenhang mit der Fehlordnung zu verstehen und zu diskutieren.

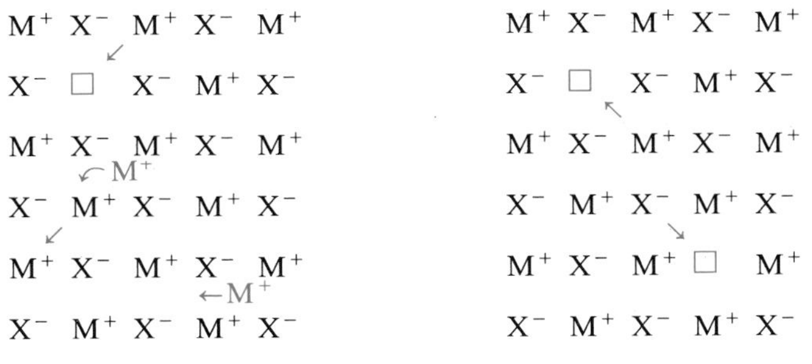

$$
\begin{array}{cccccccc}
M^+ & X^- & M^+ & X^- & M^+ & \qquad & M^+ & X^- & M^+ & X^- & M^+ \\
& \swarrow & & & & & & & & & \\
X^- & \square & X^- & M^+ & X^- & & X^- & \square & X^- & M^+ & X^- \\
& & & & & & & \nwarrow & & & \\
M^+ & X^- & M^+ & X^- & M^+ & & M^+ & X^- & M^+ & X^- & M^+ \\
& \swarrow M^+ & & & & & & & & & \\
X^- & M^+ & X^- & M^+ & X^- & & X^- & M^+ & X^- & M^+ & X^- \\
& \swarrow & & & & & & & \searrow & & \\
M^+ & X^- & M^+ & X^- & M^+ & & M^+ & X^- & M^+ & \square & M^+ \\
& & \leftarrow M^+ & & & & & & & & \\
X^- & M^+ & X^- & M^+ & X^- & & X^- & M^+ & X^- & M^+ & X^- \\
\end{array}
$$

Frenkel-Fehlordnung   Schottky-Fehlordnung

Abbildung 5.48c) Materietransport im Kristall. Der Materietransport (Ionenleitung, Diffusion) erfolgt durch Wanderung von Defektstellen.
Frenkel-Typ: Wanderung der Kationenleerstelle; Wanderung des Zwischengitterkations von einem Zwischengitterplatz zu einem anderen; Verdrängung eines Gitterkations durch ein Zwischengitterkation.
Schottky-Typ: Wanderung einer Kationenleerstelle und einer Anionenleerstelle.

5.7.3.2 Fehlordnung in nichtstöchiometrischen Verbindungen

Auf Grund des Phasengesetzes von Gibbs (vgl. S. 256)

$$K + 2 = P + F$$

ist *in einer binären Verbindung AB* ($K = 2$) die kristalline Phase ($P = 1$) durch drei unabhängige Variable ($F = 3$) eindeutig bestimmt, z. B. durch den Druck p, die Temperatur T und den Partialdruck p_B der Komponente B. Die Konzentrationen der Fehlstellen und die Zusammensetzung hängen also bei gegebenem Druck und bei gegebener Temperatur vom Partialdruck p_B ab. Zwar *bewirken relativ große Änderungen des Gleichgewichtspartialdrucks p_B nur kleine Abweichungen von der Stöchiometrie, aber relativ große Änderungen der Störstellenkonzentrationen* und der damit zusammenhängenden Eigenschaften. *Außer den materiellen Fehlordnungsteilchen* Leerstellen *und Zwischengitterteilchen existiert* bei nichtstöchiometrischen Verbindungen *auch eine elektronische Fehlordnung*. Bei nichtstöchiometrischen Verbindungen mit Metallüberschuß $A_{1+x}B$ treten als elektronische Fehlstellen Elektronen e' auf, bei Verbindungen mit Metallunterschuß $A_{1-x}B$ Defektelektronen h˙ (vgl. S. 181).

Beispiel: $Zn_{1+x}O$.

Wenn der Sauerstoffpartialdruck p_{O_2} kleiner ist als der Gleichgewichtspartialdruck bei der stöchiometrischen Zusammensetzung, dann entsteht durch Abgabe von O_2 ein Metallüberschuß. Unter Abgabe eines Elektrons gehen Zn^+-Ionen auf Zwischengitterplätze ($Zn_i^˙$), dadurch wird die Anzahl der Zwischengitterplätze (V_i) verringert. Da freie Elektronen gebildet werden, ist ZnO ein n-Halbleiter. Die Abweichung von der Idealzusammensetzung ZnO ist sehr gering, bei 800 °C ist $x = 7 \cdot 10^{-5}$. Fehlordnungsgleichgewicht:

$$ZnO + V_i = \tfrac{1}{2}O_2 + Zn_i^˙ + e'$$
$$\text{MWG:} \quad c_{Zn_i^˙} \cdot c_{e'} = K \cdot p_{O_2}^{-1/2}$$
$$\text{Da } c_{Zn_i^˙} = c_{e'} \text{ folgt}$$
$$c_{e'} = K' \cdot p_{O_2}^{-1/4}$$

Die Leitfähigkeit von ZnO ist praktisch gleich der Teilleitfähigkeit der Elektronen, sie nimmt mit zunehmendem Sauerstoffpartialdruck ab. Dieser atomistischen Beschreibung der Leitfähigkeit entspricht das in der Abb. 5.49 wiedergegebene Bändermodell.

Beispiel: $Ni_{1-x}O$.

Wenn der Sauerstoffpartialdruck p_{O_2} größer ist als der Gleichgewichtspartialdruck bei der stöchiometrischen Zusammensetzung, wird Sauerstoff in das Kristallgitter eingebaut. Nickelionen verlassen ihre Gitterplätze (Ni_{Ni}), hinterlassen also Leerstellen im Nickelteilgitter (V_{Ni}'') und wandern an die Oberfläche. Der an der Kristallober-

Abbildung 5.49   Bändermodell von $Zn_{1+x}O$. ZnO ist ein n-Leiter.
Die Leitung entsteht durch Donatoren, die dicht unterhalb des Leitungsbandes sitzen. Donatoren sind Zinkatome auf Zwischengitterplätzen. Die Konzentration der Donatoren hängt vom Sauerstoffpartialdruck ab. Es sind nur 0,05 eV notwendig, um ein Zinkdonatoratom zu dissoziieren. Das Elektron gelangt dabei in das Leitungsband und ist dort frei beweglich.

fläche adsorbierte Sauerstoff bildet unter Elektronenaufnahme O^{2-}-Ionen, dadurch entstehen im Gitter Defektelektronen $h^{\cdot}$. NiO ist ein p-Halbleiter.

Fehlordnungsgleichgewicht:

$$\tfrac{1}{2}O_2 + Ni_{Ni} = NiO + V''_{Ni} + 2h^{\cdot}$$

MWG:
$$c_{V''_{Ni}} \cdot c_{h^{\cdot}}^2 = K \cdot p_{O_2}^{1/2}$$

Da $c_{h^{\cdot}} = 2c_{V''_{Ni}}$ folgt

$$c_{h^{\cdot}} = K' \cdot p_{O_2}^{1/6}$$

Die Leitfähigkeit von NiO nimmt mit zunehmendem Sauerstoffpartialdruck zu.

Die Erzeugung von Defektelektronen bedeutet Entstehung von Ni^{3+}-Ionen. Metallunterschuß entsteht bei solchen Oxiden, bei denen für die Metallionen eine höhere Oxidationszahl existiert (MnO, FeO, Cu_2O).

5.7.4 Spezifische Defektstrukturen

Die Defekte treten nicht auf Grund thermodynamischer Gleichgewichtsbedingungen auf, sondern *sie sind für bestimmte kristalline Verbindungen spezifisch.*

Man kann unterscheiden: Statistische Verteilung der Defekte, Überstrukturordnung der Defekte, Scherstrukturen.

Es gibt zahlreiche Defektstrukturen; nur wenige Beispiele können behandelt werden.

Titanmonooxid hat bei 900 °C den Zusammensetzungsbereich $TiO_{0,75} - TiO_{1,25}$. Es kristallisiert in einer NaCl-Defektstruktur mit einem hohen Anteil von statistisch verteilten Leerstellen (Abb. 5.50). Bei der Zusammensetzung TiO sind 15 % aller Gitterplätze unbesetzt. TiO_x ist ein metallischer Leiter. Durch Überlappung der d-Orbitale der Ti-Ionen entsteht ein Metallband mit delokalisierten d-Elektronen. Wahrscheinlich begünstigen die Sauerstoffleerstellen die Überlappung. Ganz analog verhält sich Vanadiummonooxid.

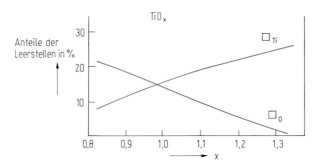

Abbildung 5.50   Anteile der Leerstellen im Titanteilgitter $\square_{Ti}$ und der Leerstellen im Sauer-
stoffteilgitter $\square_O$ in der Phase TiO_x. TiO kristallisiert im NaCl-Typ. Bei der Zusammensetzung
TiO beträgt der Anteil für beide 15%. Die Leerstellen sind statistisch verteilt.

Von Ag_2HgI_4 gibt es zwei Strukturen: β-$Ag_2HgI_4 \underset{}{\overset{50°C}{\rightleftharpoons}} \alpha$-$Ag_2HgI_4$. α-Ag_2HgI_4
hat eine Zinkblende-Defektstruktur. Auf den Kationenplätzen des Zinkblendegitters
sind Ag^+-Ionen, Hg^{2+}-Ionen und Leerstellen statistisch verteilt. Unterhalb 50°C
entsteht die tetragonale β-Ag_2HgI_4-Struktur, die Leerstellen sind geordnet
(Abb. 5.51). Die ungeordnete Struktur besitzt eine um zwei Zehnerpotenzen höhere
Ionenleitfähigkeit.

Beim Übergang von der NiAs-Struktur zur CdI_2-Struktur (Abb. 5.52) können
nichtstöchiometrische Phasen sowohl mit statistischer als auch mit geordneter Verteilung der Defekte auftreten. Fe_7S_8 kristallisiert oberhalb 400°C in einer NiAs-Defektstruktur mit statistischer Verteilung der Leerstellen im gesamten Metallteilgitter. Bei
Cr_7S_8 sind in jeder zweiten Metallschicht des NiAs-Gitters 25% Leerstellen statistisch verteilt. Beim Cr_5S_6 sind in jeder zweiten Schicht $\frac{1}{3}$ geordnete Leerstellen, beim
Cr_2S_3 in jeder zweiten Schicht $\frac{2}{3}$ geordnete Leerstellen vorhanden.

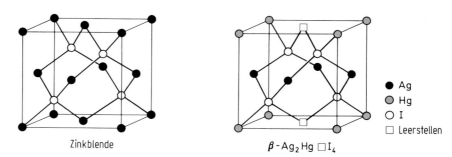

Abbildung 5.51   Statistische und geordnete Verteilung von Leerstellen bei der Verbindung
Ag_2HgI_4. Oberhalb 50°C sind die Hg^{2+}- und Ag^+-Ionen und die Leerstellen $\square$ auf den Kationenplätzen des Zinkblendegitters statistisch verteilt. Unterhalb 50°C ist die Verteilung geordnet. Es entsteht ein eigener tetragonaler Strukturtyp.

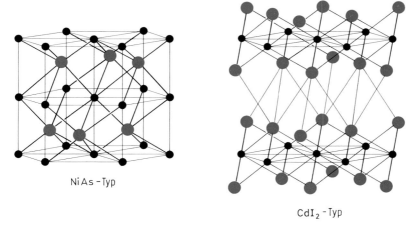

Abbildung 5.52   Beziehung zwischen NiAs-Typ und CdI$_2$-Typ. Wenn jede zweite Metall-schicht im NiAs-Typ unbesetzt bleibt, entsteht der CdI$_2$-Typ. Zwischen beiden Strukturen gibt es Übergänge sowohl mit statistischer als auch mit geordneter Verteilung von Leerstellen.

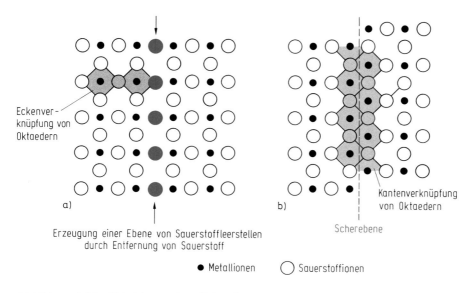

Abbildung 5.53   Entstehung einer Scherebene
a) In der ReO$_3$-Struktur sind MeO$_6$-Oktaeder dreidimensional über Ecken verknüpft. Ver-ringert sich der Sauerstoffgehalt, dann entstehen Sauerstoffleerstellen.
b) Durch Kantenverknüpfung der Oktaeder verschwinden die Leerstellen, es entsteht eine Scherebene.

Me_2O_5 Me_3O_8

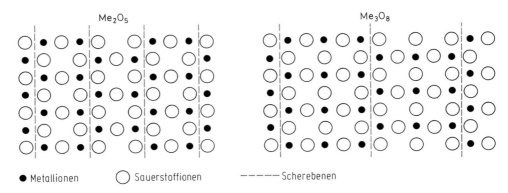

● Metallionen   ○ Sauerstoffionen   ------ Scherebenen

Abbildung 5.53   c) Von der ReO_3-Struktur leiten sich homologe Serien von Scherstrukturen der Stöchiometrie Me_nO_{3n-1} ab. Sie entstehen durch den Übergang von eckenverknüpften Oktaedern zu kantenverknüpften Oktaedern entlang der Scherebenen. Die Strukturen sind schematisch für Verbindungen der Zusammensetzungen Me_2O_5 und Me_3O_8 dargestellt.

Statistisch verteilte Leerstellen können sich nicht nur zu neuen Strukturen ordnen, sondern es kann auch durch ihr Verschwinden zur Ausbildung neuer Strukturen kommen. Sie werden als Scherstrukturen bezeichnet. Beispiele sind Verbindungen, die sich von der ReO_3-Struktur ableiten. Die ReO_3-Struktur (Abb. 2.16) ist aus ReO_6-Oktaedern aufgebaut, die in allen Raumrichtungen eckenverknüpft sind. Durch Reduktion entstehen Sauerstoffleerstellen, die sich entlang bestimmter Kristallebenen häufen. Die Sauerstoffleerstellen verschwinden, wenn entlang dieser Ebenen eine Kantenverknüpfung der Oktaeder erfolgt (Abb. 5.53). Die fortschreitende Entfernung von Sauerstoff führt zu einer ganzen Serie stöchiometrischer Scherstrukturen (Abb. 5.53c). Im Bereich $MeO_{2,875} - MeO_{2,929}$ (Me = Mo, W) gibt es z.B. sechs Phasen Me_nO_{3n-1} mit $n = 8, 9, 10, 11, 12, 14$. Im System Titan–Sauerstoff gibt es im Bereich $TiO_{1,90} - TiO_{1,75}$ eine Serie stöchiometrischer Phasen Ti_nO_{2n-1} $(4 \leq n \leq 10)$. Bei ihnen nimmt die Zahl flächenverknüpfter Oktaeder auf Kosten von Ecken- und Kantenverknüpfungen zu. Im System Vanadium–Sauerstoff gibt es die Verbindungen V_nO_{2n-1} $(4 \leq n \leq 9)$.

5.7.5 Elektrische Eigenschaften von Defektstrukturen

5.7.5.1 Ionenleiter

In Ionenkristallen erfolgt Ionenleitung durch die Wanderung von Kristalldefekten (s. Abschn. 5.7.3.1). Aber bei den meisten ionischen Feststoffen ist nur bei hohen Temperaturen die Defektkonzentration und die thermische Energie der Ionen groß genug um eine nennenswerte Leitfähigkeit zu erzeugen. Bei den Silberhalogeniden entsteht die Leitfähigkeit hauptsächlich durch Wanderung der Ag^+-Ionen auf Zwischengitterplätzen. Bei den Alkalimetallhalogeniden sind die Kationenleerstellen die Hauptladungsträger. Unterhalb des Schmelzpunktes bei 800 °C beträgt z. B. die Leitfähigkeit von NaCl $10^{-3}\,\Omega^{-1}\,cm^{-1}$, bei Raumtemperatur ist es mit $10^{-12}\,\Omega^{-1}\,cm^{-1}$ ein Isolator.

Eine kleine Gruppe von Feststoffen hat eine hohe Ionenbeweglichkeit. Sie werden als *schnelle Ionenleiter oder* als *Festelektrolyte* bezeichnet. *Es sind Verbindungen mit Kristallstrukturen, in denen eine strukturelle Fehlordnung vorhanden ist, die die Ionenbeweglichkeit ermöglicht* (Abb. 5.54).

β-Aluminiumoxid ist die Bezeichnung für die Verbindungen $Me_2O \cdot n\,Al_2O_3$ (Me = Alkalimetalle, Ag, Cu; $n = 5\,-11$). Am wichtigsten ist das Natrium-β-Aluminiumoxid. Die Struktur ist aus Spinellblöcken aufgebaut. Diese Blöcke bestehen aus 4 Sauerstoffschichten dichtester Packung, in denen die Al^{3+}-Ionen Tetraeder- und Oktaederlücken besetzen. In jeder 5. Schicht existieren Sauerstoffleerstellen. In diesen Schichten befinden sich die Na^+-Ionen, die sich innerhalb der Schicht leicht bewegen können. β-Aluminiumoxide sind zweidimensionale Ionenleiter. Bei 25 °C beträgt die Leitfähigkeit von Natrium-β-Aluminiumoxid $10^{-1}\,\Omega^{-1}\,cm^{-1}$ (die Aktivierungsenergie 0,16 eV). Die Verwendung als Festelektrolyt für Natrium-Schwefel-Akkumulatoren wurde im Abschn. 3.8.11 besprochen.

Ag^+-Ionen-Festelektrolyte sind AgI und $RbAg_4I_5$. Bei der Phasenumwandlung von β-AgI in α-AgI bei 146 °C erhöht sich die Ionenleitfähigkeit um 4 Zehnerpotenzen auf $1\,\Omega^{-1}\,cm^{-1}$. β-AgI hat Wurtzitstruktur mit festen Ag^+-Positionen, im α-AgI sind die Ag^+-Ionen statistisch im Raum zwischen den I^--Ionen verteilt, das Ag-Teilgitter ist quasi-geschmolzen. $RbAg_4I_5$ hat bei Raumtemperatur mit $0,23\,\Omega^{-1}\,cm^{-1}$ die höchste Ionenleitfähigkeit aller kristallinen Substanzen. Auch in dieser Struktur sind die Ag^+-Ionen statistisch über eine große Anzahl zur Verfügung stehender Plätze verteilt und daher gut beweglich.

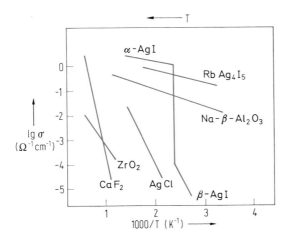

Abb. 5.54   Ionenleitfähigkeit einiger Festelektrolyte.

Festelektrolyte mit Anionenleitung sind bei hohen Temperaturen Oxide und Fluoride mit Fluorit-Struktur. Im PbF_2 und CaF_2 sind die F^--Ionen fehlgeordnet, die F^--Anionenleerstellen sind beweglicher als die F^--Ionen auf Zwischengitterplätzen. ZrO_2 bildet mit CaO Mischkristalle $(Ca_xZr_{1-x})O_{2-x}$ mit $0,1 \leq x \leq 0,2$. Dadurch wird pro Ca^{2+}-Ion, das im ZrO_2-Gitter eingebaut wird, eine Sauerstoffleerstelle erzeugt und außerdem die Fluorit-Struktur des ZrO_2 stabilisiert (vgl. Abschn. 5.12.7). Es entsteht Anionenleitung mit einer Leitfähigkeit von etwa $5 \cdot 10^{-2} \, \Omega^{-1} \, cm^{-1}$ bei $1000\,°C$. Als Festelektrolyt wird dotiertes ZrO_2 in Brennstoffzellen sowie in galvanischen Ketten zur Bestimmung von kleinen O_2-Partialdrücken (vgl. λ-Sonde Abschn. 4.11.2.2) verwendet.

5.7.5.2 Hopping-Halbleiter

Im Abschn. 2.4.4 wurden die elektrischen Eigenschaften von Metallen, Halbleitern und Isolatoren mit dem Bändermodell beschrieben. Die elektrische Leitfähigkeit σ von Halbleitern liegt im Bereich $10^{-5} - 10^2 \, \Omega^{-1} \, cm^{-1}$. Sie hängt von der Konzentration der Ladungsträger n und ihrer Beweglichkeit μ ab: $\sigma = ne\mu$ (e Elementarladung). Bei Eigenhalbleitern ist die Ladungsträgerkonzentration klein, sie nimmt mit zunehmender Temperatur exponentiell zu, damit auch die Leitfähigkeit. μ ändert sich mit der Temperatur nur wenig. Die charakteristische Größe der Eigenhalbleiter ist die Breite der verbotenen Zone. Sie ist bestimmend für die Ladungsträgerkonzenration.

Durch Dotierung erhält man Störstellenhalbleiter. Die dadurch erzeugte Ladungsträgerkonzentration ist meist schon bei Raumtemperatur annähernd konstant und mit zunehmender Temperatur nimmt dann die Leitfähigkeit wie bei Metallen etwas ab, da die Beweglichkeit der Ladungsträger durch die Gitterschwingungen (Phononen) behindert wird.

Bei vielen Übergangsmetallverbindungen ist das Bändermodell nicht anwendbar. Die äußeren Valenzelektronenorbitale überlappen nicht, es wird kein Leitungsband gebildet. *Die elektrische Leitfähigkeit entsteht durch „Hüpfen" von Elektronen von einem Atom zu einem benachbarten Atom*, wenn sie dafür genügend Energie besitzen. *Diese Halbleiter werden Hopping-Halbleiter genannt.* Bei ihnen ist die Ladungsträgerkonzentration konstant, die Beweglichkeit μ der Ladungsträger hängt aber exponentiell von der Temperatur T und der Aktivierungsenergie q ab, die für einen Ladungsträgersprung erforderlich ist: $\mu \sim e^{-q/kT}$. Die Beweglichkeit nimmt daher mit wachsender Temperatur exponentiell zu, damit auch die Leitfähigkeit.

Hopping-Halbleiter sind z. B. die Spinelle $Li(Ni^{3+}Ni^{4+})O_4$, $Li(Mn^{3+}Mn^{4+})O_4$ und $Fe^{3+}(Fe^{2+}Fe^{3+})O_4$ (vgl. S. 84 und 668). Auf den Oktaederplätzen erfolgt ein schneller Elektronenaustausch zwischen Fe^{2+}- und Fe^{3+}-Ionen, Mn^{3+}- und Mn^{4-}-Ionen, bzw. Ni^{3+}- und Ni^{4+}-Ionen. Bei $LiNi_2O_4$ z. B. beträgt die Aktivierungsenergie $q = 0,27$ eV bei $LiMn_2O_4$ 0,16 eV. Sie können als spezifische Defektstrukturen betrachtet werden, da identische kristallographische Plätze, nämlich die oktaedrisch koordinierten Plätze, statistisch mit Ionen unterschiedlicher Ladung besetzt sind. Man bezeichnet die Übergangsmetallverbindungen, bei denen ein kristallographischer Platz mit einer Ionensorte unterschiedlicher Ladung besetzt ist als *kontrollierte Valenzhalbleiter.*

Beispiele:

Vanadiumspinelle $Me^{2+}(Me_x^{2+}V_{2-2x}^{3+}V_x^{4+})O_4$ (Me = Mg, Mn, Zn, Cd)

Titanperowskite $La_x^{3+}Ba_{1-x}^{2+}(Ti_x^{3+}Ti_{1-x}^{4+})O_3$

Wegen der reproduzierbaren starken Temperaturabhängigkeit der Leitfähigkeit sind kontrollierte Valenzhalbleiter zur Temperaturmessung geeignet und werden daher als *Thermistoren* verwendet.

Die Spinelle $Li(Ti^{3+}Ti^{4+})O_4$ und $Li(V^{3+}V^{4+})O_4$ sind ebenso wie TiO (vgl. S. 772) und VO, die im NaCl-Typ kristallisieren, keine Halbleiter, sondern metallische Leiter. Die t_{2g}-Orbitale von Ti bzw. V überlappen und bilden ein nur teilweise be-

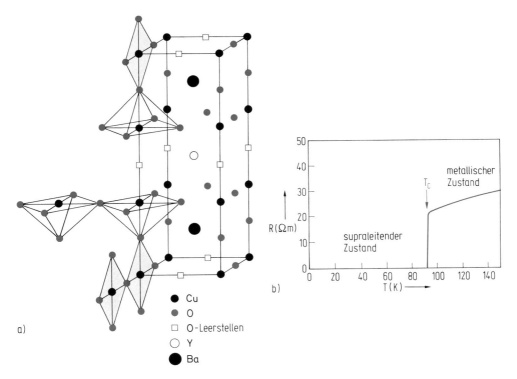

Cu
O
O-Leerstellen
Y
Ba

Abb. 5.55   a) Orthorhombische Elementarzelle des Hochtemperatursupraleiters $YBa_2Cu_3O_7$. Die Struktur leitet sich von der Perowskit-Struktur ab. Wesentlich ist die Existenz geordneter Sauerstoffleerstellen (siehe Text).
b) Beim Übergang vom metallischen Zustand in den supraleitenden Zustand fällt der Widerstand auf null ab, ein in einem Ringleiter induzierter Strom fließt unendlich lange. Die Sprungtemperatur T_C beträgt für $YBa_2Cu_3O_7$ 93 K.

setztes, schmales Leitungsband. Ersetzt man im Spinell $LiTi_2O_4$ Ti^{3+}-Ionen durch Fremdionen, z. B. Al^{3+}, wird die Bandbildung verhindert, es erfolgt ein *Übergang Metall-Halbleiter.* Die Spinelle $Li(Al_x^{3+}Ti_{1-x}^{3+}Ti^{4+})O_4$ sind bei $x < 0,33$ Metalle, bei $x > 0,33$ Halbleiter.

5.7.5.3 Hochtemperatursupraleiter

Bei Supraleitern sinkt unterhalb einer charakteristischen Temperatur, der Sprungtemperatur, der elektrische Widerstand schlagartig auf den Wert Null, außerdem entsteht Diamagnetismus. Revolutionierend war die Entdeckung von oxidischen Hochtemperatursupraleitern (1986). Ein solcher ist z. B. $YBa_2Cu_3O_7$, die Sprungtemperatur beträgt 93 K, ist also höher als die Siedetemperatur von flüssigem Stickstoff (77 K). Vorher war die höchste bekannte Sprungtemperatur 23 K (Nb_3Ge). $YBa_2Cu_3O_7$ kristallisiert in einem orthorhombisch-verzerrten Defektperowskittyp (Abb. 5.55). Drei Perowskitelementarzellen sind übereinandergestapelt. In der neuen Elementarzelle sind zwei geordnete Sauerstoffleerstellen vorhanden, dies ergibt für Ba die KZ 10, für Y die KZ 8 und die Ionenverteilung $Y^{3+}Ba_2^{2+}Cu_2^{2+}Cu^{3+}O_7$. Cu^{3+} ist planar-quadratisch koordiniert, die Quadrate bilden eckenverknüpfte Ketten. Die Koordination von Cu^{2+} ist quadratisch-pyramidal. Die quadratischen Pyramiden sind über gemeinsame Ecken zu Schichten verknüpft. Leitungsschichten sind ein gemeinsames Merkmal von Cuprat-Supraleitern. Die planaren Kupferoxidschichten der pyramidal koordinierten Cu^{2+}-Ionen gelten als die Leitungsschichten und die quadratisch-planar koordinierten Cu^{3+}-Ionen als Ladungsreservoirs. Sinkt die mittlere Oxidationszahl von Kupfer auf unter zwei (nahe $YBa_2Cu_3O_{6,4}$), so bricht die Supraleitung zusammen. Bei Raumtemperatur sind Cuprat-Supraleiter metallische Leiter. Neu ist die Entdeckung der Supraleitung des langbekannten Magnesiumborids, MgB_2. Die Sprungtemperatur von 39 K ist Rekord für kupferfreie Materialien. Unterschiedlich zu Cuprat-Supraleitern ist MgB_2 ein dreidimensionaler Supraleiter. Induzierte Defekte (Protonenbeschuß) verhindern das Zusammenbrechen der Supraleitung in starken Magnetfeldern, ein Vorteil gegenüber Cuprat-Supraleitern.

5.8 Gruppe 11

5.8.1 Gruppeneigenschaften

	Kupfer Cu	Silber Ag	Gold Au
Ordnungszahl Z	29	47	79
Elektronenkonfiguration	$[Ar]3d^{10}4s^1$	$[Kr]4d^{10}5s^1$	$[Xe]4f^{14}5d^{10}6s^1$
1. Ionisierungsenergie in eV	7,7	7,6	9,2
2. Ionisierungsenergie in eV	20,3	21,5	20,4
3. Ionisierungsenergie in eV	37,1	34,8	30,5
Elektronegativität	1,7	1,4	1,4
Schmelzpunkt in °C	1083	961	1063
Siedepunkt in °C	2595	2212	2660
Sublimationsenthalpie in kJ/mol	339	285	366
Standardpotentiale in V			
Me/Me$^+$	+0,52	+0,80	+1,69
Me/Me^{2+}	+0,34	+1,39	–
Me/Me^{3+}	–	–	+1,50
Me/[Me(CN)$_2$]$^-$	−0,43	−0,31	−0,60
Elektrische Leitfähigkeit in $\Omega^{-1}cm^{-1}$	$5,7 \cdot 10^5$	$6,1 \cdot 10^5$	$4,1 \cdot 10^5$

Die Elemente der Kupfergruppe Kupfer, Silber und Gold haben die Elektronenkonfiguration $(n-1)d^{10}ns^1$. Sie treten daher alle in der Oxidationsstufe $+1$ auf. Daneben existieren als wichtige weitere Oxidationsstufen $+2$ und $+3$. Seltener sind die Oxidationsstufen $+4$ und $+5$. Innerhalb der Gruppe gibt es keinen regelmäßigen Gang. Die stabilste Oxidationsstufe ist für Kupfer $+2$, für Silber $+1$, für Gold $+3$.

Zu den Alkalimetallen mit s^1-Konfiguration besteht nur eine formale Ähnlichkeit. Da die d^{10}-Konfiguration die Kernladung nicht so wirksam abschirmt wie die Edelgaskonfiguration, sind die 1. Ionisierungsenergien wesentlich höher als die der Alkalimetalle. Dies und die höhere Sublimationsenergie verursacht den edlen Charakter, der in der Gruppe von Cu nach Au zunimmt.

Verbindungen mit der Oxidationsstufe $+1$ haben die gleiche Zusammensetzung wie die der Alkalimetalle, aber sie sind kovalenter und haben deswegen höhere Gitterenergien. Daher sind z. B. die Halogenide und Pseudohalogenide schwerer löslich.

In allen Oxidationsstufen werden Komplexverbindungen gebildet. Typisch für die Oxidationsstufe $+1$ ist die ungewöhnliche lineare Koordination. Für die Oxidationsstufen $+2$ und $+3$ sind die verzerrt-oktaedrische und die quadratisch-planare Koordination typisch.

Nach ihrer Verwendung werden die Elemente der 1. Nebengruppe *Münzmetalle* genannt. Sie kommen alle in der Natur elementar vor. Goldmünzen waren bereits um 3400 v. Chr. in Ägypten Zahlungsmittel. Kupfer wurde als Metall wahrscheinlich schon um 5000 v. Chr. verwendet. Die erste Bronze wurde durch Legieren mit Zinn um 3000 v. Chr. hergestellt. Nachdem man um etwa 3000 v. Chr. die Gewinnung von metallischem Silber aus Erzen entdeckt hatte, war Münzsilber in allen antiken Kulturen verbreitet.

5.8.2 Die Elemente

Die Metalle der Kupfergruppe kristallisieren kubisch-flächenzentriert; sie besitzen relativ hohe Schmelzpunkte.

Kupfer ist ein hellrotes Metall, zäh und dehnbar. Es besitzt nach Silber die höchste elektrische und thermische Leitfähigkeit. Mit Sauerstoff bildet sich an der Oberfläche eine festhaftende Schicht von Cu_2O, die dem Kupfer die typische Farbe verleiht. An CO_2- und SO_2-haltiger Luft bilden sich fest haftende Deckschichten von basischem Carbonat $Cu_2CO_3(OH)_2$ und basischem Sulfat $Cu_2SO_4(OH)_2$ (Patina). Cu wird von Salpetersäure und konz. Schwefelsäure gelöst. Cu ist toxisch für niedere Organismen (Bakterien, Algen, Pilze).

Silber ist ein weißglänzendes Metall. Es ist weich, sehr dehnbar und hat die höchste thermische und elektrische Leitfähigkeit aller Metalle. Es wird von O_2 nicht angegriffen. Mit H_2S bildet sich in Gegenwart von O_2 oberflächlich schwarzes Ag_2S.

$$2\,Ag + H_2S + \tfrac{1}{2}O_2 \longrightarrow Ag_2S + H_2O$$

Ag wird nur von oxidierenden Säuren wie Salpetersäure und konz. Schwefelsäure gelöst. In Gegenwart von O_2 löst es sich auch in Cyanidlösungen, da wegen der Beständigkeit des Cyanokomplexes $[Ag(CN)_2]^-$ das Redoxpotential negativ wird. Silber ist für Mikroorganismen toxisch.

Gold ist „goldgelb", es ist das dehnbarste und geschmeidigste Metall und läßt sich zu Blattgold (bis 0,0001 mm Dicke) auswalzen. Es besitzt 70 % der Leitfähigkeit des Silbers. Es ist chemisch sehr inert. In Königswasser löst es sich unter Bildung von $[AuCl_4]^-$-Ionen und in KCN-Lösung bei Gegenwart von O_2 unter Bildung des Komplexes $[Au(CN)_2]^-$.

5.8.3 Vorkommen

Kupfer ist ein relativ häufiges Metall. Die wichtigsten Vorkommen sind Sulfide. Durch Verwitterung der Sulfide sind oxidische Mineralien entstanden. In kleinen Mengen kommt es gediegen vor. Die wichtigsten Mineralien sind: Kupferkies (Chalkopyrit) $CuFeS_2$, Kupferglanz (Chalkosin) Cu_2S, Buntkupferkies (Bornit) Cu_5FeS_4, Covellin CuS, Cuprit (Rotkupfererz) Cu_2O, Malachit $Cu_2(OH)_2CO_3$, Azurit (Kupferlasur) $Cu_3(OH)_2(CO_3)_2$.

Silber und Gold gehören zu den seltenen Elementen. Die Lagerstätten mit gediegenem Silber sind weitgehend abgebaut. In sulfidischen Erzen wie Bleiglanz und Kupferkies ist Silber – meist unter 0,1 % – enthalten. Silber wird daher als Nebenprodukt bei der Pb- und Cu-Herstellung gewonnen. Wichtige Silbermineralien sind: Silberglanz (Argentit) Ag_2S, Pyrargyrit (Dunkles Rotgültigerz) Ag_3SbS_3, Proustit (Lichtes Rotgültigerz) Ag_3AsS_3.

Gold kommt hauptsächlich gediegen vor, aber meist mit Silber legiert. Gold der Primärlagerstätten, meist in Quarzschichten, heißt Berggold. Bei der Verwitterung der Gesteine wurde es weggeschwemmt und in Flußsanden in Form von Goldstaub oder Goldkörnern als Seifengold oder Waschgold abgelagert. In geringen Mengen ist Gold in sulfidischen Kupfererzen enthalten. Im Jahr 2001 betrug die Weltförderung von Silber 18 770 t und von Gold 2 575 t.

5.8.4 Darstellung

Herstellung von Rohkupfer. Das wichtigste Ausgangsmaterial ist Kupferkies $CuFeS_2$. Durch Rösten wird zunächst der größte Teil des Eisens in Oxid überführt und durch SiO_2-haltige Zuschläge zu Eisensilicat verschlackt.

$$FeS + \tfrac{3}{2}O_2 + SiO_2 \longrightarrow FeSiO_3 + SO_2$$

Die Schlacke kann flüssig abgezogen werden. Anschließend erfolgt im Konverter durch Einblasen von Luft zunächst Verschlackung und Abtrennung des restlichen Eisens, dann teilweise Oxidation des Kupfersulfids (Röstarbeit) und Umsatz (Reaktionsarbeit) zu Rohkupfer.

$$2\,Cu_2S + 3\,O_2 \longrightarrow 2\,Cu_2O + 2\,SO_2$$
$$Cu_2S + 2\,Cu_2O \longrightarrow 6\,Cu \quad + \quad SO_2$$

Der größte Teil des Rohkupfers wird elektrolytisch gereinigt.

Raffination von Kupfer. Man elektrolysiert eine schwefelsaure $CuSO_4$-Lösung mit einer Rohkupferanode und einer Reinkupferkathode (Abb. 5.56). An der Anode geht Cu in Lösung, an der Kathode scheidet sich reines Cu ab. Unedle Verunreinigungen (Zn, Fe) gehen an der Anode ebenfalls in Lösung, scheiden sich aber nicht an der Kathode ab, da sie ein negativeres Redoxpotential als Cu haben. Edle Metalle (Ag, Au, Pt) gehen an der Anode nicht in Lösung, sondern setzen sich bei der Auflösung der Anode als Anodenschlamm ab, aus dem die Edelmetalle gewonnen werden. Man benötigt zur Elektrolyse Spannungen von etwa 0,3 V, da nur der Widerstand des Elektrolyten zu überwinden ist. Das Elektrolytkupfer enthält ca. 99,95 % Cu.

In analogen Verfahren werden **Nickel**, **Silber** und **Gold** elektrolytisch raffiniert.

Gewinnung von Silber und Gold. Die Gewinnung von Silber und Gold aus ihren Erzen erfolgt meist durch *Cyanidlaugerei*. Die Metalle in elementarer Form oder in Verbindungen werden mit Cyanidlösung als Cyanokomplexe aus den Erzen herausgelöst.

Beispiel Silber:

$$4\,Ag + 8\,CN^- + 2\,H_2O + O_2 \longrightarrow 4[Ag(CN)_2]^- + 4\,OH^-$$
$$Ag_2S + 4\,CN^- + 2\,O_2 \longrightarrow 2[Ag(CN)_2]^- + SO_4^{2-}$$

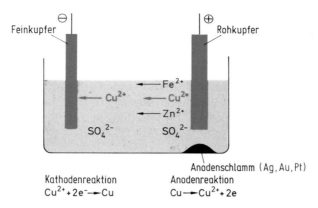

Abbildung 5.56   Elektrolytische Raffination von Kupfer.

Aus den Cyanidlaugen läßt sich Silber durch Zinkstaub ausfällen.

$$2[Ag(CN)_2]^- + Zn \longrightarrow [Zn(CN)_4]^{2-} + 2Ag$$

Beim *Amalgamverfahren* wird aus dem feingemahlenen Gestein Gold mit Quecksilber als Amalgam abgetrennt. Das Quecksilber wird aus dem Amalgam durch Destillation entfernt. Mit dem Amalgamverfahren wird etwa 60%, mit der Cyanidlaugerei 95% des vorhandenen Goldes extrahiert.

Der größte Teil des Silbers wird als Nebenprodukt *bei der Blei- und Kupferherstellung gewonnen.* Nach dem Parkes-Verfahren wird das Silber aus geschmolzenem Blei mit etwa 1% flüssigem Zink extrahiert. Flüssiges Blei und flüssiges Zink sind fast nicht miteinander mischbar und Silber löst sich weit besser in Zn (Verteilungskoeffizient ca. 300). Beim Abkühlen erstarrt zunächst ein „Zinkschaum", der von der Oberfläche abgezogen wird. Er besteht aus einer Zn-Ag-Legierung und anhängendem Blei. Das Zink wird durch Destillation entfernt, Blei durch Treibarbeit (Kupelation) in PbO überführt, das flüssig abgezogen wird. Das gewonnene Rohsilber ist wenigstens 95%ig.

Aus silberhaltigem Kupfer fällt Silber bei der elektrolytischen Raffination von Kupfer im Anodenschlamm an.

Die *Feinreinigung* von Silber und Gold erfolgt analog der Kupferraffination elektrolytisch.

5.8.5 Verwendung

Nach Eisen und Aluminium ist Kupfer das wichtigste Gebrauchsmetall. Die Hauptverwendung ist durch die hohe elektrische und thermische Leitfähigkeit (Elektroindustrie, Wärmeaustauscher) und die gute Korrosionsbeständigkeit (Schiffbau, chemischer Apparatebau) bestimmt. Kupfer wird zur Herstellung wichtiger Legierungen verwendet.

Messing ist eine Cu-Zn-Legierung. Man unterscheidet: Rotmessing (bis 20 % Zn), es ist sehr dehnbar und korrosionsbeständig (unechtes Blattgold; vergoldet als „Talmi" bekannt); Gelbmessing (20–40 % Zn) dient besonders zur Fertigung von Maschinenteilen; Weißmessing (50–80 % Zn) ist spröde und kann nur vergossen werden.

Bronzen sind Cu-Sn-Legierungen. Es sind die ersten von Menschen hergestellten Legierungen (Bronzezeit). Sie enthalten meist weniger als 6 % Sn. Reines Kupfer läßt sich nicht gießen, da es beim Erstarren gelöste Gase abgibt (Spratzen). Durch Sn-Zusatz wird dies vermieden. Bronzen mit Sn-Gehalten bis 10 % sind schmiedbar, und die Härte und Festigkeit des Kupfers wird erhöht. Die im Mittelalter verwendete Geschützbronze enthielt 88 % Cu, 10 % Sn und 2 % Zn. Glockenbronze enthält 20–25 % Sn. Durch Zusatz von P (< 0,5 %) wird beim Guß Oxidbildung verhindert und die Zähigkeit erhöht (Phosphorbronze). Durch Zusatz von 1–2 % Si (Siliciumbronze) wird die Festigkeit und Härte erhöht, ohne daß die elektrische Leitfähigkeit sich wesentlich verschlechtert (Verwendung für Schleifkontakte). Kunstbronzen (Statuenbronzen) enthalten bis 10 % Sn, außerdem etwas Zn und Pb zur Erhöhung der Gießbarkeit und Bearbeitbarkeit.

Aluminiumbronzen sind Cu-Al-Legierungen (5–10 % Al). Sie besitzen goldähnlichen Glanz, sind fest und hart wie Bronzen und zäh wie Messing.

Monel (70 % Ni) ist besonders korrosionsbeständig. **Konstantan** (40 % Ni) hat einen sehr kleinen Temperaturkoeffizienten der elektrischen Leitfähigkeit. **Neusilber** (ca. 60 % Cu, 20 % Ni, 20 % Zn) wird versilbert als Alpaka bezeichnet.

Reines *Silber und Gold* sind sehr weich. Sie *werden* daher *für den Gebrauch legiert.* Die meisten Silbermünzen enthalten 10 % Cu, silberne Gebrauchsgegenstände 20 % Cu. Der Silbergehalt wird auf 1000 Gewichtsteile bezogen. Ein 80 %iges Silber hat einen „Feingehalt" von 800. Große Mengen Silber werden zum Versilbern, zur Herstellung von Spiegeln, in der Elektronik und in der photographischen Industrie gebraucht.

Auch Goldmünzen enthalten meist 10 % Cu. Der Goldgehalt wird in *Karat* angegeben. Reines Gold ist „24karätig". Ein 18karätiges Gold enthält also 75 % Au (Feingehalt 750). Dukatengold hat einen Feingoldgehalt von 986. **Weißgold** ist eine Legierung mit Cu, Ni, Ag (Massenanteil von Gold $\frac{1}{3}$ bis $\frac{3}{4}$).

Im Goldrubinglas ist **kolloidales Gold** gelöst. Kolloidales Gold erhält man durch Reduktion von Goldsalzlösungen mit Sn(II)-chlorid (Cassiusscher Goldpurpur)

$$2\,Au^{3+} + 3\,Sn^{2+} + 18\,H_2O \longrightarrow 2\,Au + 3\,SnO_2 + 12\,H_3O^+$$

Das kolloidale Gold ist an kolloidalem Zinndioxid adsorbiert.

5.8.6 Kupferverbindungen

5.8.6.1 Kupfer(I)-Verbindungen (d^{10})

Die wichtigsten Oxidationsstufen des Kupfers sind $+1$ und $+2$. Die relativen Stabilitäten sind aus den Redoxpotentialen ersichtlich.

$$Cu \xrightarrow{+0,52\ V} Cu^+ \xrightarrow{+0,15\ V} Cu^{2+}$$

In wäßriger Lösung disproportionieren Cu$^+$-Ionen in Cu und Cu^{2+}-Ionen.

$$2\,Cu^+ \longrightarrow Cu^{2+} + Cu \qquad \Delta E = +0,37\ V$$
$$K = c_{Cu^{2+}}/c_{Cu^+}^2 \approx 10^6$$

Das Disproportionierungsgleichgewicht wird durch Löslichkeit und Komplexbildung stark beeinflußt. Schwerlösliche Cu(I)-Verbindungen wie CuI und CuCl sind gegen Wasser beständig. So reagiert z. B. Cu^{2+} mit I$^-$ zu CuI.

$$Cu^{2+} + 2\,I^- \longrightarrow CuI + \tfrac{1}{2}I_2$$

Cu^{2+} wird von I$^-$ reduziert, obwohl das Standardpotential $2\,I^-/I_2$ ($E^\circ = +0,53$ V) positiver ist als das von Cu$^+$/Cu^{2+} ($E^\circ = +0,15$ V). CuI ist aber so schwer löslich ($L = 5 \cdot 10^{-12}$) und die Cu$^+$-Konzentration daher so klein, daß dadurch das Potential Cu$^+$/Cu^{2+} positiver wird als das von $2\,I^-/I_2$ und damit auch positiver als das von Cu/Cu$^+$. Cu(I) kann nicht mehr disproportionieren (vgl. S. 358). Cu$_2$SO$_4$ wird dagegen durch Wasser sofort zu CuSO$_4$ und Cu zersetzt.

$$Cu_2SO_4 \xrightarrow{H_2O} Cu^{2+} + SO_4^{2-} + Cu$$

Bei Anwesenheit von NH$_3$ läuft die Reaktion in umgekehrter Richtung, Cu(II) reagiert mit Cu, da von Cu$^+$-Ionen mit NH$_3$ ein stabilerer Komplex gebildet wird als von Cu^{2+}-Ionen.

$$[Cu(NH_3)_4]^{2+} + Cu \longrightarrow 2\,[Cu(NH_3)_2]^+$$

Ethylendiamin (en) bildet einen sehr stabilen planaren Chelatkomplex mit Cu^{2+}-Ionen. Bei Zusatz von en fällt daher wieder Cu aus, Cu(I) disproportioniert.

$$2\,[Cu(NH_3)_2]^+ + 2\,en \longrightarrow [Cu(en)_2]^{2+} + Cu + 4\,NH_3$$

Cu(I) bevorzugt die tetraedrische Koordination. Außerdem ist die lineare Koordination häufig. Cu(I)-Verbindungen besitzen die Elektronenkonfiguration d^{10} und sind folglich diamagnetisch.

Kupfer(I)-oxid Cu$_2$O ist das bei hohen Temperaturen stabile Oxid (Smp. 1229 °C). Es entsteht bei der thermischen Zersetzung von CuO. Cu$_2$O ist rot, schwerlöslich und ein Halbleiter. Es kristallisiert kubisch (Abb. 5.57), die Cu-Atome sind linear von O-Atomen koordiniert. Beim Erhitzen von Cu$_2$O und K$_2$O erhält man KCuO, das quadratische $[Cu_4O_4]^{4-}$-Ringe mit O-Atomen an den Ecken enthält, in denen Cu linear von O umgeben ist.

Kupfer(I)-sulfid Cu$_2$S entsteht als schwarze, schwerlösliche, kristalline Verbindung durch Reaktion von Cu mit S.

Kupfer(I)-Halogenide erhält man durch Kochen von sauren Kupfer(II)-Halogenidlösungen mit Cu.

$$CuX_2 + Cu \longrightarrow 2\,CuX \quad (X = Cl, Br, I)$$

CuI entsteht bequemer durch Reaktion von Cu^{2+} mit I^- (siehe oben). Die Kupfer(I)-Halogenide sind schwer löslich, die Löslichkeit nimmt in Richtung CuI ab. Sie kristallisieren in der Zinkblende-Struktur. Mit Halogenidionen bilden sich lösliche Komplexe, z. B. $[CuCl_2]^-$. Cu(I)-fluorid ist nicht bekannt.

Kupfer(I)-cyanid CuCN entsteht analog CuI.

$$Cu^{2+} + 2\,CN^- \longrightarrow CuCN + \tfrac{1}{2}(CN)_2$$

Mit CN^--Überschuß bilden sich die sehr stabilen Cyanokomplexe $[Cu(CN)_2]^-$ und $[Cu(CN)_4]^{3-}$, aus denen mit H$_2$S kein Cu$_2$S ausfällt. Das Potential Cu/Cu$^+$ ($E^\circ = +0{,}52$ V) wird durch die Komplexbildung negativ, so daß sich Cu in CN^--Lösungen unter Wasserstoffentwicklung löst.

$$Cu + 4\,CN^- + H_2O \longrightarrow [Cu(CN)_4]^{3-} + OH^- + \tfrac{1}{2}H_2$$

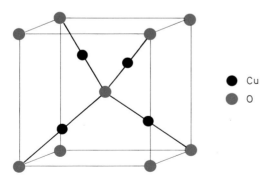

Abbildung 5.57 Kristallstruktur von Cu$_2$O.
Jedes Cu-Atom ist von zwei O-Atomen linear koordiniert, die O-Atome sind von Cu-Atomen tetraedrisch umgeben. In diesem Gitter kristallisiert auch Ag$_2$O.
Diese Struktur besteht aus zwei identischen, einander durchdringenden Netzwerken, zwischen denen keine Bindungen existieren. Beginnen wir bei irgendeinem Atom, dann ist es nur möglich, gerade die Hälfte aller Atome zu erreichen, wenn wir uns entlang der Cu—O-Bindungen bewegen.

5.8.6.2 Kupfer(II)-Verbindungen (d^9)

In der Oxidationsstufe $+2$ hat Kupfer die Elektronenkonfiguration $3d^9$. Wegen des ungepaarten Elektrons sind Cu(II)-Verbindungen paramagnetisch. *Bei d^9-Ionen tritt der Jahn-Teller-Effekt auf* (vgl. Abschn. 5.4.6.1). *Die bevorzugten Koordinationen bei Cu(II)-Verbindungen sind daher verzerrt-oktaedrisch und quadratisch-planar.* Die quadratische Koordination ist der Grenzfall tetragonal verzerrter, gestreckter Oktaeder. Zwischen beiden kann nicht scharf unterschieden werden.
In wäßriger Lösung ist die beständige Oxidationsstufe $+2$, da sich auf Grund der großen Hydratationsenthalpie das hellblaue, quadratisch koordinierte Ion $[Cu(H_2O)_4]^{2+}$ bildet. Das in wäßriger Lösung vorhandene Aqua-Ion kann auch als $[Cu(H_2O)_6]^{2+}$ formuliert werden. Die H_2O-Moleküle bilden ein tetragonal verzerrtes Oktaeder, in dem zwei Wassermoleküle weiter entfernt und schwächer gebunden sind. Mit NH_3 entsteht das Ion $[Cu(NH_3)_4(H_2O)_2]^{2+}$. Nur die quadratisch koordinierten H_2O-Moleküle können in wäßriger Lösung verdrängt werden. Der Komplex $[Cu(NH_3)_6]^{2+}$ bildet sich nur in flüssigem NH_3. Amminkomplexe sind intensiver blau als das Aqua-Ion. Die Farbänderung ist darauf zurückzuführen, daß NH_3 ein stärkeres Ligandenfeld erzeugt und die Absorptionsbande nach kürzeren Wellenlängen verschiebt (Abschn. 5.4.6).
Praktisch alle Komplexe und Verbindungen von Cu(II) sind blau oder grün gefärbt.
Kupfer(II)-oxid CuO entsteht als schwarzes Pulver beim Erhitzen von Cu an der Luft.

$$Cu + \tfrac{1}{2}O_2 \longrightarrow CuO \qquad \Delta H_B^\circ = -157 \text{ kJ/mol}$$

Bei 900 °C geht es durch Sauerstoffabgabe in Cu_2O über. Mit H_2 läßt es sich leicht zum Metall reduzieren. Im CuO-Gitter sind die Cu-Atome quadratisch von O-Atomen koordiniert, die O-Atome sind von Cu tetraedrisch umgeben (vgl. Abb. 5.96).
Kupfer(II)-hydroxid Cu(OH)$_2$ erhält man aus Cu(II)-Salzlösungen mit Alkalilauge als hellblauen voluminösen Niederschlag. Es ist amphoter und löst sich in Säuren und Laugen. In alkalischer Lösung bildet sich der blaue Hydroxokomplex $[Cu(OH)_4]^{2-}$. Beim Erhitzen entsteht aus Cu(OH)$_2$ unter Wasserabspaltung CuO.
Da Cu(OH)$_2$ amphoter ist, reagieren Cu(II)-Salze in wäßriger Lösung sauer.
Mit Kaliumnatriumtartrat (Seignettesalz) $KNaC_4H_4O_6$, einem Salz der Weinsäure, bildet Cu^{2+} in alkalischer Lösung einen Komplex, in dem Cu^{2+} quadratisch koordiniert ist.

Mit den tiefblauen Lösungen (**Fehlingsche Lösung**) können reduzierende Stoffe, wie z. B. Zucker, nachgewiesen werden, da sich bei der Reduktion Cu_2O ausscheidet.

Kupfer(II)-sulfid CuS bildet sich aus Cu(II)-Salzlösungen mit H_2S. Covellin, das unterhalb $500\,°C$ die beständige Modifikation ist, besitzt eine komplexe Struktur und die ungewöhnliche Zusammensetzung $\overset{+1}{Cu}_3(\overset{-1}{S}_2)\overset{-1}{S}$. $^2/_3$ der Schwefelatome bilden S_2-Paare. Die Formulierung $\overset{-1}{S}$ soll symbolisieren, daß im Valenzband, das von den 3p-Orbitalen der Schwefelatome gebildet wird (vgl. Abschn. 2.4.4.2), pro Formeleinheit ein Defektelektron vorhanden ist. Die beweglichen Defektelektronen des Valenzbandes bewirken die metallische Leitung.

Kupfer(II)-Halogenide bilden sich durch direkte Reaktion aus den Elementen.

$$Cu + X_2 \longrightarrow CuX_2 \quad (X = F, Cl, Br)$$

CuI_2 ist instabil und zerfällt in CuI und I_2. CuF_2 (farblos) kristallisiert in einem verzerrten Rutilgitter, in dem gestreckte CuF_6-Oktaeder vorliegen. $CuCl_2$ (gelb) und $CuBr_2$ (schwarz) bilden Ketten mit quadratischer Koordination des Kupfers.

$$(X = Cl, Br)$$

Die beiden verbleibenden axialen Koordinationsstellen von Cu werden in größerem Abstand von Cl-Atomen der Nachbarketten besetzt. Die Koordination ist also tetragonal verzerrt-oktaedrisch.

In wäßriger Lösung bilden sich in Abhängigkeit von der Halogenidkonzentration verschiedene Komplexe, z. B.

$$[Cu(H_2O)_4]^{2+} \xrightarrow{+Cl^-} [CuCl_2(H_2O)_2] \xrightarrow{+Cl^-} [CuCl_4]^{2-}$$
$$\text{hellblau} \qquad\qquad \text{grün} \qquad\qquad\qquad \text{gelb}$$

Kupfer(II)-sulfat CuSO$_4$ entsteht beim Auflösen von Cu in heißer, verd. Schwefelsäure bei Luftzutritt.

$$Cu + \tfrac{1}{2}O_2 + H_2SO_4 \longrightarrow CuSO_4 + H_2O$$

Aus der Lösung kristallisiert das blaue Pentahydrat $[Cu(H_2O)_4]SO_4 \cdot H_2O$ (Kupfervitriol) aus. Vier H_2O-Moleküle koordinieren das Cu^{2+}-Ion quadratisch-planar, das fünfte ist über Wasserstoffbrücken an Sulfationen und an Koordinationswasser gebunden. Beim Erhitzen bis $130\,°C$ werden in zwei Stufen die vier koordinativ gebundenen H_2O-Moleküle abgegeben, das fünfte erst bei $250\,°C$.

$$CuSO_4 \cdot 5H_2O \xrightarrow[-2H_2O]{100\,°C} CuSO_4 \cdot 3H_2O \xrightarrow[-2H_2O]{130\,°C} CuSO_4 \cdot H_2O \xrightarrow[-H_2O]{250\,°C} CuSO_4$$

Wasserfreies $CuSO_4$ ist farblos. Es zersetzt sich bei $750\,°C$.

$$CuSO_4 \xrightarrow{>750\,°C} CuO + SO_3$$

Einige *Kupferverbindungen werden als Malerfarben verwendet:* Malachit $CuCO_3 \cdot Cu(OH)_2$ (grün), Kupferlasur $2\,CuCO_3 \cdot Cu(OH)_2$ (blau), Schweinfurter Grün $3\,Cu(AsO_2)_2 \cdot Cu(CH_3COO)_2$. **Grünspan** ist basisches Kupferacetat, das bei Einwirkung von Essigsäuredämpfen auf Kupferplatten entsteht.

5.8.6.3 Kupfer(III)-Verbindungen (d^8), Kupfer(IV)-Verbindungen (d^7).

Die Oxidationsstufe $+3$ tritt nur in Fluor- und Sauerstoffverbindungen auf, die Oxidationsstufe $+4$ nur in Fluorverbindungen.

Es gibt zahlreiche **Hexafluorocuprate(III)** $\overset{+1}{Me_3}\overset{+3}{Cu}F_6$ mit – auch gemischten – Alkalimetallkationen. Es sind feuchtigkeitsempfindliche, grüne, paramagnetische Verbindungen mit oktaedrischen $[CuF_6]^{3-}$-Baugruppen.

$Cs\overset{+3}{Cu}F_4$ ist bisher das einzige Tetrafluorocuprat(III). Es ist orangerot, diamagnetisch und enthält quadratische $[CuF_4]^-$-Ionen.

Die **Hexafluorocuprate(IV)** $\overset{+1}{Me_2}\overset{+4}{Cu}F_6$ (Me = K, Rb, Cs) sind orangerote, paramagnetische Verbindungen, die durch Druckfluorierung hergestellt wurden. Cs_2CuF_6 hat eine tetragonal-verzerrte K_2PtCl_6-Struktur (vgl. Abb. 5.101). Die Cu^{4+}-Kationen haben eine d^7 low-spin-Konfiguration, dafür ist Jahn-Teller-Effekt zu erwarten (vgl. Abb. 5.28), die oktaedrischen $[CuF_6]^{2-}$-Polyeder sind daher gestreckt.

Die **Oxocuprate(III)** $\overset{+1}{Me}\overset{+3}{Cu}O_2$ (Me = Na, K, Rb, Cs) sind diamagnetische Verbindungen, in denen quadratische CuO_4-Gruppen durch Kantenverknüpfung planare Ketten bilden.

$La\overset{+3}{Cu}O_3$ ist ein rhomboedrisch-verzerrter Perowskit mit oktaedrischer Koordination der Cu^{3+}-Ionen. In zahlreichen oxidischen Hochtemperatursupraleitern, deren Strukturen sich vom Perowskit ableiten, sind Cu^{3+}- neben Cu^{2+}-Ionen vorhanden. Ein Beispiel ist $Y^{3+}Ba_2^{2+}Cu_2^{2+}Cu^{3+}O_7$ (vgl. Abschn. 5.7.5.3).

5.8.7 Silberverbindungen

5.8.7.1 Silber(I)-Verbindungen (d^{10})

Potentialdiagramm:

$$Ag \xrightarrow{\;+0{,}80\,V\;} Ag^+ \xrightarrow{\;+1{,}98\,V\;} Ag^{2+}$$

Die stabilste Oxidationsstufe des Silbers ist $+1$. Von Ag(I) leiten sich die meisten Verbindungen ab. *Im Gegensatz zum Cu^+-Ion ist das Ag^+-Ion in wäßriger Lösung beständig.* Viele Ag(I)-Salze sind schwerlöslich und kristallisieren als wasserfreie Salze. Leicht löslich sind AgF, $AgNO_3$ und $AgClO_4$. Das Ag^+-Ion hat d^{10}-

Konfiguration, ist also diamagnetisch und farblos. Die Farbigkeit einiger Ag(I)-Verbindungen (AgI, Ag_2O, Ag_2S, Ag_3AsO_4) beruht auf der polarisierenden Wirkung des Silberions.

In Ag(I)-Komplexen ist die vorherrschende Koordinationszahl 2 mit linearer Anordnung der Liganden. Höhere Koordinationszahlen sind selten. Die tetraedrische Koordination ist z. B. bei $[Ag(SCN)_4]^{3-}$ realisiert.

Silber(I)-oxid Ag_2O erhält man aus Ag(I)-Salzlösungen mit Laugen als braunschwarzen Niederschlag.

$$2\,Ag^+ + 2\,OH^- \longrightarrow Ag_2O + H_2O$$

Ag_2O kristallisiert im Cuprittyp (Abb. 5.57), es ist schwerlöslich, die Lösungen reagieren basisch.

Oberhalb 200 °C zerfällt Ag_2O in die Elemente; die Darstellung aus den Elementen bei höherer Temperatur ist daher nur bei Sauerstoffdrücken über 20 bar möglich. Schon bei Raumtemperatur wird Ag_2O von H_2 und CO reduziert.

Silbersulfid Ag_2S kann aus den Elementen oder durch Fällung mit H_2S aus Ag^+-Lösungen hergestellt werden. Es ist extrem schwer löslich ($L_{Ag_2S} \approx 10^{-50}$). Die Auflösung in CN^--Lösungen (vgl. S. 729) beruht auf der gleichzeitigen Oxidation des Sulfids zum Sulfat durch Luftsauerstoff.

Silbernitrat $AgNO_3$ ist das wichtigste Silbersalz. Es ist gut löslich und Ausgangsprodukt für die Darstellung der anderen Silberverbindungen. Man erhält es durch Auflösen von Ag in HNO_3.

$$3\,Ag + 4\,HNO_3 \longrightarrow 3\,AgNO_3 + NO + 2\,H_2O$$

Auf der Haut wirkt $AgNO_3$ ätzend und oxidierend (Höllenstein).

Silber(I)-Halogenide können direkt aus den Elementen hergestellt werden.

$$Ag + \tfrac{1}{2}X_2 \longrightarrow AgX \qquad (X = F, Cl, Br, I)$$

Mit Ausnahme des gut löslichen Fluorids werden sie einfacher aus $AgNO_3$-Lösungen mit Halogenidionen als schwerlösliche Niederschläge dargestellt.

$$Ag^+ + X^- \longrightarrow AgX \qquad (X = Cl, Br, I)$$

Die Löslichkeit nimmt vom weißen AgCl ($L = 2 \cdot 10^{-10}$) über das gelbliche AgBr ($L = 5 \cdot 10^{-13}$) zum gelben AgI ($L = 8 \cdot 10^{-17}$) ab. In halogenidhaltigen Lösungen bilden sich die Komplexionen $[AgX_2]^-$, $[AgX_3]^{2-}$ und $[AgX_4]^{3-}$ (X = Cl, Br, I).

AgF, AgCl und AgBr kristallisieren in der NaCl-Struktur. AgI, bei dem die Bindung überwiegend kovalent ist, kristallisiert bei Raumtemperatur in der Zinkblende-Struktur.

AgCl löst sich in NH_3-, $Na_2S_2O_3$- und KCN-Lösungen unter Komplexbildung.

$$AgCl + 2\,NH_3 \longrightarrow [Ag(NH_3)_2]^+ + Cl^-$$
$$AgCl + 2\,S_2O_3^{2-} \longrightarrow [Ag(S_2O_3)_2]^{3-} + Cl^-$$
$$AgCl + 2\,CN^- \longrightarrow [Ag(CN)_2]^- + Cl^-$$

Die Komplexbeständigkeit nimmt von $[Ag(NH_3)_2]^+$ ($\lg\beta = 7$) über $[Ag(S_2O_3)_2]^{3-}$ ($\lg\beta = 13$) zum $[Ag(CN)_2]^-$ ($\lg\beta = 21$) zu. Das schwerer lösliche AgBr löst sich nicht mehr in verdünntem NH_3, AgI, das noch schwerer löslich ist, nicht mehr in $Na_2S_2O_3$-Lösungen. Man erhält die folgende Reihe mit abnehmender Ag^+-Gleichgewichtskonzentration in der Lösung.

$$AgCl \longrightarrow [Ag(NH_3)_2]^+ \longrightarrow AgBr \longrightarrow [Ag(S_2O_3)_2]^{3-} \longrightarrow AgI$$
$$\longrightarrow [Ag(CN)_2]^- \longrightarrow Ag_2S$$

Die Silberhalogenide sind lichtempfindlich. AgCl, AgBr und AgI werden bereits durch sichtbares Licht zersetzt.

$$2\,AgX \xrightarrow{h\nu} 2\,Ag + X_2 \qquad (X = Cl, Br, I)$$

AgBr wird daher als lichtempfindliche Substanz bei der *Photographie* verwendet. Durch Belichtung entstehen Silberkeime (Latentes Bild). Diese werden durch Reduktionsmittel vergrößert (Entwickeln). Das unbelichtete AgBr wird mit Natriumthiosulfat $Na_2S_2O_3$ (Fixiersalz) unter Bildung eines löslichen Komplexes entfernt (Fixieren).

$$AgBr + 2\,Na_2S_2O_3 \longrightarrow [Ag(S_2O_3)_2]^{3-} + 4\,Na^+ + Br^-$$

AgI-Kristalle wirken als Kondensationskeime bei der Regenbildung, lösen das Abregnen aus und werden z.B. bei der Hagelbekämpfung eingesetzt.

Schwerlöslich sind auch die Pseudohalogenide **Silbercyanid AgCN** und **Silberthiocyanat AgSCN**. Sie bilden die Komplexe $[Ag(CN)_2]^-$, und $[Ag(SCN)_2]^-$. Im Festkörper liegen beim Cyanid lineare Ketten, beim Thiocyanat Zickzackketten vor.

5.8.7.2 Silber(II)-Verbindungen (d⁹)

Das Redoxpotential $E^\circ_{Ag^+/Ag^{2+}} = +1{,}98$ V. Ag^{2+}-Ionen oxidieren H_2O_2 zu O_2, Mn^{2+} zu MnO_4^- und Cr^{3+} zu CrO_4^{2-}. *Ag^+-Ionen können nur durch sehr starke Oxidationsmittel oder anodisch oxidiert werden.* Es sind zwei einfache Salze von Ag(II) bekannt, Silber(II)-fluorid AgF_2 und Silber(II)-fluorosulfat $Ag(OSO_2F)_2$.

Silber(II)-fluorid AgF_2 entsteht durch Reaktion von F_2 mit feinverteiltem Silber. Es ist thermisch sehr beständig (Smp. 690 °C), reagiert mit Wasser unter Ozonbildung und wird als Fluorierungsmittel verwendet. Es kristallisiert in einem Schichtengitter mit gewellten Schichten, in denen Ag^{2+} quadratisch-planar koordiniert ist. Mit Fluoriden bilden sich die Fluorokomplexe AgF_3^-, AgF_4^{2-} und AgF_6^{4-} mit tetragonal verzerrt-oktaedrischer Koordination der Ag^{2+}-Ionen.

Ag(II) kann durch Komplexbildung stabilisiert werden. Geeignete Komplexbildner sind z. B. Pyridin C_5H_5N und o-Phenanthrolin $C_{12}H_8N_2$. Ag(II) ist in diesen Komplexen quadratisch koordiniert.

Beispiel $[Ag(py)_4]^{2+}$

5.8.7.3 Silber(III)-Verbindungen (d^8)

Silber(III)-fluorid AgF$_3$ ist diagmagnetisch mit low-spin-Ag(III) in annähernd quadratisch-planarer Umgebung. Es ist mit AuF$_3$ isotyp. Man erhält es als rote, thermodynamisch instabile Verbindung aus wasserfreien AgF_4^--Lösungen mit BF$_3$ nach der Reaktion $AgF_4^- + BF_3 \longrightarrow AgF_3 + BF_4^-$. Bei Raumtemperatur zersetzt es sich unter Abgabe von F_2 zu Ag_3F_8.

Die Tetrafluoroargentate(III) **MeAgF$_4$** (Me = Na, K, Rb, Cs) sind zersetzliche, gelbe, diamagnetische Verbindungen mit planaren $[AgF_4]^-$-Gruppen.

Die bisher einzige Verbindung, in der Ag(III) die Koordinationszahl 6 besitzt, ist das purpurrote, paramagnetische **Cs$_2$K[AgF$_6$]**.

CsAgCl$_3$ ist keine Ag(II)-Verbindung, sondern gemischtvalent. Im $Cs_2\overset{+1}{Ag}\overset{+3}{Ag}Cl_6$ ist Ag(I) linear und Ag(III) quadratisch koordiniert.

Auch das diamagnetische **AgO** ist eine Silber(I, III)-Verbindung. Im $\overset{+1}{Ag}\overset{+3}{Ag}O_2$ ist Ag(I) linear und Ag(III) quadratisch koordiniert. Es entsteht bei der Oxidation von Ag$_2$O mit Peroxodisulfat in alkalischer Lösung.

Durch anodische Oxidation von Silbersalzlösungen (z. B. AgClO$_4$) erhält man metallisch glänzende, schwarze Kristalle von **Ag$_3$O$_4$** und **Ag$_2$O$_3$**. $\overset{+3}{Ag_2O_3}$ ist diamagnetisch, die Ag^{3+}-Ionen sind annähernd quadratisch-planar koordiniert. Im paramagnetischen $\overset{+2}{Ag}\overset{+3}{Ag_2}O_4$ sind alle Ag-Ionen quadratisch-planar von Sauerstoff umgeben. Die Ag—O-Bindungsabstände unterscheiden sich nur wenig, so daß teilweiser Ladungsausgleich durch delokalisierte Elektronen anzunehmen ist.

Weder eine Silber(IV)- noch eine Silber(V)-Verbindung ist bisher mit Sicherheit bekannt.

5.8.8 Goldverbindungen

Die wichtigsten Oxidationsstufen von Gold sind +1 und +3. Beständiger ist die Oxidationsstufe +3. Es gibt relativ wenige Komplexverbindungen mit Au(II). Die Verbindungen AuCl$_2$ und AuBr$_2$ enthalten Au(I) und Au(III) nebeneinander. AuSO$_4$ ist ein Gold(II)-sulfat, es enthält hantelförmige Au$_2^{4+}$-Ionen.

Für die Bevorzugung der Oxidationsstufe $+3$ gegenüber $+2$ sind die Ionisierungs-energien und die Ligandenfeldeffekte von Bedeutung. Die Summe der Ionisierungs-energien Me $\rightarrow$ Me^{3+} ist für Goldatome kleiner als für Kupfer- und Silberatome. Bei der d^9-Konfiguration ist für tetragonal-verzerrt oktaedrische oder quadratisch-planare Strukturen wegen der größeren Ligandenfeldaufspaltung beim Gold (80% größer als beim Kupfer) die Energie des d$_{x^2-y^2}$-Orbitals sehr hoch, so daß leicht Oxidation zur d^8-Konfiguration erfolgt (vgl. Abb. 5.28 und S. 685). Anionisches Gold existiert im Suboxid Cs$_3^+$Au$^-$O^{2-} und im Subnitrid Ca$_3$AuN (vgl. S. 468).

5.8.8.1 Gold(I)-Verbindungen (d^{10})

Das Potentialdiagramm

$$Au \xrightarrow{\;+1{,}69\,V\;} Au^+ \xrightarrow{\;+1{,}40\,V\;} Au^{3+}$$

zeigt, daß – im Gegensatz zum stabilen Ag$^+$-Ion – *das Au$^+$-Ion* in wäßriger Lösung nicht beständig ist, sondern *disproportioniert*.

$$3\,Au^+ \longrightarrow 2\,Au + Au^{3+} \qquad \Delta E = 0{,}29\ V$$

Nur schwerlösliche Verbindungen oder stabile Komplexe, die kleine Au$^+$-Gleichgewichtskonzentrationen besitzen, *sind in Wasser beständig. Au(I) bevorzugt die lineare Koordination.*
  Gold(I)-chlorid AuCl (Smp. 170 °C) entsteht aus AuCl$_3$ beim Erhitzen.

$$AuCl_3 \xrightarrow{\;185\,°C\;} AuCl + Cl_2$$

Es ist ein gelbes schwerlösliches Pulver, das beim Erwärmen in Wasser disproportioniert.

$$3\,AuCl \longrightarrow 2\,Au + AuCl_3$$

Durch Komplexbildung kann AuCl stabilisiert werden. Mit Cl$^-$ bilden sich lineare [AuCl$_2$]$^-$-Ionen.
  Gold(I)-iodid AuI (Smp. 120 °C) erhält man aus Gold(III)-Salzlösungen mit KI.

$$Au^{3+} + 3\,I^- \longrightarrow AuI + I_2$$

AuI (und auch AuCl) ist aus Zickzackketten aufgebaut, die Au—I-Bindungen sind kovalent.

Der **Dicyanoaurat(I)-Komplex [Au(CN)$_2$]$^-$** ist stabiler ($\beta = 10^{37}$) als der analoge Silberkomplex ($\beta = 10^{21}$). Er entsteht bei der Cyanidlaugerei (vgl. S. 729). K[Au(CN)$_2$] wird bei der galvanischen Vergoldung verwendet.
  Gold(I)-sulfid Au$_2$S erhält man beim Einleiten von H$_2$S in eine [Au(CN)$_2$]$^-$-Lösung.

Die Existenz des entsprechenden Oxides Au_2O ist nicht gesichert, aber es existiert das Aurat(I) CsAuO. Es ist wie KCuO aus quadratischen $[Au_4O_4]^{4-}$-Ringen aufgebaut (vgl. S. 732).

5.8.8.2 Gold(III)-Verbindungen (d^8)

Das Au^{3+}-Ion ist ein starkes Oxidationsmittel ($E^{\circ}_{Au/Au^{3+}} = +1{,}50$ V) und hat eine starke Komplexbildungstendenz. Es besitzt d^8-Konfiguration und bevorzugt daher die quadratische Koordination.

Gold(III)-oxid Au_2O_3 ist isotyp mit Ag_2O_3, thermisch instabil, und es zerfällt oberhalb von $150\,°C$ in die Elemente. Es besitzt amphoteren Charakter und löst sich in Basen unter Bildung von $[Au(OH)_4]^-$.

Gold(III)-Halogenide AuX_3 (X = F, Cl, Br). Das Fluorid ist orangefarben und bis $500\,°C$ beständig. Es ist ein Fluorierungsmittel, man erhält es durch Fluorierung von $AuCl_3$. Es ist mit AgF_3 isotyp, ist wie dieses diamagnetisch und aus quadratischen AuF_4-Einheiten aufgebaut. Die Fluoroaurate(III) $MeAuF_4$ (Me = Li, Na, K, Rb, Cs) sind diamagnetische Verbindungen, die quadratische AuF_4^--Ionen enthalten. Das Chlorid und das Bromid können bei $200\,°C$ bzw. $150\,°C$ aus den Elementen hergestellt werden. Beide sind dimer mit quadratischer Koordination der Au-Atome.

Mit HCl bildet Au_2Cl_6 das quadratische, gelbe Tetrachloroauration $[AuCl_4]^-$. Dampft man die Lösung ein, so kann man die gelben Kristalle der Chlorogoldsäure $H[AuCl_4] \cdot 4H_2O$ isolieren. Die Salze $KAuCl_4 \cdot \frac{1}{2}H_2O$ und $NaAuCl_4 \cdot 2H_2O$ sind wasserlöslich. In Wasser erfolgt Hydrolyse zu $[AuCl_3OH]^-$. Es existieren analoge Fluoro- und Bromoaurate(III). Das Bromid bildet auch den oktaedrischen Komplex $[AuBr_6]^{3-}$.

Bei Zusatz von CN^- zu Tetrachloroauratlösungen entsteht der sehr stabile, farblose Tetracyanoaurat(III)-Komplex $[Au(CN)_4]^-$.

Im Chlorid $Au_4Cl_8 = \overset{+1}{Au_2}\overset{+3}{Au_2}Cl_8$ ist Au(I) linear und Au(III) quadratisch koordiniert.

Dieselben Koordinationen gibt es auch bei $Cs_2\overset{+1}{Au}\overset{+3}{Au}Cl_6$, das mit $Cs_2Ag_2Cl_6$ isotyp ist.

Das erste **Gold(II)-fluorid** ist das gemischtvalente Gold(II)-Fluoroaurat(III), $Au[AuF_4]_2$

5.8.8.3 Gold(V)-Verbindungen (d^6)

Alle bekannten Verbindungen sind Fluorverbindungen.

Gold(V)-fluorid AuF$_5$ ist ein roter, diamagnetischer Feststoff, der bei 80 °C sublimiert und sich bei 200 °C in AuF_3 und F_2 zersetzt. Man erhält es durch thermische Zersetzung von $O_2^+[AuF_6]^-$.

$$O_2^+AuF_6^- \xrightarrow{200\,°C} AuF_5 + O_2 + \tfrac{1}{2}F_2$$

Die Einkristalle sind dimer aufgebaut (analog NbF_5, Abb. 5.70) mit oktaedrisch koordiniertem low-spin Au(V).

Die **Hexafluoroaurate(V)** enthalten das oktaedrische, diamagnetische Ion $[AuF_6]^-$ mit Au(V) im low-spin-Zustand. Es gibt Salze mit den Alkalimetallkationen Na^+, K^+, Cs^+, dem Nitrosylkation NO^+ und dem Dioxygenylkation O_2^+. Aber auch die Verbindungen $XeF_5^+AuF_6^-$, $IF_6^+AuF_6^-$ und $KrF^+AuF_6^-$ sind bekannt.

Beispiele für Darstellungen:

$$CsAuF_4 + F_2 \longrightarrow Cs^+AuF_6^-$$
$$AuF_3 + O_2 + \tfrac{3}{2}F_2 \longrightarrow O_2^+AuF_6^-$$
$$IF_7 + O_2^+AuF_6^- \longrightarrow IF_6^+AuF_6^- + O_2F$$

5.9 Gruppe 12

5.9.1 Gruppeneigenschaften

	Zink Zn	Cadmium Cd	Quecksilber Hg
Ordnungszahl Z	30	48	80
Elektronenkonfiguration	$[Ar]3d^{10}4s^2$	$[Kr]4d^{10}5s^2$	$[Xe]4f^{14}5d^{10}6s^2$
1. Ionisierungsenergie in eV	9,4	9,0	10,4
2. Ionisierungsenergie in eV	18,0	16,9	18,7
3. Ionisierungsenergie in eV	39,7	37,8	34,2
Elektronegativität	1,7	1,5	1,4
Schmelzpunkt in °C	419	321	−39
Siedepunkt in °C	908	767	357
Sublimationsenthalpie in kJ/mol	131	112	61
Standardpotential Me/Me^{2+} in V	−0,76	−0,40	+ 0,85

Auf Grund der Elektronenkonfiguration $(n-1)d^{10}ns^2$ treten die Elemente der Gruppe 12 alle in der Oxidationsstufe $+2$ auf. Verbindungen höherer Oxidationsstufen sind bisher noch nicht isoliert worden. Die hohen 3. Ionisierungsenergien, die zur Entfernung eines Elektrons aus der abgeschlossenen 3d-Unterschale erforderlich sind, können durch die Hydratationsenthalpie bzw. die Gitterenergie nicht kompensiert werden. Die Oxidationsstufe $+1$ ist nur für Quecksilber von Bedeutung. Bei Zink und Cadmium ist sie in einigen instabilen Spezies realisiert. Aus Zink und einer $ZnCl_2$-Schmelze erhält man ein gelbes, diamagnetisches Glas, das Zn_2^{2+}-Ionen enthält. Aus $Cd^{2+}[AlCl_4]_2^-$ erhält man durch Reduktion mit Cd bei 350°C die diamagnetische Verbindung $Cd_2^{2+}(AlCl_4^-)_2$. In Wasser disproportioniert das Cd_2^{2+}-Ion sofort zu Cd und Cd^{2+}. In den Verbindungen mit der Oxidationsstufe $+1$ sind nicht paramagnetische Me^+-Ionen mit s^1-Konfiguration vorhanden, sondern stets diamagnetische Dimere Me_2^{2+}, in denen eine kovalente Me—Me-Bindung vorliegt. Die Kraftkonstanten der Me—Me-Bindungen zeigen die zunehmende Stabilität in Richtung Hg. Hg_2^{2+} ist stabil.

Die Elemente der Gruppe 12 bilden also nur Verbindungen mit voll besetzten d-Unterschalen und sind daher keine Übergangselemente. Die Ionen Me^{2+} und Me_2^{2+} sind farblos und diamagnetisch.

Ähnlich den Übergangsmetallen bilden sie jedoch zahlreiche Komplexe. Klassische Carbonyle sind nicht bekannt.

Zink und Cadmium sind sich chemisch recht ähnlich. Quecksilber unterscheidet sich als edles Metall stark von seinen unedlen Homologen. Hg^{2+} ist viel stärker polarisierbar und bildet kovalentere Verbindungen. Die Chloride von Zn und Cd z. B. sind ionisch, $HgCl_2$ dagegen bildet ein Molekülgitter. Analoge Zn- und Cd-Verbindungen sind besser löslich als die Hg-Verbindungen. Hg^{2+}-Komplexe sind sehr viel stabiler als die von Zn^{2+} und Cd^{2+}. Nur Hg bildet stabile Verbindungen mit der Oxidationsstufe $+1$, in denen kovalente Me-Me-Bindungen vorhanden sind.

Die Stereochemie ist durch die Ionengröße und die kovalenten Bindungskräfte bestimmt. Auf Grund der voll besetzten d-Unterschale treten keine Ligandenfeldstabilisierungseffekte auf. In ionischen Verbindungen sind Zn^{2+}-Ionen tetraedrisch (ZnO, $ZnCl_2$), Cd^{2+}-Ionen oktaedrisch koordiniert (CdO, $CdCl_2$). Für Hg(II) ist die lineare Koordination typisch. Es ähnelt darin Cu(I), Ag(I) und Au(I), die ebenfalls eine d^{10}-Konfiguration besitzen.

Die Ähnlichkeit zu den Elementen der Gruppe 2 ist insgesamt nicht groß. Zwischen Zn^{2+}- und Mg^{2+}-Ionen besteht Ähnlichkeit. Viele Salze bilden Mischkristalle. Beispiel: $(Zn, Mg)SO_4 \cdot 7H_2O$.

5.9.2 Die Elemente

Die Metalle der Gruppe 12 haben niedrige Schmelzpunkte. *Hg ist das einzige bei Raumtemperatur flüssige Metall.* Zn und Cd kristallisieren in einer verzerrt hexagonal-dichten Packung. Der Abstand zu den 6 nächsten Nachbarn innerhalb einer

Schicht dichter Packung ist kleiner als der Abstand zu den 6 nächsten Nachbarn in den beiden Nachbarschichten (vgl. Abb. 2.84). Die Abweichung ist bei Cd größer als bei Zn. Hg kristallisiert rhomboedrisch mit der KZ 6 (vgl. S. 171).

Zink ist ein bläulich-weißes Metall, das in hochreinem Zustand duktil ist. Durch Verunreinigungen, z. B. Fe, wird es spröde. Im Temperaturbereich 100–150 °C ist es duktil und gut bearbeitbar, oberhalb 200 °C wird es wieder spröde, so daß man es pulverisieren kann. Der Dampf besteht aus Zn-Atomen. Zink ist ein unedles Metall. Es ist aber gegenüber Luft und Wasser beständig, da es durch die Bildung von Schutzschichten aus Oxid, Carbonat bzw. Hydroxid passiviert wird. Sehr reines Zink wird auch von Säuren bei Raumtemperatur nur sehr langsam unter H_2-Entwicklung gelöst, da Wasserstoff an Zink eine hohe Überspannung hat. Durch edlere Metalle (z. B. Kupfer) verunreinigtes Zink bildet Lokalelemente (vgl. S. 365), die eine normale Auflösungsgeschwindigkeit ermöglichen. Zink löst sich auch in Laugen unter H_2-Entwicklung, da wegen des amphoteren Charakters von $Zn(OH)_2$ die Schutzschicht unter Bildung von Hydroxokomplexen, z. B. $[Zn(OH)_4]^{2-}$, gelöst wird.

Cadmium ist ein silberweißes Metall. Es ist edler und duktiler als Zink. Die chemische Beständigkeit ist ähnlich der des Zinks. Es ist an Luft beständig, löst sich schwer in nichtoxidierenden Säuren, leicht in verd. Salpetersäure. Von Laugen wird es nicht gelöst. *Cadmium ist stark toxisch*, und die Aufnahme löslicher Cd-Verbindungen über den Magen-Darm-Trakt sowie die Inhalation von Cd-Dämpfen ist gefährlich.

Quecksilber ist ein silberglänzendes Metall, das bei -39 °C erstarrt. Es ist sehr flüchtig. Bei 20 °C beträgt der Sättigungsdampfdruck 0,0016 mbar (15 mg/m³). Der Dampf besteht aus Hg-Atomen. *Hg-Dämpfe sind sehr giftig* und verursachen chronische Vergiftungen. Verschüttetes Quecksilber muß daher unbedingt, z. B. mit Zinkstaub (Amalgambildung) oder Iodkohle (Reaktion zu HgI_2), unschädlich gemacht werden. In den chemischen Reaktionen unterscheidet sich Hg von Zn und Cd. Es ist ein edles Metall, wird von Salpetersäure gelöst, aber nicht von Salzsäure oder Schwefelsäure. Bei Raumtemperatur ist Hg beständig gegen O_2, Wasser, CO_2, SO_2, HCl, H_2S, NH_3, reagiert aber mit den Halogenen und Schwefel. Mit O_2 reagiert Hg erst oberhalb 300 °C. Hg bildet bereits bei Raumtemperatur mit vielen Metallen Legierungen, die **Amalgame** genannt werden. Bei größeren Metallgehalten sind die Amalgame fest (bei Na-Gehalten $> 1,5\%$). Eisen ist nicht in Hg löslich; Hg kann daher in Eisengefäßen aufbewahrt werden.

5.9.3 Vorkommen

Zink und Cadmium kommen in der Natur nicht elementar vor. Cadmium und Quecksilber gehören zu den seltenen Elementen. Die wichtigsten Zinkerze sind: Zinksulfid ZnS, das als kubische Zinkblende (Sphalerit) und als hexagonaler Wurtzit vorkommt; Zinkspat (Galmei, Smithsonit) $ZnCO_3$. Cadmium ist in den meisten Zinkerzen mit einem Anteil von 0,2–0,4 % enthalten. Es ist daher ein Nebenprodukt bei der technischen Zinkherstellung. Cadmiummineralien spielen für die Cd-Gewinnung keine Rolle. Das einzige für die Gewinnung von Quecksilber wichtige Mineral ist der Zinnober HgS. Er kommt in ergiebigen Lagerstätten vor, die zuweilen gediegenes Hg (kleine Tröpfchen im Gestein eingeschlossen) enthalten.

5.9.4 Darstellung

Die **Zink**darstellung erfolgt thermisch oder elektrolytisch. Zuerst werden die Zinkerze durch Rösten in ZnO überführt.

$$ZnS + \tfrac{3}{2}O_2 \longrightarrow ZnO + SO_2$$
$$ZnCO_3 \longrightarrow ZnO + CO_2$$

Beim thermischen Verfahren wird ZnO mit Kohle bei 1100–1300 °C reduziert.

$$ZnO + C \longrightarrow Zn + CO \qquad \Delta H^\circ = +238\ kJ/mol$$

Das Zink entweicht dampfförmig und wird in Vorlagen kondensiert. Das so erhaltene Rohzink enthält ca. 98 % Zn und als Hauptverunreinigungen Pb, Fe und Cd. Da die Siedepunkte der Metalle genügend weit auseinanderliegen (Fe 3070 °C, Pb 1751 °C, Zn 908 °C, Cd 767 °C) kann durch fraktionierende Destillation Feinzink mit einer Reinheit von 99,99 % erhalten werden.

Beim elektrolytischen Verfahren wird das ZnO in verd. Schwefelsäure gelöst. Die edleren Verunreinigungen, darunter auch Cd, werden mit Zinkstaub ausgefällt. Die Elektrolyse wird mit Al-Kathoden und Pb-Anoden und einer Spannung von ca. 3,5 V durchgeführt. Die Abscheidung des unedlen Zinks ist auf Grund der Überspannung von Wasserstoff am Zink möglich. Allerdings müssen die Zinksalzlösungen sehr rein sein. Bei Verwendung von Quecksilberkathoden ist die Hochreinigung der Zinksalzlösungen nicht erforderlich. Zink wird überwiegend elektrolytisch hergestellt, seine Reinheit ist 99,99 %.

Sowohl beim thermischen als auch beim elektrolytischen Verfahren der Zinkherstellung erhält man **Cadmium**. Die Feinreinigung erfolgt elektrolytisch analog der Zinkelektrolyse.

Quecksilber erhält man durch Rösten von Zinnober.

$$HgS + O_2 \longrightarrow Hg + SO_2$$

Das Quecksilber entweicht dampfförmig und wird kondensiert. Eine Feinreinigung kann durch Waschen mit verd. Salpetersäure und anschließende Vakuumdestillation erfolgen.

5.9.5 Verwendung

Zinkblech wird für Dächer, Dachrinnen und Trockenbatterien verwendet, Zinkstaub als Reduktionsmittel, z.B. in der Metallurgie zur Gewinnung von Metallen (Cd, Ag, Au). Als Zinküberzug über Eisenteile schützt es diese wirksam vor Korrosion und bildet im Gegensatz zu Sn oder Ni keine Lokalelemente (vgl. S. 365). Die Schutzschichten werden durch Eintauchen in flüssiges Zn (Feuerverzinken) oder galvanisch aufgebracht (siehe auch unter Phosphatierung). Bei hohen SO_2-Gehalten der Luft korrodiert Zn, da die Entstehung von passivierenden Schichten auf Zn durch die Bildung von löslichem $ZnSO_4$ verhindert wird. Zink wird für Legierungen benötigt. Cu-Zn-Legierungen (Messing) wurden bereits beim Cu besprochen. Außerdem sind Zn-Al-Legierungen technisch wichtig. Legierungen mit ca. 20 % Al sind bei höherer Temperatur (270 °C) plastisch, aber bei Raumtemperatur hart wie Stahl. Titanzink ist eine Zinklegierung mit 0,15 % Ti und 0,15 % Cu, die eine große Korrosionsbeständigkeit und Festigkeit mit geringer Wärmeausdehnung und guter Bearbeitbarkeit vereinigt. Sie eignet sich für Dach- und Fassadenverkleidungen.

Elektrolytisch auf Eisenteile aufgebrachte Schutzschichten von Cadmium sind beständiger gegen Alkalien und Seewasser als Zinküberzüge und obwohl teurer in manchen Fällen ökonomischer. Wegen des hohen Neutronenabsorptionsquerschnitts wird Cadmium für Regelstäbe zur Steuerung von Kernreaktoren eingesetzt. Cadmium ist Bestandteil niedrig schmelzender Legierungen, z. B. des Woodschen Metalls (vgl. S. 464).

Quecksilber wird vielfältig verwendet: für wissenschaftliche Geräte (Thermometer, Barometer), Quecksilberdampflampen (hohe UV-Anteile des emittierten Lichts), als Kathodenmaterial bei der Alkalichloridelektrolyse und bei der Zn-Herstellung sowie als Extraktionsmittel bei der Goldgewinnung. Natriumamalgam wird als Reduktionsmittel benutzt. Silberamalgam findet in der Zahnmedizin Verwendung (Amalgamplomben).

5.9.6 Zinkverbindungen (d^{10})

Alle wichtigen Zinkverbindungen enthalten Zink in der Oxidationsstufe +2. Sie sind farblos und diamagnetisch. Die meisten Zinksalze sind leicht löslich, sie reagieren schwach sauer, da das $[Zn(H_2O)_6]^{2+}$-Ion eine Brönsted-Säure ist ($pK_S = 9,8$). Die bevorzugte Koordination ist tetraedrisch, häufig auch oktaedrisch.

Zinkhydroxid $Zn(OH)_2$. Aus Lösungen, die Zn^{2+}-Ionen enthalten, fällt mit OH^--Ionen $Zn(OH)_2$ als weißer gelatinöser Niederschlag aus. $Zn(OH)_2$ ist amphoter. In Säuren löst es sich unter Bildung von $[Zn(H_2O)_6]^{2+}$-Ionen, in konz. Basen unter Bildung von Hydroxozincat-Ionen $[Zn(OH)_4]^{2-}$. $Zn(OH)_2$ ist in NH_3 unter Bildung des Komplexes $[Zn(NH_3)_4]^{2+}$ löslich.

Zinkoxid ZnO (Smp. 1975 °C) entsteht durch Entwässerung von $Zn(OH)_2$ oder durch thermische Zersetzung von $ZnCO_3$. Technisch wird es durch Oxidation von Zinkdampf an der Luft hergestellt.

$$Zn + \tfrac{1}{2}O_2 \longrightarrow ZnO \qquad \Delta H° = -348\ kJ/mol$$

Es kristallisiert im Wurtzit-Typ. Beim Erhitzen ändert das weiße ZnO oberhalb 425 °C seine Farbe reversibel nach gelb. Die Farbe ist auf Gitterdefekte zurückzuführen. Durch Sauerstoffabgabe entsteht ein kleiner Zinküberschuß, die Zinkatome besetzen Oktaederlücken des Gitters (vgl. S. 718).

Mit vielen Metalloxiden bildet ZnO die Doppeloxide $Zn\overset{+3}{Me}_2O_4$ (Me = Al, Co, Cr, Fe, Ga, Mn, V), die im Spinellgitter kristallisieren. $ZnCo_2O_4$ (Rinmans Grün) dient zum analytischen Nachweis und als Malerfarbe.

Verwendung findet ZnO als Pigment in Anstrichfarben (Zinkweiß), in der Keramikindustrie, für Emaille und als Zusatzstoff für Gummi. In der Medizin wird es wegen der antiseptischen und astringierenden Wirkung in Pudern und Salben (Zinksalbe) verwendet.

Zinksulfid ZnS (Sblp. 1180 °C, Smp. bei 150 bar 1850 °C) ist dimorph; es kristallisiert in der Zinkblende- und in der Wurtzit-Struktur.

$$\text{Zinkblende} \xrightleftharpoons{1020\,°C} \text{Wurtzit}$$

Man erhält ZnS durch Einleiten von H_2S in Zinksalzlösungen bei $pH \geq 3$, bei kleineren pH-Werten löst es sich. ZnS wird als Weißpigment verwendet, im Gemisch mit $BaSO_4$ unter dem Namen **Lithopone** (vgl. S. 604).

ZnS emittiert beim Bestrahlen mit energiereicher Strahlung (UV, γ-Strahlen, Kathodenstrahlen) sichtbares Licht. Dotierungen (etwa $1:10^4$) mit Cu- oder Ag-Verbindungen verbessern den Effekt und wirken als farbgebende Komponente (Verwendung für Fluoreszenzschirme, Fernsehbildschirme, Leuchtfarben). Für das Farbfernsehen werden die Leuchtstoffe ZnS: Cu, Au, Al (grün), ZnS: Ag (blau) und Y_2O_2S: Eu (rot) verwendet.

Zinkhalogenide. ZnF_2 (Smp. 872 °C) ist ionogen und kristallisiert in der Rutil-Struktur. Bei den anderen Zinkhalogeniden sind die Zn^{2+}-Ionen tetraedrisch koordiniert, die Bindungen überwiegend kovalent, die Schmelzpunkte wesentlich niedriger, die Löslichkeiten wesentlich höher ($ZnCl_2$: Smp. 275 °C, in Wasser lösen sich bei 25 °C 31,7 mol/l).

Die Darstellung kann durch Auflösen von Zn in Halogenwasserstoffsäuren erfolgen.

$$Zn + 2HX \longrightarrow ZnX_2 + H_2 \qquad (X = F, Cl, Br, I)$$

Die entstehenden Hydrate werden im Hydrogenhalogenidstrom entwässert, da sich sonst basische Salze bilden, z. B. Zn(OH)Cl. Mit Alkalimetall- und Erdalkalimetall-halogeniden bilden die Zinkhalogenide Komplexsalze, zum Beispiel $\overset{+1}{Me}_2ZnX_4$ (X = F, Cl, Br).

Der stabile Tetracyanokomplex $[Zn(CN)_4]^{2-}$ ($\lg \beta = 20$) ist in der Galvanotechnik wichtig; aus CN^--haltigen Zn-Lösungen erhält man sehr fest haftende Zn-Überzüge.

ZnF_2 und $ZnCl_2$ dienen als Holzschutzmittel (Zink ist ein starkes Gift für Mikroorganismen). $ZnCl_2$ ist stark hygroskopisch und wird in der präparativen Chemie als wasserabspaltendes Mittel verwendet.

Zinksulfat ZnSO$_4$ ist das technisch wichtigste Zinksalz. Es entsteht durch Auflösen von Zinkschrott oder von oxidischen Zinkerzen in verd. Schwefelsäure. Aus wäßrigen Lösungen kristallisiert es bei Raumtemperatur als Zinkvitriol [Zn(H$_2$O)$_6$]SO$_4 \cdot$ H$_2$O aus.

5.9.7 Cadmiumverbindungen (d^{10})

Cd(OH)$_2$ löst sich in Säuren und in sehr starken Basen (als [Cd(OH)$_4$]$^{2-}$). In NH$_3$ löst es sich wie Zn(OH)$_2$ unter Bildung des Komplexions [Cd(NH$_3$)$_4$]$^{2+}$. **CdO** (Sblp. 1559 °C) kristallisiert in der NaCl-Struktur, **CdF$_2$** (Smp. 1110 °C) in der Fluorit-Struktur. **CdCl$_2$**, **CdBr$_2$** und **CdI$_2$** kristallisieren in Schichtstrukturen, in denen Cd^{2+} oktaedrisch koordiniert ist (Abb. 2.58). Mit Halogeniden bilden sich die Halogeno-komplexe CdX$_3^-$ und CdX$_4^{2-}$. **CdS** wird als gelbes Pigment (Cadmiumgelb) verwendet. Durch CdSe-Zusatz erhält man ein rotes Pigment (Cadmiumrot). Diese Cadmiumpigmente können durch feste Lösungen der Perowskite CaTaO$_2$N und LaTaON$_2$ ersetzt werden. Sie enthalten keine toxischen Schwermetalle. Die Farben rot bis gelb sind durch das O/N-Verhältnis bestimmt. CdS ist photoleitend (Verwendung für Belichtungsmesser).

Cadmiumsalze neigen stärker zur Komplexbildung als Zinksalze. Die Koordination ist hauptsächlich tetraedrisch, daneben oktaedrisch. **[Cd(CN)$_4$]$^{2-}$** (lg β = 19) wird, wie der entsprechende Zinkkomplex, in der Galvanotechnik verwendet. Mit H$_2$S fällt aus [Cd(CN)$_4$]$^{2-}$ CdS aus, aus dem stabileren Komplex [Cu(CN)$_4$]$^{3-}$ dagegen kein Kupfersulfid. Dies wird zur analytischen Cu-Cd-Trennung benutzt.

5.9.8 Quecksilberverbindungen

5.9.8.1 Quecksilber(I)-Verbindungen

Quecksilber(I)-Salze enthalten immer das dimere Ion Hg$_2^{2+}$ mit einer kovalenten Hg-Hg-Bindung. Quecksilber betätigt also auch in der Oxidationsstufe +1 beide Valenz-elektronen und die Hg(I)-Verbindungen sind daher diamagnetisch. Die Neigung zur Komplexbildung ist beim Hg(I) gering.

Zum Verständnis der Chemie von Hg(I) ist die Kenntnis der folgenden Potentiale erforderlich:

$$2\,Hg \;\rightleftharpoons\; Hg_2^{2+} + 2e^- \qquad\qquad E° = +0{,}79\ \text{V}$$

$$Hg_2^{2+} \;\rightleftharpoons\; 2\,Hg^{2+} + 2e^- \qquad\qquad E° = +0{,}91\ \text{V}$$

$$Hg \;\rightleftharpoons\; Hg^{2+} + 2e^- \qquad\qquad E° = +0{,}85\ \text{V}$$

Für das Disproportionierungsgleichgewicht

$$Hg_2^{2+} \;\rightleftharpoons\; Hg + Hg^{2+} \qquad \text{ist} \qquad K = \frac{c_{Hg^{2+}}}{c_{Hg_2^{2+}}} \approx 10^{-2} \qquad \Delta E = -0{,}12\ \text{V}$$

Zur Oxidation von Hg zu Hg(I) sind also nur Oxidationsmittel geeignet, deren Potentiale zwischen $+0.79$ V und $+0.85$ V liegen. *Alle gebräuchlichen Oxidationsmittel* haben höhere Potentiale und *oxidieren Hg* daher *zu Hg(II)*. In Gegenwart von *über-schüssigem Hg* aber *bildet sich Hg(I)*, da, wie die Gleichgewichtskonstante des Disproportionierungsgleichgewichts zeigt, Hg^{2+} durch Hg reduziert wird. Hg_2^{2+} *ist* also *hinsichtlich der Disproportionierung stabil, aber alle Stoffe, die die Konzentration von* Hg^{2+} *stark herabsetzen (durch Fällung oder Komplexbildung), bewirken eine Disproportionierung von* Hg_2^{2+}. Die Zahl stabiler Hg(I)-Verbindungen ist dadurch eingeschränkt. Typische Reaktionen sind:

$$Hg_2^{2+} + 2\,OH^- \longrightarrow Hg + HgO + H_2O$$
$$Hg_2^{2+} + S^{2-} \longrightarrow Hg + HgS$$
$$Hg_2^{2+} + 2\,CN^- \longrightarrow Hg + Hg(CN)_2$$

$Hg(CN)_2$ ist zwar nicht schwer löslich, aber sehr schwach dissoziiert. Mit NH_3 und SCN^- erhält man entsprechende Reaktionen.

Quecksilber(I)-Halogenide. Mit Ausnahme von Hg_2F_2 sind die Hg(I)-Halogenide schwerlöslich. Hg_2I_2 ist gelb, die anderen Verbindungen sind farblos. Die Hg(I)-Halogenide sind lichtempfindlich. Sie sind linear aufgebaut (sp-Hybridisierung), die Bindung ist überwiegend kovalent. Hg_2Cl_2 besteht in allen Phasen aus den Molekülen Cl—Hg—Hg—Cl. Es entsteht durch Reduktion von $HgCl_2$-Lösungen mit $SnCl_2$ in der Kälte.

$$2\,HgCl_2 + SnCl_2 \rightarrow Hg_2Cl_2 + SnCl_4$$

Für die Präparation eignet sich die Reaktion von Hg(I)-Lösungen mit Halogenwasserstoffsäuren.

$$Hg_2(NO_3)_2 + 2\,HX \rightarrow Hg_2X_2 + 2\,HNO_3 \quad (X = Cl, Br, I)$$

Hg_2Cl_2 reagiert mit Ammoniak unter Disproportionierung.

$$Hg_2Cl_2 + 2\,NH_3 \longrightarrow Hg + HgNH_2Cl + NH_4Cl$$

Da durch das feinverteilte Hg Schwarzfärbung erfolgt, nennt man Hg_2Cl_2 Kalomel (schön schwarz).

Die **Kalomelelektrode** (Aufbau: $Hg/Hg_2Cl_2/Cl^-$) ist eine vielbenutzte Bezugselektrode (vgl. S. 350).

Disproportionierung von Hg(I)-Halogeniden erfolgt auch durch Bildung stabiler Komplexe mit überschüssigem Halogen.

$$Hg_2I_2 + 2\,I^- \longrightarrow Hg + [HgI_4]^{2-}$$

Quecksilber(I)-nitrat $Hg_2(NO_3)_2$ entsteht aus Hg und verd. Salpetersäure. Es ist eine der wenigen leicht löslichen Hg(I)-Verbindungen. $Hg_2(NO_3)_2$ reagiert infolge Hydrolyse sauer. Beim Eindampfen bilden sich basische Nitrate.

5.9.8.2 Quecksilber(II)-Verbindungen

In den Hg(II)-Verbindungen sind mit Ausnahme von HgF_2 *die Bindungen überwiegend kovalent.* Viele *Hg(II)-Verbindungen* sind schwerlöslich, in Lösungen *liegen* sie *weitgehend molekular gelöst vor.* Wegen des schwach basischen Charakters der nicht isolierbaren Base $Hg(OH)_2$ hydrolysieren sie und sind daher nur in sauren Lösungen stabil. *Hg(II) bildet zahlreiche Komplexe mit linearer, tetraedrischer und selten oktaedrischer Koordination.* Beispiele dafür sind: $[Hg(NH_3)_2]^{2+}$, $[HgI_4]^{2-}$, $[Hg(en)_3]^{2+}$.

Quecksilber(II)-oxid HgO. Beim Erhitzen an der Luft auf 300–350 °C erhält man orthorhombisches rotes HgO, das oberhalb 400 °C wieder zerfällt. Der Sauerstoffpartialdruck erreicht bei 450 °C 1 bar.

$$Hg + \tfrac{1}{2}O_2 \underset{400\,°C}{\overset{300-350\,°C}{\rightleftharpoons}} HgO$$

Aus Hg(II)-Salzlösungen erhält man mit Basen in der Kälte gelbes HgO, das sich beim Erhitzen rot färbt. Der Farbunterschied kommt durch unterschiedliche Korngrößen zustande. Ganz allgemein werden die Farben bei kleineren Teilchen heller.

Das orthorhombische HgO ist aus Zickzackketten aufgebaut.

$$\overset{O}{\diagup}Hg\overset{O}{\diagup}\diagdown Hg\diagdown_{O}\diagup Hg\overset{O}{\diagup}\diagdown Hg\diagdown$$

Metastabiles hexagonales HgO ist isotyp mit Zinnober.

Quecksilber(II)-sulfid HgS. In der Natur kommt roter, hexagonaler Zinnober vor. Das Kristallgitter ist aus schraubenförmigen —Hg—S—Hg—S-Ketten aufgebaut, die ein verzerrtes Steinsalzgitter bilden. Aus Hg(II)-Salzlösungen fällt mit H_2S schwarzes HgS ($L = 10^{-54}$) aus, das in der Zinkblende-Struktur kristallisiert. Mit Polysulfidlösungen kann es unter Erwärmen in stabiles, rotes HgS umgewandelt werden. Schwarzes HgS löst sich als Thiokomplex, daraus fällt das schwerer lösliche rote HgS aus. Zinnoberrot wird als Farbpigment verwendet. Da es nachdunkelt, bevorzugt man jetzt aber Cadmiumrot.

Quecksilber(II)-sulfat $HgSO_4$ erhält man aus Hg und konz. Schwefelsäure.

$$Hg + 2H_2SO_4 \longrightarrow HgSO_4 + SO_2 + 2H_2O$$

Es kann nur aus schwefelsaurer Lösung auskristallisiert werden, da sich in wäßriger Lösung schwerlösliches basisches Quecksilbersulfat bildet.

$$3HgSO_4 + 2H_2O \longrightarrow HgSO_4 \cdot 2HgO + 2H_2SO_4$$

Quecksilber(II)-Halogenide. Die Darstellung kann durch Reaktion von HgO mit Halogenwasserstoffsäuren oder durch Umsetzung von $HgSO_4$ mit Alkalimetallhalogeniden erfolgen.

$$\text{HgSO}_4 + 2\,\text{NaX} \xrightarrow{300\,°\text{C}} \text{Na}_2\text{SO}_4 + \text{HgX}_2 \qquad (\text{X} = \text{Cl, Br})$$

Quecksilber(II)-fluorid HgF$_2$ (Smp. 645 °C) ist ionogen aufgebaut und kristallisiert in der Fluorit-Struktur. Es ist ein Fluorierungsmittel und hydrolysiert in wäßrigen Lösungen.

Quecksilber(II)-chlorid HgCl$_2$ (Sublimat) ist weiß, schmilzt schon bei 280 °C, siedet bei 303 °C und ist gut löslich (6,6 g in 100 ml Wasser bei 25 °C). Bei der Darstellung aus HgSO$_4$ mit NaCl sublimiert es. Es kristallisiert in einem Molekülgitter, in dem wie im Dampfzustand und in wäßriger Lösung lineare Moleküle Cl—Hg—Cl mit kovalenten Bindungen vorliegen. Die Dissoziation in wäßriger Lösung ist gering. Mit Cl$^-$-Ionen werden die Komplexe [HgCl$_3$]$^-$ und [HgCl$_4$]$^{2-}$ gebildet. HgCl$_2$ ist sehr giftig, 0,2–0,4 g sind letal.

Quecksilber(II)-iodid HgI$_2$ (Smp. 257 °C, Sdp. 351 °C) kann man wegen seiner Schwerlöslichkeit (6·10^{-3} g in 100 ml Wasser bei 25 °C) nach

$$\text{HgCl}_2 + 2\,\text{KI} \longrightarrow \text{HgI}_2 + 2\,\text{KCl}$$

darstellen. HgI$_2$ ist dimorph.

$$\underset{\text{rot}}{\text{HgI}_2} \xrightleftharpoons{127\,°\text{C}} \underset{\text{gelb}}{\text{HgI}_2}$$

Die reversible Farbänderung bei einer bestimmten Temperatur nennt man *Thermochromie (optische Thermometer)*. Reversible Farbänderungen zeigen auch zwei Iodomercurate(II).

$$\underset{\text{gelb}}{\text{Ag}_2\text{HgI}_4} \xrightleftharpoons{35\,°\text{C}} \underset{\text{orangerot}}{\text{Ag}_2\text{HgI}_4}$$

$$\underset{\text{rot}}{\text{Cu}_2\text{HgI}_4} \xrightleftharpoons{70\,°\text{C}} \underset{\text{schwarz}}{\text{Cu}_2\text{HgI}_4}$$

Im Dampfzustand liegen isolierte HgI$_2$-Moleküle vor, ebenso im Molekülgitter des gelben HgI$_2$. Rotes HgI$_2$ kristallisiert in einer Schichtstruktur mit tetraedrischer Koordination der Hg-Atome. Im Überschuß von KI löst sich HgI$_2$ unter Bildung des tetraedrischen Komplexions [HgI$_4$]$^{2-}$.

$$\text{HgI}_2 + 2\,\text{KI} \longrightarrow \text{K}_2[\text{HgI}_4]$$

Die alkalische Lösung des Komplexsalzes dient unter dem Namen „**Neßlers Reagenz**" zum Nachweis von NH$_3$ (vgl. unten).

Quecksilber(II)-cyanid Hg(CN)$_2$ ist sehr giftig. Es ist in Wasser löslich. Wegen seiner minimalen elektrolytischen Dissoziation zeigt es keine der normalen Reaktionen von Hg^{2+}, mit Ausnahme der Fällung von HgS, das ein extrem kleines Löslichkeitsprodukt besitzt. Es ist aus linearen Molekülen N≡C—Hg—C≡N aufgebaut. Mit CN$^-$ bildet sich der tetraedrische Komplex [Hg(CN)$_4$]$^{2-}$. Die Stabilität der analogen Komplexe [HgX$_4$]$^{2-}$ wächst von Cl$^-$ in Richtung CN$^-$.

X	lg β von $[HgX_4]^{2-}$
Cl^-	15
Br^-	21
I^-	32
CN^-	42

Quecksilber(II)-Stickstoffverbindungen. Aus $HgCl_2$ und Ammoniak entstehen je nach Reaktionsbedingung verschiedene Reaktionsprodukte. Mit gasförmigem Ammoniak bildet sich das weiße „schmelzbare Präzipitat" (Smp. 300 °C).

$$HgCl_2 + 2\,NH_3 \longrightarrow [Hg(NH_3)_2]Cl_2$$

Im festen Zustand und in der Lösung liegt der lineare Diamminkomplex $[H_3\overset{\oplus}{N}-Hg-\overset{\oplus}{N}H_3]$ vor. Mit verd. NH_3-Lösung entsteht das weiße Amidochlorid, das sich beim Erhitzen zersetzt („unschmelzbares Präzipitat").

$$HgCl_2 + 2\,NH_3 \longrightarrow [HgNH_2]Cl + NH_4^+ + Cl^-$$

Es bildet sich auch aus Hg_2Cl_2 mit NH_3 durch Disproportionierung. $[HgNH_2]^+$ hat eine Zickzackkettenstruktur.

Im Kristall werden die Ketten durch Cl^--Ionen zusammengehalten. Aus HgO erhält man mit konz. NH_3-Lösung das Dihydrat der Millonschen Base.

$$2\,HgO + NH_3 + H_2O \longrightarrow [Hg_2N]OH \cdot 2\,H_2O$$

Von ihr leiten sich Salze des Typs $[Hg_2N]X \cdot n\,H_2O$ (X = Cl, Br, I, NO_3) ab. Beim Kochen einer ammoniakalischen Lösung von $[HgNH_2]Cl$ entsteht z. B. das Chlorid.

$$2\,[HgNH_2]Cl \longrightarrow [Hg_2N]Cl + NH_4Cl$$

Aus Neßlers Reagenz $K_2[HgI_4]$ entsteht mit NH_3 ein orangefarbiger Niederschlag von $[Hg_2N]I$.

$[Hg_2N]^+$ besitzt eine dem Cristobalit analoge Raumnetzstruktur.

Hg ist linear, N tetraedrisch koordiniert. Die Anionen und die Wassermoleküle sind in den Kanälen des Gitters eingelagert. Die Verbindungen können als Ionenaustauscher fungieren.

5.10 Gruppe 3

5.10.1 Gruppeneigenschaften

	Scandium Sc	Yttrium Y	Lanthan La
Ordnungszahl Z	21	39	57
Elektronenkonfiguration	$[Ar]3d^1 4s^2$	$[Kr]4d^1 5s^2$	$[Xe]5d^1 6s^2$
1. Ionisierungsenergie in eV	6,5	6,4	5,6
2. Ionisierungsenergie in eV	12,8	12,2	11,4
3. Ionisierungsenergie in eV	24,7	20,5	19,2
Elektronegativität	1,2	1,1	1,1
Schmelzpunkt in °C	1539	1552	920
Siedepunkt in °C	2832	3337	3454
Sublimationsenthalpie in kJ/mol	376	422	431
Standardpotential Me/Me^{3+} in V	$-2,08$	$-2,37$	$-2,52$
Ionenradius Me^{3+} in pm	75	90	103

Die Metalle der Gruppe 3 treten auf Grund ihrer Elektronenkonfiguration ausschließlich in der Oxidationsstufe $+3$ auf. Die Me^{3+}-Ionen haben Edelgaskonfiguration und sind daher diamagnetisch und farblos. Es bestehen Ähnlichkeiten zur Chemie des Aluminiums. Dies gilt besonders für Scandium, das wie Aluminium amphoter ist.

Scandium, Yttrium und Lanthan werden zusammen mit den Lanthanoiden als Seltenerdmetalle bezeichnet. Wegen der ähnlichen Ionenradien besteht eine enge chemische Beziehung zu den Lanthanoiden. In der Natur kommen sie zusammen mit diesen vor.

Die Metalle sind unedel und reaktionsfreudig. Die Zunahme der Ionenradien hat eine zunehmende Basizität der Hydroxide zur Folge. $Sc(OH)_3$ ist amphoter, $La(OH)_3$ eine ziemlich starke Base. Die Scandiumsalze sind daher stärker hydrolytisch gespalten und leichter thermisch zersetzbar. Die Fluoride, Sulfate, Oxalate und Carbonate der Metalle der Gruppe 3 sind schwerlöslich. Die Neigung zur Bildung von Komplexverbindungen ist gering.

Actinium Ac ist radioaktiv und kommt als radioaktives Zerfallsprodukt des Urans in der Pechblende vor. Das längstlebige Isotop $^{227}_{89}Ac$ hat eine Halbwertszeit von 22 Jahren. Chemisch ist Ac dem La sehr ähnlich und wie zu erwarten basischer als dieses.

5.10.2 Die Elemente

Im elementaren Zustand kristallisieren Scandium, Yttrium und Lanthan in typischen Metallstrukturen. Von Lanthan sind 3 Modifikationen bekannt.

$$\alpha\text{-La} \xrightarrow{\ 310°C\ } \beta\text{-La} \xrightarrow{\ 864°C\ } \gamma\text{-La}$$

| hexagonal-dichte Packung | kubisch-flächenzentriert | kubisch-raumzentriert |

Es sind silberweiße, duktile Metalle. Scandium und Yttrium sind Leichtmetalle. *Die Metalle der Gruppe 3 sind unedler als Aluminium* und reagieren dementsprechend mit Säuren unter Wasserstoffentwicklung. In der Atmosphäre und in Wasser sind sie beständig, da sich passivierende Deckschichten bilden.

5.10.3 Vorkommen

Die Elemente der Scandiumgruppe sind nicht selten, sondern ebenso häufig wie Zink und Blei (Massenanteil in der Erdkruste in %: Y, La $2 \cdot 10^{-3}$, Sc $5 \cdot 10^{-4}$), aber sie sind wesentlich seltener in Lagerstätten angereichert. Es gibt nur wenige wichtige Mineralien: Thortveitit $(Y, Sc)_2[Si_2O_7]$, Gadolinit $Be_2Y_2Fe[Si_2O_8]O_2$, Xenotim YPO_4. Es gibt keine Lanthanmineralien, sondern La kommt immer zusammen mit den auf das La folgenden Lanthanoiden vor, vor allem als Begleiter des Cers. Im Monazit $(Me, Th)PO_4$ ist der Massenanteil der Seltenerdmetalle Me mit $Z = 57 - 63$ (Ceriterden) 50–70 %, der des Lanthans 15–25 %.

5.10.4 Darstellung und Verwendung

Alle Metalle können durch Reduktion der Fluoride mit Ca oder Mg hergestellt werden.

$$2\,LaF_3 + 3\,Ca \longrightarrow 2\,La + 3\,CaF_2$$

Die Abtrennung von den Lanthanoiden wird dort beschrieben (vgl. S. 765).

Mg-Sc-Legierungen werden in der Kerntechnik als Neutronenfilter verwendet. In Magnetspeichern erhöht eine Dotierung mit Sc_2O_3 die schnelle Ummagnetisierung und ermöglicht hohe Rechengeschwindigkeiten. Rohre aus Yttrium dienen in der Kerntechnik zur Aufnahme von Uranstäben, da sie beständig gegen flüssiges Uran und Uranlegierungen sind. Yttriumverbindungen werden in großen Mengen in der Farbfernsehtechnik als Farbkörper (rote Fluoreszenz) benötigt. Eine Co-Y-Legierung ist ein hervorragendes Material für Permanentmagnete. Flüssiges Lanthan dient zur Extraktion von Plutonium aus geschmolzenem Uran. Außerdem dient Lanthan zur Herstellung von Speziallegierungen, La_2O_3 zur Herstellung von Spezialgläsern.

5.10.5 Scandiumverbindungen

Die *Scandiumverbindungen ähneln den Aluminiumverbindungen.* Scandiumfluorid ScF_3 ist in Wasser schwerlöslich, die Halogenide ScX_3 (X = Cl, Br, I) sind hygroskopisch und leichtlöslich. Wie wasserfreies $AlCl_3$, erhält man wasserfreies $ScCl_3$ durch Entwässerung des Hexahydrats $ScCl_3 \cdot 6H_2O$ nur im HCl-Strom, da sich sonst basische Salze bilden. Mit Halogeniden bilden sich die Halogenokomplexe $[ScF_6]^{3-}$ und $[ScCl_6]^{3-}$. Bei der Oxidation von Sc bei 800 °C oder durch Glühen von Sc-Salzen entsteht Scandiumoxid Sc_2O_3 (Smp. 3100 °C) als weißes Pulver. Mit Erdalkalimetalloxiden bildet es die Doppeloxide $MeSc_2O_4$ (Me = Mg, Ca, Sr). Scandiumhydroxid $Sc(OH)_3$ ($L = 10^{-28}$) ist eine schwache Base und weniger amphoter als $Al(OH)_3$. Nur in konz. NaOH-Lösungen löst es sich unter Bildung von $Na_3[Sc(OH)_6]$. Mit HNO_3 und H_2SO_4 erhält man aus $Sc(OH)_3$ die farblosen Salze $Sc(NO_3)_3 \cdot 4H_2O$ und $Sc_2(SO_4)_3 \cdot 6H_2O$. In wäßriger Lösung sind die Sc-Salze wie die Al-Salze Kationensäuren.

5.10.6 Yttriumverbindungen

Sie ähneln weitgehend den Scandiumverbindungen. $Y(OH)_3$ ($L = 8 \cdot 10^{-23}$) ist stärker basisch und besser löslich als $Sc(OH)_3$. Yttriumnitrat kristallisiert aus wäßriger Lösung als Hexahydrat $Y(NO_3)_3 \cdot 6H_2O$, Yttriumsulfat als Octahydrat $Y_2(SO_4)_3 \cdot 8H_2O$.

5.10.7 Lanthanverbindungen

Lanthanfluorid LaF_3 (Smp.1493 °C) ist in Wasser schwerlöslich. Es existieren die Fluorokomplexe $[LaF_4]^-$ und $[LaF_6]^{3-}$. Lanthanchloridheptahydrat $LaCl_3 \cdot 7H_2O$ ist leicht löslich. Wasserfreies $LaCl_3$ (Smp. 852 °C) ist sehr hygroskopisch. Es bildet den Chlorokomplex $[LaCl_6]^{3-}$. Lanthanoxid La_2O_3 (Smp. 2750 °C) erhält man beim Erhitzen von $La(OH)_3$ oder durch Verbrennung von Lanthan. Frisch hergestellt reagiert es ähnlich wie CaO heftig mit Wasser und absorbiert CO_2 der Luft. Hochgeglüht wird es als Tiegelmaterial verwendet. Lanthanhydroxid $La(OH)_3$ ($L = 10^{-20}$) ist eine starke Base und setzt aus Ammoniumsalzen NH_3 frei. Mit CO_2 reagiert es zu $La_2(CO_3)_3$. Das Oxalat $La_2(C_2O_4)_3 \cdot 9H_2O$ ist schwerlöslich. In einigen Verbindungen besitzt Lanthan hohe Koordinationszahlen, zum Beispiel die KZ 10 in $[La(H_2O)_4(EDTA)]^-$.

5.11 Die Lanthanoide

5.11.1 Gruppeneigenschaften

Als Lanthanoide (Ln) bezeichnet man die Elemente Lanthan bis Lutetium, also Lanthan und die folgenden 14 Elemente (Tabelle 5.9). Alle Lanthanoide sind Metalle. Für Scandium, Yttrium und die Lanthanoide ist der Begriff Seltenerdmetalle gebräuchlich.

Bei den Lanthanoiden werden die 4f-Niveaus besetzt, die N-Schale wird auf die Maximalzahl von 32 Elektronen aufgefüllt. Da die 6s-, 5d- und 4f-Niveaus sehr ähnliche Energien haben, ist die Auffüllung unregelmäßig. Die Elektronenkonfigurationen sind in der Tabelle 5.9 angegeben. Sie zeigen die Bevorzugung der halbgefüllten ($4f^7$) und der vollständig aufgefüllten ($4f^{14}$) 4f-Unterschale.

Tabelle 5.9   Elektronenkonfigurationen der Lanthanoide (Ln)

Ordnungszahl Z	Name	Symbol	Elektronenkonfiguration Atom	Ion Ln^{3+}	Grundterm der Ln^{3+}-Ionen[1]
57	Lanthan	La	$5d^1 6s^2$	[Xe]	$^1S_0$
58	Cer	Ce	$4f^2 6s^2$	$4f^1$	$^2F_{5/2}$
59	Praseodym	Pr	$4f^3 6s^2$	$4f^2$	$^3H_4$
60	Neodym	Nd	$4f^4 6s^2$	$4f^3$	$^4I_{9/2}$
61	Promethium	Pm	$4f^5 6s^2$	$4f^4$	$^5I_4$
62	Samarium	Sm	$4f^6 6s^2$	$4f^5$	$^6H_{5/2}$
63	Europium	Eu	$4f^7 6s^2$	$4f^6$	$^7F_0$
64	Gadolinium	Gd	$4f^7 5d^1 6s^2$	$4f^7$	$^8S_{7/2}$
65	Terbium	Tb	$4f^9 6s^2$	$4f^8$	$^7F_6$
66	Dysprosium	Dy	$4f^{10} 6s^2$	$4f^9$	$^6H_{15/2}$
67	Holmium	Ho	$4f^{11} 6s^2$	$4f^{10}$	$^5I_8$
68	Erbium	Er	$4f^{12} 6s^2$	$4f^{11}$	$^4I_{15/2}$
69	Thulium	Tm	$4f^{13} 6s^2$	$4f^{12}$	$^3H_6$
70	Ytterbium	Yb	$4f^{14} 6s^2$	$4f^{13}$	$^2F_{7/2}$
71	Lutetium	Lu	$4f^{14} 5d^1 6s^2$	$4f^{14}$	$^1S_0$

[1] Die Grundterme der Atome sind in der Tabelle 2, Anhang 2 angegeben.

Da bei den Lanthanoiden die drittäußerste Schale aufgefüllt wird, ändert ein neu hinzukommendes Elektron die Eigenschaften wenig, und die Lanthanoide sind daher untereinander sehr ähnlich. Alle Lanthanoide kommen in der Oxidationsstufe $+3$ vor. Die Elektronenkonfigurationen der Ln^{3+}-Ionen enthält die Tabelle 5.9. Da die Ln^{3+}-Ionen ähnliche Radien wie Sc^{3+} und insbesondere Y^{3+} haben, besteht weitgehende chemische Verwandschaft zwischen den Elementen der Gruppe 3 und den Lanthanoiden. Die kristallchemische Verwandschaft führt zu einer mineralogischen Vergesellschaftung (vgl. S. 764). Promethium ist radioaktiv und kommt in der Natur nur in Spuren vor. Es wird künstlich hergestellt.

Die Metalle sind silberglänzend, unedel, reaktionsfreudig und an der Luft anlaufend. Sie kristallisieren – mit Ausnahme von Samarium und Europium, das kubischraumzentriert vorkommt – in dichten Packungen. Die physikalischen Eigenschaften sind überwiegend periodisch. Die Dichten (Abb. 5.58), Schmelzpunkte (Abb. 5.59) und Sublimationsenthalpien ΔH_S (Abb. 5.60) haben Minima, die Atomradien (Abb. 5.61) Maxima bei Europium und Ytterbium. Im metallischen Zustand liefern

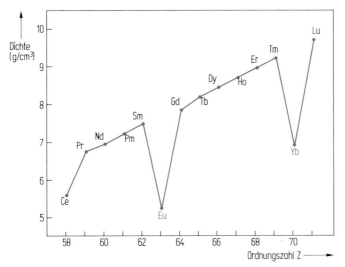

Abbildung 5.58   Dichten der Lanthanoide.

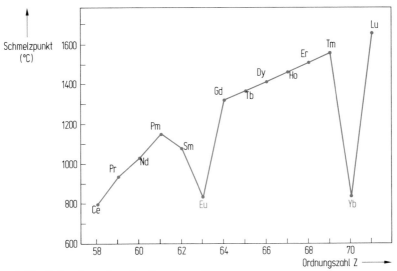

Abbildung 5.59   Schmelzpunkte der Lanthanoide.

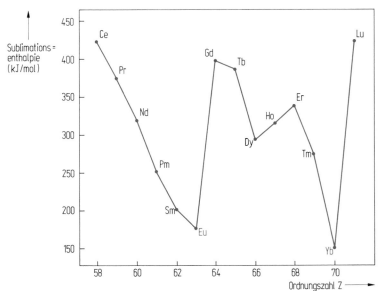

Abbildung 5.60   Sublimationsenthalpien ΔH_S der Lanthanoide.

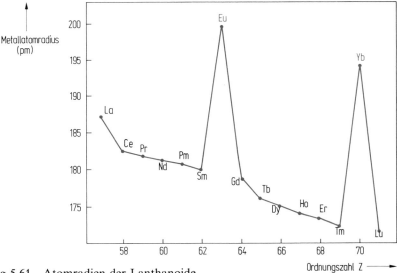

Abbildung 5.61   Atomradien der Lanthanoide.

die Lanthanoidatome normalerweise drei Elektronen zum Elektronengas des Metallgitters, die Europium- und Ytterbiumatome jedoch nur zwei. Sie erreichen dadurch
in ihren Ionenrümpfen die stabile f^7- bzw. f^{14}-Konfiguration. Die verringerte Anziehung zwischen Elektronengas und Metallionen beim Europium und Ytterbium bewirkt ihre Ausnahmestellung.

Die Standardpotentiale Ln/Ln^{3+} (Abb. 5.62) sind stark negativ. Sie ändern sich kontinuierlich von $-2,48$ V beim Cer auf $-2,25$ V beim Lutetium. Die Metalle sind daher kräftige Reduktionsmittel – von der Stärke des Magnesiums – und reagieren mit Wasser und Säuren unter Wasserstoffentwicklung. Mit den meisten Nichtmetallen reagieren sie bei erhöhter Temperatur.

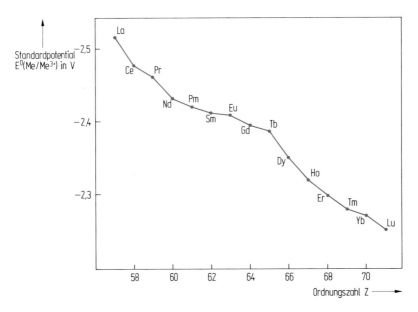

Abbildung 5.62 Standardpotentiale E° der Lanthanoide für das Redoxsystem $Ln \rightleftharpoons Ln^{3+} + 3e^{-}$. Die Standardpotentiale nehmen mit Z kontinuierlich zu, die leichten Lanthanoide sind also unedler. Alle Lanthanoide sind aber ähnlich unedle Metalle wie die Metalle der 3. und der 2. Gruppe.

Beispiele:

$$2\,Ln + 3\,X_2 \xrightarrow{\;>200\,°C\;} 2\,LnX_3 \qquad (X = F, Cl, Br, I)$$

$$4\,Ln + 3\,O_2 \xrightarrow{\;>150\,°C\;} 2\,Ln_2O_3$$

$$2\,Ln + N_2 \xrightarrow{\;1000\,°C\;} 2\,LnN$$

5.11.2 Verbindungen mit der Oxidationszahl + 3

Die Radien der Ln^{3+}-Ionen nehmen auf Grund der schrittweisen Zunahme der Kernladung mit zunehmender Ordnungszahl kontinuierlich ab. (*Lanthanoid-Kontraktion*) (Abb. 5.63). *Die Lanthanoid-Kontraktion bewirkt, daß die Atomradien und Ionenradien solcher Elementhomologe, zwischen denen die Lanthanoide stehen, sehr ähnlich sind.* Dies gilt besonders für die Paare Zr/Hf, Nb/Ta, Mo/W. Die zu erwartende Zunahme der Radien in einer Gruppe wird durch die Lanthanoid-Kontraktion gerade ausgeglichen. *Für die Lanthanoide selbst hat die Lanthanoid-Kontraktion die regelmäßige Änderung einiger Eigenschaften zur Folge.*

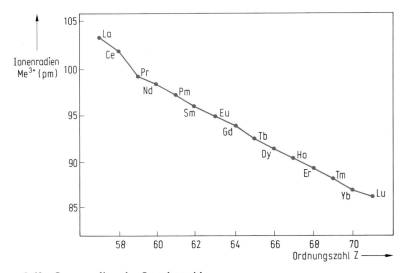

Abbildung 5.63   Ionenradien der Lanthanoide.
Mit zunehmender Ordnungszahl nehmen die Ionenradien der Lanthanoide kontinuierlich um 19 pm ab (Lanthanoid-Kontraktion). Die Lanthanoid-Kontraktion bewirkt die große Ähnlichkeit der 4d- und 5d-Elemente der Nebengruppen.

Die Hydratationsenthalpien der Ln^{3+}-Ionen nehmen mit Z zu. Die Aquakomplexe sind Kationensäuren, die um so stärker sauer wirken, je kleiner das Ln^{3+}-Ion ist. Für die Aquakationen $[Ln(H_2O)_n]^{3+}$ werden Koordinationszahlen bis $n = 8$ gefunden.

Die Löslichkeit und die Basizität der Hydroxide $Ln(OH)_3$ nehmen mit Z ab. Die am stärksten basischen Hydroxide ähneln in der Basizität dem $Ca(OH)_2$. Nur $Yb(OH)_3$ und $Lu(OH)_3$ zeigen bereits etwas amphoteren Charakter, sie bilden mit konz. Natronlauge die Verbindungen $Na_3Yb(OH)_6$ und $Na_3Lu(OH)_6$. Die Salze der Lanthanoide hydrolysieren wenig. Entsprechend der abnehmenden Basizität nimmt auch die thermische Beständigkeit z. B. der Nitrate und Carbonate mit Z ab.

Die Chemie der Ln^{3+}-Ionen ähnelt der des Scandiums und Yttriums. Die Trifluoride sind in Wasser und in verdünnten Säuren schwerlöslich. Die Chloride, Bromide und Iodide sind leicht löslich, aus den Lösungen lassen sich Hydrate abscheiden. Die Perchlorate, Nitrate und Sulfate sind gut bis mäßig löslich, die Carbonate, Phosphate und Oxalate schwerlöslich. Die Neigung zur Komplexbildung ist nur gering. Alle Ln^{3+}-Ionen bilden aber z.B. mit EDTA (1:1)-Komplexe.

Im magnetischen und spektralen Verhalten unterscheiden sich die f-Elemente grundlegend von den d-Elementen. *Die 4f-Niveaus sind gegen äußere Einflüsse weitgehend abgeschirmt und werden nur geringfügig durch die Ionen der Umgebung beeinflußt.* Die Terme der Lanthanoide sind daher in allen Verbindungen praktisch unverändert. Die Absorptionsbanden der f-f-Übergänge sind sehr scharf und ähneln denen freier Atome. Die Farben der Ln^{3+}-Ionen sind praktisch unabhängig von der Umgebung der Ionen, sie sind in der Tabelle 5.10 angegeben. Die Farbenfolge der Reihe La–Gd wiederholt sich in der Reihe Lu–Gd. Die magnetischen Eigenschaften wurden bereits im Abschn. 5.1.5 behandelt. Der Verlauf der magnetischen Momente der Ln^{3+}-Ionen ist in der Abb. 5.6 dargestellt.

Tabelle 5.10   Farben der Ln^{3+}-Ionen

Ion		Farbe	Ion		Zahl der ungepaarten 4f-Elektronen
La^{3+}	$(4f^0)$	farblos	Lu^{3+}	$(4f^{14})$	0
Ce^{3+}	$(4f^1)$	farblos	Yb^{3+}	$(4f^{13})$	1
Pr^{3+}	$(4f^2)$	grün	Tm^{3+}	$(4f^{12})$	2
Nd^{3+}	$(4f^3)$	rosa	Er^{3+}	$(4f^{11})$	3
Pm^{3+}	$(4f^4)$	rosa, gelb	Ho^{3+}	$(4f^{10})$	4
Sm^{3+}	$(4f^5)$	gelb	Dy^{3+}	$(4f^9)$	5
Eu^{3+}	$(4f^6)$	blaßrosa	Tb^{3+}	$(4f^8)$	6
Gd^{3+}	$(4f^7)$	farblos	Gd^{3+}	$(4f^7)$	7

5.11.3 Verbindungen mit den Oxidationszahlen +2 und +4

Außer in der Oxidationszahl +3 kommen einige Lanthanoide in den Oxidationszahlen +4 und +2 vor. Ihr Auftreten in der Gruppe wiederholt sich periodisch.

Ce	Pr	Nd	Pm	Sm	Eu	Gd	Tb	Dy	Ho	Er	Tm	Yb	Lu
				+2	+2						+2	+2	
+3	+3	+3	+3	+3	+3	+3	+3	+3	+3	+3	+3	+3	+3
+4	+4	+4					+4	+4					

Beim Ce^{4+}, Tb^{4+}, Eu^{2+} und Yb^{2+} entstehen die stabilen Konfigurationen f^0, f^7 und f^{14}. Bei Pr, Nd, Dy, Sm und Tm ist dies jedoch nicht der Fall. Das Auftreten und die Periodizität der Oxidationszahlen +2 und +4 werden aus dem Verlauf der Ionisierungsenergien verständlich. Zur Bildung gasförmiger Ln^{3+}-Ionen aus gasförmigen Ln^{2+}-Ionen muß die dritte Ionisierungsenergie I_3 aufgewendet werden. Die dritte Ionisierungsenergie (Abb. 5.64a) hat Maxima bei Eu und Yb; bei diesen Lanthanoiden muß ein Elektron aus der stabilen f^7- bzw. f^{14}-Konfiguration entfernt werden. Gegenüber den anderen Lanthanoiden erhöhte I_3-Werte besitzen aber auch Sm und Tm. Relativ zu den gasförmigen Ln^{3+}-Ionen ist also das Auftreten der folgenden Ln^{2+}-Ionen begünstigt: Eu^{2+}, Yb^{2+}, Sm^{2+}, Tm^{2+}. Zur Bildung von Ln^{4+}-Ionen ist die vierte Ionisierungsenergie erforderlich. Die Oxidationszahl $+4$ ist also für solche Lanthanoide zu erwarten, die kleine vierte Ionisierungsenergien besitzen. Dies sind vor allem Ce, Pr und Tb, außerdem noch Nd und Dy (Abb. 5.64b).

Für die Stabilität der Verbindungen mit der Oxidationszahl $+2$ gilt: $Eu^{2+} > Yb^{2+} > Sm^{2+} > Tm^{2+}$. Die Standardpotentiale in Wasser betragen:

$$Eu^{2+}/Eu^{3+} \qquad E^\circ = -0,35 \text{ V}$$
$$Yb^{2+}/Yb^{3+} \qquad E^\circ = -1,05 \text{ V}$$
$$Sm^{2+}/Sm^{3+} \qquad E^\circ = -1,55 \text{ V}$$
$$Tm^{2+}/Tm^{3+} \qquad E^\circ = -2,3 \ \text{ V}$$

Eu^{2+}-Ionen erhält man durch Reduktion von Eu^{3+}-Lösungen mit Zn, Yb^{2+}- und Sm^{2+}-Ionen durch Reduktion mit Natriumamalgam oder durch elektrolytische Reduktion. Nur Eu^{2+}-Ionen sind in wäßriger Lösung stabil, die anderen Ln^{2+}-Ionen zersetzen Wasser unter H_2-Entwicklung.

Die Ln^{2+}-Radien liegen im Bereich der Radien der schweren Erdalkalimetallkationen. Sie betragen in pm:

Sm^{2+}	122	Ca^{2+}	100
Eu^{2+}	117	Sr^{2+}	118
Tm^{2+}	103	Ba^{2+}	135
Yb^{2+}	102		

Ln(II)-Verbindungen ähneln daher *den Erdalkalimetallverbindungen.* So sind die Sulfate schwerlöslich, die Hydroxide löslich. Beispiele für isotype Verbindungen sind:

SmF_2	CaF_2	YbI_2	CaI_2
TmF_2	CaF_2	$EuSO_4$	$SrSO_4$
EuF_2	SrF_2	YbO, EuO	BaO

Von den Verbindungen mit der Oxidationszahl $+4$ sind die Ce(IV)-Verbindungen am stabilsten. In wäßriger Lösung sind nur Ce^{4+}-Ionen beständig, von Tb^{4+}-, Pr^{4+}-, Dy^{4+}- und Nd^{4+}-Ionen wird Wasser unter O_2-Entwicklung oxidiert.

$$O_2 + 4H_3O^+ + 4e^- \rightleftharpoons 6H_2O \quad E^\circ = 1,23 \text{ V}$$
$$Tb^{3+}/Tb^{4+} \qquad\qquad\qquad E^\circ = 3,1 \ \text{ V}$$
$$Pr^{3+}/Pr^{4+} \qquad\qquad\qquad E^\circ = 3,2 \ \text{ V}$$

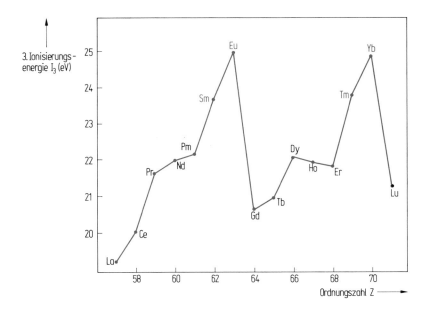

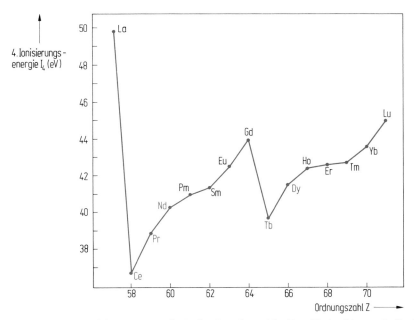

Abbildung 5.64   a) 3. Ionisierungsenergie I_3 der Lanthanoide. Der Verlauf ist periodisch mit Maxima bei den Konfigurationen $f^7(Eu^{2+})$ und $f^{14}(Yb^{2+})$.
b) 4. Ionisierungsenergie I_4 der Lanthanoide. Maxima treten auf bei $Gd^{3+}(f^7)$ und $Lu^{3+}(f^{14})$. Die Periodizität hat zur Folge, daß außer Ce und Pr auch Tb einen niedrigen I_4-Wert aufweist.

Das Standardpotential Ce^{3+}/Ce^{4+} in sauren Lösungen hängt von der Säure ab. Bei der Säurekonzentration 1 mol/l beträgt es $+1,70$ V in Perchlorsäure, $+1,61$ V in Salpetersäure, $+1,44$ V in Schwefelsäure und $+1,28$ V in Salzsäure. Die Erniedrigung kommt durch Komplexbildung mit den Säureanionen zustande. Die Standardpotentiale zeigen, daß Ce^{4+}-Ionen in wäßriger Lösung metastabil sind. Das Redoxsystem

$$Ce^{3+} \rightleftharpoons Ce^{4+} + e^-$$
$$\text{farblos} \qquad \text{gelb}$$

wird in der Maßanalyse (*Cerimetrie*) benutzt.

Im festen Zustand existieren nur wenige binäre Ln(IV)-Verbindungen. Die Dioxide LnO_2 (Ln = Ce, Pr, Tb) kristallisieren in der Fluorit-Struktur. Von den Fluoriden LnF_4 (Ln = Ce, Pr, Tb) sind CeF_4 und TbF_4 isotyp mit UF_4.

Im System Praseodym-Sauerstoff gibt es eine Folge von nichtstöchiometrischen Phasen mit einem kleinen Homogenitätsbereich, in denen Pr(III) neben Pr(IV) vorhanden ist: Pr_nO_{2n-2} ($n = 7, 9, 10, 11, 12$). Ähnlich kompliziert ist das System Terbium–Sauerstoff. Pr(IV) ist auch in den verzerrten Perowskiten $SrPrO_3$ und $BaPrO_3$ vorhanden.

Von Nd(IV) und Dy(IV) sind nur die Verbindungen Cs_3NdF_7 und Cs_3DyF_7 bekannt.

5.11.4 Vorkommen

Da die Ionenradien der Seltenerdmetalle größer sind als die der meisten Me^{3+}-Ionen, werden sie nicht in die Kristallgitter der gewöhnlichen gesteinsbildenden Mineralien eingebaut. Sie bilden eigene Mineralien, in denen sie auf Grund der ähnlichen Ionenradien gemeinsam vorkommen (diadoche Vertretbarkeit). In der Oxidationsstufe $+2$ kommt Europium als Begleiter des Strontiums vor ($r_{Eu^{2+}} = 117$ pm, $r_{Sr^{2+}} = 118$ pm), z. B. im Strontianit $SrCO_3$.

Die leichten Lanthanoide (Ceriterden) sind bis 70% angereichert im Bastnäsit $MeCO_3F$ und Monazit $MePO_4$ (Me = Ceriterden). Der Monazitsand ist eine sekundäre Ablagerung, in der Monazit angereichert ist. Die schweren Lanthanoide und Yttrium (Yttererden) kommen vor im Xenotim $MePO_4$, Gadolinit $Me_2Be_2\overset{+2}{Fe}[SiO_4]_2O_2$ und im Euxenit $Me(Nb, Ta)TiO_6$ (Me = Yttererden).

Die relative Häufigkeit der Lanthanoide demonstriert eindrucksvoll die *Harkin-Regel* (Abb. 5.65). Die Lanthanoide mit geraden Ordnungszahlen sind häufiger (Massenanteil in der Erdrinde 10^{-3} bis 10^{-4}%) als die mit ungeraden Ordnungszahlen (Massenanteil 10^{-4} bis 10^{-5}%). *Die Lanthanoide sind keine seltenen Elemente*, Cer z.B. ist häufiger als Blei, Quecksilber oder Cadmium. Insgesamt ist der Massenanteil der Lanthanoide in der Erdrinde 0,01%.

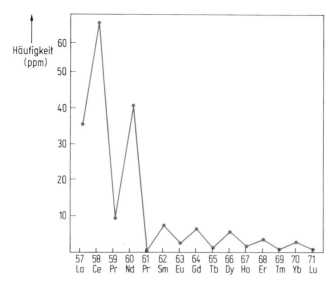

Abbildung 5.65   Häufigkeit der Lanthanoide in der Erdkruste. Lanthanoide mit geraden Ordnungszahlen sind häufiger als die Nachbarn mit ungeraden Ordnungszahlen (Harkin-Regel). 1 ppm entspricht 1 mg/kg.

5.11.5 Darstellung, Verwendung

Die Abtrennung der Lanthanoide von den übrigen Elementen der Erze erfolgt durch Aufschlußverfahren mit konz. Schwefelsäure oder mit Natronlauge. Die Trennung der Lanthanoide ist wegen der sehr ähnlichen Eigenschaften schwierig. Früher erfolgte die Trennung durch die äußerst mühsamen Methoden der Fraktionierung: fraktionierende Kristallisation z. B. der Doppelnitrate $2\,NH_4NO_3 \cdot Ln(NO_3)_3 \cdot 4\,H_2O$ oder fraktionierende Zersetzung der Nitrate. Dabei wurde die geringe unterschiedliche Löslichkeit bzw. thermische Beständigkeit ausgenutzt. Die Trennoperationen mußten viele Male wiederholt werden. *Die* jetzt verwendete *wirksame Methode zur Trennung und zur Gewinnung der einzelnen Lanthanoide in kleinen Mengen sehr hoher Reinheit ist der Ionenaustausch* (vgl. S. 525). Die Tendenz zum Austausch wächst mit zunehmendem Ionenradius, La reichert sich am oberen Ende, Lu am unteren Ende der Austauschersäule an. Der Trenneffekt wird durch einen geeigneten Komplexbildner verstärkt. Kleine Ionen bilden stärkere Komplexe, so daß die Lanthanoide nacheinander – in der Eluierungsfolge Lu → La – in die wäßrige Phase überführt werden.

Die technische Gewinnung der Lanthanoide erfolgt durch Flüssig-flüssig-Extraktion mit Tri-*n*-butylphosphat (TBP) aus Nitratlösungen.

Zur Trennung kann auch ausgenutzt werden, daß sich mit der Oxidationszahl die Eigenschaften ändern. Durch Reduktion erhält man Eu^{2+}, das als schwerlösliches $EuSO_4$ isoliert werden kann. Durch Oxidation erhält man Ce^{4+}, das durch Fällung als $(NH_4)_2Ce(NO_3)_6$ abgetrennt werden kann.

Hauptverwendung der Lanthanoide: Herstellung farbiger Gläser (Nd, Pr). Legierungsbestandteile in Permanentmagneten (Sm). Leuchtfarbstoffe für Fernsehbildröhren (Eu, Y). Feststofflaser (z. B. Nd-Laser). Glühstrümpfe (ein feinmaschiges Oxidgerüst aus 90 % ThO_2 und 10 % CeO_2 sendet in der Gasflamme ein helles Licht aus). Feuerzeug-Zündsteine (Cerlegierungen; beim Reiben an aufgerauhtem Stahl entstehen pyrophore Teilchen, mit denen brennbare Dämpfe entzündet werden können). Regelstäbe in Kernreaktoren (Eu, Sm, Dy, Gd). Crack-Katalysatoren (Ceriterden auf synthetischen Zeolithen). Yttrium-Eisen-Granate (YIG: Yttrium-Iron-Garnet) und Yttrium-Aluminium-Granate (YAG) dienen zur Frequenzsteuerung in Schwingkreisen. Gadolinium-Gallium-Granate (GGG) sind magnetische Blasenspeicher (hauptsächlich verwendet wird $Gd_3Ga_5O_{12}$; vgl. Abschn. 5.1.6).

Gd-DTPA (DTPA = Diethylentriaminpentaessigsäure) kann in Zellkerne eindringen und dient als Kontrastmittel in der Kernspintomographie. Durch Neutroneneinfang von ^{157}Gd und dadurch freigesetzte Elektronen werden Krebszellen zerstört.

5.12 Gruppe 4

5.12.1 Gruppeneigenschaften

	Titan Ti	Zirconium Zr	Hafnium Hf
Ordnungszahl Z	22	40	72
Elektronenkonfiguration	$[Ar]3d^2 4s^2$	$[Kr]4d^2 5s^2$	$[Xe]4f^{14} 5d^2 6s^2$
1. Ionisierungsenergie in eV	6,8	6,8	7,0
2. Ionisierungsenergie in eV	13,6	13,1	14,9
3. Ionisierungsenergie in eV	27,5	23,0	23,2
4. Ionisierungsenergie in eV	43,2	34,3	33,3
Elektronegativität	1,3	1,2	1,2
Standardpotentiale in V			
Me/Me^{4+}	–	– 1,53	– 1,70
Me + $3H_2O$/MeO^{2+} + $2H_3O^+$	– 0,88		
Me/Me^{3+}	– 1,21	–	–
Me/Me^{2+}	– 1,63	–	–
Schmelzpunkt in °C	1677	1852	2227
Siedepunkt in °C	3262	4200	4450
Dichte in g cm^{-3}	4,51	6,51	13,31
Ionenradien in pm			
Me^{4+}	60	72	71
Me^{3+}	67	–	–
Me^{2+}	86	–	–
Beständigkeit der Oxidationsstufe +4		→ nimmt zu	

Die Atome der Elemente der Gruppe 4 besitzen vier Valenzelektronen. Die stabilste Oxidationszahl ist bei allen Elementen +4. Es gibt außerdem stabile binäre Verbindungen mit den Oxidationszahlen $+3$ und $+2$. Im Gegensatz zu den Elementen der Gruppe 14 nimmt mit zunehmender Ordnungszahl die Stabilität niedriger Oxidationszahlen ab.

Die Ti(IV)-Verbindungen haben kovalenten Bindungscharakter. Die häufigste Koordinationszahl ist 6. Sie ähneln den Verbindungen der Elemente der Gruppe 14, besonders denen des Sn(IV). TiO_2 (Rutil) und SnO_2 sind isotyp. $TiCl_4$ und $SnCl_4$ sind destillierbare, leicht hydrolysierbare, farblose Flüssigkeiten. Es existieren ähnliche Halogeno-Anionen wie TiF_6^{2-}, GeF_6^{2-}, $TiCl_6^{2-}$, $SnCl_6^{2-}$ und $PbCl_6^{2-}$.

In wäßrigen Lösungen sind auch bei kleinen pH-Werten $[Ti(H_2O)_6]^{4+}$-Ionen nicht beständig, sondern nur Ionen mit niedrigeren Ladungen wie TiO^{2+}. Sowohl in wäßrigen Lösungen als auch in Salzen existiert das violette Ion $[Ti(H_2O)_6]^{3+}$. Man erhält es durch Reduktion von Ti(IV)-Lösungen mit Zink.

$$TiO^{2+} + 2H_3O^+ + e^- \rightleftharpoons Ti^{3+} + 3H_2O \qquad E^\circ = +0{,}10\ V$$

$[Ti(H_2O)_6]^{3+}$ ist eine Kationensäure.

$$[Ti(H_2O)_6]^{3+} + H_2O \rightleftharpoons [Ti(H_2O)_5OH]^{2+} + H_3O^+ \qquad K_S = 5 \cdot 10^{-3}$$

Ti^{2+}-Ionen sind in wäßriger Lösung nicht beständig, da sie von Wasser unter H_2-Entwicklung oxidiert werden.

$$Ti^{2+} \rightleftharpoons Ti^{3+} + e^- \qquad E^\circ = -0{,}37\ V$$

Ti(II)-Verbindungen existieren nur in fester Form.

Der basische Charakter nimmt vom amphoteren, aber vorwiegend sauren TiO_2 zum basischen HfO_2 zu. Die Basizität ist bei niedrigen Oxidationszahlen höher.

Kein Paar homologer Elemente ist im chemischen Verhalten so ähnlich wie Zirconium und Hafnium. Auf Grund der Lanthanoid-Kontraktion besitzen die beiden Elemente fast gleiche Atomradien und Ionenradien. Vom Titan unterscheiden sich Zirconium und Hafnium durch die geringere Stabilität niedriger Oxidationsstufen, die stärkere Basizität der Oxide und durch die Neigung, die höheren Koordinationszahlen 7 und 8 anzunehmen. Es gibt vom Zr(III) und Hf(III) keine Chemie in Wasser oder anderen Lösungsmitteln.

5.12.2 Die Elemente

Die Elemente der Gruppe 4 kristallisieren in dichten Packungen, sie sind dimorph.

Beispiel: Titan

$$\alpha\text{-Ti} \quad \xrightleftharpoons{882\,^\circ C} \quad \beta\text{-Ti}$$

hexagonal-dichte Packung   kubisch-raumzentriert

Es sind hochschmelzende, duktile, unedle, aber korrosionsbeständige Metalle.

Reines **Titan** ist silberweiß und gut leitend ($10^4 \, \Omega^{-1} \, cm^{-1}$). Auf Grund seiner Dichte gehört es zu den Leichtmetallen. Es besitzt große mechanische Festigkeit, einen hohen Schmelzpunkt, einen niedrigen thermischen Ausdehnungskoeffizienten und ist außerordentlich korrosionsbeständig. Es hat daher die Qualitäten von Aluminiumlegierungen und von rostfreiem Stahl, dies erklärt die Bedeutung von Titan als Werkstoff. Bei normaler Temperatur ist Titan reaktionsträge. Bis 350 °C behält Titan an der Luft seinen metallischen Glanz. Titanlegierungen können ohne Festigkeitsverlust bis 650 °C erhitzt werden. Beim Erhitzen reagiert Titan mit den meisten Nichtmetallen: H_2, Halogene, O_2, N_2, C, B, Si, S.

Titan ist ein unedles Metall. Da es aber durch Bildung einer Oxidschicht passiviert wird, wird es in der Kälte von den meisten Säuren, auch konz. Salpetersäure und Königswasser, sowie von Alkalilaugen nicht gelöst. Es wird auch von nitrosen Gasen, Chlorlösungen und Meerwasser nicht angegriffen. Durch Komplexbildung wird die Passivierung aufgehoben, Titan löst sich daher in Flußsäure.

$$Ti + 6F^- \rightleftharpoons TiF_6^{2-} + 4e^- \qquad E° = -1,19 \, V$$

In heißer Salzsäure löst sich Titan unter Bildung von $TiCl_3$.

5.12.3 Vorkommen

Titan gehört zu den häufigen Elementen (vgl. Tabelle 4.1). Da Ti^{4+} einen ähnlichen Ionenradius wie Al^{3+} und Fe^{3+} hat, enthalten viele Mineralien Titan, daher ist es in der Natur in kleinen Konzentrationen weit verbreitet. Die wichtigsten Titanmineralien sind Ilmenit $FeTiO_3$, Rutil TiO_2, Titanit $CaTiO[SiO_4]$ und Perowskit $CaTiO_3$. Ti-reich ist Mondgestein, es enthält 10 % Ti als Ilmenit.

In der Natur vorkommende Zirconiumverbindungen sind Zirkon $ZrSiO_4$ und Baddeleyit ZrO_2. *Es gibt keine Hafniummineralien.* Die Ionenradien von Zr^{4+} und Hf^{4+} sind fast gleich. Hafnium ist daher in Zirconiummineralien enthalten, in denen es Zirconium diadoch vertritt. Dies ist auch die Ursache dafür, daß Hafnium erst 1923 – 134 Jahre nach dem Zirconium – entdeckt worden ist.

Das Massenverhältnis Ti : Zr : Hf in der Erdkruste beträgt 2200 : 60 : 1.

5.12.4 Darstellung

Titan kann nicht durch Reduktion von Titandioxid mit Kohle hergestellt werden, da sich Titancarbid TiC bildet. Mit Wasserstoff entsteht bei 900 °C Ti_3O_5. Die Reduktion mit unedlen Metallen wie Na, Al, Ca führt zu Oxiden mit niedrigen Oxidationszahlen.

Im Labor wird TiO_2 mit CaH_2 reduziert.

$$TiO_2 + 2CaH_2 \xrightarrow{900°C} Ti + 2CaO + 2H_2$$

Technisch wird Ti durch Reduktion von Titantetrachlorid TiCl$_4$ hergestellt. TiCl$_4$ erhält man durch Reaktion von TiO$_2$ mit Kohle und Chlor.

$$TiO_2 + 2\,Cl_2 + 2\,C \longrightarrow TiCl_4 + 2\,CO \qquad \Delta H^\circ = -80\ \text{kJ/mol}$$

Die Reaktion verläuft bei 800–1200 °C rasch und quantitativ. TiCl$_4$ wird durch Destillation gereinigt. Verwendet man als Ausgangsmaterial nicht Rutil TiO$_2$, sondern Ilmenit FeTiO$_3$, muß vor der Chlorierung das Eisen entfernt werden. Dazu wird Ilmenit durch Reduktion im elektrischen Lichtbogenofen mit Koks zu einer TiO$_2$-reichen Schlacke und Roheisen umgesetzt. Das Roheisen fällt flüssig an und wird periodisch abgestochen.

Beim *Kroll-Verfahren* reduziert man Titantetrachlorid mit Magnesium.

$$TiCl_4 + 2\,Mg \longrightarrow Ti + 2\,MgCl_2 \qquad \Delta H^\circ = -450\ \text{kJ/mol}$$

Die Reaktion wird bei 850 °C in einem mit Titanblech ausgekleideten Stahlbehälter unter einer Helium- oder Argonatmosphäre durchgeführt. Zum flüssigen Magnesium wird TiCl$_4$ zugesetzt. Titan fällt als Schwamm an; das flüssig anfallende MgCl$_2$ wird periodisch abgestochen und wieder zur elektrolytischen Mg-Gewinnung verwendet. Der Titanschwamm enthält noch erhebliche Mengen MgCl$_2$ und Mg-Metall. Sie werden entweder durch Destillation im Vakuum oder durch Auslaugen mit verdünnter Salzsäure entfernt. Ganz analog wird **Zirconium** aus ZrO$_2$ dargestellt.

Titanschwamm wird in Vakuumlichtbogenöfen zu Rohblöcken bis 10 t eingeschmolzen. Dazu werden Abschmelzelektroden aus verpreßtem Titanschwamm hergestellt. Titanschwamm wird auch pulvermetallurgisch zu gesinterten Formkörpern verarbeitet.

Beim *Hunter-Verfahren* wird TiCl$_4$ mit Natrium reduziert.

$$TiCl_4 + 4\,Na \longrightarrow Ti + 4\,NaCl \qquad \Delta H^\circ = -869\ \text{kJ/mol}$$

Der mit diesem Verfahren gewonnene Titanschwamm läßt sich leichter zerkleinern als Kroll-Titan und ist besser für die pulvermetallurgische Weiterverarbeitung geeignet.

Hochreines Titan wird nach dem Verfahren von van Arkel-de Boer (vgl. S. 773) durch thermische Zersetzung von Titantetraiodid hergestellt.

$$TiI_4 \xrightleftharpoons[600\,°C]{1200\,°C} Ti + 2\,I_2 \qquad \Delta H^\circ = +376\ \text{kJ/mol}$$

Nach dieser Methode erfolgt auch die Reinstdarstellung von Zirconium und Hafnium.

5.12.5 Verwendung

Da Titan leicht, fest und sehr korrosionsbeständig ist, besitzt es große Bedeutung für die Luftfahrtindustrie (Überschallbereich) und die Raumfahrtindustrie sowie im chemischen Apparatebau. Titanstähle sind besonders widerstandsfähig gegen Stoß und Schlag, sie werden daher z. B. für Turbinen und Eisenbahnräder verwendet.

Zirconium wird wegen seines kleinen Einfangquerschnitts für thermische Neutronen und seiner Korrosionsbeständigkeit gegen Heißwasser und Dampf als Umhüllungsmaterial für Brennelemente in Atomreaktoren verwendet. Es darf kein Hafnium enthalten, da dieses einen hohen Einfangquerschnitt für Neutronen besitzt. Die Trennung Zirconium–Hafnium ist daher technisch wichtig. Früher gelang sie nur durch die aufwendige fraktionierende Kristallisation, z. B. von $(NH_4)_2ZrF_6$ und $(NH_4)_2HfF_6$. Heute erfolgt die Trennung durch Flüssig-Flüssig-Extraktion.

5.12.6 Verbindungen des Titans

5.12.6.1 Sauerstoffverbindungen des Titans

Titandioxid TiO$_2$ ist in drei kristallinen Modifikationen bekannt, als Rutil, Anatas und Brookit, die alle in der Natur vorkommen. Beim Erhitzen wandeln sich Anatas und Brookit in Rutil um. In allen drei Modifikationen ist Titan verzerrt oktaedrisch von Sauerstoff koordiniert und Sauerstoff von drei Titan umgeben. Die Elementarzelle des Rutilgitters ist in der Abb. 2.11 dargestellt. TiO_2 ist thermisch stabil und bis zum Schmelzpunkt von 1855 °C beständig. Die Reaktionsfähigkeit hängt von der thermischen Vorbehandlung ab. Hochgetempertes TiO_2 ist gegen Säuren und Basen beständig. Bei Raumtemperatur ist TiO_2 ein Isolator. Beim Erhitzen im Vakuum über 1800 °C oder durch Reduktion mit Wasserstoff wird reversibel Sauerstoff aus dem Gitter entfernt. Es entsteht eine dunkelblaue, nichtstöchiometrische Rutilphase TiO_{2-x} mit einem kleinen Sauerstoffdefizit, die etwas Ti(III) enthält und ein Halbleiter vom n-Typ ist. Auf Grund der hohen Brechzahl (2,8), des großen Färbe- und Deckvermögens sowie seiner chemischen Beständigkeit ist *TiO$_2$ das bedeutendste Weißpigment*. Es *wird* daher *großtechnisch hergestellt*. Es gibt zwei Verfahren.

Beim *Sulfat-Verfahren* wird Ilmenit FeTiO$_3$ oder TiO$_2$-Schlacke (vgl. S. 771) mit konz. Schwefelsäure aufgeschlossen. Die Auflösung des Aufschlußkuchens erfolgt unter Zusatz von Eisenschrott oder Ti(III)-Lösung, um Fe^{3+}- zu Fe^{2+}-Ionen zu reduzieren.

Nach dem Abkühlen kristallisiert – falls Ilmenit Ausgangsmaterial ist – FeSO$_4 \cdot 7H_2O$ aus. Danach wird durch thermische Hydrolyse bei 95–110 °C Titandioxid-Hydrat $TiO_2 \cdot xH_2O$ ausgefällt. Die Hydrolyse wird durch Impfung mit TiO_2-Keimen beschleunigt. Das Hydrolysat wird bei Temperaturen zwischen 800 und 1000 °C calciniert. Durchsatz und Temperaturführung im Ofen beeinflussen den Rutilgehalt sowie Teilchengröße und Teilchengrößenverteilung der Pigmente. Ohne Zusätze entsteht bis 1000 °C die Anatasmodifikation, Rutil bildet sich erst bei höheren Temperaturen. Rutil besitzt eine höhere Brechzahl und ein stärkeres Aufhellungsvermögen als Anatas. Durch Zusatz von Rutilisierungskeimen erreicht man, daß bevorzugt Rutilpigmente gebildet werden.

Beim *Chlorid-Verfahren* wird bei 800–1200 °C Rutil oder TiO_2-Schlacke mit Koks und Chlor zu Titantetrachlorid umgesetzt (vgl. S. 769)

$$TiO_2 + 2\,C + 2\,Cl_2 \longrightarrow TiCl_4 + 2\,CO$$

Nach Reinigung durch Destillation wird $TiCl_4$-Dampf mit Sauerstoff zu Rutil und Cl_2 verbrannt.

$$TiCl_4 + O_2 \xrightarrow{\ 1000\text{–}1400\,^{\circ}C\ } TiO_2 + 2\,Cl_2$$

Durch gezielten Einbau farbgebender Ionen in das Rutilgitter entstehen *Farbpigmente*, z. B. „Postgelb", dessen Farbe durch Cr-, Ni- und Sb-Zusatz entsteht. Werden TiO_2-Schichten auf Glimmer aufgebracht, erhält man *Perlglanzpigmente*. Es entstehen abhängig von der Schichtdicke unterschiedliche Interferenzfarben.
TiO_2 ist amphoter. Aus Ti(IV)-Lösungen entsteht mit Basen wasserhaltiges Titandioxid $TiO_2 \cdot nH_2O$. Es löst sich in konz. Alkalilaugen, aus den Lösungen erhält man hydratisierte Titanate wie $\overset{+1}{Me}_2TiO_3 \cdot nH_2O$ und $\overset{+1}{Me}_2Ti_2O_5 \cdot nH_2O$ unbekannter Struktur. *Auch in stark saurer Lösung existieren keine Ti^{4+}-Ionen, sondern monomere Ionen mit niedrigeren Ladungen* wie TiO^{2+}, $[Ti(OH)_2]^{2+}$ und $[Ti(OH)_3]^+$. Welche Spezies überwiegt, ist noch ungeklärt. Aus wäßrigen Lösungen können keine normalen Ti(IV)-Salze, sondern nur Oxosalze hergestellt werden. Aus schwefelsauren Lösungen erhält man z. B. **Titanoxidsulfat $TiOSO_4 \cdot H_2O$**. Es enthält keine TiO^{2+}-Ionen, sondern polymere $-Ti-O-Ti-O-$ Zickzack-Ketten.

TiO_2 bildet mit vielen Metalloxiden **Doppeloxide**. Die meisten kristallisieren im Ilmenit-, Perowskit- und Spinell-Typ. Beispiele:

Ilmenit-Typ $MeTiO_3$ (Me = Fe, Mg, Mn, Co, Ni) (s. S. 82).
Perowskit-Typ $MeTiO_3$ (Me = Ca, Sr, Ba) (vgl. Abb. 2.18).
Spinell-Typ Me_2TiO_4 (Me = Mg, Zn, Mn, Co) (vgl. Abb. 2.19).

Außer $BaTiO_3$ gibt es weitere Bariumtitanate mit der allgemeinen Zusammensetzung $Ba_xTi_yO_{x+2y}$, z. B. $Ba_4Ti_{13}O_{30}$ und $Ba_6Ti_{17}O_{40}$, die wegen ihrer ferroelektrischen Eigenschaften technisch interessant sind.

Bei *ferroelektrischen Kristallen* richten sich unterhalb einer charakteristischen ferroelektrischen Curie-Temperatur elektrische Dipole in kleinen Bereichen des Kristalls („Domänen") aus, es kommt zu einer spontanen Polarisation. Die Dielektrizitätskonstante ε erreicht Werte bis zu $\varepsilon \approx 10^4$. Die Abhängigkeit der Polarisation von der elektrischen Feldstärke folgt einer Hysterese-Schleife. Die Ferroelektrizität ähnelt daher phänomenologisch dem Ferromagnetismus (vgl. Abschn. 5.1.6).

Peroxoverbindungen. Bei Zugabe von H_2O_2 zu einer sauren Ti(IV)-Lösung entsteht das intensiv orangegelb gefärbte Ion $[Ti(O_2)OH]^+$, das zum Nachweis von H_2O_2 oder Titan verwendet wird.

$$[Ti(OH)_3]^+ + H_2O_2 \longrightarrow [Ti(O_2)OH]^+ + 2\,H_2O$$

Es lassen sich Salze mit den Anionen $[Ti(O_2)F_5]^{3-}$ und $[Ti(O_2)(SO_4)_2]^{2-}$ isolieren.

Oxide des Titans mit Oxidationszahlen kleiner + 4

Es existieren nicht nur die binären Sauerstoffverbindungen TiO und Ti_2O_3 mit den Oxidationszahlen +2 und +3. *Typisch für viele Übergangsmetalle ist das Auftreten von Verbindungen mit gemischten Oxidationszahlen und die Nichtstöchiometrie dieser Verbindungen.*

Phasen im System Titan–Sauerstoff

$Ti–TiO_{0,5}$	Im hexagonal-dicht gepackten Gitter des Titans löst sich Sauerstoff, die Sauerstoffatome besetzen oktaedrische Lücken. Bei den Zusammensetzungen Ti_6O, Ti_3O und Ti_2O treten geordnete Strukturen auf.
$TiO_{0,68}–TiO_{0,75}$	Die Ti-Atome sind nicht mehr hexagonal-dicht gepackt. Die Phase hat die Struktur von TaN mit Sauerstoffleerstellen.
TiO	TiO ist bronzefarben, metallisch leitend und hat oberhalb 900 °C eine NaCl-Defektstruktur mit 15 % Leerstellen in beiden Teilgittern. TiO ist eine nichtstöchiometrische Verbindung mit großer Phasenbreite. Der Zusammensetzungsbereich bei hohen Temperaturen reicht von $TiO_{0,75}–TiO_{1,25}$, mit abnehmender Temperatur verengt er sich. Unterhalb 900 °C treten geordnete Phasen mit kleinen Homogenitätsbereichen auf.
Ti_2O_3	Ti_2O_3 besitzt Korund-Struktur (vgl. Abb. 2.17), ist blauschwarz und ein Halbleiter, der oberhalb 200 °C metallisch leitend wird. Die Phasenbreite ist klein (TiO_x, $x = 1,49–1,51$)
Ti_3O_5	Ti_3O_5 ist eine stöchiometrische Phase, unterhalb 175 °C ein Halbleiter, darüber metallisch leitend.
Ti_nO_{2n-1} ($4 \leq n \leq 10$)	Im Bereich $TiO_{1,75}–TiO_{1,90}$ existieren sieben stöchiometrische Phasen einer homologen Reihe. Sie besitzen Strukturen mit komplizierter Verknüpfung von TiO_6-Oktaedern (vgl. Scherstrukturen S. 722).
Ti_nO_{2n-1} ($16 \leq n \leq 36$)	Im Bereich $TiO_{1,94}–TiO_{1,97}$ existiert eine weitere homologe Serie von Scherstrukturen.
TiO_2	Rutil, Anatas, Brookit.

5.12.6.2 Halogenverbindungen des Titans

Die **Titan(IV)-Halogenide TiX_4** (X = F, Cl, Br, I) sind stabile Verbindungen.

	Smp. in °C	Farbe	Eigenschaften
TiF_4	284 (Sblp.)	weiß	polymer (KZ = 6), hygroskopisch
$TiCl_4$	−24	farblos	Aus kovalenten, tetraedrischen
$TiBr_4$	38	orange	Molekülen aufgebaut,
TiI_4	155	dunkelbraun	hydrolyseempfindlich.

Titantetrachlorid TiCl₄ ist eine farblose, rauchende Flüssigkeit. Mit Wasser erfolgt Hydrolyse.

$$TiCl_4 + 2H_2O \longrightarrow TiO_2 + 4HCl$$

Es wird großtechnisch produziert (vgl. S. 769), da aus $TiCl_4$ metallisches Titan und TiO_2-Pigmente hergestellt werden.

Titantetraiodid TiI₄ entsteht bei 25 °C aus Titanschwamm und Iod und ist ein Zwischenprodukt beim van Arkel-de Boer-Verfahren (vgl. Abschn. 5.12.4).

Die **Titan(III)-Halogenide TiX₃** (X = F, Cl, Br, I) sind kristalline Feststoffe, die nicht schmelzen, sondern sublimieren und disproportionieren. Die Disproportionierungstemperatur nimmt von 950 °C bei TiF_3 auf 350 °C bei TiI_3 ab.

Die Titan(II)-Halogenide TiX₂ (X = Cl, Br, I) sind schwarze Feststoffe, sie kristallisieren in der Schichtstruktur des CdI_2-Typs. Sie sind starke Reduktionsmittel. Beim Erhitzen erfolgt Zerfall oder Disproportionierung.

5.12.6.3 Schwefelverbindungen des Titans

Ähnlich wie im System Titan–Sauerstoff gibt es eine Reihe von Verbindungen, deren Zusammensetzungen zwischen denen von TiS und TiS_2 liegen, nämlich Ti_5S_8, Ti_2S_3, Ti_3S_4, Ti_4S_5 und Ti_8S_9. TiS kristallisiert im NiAs-Typ (vgl. Abb. 2.56), TiS_2 im CdI_2-Typ (vgl. Abb. 2.58). Bei den anderen Phasen besetzen die Ti-Atome ebenfalls oktaedrisch koordinierte Lücken, aber die Schichtenfolge ist kompliziert.

Zwischen den Schwefelschichten im TiS_2-Gitter können ähnlich wie im Graphit (vgl. Abschn. 4.7.4) Alkalimetallatome eingelagert werden. Es entstehen Alkalimetall-Intercalate $MeTiS_2$ (Me = Alkalimetall). Auch die Einlagerung von Lewis-Basen, z. B. von aliphatischen Aminen, ist gelungen. Alkalimetall-Intercalate sind auch von den Chalkogeniden MeX_2 mit X = S, Se, Te und Me = Zr, Hf, V, Nb, Ta bekannt.

5.12.6.4 Titannitrid TiN

TiN (Smp. 2950 °C) ist ein gelbes Pulver, das in der NaCl-Struktur kristallisiert. Die Darstellung der stöchiometrischen Verbindung ist schwierig, meist entstehen Phasen mit Metallüberschuß.

5.12.6.5 Titancarbid TiC

TiC (Smp. 2940–3070 °C) ist sehr hart (8–9 nach Mohs) und ein guter elektrischer Leiter. Es ist eine Einlagerungsverbindung (vgl. S. 202), kristallisiert im NaCl-Typ und besitzt einen breiten Homogenitätsbereich. An der Luft ist TiC bis 800 °C stabil, in Schwefelsäure und Salzsäure ist es unlöslich. Die Darstellung erfolgt nach

$$\text{TiO}_2 + 3\,\text{C} \xrightarrow{1800\,°C} \text{TiC} + 2\,\text{CO}$$

oder

$$\text{Ti} + \text{C} \xrightarrow{2400\,°C} \text{TiC}$$

TiC dient zur Herstellung von Werkzeugen für harte Werkstoffe.

5.12.7 Verbindungen des Zirconiums und Hafniums

Verglichen mit Titan sind beim Zirconium und Hafnium die Oxide basischer, hohe Koordinationszahlen (7 und 8) häufiger und Verbindungen mit niedrigen Oxidationszahlen weniger stabil.

Zirconiumdioxid ZrO_2 (Smp. 2700 °C) ist eine weiße, chemisch, thermisch und mechanisch stabile Verbindung. Sie wird daher für feuerfeste Geräte sowie als Weißpigment (hauptsächlich für Porzellan) verwendet. ZrO_2 kommt in drei Modifikationen vor. Bei Raumtemperatur ist es monoklin (Baddeleyit, KZ = 6), oberhalb 1100 °C tetragonal (KZ = 8) und oberhalb 2300 °C kubisch (Fluorit-Typ, KZ = 8). Die Umwandlung in die tetragonale Phase erfolgt unter Volumenverminderung, dies hat beim Abkühlen einen Zerfall von Sinterkörpern zur Folge. Durch Einbau von 10 % CaO gelingt es, die kubische Hochtemperaturmodifikation zu stabilisieren. Außerdem werden Anionenleerstellen erzeugt (vgl. Abschn. 5.7.5.1).

$$\text{CaO} + \text{Zr}_{\text{Zr}} + \text{O}_0 \rightleftharpoons \text{Ca}''_{\text{Zr}} + \text{V}^{\cdot\cdot}_0 + \text{ZrO}_2$$

Dotiertes ZrO_2 ist ein reiner Anionenleiter und dient als *Festelektrolyt* in Brennstoffzellen, sowie in galvanischen Ketten zur Bestimmung von kleinen O_2-Partialdrücken (vgl. λ-Sonde, Abschn. 4.11.2.2) und $\Delta G°$-Werten von Festkörperreaktionen.

Das Mineral Baddeleyit kommt in der Natur nur in geringen Mengen vor. Hauptrohstoff für Zirconiumoxidkeramik ist daher der Zirkon $ZrSiO_4$, aus dem ZrO_2 gewonnen wird. Es gibt kein Zirconiumhydroxid. Aus Zirconium(IV)-Salzlösungen fällt mit Basen $ZrO_2 \cdot n\text{H}_2\text{O}$ aus. Es ist in Alkalien unlöslich, löst sich aber in Schwefelsäure unter Bildung eines hydrolysebeständigen Sulfats $Zr(SO_4)_2$.

Es sind alle **Zirconium(IV)-Halogenide ZrX_4** bekannt. $ZrCl_4$ ist ein weißer sublimierender Feststoff, der aus Zickzack-Ketten aufgebaut ist, in denen kantenverknüpfte $ZrCl_6$-Oktaeder vorliegen. Er hydrolysiert zu dem beständigen Oxidchlorid $ZrOCl_2 \cdot 8\,\text{H}_2\text{O}$. Dieses enthält kein „Zirconylion", sondern das Ion $[\text{Zr}_4(\text{OH})_8(\text{H}_2\text{O})_{16}]^{8+}$, in dem die Zr-Atome an den Ecken eines verzerrten Quadrats liegen und durch Paare von OH-Brücken miteinander verbunden sind. Außerdem ist jedes Zr von $4\,\text{H}_2\text{O}$ koordiniert, so daß Zr die KZ = 8 besitzt. Bekannt sind auch die Halogenide ZrX_3, ZrX_2 und ZrX. *Zum Unterschied von Ti^{3+} ist Zr^{3+} in wäßrigen Lösungen nicht existent.*

Die Chemie des Hafniums ist weitgehend analog zu der des Zirconiums.

5.13 Gruppe 5

5.13.1 Gruppeneigenschaften

	Vanadium V	Niob Nb	Tantal Ta
Ordnungszahl Z	23	41	73
Elektronenkonfiguration	$[Ar]3d^3 4s^2$	$[Kr]4d^3 5s^2$	$[Xe]4f^{14} 5d^3 6s^2$
Elektronegativität	1,4	1,2	1,3
Standardpotential in V			
Me/Me^{2+}	$-1,19$	$-$	$-$
Me/Me^{3+}	$-0,88$	$-1,10$	$-$
$V + 6H_2O/VO_2^+ + 4H_3O^+$	$-0,25$	$-$	$-$
$2Me + 15H_2O/Me_2O_5 + 10H_3O^+$	$-$	$-0,64$	$-0,86$
Schmelzpunkt in °C	1919	2468	2996
Siedepunkt in °C	3400	4930	5425
Dichte in g/cm^3	6,09	8,58	16,68
Ionenradien in pm			
Me^{5+}	54	64	64
Me^{4+}	58	68	68
Me^{3+}	64	72	72
Me^{2+}	79	$-$	$-$
Beständigkeit der Oxidationszahl $+5$		$\rightarrow$ nimmt zu	
Bildungsenthalpie von Me$_2$O$_5$ in kJ/mol	-1552	-1901	-2047
Bildungsenthalpie von MeF$_5$ in kJ/mol	-1481	-1815	-1905

Die Atome der Gruppe 5 besitzen fünf Valenzelektronen, die maximale Oxidationszahl ist $+5$. Sie ist die wichtigste Oxidationszahl. Die Beständigkeit der Verbindungen mit der Oxidationszahl $+5$ nimmt vom Vanadium zum Tantal zu. Ta(V) läßt sich in wäßriger Lösung nicht reduzieren, während eine V(V)-Lösung mit Zink bis zum V(II) reduziert werden kann. Es bilden sich nacheinander die folgenden Kationen:

$$[VO_2(H_2O)_4]^+ \xrightarrow{+1,00\,V} [VO(H_2O)_5]^{2+} \xrightarrow{+0,36\,V} [V(H_2O)_6]^{3+} \xrightarrow{-0,26\,V} [V(H_2O)_6]^{2+}$$

gelb   blau   grün   violett

In der Oxidationsstufe $+5$ zeigen die Elemente der Gruppe 5 Ähnlichkeiten zu Nichtmetallen. Sie bilden praktisch keine Kationen, sondern Anionenkomplexe. Die Halogenide sind flüchtig und hydrolysieren.

Auf Grund der Lanthanoid-Kontraktion sind Niob und Tantal einander sehr ähnlich, Vanadium hat eine Sonderstellung. In den Verbindungen des Niobs und Tantals mit niedrigen Oxidationsstufen treten oft Metallcluster mit Metall-Metall-Bindungen auf.

Die Verwandtschaft zur Gruppe 15 ist gering. Gemeinsam ist die maximale Oxidationszahl $+5$ und der saure Charakter der Pentaoxide.

5.13.2 Die Elemente

Die Elemente kristallisieren kubisch-raumzentriert. **Vanadium** ist stahlgrau und in reinem Zustand duktil. Verunreinigtes Metall ist hart und spröde. Es ist unedel, bleibt aber infolge Passivierung bei Raumtemperatur an der Luft blank und wird von verdünnter Schwefelsäure, Salzsäure und alkalischen Lösungen nicht angegriffen. In konz. Schwefelsäure, Salpetersäure und Königswasser löst es sich. Bei Weißglut reagiert es mit Kohle zu VC, mit Stickstoff zu VN. Bei $200\,°C$ reagiert es mit Chlor zu VCl_4, mit Sauerstoff bilden sich je nach Reaktionstemperatur unterschiedliche Oxide.

Niob ist silberweiß, weich und duktil, es läßt sich walzen und schmieden. Es besitzt die Sprungtemperatur von 9 K, unterhalb der das Metall supraleitend wird. Einige Nioblegierungen haben hohe Sprungtemperaturen (Nb_3Ge 23 K; Nb_3Al 19 K). Niob ist in Säuren, auch in Königswasser unlöslich.

Tantal ist blaugrau, glänzend, ist noch dehnbarer als Niob und besitzt stahlähnliche Festigkeit. Es ist chemisch ebenso widerstandsfähig wie Niob. Mineralsäuren (außer HF), Königswasser und wäßrige Alkalilaugen greifen Tantal unter $100\,°C$ nicht an.

5.13.3 Vorkommen

Vanadium ist mit einem Massenanteil von $10^{-2}\%$ in der Erdrinde kein seltenes Element. Es ist in Spuren verbreitet in Eisenerzen, Tonen und Basalten. Größere Anreicherungen sind selten. Wichtige Mineralien sind Patronit VS_4, Vanadinit $Pb_5(VO_4)_3Cl$ und Carnotit $K(UO_2)(VO_4) \cdot 1,5\,H_2O$. Vanadium kommt in einigen Erdölen vor.

Niob gehört mit $10^{-3}\%$ zu den seltenen Elementen, es ist etwa 10mal so häufig wie Tantal. Auf Grund der praktisch gleichen Atom- und Ionenradien sind beide Elemente in der Natur stets vergesellschaftet. Ein wichtiges Vorkommen ist $(Fe, Mn)(Nb, Ta)_2O_6$, das je nach dem überwiegenden Metall als Columbit oder Tantalit bezeichnet wird (Früher wurde für Niob auch der Name Columbium benutzt). Niob kommt auch im Pyrochlor $NaCaNb_2O_6F$ vor.

5.13.4 Darstellung

Vanadium. Die Vanadiumerze werden bei $700–850\,°C$ mit Na_2CO_3 oder NaCl geröstet. Es entsteht Natriumvanadat $NaVO_3$, das mit Wasser ausgelaugt wird. Aus den

Vanadatlösungen wird mit Schwefelsäure Polyvanadat ausgefällt, aus dem bei 700 °C V_2O_5 entsteht.

Das meiste V_2O_5 wird in Gegenwart von Eisen oder Eisenerzen zu **Ferrovanadium** (Eisen-Vanadium-Legierungen) mit Gehalten von 30–80 % Vanadium reduziert. Die Reduktion erfolgt mit Ferrosilicium im Elektroherdofen oder aluminothermisch.

Reines Vanadium wird aus V_2O_5 durch Reduktion mit Calcium oder Aluminium hergestellt. Durch Reduktion von VCl_3 mit Magnesium erhält man Vanadiumschwamm.

Reinstes Vanadium gewinnt man mit dem van Arkel-de Boer-Verfahren durch thermische Zersetzung von VI_3.

Niob und **Tantal**. **Ferroniob** mit 40–70 % Nb wird hauptsächlich aus Pyrochlor durch Reduktion mit Aluminium hergestellt.

Zur Gewinnung der reinen Metalle werden die Erze bei 50–80 °C mit einem Gemisch aus HF und H_2SO_4 behandelt. Niob und Tantal gehen als Heptafluorokomplexsäuren $H_2(Nb, Ta)F_7$ in Lösung. Die Trennung erfolgt heute vorwiegend durch Flüssig-Flüssig-Extraktion mit Methylisobutylketon. Früher wurde zur Trennung die unterschiedliche Löslichkeit von K_2NbOF_5 und K_2TaF_7 in verdünnter Flußsäure ausgenutzt. Eine Trennung ist auch durch fraktionierende Destillation der Pentachloride $NbCl_5$ und $TaCl_5$ möglich.

Tantal wird durch Reduktion von K_2TaF_7 mit Natrium hergestellt. Unter Argon wird zu einer K_2TaF_7-Schmelze flüssiges Natrium zugesetzt. Die Reaktionstemperatur steigt auf 900–1000 °C.

Niob wird hauptsächlich aluminothermisch aus Nb_2O_5 bei 2300 °C hergestellt. Das Al-haltige Rohniob (in Blöcken bis 1 t gewonnen) wird durch Umschmelzen gereinigt. Außerdem wird Niob auch durch Reduktion von Nb_2O_5 mit Kohle bei 1600–1900 °C im Hochvakuum hergestellt.

5.13.5 Verwendung

Vanadium wird ganz überwiegend als Legierungsbestandteil für Stähle verwendet. Bereits 0,2 % V machen Stahl zäh und dehnbar (Federstahl). V_2O_5 dient als Katalysator bei der Schwefelsäureherstellung.

Niob wird ebenfalls hauptsächlich für Legierungen in der Stahlindustrie verwendet. In der Kerntechnik ist es für Kühlsysteme mit flüssigen Metallen wichtig, da es mit einigen flüssigen Metallen (Li, Na, K, Ca, Bi) nicht reagiert. Bedeutung haben supraleitende Niobverbindungen wie Nb_3Sn und Nb_3Ge.

Tantal ist wegen seiner Korrosionsbeständigkeit gegen flüssige Metalle, Cl_2, HCl und andere Verbindungen wichtig für den chemischen Apparatebau. Aus Tantal werden chirurgische und zahnärztliche Instrumente hergestellt. Tantal bildet in sauren, fluoridfreien Elektrolyten eine elektrisch nichtleitende Sperrschicht, es wird daher für Elektrolytkondensatoren verwendet. Etwa ein Viertel der Tantalproduktion dient zur Herstellung des hochschmelzenden Hartstoffs Tantalcarbid TaC.

5.13.6 Verbindungen des Vanadiums

5.13.6.1 Sauerstoffverbindungen

Ähnlich wie im System Titan–Sauerstoff existieren auch im System Vanadium–Sauerstoff nicht nur die Oxide mit den Oxidationszahlen $+2$, $+3$, $+4$ und $+5$, sondern *zahlreiche weitere Oxide mit gemischten Oxidationsstufen. Bei einigen Phasen reicht die Zusammensetzung über einen breiten Bereich.* Die folgende Zusammenstellung gibt einen Überblick. Die wichtigsten Oxide werden dann im einzelnen behandelt.

V_2O_5	Die Koordination ist verzerrt oktaedrisch
V_3O_7, V_4O_9, V_6O_{13}	Phasen der Zusammensetzung V_nO_{2n+1}. Komplizierte Strukturen mit stark verzerrten Oktaedern, so daß die Koordinationszahl eher 5 ist.
VO_2	Monoklin verzerrte Rutil-Struktur.
$VO_{1,89} - VO_{1,75}$	Eine homologe Reihe von 6 Oxiden V_nO_{2n-1} ($4 \leq n \leq 9$). Die Koordination ist verzerrt oktaedrisch. Die Strukturen leiten sich vom Rutil-Typ ab (vgl. Scherstrukturen, S. 722).
V_3O_5	Strukturell nicht mit den Oxiden der Reihe V_4O_7 bis V_9O_{17} verwandt.
V_2O_3	Korund-Struktur.
VO	NaCl-Defektstruktur mit Leerstellen in beiden Teilgittern. Der Existenzbereich reicht von $VO_{0,8}$ bis $VO_{1,3}$ (vgl. S. 719).

Vanadium(V)-oxid V_2O_5 (Smp. 658 °C) ist orangerot. Es entsteht durch Oxidation von Vanadium. Reines V_2O_5 erhält man durch thermische Zersetzung von NH_4VO_3 im Sauerstoffstrom.

$$2\,NH_4VO_3 \xrightarrow{550\,°C} V_2O_5 + 2\,NH_3 + H_2O$$

V_2O_5 ist in Wasser schwerlöslich. Es ist ein Oxidationsmittel. Konz. Salzsäure z. B. wird zu Chlor oxidiert.

$$V_2O_5 + 6\,HCl \longrightarrow 2\,VOCl_2 + Cl_2 + 3\,H_2O$$

V_2O_5 ist amphoter. In Säuren löst es sich unter Bildung des gelben **Dioxovanadium(V)-Ions $[VO_2]^+$**. Mit Alkalilaugen bilden sich bei pH > 13 farblose Lösungen, die das tetraedrisch gebaute **Orthovanadation $[VO_4]^{3-}$** enthalten. Dazwischen treten in Abhängigkeit vom pH-Wert und der Konzentration verschiedene **Isopolyanionen** auf. Mit abnehmendem pH bildet sich zunächst das protonierte Ion $[HVO_4]^{2-}$, das zum zweikernigen Divanadation $[V_2O_7]^{4-}$ aggregiert. Wahrscheinlich entstehen auch die mehrkernigen Spezies $[V_3O_9]^{3-}$ und $[V_4O_{12}]^{4-}$. Die *Hauptspezies im pH-Bereich 2 bis 6 ist das orangefarbene Decavanadation $[V_{10}O_{28}]^{6-}$* (Abb. 5.66), das auch in protonierten Formen wie $[HV_{10}O_{28}]^{5-}$ und $[H_2V_{10}O_{28}]^{4-}$

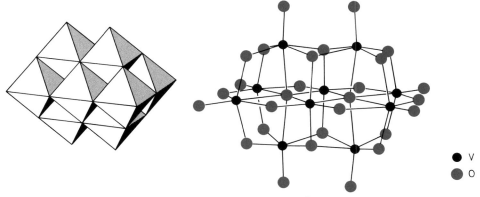

Abbildung 5.66   Struktur des Decavanadations $[V_{10}O_{28}]^{6-}$, das sich aus 10 VO_6-Oktaedern aufbaut.

auftritt. In stark sauren Lösungen ist das Decavanadation unbeständig, es bildet sich das Dioxovanadium(V)-Ion $[VO_2]^+$.

Das Decavanadation ist auch in Salzen wie $Na_6V_{10}O_{28} \cdot 18H_2O$ und $Ca_3V_{10}O_{28} \cdot 18H_2O$ enthalten. Beim Erhitzen von Decavanadatlösungen können verschiedene kristalline Salze erhalten werden: $Na_4V_2O_7 \cdot 18H_2O$, KV_3O_8, $K_3V_5O_{14}$, KVO_3.

Strukturell außerordentlich vielfältig sind Polyoxovanadate mit V(V) und V(IV), die in großer Anzahl synthetisiert worden sind.

Gibt man zu V(V)-Lösungen H_2O_2, so bilden sich **Peroxokomplexe.** In alkalischen und neutralen Lösungen entsteht das gelbe Ion $[VO_2(O_2)_2]^{3-}$, in saurer Lösung das rotbraune Kation $[V(O_2)]^{3+}$.

Vanadiumdioxid VO_2 (Smp. 1637 °C) ist blauschwarz und amphoter. Es kristallisiert in einer verzerrten Rutil-Struktur, in der V-V-Paare vorhanden sind. Oberhalb 70 °C bildet sich die unverzerrte Rutil-Struktur, in der die V-V-Bindungen aufgebrochen sind. Durch die freiwerdenden Elektronen erfolgt ein plötzlicher Anstieg der Leitfähigkeit und der magnetischen Suszeptibilität. VO_2 löst sich in Säuren unter Bildung des blauen Oxovanadium(IV)-Ions $[VO(H_2O)_5]^{2+}$. Man erhält es auch durch Reduktion des VO_2^+-Ions.

$$VO^{2+} + 3H_2O \rightleftharpoons VO_2^+ + 2H_3O^+ + e^- \qquad E° = +1{,}00\ V$$

Unterschiedlich zum polymeren TiO^{2+}-Ion ist das $[VO(H_2O)_5]^{2+}$-Ion verzerrt oktaedrisch gebaut und enthält eine V=O-Bindung. Das VO^{2+}-Ion ist in Verbindungen und Komplexen wie $VOSO_4 \cdot 5H_2O$ und $[VO(NCS)_4]^{2-}$ enthalten.

Durch Zusammenschmelzen mit Erdalkalimetalloxiden bildet VO_2 die Verbindungen $\overset{+2}{Me}VO_3$ und $\overset{+2}{Me_2}VO_4$.

Vanadiumtrioxid V_2O_3 ist schwarz, hochschmelzend (Smp. 1967 °C) und basisch. Es kristallisiert in der Korund-Struktur, die bis zur Zusammensetzung $VO_{1,35}$ erhalten bleibt. V_2O_3 löst sich in Säuren, es bildet sich der grüne Komplex $[V(H_2O)_6]^{3+}$, der auch durch Reduktion von V(IV)-Lösungen entsteht.

$$V^{3+} + 3H_2O \rightleftharpoons VO^{2+} + 2H_3O^+ + e^- \qquad E^\circ = +0,36 \text{ V}$$

V(III)-Lösungen werden durch Luftsauerstoff oxidiert. V(III) bildet eine Reihe oktaedrischer Komplexe, z. B. $[V(ox)_3]^{3-}$ (ox = Oxalat), $[VF_6]^{3-}$. Siebenfach koordiniertes V(III) tritt in der roten Verbindung $K_4[V(CN)_7] \cdot 2H_2O$ auf. Das Ion $[V(H_2O)_6]^{3+}$ liegt auch in den Alaunen $\overset{+1}{M}e\overset{+3}{V}(SO_4)_2 \cdot 12H_2O$ vor.

Mit einer Reihe von Oxiden $\overset{+2}{M}eO$ bildet V_2O_3 Spinelle des Typs MeV_2O_4 (Me = Mg, Zn, Cd, Co, Fe, Mn).

Vanadiummonooxid VO ist schwarz und besitzt eine NaCl-Defektstruktur mit großer Phasenbreite. Es hat metallischen Glanz und ist wie TiO ein metallischer Leiter. Wird in Vanadiumverbindungen ein kritischer V-V-Abstand unterschritten, so überlappen die d-Orbitale der Vanadiumionen und bilden ein teilweise besetztes Leitungsband (vgl. S. 180). Deswegen ist auch der Spinell LiV_2O_4 ein metallischer Leiter.

VO ist basisch und löst sich in Säuren unter Bildung des violetten Ions $[V(H_2O)_6]^{2+}$, das man auch durch Reduktion von V(III)-Lösungen z. B. mit Zink erhält.

$$V^{2+} \rightleftharpoons V^{3+} + e^- \qquad E^\circ = -0,26 \text{ V}$$

Die Lösungen sind luftempfindlich, sie sind stark reduzierend und werden von Wasser unter H_2-Entwicklung oxidiert.

Bekannte Salze sind das violette $VSO_4 \cdot 6H_2O$ und die Doppelsalze $Me_2[V(H_2O)_6](SO_4)_2$ (Me = NH_4^+, K^+, Rb^+, Cs^+).

5.13.6.2 Halogenide

Es gibt Halogenide von Vanadium mit den Oxidationszahlen $+2$, $+3$, $+4$ und $+5$. Sie sind in der Tabelle 5.11 zusammengestellt. Vanadium(I)-Halogenide sind nicht bekannt, da ihre Disproportionierung energetisch begünstigt ist.

Beispiel:

$$VF \longrightarrow VF_2 + V \qquad \Delta H^\circ = -502 \text{ kJ/mol}$$

Vanadium(II)-Halogenide können aus Halogeniden höherer Oxidationszahlen durch Reduktion hergestellt werden. Die Verbindungen sind kristallin, paramagnetisch und nur unter Inertgas handhabbar. Sie sind starke Reduktionsmittel, hygroskopisch und lösen sich unter Bildung von $[V(H_2O)_6]^{2+}$-Ionen. VF_2 kristallisiert im Rutil-Typ, die anderen Halogenide im CdI_2-Typ.

Vanadium(III)-Halogenide haben eine polymere Struktur, Vanadium hat die Koordinationszahl 6. VF_3 ist wasserunlöslich und unzersetzt sublimierbar. Die anderen

Tabelle 5.11   Vanadiumhalogenide

Oxidationszahl	+2	+3	+4	+5
	VF_2	VF_3	VF_4	VF_5
	blau	grün	grün	weiß
	VCl_2	VCl_3	VCl_4	
	hellgrün	rotviolett	braun/flüssig	
	VBr_2	VBr_3	VBr_4*	
	orangebraun	schwarz	purpurrot/flüssig	
	VI_2	VI_3	VI_4**	
	rotviolett	braun		

* zerfällt oberhalb $-23\,°C$
** nur in der Gasphase bekannt

Trihalogenide sind hygroskopisch, ihre wäßrigen Lösungen enthalten $[V(H_2O)_6]^{3+}$-Ionen, an der Luft werden sie oxidiert. Bei höheren Temperaturen disproportionieren sie.

VF$_4$ ist ein über Fluoratome verbrückter polymerer Feststoff, **VCl$_4$** und **VBr$_4$** sind aus tetraedrischen Monomeren aufgebaut.

VF$_5$ wird durch Fluorierung von Vanadium hergestellt. Es schmilzt bei $19\,°C$ zu einer gelben, viskosen Flüssigkeit. In der Gasphase existieren trigonal-bipyramidale Moleküle, im Kristall Ketten aus VF_6-Oktaedern (Abb. 5.67).

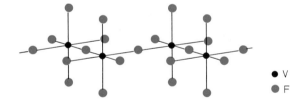

Abbildung 5.67   Struktur von Vanadiumpentafluorid. VF_5 ist aus unendlichen Ketten aufgebaut.

5.13.7 Verbindungen des Niobs und Tantals

5.13.7.1 Sauerstoffverbindungen

Niobpentaoxid Nb$_2$O$_5$ und **Tantalpentaoxid Ta$_2$O$_5$** sind weiße, chemisch relativ inerte Pulver. Sie sind schwerer zu reduzieren als V_2O_5.

Niobdioxid NbO$_2$ und **Tantaldioxid TaO$_2$** sind blauschwarze Pulver. Sie kristallisieren in einer verzerrten Rutil-Struktur. Niob bildet zwischen den Oxidationszahlen +4 und +5 eine homologe Serie strukturell verwandter Phasen der allgemeinen Formel **Nb$_{3n+1}$O$_{8n-2}$** mit $n = 5, 6, 7, 8$.

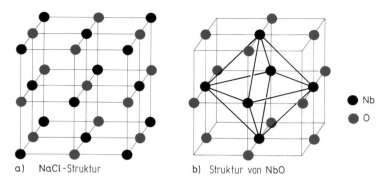

a)   NaCl-Struktur   b)   Struktur von NbO

● Nb
● O

Abbildung 5.68   a) NaCl-Struktur b) Struktur von NbO. Sie läßt sich von der NaCl-Struktur ableiten. Es existieren in beiden Teilgittern 25% Leerstellen (im Zentrum der Elementarzelle eine Sauerstoffleerstelle und Metalleerstellen an den Ecken der Elementarzelle). Dadurch entstehen oktaedrische Nb_6-Cluster (Nb—Nb-Abstände im Cluster 298 pm, Nb—Nb-Abstände im Metall 285 pm), die für die metallische Leitfähigkeit verantwortlich sind.

Niobmonooxid NbO ist grau, metallisch leitend und nichtstöchiometrisch. Der Homogenitätsbereich $NbO_{0,982}$–$NbO_{1,008}$ ist viel kleiner als beim VO. Die Struktur ist kubisch und aus Nb_6-Clustern aufgebaut (Abb. 5.68).

Schmilzt man Nb_2O_5 und Ta_2O_5 mit Alkalimetallhydroxiden und löst die Schmelze in Wasser, enthält die Lösung **Isopolyanionen**. *Beim Vanadium existiert eine Vielfalt von Isopolyanionen, beim Niob und Tantal sind nur die Ionen $[Me_6O_{19}]^{8-}$* (Abb. 5.69) *vorhanden.* Auch die Existenz von MeO_4^{3-}-Ionen in stark alkalischen Lösungen ist ungewiß. Unterhalb pH $\approx$ 10 bei Ta und unterhalb pH $\approx$ 7 bei Nb scheiden sich aus den Lösungen wasserhaltige Oxide $Me_2O_5 \cdot nH_2O$ aus. $[Me_6O_{19}]^{8-}$-Ionen sind auch in Salzen wie $K_8Me_6O_{19} \cdot 16H_2O$ vorhanden. Die meisten „Niobate" $MeNbO_3$ und „Tantalate" $MeTaO_3$ sind unlöslich und besitzen Perowskitstruktur. Es sind also Doppeloxide, die keine isolierten Anionen NbO_3^- und TaO_3^- enthalten. Einige sind wegen ihrer ferroelektrischen und piezoelektrischen Eigenschaften ($LiNbO_3$ und $LiTaO_3$) technisch interessant.

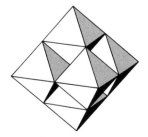

Abbildung 5.69   Die Isopolyanionen $[Me_6O_{19}]^{8-}$ (Me = Nb,Ta) sind aus sechs MeO_6-Oktaedern aufgebaut. Die Me-Atome im Zentrum der Oktaeder bilden ebenfalls ein Oktaeder.

5.13.7.2 Halogenverbindungen

Von allen vier Halogenen sind die **Pentahalogenide** NbX_5 und TaX_5 bekannt. Die Pentafluoride sind weiße, flüchtige Feststoffe mit tetrameren Struktureinheiten (Abb. 5.70). Die restlichen sechs Halogenide sind farbige Feststoffe, die sublimieren und mit Wasser hydrolysieren. Die Chloride und Bromide bestehen aus dimeren Molekülen (Abb. 5.70).

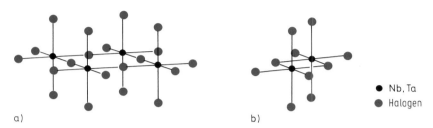

a)   b)   ● Nb, Ta
                                                                                   ● Halogen

Abbildung 5.70   a) die Pentafluoride NbF_5 und TaF_5 sind aus tetrameren Molekülen Me_4F_{20} aufgebaut b) Die Pentahalogenide NbX_5 und TaX_5 (X = Cl,Br) bestehen aus dimeren Molekülen Me_2X_{10}.

Außer TaF_4 sind alle möglichen **Tetrahalogenide** bekannt. NbF_4 ist schwarz, nicht-flüchtig und paramagnetisch. Es besitzt eine Struktur, bei der NbF_6-Oktaeder zu Schichten verknüpft sind (Abb. 5.71). Die anderen Tetrahalogenide sind aus Ketten aufgebaut, in denen Metall-Metall-Bindungen auftreten und die deshalb diamagnetisch sind (Abb. 5.71).

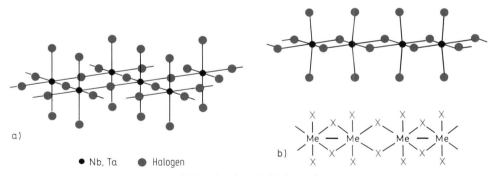

a)

● Nb, Ta   ● Halogen   b)

Abbildung 5.71   a) NbF_4 kristallisiert in einer Schichtstruktur.
b) Die Tetrahalogenide NbX_4 und TaX_4 (X = Cl,Br,I) sind aus Ketten aufgebaut, in denen Metallpaare mit Metall—Metall-Bindungen auftreten. Dies hat kürzere Abstände und den Diamagnetismus dieser Tetrahalogenide zur Folge.

Die **Halogenide mit niedrigen Oxidationszahlen** *sind* interessante *Clusterverbindungen mit Metall-Metall-Bindungen.* Die Halogenide der Zusammensetzung $NbX_{2,33}$

$= Nb_6X_{14}$ (X = Cl, Br) und $TaX_{2,33} = Ta_6X_{14}$ (X = Cl, Br, I) sind aus diamagnetischen $[Me_6X_{12}]^{2+}$-Clustern aufgebaut, in denen die Metallatome ein Oktaeder bilden (Abb. 5.72). Die Cluster sind durch die Halogenidionen zu Schichten verknüpft.
Ohne Änderung der Cluster-Struktur ist Oxidation möglich.

$$[Me_6X_{12}]^{2+} \rightleftharpoons [Me_6X_{12}]^{3+} + e^-$$

diamagnetisch   paramagnetisch
                     (1 ungepaartes Elektron)

Die Cluster $[Me_6X_{12}]^{3+}$ sind auch Baugruppen der Halogenide $NbF_{2,5} = Nb_6F_{15}$
und $TaX_{2,5} = Ta_6X_{15}$ (X = F, Cl, Br, I). Die Cluster sind durch die Halogenidionen
dreidimensional verknüpft. Die Halogenide $NbX_{2,67} = Nb_3X_8$ (X = Cl, Br, I) bilden Schichtstrukturen, die aus Nb_3-Clustern aufgebaut sind.

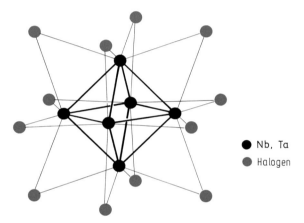

● Nb, Ta
● Halogen

Abbildung 5.72 $[Me_6X_{12}]^{n+}$-Cluster. Diamagnetische Cluster $[Me_6X_{12}]^{2+}$ sind am Aufbau
der Halogenide $NbX_{2,33}$ und $TaX_{2,33}$ beteiligt. Die Cluster $[Me_6X_{12}]^{3+}$ sind Baugruppen der
Halogenide $NbF_{2,5}$ und $TaX_{2,5}$.
Im Cluster $[Me_6X_{12}]^{2+}$ sind insgesamt 40 Valenzelektronen vorhanden, 24 davon werden für
die Me—Cl-Bindungen gebraucht, 16 verbleiben für die Me—Me-Bindungen im Cluster. Damit können 8 Dreizentren-Zweielektronen-Bindungen gebildet werden. (Beim Me-Oktaeder
gibt es 8 reguläre Dreiecke.)

5.14 Gruppe 6

5.14.1 Gruppeneigenschaften

	Chrom Cr	Molybdän Mo	Wolfram W
Ordnungszahl Z	24	42	74
Elektronenkonfiguration	$[Ar]3d^5 4s^1$	$[Kr]4d^5 5s^1$	$[Xe]4f^{14} 5d^4 6s^2$
Elektronegativität	1,6	1,3	1,4
Standardpotential in V			
Me/Me^{2+}	$-0,91$	$-$	$-$
Me/Me^{3+}	$-0,74$	$-0,20$	$-0,11$
Schmelzpunkt in °C	1903	2620	3410
Siedepunkt in °C	2640	4825	≈ 5700
Sublimationsenthalpie in kJ/mol	$+397$	$+659$	$+850$
Ionenradien in pm			
Me^{6+}	44	59	60
Me^{5+}	49	61	62
Me^{4+}	55	65	66
Me^{3+}	61	69	$-$
Me^{2+}	73 ls* 80 hs	$-$	$-$
Beständigkeit der Oxidationszahl $+6$		$\rightarrow$ nimmt zu	
Beständigkeit der Oxidationszahl $+3$		$\rightarrow$ nimmt ab	

* ls = low spin, hs = high spin

Auch in dieser Gruppe sind auf Grund der Lanthanoid-Kontraktion die beiden schweren Elemente Molybdän und Wolfram einander recht ähnlich. Die Unterschiede zum Chrom sind sehr deutlich. Die maximale Oxidationszahl ist $+6$. Sie ist die stabilste Oxidationszahl des Molybdäns und Wolframs. Für beide ist die Bildung zahlreicher komplizierter Polyanionen mit meist oktaedrischer Koordination typisch. Beim Chrom gibt es nur wenige Spezies mit tetraedrischer Koordination. Die stabilste Oxidationszahl des Chroms ist $+3$. Im Gegensatz zu den Wolframaten sind die Chromate daher starke Oxidationsmittel. Chrom(III) bildet zahlreiche oktaedrische Komplexverbindungen. Eine entsprechende Komplexchemie gibt es beim Molybdän und Wolfram nicht. Chrom(II) wirkt reduzierend, aber es gibt viele Cr(II)-Verbindungen, von denen die mit high-spin-Konfiguration des Cr(II) Jahn-Teller-Effekt zeigen. Stabile Molybdän(II)- und Wolfram(II)-Verbindungen hingegen sind Clusterverbindungen, deren Stabilität durch Metall-Metall-Bindungen zustande kommt. Bei allen Metallen gibt es Me(II)-Verbindungen mit Metall-Metall-Vierfachbindungen.

5.14.2 Die Elemente

Chrom, Molybdän und Wolfram kristallisieren kubisch-raumzentriert. Es sind silber-weiß glänzende Metalle, die nur in reinem Zustand duktil sind, sonst sind sie hart und spröde. Es sind hochschmelzende und hochsiedende Schwermetalle. *Wolfram besitzt den höchsten Schmelzpunkt aller Metalle,* mit Ausnahme von Kohlenstoff sogar aller Elemente. Es besitzt eine große mechanische Festigkeit, die elektrische Leitfähigkeit beträgt ca. 30 % von der des Silbers.

Obwohl alle Metalle unedel sind, werden sie bei Normaltemperatur an Luft und in Wasser nicht oxidiert (Passivierung durch dünne Oxidschichten). Chrom wird wegen seiner Korrosionsbeständigkeit zur elektrolytischen Verchromung reaktiver Metalle benutzt. Durch eine dünne (0,3 μm) Chromschicht wird das Metall vor Oxidation geschützt. Passiviertes Chrom ist beständig gegen kalte nichtoxidierende Säuren, gegen kalte Salpetersäure, Alkalilaugen und Ammoniaklösungen. Königswasser und Flußsäure greifen es an. Mit den meisten Nichtmetallen, z. B. Chlor, Schwefel, Stickstoff oder Kohlenstoff, reagiert Chrom bei erhöhten Temperaturen.

Auch Wolfram ist gegenüber nichtoxidierenden Säuren korrosionsbeständig, selbst von Königswasser und Flußsäure wird es nur langsam angegriffen. Gelöst wird Wolfram und auch Molybdän durch ein Gemisch aus Salpetersäure und Flußsäure. In Gegenwart oxidierender Substanzen, z. B. KNO_3 oder $KClO_3$, lösen sie sich in alkalischen Schmelzen unter Bildung von Wolframaten bzw. Molybdaten.

5.14.3 Vorkommen

Das wichtigste Chromerz, das allein Ausgangsmaterial zur Herstellung von Chrom und Chromverbindungen ist, ist Chromit (Chromeisenstein) $FeCr_2O_4$, der im Spinell-Typ kristallisiert. Seltener ist Krokoit (Rotbleierz) $PbCrO_4$.

Das wichtigste Molybdänerz ist Molybdänglanz MoS_2. Weniger häufig ist Wulfenit (Gelbbleierz) $PbMoO_4$.

Wolfram kommt als Wolframit (Mn, Fe)WO_4 und als Scheelit $CaWO_4$ vor.

Chrom ist am Aufbau der Erdrinde mit etwa 10^{-2} % beteiligt, Molybdän und Wolfram mit etwa 10^{-4} %.

5.14.4 Darstellung, Verwendung

Zur Herstellung chromhaltiger Stähle wird Ferrochrom (Eisen-Chrom-Legierungen mit etwa 60 % Cr) verwendet. *Chrom ist das wichtigste Legierungselement für nichtrostende* und hitzebeständige *Stähle.*

Ferrochrom erhält man durch Reduktion von Chromit mit Koks im Elektroofen.

$$FeCr_2O_4 + 4C \xrightarrow{1600-1700\,°C} Fe + 2Cr + 4CO$$

Es ist kohlenstoffhaltig, da sich Carbide bilden. Kohlenstoffarmes Ferrochrom wird durch Reduktion von Chromit mit Silicochrom (ca. 30% Si) gewonnen.

Chrommetall wird aluminothermisch aus Chrom(III)-oxid hergestellt.

$$Cr_2O_3 + 2\,Al \longrightarrow Al_2O_3 + 2\,Cr$$

Zur Darstellung von Cr_2O_3 wird Chromit in Gegenwart von Na_2CO_3 bei 1000 $-1200\,°C$ mit Luft oxidiert. Es entsteht Natriumchromat Na_2CrO_4, das in Wasser gelöst wird. Nach Zugabe von konz. Schwefelsäure wird Natriumdichromat $Na_2Cr_2O_7 \cdot 2\,H_2O$ zur Kristallisation gebracht. Dieses wird mit Kohlenstoff zu Cr_2O_3 reduziert.

$$Na_2Cr_2O_7 + 2\,C \longrightarrow Cr_2O_3 + Na_2CO_3 + CO$$

Chrom wird auch elektrolytisch hergestellt. Zur *Verchromung* von Stahl werden Chrom(VI)-Lösungen, zur Gewinnung von Chrommetall Chrom(III)-Lösungen elektrolysiert.

Zur Herstellung von **Molybdän** wird Molybdänglanz MoS_2 zunächst durch Rösten bei 400–650°C in das Trioxid MoO_3 überführt. MoO_3 kann durch Sublimation bei 1200°C gereinigt werden. Dieses wird bei 1100°C mit Wasserstoff zu Molybdänpulver reduziert.

$$MoO_3 + 3\,H_2 \longrightarrow Mo + 3\,H_2O$$

Durch Sintern unter Schutzgas bei 1900–2000°C entsteht kompaktes Molybdän.

Molybdänzusätze erhöhen Zähigkeit und Härte von Stahl. Zum Legieren verwendet man **Ferromolybdän**. Man stellt es durch Reduktion von Molybdänoxid und Eisenerz mit Silicium und/oder Aluminium her.

Wolfram wird durch Reduktion von Wolfram(VI)-oxid mit Wasserstoff hergestellt.

$$WO_3 + 3\,H_2 \xrightarrow{\;700–1000\,°C\;} W + 3\,H_2O$$

Das als Pulver anfallende Wolfram wird in einer H_2-Atmosphäre bei $2000 - 2800\,°C$ zu kompaktem Wolframmetall gesintert.

Zur Herstellung von WO_3 gibt es verschiedene Erzaufschlußmethoden. Scheelit wird mit konz. Salzsäure aufgeschlossen.

$$CaWO_4 + 2\,HCl \longrightarrow CaCl_2 + WO_3 \cdot H_2O$$

Wolframit wird bei $800 - 900\,°C$ mit Na_2CO_3 unter Luftzutritt zur Reaktion gebracht.

$$2\,FeWO_4 + 2\,Na_2CO_3 + \tfrac{1}{2}O_2 \longrightarrow 2\,Na_2WO_4 + Fe_2O_3 + 2\,CO_2$$
$$3\,MnWO_4 + 3\,Na_2CO_3 + \tfrac{1}{2}O_2 \longrightarrow 3\,Na_2WO_4 + Mn_3O_4 + 3\,CO_2$$

Na_2WO_4 kann herausgelöst werden.

Beim Aufschluß mit Natronlauge bei $110 - 130\,°C$ entsteht eine Lösung von Na_2WO_4, Eisen und Mangan werden in unlösliche Hydroxide überführt.

Aus den Na_2WO_4-Lösungen wird mit konz. Salzsäure Wolfram(VI)-oxidhydrat ausgefällt und dieses in WO_3 überführt.

Wolfram wird im Hochtemperaturbereich verwendet: für Schweißelektroden, als Glühlampendraht, für Anoden in Röntgenröhren. Die Hälfte des Wolframs dient zur Herstellung von Hartmetall, einem Verbundwerkstoff aus Wolframcarbid WC und Cobalt. Hartmetalle sind sehr hart und verschleißfest.

5.14.5 Verbindungen des Chroms

5.14.5.1 Chrom(VI)-Verbindungen (d^0)

Stabil sind nur Oxoverbindungen. Die wichtigsten Cr(VI)-Verbindungen sind die Chromate mit dem Ion CrO_4^{2-} und die Dichromate mit dem Ion $Cr_2O_7^{2-}$.

Chromate. Dichromate

Natriumdichromat $Na_2Cr_2O_7$ ist ein Zwischenprodukt bei der Darstellung von Chrommetall. Die technische Herstellung wurde bereits beschrieben (S. 787).

Im Labor erhält man Chromat mit der Oxidationsschmelze.

$$\overset{+3}{Cr_2}O_3 + 2\,Na_2CO_3 + 3\,\overset{+5}{K}NO_3 \longrightarrow 2\,Na_2\overset{+6}{Cr}O_4 + 3\,\overset{+3}{K}NO_2 + 2\,CO_2$$

In Lösungen mit pH > 6 liegt das gelbe tetraedrisch gebaute **Chromat-Ion CrO_4^{2-}** vor (Abb. 5.73). Zwischen pH = 2 und pH = 6 sind das Ion **$HCrO_4^-$** und das orangerote **Dichromat-Ion $Cr_2O_7^{2-}$** (Abb. 5.73) im Gleichgewicht. Unterhalb pH = 1 überwiegt die **Chromsäure H_2CrO_4**. Es liegen die folgenden Gleichgewichte vor.

$$HCrO_4^- + H_2O \rightleftharpoons CrO_4^{2-} + H_3O^+ \qquad K = 10^{-5,9}$$
$$Cr_2O_7^{2-} + H_2O \rightleftharpoons 2\,HCrO_4^- \qquad K = 10^{-2,2}$$
$$H_2CrO_4 + H_2O \rightleftharpoons HCrO_4^- + H_3O^+ \qquad K = 4,1$$

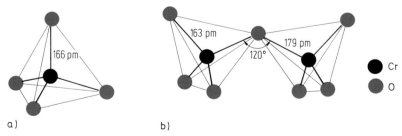

a)   b)

Abbildung 5.73   a) Struktur des Chromat-Ions $CrO_4{}^{2-}$.
b) Struktur des Dichromat-Ions $Cr_2O_7{}^{2-}$.

Die Chromsäure ist im Unterschied zur Schwefelsäure H_2SO_4 nur in wäßriger Lösung bekannt.

Versetzt man diese Lösungen mit Ba^{2+}-, Pb^{2+}- oder Ag^+-Ionen, so fallen die schwerlöslichen Chromate $BaCrO_4$, $PbCrO_4$ und Ag_2CrO_4 aus. $PbCrO_4$ wird als Chromgelb, basisches Bleichromat $PbCrO_4 \cdot Pb(OH)_2$ als Chromrot für Malerfarben verwendet.

Aus stark sauren Lösungen kristallisieren Alkalimetallsalze mit den Ionen $Cr_3O_{10}^{2-}$ und $Cr_4O_{13}^{2-}$ aus. Wie beim $Cr_2O_7^{2-}$-Ion sind CrO_4-Tetraeder über Ecken verknüpft. Es entstehen Ketten mit Cr—O—Cr-Winkeln nahe 120°. *Verglichen mit Molybdän und Wolfram gibt es beim Chrom nur wenige einfache Polyanionen.* Ursache ist vermutlich die geringe Größe des Cr(VI)-Ions, die nur tetraedrische Koordination erlaubt, außerdem die Tendenz zur Bildung von Cr—O-Doppelbindungen.

Saure Dichromatlösungen sind starke Oxidationsmittel.

$$Cr_2O_7^{2-} + 14\,H_3O^+ + 6\,e^- \;\rightleftharpoons\; 2\,Cr^{3+} + 21\,H_2O \qquad E° = +1{,}33\,\text{V}$$

Basische Chromatlösungen sind sehr viel *schwächere Oxidationsmittel.*

$$CrO_4^{2-} + 4\,H_2O + 3\,e^- \;\rightleftharpoons\; Cr(OH)_3 + 5\,OH^- \qquad E° = -0{,}13\,\text{V}$$

Chrom(VI)-oxid CrO_3

Es entsteht als roter Niederschlag (Smp. 198 °C) aus Dichromatlösungen mit konz. Schwefelsäure; es ist also das Endprodukt der Kondensation von Chromatlösungen. CrO_3 ist ein saures, vorwiegend kovalentes Oxid. Es ist aus unendlichen Ketten über Ecken verknüpfter Tetraeder aufgebaut. Die Cr—O-Abstände innerhalb der Kette entsprechen Einfachbindungen, die endständigen Cr—O-Abstände Doppelbindungen.

$$
\begin{array}{ccccccc}
\text{O} & & \text{O} & & \text{O} & & \\
\| & & \| & & \| & & \\
-\text{Cr} & -\text{O}- & \text{Cr} & -\text{O}- & \text{Cr} & -\text{O}- \\
\| & & \| & & \| & & \\
\text{O} & & \text{O} & & \text{O} & &
\end{array}
$$

Oberhalb des Schmelzpunktes gibt CrO_3 Sauerstoff ab und zersetzt sich über die Zwischenstufen Cr_8O_{21}, Cr_2O_5, Cr_5O_{12}, CrO_2 zu Cr_2O_3. CrO_3 ist ein starkes Oxidationsmittel, mit organischen Stoffen reagiert es explosiv. Es löst sich leicht in Wasser, es ist sehr giftig (cancerogen).

Peroxoverbindungen

Versetzt man saure Dichromatlösungen mit H_2O_2, so bildet sich vorübergehend das tiefblaue **Chrom(VI)-peroxid CrO_5**.

$$HCrO_4^- + 2\,H_2O_2 + H_3O^+ \longrightarrow \overset{+6}{Cr}O(O_2)_2 + 4\,H_2O$$

Es zersetzt sich rasch unter Bildung von Cr(III). Die Gesamtreaktion ist

$$2\,HCrO_4^- + 3\,H_2O_2 + 8\,H_3O^+ \longrightarrow 2\,Cr^{3+} + 3\,O_2 + 16\,H_2O$$

Durch Ausschütteln mit Ether kann CrO_5 stabilisiert werden. Durch Zugabe von Pyridin erhält man ein monomeres blaues Addukt $[CrO(O_2)_2 \cdot py]$ (Abb. 5.74a).

Bei Einwirkung von H_2O_2 auf neutrale oder schwach saure Lösungen von K^+-, NH_4^+- oder Tl^+-Dichromaten bilden sich diamagnetische, blauviolette, explosive Salze mit dem Peroxochromat-Ion $[\overset{+6}{Cr}O(O_2)_2OH]^-$.

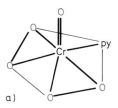

a)

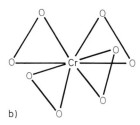

b)

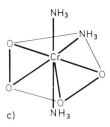

c)

Abbildung 5.74   Strukturen von Peroxoverbindungen des Chroms.
a) Struktur des blauen, diamagnetischen Pyridinaddukts des Chrom(VI)-peroxids CrO_5. Die $CrO(O_2)_2 \cdot py$-Moleküle haben die Geometrie einer pentagonalen Pyramide.
b) Struktur des roten, paramagnetischen Peroxochromat(V)-Ions $[Cr(O_2)_4]^{3-}$. Die Zentren der Peroxogruppen umgeben das Chrom tetraedrisch, dies führt zu einer Dodekaeder-Struktur.
c) Das Chrom(IV)-peroxid $[Cr(O_2)_2(NH_3)_3]$ besteht aus pentagonal-bipyramidalen Molekülen.

Halogenidoxide

Chromylchlorid CrO_2Cl_2 ist eine tiefrote Flüssigkeit (Sdp. $117\,°C$). Man erhält es beim Erwärmen von Dichromat und Alkalimetallchloriden in konz. Schwefelsäure.

$$K_2Cr_2O_7 + 4\,KCl + 3\,H_2SO_4 \longrightarrow 2\,CrO_2Cl_2 + 3\,K_2SO_4 + 3\,H_2O$$

Durch Wasser wird es zu Chromat-Ionen und Salzsäure hydrolysiert.

Bekannt sind auch die Fluoridoxide CrO_2F_2 und $CrOF_4$.

5.14.5.2 Chrom(V)-Verbindungen (d^1)

Es gibt nur wenige stabile Chrom(V)-Verbindungen. In wäßriger Lösung disproportioniert Cr(V) zu Cr(III) und Cr(VI). Die einzige binäre Verbindung ist **Chrom(V)-fluorid CrF$_5$**, ein roter flüchtiger Feststoff (Smp. 30 °C). Als reine Oxoverbindungen sind **Chromate(V)** wie Li_3CrO_4, Na_3CrO_4, $Ca_3(CrO_4)_2$ bekannt, die tetraedrische paramagnetische CrO_4^{3-}-Ionen enthalten. Es sind hygroskopische Feststoffe, die unter Disproportionierung zu Cr(III) und Cr(VI) hydrolysieren.

Bei Einwirkung von H_2O_2 auf alkalische Alkalimetallchromat(VI)-Lösungen bilden sich rotbraune, paramagnetische **Peroxochromate(V)** $\overset{+1}{Me_3}CrO_8$. Das $[Cr(O_2)_4]^{3-}$-Ion hat dodekaedrische Struktur (Abb. 5.74b). Wahrscheinlich existiert das Gleichgewicht

$$\underset{\text{rotbraun}}{[\overset{+5}{Cr}(O_2)_4]^{3-}} + 2\,H_3O^+ \;\rightleftharpoons\; \underset{\text{blauviolett}}{[\overset{+6}{Cr}O(O_2)_2(OH)]^-} + 1,5\,H_2O_2 + H_2O$$

Chrom(V)-Halogenidoxide bilden Komplexe wie $[CrOF_4]^-$, $[CrOCl_4]^-$ und $[CrOCl_5]^{2-}$, die zu den stabilsten Cr(V)-Verbindungen gehören.

5.14.5.3 Chrom(IV)-Verbindungen (d^2)

Wie beim Cr(V) gibt es keine Chemie des Cr(IV) in wäßriger Lösung, da Disproportionierung zu Cr(III) und Cr(VI) erfolgt.

Chrom(IV)-oxid CrO$_2$ kristallisiert im Rutil-Typ. Es ist braunschwarz, ferromagnetisch und metallisch leitend. Es wird für Tonbänder verwendet.

Die **Chromate(IV)** Ba_2CrO_4 und Sr_2CrO_4 sind blauschwarz, paramagnetisch und luftbeständig. Sie enthalten tetraedrische CrO_4^{4-}-Gruppen.

Die Peroxoverbindung $[Cr(O_2)_2(NH_3)_3]$ (Abb. 5.74c) ist eine dunkelrotbraune, metallisch glänzende Verbindung.

Das einzige stabile Halogenid ist **Chrom(IV)-fluorid CrF$_4$**, ein sublimierender, hydrolysierender Feststoff.

5.14.5.4 Chrom(III)-Verbindungen (d^3)

Die stabilste Oxidationszahl des Chroms ist +3, die typische Koordination von Cr(III) ist oktaedrisch. Cr(III) bildet mit den meisten Anionen stabile Salze. *Es sind* ungewöhnlich *viele Cr(III)-Komplexe bekannt, die fast alle oktaedrisch gebaut sind* und von denen viele kinetisch stabil sind.

Chrom(III)-oxid Cr_2O_3 (Smp. 2275 °C) ist dunkelgrün und kristallisiert im Korund-Typ. Es entsteht beim Verbrennen des Metalls im Sauerstoffstrom

$$2\,Cr + 1,5\,O_2 \longrightarrow Cr_2O_3 \qquad \Delta H_B^\circ = -1140\;kJ/mol$$

oder durch Zersetzung von Ammoniumdichromat

$$(\overset{-3}{N}H_4)_2\overset{+6}{Cr}_2O_7 \longrightarrow \overset{+3}{Cr}_2O_3 + \overset{0}{N}_2 + 4\,H_2O$$

Es ist chemisch inert, es löst sich nicht in Wasser, Säuren und Laugen. Cr_2O_3 wird zum Färben von Glas und Porzellan sowie als grüne Malerfarbe verwendet.

Cr_2O_3 bildet mit vielen Oxiden $\overset{+2}{Me}O$ (Me = Ni, Zn, Cd, Fe, Mg, Mn) Doppeloxide $MeCr_2O_4$ mit Spinellstruktur. Die Cr^{3+}-Ionen besetzen die Oktaederplätze des Spinellgitters (vgl. S. 687).

Chrom(III)-hydroxid $Cr(OH)_3$. Aus Cr(III)-Lösungen fällt mit OH^--Ionen je nach Reaktionsbedingung kristallines Hydroxid $Cr(OH)_3(H_2O)_3$ oder Oxidhydrat mit variabler Zusammensetzung $Cr_2O_3 \cdot nH_2O$ aus. $Cr(OH)_3$ ist amphoter und löst sich frisch gefällt in Säuren und Basen

$$[Cr(H_2O)_6]^{3+} \xrightleftharpoons[H_3O^+]{OH^-} Cr(OH)_3 \xrightleftharpoons[H_3O^+]{OH^-} [Cr(OH)_6]^{3-}$$

Das **Hexaaquachrom(III)-Ion $[Cr(H_2O)_6]^{3+}$** ist violett, oktaedrisch gebaut und liegt auch in Salzen vor, z. B. in Chrom(III)-sulfat $[Cr(H_2O)_6]_2(SO_4)_3$, Chrom(III)-chlorid $[Cr(H_2O)_6]Cl_3$ und den Chromalaunen $[\overset{+1}{Me}(H_2O)_6][Cr(H_2O)_6]\,(SO_4)_2$. $[Cr(H_2O)_6]^{3+}$ reagiert sauer.

$$[Cr(H_2O)_6]^{3+} + H_2O \rightleftharpoons [Cr(H_2O)_5OH]^{2+} + H_3O^+ \qquad pK_S = 4$$

In Abhängigkeit von pH-Wert, Temperatur und Konzentration bilden sich polymere Spezies, in der ersten Stufe ein dimerer Komplex mit OH^--Brücken.

$$2[Cr(H_2O)_5OH]^{2+} \longrightarrow [(H_2O)_4Cr\underset{\underset{H}{O}}{\overset{\overset{H}{O}}{<\;>}}Cr(H_2O)_4]^{4+} + 2\,H_2O$$

Als Endprodukt bei der Zugabe von Basen entstehen dunkelgrüne Chrom(III)-oxid-Hydrat-Gele.

Die Hexaaquachrom(III)-Komplexe zeigen *Hydratisomerie* (vgl. S. 676).

Beispiel $Cr(H_2O)_6Cl_3$:

$$\underset{\text{violett}}{[Cr(H_2O)_6]Cl_3} \rightleftharpoons \underset{\text{hellgrün}}{[Cr(H_2O)_5Cl]Cl_2 \cdot H_2O} \rightleftharpoons \underset{\text{dunkelgrün}}{[Cr(H_2O)_4Cl_2]Cl \cdot 2H_2O}$$

Beim Erwärmen entstehen aus dem violetten Komplex die grünen Isomere, die sich in der Kälte sehr langsam wieder in den violetten Komplex umwandeln.

Chrom(III)-Halogenide

Von den wasserfreien Halogeniden CrX_3 (X = F, Cl, Br, I) ist das schuppige, rotviolette **Chrom(III)-chlorid $CrCl_3$** (Smp. 1152 °C) am wichtigsten. Es ist im Cl_2-Strom bei 600 °C sublimierbar. Wasserfreie Cr(III)-Salze unterscheiden sich in Struktur und Eigenschaften wesentlich von wasserhaltigen Salzen. $CrCl_3$ kristallisiert in einer Schichtstruktur mit Schichtpaketen, zwischen denen van der Waals-Bindungen vorhanden sind. Chrom ist oktaedrisch koordiniert. $CrCl_3$ löst sich in Wasser nur in Gegenwart von Cr^{2+}-Ionen durch deren katalytische Wirkung. Auch kinetisch stabile Cr(III)-Komplexe werden durch Cr(II) zersetzt.

Chrom(III)-Komplexe

Die Elektronenkonfiguration d^3 liefert bei oktaedrischer Koordination eine große Ligandenfeldstabilisierungsenergie (vgl. Abschn. 5.4.6). Es gibt daher eine große Zahl stabiler oktaedrischer Cr(III)-Komplexe mit typischen Farben. Die magnetischen Momente liegen beim „spin-only"-Wert (vgl. S. 658), der für drei ungepaarte Elektronen 3,87 Bohrsche-Magnetonen beträgt. Aus den Elektronenspektren kann die Ligandenfeldaufspaltung Δ bzw. 10 Dq ermittelt werden (Abb. 5.75). Für einige Komplexe sind diese Eigenschaften in der Tabelle 5.12 angegeben.

Tabelle 5.12   Eigenschaften von Chrom(III)-Komplexen

Komplex	Farbe	10 Dq in cm^{-1}	μ in μ_B
$K[Cr(H_2O)_6](SO_4)_2 \cdot 6\,H_2O$	violett	17 400	3,84
$K_3[Cr(C_2O_4)_3] \cdot 3\,H_2O$	rotviolett	17 500	3,84
$[Cr(NH_3)_6]Br_3$	gelb	21 550	3,77
$[Cr(en)_3]I_3 \cdot H_2O$	gelb	21 600	3,84
$K_3[Cr(CN)_6]$	gelb	26 700	3,87

5.14.5.5 Chrom(II)-Verbindungen (d^4)

Cr(II)-Verbindungen sind starke Reduktionsmittel. Durch Abgabe eines Elektrons entsteht die stabile d^3-Konfiguration von Cr(III).

$$Cr^{2+} \rightleftharpoons Cr^{3+} + e^- \qquad E° = -0,41\,V$$

Bei der Konfiguration d^4 mit high-spin-Anordnung tritt der Jahn-Teller-Effekt auf. Für Cr(II) ist daher die tetragonal verzerrte oktaedrische oder die quadratische Koordination typisch.

Das himmelblaue **Hexaaquachrom(II)-Ion $[Cr(H_2O)_6]^{2+}$** erhält man durch Reduktion von Cr(III)-Lösungen mit Zink. Es wird durch Luft schnell wieder oxidiert; in neutralen Lösungen ist es bei Luftausschluß haltbar, in sauren Lösungen geht es unter H_2-Entwicklung in Cr(III) über.

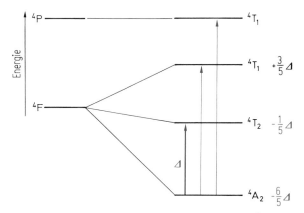

Abbildung 5.75 Schematisches Termdiagramm für ein d^3-Metallion in einem oktaedrischen Ligandenfeld (vgl. Abb. 5.33). Es gibt drei spinerlaubte d – d-Übergänge. Aus dem Übergang $^4A_2 \rightarrow {}^4T_2$ erhält man direkt die Ligandenfeldaufspaltung Δ bzw. 10 Dq.
Für die Aufspaltung des ^4F-Terms gilt der Schwerpunktsatz. Unter Berücksichtigung des Entartungsgrades 3 für T-Terme und 1 für A-Terme gilt: $-\frac{6}{5}\Delta - 3 \cdot \frac{1}{5}\Delta + 3 \cdot \frac{3}{5}\Delta = 0$.

Blaugefärbt sind auch die wasserhaltigen Salze $CrSO_4 \cdot 5H_2O$, $Cr(ClO_4)_2 \cdot 6H_2O$ und $CrCl_2 \cdot 4H_2O$.

Die wasserfreien **Dihalogenide CrX_2** (X = F, Cl, Br, I) erhält man durch Reduktion der Trihalogenide mit H_2 bei 500–600 °C. $CrCl_2$ (Smp. 824 °C) ist weiß, die Koordination von Chrom ist verzerrt oktaedrisch.

Einkernige **high-spin-Komplexe** wie $[Cr(H_2O)_6]^{2+}$, $[Cr(NH_3)_6]^{2+}$, $[Cr(en)_3]^{2+}$ sind tetragonal verzerrt oktaedrisch gebaut. Sie sind magnetisch normal ($\mu = 4,9\,\mu_B$, dies entspricht vier ungepaarten Elektronen) (vgl. Abschn. 5.4.6.1).

Die **low-spin-Komplexe** $[Cr(CN)_6]^{4-}$, $[Cr(phen)_3]^{2+}$ und $[Cr(bipy)_3]^{2+}$ (bipy = Bipyridyn, phen = o-Phenanthrolin) sind oktaedrisch gebaut und magnetisch anomal ($\mu = 3\,\mu_B$, dies entspricht zwei ungepaarten Elektronen).

Cr(II) bildet zweikernige Komplexe mit Cr—Cr-Mehrfachbindungen. Beispiele sind das rote Acetathydrat $Cr_2(CH_3COO)_4(H_2O)_2$ und der Komplex $[Cr_2(CH_3)_8]^{4-}$.

Der Diamagnetismus und die kurzen Cr-Cr-Abstände werden mit einer Cr-Cr-Vierfachbindung erklärt. Die Bindungsverhältnisse sind in der Abb. 5.76 dargestellt.

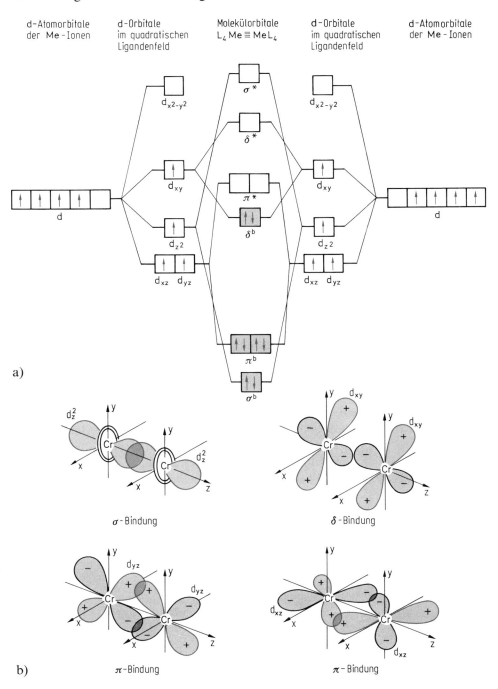

σ-Bindung

δ-Bindung

π-Bindung

π-Bindung

5.14.6 Verbindungen des Molybdäns und Wolframs

5.14.6.1 Oxide

Von Molybdän und Wolfram sind die folgenden Oxide bekannt

Oxidationszahl	$+6$	zwischen $+6$ und $+5$	$+4$
Molybdän	MoO_3	$Mo_9O_{26}, Mo_8O_{23}, Mo_5O_{14}, Mo_{17}O_{47}, Mo_4O_{11}$	MoO_2
Wolfram	WO_3	$W_{40}O_{119}, W_{50}O_{148}, W_{20}O_{58}, W_{18}O_{49}$	WO_2

Im Unterschied zu Chrom sind keine Oxide mit Oxidationszahlen < 4 bekannt.
   Molybdän(VI)-oxid MoO_3 (Smp. 795 °C) ist weiß und besitzt eine seltene Schicht-struktur, die aus verzerrten MoO_6-Oktaedern aufgebaut ist.
   Wolfram(VI)-oxid WO_3 (Smp. 1473 °C) ist gelb und kristallisiert zwischen -43 und $+20$ °C im verzerrten ReO_3-Typ (vgl. Abb. 5.80), ist also dreidimensional aus eckenverknüpften Oktaedern aufgebaut. Es gibt weitere 6 polymorphe Formen.
   Beide Trioxide sind wasser- und säureunlöslich. In Alkalilaugen lösen sie sich unter Bildung der Ionen MeO_4^{2-}.
   Molybdän(IV)-oxid MoO_2 (violett) und **Wolfram(IV)-oxid WO_2** (braun) sind dia-magnetische, metallisch leitende Verbindungen. Sie kristallisieren im verzerrten Ru-til-Typ. Durch die Verzerrung bilden sich Metallpaare mit Me-Me-Bindungen.
   Beim Erhitzen der Trioxide im Vakuum oder durch Reduktion der Trioxide mit den Metallen erhält man die zahlreichen stöchiometrischen **Oxide mit nichtganzzahligen Oxidationszahlen**. Sie sind intensiv violett oder blau gefärbt. Die Strukturen sind kompliziert. Einige Oxide sind Beispiele für Scherstrukturen (vgl. Abschn. 5.7.4), in einigen Strukturen sind neben den vorwiegend oktaedrisch koordinierten Me-Ato-men auch siebenfach und vierfach koordinierte Metallatome vorhanden.
   Wenn man angesäuerte Molybdat- bzw. Wolframatlösungen oder Suspensionen von MoO_3 bzw. WO_3 in Wasser mit Sn(II), SO_2, H_2S oder N_2H_4 reduziert, erhält man tiefblaue Lösungen von **Molybdänblau** bzw. **Wolframblau**. Es handelt sich wahr-scheinlich um Hydroxid-Oxid-Spezies mit Oxidationszahlen zwischen $+6$ und $+5$.

◄ Abbildung 5.76   a) MO-Diagramm eines Komplexes Me_2L_8 mit $Me-Me$-Vierfachbindung. Die Me-Ionen sind d^4-Ionen, sie sind von den Liganden L quadratisch umgeben. Es gibt vier Linearkombinationen zwischen den d-Orbitalen der Metallionen, die bindende Molekülorbita-le ergeben. Es entsteht eine Vierfachbindung. Für die Bindung mit den Liganden stehen die Orbitale s, p_x, p_y und $d_{x^2-y^2}$ zur Verfügung.
b) Darstellung der d-Orbitale, deren Linearkombinationen bindende Molekülorbitale ergeben. Die Linearkombination der d_{xy}-Orbitale führt zu einer sehr schwachen Bindung (δ-Bindung).

5.14.6.2 Isopolymolybdate, Isopolywolframate

Die alkalischen Lösungen der Trioxide MoO_3 und WO_3 enthalten tetraedrische MoO_4^{2-}- und WO_4^{2-}-Ionen. Aus stark sauren Lösungen kristallisieren die Oxidhydrate $MoO_3 \cdot 2H_2O$ und $WO_3 \cdot 2H_2O$ aus, die als **„Molybdänsäure"** bzw. **„Wolframsäure"** bezeichnet werden. Beim Erwärmen wandeln sie sich in die Monohydrate $MeO_3 \cdot H_2O$ um.

Bei pH-Werten zwischen diesen Extremen bilden sich polymere Anionen, die überwiegend aus MeO_6-Oktaedern aufgebaut sind.

Beim Molybdän erfolgt die Bildung der Polyanionen durch eine rasche Gleichgewichtseinstellung, beim Wolfram dauert die Gleichgewichtseinstellung oft Wochen. Die Polyanionen sind bei Molybdän und Wolfram verschieden und nicht, wie man vielleicht erwarten könnte, analog.

In Molybdatlösungen bilden sich – sobald der pH-Wert unter 6 sinkt – die Polyanionen $[Mo_7O_{24}]^{6-}$, $[Mo_8O_{26}]^{4-}$ und $[Mo_{36}O_{112}]^{8-}$. Von $[Mo_8O_{26}]^{4-}$ sind zwei isomere Strukturen bekannt (Abb. 5.77). Einige Polyanionen wie $[Mo_2O_7]^{2-}$, $[Mo_6O_{19}]^{2-}$ und $[Mo_{10}O_{34}]^{8-}$ sind nur aus Feststoffen bekannt, die aus den Molybdatlösungen auskristallisieren (Abb. 5.78).

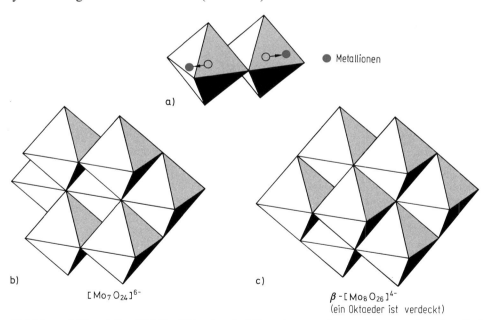

Abbildung 5.77   a) Zwei MeO_6-Oktaeder sind über eine gemeinsame Kante verbunden. Zwischen den Metallionen tritt Coulombsche Abstoßung auf, die mit zunehmender Ladung der Ionen zunimmt. Dies führt zu einer Verzerrung der Oktaeder.
b) und c) Idealisierte Darstellung von Polymolybdationen, die in Lösungen nachgewiesen sind. Die Oktaeder sind verzerrt, die Metallionen sind in Richtung auf die äußeren Sauerstoffionen verschoben. Alle Oktaeder sind kantenverknüpft. Im α-$[Mo_8O_{26}]^{4-}$ sind zwei Metallatome tetraedrisch koordiniert.

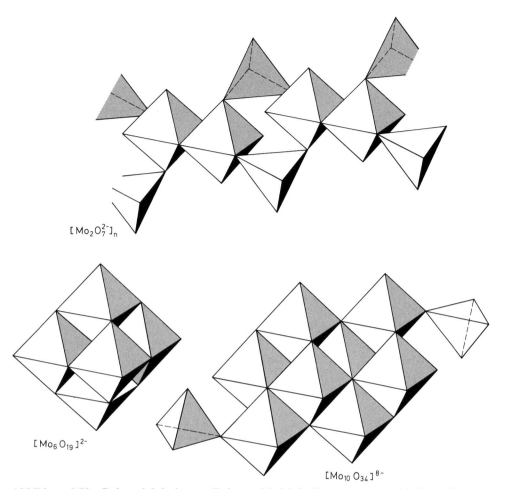

$[Mo_2O_7^{2-}]_n$

$[Mo_6O_{19}]^{2-}$

$[Mo_{10}O_{34}]^{8-}$

Abbildung 5.78   Polymolybdationen, die in aus Molybdatlösungen ausgeschiedenen Kristallen nachgewiesen wurden.
Im Unterschied zu $[Cr_2O_7]^{2-}$ (vgl. Abb. 5.73) ist $[Mo_2O_7]^{2-}$ polymer.

In Wolframatlösungen kondensieren bei pH $\approx$ 6 die WO_4^{2-}-Ionen zunächst zu $[HW_6O_{21}]^{5-}$, das sich langsam mit $[H_2W_{12}O_{42}]^{10-}$ ins Gleichgewicht setzt. Bei pH $\approx$ 4 bilden sich langsam $[H_2W_{12}O_{40}]^{6-}$-Ionen (Abb. 5.79).

5.14.6.3 Heteropolyanionen

In die Strukturen von Isopolyanionen können Heteroatome eintreten. So erhält man aus einer Lösung, die MoO_4^{2-}- und HPO_4^{2-}-Ionen enthält, beim Ansäuern das gelbe Heteropolyanion $[PMo_{12}O_{40}]^{3-}$.

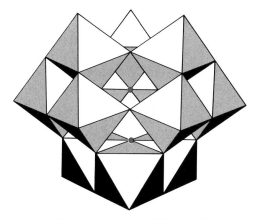

Abbildung 5.79   Struktur des Ions $[W_{12}O_{40}]^{8-}$.
Die Struktur besteht aus vier Gruppen, die wiederum aus drei WO_6-Oktaedern aufgebaut sind: $(W_3O_{10})_4$. In den Dreiergruppen ist jedes Oktaeder durch eine gemeinsame Kante mit den Nachbaroktaedern verbunden. Jede Dreiergruppe ist über zwei gemeinsame Oktaederecken mit den drei anderen Dreiergruppen verknüpft. Die Dreiergruppen umschließen einen Hohlraum, in den Protonen oder Heteroatome eintreten können. In jeder Dreiergruppe gibt es ein Sauerstoffatom, das allen drei Oktaedern gemeinsam angehört (●). Diese vier Sauerstoffatome liegen an der Peripherie des Hohlraums und bilden ein Tetraeder.
Im Isopolyanion $[H_2W_{12}O_{40}]^{6-}$ befinden sich im Hohlraum zwei Protonen, im Heteropolyanion $[P(W_3O_{10})_4]^{3-}$ ein Phosphoratom, das tetraedrisch von vier Sauerstoffatomen koordiniert ist.
Die Struktur wird nach dem Entdecker „Keggin-Struktur" genannt.

Bei den Heteropolyanionen handelt es sich um eine große Verbindungsklasse. Die meisten sind Heteropolyanionen des Molybdäns und Wolframs mit mindestens 35 verschiedenen Heteroatomen. *Die Heteroatome sind Nichtmetalle und Übergangsmetalle.* Die freien Säuren und die Salze mit kleinen Kationen sind in Wasser gut löslich, Salze mit großen Kationen wie Cs^+, Ba^{2+} und Pb^{2+} sind schwerlöslich. *Die Salze der Heteropolyanionen sind stabiler als die der Isopolyanionen.*

Die Heteroatome befinden sich in den Hohlräumen der aus MeO_6-Oktaedern gebildeten Polyanionen. Je nach Größe besetzen sie von den Sauerstoffionen der MeO_6-Oktaeder tetraedrisch oder oktaedrisch koordinierte Plätze.

Es können verschiedene **Klassen von Heteropolyanionen** unterschieden werden.

Klasse	X : Me	Heterogruppe	Beispiele für Heteroatome X
$[\overset{+n}{X}Me_{12}O_{40}]^{(8-n)-}$	1 : 12	XO_4	Si^{4+}, Ge^{4+}, P^{5+}, As^{5+}, Ti^{4+}
$[\overset{+n}{X}_2Me_{18}O_{62}]^{(16-2n)-}$	2 : 18	XO_4	P^{5+}, As^{5+}
$[\overset{+n}{X}Me_6O_{24}]^{(12-n)-}$	1 : 6	XO_6	Te^{6+}, I^{7+}
$[\overset{+n}{X}Me_9O_{32}]^{(10-n)-}$	1 : 9	XO_6	Mn^{4+}, Ni^{4+}

Die Heteropolyanionen $[\overset{+n}{X}Me_{12}O_{40}]^{(8-n)-}$ besitzen wie das Polywolframation $[H_2W_{12}O_{40}]^{6-}$ die Keggin-Struktur (Abb. 5.79).

5.14.6.4 Bronzen

Reduziert man Natriumpolywolframat mit Wasserstoff bei Rotglut, erhält man eine Substanz, die wegen ihres metallischen, bronzeähnlichen Aussehens als Bronze bezeichnet wurde. Natriumwolframbronzen erhält man auch durch elektrolytische Reduktion geschmolzener Wolframate oder durch Reduktion von Natriumwolframat mit Natrium, Wolfram oder Zink.

Natriumwolframbronzen sind nichtstöchiometrische Verbindungen der Zusammensetzung Na_nWO_3 ($0 < n \leq 1$). Es sind chemisch inerte Verbindungen, die in Wasser und Säuren (außer Flußsäure) unlöslich sind. Sie sind intensiv gefärbt, die Farbe ändert sich von goldgelb bei $n \approx 0{,}9$ über orange, rot bis blauschwarz bei $n \approx 0{,}3$. Sie kristallisieren im Bereich $0{,}3 \leq n \leq 1$ in einer Perowskit-Defektstruktur, bei der ein Übergang vom Perowskit-Typ zum ReO_3-Typ erfolgt (Abb. 5.80). Die vom Natrium stammenden Elektronen befinden sich in einem Leitungsband und sind nicht an den Wolframionen lokalisiert. Die Perowskit-Phasen sind daher metallisch leitend. Unterhalb $n = 0{,}3$ sind die Substanzen, bedingt durch den Strukturwechsel, halbleitend.

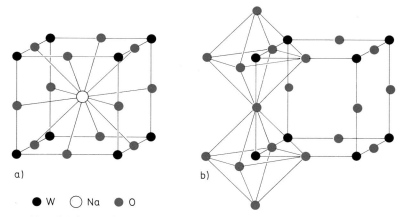

a)   b)

● W   ○ Na   ● O

Abbildung 5.80   a) Die Natriumwolframbronze $NaWO_3$ hat die kubische Perowskit-Struktur. WO_6-Oktaeder sind über die Oktaederecken dreidimensional verknüpft. Die Na-Atome sind von 12 O-Atomen umgeben. Die Bronzen Na_nWO_3 ($0{,}3 \leq n \leq 1$) haben eine Perowskit-Defektstruktur, in der Natriumplätze statistisch unbesetzt sind. Wenn alle Natriumplätze unbesetzt sind, liegt die in b) dargestellte ReO_3-Struktur vor. WO_3 kristallisiert in einer monoklin deformierten Variante dieser Struktur. Bei Natriumgehalten $n < 0{,}3$ erfolgt ein Übergang zur WO_3-Struktur, die Phasen sind nicht mehr kubisch.

Lithiumbronzen kristallisieren ebenfalls im Perowskit-Typ. Die **Kaliumbronzen** K_nWO_3 ($n = 0{,}4$ bis $0{,}6$) sind rotviolett und besitzen eine komplizierte tetragonale

Struktur. Die **Rubidium-** und **Caesiumbronzen** sind dunkelblau und kristallisieren hexagonal. Sie sind alle metallische Leiter.

Außer den Alkalimetallen bilden auch die folgenden Metalle Wolframbronzen Me_nWO_3: Mg, Ca, Sr, Ba, Ga, In, Tl, Sn, Pb, Cu, Ag, Cd, Lanthanoide.

Die den Wolframbronzen analogen **Alkalimetallmolybdänbronzen** bilden sich nur unter hohem Druck.

5.14.6.5 Halogenide

Halogenide des Molybdäns und Wolframs sind mit den Oxidationszahlen $+2$ bis $+6$ bekannt. Iodide gibt es allerdings nur mit den Oxidationszahlen $+2$ und $+3$.

Oxidationszahl	Molybdänhalogenide	Wolframhalogenide
$+6$	MoF_6	WF_6, WCl_6, WBr_6
$+5$	MoF_5, $MoCl_5$	WF_5, WCl_5, WBr_5
$+4$	MoF_4, $MoCl_4$, $MoBr_4$	WF_4, WCl_4, WBr_4
$+3$	MoF_3, $MoCl_3$, $MoBr_3$, MoI_3	WCl_3, WBr_3, WI_3
$+2$	$MoCl_2$, $MoBr_2$, MoI_2	WCl_2, WBr_2, WI_2

Bei stabilen Halogeniden des Chroms ist die höchste Oxidationsstufe $+5$, sie wird nur mit Fluor erreicht. Beim Molybdän und Wolfram gibt es binäre Halogenide mit den Oxidationszahlen $+6$, beim Molybdän nur mit Fluor. MoF_6 und WF_6 sind farblose Flüssigkeiten, WCl_6 und WBr_6 dunkelblaue Feststoffe.

MoF_5 und WF_5 sind fest und flüchtig, sie sind tetramer gebaut und isostrukturell mit $(NbF_5)_4$ und $(TaF_5)_4$ (vgl. Abb. 5.70). $MoCl_5$ und WCl_5 sind schwarz bzw. dunkelgrün und besitzen wie $NbCl_5$ und $TaCl_5$ dimere Strukturen (vgl. Abb. 5.70).

$MoCl_3$ ist strukturell $CrCl_3$ ähnlich. *W(III)-Halogenide unterscheiden sich wie die Mo(II)-Halogenide und die W(II)-Halogenide wesentlich von den analogen Chromverbindungen. Die Stabilität kommt durch Me-Me-Bindungen in Metallclustern zustande.* WCl_3 z. B. hat die hexamere Struktur $[W_6Cl_{12}]Cl_6$. Der Cluster $[W_6Cl_{12}]^{6+}$ ist isostrukturell mit den $[Me_6Cl_{12}]^{n+}$-Clustern von Niob und Tantal (vgl. Abb. 5.72). WCl_3 bildet Chloride der Zusammensetzung $\overset{+1}{Me}_3[W_2Cl_9]$. Im $[W_2Cl_9]^{3-}$-Ion sind zwei WCl_6-Oktaeder über eine gemeinsame Fläche verknüpft. Der Diamagnetismus des Ions und der kurze W-W-Abstand bestätigen eine starke Metall-Metall-Bindung ($W\equiv W$). Im analogen $[Cr_2Cl_9]^{3-}$-Ion gibt es keine Cr—Cr-Bindung, es ist paramagnetisch.

Die Dihalogenide sind aus $[Me_6X_8]^{4+}$-Clustern aufgebaut (Abb. 5.81), die durch Cl^--Ionen verknüpft sind. Es sind diamagnetische, meist farbige Feststoffe mit der Zusammensetzung $[Me_6X_8]X_4$. Auf Grund der Metall-Metall-Bindungen im Cluster sind die Dihalogenide recht stabil. Während Cr(II)-Halogenide starke Reduktionsmittel sind, sind Mo(II)-Halogenide – entgegen dem Trend der Stabilität der Oxidationszahlen in der Gruppe – keine Reduktionsmittel. W(II)-Halogenide lassen sich leicht zu W(III)-Halogeniden oxidieren.

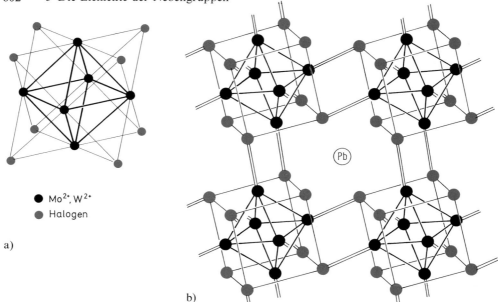

● Mo²⁺, W²⁺

● Halogen

a)

b)

Abbildung 5.81   a) Struktur des Clusters $[Me_6X_8]^{4+}$. Im Cluster sind 40 Valenzelektronen vorhanden. Für die Me—Cl-Bindungen werden davon 16 gebraucht. Den Me-Atomen verbleiben 24 Elektronen für Metall-Metall-Bindungen, sie können längs der 12 Oktaederkanten Zweizentrenbindungen ausbilden.
b) Assoziation der Mo_6S_8-Cluster in der Chevrel-Phase $PbMo_6S_8$, die unterhalb 12,6 K supraleitend ist.

Bei den **Chevrel-Phasen** sind in den $[Me_6X_8]^{4+}$-Clustern die Halogenatome durch Chalkogenatome ersetzt. In den Verbindungen $Fe_2Mo_6S_8$, $SnMo_6S_8$ und $CeMo_6Se_8$ ist das Clusterion $[Mo_6X_8]^{4-}$ vorhanden. Bei den meisten Chevrel-Phasen ist die Ladung der Clusterionen kleiner, und es treten auch zahlreiche nichtstöchiometrische Phasen auf.

Beispiele:

$LaMo_6S_8$, $PbMo_6S_8$, $MgMo_6S_8$, $Cu_{1,8}Mo_6S_8$, $Gd_{1,2}Mo_6Se_8$.

Ungeladene Cluster sind bei den Chalogeniden Mo_6S_8, Mo_6Se_8 und Mo_6Te_8 vorhanden. In den Clustern mit der Ladung -4 gibt es im Cluster 56 Valenzelektronen, 32 werden für die Mo—S-Bindungen gebraucht, 24 Valenzelektronen sind für Mo—Mo-Bindungen vorhanden (vgl. Abb. 5.81a). Mit abnehmender Ladung des Clusters verringern sich diese bis 20 in ungeladenen Clustern. Zwischen den Clustern gibt es starke Wechselwirkungen, die Chalkogenatome besetzen freie Koordinationsstellen der Mo-Atome in Nachbarclustern (Abb. 5.81b). Dadurch spalten die Orbitale der Cluster zu Bändern auf. Bei den Chevrel-Phasen mit weniger als 24 Valenzelektronen für Metall-Metall-Bindungen sind im Band „Elektronenlöcher" vorhanden. $PbMo_6S_8$ und Mo_6S_8 sind daher metallische Leiter. Bei den supraleitenden Chevrel-Phasen werden Sprungtemperaturen bis 15 K gefunden.

5.15 Gruppe 7

5.15.1 Gruppeneigenschaften

	Mangan Mn	Technetium Tc	Rhenium Re
Ordnungszahl Z	25	43	75
Elektronenkonfiguration	$[Ar]3d^5 4s^2$	$[Kr]4d^5 5s^2$	$[Xe]4f^{14}5d^5 6s^2$
Elektronegativität	1,6	1,4	1,5
Standardpotential in V			
Me/MeO$_4^-$	+0,74	+0,47	+0,37
Me/MeO$_2$	+0,02	+0,27	+0,26
Me/Me^{3+}	−0,28	–	+0,30
Me/Me^{2+}	−1,18	+0,40	–
Schmelzpunkt in °C	1247	2250	3180
Siedepunkt in °C	2030	4700	5870
Sublimationsenthalpie in kJ/mol	+286	+678	+770
Ionenradien in pm			
Me^{7+}	46	56	53
Me^{6+}	25*	–	55
Me^{5+}	33*	60	58
Me^{4+}	53	64	63
Me^{3+}	64 hs 58 ls	–	–
Me^{2+}	83 hs 67 ls	–	–
Beständigkeit höherer Oxidationszahlen		→ nimmt zu	
Beständigkeit niedriger Oxidationszahlen		→ nimmt ab	

* KZ = 4, hs = high-spin, ls = low spin

Die Metalle der Gruppe 7 treten vorwiegend in den Oxidationszahlen +2 bis +7 auf. Die wichtigsten Oxidationszahlen des Mangans sind +2, +4 und +7, dies entspricht den Elektronenkonfigurationen d^5, d^3 und d^0. Mn(VII)-Verbindungen existieren nur als Oxoverbindungen wie Mn_2O_7, MnO_4^- und MnO_3F. Es sind starke Oxidationsmittel. In saurer Lösung erfolgt Reduktion zu Mn^{2+}, in stark basischer Lösung zu $\overset{+6}{Mn}O_4^{2-}$ und in schwach saurem bzw. schwach basischem Milieu zu $\overset{+4}{Mn}O_2$.

Für Rhenium ist die Oxidationszahl +7 typisch. ReO_4^- ist ein viel schwächeres Oxidationsmittel als MnO_4^-. Von Re(II) existieren praktisch keine Verbindungen. Für Re(III) sind Clusterverbindungen mit Metall-Metall-Bindungen typisch.

Bei beiden Metallen wächst mit zunehmender Oxidationszahl die Tendenz zur Bildung anionischer Komplexe, ebenso der saure Charakter der Oxide.

Die häufigsten Koordinationszahlen sind beim Mangan 4 und 6, beim Rhenium außerdem 7, 8 und 9.

Technetium ist nur künstlich darstellbar. Das Nuklid $^{99}_{43}$Tc entsteht als Spaltprodukt von Uran in Kernreaktoren. Es ist ein β-Strahler mit einer Halbwertszeit von $2 \cdot 10^5$ Jahren.

Technetium ähnelt chemisch dem Rhenium. Mangan unterscheidet sich deutlich von beiden und zeigt Ähnlichkeiten zu seinen Nachbarn im PSE, Chrom und Eisen.

5.15.2 Die Elemente

Mangan ist silbergrau, hart und spröde. Es kristallisiert in vier polymorphen Formen. Die bei Raumtemperatur stabile α-Modifikation kristallisiert nicht in einer der typischen Metallstrukturen, sondern in einer ungewöhnlichen Struktur mit vier verschiedenen Manganplätzen. Mangan ist ein unedles Metall, es löst sich in Säuren unter Bildung von Mn^{2+}-Ionen, auch mit Wasser entwickelt es Wasserstoff. Kompaktes Metall wird an Luft nur oberflächlich oxidiert, in feiner Verteilung erfolgt jedoch Oxidation. Mit den Nichtmetallen Sauerstoff, Stickstoff, Chlor und Fluor ragiert Mangan erst beim Erhitzen.

Rhenium ist weißglänzend, hart, luftbeständig und sieht ähnlich wie Platin aus. Es kristallisiert in der hexagonal-dichten Packung. *Nach Wolfram hat es den höchsten Schmelzpunkt aller Metalle.* Rhenium ist weniger reaktiv als Mangan. Es löst sich nicht in Salzsäure und Flußsäure, ist aber in oxidierenden Säuren wie Salpetersäure und Schwefelsäure als Rhenium(VII)-säure $HReO_4$ löslich. Sauerstoff reagiert mit Rheniumpulver oberhalb 400 °C, mit kompaktem Metall erst bei 1000 °C zu Re_2O_7. Beim Erhitzen mit Fluor entsteht ReF_6 und ReF_7, mit Chlor bildet sich $ReCl_5$. Oxidierende Schmelzen überführen Rheniummetall in Rhenate(VII).

5.15.3 Vorkommen

Mangan ist nach Eisen das häufigste Schwermetall. Am Aufbau der Erdkruste ist es mit ca. 0,1 % beteiligt. Es gibt zahlreiche Mineralien. Das wichtigste Manganerz ist Pyrolusit MnO_2. Weitere wichtige Mineralien sind Hausmannit Mn_3O_4, Manganit $MnO(OH)$ und Rhodochrosit (Manganspat) $MnCO_3$. Auf dem Boden des pazifischen Ozeans gibt es große Mengen von Manganknollen, die 15–30 % Mn enthalten, außerdem Fe, Ni, Cu, Co. Für einen Abbau ist jedoch der Mangangehalt zu gering.

Rhenium ist mit 10^{-7} % in der Erdkruste ein sehr seltenes Element. Es kommt vergesellschaftet mit Molybdän vor. Relativ rheniumreich ist der Molybdänglanz MoS_2.

5.15.4 Darstellung, Verwendung

Mangan wird als Ferromangan, Silicomangan und als Manganmetall hergestellt.
Ferromangan ist eine Mn-Fe-Legierung mit mindestens 70 % Mn und enthält je

nach Herstellungsverfahren bis 8 % Kohlenstoff. Kohlenstoffreiches Ferromangan wird im Hochofen aus manganreichen Erzen durch Reduktion mit Koks hergestellt.

Silicomangan mit 65 % Mn und 15–20 % Si wird in Elektroschachtöfen durch Reduktion von Fe- und P-armen Manganerzen und Quarzit mit Koks gewonnen.

Manganmetall wird im Elektroofen aus Manganerzen durch Reduktion mit Silicomangan hergestellt.

$$2\,MnO + Si \longrightarrow 2\,Mn + SiO_2$$

Die aluminothermische Herstellung ist teurer und wird nur noch ausnahmsweise angewandt.

Reines Manganmetall wird durch Elektrolyse von $MnSO_4$-Lösungen hergestellt. Trotz des negativen Standardpotentials $E^\circ_{Mn/Mn^{2+}} = -1,18$ V läßt es sich auf Grund der hohen Wasserstoffüberspannung an metallischem Mangan abscheiden.

95 % des *Mangans wird in der Stahlindustrie* verwendet. Mangan reagiert bei höherer Temperatur mit Sauerstoff und Schwefel, es wird daher *als Desoxidations- und Entschwefelungsmittel verwendet. Es ist in fast allen Stählen als Legierungsbestandteil vorhanden.* **Manganin** (84 % Cu, 12 % Mn, 4 % Ni) hat einen Temperaturkoeffizienten des elektrischen Widerstands von nahezu null und wird daher für Präzisionswiderstände benutzt.

Rhenium. Beim Rösten von MoS_2-haltigen Erzen entsteht Rhenium(VII)-oxid Re_2O_7, das als Perrhenat ReO_4^- in Lösung geht. Eine Methode der Isolierung ist die Fällung als NH_4ReO_4, aus dem nach Umkristallisation durch Reduktion mit Wasserstoff bei 400–1000 °C graues Metallpulver gewonnen wird. Rhenium wird zur Herstellung von Thermoelementen, Elektroden, Glühkathoden und Katalysatoren verwendet. Legierungen von Re mit Nb, Ta, W, Fe, Co, Ni, Rh, Ir, Pt und Au sind sehr hart und chemisch äußerst resistent.

5.15.5 Verbindungen des Mangans

5.15.5.1 Mangan(II)-Verbindungen (d^5)

Die beständigste Oxidationsstufe des Mangans ist + 2. Für Mn(II) ist die oktaedrische Koordination typisch. Binäre Verbindungen kristallisieren in Koordinationsgittern (MnO, MnS, MnF_2) oder Schichtstrukturen ($Mn(OH)_2$, $MnCl_2$). Mn(II) bildet mit den meisten Anionen Salze, die meist als Hydrate kristallisieren und überwiegend in Wasser gut löslich sind. Schwerlöslich sind MnO, MnS, MnF_2, $Mn(OH)_2$, $MnCO_3$ und $Mn_3(PO_4)_2$.

In neutralen oder sauren Lösungen liegt das rosafarbene **Hexaaquamangan(II)-Ion** $[Mn(H_2O)_6]^{2+}$ vor, das auf Grund der stabilen d^5-Konfiguration von Mn(II) ziemlich oxidationsbeständig ist (die Ionen Cr^{2+} und Fe^{2+} lassen sich leichter oxidieren).

$$Mn \xrightarrow{-1,18\ V} Mn^{2+} \xrightarrow{+1,51\ V} Mn^{3+} \qquad MnO_4^-$$
$$\underset{+1,51\ V}{\underbrace{\hspace{5cm}}}$$

Die meisten Mn(II)-Komplexe sind wie $[Mn(H_2O)_6]^{2+}$ und $[Mn(NH_3)_6]^{2+}$ *oktaedrische high-spin-Komplexe.* Nur mit Liganden, die eine starke Ligandenfeldaufspaltung bewirken, bilden sich low-spin-Komplexe, z. B. $[Mn(CN)_6]^{4-}$ und $[Mn(CN)_5NO]^{3-}$.

Mangan(II)-hydroxid Mn(OH)₂ fällt mit OH^--Ionen aus Mn(II)-Lösungen als weißer gallertartiger Niederschlag aus, der sich an der Luft durch Oxidation braun färbt.

$$Mn(OH)_2 \xrightarrow{-0,2\,V} Mn_2O_3 \cdot nH_2O \xrightarrow{-0,1\,V} MnO_2 \cdot nH_2O$$

$Mn(OH)_2$ ist eine definierte Verbindung, sie ist isotyp mit $Mg(OH)_2$. Sie ist amphoter mit überwiegend basischen Eigenschaften.

$$Mn(OH)_2 + OH^- \longrightarrow [Mn(OH)_3]^- \qquad K \approx 10^{-5}$$

Mangan(II)-oxid MnO ist grün, in Wasser unlöslich, aber löslich in Säuren. Man stellt es durch thermische Zersetzung von $MnCO_3$ im H_2-Strom dar. Es kristallisiert im NaCl-Typ und hat den Phasenbereich $MnO_{1,00}$–$MnO_{1,045}$. MnO ist das klassische Beispiel einer antiferromagnetischen Substanz (vgl. Abschn. 5.16).

Mangan(II)-sulfid MnS fällt aus alkalischen Mn(II)-Lösungen mit S^{2-}-Ionen aus ($L = 10^{-15}$). Es ist wasserhaltig, fleischfarben, in verdünnten Säuren löslich und färbt sich an der Luft durch Oxidation braun. Unter Luftabschluß wandelt es sich in die wasserfreie, stabile, grüne Modifikation um, die im NaCl-Typ kristallisiert.

Auch **MnSe** und **MnTe** kristallisieren im NaCl-Gitter. Alle Mn(II)-Chalkogenide sind antiferromagnetisch.

MnS₂ hat Pyrit-Struktur (vgl. Abb. 5.91), es ist aus Mn^{2+}- und S_2^{2-}-Ionen aufgebaut.

Mangan(II)-Halogenide MnX₂ (X = F, Cl, Br, I) sind rosa Feststoffe. MnF_2 kristallisiert im Rutil-Typ, $MnCl_2$ im $CdCl_2$-Typ, $MnBr_2$ und MnI_2 im CdI_2-Typ. $MnCl_2$ bildet die Kristallhydrate $MnCl_2 \cdot 4H_2O$ und $MnCl_2 \cdot 2H_2O$, in denen Mn(II) oktaedrisch von Wassermolekülen und Chlorionen koordiniert ist.

cis-MnCl₂(H₂O)₄-Oktaeder   *trans*-Mn(H₂O)₂Cl₄-Oktaeder

In den Halogenokomplexen MnF_3^-, $MnCl_3^-$ und $MnCl_6^{4-}$ ist Mn(II) oktaedrisch koordiniert. Die Alkalimetallverbindungen von MnF_3^- und $MnCl_3^-$ kristallisieren im Perowskit-Typ. In den Komplexen MnX_4^{2-} ist Mn(II) tetraedrisch koordiniert. *In tetraedrischer Umgebung hat Mn(II) eine grüngelbe Farbe, während oktaedrisch koordiniertes Mn(II) meist schwach rosa ist.* Da im oktaedrischen Ligandenfeld nur spinverbotene d-d-Übergänge existieren, ist die Farbintensität schwach (vgl. S. 695).

Mangan(II)-sulfat MnSO₄ entsteht als weißes Salz beim Abrauchen von Manganoxiden mit Schwefelsäure. Es bildet mehrere Hydrate. Das Mangansulfat des Handels ist das Tetrahydrat $MnSO_4 \cdot 4H_2O$. Das Hydrat $MnSO_4 \cdot 7H_2O$ und die Doppelsalze $\overset{+1}{Me}_2Mn(SO_4)_2 \cdot 6H_2O$ (Me = Alkalimetalle) enthalten das Komplexion $[Mn(H_2O)_6]^{2+}$.

5.15.5.2 Mangan(III)-Verbindungen (d⁴)

Die häufigste Koordinationszahl von Mn(III) ist 6. Bei d^4-Konfigurationen tritt Jahn-Teller-Effekt auf. *Auf Grund des Jahn-Teller-Effekts* (vgl. Abschn. 5.4.6) *sind die oktaedrischen Umgebungen verzerrt. Praktisch in allen Verbindungen hat Mn(III) high-spin-Konfiguration.* Die high-spin-Verbindungen haben eine breite Absorptionsbande bei $20\,000\ cm^{-1}$ und sind daher rot bis rotbraun. Ein unverzerrter oktaedrischer low-spin-Komplex ist $[Mn(CN)_6]^{3-}$.

In wäßriger Lösung existiert das granatrote **Hexaaquamangan(III)-Ion** $\mathbf{[Mn(H_2O)_6]^{3+}}$. Es *neigt zur Disproportionierung*

$$2\,Mn^{3+} + 6\,H_2O \longrightarrow Mn^{2+} + \overset{+4}{Mn}O_2 + 4\,H_3O^+$$

und ist ein Oxidationsmittel. Wasser wird langsam unter Entwicklung von Sauerstoff oxidiert.

$$2\,Mn^{3+} + 3\,H_2O \longrightarrow 2\,Mn^{2+} + 2\,H_3O^+ + \tfrac{1}{2}O_2$$

Durch komplexbildende Anionen wie $C_2O_4^{2-}$ und $EDTA^{4-}$ kann Mn(III) in wäßriger Lösung stabilisiert werden. Das Ion $[Mn(H_2O)_6]^{3+}$ ist in den Alaunen $\overset{+1}{Me}Mn(SO_4)_2 \cdot 12H_2O$ (Me = Na, K, Rb, Cs) enthalten.

Mangan(III)-oxid Mn_2O_3 erhält man durch Oxidation von MnO bei 470–600 °C oder durch Zersetzung von MnO_2 (vgl. S. 808). Die Koordination ist verzerrt oktaedrisch und als einziges Me^{3+}-Ion der Übergangsmetalle kristallisiert es als Oxid Me_2O_3 nicht im Korund-Typ. Bei 1000 °C entsteht das beständigste Oxid **Mn_3O_4**, das als Mineral Hausmannit vorkommt. Es kristallisiert in einer tetragonal verzerrten Spinell-Struktur $\overset{+2}{Mn}(\overset{+3}{Mn}_2)O_4$, in der die Mn^{3+}-Ionen von gestreckt verzerrten Sauerstoffoktaedern umgeben sind. Erhitzt man $Mn(OH)_2$ an der Luft, entsteht $Mn_2O_3 \cdot nH_2O$, das bei 100 °C in MnO(OH) übergeht. In der Natur kommt **MnO(OH)** als Mineral Manganit vor, als „Umbra" ist es Bestandteil von Malerfarben.

Mangan(III)-fluorid MnF_3 ist ein rubinroter Feststoff, der in Wasser hydrolysiert und dessen Gitter aus gestreckten MnF_6-Oktaedern aufgebaut ist. Verzerrt oktaedrisch koordiniert ist Mn(III) auch in den dunkelroten Komplexen $[MnF_6]^{3-}$ und $[MnF_5]^{2-}$ (polymer).

Mangan(III)-chlorid $MnCl_3$ zerfällt oberhalb -40 °C. Stabil sind die Chlorokomplexe $[MnCl_5]^{2-}$. Entsprechende Brom- und Iodverbindungen existieren nicht, da Br^-- und I^--Ionen Mn(III) zu Mn(II) reduzieren.

5.15.5.3 Mangan(IV)-Verbindungen (d³)

Mangan(IV)-oxid MnO$_2$(Braunstein) *ist die beständigste Mangan(IV)-Verbindung.* Es ist grauschwarz, kristallisiert im Rutil-Typ und kommt natürlich als Pyrolusit vor. Die Zusammensetzung schwankt zwischen MnO$_{1,93}$ und MnO$_{2,00}$. Man kann es durch Erhitzen von Mn(NO$_3$)$_2$ · 6 H$_2$O bei 500 °C an Luft darstellen. Bei höheren Temperaturen gibt MnO$_2$ Sauerstoff ab, oberhalb 600 °C bildet sich Mn$_2$O$_3$, oberhalb 900 °C Mn$_3$O$_4$ und oberhalb 1170 °C MnO. Bei der Reduktion von basischen Permanganatlösungen entsteht hydratisiertes MnO$_2$.

MnO$_2$ ist in Wasser unlöslich, in den meisten Säuren löst es sich erst beim Erhitzen, dabei wirkt es als Oxidationsmittel. Konz. Salzsäure wird zu Chlor oxidiert.

$$MnO_2 + 4 HCl \longrightarrow MnCl_2 + Cl_2 + 2 H_2O$$

Mit heißer konz. Schwefelsäure entwickelt sich Sauerstoff.

$$2 MnO_2 + 2 H_2SO_4 \longrightarrow 2 MnSO_4 + O_2 + 2 H_2O$$

MnO$_2$ wird in Trockenbatterien (vgl. S. 369) verwendet. Als Glasmacherseife entfärbt es grünes Glas. MnO$_2$ bildet mit Glas ein violettes Mn(III)-silicat, das die Komplementärfarbe zur grüngelben Farbe des Fe(II)-silicats besitzt. Dem Licht werden beide Komplementärfarben entzogen, das ergibt „farblos". MnO$_2$ als Glasmacherseife wird durch Selenverbindungen verdrängt.

Mangan(IV)-fluorid MnF$_4$ ist ein unbeständiger blauer Feststoff, der sich in MnF$_3$ und F$_2$ zersetzt. Beständiger sind Komplexsalze wie K$_2$MnF$_6$ und K$_2$MnCl$_6$, die oktaedrische [MnX$_6$]$^{2-}$-Ionen enthalten.

5.15.5.4 Mangan(V)-Verbindungen (d²)

Durch Reduktion von Kaliumpermanganat KMnO$_4$ mit Na$_2$SO$_3$ in sehr stark basischer Lösung erhält man das tetraedrisch gebaute, blaue **Manganat(V)-Ion MnO$_4^{3-}$**.

$$MnO_4^- + 2 e^- \rightleftharpoons MnO_4^{3-} \qquad E° = +0,42 \text{ V}$$

MnO$_4^{3-}$-Ionen disproportionieren in Lösungen, die Disproportionierungsgeschwindigkeit nimmt mit abnehmender OH$^-$-Konzentration zu.

$$2 \overset{+5}{Mn}O_4^{3-} + 2 H_2O \rightleftharpoons \overset{+6}{Mn}O_4^{2-} + \overset{+4}{Mn}O_2 + 4 OH^-$$
$$\text{blau} \qquad\qquad\qquad \text{grün}$$

Die blaue Farbe der Lösung schlägt unter gleichzeitiger Ausscheidung von Braunstein in die grüne Farbe des $\overset{+6}{Mn}O_4^{2-}$-Ions um.

Die blauen Alkalimetallsalze $\overset{+1}{Me}_3MnO_4$ (Me = Li, Na, K, Rb, Cs) sind bis 1000 °C thermisch stabil. Die Verbindung Na$_3$MnO$_4$ · 10 H$_2$O · 0,25 NaOH (Manganblau) wird zur Zementfärbung verwendet.

5.15.5.5 Mangan(VI)-Verbindungen (d^1)

Es gibt nur wenige Mangan(VI)-Verbindungen. **Kaliummanganat(VI) K$_2$MnO$_4$** erhält man technisch durch Schmelzen von MnO$_2$ mit KOH an der Luft.

$$MnO_2 + \tfrac{1}{2}O_2 + 2\,KOH \longrightarrow K_2MnO_4 + H_2O$$

Im Labor setzt man dem Schmelzgemisch KNO$_3$ zu (*Oxidationsschmelze*). K$_2$MnO$_4$ ist grün, metallisch glänzend, paramagnetisch und isotyp mit K$_2$SO$_4$ und K$_2$CrO$_4$.
  Das tiefgrüne, tetraedrisch gebaute **MnO$_4^{2-}$-Ion** *ist nur in stark alkalischen Lösungen beständig, in anderen Lösungen disproportioniert es.*

$$3\,\overset{+6}{Mn}O_4^{2-} + 4\,H_3O^+ \longrightarrow 2\,\overset{+7}{Mn}O_4^- + \overset{+4}{Mn}O_2 + 6\,H_2O$$
$$\quad\text{grün}\qquad\qquad\qquad\qquad\text{violett}$$

Beim Ansäuern schlägt die grüne Farbe in violett um (*mineralisches Chamäleon*)
BaMnO$_4$ wird als ungiftige, grüne Malerfarbe verwendet.

5.15.5.6 Mangan(VII)-Verbindungen (d^0)

Mangan(VII)-oxid Mn$_2$O$_7$ entsteht als grünschwarzes Öl (Smp. 6 °C) aus Kaliumpermanganat KMnO$_4$ und konz. Schwefelsäure.

$$2\,KMnO_4 + H_2SO_4 \longrightarrow Mn_2O_7 + K_2SO_4 + H_2O$$

Beim Erwärmen zersetzt sich Mn$_2$O$_7$ explosionsartig.

$$2\,Mn_2O_7 \longrightarrow 4\,MnO_2 + 3\,O_2$$

Mit den meisten organischen Substanzen reagiert Mn$_2$O$_7$ unter Entzündung oder explosionsartig. In CCl$_4$ gelöst ist es relativ stabil. Das Mn$_2$O$_7$-Molekül besteht aus zwei eckenverknüpften Tetraedern. Mn$_2$O$_7$ löst sich in Wasser unter Bildung der **Permangansäure HMnO$_4$**. Sie ist in wäßriger Lösung eine starke Säure (p$K_S = -2{,}2$), aber unbeständig. Wichtig sind ihre Salze, die Permanganate, die technisch durch elektrolytische Oxidation basischer MnO$_4^{2-}$-Lösungen hergestellt werden. Im Labor können farblose Mn^{2+}-Ionen durch Kochen mit PbO$_2$ und konz. Salpetersäure in violettes HMnO$_4$ überführt werden (Nachweisreaktion auf Mangan). Das am meisten verwendete Permanganat ist **Kaliumpermanganat KMnO$_4$**, das tiefpurpurfarben kristallisiert und mit KClO$_4$ isotyp ist. In Permanganatlösungen liegt das intensiv violett gefärbte, tetraedrisch gebaute **MnO$_4^-$-Ion** vor (vgl. Abschn. 5.4.8). *Permanganatlösungen sind unbeständig.* In sauren Lösungen erfolgt langsame Zersetzung.

$$4\,MnO_4^- + 4\,H_3O^+ \longrightarrow 3\,O_2 + 4\,MnO_2 + 6\,H_2O$$

In neutralen oder schwach alkalischen Lösungen ist die Zersetzung im Dunkeln unmeßbar langsam, sie wird jedoch durch Licht katalysiert, daher müssen Permanganat-Maßlösungen in dunklen Flaschen aufbewahrt werden.

Permanganate sind starke Oxidationsmittel. *Das MnO_4^--Ion hat abhängig vom pH-Wert verschiedene Redoxreaktionsmöglichkeiten.* In saurer Lösung wird MnO_4^- zu $[Mn(H_2O)_6]^{2+}$ reduziert.

$$MnO_4^- + 8\,H_3O^+ + 5\,e^- \rightleftharpoons Mn^{2+} + 12\,H_2O \qquad E^\circ = +1,51\,V$$
violett   schwach rosa

Ist MnO_4^- im Überschuß vorhanden, wird Mn^{2+} durch MnO_4^- oxidiert und das Endprodukt ist MnO_2.

$$2\,MnO_4^- + 3\,Mn^{2+} + 6\,H_2O \longrightarrow 5\,MnO_2 + 4\,H_3O^+$$

In neutraler und schwach basischer Lösung entsteht MnO_2.

$$MnO_4^- + 2\,H_2O + 3\,e^- \rightleftharpoons MnO_2 + 4\,OH^- \qquad E^\circ = +1,23\,V$$

In sehr stark basischer Lösung erfolgt Reduktion zu Mn(VI).

$$MnO_4^- + e^- \rightleftharpoons MnO_4^{2-} \qquad E^\circ = +0,56\,V$$
violett   grün

Im Labor wird $KMnO_4$ für *Maßlösungen* verwendet. Bei der Titration in saurer Lösung wird violettes MnO_4^- zu „farblosem" Mn^{2+} reduziert. Nicht reduziertes MnO_4^- ist der Indikator für das Ende der Titration.

Technisch dient $KMnO_4$ als Oxidationsmittel und wird für die Wasserreinigung verwendet. Es hat gegenüber Chlor den Vorteil keiner Geschmacksbeeinflussung, außerdem werden durch MnO_2 kolloidale Verunreinigungen gefällt.

Die **Oxidhalogenide** MnO_3F und MnO_3Cl sind grüne, explosive Flüssigkeiten.

5.15.6 Verbindungen des Rheniums

5.15.6.1 Sauerstoffverbindungen

Bekannt sind die Oxide $\overset{+7}{Re_2O_7}$, $\overset{+6}{ReO_3}$, $\overset{+5}{Re_2O_5}$, $\overset{+4}{ReO_2}$.
Im Unterschied zu Mangan gibt es keine Oxide mit den Oxidationszahlen +2 und +3.

Rhenium(VII)-oxid Re_2O_7 (Smp. 303 °C) ist das beständigste Oxid des Rheniums. Es ist gelb, hygroskopisch und kann unzersetzt destilliert werden. Es bildet sich durch Oxidation des Metalls mit Sauerstoff bei 150 °C. Re_2O_7 kristallisiert in einer Schichtstruktur, in der ReO_4-Tetraeder und ReO_6-Oktaeder über gemeinsame Ecken verknüpft sind.

In Wasser löst sich Re_2O_7 unter Bildung der **Rhenium(VII)-säure (Perrheniumsäure) $HReO_4$**. Es ist eine starke Säure, die sich nicht isolieren läßt. Aus wäßrigen Lösungen fällt das Dihydrat $Re_2O_7 \cdot 2\,H_2O$ aus, das aus dimeren Einheiten aufgebaut ist, in denen ein Tetraeder und ein Oktaeder eckenverknüpft sind $(O_3Re{-}O{-}ReO_3(H_2O)_2)$.

Rhenate(VII) (Perrhenate) $\overset{+1}{Me}ReO_4$ erhält man durch Oxidation von Rhenium-verbindungen mit Salpetersäure oder Wasserstoffperoxid. Das ReO_4^--Ion ist tetraedrisch gebaut und im Unterschied zu MnO_4^- farblos, stabil in Alkalilaugen und ein viel schwächeres Oxidationsmittel. Schwerlöslich ist Tetraphenylarsoniumrhenat(VII) $Ph_4As[ReO_4]$, es wird zur gravimetrischen Bestimmung von Rhenium benutzt.

Rhenium(VI)-oxid ReO_3 (Smp. 160°C) ist rot und metallisch glänzend. Man erhält es durch Reduktion von Re_2O_7 z. B. mit CO. Die ReO_3-Struktur (Abb. 5.80) besteht aus ReO_6-Oktaedern, die über alle Ecken dreidimensional verknüpft sind. ReO_3 besitzt metallische Leitfähigkeit, das siebente Valenzelektron ist in einem Leitungsband delokalisiert. Oberhalb 300°C disproportioniert ReO_3 in ReO_2 und Re_2O_7. ReO_3 reagiert nicht mit Wasser. Mit oxidierenden Säuren bilden sich Rhenate(VII), in warmer konz. Natronlauge erfolgt Disproportionierung.

$$3\,\overset{+6}{Re}O_3 + 2\,NaOH \longrightarrow \overset{+4}{Re}O_2 + 2\,Na\overset{+7}{Re}O_4 + H_2O$$

Beim Verschmelzen mit Alkalimetallhydroxiden unter Luftausschluß entstehen grüne **Alkalimetallrhenate(VI) Me_2ReO_4**, die in wäßriger Lösung disproportionieren.

Rhenium(V)-oxid Re_2O_5 disproportioniert oberhalb 200°C.

Rhenium(IV)-oxid ReO_2 ist blauschwarz, wasserunlöslich und kristallisiert im verzerrten Rutil-Typ. Oberhalb 900°C zerfällt es in Re_2O_7 und Re. Durch Reduktion von Rhenat(VII)-Lösungen erhält man es als Oxidhydrat, das leicht zu dehydratisieren ist.

Mit Metalloxiden $\overset{+2}{Me}O$ bildet es **Doppeloxide $\overset{+2}{Me}ReO_3$** mit Perowskit-Struktur. Rhenium(III)-oxid ist nur als schwarzes Hydrat $Re_2O_3 \cdot 3H_2O$ bekannt.

5.15.6.2 Sulfide

Rhenium(VII)-sulfid Re_2S_7 entsteht als schwarzes Sulfid beim Einleiten von H_2S in Perrhenatlösungen. Durch Reduktion mit Wasserstoff erhält man **Rhenium(VI)-sulfid ReS_3**. Das schwarze **Rhenium(IV)-sulfid ReS_2** bildet sich bei der thermischen Zersetzung von Re_2S_7. Es ist das stabilste Sulfid und kristallisiert in einer Schichtstruktur, in der $\overset{+4}{Re}$ trigonal-prismatisch von $\overset{-2}{S}$ koordiniert ist.

5.15.6.3 Halogenverbindungen

In den Halogeniden kommt Rhenium mit den Oxidationszahlen +3 bis +7 vor. Die folgenden Halogenide sind bekannt.

Oxidationszahl	+7	+6	+5	+4	+3
	ReF_7	ReX_6	ReX_5	ReX_4	$(ReX_3)_3$
		$X = F, Cl$	$X = F, Cl, Br$	$X = F, Cl, Br, I$	$X = Cl, Br, I$

Alle Penta-, Hexa- und Heptahalogenide – mit Ausnahme von ReF_5 – können direkt aus den Elementen hergestellt werden. Es sind flüchtige Feststoffe, deren Farben von gelb beim ReF_7 bis braun beim $ReBr_5$ variieren. *ReF$_7$ ist das einzige thermisch stabile Heptahalogenid der Übergangsmetalle.* Durch Wasser werden die Halogenide hydrolysiert und anschließend erfolgt Disproportionierung in die stabileren Komponenten ReO_4^- und ReO_2.

Beispiel:

$$3\overset{+5}{Re}Cl_5 + 8\,H_2O \longrightarrow H\overset{+7}{Re}O_4 + 2\overset{+4}{Re}O_2 + 15\,HCl$$

Alle Halogenide bilden Halogenokomplexe, bevorzugt Fluorokomplexe: $[\overset{+7}{Re}F_8]^-$, $[\overset{+6}{Re}F_8]^{2-}$, $[\overset{+5}{Re}F_6]^-$, $[\overset{+5}{Re}OCl_5]^{2-}$, $[\overset{+5}{Re}OX_4]^-$ (X = Cl, Br, I).

$ReCl_4$ kann durch Reaktion von $ReCl_3$ mit $ReCl_5$ bei 300 °C hergestellt werden. $ReCl_4$ ist aus Re_2Cl_9-Baueinheiten aufgebaut, die über gemeinsame Cl-Atome zu Ketten verknüpft sind. Die Re_2Cl_9-Gruppen bestehen aus zwei flächenverknüpften Oktaedern. Der kleine Re-Re-Abstand zeigt, daß Re-Re-Bindungen vorliegen.

Von allen Tetrahalogeniden sind Komplexe $[ReX_6]^{2-}$ (X = F, Cl, Br, I) bekannt.

Am interessantesten sind die *Rhenium(III)-Halogenide.* Sie können durch thermische Zersetzung von $ReCl_5$, $ReBr_5$ und ReI_5 hergestellt werden. Es *sind* dunkelfarbige Feststoffe, die *aus dreikernigen Clustern aufgebaut* sind (Abb. 5.82), *in denen die drei Rheniumatome durch Doppelbindungen miteinander verbunden sind.*

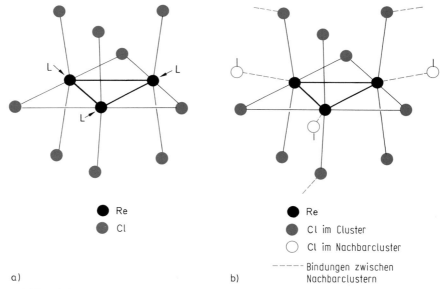

Re
Cl

Re
Cl im Cluster
Cl im Nachbarcluster
- - - - Bindungen zwischen Nachbarclustern

a)   b)

Abbildung 5.82   a) Struktur des dreikernigen Clusters Re_3Cl_9.
Die Re-Atome sind durch Doppelbindungen aneinander gebunden. Jedes Re-Atom des Clusters kann noch einen weiteren Liganden binden. Ist der Ligand Cl^-, entstehen die Komplexe $[Re_3Cl_{10}]^-$, $[Re_3Cl_{11}]^{2-}$ und $[Re_3Cl_{12}]^{3-}$. Es können aber auch Liganden wie H_2O und Pyridin angelagert werden.
b) Im festen Rhenium(III)-chlorid sind die Cluster durch Halogenatome verbrückt, es entstehen hexagonale Schichten.

Rhenium(III)-chlorid ist dunkelrot, sublimierbar und besteht aus diamagnetischen Re_3Cl_9-Einheiten. Mit Cl^--Ionen bilden sich dreikernige Komplexe des Typs $[Re_3Cl_{12}]^{3-}$ mit denselben Clustereinheiten wie in $(ReCl_3)_3$ und zweikernige blaue, diamagnetische Komplexe $[Re_2Cl_8]^{2-}$ mit Re-Re-Vierfachbindungen (Abb. 5.83). Auch Br und I bilden die Cluster $[Re_3X_{12}]^{3-}$ und $[Re_2X_8]^{2-}$.

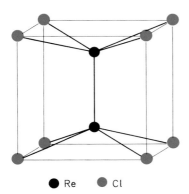

● Re   ● Cl

Abbildung 5.83   Struktur des Komplexes $[Re_2Cl_8]^{2-}$. Das Re-Atom hat im Komplex eine d^4-Konfiguration und zwischen den beiden Re-Atomen entsteht eine Vierfachbindung (vgl. Abb. 5.76).

Wie in der 5. und 6. Gruppe erfolgt auch in dieser Gruppe bei den schweren Elementen eine Stabilisierung von Verbindungen in niedrigen Oxidationsstufen durch die Errichtung von Clustern mit Metall-Metall-Bindungen.

5.15.6.4 Hydride

Durch Reduktion von Perrhenaten ReO_4^-, z. B. mit Kalium in Ethylendiamin, bildet sich das Hydrid $K_2[ReH_9]$. Die Struktur des Anions $[ReH_9]^{2-}$ ist in der Abb. 5.84 dargestellt (vgl. Abschn. 4.2.6). Bei 850 K und einem H_2-Druck über 3 kbar erhält man $K_3[ReH_6]$, das im Kryolith-Typ mit $[ReH_6]^{3-}$-Oktaedern als Baueinheiten kristallisiert.

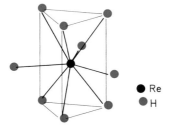

● Re
● H

Abbildung 5.84   Struktur des Ions $[ReH_9]^{2-}$.

5.16 Gruppe 8–10
   Die Eisengruppe

Zu den Gruppen 8–10 gehören 9 Elemente. Auf Grund der Verwandtschaft der Elemente ist es zweckmäßig, diese in die Eisengruppe (Eisen, Cobalt, Nickel) und die Platingruppe (Ruthenium, Rhodium, Palladium, Osmium, Iridium, Platin) zu unterteilen.

5.16.1 Gruppeneigenschaften

	Eisen Fe	Cobalt Co	Nickel Ni
Ordnungszahl Z	26	27	28
Elektronenkonfiguration	$[Ar]3d^64s^2$	$[Ar]3d^74s^2$	$[Ar]3d^84s^2$
Elektronegativität	1,6	1,7	1,7
Schmelzpunkt in °C	1539	1492	1452
Siedepunkt in °C	3070	3100	2730
Ionenradien in pm			
Me^{2+}	78 hs 61 ls	74 hs 65 ls	69
Me^{3+}	64 hs 55 ls	61 hs 54 ls	60 hs 56 ls
Me^{4+}	58	53	48
Me^{5+}	49	–	–
(hs = high-spin, ls = low-spin)			
Standardpotentiale in V			
Me/Me^{2+}	−0,44	−0,28	−0,25
Me^{2+}/Me^{3+}	+0,77	+1,81	–
Me^{3+}/MeO_4^{2-}	+2,20	–	–

Die im PSE nebeneinander stehenden Elemente Eisen, Cobalt und Nickel zeigen untereinander größere Ähnlichkeiten als zu ihren Homologen, den Platinmetallen. Sie haben ähnliche Elektronegativitäten, Schmelzpunkte und Siedepunkte, sie sind alle ferromagnetisch, die Ionenradien sind sehr ähnlich, die Hydroxide sind schwach basisch bis amphoter.

Bei allen drei Elementen wird die aufgrund der Elektronenkonfiguration maximal mögliche Oxidationszahl nicht mehr erreicht. Die höchste Oxidationszahl ist beim Eisen +6, beim Cobalt +5 und beim Nickel +4. Diese Oxidationsstufen besitzen aber nur eine geringe Bedeutung. Das FeO_4^{2-}-Ion z.B. ist in wäßriger Lösung unbeständig und ein stärkeres Oxidationsmittel als MnO_4^-. Wichtig sind für Fe nur die Oxidationsstufen +2 und +3. Das Redoxpotential zeigt, daß Fe(II) relativ leicht zu Fe(III) zu oxidieren ist. Mit der Oxidationszahl +1 gibt es das ternäre Oxid K_3FeO_2. Beim Cobalt ist in Salzen die stabile Oxidationsstufe +2, Co(II)-Komplexe lassen sich aber leicht oxidieren, und in Komplexverbindungen ist Co(III) beständiger. Die stabile Oxidationsstufe des Nickels ist +2.

Alle drei Elemente bilden zahlreiche Komplexe. Charakteristisch sind: oktaedrische diamagnetische Co(III)-Komplexe mit der low-spin-Konfiguration t_{2g}^6; tetraedrische Co(II)-Komplexe; planar-quadratische diamagnetische Ni(II)-Komplexe. Die Salze und Komplexe sind meist farbige Verbindungen. Die Farben können mit der Ligandenfeldtheorie gedeutet werden.

5.16.2 Die Elemente

Chemisch reines **Eisen** ist silberweiß, relativ weich, dehnbar und reaktionsfreudig. Es kommt in drei Modifikationen vor.

$$\alpha\text{-Fe} \; \underset{}{\overset{906\,°C}{\rightleftharpoons}} \; \gamma\text{-Fe} \; \underset{}{\overset{1401\,°C}{\rightleftharpoons}} \; \delta\text{-Fe} \; \underset{}{\overset{1539\,°C}{\rightleftharpoons}} \; \text{Schmelze}$$

| kubisch-raumzentriert ferromagnetisch | kubisch-dichte Packung paramagnetisch | kubisch-raumzentriert paramagnetisch |

α-Fe ist nur bis zum Curie-Punkt von 768 °C ferromagnetisch und nur temporär (in Gegenwart eines äußeren Feldes) ferromagnetisch. Stahl besitzt permanenten Magnetismus (vgl. Abschn. 5.1.6).

Mit Sauerstoff reagiert kompaktes Eisen ab 150 °C, abhängig von den Reaktionsbedingungen, zu Fe_2O_3, Fe_3O_4 und $Fe_{1-x}O$ (vgl. S. 827). Mit Schwefel und Phosphor bildet sich exotherm FeS und Fe_3P, auch mit Halogenen erfolgt beim Erwärmen Reaktion. Trockenes Chlor reagiert nicht mit Eisen (Transportmöglichkeit von Chlor in Stahlflaschen). *Eisen ist unedel*, es löst sich in Säuren unter H_2-Entwicklung. Oberhalb von 500 °C wird Wasser zersetzt.

$$3\,Fe + 4\,H_2O \rightleftharpoons Fe_3O_4 + 4\,H_2$$

An trockener Luft und in luft- und kohlenstoffdioxidfreiem Wasser verändert sich bei Raumtemperatur kompaktes Eisen nicht. Es *wird passiviert und* daher auch *von konz. Schwefelsäure und konz. Salpetersäure nicht angegriffen. An feuchter Luft oder in lufthaltigem Wasser rostet Eisen. Es bildet sich FeO(OH).* Ist die Luft SO_2-haltig, wird die Korrosion durch Bildung von $FeSO_4$ an der Metalloberfläche eingeleitet, sie setzt sich dann auch in trockener Luft fort. Zum *Korrosionsschutz* wird Eisen verzinkt (vgl. S. 746) oder mit Schutzanstrichen passiviert (vgl. S. 549). Der wichtigste Korrosionsschutz von Stählen ist die Zinkphosphatierung (s. Abschn. 4.6.11).

Cobalt ist stahlgrau, glänzend und härter als Eisen. Es kristallisiert in den Modifikationen

$$\alpha\text{-Co} \; \underset{}{\overset{417\,°C}{\rightleftharpoons}} \; \beta\text{-Co}$$

| hexagonal-dichte Packung | kubisch-dichte Packung |

Die Umwandlung erfolgt langsam, durch Zusatz von einigen Prozent Eisen erhält man bei Raumtemperatur metastabiles β-Co. Cobalt *ist ferromagnetisch, die Curie-Temperatur ist sehr hoch* (1121 °C). Durch Zersetzung von $Co_2(CO)_8$ entsteht eine weitere bei Raumtemperatur stabile kubische Modifikation, das ε-Co.

Cobalt ist weniger reaktiv als Eisen. Unterhalb 300 °C ist es an der Luft beständig, bei stärkerem Erhitzen bildet sich Co_3O_4, oberhalb 900 °C CoO. Mit Halogenen, Phosphor, Arsen und Schwefel reagiert Cobalt beim Erhitzen, mit Wasserstoff und Stickstoff reagiert es nicht. Cobalt ist unedel, reagiert aber mit nichtoxidierenden Säuren nur langsam. Durch konz. Salpetersäure wird Cobalt passiviert, es wird auch von feuchter Luft und von Wasser nicht angegriffen. Cobalt ist auch gegen geschmolzene Alkalien beständig.

Nickel ist silberweiß, zäh und dehnbar. Es kristallisiert normalerweise in der kubisch-dichten Packung. Unterhalb der Curie-Temperatur (357 °C) *ist* es *ferromagnetisch.* Eine hexagonale Modifikation ist paramagnetisch, sie wandelt sich bei 250 °C in die kubische Modifikation um. Nickel *ist äußerst korrosionsbeständig.* Es ist widerstandsfähig gegen Seewasser, Luft und Alkalien. Feuchte Luft und verdünnte nichtoxidierende Säuren greifen nur langsam an. In verdünnter Salpetersäure ist Nickel leicht löslich, in konz. Salpetersäure wird es passiviert. Wegen der Korrosionsbeständigkeit werden viele Gebrauchsgegenstände galvanisch vernickelt. Da Nickel auch bei 300–400 °C gegen Alkalimetallhydroxide beständig ist, werden Nickeltiegel für Alkalischmelzen verwendet.

Beim Erhitzen reagiert Nickel mit Bor, Silicium, Phosphor, Schwefel, Chlor, Brom, Iod. Fluor reagiert erst oberhalb 400 °C.

5.16.3 Vorkommen

In der Erdkruste ist Eisen mit 6,2 % das vierthäufigste Element und nach Aluminium *das zweithäufigste Metall.* Auch kosmisch ist Eisen häufig (vgl. Abb. 1.12). Es gibt reichhaltige Erzvorkommen. Die wichtigsten Eisenerze sind: Magneteisenstein (Magnetit) Fe_3O_4. Roteisenstein Fe_2O_3 (Abarten sind Hämatit, Eisenglanz, Roter Glaskopf). Brauneisenstein $Fe_2O_3 \cdot nH_2O$ ($n \approx 1,5$), das häufigste Eisenerz (Abarten sind der Braune Glaskopf und Limonit). Brauneisensteinlager liegen bei Salzgitter und Peine und in Lothringen; durch den Gehalt an Vivianit $Fe_3(PO_4)_2 \cdot 8 H_2O$ haben letztere einen hohen Gehalt an Phosphor. Spateisenstein (Siderit) $FeCO_3$. Pyrit FeS_2. Magnetkies $Fe_{1-x}S$.

Cobalt ist mit einem Anteil von $3 \cdot 10^{-3}$ % in der Erdkruste ein seltenes Element. Es kommt meist in sulfidischen Erzen vergesellschaftet mit Kupfer und Nickel vor. In arsenidischen Erzen ist es mit Nickel und Edelmetallen vergesellschaftet. Cobaltmineralien sind Cobaltkies (Linneit) Co_3S_4, Carrolit $CuCo_2S_4$, Cobaltglanz CoAsS, Speiscobalt $(Co, Ni)As_3$.

Der Anteil an Nickel in der Erdkruste beträgt 10^{-2} %. Die wichtigsten Mineralien sind Eisennickelkies (Pentlandit) (Fe, Ni)S, Garnierit $(Ni, Mg)_6(OH)_8[Si_4O_{10}]$, Rotnickelkies NiAs, Weißnickelkies $NiAs_2$. NiS ist mit Magnetkies und Kupferkies vergesellschaftet, die arsenidischen Nickelerze meist mit Cobalt, Kupfer und Edelmetallen.

5.16.4 Darstellung, Verwendung

5.16.4.1 Darstellung von metallischem Eisen

Eisen ist das wichtigste Gebrauchsmetall. Die Weltproduktion einiger Metalle ist in der Abb. 5.85 dargestellt. *Die Menge produzierten Roheisens ist mehr als zehnmal so groß wie die aller anderen Metalle zusammen.* Stahl wird fünfzigmal mehr hergestellt als Aluminium, das in der Weltproduktion den zweiten Platz einnimmt. Die stürmische industrielle Entwicklung nach dem 2. Weltkrieg ist auch am Anwachsen der Weltproduktion der Metalle abzulesen (Abb. 5.86).

Reines Eisen. Im Labor erhält man chemisch reines Eisen mit folgenden Methoden: Reduktion von Oxiden mit Wasserstoff bei 400–700 °C. In höchster Reinheit durch Pyrolyse von Eisencarbonyl $Fe(CO)_5$ bei 250 °C. Elektrolyse wäßriger Eisensalzlösungen.

Erzeugung von Roheisen. *Roheisen wird durch Reduktion von oxidischen Eisenerzen mit Koks hergestellt.* Verwendet werden in der Bundesrepublik Deutschland importierte Eisenerze mit einem durchschnittlichen Eisenanteil von 64%. Der Eisenerzbergbau in Deutschland ist seit einigen Jahren eingestellt. 2002 betrug die Weltproduktion an Roheisen $608 \cdot 10^6$ t. Davon wurden 93% mit dem Hochofenverfahren

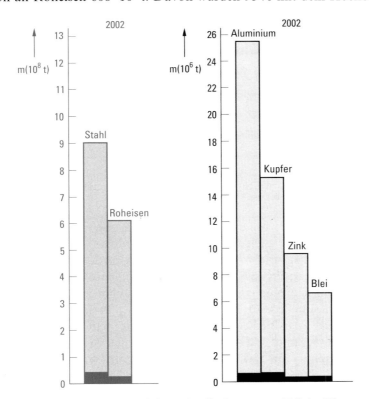

Abbildung 5.85   Weltproduktion einiger Metalle. Im unteren Teil des Diagramms ist der Produktionsanteil der Bundesrepublik Deutschland angegeben.

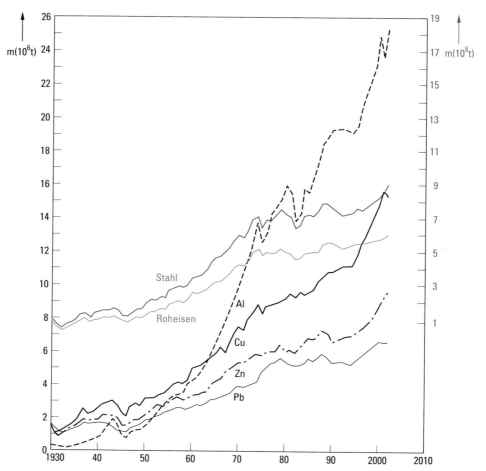

Abbildung 5.86 Entwicklung der Weltproduktion von Stahl, Roheisen, Aluminium, Kupfer, Zink und Blei seit 1930.

gewonnen. Andere Verfahren wie die Reduktion der Eisenerze mit Kohle in Drehrohröfen zu Eisenschwamm spielen nur eine untergeordnete Rolle.

Der *Hochofen* (Abb. 5.87) wird von oben abwechselnd mit Schichten aus Koks und Erz beschickt. Den Erzen werden Zuschläge zugesetzt, die während des Hochofenprozesses mit den Erzbeimengungen (Gangart) leicht schmelzbare Calciumaluminiumsilicate (Schlacke) bilden. Ist die Gangart Al_2O_3- und SiO_2-haltig, setzt man CaO-haltige Zuschläge zu (Kalkstein, Dolomit). Bei CaO-haltigen Gangarten müssen die Zuschläge SiO_2- und Al_2O_3-haltig sein (Feldspat, Schichtsilicate). In den Hochofen wird von unten auf 1000–1300 °C erhitzte Luft (Wind) eingeblasen, der teilweise bis zu 3,5% Sauerstoff zugesetzt wird. An der Einblasstelle verbrennt der Koks zunächst zu Kohlenstoffdioxid CO_2. Es entstehen Temperaturen bis 2300 °C.

$$C + O_2 \longrightarrow CO_2 \qquad \Delta H° = -394 \, kJ/mol$$

Das CO_2 reagiert sofort mit dem heißen Koks gemäß dem Boudouard-Gleichgewicht (vgl. Abb. 3.22) unter Wärmeverbrauch zu Kohlenstoffmonooxid CO.

$$CO_2 + C \rightleftharpoons 2\,CO \qquad \Delta H^\circ = +173\,\text{kJ/mol}$$

Dadurch kühlt sich das Gas ab, die Temperaturen im unteren Teil des Hochofens (Rast) betragen ca. 1600 °C.

In den Erzschichten werden die Eisenoxide von CO stufenweise reduziert. Im unteren Teil des Hochofens liegt das bereits teilreduzierte Eisenerz überwiegend als Wüstit „FeO" vor. Dieses wird durch CO zu Eisen reduziert.

$$FeO + CO \longrightarrow Fe + CO_2 \qquad \Delta H^\circ = -17\,\text{kJ/mol}$$

Das entstehende CO_2 wandelt sich in der darüberliegenden Koksschicht auf Grund des Boudouard-Gleichgewichts wieder in CO um, dieses wirkt in der folgenden Erzschicht erneut reduzierend usw. Insgesamt findet also die Reaktion

$$2\,FeO + C \longrightarrow 2\,Fe + CO_2 \qquad \Delta H^\circ = +138\,\text{kJ/mol}$$

statt. Dieser in zwei Schritten ablaufende Vorgang wird „direkte Reduktion" genannt.

Sobald die Temperatur des aufsteigenden Gases kleiner als 900–1000 °C wird, stellt sich das Boudouard-Gleichgewicht nicht mehr mit ausreichender Geschwindigkeit ein. Es findet nur noch die Reduktion von Eisenoxid unter Bildung von CO_2 statt. Diesen Vorgang bezeichnet man als „indirekte Reduktion". Im oberen Teil des

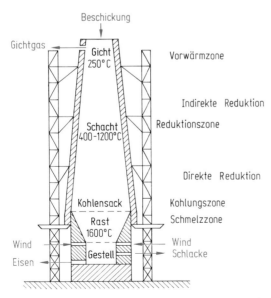

Abbildung 5.87 Schematische Darstellung eines Hochofens. Die Höhe beträgt etwa 30 m, der Gestelldurchmesser 10–14 m, der Nutzinhalt 2000–4000 m³. 1996 waren in der BR Deutschland 22 Hochöfen in Betrieb.

Hochofens erfolgt hauptsächlich die indirekte Reduktion von Fe_2O_3 und Fe_3O_4 zu FeO.

$$3\,Fe_2O_3 + CO \longrightarrow 2\,Fe_3O_4 + CO_2 \qquad \Delta H^\circ = -47\,\text{kJ/mol}$$

$$Fe_3O_4 + CO \longrightarrow 3\,FeO \;\; + CO_2 \qquad \Delta H^\circ = +37\,\text{kJ/mol}$$

Im oberen kälteren Teil des Schachts erfolgt keine Reduktion mehr, durch die heißen Gase wird nur die Beschickung vorgewärmt. Das entweichende Gichtgas besteht aus etwa 55 % N_2, 30 % CO und 15 % CO_2 (Heizwert ca. 4000 kJ/m³).

In Eisen können sich maximal 4,3 % Kohlenstoff lösen (Abb. 5.89), dadurch wird der Schmelzpunkt des Roheisens auf 1150 °C erniedrigt (Schmelzpunkt von reinem Eisen 1539 °C). Durch Kontakt mit dem Koks löst das flüssige Eisen Kohlenstoff bis zur Sättigung. In der unteren heißen Zone des Hochofens tropft verflüssigtes Eisen nach unten und sammelt sich im Gestell unterhalb der flüssigen, spezifisch leichteren Schlacke. Die Schlacke schützt das Roheisen vor Oxidation durch die eingeblasene Heißluft. Das flüssige Roheisen und die flüssige Schlacke werden von Zeit zu Zeit durch das Stichloch abgelassen (Abstich). Die Schlacke wird als Straßenbaumaterial oder zur Zementherstellung verwendet.

Ein Hochofen kann jahrelang kontinuierlich in Betrieb sein und täglich bis 10 000 t Roheisen erzeugen. Für 1 t erzeugtes Roheisen benötigt man etwa 1/2 t Kohle und es entstehen 300 kg Schlacke. Das *Roheisen enthält 3,5–4,5 % Kohlenstoff,* 0,5–3 % Silicium, 0,2–5,0 % Mangan, bis 2 % Phosphor und Spuren Schwefel (< 0,06 %).

Stahlerzeugung. Eisen ist nur walzbar und schmiedbar, wenn der Kohlenstoffgehalt kleiner als 2,1 % ist (vgl. Abb. 5.89). *Roheisen ist wegen des hohen Kohlenstoffgehalts spröde und erweicht beim Erhitzen plötzlich. Es kann daher nur vergossen, aber nicht gewalzt und geschweißt werden. Um es in verformbares Eisen (Stahl) zu überführen, muß der Kohlenstoffgehalt herabgesetzt werden.* Er ist im Stahl meist kleiner als 1 %. *Außerdem müssen störende Begleitelemente* wie Phosphor, Schwefel, Silicium, Sauerstoff *auf niedrige Restgehalte gebracht werden. Dies geschieht durch mehrere Raffinationsprozesse: Frischreaktionen, Desoxidationsreaktionen, Entschwefelungsreaktionen und Entgasungsreaktionen.*

Beim Frischen wird Sauerstoff in flüssiges Eisen eingeblasen. Es bildet sich primär flüssiges Eisenoxid, außerdem löst sich Sauerstoff im Eisen. An der Grenzfläche Metall-Oxid oxidiert das Eisenoxid die Begleitelemente Silicium, Mangan und Phosphor, die Reaktionsprodukte lösen sich im Eisenoxid.

$$Si \; + 2\,FeO \longrightarrow SiO_2 + 2\,Fe$$

$$Mn + \; FeO \longrightarrow MnO + Fe$$

$$2P \; + 5\,FeO \longrightarrow P_2O_5 + 5\,Fe$$

Zur Verschlackung der Oxide wird CaO zugesetzt. Der Kohlenstoff reagiert mit dem im flüssigen Eisen gelösten Sauerstoff.

$$C + O \longrightarrow CO$$

Alle Vorgänge sind exotherm und beheizen die Schmelze.

Im Stahl gelöster Sauerstoff verursacht bei der Erstarrung des Stahls schädliche oxidische Einschlüsse. Flüssiger Stahl muß daher desoxidiert werden. Das wirksamste Desoxidationsmittel ist Aluminium.

$$2\,Al + 3\,O \longrightarrow Al_2O_3$$

Bei der Entschwefelung z. B. mit Calcium, Magnesium oder Calciumcarbid wird der gelöste Schwefel in Sulfid überführt.

Kohlenstoffmonooxid und atomar gelöster Wasserstoff werden durch Entgasung unter vermindertem Druck entfernt.

Windfrischverfahren sind das 1855 entwickelte *Bessemer-Verfahren* und das 1877 entwickelte *Thomas-Verfahren*. Das Frischen des Roheisens erfolgt in birnenförmigen, kippbaren eisernen Gefäßen (Konverter), die mit feuerfestem Material ausgekleidet sind. Durch Bodendüsen des Konverters wird Luft eingeblasen. Der erzeugte Stahl besitzt einen relativ hohen Stickstoffgehalt. Beim Thomas-Verfahren wird phosphorreiches Roheisen verblasen, die Schlacke (Thomasphosphat) kann als Düngemittel verwendet werden. Beim *Siemens-Martin-Verfahren*, seit 1864 eingesetzt, wird der Stahl aus Roheisen und Schrott erzeugt. Als Ofen wird ein feuerfest ausgekleideter kippbarer eiserner Trog (Herd) benutzt. Mit einem heißen Brenngas-Luft-Gemisch wird das Eisen-Schrott-Gemisch aufgeschmolzen. Das Frischen erfolgt teilweise durch den Sauerstoffgehalt des Schrotts (Herdfrischverfahren), die Frischzeit beträgt 3–5 Stunden. In der Bundesrepublik Deutschland wurde das letzte Thomasstahlwerk 1975 und das letzte Siemens-Martin-Stahlwerk 1982 stillgelegt.

Weltweit wurde 2002 60 % als Oxygenstahl und 34 % als Elektrostahl hergestellt. Neuere Verfahren:

Sauerstoffaufblas- oder LD-Verfahren (Linz-Donawitz-Verfahren, 1949 in Österreich in Betrieb genommen). Ein mit Dolomit und Magnesit feuerfest ausgekleideter Konverter (Abb. 5.88) enthält Roheisen, Schrott und Kalk. Auf die Schmelze wird mit einer wassergekühlten Lanze Sauerstoff mit 6–10 bar aufgeblasen. Durch den Gasstrahl und das beim Frischen entstandene CO wird das Bad durchmischt. Die Blaszeit beträgt 12–20 Minuten, die Badtemperatur steigt von 1350 auf 1650 °C. Der

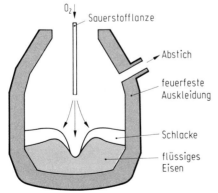

Abbildung 5.88   Schema eines LD-Konverters (Blasstellung). Zum Abstich wird der Konverter gekippt (Kippstellung). Typische Endzusammensetzung des Stahls in %: C 0,059, Mn 0,31, P 0,018, S 0,019, N 0,003, O 0,083.

Kohlenstoffgehalt sinkt auf 0,04–0,1%. Pro t Stahl können 240–270 kg Schrott zugesetzt werden; die Sauerstoffzufuhr beträgt 400–700 m^3/min. Die Konverter haben Fassungsvermögen von 200–400 t. Alle 30 min erfolgt ein Abstich, die Monatsleistung ist ca. 0,5 · 10^6 t Stahl. Bei phosphorreichen Roheisensorten wird zusammen mit dem Sauerstoff Kalkstaub aufgeblasen. Es entsteht eine Phosphatschlacke (Thomas-Schlacke), die als Düngemittel verwendet wird.

Ende der 60er Jahre wurde mit dem *OBM-Verfahren* (Oxygen-Bodenblasen-Maximilianshütte) ein Sauerstoffbodenblasverfahren entwickelt. Der Sauerstoff tritt durch Düsen im Konverterboden in die Schmelze ein. Dem Sauerstoff werden 3–5% Kohlenwasserstoffe zugesetzt, dadurch beginnt die Reaktion mit der Eisenschmelze erst in einigem Abstand von der Düsenmündung, so daß die feuerfeste Auskleidung standhält.

Seit Mitte der 70er Jahre werden *kombinierte Blasverfahren* verwendet, bei denen die Aufblastechnik und die Bodenblastechnik in einem Prozeß vereint sind. Die Vorteile sind bessere Baddurchmischung, damit bessere Gleichgewichtseinstellung, geringere Verschlackung von Eisen (höhere Stahlausbeute), bessere Entphosphorung, sehr definierte und geringe (< 0,02%) Kohlenstoffgehalte.

Elektrostahlverfahren. Der Stahl wird in Lichtbogen- oder Induktionsöfen erschmolzen. Ein bis 8000°C heißer Lichtbogen überträgt Wärme durch Strahlung. Bei Massenstählen wird unlegierter Schrott mit Kohle eingeschmolzen (1–2,5 Stunden). Anschließend erfolgt das Frischen. Aus hochwertigem Schrott werden Edelstähle hergestellt.

Nach dem Frischen des Eisens im Konverter oder im Lichtbogenofen wird der Stahl nachbehandelt, um die endgültige chemische Zusammensetzung einzustellen. Die Nachbehandlung erfolgt in der Pfanne, einem topfförmigen Gefäß (Fassungsvermögen bis 300 t, feuerfest ausgekleidet). Bei der Nachbehandlung erfolgt Desoxidation, Entschwefelung und Entgasung (vgl. S. 821).

Die Eigenschaften des Stahls hängen nicht nur von seiner chemischen Zusammensetzung ab, sondern auch von der Wärmebehandlung. Für den Einfluß der Wärmebehandlung ist das Zustandsdiagramm Eisen–Kohlenstoff die Grundlage (Abb. 5.89). Hohe Anforderungen an Stähle wie Härte, Zähigkeit, Festigkeit und Korrosionsbeständigkeit werden durch *Zugabe von Legierungselementen* erreicht. Chrom verbessert die Härte und Warmfestigkeit. Bei Cr-Gehalten > 12% werden die Stähle korrosionsbeständig. Der korrosionsbeständige V2A-Stahl enthält 70% Fe, 20% Cr, 8% Ni und etwas Si, C, Mn. Nickel und Vanadium erhöhen die Zähigkeit, Molybdän erhöht die Warmfestigkeit, Wolfram die Härte. Die Legierungen enthalten meist mehrere Legierungselemente. Dadurch entstehen teilweise Eigenschaften, die aus der Wirkung der einzelnen Elemente nicht zu erwarten sind.

5.16.4.2 Herstellung von Nickel und Cobalt

Die Herstellung von **Nickel** ist kompliziert, die Verfahren sind vielfältig und den zu verarbeitenden Erzen angepaßt. Gegenwärtig werden 60% der Weltnickelproduktion aus sulfidischen Nickel-Eisen-Kupfer-Erzen (vgl. S. 816) gewonnen. Durch Teil-

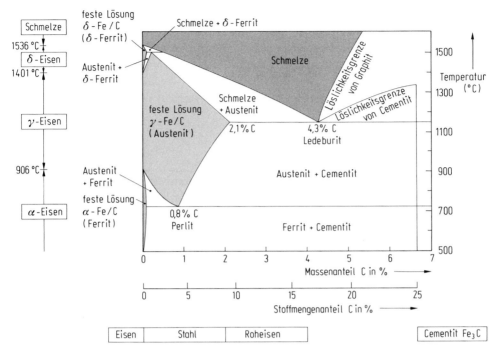

Abbildung 5.89   Zustandsdiagramm Eisen-Kohlenstoff (Prozentangaben in Massenanteilen). In α-Eisen(kubisch-raumzentriert) lösen sich maximal 0,018 % C. In den Mischkristallen (**Ferrit**) besetzen die C-Atome Würfelkanten. In γ-Eisen(kubisch-flächenzentriert) lösen sich maximal 2,1 % C; die C-Atome besetzen in den Mischkristallen (**Austenit**) auch Würfelmitten. Die Mischkristalle sind also Einlagerungsmischkristalle. Eisen ist bis zum Gehalt von 2,1 % C schmied- und walzbar. In geschmolzenem Eisen ist bei 1150 °C 4,3 % C löslich, die Löslichkeit nimmt mit steigender Temperatur zu.

Kühlt man eine Schmelze, die mehr als 4,3 % C enthält sehr langsam ab, scheidet sich Graphit aus. Kühlt man schneller ab, so scheidet sich **Cementit Fe₃C** aus. Cementit ist bei Raumtemperatur metastabil. Wird der C-Gehalt von 4,3 % erreicht, entsteht das als **Ledeburit** bezeichnete Gemisch aus Austenit und Cementit. Aus Schmelzen mit kleinen C-Gehalten scheidet sich zunächst δ-Ferrit, dann Austenit aus, bis wieder die eutektische Zusammensetzung mit 4,3 % C erreicht wird.

Wenn man Austenit, der 2,1 % C enthält, von 1150 °C auf 723 °C abkühlt, so scheidet sich Cementit aus, der C-Gehalt des Austenits verringert sich. Erreicht der C-Gehalt der Austenits 0,8 %, scheidet sich ein als **Perlit** bezeichnetes Gemisch von Ferrit und Cementit aus. Schreckt man Austenit auf Temperaturen unter 150 °C ab, so wandelt er sich in metastabilen **Martensit** um. Martensit ist ein durch den hohen C-Gehalt tetragonal deformiertes α-Eisen (das α-Eisen ist mit C übersättigt). Perlit ist weich, Martensit ist hart und spröde. Erhitzt man Martensit auf 200–300 °C, zerfällt er in Ferrit und Cementit. Auch wenn die Zusammensetzung die gleiche ist wie bei Perlit, erhält man einen Stahl mit einer gröberen mikrokristallinen Struktur, er wird **Sorbit** genannt. Die Umwandlung von Martensit in Sorbit verringert die Härte, aber erhöht die Zähigkeit.

abröstung erhält man Fe₂O₃, das mit SiO₂ zu Eisensilicat verschlackt wird. Es entsteht ein Kupfer-Nickel-Rohstein, der FeS, NiS und Cu₂S (10–25 % Cu + Ni) enthält. Im Konverter wird das FeS des Rohsteins durch eingeblasene Luft oxidiert und mit SiO_2 verschlackt. Man erhält einen Nickel-Feinstein, der aus Ni_3S_2 und Cu_2S besteht. Der Feinstein wird unterschiedlich weiterverarbeitet. Mit dem Röstreduktionsverfahren (vgl. S. 515) wird z.B. Monelmetall (Legierung aus 70% Ni und 30% Cu) hergestellt. Beim Carbonylverfahren (*Mond-Prozeß*) wird metallisches feinverteiltes Nickel bei niedriger Temperatur zu Carbonylnickel umgesetzt und dieses bei höherer Temperatur zersetzt.

$$Ni + 4CO \underset{180-200\,°C}{\overset{50-100\,°C}{\rightleftarrows}} Ni(CO)_4$$

Das Carbonylnickel enthält 99,8–99,9% Ni. Das feinverteilte Nickel erhält man durch Rösten des Feinsteins und Reduktion des entstandenen NiO mit H_2 bei 700–800 °C zu Nickelschwamm.

Zur Nickelgewinnung durch Elektrolyse ist sowohl eine Ni-Cu-Legierung als auch Nickelfeinstein geeignet. Zum Unterschied zur Auflösung metallischer Anoden entsteht bei der Auflösung von Nickelfeinsteinanoden Schwefel.

$$Ni_3S_2 \longrightarrow 3Ni^{2+} + \tfrac{1}{4}S_8 + 6e^-$$

Kupfer muß aus dem Elektrolyten entfernt werden.

Nickel wird überwiegend für Legierungen verwendet. Es erhöht die Härte, Zähigkeit und Korrosionsbeständigkeit von Stählen. Niedrig legiertes Nickel wird für Zündkerzen, Thermoelemente und im Apparatebau gebraucht. Reines Nickel wird zur galvanischen Vernickelung verwendet, als feinverteiltes Metall für Hydrierungskatalysatoren. Wegen der Beständigkeit gegen Fluor werden aus Nickel und Monel Apparaturen zur Darstellung von Fluor hergestellt. $Ni(OH)_2$ wird für Ni/Cd- und Ni/Fe-Elemente gebraucht (vgl. S. 368).

Cobalt. Wegen der wechselnden Vergesellschaftung von Cobalterzen gibt es für die Aufbereitung kein Standardverfahren. Aus den Nickel-Cobalt-Kupfer-Erzen wird z.B. durch reduzierendes Schmelzen ein Rohstein hergestellt, der aus einer Co-Cu-Fe-Ni-Legierung besteht. Aus dem Rohstein wird mit verd. Schwefelsäure Eisen, Cobalt und Nickel gelöst. Nach Ausfällung des Eisens wird Cobalt durch Oxidation mit Hypochlorit als Cobalt(III)-oxid-Hydrat ausgefällt.

$$2Co^{2+} + OCl^- + 4OH^- + (n-2)H_2O \longrightarrow Co_2O_3 \cdot nH_2O + Cl^-$$

Cobaltoxidhydrat wird zu Co_3O_4 calciniert. Dieses wird mit Kohle oder Wasserstoff bzw. aluminothermisch zu Cobalt reduziert.

Cobalt wird überwiegend zur Herstellung von Legierungen verwendet. Magnetlegierungen für permanente Magnete enthalten bis 40% Co, hochtemperaturbeständige Legierungen bis 70% Co, hochfeste Werkzeugstähle bis 16% Co. Hartmetalle (vgl. S. 202) enthalten WC oder TiC als Hartstoff und Cobalt als Bindemetall (3–30%). Die Oxide CoO und Co_3O_4 werden in der Glas- und Keramikindustrie (Blaufärbung) gebraucht. $^{60}_{27}Co$ wird als Quelle für γ-Strahlen verwendet.

5.16.5 Verbindungen des Eisens

5.16.5.1 Eisen(II)- und Eisen(III)-Verbindungen (d^6, d^5)

Die wichtigsten Oxidationszahlen des Eisens sind $+2$ und $+3$. In wäßrigen Lösungen, die keine anderen Komplexbildner enthalten, *ist Fe(II) als* das blaßblaugrüne Ion **[Fe(H$_2$O)$_6$]$^{2+}$** *vorhanden.* Es reagiert nur schwach sauer.

$$[\text{Fe}(\text{H}_2\text{O})_6]^{2+} + \text{H}_2\text{O} \rightleftharpoons [\text{Fe}(\text{H}_2\text{O})_5\text{OH}]^+ + \text{H}_3\text{O}^+ \qquad K = 10^{-7}$$

Die fast farblosen **[Fe(H$_2$O)$_6$]$^{3+}$**-*Ionen sind nur in stark saurer Lösung* bei pH ≈ 0 *stabil.* Im Bereich bis pH $= 3$ existieren die folgenden Gleichgewichte.

$$[\text{Fe}(\text{H}_2\text{O})_6]^{3+} + \text{H}_2\text{O} \rightleftharpoons [\text{Fe}(\text{H}_2\text{O})_5\text{OH}]^{2+} + \text{H}_3\text{O}^+ \quad K = 10^{-3}$$

$$[\text{Fe}(\text{H}_2\text{O})_5\text{OH}]^{2+} + \text{H}_2\text{O} \rightleftharpoons [\text{Fe}(\text{H}_2\text{O})_4(\text{OH})_2]^+ + \text{H}_3\text{O}^+ \quad K = 10^{-6}$$

$$2[\text{Fe}(\text{H}_2\text{O})_6]^{3+} \rightleftharpoons \left[(\text{H}_2\text{O})_4\text{Fe}\underset{\underset{\text{H}}{\text{O}}}{\overset{\overset{\text{H}}{\text{O}}}{<>}}\text{Fe}(\text{H}_2\text{O})_4\right]^{4+} + 2\,\text{H}_3\text{O}^+ \quad K = 10^{-3}$$

Bei höheren pH-Werten entstehen höher kondensierte Komplexe, es bilden sich kolloidale Gele, schließlich *fällt* rotbraunes, gallertartiges Eisen(III)-oxid-Hydrat **Fe$_2$O$_3 \cdot n$H$_2$O** *aus.*

Das Redoxgleichgewicht Fe^{2+} $\rightleftharpoons$ Fe^{3+} $+$ e$^-$ hängt sehr stark vom pH-Wert und von der Anwesenheit komplexbildender Liganden ab. Mit der Nernst-Beziehung (vgl. S. 347) erhält man für 25°C

$$E = E^\circ + 0{,}059 \lg \frac{c_{\text{Fe}^{3+}}}{c_{\text{Fe}^{2+}}} \qquad E^\circ = +0{,}77 \text{ V}$$

Fe^{2+}-Ionen sind in saurer Lösung stabil, werden aber durch Luftsauerstoff oxidiert ($\frac{1}{2}$O$_2$ + 2 H$_3$O$^+$ + 2 e$^-$ $\rightleftharpoons$ 3 H$_2$O $E^\circ = +1{,}23$ V).

$$2\,\text{Fe}^{2+} + \tfrac{1}{2}\text{O}_2 + 2\,\text{H}_3\text{O}^+ \longrightarrow 2\,\text{Fe}^{3+} + 3\,\text{H}_2\text{O}$$

In alkalischer Lösung ändert sich das Redoxpotential drastisch. Fe(II) und Fe(III) liegen als Hydroxide vor und die Konzentrationen der freien Ionen sind durch die Löslichkeitsprodukte bestimmt. Aus $c_{\text{Fe}^{3+}} \cdot c_{\text{OH}^-}^3 = 5 \cdot 10^{-38}$ und $c_{\text{Fe}^{2+}} \cdot c_{\text{OH}^-}^2 = 2 \cdot 10^{-15}$ folgt mit $c_{\text{OH}^-} = 1$ mol/l

$$E = +0{,}77 \text{ V} + 0{,}059 \text{ V} \lg \frac{5 \cdot 10^{-38}}{2 \cdot 10^{-15}} = -0{,}56 \text{ V}$$

In alkalischer Lösung kann Fe(II) Nitrate zu NH$_3$ und Cu^{2+} zu Cu reduzieren. Fe(OH)$_2$ wird an der Luft sofort zu Fe$_2$O$_3 \cdot n$H$_2$O oxidiert.

Eisen(II)-Salze sind zahlreich, sie ähneln den Magnesiumsalzen. Es sind meist grüne, hydratisierte, kristalline Substanzen, die das oktaedrische [Fe(H$_2$O)$_6$]$^{2+}$-Ion enthalten.

Beispiele:

$FeSO_4 \cdot 7H_2O$ (Eisenvitriol), $Fe(ClO_4)_2 \cdot 6H_2O$, $(NH_4)_2Fe(SO_4)_2 \cdot 6H_2O$
(Mohrsches Salz) ist luftbeständig und eignet sich zur Herstellung von Maßlösungen.

Eisen(II)-carbonat $FeCO_3$ kommt in der Natur als Siderit vor. In CO_2-haltigem Wasser löst es sich unter Bildung von Eisen(II)-hydrogencarbonat (vgl. S. 525).

$$FeCO_3 + H_2O + CO_2 \rightleftharpoons Fe(HCO_3)_2$$

Aus diesen Lösungen entsteht durch Oxidation mit Luftsauerstoff $Fe_2O_3 \cdot nH_2O$. Die Reinigung von eisenhaltigen Wässern kann daher durch Einleiten von Sauerstoff erfolgen.

Eisen(III)-Salze. Fe(III) bildet mit den meisten Anionen Salze, die den Aluminiumsalzen ähneln. Die Hydrate enthalten das oktaedrische Ion $[Fe(H_2O)_6]^{3+}$ und sind blaßrosa bis farblos.

Beispiele:

$Fe(ClO_4)_3 \cdot 10H_2O$, Alaune $[\overset{+1}{Me}(H_2O)_6][\overset{+3}{Fe}(H_2O)_6](SO_4)_2$

Fe(III) ist weniger basisch als Fe(II). Es bildet daher z. B. kein beständiges Carbonat. *Lösungen von Fe(III)-Salzen reagieren stark sauer* und sind gelb gefärbt. Die gelbe Farbe entsteht durch Charge-transfer-Banden (vgl. Abschn. 5.4.8) von Hydroxo-Ionen, wie in $[Fe(H_2O)_5OH]^{2+}$.

Sauerstoffverbindungen

Eisen(II)-hydroxid $Fe(OH)_2$ fällt aus Fe(II)-Salzlösungen unter Sauerstoffausschluß mit OH^--Ionen als weißer flockiger Niederschlag aus. In Gegenwart von Ammoniumsalzen unterbleibt die Fällung, da Fe(II) als Komplex $[Fe(NH_3)_6]^{2+}$ gelöst bleibt. An der Luft oxidiert sich $Fe(OH)_2$ leicht zu $Fe_2O_3 \cdot nH_2O$ (vgl. S. 825). Kristallines $Fe(OH)_2$ ist isotyp mit $Mg(OH)_2$. $Fe(OH)_2$ ist amphoter, es löst sich in konz. Laugen unter Bildung von blaugrünen Hydroxoferraten(II), z. B. $Na_4[Fe(OH)_6]$.

Eisen(III)-oxid-Hydrat. Eisen(III)-oxidhydroxid

Aus Fe(III)-Salzlösungen fällt mit OH^--Ionen das braune amorphe Eisen(III)-oxid-Hydrat $Fe_2O_3 \cdot nH_2O$ aus. Der Niederschlag löst sich leicht in Säuren, praktisch nicht in Laugen. Nur mit heißen konz. Basen kann man die Hydroxoferrate(III) $Me_3^{2+}[Fe(OH)_6]_2$ (Me = Sr, Ba) herstellen. Beim Erwärmen geht $Fe_2O_3 \cdot nH_2O$ in α-Fe_2O_3 über. Eisen(III)-oxidhydroxid existiert in mehreren Modifikationen. Aus α-FeO(OH) (Goethit), das auch natürlich vorkommt, entsteht beim Erhitzen α-Fe_2O_3. Die metastabile Modifikation γ-FeO(OH) (Lepidokrokit) geht durch Wasserabspaltung in γ-Fe_2O_3 über. Der bei der Oxidation von Eisen an feuchter Luft entstehende *Rost* ist γ-FeO(OH).

Eisen(II)-oxid Fe$_{1-x}$O (Wüstit) *ist nur oberhalb 560°C als nichtstöchiometrische Verbindung stabil.* Bei 1000°C ist der Bereich der Zusammensetzung Fe$_{0,95}$O–Fe$_{0,88}$O (Abb. 5.90). Fe$_{1-x}$O kristallisiert im NaCl-Typ mit Leerstellen im Kationen-teilgitter. Der Eisenunterschuß wird durch Fe^{3+}-Ionen ausgeglichen. Fe$_{0,95}$O hat also die Zusammensetzung Fe$^{2+}_{0,85}$Fe$^{3+}_{0,10}$Fe $\square_{0,05}$O (Fe $\square$ = Leerstelle). Unterhalb 560°C disproportioniert „FeO" in α-Fe und Fe$_3$O$_4$; durch schnelles Abkühlen erhält man es bei Raumtemperatur als metastabile Verbindung. Man erhält Fe$_{1-x}$O als schwarzes Pulver durch thermische Zersetzung von Eisen(II)-oxalat im Vakuum oder durch Reduktion von Fe$_2$O$_3$ mit H$_2$. Stöchiometrisches FeO erhält man aus Fe$_{1-x}$O und Fe bei 780°C und 50 kbar.

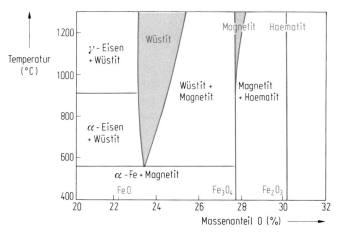

Abbildung 5.90   Ausschnitt aus dem Zustandsdiagramm Eisen-Sauerstoff. FeO ist als nichtstöchiometrische Verbindung Fe$_{1-x}$O nur oberhalb 560°C stabil. Bei Raum-temperatur ist es metastabil. Fe$_2$O$_3$ und Fe$_3$O$_4$ sind bei Raumtemperatur stöchiometrische Verbindungen. Oberhalb 1000°C hat Magnetit einen Homogenitätsbereich mit einem Fe^{3+}/Fe^{2+}-Verhältnis größer als zwei.

Eisen(II, III)-oxid Fe$_3$O$_4$ (Smp. 1538°C) kommt als schwarzes Mineral Magnetit vor. Es kristallisiert in der inversen Spinell-Struktur $\overset{+3}{Fe}(\overset{+2}{Fe}\overset{+3}{Fe})O_4$. Auf den Oktaeder-plätzen erfolgt ein schneller Elektronenaustausch zwischen den Fe^{2+}- und Fe^{3+}-Ionen (vgl. S. 668). Daher ist Fe$_3$O$_4$ ein guter elektrischer Leiter. Außerdem ist Fe$_3$O$_4$ stark ferrimagnetisch (vgl. S. 662). Fe$_3$O$_4$ ist beständig gegen Säuren, Basen und Chlor, es wird daher für Elektroden verwendet.

Eisen(III)-oxid Fe$_2$O$_3$ (Smp. 1565°C). Die wichtigsten Modifikationen sind α-Fe$_2$O$_3$ und γ-Fe$_2$O$_3$. **α-Fe$_2$O$_3$** kristallisiert im Korund-Typ, es kommt in der Natur als Hämatit vor. **γ-Fe$_2$O$_3$** kristallisiert in einer Defektspinellstruktur mit Leerstellen im oktaedrisch koordinierten Teilgitter: Fe$^{3+}_8$(Fe$^{3+}_{13\frac{1}{3}}$Fe $\square_{2\frac{2}{3}}$)O$_{32}$. Es ist wie Fe$_3$O$_4$ ferrimagnetisch und wird für *Magnetbänder* verwendet. Man erhält es durch Oxida-tion von Fe$_3$O$_4$ bei 250–300°C.

$$2\,Fe_3O_4 + \tfrac{1}{2}O_2 \longrightarrow 3\,\gamma\text{-}Fe_2O_3$$

Oberhalb 300 °C wandelt sich γ-Fe_2O_3 in α-Fe_2O_3 um.

$$\gamma\text{-}Fe_2O_3 \longrightarrow \alpha\text{-}Fe_2O_3$$

Beim Erhitzen auf 1000 °C im Vakuum oder auf 1400 °C in Luft spaltet α-Fe_2O_3 Sauerstoff ab.

$$3\,\alpha\text{-}Fe_2O_3 \longrightarrow 2\,Fe_3O_4 + \tfrac{1}{2}O_2$$

Die Eigenschaften von α-Fe_2O_3 hängen von der thermischen Vorbehandlung ab. Geglühtes Fe_2O_3 ist hart und auch in heißen konz. Säuren wenig löslich. Je nach Korngröße ist es hellrot bis purpurviolett und wird als Malerfarbe verwendet.

Ferrite sind wegen ihrer magnetischen Eigenschaften technisch wichtig. Ferrite der Zusammensetzung $MeFe_2O_4$ (Me = Fe, Co, Ni, Zn, Cd) kristallisieren in der Spinell-Struktur (vgl. S. 81), Ferrite der Zusammensetzung $Me_3Fe_5O_{12}$ (Me = Y, Gd, Tb, Dy, Ho, Er, Tm, Yb, Lu) in der Granat-Struktur (vgl. S. 663). Die magnetischen Eigenschaften dieser Spinelle und Granate werden im Abschnitt 5.1.6 Ferrimagnetismus behandelt. Spinell-Ferrite dienen als Hochfrequenz-Transformatoren und als Speicherelemente in Computern, der Yttrium-Eisen-Granat (YIG) in Radarsystemen als Mikrowellenfilter.

Die Verbindungen $BaFe_{12}O_{19}$, $Ba_2Me_2Fe_{12}O_{22}$ und $BaMe_2Fe_{16}O_{27}$ (Me = Zn, Ni, Co, Fe) gehören zu den ferrimagnetischen hexagonalen Ferriten, die in komplizierten Schichtstrukturen kristallisieren. Sie werden als Permanentmagnete verwendet.

Halogenverbindungen

Die **Eisen(II)-Halogenide FeX_2** (X = F, Cl, Br, I) sind wasserfrei und als Hydrate bekannt. FeF_2 kristallisiert im Rutil-Typ, $FeCl_2$ im $CdCl_2$-Typ, $FeBr_2$ und FeI_2 im CdI_2-Typ.

$FeCl_2$ (Smp. 674 °C) erhält man durch Erhitzen von Eisen mit trockenem HCl-Gas. Löst man Eisen in Salzsäure, so kristallisiert unterhalb 12 °C das blaßgrüne Hexahydrat $FeCl_2 \cdot 6\,H_2O$ aus, das den oktaedrischen *trans*-Chlorokomplex $[FeCl_2(H_2O)_4]$ enthält.

Die direkte Halogenierung von Eisen führt zu den wasserfreien **Eisen(III)-Halogeniden FeX_3** (X = F, Cl, Br). FeI_3 ist nicht bekannt. Auch in Lösungen wird I^- von Fe^{3+} oxidiert.

$$Fe^{3+} + I^- \longrightarrow Fe^{2+} + \tfrac{1}{2}I_2$$

Aus Eisen und Iod entsteht daher das Diiodid.

Beim Erhitzen der Eisen(III)-Halogenide im Vakuum entstehen die Eisen(II)-Halogenide.

$$FeX_3 \longrightarrow FeX_2 + \tfrac{1}{2}X_2$$

FeCl$_3$ und FeBr$_3$ ähneln den entsprechenden *Aluminiumhalogeniden.* FeCl$_3$ sublimiert bei 120 °C, schmilzt bei 306 °C und kristallisiert in einer dem AlCl$_3$ ähnlichen Schichtstruktur mit Fe^{3+}-Ionen in den oktaedrischen Lücken einer hexagonal-dichten Packung von Cl$^-$-Ionen. Bei 400 °C enthält der Dampf Fe$_2$Cl$_6$-Moleküle, oberhalb 800 °C FeCl$_3$-Moleküle.

FeCl$_3$ ist in Wasser gut löslich. Aus den Lösungen kristallisieren verschiedene Hydrate, z. B. das Hexahydrat FeCl$_3 \cdot 6 H_2O$ mit der Struktur [FeCl$_2$(H$_2$O)$_4$]Cl $\cdot$ 2 H$_2$O. *FeCl$_3$-Lösungen reagieren auf Grund der Protolyse des Ions [Fe(H$_2$O)$_6$]$^{3+}$ sauer* (vgl. S. 825). *In salzsauren Lösungen bilden sich gelb gefärbte Chlorokomplexe,* z. B. das tetraedrische Ion **[FeCl$_4$]$^-$**.

Schwefelverbindungen

Eisen(II)-sulfid FeS entsteht in exothermer Reaktion aus den Elementen. Es kristallisiert im NiAs-Typ, schmilzt bei 1190 °C und entwickelt mit Säuren H$_2$S.

$$FeS + 2 HCl \longrightarrow FeCl_2 + H_2S$$

In der Natur kommt Magnetkies mit der ungefähren Zusammensetzung Fe$_{0,9}$S vor.

FeS$_2$ ist aus Fe^{2+}- und S$_2^{2-}$-Baugruppen aufgebaut. Es kommt in der Natur als messingfarbener Pyrit (Abb. 5.91) und als Markasit vor.

Eisen(III)-sulfid Fe$_2$S$_3$ zersetzt sich oberhalb 20 °C. Ein Eisen(III)-sulfid ist das Doppelsulfid **Kupferkies $\overset{+1}{\text{Cu}}\overset{+3}{\text{Fe}}S_2$** (Abb. 5.92), ein wichtiges Mineral.

Eisen-Schwefel-Cluster. Strukturell analog den aktiven Zentren von Redoxsystemen in biologischen Systemen (z. B. in der Nitrogenase, durch die die Reduktion von Luftstickstoff zu Ammoniak katalysiert wird) sind zweikernige und vierkernige Eisen-Schwefel-Cluster (X = SR, Cl, Br, I).

Die Cluster lassen sich leicht oxidieren und reduzieren. Die Cluster [Fe$_2$S$_2$X$_4$] können die Ladungen -2 bis -4, die Cluster [Fe$_4$S$_4$X$_4$] die Ladungen -1 bis -4

annehmen. Auch in den Clustern, die formal Fe(II) und Fe(III) enthalten, sind alle Fe-Atome infolge Elektronendelokalisierung äquivalent (vgl. Fe_3O_4, S. 668).

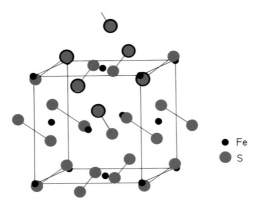

Abbildung 5.91   Struktur von Pyrit FeS_2. Die Struktur kann von der NaCl-Struktur abgeleitet werden. Die Na-Positionen sind von Fe-Atomen, die Cl-Positionen von S_2-Gruppen besetzt. Jedes Fe-Atom ist von 6 S-Atomen annähernd oktaedrisch umgeben. Sechs der S-Atome sind markiert, sie koordinieren das Fe-Atom im Zentrum der oberen Würfelfläche.
Im Pyrit-Typ kristallisieren auch MnS_2, CoS_2, NiS_2, RuS_2, RhS_2 und OsS_2.

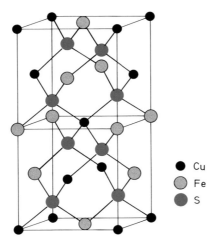

Abbildung 5.92   Struktur von Chalkopyrit (Kupferkies) $CuFeS_2$.
Die Metallatome sind tetraedrisch von Schwefel koordiniert. Jedes Schwefelatom ist tetraedrisch von zwei Eisenatomen und zwei Kupferatomen umgeben. Sind alle Metallatome gleich, dann ist die Struktur mit der Zinkblende-Struktur identisch (vgl. S. 77). Im Chalkopyrit-Typ kristallisieren auch die Verbindungen $CuMeX_2$ (Me = Al,Ga,In; X = S,Se,Te).

Komplexverbindungen

Es überwiegen oktaedrische Komplexe. In der Regel können Fe(II)-Komplexe zu Fe(III)-Komplexen oxidiert werden. *Die Stabilität der Oxidationsstufen hängt von den Komplexliganden ab.*

Beispiele:

$$[Fe(CN)_6]^{4-} \rightleftharpoons [Fe(CN)_6]^{3-} + e^- \quad E^\circ = +0,36 \text{ V}$$
$$[Fe(H_2O)_6]^{2+} \rightleftharpoons [Fe(H_2O)_6]^{3+} + e^- \quad E^\circ = +0,77 \text{ V}$$
$$[Fe(phen)_3]^{2+} \rightleftharpoons [Fe(phen)_3]^{3+} + e^- \quad E^\circ = +1,12 \text{ V}$$

Fe(III) hat eine große Affinität zu Liganden, die über Sauerstoffatome koordinieren. Beispiele sind die Komplexe **$[Fe(PO_4)_3]^{6-}$**, $[Fe(HPO_4)_3]^{3-}$ und $[Fe(C_2O_4)_3]^{3-}$. Zu Amminliganden hat Fe(III) eine geringe Affinität, es existieren keine einfachen Amminkomplexe in wäßriger Lösung. Von Fe(II) dagegen sind die Komplexe $[Fe(NH_3)_6]^{2+}$ und $[Fe(en)_3]^{2+}$ bekannt.

Die Stabilität der Fe(III)-Halogenokomplexe sinkt von F^- nach Br^-. Fluoridionen bilden stabile Komplexe, das vorherrschende Komplexion ist **$[FeF_5(H_2O)]^{2-}$**. Verknüpfte oktaedrische $[FeF_6]^{3-}$-Ionen treten z. B. in $CsFeF_4$ auf. Die oktaedrischen Chlorokomplexe sind viel instabiler, und tetraedrische $[FeCl_4]^-$-Ionen sind begünstigt.

Mit SCN^--Ionen bildet Fe(III) die blutroten oktaedrischen Komplexe **$[Fe(SCN)(H_2O)_5]^{2+}$**, **$[Fe(SCN)_2(H_2O)_4]^+$** und **$[Fe(SCN)_3(H_2O)_3]$**, die zum qualitativen und quantitativen Nachweis von Eisen geeignet sind (vgl. Abschn. 5.4.8). Mit F^--Ionen erfolgt Entfärbung, da sich die stabileren Fluorokomplexe bilden. Eisen(III)-thiocyanat $Fe(SCN)_3$ kann wasserfrei in violetten Kristallen oder als Trihydrat $Fe(SCN)_3 \cdot 3 H_2O$ isoliert werden.

Alle bisher besprochenen Komplexe sind high-spin-Komplexe. *Nur Liganden wie Bipyridyn (bipy), o-Phenanthrolin (phen) und CN^- bilden low-spin-Komplexe.*

Der Phenanthrolinkomplex wird als Redoxindikator **(Ferroin)** verwendet.

$$\underset{\text{rot}}{[Fe(phen)_3]^{2+}} \rightleftharpoons \underset{\text{blau}}{[Fe(phen)_3]^{3+}} + e^-$$

Die wichtigsten Komplexe sind die Cyanokomplexe $[\overset{+2}{Fe}(CN)_6]^{4-}$ und $[\overset{+3}{Fe}(CN)_6]^{3-}$. **Hexacyanoferrat(II)** ist thermodynamisch und kinetisch stabiler als **Hexacyanoferrat(III)**. Mit Salzsäure bildet sich die Hexacyanoeisen(II)-säure $H_4[Fe(CN)_6]$, eine starke vierbasige Säure, die sich als weißes Pulver isolieren läßt. Mit Ag^+-Ionen fällt nicht AgCN, sondern $Ag_4[Fe(CN)_6]$ aus. Mit Chlor- oder Bromwasser kann man Hexacyanoferrat(II) zu Hexacyanoferrat(III) oxidieren.

$$\underset{\text{gelb}}{[Fe(CN)_6]^{4-}} + \tfrac{1}{2}Cl_2 \longrightarrow \underset{\text{rötlichgelb}}{[Fe(CN)_6]^{3-}} + Cl^-$$

Die Hexacyanoeisen(III)-säure $H_3[Fe(CN)_6]$ kristallisiert in braunen Nadeln und ist sehr unbeständig.

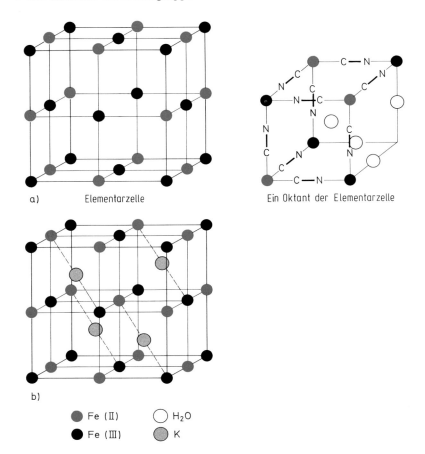

a)   Elementarzelle   Ein Oktant der Elementarzelle

b)

- ● Fe (II)   ○ H$_2$O
- ● Fe (III)   ◐ K

Abbildung 5.93   a) Struktur von unlöslichem Berlinerblau. Inhalt der Elementarzelle: $\overset{+3}{Fe}_4[\overset{+2}{Fe}(CN)_6]_3 \cdot 14H_2O$. Jedes Eisen(II) ist von 6CN⁻ oktaedrisch koordiniert: $[\overset{+2}{Fe}(CN)_6]$. Ein Eisen(III) ist von 6CN⁻ koordiniert: $[\overset{+3}{Fe}(NC)_6]$ (Koordination über die N-Seite der CN-Gruppe), drei Eisen(III) sind jeweils von 4CN⁻ und 2H$_2$O umgeben: $[\overset{+3}{Fe}(NC)_4(H_2O)_2]$. In jedem Oktanten der Elementarzelle befindet sich ein weiteres H$_2$O-Molekül.
b) Struktur von löslichem Berlinerblau. Die Elementarzelle enthält 4 Einheiten $K\overset{+3}{Fe}[\overset{+2}{Fe}(CN)_6]$. Jedes Fe(II) ist oktaedrisch von 6CN⁻ koordiniert: $[\overset{+2}{Fe}(CN)_6]$. Fe(III) ist von 6CN⁻ über die N-Seite koordiniert: $[\overset{+3}{Fe}(NC)_6]$. Vier der Oktanten sind mit K⁺-Ionen besetzt.

Die bekanntesten Salze sind **Kaliumhexacyanoferrat(II) K$_4$[Fe(CN)$_6$]** (gelbes Blutlaugensalz) und **Kaliumhexacyanoferrat(III) K$_3$[Fe(CN)$_6$]** (rotes Blutlaugensalz). Im Gegensatz zu rotem Blutlaugensalz ist gelbes Blutlaugensalz ungiftig. Es wird zur Schönung von Weinen verwendet (Ausfällung von Eisenionen).

Versetzt man eine [Fe(CN)$_6$]$^{4-}$-Lösung mit Fe^{3+}-Ionen im Überschuß, so entsteht ein als unlösliches **Berlinerblau** bezeichneter tiefblauer Niederschlag (vgl. Abschn. 5.4.8). Berlinerblau wird technisch hergestellt und als Malerfarbe, für blaue

Tinten und als Wäscheblau verwendet. Versetzt man eine $[Fe(CN)_6]^{3-}$-Lösung mit Fe^{2+}-Ionen im Überschuß, entsteht ebenfalls ein blauer Niederschlag, der als unlösliches **Turnbulls-Blau** bezeichnet wird. Mit der Mößbauer-Spektroskopie wurde nachgewiesen, daß beide Substanzen aber identisch und Eisen(III)-hexacyanoferrat(II) $\overset{+3}{Fe}_4[\overset{+2}{Fe}(CN)_6]_3 \cdot nH_2O$ ($n \approx 14$) sind. Kolloid gelöstes „lösliches Berlinerblau" bzw. „lösliches Turnbulls-Blau" hat die idealisierte Formel $K\overset{+3}{Fe}[\overset{+2}{Fe}(CN)_6] \cdot H_2O$. Man erhält es durch Umsatz von $[Fe(CN)_6]^{4-}$- mit Fe^{3+}- bzw. $[Fe(CN)_6]^{3-}$- mit Fe^{2+}-Ionen im Stoffmengenverhältnis 1:1. Die Strukturen sind in der Abb. 5.93 dargestellt. Fe(II) liegt im low-spin-Zustand vor, Fe(III) im high-spin-Zustand. Die blaue Farbe entsteht durch das gleichzeitige Vorhandensein von Fe(II) und Fe(III). Das aus $K_4[Fe(CN)_6]$ und Fe(II) gebildete unlösliche $K_2\overset{+2}{Fe}[\overset{+2}{Fe}(CN)_6]$ ist farblos. Aus $K_3[Fe(CN)_6]$ und Fe(III) entsteht eine dunkelbraune Lösung von $\overset{+3}{Fe}[\overset{+3}{Fe}(CN)_6]$.

Pentacyanoferrate, bei denen eine Cyanogruppe des $[Fe(CN)_6]$-Ions durch andere Liganden ersetzt ist, heißen **Prussiate**.

Beispiele:

$$[\overset{+2}{Fe}(CN)_5NH_3]^{3-}, \quad [\overset{+2}{Fe}(CN)_5CO]^{3-}, \quad [\overset{+2}{Fe}(CN)_5NO]^{2-}$$

Das Nitrosylprussiat, das NO^+ als Ligand enthält, entsteht aus $[Fe(CN)_6]^{4-}$ mit Salpetersäure.

$$[Fe(CN)_6]^{4-} + 4H_3O^+ + NO_3^- \longrightarrow [Fe(CN)_5NO]^{2-} + CO_2$$
$$+ NH_4^+ + 4H_2O$$

5.16.5.2 Eisen(IV)-, Eisen(V)- und Eisen(VI)-Verbindungen (d^4, d^3, d^2)

Es gibt überraschenderweise keine Fluor- sondern nur Sauerstoffverbindungen.

Am häufigsten und am besten untersucht sind die **Fe(IV)-Verbindungen**. Bekannt sind Na_4FeO_4, Sr_2FeO_4, Ba_2FeO_4, Ba_3FeO_5, Li_2FeO_3, $BaFeO_3$, $CaFeO_3$, $SrFeO_3$. Ba_2FeO_4 und Sr_2FeO_4 enthalten keine FeO_4^{4-}-Ionen, es sind Doppeloxide, die nach der folgenden Reaktion dargestellt werden können.

$$\overset{+2}{Me}_3[\overset{+3}{Fe}(OH)_6]_2 + \overset{+2}{Me}(OH)_2 + \tfrac{1}{2}O_2 \xrightarrow{800-900\,°C} 2\overset{+2}{Me}_2\overset{+4}{Fe}O_4 + 7H_2O$$

$BaFeO_3$, $CaFeO_3$ und $SrFeO_3$ kristallisieren in der Perowskit-Struktur. $BaFeO_3$ und $SrFeO_3$ wurden durch thermische Zersetzung von Ferraten(VI) im Sauerstoffstrom bei 1000 °C hergestellt. $CaFeO_3$ erhält man aus $Ca_2Fe_2O_5$ bei 1000 °C und Sauerstoffdrücken > 20 kbar. $SrFeO_3$ ist ein metallischer Leiter. Die e_g-Orbitale der Fe^{4+}-Ionen überlappen zu einem schmalen Band, in dem die delokalisierten Elektronen metallische Leitung bewirken. $CaFeO_3$ ist nur bei Raumtemperatur metallisch. Bei tiefen Temperaturen sind die e_g-Elektronen lokalisiert, es findet die Disproportionierung $2\,Fe^{4+} \longrightarrow Fe^{3+} + Fe^{5+}$ statt, und es erfolgt ein Übergang zu einem Halbleiter. Untersucht wurden auch die Mischkristalle $CaFeO_3$—$SrFeO_3$, $LaFeO_3$—

$CaFeO_3$ und $LaFeO_3$—$SrFeO_{3}$. Bei allen Mischkristallen wurde bei tiefen Temperaturen in den Mößbauerspektren (vgl. Abschn. 5.2) die Disproportionierung von Fe(IV) beobachtet.

Es sind nur wenige **Fe(V)-Verbindungen** bekannt Bei den Verbindungen Me_3FeO_4 (Me = K, Na, Rb) sind die Eisenionen tetraedrisch koordiniert. *La_2LiFeO_6 ist* ein Perowskit und *die einzige Verbindung, in der die Fe^{5+}-Ionen oktaedrisch koordiniert sind.* Man erhält sie durch Tempern der Nitrate bei 700 °C und anschließende Reaktion bei 900 °C und einem O_2-Druck von 60 kbar. **Ferrate(VI)** werden durch Oxidation von Fe(III) mit Chlor in konz. Alkalilauge dargestellt.

$$2\,Fe(OH)_3 + 3\,ClO^- + 4\,OH^- \longrightarrow 2\,FeO_4^{2-} + 3\,Cl^- + 5\,H_2O$$

Das purpurrote, tetraedrische Ion FeO_4^{2-} (vgl. Abb. 5.4.8) *ist ein stärkeres Oxidationsmittel als MnO_4^-.*

$$FeO_4^{2-} + 8\,H_3O^+ + 3\,e^- \longrightarrow Fe^{3+} + 12\,H_2O \qquad E^\circ = +2{,}20\ V$$

In neutraler oder saurer Lösung zersetzt es sich schnell.

$$2\,FeO_4^{2-} + 10\,H_3O^+ \longrightarrow 2\,Fe^{3+} + 15\,H_2O + \tfrac{3}{2}O_2$$

Isoliert wurden das Li-, Na-, K-, Cs-, Ca-, Sr- und Ba-Salz. K_2FeO_4 ist mit K_2CrO_4 isotyp. Magnetische Messungen ergaben für Li_2FeO_4 und Na_2FeO_4 den für ein d^2-Ion erwarteten spin-only-Wert von 2,8 μ_B.

5.16.6 Verbindungen des Cobalts

5.16.6.1 Cobalt(II)- und Cobalt(III)-Verbindungen (d^7, d^6)

In Salzen und binären Verbindungen ist Co(II) stabiler als Co(III). Auch in wäßriger Lösung ist in Abwesenheit anderer Komplexbildner das hellrosa gefärbte Ion $[Co(H_2O)_6]^{2+}$ stabil und nur schwer zu oxidieren.

$$\underset{\text{rosa}}{[Co(H_2O)_6]^{2+}} \rightleftharpoons \underset{\text{blau}}{[Co(H_2O)_6]^{3+}} + e^- \qquad E^\circ = 1{,}84\ V$$

Die hydratisierten **Co(II)-Salze** enthalten das Ion $[Co(H_2O)_6]^{2+}$ und sind rosa oder rot gefärbt.

Beispiele:

$CoSO_4 \cdot 7\,H_2O$, $CoCl_2 \cdot 6\,H_2O$, $Co(NO_3)_2 \cdot 6\,H_2O$

Es gibt nur wenige einfache **Co(III)-Salze**.

Beispiele:

$Co_2(SO_4)_3 \cdot 18\,H_2O$ und die Alaune $MeCo(SO_4)_2 \cdot 12\,H_2O$

(Me = K, Rb, Cs, NH_4)

Sie enthalten den blauen diamagnetischen low-spin-Komplex $[Co(H_2O)_6]^{3+}$, der von Wasser unter Sauerstoffentwicklung reduziert wird. Die Salze sind daher blau, diamagnetisch und wasserzersetzlich.

In Komplexverbindungen ist Co(III) stabiler als Co(II). Mit wenigen Ausnahmen sind die Komplexe diamagnetische low-spin-Komplexe mit der Konfiguration t_{2g}^6 des Co^{3+}-Ions. Die hohe Ligandenfeldstabilisierungsenergie (vgl. S. 685) stabilisiert die Co(III)-Komplexe, und die meisten oktaedrischen Co(II)-Komplexe sind, wie die Redoxpotentiale zeigen, instabil gegen Luftsauerstoff
($6 H_2O \rightleftharpoons O_2 + 4 H_3O^+ + 4 e^- \qquad E^\circ = +1{,}23\ V$).

$$[Co(C_2O_4)_3]^{4-} \qquad \rightleftharpoons [Co(C_2O_4)_3]^{3-} + e^- \qquad E^\circ = +0{,}57\ V$$
$$[Co(en)_3]^{2+} \qquad \rightleftharpoons [Co(en)_3]^{3+} \quad + e^- \qquad E^\circ = +0{,}18\ V$$
$$[Co(NH_3)_6]^{2+} \qquad \rightleftharpoons [Co(NH_3)_6]^{3+} \quad + e^- \qquad E^\circ = +0{,}11\ V$$
$$[Co(CN)_5]^{3-} + CN^- \rightleftharpoons [Co(CN)_6]^{3-} \quad + e^- \qquad E^\circ = -0{,}8\ V$$

Eine ähnliche Wirkung hat die Erhöhung des pH-Wertes. *Co(III) wird im basischen Milieu stabilisiert* (vgl. Fe(II)/Fe(III), S. 825), da Cobalt(III)-hydroxid schwerer löslich ist als Cobalt(II)-hydroxid.

$$\overset{+2}{Co}(OH)_2 + OH^- \rightleftharpoons \overset{+3}{Co}O(OH) + H_2O + e^- \qquad E^\circ = +0{,}17\ V$$

Sauerstoffverbindungen

Cobalt(II)-hydroxid Co(OH)$_2$ fällt aus Co(II)-Salzlösungen mit OH^--Ionen zuerst als blauer unbeständiger Niederschlag aus, der sich in eine beständige blaßrote Form (isotyp mit Mg(OH)$_2$) umwandelt. Co(OH)$_2$ ist schwerlöslich ($L = 2 \cdot 10^{-6}$), ist schwach amphoter und löst sich in konz. Laugen unter Bildung tiefblauer $[Co(OH)_4]^{2-}$-Ionen. Bei Lufteinwirkung, aber schneller mit Oxidationsmitteln wie Cl_2, Br_2 oder H_2O_2, entsteht in basischer Lösung braunes Cobalt(III)oxid-Hydrat $Co_2O_3 \cdot n H_2O$, aus dem bei 150 °C das Cobalt(III)-oxidhydroxid CoO(OH) entsteht. Teilweise führt die Oxidation zu schwarzem Cobalt(IV)-oxid-Hydrat $CoO_2 \cdot n H_2O$.

Cobalt(II)-oxid CoO kristallisiert im NaCl-Typ, ist olivgrün und säurelöslich. Es entsteht aus den Elementen bei 1100 °C oder durch Zersetzung des Hydroxids, Carbonats oder Nitrats von Co(II). In Silicaten löst es sich mit blauer Farbe (*Cobaltglas*) und wird daher in der keramischen Industrie verwendet.

Cobalt(II, III)-oxid Co$_3$O$_4$ besitzt die normale Spinell-Struktur $\overset{+2}{Co}(\overset{+3}{Co}_2)O_4$. Die Co^{3+}-Ionen auf den Oktaederplätzen sind diamagnetisch, also im low-spin-Zustand. Co_3O_4 entsteht durch Oxidation von CoO.

$$3\,CoO + \tfrac{1}{2}O_2 \xrightarrow{\ 400{-}500\,°C\ } Co_3O_4$$

Das Oxid Co_2O_3 ist in reiner Form nicht bekannt.

Die Cobaltspinelle $CoAl_2O_4$ und $ZnCo_2O_4$ sind für die analytische Chemie interessant. Erhitzt man $Co(NO_3)_2$ mit $Al_2(SO_4)_3$, entsteht der blaue Spinell $CoAl_2O_4$ (**Thenard-Blau**), mit dem Aluminium nachgewiesen wird. Erhitzt man $Co(NO_3)_2$ mit ZnO in Gegenwart von Sauerstoff bei 800–900 °C, bildet sich der grüne Spinell $ZnCo_2O_4$ (**Rinman-Grün**), der zum Nachweis von Zink geeignet ist.

Schwefelverbindungen

Im System Cobalt-Schwefel wurden die Sulfide CoS_2 (Pyrit-Typ), Co_3S_4 (Spinell-Typ), $Co_{1-x}S$ (NiAs-Defektstruktur) und Co_9S_8 identifiziert. Alle Verbindungen besitzen metallische Eigenschaften. Die Spinell-Struktur existiert bei Zusammensetzungen von $Co_{3,4}S_4$ bis $Co_{2,1}S_4$, sie schließt also das Sulfid Co_2S_3 ein.

Halogenverbindungen

Alle **Cobalt(II)-Halogenide** sind existent. Es sind farbige Feststoffe mit oktaedrischer Koordination von Co(II).

	CoF_2	$CoCl_2$	$CoBr_2$	CoI_2
Farbe	rosa	blau	grün	blauschwarz
Smp. in °C	1200	724	678	515

$CoCl_2$ und $CoBr_2$ erhält man aus den Elementen, CoF_2 durch Reaktion von $CoCl_2$ mit HF, CoI_2 durch Reaktion von feinverteiltem Cobalt mit HI. Alle Halogenide bilden mehrere Hydrate. Aus Cobalt(II)-chlorid-Lösungen kristallisiert das rosafarbene Hexahydrat $[Co(H_2O)_6]Cl_2$ aus. Bereits bei ca. 50 °C wandelt es sich reversibel in das blaue Dihydrat $CoCl_2 \cdot 2H_2O$ um; vollständige Entwässerung erfolgt erst bei 175 °C. Der Farbumschlag eignet sich als Feuchtigkeitsindikator für Silicagel (*Blaugel*).

Von Cobalt(III) ist nur **Cobalt(III)-fluorid CoF_3** bekannt. Es ist ein braunes Pulver, das von Wasser unter Sauerstoffentwicklung zu Co(II) reduziert wird. $CoCl_3$, $CoBr_3$ und CoI_3 existieren nicht, da Co(III) die Halogenanionen zu elementarem Halogen oxidiert.

Komplexverbindungen

Die **Cobalt(III)-Komplexe** *sind oktaedrisch gebaut, intensiv gefärbt und fast alle diamagnetische low-spin-Komplexe mit der Konfiguration* t_{2g}^6.

Beispiele:

Komplex	Farbe	Oktaedrische Ligandenfeld- aufspaltung Δ in cm^{-1}
$[Co(H_2O)_6]^{3+}$	blau	18 200
$[Co(C_2O_4)_3]^{3-}$	dunkelgrün	18 000
$[Co(NH_3)_6]^{3+}$	orangegelb	22 900
$[Co(en)_3]^{3+}$	gelb	23 200
$[Co(CN)_6]^{3-}$	gelb	33 500

Co(III)-Komplexe sind wie die Cr(III)-Komplexe kinetisch inert (der Ligandenaustausch erfolgt langsam). Co(III) besitzt eine starke Affinität zu Stickstoffliganden. Es sind etwa 2000 Komplexe mit Ammoniak, Amminen und Nitrogruppen bekannt, deren Farben, Isomerieverhältnisse und Reaktionen intensiv untersucht wurden. Paramagnetische high-spin-Komplexe sind nur die blauen Fluorokomplexe $[CoF_6]^{3-}$ und $[Co(H_2O)_3F_3]$. Wie auf Grund der Ligandenfeldtheorie zu erwarten ist (vgl. S. 697), gibt es für die low-spin-Komplexe zwei spinerlaubte d-d-Übergänge (zwei Banden), für die high-spin-Komplexe nur einen Übergang (eine Bande). Wie der diamagnetische low-spin-Komplex $[Fe(CN)_6]^{4-}$ (vgl. S. 831) ist auch der Komplex $[Co(CN)_6]^{3-}$ sehr stabil und nicht toxisch. Er ist beständig gegen Cl_2, HCl, H_2O_2 und Alkalien.

Zum Nachweis von Cobalt eignet sich das gelbe schwerlösliche Kaliumhexanitrocobaltat(III) $K_3[Co(NO_2)_6]$. Man erhält es aus Co(II)-Lösungen mit überschüssigem Kaliumnitrit in verdünnter Essigsäure.

$$Co^{2+} + \overset{+3}{N}O_2^- + 2H_3O^+ \longrightarrow Co^{3+} + \overset{+2}{N}O + 3H_2O$$
$$Co^{3+} + 6NO_2^- + 3K^+ \longrightarrow K_3[Co(NO_2)_6]$$

Die meisten **Cobalt(II)-Komplexe** *sind oktaedrisch oder tetraedrisch gebaut. Fast alle sind high-spin-Komplexe.* Co(II) bildet mehr tetraedrische Komplexe als die anderen Übergangsmetallkationen. Für ein d^7-Ion ist die Differenz zwischen oktaedrischer und tetraedrischer Ligandenfelsstabilisierung kleiner als für die meisten d-Konfigurationen, die Benachteiligung der tetraedrischen Koordination also gering (vgl. Tabelle 5.6). *Die Stabilitätsunterschiede zwischen oktaedrischer und tetraedrischer Koordination sind nur gering. Einige Liganden treten in beiden Koordinationen auf und liegen sogar im Gleichgewicht nebeneinander vor.* Zum Beispiel ist etwas tetraedrisches $[Co(H_2O)_4]^{2+}$ im Gleichgewicht mit oktaedrischem $[Co(H_2O)_6]^{2+}$. Tetraedrische Komplexe werden mit einzähnigen Liganden wie Cl$^-$, Br$^-$, I$^-$, SCN$^-$, OH$^-$ gebildet. *Der Wechsel der Koordination führt auch zu einem Farbwechsel.* Oktaedrische Co(II)-Komplexe sind im allgemeinen rosa bis rot, tetraedrische Co(II)-Komplexe blau.

Beispiel:

$$[Co(H_2O)_6]^{2+} \underset{H_2O}{\overset{Cl^-}{\rightleftharpoons}} [CoCl_4]^{2-}$$

rosa   blau

Versetzt man eine Co(II)-Lösung mit CN^--Ionen, entsteht zunächst der quadratisch-pyramidale low-spin-Komplex $[Co(CN)_5]^{3-}$ und schließlich das zweikernige Me-tallcluster-Ion $[(CN)_5Co\text{—}Co(CN)_5]^{6-}$ mit einer schwachen Co-Co-Bindung. Beide Komplexe sind oxidationsempfindlich und gehen leicht in Co(III)-Komplexe über. Eine dem gelben Blutlaugensalz $K_4[\overset{+2}{Fe}(CN)_6]$ analoge Co(II)-Verbindung $K_4[\overset{+2}{Co}(CN)_6]$ existiert nicht. Für low-spin-Co(II) mit der Konfiguration $t_{2g}^6 e_g^1$ ist Jahn-Teller-Effekt zu erwarten, wahrscheinlich ist deswegen die Koordinationszahl 5 für CN^- bevorzugt.

5.16.6.2 Cobalt(IV)- und Cobalt(V)-Verbindungen (d^5, d^4)

Cobalt(IV) und Cobalt(V) gibt es nur als Fluoride und Oxide.

$\overset{+4}{Cs_2CoF_6}$ erhält man durch Fluorierung von Cs_2CoCl_4. CoF_6^{2-} ist ein paramagne-tischer low-spin-Komplex.

$\overset{+4}{CoO_2}$ erhält man durch Oxidation alkalischer Co(II)-Lösungen mit O_2, O_3 oder Cl_2. Es ist schlecht charakterisiert. $\overset{+4}{Ba_2CoO_4}$ entsteht durch Oxidation von $Co(OH)_2$-$Ba(OH)_2$-Gemischen bei 1150 °C. $\overset{+4}{SrCoO_3}$ ist ein Perowskit mit $\overset{+4}{Co}$ im low-spin-Zustand, der unterhalb 222 K ferromagnetisch ist. Man erhält ihn durch Festkör-perreaktion von $SrCO_3/CoCO_3$ unter O_2 bei 1 kbar.

Alkalimetalloxocobaltate(IV). Li_4CoO_4 enthält tetraedrische CoO_4-Gruppen und ist isotyp mit Li_4SiO_4. Beim Li_8CoO_6 sind die O^{2-}-Ionen dichtest gepackt, in den tetraedrischen Lücken sitzen die Li^+- und Co^{4+}-Ionen. Na_4CoO_4 enthält tetraed-rische CoO_4-Gruppen. Bei K_2CoO_3, Rb_2CoO_3 und Cs_2CoO_3 sind Ketten aus ecken-verknüpften CoO_4-Tetraedern vorhanden, während $K_6Co_2O_7$ aus Co_2O_7-Gruppen, analog den Disilicaten, aufgebaut ist.

$\overset{+5}{K_3CoO_4}$ entsteht durch Oxidation der Oxide unter Druck.

5.16.7 Verbindungen des Nickels

5.16.7.1 Nickel(II)-Verbindungen (d^8)

Die wichtigste Oxidationsstufe des Nickels ist +2. In wäßriger Lösung ist Nickel nur in dieser Oxidationsstufe stabil. Wenn keine anderen Komplexbildner anwesend sind, liegt das grüne Hexaaquanickel(II)-Ion $[Ni(H_2O)_6]^{2+}$ vor. Es findet sich auch in den zahlreichen hydratisierten, leicht löslichen Nickel(II)-Salzen: $Ni(NO_3)_2 \cdot 6H_2O$, $NiSO_4 \cdot 6H_2O$, $NiSO_4 \cdot 7H_2O$, $Ni(ClO_4)_2 \cdot 6H_2O$, $\overset{+1}{Me_2}[Ni(H_2O)_6](SO_4)_2$ (Me

= K, Rb, Cs, NH$_4$, Tl). Schwerlöslich sind Nickelcarbonat und Nickelphosphat. *Nickel(II)-Komplexe existieren mit unterschiedlichen Koordinationen.* Typisch für Nickel(II) sind quadratische, diamagnetische low-spin-Komplexe.

Sauerstoffverbindungen

Nickel(II)-hydroxid Ni(OH)$_2$ entsteht aus Lösungen von Ni(II)-Salzen mit OH$^-$-Ionen als voluminöses grünes Gel, das allmählich kristallisiert ($L = 2 \cdot 10^{-16}$). Es löst sich nicht in Basen, aber leicht in Säuren unter Bildung des Ions [Ni(H$_2$O)$_6$]$^{2+}$. In Ammoniak löst es sich ebenfalls, da das blaue Komplexion [Ni(NH$_3$)$_6$]$^{2+}$ gebildet wird. Mit starken Oxidationsmitteln (z. B. Br$_2$ in KOH, aber nicht H$_2$O$_2$) entsteht Nickel(III)-oxidhydroxid NiO(OH). Oxidation mit Peroxodisulfat führt zu Nickel(IV)-oxid-Hydrat NiO$_2 \cdot n$H$_2$O.

Nickel(II)-oxid NiO (Smp. 1990 °C) ist grün, thermisch stabil, in Wasser unlöslich, in Säuren löslich. Es kristallisiert im NaCl-Typ. Man erhält es durch thermische Zersetzung von Ni(II)-Salzen (Hydroxid, Carbonat, Oxalat oder Nitrat).

Durch Reduktion von NiO mit H$_2$ bei 200 °C entsteht feinverteiltes Nickel, das als *Katalysator für Hydrierungen* geeignet ist.

Schwefelverbindungen

Die Nickelsulfide sind den Cobaltsulfiden sehr ähnlich. Im System Nickel-Schwefel existieren NiS$_2$ (Pyrit-Typ), Ni$_3$S$_4$ (Spinell-Typ), Ni$_{1-x}$S (NiAs-Defektstruktur). Außerdem gibt es Ni$_3$S$_2$ und metallische Phasen, deren Zusammensetzungen zwischen NiS und Ni$_3$S$_2$ liegen.

Halogenverbindungen

Es sind alle Nickel(II)-Halogenide wasserfrei und als Hydrate bekannt.

	NiF$_2$	NiCl$_2$	NiBr$_2$	NiI$_2$
Farbe	gelb	gelb	gelb	schwarz
Schmelzpunkt in °C	1450	1000	963	797

Aus NiCl$_2$-Lösungen kristallisiert das grüne Hexahydrat NiCl$_2 \cdot 6$H$_2$O aus. Es enthält *trans*-[NiCl$_2$(H$_2$O)$_4$]-Baugruppen.

Komplexverbindungen

Die einzige stabile Oxidationsstufe des Nickels ist +2. Nickel(II)-Komplexe sind daher redoxstabil. Ni(II) bildet zahlreiche Komplexe mit verschiedener Koordination, am wichtigsten ist die oktaedrische und die quadratisch-planare Koordination. Es gibt aber auch tetraedrische, trigonal-bipyramidale und quadratisch-pyramidale Komplexe.

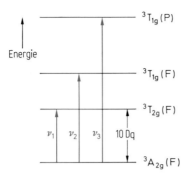

Abbildung 5.94 Schematisches Termdiagramm für die Elektronenkonfiguration d^8 im oktaedrischen Ligandenfeld. Der Grundterm ^3F ist im Ligandenfeld in die Terme $^3A_{2g}$, $^3T_{2g}$, $^3T_{1g}$ aufgespalten (vgl. Abb. 5.33a und 5.34). Der nächsthöhere angeregte Term ^3P spaltet nicht auf (vgl. Tabelle 5.8). Es gibt drei spinerlaubte Übergänge.

Beispiele:

	ν_1 in cm^{-1}	ν_2 in cm^{-1}	ν_3 in cm^{-1}	10Dq in cm^{-1}	Farbe
$[Ni(H_2O)_6]^{2+}$	8 500	13 800	25 300	8 500	grün
$[Ni(NH_3)_6]^{2+}$	10 750	17 500	28 200	10 750	blau
$[Ni(en)_3]^{2+}$	11 200	18 300	29 000	11 200	blauviolett

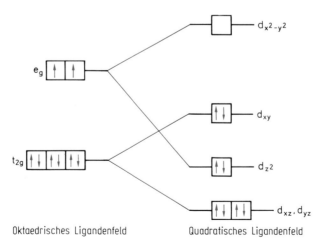

Oktaedrisches Ligandenfeld   Quadratisches Ligandenfeld

Abbildung 5.95 Ligandenfeldaufspaltung im oktaedrischen und im quadratisch-planaren Ligandenfeld. Die quadratische Koordination ist für die d^8-Konfiguration energetisch günstig, da sich ein low-spin-Komplex mit größtmöglicher Ligandenfeldstabilisierungsenergie ausbilden kann.
Pd(II), Pt(II) und Au(III) bevorzugen daher die quadratische Koordination, Ni(II) dann, wenn der Ligand eine große Aufspaltung bewirkt.

Oktaedrische Komplexe bilden Ni^{2+}-Ionen mit den Liganden H_2O, NH_3, en, bipy, phen, NO_2^-, F^-. Die Komplexe sind paramagnetisch, denn die Elektronenkonfiguration ist $t_{2g}^6 e_g^2$. Die Komplexe haben charakteristische Farben und die vom Liganden abhängige Farbänderung kann mit der vom Liganden abhängigen Ligandenfeldaufspaltung erklärt werden (Abb. 5.94).

Beispiele:

$$[Ni(H_2O)_6]^{2+} \qquad \text{grün}$$

$[Ni(H_2O)_2(NH_3)_4]^{2+}$

$[Ni(NH_3)_6]^{2+}$ } blau bis violett

$[Ni(en)_3]^{2+}$

Quadratisch-planare Komplexe. *Für die d^8-Konfiguration ist bei großen Ligandenfeldaufspaltungen die quadratisch-planare Koordination energetisch bevorzugt,* da ein diamagnetischer low-spin-Komplex mit einer größtmöglichen Ligandenfeldstabilisierungsenergie entsteht (vgl. S. 693 u. Abb. 5.95). Diese Komplexe sind häufig gelb oder rot gefärbt. Typische Beispiele sind der sehr stabile gelbe Komplex **[Ni(CN)$_4$]$^{2-}$** und das rote **Bis(dimethylglyoximato)nickel(II)**, mit dem Nickel gravimetrisch bestimmt wird.

Die Oximgruppe ist $=N-OH$; Dimethylglyoxim ist

$$H_3C-C-C-CH_3$$
$$\underset{HO-N \quad N-OH}{\| \quad \|}$$

Tetraedrische Komplexe sind die blauen Komplexionen $[NiX_4]^{2-}$ (X = Cl, Br, I). Die Konfiguration von Ni(II) ist $e^4 t_2^4$. Wie bei den oktaedrischen Komplexen sind also zwei ungepaarte Elektronen vorhanden und auch die tetraedrischen Komplexe sind paramagnetisch.

Versetzt man Ni^{2+}-Ionen mit einem Überschuß an CN^--Ionen, entsteht quadratisch-pyramidales $[Ni(CN)_5]^{3-}$.

$$Ni^{2+} \xrightarrow{CN^-} Ni(CN)_2 \cdot aq \xrightarrow{CN^-} [Ni(CN)_4]^{2-} \xrightarrow{CN^-} [Ni(CN)_5]^{3-}$$

grüner Niederschlag · · · gelb · · · rot

Die kristalline Verbindung $[Cr(en)_3][Ni(CN)_5] \cdot 1,5 H_2O$ enthält Ni(II) sowohl in quadratisch-pyramidaler als auch in trigonal-bipyramidaler Koordination nebeneinander.

Für die Nickelkomplexe ist nicht nur die Vielfalt der Koordination charakteristisch, sondern auch, daß zwischen den Strukturtypen Gleichgewichte existieren.

Gleichgewichte quadratisch-tetraedrisch

Sie treten z. B. bei den Komplexen $[Ni(PR_3)_2X_2]$ (X = Cl, Br, I; R = C_6H_5 oder Alkyl) auf.

$$[Ni(PR_3)_2X_2] \quad \rightleftharpoons \quad [Ni(PR_3)_2X_2]$$

R = Alkyl: quadratisch   R = C_6H_5: tetraedrisch
   diamagnetisch   paramagnetisch
   gelb bis rot   blau

Bei Triphenylphosphinliganden sind die Komplexe tetraedrisch, bei Trialkylphosphinliganden quadratisch-planar. Sind die Liganden gemischte Alkyl-Phenyl-Phosphine, dann existieren in Lösungen beide Komplextypen in einer Gleichgewichtsverteilung nebeneinander.

Gleichgewichte quadratisch-oktaedrisch

Beispiele sind die Lifschitz-Salze, Komplexe von Ni(II) mit substituierten Ethylendiaminen. Abhängig von der Temperatur, der Natur des Diamins, der Art anwesender Anionen und dem Lösungsmittel entstehen entweder gelbe diamagnetische quadratische Komplexe, z. B.

$$\left[\begin{array}{c} (C_6H_5)HC-N \overset{H_2}{\underset{}{}} \quad N \overset{H_2}{\underset{}{}} -CH(C_6H_5) \\ (C_6H_5)HC-N \underset{H_2}{\overset{}{}} \text{\Large{>}}Ni\text{\Large{<}} \quad N \underset{H_2}{\overset{}{}} -CH(C_6H_5) \end{array} \right]^{2+}$$

oder blaue paramagnetische oktaedrische Komplexe, bei denen zwei weitere Liganden (Anionen oder Lösungsmittelmoleküle) an das Ni-Ion der quadratischen Komplexe angelagert sind.

5.16.7.2 Nickel(III)- und Nickel(IV)-Verbindungen (d^7, d^6)

Die einfachen Verbindungen von Nickel(III) und Nickel(IV) sind Oxide und Fluoride. Nur von Nickel(III) gibt es eine größere Anzahl von Doppeloxiden.

$\overset{+3}{Ni}F_3$ ist eine unreine, schwarze, wenig beständige Verbindung.

$\overset{+3}{Ni}O(OH)$ existiert in zwei Modifikationen, es entsteht bei der Oxidation alkalischer Ni(II)-Lösungen (vgl. S. 369 und S. 839). Die Verbindungen $Me\overset{+3}{Ni}O_2$ (Me = Li, Na) kristallisieren in Schichtstrukturen mit low-spin Ni(III). $\overset{+3}{Ni}CoO_3$ hat Korundstruktur und enthält high-spin Ni(III). In Strukturen, die sich vom Perowskit ableiten, kristallisieren die Verbindungen $Ln\overset{+3}{Ni}O_3$ (Ln = Lanthanoide). LaNiO$_3$ ist ein metallischer Leiter mit low-spin Ni(III). In der K_2NiF_4-Struktur (Abb. 5.96) kristallisieren Verbindungen des Typs $ALn\overset{+3}{Ni}O_4$ (A = Ca, Sr, Ba; Ln = Lanthanoide).

In der Komplexverbindung $\overset{+3}{K_3NiF_6}$ hat Nickel die low-spin-Konfiguration $t_2^6 e_g^1$ und auf Grund des Jahn-Teller-Effekts sind die NiF_6^{3-}-Oktaeder gestreckt.

$\overset{+4}{NiO_2} \cdot nH_2O$ ist unbeständig und ein starkes Oxidationsmittel, das durch Wasser unter Freisetzung von O_2 reduziert wird (vgl. S. 839). Der Spinell $Li(Ni^{3+}Ni^{4+})O_4$ ist ein Hopping-Halbleiter (vgl. Abschn. 5.7.5.2) mit low-spin Ni-Ionen. Ni^{4+} ist auch Bestandteil von Heteropolyanionen (vgl. S. 798).

Die Komplexverbindungen $\overset{+4}{Me_2NiF_6}$ (Me = Na, K, Rb, Cs) und $\overset{+4}{BaNiF_6}$ sind diamagnetische low-spin-Komplexe.

Außer diesen Verbindungen sind eine Reihe komplizierter Komplexverbindungen bekannt.

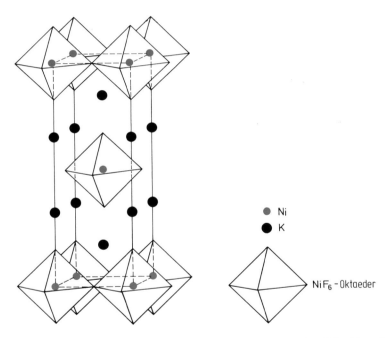

Abb. 5.96 Elementarzelle der tetragonalen K_2NiF_4-Struktur. Die NiF_6-Oktaeder sind eckenverknüpft und bilden Schichten. Die K-Atome sind unsymmetrisch von 9 Sauerstoffatomen koordiniert. In diesem Strukturtyp treten auch auf:
K_2MeF_4 (Me = Mg, Zn, Co); Sr_2MeO_4 (Me = Ti, Sn, Mn); Ba_2MeO_4 (Me = Sn, Pb); La_2NiO_4.

5.17 Gruppe 8–10
Die Gruppe der Platinmetalle

Zu den leichten Platinmetallen (Dichte ca. 12 gcm^{-3}) gehören Ruthenium, Rhodium und Palladium, zu den schweren Platinmetallen (Dichte ca. 22 gcm^{-3}) Osmium, Iridium und Platin. Als Homologe von Eisen, Cobalt und Nickel kann man die Osmiumgruppe, die Iridiumgruppe und die Platingruppe unterscheiden. *Die Chemie der Platinmetalle unterscheidet sich* aber *wesentlich von der der Eisengruppe.*

5.17.1 Gruppeneigenschaften

	Osmiumgruppe	Iridiumgruppe	Platingruppe
Leichte Platinmetalle	Ruthenium Ru	Rhodium Rh	Palladium Pd
Ordnungszahl Z	44	45	46
Elektronenkonfiguration	[Kr]4d^{7}5s^1	[Kr]4d^{8}5s^1	[Kr]4d^{10}
Elektronegativität	1,4	1,4	1,3
Höchste Oxidationszahl	+8	+6	+4
Wichtige Oxidationszahlen	+2, +3	+1, +3	+2
Schwere Platinmetalle	Osmium Os	Iridium Ir	Platin Pt
Ordnungszahl Z	76	77	78
Elektronenkonfiguration	[Xe]4f^{14}5d^{6}6s^2	[Xe]4f^{14}5d^{7}6s^2	[Xe]4f^{14}5d^{9}6s^1
Elektronegativität	1,5	1,5	1,4
Höchste Oxidationszahl	+8	+6	+6
Wichtige Oxidationszahlen	+3, +4	+1, +3, +4	+2, +4

	Ru	Rh	Pd	Os	Ir	Pt
Struktur	hexagonal-dichte Packung	kubisch-dichte Packung		hexagonal-dichte Packung	kubisch-dichte Packung	
Duktilität	hart spröde	weich dehnbar	duktil	hart spröde	hart spröde	duktil
Dichte in gcm^{-3}	12,45	12,41	12,02	22,61	22,65	21,45
Schmelzpunkt °C	2450	1960	1552	3050	2454	1769
Siedepunkt °C	4150	3670	2930	5020	4530	3830
Ionenradien pm						
Me^{2+}	–	–	86	–	–	80
Me^{3+}	68	66	76	–	68	–
Me^{4+}	62	60	61	63	62	62
Me^{5+}	56	55	–	57	57	57
Me^{6+}	–	–	–	54	–	–
Standardpotentiale in V						
Me/Me^{2+}	+0,45	+0,6	+0,99	+0,85	+1,1	+1,2
Me^{2+}/Me^{3+}	+0,23	+1,2	–	–	+1,15	–

Die Platinmetalle sind reaktionsträge, edle Metalle. Zusammen mit Gold und Silber bilden sie die Gruppe der Edelmetalle. Die Standardpotentiale nehmen von links nach rechts und von oben nach unten zu. Ruthenium ist das unedelste, Platin das edelste Metall der Gruppe.

$$Ru \longrightarrow \; \downarrow \quad \longrightarrow \text{ zunehmende}$$
$$\downarrow \longrightarrow Pt \qquad \qquad \text{Standardpotentiale}$$

Die Elemente kommen in zahlreichen Oxidationsstufen vor. Die höchsten Oxidationsstufen nehmen von rechts nach links und von oben nach unten zu. Die höchste Oxidationsstufe des Palladiums ist $+4$, Ruthenium und Osmium erreichen die maximal mögliche Oxidationsstufe $+8$, Ruthenium(VIII) ist aber weniger stabil als Osmium(VIII).

$$\downarrow \longleftarrow \text{---} Pd \quad \longrightarrow \text{ höchste}$$
$$Os \longleftarrow \text{---} \downarrow \qquad \qquad \text{Oxidationszahlen}$$

Auf Grund der Lanthanoid-Kontraktion (vgl. S. 760) haben die Platinmetalle sehr ähnliche Ionenradien, dies führt zu einer engen chemischen Verwandtschaft.

Die Platinmetalle bilden zahlreiche Komplexverbindungen mit einer Vielzahl von Oxidationsstufen. Ru(II), Os(II), Rh(III) und Pt(IV) mit d^6-Konfiguration bilden diamagnetische, oktaedrische low-spin-Komplexe. Von Rh(I), Ir(I), Pd(II) und Pt(II) mit d^8-Konfiguration werden diamagnetische, quadratische Komplexe bevorzugt.

Aqua-Ionen $[Me(H_2O)_6]^{n+}$ werden nur von Ru(II), Ru(III), Rh(III) und Pd(II) gebildet.

Sowohl einfache Salze als auch Komplexsalze sind meist farbig.

5.17.2 Die Elemente

Die Platinmetalle sind silberweiße bis stahlgraue Metalle, die schwer schmelzbar sind und hohe Siedepunkte besitzen. Dichten, Schmelzpunkte, Siedepunkte und Duktilität ändern sich systematisch.

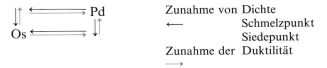

Die Platinmetalle haben katalytische Eigenschaften, und besonders Platin und Palladium werden als *Katalysatoren* für großtechnische Synthesen verwendet (vgl. S. 305).

Ruthenium und Osmium werden von Mineralsäuren, auch von Königswasser, nicht angegriffen. Die Reaktion mit Nichtmetallen erfolgt erst bei höherer Temperatur. Sauerstoff überführt bei Rotglut Ruthenium in RuO_2 und Osmium in OsO_4. Die Metalle lösen sich in oxidierenden alkalischen Schmelzen (z. B. $NaOH + Na_2O_2$).

Rhodium und Iridium sind inert gegen Königswasser und andere Säuren. Bei Rotglut erfolgt mit Sauerstoff und Halogenen langsame Reaktion. Beide Metalle lösen sich in NaClO$_3$-haltiger, heißer konz. Salzsäure. Iridium ist das chemisch inaktivste Platinmetall.

Palladium ist das chemisch aktivste Platinmetall. Es löst sich in Salpetersäure. Platin löst sich in Königswasser, es wird auch von geschmolzenen Hydroxiden, Cyaniden und Sulfiden gelöst. Auch mit elementarem P, Si, Pb, As, Sb, S, Se erfolgt beim Erhitzen Reaktion. Diese Stoffe dürfen daher nicht in Platintiegeln erhitzt werden. Platin und Palladium können große Mengen von molekularem Wasserstoff absorbieren (vgl. S. 385). Palladium wird zur Reinigung von H$_2$ durch Diffusion verwendet (vgl. S. 379).

5.17.3 Vorkommen

Die Platinmetalle sind sehr selten, sie haben am Aufbau der Erdkruste Anteile von 10^{-6} bis 10^{-8} %. *Sie kommen fast immer miteinander vergesellschaftet vor.* In primären Lagerstätten sind die Platinmetalle als Sulfide meist mit sulfidischen Nickel-Kupfer-Erzen vergesellschaftet. In sekundären Lagerstätten (Platinseifen) kommen die Platinmetalle gediegen (oft als Legierungen) vor. Der Gehalt an Platinmetallen in den Erzen beträgt etwa 1 g/t. Die Hauptlieferanten von Platinmetallen sind Südafrika, Rußland und Kanada.

5.17.4 Darstellung, Verwendung

Die Reindarstellung der Platinmetalle ist kompliziert und teuer. Zunächst wird ein Rohplatin hergestellt, das aus zwei Legierungen, dem Platin-iridium (Pt, Ir, Rh, Pd) und dem Osmium-iridium (Os, Ir, Rh, Ru) besteht. Bei der Aufarbeitung der Cu-Ni-Erze fallen die Platinmetalle bei der elektrolytischen Reinigung des Nickels (vgl. S. 824) und Kupfers (vgl. S. 729) im Anodenschlamm an, beim Mond-Verfahren (vgl. S. 824) verbleiben sie bei der CO-Behandlung im Rückstand. Bei den gediegenen Vorkommen erfolgt die Anreicherung durch Mahlung, Schweretrennung und Flotation.

Zur Aufarbeitung des Rohplatins bringt man dieses zunächst durch unterschiedliche Löseprozesse oder Aufschlußverfahren in Lösung. Dabei kann bereits eine Vortrennung erfolgen. In Königswasser löst sich Platin-iridium, aber nicht Osmium-iridium. Durch eine oxidierende Destillation können Ruthenium und Osmium als Tetraoxide MeO$_4$ (vgl. S. 847) abgetrennt werden. Aus den Lösungen werden die Platinmetalle selektiv als Ammoniumhexachlorometallat(IV) gefällt. Durch gezielte Oxidations- und Reduktionsschritte überführt man jeweils eines der Metalle in die Oxidationsstufe $+4$ und fällt es als farbiges Komplexsalz $(NH_4)_2[\overset{+4}{Me}Cl_6]$ aus. Der Trennung wird eine Feinreinigung angeschlossen.

Neben dieser klassischen Methode hat auch Flüssig-Flüssig-Extraktion und Ionenaustausch an Bedeutung gewonnen.

Der Gesamtproduktionswert der Edelmetalle steht wertmäßig nach Roheisen und Aluminium an dritter Stelle der Metallwirtschaft.

	Pt	Pd	Rh	Ag	Au
Weltförderung 2000 in t	150	135	18	18 300	2 570
Weltangebot 2000 in t	187	270	24	29 400	3 950

Im Weltangebot enthalten sind Altschrottaufkommen, Lagerbestände, offizielle und private Verkäufe.

Hohe Schmelzpunkte, chemische Resistenz und die guten katalytischen Eigenschaften bestimmen die technische Anwendung. Platin wird für die Herstellung von Laborgeräten (Tiegel, Elektroden), für Widerstandsdrähte und Thermoelemente benutzt. Legierungen von Platin mit 10–20% Ir sind besonders hart (Platin-Iridium-Spitzen für Schreibfedern). Legierungen von Platin mit 10% Rh werden als Netzkatalysatoren bei der Verbrennung von Ammoniak (s. Ostwald-Verf. S. 473) verwendet. Pt und Pd werden als Trägerkatalysatoren (auf γ-Al_2O_3 oder Zeolithen) in der Mineralölindustrie benutzt. Auch die Entgiftungskatalysatoren für Autoabgase sind Pt/Pd/Rh-Katalysatoren auf keramischen Trägern (vgl. Abschn. 4.11.2.2). Feinverteiltes Pd ist der Katalysator bei der Wasserstoffperoxidsynthese (vgl. S. 436).

Für den Schmuckbedarf dienen Platinlegierungen (Pt 96 Cu 4; Pt 96 Pd 4).

Rhodium besitzt ein hohes Reflexionsvermögen, es ist daher Belagmaterial für hochwertige Spiegel.

5.17.5 Verbindungen der Metalle der Osmiumgruppe

Die Chemie von Ruthenium und Osmium ähnelt der des Eisens nur wenig. Die Oxidationszahlen $+4$, $+5$ und $+6$ werden beim Eisen nur in wenigen Verbindungen erreicht. Beim Osmium und Ruthenium gibt es eine umfangreiche Chemie höchster Oxidationszahlen bis zur Oxidationszahl $+8$.

Sauerstoffverbindungen

Als wasserfreie Oxide sind bekannt:

Oxidationszahl	$+8$	$+4$
Ruthenium	RuO_4	RuO_2
Osmium	OsO_4	OsO_2

Ruthenium(VIII)-oxid RuO_4 (Smp. 25 °C, Sdp. 100 °C, gelb) und **Osmium(VIII)-oxid OsO_4** (Smp. 40 °C, Sdp. 130 °C, farblos) sind flüchtige, sehr giftige, kristalline Substanzen, die aus tetraedrischen Molekülen aufgebaut sind. OsO_4 erhält man durch

Erhitzen von Osmium an der Luft oder durch Oxidation von Osmiumlösungen mit Salpetersäure. Um Rutheniumlösungen zu RuO_4 zu oxidieren, muß man stärkere Oxidationsmittel wie MnO_4^- oder Cl_2 verwenden. OsO_4 ist beständiger àls RuO_4. Oberhalb 180 °C zersetzt sich RuO_4 – manchmal explosionsartig – zu RuO_2 und O_2. Beide Oxide sind in CCl_4 gut löslich, RuO_4 auch in verd. Schwefelsäure. OsO_4 löst sich in Laugen unter Bildung des Ions $[OsO_4(OH)_2]^{2-}$. RuO_4 wirkt stärker oxidierend und wird von OH^--Ionen reduziert.

$$4\overset{+8}{Ru}O_4 + 4\,OH^- \longrightarrow 4\overset{+7}{Ru}O_4^- + 2\,H_2O + O_2$$
$$4\overset{+7}{Ru}O_4^- + 4\,OH^- \longrightarrow 4\overset{+6}{Ru}O_4^{2-} + 2\,H_2O + O_2$$

Ruthenium(IV)-oxid RuO_2 ist blauschwarz und kristallisiert im Rutil-Typ. Es entsteht aus Ruthenium mit Sauerstoff bei 1000 °C.

Osmium(IV)-oxid OsO_2 ist kupferfarben und kristallisiert ebenfalls im Rutil-Typ. Man erhält es aus Osmium mit NO bei 650 °C.

Ruthenium(III) tritt im schwarzen, wasserhaltigen Oxid $Ru_2O_3 \cdot nH_2O$ auf, das mit OH^--Ionen aus Ru(III)-Lösungen entsteht; es wird von Luft leicht oxidiert. Ruthenium(IV) existiert im Doppeloxid $BaRuO_3$. Ruthenium(V) liegt in Na_3RuO_4 und in den Lanthanoid-Perowskiten $\overset{+2}{Me}_2\overset{+3}{Ln}RuO_6$ vor.

Hinsichtlich der **Oxoanionen** *sind Ruthenium und Mangan ähnlich.* Das Ruthenat(VII)-Ion (Perruthenat) RuO_4^- ist paramagnetisch und tetraedrisch gebaut, die Lösungen sind gelbgrün. Aus alkalischen Lösungen erhält man schwarze, relativ beständige $KRuO_4$-Kristalle. Das Ruthenat(VI)-Ion RuO_4^{2-} ist paramagnetisch, tetraedrisch gebaut und orangefarben.

Bei den Oxoanionen des Osmiums ist die Koordinationszahl erhöht. In alkalischer Lösung bildet OsO_4 das tiefrote Osmat(VIII)-Ion $[OsO_4(OH)_2]^{2-}$. Es läßt sich leicht zum rosafarbenen Osmat(VI)-Ion $[OsO_2(OH)_4]^{2-}$ reduzieren.

Schwefelverbindungen

Ruthenium(II)-sulfid RuS_2 und Osmium(II)-sulfid OsS_2 sind diamagnetische Halbleiter mit Pyrit-Struktur.

Halogenverbindungen

Es gibt zahlreiche Halogenide. Es sind farbige Feststoffe, die teilweise noch unzureichend untersucht sind.

Oxidations-zahl	Fluoride	Chloride	Bromide	Iodide
+7	(OsF$_7$)			
+6	RuF$_6$ OsF$_6$			
+5	RuF$_5$ OsF$_5$	OsCl$_5$		
+4	RuF$_4$ OsF$_4$	OsCl$_4$	OsBr$_4$	
+3	RuF$_3$	RuCl$_3$ (OsCl$_3$)	(RuBr$_3$) (OsBr$_3$)	(RuI$_3$)(OsI$_3$)
+2		(RuCl$_2$)	(RuBr$_2$)	(RuI$_2$) (OsI$_2$)
+1				(OsI)

( ) Verbindungen, deren Existenz umstritten ist oder die schlecht charakterisiert sind.

Das Fluorid mit der höchsten Oxidationsstufe ist OsF$_7$. Es ist instabil, zerfällt oberhalb $-100\,°C$ und ist nur unter hohem F$_2$-Druck beständig. Die Fluoride sind reaktive, in Wasser hydrolysierende Substanzen. Höhere Fluoride disproportionieren unter F$_2$-Entwicklung. Die Pentafluoride sind wie NbF$_5$ tetramer: (MeF$_5$)$_4$.

RuCl$_3$ ist aus den Elementen darstellbar. Das dunkelrote RuCl$_3 \cdot 3\,H_2O$, eine oktaedrische Komplexverbindung [RuCl$_3$(H$_2$O)$_3$], ist Ausgangsprodukt zur Herstellung von Rutheniumverbindungen.

Komplexverbindungen

Komplexe mit der Oxidationsstufe $+2\,(d^6)$. Man kennt eine große Anzahl von *Ru(II)- und Os(II)-Komplexe*n. Sie *sind oktaedrisch gebaut und auf Grund der low-spin-Konfiguration t_{2g}^6 diamagnetisch.*

[Ru(H$_2$O)$_6$]$^{2+}$ ist rosafarben und wird leicht, z. B. durch Luft, zu Ru(III) oxidiert.

$$[Ru(H_2O)_6]^{2+} \rightleftharpoons [Ru(H_2O)_6]^{3+} + e^- \qquad E° = +0,23\ V$$

Analog zu Fe(II)-Komplexen sind die Komplexe [Ru(CN)$_6$]$^{4-}$ und [Ru(CN)$_5$NO]$^{2-}$ bekannt. Die wichtigsten Ru(II)-Komplexe sind aber Komplexe mit Stickstoff-Donatoratomen: NH$_3$, en, bipy, phen. [Ru(NH$_3$)$_6$]$^{2+}$ wirkt reduzierend.

$$[Ru(NH_3)_6]^{2+} \rightleftharpoons [Ru(NH_3)_6]^{3+} + e^- \qquad E° = +0,24\ V$$

In Wasser bildet sich langsam [Ru(NH$_3$)$_5$H$_2$O]$^{2+}$, das Ausgangsprodukt für die Gewinnung vieler Komplexe des Typs [Ru(NH$_3$)$_5$L]$^{2+}$ ist. Mit N$_2$O z. B. bildet sich [Ru(NH$_3$)$_5$N$_2$O]$^{2+}$. *Der erste,* seit 1965 bekannte *Distickstoffkomplex ist [Ru(NH$_3$)$_5$N$_2$]$^{2+}$.* Man erhält ihn nach folgender Reaktion.

$$[Ru(NH_3)_5N_2O]^{2+} + 2\,Cr^{2+} + 2\,H_3O^+ \longrightarrow [Ru(NH_3)_5N_2]^{2+}$$
$$+ 2\,Cr^{3+} + 3\,H_2O$$

Ru(II) bildet bevorzugt Nitrosylkomplexe, z. B. [Ru(NH$_3$)$_5$NO]$^{3+}$. Os(II)-Komplexe sind weniger stabil. Es gibt keinen Hexaaquakomplex. Bekannt sind [Os(NH$_3$)$_6$]$^{2+}$ und [Os(NH$_3$)$_5$N$_2$]$^{2+}$. Stabilisiert wird Os(II) durch Liganden mit π-Akzeptoreigenschaften, z. B. CN$^-$, dipy, phen.

Komplexe mit der Oxidationsstufe $+3$ (d^5). *Ru(III)- und Os(III)-Komplexe sind oktaedrische low-spin-Komplexe.* Es sind die Chlorokomplexe $[\text{RuCl}_n(\text{H}_2\text{O})_{6-n}]^{(n-3)-}$ mit $n = 0$ bis $n = 6$ bekannt. Aus einer ammoniakalischen Ru(III)-chlorid-Lösung entsteht an der Luft langsam ein roter dreikerniger Komplex („Ruthenium-Rot").

$$[(\text{NH}_3)_5\overset{+3}{\text{Ru}}-\text{O}-\overset{+4}{\text{Ru}}(\text{NH}_3)_4-\text{O}-\overset{+3}{\text{Ru}}(\text{NH}_3)_5]^{6+}$$

Auch mit milden Oxidationsmitteln erfolgt Oxidation zum gelben Komplex $[\text{Ru}_3\text{O}_2(\text{NH}_3)_{14}]^{7+}$.

Komplexe mit der Oxidationsstufe $+4$ (d^4). Es gibt nur wenige, meist anionische oder neutrale Komplexe. Die Osmiumkomplexe $[\text{OsX}_6]^{2-}$ (X = F, Cl, Br, I) sind relativ stabil, die Rutheniumkomplexe $[\text{RuX}_6]^{2-}$ (X = F, Cl, Br) sind leichter zu Ru(III) zu reduzieren. Alle Komplexe sind oktaedrische low-spin-Komplexe. Durch Reaktion von Salzsäure mit RuO_4 in Gegenwart von KCl entstehen die roten Kristalle $\text{K}_4[\text{Ru}_2\text{OCl}_{10}]$.

Die Ionen $[\text{Me}_2\text{OX}_{10}]^{4-}$ (X = Cl, Br; Me = Ru, Os) sind diamagnetisch mit einer linearen Me-O-Me-Gruppierung.

$$\left[\begin{array}{c} \text{Cl} \quad \text{Cl} \quad \text{Cl} \quad \text{Cl} \\ \text{Cl}-\text{Ru}-\text{O}-\text{Ru}-\text{Cl} \\ \text{Cl} \quad \text{Cl} \quad \text{Cl} \quad \text{Cl} \end{array}\right]^{4-}$$

Der Diamagnetismus kann mit der MO-Theorie erklärt werden (Dreizentren π-Bindung Ru—O—Ru).

Komplexe mit höheren Oxidationsstufen (d^3, d^2, d^1, d^0). Es gibt nur wenige Beispiele. Die oktaedrischen $[\overset{+5}{\text{Ru}}\text{F}_6]^-$-Ionen werden in wäßriger Lösung unter O_2-Entwicklung zu $[\overset{+4}{\text{Ru}}\text{F}_6]^{2-}$ reduziert. Bei $[\overset{+5}{\text{Os}}\text{F}_6]^-$ findet diese Reaktion erst in basischer Lösung statt.

Von den Osmaten(VI) $[\text{OsO}_2(\text{OH})_4]^{2-}$ (vgl. S. 848) leiten sich oktaedrische Komplexe ab, bei denen die äquatorial angeordneten OH^--Ionen durch Halogenionen, CN^-, NO_2^-, $\text{C}_2\text{O}_4^{2-}$ ersetzt sind („Osmyl"-Komplexe, nach der Osmylgruppe OsO_2^{2+}).

Osmium(VIII)-Komplexe sind die Nitridoosmate(VIII) $[\text{OsO}_3\text{N}]^-$, die tetraedrisch gebaut sind und eine Os-N-Dreifachbindung enthalten.

5.17.6 Verbindungen der Metalle der Iridiumgruppe

Die höchste Oxidationszahl von Rhodium und Iridium ist $+6$, die beständigste $+3$. Für Iridium ist daneben auch die Oxidationszahl $+4$ von Bedeutung. *Typisch für Rhodium und Iridium sind Rh(I)- und Ir(I)-Komplexverbindungen.*

Sauerstoffverbindungen

Es sind nur Oxide mit den Oxidationszahlen $+3$ und $+4$ bekannt.

Oxidationszahl	$+4$	$+3$
Rhodium	RhO_2	Rh_2O_3
Iridium	IrO_2	Ir_2O_3

Rhodium(III)-oxid Rh_2O_3 ist dunkelgrau und kristallisiert im Korund-Typ. Es ist das einzige stabile Rhodiumoxid. Man erhält es durch thermische Zersetzung von Rhodium(III)-nitrat oder durch Oxidation von metallischem Rhodium mit Sauerstoff bei 600 °C.

Rhodium(IV)-oxid RhO_2 ist schwarz, kristallisiert im Rutil-Typ und kann durch Erhitzen von Rh_2O_3 unter O_2-Druck hergestellt werden.

Aus Rh(III)-Lösungen erhält man mit Basen gelbes $Rh_2O_3 \cdot 5H_2O$. Durch elektrolytische Oxidation kann es in $RhO_2 \cdot 2H_2O$ überführt werden, das beim Entwässern aber nicht RhO_2, sondern Rh_2O_3 ergibt.

Beim Iridium ist **Iridium(IV)-oxid IrO_2** das stabile Oxid. Es ist schwarz, hat Rutil-Struktur und entsteht beim Erhitzen von Iridium mit Sauerstoff. **Iridium(III)-oxid Ir_2O_3** entsteht immer unrein und wird leicht zu IrO_2 oxidiert.

Halogenverbindungen

Höhere Oxidationszahlen als $+3$ sind mit Sicherheit nur von Fluoriden bekannt.

Oxidationszahl	Fluoride	Chloride	Bromide	Iodide
$+6$	RhF_6 IrF_6			
$+5$	RhF_5 IrF_5			
$+4$	RhF_4 IrF_4			
$+3$	RhF_3 IrF_3	$RhCl_3$ $IrCl_3$	$RhBr_3$ $IrBr_3$	RhI_3 IrI_3

Alle Halogenide sind farbige Feststoffe. Die Fluoride sind sehr reaktionsfreudige Substanzen. Wie bei den anderen Platinmetallen haben die Pentafluoride die tetrameren Strukturen $(RhF_5)_4$ und $(IrF_5)_4$. Die stabilsten Halogenide sind die Trihalogenide. Die wasserfreien Trihalogenide sind wasserunlöslich. Es sind aber wasserlösliche Hydrate wie $RhF_3 \cdot 6H_2O$, $RhF_3 \cdot 9H_2O$, $RhCl_3 \cdot 3H_2O$, $RhBr_3 \cdot 2H_2O$ bekannt. Das dunkelrote $RhCl_3 \cdot 3H_2O = [RhCl_3(H_2O)_3]$ ist Ausgangsprodukt zur Herstellung von Rhodiumverbindungen.

Komplexverbindungen

Komplexe mit der Oxidationsstufe $+3$ (d^6). *Wie Cobalt, bilden auch Rhodium und Iridium in der Oxidationsstufe $+3$ eine große Anzahl oktaedrischer, diamagnetischer* *low-spin-Komplexe mit t_{2g}^6-Konfiguration*. Die Spektren lassen sich analog denen der Co(III)-Komplexe deuten. Rh(III)-Komplexe sind meist gelb bis rot gefärbt. Im Gegensatz zu Co(III)-Komplexen lassen sich die Rh(III)- und Ir(III)-Komplexe nicht zu zweiwertigen Komplexen reduzieren.

$[Rh(H_2O)_6]^{3+}$ ist ein stabiler, gelb gefärbter Komplex. Das Ion reagiert sauer ($pK_S \approx 3$). Das Aqua-Ion kommt auch in Salzen vor, zum Beispiel im Sulfat $Rh_2(SO_4)_3 \cdot nH_2O$ und in Alaunen $\overset{+1}{Me}Rh(SO_4)_2 \cdot 12H_2O$.

$[Ir(H_2O)_6]^{3+}$ ist schwerer zu erhalten und luftempfindlich. Es tritt in Salzen wie $[Ir(H_2O)_6](ClO_4)_3$ auf.

Es existieren die Halogeno-Komplexe $[MeX_6]^{3-}$ mit Me = Rh, X = F, Cl, Br und Me = Ir, X = Cl, Br, I. Es gibt gemischte Aqua-chloro-Komplexe und gemischte Ammin-chloro-Komplexe.

Aus $[RhCl(NH_3)_5]^{2+}$ läßt sich in wäßriger Lösung mit Zink der Hydridokomplex $[RhH(NH_3)_5]^{2+}$ herstellen. Das isolierbare Salz $[RhH(NH_3)_5]SO_4$ ist luftstabil. Stabile Komplexe sind auch $[Me(C_2O_4)_3]^{3-}$ und $[Me(CN)_6]^{3-}$ (Me = Rh, Ir).

Komplexe mit der Oxidationsstufe +4 (d^5). Von Rhodium(IV) existieren wenige Komplexe. Beispiele sind die oktaedrischen Komplexe $[RhX_6]^{2-}$ (X = F, Cl), die hydrolysierbar sind und oxidierend wirken. *Stabiler sind die Iridium(IV)-Komplexe und ihre Salze.* Die Komplexionen $[IrX_6]^{2-}$ (X = F, Cl, Br) sind in wäßriger Lösung und in Salzen bekannt. Das schwarze, in Wasser gut lösliche Na_2IrCl_6 ist Ausgangsmaterial für andere Ir(IV)-Komplexe.

Obwohl Chloro- und Bromo-Komplexe von Ir(IV) stabil sind, ist die Existenz der binären Halogenide $IrCl_4$ und $IrBr_4$ nicht gesichert.

Komplexe mit der Oxidationsstufe +1 (d^8). *Komplexe von Rhodium(I) und Iridium(I) erfordern für ihre Stabilisierung π-Akzeptorliganden* wie PR_3, CO oder Alkene. *Auf Grund der Konfiguration d^8 (vgl. S. 841) existieren überwiegend diamagnetische, quadratisch-planare Komplexe,* daneben auch trigonal-bipyramidale. Die Komplexe werden durch Reduktion von Halogeno-Komplexen wie $RhCl_3 \cdot 3H_2O$ und K_2IrCl_6 in Gegenwart der Liganden dargestellt.

Chlorotris(triphenylphosphan)rhodium(I) $[RhCl(PPh_3)_3]$ ist ein rotvioletter, diamagnetischer, annähernd quadratischer Komplex. Es hat Bedeutung als Katalysator für die selektive Hydrierung von Alkenen in homogener Lösung bei Normaltemperatur und Normaldruck (Wilkinson-Katalysator). $[RhCl(PPh_3)_3]$ kann Wasserstoff addieren.

$$[\overset{+1}{Rh}Cl(PPh_3)_3] + H_2 \longrightarrow [\overset{+3}{Rh}H_2Cl(PPh_3)_2] + PPh_3$$

Das Chlorodihydridobis(triphenylphosphan)rhodium(III) hydriert Alkene

$$[RhH_2Cl(PPh_3)_2] + \;\overset{}{>}C{=}C\overset{}{<}\; \longrightarrow [RhCl(PPh_3)_2] \;+\; H\overset{}{C}{-}\overset{}{C}H$$

Der Komplex $[RhCl(PPh_3)_2]$ kann wieder H_2 addieren und fungiert als Katalysator.

trans-$[IrCl(CO)(PPh_3)_2]$ (Vaska-Komplex) ist ein gelber, diamagnetischer, planarer Komplex. Er kann ein weiteres Molekül CO addieren und in das Hydrid über-führt werden.

$$\textit{trans-}[IrCl(CO)(PPh_3)_2] \xrightarrow{CO} [IrCl(CO)_2(PPh_3)_2] \xrightarrow{NaBH_4} [IrH(CO)_2(PPh_3)_2]$$

Moleküle wie H_2, O_2 und SO_2 werden oxidativ addiert.

$$\textit{trans-}[\overset{+1}{Ir}Cl(CO)(PPh_3)_2] + H_2 \longrightarrow \textit{trans-}[\overset{+3}{Ir}ClH_2(CO)(PPh_3)_2]$$

Diese Prozesse spielen eine Rolle für die katalytische Wirkung von $[IrH(CO)(PPh_3)_2]$ bei der Hydroformylierung von Alkenen.

$$\overset{\diagup}{\underset{\diagdown}{}}C=C\overset{\diagdown}{\underset{\diagup}{}} \xrightarrow{+\,H_2\,+\,CO} -\overset{|}{\underset{\underset{H}{|}}{C}}-\overset{|}{\underset{|}{C}}-CHO$$

5.17.7 Verbindungen der Metalle der Platingruppe

Die höchste Oxidationszahl des Platins ist +6, die des Palladiums +4. Sowohl in binären Verbindungen als auch in Komplexverbindungen sind die wichtigsten Oxidationszahlen +2 beim Palladium, +2 und +4 beim Platin.

Sauerstoffverbindungen

Die beständigen wasserfreien Oxide der Metalle der Platingruppe sind PdO und PtO_2.

Palladium(II)-oxid PdO ist schwarz und säureunlöslich. Es entsteht durch Erhitzen des Metalls mit Sauerstoff. Oberhalb 900 °C dissoziiert es, von Wasserstoff wird es bereits bei Raumtemperatur reduziert. Im Kristallgitter von PdO (Abb. 5.97) ist Palladium quadratisch von Sauerstoff koordiniert. Aus Pd(II)-Lösungen fällt mit OH^--

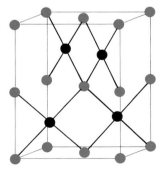

Abbildung 5.97   Tetragonale Struktur von PdO. Palladium ist quadratisch von Sauerstoff koordiniert, Sauerstoff tetraedrisch von Palladium.
In dieser Struktur kristallisieren auch PdS und PtS.

Ionen gelbbraunes, wasserhaltiges Palladium(II)-oxid aus. Es ist in Säuren löslich, läßt sich aber nur unter Sauerstoffabgabe entwässern.

Auch im Ag_2PdO_2 sind die Pd-Atome nahezu quadratisch-planar koordiniert.

Platin(IV)-oxid PtO_2. Aus wäßrigen Lösungen von $PtCl_4$ fällt mit OH^--Ionen gelbes, wasserhaltiges Platindioxid aus. Es ist amphoter, es löst sich in Basen unter Bildung von $[Pt(OH)_6]^{2-}$-Ionen. Durch Erhitzen erhält man das braunschwarze wasserfreie PtO_2, das sich oberhalb 650°C zersetzt. Aus Lösungen von $[PtCl_4]^{2-}$ entsteht mit OH^--Ionen ein unbeständiges wasserhaltiges, nicht genau charakterisiertes Pt(II)-oxid, das von Luft oxidiert wird.

Halogenverbindungen

Die Oxidationszahl $+6$ und $+5$ wird nur bei den Platinfluoriden erreicht. *Es gibt keine Halogenide mit der Oxidationszahl $+3$.* PdF_3 hat die Zusammensetzung $\overset{+2}{Pd}[\overset{+4}{Pd}F_6]$.

Oxidationszahl	Fluoride	Chloride	Bromide	Iodide
$+6$	PtF_6			
$+5$	PtF_5			
$+4$	PdF_4 PtF_4	$PtCl_4$	$PtBr_4$	PtI_4
$+2$	PdF_2	$PdCl_2$ $PtCl_2$	$PdBr_2$ $PtBr_2$	PdI_2 PtI_2

PtF_6 ist ein starkes Oxidationsmittel. Es oxidiert O_2 und Xe unter Bildung von $O_2^+[\overset{+5}{Pt}F_6]^-$ und $Xe^+[\overset{+5}{Pt}F_6]^-$ (vgl. S. 437). **PtF_5** ist ebenfalls sehr reaktiv und hat wie die Pentafluoride von Ru, Os, Rh und Ir die tetramere Struktur $(PtF_5)_4$. Nur Platin bildet alle vier Tetrahalogenide. **PdF_2** hat Rutil-Struktur, die Koordination von Pd(II) ist oktaedrisch. Es ist eine der wenigen paramagnetischen Pd(II)-Verbindungen. Von **$PdCl_2$** gibt es zwei Modifikationen. α-$PdCl_2$ hat eine Kettenstruktur (Abb. 5.98a), es ist hygroskopisch und wasserlöslich. β-$PdCl_2$ ist aus Pd_6Cl_{12}-Einheiten aufgebaut (Abb. 5.98b). In beiden Strukturen ist Palladium qua-

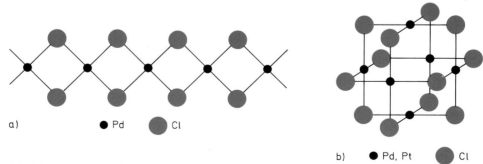

Abbildung 5.98   a) Kettenstruktur von α-$PdCl_2$.
b) Pd_6Cl_{12}-Einheiten von β-$PdCl_2$. β-$PtCl_2$ ist mit β-$PdCl_2$ isotyp.
In beiden Strukturen ist Pd und Pt quadratisch-planar koordiniert.

dratisch koordiniert. Aus wäßriger Lösung kristallisiert das Dihydrat $PdCl_2 \cdot 2H_2O$ aus. Auch **$PtCl_2$** tritt in zwei Modifikationen auf. β-$PtCl_2$ ist mit β-$PdCl_2$ isotyp. α-$PtCl_2$ ist wasserunlöslich, löst sich aber in Salzsäure unter Bildung des Komplexes $[PtCl_4]^{2-}$. Im Gegensatz zu PdF_2 und auch den Nickelhalogeniden (vgl. S. 839), die ionisch sind, sind die Chloride von Pd und Pt kovalente Verbindungen.

Komplexverbindungen

In den Komplexverbindungen sind die wichtigsten Oxidationszahlen +2 und +4.

Komplexe mit der Oxidationsstufe +2 (d^8). *Die meisten Komplexe sind diamagnetische low-spin-Komplexe mit quadratisch-planarer Koordination* (Abb. 5.95). Beim Ni(II) werden nur mit solchen Liganden, die eine starke Ligandenfeldaufspaltung bewirken, quadratische Komplexe gebildet. Bei den 4d- und den 5d-Ionen Pd^{2+} und Pt^{2+} ist die Ligandenfeldaufspaltung praktisch mit allen Liganden dafür ausreichend groß (vgl. S. 693). Eine Ausnahme ist nur das paramagnetische PdF_2, bei dem Pd(II) oktaedrisch koordiniert ist und die Konfiguration $t_{2g}^6 e_g^2$ hat.

Die Pd(II)-Komplexe sind etwas weniger stabil als die von Pt(II). Pt(II)-Komplexe sind – wie auch die Pt(IV)-Komplexe – *kinetisch träge.* Die durch ihre Untersuchung gewonnenen Erkenntnisse über Isomerie und Reaktionsmechanismen waren für die Entwicklung der Koordinationschemie wesentlich.

Bevorzugte Liganden sind Amine, NO_2, Halogene, Cyanide, PR_3, AsR_3. Zu Sauerstoff und Fluor besteht nur eine geringe Affinität.

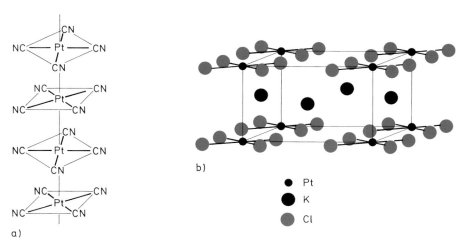

Abbildung 5.99 a) Anordnung der Komplexionen $[Pt(CN)_4]^{2-}$ in der Verbindung $K_2[Pt(CN)_4] \cdot 3H_2O$. Die großen Pt—Pt-Abstände (348 pm) zeigen, daß keine Pt—Pt-Wechselwirkungen vorhanden sind. Die K^+-Ionen verknüpfen im Kristall die komplexen Anionen durch Ionenbindungen. Die übereinander gestapelten $[Pt(CN)_4]^{2-}$-Gruppen sind um 45° gegeneinander gedreht.
b) Elementarzelle der tetragonalen Struktur von $K_2[PtCl_4]$.

Der Komplex $[Pd(H_2O)_4]^{2+}$ existiert in wäßriger Lösung und z.B. auch in $Pd(ClO_4)_2 \cdot 4H_2O$. $[Pt(H_2O)_4]^{2+}$ ist nicht bekannt. Die Komplexe $[MeX_4]^{2-}$ (Me = Pd, Pt; X = Cl, Br, I, SCN, CN) bilden mit NH_4^+ und Alkalimetallionen Salze. Die Salze des gelben Ions $[PdCl_4]^{2-}$ und des roten Ion $[PtCl_4]^{2-}$ sind Ausgangsverbindungen zur Herstellung anderer Komplexe. In wäßriger Lösung erfolgt Hydrolyse.

$$[PtCl_4]^{2-} + H_2O \rightleftharpoons [PtCl_3(H_2O)]^- + Cl^-$$
$$[PtCl_3(H_2O)]^- + H_2O \rightleftharpoons [PtCl_2(H_2O)_2] + Cl^-$$

Häufig sind in den Salzen die quadratischen Baueinheiten der Pt(II)-Komplexe parallel übereinander angeordnet, z.B. in $K_2[Pt(CN)_4]$ und $K_2[PtCl_4]$ (Abb. 5.99). Im Magnus-Salz $[Pt(NH_3)_4][PtCl_4]$, dem ältestbekannten Amminkomplex des Platins, sind alternierend die quadratischen $[Pt(NH_3)_4]^{2+}$-Kationen und $[PtCl_4]^{2-}$-Anionen übereinander gestapelt.

Eine besondere Eigenheit von Ligandensubstitutionsreaktionen in quadratischen Komplexen ist der *trans-Effekt*.

Wird in einem Komplex der allgemeinen Zusammensetzung $[PtLX_3]^-$ ein Ligand X durch einen Liganden Y substituiert, sind sterisch zwei Reaktionsprodukte möglich.

$$\left[\begin{array}{c} L \\ X \end{array} Pt \begin{array}{c} X \\ Y \end{array} \right]^- + X^- \quad \longleftarrow \quad \left[\begin{array}{c} L \\ X \end{array} Pt \begin{array}{c} X \\ X \end{array} \right]^- \quad + Y^- \quad \longrightarrow \quad \left[\begin{array}{c} L \\ Y \end{array} Pt \begin{array}{c} X \\ X \end{array} \right]^- + X^-$$

trans-Orientierung
Der Ligand L dirigiert
Y in *trans*-Stellung

cis-Orientierung LY

Man kann die Liganden L nach ihrer wachsenden Fähigkeit ordnen, einen Liganden in trans-Stellung zu sich zu dirigieren: F^-, H_2O, OH^-, NH_3 < Cl^-, Br^- < SCN^-, I^- < PR_3 < CN^-, CO.

Der *trans*-Effekt ist ein kinetisches Phänomen. Es ist der Einfluß eines Liganden auf die Substitutionsgeschwindigkeit in *trans*-Position.

Beispiel: $[Pt(NH_3)_2Cl_2]$

Das *cis*-Isomere entsteht aus $[PtCl_4]^{2-}$-Ionen mit NH_3.

$$\left[\begin{array}{c} Cl \\ Cl \end{array} Pt \begin{array}{c} Cl \\ Cl \end{array} \right]^{2-} \xrightarrow{NH_3} \left[\begin{array}{c} Cl \\ Cl \end{array} Pt \begin{array}{c} NH_3 \\ Cl \end{array} \right]^- \xrightarrow{NH_3} \begin{array}{c} Cl \\ Cl \end{array} Pt \begin{array}{c} NH_3 \\ NH_3 \end{array}$$

Cl^- hat einen stärker *trans*-dirigierenden Einfluß als NH_3.
Das *trans*-Isomere bildet sich aus $[Pt(NH_3)_4]^{2+}$ mit Cl^--Ionen.

$$\left[\begin{array}{c} H_3N \\ H_3N \end{array} Pt \begin{array}{c} NH_3 \\ NH_3 \end{array} \right]^{2+} \xrightarrow{Cl^-} \left[\begin{array}{c} H_3N \\ H_3N \end{array} Pt \begin{array}{c} Cl \\ NH_3 \end{array} \right]^+ \xrightarrow{Cl^-} \begin{array}{c} H_3N \\ Cl \end{array} Pt \begin{array}{c} Cl \\ NH_3 \end{array}$$

Cl^- dirigiert das zweite Cl^- in *trans*-Stellung.

Cis-[Pt(NH$_3$)$_2$Cl$_2$] („**Cisplatin**") ist für einige Krebsarten das bis heute wirksamste Antitumormittel. Das *trans*-Isomere ist unwirksam.

Außer den einkernigen Komplexen gibt es auch zweikernige Komplexe des Typs

Me = Pd^{2+}, Pt^{2+}; L = NR$_3$, PR$_3$, CO; X = anionische Gruppen, z. B. Cl$^-$, Br$^-$, I$^-$.

Durch partielle Oxidation kann weißes K$_2$[$\overset{+2}{\text{Pt}}$(CN)$_4$]·3H$_2$O in bronzefarbenes K$_{1,75}$[$\overset{+2,25}{\text{Pt}}(CN)_4$]·1,5H$_2$O bzw. K$_2$[$\overset{+2,3}{\text{Pt}}(CN)_4$]Cl$_{0,3}$·3H$_2$O überführt werden. Diese Verbindungen sind *eindimensionale metallische Leiter* (Abb. 5.100).

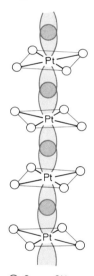

○ C von CN

Abbildung 5.100   Lineare Ketten aus übereinandergestapelten [Pt(CN)$_4$]$^{1,7-}$-Ionen der Verbindungen K$_{1,75}$[$\overset{+2,25}{\text{Pt}}(CN)_4$]·1,5H$_2$O bzw. K$_2$[$\overset{+2,3}{\text{Pt}}(CN)_4$]Cl$_{0,3}$·3H$_2$O. Die Pt—Pt-Abstände betragen nur 280–300 pm (Pt—Pt-Abstände im Metall 278 pm, in K$_2$[Pt(CN)$_4$]·3H$_2$O 348 pm), die d$_{z^2}$-Orbitale überlappen, dies bewirkt eine eindimensionale metallische Leitung in Richtung der Ketten (Leitfähigkeit ca. 400 Ω^{-1} cm^{-1}). Ein eindimensionaler metallische Leiter ist auch K$_{1,6}$[Pt(C$_2$O$_4$)$_2$]·1,2H$_2$O.

Komplexe mit der Oxidationsstufe +4 (d^6). *Alle Komplexe sind oktaedrisch und diamagnetisch mit der low-spin-Konfiguration t$_{2g}^6$.*

Pd(IV)-Komplexe sind zwar beständiger als einfache Pd(IV)-Verbindungen, aber *weniger stabil als Pt(IV)-Komplexe.* Es gibt relativ wenige Pd(IV)-Komplexe. Am besten bekannt sind die Halogenokomplexe [PdX$_6$]$^{2-}$ (X = F, Cl, Br). In allen ist Pd(IV) leicht zu Pd(II) zu reduzieren. [PdF$_6$]$^{2-}$ hydrolysiert mit Wasser zu

PdO · nH$_2$O. [PdCl$_6$]$^{2-}$ und [PdBr$_6$]$^{2-}$ sind hydrolysebeständig, durch heißes Wasser werden sie aber in [PdX$_4$]$^{2-}$ und X$_2$ zerlegt. Das rote Komplexion [PdCl$_6$]$^{2-}$ entsteht beim Auflösen von Palladium in Königswasser. Es bildet mit K$^+$ und NH$_4^+$ schwerlösliche Salze.

Pt(IV)-Komplexe sind zahlreich, sie sind *thermodynamisch stabil und kinetisch inert*. Häufige Liganden sind Stickstoffdonatoren D = NH$_3$, N$_2$H$_4$, en, sowie Halogene und Pseudohalogene X = F, Cl, Br, I, CN, SCN. Es sind die Komplextypen [PtD$_6$]$^{4+}$, [PtD$_5$X]$^{3+}$, *cis*- und *trans*-[PtD$_4$X$_2$]$^{2+}$, *mer*- und *fac*-[PtD$_3$X$_3$]$^+$, *cis*- und *trans*-[PtD$_2$X$_4$], [PtDX$_5$]$^-$ und [PtX$_6$]$^{2-}$ bekannt.

Die wichtigsten Pt(IV)-Verbindungen sind Salze des roten **Hexachloroplatinat(IV)-Ions [PtCl$_6$]$^{2-}$**. Löst man Platin in Königswasser, kristallisieren gelbe Kristalle der Hexachloroplatin(IV)-säure H$_2$[PtCl$_6$] · 6H$_2$O aus. Mit den schweren Alkalimetallionen K$^+$, Cs$^+$, Rb$^+$ und NH$_4^+$ bildet [PtCl$_6$]$^{2-}$ schwerlösliche Salze (Abb. 5.101). Reduziert man wäßrige Lösungen von (NH$_4$)$_2$PtCl$_6$, erhält man feinverteiltes schwarzes Platin (**Platinschwarz, Platinmohr**).

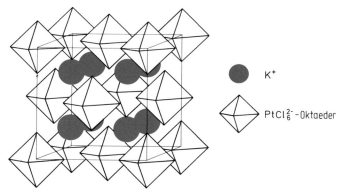

Abbildung 5.101   Elementarzelle der kubischen Struktur von K$_2$[PtCl$_6$]. Die Struktur läßt sich vom Fluorit-Typ ableiten. Die K$^+$- und [PtCl$_6$]$^{2-}$-Ionen besetzen die F$^-$- bzw. die Ca^{2+}-Plätze der Fluorit-Struktur (vgl. S. 77).

5.18 Die Actinoide

Zur Gruppe der Actinoide (An) gehören Actinium und die darauf folgenden 14 Elemente, bei denen die 5f-Unterschale aufgefüllt wird. Die auf das Uran folgenden Elemente werden auch als **Transurane** bezeichnet.

Ord-nungs-zahl Z	Name	Symbol	Elektronen-konfiguration	Schmelz-punkt in °C	Standardpotentiale in V An/An^{3+}	An/An^{4+}
89	Actinium	Ac	$6d^1 7s^2$	1050	$-2{,}6$	–
90	Thorium	Th	$6d^2 7s^2$	1755	–	$-1{,}90$
91	Protactinium	Pa	$5f^2 6d^1 7s^2$ oder $5f^1 d^2 7s^2$	1568	$-1{,}95$	$-1{,}7$
92	Uran	U	$5f^3 6d^1 7s^2$	1132	$-1{,}80$	$-1{,}50$
93	Neptunium	Np	$5f^5 7s^2$ oder $5f^4 6d^1 7s^2$	639	$-1{,}86$	$-1{,}35$
94	Plutonium	Pu	$5f^6 7s^2$	639	$-2{,}03$	$-1{,}27$
95	Americium	Am	$5f^7 7s^2$	1173	$-2{,}32$	$-1{,}24$
96	Curium	Cm	$5f^7 6d^1 7s^2$	1350	$-2{,}31$	–
97	Berkelium	Bk	$5f^8 6d^1 7s^2$ oder $5f^9 7s^2$	986	–	–
98	Californium	Cf	$5f^{10} 7s^2$	900	$-2{,}32$	–
99	Einsteinium	Es	$5f^{11} 7s^2$	–	–	–
100	Fermium	Fm	$5f^{12} 7s^2$	–	–	–
101	Mendelevium	Md	$5f^{13} 7s^2$	–	–	–
102	Nobelium	No	$5f^{14} 7s^2$	–	–	–
103	Lawrencium	Lr	$5f^{14} 6d^1 7s^2$	–	–	–

5.18.1 Gruppeneigenschaften

Die etwa 200 bekannten Isotope der *Actinoide sind* alle *radioaktiv.* Auf der Erde kommen natürlich nur Actinium, Protactinium, Uran und Thorium vor, denn nur ^{235}U, ^{238}U und ^{232}Th konnten auf Grund ihrer großen Halbwertszeiten seit der Entstehung des Sonnensystems überleben. Aus ihnen entstehen durch radioaktiven Zerfall Actinium und Protactinium, die in den Uran- und Thorium-Erzen gefunden werden. Neptunium und Plutonium können in Spuren aus Uranmineralien isoliert werden, da sie durch Neutroneneinfang ständig neu gebildet werden.

$$^{238}_{92}U + n \longrightarrow {}^{239}_{92}U \xrightarrow{\;-\beta^-\;} {}^{239}_{93}Np \xrightarrow{\;-\beta^-\;} {}^{239}_{94}Pu$$

Alle *Transurane werden künstlich hergestellt.* In den Kernreaktoren (vgl. S. 22) entstehen ^{239}Np und ^{239}Pu in größeren Mengen. Mendelevium, Nobelium und Lawrencium sind bisher nur in unwägbar kleinen Mengen dargestellt worden.

Thorium und Uran sind keine seltenen Elemente, ihr Anteil in der Erdkruste ist $8 \cdot 10^{-4}\%$ bzw. $2 \cdot 10^{-4}\%$. Uran ist also häufiger als Sn, Hg, Ag, Pb. Es gibt aber nur wenige nutzbare Erzvorkommen. Die wichtigsten Erze sind die Uranpechblende mit der ungefähren Zusammensetzung UO_2 und der Carnotit $K(UO_2)(VO_4) \cdot 1{,}5\,H_2O$.

Im Jahr 2001 betrug die Bergwerkproduktion von Uran 45 100 t (30 % wurden in Kanada, 20 % in Australien gefördert). Die Produktion deckte nicht den Bedarf ab. Die fehlenden Mengen wurden mit Lagerbeständen und recyceltem Uran ergänzt.

Die Actinoide sind silbrige, *elektropositive, reaktive Metalle*. Sie kommen fast alle in mehreren Strukturen vor, teilweise in dichten Packungen. Die Schmelzpunkte ändern sich unregelmäßig, sie liegen zwischen 1750 °C und 640 °C. Die Metallradien ändern sich ebenfalls unregelmäßig (Abb. 5.102). Dies ist nicht nur eine Folge der Strukturvielfalt der Actinoide, sondern kommt auch durch die unterschiedliche Anzahl von Elektronen zustande, die an das Metallband abgegeben werden (vgl. Lanthanoide S. 758). Die zunehmende Anzahl von Elektronen, die an metallischen Bindungen beteiligt sind, führt von Actinium zum Uran zu einer starken Abnahme der Radien.

In feinverteiltem Zustand sind die Actinoide pyrophor. Sie reagieren besonders beim Erwärmen mit Nichtmetallen. Sie sind in konz. Salzsäure löslich. Durch konz. Salpetersäure werden Thorium, Uran und Plutonium passiviert, aber in Gegenwart von F^--Ionen gelöst.

Die 5f-Elektronen der Actinoide sind weniger fest gebunden als die 4f-Elektronen der Lanthanoide. *Im Unterschied zu den 4f-Elektronen sind* daher *die 5f-Elektronen stärker an chemischen Bindungen beteiligt.* Bis zum Neptunium können alle f-Elektronen als Valenzelektronen betätigt werden, die maximale Oxidationszahl von Neptunium ist +7. Beim Thorium, Protactinium und Uran sind die maximalen Oxidationszahlen +4, +5 und +6 zugleich auch die beständigsten. Ab Plutonium sind die 5f-Elektronen nur noch teilweise an Bindungen beteiligt. In der zweiten Hälfte der Actinoide ist wie bei den Lanthanoiden die beständige Oxidationsstufe +3 und nur bei den ersten beiden Elementen der zweiten Hälfte, Berkelium und Californium, tritt auch die Oxidationsstufe +4 auf.

Oxidationsstufen der Actinoide

Ac	Th	Pa	U	Np	Pu	Am	Cm	Bk	Cf	Es	Em	Md	No	Lr
						2			2	2	2	2	2	
3	3	3	3	3	3	3	3	3	3	3	3	3	3	3
	4	4	4	4	4	4	4	4	4					
		5	5	5	5	5								
			6	6	6	6								
				7	7									

(Die roten Zahlen bezeichnen die stabilste Oxidationsstufe)

Die Radien der An^{3+}- und der An^{4+}-Ionen (Abb. 5.102) nehmen mit zunehmender Ordnungszahl regelmäßig ab (*Actionoid-Kontraktion*).

Die Ionen haben charakteristische Farben. Die Absorptionsspektren bestehen aus schmalen Banden, die durch Ligandenfelder weniger beeinflußt werden als die der d-Übergangsmetalle. Die *Stabilität der An^{3+}-Ionen* wächst mit zunehmender Ordnungszahl. Th^{3+}- und Pa^{3+}-Ionen sind in wäßriger Lösung nicht beständig. U(III)-Lösungen entwickeln Wasserstoff unter Bildung von U(IV). Pu(III)-Lösungen lassen sich leicht oxidieren, Am(III)-Lösungen nur noch schwer. In den Fällungsreaktionen ähneln die An^{3+}-Ionen den Ln^{3+}-Ionen. Die Fluoride, Hydroxide und Oxalate sind

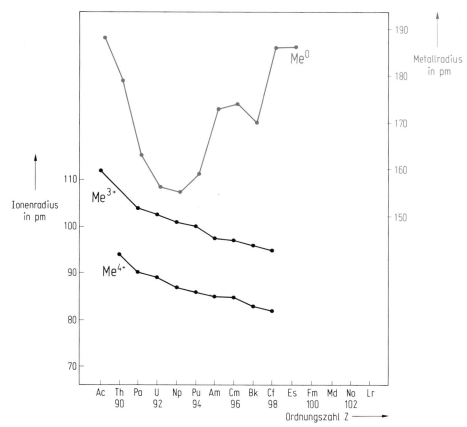

Abbildung 5.102   Metallradien und Ionenradien der Actinoide. Wie bei den Lanthanoiden (vgl. Abbildung 5.63) nehmen die Ionenradien der Actinoide mit zunehmender Kernladung kontinuierlich ab (Actinoid-Kontraktion).

in Wasser unlöslich, die Nitrate, Sulfate und Perchlorate löslich. Die Basizität der Hydroxide $An(OH)_3$ nimmt wegen der Actinoid-Kontraktion mit steigender Ordnungszahl ab.

Die *Stabilität der An^{4+}-Ionen* fällt mit zunehmender Ordnungszahl. Das einzige beständige Ion des Thoriums ist Th^{4+}. Beständig ist auch das Pu^{4+}-Ion. Die Ionen Pa^{4+}, U^{4+} und Np^{4+} lassen sich leicht oxidieren.

In der Oxidationsstufe + 5 und + 6 existieren ab Protactinium *die Ionen AnO_2^+ und* ab Uran die Ionen AnO_2^{2+}. Sie sind linear gebaut und charakteristisch gefärbt. Mit zunehmender Ordnungszahl nimmt die Beständigkeit der Ionen ab. Am stabilsten sind PaO_2^+ und UO_2^{2+}.

Während bei den Lanthanoiden die Bindungen überwiegend ionisch sind, sind die Actinoide zu kovalenten Hybridbindungen unter Einbeziehung der 5f-Elektronen befähigt. Beispiele für Hybride: sf linear, sf^3 tetraedrisch, d^2sf^3 oktaedrisch.

5.18.2 Verbindungen des Urans

Uran tritt in seinen Verbindungen mit den Oxidationszahlen $+3$, $+4$, $+5$ und $+6$ auf. Die stabilste Oxidationszahl ist $+6$. U(III)- und U(V)-Verbindungen sind leicht zu oxidieren oder neigen zur Disproportionierung.

Uran(VI)-Verbindungen

Uran(VI)-oxid UO_3 kommt in 7 Modifikationen vor, es ist amphoter. Mit Säuren entstehen salzartige Uranylverbindungen, die das gelbe Ion UO_2^{2+} enthalten. Das wichtigste Uranylsalz ist das Uranylnitrat-Hexahydrat $UO_2(NO_3)_2 \cdot 6 H_2O$. Es ist in Ethern, Alkoholen und Estern (z.B. Tributylphosphat) löslich. Darauf beruht eine Abtrennungsmethode von anderen Metallen. Mit Basen bildet UO_3 gelbe Uranate UO_4^{2-}, die sich in Diuranate $U_2O_7^{2-}$ umwandeln. In der Schmelze bilden sich aus UO_3 mit Oxiden $\overset{+1}{Me}_2O$ neben Mono- und Diuranaten auch Polyuranate $U_nO_{3n+1}^{2-}$ ($n = 3-6$).

Hexahalogenide werden nur mit Fluor und Chlor gebildet. Uranhexafluorid UF_6 (Smp. 64 °C) ist eine farblose, flüchtige, kristalline Substanz, die leicht hydrolysiert. Die Uranisotope können durch Gasdiffusion von UF_6 getrennt werden.

Uran(V)-Verbindungen

Es sind die Pentahalogenide UX_5 (X = F, Cl, Br) bekannt. Das Chlorid ist dimer. Die Pentahalogenide lassen sich leicht oxidieren, beim Erhitzen disproportionieren sie in U(VI)- und U(IV)-Halogenide.

In Lösungen sind die blaßlila UO_2^+-Ionen bei pH-Werten von 2–4 am stabilsten. Sie disproportionieren in UO_2^{2+}- und U^{4+}-Ionen.

Uran(IV)-Verbindungen

Uran(IV)-oxid UO_2 (Smp. 2880 °C) ist ein basisches Oxid, es kristallisiert im Fluorit-Typ. Es entsteht durch Reduktion von UO_3 mit H_2. Beim Glühen an der Luft wandeln sich sowohl UO_3 als auch UO_2 in das Oxid U_3O_8 ($UO_2 \cdot 2 UO_3$) um. In Salpetersäure lösen sich alle Oxide unter Bildung von $UO_2(NO_3)_2$.

Es sind alle Tetrahalogenide UX_4 bekannt. Es sind farbige kristalline Substanzen.

In wäßriger Lösung entstehen aus U(IV)-Salzen grüne U^{4+}-Ionen, die schon durch Luft langsam zu UO_2^{2+}-Ionen oxidiert werden.

Uran(III)-Verbindungen

Bekannt sind die Halogenide UX_3 (X = F, Cl, Br, I) und das Hydrid UH_3. In Lösungen entsteht das purpurfarbene Ion U^{3+}, das von Wasser zum U^{4+}-Ion oxidiert wird ($U^{3+} \rightleftharpoons U^{4+} + e^-$ $E° = -0,61$ V).

Anhang 1
Einheiten · Konstanten · Umrechnungsfaktoren

Gesetzliche Einheiten im Meßwesen sind die Einheiten des Internationalen Einheitensystems (SI) sowie die atomphysikalischen Einheiten für Masse (u) und Energie (eV).

1. Konstanten

Größe	Symbol	Zahlenwert und Einheit
Avogadro-Konstante	N_A	$6{,}022 \cdot 10^{23}\ \mathrm{mol}^{-1}$
Bohrsches Magneton	μ_B	$9{,}274 \cdot 10^{-24}\ \mathrm{Am}^2$
Bohrscher Radius	a_0	$5{,}292 \cdot 10^{-11}\ \mathrm{m}$
Boltzmann-Konstante	k_B	$1{,}381 \cdot 10^{-23}\ \mathrm{JK}^{-1}$
Elektrische Feldkonstante	ε_0	$8{,}854 \cdot 10^{-12}\ \mathrm{CV}^{-1}\mathrm{m}^{-1}$
Elektron, Ruhemasse	m_e	$9{,}109 \cdot 10^{-31}\ \mathrm{kg}$
Elementarladung	e	$1{,}602 \cdot 10^{-19}\ \mathrm{C}$
Faraday-Konstante	F	$9{,}649 \cdot 10^4\ \mathrm{C\,mol}^{-1}$
Gaskonstante	R	$8{,}314\ \mathrm{JK}^{-1}\mathrm{mol}^{-1}$
Kern-Magneton	μ_K	$5{,}051 \cdot 10^{-27}\ \mathrm{Am}^2$
Lichtgeschwindigkeit	c	$2{,}998 \cdot 10^8\ \mathrm{m\,s}^{-1}$
Magnetische Feldkonstante	μ_0	$4\pi \cdot 10^{-7}\ \mathrm{V\,s\,A}^{-1}\mathrm{m}^{-1}$
Molares Gasvolumen	V_0	$22{,}414\ \mathrm{l\,mol}^{-1}$
Planck-Konstante	h	$6{,}626 \cdot 10^{-34}\ \mathrm{Js}$

2. Einheiten und Umrechnungsfaktoren

Größe	SI-Einheit (mit * gekennzeichnet sind Basiseinheiten)		Andere zulässige Einheiten		Nicht mehr zugelassene Einheiten	
	Einheit	Einheitenzeichen				
Länge	*Meter	m			Ångström	$1\,\text{Å} = 10^{-10}\,\text{m}$
Volumen	Kubikmeter	m^3	Liter	$1\,l$ $= 10^{-3}\,m^3$		
Masse	*Kilogramm	kg	atomare Masseneinheit	$1\,u$ $= 1{,}660 \cdot 10^{-27}\,\text{kg}$		
			Gramm	$1\,g$ $= 10^{-3}\,\text{kg}$		
			Tonne	$1\,t$ $= 10^{3}\,\text{kg}$		
			Karat	$1\,\text{Karat}$ $= 2 \cdot 10^{-4}\,\text{kg}$		
Zeit	*Sekunde	s	Minute	$1\,\text{min} = 60\,\text{s}$		
			Stunde	$1\,\text{h} = 3600\,\text{s}$		
			Tag	$1\,\text{d} = 86400\,\text{s}$		
Kraft	Newton	$N\,(= \text{kg}\,\text{m}\,\text{s}^{-2})$			dyn	$1\,\text{dyn}$ $= 10^{-5}\,\text{N}$
					pond	$1\,\text{p}$ $= 9{,}81 \cdot 10^{-3}\,\text{N}$

Größe	Einheit	Symbol	Einheit	Umrechnung	Einheit	Umrechnung
Druck	Pascal	$Pa\ (= Nm^{-2})$	bar	$1\ bar = 10^5\ Pa$	Atmosphäre Torr	$1\ atm$ $= 1{,}013 \cdot 10^5\ Pa$ $1\ Torr$ $= 1{,}33 \cdot 10^2\ Pa$
Elektrische Stromstärke	*Ampere	A				
Ladung	Coulomb	$C\ (= As)$	Ampere-stunde	$1\ Ah$ $= 3{,}6 \cdot 10^3\ C$		
Energie	Joule	$J\ (= Nm$ $= kg\,m^2\,s^{-2}$ $= Ws)$	Elektron-volt Kilowatt-stunde	$1\ eV$ $= 1{,}602 \cdot 10^{-19}\ J$ $1\ kWh$ $= 3{,}6 \cdot 10^6\ J$	erg Kalorie	$1\ erg = 10^{-7}\ J$ $1\ cal = 4{,}187\ J$
Leistung	Watt	$W\ (= Js^{-1} = VA)$			Pferdestärke	$1\ PS = 7{,}35 \cdot 10^2\ W$
Spannung	Volt	$V\ (JC^{-1})$				
Elektrischer Widerstand	Ohm	$\Omega\ (= VA^{-1})$				
Elektrischer Leitwert	Siemens	$S\ (= AV^{-1} = \Omega^{-1})$				
Magnetische Induktion	Tesla	$T\ (= Vs\,m^{-2})$			Gauß	$1\ G = 10^{-4}\ Vs\,m^{-2}$
Magnetische Feldstärke		$A\,m^{-1}$			Oersted	$1\ Oe = \dfrac{10^3}{4\pi}\ A\,m^{-1}$
Temperatur	*Kelvin	K	Grad Celsius °C für $\vartheta = T - T_0$ mit $T_0 = 273{,}15\ K$			

Einheiten und Umrechnungsfaktoren (Fortsetzung)

Größe	SI-Einheit	Einheitenzeichen	Andere zulässige Einheiten	Nicht mehr zugelassene Einheiten	
Stoffmenge	*Mol	mol			
Stoff-mengen-konzen-tration	Mol pro Kubik-meter	$mol\,m^{-3}$	Mol pro Liter	$1\,mol\,l^{-1}$ $= 10^3\,mol\,m^{-3}$	
Aktivität	Becquerel	$Bq\,(= s^{-1})$		Curie	$1\,C_i = 3,7 \cdot 10^{10}\,Bq$
Energiedosis	Gray	$Gy\,(= J\,kg^{-1})$		Rad	$1\,rd = 0,01\,Gy$
Äquivalentdosis	Sievert	$Sv\,(= J\,kg^{-1})$		Rem	$1\,rem = 0,01\,Sv$

3. Dezimale Vielfache und Teile von Einheiten

Zehner-potenz	Vorsatz	Vorsatz-zeichen	Zehner-potenz	Vorsatz	Vorsatz-zeichen
10^1	Deka	da	10^{-1}	Dezi	d
10^2	Hekto	h	10^{-2}	Zenti	c
10^3	Kilo	k	10^{-3}	Milli	m
10^6	Mega	M	10^{-6}	Mikro	μ
10^9	Giga	G	10^{-9}	Nano	n
10^{12}	Tera	T	10^{-12}	Piko	p

4. Griechische Zahlwörter

ein	mono	zweimal	dis
zwei	di	dreimal	tris
drei	tri	viermal	tetrakis
vier	tetra	fünfmal	pentakis
fünf	penta	sechsmal	hexakis
sechs	hexa	siebenmal	heptakis
sieben	hepta	achtmal	oktakis
acht	octa		
neun	ennea		
zehn	deca		
elf	hendeca		
zwölf	dodeca		

Statt des griechischen ennea, hendeca und dis wird das lateinische nona, undeca und bis verwendet.

Anhang 2
Relative Atommassen · Elektronen-konfigurationen · Schema zur Ermittlung der Punktgruppen von Molekülen

Tabelle 1   Protonenzahlen und relative Atommassen der Elemente

Quelle der A_r-Werte: Angaben der Internationalen Union für Reine und Angewandte Chemie (IUPAC) nach dem Stand von 1991. (In den Klammern ist die Fehlerbreite der letzten Stelle angegeben.)

* Alle Nuklide des Elements sind radioaktiv; die eingeklammerten Zahlen bei den relativen Atommassen sind in diesem Fall die Nukleonenzahlen des Isotops mit der längsten Halbwertszeit.
+ Die so gekennzeichneten Elemente sind Reinelemente.
r Die Atommassen haben infolge der natürlichen Schwankungen der Isotopenzusammensetzungen schwankende Werte. Die tabellierten Werte sind für normales Material aber benutzbar.
g Es sind geologische Proben bekannt, in denen die Isotopenzusammensetzung des Elements von der in normalem Material stark abweicht.

Element	Symbol	Z	Relative Atommasse (A_r)
Actinium	Ac*	89	(227)
Aluminium	Al +	13	26,981539(5)
Americium	Am*	95	(243)
Antimon	Sb	51	121,757(3) g
Argon	Ar	18	39,948(1) g r
Arsen	As +	33	74,92159(2)
Astat	At	85	(210)
Barium	Ba	56	137,327(7)
Berkelium	Bk*	97	(247)
Beryllium	Be +	4	9,012182(3)
Bismut	Bi +	83	208,98037(3)
Blei	Pb	82	207,2(1) g r
Bohrium	Bh	107	(262)
Bor	B	5	10,811(5) g r
Brom	Br	35	79,904(1)
Cadmium	Cd	48	112,411(8) g
Caesium	Cs +	55	132,90543(5)
Calcium	Ca	20	40,078(4) g
Californium	Cf*	98	(251)
Cer	Ce	58	140,115(4) g
Chlor	Cl	17	35,4527(9)

Element	Symbol	Z	Relative Atommasse (A_r)
Chrom	Cr	24	51,9961(6)
Cobalt	Co +	27	58,93320(1)
Curium	Cm*	96	(247)
Darmstadtium	Ds*	110	(271)
Dubnium	Db	105	(262)
Dysprosium	Dy	66	162,50(3) g
Einsteinium	Es*	99	(252)
Eisen	Fe	26	55,847(3)
Erbium	Er	68	167,26(3) g
Europium	Eu	63	151,965(9) g
Fermium	Fm*	100	(257)
Fluor	F +	9	18,9984032(9)
Francium	Fr*	87	(223)
Gadolinium	Gd	64	157,25(3) g
Gallium	Ga	31	69,723(1)
Germanium	Ge	32	72,61(2)
Gold	Au +	79	196,96654(3)
Hafnium	Hf	72	178,49(2)
Hassium	Hs	108	(265)
Helium	He	2	4,002602(2) g r
Holmium	Ho +	67	164,93032(3)
Indium	In	49	114,818(3)
Iod	I +	53	126,90447(3)
Iridium	Ir	77	192,22(3)
Kalium	K	19	39,0983(1) g
Kohlenstoff	C	6	12,011(1) g r
Krypton	Kr	36	83,80(1) g
Kupfer	Cu	29	63,546(3) r
Lanthan	La	57	138,9055(2) g
Lawrencium	Lr*	103	(260)
Lithium	Li	3	6,941(2) g r
Lutetium	Lu	71	174,967(1) g
Magnesium	Mg	12	24,3050(6)
Mangan	Mn +	25	54,93805(1)
Meitnerium	Mt	109	(266)
Mendelevium	Md*	101	(258)
Molybdän	Mo	42	95,94(1) g
Natrium	Na +	11	22,989768(6)
Neodym	Nd	60	144,24(3) g
Neon	Ne	10	20,1797(6) g
Neptunium	Np*	93	(237)
Nickel	Ni	28	58,6934(2)
Niob	Nb +	41	92,90638(2)
Nobelium	No*	102	(259)
Osmium	Os	76	190,23(3) g
Palladium	Pd	46	106,42(1) g
Phosphor	P +	15	30,973762(4)
Platin	Pt	78	195,08(3)

Element	Symbol	Z	Relative Atommasse (A_r)
Plutonium	Pu*	94	(244)
Polonium	Po*	84	(209)
Praseodym	Pr +	59	140,90765(3)
Promethium	Pm	61	(145)
Protactinium	Pa*	91	231,03588(2)
Quecksilber	Hg	80	200,59(2)
Radium	Ra*	88	(226)
Radon	Rn*	86	(222)
Rhenium	Re	75	186,207(1)
Rhodium	Rh +	45	102,90550(3)
Rubidium	Rb	37	85,4678(3) g
Ruthenium	Ru	44	101,07(2) g
Rutherfordium	Rf	104	(261)
Samarium	Sm	62	150,36(3) g
Sauerstoff	O	8	15,9994(3) g r
Scandium	Sc +	21	44,955910(9)
Schwefel	S	16	32,066(6) g r
Seaborgium	Sg	106	(263)
Selen	Se	34	78,96(3)
Silber	Ag	47	107,8682(2) g
Silicium	Si	14	28,0855(3) r
Stickstoff	N	7	14,00674(7) g r
Strontium	Sr	38	87,62(1) g r
Tantal	Ta	73	180,9479(1)
Technetium	Tc*	43	(98)
Tellur	Te	52	127,60(3) g
Terbium	Tb +	65	158,92534(3)
Thallium	Tl	81	204,3833(2)
Thorium	Th*	90	232,0381(1) g
Thulium	Tm +	69	168,93421(3)
Titan	Ti	22	47,88(3)
Uran	U*	92	238,0289(1) g
Vanadium	V	23	50,9415(1)
Wasserstoff	H	1	1,00794(7) g r
Wolfram	W	74	183,84(1)
Xenon	Xe	54	131,29(2) g
Ytterbium	Yb	70	173,04(3) g
Yttrium	Y +	39	88,90585(2)
Zink	Zn	30	65,39(2)
Zinn	Sn	50	118,710(7) g
Zirconium	Zr	40	91,224(2) g

Tabelle 2   Elektronenkonfigurationen der Elemente

Z	Element	Grund-term	K	L		M			N				O			
			1s	2s	2p	3s	3p	3d	4s	4p	4d	4f	5s	5p	5d	5f
1	H	$^2S_{1/2}$	1													
2	He	$^1S_0$	2													
3	Li	$^2S_{1/2}$	2	1												
4	Be	$^1S_0$	2	2												
5	B	$^2P_{1/2}$	2	2	1											
6	C	$^3P_0$	2	2	2											
7	N	$^4S_{3/2}$	2	2	3											
8	O	$^3P_2$	2	2	4											
9	F	$^2P_{3/2}$	2	2	5											
10	Ne	$^1S_0$	2	2	6											
11	Na	$^2S_{1/2}$	2	2	6	1										
12	Mg	$^1S_0$	2	2	6	2										
13	Al	$^2P_{1/2}$	2	2	6	2	1									
14	Si	$^3P_0$	2	2	6	2	2									
15	P	$^4S_{3/2}$	2	2	6	2	3									
16	S	$^3P_2$	2	2	6	2	4									
17	Cl	$^2P_{3/2}$	2	2	6	2	5									
18	Ar	$^1S_0$	2	2	6	2	6									
19	K	$^2S_{1/2}$	2	2	6	2	6		1							
20	Ca	$^1S_0$	2	2	6	2	6		2							
21	Sc	$^2D_{3/2}$	2	2	6	2	6	1	2							
22	Ti	$^3F_2$	2	2	6	2	6	2	2							
23	V	$^4F_{3/2}$	2	2	6	2	6	3	2							
24	*Cr	$^7S_3$	2	2	6	2	6	5	1							
25	Mn	$^6S_{5/2}$	2	2	6	2	6	5	2							
26	Fe	$^5D_4$	2	2	6	2	6	6	2							
27	Co	$^4F_{9/2}$	2	2	6	2	6	7	2							
28	Ni	$^3F_4$	2	2	6	2	6	8	2							
29	*Cu	$^2S_{1/2}$	2	2	6	2	6	10	1							
30	Zn	$^1S_0$	2	2	6	2	6	10	2							
31	Ga	$^2P_{1/2}$	2	2	6	2	6	10	2	1						
32	Ge	$^3P_0$	2	2	6	2	6	10	2	2						
33	As	$^4S_{3/2}$	2	2	6	2	6	10	2	3						
34	Se	$^3P_2$	2	2	6	2	6	10	2	4						
35	Br	$^2P_{3/2}$	2	2	6	2	6	10	2	5						
36	Kr	$^1S_0$	2	2	6	2	6	10	2	6						
37	Rb	$^2S_{1/2}$	2	2	6	2	6	10	2	6			1			
38	Sr	$^1S_0$	2	2	6	2	6	10	2	6			2			
39	Y	$^2D_{3/2}$	2	2	6	2	6	10	2	6	1		2			
40	Zr	$^3F_2$	2	2	6	2	6	10	2	6	2		2			

Tabelle 2   (Fortsetzung)

Z	Ele-ment	Grund-term	K	L	M	N				O					P						Q
						4s	4p	4d	4f	5s	5p	5d	5f	5g	6s	6p	6d	6f	6g	6h	7s
41	*Nb	$^6D_{1/2}$	2	8	18	2	6	4		1											
42	*Mo	$^7S_3$	2	8	18	2	6	5		1											
43	*Tc	$^6S_{5/2}$	2	8	18	2	6	6		1											
44	*Ru	$^5F_5$	2	8	18	2	6	7		1											
45	*Rh	$^4F_{9/2}$	2	8	18	2	6	8		1											
46	*Pd	$^1S_0$	2	8	18	2	6	10													
47	*Ag	$^2S_{1/2}$	2	8	18	2	6	10		1											
48	Cd	$^1S_0$	2	8	18	2	6	10		2											
49	In	$^2P_{1/2}$	2	8	18	2	6	10		2	1										
50	Sn	$^3P_0$	2	8	18	2	6	10		2	2										
51	Sb	$^4S_{3/2}$	2	8	18	2	6	10		2	3										
52	Te	$^3P_2$	2	8	18	2	6	10		2	4										
53	I	$^2P_{3/2}$	2	8	18	2	6	10		2	5										
54	Xe	$^1S_0$	2	8	18	2	6	10		2	6										
55	Cs	$^2S_{1/2}$	2	8	18	2	6	10		2	6				1						
56	Ba	$^1S_0$	2	8	18	2	6	10		2	6				2						
57	*La	$^2D_{3/2}$	2	8	18	2	6	10		2	6	1			2						
58	Ce	$^3H_4$	2	8	18	2	6	10	2	2	6				2						
59	Pr	$^4I_{9/2}$	2	8	18	2	6	10	3	2	6				2						
60	Nd	$^5I_4$	2	8	18	2	6	10	4	2	6				2						
61	Pm	$^6H_{5/2}$	2	8	18	2	6	10	5	2	6				2						
62	Sm	$^7F_0$	2	8	18	2	6	10	6	2	6				2						
63	Eu	$^8S_{7/2}$	2	8	18	2	6	10	7	2	6				2						
64	*Gd	$^9D_2$	2	8	18	2	6	10	7	2	6	1			2						
65	Tb	$^6H_{15/2}$	2	8	18	2	6	10	9	2	6				2						
66	Dy	$^5I_8$	2	8	18	2	6	10	10	2	6				2						
67	Ho	$^4I_{15/2}$	2	8	18	2	6	10	11	2	6				2						
68	Er	$^3H_6$	2	8	18	2	6	10	12	2	6				2						
69	Tm	$^2F_{7/2}$	2	8	18	2	6	10	13	2	6				2						
70	Yb	$^1S_0$	2	8	18	2	6	10	14	2	6				2						
71	Lu	$^2D_{3/2}$	2	8	18	2	6	10	14	2	6	1			2						
72	Hf	$^3F_2$	2	8	18	2	6	10	14	2	6	2			2						
73	Ta	$^4F_{3/2}$	2	8	18	2	6	10	14	2	6	3			2						
74	W	$^5D_0$	2	8	18	2	6	10	14	2	6	4			2						
75	Re	$^6S_{5/2}$	2	8	18	2	6	10	14	2	6	5			2						
76	Os	$^5D_4$	2	8	18	2	6	10	14	2	6	6			2						
77	Ir	$^4F_{9/2}$	2	8	18	2	6	10	14	2	6	7			2						
78	*Pt	$^3D_3$	2	8	18	2	6	10	14	2	6	9			1						
79	*Au	$^2S_{1/2}$	2	8	18	2	6	10	14	2	6	10			1						
80	Hg	$^1S_0$	2	8	18	2	6	10	14	2	6	10			2						
81	Tl	$^2P_{1/2}$	2	8	18	2	6	10	14	2	6	10			2	1					
82	Pb	$^3P_0$	2	8	18	2	6	10	14	2	6	10			2	2					
83	Bi	$^4S_{3/2}$	2	8	18	2	6	10	14	2	6	10			2	3					

Tabelle 2 (Fortsetzung)

Z	Element	Grundterm	K	L	M	4s	4p	4d	4f	5s	5p	5d	5f	5g	6s	6p	6d	6f	6g	6h	7s
						N				O					P						Q
84	Po	$^3P_2$	2	8	18	2	6	10	14	2	6	10			2	4					
85	At	$^2P_{3/2}$	2	8	18	2	6	10	14	2	6	10			2	5					
86	Rn	$^1S_0$	2	8	18	2	6	10	14	2	6	10			2	6					
87	Fr	$^2S_{1/2}$	2	8	18	2	6	10	14	2	6	10			2	6					1
88	Ra	$^1S_0$	2	8	18	2	6	10	14	2	6	10			2	6					2
89	*Ac	$^3D_{3/2}$	2	8	18	2	6	10	14	2	6	10			2	6	1				2
90	*Th	$^3F_2$	2	8	18	2	6	10	14	2	6	10			2	6	2				2
91	*Pa	$^4K_{11/2}$	2	8	18	2	6	10	14	2	6	10	2		2	6	1				2
92	*U	$^5L_6$	2	8	18	2	6	10	14	2	6	10	3		2	6	1				2
93	*Np		2	8	18	2	6	10	14	2	6	10	4		2	6	1				2
94	Pu		2	8	18	2	6	10	14	2	6	10	6		2	6					2
95	Am		2	8	18	2	6	10	14	2	6	10	7		2	6					2
96	*Cm		2	8	18	2	6	10	14	2	6	10	7		2	6	1				2
97	Bk		2	8	18	2	6	10	14	2	6	10	9		2	6					2
98	Cf		2	8	18	2	6	10	14	2	6	10	10		2	6					2
99	Es		2	8	18	2	6	10	14	2	6	10	11		2	6					2
100	Fm		2	8	18	2	6	10	14	2	6	10	12		2	6					2
101	Md		2	8	18	2	6	10	14	2	6	10	13		2	6					2
102	No		2	8	18	2	6	10	14	2	6	10	14		2	6					2
103	Lr		2	8	18	2	6	10	14	2	6	10	14		2	6	1				2

* Unregelmäßige Elektronenfigurationen

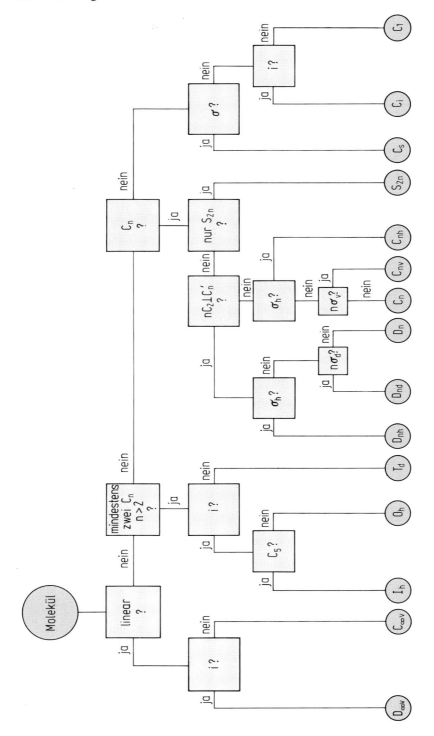

Schema zur Ermittlung der Punktgruppen von Molekülen

Anhang 3
Herkunft der Elementnamen · Nobelpreise

Tabelle 1 Entdeckungsjahr der Elemente. Herkunft von Elementnamen und Elementsymbolen
(gr. = griechisch; l. = lateinisch)

Element	Entdeckungs-jahr	Der Elementname oder das Elementsymbol leitet sich ab bzw. ist benannt
Actinium Ac	1899	von aktinoeis (gr.) = strahlend.
Aluminium Al	1825	nach dem Al-haltigen alumen (l.) = Alaun.
Antimon		Wahrscheinlich schon im Altertum bekannt, sicher den Alchemisten. von anti + monos (gr.) = nicht allein; stibium (l.).
Argon Ar	1894	von argos (gr.) = träge.
Arsen As		Frühen Kulturen bereits als Legierungsbestandteil bekannt. In der Antike Verwendung von Auripigment. Erste Beschreibung der As-Darstellung 1250. von arsenikon (gr.) = Name für das Mineral Auripigment As_2S_3.
Barium Ba	1808	von barys (gr.) = schwer. Baryt (Schwerspat) $BaSO_4$ ist ein Mineral mit großer Dichte.
Beryllium Be	1828	nach Beryll (gr. beryllos), dem wichtigsten Berylliummineral.
Bismut Bi		Seit dem 15. Jh. unter dem Namen Wismut bekannt. Die Herkunft des Namens ist unsicher. von bismutum (l.) = Bismut (früher Wismut).
Blei Pb		Bereits den ältesten Kulturvölkern bekannt. von plumbum (l.) = Blei.
Bor B	1808	nach Borax (aus dem armenischen Buraq).
Brom Br	1826	von bromos (gr.) = Gestank.
Cadmium Cd	1817	von kadmeia (gr.), alter Name für den Cd-haltigen Galmei $ZnCO_3$.
Caesium Cs	1860	von caesius (l.) = himmelblau, nach der blauen Spektrallinie des Caesiums.
Calcium Ca	1808	nach calx (l.) = Kalkstein.
Cer Ce	1803	nach dem 1801 entdeckten Planetoiden Ceres.
Chlor Cl	1774	von chloros (gr.) = gelbgrün.
Chrom Cr	1797	von chroma (gr.) = Farbe. Soll auf die Farbvielfalt von Chromverbindungen hinweisen.
Cobalt Co	1735	nach Kobold (Berggeist). Aus den Cobalterzen konnte man kein brauchbares Metall gewinnen, beim Rösten traten wegen des As-Gehalts unangenehme Gerüche auf. Die Bergleute glaubten an das Wirken von Kobolden.
Dysprosium Dy	1886	von dispros (gr.) = schwierig. Hinweis darauf, daß das Element schwer erhältlich ist.

Element	Entdeckungs-jahr	Der Elementname oder das Elementsymbol leitet sich ab bzw. ist benannt
Eisen Fe		Bereits 4000 v. Chr. waren Eisengegenstände aus Meteoreisen bekannt. Die Eisenherstellung gelang zuerst den Hethitern. von ferrum (l.) = Eisen.
Erbium Er	1843	nach dem Ort Ytterby, wo Gadolinit gefunden wurde, aus dem Er, Yb, Tb und Y isoliert wurde.
Europium Eu	1901	nach dem Kontinent Europa.
Fluor F	1886	nach fluor (l.) = Fluß. Als Flußmittel zur Herabsetzung des Schmelzpunkts von Erzen verwendet man Flußspat CaF_2.
Gadolinium Gd	1880	nach dem finnischen Lanthanoidforscher Gadolin.
Gallium Ga	1875	nach Frankreich, wo es entdeckt wurde.
Germanium Ge	1886	nach Deutschland, wo es entdeckt wurde.
Gold Au		Bereits den ältesten Kulturvölkern bekannt. von aurum (l.) = Gold.
Hafnium Hf	1922	von Hafniae (l.) = Kopenhagen, wo es entdeckt wurde.
Helium He	1895	nach helios (gr.) = Sonne. Das Spektrum von He wurde bereits im Sonnenspektrum gefunden.
Holmium Ho	1886	nach Stockholm, ein Hinweis auf Skandinavien als Fundstätte der Seltenerdmetalle.
Indium In	1863	nach der indigoblauen Flammenfärbung.
Iridium Ir	1804	von iridios (gr.) = regenbogenfarbig, wegen der Vielfarbigkeit der Ir-Verbindungen.
Iod I	1812	von ioeides (gr.) = veilchenfarbig.
Kalium K	1807	von al kalja (arab.) = Asche, da Kalium aus Pflanzenasche (Pottasche) gewinnbar ist.
Kohlenstoff C		Verwendung von Kohle seit der Altsteinzeit. von carboneum (l.) = Kohlenstoff.
Krypton Kr	1898	von kryptos (gr.) = verborgen.
Kupfer Cu		Schon den ältesten Kulturvölkern bekannt. von aes cyprium (l.) = Erz aus Zypern. Aus cyprium wurde cuprum.
Lanthan La	1839	von lanthanein (gr.) = verborgen sein, da La schwer aufzufinden war.
Lithium Li	1817	von lithos (gr.) = Stein. Im Gegensatz zu Na und K, das in pflanzlichem Material gefunden wurde, wurde Li in Gesteinsmaterial entdeckt.
Lutetium Lu	1907	nach Lutetia (alter Name für Paris), wo es entdeckt wurde.
Magnesium Mg	1808	nach der antiken Stadt Magnesia.
Mangan Mn	1774	nach Magnetit, lithos magnetis = Stein aus Magnesia. Braunstein wurde mit diesem verwechselt. So wurde das daraus isolierte Mangan zunächst Manganesium genannt.
Molybdän Mo	1781	von molybdos (gr.) = Blei. Wurde ursprünglich für Bleiglanz und auch Molybdänglanz gebraucht.

Element	Entdeckungs-jahr	Der Elementname oder das Elementsymbol leitet sich ab bzw. ist benannt
Natrium Na	1807	von neter (ägypt.) = Soda. Daraus entstand das römische nitrium und schließlich bei den arabischen Alchemisten Natrium.
Neodym Nd	1885	nach neos (gr.) = neu. Ceriterde wurde zunächst aufgetrennt in Ceroxid, Lanthanoxid und Didymoxid. Didym konnte in Neodym (Neudidym) und Praseodym (praseos = grün) zerlegt werden.
Neon Ne	1898	von neos (gr.) = neu.
Nickel Ni	1751	nach dem Berggeist Nickel. Die gefundenen Ni-Erze hielten die Bergleute für vom Nickel verhexte Cu-Erze.
Niob Nb	1844	nach der Tantalustochter Niobe, da Nb mit Ta vergesellschaftet ist.
Osmium Os	1804	von osme (gr.) = Geruch. OsO_4 ist flüchtig und riecht intensiv.
Palladium Pd	1803	nach dem 1802 entdeckten Planetoiden Pallas.
Phosphor P	1669	von phosphorus (gr.) = Lichtträger, da weißer Phosphor leuchtet.
Platin Pt	Bereits von den Mayas verwendet.	von platina, der Verkleinerungsform des spanischen plata = Silber. Platin ist im Aussehen silberähnlich.
Polonium Po	1898	nach Polen, dem Heimatland der Entdeckerin M. Curie.
Praseodym Pr	1885	siehe Neodym.
Promethium Pm	1945	nach dem Gott Prometheus.
Protactinium Pa	1918	von protos (gr.) = zuerst. Aus Protactinium entsteht durch α-Strahlung Actinium.
Quecksilber Hg	Schon in der Antike bekannt.	von hydrargyrum (gr., l.) = Quecksilber, bedeutet „Wassersilber", bewegliches Silber.
Radium Ra	1898	von radius (l.) = Lichtstrahl. Radium sendet Strahlen aus, es ist radioaktiv.
Radon Rn	1899	von Radium (aus dem es entsteht) unter Verwendung der für die Edelgase gebräuchlichen Endsilbe -on.
Rhenium Re	1925	nach dem Rheinland, der Heimat der Entdeckerin.
Rhodium Rh	1803	von rhodeos (gr.) = rosenrot. Viele Rh-Verbindungen sind rosenrot.
Rubidium Rb	1861	von rubidus (l.) = dunkelrot, nach der roten Spektrallinie des Rubidiums.
Ruthenium Ru	1844	nach ruthenia (l.) = Rußland, dem Heimatland des Entdeckers.
Samarium Sm	1879	nach dem Mineral Samarskit, aus dem es isoliert wurde.
Sauerstoff O	1772	von oxygenium = Säurebildner.
Scandium Sc	1879	nach Skandinavien, wo es entdeckt wurde.
Schwefel S	Bereits in der Antike bekannt.	von sulfur (l.) = Schwefel.

Element	Entdeckungs-jahr	Der Elementname oder das Elementsymbol leitet sich ab bzw. ist benannt
Selen Se	1817	von selene (gr.) = Mond (in Analogie zum Tellur).
Silber Ag		Bereits den ältesten Kulturvölkern bekannt. von argentum (l.) = Silber.
Silicium Si	1823	von silex (l.) = Kieselstein.
Stickstoff N	1772	von nitrogenium (l.) = Salpeterbildner.
Strontium Sr	1808	nach Strontian in Schottland, wo Strontianit $SrCO_3$ gefunden wurde.
Tantal Ta	1802	nach der griechischen Sagengestalt Tantalos. Ta_2O_5 löst sich nicht nicht in Säure und muß daher „schmachten und kann seinen Durst nicht löschen" wie der bestrafte Tantalos.
Tellur Te	1782	von tellus (l.) = Erde. Te wurde in goldhaltigen Erzen entdeckt.
Terbium Tb	1843	siehe Erbium
Thallium	1861	nach Thallos (gr.) = grüner Zweig.
Thorium Th	1828	nach Thor, dem nordischen Kriegsgott.
Thulium Tm	1879	nach Thule, dem alten Namen für Skandinavien.
Titan Ti	1791	nach dem Göttergeschlecht der Titanen.
Uran U	1789	nach dem einige Jahre früher entdeckten Planeten Uranus. Man hielt damals Uranus für den entferntesten Planeten und Uran für das Element mit der höchsten Atommasse. Die auf Uran folgenden Elemente Neptunium und Plutonium sind nach den Planeten Neptun und Pluto benannt.
Vanadium V	1830	nach dem Beinamen Vanadis der nordischen Göttin der Schönheit Freya, da Vanadium viele schöngefärbte Verbindungen bildet.
Wasserstoff H	1766	von hydrargenium (gr., l.) = Wasserbildner.
Wolfram W	1783	von lupi spume (l.) = Wolf-Schaum, Wolf-Rahm. So wurde das heute als Wolframit bezeichnete Mineral genannt, da seine Gegenwart in Zinnerzen die Reduktion zum Zinn erschwerte und zur Schlackenbildung führt („es reißt das Zinn fort und frißt es auf wie der Wolf das Schaf").
Xenon Xe	1898	von xenos (gr.) = fremd.
Ytterbium Yb	1878	siehe Erbium
Yttrium Y	1794	siehe Erbium.
Zink Zn		Bereits im 6. Jh. in Persien hergestellt. von Zinken = zackenartige Formen (vielleicht wegen der bizarren Formen erstarrter Zn-Schmelzen bzw. des Zn-Minerals Galmei).
Zinn Sn		Wurde bereits in ältesten Kulturen verwendet. von stannum (l.) = Zinn.
Zirconium Zr	1789	nach dem Mineral Zirkon, aus dem es isoliert wurde.

Tabelle 2   Nobelpreise für Chemie[1]

J. H. van't Hoff (Berlin): Entdeckung der Gesetze der chemischen Dynamik und des osmotischen Drucks in Lösungen.   1901

E. H. Fischer (Berlin): Synthetische Arbeiten auf dem Gebiet der Zucker- und Puringruppen.   1902

S. A. Arrhenius (Stockholm): Theorie der elektrolytischen Dissoziation.   1903

Sir W. Ramsay (London): Entdeckung der Edelgase und deren Einordnung im Periodensystem.   1904

A. v. Baeyer (München): Arbeiten über organische Farbstoffe und hydroaromatische Verbindungen.   1905

H. Moissan (Paris): Untersuchung und Isolierung des Fluors und Einführung des elektrischen Ofens („*Moissan-Ofen*").   1906

E. Buchner (Berlin): Entdeckung und Untersuchung der zellfreien Gärung.   1907

Sir E. Rutherford (Manchester): Untersuchungen über den Elementzerfall und die Chemie der radioaktiven Stoffe.   1908

W. Ostwald (Leipzig): Arbeiten über Katalyse sowie über chemische Gleichgewichte und Reaktionsgeschwindigkeiten.   1909

O. Wallach (Göttingen): Pionierarbeiten über alicyclische Verbindungen.   1910

M. Curie (Paris): Entdeckung des Radiums und Poloniums und Charakterisierung, Isolierung und Untersuchung des Radiums.   1911

V. Grignard (Nancy): Entdeckung der „*Grignard-Reagenzien*".   1912

P. Sabatier (Toulouse): Hydrierung von organischen Verbindungen bei Anwesenheit feinverteilter Metalle.

A. Werner (Zürich): Arbeiten über Bindungsverhältnisse der Atome in Molekülen.   1913

Th. W. Richards (Cambridge/USA): Genaue Bestimmung der relativen Atommasse zahlreicher chemischer Elemente.   1914

R. Willstätter (München): Untersuchungen über Pflanzenfarbstoffe, besonders das Chlorophyll.   1915

(Keine Preisverteilung)   1916
(Keine Preisverteilung)   1917

F. Haber (Berlin): Synthese des Ammoniaks aus den Elementen.   1918

(Keine Preisverteilung)   1919

W. N. Nernst (Berlin): Arbeiten auf dem Gebiet der Thermochemie.   1920

F. Soddy (Oxford): Arbeiten über Vorkommen und Natur der Isotope und Untersuchungen radioaktiver Stoffe.   1921

F. W. Aston (Cambridge): Entdeckung vieler Isotope in nichtradioaktiven Elementen mit dem Massenspektrographen.   1922

F. Pregl (Graz): Entwicklung der Mikroanalyse organischer Stoffe.   1923

(Keine Preisverteilung)   1924

R. A. Zsigmondy (Göttingen): Aufklärung der heterogenen Natur kolloidaler Lösungen.   1925

Th. Svedberg (Uppsala): Arbeiten über disperse Systeme.   1926

H. O. Wieland (München): Forschungen über die Konstitution der Gallensäuren und verwandter Substanzen.   1927

A. Windaus (Göttingen): Erforschung des Aufbaus der Sterine und ihres Zusammenhangs mit den Vitaminen.   1928

A. Harden (London) und **H. v. Euler-Chelpin** (Stockholm): Forschungen über Zuckervergärungen und die dabei wirksamen Enzyme.   1929

H. Fischer (München): Arbeiten über die Struktur der Blut- und Blattfarbstoffe und die Synthese des Hämins.   1930

C. A. Bosch und **F. Bergius** (Heidelberg): Entdeckung und Entwicklung chemischer Hochdruckverfahren.   1931

I. Langmuir (New York): Forschungen und Entdeckungen im Bereich der Oberflächenchemie.   1932

(Keine Preisverteilung)   1933

H. C. Urey (New York): Entdeckung des schweren Wasserstoffs.   1934

F. Joliot und **I. Joliot-Curie** (Paris): Synthese neuer radioaktiver Elemente.   1935

P. J. W. Debye (Berlin): Beiträge zur Molekülstruktur durch Arbeiten über Dipolmomente und über Diffraktion von Röntgenstrahlen und Elektronen in Gasen.   1936

Sir W. N. Haworth (Birmingham): Forschungen über Kohlenhydrate und Vitamin C. **P. Karrer** (Zürich): Forschungen über Carotinoide, Flavine und Vitamine A und B_2.   1937

R. Kuhn (Heidelberg): Arbeiten über Carotinoide und Vitamine.   1938

[1] Bis 1988 entnommen aus Hollemann-Wiberg, Lehrbuch der Anorganischen Chemie, 91.–100. Auflage, de Gruyter 1985.

A. Butenandt (Berlin): Arbeiten über Sexualhormone. **L. Ruzicka** (Zürich): Arbeiten über Polymethylene und höhere Terpenverbindungen. — 1939

(Keine Preisverteilung) — 1940
(Keine Preisverteilung) — 1941
(Keine Preisverteilung) — 1942

G. v. Hevesy (Stockholm): Arbeiten über die Verwendung von Isotopen als Indikatoren bei der Erforschung chemischer Prozesse. — 1943

O. Hahn (Göttingen): Entdeckung der Kernspaltung bei schweren Atomen. — 1944

A. I. Virtanen (Helsinki): Entdeckung auf dem Gebiet der Agrikultur- und Ernährungschemie, insbesondere Methoden zur Konservierung von Futtermitteln. — 1945

J. B. Summer (Ithaca): Entdeckung der Kristallisierbarkeit von Enzymen. **J. H. Northrop** und **W. M. Stanley** (Princeton): Reindarstellung von Enzymen und Virus-Proteinen. — 1946

Sir R. Robinson (Oxford): Untersuchungen über biologisch wichtige Pflanzenprodukte, insbesondere Alkaloide. — 1947

A. W. K. Tiselius (Uppsala): Arbeiten über Analysen mittels Elektrophorese und Adsorption, insbesondere Entdeckungen über die komplexe Natur von Serum-Proteinen. — 1948

W. F. Giauque (Berkeley): Beiträge zur chemischen Thermodynamik, insbesondere Untersuchungen über das Verhalten der Stoffe bei extrem tiefen Temperaturen. — 1949

O. P. H. Diels (Kiel) und **K. Alder** (Köln): Entdeckung und Entwicklung der Dien-Synthese (,,*Diels-Alder-Synthese*"). — 1950

E. M. McMillan und **G. Th. Seaborg** (Berkeley): Entdeckungen auf dem Gebiete der Transurane. — 1951

A. J. P. Martin (London) und **R. L. M. Synge** (Bucksburn): Erfindung der Verteilungschromatographie. — 1952

H. Staudinger (Freiburg): Entdeckungen auf dem Gebiete der makromolekularen Chemie. — 1953

L. C. Pauling (Pasadena): Forschungen über die chemische Bindung, insbesondere Strukturaufklärung von Proteinen (Helix). — 1954

V. du Vigneaud (New York): Isolierung der Hormone der Hypophyse ,,*Vasopressin*" und ,,*Oxytocin*" und deren Totalsynthese. — 1955

Sir C. N. Hinshelwood (Oxford) und **N. N. Semjonow** (Moskau): Aufklärung der Mechanismen von Kettenreaktionen, besonders im Zusammenhang mit Explosionsphänomenen. — 1956

Sir A. Todd (Cambridge): Erforschung von Nucleinsäuren und Coenzymen und Synthese von Nucleotiden. — 1957

F. Sanger (Cambridge): Aufklärung der Aminosäure-Sequenz des Insulins. — 1958

J. Heyrovsky (Prag): Entdeckung und Entwicklung der polarographischen Analysenmethode. — 1959

W. F. Libby (Los Angeles): Arbeiten über ^3H und über die Altersbestimmung mit ^{14}C. — 1960

M. Calvin (Berkeley): Arbeiten über die photochemische CO_2-Assimilation. — 1961

J. C. Kendrew und **M. F. Perutz** (Cambridge): Röntgenographische Strukturbestimmung von Myoglobin und Hämoglobin. — 1962

K. Ziegler (Mühlheim/Ruhr) und **G. Natta** (Mailand): Entdeckungen auf dem Gebiet der Chemie und Technologie von Hochpolymeren. — 1963

D. Crowfoot-Hodgkin (Oxford): Strukturaufklärung biochemisch wichtiger Stoffe mittels Röntgenstrahlen. — 1964

R. B. Woodward (Cambridge/USA): Strukturaufklärung und Synthese von Naturstoffen. — 1965

R. S. Mulliken (Chicago): Quantenchemische Arbeiten, insbesondere Entwicklung der MO-Theorie. — 1966

M. Eigen (Göttingen), **R. G. W. Norrish** (Cambridge) und **G. Porter** (London): Untersuchung extrem schnell verlaufender chemischer Reaktionen. — 1967

L. Onsager (Connecticut): Untersuchungen zur Thermodynamik irreversibler Prozesse und deren mathematisch-theoretische Bewältigung. — 1968

O. Hassel (Oslo) und **D. H. Barton** (London): Arbeiten über die Konformation chemischer Verbindungen. — 1969

L. F. Leloir (Buenos Aires): Entdeckung der Zuckernucleotide und ihre Rolle bei der Biosynthese der Kohlenhydrate. — 1970

G. Herzberg (Ottawa): Beiträge zur Kenntnis der Elektronenstruktur und Geometrie der Moleküle, insbesondere der freien Radikale. — 1971

Ch. B. Anfinsen (Bethesda), **S. Moore** und **W. H. Stein** (New York): Aufklärung und Bau der Ribonuclease; Untersuchungen zum Verständnis der bioche- — 1972 mischen Wirkungsweise von Ribonuclease.

E.O. Fischer (München) und **G. Wilkinson** (London): Pionierarbeiten auf dem Gebiete der „Sandwich"-Verbindungen. 1973

P.J. Flory (Stanford/Calif.): Theoretische und experimentelle Arbeiten auf dem Gebiete der makromolekularen Chemie. 1974

J.W. Cornforth (Sussex) und **V. Prelog** (Zürich): Stereochemischer Ablauf molekularer Reaktionen. 1975

W.N. Lipscomb (Cambridge/USA): Strukturklärende und bindungstheoretische Arbeiten im Zusammenhang mit Boranen. 1976

I. Prigogine (Brüssel): Beiträge zur Thermodynamik von Nichtgleichgewichtszuständen; Theorie „dissipativer" Strukturen. 1977

P. Mitchell (Bodmin/Cornwall): Beiträge zum Verständnis der biologischen Energieübertragung; Entwicklung der „chemiosmotischen" Theorie. 1978

H.C. Brown (Purdue) und **G. Wittig** (Heidelberg): Pionierarbeiten auf dem Gebiet der Organobor- und Organophosphorchemie. 1979

P. Berg (Stanford/Calif.), **W. Gilberg** (Cambridge/USA) und **F. Sanger** (Cambridge/USA): Untersuchungen zur Biochemie und zur Basen-Sequenz von Nucleinsäuren. 1980

K. Fukui (Kyoto) und **R. Hoffmann** (Ithaca): Quantenmechanische Studien zur chemischen Reaktivität. 1981

A. Klug (Cambridge): Klärung der molekularen Strukturen von Proteinen, Nucleinsäuren und deren Komplexen durch Elektronenmikroskopie. 1982

H. Taube (Stanford/Calif.): Erforschung von Elektronenübertragungsmechanismen der Metallkomplexe. 1983

R.B. Merrifield (New York): Entwicklung der Synthese von Peptiden an einer festen Matrix. 1984

H.A. Hauptmann (New York) und **J. Karle** (Washington): Entwicklung direkter Methoden in der Röntgenstrukturanalyse. 1985

D.R. Herschbach (Harvard), **Y.T. Lee** (Berkeley) und **J.C. Polany** (Toronto): Erforschung der Dynamik chemischer Elementarprozesse. 1986

C.J. Pederson (DeNemours), **D.J. Cram** (Los Angeles) und **J.M. Lehn** (Straß- 1987

burg): Synthese von Verbindungen zur Simulation der Funktionen von Biomolekülen.

R. Huber (Martinsried), **J. Deisenhofer** (Dallas) und **H. Michel** (Frankfurt): Kristallisation und Röntgenstrukturanalyse des photosynthetischen Reaktionszentrums aus dem Bakterium Rhodopseudomonas viridis. 1988

T.R. Cech (Boulder/Colorado) und **S. Altman** (New Haven, Conn.): Entdeckung der Katalyse biochemischer Reaktionen durch RNA. 1989

E.J. Corey (Harvard): Synthese von Naturstoffen. 1990

R.R. Ernst (Zürich): Entwicklung der Methode der hochauflösenden kernmagnetischen Resonanz-Spektroskopie. 1991

R.A. Marcus (Pasadena/Calif.): Theorie der Elektronenübertragungsreaktionen in chemischen Systemen. 1992

K.B. Mullis (Cetus Coop./Calif.) und **M. Smith** (Vancouver): Erfindung der Polymerase-Chain Reaction (PCR) zur Verfielfältigung der DNA; Entwicklung der ortsspezifischen Mutagenese. 1993

G.A. Olah (Los Angeles): Bahnbrechende Arbeiten über die Strukur, Eigenschaften und Reaktion von Carbokationen. 1994

P.J. Crutzen (Mainz), **M.J. Molina** (Cambridge/USA) und **F.Sh. Rowland** (Irvine/Calif.): Arbeiten zur Chemie der Atmosphäre, insbesondere zur Bildung und Abbau von Ozon. 1995

R.F. Curl, Jr. (Houston), **H.W. Kroto** (Brighton) und **R.E. Smalley** (Houston): Entdeckung der Fullerene. 1996

P.D. Boyer (Los Angeles), **J.E. Walker** (Cambridge) und **J.R. Skou** (Aarhus): Synthese und Nutzung von Adenosintriphosphat (ATP) und Entdeckung der Na^+, K^+-ATPase (Natriumpumpe). 1997

J.A. Pople (Evanston) und **W. Kohn** (Santa Barbara): Bahnbrechende Beiträge zur Quantenchemie. 1998

A.H. Zewail (Caltech Pasadena/Calif.): Untersuchung von Übergangszuständen mit der Femtosekunden-Spektroskopie. 1999

A.J. Heeger (Univ. of Calif./Santa Barbara), **A.G. MacDiarmid** (Univ. of Pennsylvania/Philadelphia) und **H. Shirakawa** (Tsukuba Univ./Japan): Entdeckung und Entwicklung elektrisch leitender Kunststoffe. 2000

W.S. Knowles (Monsanto Co. St. Louis/ 2001

USA), **R. Noyori** (Nagoya Univ./Japan) und **K. B. Sharpless** (Scripps Research Inst. La Jolla/Calif.): Bahnbrechende Arbeiten über enantioselektive Katalvse.

J. Fenn (Virginia Commonwealth Univ., Richmond, USA), **K. Tanaka** (Shimadzu Corp., Kyoto, Japan) und **K. Wüthrich** (ETH Zürich, Schweiz): Massenspektrometrische und NMR-spektroskopische Strukturaufklärung von Proteinen. 2002

P. Agre (Hopkins Univ., Baltimore, USA) und **R. MacKinnon** (Rockefeller Univ., New York): Aufklärung der Funktionsweise von Wasser- und Ionenkanälen in Zellmembranen. 2003

Sachregister

Im Sachregister sind Verbindungsklassen und wichtige Verbindungen aufgenommen. Mehr Verbindungen enthält das Formelregister.

Formelregister

Das Formelregister ist nach Elementen geordnet. Unter den Elementen sind die Verbindungen in folgender Reihenfolge aufgenommen:

Modifikationen und Ionen des Elements
Hydride
Hydroxide, Oxidhydroxide, Oxid-Hydrate
Oxide, Peroxide
Sauerstoffsäuren, deren Ionen und Salze
Isopolyanionen und Heteropolyanionen
Halogenide, Pseudohalogenide
Oxidhalogenide, Oxidsulfide usw.
Sulfide, Phosphide, Arsenide usw.
Salze mit komplexen Anionen
Komplexverbindungen
Cluster

Salze sind unter dem Kation aufgenommen, ternäre Nitride, Oxide, Sulfide beim Stickstoff, Sauerstoff und Schwefel. Carbide und Metallcarbonyle findet man unter Kohlenstoff, ebenso Stickstoff-Kohlenstoff-Verbindungen.
X = Halogen, R = Organyl.

Periodensystem

Hauptgruppen

Legende:

Bezeichnung	Beispiel (Mn)
Protonenzahl (Ordnungszahl)	25
Elektronegativität (nach Allred u. Rochow)	1,6
Siedetemperatur in °C	2032
Schmelztemperatur in °C	1244
Relative Atommasse[1]	54,94
Symbol[2]	Mn
Name	Mangan
Elektronenkonfiguration	[Ar]3d⁵4s²

Nebengruppen

Haupt- und Nebengruppen

Ordnungszahl	Rel. Atommasse	EN	Siedetemp. °C	Schmelztemp. °C	Symbol	Name	Konfiguration
1	1,008	2,2	-252,9	-259,1	H	Wasserstoff	1s¹
3	6,941	1,0	1347	180,5	Li	Lithium	[He]2s¹
4	9,012	1,5	2970	1278	Be	Beryllium	[He]2s²
11	22,990	1,0	883	97,8	Na	Natrium	[Ne]3s¹
12	24,305	1,2	1107	651	Mg	Magnesium	[Ne]3s²
19	39,10	0,9	774	63,7	K	Kalium	[Ar]4s¹
20	40,08	1,0	1487	≈ 845	Ca	Calcium	[Ar]4s²
21	44,96	1,2	2832	1539	Sc	Scandium	[Ar]3d¹4s²
22	47,88	1,3	3260	1675	Ti	Titan	[Ar]3d²4s²
23	50,94	1,5	3380	1890	V	Vanadium	[Ar]3d³4s²
24	52,00	1,6	2672	1857	Cr	Chrom	[Ar]3d⁵4s¹
25	54,94	1,6	2032	1244	Mn	Mangan	[Ar]3d⁵4s²
26	55,85	1,6	2750	1535	Fe	Eisen	[Ar]3d⁶4s²
27	58,93	1,7	2870	1495	Co	Cobalt	[Ar]3d⁷4s²
37	85,47	0,9	688	38,9	Rb	Rubidium	[Kr]5s¹
38	87,62	1,0	1384	769	Sr	Strontium	[Kr]5s²
39	88,91	1,1	3337	1523	Y	Yttrium	[Kr]4d¹5s²
40	91,22	1,2	4377	1852	Zr	Zirconium	[Kr]4d²5s²
41	92,91	1,2	4927	2468	Nb	Niob	[Kr]4d⁴5s¹
42	95,94	1,3	4825	2610	Mo	Molybdän	[Kr]4d⁵5s¹
43	(98)	1,4	4880	2200	Tc	Technetium	[Kr]4d⁶5s¹
44	101,07	1,4	3900	2310	Ru	Ruthenium	[Kr]4d⁷5s¹
45	102,91	1,5	≈ 3730	1966	Rh	Rhodium	[Kr]4d⁸5s¹
55	132,91	0,9	678	28,5	Cs	Caesium	[Xe]6s¹
56	137,33	1,0	1640	725	Ba	Barium	[Xe]6s²
57	138,91	1,1	3454	920	La*	Lanthanum	[Xe]5d¹6s²
72	178,49	1,2	5200	2230	Hf	Hafnium	[Xe]4f¹⁴5d²6s²
73	180,95	1,3	≈ 5430	2996	Ta	Tantal	[Xe]4f¹⁴5d³6s²
74	183,84	1,4	5657	3410	W	Wolfram	[Xe]4f¹⁴5d⁴6s²
75	186,2	1,5	≈ 5630	3180	Re	Rhenium	[Xe]4f¹⁴5d⁵6s²
76	190,2	1,5	≈ 5030	3045	Os	Osmium	[Xe]4f¹⁴5d⁶6s²
77	192,2	1,6	4130	2410	Ir	Iridium	[Xe]4f¹⁴5d⁹
87	(223)	0,9	677	26,8	Fr	Francium	[Rn]7s¹
88	(226)	1,0	1140	700	Ra	Radium	[Rn]7s²
89	(227)	1,0	3200	1050	Ac**	Actinium	[Rn]6d¹7s²
104	(261)				Rf	Rutherfordium	
105	(262)				Db	Dubnium	
106	(263)				Sg	Seaborgium	
107	(262)				Bh	Bohrium	
108	(265)				Hs	Hassium	
109	(266)				Mt	Meitnerium	

Lanthanoide *

Ordnungszahl	Rel. Atommasse	EN	Siedetemp. °C	Schmelztemp. °C	Symbol	Name	Konfiguration
58	140,12	1,1	3257	798	Ce	Cer	[Xe]4f²6s²
59	140,91	1,1	3512	931	Pr	Praseodym	[Xe]4f³6s²
60	144,24	1,1	3127	1010	Nd	Neodym	[Xe]4f⁴6s²
61	(145)	1,1	2700	1170	Pm	Promethium	[Xe]4f⁵6s²
62	150,4	1,1	1778	1072	Sm	Samarium	[Xe]4f⁶6s²

Actinoide **

Ordnungszahl	Rel. Atommasse	EN	Siedetemp. °C	Schmelztemp. °C	Symbol	Name	Konfiguration
90	232,038	1,1	4790	1750	Th	Thorium	[Rn]6d²7s²
91	231,036	1,1	4030	1840	Pa	Protactinium	[Rn]5f²6d¹7s²
92	238,029	1,2	3818	1132	U	Uran	[Rn]5f³6d¹7s²
93	(237)	1,2	3902	640	Np	Neptunium	[Rn]5f⁴6d¹7s²
94	(244)	1,2	3200	641	Pu	Plutonium	[Rn]5f⁶7s²

Walter de Gruyter GmbH & Co. KG, Genthiner Straße 13, D-10785 Berlin, Tel.: 030 / 2 60 05 - 0,